机动车维修技术人员从业资格培训教材

[适用于车辆技术评估(含检测)人员]

车辆技术评估

(模块H)

中国汽车维修行业协会　组织编写

人民交通出版社

内容提要

本书主要供从事车辆技术评估人员岗位的从业者备考使用。本书内容包括：发动机、底盘、汽车综合性能检测站计算机控制系统、汽车动力性检测、汽车燃料经济性检测、汽车制动性检测、汽车转向操纵性检测、汽车悬架特性检测、汽车排放污染物检验、汽车噪声控制与检验、照明和信号装置及其他电器设备检验、汽车车速表检测、整车装备检验、营运车辆技术等级评定、旧汽车评估和汽车碰撞损失评估等。

图书在版编目（CIP）数据

车辆技术评估(模块H)/中国汽车维修行业协会编 .—北京：人民交通出版社，2008.4

机动车维修技术人员从业资格培训教材

ISBN 978-7-114-07029-7

Ⅰ.车… Ⅱ.中… Ⅲ.①机动车－维修－技术培训－教材②机动车－故障检测－技术培训－教材 Ⅳ.U472

中国版本图书馆 CIP 数据核字（2008）第 031439 号

机动车维修技术人员从业资格培训教材
[适用于车辆技术评估(含检测)人员]

书　　名：车辆技术评估（模块 H）
著 作 者：中国汽车维修行业协会
责任编辑：王振军　白　峭　张玉栋
出　　版：人民交通出版社
地　　址：（100011）北京市朝阳区安定门外外馆斜街 3 号
网　　址：http：//www.ccpress.com.cn
总 经 销：北京中交盛世书刊有限公司
经　　销：汽车维护与修理杂志社
销售电话：（025）84825381
印　　刷：北京交通印务实业公司
开　　本：787×1092　1/16
印　　张：34.75
字　　数：864 千
版　　次：2008 年 4 月第 1 版
印　　次：2008 年 4 月第 1 次印刷
书　　号：ISBN 978-7-114-07029-7
印　　数：0001—10000 册
定　　价：62.00 元

机动车维修技术人员从业资格培训教材
审定委员会

徐亚华　翁　垒　蔡团结　孟　秋　王振军
王运祥　朱　军　刘春禄　张凤魁　佟浚洲
吴际璋　沈光辉　金守福　杨水阮　范　健
童孟曦　渠　桦　程玉光　蔡伟义　魏俊强

机动车维修技术人员从业资格培训教材
编写委员会

主　任： 康文仲
副主任： 郭生海　张京伟　徐通法
成　员： 于开成　华双法　李东江　张湘衡
杨德华　姚震虞　殷晓辉　袁生林
魏世康　盖　方　袁洁仪

组织编写单位： 中国汽车维修行业协会
编写组长： 徐通法

机动车维修技术人员从业资格培训教材
《车辆技术评估》(模块 H)编写组

组　长： 杨德华
成　员： 盖年成　王沂波　王　力　王永盛
屠卫星　王大欣

前　言

在交通部发布的《道路运输从业人员管理规定》中，规定了机动车维修技术负责人、质量检验人员及从事机修、电器、钣金、涂漆、车辆技术评估（含检测）作业的技术人员实行从业资格考试制度。从业资格考试应当按照交通部编制的考试大纲、考试题库、考核标准、考试工作规范和程序组织实施。

为配合交通部机动车维修技术人员从业资格考试，做好相关从业人员的培训工作，受交通部公路司委托，由中国汽车维修行业协会组织业内专家、教授和长期从事政策研究、技术管理的有关人员，根据交通部印发的《中华人民共和国机动车维修技术人员从业资格考试大纲》的要求，编写了《职业道德和法律法规》、《技术质量管理》、《维修检验技术》、《发动机与底盘检修技术》（上、下册）、《电器维修技术》、《车身修复》、《车身涂装》和《车辆技术评估》8个模块的机动车维修技术人员从业资格培训教材。

本套教材是根据现代机动车维修服务的实际需要，按照理论和实践相结合的原则编写的。根据从业人员在职学习的特点，理论部分重点介绍与实际工作紧密相关的基础理论和适应机动车维修发展的前沿技术；实操部分重点突出检测诊断技能及综合分析能力的提高。

本套教材适用于机动车维修技术负责人、质量检验人员及从事机修、电器、钣金、涂漆、车辆技术评估（含检测）作业的技术人员的学习，它包含了这些人员实际工作中所应掌握的理论和实操的基本内容，是机动车维修技术人员从业资格考试的配套教材。

鉴于编写时间仓促和水平所限，书中难免存在疏漏和不妥之处，敬请业内同行和使用者批评指正，以便教材再版时不断修改完善和提高。本书的编写是在交通部公路司、交通部职业技能鉴定指导中心悉心指导下完成的，在此表示衷心的感谢。

中国汽车维修行业协会

目 录

第一章 发动机

第一节 电控汽油喷射系统的结构

汽油要在汽缸内燃烧，须先喷成雾状（雾化），并进行蒸发，与适量空气均匀混合。这种按一定比例混合的汽油与空气的混合物，称为可燃混合气。可燃混合气中汽油含量的多少称为可燃混合气的浓度（成分）。汽油机燃料供给系的作用是：不断地输送滤清的汽油和清洁的新鲜空气，根据发动机各种不同工作情况的要求，配制出一定数量、合适浓度的可燃混合气，供入汽缸，并在燃烧作功后，将废气排入大气中去。汽油机燃料供给系按混合气形成的方式不同可分为化油器式和汽油喷射式。由于化油器式汽油供给系统面临淘汰，本章着重介绍电控汽油喷射系统的结构。

一、汽油喷射的基本概念、类型及基本组成

（一）汽油喷射的基本概念

在直接或间接地检测发动机吸入空气量的同时，按设定的空燃比供给与之相适应的汽油量的过程，称作混合气配制。汽油发动机的混合气配制，按汽油的供给方法，可分为化油器式和汽油喷射式两种。它们的不同点如表 1-1 所列。

化油器式和汽油喷射式汽油供给系统的区别　　表 1-1

项目	化 油 器 式	汽油喷射式
构成	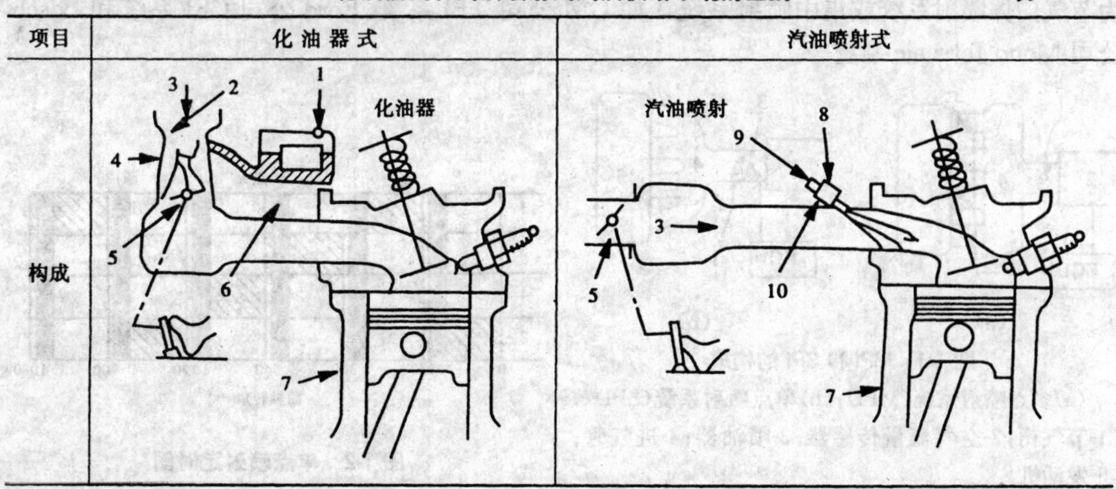	

续上表

项目	化油器式	汽油喷射式
汽油供给方式	利用空气流动时在喉管处产生的负压，把汽油吸向节气门上部的进气通道中	通过把来自控制装置的喷油脉冲信号传给喷油器，由喷油器把适量的汽油喷射到进气通道中
图注	1-汽油；2-喉管；3-空气；4-化油器；5-节气门；6-浮子室；7-发动机；8-控制装置；9-加压汽油；10-喷油器	

当用化油器供油时，在节气门上方有一喉管，利用空气流动时在喉管处产生的负压，将浮子室中的汽油连续吸出并输送给发动机，其作用与喷雾器相同。

当采用汽油喷射供油时，其供油系统由空气系统、汽油系统和控制系统的部件构成。根据检测的空气量信号及各种工况参数的信号，由发动机 ECU 计算出发动机燃烧所需要的汽油量，并向喷油器提供喷油脉冲信号，然后将加有一定压力的汽油，通过喷油器供给发动机。

(二)汽油喷射系统的分类

1.按汽油喷射的位置分类

根据汽油喷射的位置，汽油喷射系统可分为直接喷射到汽缸内部的缸内直接喷射系统和喷射到进气管内的缸外进气管汽油喷射系统两大类。而进气管汽油喷射系统又分为单点汽油喷射系统和多点汽油喷射系统。

缸内直接喷射系统是将喷油器安装于汽缸盖上直接向汽缸内喷油，目前，此类喷射方式也逐渐普及使用。

多点汽油喷射系统 MPI(Multi Point Injection)是指在每一缸的进气门前均安装 1 只喷油器(图 1-1a)，喷油器适时喷油。空气和汽油在进气门附近形成汽油混合气，这种喷油系统能较好地保证各缸混合气的均匀。如 Bosch 公司 L-Jetronic 系统、GM 公司 EFI 系统和日产公司 EGI 系统等。

单点汽油喷射系统 SPI(Single Point Injection)是指在进气管集合部(节气门体上)只装 1 只或 2 只喷油器(图 1-1b)，向进气歧管中喷油形成可燃混合气，进气行程时，汽油混合气被吸入汽缸内，喷油间隔角与喷油器个数和发动机汽缸数有关，图 1-2 所示为四缸机单点汽油喷射定时图，各缸的喷油间隔角为 180°。这种喷射系统因喷油器位于节气门体上集中喷射，故又称为节气门体喷射系统或集中喷射系统。如 GM 公司 TBI 系统、Ford 公司 CFI 系统和 Bosch 公司 Mono Jetronic 系统等。

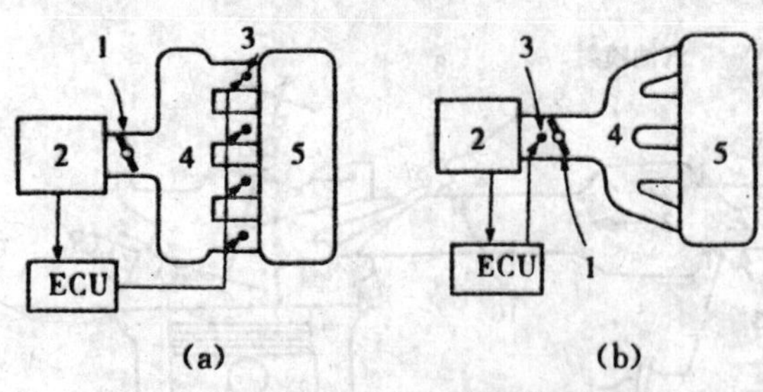

图 1-1 MPI 和 SPI 的构成

(a)多点喷射系统(MPI)；(b)单点喷射系统(SPI)

1-节气门；2-空气流量传感器；3-喷油器；4-进气管；5-发动机

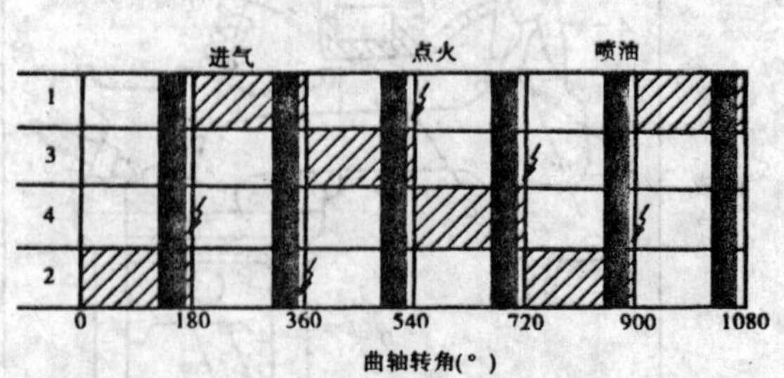

图 1-2 单点喷射定时图

2. 按喷射时刻分类

按汽油喷射时刻，汽油喷射系统可以分为连续喷射系统和间歇喷射系统。

连续喷射是喷油器稳定地连续地喷油，其流量正比于进入汽缸的空气量。该喷射方式大多应用于机械式或机电混合式汽油喷射系统中，在发动机运转期间，汽油连续不断地喷射，其喷油量的大小不取决于喷油器，而取决于汽油计量分配器中汽油计量槽孔的开度及进出油口间的压差。如 Bosch 公司 K-Jetronic 和 KE-Jetronic 系统。

间歇喷射又可分为与发动机转速同步的同步喷射和与发动机转速不同步的异步喷射两种喷射方式。间歇喷射广泛地应用于现代电控汽油喷射系统中，在发动机运转期间，汽油间歇喷射，其喷油量大小取决于喷油器开启持续时间，即 ECU 指令的喷油脉冲宽度。

3. 按喷射时序分类

按喷射时序，多点间歇汽油喷射系统还可分同时喷射、分组喷射和次序喷射。

如图 1-3 所示，同时喷射(图 1-3a)是指发动机在运转期间，各缸喷油器同时开启且同时关闭，由 ECU 的同一个喷油指令控制所有的喷油器同时动作。图 1-4 所示为六缸机同时喷射定时图。分组喷射(图 1-3c)是将喷油器分成两组或三组(六缸机)交替喷射，ECU 发出两路或三路(六缸机)喷油指令，每路指令控制一组喷油器。图 1-5 和图 1-6 所示分别是六缸发动机分二组和三组时喷射定时图。次序喷射(图 1-3b)是指喷油器按发动机各缸进气行程的顺序轮流喷射。它具有喷射正时，由 ECU 根据曲轴转角(位置)传感器提供的信号，辨别各缸的进气行程，适时发出各缸的喷油脉冲信号，以实现次序喷射的功能。图 1-7 所示为四缸机多点顺序喷射定时图，图中各缸的喷油间隔角为 180°，而每个喷油器的喷油间隔角为 720°，每个喷油器的喷油时间可以变宽。

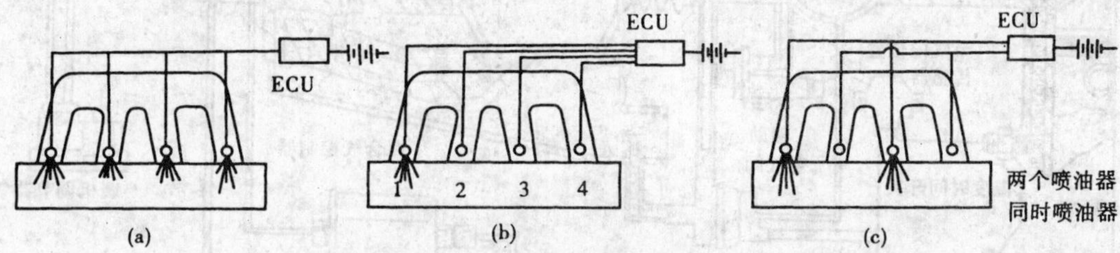

图 1-3 喷油器喷射时序

(a)同时喷射；(b)次序喷射；(c)分组喷射

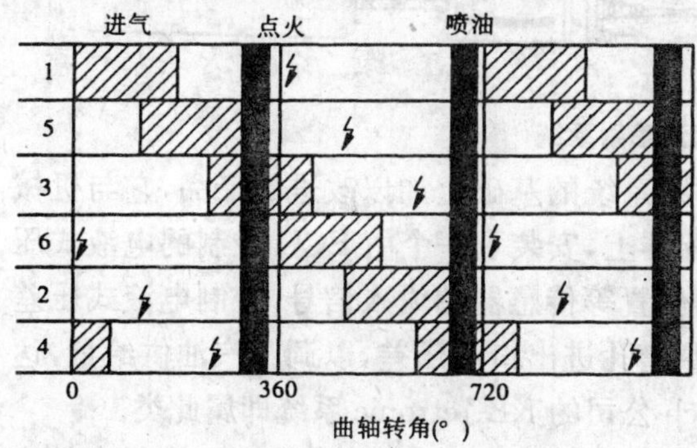

图 1-4 同时喷射定时图(六缸机)

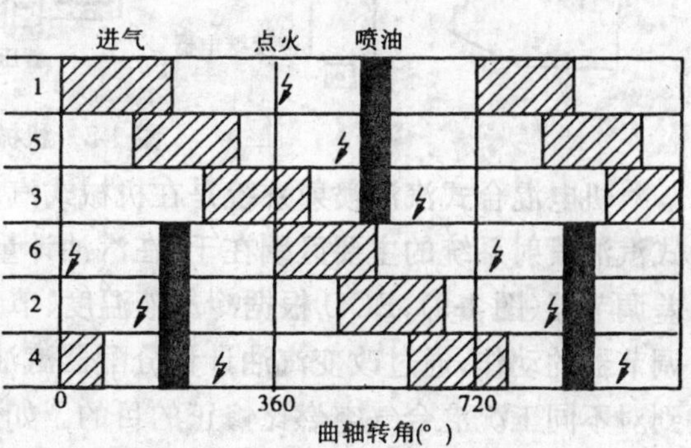

图 1-5 分二组喷射定时图(六缸机)

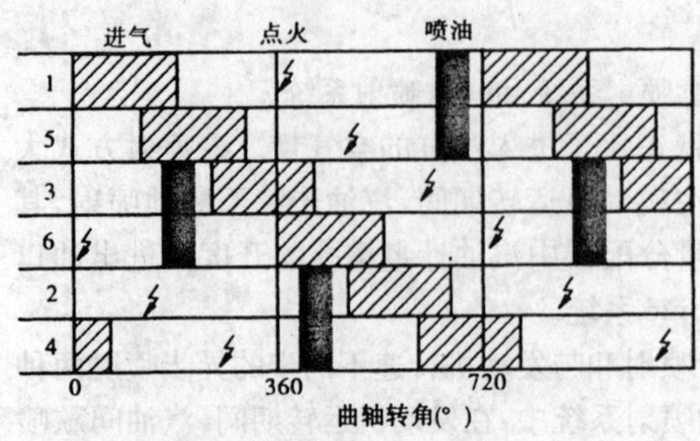

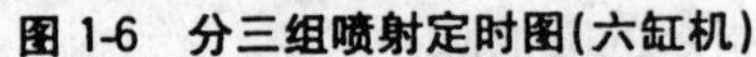

图 1-6 分三组喷射定时图(六缸机)

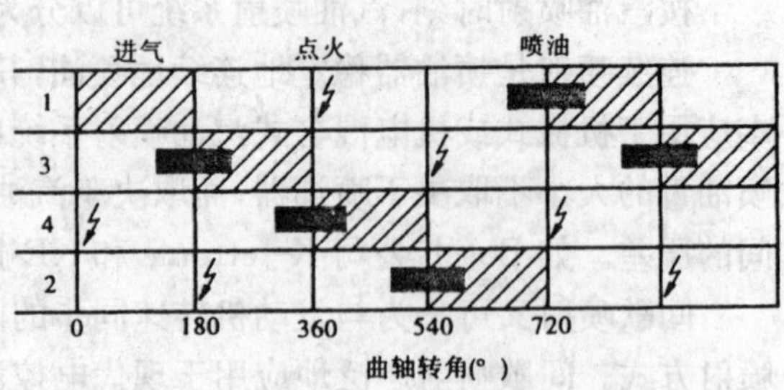

图 1-7 四缸多点顺序喷射定时图

4. 按喷射装置的控制方式分类

汽油喷射系统按喷射装置的控制方式可以分为机械式汽油喷射系统、机电混合式汽油喷射系统和电子控制式汽油喷射系统。

机械式汽油喷射系统的空气流量传感器与汽油计量分配器组合在一起(图 1-8),空气流量传感器检测空气流量的大小后,靠连接杆(杠杆)传动操纵汽油计量分配器的柱塞动作,以汽油计量槽孔开度的大小控制喷油量,以达到控制混合气空燃比的目的。如 Bosch 公司的 K-Jetronic 系统即属此类。

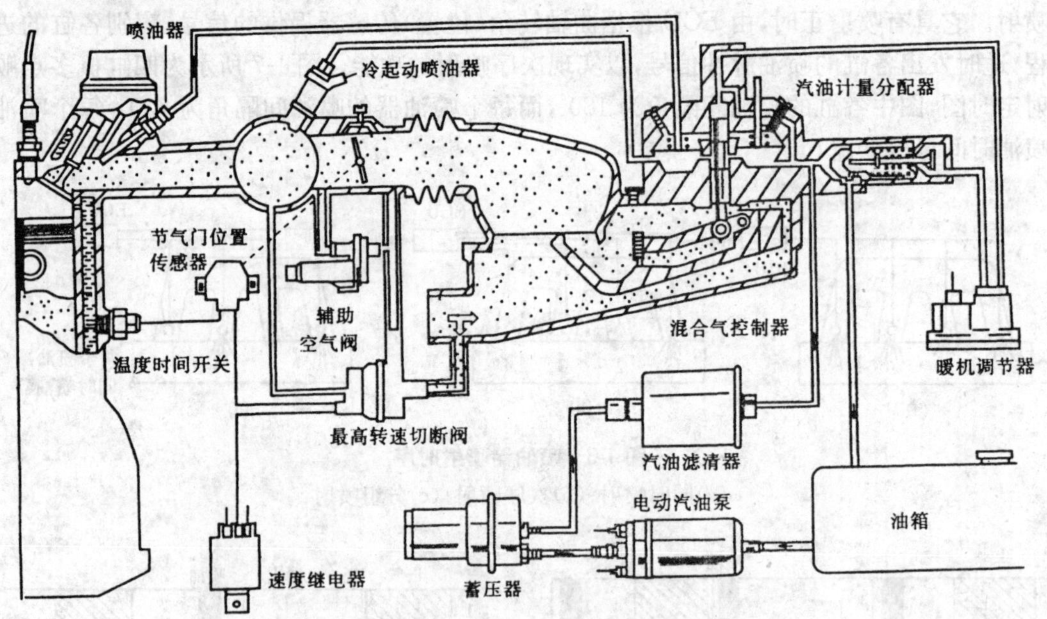

图 1-8 机械式汽油喷射系统

机电混合式汽油喷射系统是在机械式汽油喷射系统的基础上加以改进的产品,它与机械式汽油喷射系统的主要区别在于:在汽油计量分配器上,安装了一个由 ECU 控制的电液式压差调节器(图 1-9),ECU 根据冷却液温度、节气门位置等传感器的输入信号,控制电液式压差调节器的动作,通过改变汽油计量分配器汽油计量槽孔进出口油压差,以调节汽油供给量,达到对不同工况混合气空燃比修正的目的。如 Bosch 公司的 KE-Jetronic 系统即属此类。

电控式汽油喷射系统早期大多只控制汽油喷射,20 世纪 80 年代开始与点火控制一起构成发动机电子集中控制系统。它根据各种传感器送至 ECU 的发动机运行状况的信号,由

ECU 运算后，发出控制喷油量和点火时刻等多种执行指令，实现了许多机能的控制。如Bosch 公司的 Motronic 系统（图 1-10）即为发动机电子集中控制系统，其汽油喷射系统为电控式。

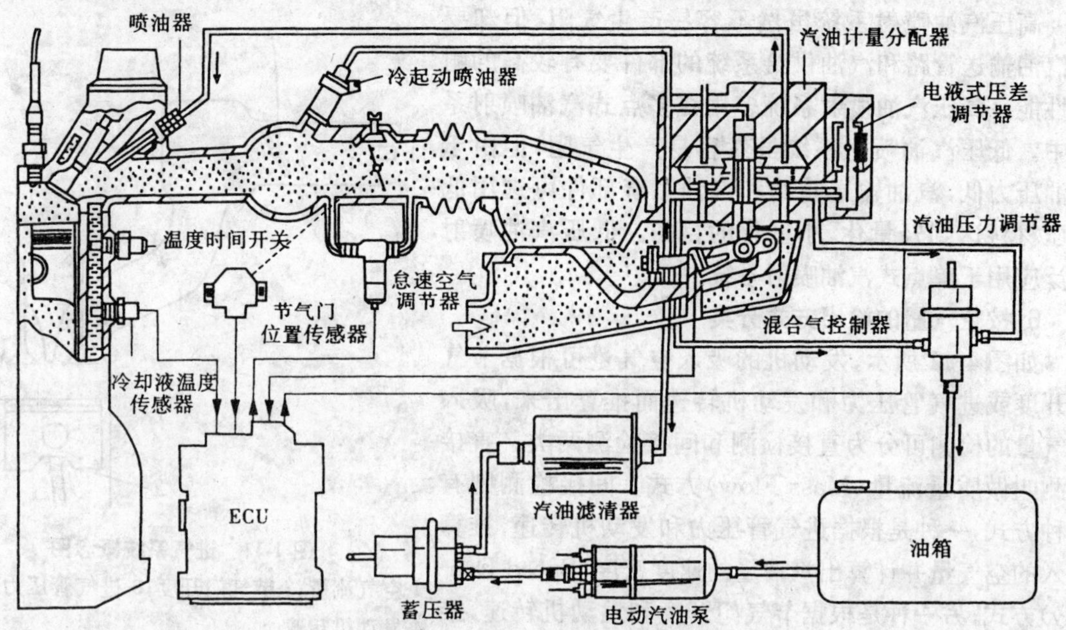

图 1-9 机电混合式汽油喷射系统

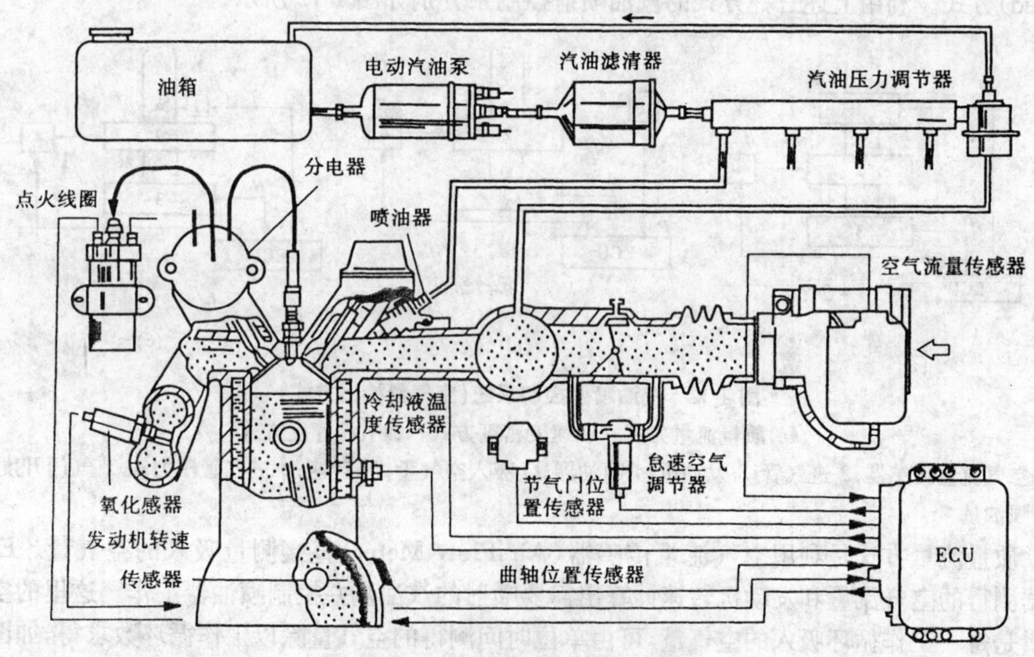

图 1-10 电控式汽油喷射系统

5. 按汽油喷射压力分类

由于间歇喷射式汽油喷射是采用控制喷油器的开启时间来调节汽油量的，因此，通常总把汽油喷射压力设定成与相应于喷射位置的进气歧管压力保持一定的压力差。间歇式汽油喷射按汽油压力可分为高压汽油喷射和低压汽油喷射两类。在进气管喷射的情况下，虽然没有明确的区分标准，但一般把高于进气管压力 200 kPa 以上的称为高压汽油喷射，而把低于进气管压力 200 kPa 以下的则分在低压汽油喷射类内。

高压汽油喷射系统虽然不容易产生气阻，但却要求汽油输送管路和汽油供给系统的部件要有较高的耐压性能。高压汽油喷射系统多用在多点式汽油喷射系统中。低压汽油喷射系统虽然容易产生气阻，但由于汽油压力低，汽油输送管路和汽油系统部件可选用低耐压材料达到轻量化、小型化的目的。低压汽油喷射广泛应用于单点式汽油喷射系统中。

6.按空气量的检出方式分类

如图 1-11 所示，发动机的吸入空气量可根据节气门开度或进气管压力和发动机转速而推算出来，吸入空气量的检测可分为直接检测和间接检测两类。直接检测叫做质量流量(Mass Flow)方式。间接检测则有两种方式，一种是根据进气管压力和发动机转速，推算吸入的空气量并计算出汽油量的速度密度(Speed Density)方式；另一种是根据节气门开度和发动机转速，推算吸入的空气量并计算汽油量的节流速度(Throttle Speed)方式。利用上述三种方式的汽油喷射控制系分别如图 1-12 所示。

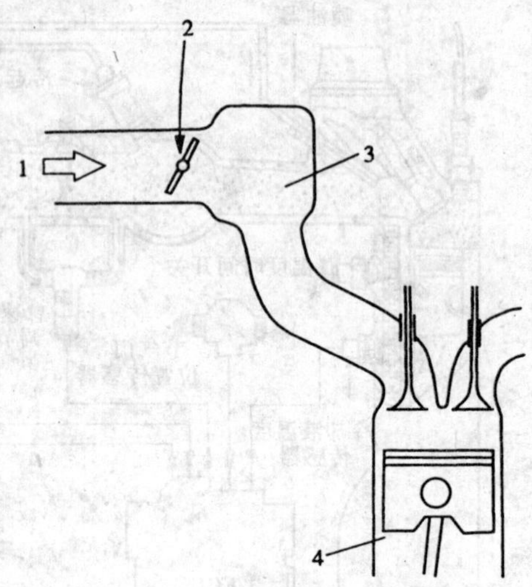

图 1-11 进气系统概念图

1-空气流量；2-节气门开度；3-进气管压力；4-发动机转速

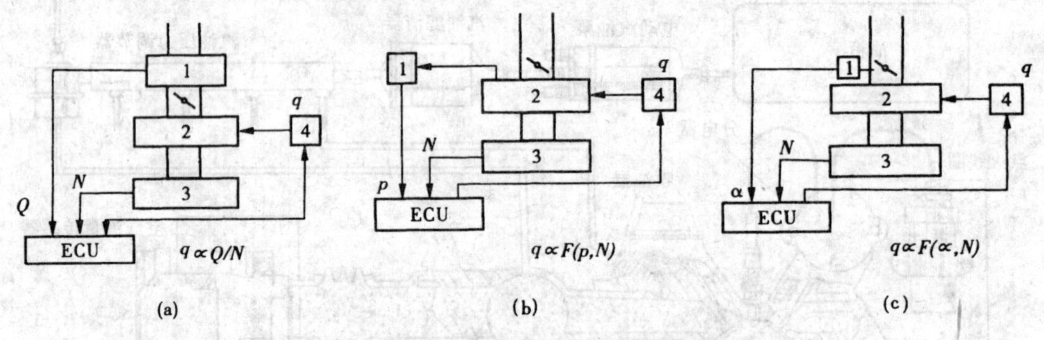

图 1-12 汽油喷射控制系统(空气量检出方式)

(a)质量流量方式；(b)速度密度方式；(c)节流速度方式

1-空气流量传感器；2-进气管；3-发动机；4-喷油器；Q-吸入空气量；N-转速；p-进气管压力；α-节气门开度；q-喷油量

质量流量方式是利用空气流量传感器(Air Flow Meter)直接测量吸入的空气量。ECU 根据测得的空气流量和发动机转速计算出需要喷射的汽油量并控制喷油器工作。这里的空气流量是每一工作循环吸入的空气量，可由单位时间测得的空气量除以工作循环数求得，如图 1-12a)所示。

速度密度方式是利用发动机的转速和进气管压力推算出每一循环吸入发动机的空气量，再根据推算出的空气量计算汽油的喷射量，如图 1-12b)所示。从燃料调剂的观点来看，发动机汽油流量范围约为 80 倍，转速变化范围为 10 倍。因此，燃料调剂的范围约为 8 倍，精度容易控制。但由于进气管压力与空气流量呈非线性关系(不是简单的函数关系),在检测过渡状态下的吸入空气量时,需要进行修正,并且进行废气再循环时进气管压力要发生变化,所以,不容易精确地检测吸入的空气量。节流速度方式是利用节气门开度和发动机转速,推算每一循环吸入发动机的空气量,根据推算出的空气量,计算汽油的喷射量,如图 1-12c)所示。由于是直接测量节气门开度的角位移,所以,过渡工况的响应性能好。但由于吸入的空气量与节气门开度和发动机转速间是复杂的函数关系,空气量难以精确测量。

根据博世公司分类法,电控汽油喷射系统按空气量的检测方式不同分为进气歧管压力计量式汽油喷射系统、叶片式空气流量传感器计量式汽油喷射系统、卡门涡旋式空气流量传感器计量式汽油喷射系统、热线式空气流量传感器计量式汽油喷射系统和热膜式空气流量传感器计量式汽油喷射系统。

进气歧管压力计量式的电控汽油喷射系统(即前述速度密度式)是将进气歧管绝对压力和转速信号送到 ECU,由 ECU 根据该信号计算出吸入发动机的空气量,再产生与之相对应的喷油脉冲,控制电磁式喷油器喷射适量的汽油(图 1-13)。Bosch 公司的 D -Jetronic 系统即为这种类型。

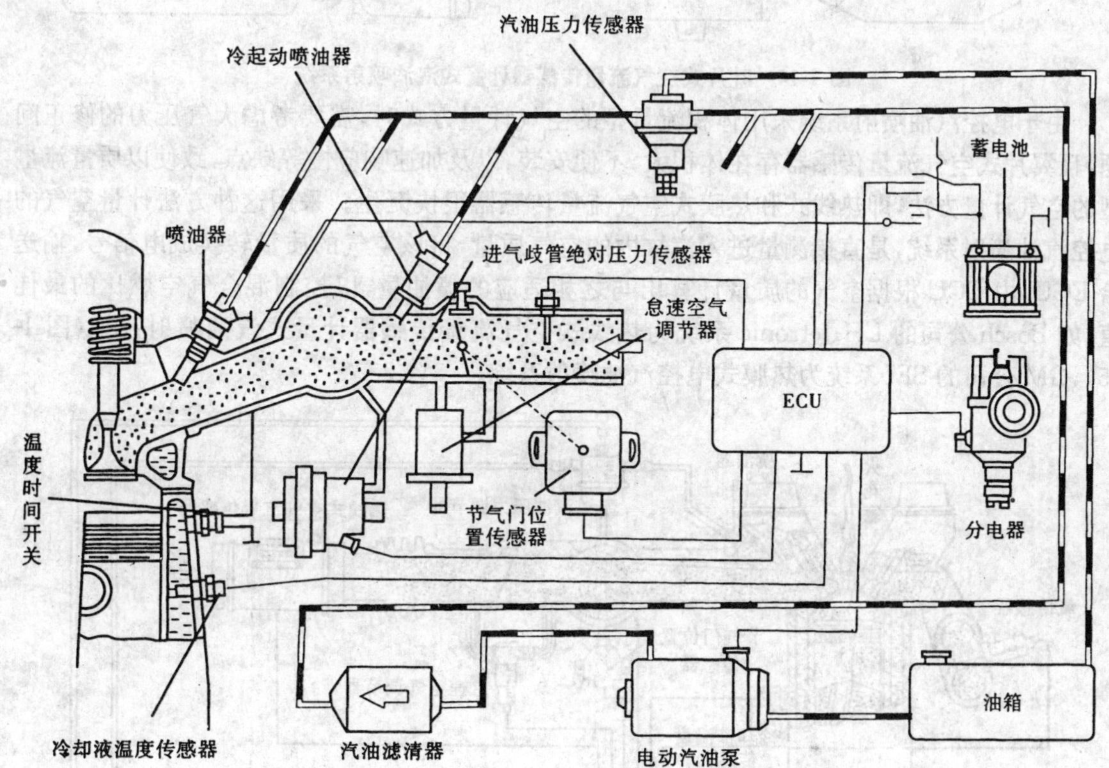

图 1-13 进气歧管压力计量式电控汽油喷射系统

采用叶片式空气流量传感器和卡门涡旋式空气流量传感器的电控汽油喷射系统,其空气量的计量方式均属体积流量型,即通过计量汽缸充气的体积量,将物理量转变为电信号输送至 ECU,ECU 计算出与该体积的空气相适应的喷油量,以控制混合气空燃比在最佳值。Bosch 公司将这种类型的电控汽油喷射系统称之为 L-Jetronic 系统(图 1-14),而 Bosch 公司与日本几家主要汽车公司协作生产类似的电控汽油喷射系统,又有各自不同的名称。如日产的 EGI

系统，丰田的 EFI 系统和五十铃的 ECGI 系统均为 Bosch 公司的 L-Jetronic 系统的派生产品。

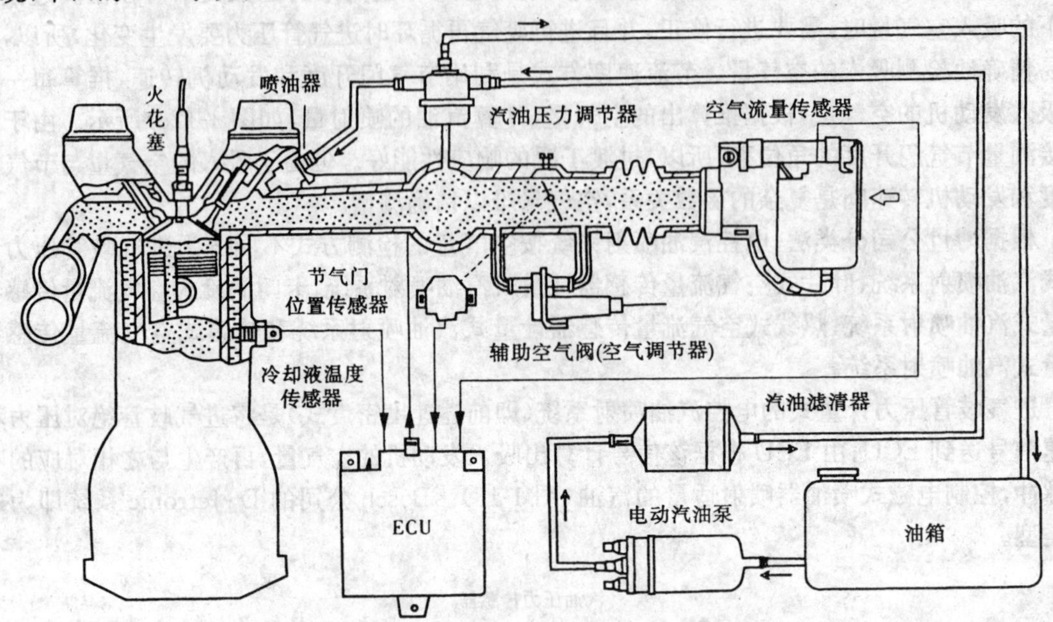

图 1-14 叶片式空气流量传感器计量式汽油喷射系统

由于电控汽油喷射系统采用体积流量型的空气计量方式时，需要考虑大气压力的修正问题，且翼片式空气流量传感器存在体积大，不便安装，以及加速响应慢等缺点，致使以质量流量型的空气计量方法，即热线式和热膜式空气流量传感器很快诞生。采用这种方法计量空气的电控汽油喷射系统，是直接测量进入汽缸内的空气质量，将该空气的质量转换成电信号，输送给 ECU，由 ECU 根据空气的质量计算出与之相适应的喷油量，以控制混合气空燃比的最佳值，如 Bosch 公司的 LH-Jetronic 系统为热线式空气流量传感器计量式汽油喷射系统(图 1-15)，GM 公司的 SFI 系统为热膜式电控汽油喷射系统。

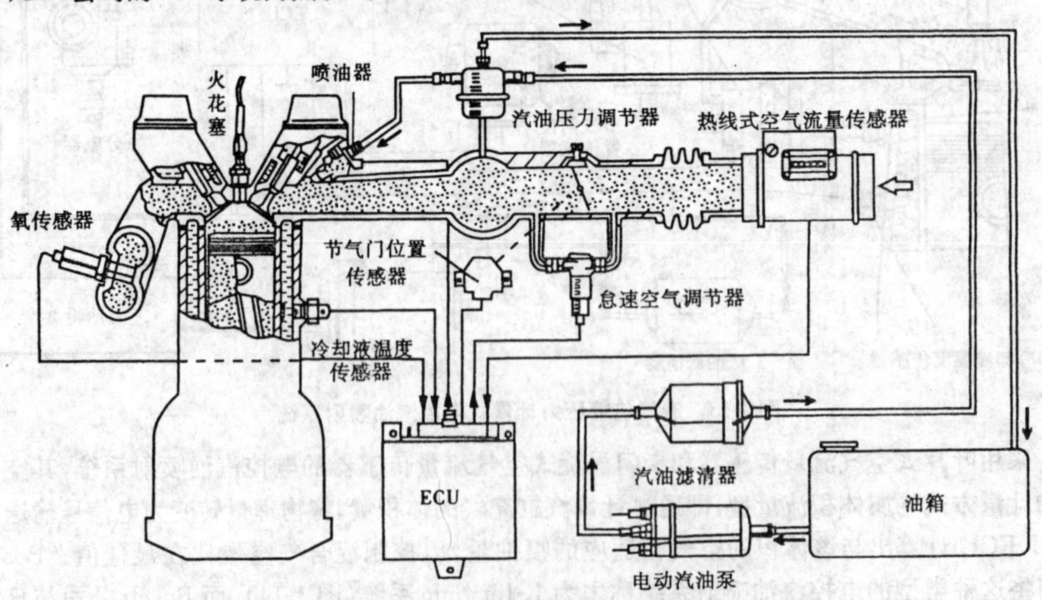

图 1-15 热线式空气流量传感器计量式汽油喷射系统

7.按控制系统有无反馈分类

按控制系统有无反馈,可将汽油喷射系统分为开环控制系统和闭环控制系统两类。

(1)开环控制系统。发动机的各工况控制参数(喷油量和点火提前角)存储于ECU的存储器ROM中,在发动机运行中,ECU检测发动机的各输入量,根据这些输入量,从ROM中查取相应的控制参数输出控制信号,而不去检测控制结果,对控制结果的好坏不能作出分析判断,这种控制系统称为开环控制系统,所以,在ROM中固化的参数必须是经过大量实验分析和优化的结果,是发动机运行中的最佳值。

(2)闭环控制系统。为了获得高的经济性和小的排污量,加上目前排放法规日益严格,在排气系统中均安装了三元催化转换器,以同时处理排气中CO、HC和NOx三种有害气体成分,降低排放污染。而三元催化转换器的净化能力与混合气的空燃比有关,在理论空燃比附近,三种有害气体才能同时净化。在开环控制系统中增加一个氧传感器,安置在排气管内,监测排气中氧的含量,并将该信号输送给ECU,随时修正喷入发动机的汽油量,维持混合气空燃比的平均值在理论空燃比附近。在实际工作过程中,采用闭环控制后,ECU根据检测的实际结果决定增减喷油量的大小,而不再根据其他输入信号进行控制,这种控制又称为反馈控制。在空燃比控制过程中,可用氧传感器监测混合气的浓度,一旦检测到混合气浓的信号,就控制减少喷油量,反之,增加喷油量。闭环控制式汽油喷射系统的控制框图如图1-16所示。由于闭环控制只适合于部分工况,所以,系统中不能全部采用闭环控制,而且闭环控制中其他的基本控制量也必须是固定的,但是闭环控制精度高,不受发动机各零件老化、磨损的影响,所以,目前开环与闭环都广泛应用在电控汽油喷射系统中。

(三)电控汽油喷射系统的基本组成及功能

电控汽油喷射系统尽管类型不少,品种繁多,但它们都具有相同的控制原则:即以ECU为控制核心,以空气流量和发动机转速为控制基础,以喷油器等为控制对象,保证获得与发动机各种工况相匹配的最佳混合气成分。相同的控制原则决定了各类电控汽油喷射系统具有相同的组成和类似的结构。电控汽油喷射系统大致由进气系统、汽油供给系统和电子控制系统3个部分。图1-17所示为常见电控汽油喷射系统在汽车上的安装情况及零件分配图。

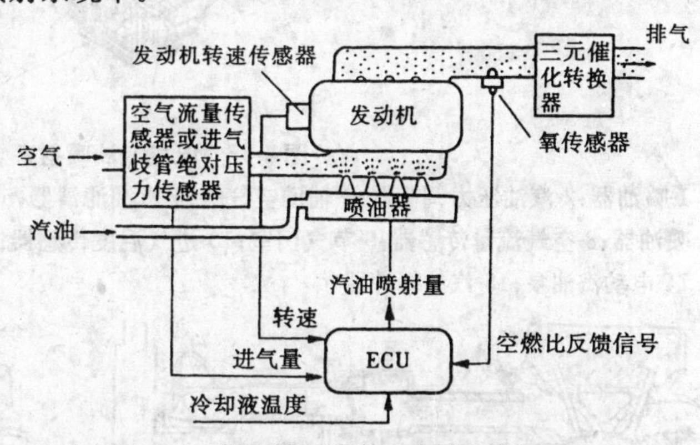

图1-16 闭环控制式汽油喷射系统框图

1.进气系统

进气系统的功用,是测量和控制汽油燃烧时所需的空气量,为发动机可燃混合气的形成提供必需的空气。图1-18和图1-19所示分别为L型和D型进气系统结构示意图。空气经过空气滤清器过滤后,用空气流量传感器或进气歧管绝对压力传感器进行测量,然后通过节气门体到达稳压箱,再分配给各缸进气管。在进气管内,由喷油器中喷出的汽油与空气混合后被吸入汽缸内进行燃烧。

在一般行驶工况下,空气的流量由通道中的节气门来控制。怠速时,节气门关闭,空气由旁通气道通过。怠速转速的控制是由怠速调整螺钉和怠速空气调节器,调整流经旁通气道的空气量来实现的。

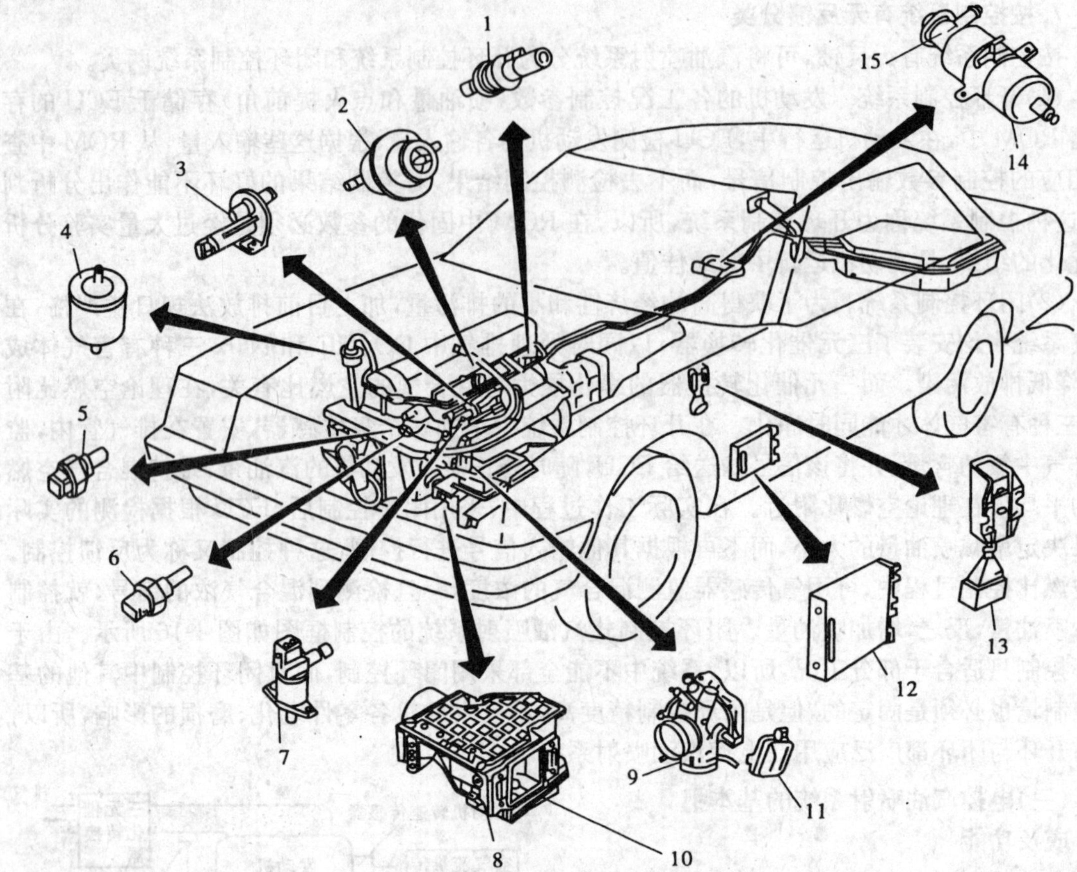

图 1-17　电控汽油喷射系统零件分配图

1-喷油器；2-汽油压力调节器；3-辅助空气阀；4-汽油滤清器；5-温度时间开关；6-冷却液温度传感器；7-冷起动喷油器；8-空气流量传感器；9-节气门室；10-进气温度传感器；11-节气门位置传感器；12-ECU；13-降压电阻；14-电动汽油泵；15-汽油缓冲器

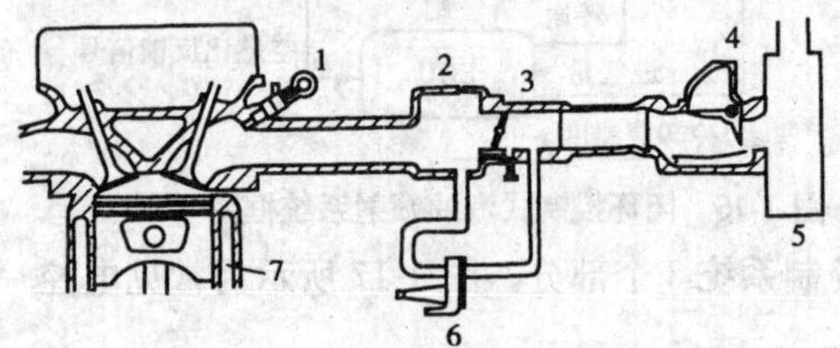

图 1-18　L 型进气系统结构示意图

1-喷油器；2-稳压箱；3-节气门体；4-空气流量传感器；5-空气滤清器；6-空气阀；7-发动机

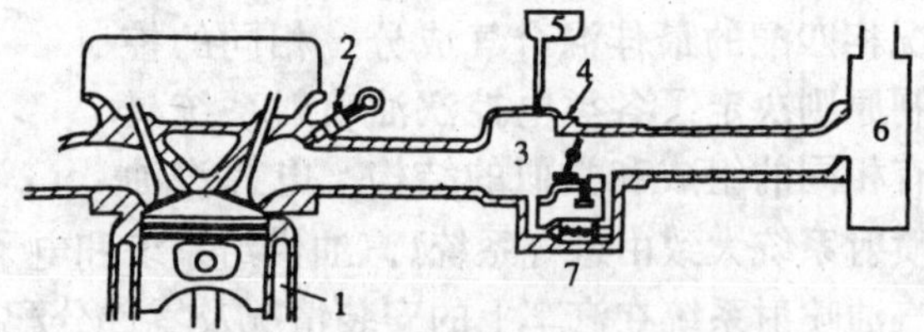

图 1-19　D 型进气系统结构示意图

1-发动机；2-喷油器；3-稳压箱；4-节气门体；5-进气歧管绝对压力传感器；6-空气滤清器；7-空气阀

2. 汽油供给系统

汽油供给系统的功用是向汽缸内供给燃烧时所需要的汽油量，其构成如图 1-20 和图 1-21 所示。汽油供给系统由电动汽油泵、汽油滤清器、汽油脉动缓冲器、喷油器、汽油压力调节器及供油总管等组成。汽油由电动汽油泵从油箱中泵出，经汽油滤清器过滤后，由汽油压力调节器调压，然后经输油管配送给各个喷油器和冷起动喷油器，喷油器根据 ECU 发出的指令，将适量的汽油喷入各进气歧管或进气总管。

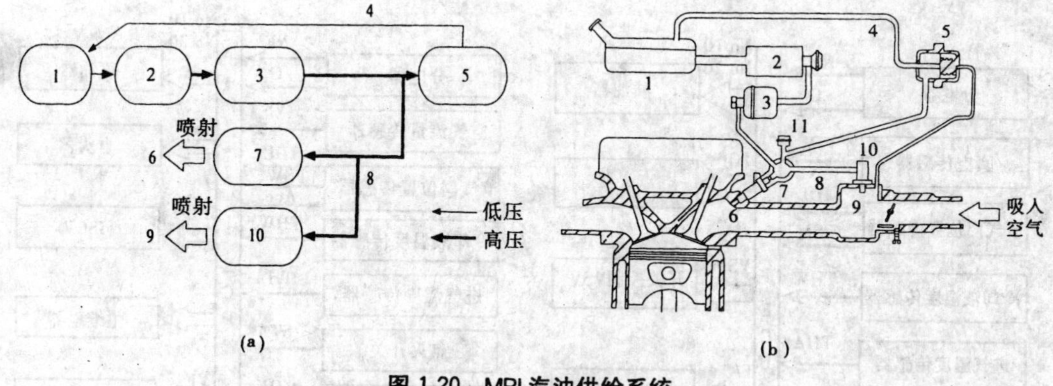

图 1-20 MPI 汽油供给系统

(a)系统框图;(b)系统构成图

1-油箱;2-电动汽油泵;3-汽油滤清器;4-回油管;5-汽油压力调节器;6-各缸进气歧管;7-喷油器;8-输油管;9-稳压箱;10-冷起动喷油器;11-汽油脉动缓冲器

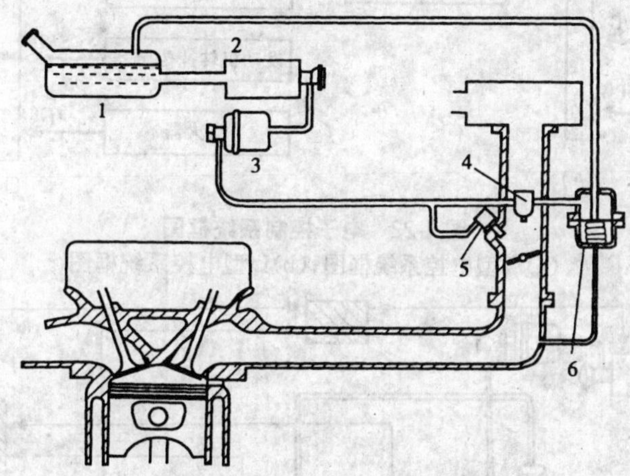

图 1-21 SPI 汽油系统构成图

1-油箱;2-电动汽油泵;3-汽油滤清器;4-喷油器;5-冷起动喷油器;6-汽油压力调节器

发动机各正常工况喷油量是由安装在进气门附近的各喷油器(MPI 系统),或位于节气门体位置的喷油器(SPI 系统)喷入的,其喷油量由喷油器的通电时间长短决定。

有些车辆,冷车起动时由装在进气总管处的冷起动喷油器喷油,其喷油时间受温度时间开关(或由温度时间开关和 ECU)同时控制,该装置改善了发动机的低温起动性能。

3. 电子控制系统

电子控制系统的功能是根据发动机运转状况和车辆运行状况确定汽油的最佳喷射量。该系统由传感器、ECU 和执行器组成。图 1-22 所示是电控汽油喷射系统中的电子控制系统框图。图 1-23 所示为电子控制系统构成图。电控汽油喷射系统均有一个 ECU,它是系统的核心控制元件。ECU 一方面接收来自传感器的信号;另一方面完成对信息的处理工作,同时发出相应的控制指令来控制执行元件的正确动作。ECU 接收的信息主要有发动机转速、空气流量、节气门位置、进气温度、冷却液温度、曲轴位置、发动机负荷和氧传感器信息等。ECU 通过来自进气歧管绝对压力传感器(D -Jetronic 系统)或空气流量传感器(L-Jetronic 系统)的信号计算进气量,根据进气量和转速计算出基本喷油持续时间。然后进行温度、海拔高度、节气门位置等各种工作参数的修正,便可得到发动机在这一工况下运行的最佳喷油持续时间,精确地控制喷油量。

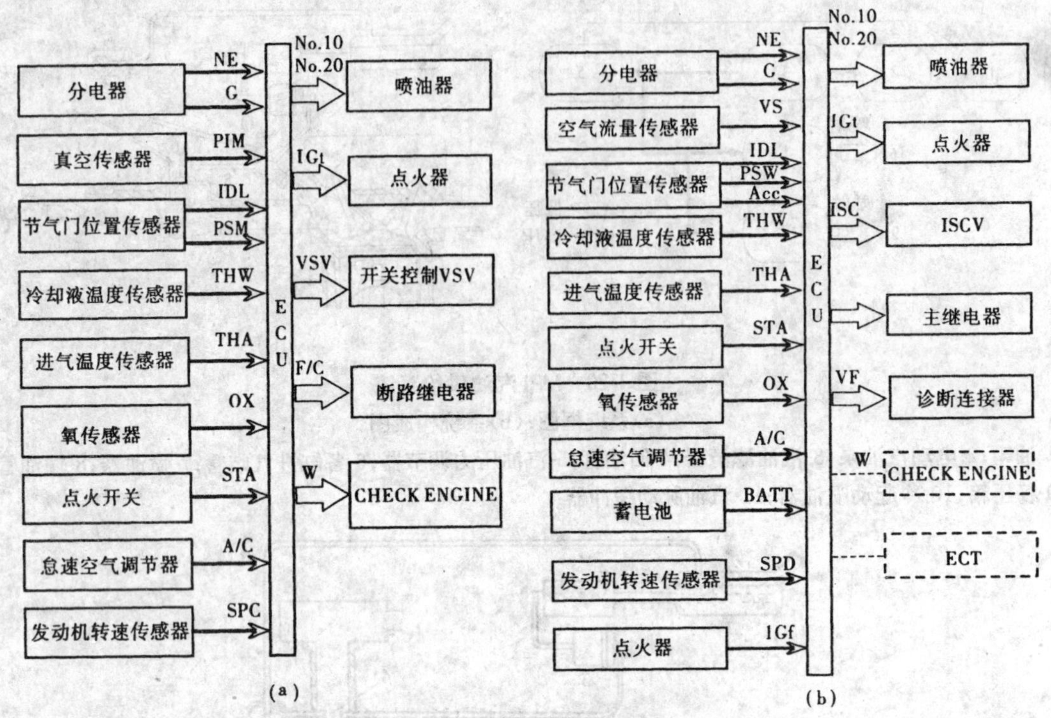

图 1-22 电子控制系统框图

(a)D 型电控系统框图;(b)L 型电控系统框图

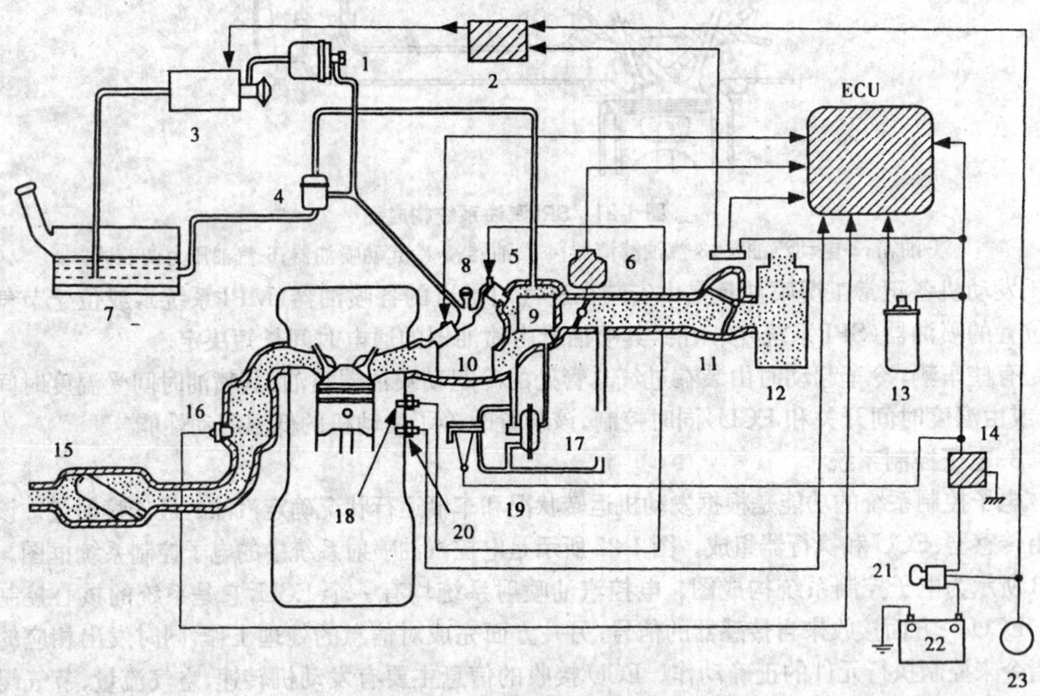

图 1-23 电子控制系统构成图

1-汽油滤清器;2-断路继电器;3-电动汽油泵;4-汽油压力调节器;5-冷起动喷油器;6-节气门位置传感器;7-油箱;8-汽油脉动缓冲器;9-稳压箱;10-喷油器;11-空气流量传感器;12-空气滤清器;13-点火线圈;14-主继电器;15-三元催化转换器;16-氧传感器;17-真空限制器;18-温度时间开关;19-怠速空气调节器;20-冷却液温度传感器;21-点火开关;22-蓄电池;23-起动装置

传感器是电控汽油喷射系统的“触角”，是感知信息的部件，它负责向 ECU 提供汽车的运行状况和发动机的工况。传感器主要有空气流量传感器、节气门位置传感器、氧传感器、爆震传感器、曲轴转角传感器、发动机转速传感器及各种温度传感器等。

执行器负责执行 ECU 发出的各项指令，执行器主要有喷油器、怠速步进电动机、电动汽油泵、继电器和点火线圈等。

电子控制系统还具有故障自诊断功能，可存储故障代码。

二、进气系统主要部件结构

现代汽车发动机电控系统的进气系统除了控制、调节、测量进气量的装置以外，为了提高充气系数和提高进气控制精度。目前，在发动机进气系统中，还大量采用了废气涡轮增压、可变进气管长度、电子节气门等技术。

(一)进气测量装置结构

进气测量装置主要包括空气流量传感器、进气歧管绝对压力传感器和进气温度传感器。

1.空气流量传感器结构

空气流量传感器安装在空气滤清器和节气门之间，用来测量进入汽缸内空气量的多少，然后，将进气量转换成电信号输入 ECU，从而由 ECU 计算出喷油量，控制喷油器向节气门室(进气管)或汽缸内喷入与进气量成最佳比例的汽油。目前，汽车上所用的空气流量传感器按照结构形式可以分为叶片式空气流量传感器、卡门涡旋式空气流量传感器、热线式空气流量传感器和热膜式空气流量传感器四种。

(1)叶片式空气流量传感器结构

图 1-24 所示是叶片式空气流量传感器的结构，图 1-25 所示是叶片式空气流量传感器的空气通道，图 1-26 所示是叶片式空气流量传感器的电位器部分结构。

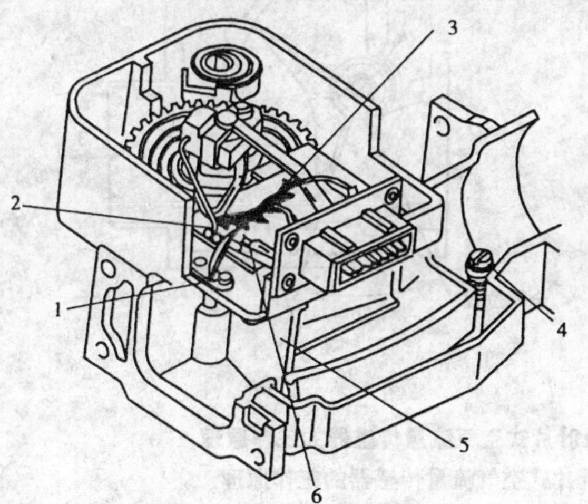

图 1-24 叶片式空气流量传感器的结构

1-进气温度传感器；2-电动汽油泵触点(可动)；3-电位器；4-怠速调整螺钉；5-测量板(叶片)；6-电动汽油泵固定触点

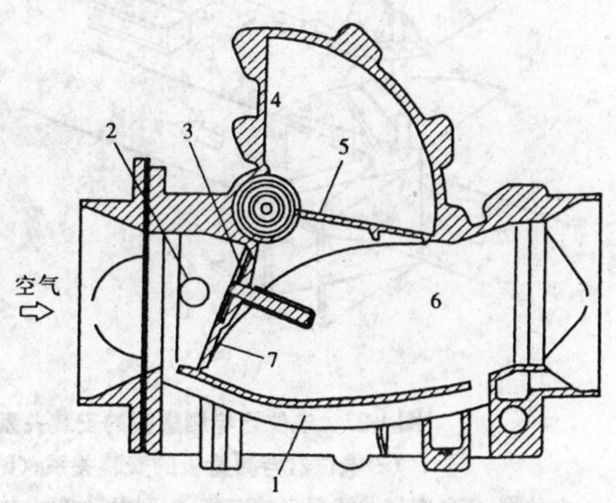

图 1-25 叶片式空气流量传感器的空气通道

1-旁通气道；2-进气温度传感器；3-阀门；4-阻尼室；5-缓冲板；6-主空气通道；7-测量板(叶片)

叶片式空气流量传感器由测量板(叶片)、缓冲板、阻尼室、旁通气道、怠速调整螺钉、复位

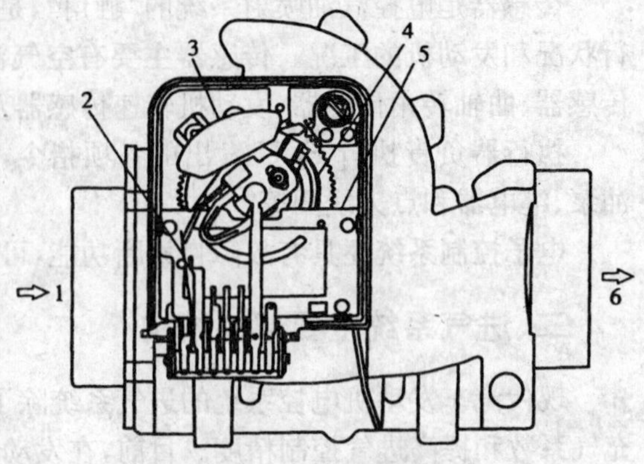

图 1-26　叶片式空气流量传感器的电位计部分结构图

1-空气进口；2-电动汽油泵触点；3-平衡块；4-回位弹簧；5-电位器部分；6-空气出口

弹簧、进气温度传感器等组成。在有的叶片式空气流量传感器中，还有一电动汽油泵开关，其作用是当点火开关接通而发动机不转动时，控制电动汽油泵不工作。一旦空气流量传感器中有空气流过时，此开关便闭合，电动汽油泵开始工作。叶片式空气流量传感器电位器是以电位变化检测空气量的装置，它与空气流量传感器测量板同轴安装，能把因测量板开度而产生的滑动电阻变化转换为电压信号，并送给 ECU[图 1-27(a)]。图 1-27(b)所示是其工作原理图，在测量板的回转轴上，装有一根螺旋复位弹簧，当吸入空气推开测量板的力与弹簧变形后的回位力相平衡时，测量板即停止转动。用电位计检测出测量板的转动角度，即可得知空气流量。

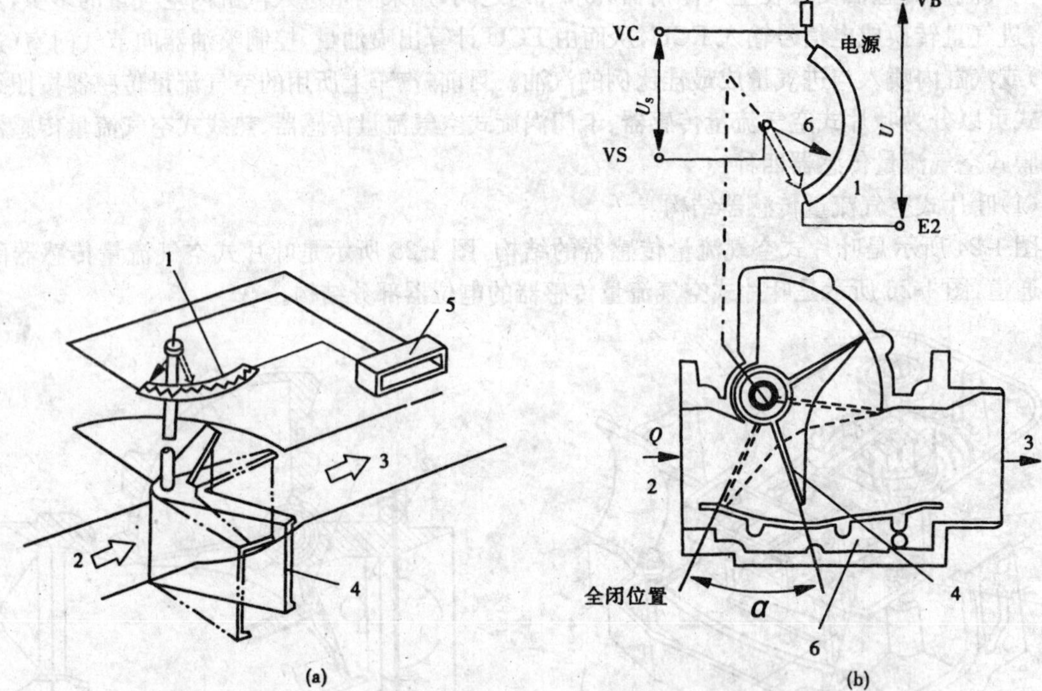

图 1-27　电位计与测量板的安装关系及叶片式空气流量传感器的工作原理

(a)电位器与测量板的安装关系；(b)叶片式空气流量传感器的工作原理

1-电位器；2-自空气滤清器来的空气；3-到发动机的空气；4-测量板；5-导线连接器；6-电位器滑动触头；7-旁通气道

叶片式空气流量传感器电位器的内部电路如图 1-28 所示，电位器检测空气量有电压比与电压值两种方式，表 1-2 为以电压比与电压值两种检测方式的对比表。由于电路设计上的不同，叶片式空气流量传感器的电压输出形式有两种，一种是电压值 Us 随进气量的增加而升高；另一种则是电压值 Us 随进气量的增加而降低。

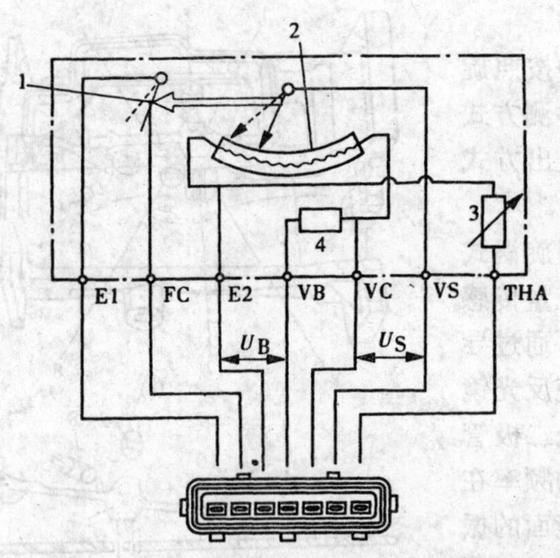

1-电动汽油泵开关触点；
2-可变电阻；
3-热敏电阻(进气温度传感器)；
4-固定电阻；
E1-搭铁；
FC-电动汽油泵开关触点；
E2-搭铁；
VB-修正电压；
VC-5 V 参考电压；
VS-空气流量信号；
THA-进气温度信号

图 1-28 电位器内部电路

两种检测方式对比表 表 1-2

项目	电压比方式	电压值方法
电路原理图	电位计；电动汽油泵开关；滑触头；吸入空气量；开小；开大；Q；E1 FC VC VS E2 THA；5 V一定；VS；E2；THA；电脑	电动汽油泵开关；电位计；吸入空气量；开小；开大；Q；E1 FC THA E2 VS VC VB；滑触头；THA；U_S；VB；U_B；VC；VS；E2；电脑
检测方法	为向 VB 点加上蓄电池电压(12V)，而设置中间接点 VC，即可以 VB－E2、VC－VS 之间的电压比方式检测，随电压的变化，其误差为零。	由于在 VC 点加上一定电压(＋15V)，故可使 VS 点电压随吸入空气量变化，该点电压值即可作为吸入空气量值。 如把 VS 点电压值输入 ECU，经过 A/D 转换，可在 ECU 中转换为数字信号。
结构特点	通过测量板直接测量吸入空气量，使用进气温度传感器、电动汽油泵开关等动作	通过测量板直接测量吸入空气量，使用进气温度传感器、电动汽油泵开关等动作
特性	吸入空气量 $Q \propto \frac{1}{电压比(U_S/U_B)}$	吸入空气量 $Q \propto \frac{1}{U_S}$

(2)卡门旋涡式空气流量传感器结构

卡门旋涡式空气流量传感器的结构按照旋涡数的检测方式不同,可以分为反光镜检测方式卡门旋涡式空气流量传感器和超声波检出方式卡门旋涡式空气流量传感器两种。

图 1-29 所示为反光镜检测方式卡门旋涡式空气流量传感器,这种卡门旋涡式空气流量传感器是把卡门旋涡发生器两侧的压力变化,通过导压孔而引向薄金属制成的反光镜表面,使反光镜产生振动,反光镜一边振动,一边将发光二极管射来的光反射给光电晶体管,这样旋涡的频率在压力作用下便转换成镜面的振动频率,镜面的振动频率通过光电耦合器转换成脉冲信号,进气量愈大,脉冲信号的频率愈高,进气量愈小,脉冲信号频率愈低。ECU 根据该脉冲信号的频率,检测进气量(当然也要经过进气温度修正)和基准点火提前角,如图 1-29(c)所示。

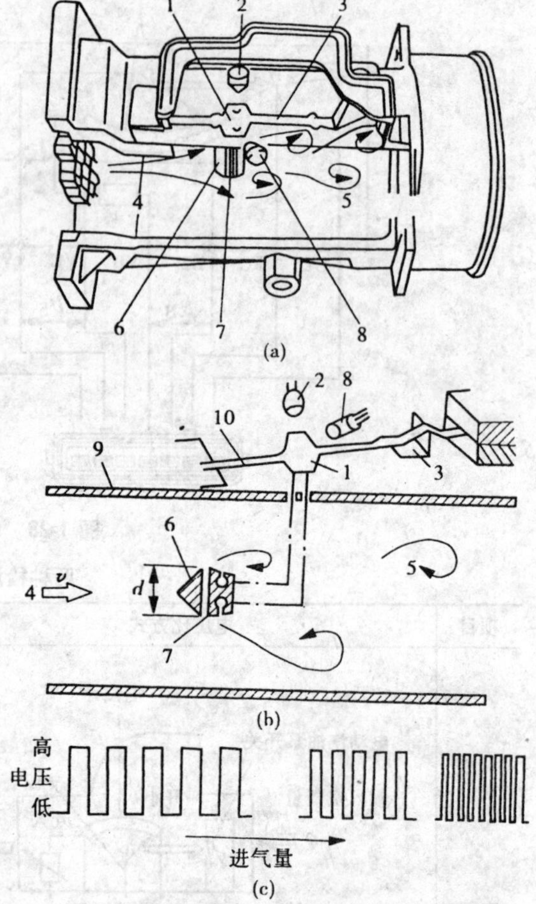

图 1-29 反光镜检测式卡门旋涡空气流量传感器结构

(a)结构图;(b)结构简图;(c)输出脉冲信号波形

1-反光镜;2-发光二极管;3-钢板弹簧;4-空气流;5-卡门旋涡;6-旋涡发生体;7-压力导向孔;8-光电晶体管;9-进气管路;10-支承板

图 1-30 所示为超声波检出式卡门旋涡式空气流量传感器结构图,这种空气流量传感器是利用卡门旋涡引起的空气疏密度变化进行测量的,用接收器接收连续发射的超声波信号,因接收到的信号随空气疏密度的变化而变化,由此即可测得旋涡频率,从而测得空气流量。其具体方法是在卡门旋涡发生区空气通道的两侧,分别装上超声波发射头和超声波接收器,超声波发射头沿旋涡的垂直方向发射超声波,由于旋涡使超声波的传播速度发生变化,超声波便受到周期性地调制,使其振幅、相位、频率发生变化。这种被调制后的超声波,被超声接收器接收后,变换成相应的电压,再经整形、放大电路,便形成了与旋涡数目相应的矩形脉冲信号,然后送入 ECU 作为空气流量信号。

由于卡门旋涡式空气流量传感器没有可动部件,反应灵敏,测量精度高,所以,现在被广泛采用。卡门旋涡式空气流量传感器与叶片式空气流量传感器直接测得的均是空气的体积流量。因此,在空气流量传感器内均装有进气温度传感器,以便对随气温而变化的空气密度进行修正,从而正确计算出进气的质量流量。

(3)热线(热膜)式空气流量传感器结构原理

热线式空气流量传感器的基本构成,包括感知空气流量的白金热线,根据进气温度进行修正的温度补偿电阻(冷线)和控制热线电流并产生输出信号的控制线路板,以及空气流量传感器的壳体。而根据白金热线在壳体内的安装部位不同,热线式空气流量传感器有三种形式:一种是把热线和进气温度传感器都放在进气主通路的取样管内,称为主流测量式,其结构如图 1-

31(a)所示；另一种是把热线缠在绕线管上和进气温度传感器都放在旁通气路内，称为旁通测量式，其结构如图 1-31(b)所示；第三种是发热体不是热线而是热膜，即在热线位置放上热膜，发热金属膜固定在薄的树脂膜上，这种结构可使发热体不直接承受空气流动所产生的作用力，以延长使用寿命，其结构如图 1-31(c)所示。

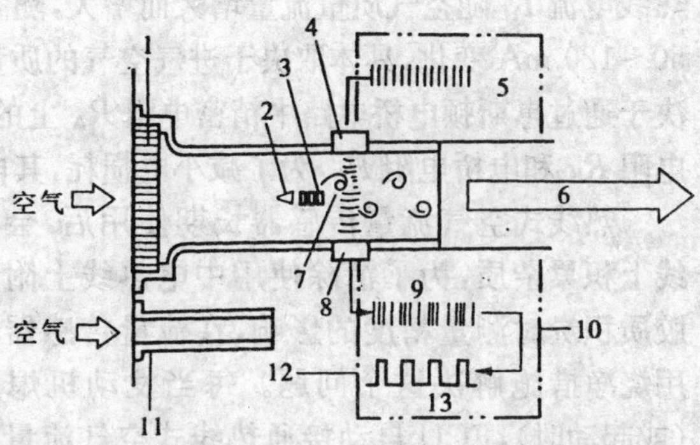

图 1-30 超声波检出式卡门旋涡式空气流量传感器

1-整流栅；2-旋涡发生体；3-旋涡稳定板；4-信号发生器(超声波发射头)；5-超声波发生器；6-通往发动机；7-卡门旋涡；8-超声波接收器；9-与旋涡数对应的疏密声波；10-整形放大电路；11-旁通通路；12-通往 ECU；13-整形成矩形波(脉冲)

以图 1-31(a)所示的主流测量式热线式空气流量传感器为例，取样管置于主空气通道中央，两端有金属防护网，防护网用卡箍固定在壳体上，取样管由两个塑料护套和一个热线支承环构成。热线为线径 70 μm 的白金丝，布置在支承环内，其阻值随温度变化，是惠斯顿电桥电路的一个臂 R_H(图 1-32)。热线支承环前端的塑料护套内安装一个白金薄膜电阻器，其电阻值随进气温度变化，称为温度补偿电阻，是惠斯顿电桥电路的另一个臂 R_K。热线支承环后端的塑料护套上黏结着一只精密电阻，并设计成能用激光修整，也是惠斯顿电桥的一个臂 R_A，该电阻上的电压即为热线式空气流量传感器的输出电压信号。惠斯顿电桥还有一个臂 R_B 的电阻器装在控制线路板上面，该电阻器在最后调试试验中，用激光修整，以便在预定的空气流

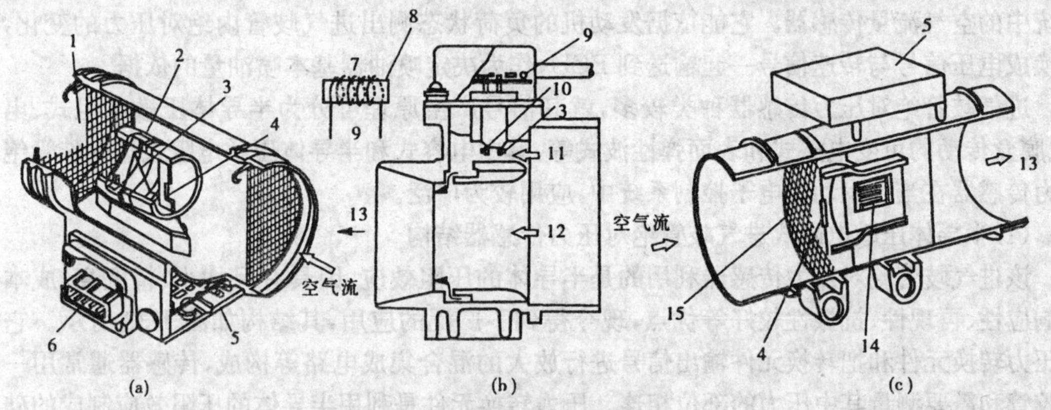

图 1-31 热线式空气流量传感器

(a)主流测量式热线式空气流量传感器；(b)旁通测量式热线空气流量传感器；(c)热膜式空气流量传感器
1-防回火网；2-取样管；3-白金热线；4-上游温度传感器；5-控制线路板；6-连接器；7-热金属线和冷金属线；8-陶瓷螺线管；9-接控制线路板；10-进气温度传感器(冷金属线)；11-旁通气路；12-主通气路；13-通往发动机；14-热膜；15-进气栅格(金属网)

量下，调定空气流量传感器的输出特性。在空气通道中放置热线 R_H，由于其热量被空气吸收，热线本身变冷。热线周围通过的空气质量流量越大，被带走的热量也就越多。热线式空气流量传感器就是利用热线与空气之间的这种热传递效应来进行空气质量流量测量的。其工作原理是将热线温度与吸入空气温度差保持在100 ℃，热线温度由混合集成电路 A 控制，当空气质量流量增大时，由于空气带走的热量增多，为保持热线温度，混合集成电路使热线 R_H 通过的电流增大，反之，则减小。这样，就使得通过热线 R_H 的电流是空气质量流量的单一函数，即

热线电流 I_H 随空气质量流量增大而增大，随空气质量流量减小而减小。热线加热电流 I_H 在 50～120 mA 变化，具体取决于进气空气的质量流量。热线加热电流给出输出信号，其大小取决于通过惠斯顿电桥电路中精密电阻 R_A 上的电压降。在惠斯顿电桥的另一臂上有温度补偿电阻 R_K 和电桥电阻 R_B，为了减小电损耗，其电阻值较高，通过这个臂上的电流仅有几毫安。

热线式空气流量传感器长期使用后，会在热线上积累杂质，为了消除使用中电热线上附着的胶质积炭对测量精度的影响，在流量传感器上采用烧净措施解决这个问题。每当发动机熄火时(或起动时)，ECU 自动接通热线式空气流量传感器壳体内的电子电路，加热热线，使其温度在 1 s 内升高至 1 000 ℃。由于烧净温度必须非常精确，因此在发动机熄火 4 s 后，该电路才被接通。由于热线式空气流量传感器测量的是进气质量流量，它已把空气密度、海拔高度等影响考虑在内。因此，可以得到非常精确的空气流量信号。

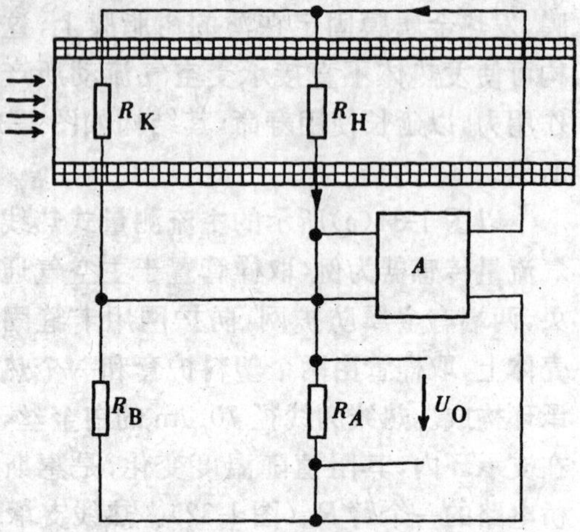

图 1-32　热线式空流量传感器的基本原理

A-混合集成电路；R_H-热线电阻；R_K-温度补偿电阻；R_A-精密电阻；R_B-电桥电阻

2. 进气歧管绝对压力传感器结构

在进气量采用进气歧管压力计量方式的电控汽油喷射系统(如 Bosch 公司 D-Jetronic 系统)中，进气歧管绝对压力传感器是最重要的传感器，相当于采用直接测量空气流量的电控汽油喷射系统中的空气流量传感器。它能依据发动机的负荷状态测出进气歧管内绝对压力的变化，并转换成电压信号与转速信号一起输送到 ECU，作为决定喷油器基本喷油量的依据。

进气歧管绝对压力传感器种类较多，就其信号产生原理可分为半导体压敏电阻式、电容式、膜盒传动的可变电感式和表面弹性波式等，其中电容式和半导体压敏电阻式进气歧管绝对压力传感器在当今发动机电子控制系统中，应用较为广泛。

(1)半导体压敏电阻式进气歧管绝对压力传感器结构

该进气歧管绝对压力传感器利用的是半导体的压阻效应，因具有尺寸小、精度高、成本低和响应性、再现性、抗振性较好等优点，现今得到了广泛的应用，其结构如图 1-33 所示。它是由压力转换元件和把转换元件输出信号进行放大的混合集成电路等构成，传感器通常用一根橡胶管和需要测量其中压力的部位相连。压力转换元件是利用半导体的压阻效应制成的硅膜片。硅膜片的一面是真空室，另一面导入进气歧管压力。硅膜片(图 1-34a)为约 3 mm 的正方形，其中部经光刻腐蚀形成直径约 2 mm、厚约 50 μm 的薄膜，薄膜周围有 4 个应变电阻，以惠斯顿电桥方式连接(图 1-34b)。由于薄膜一侧是真空室，因此，薄膜的另一侧进气歧管内绝对压力越高，硅膜片的变形越大，其应变与压力成正比，附着在薄膜上的应变电阻的阻值随应变成正比变化，这样，就可利用惠斯顿电桥将硅膜片的变形变成电信号。因为输出的电信号很微弱，所以，需用混合集成电路进行放大后输出。这种半导体压敏电阻式进气歧管绝对压力传感器输出的信号电压具有随进气歧管绝对压力的增大呈线性增大的特性。

(2)电容式进气歧管绝对压力传感器的结构

电容式进气歧管绝对压力传感器是使氧化铝膜片和底板彼此靠近排列，形成电容，利用电容依膜片上下的压力差而改变的性质，获得与压力成比例的电容值信号(图 1-35)。把电容(压

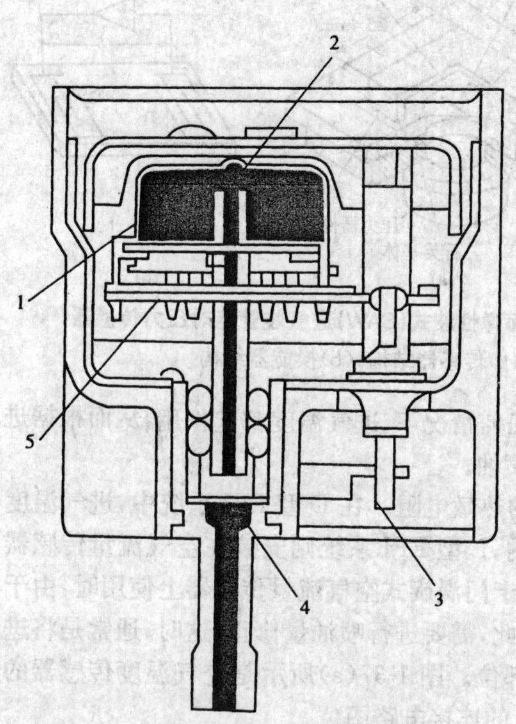

图 1-33 半导体式进气歧管绝对压力传感器

1-真空室；2-硅膜片；3-输出端子；4-滤清器；5-混合集成电路

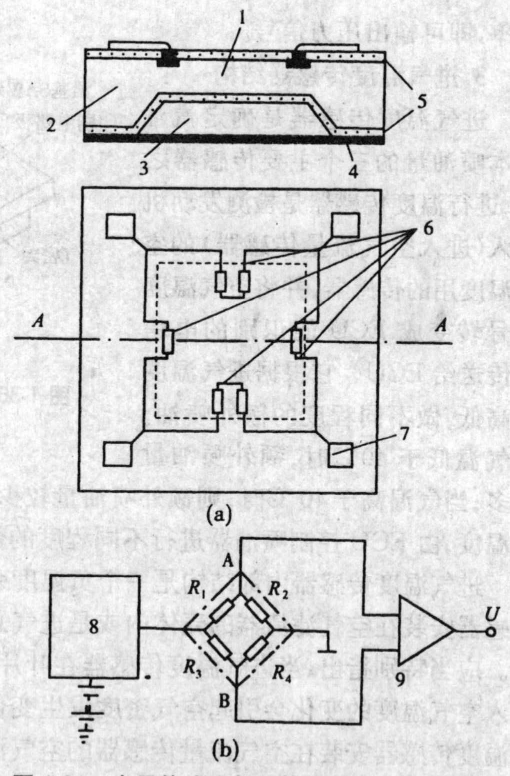

图 1-34 半导体式进气歧管绝对压力传感器硅膜片的结构及电路

(a)硅膜片的结构；(b)硅膜片的桥形电路

1-硅膜片；2-硅；3-真空管；4-硼硅酸玻璃片；5-二氧化硅膜；6-应变电阻；7-金属块；8-稳压电源；9-差动放大器

力转换元件)连接到传感器混合集成电路的振荡器电路中，则传感器产生可变频率的信号，其输出信号的频率与进气歧管绝对压力成正比。其频率在 80～120 Hz 变化。ECU 根据输入信号的频率便可感知进气歧管的绝对压力。

(3)表面弹性波式(SAW)进气歧管绝对压力传感器

该进气歧管绝对压力传感器的结构如图 1-36 所示。它是在一块压电基片上用超声波加工出一薄膜敏感区，上面刻制换能器(压敏 SAW 延时线)，与电路组合成振荡器。为了提高测量精度，补偿温度对基片的影响，在薄膜敏感区边缘设置一只性能相同的换能器(温基 SAW 延时线)。换能器是在抛光的压电基片上设置两个金属叉指构成(图 1-36b)，若在输入换能叉指 T_1 上加电信号，便由逆压电效应在基片表面激励起弹性表面波，传播到换能叉指 T_2 转换成电信号，经放大后反馈到 T_1，以便保持振荡状态。表面弹性波(SAW)在两个换能叉指之间的传播时间即是所获得的延迟时间，其大小取决于两换能叉指间的距离。由于导入的歧管压力作用于压电基片上，压力变化将在薄膜敏感区产生应变，使换能叉指间距离发生变化，因而，表面弹性波传播的延迟时间相应变化。根据与延迟时间成反比的振荡

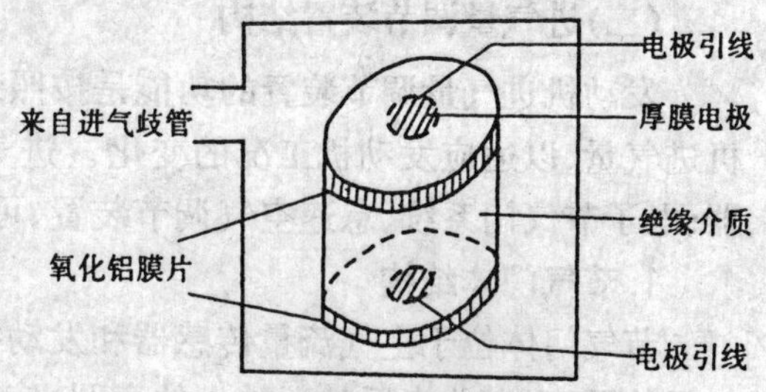

图 1-35 电容式进气歧管绝对压力传感器结构示意图

频率,即可输出压力信号。

3.进气温度传感器结构

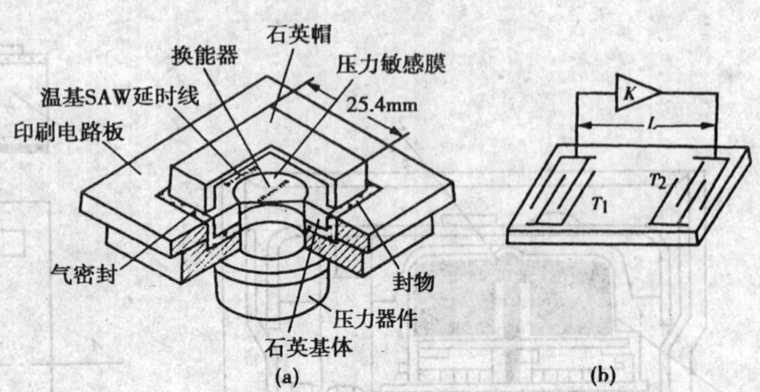

图 1-36 表面弹性波式(SAW)进气歧管绝对压力传感器

(a)传感器结构;(b)换能器结构

进气温度传感器是确定汽油基本喷油量的三个主要传感器之一,进行温度传感器是检测发动机吸入(进入空气流量传感器)的空气温度用的传感器,并将空气温度信号转变成 ECU 能识别的电信号传送给 ECU。它根据进气温度的高低,做不同程度的额外喷油。当气温低于 40℃时,额外喷油量较多;当气温高于 40 ℃时,则额外喷油量较少,在任何情况下,进气温度都起作用,从而根据进气温度,由 ECU 控制喷油器进行不同程度的额外喷油。

进气温度传感器内部结构是一个负温度系数的热敏电阻。在 D 型 EFI 系统中,进气温度传感器安装在空气滤清器的壳体内或是进气总管内;L 型 EFI 系统则安装在空气流量传感器内。应当特别指出,当进气温度传感器在叶片式及卡门涡旋式空气流量传感器上使用时,由于吸入空气温度的变化会引起空气密度发生变化,因此,需要进行喷油量修正,这时,通常是将进气温度传感器安装在空气流量传感器的空气测量部位。图 1-37(a)所示是进气温度传感器的剖面图,图 1-37(b)所示是进气温度传感器与 ECU 的连接电路图。

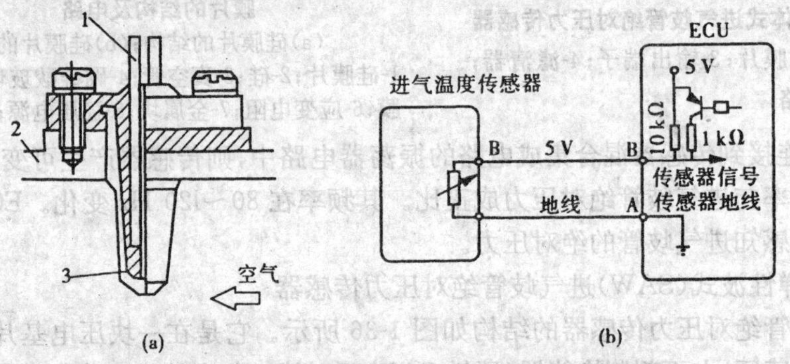

图 1-37 进气温度传感器剖视图及与 ECU 的连接电路

(a)剖视图;(b)传感器与 ECU 的连接电路

1-导线;2-空气流量传感器壳体;3-热敏电阻

(二)进气量调节装置结构

发动机进气量调节装置的功能是按照驾驶人的意愿或发动机工况的变化情况,调节发动机进气量,以适应发动机工况的变化。进气量调节装置主要包括节气门体、节气门位置传感器、电子节气门系统、怠速空气调节装置、可变进气控制系统、废气涡轮增压装置等。

1.节气门体结构

节气门体位于空气流量传感器和发动机之间的进气管上,通过操纵加速踏板可以控制节气门的开度,以此来反映驾驶人的意图,使进气通道变化,从而控制发动机运转工况。节气门体上装有节气门位置传感器,它的作用是把节气门的开度大小转换成电压信号传给发动机 ECU,作为 ECU 判定发动机工况的主要依据。根据节气门开启的控制方式不同,节气门体可以分为机械式节气门体、半自动节气门体和电子式全自动节气门体。

(1)机械式节气门体结构和工作特点

如图 1-38 所示,此类节气门体附带了怠速控制阀和节气门位置传感器。怠速控制阀可以安装在节气门体上或安装在节气门体附近的旁通进气道上。节气门的开启角度通过拉线由加速踏板操纵,节气门位置传感器向发动机 ECU 发送节气门开度信号。机械式节气门体工作时,是通过怠速调节螺钉将发动机怠速转速限定在既定转速,即节气门开启角在 1°~3°,再由怠速控制阀控制怠速旁通空气道进行怠速转速调节,使发动机实现对起动怠速、暖机怠速、空调怠速、缓冲怠速及附件负荷怠速调节(发电动机充电、大用电量电器开启、转向及换挡)等工况的适应。此种节气门体机构的优点是结构简单、怠速调节方便及抗污染能力强,缺点是附件较多且分散,同时适应能力差,而且发动机 ECU 的自适应能力差。另外,由于此种机构加速信号滞后,节气门的开启和发动机加速响应较慢,常用于早期车辆(2000 年前)。为了提高怠速自适应性,有些发动机 ECU 内设置了自学习程序,以便在发动机 ECU 断电再通电后进行怠速自学习,才能进行正常的怠速控制。

(2)半自动节气门体结构和工作特点

如图 1-39 所示,此类节气门体省去了怠速控制阀,安装了节气门调节电动机,但仍带有节气门拉线。节气门的开启角度有两种控制方式:系统正常时,由发动机 ECU 驱动节气门调节电动机进行控制;当系统出现故障时,则由拉索通过节气门离合器控制节气门的开启。半自动节气门体工作时是 ECU 驱动直流电动机,然后通过减速齿轮驱动节气门的开启,由于此种机构取消了怠速控制阀,ECU 通过不断改变节气门的开启角度,来实现对发动机起动怠速、暖机怠速、怠速、空调怠速、缓冲怠速及附件负荷怠速等工况的稳定控制,同时还可以实现正常转速控制及加速控制。在怠速以外的其他工况下,节气门的开启角度通过拉线由加速踏板操纵,节气门位置传感器随时向 ECU 发送节气门开度信号。采用此种机构的优点,是发动机怠速控制适应性得到了提高,发动机加速信号在前,节气门开启在后,加速性能有所提高。同时,节气门的开启受 ECU 控制,可实现车辆的牵引力(TRC)控制和起步防滑控制。由于保留了原有的节气门拉线,一旦 ECU 控制节气门失效或节气门位置传感器出现故障,通过拉线仍可实现节气门的基本功能。此种机构早期用在宝马、奔驰及凌志等高档车辆上,2000 年后普遍用于大众、丰田、本田及通用等车系的一般车辆上。因怠速控制系统中取消了怠速控制阀,故半自动节气门体在安装或清洗后,需进行重新设定,否则节气门将处于备用工作状态,发动机会出现怠速过高甚至加速熄火的故障。

图 1-38 机械式节气门体

图 1-39 半自动节气门体

(3)电子式全自动节气门体结构和工作特点

如图 1-40 所示，此类节气门体比较先进，它完全取消了节气门拉线，安装了节气门位置传感器、节气门调节电动机、节气门调节电动机反馈传感器及加速踏板位置传感器(图 1-41)。它的工作是由装在加速踏板上的加速踏板位置传感器发送开启信号给 ECU，ECU 再通过驱动节气门调节电动机控制节气门的开启，实现节气门体对发动机怠速、加速、部分负荷与全负荷等工况的全部控制。此类节气门体的优点是功能强，控制灵活，发动机加速响应性好，很容易实现驱动牵引力控制(ASR)和定速巡行、自动变速器换挡防冲等多种附加功能，同时简化了整车设计，降低了成本；使用电子节气门体的发动机，即使在驾驶人没有踩下加速踏板的情况下，ECU 也可以根据不同的工况调节发动机的转矩，这就显著改善了汽油经济性和排放净化性等发动机性能指标。其缺点是一旦系统出现故障，发动机只能在备用模式下以固定转速工作，不能通过加速踏板实现加速和减速。

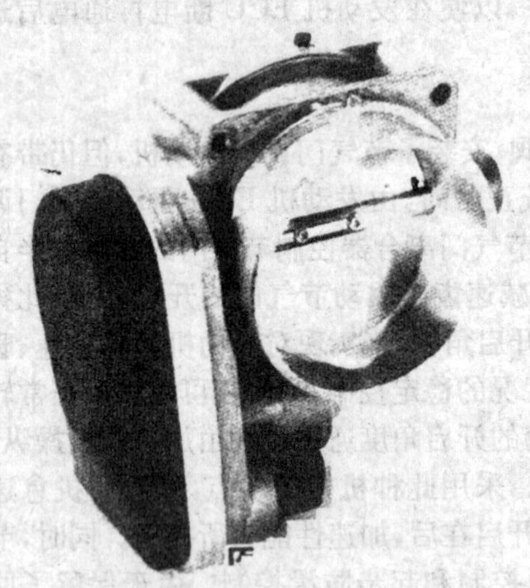

图 1-40　电子式全自动节气门体

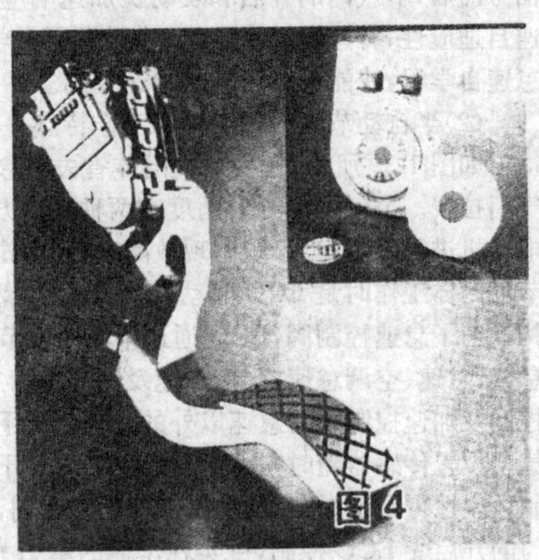

图 1-41　加速踏板位置传感器

2. 节气门位置传感器结构

节气门位置传感器安装在节气门轴上，用来检测节气门开度，以反映发动机的不同工况(怠速、加速、减速)以及发动机的负荷状态，对于装备自动变速器的车辆，节气门位置传感器信号还是自动变速器进行自动换挡控制的重要参数。节气门位置传感器，通常有以下 4 种形式。

(1)线性信号输出型节气门位置传感器结构原理

线性信号输出型节气门位置传感器的特点，是反映节气门开度的输出电压信号与节气门的实际开度成线性关系。图 1-42 所示为线性信号输出型节气门位置传感器的结构图，这种节气门位置传感器实际上是一种线性电位计(可变电阻)，它由 2 个与节气门联动的可动电刷触点、固定在基板上的电阻体、外壳以及引出导线、导线连接器等组成。可动触点在电阻体上滑动，以改变各触点间的电阻值，ECU 根据由此引起的电压的变化，就可以知道节气门的实际开度。但是，与节气门开度相对应的电阻体的电阻值，多少都存在偏差。因此，影响了节气门开度检测的准确性。为了能够准确检测节气门的全关闭状态，有些线性信号输出型节气门位置传感器另外设一个怠速触点 IDL，它只在节气处于全关闭状态时才被接通。图 1-43 所示是线性信号输出型节气门位置传感器输出特性。

(2)开关信号输出型节气门位置传感器结构原理

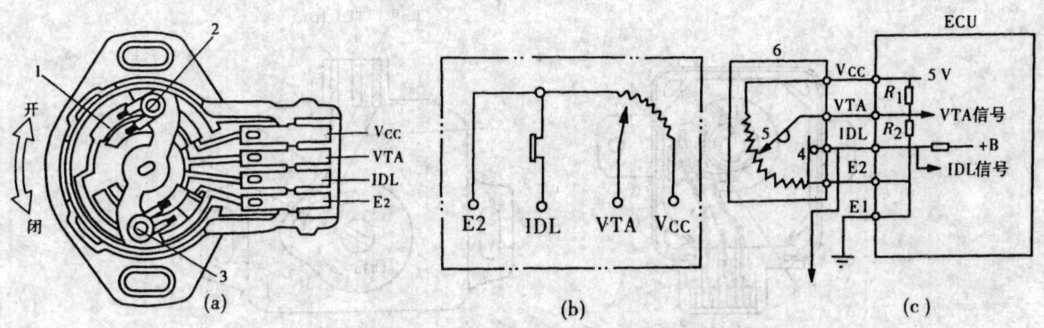

图 1-42 线性信号输出型节气门位置传感器的结构

(a)构造;(b)内部电路;(c)与 ECU 的连接电路

1-电阻体;2-检测节气门开度用的电刷;3-检测节气门全闭的电刷;Vcc-电源端子;VTA-节气门开度输出端子;IDL-怠速触点;E2-地线;4-怠速触点开关;5-滑动触头;6-节气门位置传感器

它的特点是节气门位置传感器只是以开和关 2 种信号向 ECU 发送节气门位置状态。在此类节气门位置传感器的内部,有 2 副固定的开关触点,分别是怠速触点和全负荷触点,还有一个活动触点安装在电刷臂上。当节气门开启角度发生变化时,活动臂发生偏转,带动活动触点依次与 2 副固定开关触点接触,ECU 即可得知节气门开度。ECU 根据怠速开关的闭合信号判定发动机处于怠速工况。当节气门开启角度增大时,活动触点与怠速触点断开,ECU 根据这一信号进行从怠速到小负荷过渡工况的喷油控制。当节气门开启到一定角度时,活动触点与全负荷触点闭合,ECU 根据此信号进行全负荷加浓控制。

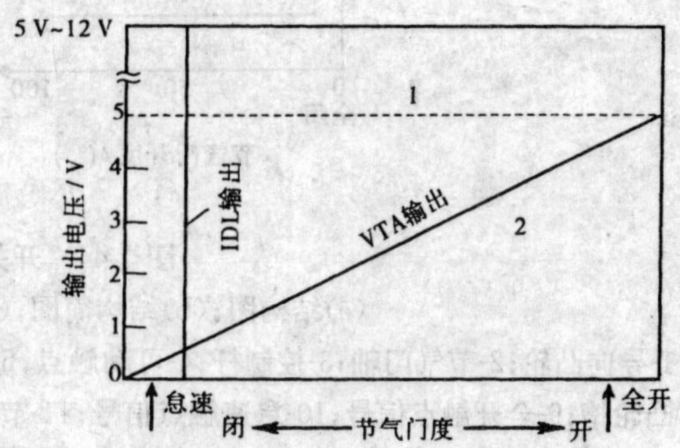

图 1-43 线性信号输出型节气门位置传感器输出特性

1-怠速信号(IDL 端子输出);2-节气门开度信号(VTA 端子输出)

图 1-44(a)、(b)所示是开关式节气门位置传感器的结构图,该传感器由安装在节气门体上并与节气门轴联动的凸轮、可检测出怠速位置的怠速触点、可检测出全开位置的全开触点(也叫功率触点)以及沿导向凸轮沟槽移动的可动触点等构成。导向凸轮由固定在节气门轴上的控制杆驱动。

怠速触点在节气门处于怠速位置时为闭合状态,其他时间均为打开状态。怠速触点可向 ECU 发出怠速增量、后怠速增量、汽油中断信号。

如图 1-44(c)所示,节气门全关时,可动触点和怠速触点接触,可以检测出节气门的全关闭状态,即输出高电平(5 或 12 V),否则输出为 0 V。若节气门的开度较大(如 50°以上),可动触点和全开触点(功率触点)接触,可以检测节气门的大开度状态,即可输出高电平,否则输出 0 V。节气门在中间开度时,可动触点同哪一个触点都不接触。

图 1-43(d)所示是开关式节气门位置传感器与 ECU 的连接电路。不踏加速踏板时,电源向 ECU 的怠速端子(IDL)供给电压。在高负荷时,全开触点(功率触点)处于闭合状态,电源向 ECU 的功率端子(PSW)施加电压(可判定踏下加速踏板)。

开关式节气门位置传感器与上述线性节气门位置传感器相比,节气门开度的检测性差,但

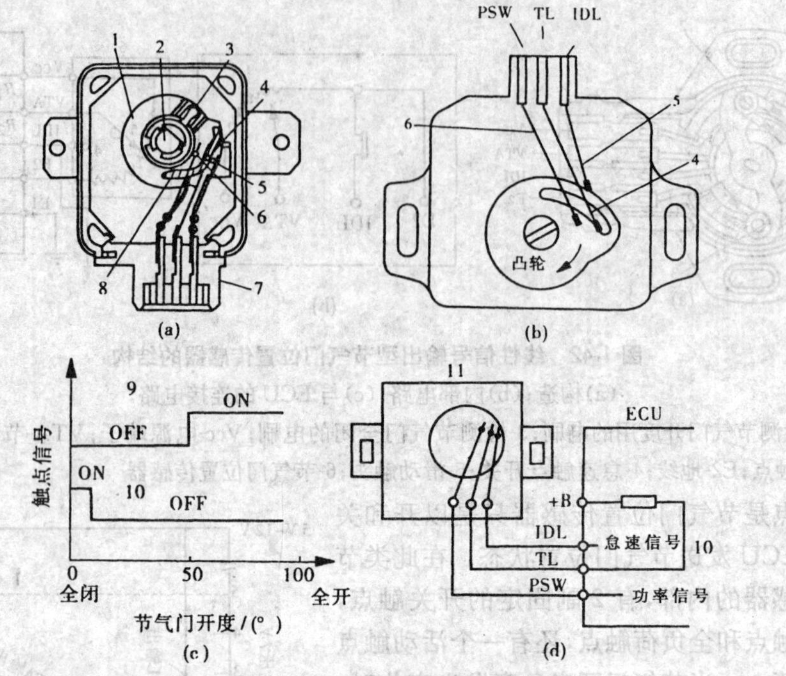

图 1-44　开关式节气门位置传感器

(a)结构图;(b)结构简图;(c)输出特性;(d)与 ECU 的连接电路

1-导向凸轮;2-节气门轴;3-控制杆;4-可动触点;5-怠速触点;6-全开触点(功率触点);7-导线连接器;8-导向凸轮槽;9-全开触点信号;10-怠速触点信号;11-节气门位置传感器

结构简单,价格便宜。

(3)编码式节气门位置传感器结构

为了检测发动机的加速状态,一些发动机在节气门位置传感器中还增加了 A_{cc} 信号输出端。这种节气门位置传感器称为编码式节气门位置传感器,其结构如图1-45所示。它通过印制电路板上编码图形与外部驱动轴运动并在图形上滑动的触点,即可以数字信号检测出节气门回转角。从 IDL 可检测出怠速状态,从 PSW 可检测出高负荷状态,从 Acc1 与 Acc2 可检测出加速状态。

图 1-46(a)所示为怠速运转时节气门位置传感器工作状态,此时,如 IDL 触点处于闭合,即可检测出怠速状态。同时,在发动机转速高时,如该触点闭合,ECU 将判断为减速状态,进行"汽油喷射中断"的控制。图 1-46(b)所示为加速运转时节气门位置传感器工作状态,此时,加速触点与印制线路板的加速线路、Acc1 与 Acc2 交替处于闭合、打开状态。对于在一定时间内的急加速,与信号检出的同时,ECU 进行非同步喷射控制,以提高加速性能。图 1-46(c)所示为高负荷回转时节气门位置传感器工作状态,在节气门打开一定程度的高负荷时,功率触

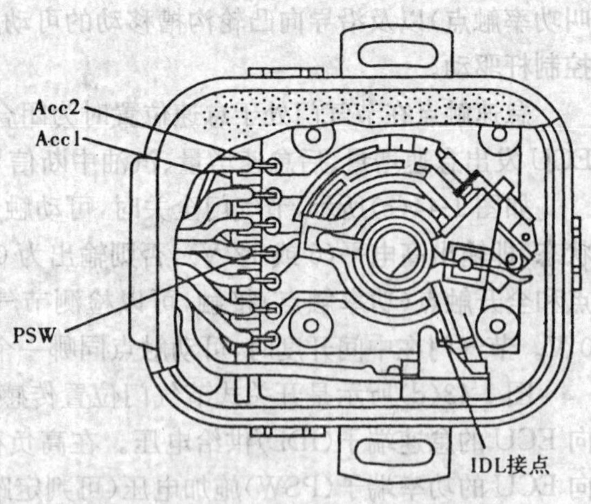

图 1-45　编码式节气门位置传感器图

点(PSW)处于闭合状态,即可检测出高负荷状态。图 1-46(d)所示为减速回转时节气门位置传感器工作状态,此时加减速检测触点处于打开状态,ECU 不进行非同步喷射控制。

检测时,是主要检测各触点在规定状态下是否能够闭合和断开。

(4)霍尔式节气门位置传感器结构原理

最新型的节气门位置传感器是霍尔式的(例如东南戈蓝轿车),如图 1-47(a)所示,霍尔式节气门位置传感器包括固定在轴上的永久磁铁、能根据磁通量密度输出电压的霍尔 IC 以及介于两者之间具有引导磁通量功能的定子组成。

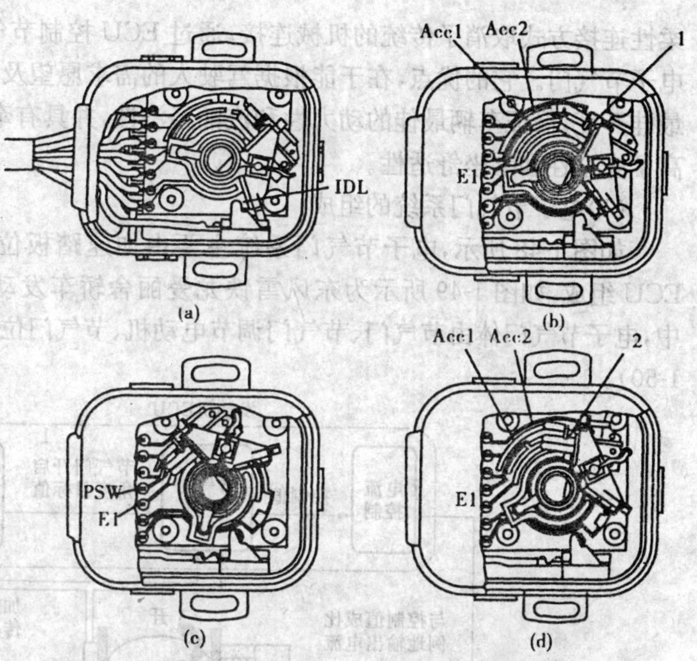

图 1-46　各运转状态下节气门位置传感器的工作状态

(a)怠速运转时;(b)加速运转时;(c)高负荷运转时;(d)减速运转时

1-加减速检测触点 ON;2-加减速检测触点 OFF

节气门全闭时,通过霍尔 IC 的磁通量密度保持在最小值,以得到最小的电压输出;节气门全开时,通过霍尔 IC 的磁通量密度保持在最大值,以得到最大的电压输出。如图 1-47(b)所示,节气门位置传感器能经由主系统与次系统输出,从而可以增进系统监测故障的准确性,并加强失效安全的功能,以提高可靠性。

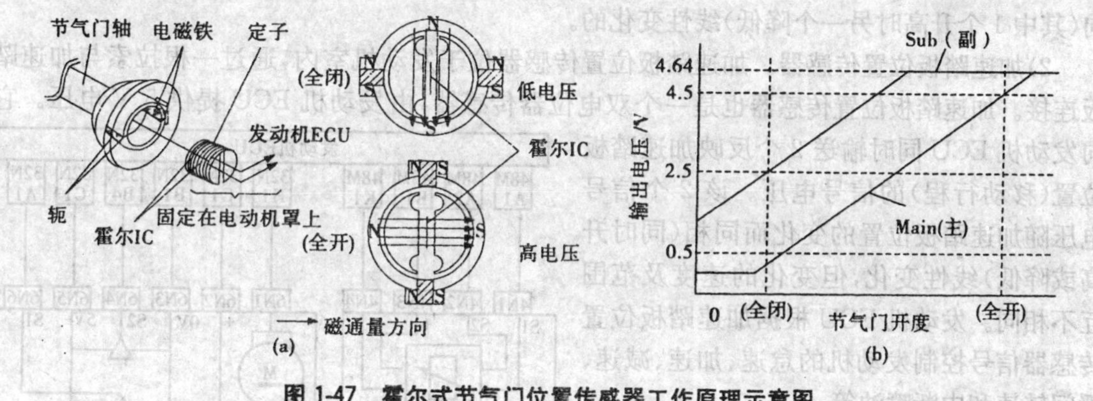

图 1-47　霍尔式节气门位置传感器工作原理示意图

(a)结构;(b)输出特性

3. 电子节气门系统结构

节气门的作用是控制发动机的进气流量,决定发动机的运行工况。驾驶人通过操作加速踏板来操纵节气门开度。加速踏板和节气门的连接方式有两种:刚性连接和柔性连接。传统加速踏板采用刚性连接,即通过拉杆或拉索传动连接加速踏板和节气门的机械连接方式。因此,节气门开度完全取决于加速踏板的位置,即驾驶人的操作意图。但从动力性和经济性角度来看,发动机并不总是完全处于最佳运行工况,而且驾驶人的误操作也会给安全性带来隐患。

柔性连接方式取消了传统的机械连接，通过 ECU 控制节气门快速精确地定位。因此，又称为电子节气门。它的优点，在于能根据驾驶人的需求愿望及整车各种行驶状况，来确定节气门的最佳开度，保证车辆最佳的动力性和汽油经济性，并具有牵引力控制、巡行控制等控制功能，提高了安全性和乘坐舒适性。

(1)电子节气门系统的组成

如图 1-48 所示，电子节气门系统主要由加速踏板位置传感器、电子节气门体和发动机 ECU 组成，如图 1-49 所示为东风雪铁龙爱丽舍轿车发动机电子节气门系统的控制电路，其中，电子节气门体由节气门、节气门调节电动机、节气门位置传感器和齿轮传动装置等组成(图 1-50)。

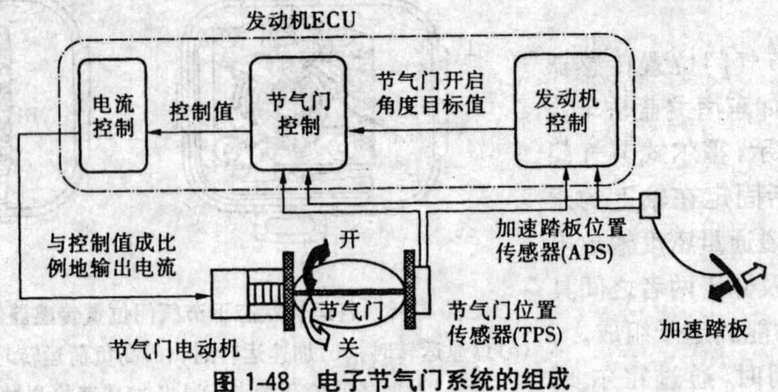

图 1-48　电子节气门系统的组成

1)节气门位置传感器。节气门位置传感器是一个双电位器传感器(图 1-51)，由发动机 ECU 提供5 V电压，它随节气门开度的变化向发动机 ECU 同时输送 2 个反映节气门实际开度的信号电压。由于 2 个电位器是同相安装的，当节气门位置发生变化时，其电阻同时线性增加或减小。当加入＋5 V 电压后，转化为与电阻值变化相应的电压输出。该 2 个信号电压是反向(其中 1 个升高时另一个降低)线性变化的。

2)加速踏板位置传感器。加速踏板位置传感器位于发动机室内，通过一根拉索与加速踏板连接。加速踏板位置传感器也是一个双电位器传感器，由发动机 ECU 提供 5 V 电压。它向发动机 ECU 同时输送 2 个反映加速踏板位置(移动行程)的信号电压。该 2 个信号电压随加速踏板位置的变化而同相(同时升高或降低)线性变化，但变化的速度及范围互不相同。发动机 ECU 根据加速踏板位置传感器信号控制发动机的怠速、加速、减速、瞬间转速和中断喷油等。

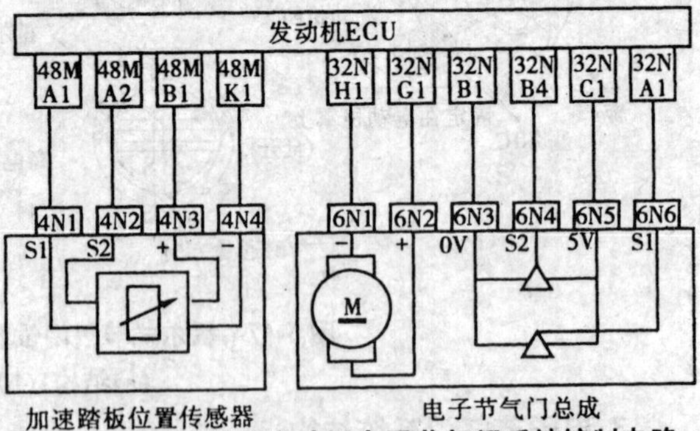

加速踏板位置传感器　　电子节气门总成

图 1-49　爱丽舍轿车发动机电子节气门系统控制电路

3)节气门调节电动机。节气门控制电动机一般选用步进电动机或直流电动机，经过两级齿轮减速来调节节气门开度。早期以使用步进电动机为主，步进电动机精度较高，能耗低，位置保持特性较好，但其高速性能较差，不能满足节气门较高的动态响应性能的要求。所以，现在比较多地采用直流电动机，直流电动机精度高，反应灵敏，便于伺服控制。

4)ECU。ECU 是整个系统的核心，包括两部分：信息处理模块和电动机驱动电路模块。

图 1-50 电子节气门总成的结构

1-节气门位置传感器;2、3-齿轮;4-复位弹簧;5-阀片;6-节气门轴;7-节气门调节电动机;8-节气门体

信息处理模块接受来自加速踏板位置传感器的电压信号,经过处理后得到节气门的最佳开度,并把相应的电压信号发送到电动机驱动电路模块。电动机驱动电路模块接受来自信息处理模块的信号,控制电动机转动相应的角度,使节气门达到或保持相应的开度。电动机驱动电路应保证电动机能双向转动。

(2)电子节气门系统的工作原理

ECU 根据加速踏板位置传感器的信号通过控制电动机运转,经齿轮传动装置使节气门转到适当的开度,而节气门位置传感器将反映节气门实际开度的信号输送给发动机 ECU,接着,ECU 将节气门位置传感器和加速踏板位置传感器的信号进行比较,以确认节气门开度是否满足要求。如果不满足,则 ECU 继续驱动电动机来调节节气门的开度。加速踏板位置传感器和节气门位置传感器的双电位器结构使 ECU 能精确地根据驾驶人的意图来控制节气门开度,并满足空调、自动变速器、动态稳定控制、车速调节或发动机冷却风扇等,对发动机转矩的要求。当同时出现多项要求时,发动机 ECU 根据内部确定的优先等级,满足优先等级最高的项目要求,此时,节气门的实际开度与驾驶人对节气门的开度要求不一定相同。发动机的怠速由发动机 ECU 通过电子节气门总成控制,在发动机上没有怠速空气控制阀。

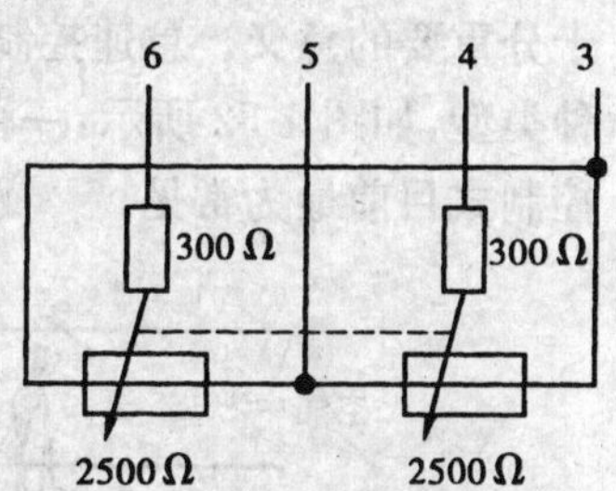

图 1-51 加速踏板位置传感器和节气门位置传感器内部原理

(3)电子节气门系统的初始化

以东风雪铁龙爱丽舍轿车为例,电子节气门系统的初始化项目如下。

1)电子节气门总成的初始化。电子节气门总成的初始化是发动机 ECU 读取包括节气门的最大开度和关闭位置等位置的信息。在未完成对电子节气门总成初始化的情况下,发动机 ECU 不能很好地通过调节节气门的开度来控制发动机转矩。在更换了发动机 ECU、更换或修复了电子节气门总成、对发动机 ECU 进行了编程或编码之后,电子节气门总成需要进行初始化。

电子节气门初始化的步骤如下:先将点火开关置于 M 位 30 s(不踩加速踏板),然后断开点火开关15 s(注意,在这15 s内不要接通点火开关,因为在这15 s内电源仍向电子节气门总成供电,而发动机ECU在记录节气门的初始化参数)。如果操作不当,发动机ECU就不能准确地控制节气门的开度,车辆将“跛行”。出现这种情况后,必须用PROXIA仪器初始化操作。

实际上,在车辆运行过程中,发动机ECU会有步骤地比较储存的节气门位置和实际的节气门位置,如果两者的差值超过了允许值,则ECU就会实行电子节气门总成的初始化。

2)加速踏板位置传感器的初始化。加速踏板位置传感器的初始化就是读取加速踏板在停止位置和最大行程位置与加速踏板位置传感器信号的关系,它是发动机ECU执行驾驶人意图的必要条件。更换了发动机ECU,维修或更换了加速踏板位置传感器,对发动机ECU进行了编程或编码之后,加速踏板位置传感器需要进行初始化。

加速踏板位置传感器的初始化步骤如下:在不踩加速踏板条件下接通点火开关;将加速踏板踩到底;松开加速踏板;在不踩加速踏板条件下起动发动机。

4.怠速控制系统结构

(1)发动机怠速控制系统的类型与组成

发动机在无负荷情况下以最低稳定转速运转,叫做发动机怠速。在怠速工况下工作时,只需克服其内部的摩擦阻力,而对外无输出功率。发动机怠速的高低,不但对油耗有严重的影响(实践证明,在交通密度大的道路上行车,怠速油耗约占30%),对发动机的排放污染、暖机时间和使用寿命等都有一定程度的影响。因此,使发动机在各种工况下能自动调节其怠速,具有十分重要的意义。怠速控制的方式随车型有所不同,对电控汽油喷射系统来说,目前可分为两种类型,如图1-52所示:一种是旁通空气道控制式;另一种是节气门直动式。其中旁通空气道控制式目前最为常见。

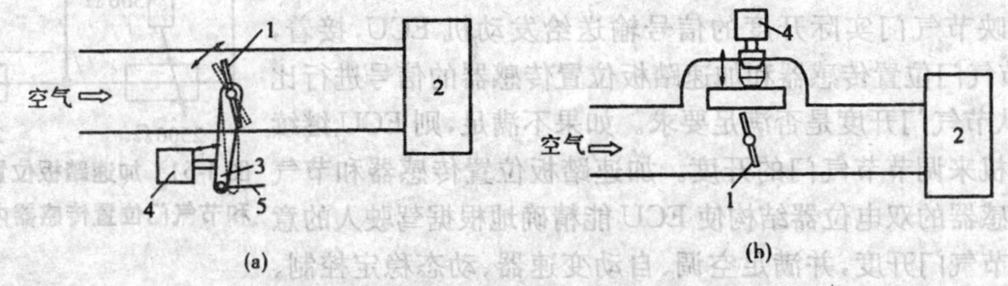

图1-52 控制怠速空气量的执行机构

(a)节气门直动式;(b)旁通空气式

1-节气门;2-发动机;3-节气门操纵臂;4-执行元件;5-加速踏板金属丝

发动机怠速控制系统主要由发动机ECU、执行器和各种传感器等组成,具体见表1-3所列。

发动机怠速控制系统组成 表1-3

组件		功能
传感器	发动机转速传感器	检测发动机转速
	节气门位置传感器	检测发动机怠速状态
	冷却液温度传感器	检测发动机冷却液温度
	起动开关	检测发动机起动工况

续上表

组件		功能
传感器	空调开关	检测空调的工作状态
	车速传感器	检测汽车的车速
	空挡起动开关	检测换挡手柄位置
	动力转向开关	检测动力转向装置的工作状态
	发电动机负荷信号	检测发电动机负荷的变化
执行器	怠速控制阀或怠速稳定控制器	调整怠速时的进气量
发动机 ECU		根据传感器的信号控制执行器动作，通过调整进气量使发动机保持在目标转速附近稳定运转

(2)怠速控制系统各主要组成部件的结构原理

旁通空气道控制式怠速控制执行机构的种类较多，一般可按怠速控制执行机构的结构分为机械式和电子控制式两种。机械式的怠速控制执行机构又有双金属片式和石蜡式两种，电子控制式的怠速控制执行机构有平动电磁阀式、旋转电磁阀式和步进电动机式 3 种。

1)空气阀。发动机冷车起动时，温度低，摩擦阻力大，暖机时间长。二次喷射系统空气阀的作用是在发动机低温起动时，可通过空气阀为发动机提供额外的空气(此部分空气也由空气流量传感器计量)，保持发动机怠速稳定运转，使发动机起动后迅速暖车，从而缩短暖车时间。空气阀一打开，发动机吸入的空气量就能被空气流量传感器测出，把该信号传给 ECU，从而使喷油器的喷油量也增加，做到在低温下顺利起动发动机。发动机完成暖机运转之后，流经空气阀的空气即被切断，发动机吸入的空气改由节气门体的旁通通路供给，使发动机在通常的怠速工况下稳定运转，由空气阀构成的空气通道如图 1-53 所示。空气阀按其结构和动作方式可分为两种：一种是利用加热线圈引起的变位原理，使阀工作的双金属片调节式；另一种是利用发动机冷却液热量引起的石蜡胀缩原理，使阀工作的石蜡型。

①双金属片式空气阀结构。双金属片式空气阀的结构及工作如图 1-54 所示，它由双金属元件、加热线圈和空气阀片等组成，旁通空气管路截面积的大小由双金属片控制回转阀门来决定。当温度低或无电流通过加热线圈时，阀门总是打开的，在发动机冷起动时，旁通空气道全

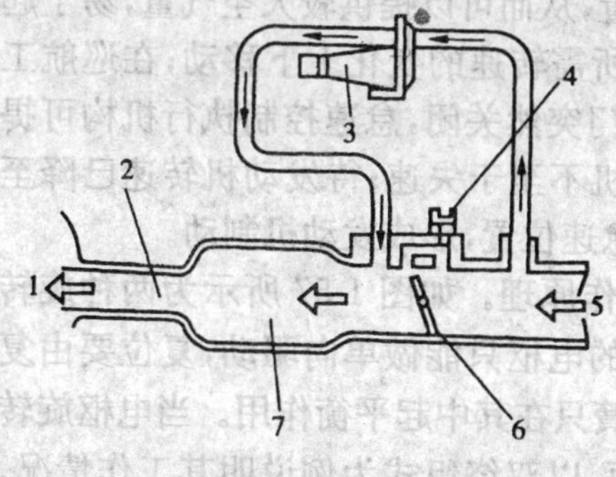

图 1-53 由空气阀构成的空气通道

1-去发动机的空气；2-进气歧管；3-空气阀；4-怠速调节螺钉；5-自空气滤清器来的空气；6-节气门；7-缓冲罐(稳压箱)

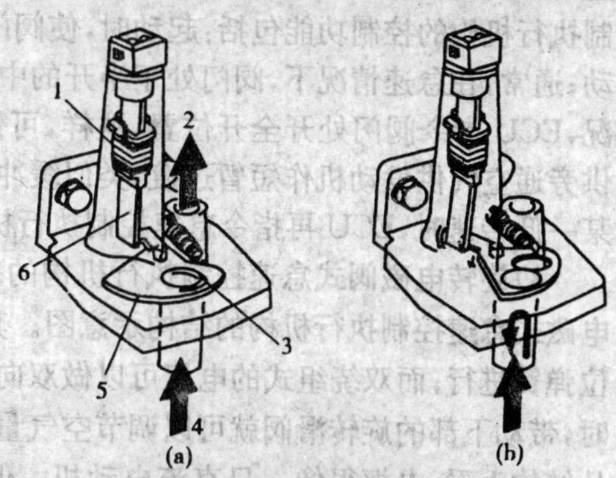

图 1-54 双金属片式空气阀的结构和工作

(a)在低温时；(b)暖机后

1-加热线圈；2-接进气歧管；3-阀门；4-接空气滤清器；5-销；6-双金属片

开，管路截面积最大。发动机起动后，空气通过节气门的旁通气道经空气阀进入进气总管。此时虽然节气门是关闭的，但进气量较大，怠速转速较高。在发动机起动的同时，加热线圈上就有电流流过，随着发动机温度的升高和加热线圈加热时间的增长，双金属片逐渐弯曲变形，带动回转阀门旋转，逐渐关闭旁通气道，从而降低发动机的怠速转速。暖机后，双金属片不仅受电加热，还受发动机的热量加热，使阀门保持关闭，发动机处于正常怠速工况。当热机再起动时，阀门保持关闭，以免发动机快怠速运行。所以，该空气阀应安装在能代表并感受发动机温度的部位，不但能保证在发动机暖机时双金属片同时受加热线圈和发动机热量的加热，而且能在热机起动时，机体的热量仍能使阀门关闭，避免发动机怠速转速过高。当环境温度为 20 ℃时，发动机起动后 3～6 min，空气阀即可受双金属片推动而关闭。

②石蜡式空气阀。石蜡式空气阀，根据发动机冷却液温度，控制空气通路面积。控制力来自恒温石蜡的热胀冷缩，而热胀冷缩的值随周围温度而变化。采用这种形式的空气阀，导入发动机冷却液是必要的，为了简化结构，大多采用与节气门体加热共用的冷却液管路一体化结构，图 1-55(a)所示是这种一体化结构的总体构成。当发动机处于低温状态时，冷却液温度低，石蜡体积收缩，阀门在外弹簧作用下打开，如图 1-55(b)所示，空气流经阀门从旁通气道进入进气管。发动机暖车后，冷却液温度升高，石蜡体积膨胀变大，推动空气阀克服内弹簧向左移动，将空气阀关闭，截断空气通道，如图 1-55(c)所示。由于内弹簧比外弹簧硬，所以，阀门是逐渐关闭的，从而使发动机转速也平稳地过渡到正常怠速状态。当冷却液温度高于 80 ℃时，阀门是紧闭的，这可使热机再起动时，避免发动机快怠速运行。

2)平动电磁阀式怠速控制执行机构。平动电磁阀式怠速控制执行机构主要由一只比例电磁阀构成，其电磁线圈的驱动电流为 ECU 送来的占空比(PWM)信号。这种比例电磁阀可以平衡在中间的任何位置，因此平动电磁阀式怠速控制执行机构根据 ECU 的指令对各种因素均可以做出补偿，从而实现怠速的最优控制。同时，这种执行机构还有响应速度快的优点，因此，是目前应用较多的一种怠速控制执行机构。如图 1-56 所示，平动电磁阀式怠速控制执行机构由电磁线圈、阀轴和阀等组成。当 ECU 加大 PWM 信号的脉宽(占空比)时，电磁力加大，阀轴上移而阀门开度加大，从而导致旁通空气量的加大与怠速的提高；当 PWM 信号脉宽减小时，旁通空气量减少而怠速下降。图中波纹管的作用是为了消除阀门上下两侧压差对开启位置的影响，便于 ECU 计算决定 PWM 信号，同时也减小了阀上的作用力。平动电磁式怠速控制执行机构的控制功能包括：起动时，使阀门处于全开位置，从而可以提供较大空气量，易于起动；通常，在怠速情况下，阀门处于半开的中间位置，根据所需转速的变化上下移动；在巡航工况，ECU 指令阀门处开全开位置，这样，可使得一旦节气门突然关闭，怠速控制执行机构可提供旁通空气供发动机作短暂过渡，类似缓冲作用，使发动机不至于失速；待发动机转速已降至某一低转速时，ECU 再指令怠速控制执行机构回到正常怠速位置，形成发动机制动。

3)旋转电磁阀式怠速控制执行机构的基本结构及工作原理。如图 1-57 所示为两种旋转电磁式怠速控制执行机构的结构示意图。其中单绕组式的电枢只能做单向驱动，复位要由复位弹簧进行；而双绕组式的电枢可以做双向驱动，复位弹簧只在其中起平衡作用。当电枢旋转时，带动下部的旋转滑阀就可以调节空气量的大小。下面，以双绕组式为例说明其工作情况。从结构上看，电枢很像一只直流电动机。但是电枢轴端部分设立了一些挡块，使电枢只能在 0°～90°的转角范围内转动。定子用永久磁铁做成磁场。在电枢上，有两组绕向相反的绕组 L1 与 L2(图 1-58)。当通电时，L1 与 L2 均产生转矩，但转向相反。当通过 L1 与 L2 的电流不相等时，电枢就会按电流较大的一组绕组规定的方向转动。

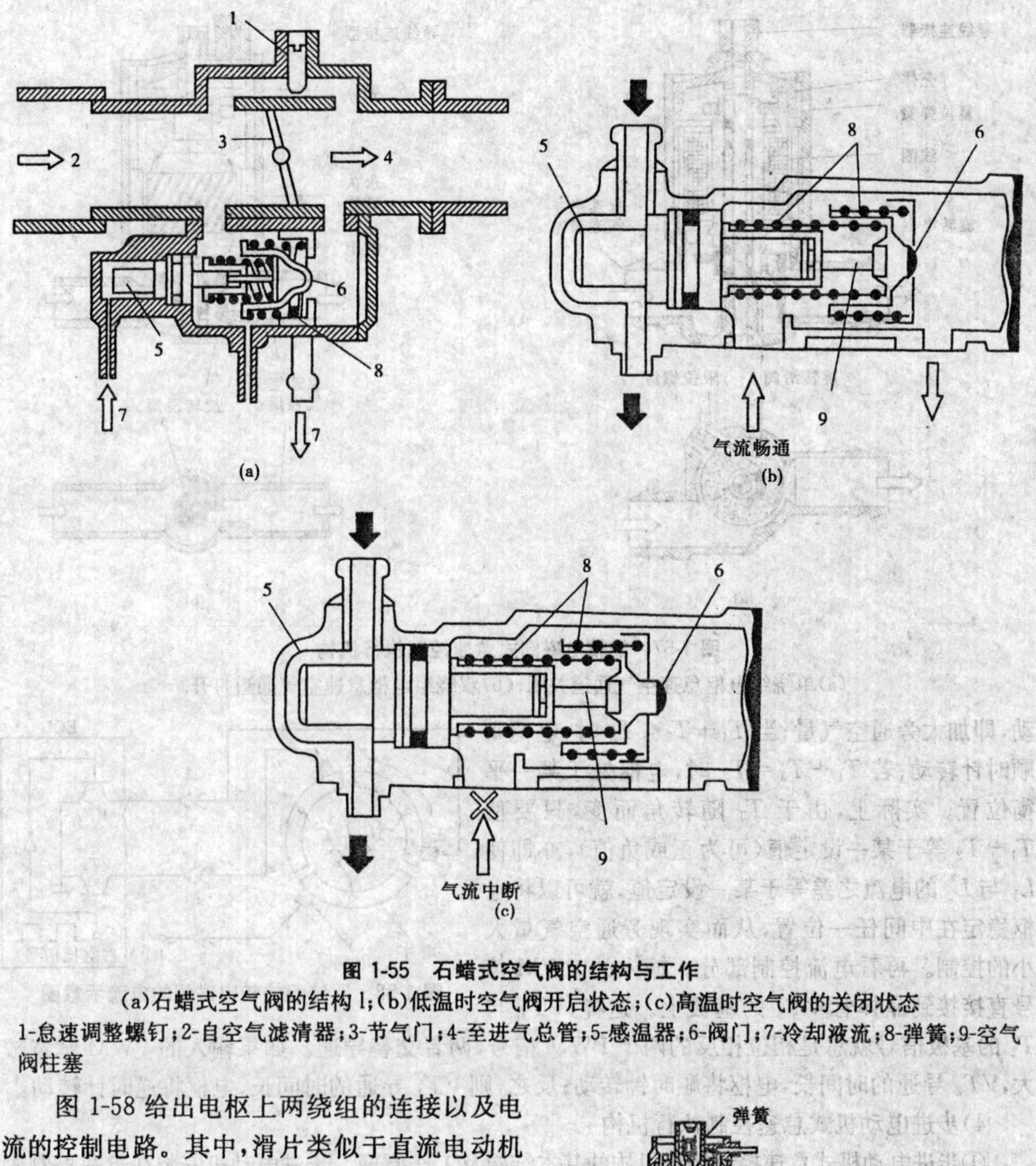

图 1-55 石蜡式空气阀的结构与工作

(a)石蜡式空气阀的结构 l;(b)低温时空气阀开启状态;(c)高温时空气阀的关闭状态

1-怠速调整螺钉;2-自空气滤清器;3-节气门;4-至进气总管;5-感温器;6-阀门;7-冷却液流;8-弹簧;9-空气阀柱塞

图 1-58 给出电枢上两绕组的连接以及电流的控制电路。其中,滑片类似于直流电动机的换向器,但由于转动只限于 90°转角内,滑片实际上只与某一电刷一直接触,并不改变图中电枢处开全关位置,在电枢轴端还有一个螺旋状的复位弹簧,它将电枢转向全开位置。电枢受到的转矩有三个,其中:T_1—线圈 L_1 产生的转矩,逆时针方向,大小与电流有关;T_2—线圈 L_2 产生的转矩,顺时针方向,大小与电流有关;T_3—弹簧产生的转矩,逆时针方向,大小与转角有关。当 $T_1+T_3>T_2$ 时,电枢将逆时针转

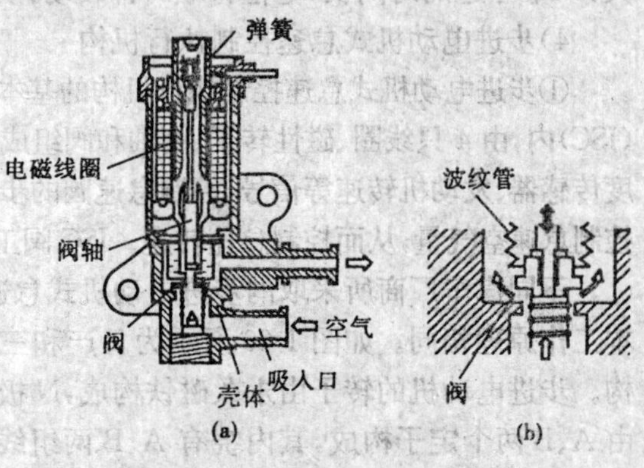

图 1-56 平动电磁阀式怠速控制执行机构

(a)总体结构;(b)阀门结构

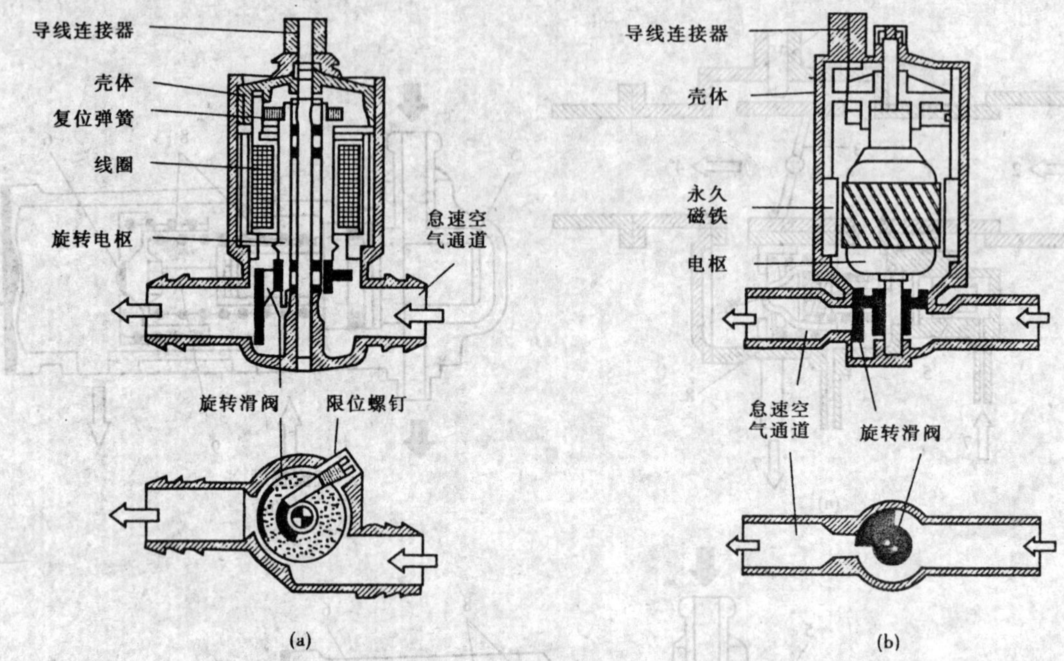

图 1-57 旋转电磁阀式怠速控制执行机构

(a)单绕组电枢怠速空气通道关闭；(b)双绕组电枢怠速空气通道打开

动，即加大旁通空气量；当 $T_1+T_3<T_2$ 时，电枢则顺时针转动；若 $T_1+T_3=T_2$ 时，电枢处于某一平衡位置。实际上，由于 T_3 随转角而变，只要使 T_1-T_2 等于某一设定值（可为正或负值），亦即使 L_1 与 L_2 的电流之差等于某一设定值，就可以将电枢稳定在中间任一位置，从而实现旁通空气量大小的控制。再看电流控制部分。输入的 PWM 信号直接接到晶体管 VT_2 的基极上。这样，VT_1 与 T_2 的基极信号就总是相位相反的两个 PWM 信号，两者交替导通。如果输入的 PWM 脉宽较大，VT_2 导通的时间长，电枢将顺时针转动；反之，则 VT_1 导通的时间长，电枢将逆时针转动。

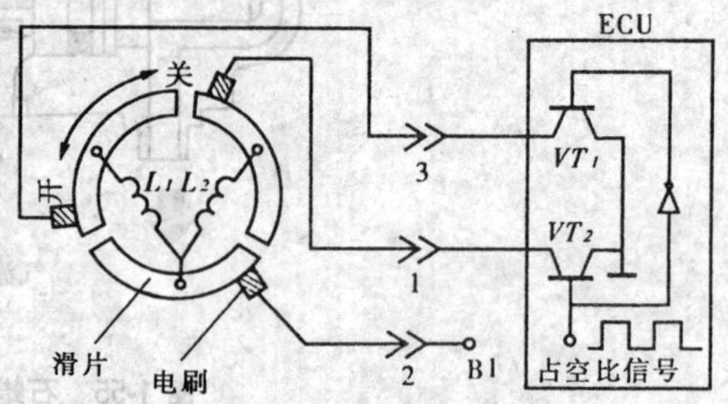

图 1-58 双绕组旋转电磁阀的电流示意图

4)步进电动机式怠速控制执行机构

①步进电动机式怠速控制执行机构的基本结构及工作原理。步进电动机安装在怠速控制阀(ISC)内，由 4 只线圈、磁性转子、阀轴和阀组成。发动机 ECU 根据节气门位置传感器、冷却液温度传感器、发动机转速等信号，控制怠速阀的步级数，阀前后移动控制怠速旁通道开启截面积，即控制怠速空气量，从而控制怠速转速。ISC 阀工作原理和控制电路图如图 1-59 所示。

不同汽车厂商所采取的步进电动机式怠速控制执行机构，在结构形式上略有差异，但其基本工作原理相同。如图 1-60 所示为日产和三菱公司的步进电动机式怠速控制执行机构的结构。步进电动机的转子由永久磁铁构成，N 极和 S 极在圆周上相间排列，共有 8 对磁极。定子由 A、B 两个定子构成，其内绕有 A、B 两组线圈，线圈由导磁材料制成的爪极包围，如图 1-61 所示。每个定子各有 8 对爪极，每对爪极（N 极与 S 极）之间的间距为一个爪的宽度，A、B 两定子爪极相差一个爪的位差，组成一体安装在外壳上，如图 1-62 所示。

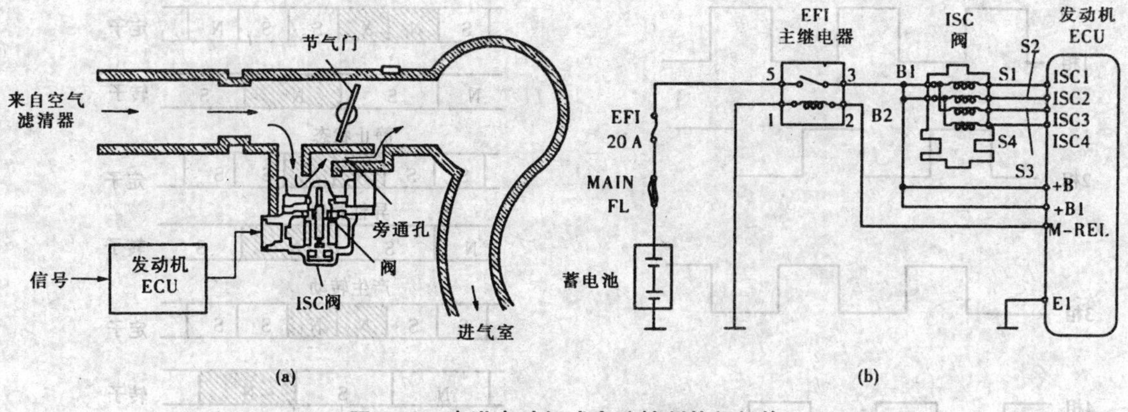

图 1-59 步进电动机式怠速控制执行机构

(a)工作原理图;(b)电路图

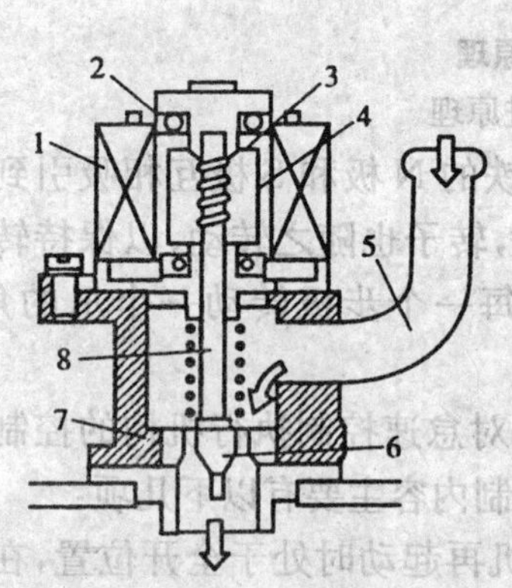

图 1-60 步进电动机式怠速控制阀

1-定子绕组;2-轴承;3-进给丝杆;4-转子;5-旁通空气道;6-阀芯;7-阀座;8-阀轴

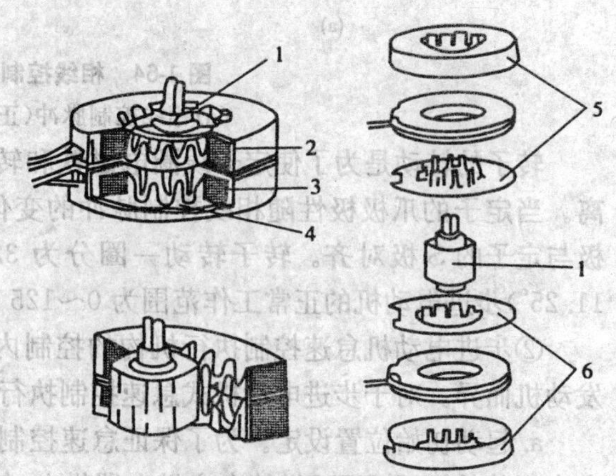

图 1-61 定子结构

1-转子;2-线圈 A;3-线圈 B;4-爪极;5-定子 A;6-定子 B

ECU 通过控制定子相线绕组的电压脉冲,交替变换定子爪极极性,使步进电动机转子产生步进式转动。A、B 两定子绕组分别由 1、3 相线绕组和 2、4 相线绕组构成,由 ECU 内晶体三极管控制各相线绕组的搭铁,如图 1-63 所示。相线控制脉冲如图 1-64(a)所示,欲使步进电动机正转时,相线控制脉冲按 1—2—3—4 相顺序迟后 90°相位角,定子上 N 极向右方向移动,转子随之正转,如图 1-64(b)所示。反之,欲使步进电动机反转时,相线控制脉冲按 1—2—3—4 相顺序依次超前 90°相位角,定子上 N 极向左方向移动,转子随之反转。

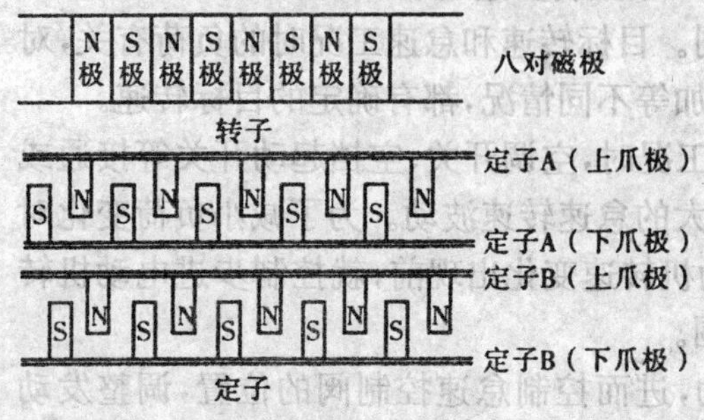

图 1-62 定子爪极的位置

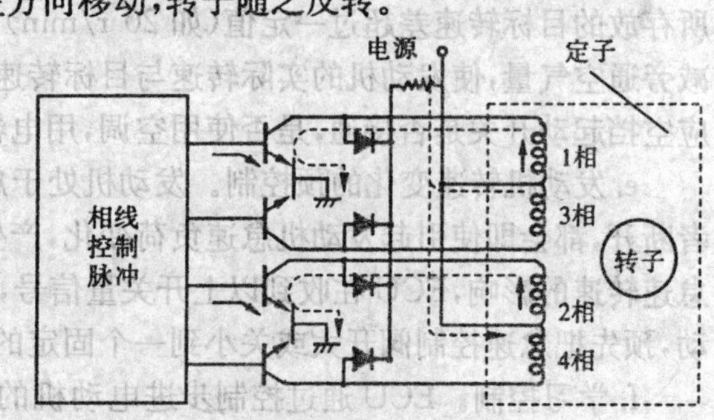

图 1-63 相线绕组的控制电路

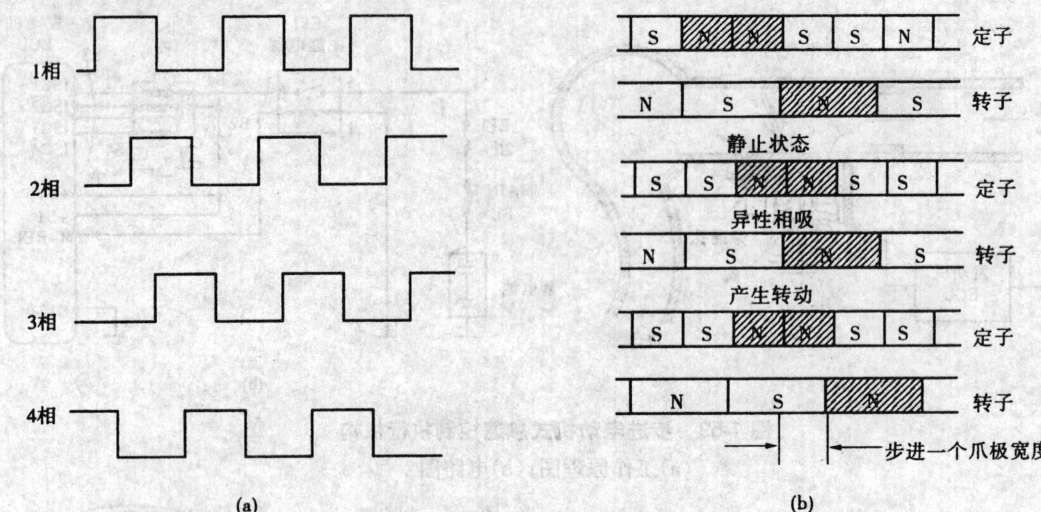

图 1-64　相线控制脉冲和步进原理

(a)相线控制脉冲(正转);(b)步进原理

转子的转动是为了使定子线圈电磁铁和转子永久磁铁的 N 极和 S 极互相吸引到最近距离。当定子的爪极极性随相线控制脉冲的变化而改变时,转子也随之转动,以保持转子的 N 极与定子的 S 极对齐。转子转动一圈分为 32 个步极,每一个步极转动一个爪的角度(即 11.25°)步进电动机的正常工作范围为 0～125 个步级。

②步进电动机怠速控制执行机构的控制内容。ECU 对怠速控制执行机构的控制内容因发动机而异。对于步进电动机式怠速控制执行机构,其控制内容主要有以下几项:

a. 起动初始位置设定。为了保证怠速控制阀在发动机再起动时处于全开位置,在发动机点火开关关闭后,ECU 继续向主继电器供电,使怠速控制阀继续保持接通状态,为下次起动做好准备,然后主继电器才断电。

b. 起动后控制。由于发动机起动前 ECU 已把怠速控制阀的初始位置设定在最大开度位置,因此,发动机起动后,若怠速控制阀仍保持全开,则会引起发动机转速过高。为了避免出现这种情况,在起动过程中,当发动机转速达到由冷却液温度确定的对应转速时,ECU 控制步进电动机转动,使怠速控制阀逐渐关小到冷却液温度对应的开度。

c. 暖机控制。暖机过程中,ECU 控制步进电动机转动,使怠速控制阀从起动后的开度逐渐关小,当冷却液温度达到 70℃时,暖机控制结束,怠速控制阀达到正常怠速开度。

d. 反馈控制。当发动机处于怠速工况运转时,如果发动机的实际转速与 ECU 存储器中所存放的目标转速差超过一定值(如 20 r/min),ECU 即控制步进电动机转动,通过相应地增减旁通空气量,使发动机的实际转速与目标转速相同。目标转速和怠速工况时的负荷有关,对应空挡起动开关是否接通,是否使用空调,用电器增加等不同情况,都有确定的目标转速。

e. 发动机转速变化的预控制。发动机处于怠速工况时,空调开关、空挡起动开关等接通或者断开,都会即使引起发动机怠速负荷变化,产生较大的怠速转速波动。为了减小负荷变化对怠速转速的影响,ECU 在收到以上开关量信号,发动机转速变化出现前,就控制步进电动机转动,预先把怠速控制阀开大或关小到一个固定的范围。

f. 学习控制。ECU 通过控制步进电动机的转动,进而控制怠速控制阀的位置,调整发动机的怠速转速。由于发动机在使用过程中其性能会发生变化,因此,这时怠速控制阀的位置虽然没有变化，但实际的怠速转速也会偏离初始数值。出现这种情况时，ECU 除了用反馈控制使怠速转速仍达到目标值外，还将此时步进电动机转过的步数存储在备用储存器中，供以后的怠速控制用。此功能初称为“学习控制”。

5）节气门直动式怠速控制执行机构及工作原理。节气门直动式怠速控制装置，是通过节气门体控制部件中的怠速稳定控制器直接控制节气门的开启来实现怠速稳定控制的，它没有怠速空气旁通道。怠速稳定控制器是由一个直流电动机通过齿轮传动控制节气门开启的机构，如图 1-65 所示。发动机怠速时，怠速稳定控制器根据发动机的负荷（进气量）和发动机温度对节气门进行控制。当发动机温度低时，节气门开度大，当发动机温度高时，节气门开度小。当突然放松加速踏板时，节气门由怠速稳定控制器逐渐关闭，直到所需的怠速。在紧急运行状态下，节气门控制部件电源被切断，节气门控制部件内的紧急运行弹簧将节气门定位在预先设定的紧急运行位置。此时，驾驶人对节气门调节无效。如图 1-66 所示，该怠速控制执行机构主要由直流电动机、减速齿轮、丝杆等部件组成。怠速控制执行机构的输出是传动轴的前后运动，它与节气门操纵臂的全闭限位器相接触，决定了节气门的最小开度。当 ECU 控制直流电动机通电时，电动机产生旋转力矩，通过减速齿轮减速，增大了旋转力矩。然后，又通过丝杆变转动为传动轴的前后直线运动。通过传动轴的运动，使节气门开度随之变化，调节节气门的空气通道面积，进而实现怠速的控制。

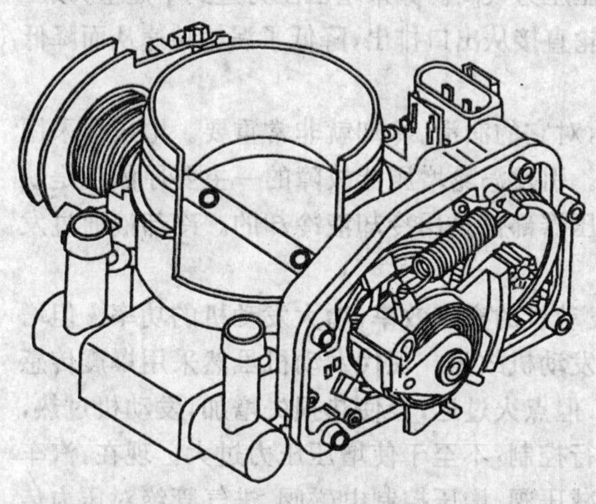

图 1-65 桑塔纳 2000 GSi 轿车节气门控制部件

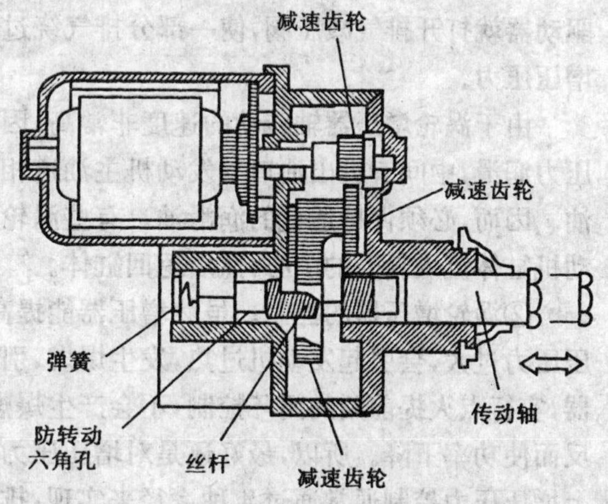

图 1-66 节气门直动式怠速控制执行机构

5. 进气增压控制系统的结构

(1)进气涡轮增压控制系统结构

1)旁通支路式涡轮增压控制系统结构

①涡轮增压器的结构及工作原理。涡轮增压系统的作用是利用发动机排放的废气能量给进气增压，提高了充气效率，增大发动机的功率。利用废气涡轮增压可以在不增大发动机体积的情况下增大发动机的最大功率，同时使油耗降低，排污减小。涡轮增压器主要由壳体、废气涡轮、压缩器及轮轴组成。壳体的两侧各有一个独立的空间，一端是涡轮室，上有排气进口和排气出口，中间装有涡轮；另一端为压缩器，上有空气进口，中间装有叶轮；轮轴以轴承支承在壳体的中间；废气涡轮和压缩器叶轮共同装在轮轴上。涡轮增压器的工作原理如图 1-67 所示。当具有一定压力、流速的废气从涡轮边缘的排气进口进入，经过导流栅，冲击涡轮的叶片，

使涡轮高速旋转，通过轮轴带动压缩机叶轮一同旋转，将空气压缩，经过中冷器冷却后送入发动机汽缸。

图 1-67　涡轮增压器总成

(a)涡轮增压器的结构；(b)涡轮增压器的工作过程

1-叶轮；2-压力阀；3-壳体；4-涡轮

涡轮增压器上还装有一排气减压阀，防止增压压力太高。如果增压压力达到一定值，减压驱动器就打开排气减压阀，使一部分排气绕过涡轮直接从出口排出，降低了涡轮转速从而降低增压压力。

由于涡轮增压器轴转动的速度非常高，因而，对它的润滑、冷却就非常重要。增压器采用压力润滑，中间有进出油口与发动机主油道相通。引发涡轮增压器故障的一主要原因就是缺油。因而，必须保持适量的润滑油。有些涡轮增压器部件是用冷却液冷却的。冷却液通过发动机缸体流入轮壳的中心，然后返回缸体。

②涡轮增压器的控制。虽然增压器能提高发动机的充气效率，增大发动机的功率。但增压压力过大，会引起发动机过热，发生爆燃，引起发动机故障。现代发动机虽然采用爆震传感器，实行点火提前角的闭环控制，不会产生爆燃。但点火过迟，会使热损失增加，发动机过热，反而使功率下降。所以，最好还是对增压压力实行控制，不至于使增压压力过大。现在，汽车上增压压力控制通常通过 4 种途径来实现：排气减压阀、增压控制电磁阀、进气管绝对压力传感器和发动机转速。

排气减压阀安装在涡轮的废气入口处，当阀门打开时，使废气绕过涡轮，直接从出口排出，增压器转速降低，从而保证了进气管中的压力不会超过最大值。排气减压阀由排气减压阀驱动器控制。驱动器是一个膜片泵，由压缩机出气口（或进气歧管）的压力控制。当进气歧管压力达到规定值时，气压力克服弹簧作用力推动膜片使排气减压阀打开，增压压力下降。

带有增压控制电磁阀的增压控制系统如图 1-68 所示。在排气减压阀驱动器与增压器空气进口之间的管路上装有一增压控制电磁阀，该电磁阀由 ECU 控制。当增压压力正常时，电磁阀电路不通，排气减压阀真空气室与真空通道相通，排气减压阀在膜片上真空吸引力作用下关闭，废气经涡轮、增加器增压。而当增压压力大于极限值时，ECU 控制增压控制电磁阀电路接通。切断驱动器真空室的真空通道，排气减压阀打开，废气从涡流的旁通气道流走，增压器不工作。直到增压压力降到规定的压力时，ECU 又将增压控制电磁阀电路断开，排气减压阀关闭,废气经过涡轮,增压器又开始工作。

在非增压发动机上,进气歧管绝对压力传感器通常用于监测进气歧管压力,作为喷油量的主控信号。但在增压发动机上,该传感器还用来监测涡轮增压器的增压。当进气歧管压力达到特定值时,进气歧管绝对压力传感器给ECU发出一信号,切断发动机供油,从而使发动机转速及导致这一结果的增压压力降低。一旦进气歧管压力降至该值以下,就继续供油。

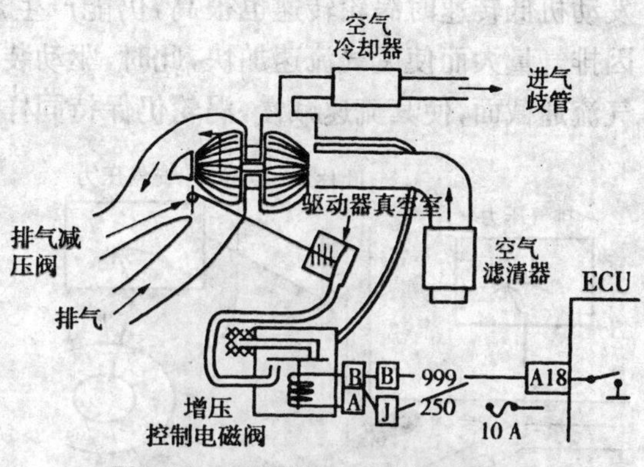

图 1-68 涡轮增压系统控制原理

有的增压控制系统根据发动机转速信号来控制增压,当ECU收到发动机达到某一特定转速信号时,就切断供油,直到转速降下来。

③涡轮增压器的缺点。涡轮增压器存在两个缺点:

a. 在发动机转速很高时,涡轮转速也很高。进气压力超出上限,使进气量超出需要。

b. 发动机转速低时达不到涡轮需要的转速,进气压力低于规定下限,使空气量不能满足所需,发动机功率又会达不到规定要求,即增压滞后。

④补救办法——旁通支路。补救的方法就是在涡轮增压器上加一旁通支路(图 1-69)。当发动机转速较高时,部分废气走旁通支路而不通过增压器,从而保证不超过最佳压缩比,进而达到所要求的发动机功率。旁通支路在发动机怠速时几乎是关闭的,旁通支路的开闭由真空膜片室控制。

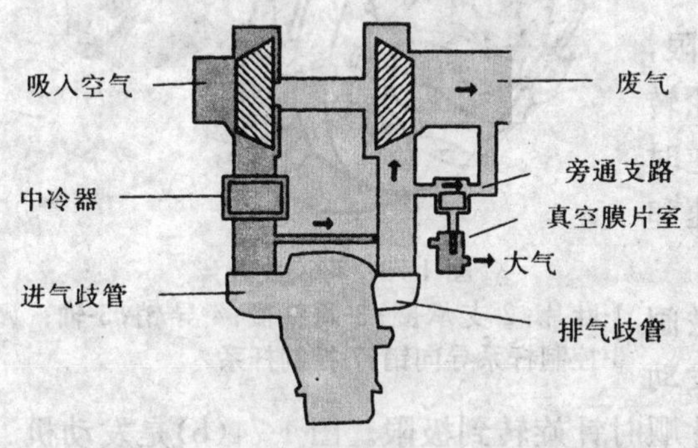

图 1-69 带有旁通支路的废气涡轮增压器

2)可调式涡轮增压器

①可调式涡轮增压器优点。该种涡轮增压器采用可调式叶片代替旁通支路,可调式叶片控制作用在涡轮上的气流量。可调式叶片由真空膜片室控制。其优点是:

a. 由于废气流量由可调式叶片控制,在发动机转速较低时也可保证大功率输出。

b. 作用于涡轮上较低的排气背压,可降低发动机高转速时的油耗。

c. 由于充气压力达到最佳状态,从而在整个转速范围内提高了燃烧效率。

②可调式涡轮增压器工作原理。举个例子,有两根管子(图 1-70),一个等截面,另一个变截面,如果两个管子内的压力相同,气体流过变截面管的速度要比等截面管的速度快得多。可调式涡轮增压器就是采用这一原理。可调式涡轮增压器示意图如图 1-71 所示,当发动机低转速运转时,因排气量小,使废气流速减慢,涡轮转速也随之降低,并导致充气压力下降。此时,驱动装置使叶片轴顺时针旋转一角度,由此减小了废气流通截面,使其流速加快,涡轮转速也随之加快。这样,便使

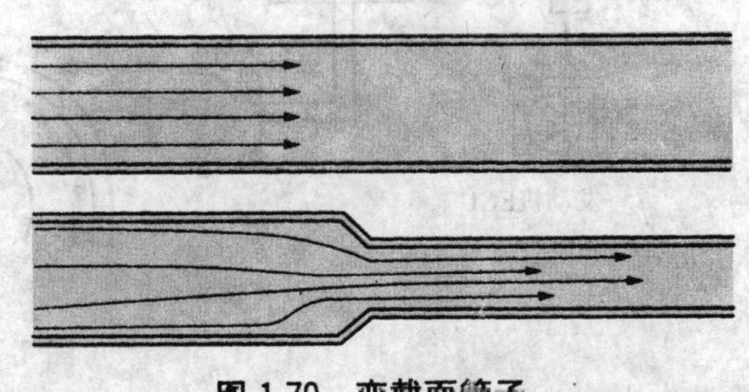
图 1-70 变截面管子

发动机低转速时涡轮转速也很高，仍能产生足够的充气压力。图 1-72 是当发动机高转速时，因排气量大而使废气流速加快，此时，驱动装置便使叶片轴逆时针旋转一角度，由此，增加了废气流通截面，使其流速减慢，涡轮仍保持同样转速，充气压力保持恒定。

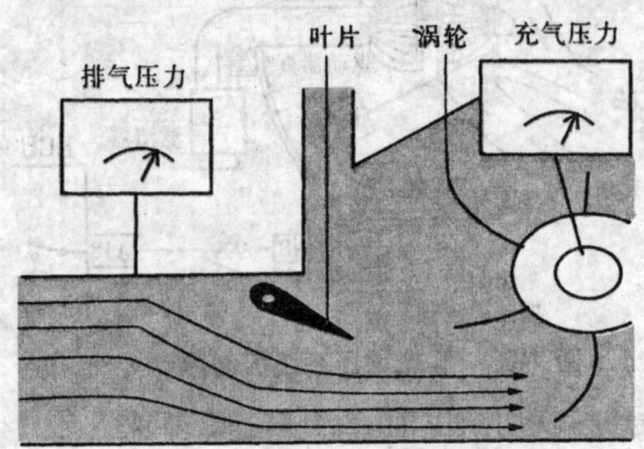

图 1-71　低速时的废气气流

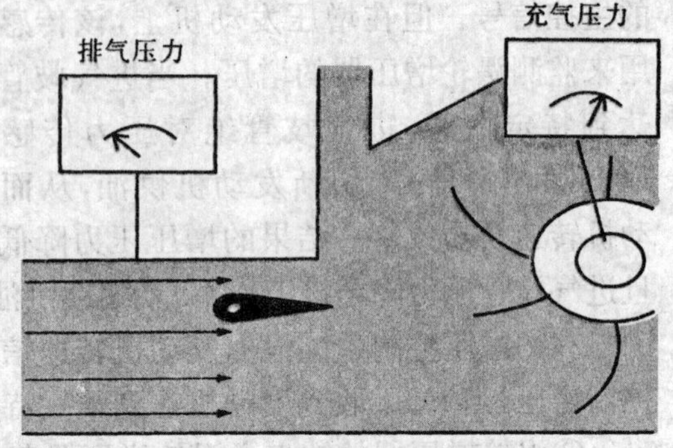

图 1-72　高速时的废气气流

③可调式涡轮增压器的结构

a. 调整叶片。可调式涡轮增压器调整叶片见图 1-73 所示，叶片连同叶片轴一同安装在支承圈上。叶片轴后有一个导销，该销卡在调整圈内，调整圈转动致使叶片轴转动，最终使叶片转动，由此改变了废气流通截面积。调整圈由控制杆系驱动，控制杆系又由真空膜片室驱动。

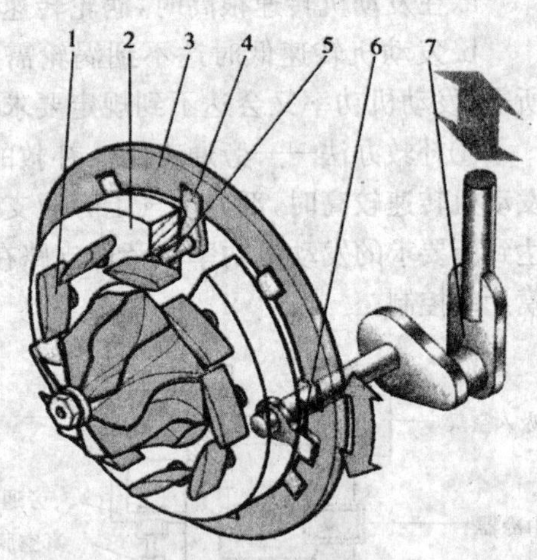

图 1-73　可调式叶片

1-叶片；2-支承圈；3-调整圈；4-导销；5-轴；6-控制杆系导向销；7-控制杆系

发动机怠速运转时，叶片轴顺时针旋转到极限，进气口截面变小，废气流速增大，从而提高了涡轮转速，充气压力提高。发动机高速运转时，叶片轴逆时针旋转到极限，进气口截面变大，从而使涡轮转速和充气压力恒定不变。

b. 真空膜片室。膜片室的作用是根据电磁阀 N75 输送的真空，驱动控制杆系。图 1-74(a)是发动机怠速时，N75 通电后，膜片室与真空源相通，叶片顺时针旋转到极限。图 1-74(b)是发动机高速时，N75 不通电，膜片室与大气相通，叶片逆时针旋转到极限。

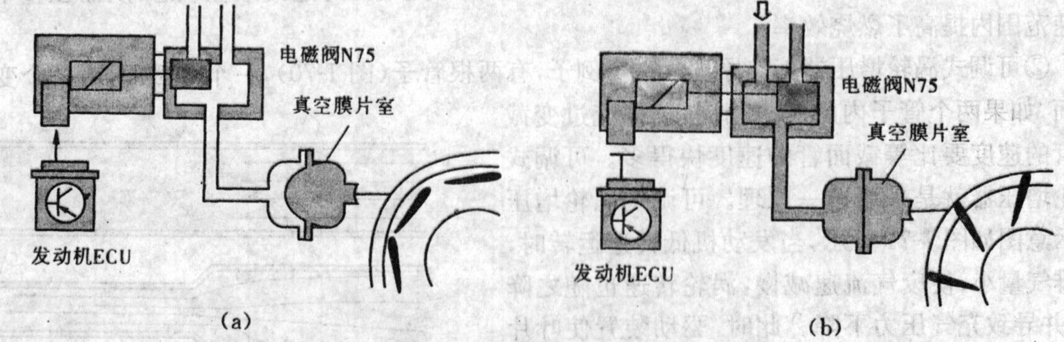

图 1-74　真空膜片室的工作

(a)怠速时的膜片室；(b)高速时的膜片室

c. 充气压力控制电磁阀。发动机 ECU 能迅速响应发动机转速的变化，并通过调整充气压力控制电磁阀的电流占空比，使膜片室获得相应的真空度，将充气压力控制在最佳状态。

④可调式涡轮增压器电控系统。发动机 ECU 在具有其他功能的同时，亦具有涡轮增压控制功能。以大众车为例，涡轮增压电控系统元件图如图 1-75(a)所示，涡轮增压电路图如图 1-75(b)所示。

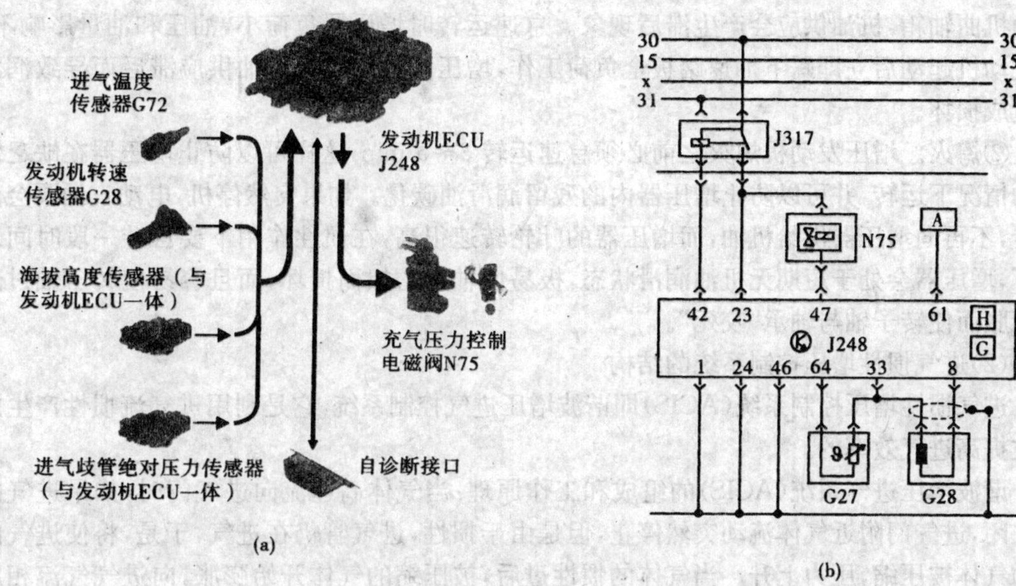

图 1-75 涡轮增压电控系统元件和控制电路图

(a)元件图；(b)控制电路

a. 进气歧管绝对压力传感器。进气歧管绝对压力传感器安装在 ECU 内部，用一根硬塑管连接到中冷器后的进气总管上，用来感知经增压并冷却后的进气压力，ECU 利用此信号来计算叶片角度。如果信号中断，叶片将处于应急状态，即叶片逆时针旋转到极限，保持废气进气口截面积最大，此时，失去了充气压力可调功能，由此会导致输出功率降低。

b. 海拔高度传感器。海拔高度传感器装在 ECU 内部，感知周围空气压力，海拔越高周围空气密度越小。ECU 用此信号计算出修正系数，用于控制废气再循环。如果此信号中断，由于不能对废气再循环进行修正，增压器将进入应急状态，由此会导致排放增高，功率降低。

c. 进气温度传感器。进气温度传感器 G72 安装在中冷器后面的进气总管上，用来感知进气温度。ECU 利用此信号计算出修正系数，用于修正温度对于充入空气密度的影响。如果此信号中断，ECU 将使用一替代温度值，由此会导致发动机功率下降。

d. 发动机转速传感器。发动机转速传感器 G28 安装在发动机飞轮附近，用以感知曲轴转速。ECU 将此信号用于多项控制，如喷油量、喷油时刻、怠速及增压控制等。如果此信号中断，发动机将不能起动。若发动机运转中失去此信号，发动机会马上熄火。

e. 充气压力控制电磁阀。充气压力控制电磁阀 N75 由 ECU 控制，ECU 不断调整充气压力控制电磁阀占空比，借此改变真空膜片室内的真空度。如果此信号中断，充气压力控制电磁阀保持打开状态。此时，大气压力作用在真空膜片室内，使增压器进入应急状态。

3)涡轮增压器的正确使用

据统计，造成涡轮增压器损坏的的最常见原因是润滑问题，例如润滑油供油滞后、缺油或在润滑油里含有杂质等。其次，异物进入增压器造成涡轮或压气叶轮损坏也是很常见的原因。装有涡轮增压器的发动机，在使用时有一些需要特别注意的地方，驾驶者应采取以下预防性措施，以确保涡轮增压器的正常使用寿命。

①起动。增压发动机起动后需怠速运转 3～5 min。增压器的机油供给来自发动机的电动汽油泵，但增压器与电动汽油泵之间的供油管路很长，而且大部分增压器的安装位置都高于发动机曲轴箱，机油供应会产生滞后现象。怠速运转时增压器负荷小，油压和油量影响不大，但发动机起动后立即踩下加速踏板全负荷工作，增压器势必会因机油供应滞后而导致润滑不良造成损坏。

②熄火。增压发动机熄火之前必须怠速运转 3～5 min，这样可以防止增压器在缺乏润滑油的情况下运转，并可以防止增压器内的残留润滑油碳化。如果突然停机，电动汽油泵会停止运转，不再向增压器供给机油，而增压器的叶轮转速很高，在惯性作用下要自转一段时间才能停下，增压器会处于短期无机油润滑状态，极易使轴承磨损而损坏，而且容易使转子轴过热产生膨胀而使转子轴与轴承“咬死”。

(2)进气惯性增压控制系统的结构

进气惯性增压控制系统(ACIS)即谐波增压进气控制系统，它是利用进气流惯性产生的压力波提高进气效率的。

谐波增压进气系统(ACIS)的组成和工作原理：当气体高速流向进气门时，如果进气门突然关闭，进气门附近气体流动突然停止，但是由于惯性，进气管仍在进气，于是，将使进气门附近的气体被压缩，压力上升。当气体的惯性过后，被压缩的气体开始膨胀，向进气气流相反方向流动，压力下降。膨胀气体的波传到进气管口时又被反射回来，形成压力波。如果上述进气压力脉动波与进气门开闭配合好，使反射的压力波集中到要打开的进气门旁，在进气门打开时就会形成增压进气的效果。一般而言，进气管越长时，压力波波长越大，可使发动机中低转速区功率增大；进气管短时，压力波波长短，可使发动机高速区功率增大。如果进气管长度可以改变，则可兼顾大功率和增大转矩，但一般进气管长度是不能改变的。因此，利用惯性增压一般都按最大转矩所对应的转速区域设计的。

进气谐波增压进气系统(ACIS)的组成如图 1-76 所示，该发动机进气管长度虽不能改变，但在进气管中部加设了一个大容量的空气室和电控真空阀，实现了压力波传播路线长度的改变，从而兼顾了低速和高速的进气增压效果。

ACIS 系统的控制如图 1-77 所示，空气室的进气增压阀的动作由真空膜盒来执行。而真空膜盒是由 ECU 通过电磁真空通道阀(VSV)来控制。ECU 根据转速信号控制电磁真空通道阀的开闭。进气谐波增压进气系统(ACIS)的工作过程如图 1-78 所示。在发动机低转速(低于2 000 r/min，因为设计原因，对于不同型号的发动机，进气歧管长度发生改变时的发动机转速也会不同)时，ECU 控制电磁真空通道阀接地，电磁真空通道阀打开，来自进气歧管的真空通过真空管路打开真空膜盒，真空膜盒通过拉

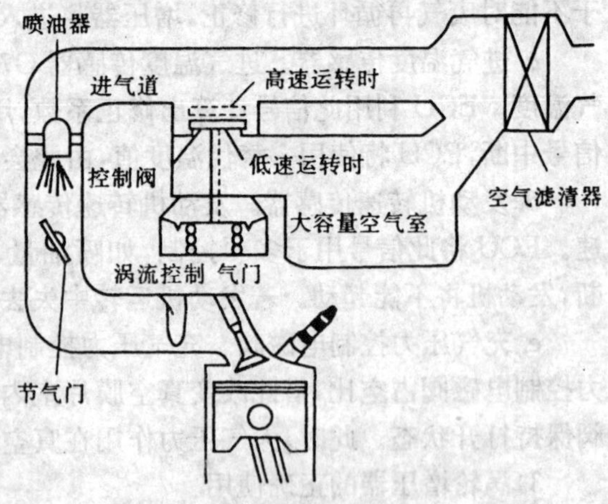

图 1-76 ACIS 系统的组成

杆带动进气管长度控制阀片，控制阀片关闭，空气先流经螺旋形的长进气管后再进入汽缸，如图 1-78(a)所示，这一距离较长，适用于发动机的中低速区域形成的进气增压。在发动机高转速（上升到 5 000 r/min 以上）时，真空膜盒内没有真空，进气管长度控制阀片在弹簧弹力的作用下保持打开状态，空气不经过螺旋形的长进气管而直接通过短进气管进入汽缸，如图 1-78(b)所示，便缩短了压力波的传播距离，使发动机在高速区也能得到较好的进气增压效果。

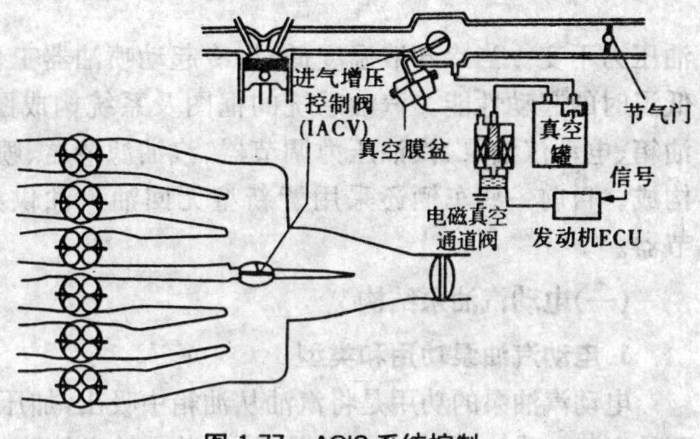

图 1-77 ACIS 系统控制

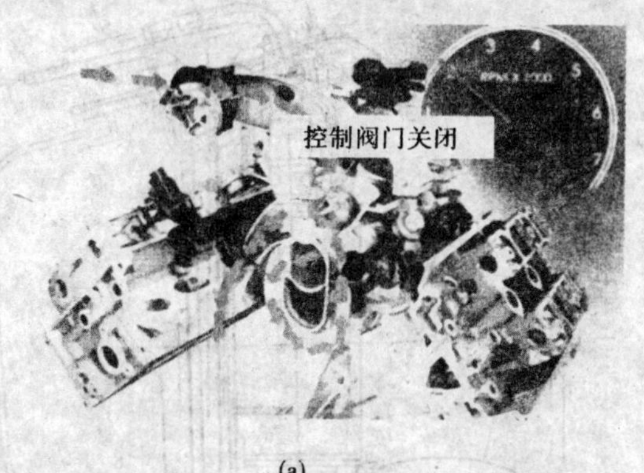

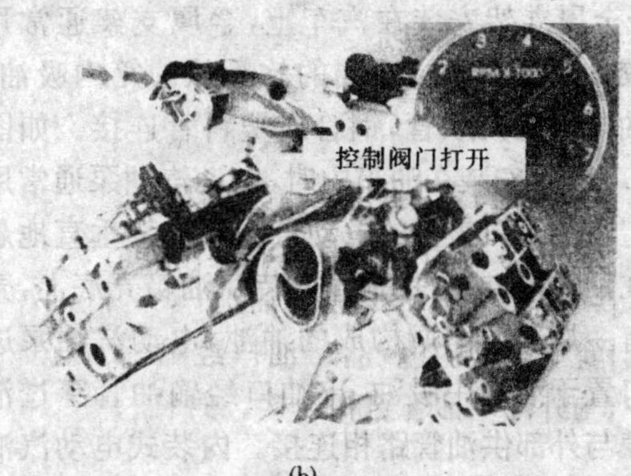

(a)　(b)

图 1-78 谐波增压进气系统(ACIS)的工作过程

(a)空气流经长进气管；(b)空气流经短进气管

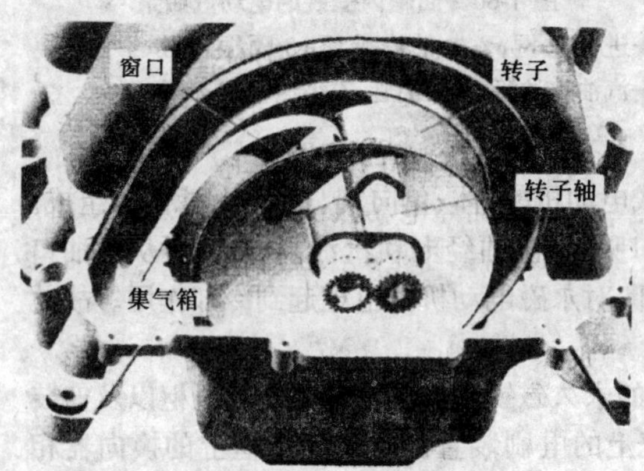

图 1-79 宝马 E65 的进气歧管

有些可变进气歧管系统不是采用进气管长度控制阀来改变进气歧管的长度，但是其工作原理基本相同。例如宝马 E65 车系的发动机在进气歧管中间设计了一个可以旋转的转子（图 1-79），转子固定在转子轴上，转子轴通过电动机驱动。发动机 ECU 根据发动机转速控制电动机驱动转子的速度，进气经过集气箱和转子上的窗口流向汽缸，当转子旋转到不同角度时，进气流向汽缸时经过的距离就会不同，从而改变了进气管的长度。

三、汽油供给系统主要部件结构

在 EFI 系统中，电动汽油泵将汽油从油箱泵出，经过汽油滤清器后再经汽油压力调节器调压，将压力调整到比进气管压力高出约 250 kPa 的压力，然后经输油管配送给各个喷油器和冷起动喷油器，喷油器根据 ECU 发来的喷射信号，把适量汽油喷射到进气歧管中。当油路压力超过规定值时，压力调节器工作，多余的汽油返回油箱，从而保证送给喷油器的汽油压力不变。当冷却液温度低时，冷起动喷油器工作，将汽油喷入进气总管，以改善发动机低温时的起动性能。汽油系统的框图及系统构成图如图 1-20 和图 1-21 所示，它主要由汽油箱、电动汽油泵、汽油压力调节器、汽油滤清器、喷油器、冷起动喷油器和温度时间开关等构成。目前一些车辆还采用了新型无回油汽油供给系统，在该系统中取消了汽油压力调节器。

(一)电动汽油泵结构

1.电动汽油泵功用和类型

电动汽油泵的功用是将汽油从油箱中吸出，加压后经喷油器供给发动机。电动汽油泵有两种安装方式：一种是在汽油箱外，安装在输送管路中的外装串联式；另一种是安装在油箱中的内装式。装在供油管路中时，电动汽油泵用1个金属支架安装在汽车上，金属支架通常用橡胶件隔振。通过适当的软管从油箱内吸油，出油端与橡胶软管、钢管或塑料管连接。如图 1-80 所示，安装在油箱内时，电动汽油泵通常用固定在油箱口盖上的电动汽油泵支架垂直地悬挂在油箱内，或者是垂直安装在油箱壳底上，壳底有一局部下陷所构成的油池，电动汽油泵进油口置于油池中吸油，出油口经输油管穿过油箱盖与外部供油管路相连接。内装式电动汽油泵与外装串联泵相比较，不易产生气阻和汽油泄漏，且噪声小。目前大多数电控汽油喷射系统均采用内装泵。

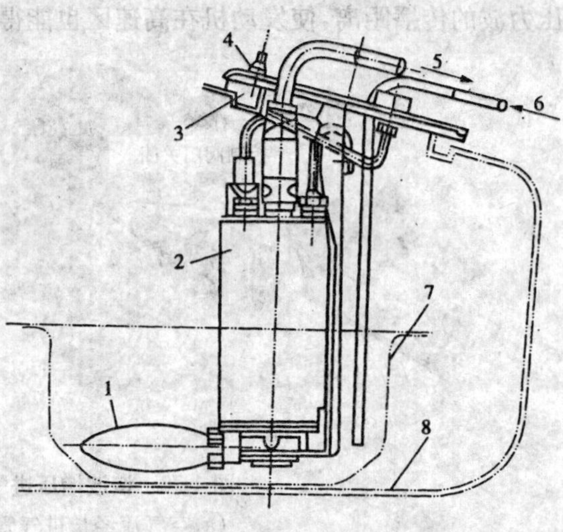

图 1-80　油箱内安装的电动汽油泵

1-进油滤网；2-电动汽油泵；3-隔振橡胶；4-支架；5-汽油出油管；6-回油管；7-小油箱；8-油箱

2.电动汽油泵的结构

无论是内装式泵还是外装式泵，电动汽油泵的基本结构是相同的。图 1-81 所示是电动汽油泵结构简图。由图可知，电动汽油泵由永磁式电动机、泵体、单向阀、安全阀、滤网等组成。永磁电动机通电即带动泵体旋转，将汽油从进油口吸入，汽油经电动汽油泵内部，再从出油口压出，给汽油系统供油。汽油流经电动汽油泵内部，对永磁电动机的电枢起到冷却作用。故此种电动汽油泵又称湿式电动汽油泵。

电动汽油泵的电动机部分包括固定在外壳上的永久磁铁和产生电磁力矩的电枢以及安装在外壳上的电刷装置。电刷与电枢上的换向器相接触，其引线连接到外壳上的接柱上，将控制电动汽油泵的电压引到电枢绕组上。电动汽油泵的外壳两端卷边铆紧，使各部件组装成一个不可拆卸的总成。

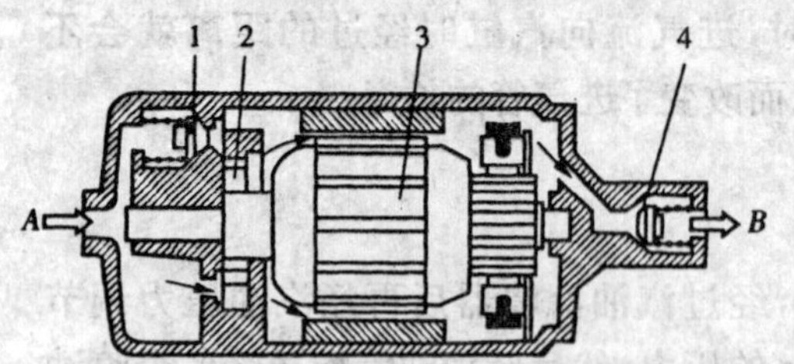

图 1-81　电动机电动汽油泵结构简图

1-安全阀；2-泵体；3-电动机；4-单向阀
A-进油口；*B*-出油口

(1)泵体

泵体是电动汽油泵泵油的主体，根据其结构不同可分为滚柱泵、齿轮泵、涡轮泵和侧槽泵等形式。

①滚柱泵。滚柱泵是目前电动汽油泵最常用

的结构形式，如图 1-82 所示，它由电动机驱动的转子（与泵套偏心安装）、转子外围的泵套和转子与泵套之间起密封作用的滚柱等构成。电动机转动时带动转子转动，由于离心力的作用使滚柱向外侧移动而贴着泵套内壁转动，这样，由转子、滚柱和泵套围成的腔室将随转子的转动而产生容积的大小变化，在容积由小变大时，一侧汽油被吸入，在容积由大变小时，一侧汽油被压出。

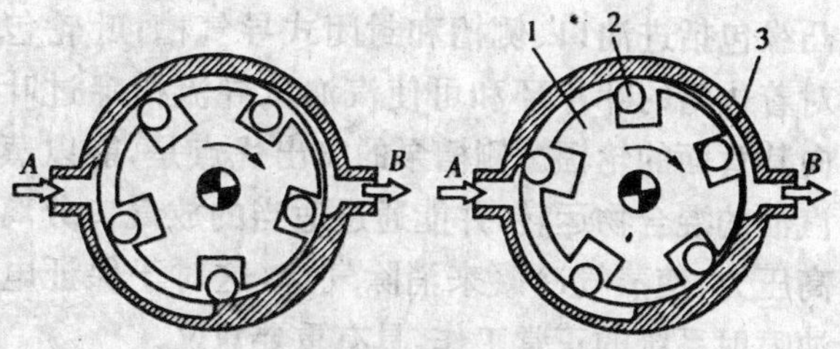

图 1-82 滚柱式泵的工作原理图

1-转子；2-滚柱；3-泵套；A-进油口；B-出油口

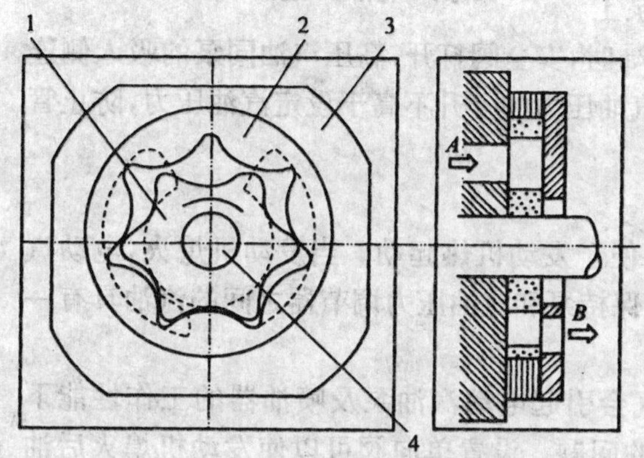

图 1-83 齿轮泵的结构

1-主动齿轮；2-从动齿轮；3-泵套；4-轴；A-进油口；B-出油口

②齿轮泵。齿轮泵的工作原理与滚柱泵相似。它由带外齿的主动齿轮、带内齿的从动齿轮和泵套组成（图 1-83），后两者与主动齿轮偏心安装。主动齿轮被电动汽油泵电动机拖动旋转，由于齿轮啮合，则带动从动齿轮一起旋转。在从动齿轮和主动齿轮的内外齿啮合的过程中，由内外齿所围合的腔室将发生容积大小的变化。这样，若合理地设置进出油口的位置，即可利用这种容积的变化将汽油以一定的压力泵出。这种形式的电动汽油泵与滚柱式泵相比较，在相同的外形尺寸下，泵油腔室的数目（等于齿数）较多。因此，齿轮泵输油的流量和压力波动都比较均匀，十分适合于轿车应用。

③涡轮泵。涡轮泵又称再生泵，它以完全不同于前两种泵的方式工作，泵的汽油输送和压力升高完全是由液体分子之间动量转换实现的。其结构非常简单，仅由三部分组成：圆周上有许多叶片沟槽的涡轮和 2 个在相对于涡轮叶片沟槽部位开有合适流道的凸缘组成的泵壳（图 1-84）。涡轮泵由电动机驱动，驱动力矩传递到涡轮上，在涡轮外围的叶片沟槽前后，因液体的摩擦作用产生压力差，由于很多叶片沟槽产生的压力差循环往复而使汽油升压。升压后的汽油，通过电动机内部经单向阀从出油口排出。由于涡轮泵的效率低，特别是压力升高的效率不太高。因此，它主要用于低压和输油量较大的场合。涡轮与泵壳之间的轴向间隙以及密封出口通道的径向间隙都应很小，这对于避免内部泄漏是非常重要的。否则，会导致输出损失。

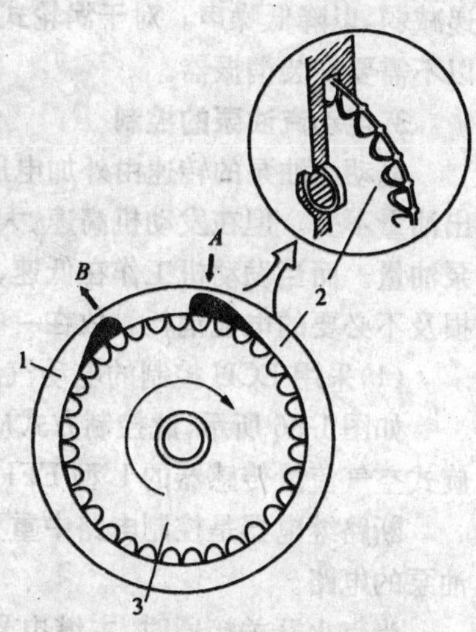

图 1-84 涡轮式电动汽油泵的工作原理

1-泵壳；2-叶片沟槽；3-涡轮；A-进油口；B-出油口

④侧槽泵。侧槽泵是液压泵的另一种变型，它的结构与涡轮泵不同，但是它们的工作原理是十分相似的，即通过液体分子之间的动量转换使汽油具有功能与压力能。两者的主要区别在于叶轮形状、叶片数目以及流道的形状与配置。

图 1-85 所示的侧槽泵仅由两部分组成：凸缘和叶轮。

凸缘包括进油口、侧槽和封闭式导气槽；叶轮包括正对着边槽的叶片环和可使汽油从导流槽穿过叶轮流向其背面的轮辐。侧槽泵的突出优点是，能以蒸气和汽油的混合物运转，并能通过适当的放气口分离或提高压力，使蒸气冷凝来消除气泡，这对于保证电控汽油喷射系统的正常工作，具有重要意义。

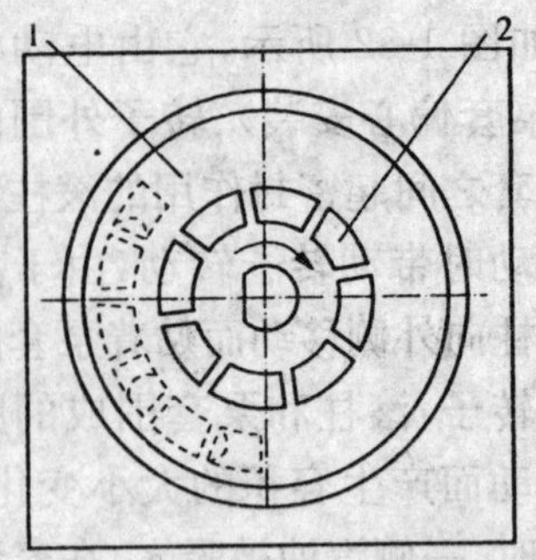

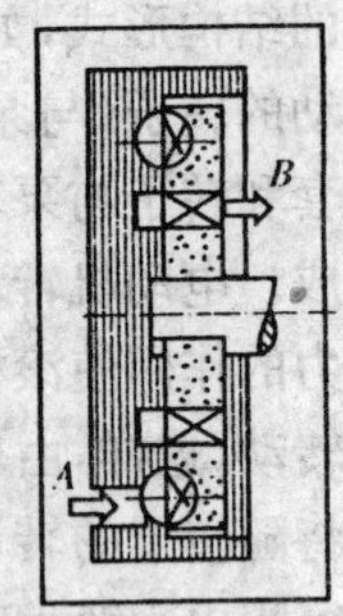

图 1-85 侧槽泵的结构
1-凸缘；2-叶轮；A-进油口；B-出油口

(2)安全阀

安全阀是一种保护燃料输送管路的装置。其作用是防止在工作中，出油口下游因某些原因出现堵塞时，发生管路破损和汽油漏泄事故。在电动汽油泵工作中，当出油口出现堵塞，工作压力上升到 400 kPa 时，安全阀打开，高压汽油同泵的吸入侧连通，汽油在泵和电动机内部循环，这样，便可以使汽油压力的上升不高于设定汽油压力，防止管路内油压过高。

(3)单向阀

单向阀可防止汽油倒流，保持管路残余压力，便于发动机热起动。当发动机熄火，电动汽油泵刚刚停止压送汽油时，单向阀便立即关闭，以保持泵和汽油压力调节器之间的汽油具有一定压力，该压力称为残余压力。

通常，汽油一遇高温就要产生蒸气，汽油蒸气会引起电动汽油泵及喷油器的工作性能下降，其结果会造成发动机在高温情况下不易起动的问题。设置单向阀可以使发动机熄火后油路内汽油仍保持一定压力，减少了气阻现象，使发动机高温起动容易。

(4)消振器

滚柱式电动汽油泵的转子每转 1 转，排出的汽油就要产生与滚柱数目对应个数的压力脉动。消振器是利用膜片和板簧的作用，吸收汽油压力的脉动，使汽油输送管路内的脉动压力传递减弱，以降低噪声。对于涡轮式和其他形式的电动汽油泵，由于排出的汽油压力脉动小，所以不需要安装消振器。

3. 电动汽油泵的控制

电动汽油泵的转速由外加电压决定。通常，电动汽油泵总是在一定转速下运转。因而，输出油量不变。但在发动机高速、大负荷工况下需油量大，有必要提高电动汽油泵转速，以增加泵油量。而当发动机工作在低速、中小负荷工况时，应使电动汽油泵低速运转，以减少泵的磨损及不必要的电能消耗。故在一些发动机中，对电动汽油泵还设置了转速控制机构。

(1)采用 ECU 控制的电动汽油泵控制电路

如图 1-86 所示，此控制方式应用于 D 型 EFI 系统及使用热线式空气流量传感器和卡门涡旋式空气流量传感器的 L 型 EFI 系统。

断路继电器是控制电路中重要的组成部分，其作用是在发动机运转时接通电源至电动汽油泵的电路。

当点火开关接通时，主继电器线圈中有电流通过，触点闭合，电源向电控汽油喷射系统供电。

发动机起动时，点火开关的起动装置(ST)端子接通，触点闭合，断路继电器中的线圈 L2 通电，产生吸力使断路继电器的触点闭合，电源向电动汽油泵供电，电动汽油泵投入工作。

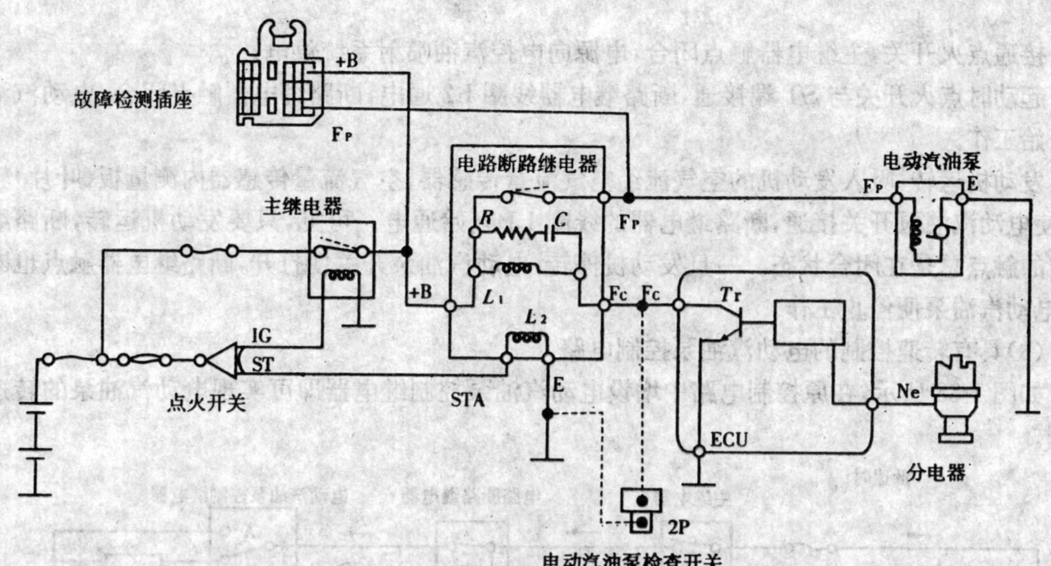

图 1-86 用 ECU 控制的电动汽油泵控制电路

发动机一旦起动，转速传感器即将发动机的转速信号 Ne 输入 ECU，此时 ECU 中的晶体管 Tr 导通，断路继电器中的线圈 L1 通电，使其触点继续保持闭合状态，电动汽油泵便继续工作。

发动机停止运转，则 Tr 断开，断路继电器触点打开，电动汽油泵的供电线路中断，电动汽油泵停止工作。

在主继电器输出端有接线柱＋B，断路继电器输出端有接线柱 Fp，两接线柱分别有导线和检测导线连接器的相应端子相接。

(2)采用电动汽油泵开关控制的电动汽油泵控制电路

如图 1-87 所示，此控制方法应用于使用叶片式空气流量传感器的 L 型电控汽油喷射系统。

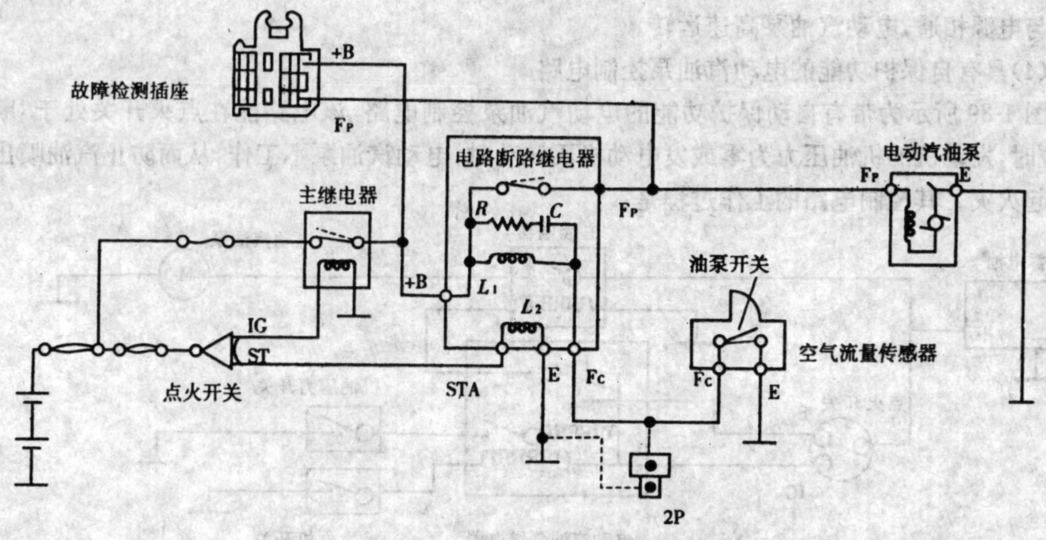

图 1-87 用电动汽油泵开关控制的电动汽油泵控制电路

接通点火开关，主继电器触点闭合，电源向电控汽油喷射系统供电。

起动时点火开关与ST端接通，断路继电器线圈L2通电，断路继电器触点闭合，电动汽油泵开始工作。

发动机运转，吸入发动机的空气流经空气流量传感器，空气流量传感器内测量板(叶片)转动，使电动汽油泵开关接通，断路继电器的线圈L1开始通电。可见，只要发动机运转，断路继电器的触点总是在闭合状态。一旦发动机停转，电动汽油泵开关便打开，断路继电器触点也断开，电动汽油泵便停止工作。

(3)具有转速控制的电动汽油泵控制电路

如图1-88所示，在原控制电路中增设电动汽油泵控制继电器即可实现电动汽油泵的转速控制。

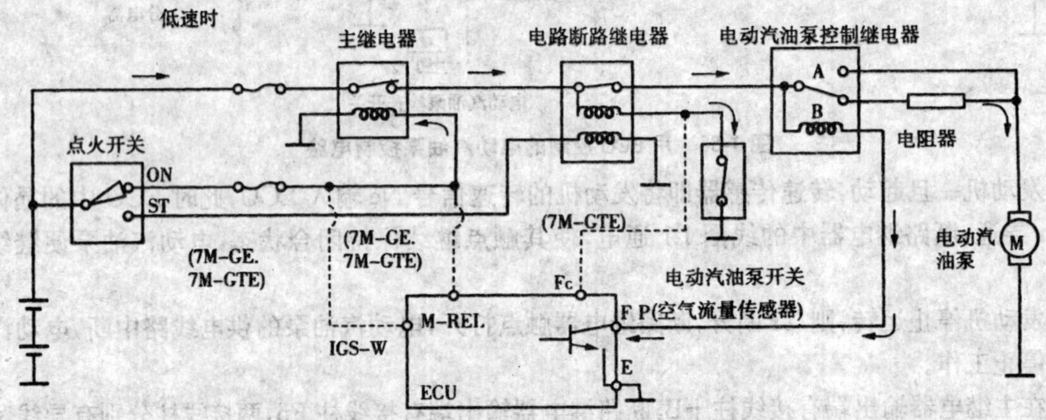

图1-88 具有转速控制的电动汽油泵控制电路

发动机低速或中小负荷下工作时，ECU中的晶体管导通，电动汽油泵控制继电器的线圈通电，使触点B闭合，由于将电阻器串入电路中，电流减小，电动汽油泵以低转速运转。

发动机处于高速、大负荷运转时，ECU中的晶体管切断，触点A闭合，电动机电动汽油泵直接与电源相通，电动汽油泵高速运转。

(4)具有自保护功能的电动汽油泵控制电路

图1-89所示为带有自动保护功能的电动汽油泵控制电路，该电路能在点火开关处于“断开”位时，发动机的机油压力为零或发电动机不转动时，电动汽油泵不工作，从而防止汽油喷出而引起火灾。其控制电路的工作过程是：

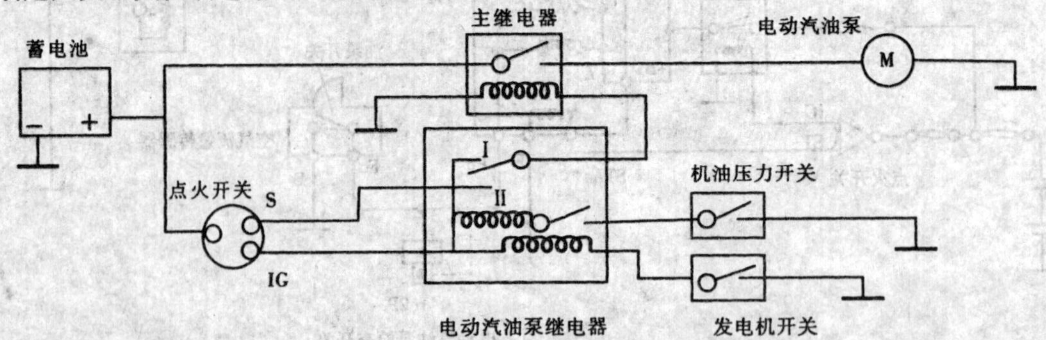

图1-89 具有自保护功能的电动汽油泵控制电路

1-蓄电池；2-点火开关；3-主继电器；4-电动汽油泵；5-机油压力开关；6-发电动机开关；7-电动汽油泵继电器

当把点火开关置于"起动"位(图中的"S"位)时,电动汽油泵继电器工作(此时开关处于"Ⅱ"位置),接通电动汽油泵电路,电动汽油泵开始泵油,直至发动机被起动为止。

当起动发动机后点火开关位于"开"位,此时发电动机也正常发电,机油压力开关也处于接通状态。电动汽油泵继电器工作(开关处于"I"位),由于电动汽油泵继电器工作仍将电动汽油泵电路接通,故此时电动汽油泵正常工作。假如此时由于某种原因发电动机停转或机油压力为零,电动汽油泵继电器便停止工作,开关由"Ⅰ"位跳到"Ⅱ"位,切断电动汽油泵继电器的电路,从而切断电动汽油泵电路,使电动汽油泵停止泵油。

(二)汽油压力调节器和汽油压力脉动减振器

1.汽油压力调节器

汽油压力调节器的作用是控制喷油器的喷油压力和进气歧管的绝对压力的压差保持恒定(即保持喷油压力与喷油环境压力的差值一定),一般为 250 kPa。这样,从喷油器喷出的汽油量便唯一地取决于喷油器的开启持续时间,使发动机 ECU 在各种负荷和转速下都能精确地进行喷油量控制。因为发动机所要求的汽油喷射量,是根据 ECU 加给喷油器的通电时间长短来控制的,如果不控制汽油压力,即使加给喷油器的通电时间相同,当汽油压力高时,汽油喷射量也会增加;当汽油压力低时,汽油喷射量会减少。然而,这是以喷射环境压力一定为前提的。喷油器喷射汽油的位置是进气道或者汽缸盖,如果使汽油压力相对大气压力是一定的,但由于进气歧管内的真空度是变化的,那么,即使喷油信号的持续时间和喷油器压力保持不变,而当进气管绝对压力低(真空度高)时,汽油喷射量便会增加,进气管绝对压力高(真空度低)时,汽油喷射量便减少。为了避免出现这种情况,得到精确的喷油量,油压和进气歧管真空度的总和应保持恒定不变,如图 1-90 所示,这样,对依据通电时间确定喷油量的喷油器来说,具有决定意义。为了使系统油压与进气歧管压力差保持恒定,故汽油压力调节器所控制的系统油压,应随进气歧管压力变化作相应的变化。

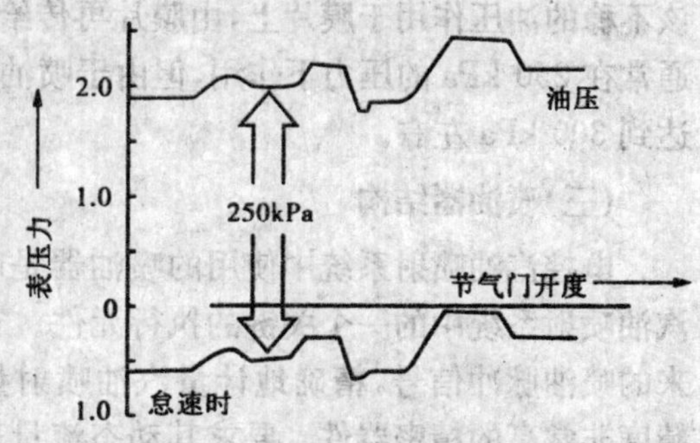

图 1-90 油压和进气歧管真空度

电控汽油喷射系统中的汽油压力调节器一般安装在供油总管上,其结构如图 1-91 所示,采用膜片式结构。汽油压力调节器是一个金属壳体,中间通过一个卷边的膜片将壳体内腔分成 2 个小室,一个是弹簧室,内装一个带预紧力的螺旋弹簧作用在膜片上,弹簧室由一根真空软管连接至进气歧管;另一个室为汽油室,直接通入供油总管。

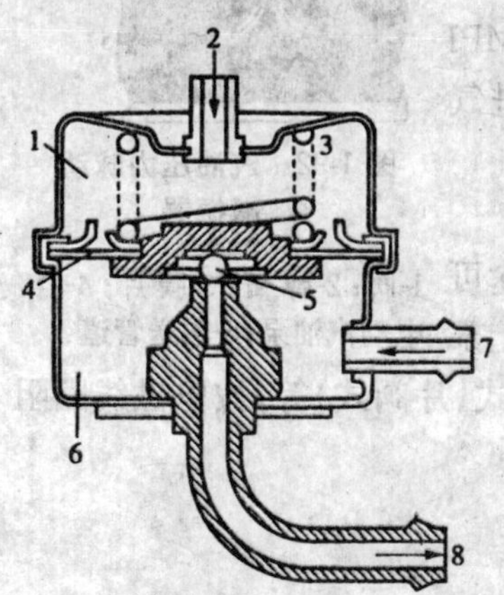

图 1-91 汽油压力调节器的结构
1-弹簧室;2-进气负压;3-弹簧;4-膜片;5-阀门;6-汽油室;7-自输油管道来油;8-至油箱回油

汽油压力调节器的工作原理如下:进气歧管压力(真空度)和弹簧的压力作用在膜片上方,膜片控制着在它下边的回油孔。当喷油器工作时,汽油同时输往喷油器和汽油压力调节器的汽油室,此时,膜片将回油孔堵塞,汽油不再进一步流动。当汽油压力达到预定的数值时,汽油将推动膜片,压缩弹簧并打开回油孔,从电动汽油泵来的汽油经回油孔、回油管流回油箱。

然后，膜片在弹簧力的作用下回到原来位置，将回油孔关闭，如此保持喷油器内的压力恒定。

作用在膜片上方的进气歧管压力(真空度)用来调节喷油压力。弹簧的设定弹力为250 kPa，当进气歧管负压(真空度)为零时，汽油压力保持在250 kPa。当进气歧管压力变化时，会影响到膜片的上下动作，以改变汽油压力。怠速时，汽油压力的调整值为196 kPa、节气门全开时约为245 kPa(图1-90)。

当发动机起动后，进气歧管产生真空，怠速时真空为400 mmHg(压力为－54 kPa)，故怠速时的汽油压力调整值为196 kPa，节气门全开时，真空约为40 mmHg(压力为－5 kPa)，故节气门全开时汽油压力调整值为245 kPa。

电动汽油泵停止工作时(发动机停转)，在弹簧弹力作用下，阀门关闭，使电动汽油泵单向阀和汽油压力调节器阀门间油路内保持一定的残余压力。

2. 汽油压力脉动减振器

当喷油器喷射汽油时，在输送管道内会产生汽油压力脉动，汽油压力脉动减振器是使汽油压力脉动衰减，以减弱汽油输送管道中的压力脉动传递，降低噪声。

图1-92所示为汽油压力脉动减振器结构，为了使压力脉动衰减，采用了膜片和弹簧组成的缓冲装置，可把压力脉动降低到低水平。在减振器内部由膜片分隔开成空气室(上部)和汽油室(下部)，在空气室内有弹簧压在膜片，从而使膜片产生向下的力。当油路中油压不稳时，该不稳的油压作用于膜片上，由膜片再传给弹簧而吸收掉这部分力，使油压变得平稳。该装置通常在250 kPa的压力下作用，但由于喷油器工作时会产生压力脉动，故它的常用工作范围可达到300 kPa左右。

(三)喷油器结构

电控汽油喷射系统中使用的喷油器是电磁式喷油器，它是电控汽油喷射系统中的一个关键的执行元件。它的功用是接受ECU送来的喷油脉冲信号，精确地计量汽油喷射量。因此，它是一种加工精度非常高的精密器件。要求其动态流量范围大，抗堵塞和抗污染能力强，以及雾化性能好。

SPI式汽油喷射系统的喷油器位于节气门体空气入口处；MPI式汽油喷射系统的喷油器通过绝缘垫圈安装在各进气歧管或进气道附近的汽缸盖上，并固定在输油管路上。

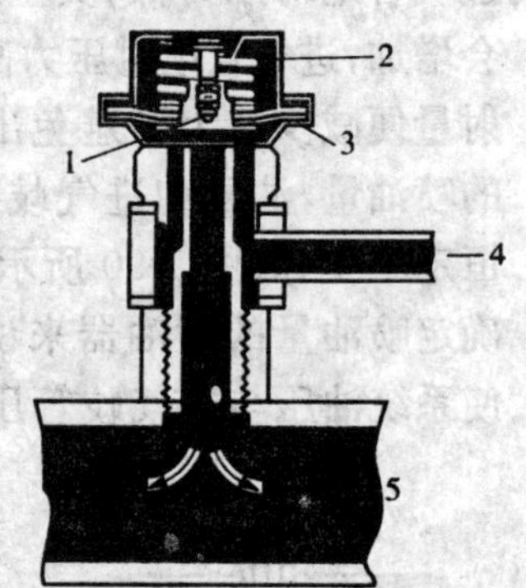

图1-92　汽油压力脉动减振器

1-阀；2-弹簧；3-膜片；4-自电动汽油泵；5-输送管道

1. 喷油器的种类

电控汽油喷射系统用喷油器有几种不同的分类方式：按用途可分为SPI用喷油器和MPI用喷油器；按燃料的输入位置可分为上部给料式和下部给料式；按喷口的形式可分为轴针式和孔式(球阀式、片阀式)等；按电磁线圈阻值可分为低阻式和高阻式两种。

2. 喷油器的结构

(1)轴针式电磁喷油器

图1-93所示为轴针式喷油器的结构图。它主要由喷油器外壳、喷油嘴、针阀、套在针阀上的衔铁以及根据喷油脉冲信号产生电磁吸力的电磁线圈组成。电磁线圈无电流时，喷油器内的针阀被螺旋弹簧压在喷油器出口处的密封锥形阀座上。电磁线圈通电时，产生磁场吸动衔铁上移，衔铁带动针阀从其座面上升约0.1 mm，汽油从精密环形间隙中流出。为使汽油充分

雾化，针阀前端安装了喷油轴针。喷油器吸动及下降时间约为 1～1.5 ms。

用专门的支座安装，支座为橡胶成型件。支座具有隔热作用，可防止喷油器中的汽油产生气泡，有助于提高发动机的高温起动性能。另外，橡胶成型件可保护喷油器不受过高振动应力的作用。视发动机结构形式的不同，喷油器或是经汽油管或经带保险夹头的连接导线连接器（图 1-94）与汽油分配管连接。

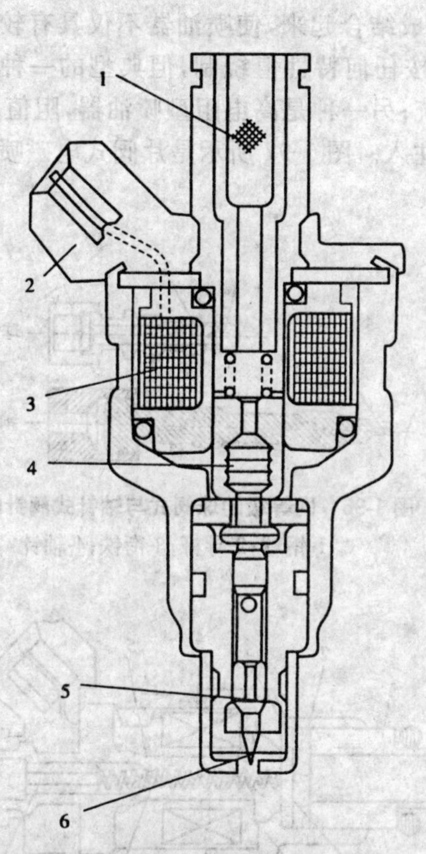

图 1-93 轴针式喷油器的结构

1-滤网；2-导线连接器；3-电磁线圈；4-衔铁；5-针阀；6-喷油轴针

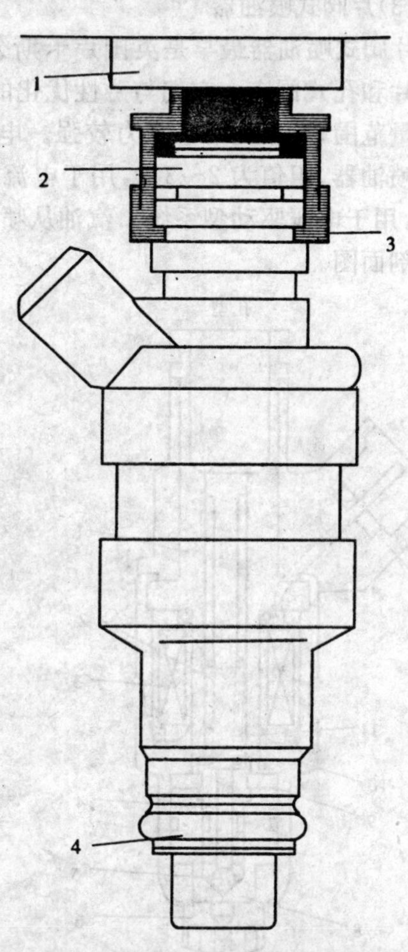

图 1-94 喷油器的安装

1-汽油分配管；2-上密封圈；3-保险夹头；4-下密封圈

(2)球阀式喷油器

由于现代轿车发动机具有较低的汽油消耗率和较高的功率，各种型号发动机的进气空气流量范围扩大，因此，喷油器的动态流量范围必须随之增大。减轻阀针质量并提高弹簧预紧力，对获得宽广的动态流量范围十分有效。同时，用球阀简化计量部位的结构，有助于提高喷油量计量精度。此外，喷油器件和盖均用高导磁不锈钢制成，提高了耐蚀性。

图 1-95 为球阀式喷油器的结构。它与轴针式喷油器的主要区别在于阀针的结构。球阀式的阀针是由钢球、导杆和衔铁用激光束焊接成一个整体，其质量减轻到只有普通轴针式针阀的一半，这是采用短的空心导杆实现的。为了保证汽油密封，轴针式阀针必须有较长的导向杆，而球阀具有自动定心作用，无须较长的导向杆，因此，球阀式的阀针质量轻，具有较高的汽油密封能力，明显优于轴针式针阀。图 1-96 所示为同等级的球阀式阀针与轴针式阀针的

比较。

当喷油脉冲输入电磁线圈时，产生电磁吸力，固定在阀针上的衔铁被向上吸起，阀针抬离阀座，汽油开始通过计量孔喷出。当喷油脉冲终止时，吸力消失，阀针在弹簧力作用下返回阀座，于是喷油结束。因此，每次脉冲的喷油量取决于输入电磁线圈的工作脉冲的宽度。

(3)片阀式喷油器

片阀式喷油器最早是英国卢卡斯公司研制开发的，其内部结构的主要特点是，质量轻的阀片和孔式阀座。它们与磁性优化的喷油器总成结合起来，使喷油器不仅具有较大的动态流量范围，而且抗堵塞能力较强。电磁线圈可按任何特性值绕制，但典型的一种是低电阻型喷油器，阻值为 2～3 Ω，用于电流驱动型系统；另一种是高电阻型喷油器，阻值为 13～17 Ω，用于电压驱动型系统。汽油从喷油器顶部注入。图 1-97 所示是片阀式电磁喷油器的纵向剖面图。

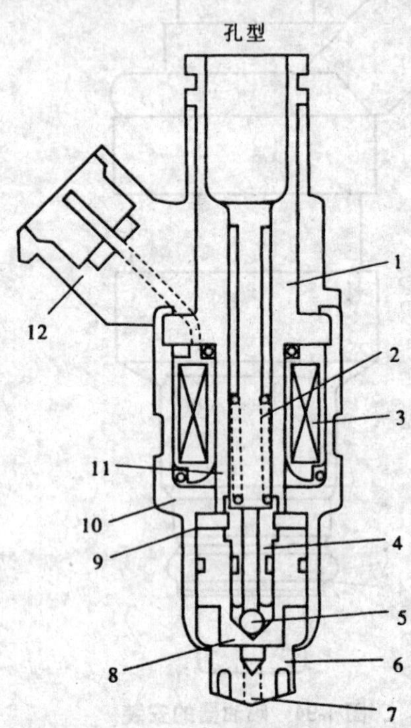

图 1-95　球阀式喷油器结构

1-喷油器体；2-弹簧；3-电磁线圈；4-阀针；5-钢球；6-护套；7-喷孔；8-阀座；9-挡块；10-盖；11-衔铁；12-导线连接器

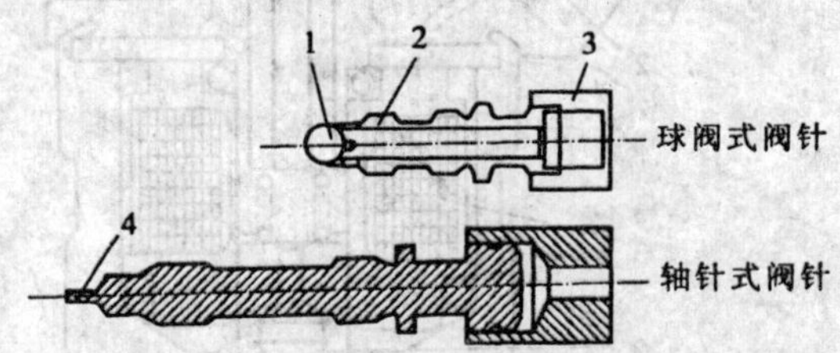

图 1-96　同等级的球阀式与轴针式阀针的比较

1-钢球；2-导杆；3-衔铁；4-轴针

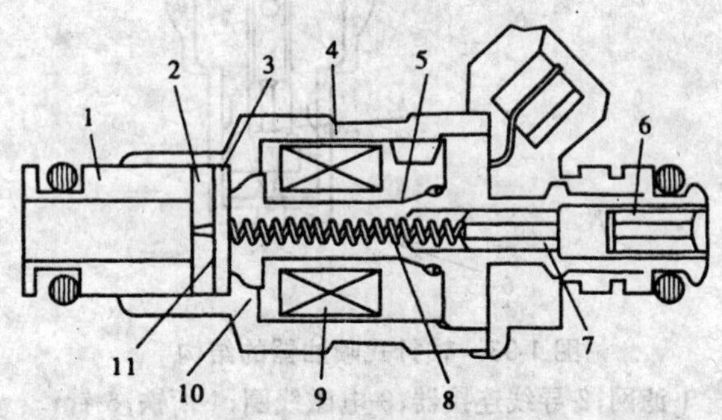

图 1-97　片阀式喷油器

1-喷嘴套；2-阀座；3-挡圈；4-喷油器体；5-铁芯；6-滤清器；7-调压滑套；8-弹簧；9-电磁线圈；10-限位圈；11-阀片

当喷油器处于未激励状态(阀关闭)时，阀片被螺旋弹簧力和液压力压紧在阀座上。当来自 ECU 的喷油脉冲通过喷油器电磁线圈时，即产生磁场，在电磁力足以克服弹簧力和液压力的合力之前，阀片仍将压紧在阀座上[图 1-98(a)]。一旦电磁力超过两者的合力，阀片即开始脱离阀座上的密封环，被铁芯吸住[图 1-98(b)]，于是，具有压力的汽油进入阀座密封环中的计量孔。反之，一旦来自 ECU 的喷油脉冲结束，电磁力开始衰减，但是阀片仍瞬时保持阀开启状态，直到喷油器弹簧力克服衰减的电磁力为止。当弹簧力大于衰减的电磁力时，阀片将脱离挡圈返回到阀座上，切断汽油喷射[图 1-98(c)]。

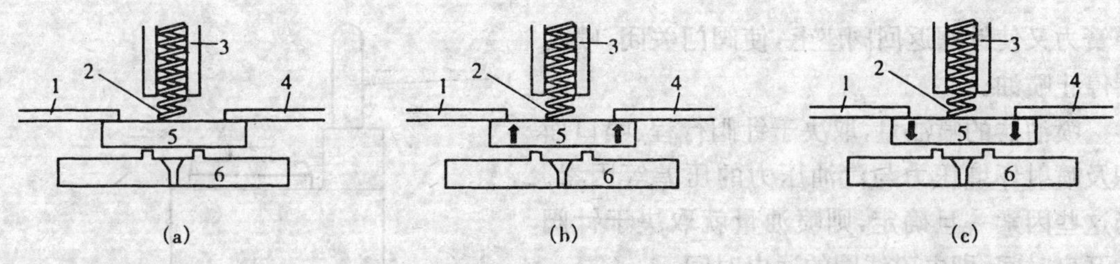

图 1-98　阀片的工作情况

(a)阀片静止在阀座上;(b)阀片抬离阀座直至抵住挡圈;(c)阀片离开挡圈落座

1-挡圈;2-弹簧;3-铁芯;4-挡圈;5-阀片;6-阀座

(4)单点喷射系统用喷油器

前述喷油器用于多点电控汽油喷射系统中,安装于各缸进气门前的进气歧管上,分别供给各汽缸工作所需的适量汽油。而对于单点电控汽油喷射系统而言,它是将 1 只或 2 只喷油器、汽油压力调节器和传感器等安装在节气门体上,其总成被称之谓中央喷射单元(图 1-99)。喷油器是中央喷射单元中最重要的一个部件,其功能是在发动机各种工况下,向汽缸提供计量精确的雾化汽油。单点式喷油器的结构与多点式喷油器结构略有不同。

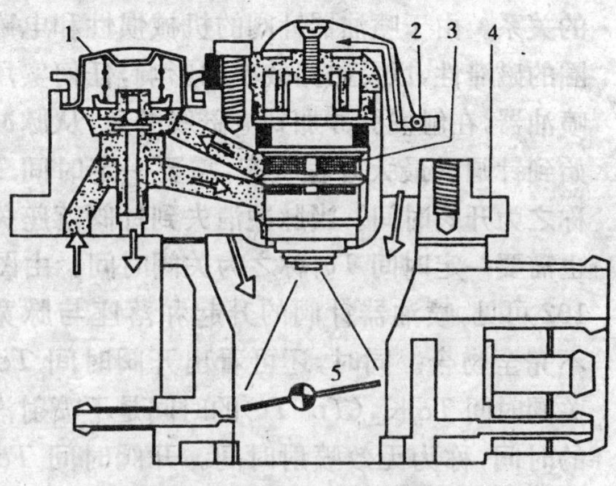

图 1-99　中央喷射单元的结构

1-汽油压力调节器;2-进气温度传感器;3-喷油器;4-节气门体;5-节气门

图 1-100 所示是德国 Bosch 公司的单点式汽油喷射系统用喷油器的结构。它由一个扁平衔铁和一个球阀用激光熔焊在一起。球阀下方有阀座,通过 6 个径向布置的计量喷孔喷出汽油。在球阀的上方设有一个压缩弹簧和一个电磁线圈,当喷油脉冲电流通过电磁线圈时,产生的电磁吸力克服弹簧压力,将球阀吸离阀座,使汽油喷出。当喷油脉冲消失时,在弹簧压力的作用下,球阀将落座而停止喷油。这种喷油器与普通高压型的多点喷油器相比,其特点是喷油器头部采用球阀结构,使精加工量减少,易于成批生产,而且,由于球阀形的结构,即使工作条件严酷,它的工作可靠性也较好。由于采用扁平形的衔铁,它的质量惯性很小,使阀门的开闭时间可以降低到 1 ms 左右,而且还有较好的重复性,从而,改善了喷油器在小流量区工作的线性度,使发动机怠速性能有所提高。由于采用 6 个倾斜的径向布置的计量喷孔和 1 个锥形体的喷腔,在有汽油通过喷孔时,就产生呈 45°的锥形旋流,该旋流与喷腔壁面碰撞后,进入进气流中,促使汽油能更好地雾化。另外,它被设计成汽油通流式,亦即当发动机工作时,汽油连续不断地流过喷油器,使它得到冷却,并保证使偶然形成的蒸气泡返回油箱,从而有效地解决了高温起动时防止气泡形成的问题,提高了汽油系统的热传输性能。

3. 喷油器的基本控制电路和工作原理

间歇性汽油喷射系统喷油器由 ECU 进行控制,如图 1-101 所示。当发动机工作时,ECU 根据有关传感器输入的信号,经运算判断后输出控制信号,控制大功率三极管导通与截止。当大功率管导通时,即接通喷油器电磁线圈电路,产生电磁吸力。当电磁力超过针阀弹簧力和油液压力的合力时,铁芯被吸动,阀针随之离开阀座,即阀门打开,喷油器开始喷油。当大功率三极管截止时,则喷油器电磁线圈电路被切断,电磁力消失,当针阀弹簧力超过衰减的电磁力时,弹簧力又使针阀返回阀座上，使阀门关闭，喷油器停止喷油。

喷油器的喷油量，取决于针阀行程、喷口面积及喷射环境压力与汽油压力的压差等因素。当这些因素一旦确定，则喷油量就取决于针阀的开启时间，即电磁线圈的通电时间。

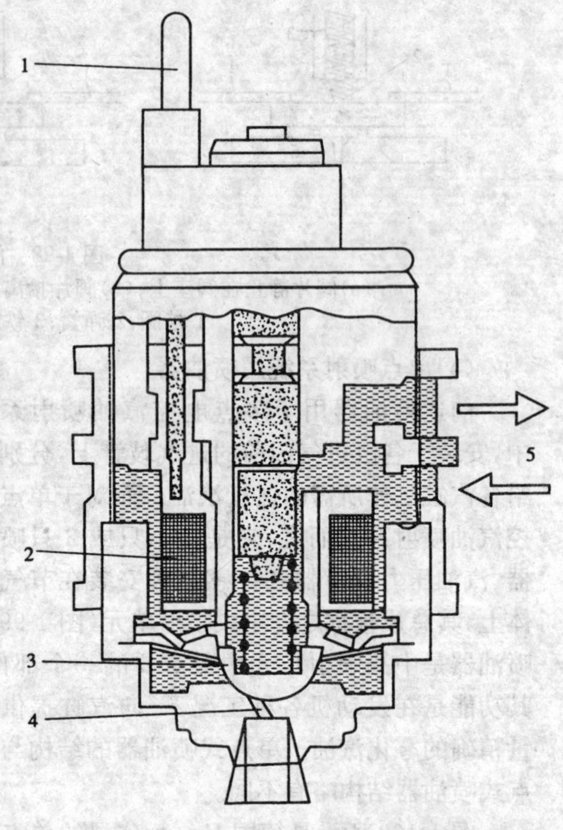

图 1-100　Bosch 公司单点式喷油器

1-导线连接器；2-电磁线圈；3-球形阀；4-斜置的喷油孔；5-汽油的流向

4. 喷油器针阀的工作特性

图 1-102 所示为触发脉冲和针阀工作特性的关系。由于喷油器针阀的机械惯性和电磁线圈的磁滞性，以及磁路效率的影响，任何实用的喷油器，在触发脉冲加到电磁线圈后，从脉冲开始到针阀呈最大升程状态，需要一定时间 To，称之为开阀时间。当脉冲消失到针阀落座关闭也需要一定时间 Tc，称之为关阀时间。由图 1-102 可见，喷油器针阀的升起和落座与脉宽并不完全吻合。同时，还可看出开阀时间 To 比关阀时间 Tc 长，(To -Tc)的时间是不喷射汽油的时间，称为无效喷射时间。开阀时间 To 受蓄电池电压的影响较大，而关阀时间 Tc 受蓄电池电压的影响很小。

5. 喷油器的电压修正特性

喷油器的动态喷射量，还会随喷油器驱动电源电压的高低而变化。当电源电压升高时，流经喷油器电磁线圈的电流增加，电磁线圈的吸力能较快地增大，从而使喷油器开阀时间 To 缩短，针阀全开时间即有效喷射时间增长。因而，电源电压升高，喷射量增加；反之，电源电压降低，喷射量减少。

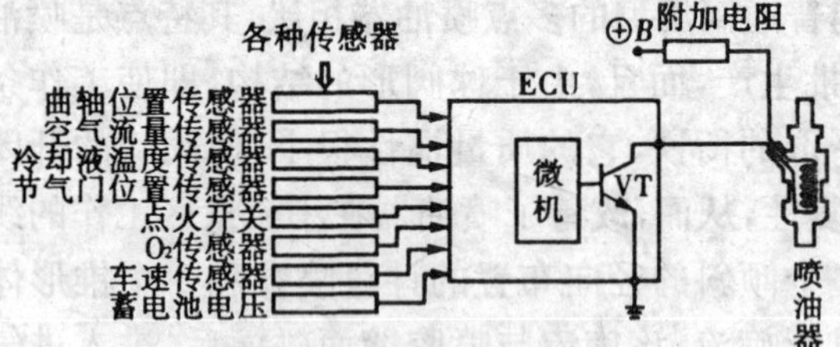

图 1-101　喷油器的基本控制电路

由于汽车上的电源电压不是恒定的，为了消除电源电压变化时对喷油量的影响，在电源电压变化时，常采用改变通电时间的方法予以修正。电源电压低时适当延长喷射时间；电源电压高时适当缩短喷射时间。其修正值随喷油器的规格及驱动方式的不同而略有差异。

6. 喷油器的驱动方式

喷油器的结构不同，则驱动方式也不同。喷油器的驱动方式可分为电压驱动型和电流驱动型两种方式，如图 1-103 所示。电流驱动型只适用于低电阻喷油器，电压驱动型既可用于低电阻喷油器，又可用于高电阻喷油器。所谓低电阻喷油器，是指电磁线圈的电阻值为 0.6～3 Ω的喷油器，低电阻喷油器可与电压驱动方式或电流驱动方式配合使用。

低电阻喷油器与电压驱动方式配合使用时，应在驱动回路中加入附加电阻。这是因为在低电阻喷油器中减少了电磁线圈的匝数，减少了电感，其优点是喷油器本身响应特性好。但是

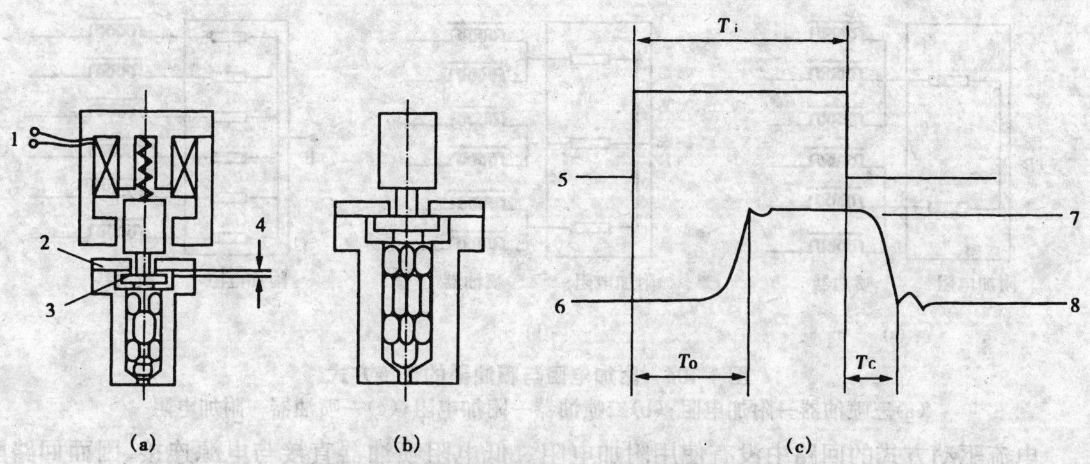

图 1-102 触发脉冲和针阀工作特性

(a)针阀全关时;(b)针阀全开时;(c)喷油器针阀工作特性

1-驱动脉冲输入;2-调整垫(限制器);3-针阀凸缘部;4-针阀升程;5-触发脉冲;6-针阀升程;7-针阀全开位置;8-针阀全关位置;Ti-通电时间;To-开阀时间;Tc-关阀时间

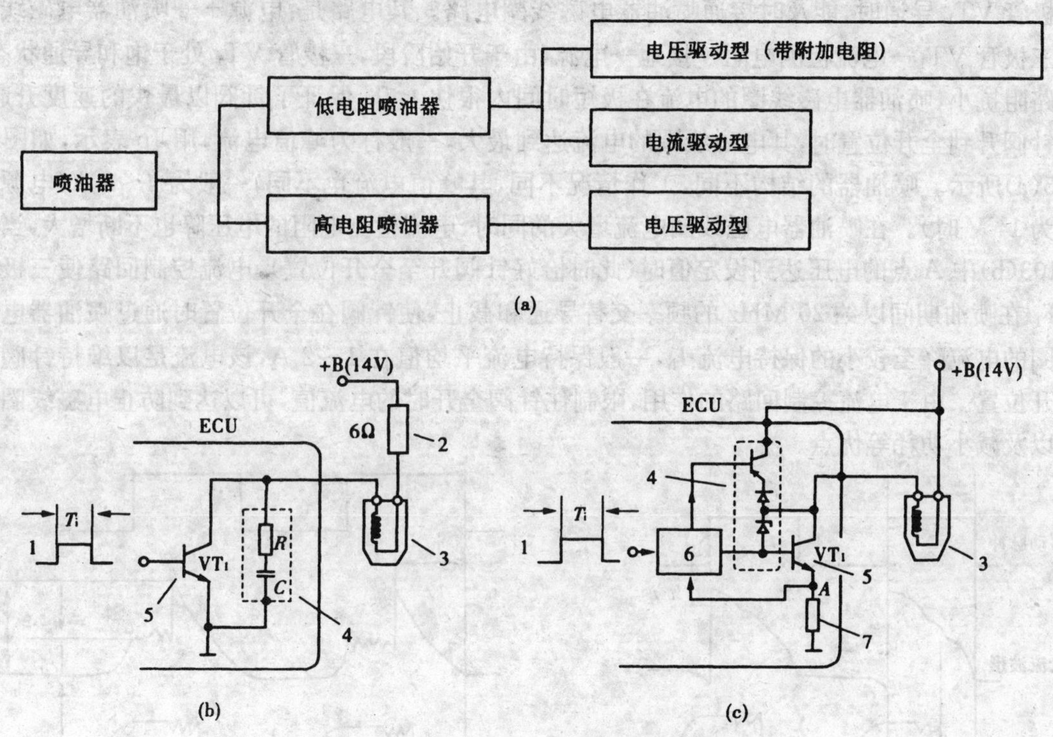

图 1-103 喷油器驱动方式和驱动回路

(a)驱动方式;(b)电压驱动回路;(c)电流驱动回路

1-输入脉冲;2-附加电阻(高电阻喷油器除外);3-喷油器;4-消弧电路;5-VT1 功率三极管;6-电流控制回路;7-电流检测电阻间

由于电磁线圈电阻的减少会使电流增加,加速了电磁线圈的发热和损坏。为此,在回路中设置了附加电阻。附加电阻与喷油器的连接方式如图 1-104 所示。电压驱动方式的回路较简单,但由于在回路中加入了附加电阻,回路阻抗大,导致流过喷油器的电流减小,喷油器产生的电磁力降低,从动态范围看,稍有不利。

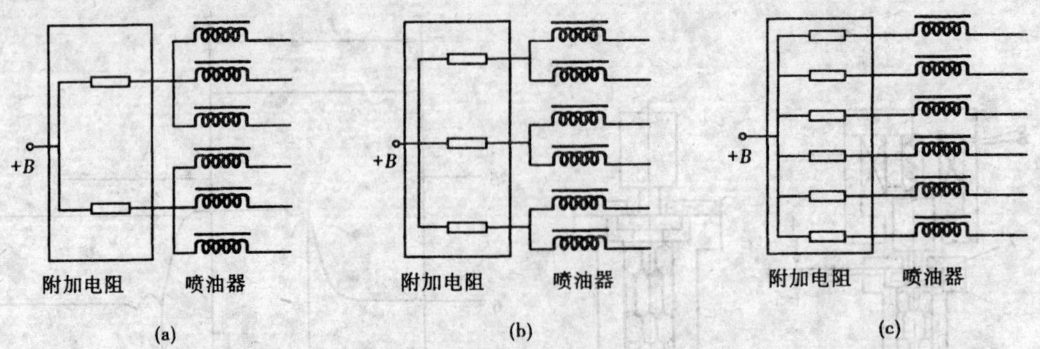

图 1-104 附加电阻与喷油器的连接方式

(a)三喷油器一附加电阻;(b)二喷油器一附加电阻;(c)一喷油器一附加电阻

电流驱动方式的回路中没有使用附加电阻。低电阻喷油器直接与电源连接,因而回路阻抗小,触发脉冲接通后,电磁线圈电流上升快,针阀能迅速打开,从动态范围看是相当有利的,缩短了无效喷射时间。在电流驱动方式的回路中,增加了电流控制回路,当脉冲电流使电磁线圈电路接通后,它能控制回路中的工作电流。当控制回路根据 ECU 输出的脉冲信号使功率三极管 VT_1 导通时,能及时接通喷油器电磁线圈电路。其电路是:电源+→喷油器电磁线圈→三极管 VT_1→电流检测电阻→接地→电源,由于开始阶段,三极管 VT_1 处于饱和导通状态,回路阻抗小,喷油器电磁线圈的电流在极短时间内很快上升,保证了针阀以最快的速度升起。当针阀升到全开位置时,其电磁线圈的电流达到最大,一般称为峰值电流,用 Ip 表示,如图 1-105(a)所示。喷油器的结构不同,工作情况不同,其峰值电流也不同,一般为 4～8 A(电源电压为 14 V 时)。在喷油器电磁线圈电流增大的同时,电流检测电阻的电压降也不断增大,当图 1-103(b)中 A 点的电压达到设定值时(此时恰好针阀升至全开位置),电流控制回路使三极管 VT_1 在喷油期间以约 20 MHz 的频率交替导通和截止,使针阀在全开位置时通过喷油器电磁线圈的电流降至较小的保持电流 I_h,一般保持电流平均值在 1～2 A,该电流足以维持针阀在全开位置。由于电流控制回路的作用,限制住针阀全开时的电流值,可以达到防止电磁线圈发热以及减小功耗等优点。

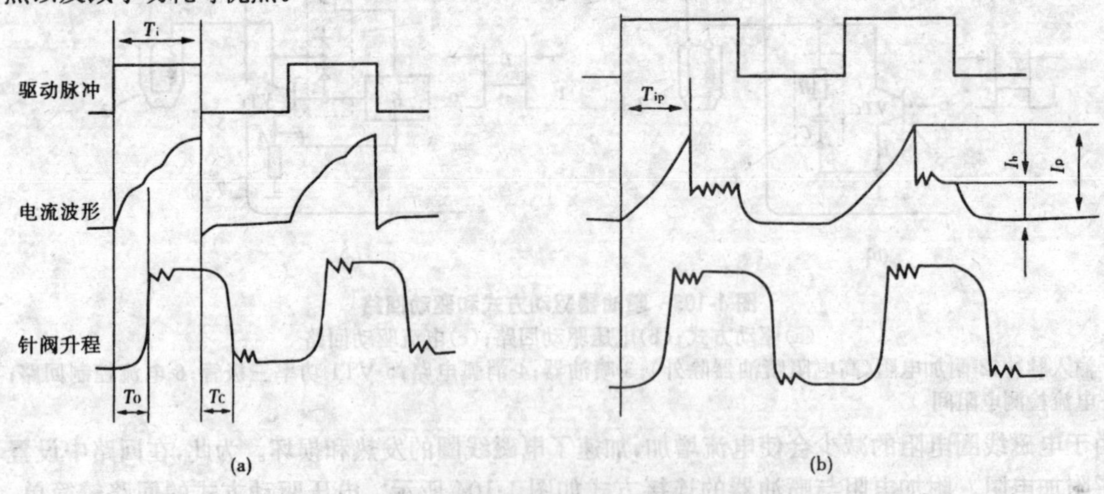

图 1-105 驱动回路产生的电流波形差别

(a)电压驱动;(b)电流驱动

T_i-通电时间;T_o-开阀时间;T_c-闭阀时间;I_p-峰值电流;I_h-保持电流;T_{ip}-峰值电流到达时间

所谓高电阻喷油器，是指电磁线圈电阻值(或内装附加电阻)为 12～17 Ω 的喷油器。从成本和安装来说是有利的。高电阻喷油器与电压驱动方式配合使用。电压驱动方式的电流波形如图 1-105(b)所示。

由于在功率管 VT_1 截止时，喷油器的电磁线圈存在电感，在线圈两端可能产生很高的感应电动势。此电动势与电源电压一起作用在功率管上，可能将其击穿。为了保护功率三极管和缩短喷油器关阀时间，在驱动回路中常设有图 1-103(b)中所示的 CR 消弧回路。

在采用电压驱动回路时，为了确保响应性，通常使用 CR 消弧回路。当采用电流驱动回路时，为了利用回路本身来改善响应性，一般使用齐纳二极管，可以节省空间，降低成本。

喷油器各种驱动方式迟滞时间(无效喷射期)如图 1-106 所示。可见，电流驱动的迟滞时间(无效喷射)最短，其次为电压驱动低电阻喷油器型，电压驱动高电阻喷油器型最长。

某些厂家将阻值、喷口形式不同的喷油器导线连接器也制成不同形状，如表 1-4 所示。

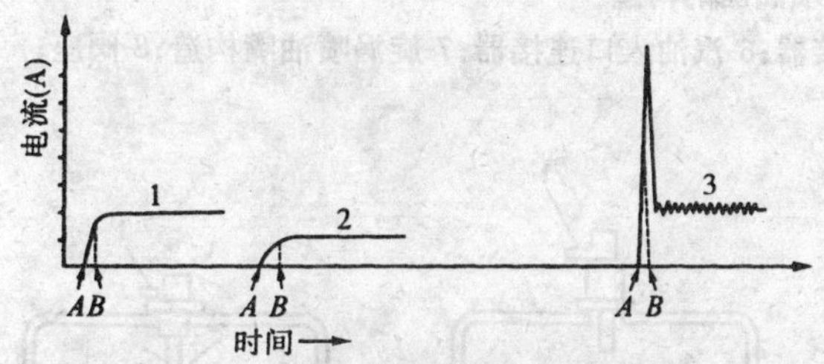

图 1-106 各种驱动方式的电流波形

A-功率三极管导通；*B*-喷油器打开；1-电流驱动喷油器；2-电压驱动高电阻喷油器；3-电压驱动低电阻喷油器

喷油器导线连接器形状 表 1-4

导线连接器形状	喷口型式	阻值
	针阀型	低阻值
	针阀型	高阻值
	孔型	低阻值
	孔型	高阻值

7. 喷油器的喷雾特性

喷油器安装在进气管或者汽缸盖上，因是朝向进气门喷射汽油。因此，喷雾角度一般为 10°～40°。雾化装置多采用轴针式 1-92 型。在近年来出现的 2 个进气门的发动机上，双孔式喷油器也被广泛使用。双孔喷油器可向 2 个进气门发动机的各个气门均匀喷射汽油。

(四)冷起动喷油器结构

在低温下发动机冷起动时，吸入的混合气中有一部分汽油冷凝，为了补偿这部分汽油的损失，必须在冷起动时附加地喷入一定量的汽油。这部分附加的喷油是由冷起动喷油器喷入进气管道的。冷起动喷油器装于进气总管的中央部位，其作用是改善发动机的低温起动性能。冷起动喷油器只在发动机低温起动时才投入工作，它也是一种电磁式喷油器，其喷油量取决于喷油持续时间，而其喷油持续时间可以根据发动机冷却液温度由冷起动喷油器温度时间开关控制，也可以由 ECU 控制。由于冷起动喷油器只是在发动机低温起动时工作。所以，要求工作电压低。另外，为了使发动机的低温起动性良好，喷雾要求微粒化而且喷雾角要大，这是冷起动喷油器应具有的性能特点。从用途上讲，冷起动喷油器的重要指标，是最低工作电压和合乎规定的喷雾角及喷射量。

1. 冷起动喷油器的结构与工作原理

冷起动喷油器的结构如图 1-107 所示，冷起动喷油器由燃料入口连接器、导线连接器、电磁线圈、可动磁芯、旋涡喷嘴等组成。在喷射管道内部，可动磁芯在弹簧力作用下把橡胶阀推向阀座使阀孔关闭。当电磁线圈通电时，在电磁力吸引下，可动磁芯克服弹簧力被拉向图中箭头方向。可动磁芯一被拉开，阀门即打开，汽油涌出阀孔，在旋涡喷嘴部位形成旋转流，并以微粒和锥角形式从喷孔喷射出去。

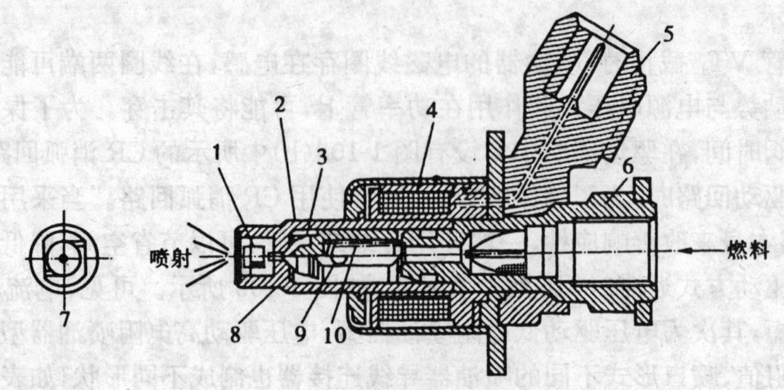

图 1-107　冷起动喷油器的构造

1-旋涡式喷嘴；2-喷射管道；3-阀；4-电磁线圈；5-导线连接器；6-汽油入口连接器；7-旋涡喷油嘴构造；8-阀座；9-可动磁芯；10-弹簧

冷起动喷油器安装在节气门下游的进气总管上，而且选择了可向各缸均分配汽油的位置（图 1-108a），为了提高向各缸分配汽油的均匀性，有的冷起动喷油器上设有两个旋涡式喷嘴，其结构如图 1-109 所示，其安装如图 1-108（b）所示。

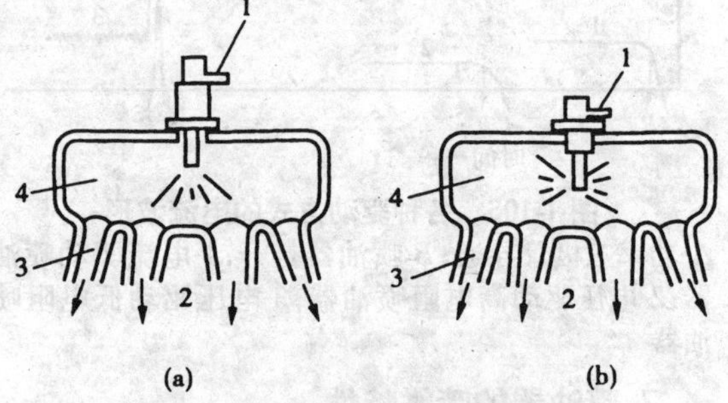

图 1-108　冷起动喷油器的安装

（a）一个方向喷油；（b）两个方向喷油

1-冷起动喷油器；2-进气；3-进气总管；4-进气歧管

2. 冷起动喷油器的控制

对冷起动喷油器喷油时间的控制有两种方法：一种是利用温度时间开关控制；一种是用 ECU 控制。

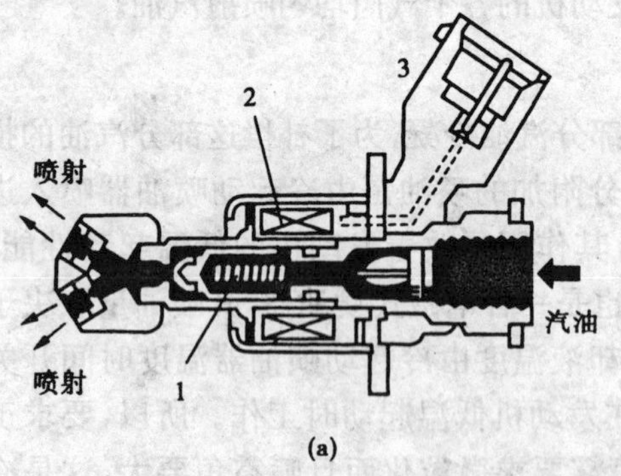

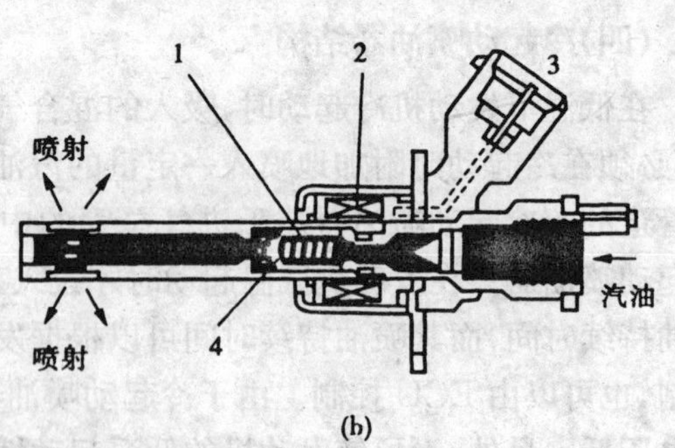

图 1-109　两个旋涡式喷嘴的冷起动喷油器结构

（a）型式Ⅰ；（b）型式Ⅱ

1-弹簧；2-电磁线圈；3-导线连接器；4-柱塞

（1）温度时间开关控制

温度时间开关的结构如图 1-110（a）所示，它主要由双金属片、加热线圈及搭铁触点等构成。由于其工作工况是由发动机温度和起动电流共同决定的，因此，它应装在能反映发动机温度的位置上。当发动机温度较低时，温度时间开关的触点闭合，当点火开关处于“START”位置时，电流按图 1-110(b)中箭头方向流动，使冷起动喷油器喷油。发动机起动后，点火开关转至“ON”位置时，冷起动喷油器停止喷油。在起动过程中，若起动机运转时间过长，有可能使火花塞淹湿。但此时由于电流流过加热线圈②，使双金属片受热弯曲，触点断开(图 1-110c)，电流不再流经冷起动喷油器，因而可防止火花塞被淹。同时，加热线圈②进一步加热双金属片，以免触点再次闭合。因此，冷起动时，主要是电加热决定冷起动喷油器的工作时间。而发动机处于热机状态时，温度时间开关触点一直处于断开状态，故热机起动时，冷起动喷油器不工作。

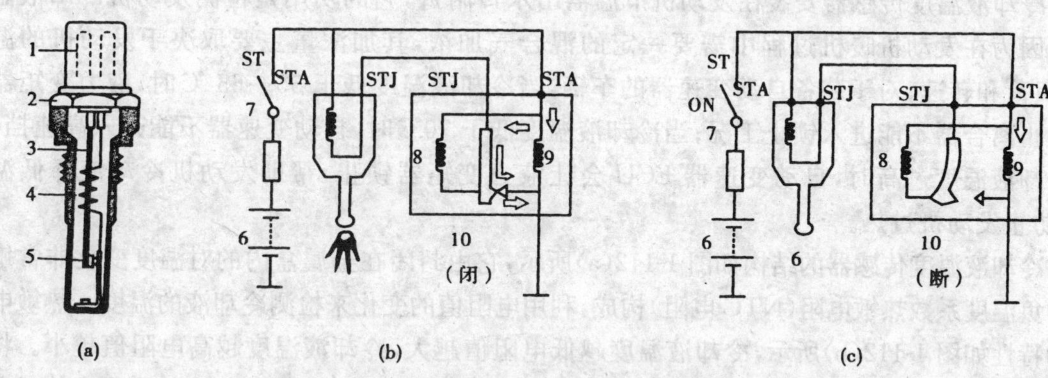

图 1-110 温度时间开关及冷起动喷油器的工作

(a)温度时间开关；(b)冷起动喷油器的工作；(c)冷起动喷油器停止工作

1-导线连接器；2-钉形壳体；3-双金属片；4-加热线圈；5-搭铁触点；6-蓄电池；7-点火开关；8-加热线圈①；9-加热线圈②；10-温度时间开关

在一般情况下，当冷却液温度低于 30 ℃时，温度时间开关常闭，此时点火开关若位于起动位置，冷起动喷油器的针阀就打开，汽油喷入节气门后的进气总管中，以增加混合气浓度，便于起动和加快暖机过程。如发动机冷却液温度高于 40 ℃或点火开关接通持续时间超过 15 s，温度时间开关内的双金属片因加热线圈的加热弯曲而使触点断开，以此切断冷起动喷油器中的电流，冷起动喷油器停止喷油。发动机热机时，温度时间开关的触点一直处于断开状态，以防冷起动喷油器喷油。

(2)ECU 控制

ECU 控制电路如图 1-111 所示，为了改善发动机冷机起动性能，在温度时间开关控制的同时，ECU 还可以根据冷却液温度对冷起动喷油器的喷油时间进行控制。

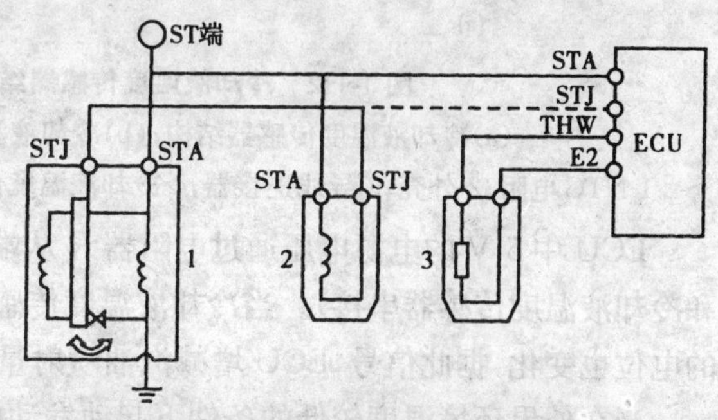

图 1-111 ECU 控制冷起动喷油器的电路

1-温度时间开关；2-冷起动喷油器；3-冷却液温度传感器

四、电控系统主要部件结构

发动机电控汽油喷射系统的电控系统一般由各种传感器、ECU 和执行器三部分组成。电控系统的功用是接收来自表示发动机工作状态的各个传感器输送来的信号，根据 ECU 内预存的程序加以比较和修正，决定喷油量和点火提前角。

(一)传感器结构

电控燃油喷射系统的主要传感器有空气流量传感器、进气歧管绝对压力传感器、大气压力传感器、节气门位置传感器、加速踏板位置传感器、进气温度传感器、冷却液温度传感器、发动机转速传感器、曲轴(或凸轮轴)位置传感器、氧传感器、车速传感器等。其中空气流量传感器、进气歧管绝对压力传感器、节气门位置传感器、加速踏板位置传感器、进气温度传感器等,我们在前面的章节中已做了详细讲解,本节将对其余的传感器结构进行介绍。

1.冷却液温度传感器结构

冷却液温度传感器安装在发动机节温器出水口附近,它的功用是检测发动机冷却液温度。因为在发动机暖机过程中需要一定的混合气加浓,其加浓量主要取决于发动机的温度、负荷和转速;对于装备自动变速器的车辆,当冷却液温度低于 55～65 ℃时,液力变矩器的锁止离合器不能进入锁止工况;当冷却液温度低于 70℃时,自动变速器不能升入高速挡;当冷却液温度过高时,自动变速器 ECU 会让液力变矩器锁止,帮助发动机冷却液降低温度,防止发动机过热。

冷却液温度传感器的结构如图 1-112(a)所示,它由封闭在金属盒内的对温度变化非常敏感的负温度系数热敏电阻(NTC 电阻)构成,利用电阻值的变化来检测冷却液的温度。热敏电阻的特性如图 1-112(b)所示,冷却液温度越低电阻值越大,冷却液温度越高电阻值越小。将该传感器的信号输入到 ECU,就可以根据冷却液温度进行喷油量的控制。冷却液温度传感器与 ECU 的连接电路如图 1-112(c)所示。

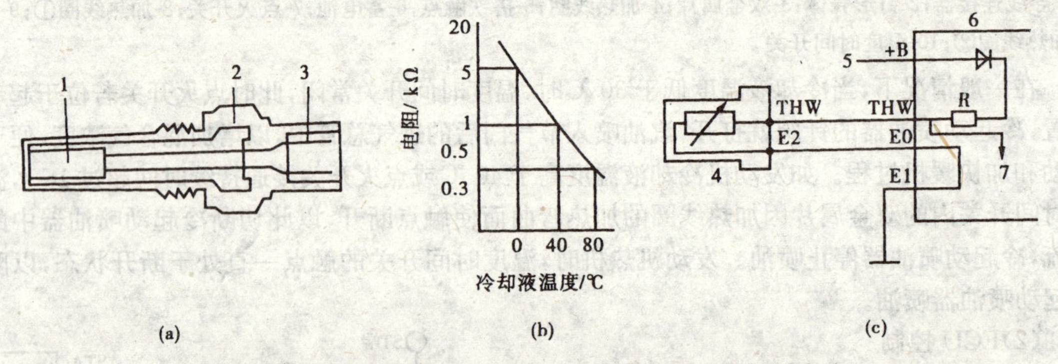

图 1-112 冷却液温度传感器结构、特性及与 ECU 的连接电路

(a)冷却液温度传感器结构;(b)冷却液温度传感器特性;(c)与 ECU 连接电路

1-NTC 电阻;2-外壳;3-导线连接器;4-冷却液温度传感器;5-接蓄电池端;6-ECU;7-冷却液温度信号

ECU 中 5 V 的电源电压通过电阻器 R 从端子 THW 加到冷却液温度传感器上(电阻器 R 和冷却液温度传感器串接)。当冷却液温度传感器的电阻值随冷却液温度改变时,端子 THW 的电位也变化,据此信号,ECU 增减汽油喷射量,以改善发动机冷态的运转性。

当在外界环境温度较低的条件下起动发动机时,冷却液温度传感器的热敏电阻阻值较大,此时 ECU 接收到低温信号,给喷油器下达额外喷油的指令,使喷油器多喷油;当发动机冷却液的温度逐渐升高,热敏电阻的阻值逐渐减小,从而,ECU 控制喷油器逐渐减少额外喷油。如果发动机冷却液的温度达到 80℃以上时,冷却液温度传感器热敏电阻的电阻值约为0.4 kΩ。此时,ECU 控制喷油器进行正常喷油而不额外喷油,发动机进入正常工作状态。

2. 曲轴位置传感器/发动机转速传感器结构

在EFI中，相对于发动机每一个工作循环吸入的空气量，都可以得到由ECU控制的符合最佳空燃比的汽油喷射量。空气流量传感器能够检测每个单位时间内的吸入空气量，但是不能检测每个工作循环内的吸入空气量。为了求出每个工作循环内的吸入空气量，就需要检测发动机转速。另外，当采用独立喷射和分组喷射时，为了有效地利用各自的喷射特点，需要选择特定的喷射时刻，因此，还需要检测每缸的曲轴（凸轮轴）转角位置。检测发动机转速及曲轴转角位置，需要采用发动机转速传感器和曲轴（凸轮轴）位置传感器，很多车辆将检测发动机转速和曲轴位置的传感器制成一体，统称为曲轴位置传感器。它是发动机电子控制系统中最主要的传感器之一，提供点火时刻（点火提前角），确认曲轴位置的信号，用于检测活塞上止点、曲轴转角及发动机转速。具有这种功能的传感器型式很多，目前均已实用化，其中使用最多的是磁脉冲式传感器、光电式传感器、霍尔效应式传感器、可变磁阻式传感器。它通常安装在曲轴前端、凸轮轴前端、飞轮上或分电器内。

(1)磁脉冲式曲轴位置传感器结构

①磁脉冲式传感器的基本工作原理。磁脉冲式传感器的工作原理可用图1-113(a)、(b)所示的原理图来说明，它由一个永久磁铁和一个传感线圈组成，在驱动轴上装有一个有若干个缺口和舌片的转子，它能在磁极之间转动。当转子旋转，其缺口通过磁极时，磁路的磁阻大大增加（这是由于空气的磁导率比钢低得多的缘故），结果使磁场强度降低。当通过一个线圈的磁通量增加或减少时，线圈内就会产生感应电动势，其大小正比于磁通量的变化速率。变化越快，电动势越大；磁通量无变化，就不产生电动势。所以，当转子静止时，线圈中虽有磁通通过，但传感器没有信号电压输出。图1-113(c)显示的是转子通过磁极时产生的波形，当转子舌片接近磁极时，电动势增至最大；当转子舌片正对磁极时，磁通量最大，而电动势为零。

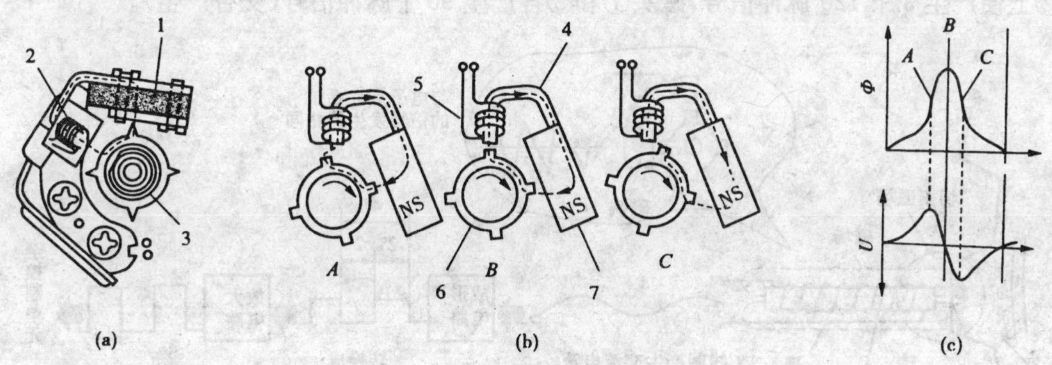

图1-113 磁脉冲式传感器

(a)结构图；(b)传感线圈产生的电压；(c)波形

1、7-永久磁铁；2-传感线圈；3、6-动态转子；4-托架；5-传感线圈；6-信号转子；Φ-通过线圈的磁通量；U-点火信号产生电压

②磁脉冲式曲轴位置传感器的结构和工作原理。图1-114所示为典型的安装在曲轴前端的皮带轮之后磁脉冲式曲轴位置传感器。在皮带轮后端设置一个带有细齿的薄圆齿盘（用以产生信号，称为信号盘），它和曲轴皮带轮一起装在曲轴上，随曲轴一起旋转。在信号盘的外缘，沿着圆周每隔4°有个齿。共有90个齿，并且每隔120°布置1个凸缘，共3个。安装在信号盘边沿的传感器盒是产生电信号的信号发生器。信号发生器内有3个在永久磁铁上绕有感应

线圈的磁头，其中磁头②产生的120°信号，磁头①和磁头③共同产生曲轴1°转角信号。磁头②对着信号盘的120°凸缘，磁头①和磁头③对着信号盘的齿圈，彼此相隔3°曲轴转角安装。信号发生器内有信号放大和整形信号，外部有4孔连接器，孔"1"为120°信号输出线，孔"2"为信号放大与整形电路的电源线，孔"3"为1°信号输出线，孔"4"为接地线。通过该连接器将曲轴位置传感器中产生的信号输送到ECU。

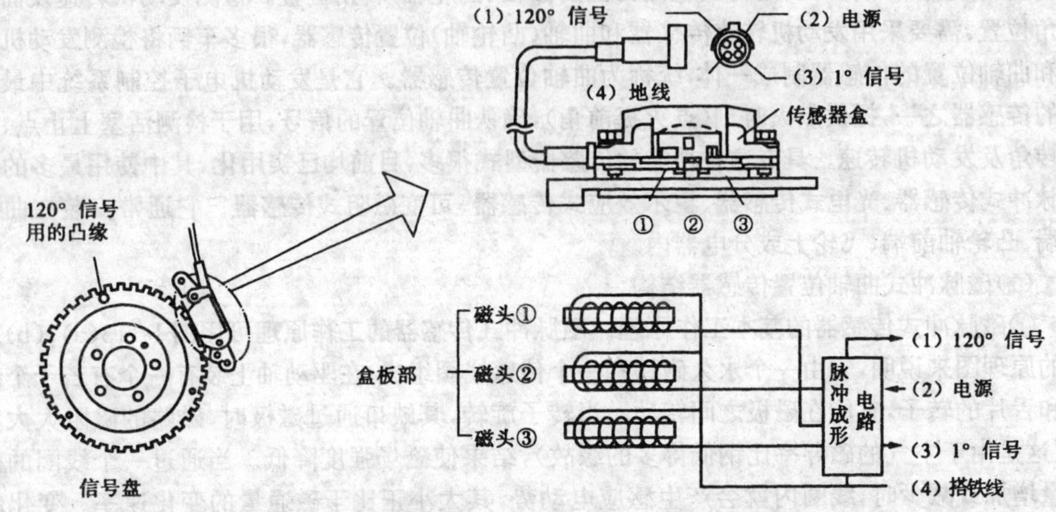

图1-114 典型的安装在曲轴前端的皮带轮之后磁脉冲式曲轴位置传感器

发动机转动时，信号盘的齿和凸缘引起通过感应线圈的磁场发生变化，从而，在感应线圈里产生交变的电动势，经滤波整形后，即变成脉冲信号，如图1-115所示。发动机旋转一圈，磁头②上便产生3个120°脉冲信号，磁头①和③各产生90个脉冲信号（交替产生）。

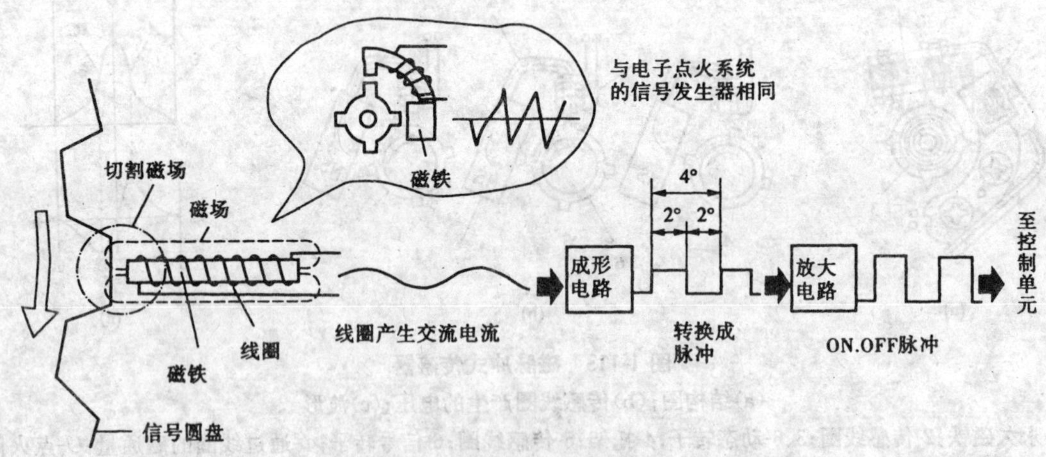

图1-115 脉冲信号的产生

由于磁头①和磁头③相隔3°曲轴转角安装，而它们又都是每隔4°产生一个脉冲信号，所以，磁头①和磁头③所产生的脉冲信号相位差正好为90°。将这两个脉冲信号送入信号放大与整形电路中合成后，即产生曲轴1°转角的信号（图1-116）。

产生120°信号的磁头②安装在上止点前70°的位置（图1-117），故其信号亦可称为上止点前70°信号，即发动机在运转过程中，磁头②在各缸上止点前70°位置均产生一个脉冲信号。

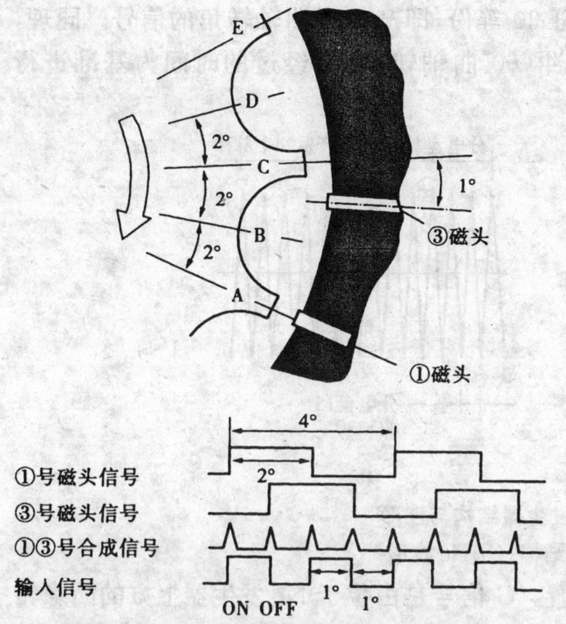

图 1-116 产生曲轴 1°转角信号的原理

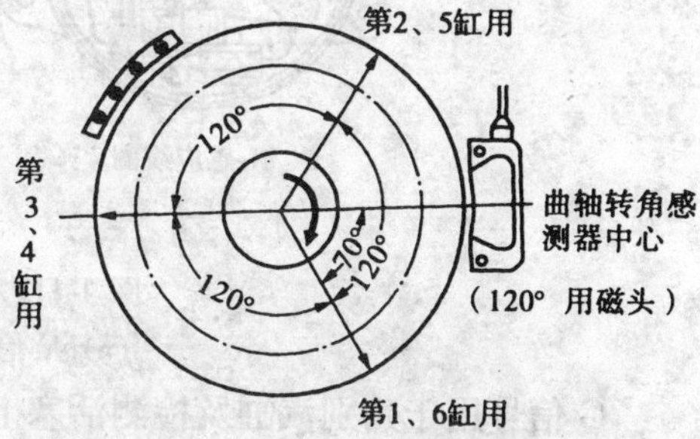

图 1-117 磁头②与曲轴的位置关系

图 1-118 所示为典型的安装在分电器内的磁脉冲式曲轴位置传感器。该传感器分成上、下两部分，上部分产生 G 信号，下部分产生 Ne 信号，都是利用带有轮齿的转子旋转时，使信号发生器感应线圈内的磁通变化，从而在感应线圈里产生交变的感应电动势，再将它放大后，送入 ECU。Ne 信号是检测曲轴转角及发动机转速的信号，相当于前述磁脉冲式曲轴位置传感器的 1°信号。该信号由固定在下半部具有等间隔 24 个轮齿的转子（No. 2 正时转子）及固定于其对面的感应线圈产生〔图 1-119(a)〕。

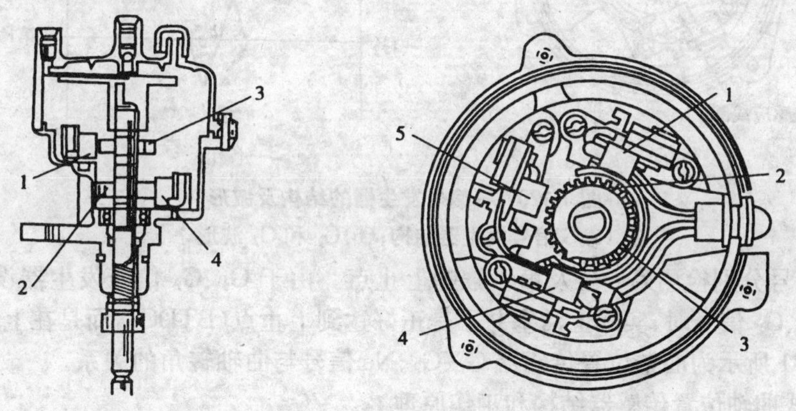

图 1-118 丰田公司磁脉冲式曲轴位置传感器

1-G1 感应线圈；2-No. 2 正时转子；3-No. 1 正时转子；4-G2 感应线圈；5-Ne 感应线圈

当转子旋转时，轮齿与感应线圈凸缘部（磁头）的空气间隙发生变化，导致通过感应线圈的磁场发生变化而产生感应电动势。轮齿靠近及远离磁头时，将产生一次增减磁通的变化，所以，每个轮齿通过磁头时，都将在感应线圈中产生一个完整的交流电压信号。No. 2 正时转子上有24 个齿。故转子旋转 1 圈，即曲轴旋转 720°时，感应线圈产生 24 个交流电压信号。Ne 信号如图 1-119(b)所示，其一个周期的脉冲相当于 30°曲轴转角（720°÷24＝30°）。更精确的转角检测，是利用 30°转角的时间由 ECU 再均分 30 等份，即产生 1°曲轴转角的信号。同理，发动机的转速由 ECU 依照 Ne 信号的两个脉冲（60°曲轴转角）所经过的时间为基准进行计测。

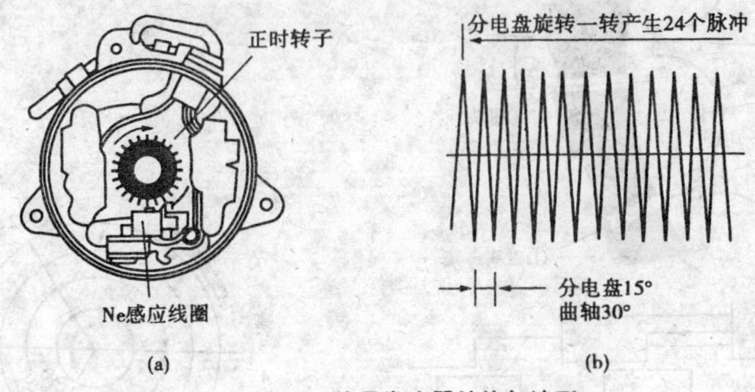

图 1-119 Ne 信号发生器结构与波形

(a)Ne 信号发生器结构；(b)Ne 波形

G 信号用于判别汽缸及检测活塞上止点位置。G 信号是由位于 Ne 发生器上方的凸缘转轮（No. 1 正时转子）及其对面对称的两个感应线圈（G_1 感应线圈和 G_2 感应线圈）产生的。其构造如图 1-120 所示。其产生信号的原理与 Ne 信号相同。G 信号也用作计算曲轴转角时的基准信号。

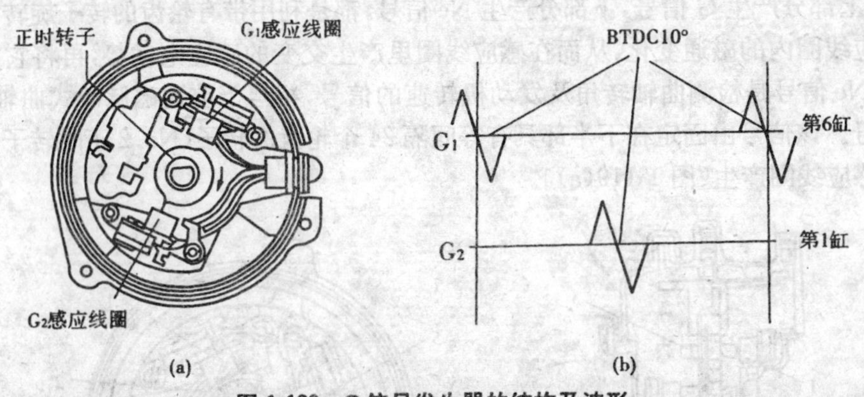

图 1-120 G 信号发生器的结构及波形

(a)G 信号发生器结构；(b)G_1 和 G_2 波形

G_1、G_2 信号分别检测第 6 缸及第 1 缸的上止点。由于 G_1、G_2 信号发生器设置位置的关系，当产生 G_1、G_2 信号时，实际上活塞并不是正好达到上止点（BTDC），而是在上止点前 10°的位置。图 1-121 所示为曲轴位置传感器 G_1、G_2、Ne 信号与曲轴转角的关系。

(2)光电式曲轴位置传感器结构和工作原理

图 1-122 所示是光电式传感器的基本工作原理图，位于光敏二极管的对面的是作为光源的发光二极管，在它们之间有一个能断续遮光的转盘。当转盘上的缺口、缝隙或小孔对准发光二极管时，光线可以通过，光敏二极管即发出信号，指示转轴的某一位置或转速。它输出的信号是方波脉冲，故它能适应数字式控制系统的需要。这里的发光二极管的发光频率一般在红外线和紫外线范围内，是肉眼看不见的。

图 1-123 所示为典型六缸发动机用分电器内的光电式曲轴位置传感器的结构，传感器固装在分电器壳体上，主要由两只发光二极管、两只光敏二极管和电子电路组成，如图 1-122(c)

所示。两只发光二极管分别正对着光敏二极管，发光二极管以光敏二极管为照射目标。信号盘位于发光二极管和光敏二极管之间，当信号盘随发动机曲轴运转时，因信号盘上有光孔，产生透光和遮光的交替变化，信号发生器便输出表征曲轴位置和转角的脉冲信号。

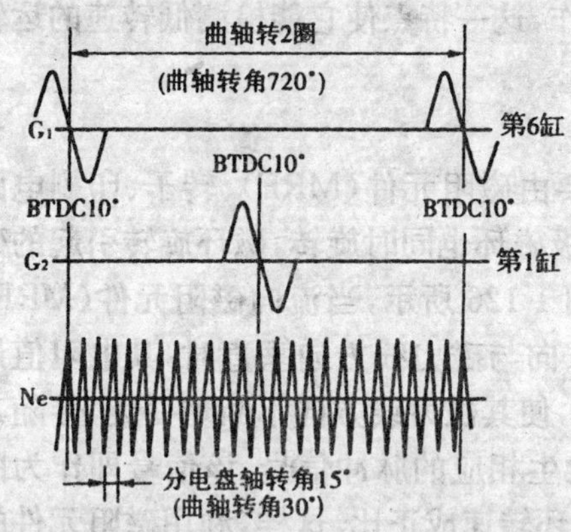

图 1-121 G、Ne 信号与曲轴转角的关系

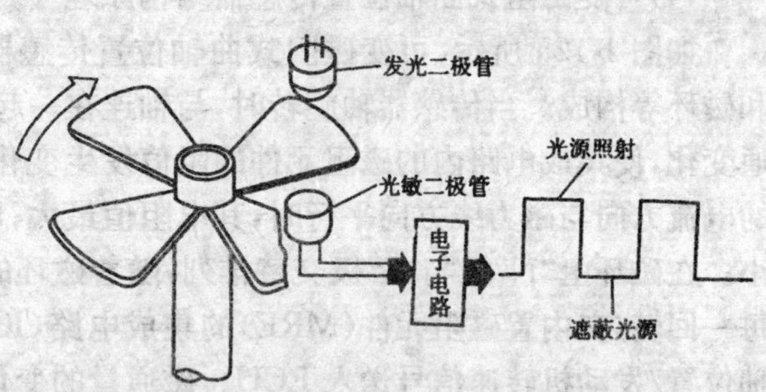

图 1-122 光电式传感器基本工作原理

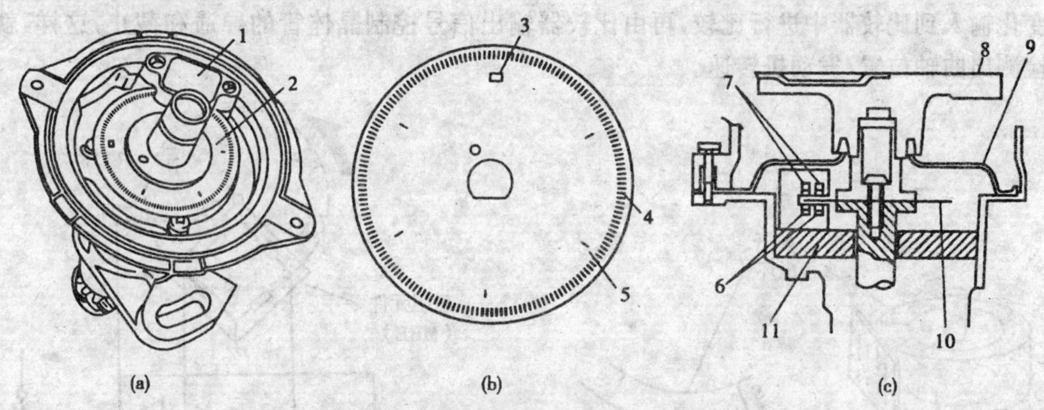

图 1-123 光电式曲轴位置传感器的工作原理与结构

(a)结构；(b)信号盘的结构；(c)信号发生装置的布置

1-曲轴位置传感器；2、10-信号盘；3-第一缸 120°信号缝隙；4-1°信号缝隙；5-120°信号缝隙；6-光敏二极管；7-发光二极管；8-分电器；9-密封盖；11-电子电路

(3)霍尔式曲轴位置传感器结构原理

如图 1-124(a)所示，磁场中有一个霍尔半导体元件，恒定电流 I 从 A 到 B 通过该片。在洛仑兹力的作用下，电子流在通过霍尔半导体元件时向一侧偏移，使该片在 CD 方向上产生电位差，这就是所谓的霍尔电压。霍尔电压随磁场强度的变化而变化，磁场越强，电压越高，磁场越弱，电压越低。霍尔电压值很小，通常只有几个毫伏，但经集成电路中的放大器放大，就能使该电压放大，足以输出较强的信号。若使霍尔集成电路起传感作用，需要用机械的方法来改变磁场强度。图 1-124(b)所示的方

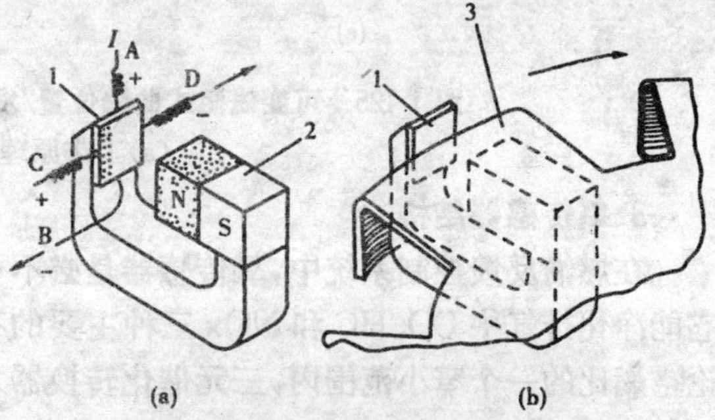

图 1-124 霍尔式曲轴位置传感器结构原理

(a)霍尔式传感器的基本原理；

(b)霍尔式曲轴位置传感器的结构原理

1-霍尔半导体元件；2-永久磁铁；3-挡隔磁力线的叶片

法是，用一个转动的叶轮作为控制磁通量的开关，当叶轮叶片处于磁铁和霍尔集成电路之间的气隙中时，磁场偏离集成片，霍尔电压消失。这样，霍尔集成电路的输出电压的变化，就能表示出叶轮驱动轴的某一位置，利用这一工作原理，可将霍尔集成电路片用作点火正时传感器。霍尔式传感器属于被动型传感器，它要有外加电源才能工作，这一特点使它能检测低转速的运转参数。

(4)可变磁阻式曲轴位置传感器结构原理

如图 1-125 所示，可变磁阻式曲轴位置传感器，主要由磁阻元件(MRE)、转子、印刷电路和磁环等构成。当传感器轴旋转时，与轴连在一起的多极磁环也同时旋转，磁环旋转引起的磁通变化，使集成电路内的磁阻元件的阻值发生变化，如图 1-126 所示，当流向磁阻元件(MRE)的电流方向与磁力线方向平行时，其电阻值最大；电流方向与磁力线方向垂直时，其电阻值最小。在磁环上“N”极与“S”极交替排列，随着磁环的回转，使其磁力线方向不断地变化，伴随其每一回转，在内置磁阻元件(MRE)的集成电路(IC)中发生相应的脉冲信号，该信号即作为曲轴位置/发动机转速信号送入 ECU。磁通量的变化与磁环转速成正比，这样，利用磁阻元件的阻值变化就可以检测出磁环旋转引起的磁通变化。阻值的变化引起其上电压的变化，将电压的变化输入到比较器中进行比较，再由比较器输出信号控制晶体管的导通和截止，这样，就可以检测出曲轴位置/发动机转速。

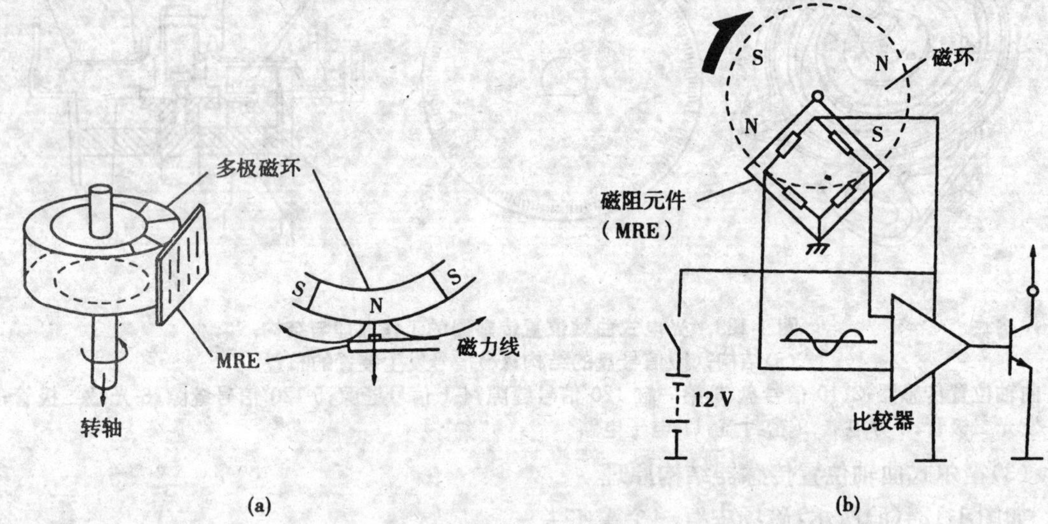

图 1-125 可变磁阻式曲轴位置/发动机转速传感器的工作原理及电路

(a)工作原理图；(b)电路图

3. 氧传感器结构

在燃油反馈控制系统中，氧传感器是必不可少的。三元催化转换器安装在排气管的中段，它能净化排气中 CO、HC 和 NOx 三种主要的有害成分。但只在混合气的空燃比处于接近理论空燃比的一个窄小范围内，三元催化转换器才能有效地起到净化作用。故在排气管中插入氧传感器，借检测废气中的氧浓度测定空燃比，并将其转换成电压信号或电阻信号，反馈给 ECU，ECU 根据该信号增加或减少喷油量，控制空燃比收敛于理论值。

目前使用的氧传感器有氧化锆(ZrO_2)式、氧化钛(TiO_2)式和宽量程氧传感器 3 种。

(1)氧化锆式氧传感器结构原理

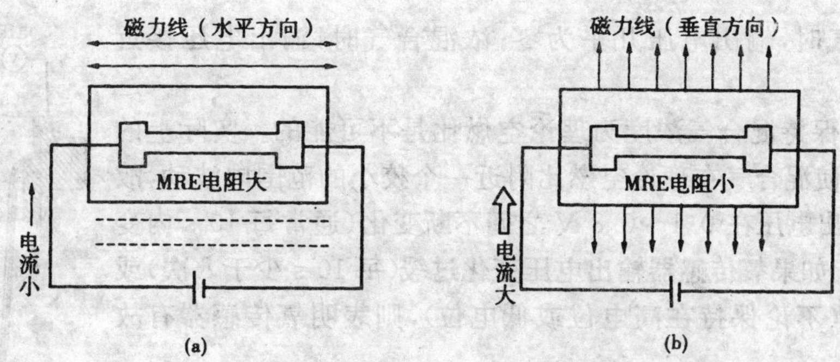

图 1-126 磁阻元件(MRE)的性质

(a)电流方向与磁力线平行；(b)电流方向与磁力线垂直

氧化锆式氧传感器的基本元件是氧化锆（ZrO_2）陶瓷管（固体电解质），亦称锆管（图 1-127）。锆管固定在带有安装螺纹的固定套中，内外表面均覆盖着一层多孔性的铂膜，其内表面与大气接触，外表面与废气接触。氧传感器的接线端有一个金属护套，其上开有一个用于锆管内腔与大气相通的孔，电线将锆管内表面的铂极经绝缘套从此接线端引出。

氧化锆在温度超过 300 ℃后才能进行正常工作。早期使用的氧传感器靠排气加热，这种传感器必须在发动机起动运转数分钟后才能开始工作。它只有一根接线与 ECU 相连（图 1-128a）。现在，大部分汽车使用带加热器的氧传感器（图 1-128b），这种传感器内有一个电加热元件，可在发动机起动后的 20～30 s 内，迅速将氧传感器加热至工作温度。它有 4 根接线，一根接 ECU，一根搭铁，另外两根分别为加热器的电源和搭铁线。

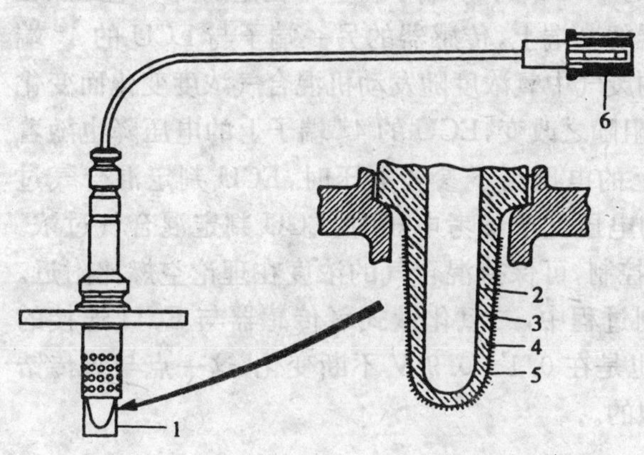

图 1-127 氧化锆式氧传感器的锆管

1-保护套管；2-内表面铂电极层；3-氧化锆陶瓷体；4-外表面铂电极层；5-多孔氧化铝保护层；6-导线连接器

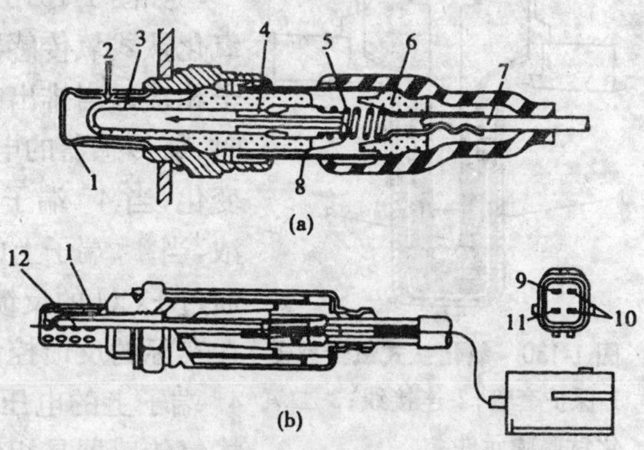

图 1-128 两种不同的氧化锆式氧传感器

(a)普通型氧化锆式氧传感器；

(b)加热型氧化锆式氧传感器

1-保护套管；2-废气；3-锆管；4-电极；5-弹簧；6-绝缘体；7-信号输出导线；8-空气；9-接地；10-加热器接线端；11-信号输出端；12-加热器

锆管的陶瓷体是多孔的，渗入其中的氧气，在温度较高时发生电离。由于锆管内、外侧的氧含量不一致，存在浓差，因而，氧离子从大气侧向排气一侧扩散，从而，使锆管成为一个微电池，在两铂极间产生电压（图 1-129）。当混合气的实际空燃比小于理论空燃比，即发动机以较浓的混合气运转时，排气中氧含量少，但 CO、HC 等较多。这些气体在锆管外表面的铂催化作用下与氧发生反应，将耗尽排气中残余的氧，使锆管外表面氧气浓度变为零，这就使得锆管内、外侧氧浓度差加大，两铂极间电压陡增。因此，锆管传感器产生的电压将在理论空燃比时发生突变：稀混合气时，输出电压几乎为零；浓混合气时，输出电压接近1 V。

要准确地保持混合气浓度为理论空燃比是不可能的。实际上的反馈控制只能使混合气在理论空燃比附近一个狭小的范围内波动，故氧传感器的输出电压在 0.1～0.8 V 之间不断变化（通常每 10 s 内变化 8 次以上）。如果氧传感器输出电压变化过缓（每 10 s 少于 8 次）或电压保持不变（不论保持在高电位或低电位），则表明氧传感器有故障，需检修。

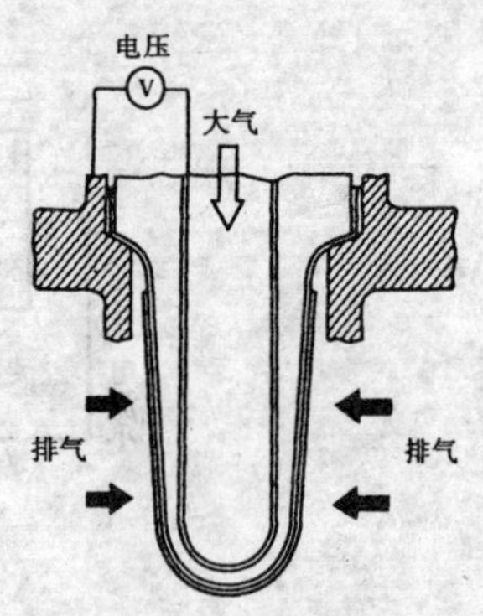

图 1-129　氧传感器的工作原理

(2)氧化钛式氧传感器结构原理

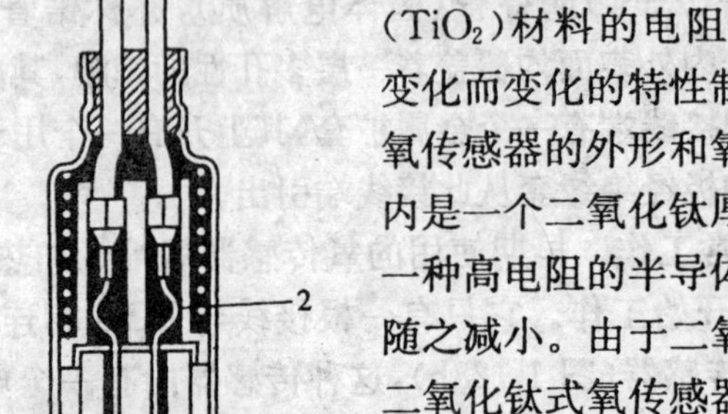
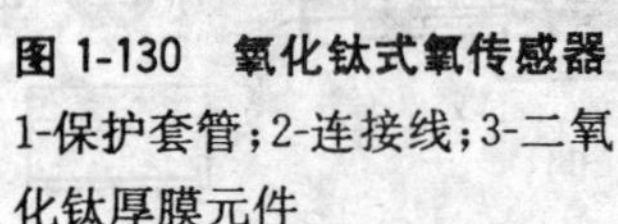

图 1-130　氧化钛式氧传感器
1-保护套管；2-连接线；3-二氧化钛厚膜元件

氧化钛式氧传感器是利用二氧化钛(TiO_2)材料的电阻值随排气中氧含量的变化而变化的特性制成的，故又称电阻型氧传感器。二氧化钛式氧传感器的外形和氧化锆式氧传感器相似。在传感器前端的护罩内是一个二氧化钛厚膜元件(图 1-130)。纯二氧化钛在常温下是一种高电阻的半导体，但表面一旦缺氧，其晶格便出现缺陷，电阻随之减小。由于二氧化钛的电阻也随温度不同而变化。因此，在二氧化钛式氧传感器内部也有一个电加热器，以保持氧化钛式氧传感器在发动机工作过程中的温度恒定不变。

如图 1-131 所示，ECU 的 2# 端子将一个恒定的 1 V 电压加在氧化钛式氧传感器的一端上，传感器的另一端子与 ECU 的 4# 端子相接。当排出的废气中氧浓度随发动机混合气浓度变化而变化时，氧传感器的电阻随之改变，ECU 的 4# 端子上的电压降也随着变化，当 4# 端子上的电压高于参考电压时，ECU 判定混合气过浓，当 4# 端子上的电压低于参考电压时，ECU 判定混合气过浓。通过 ECU 的反馈控制，可保持混合气的浓度在理论空燃比附近。在实际的反馈控制过程中，二氧化钛式氧传感器与 ECU 连接的 4# 端子上的电压也是在 0.1～0.9 V 不断变化，这一点与氧传锆式氧传感器是相似的。

(3)宽量程氧传感器

前面已经讲过，通过氧传感器与三元催化转换器的组合，在保证燃油经济性的同时，也可以使发动机的排放污染得到较好的控制。从发动机燃烧所需的空燃比角度讲，混合气浓些可以使发动机得到较大的转矩；混合气较稀些，可以降低发动机的油耗，CO、NOx 排放量也会相应得到改善。在目前的发动机闭环控制系统中，发动机 ECU 利用氧传感器的反馈信号，将空燃比控制在 λ=1 的理论空燃比附近；但当空燃比超出此范围时，发动机 ECU 只能根据其内部的脉谱图执行开环控制，然后对喷油量做出一定程度的修正。由于目前的环境仍旧处于恶化的状态，今后排放法规将更加严

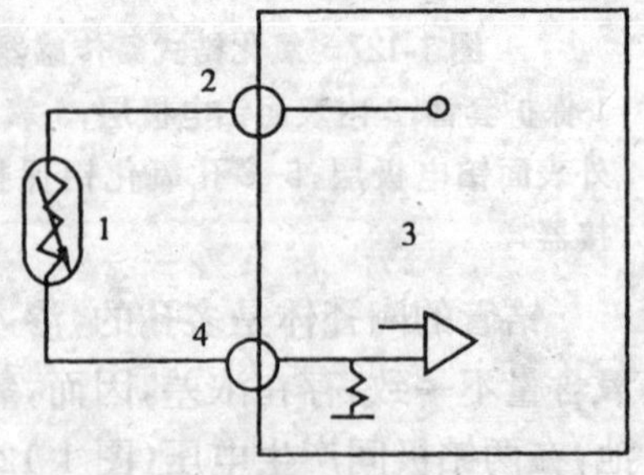

图 1-131　二氧化钛式氧传感器工作原理
1-氧化钛式氧传感器；2-1 V 电压端子；3-ECU；4-输出电压端子

格，因此，已经有了这样的动向，在发动机整个运转范围内实行空燃比反馈控制，以使发动机在各种工况下都能实现最佳油耗、最佳排放及最佳运转性能。

为了满足日益严格的排放法规的要求，现代轿车发动机普遍采用稀薄燃烧技术，其特点是发动机燃烧效率高，损耗小。但因以前没有可以净化NOx的催化剂，所以在NOx排放量非常少的超稀薄区域，发动机混合气的燃烧不稳定，断火率增加，HC排放量增加，发动机的输出转矩变动大，发动机运转性能变差。随着发动机技术的提高，很多厂家生产出了λ=1.5时仍可正常燃烧的发动机，加之已经发现了铜沸石类NOx还原催化剂，稀燃发动机的开发开始活跃起来，如宝马公司生产的N73型12缸汽油直喷发动机。在这类发动机上，对氧传感器的测量范围要求非常高，而传统的氧传感器，在混合气稍微偏浓时，输出电压就突变为0.6～0.9 V，反之混合气变稀后，输出电压突变为0.3～0.1 V。如果混合气进一步增浓，氧传感器的电压会不会再增加呢？0.9 V的输出电压已经封顶，另外如果混合气进一步变稀，氧传感器的电压会不会再一次降低呢？0.1 V的输出电压是否谷底？从上面分析来看，过浓与过稀的混合气普通氧传感已无法测量。0.1～0.9 V的两状态电压信号已无法满足对汽车排放的控制，它只能在混合气为14.7∶1的理论空燃比下，在汽缸燃烧后，对排放的尾气含氧量进行比较狭窄的范围检测，这是普通氧传感器的缺陷所在。因此，已远远不能胜任这项工作。

所谓宽量程氧传感器，是因为它相对于普通氧传感器仅能检测λ=1附近的理论空燃比点的特点，可以检测λ从0. 7～2.5整个范围的空燃比（目前设计的发动机空燃比λ在1.5附近），且宽量程氧传感器在从稀到浓的整个区域均呈现线性输出特性。由于宽量程氧传感器具备以上特点。所以，它也被称为宽带及全范围氧传感器。

①宽量程氧传感器的分类。根据氧传感器制造材料的不同，宽量程氧传感器可分为以ZrO_2为基体的固体电解质型和利用氧化物半导体电阻变化型两大类；根据传感器的结构的不同，宽量程氧传感器又可分为电池型、临界电流型及泵电池型。

②宽量程氧传感器的结构和基本工作原理。宽量程氧传感器的结构如图1-132所示。它由1个普通窄范围浓差电压型氧传感器（参考电池、1个界限电流型氧传感器、泵电池）以及扩散小孔、扩散室构成。它需要一个专门设计的传感器控制器来控制其正常工作，在图1-132中传感器控制器用A和B表示。尾气通过扩散小孔进入扩散室，尾气可能是富油的浓混合气，也可能是富氧的稀混合气。参考电池感知废气的浓度后，产生电压U_s，根据尾气浓度的不同，富油的浓混合气将产生高于参考电压U_{sref}的U_s，传感器控制器将产生一个方向的泵电流I_p，该泵电流I_p将氧气泵入扩散室内进行化学分解反应，在尾气中产生水和一氧化碳及一些氧化物附着在泵氧元的表面。在化学反应中将过多的碳氢化合物分解，从而降低了尾气的浓度，使扩散室恢复到U_s电压为0.45 V的废气含氧浓度的平衡状

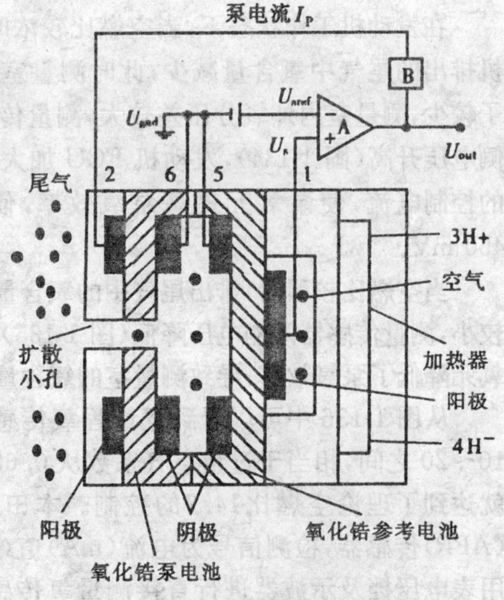

图1-132　宽量程氧传感器结构

态。相反，富氧的稀混合气将产生低于参考电压 U_{sref} 的 U_s，传感器控制器将产生一个反方向的泵电流 I_p，该泵电流 I_p 将氧气泵出扩散室。当 HC 燃料或氧气被中和时，参考电池产生的电压 U_s 等于参考电压 U_{sref}，此时的泵电流 I_p 就反映了尾气的浓度，传感器控制器将泵电流 I_p 转换成输出电压 U_{out}。通过改变泵电流的极性（电流流动方向）与大小，就可以达到平衡扩散室里的尾气含氧量，如何将这个变化的泵电流再去控制发动机 ECU 对喷油器喷油时间的调整，是至关重要的。在控制环路中，有一块 DSP（数字信号处理器）电路，该电路有二路输出，一路将变化的泵电流信号通过放大数模转换成线性电压，此电压从 0～5 V 连续变化，去控制发动机 ECU 的空燃比调整。另一路输出脉宽调制信号去控制 COM 场效应开关晶体管导通与截止时间，给加热单元组件提供电流，加热氧传感器。

③宽量程氧传感器的工作过程。下面以一汽-大众汽车上应用的泵电池（泵氧元）型的宽量程型氧传感器（图 1-133）为例，介绍一下其工作过程。该传感器以二氧化锆传感器为基础组件，其内部分为测量室和泵氧元两部分。

测量室一面与大气接触，另一面通过扩散孔与发动机尾气相通。此传感器测量室的工作原理与普通的二氧化锆氧传感器相同，由于测量室两侧氧含量不同会产生一个电动势。与普通氧传感器不同的是，发动机 ECU 要把测量室两侧的氧含量保持一致，并使电压值保持在 450 mV，这就需要传感器的泵氧元来完成。泵氧元是利用二氧化锆氧传感器的反作用原理工作，在将电压加到泵氧元组件的两极后，泵氧元组件上的氧离子开始移动，把废气中的氧泵入测量室中，使测量室中两侧的电压值维持在 450 mV。

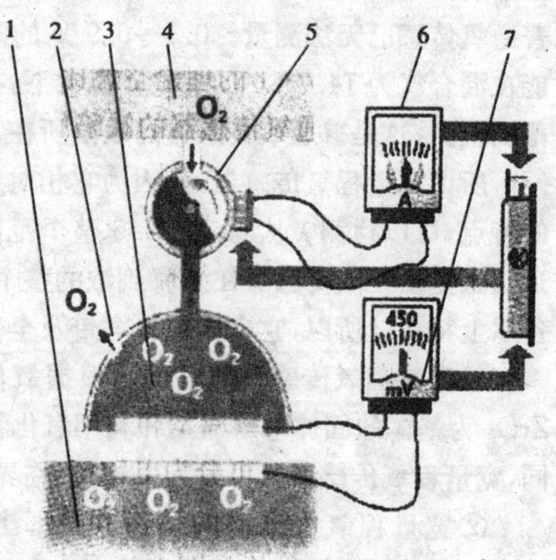

图 1-133　泵电池型宽量程氧传感器工作原理图
1-空气；2-扩散通道；3-测量室；4-尾气；5-泵氧元；6-泵氧元电流；7-测量传感器电压

在发动机工作状态下，当空燃比较浓时，发动机排出的尾气中氧含量减少，此时测量室的氧分子较少，测量室内外氧分压差较大，测量传感器两侧电压升高（图 1-134），发动机 ECU 加大泵氧元的控制电流，使泵氧元提高泵氧效率，使测量室的氧含量增多使测量传感器电压回到 450 mV。

当空燃比较稀时，排出尾气中的氧含量增多，测量室的氧分子较多，测量室内外氧分压差较小，测量传感器两侧电压降低（图 1-135），发动机 ECU 减小泵氧元的控制电流，于是，使泵氧元降低了泵氧效率，导致测量室的氧含量减少，使测量传感器电压提高到 450 mV。

从图 1-136 中可以看到宽量程氧传感器的特点，工作曲线平滑，能够连续检测空燃比 10～20 之间，相当于过量空气系数从 0.686～1.405 的宽范围内，当线性电压在 2.5 V 时，就达到了理论空燃比14.7的控制。本田新款车系安装在三元催化转换器上游为空燃比（AFR）传感器，检测信号为电流（mA）值（图 1-137）。在检测宽量程氧传感器时，不能用万用表电压挡及示波器进行直接测量氧传感器的端口线束电压。只能用相关的专用检测仪进行数据流分析。

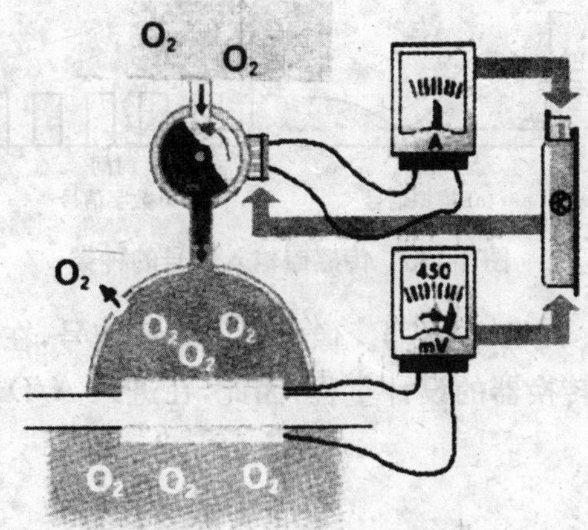

图 1-134 混合气偏浓状态

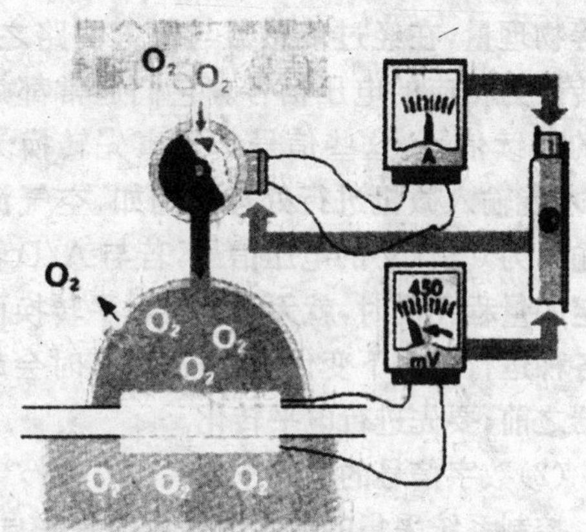

图 1-135 混合气偏稀状态

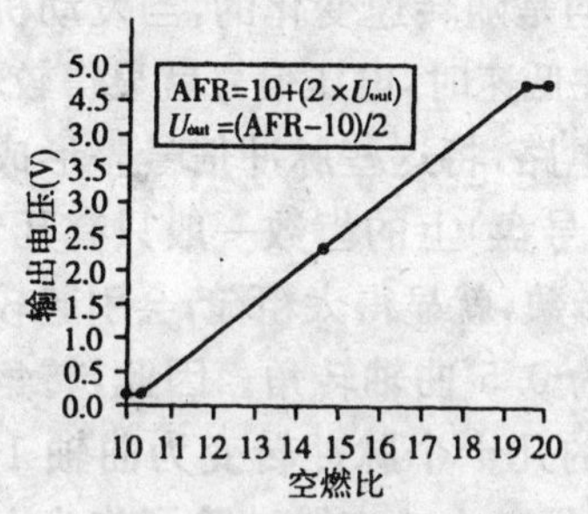

图 1-136 宽量程氧传感器输出特性

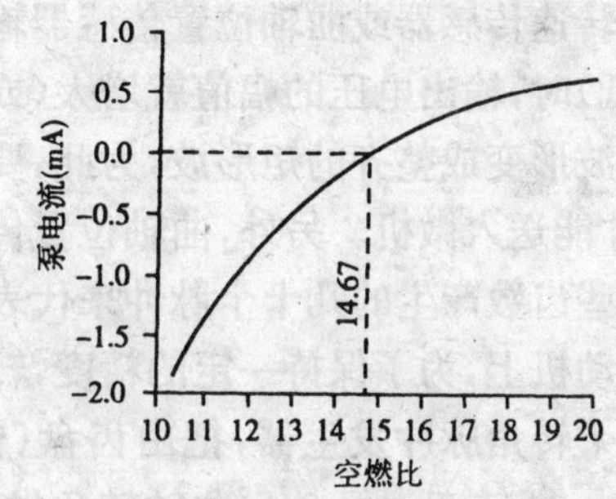

图 1-137 宽量程氧传感器泵电流特性

(二)ECU 的组成

图 1-138 所示是 ECU 的构成图,ECU 主要由输入回路、A/D(模/数)转换器、微机和输出回路 4 部分组成。

1.输入回路

输入回路的作用是将系统中各传感器检测到的信号经过 I/O(输入/输出(InPut/OuPSut))接口送入微机,完成在汽车运行过程中对其工况状态的实时检测。

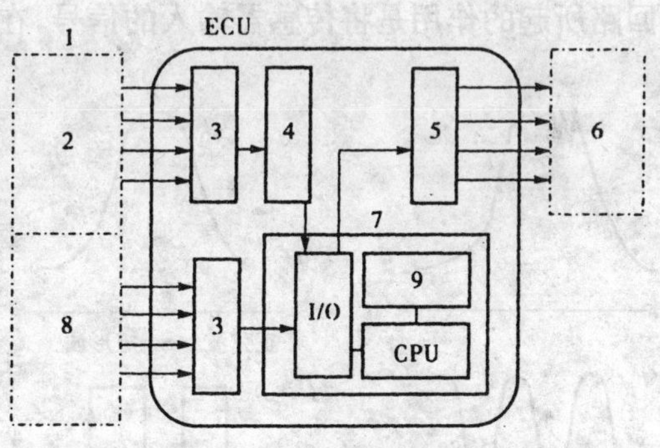

图 1-138 ECU 的构成框图

1-传感器;2-模拟信号;3-输入回路;4-A/D 转换器;5-输出回路;6-执行元件;7-微机;8-数字信号;9-ROM-RAM 记忆装置

在控制过程中,需要检测与输入的传感器信号有模拟信号(图 1-139a)和数字信号(图 1-139b)两种。信号的类型不同,输入 ECU 后的处理方法也不一样。

(1)模拟信号的输入

输入的模拟信号有吸入的空气流量(如热线式空气流量传感器的输出信号)、进气温度、发动机冷却液温度、发动机负荷、电源电压等多个信号,在闭环控制系统中,还有来自氧传感器的氧含量电压信号输入。这几个信号分别经过相应的输入回路后,再经过模/数(A/D)转换器转换之后,才以数字量的形式送入微机的中央处理器 CPU 中。因为上述信号反映的是温度、压力、流量等物理量，在经过传感器与输入回路之后，已经都转换为相应的电压信号。它们通常都是变化缓慢的连续信号，这些信号必须事先转换为数字量后，才能输入微机进行处理。例如，空气流量传感器输出为 0～5 V 的电压信号，若与 A/D 转换器已设定的量程相同时，就无须进行电平转换而直接进入 A/D 转换器。像电源的电压信号，在汽车各种运行工况下变化幅度较大，有时会超过 A/D 转换器的设计量程，因此，在进入 A/D 转换器之前，要先进行电平转化。

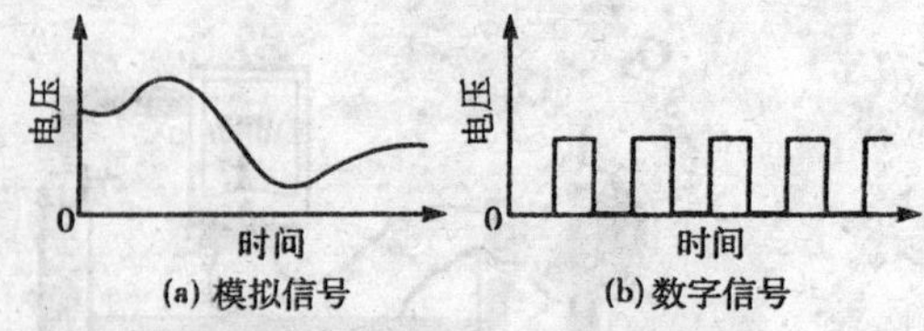

图 1-139　传感器输入信号的种类

(2)数字信号的输入

控制系统采集的数字信号主要是来自转速传感器的转速信号与上止点参考信号，它们都是脉冲信号。这两个信号经过输入回路之后，通过 I/O 接口可直接送入微机。由于所用的电磁感应式转速传感器或曲轴位置传感器输出信号的幅值均是随转速变化的，当发动机转速升高(或降低)时，输出电压的幅值就增大(或减小)。这样，在低速时，电压信号就显得较弱，需要放大和将波形变成整齐的矩形波，为此，要设有信号整形电路，将这些脉冲信号整形成有规则的脉冲，才能送入微机。另外，曲轴位置传感器的齿盘(信号盘)上的齿数一般只有几十个，如果仅用这些齿数产生的几十个脉冲来代表曲轴每一转的步数，就显得太粗糙，会引起较大的误差。在发动机上，为了保持一定的精度，转角的步长宜定为 0.5°曲轴转角。因此，转角脉冲还要输入一个转角脉冲发生器，把由齿盘(信号盘)中产生的几十个脉冲转变为曲轴 1 转产生 720 个脉冲，即转变为每 0.5°曲轴转角发出 1 个脉冲。这里的上止点脉冲除了作为上止点销钉位置的信号之外，还同时作为 0.5°曲轴转角脉冲信号起始位置的同步信号。也就是以上止点脉冲定为计算曲轴转角的零点，然后按0.5°曲轴转角的间隔输出脉冲。

综上所述，从传感器输出的信号输入 ECU 后，首先通过输入回路，其中数字信号直接输入微机，模拟信号则由 A/D 转换器转变成数字信号之后再输入微机。如图 1-140 所示，输入回路所起的作用是将传感器输入的信号，在除去杂波和把正弦波转变为矩形波后，再转换成输入电平。

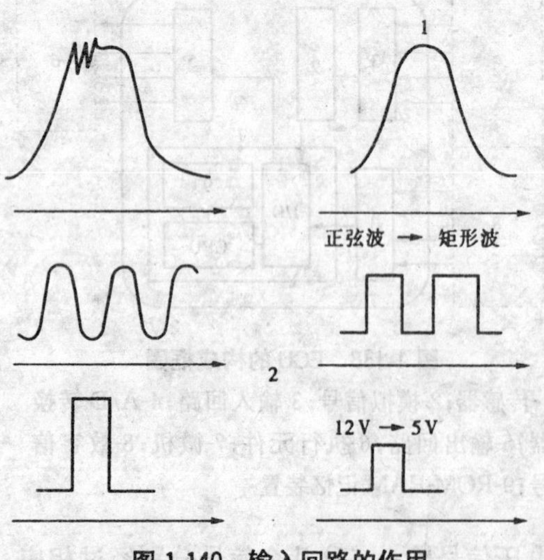

图 1-140　输入回路的作用

1-除去杂波；2-输入回路

2. A/D(模/数)转换器

由传感器输入的模拟信号，微机不能直接处理，所以，要用 A/D 转换器将模拟信号转换成数字信号，再输入微机。图 1-141 所示为节气门位置传感器和氧传感器输出模拟信号由 A/D 转换器处理示意图。在 A/D 转换电路中，将模拟量随时间线性变化的锯齿形电压波转变为脉冲方波，其脉冲计数就是该物理量的数值。A/D 转换器中的转换部件，多数是采用 ADC-0809 芯片。它具有 8 位 A/D 转换器，还各有 8 通道的多路开关及与微机兼容的控制逻辑元件。在电控汽油喷射中，由于节气门位置传感器和氧传感器信号是控制主要信号，要求高分辨率和高精度，所以，采用了 11 比特精度的 A/D 转换器。一般 A/D 转换器的精度为 8～12 比特。

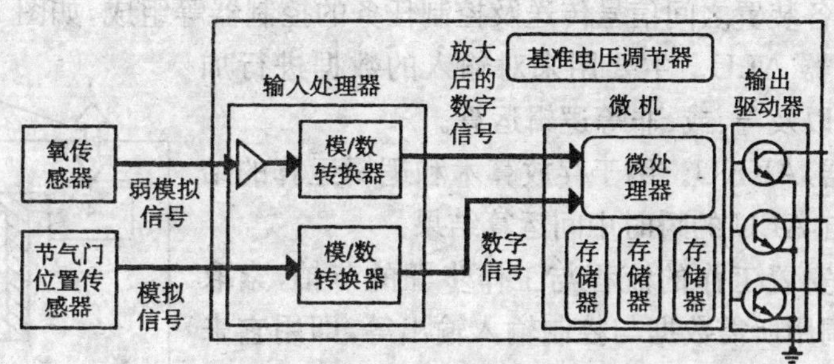

图 1-141 模拟信号输入处理回路

3. 微机

如图 1-142 所示，微机的功用是能够根据汽车运行工况（或发动机工作）的需要，把各种传感器送来的信号用内存的程序（微机进行处理的顺序）和数据进行运算处理，并把处理的结果（如汽油喷射控制信号、点火控制信号等）送往输出回路。

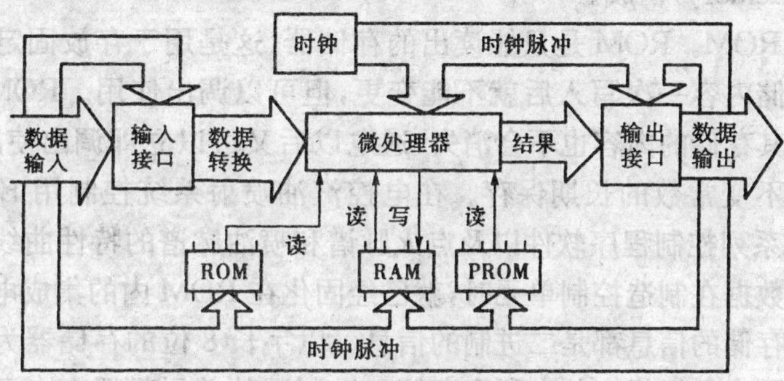

图 1-142 微机的作用

(1)构成

微机的内部构造如图 1-143 所示，是由读出命令并执行数据处理任务的中央处理器 CPU (Central Processing Unit)、储存程序和数据的记忆装置（存储器）以及在外部传感器和执行元件之间执行数据传送任务的输入/输出装置（I/O 接口）构成的。存储器和输入/输出装置，以 CPU 为中心，利用称做信息传送通路的信号传送导线（总线）连接起来。

①中央处理器。ECU 中的中央处理器和一般计算机的中央处理器相同，它是原计算机中的运算器和控制器的集成，是 ECU 的核心，故称之为中央处理器 CPU。

中央处理器负责启动 ECU 内的各项工作，它也有控制各项动作的功能，它接受的是八位二进制式的数码指令，中央处理器在工作时，可以把指令暂时储存起来。当某一时候需用这一指令时，中央处理器把它从存储器中提出，并依据给它的信息执行这一指令。

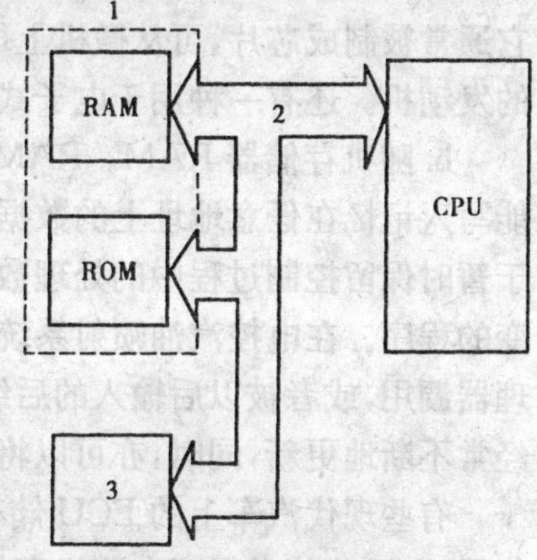

图 1-143 微机的内部构造
1-存储器；2-信息传送通路（总线）；3-输入/输出装置

中央处理器 CPU 的功用是读出命令并执行数据处理任务。这通过接口可向系统各个部分发出指令，同时又可对系统需要的各个参数进行检测、数据处理、控制运算与逻辑判断。中央处理器是由进行数据算术运算和逻辑运算的运算器、暂时存储数据的寄存器(累加器)、按照程序进行各装置之间信号传送及控制任务的控制器等组成,如图1-144所示。

算术逻辑运算器ALU。主要用来对输入的数据进行加减乘除等算术运算以及与、或、非等逻辑运算。

寄存器(累加器)AKKU。用于存放算术和逻辑运算的结果,也就是存放来自ALU的瞬时中间运算结果。

控制器。用于安置工作的流程与工作步骤的节拍,索取指令与进行译码,调用所需数据与控制输入输出等,即用它来选择适当的时间,适当的数据,进行适当的计算,负责协调各单元之间数据传递、运算等操作。

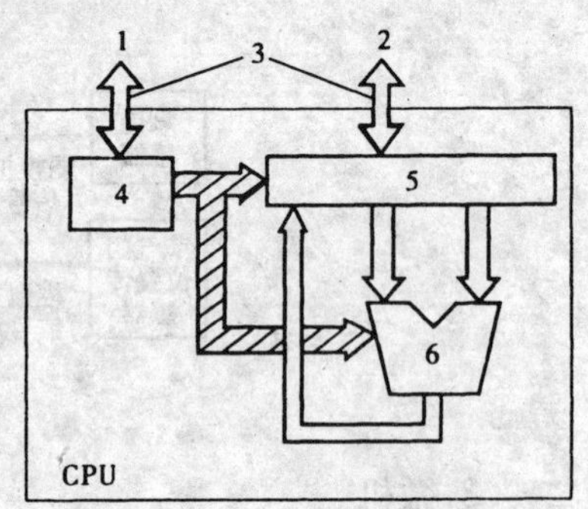

图1-144 CPU的构成

1-控制信号;2-数据;3-信息传送通道;4-控制器;5-寄存器;6-运算器

②存储器。存储器是ECU的主要组成部分,它既可以用来存储数据,又可用以存放微机的运算程序。一般由几个只读存储器ROM(Read Only Memory)和随机存储器RAM(Random Access Memory)构成。

a. 只读存储器ROM。ROM是只能读出的存储器,这是用于存放固定信息的存储器,也称常量存储器。存储内容一次写入后就不能变更,但可以调出使用。ROM存储器存储的内容,即使切断电源,其存储的内容也不会消失,通电以后又可以立即调出使用,所以,适用于各种永久性的程序和不变常数的长期保存。在电控汽油喷射系统控制用ECU中,用8 kB的ROM空间,储存一系列控制程序软件以及点火脉谱和喷油脉谱的特性曲线、特性数据等预定的控制参数。这些数据在制造控制单元时,就已经固化在ROM内的集成电路中,是不会丢失的储存。存储器所存储的信息都是二进制的信息。以字长8位的存储器为例,这8位二进制数代表什么意思是原来已经规定的。所有存储二进制数的单元都置有自己的地址,根据其地址就可以读出该单元的储存信息。

近年来,可清除可编程只读存储器EPROM(Erasable Programable ROM)已在汽车微机系统中得到应用,这种可编程只读存储器一遇紫外线,其记忆内容便可消去,并可改写存储内容。还有一种可编程只读存储器PROM (Programable ROM),这种存储器和只读存储器相似,但存入的程序,可根据每一车辆的发动机、传动系统、车重和选用附件的差别而稍有不同。它通常被制成芯片,可从微机上取下,有了这种存储器,就可以使某种微机能适用于多种不同的发动机。还有一种用于电子式车速里程表的电力消除可编程只读存储器EEPROM。

b. 随机存储器RAM。RAM又称为读/写存储器或运行数据存储器。RAM既能读出,也能写入记忆在任意地址上的数据。但是如果切断电源,存储的数据就丢失,所以RAM只适应于暂时保留控制过程中的处理数据(即微机操作时可改变的数据),例如计算的结果或经常改变的程序。在电控汽油喷射系统中,是将由各传感器输入的数据信息储存起来,直到被中央处理器调用,或者被以后输入的后续的实际运行数据所代换。这里所储存的数据在运行时可以经常不断地更新,同时,亦可以将计算结果进行中间存储,作为以后进一步处理之用。

有些现代汽车上的ECU储存有关维护周期或车辆监测系统检测发现的故障信息(故障代码)。这些信息保存在随机存储器RAM内,为防止这些信息的消失,存储器的电源是常通不断的。但通常并不为它专门配备一个蓄电池,因此,当必须断开车上蓄电池电源时,应在储存的有关信息消失前,记下有关的仪表读数或故障信息。目前,已经有了能使读数恢复的装置，使驾驶员能随时了解何时需要进行何种维护工作。

CPU 在执行程序时，必须先把指令从存储器中取出。由于指令表示为操作码与地址码，操作码是标明进行何种操作，地址码是指明需要操作的数是存在什么地方。因此，微机为了识别自己的指令，在存储器中置有译码电路。

③脉冲计时器。脉冲计时器中都有 1 个晶体振荡电路，因为它产生的频率比较稳定。当微机一旦通电后，脉冲计时器则立即产生一连串的具有一定频率与宽度的脉冲送入 CPU。其功用是在计算机工作过程中，进行实时控制，因为，CPU 执行指令是精确、实时地进行的。由脉冲计时器产生的固定频率的节拍脉冲是微机操作的最小时间单位，系统中各部分元件都按照此统一的节拍操作，才能保证在同一时间内完成一定的操作。

④输入/输出装置(I/O 接口)。微机所进行的信息接收与发送，它与外界进行的数据交换都是通过输入/输出装置来完成的。输入/输出装置的功用是根据 CPU 的命令，在外部传感器和执行元件之间执行数据传送任务，一般称之为 I/O(Input/OuPSut)接口。

输入微机的信号是以所需要的频率通过 I/O 接口接收的。微机输出的信号则按发出控制信号的形式与要求，通过 I/O 接口，以最佳的处理速度送出，或送入中间存储器。汽车微机系统所用的外部输入、输出设备一般都要备有 I/O 接口，才能与微机相连，因此，I/O 接口是微机与被控对象进行信息交换的纽带。它是微机系统不可缺少的部分，具有数据缓冲、电平匹配、时序匹配等多种功能。

⑤总线。在微机系统中，中央处理器、存储器、I/O 接口相连时都使用公用的总线。总线和公路网相似，有的是多车道的，有的只有一条车道。汽车微机系统内部各单元之间的数据传递就是由总线实现的。总线利用数据、储存地址以及控制信号，来对系统中的各个器件进行控制与操作。同时，采用这种连接总线的方式，还便于扩充系统的存储器与 I/O 接口。根据传输信号的不同，微机总线可分为 3 种(图 1-145)。

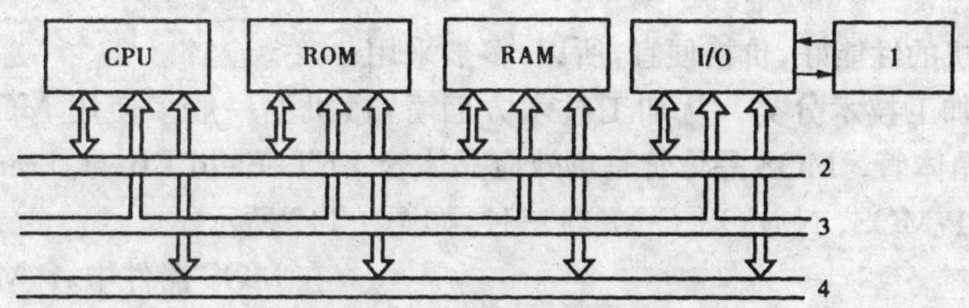

图 1-145 微机系统的总线

1-输入/输出装置；2-数据总线；3-地址总线；4-控制总线

a. 数据总线。数据总线主要用于传递数据与指令，担负中央处理器与外部元件之间的数据传输。数据总线由几根导线组成，导线数与数据的位数是一一对应的。例如，普通的 8 位微机，数据总线就应有 8 根导线(8 根双向总线)。

b. 地址总线。地址总线用于传送地址码，中央处理器通过它把二进制码地址存入寄存器。总线传输的信号能够认出所需存储信息在寄存器中的确切位置。在微机总线上，各器件之间的通讯主要是靠地址码准确地进行联系。例如，需要对存储器内某单元进行存储或读出数据时，必须先将该单元的地址码送到地址总线上，然后，再送出写或读的指令，才能完成操作。地址总线的导线数与地址码的位数有关，还与地址码的传送方式有关。对于 8 位微机，若地址码采用二进制 16 位 1 次传送方式，这样，就有 16 根单向地址线。

c. 控制总线。控制总线传输信号以控制计算器的工作。它能选择所需的工作单元，确定该时的数据传输方向。方向用“读”或“写”来代表。“读”表示数据传输给中央处理器；“写”表示数据由中央处理器输出。微机系统中的其他器件也都接到控制总线上，其中CPU可通过控制总线随时掌握着各个器件的状态，并根据需要随时向有关的器件发出控制指令。各个单元之间的数据传送由1个石英钟发出的时钟脉冲进行控制。当时钟的电压脉冲同时加于微机的某两部分时，数据即在这两个部分之间传输，而此时微机的其他部分都不工作，除非在同一瞬时收到类似的时钟脉冲，这种数据传输系统可以通过比较简单的形式，即用与系统并联的总线把微机的各个单元连结起来，保护数据的传输。

(2)分类

微机一般可按数据的字长、芯片的构成及半导体加工技术的种类进行分类。

①按数据字长分类。用于控制汽车电控系统的微机，如果按数据字长分类，可分为4、8、12、16比特四类。其中电控汽油喷射系统中使用最多的是8比特微机，也有一部分是使用12及16比特微机。

②按芯片构成分类。如果微机按芯片构成分类，则可分为两类，即单片微机和多片微机。

a. 单片微机

如图1-146(a)所示，它是在一个大规模集成电路LSI(Large Scale Integrated Circuit，也称为芯片)中，编入了CPU、存储器和输入/输出装置的微机。

b. 多片微机

如图1-146(b)所示，这种微机是用CPU、I/O、存储器三者各自的大规模集成电路构成的。

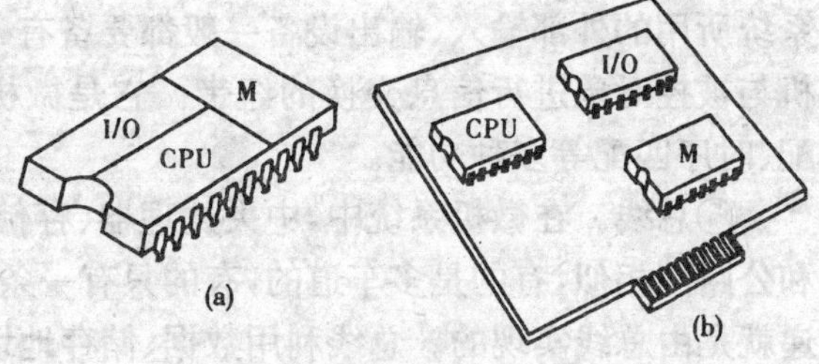

图 1-146 微机

M-存储器

(a)单片微机；(b)多片微机

由于单片微机的性能好，价格便宜，所以，多被采用。

③按半导体加工技术分类。从加工技术方面看，微机上一般多使用MOS(Metal Oxide Semiconductor)晶体管。MOS晶体管是场效应晶体管FET(Field Effect Transistor)的一种。MOS晶体管，有P-MOS、N-MOS、C-MOS三种，如图1-147所示。

在MOS器件中，P-MOS是最早实用化的器件，但同其他MOS器件相比，因其工作速度慢，电功率消耗大，所以，在控制高性能发动机用的微机中，现在已不再采用，而较多使用N-MOS和C-MOS。

C-MOS器件具有适度的高速度，消耗功率最少，因其对外部环境条件(电源电压变动、温度变化、电磁喷油器等)适应性强，所以，常用于控制发动机用的晶体管。今后，C-MOS器件的应用将成为主流。

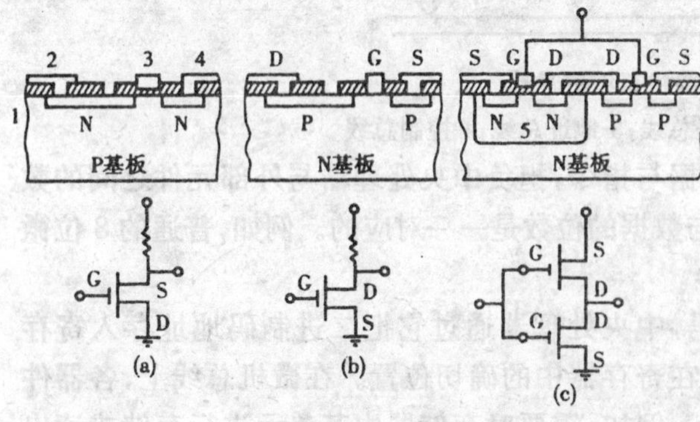

图 1-147 MOS晶体管种类

(a)P-MOS；(b)N-MOS；(c)C-MOS

1-SiO_2固体电介质；2-信号源S；3-门电路G；4-场效应晶体管的D极；5-P井

4. 输出回路

微机输出的是数字信号，并且输出电压也低，用这种输出信号一般不能驱动执行元件进行工作，因此，采用图 1-148 所示的输出回路，将其转换成可以驱动执行元件的输出信号。

输出回路在微机与喷油器等执行元件之间建立联系，可将微机做出的决策指令，转变为控制信号，来驱动执行元件进行工作。它起着控制信号的生成与放大的功能。在发动机电控系统中，由输出回路输出的有 3 个控制信号：喷油器驱动信号、点火控制信号和电动汽油泵驱动信号。现将三种控制信号的输出原理简述如下。

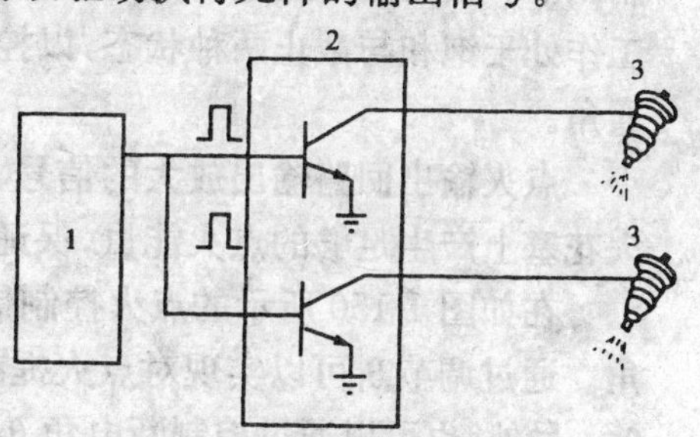

图 1-148　输出回路

1-微机；2-输出回路；3-执行元件

(1)喷油器驱动信号的输出

在供油压力不变的情况下，每一活塞行程的喷油量，是通过喷油器开启的喷油持续时间来控制的。ECU 中的微机计算出相应于发动机运行工况的喷油持续时间，发出喷油脉冲信号，并由此脉冲信号来控制驱动喷油器。

在采用顺序喷射的系统中，需要按发动机各缸工作次序分别向各缸喷油器提供一定宽度的脉冲驱动信号。因此，在喷油器的驱动电路中，应具有缸序判别与定时两个功能。缸序的判断是保证发出的喷油脉冲的时序与发动机工作次序相对应，使各缸喷油过程均在进气过程的时间内进行；定时则是保证喷油脉冲具有与微机计算所确定的喷油量相对应的脉冲宽度。

在图 1-149 所示的一种喷油器驱动电路，该电路设置有运放集成电路块 LM324 芯片。它具有两个功能：一是增强输出信号的驱动能量，为大电流功放管 T 提供足够的基极电流；二是在数字电路与模拟电路之间形成器件隔离，以抑制干扰。为了减小控制单元中的功率损失，缩短喷油器开启与落座关闭的时间，应对喷油器的控制电流进行调节。在喷油器起动时应供给大电流，在接通时约为 7.5 A(如 6 缸发动机)以后又降低，至喷射持续期末约为 3A 的保持电流。

在图 1-149 中的电路可通过调整电阻 R_2 使功放管 T 工作处于饱和和截止两种工作状态，也就是当驱动脉冲信号上升为高电压时，功放管 T 迅速达到饱和状态。此时，电源电压几乎全部加在喷油器中的电磁线圈上，线圈的电流很大，使喷油器能在 1 ms 内即刻开启。喷射以后，施加在电磁线圈上的电压减小，通过线圈中的电流也随之减小，以维持喷油器的开启。当驱动脉冲信号下降为低电平时，功放管 T 迅速截止，使喷油器中的电磁线圈电路断开，立即停止喷油。

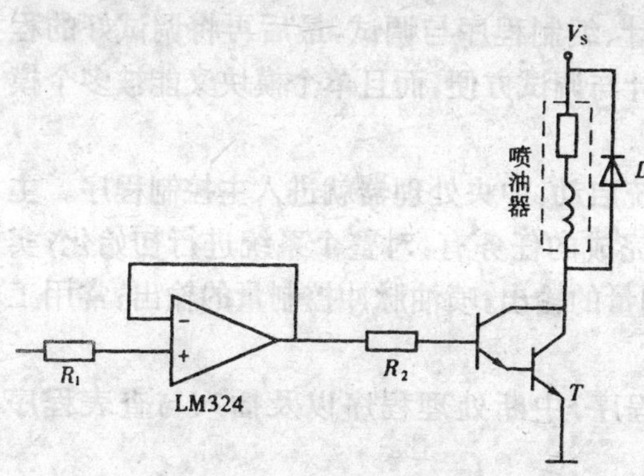

图 1-149　喷油器的驱动电路

1-微机；2-输出回路；3-执行元件

由于喷油器的电磁线圈存在电感，当功放管截止时，在线圈的两端可能产生很高的感应电动势，此感应电动势与电源电压一起加在功放管上，可能将其击穿而损坏，因此，在线圈两端并联着一个二极管 D，起保护作用。

(2)点火信号的输出

ECU 中的微机在接收转速、负荷和不同的校正参数的输入之后，就计算出一个合理的点火提前角。这个角度应该与曲轴的瞬间位置转角同步，把它作为点火信号的下降边(后沿)。同时，微机还按发动机当时的工况数据，查明它所需要的点火接通角，作为点火信号的上升边(前沿)，点火信号的持续期即相应为接通时间。

点火输出回路的主要任务是将电流放大，同时，也包括对点火线圈的最大初级电流进行限制调节。其控制是通过开关电路实现的，由微机发出的控制脉冲信号，使开关电路中的功放管工作处于饱和与截止两种状态，以控制点火线圈的通电与断电时刻，从而控制点火提前角和接通角。

点火输出回路输出放大的信号，控制着通过点火线圈的电流，以至在适当的点火时刻，在火花塞上产生足够的点火能量，保证迅速地点燃可燃混合气。

在如图 1-150 所示的点火控制信号与参考信号的时序关系中，θ 为点火提前角，θ_0 为断电角。通过调节 θ_1 可以实现对点火提前角的调整，也就是控制参考信号出现后，曲轴转过的角度 θ_1。另外，也可以通过控制断电角 θ_0 来实现控制接通角。

(3)电动汽油泵的控制信号输出

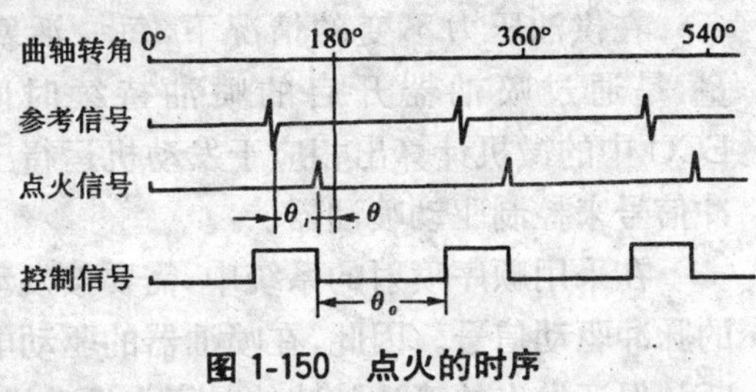

图 1-150 点火的时序

微机的输出回路随发动机运行工况的不同，控制着电动汽油泵的接通与断开。在微机的输出端处，通过连接一个油泵继电器再连到电动汽油泵，当控制电路中的晶体管处于饱和状态时，该继电器中的线圈导通，即继电器开关吸合，使电动汽油泵的电源接通，电动汽油泵随之开始工作。当控制晶体管截止时，继电器的开关被弹起，使电动汽油泵的电源断开，停止供油。微机输出端油泵继电器的使用是出于安全的原因，在点火开关打开，而发动机却又是停车时，此油泵继电器可以中断对电动汽油泵的供电，使其停止供油。

当需要时，除上述三种输出外，还可扩展输出。即汽车微机系统还可进一步扩展输出回路，以获得更多的应用。例如，可扩展对废气再循环阀和怠速控制阀进行控制，以及对增压发动机增压压力的控制等。

5. 微机中的软件

软件在控制系统中起着控制决策的作用，软件可以完成硬件的某些功能，因此，微机控制中软件的设置是必不可少的。软件包括各种控制程序、喷油量脉谱、点火脉谱等的数据以及一些工况修正系数的数据储存等。

在目前的控制系统中，软件多数是采用模块结构，即把一个完整的控制程序分成若干个功能相对独立的程序模块，每个程序模块分别进行设计、编制程序与调试，最后再将调试好的程序模块统一连接起来。这样，不仅单个程序模块设计与调试方便，而且单个模块又能被多个模块公用，易于修改、变动、可按需要进行任意取舍。

控制系统中最主要的软件是主控程序，一旦系统启动，中央处理器就进入主控制程序。主控制程序可根据使用与控制的要求设定内容，主要完成的任务有：对整个系统进行初始化；实现系统的工作时序；控制模式的判定；点火角度控制量的输出；喷油脉冲控制量的输出；常用工况与其他各工况模式的程序。

另外，控制软件中还包括转速与负荷的处理程序，中断处理程序以及插入与查表程序等等。

软件中所编制的一系列程序，应能满足功能强、运算处理迅速、控制准确、实时性强与效率高等多方面的要求。

6. 汽车 ECU 的基本特点

①汽车 ECU 的电源电压一般均在 11～16 V 之间，负极搭铁。

②汽车 ECU 内部的芯片工作电压为 5 V±0.1 V(早期也有 12 V)。

③汽车 ECU 内部都有独立的时钟电路，不需要外脉冲同步。

④汽车 ECU 都具备较强的抗干扰、抗振动、抗温度变化及抗电压变化(11～16V)功能。

⑤汽车 ECU 所接收的信号可以是模拟电压或电流信号，也可以是脉冲交流信号，还可以是数字信号或开关信号。

⑥汽车 ECU 输出的信号以开关信号为主，其次为电流信号和脉冲信号。

⑦汽车 ECU 控制的对象一般为电磁线圈(电动机、电磁阀、点火线圈、比例阀、步进电动机及继电器线圈等)，同时也能控制电阻(故障指示灯)及输出数据(通讯用)。

⑧汽车 ECU 具有足够的智能化，具有故障自诊断和检测能力，能及时发现系统中存在的故障，并存储故障代码，告知维修人员可能存在故障的部位，以便于维修。

⑨除少数例外，所有汽车 ECU 都使用 5V 电源驱动其传感器。在电子工业中 5V 电压几乎普遍作为传送信息的标准。这个电压对传送可靠性来说已经足够高，而对芯片的安全性来说足够低。

7. 汽车微机系统的工作

汽车微机系统要完成预定的任务，事先必须将一系列的指令程序储存在汽车微机的程序存储器中，这些指令程序在制造时就已确定好了。车用微机和一般工业微机不同，它的输入信号来自各个传感器，而一般微机是由键盘给予指令的。因此，汽车微机通常要配备许多传感器，图 1-151 所示为微机控制的车速表及燃油液位指示表系统。微机工作时接收分布在车辆各部位的传感器送来的信号，它把这些输入信息和存储器中的指令程序相对照，根据对照结果指示执行元件采取相应的动作，微机对许多传感器传输来的信息依次地进行轮流处理。在一项信息经过处理并输给仪表板后，才开始处于预定次序中下一个传感器传来的信息。还有一种工作方式是，微机按常规连续进行工作，而当某一传感器的信号改变时，微机中断原来的工作而处理新的信息。

图 1-152 所示是作用于车速表系统的“中断”过程。当驾驶人想把英制车速改为国际单位制时，他可用键盘向微机输入中断信号，此时微机就能将数码 0 改成 1，1 改成 0，使程序改变。当微机完成程序转换后，仪表读数随即改变。中断期间，传感器传来的数据储存在随机存储器 RAM 中。

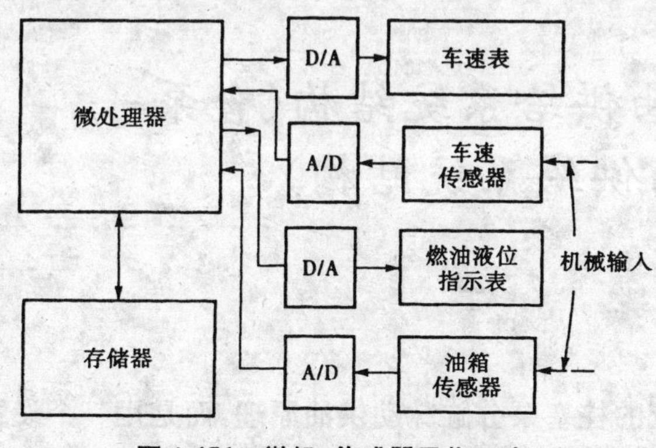

图 1-151 微机、传感器及指示表

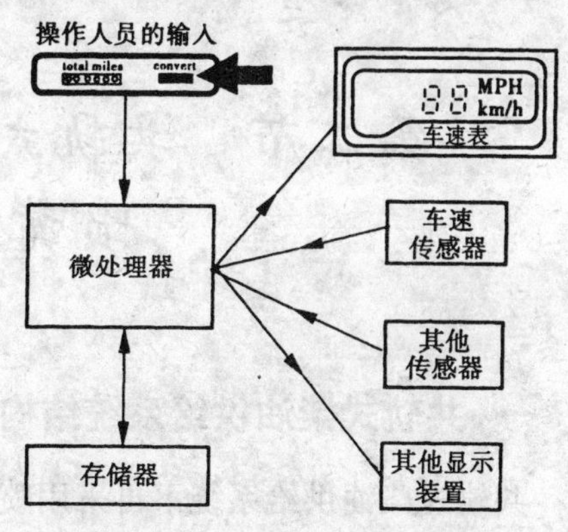

图 1-152 车速表系统的中断

标准的汽车微机系统可在发动机微机和车身微机之间以 8 000 位/s 以上的速率交流信息。由于微机要采集多个来源于不同情况的信息，所以，需要采用多路传输信息采样系统。汽车在检查和处理不同情况的信息时，它是按可编程只读存储器编定的程序有规则地检查信息输入和进行处理的(图 1-153)。例如，车身微机中央处理器要检查冷却液温度、发动机转速和其他多种输入，其中，如冷却液温度的变化不是很快，不需要经常检查；而发动机转速变化很快，必须经常检查。微机还要将存储器内存储的里程表读数提供电子显示装置使用；用随机存储器计算输入的数据。

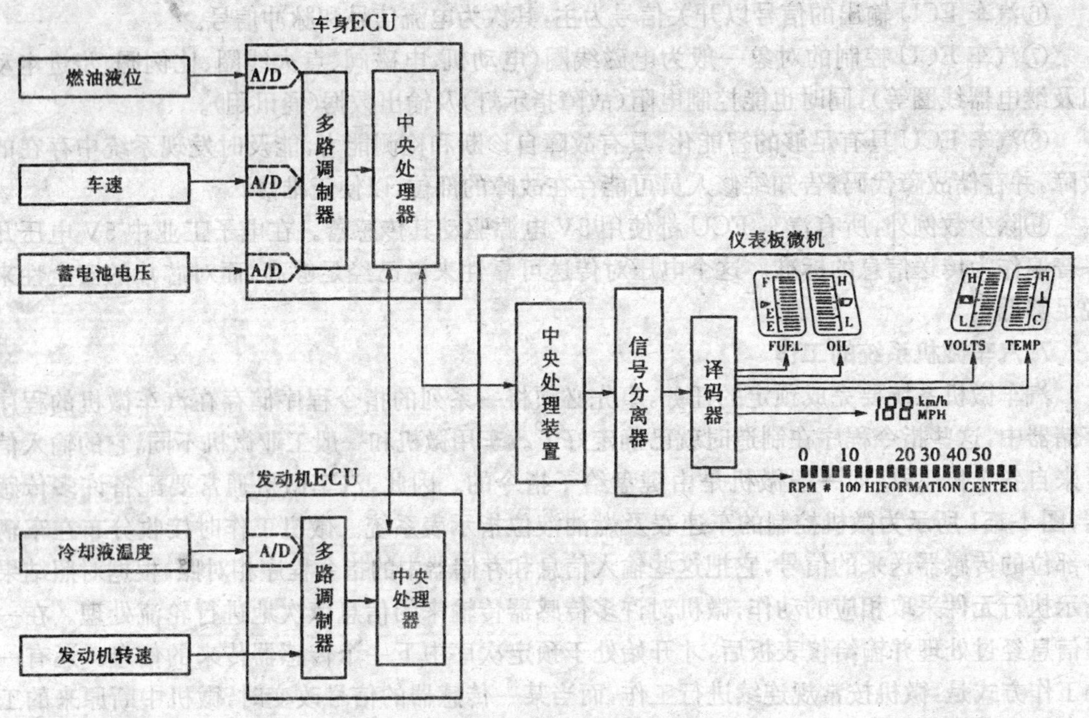

图 1-153 微机数据处理示意图

多数汽车微机系统都使用独立的供电系统(一般为 5～7 V)，供应发动机和车身微机及其他有关电路和传感器用电。这种供电系统要尽可能避免干扰，为此，其供电和搭铁接头通常是和蓄电池主要供电系统(12 V)的接头是分开的，称为无“噪音”隔离接头，其他辅助电气设备的线路都不能接到这一套独立的供电和搭铁接头上。

第二节 共轨式柴油供给系统结构(含泵-喷嘴燃油供给系统结构)

一、共轨式柴油供给系统结构

共轨式柴油供给系统不再采用喷油系统的柱塞泵分缸脉动供油原理，而是用一个设置在喷油泵和喷油器之间的具有较大容积的共轨管把喷油泵输出的燃油蓄积起来，并抑制压力波动，再通过各高压油管输送到每个喷油器上，由喷油器电磁阀的动作控制喷射的开始和终止，电磁阀起作用的时刻决定喷油定时，起作用的持续时间和共轨压力共同决定喷油量。由于这种系统采用压力时间式燃油计量原理，因此，又可称为压力时间控制式电控喷射系统。该系统解决了由于燃油压力变化带来的二次喷射或间歇性喷射等现象，其主要特点如下：

(1)共轨压力的闭环控制。共轨上的压力传感器实时反馈共轨中的压力，通过控制共轨压力控制阀(PCV)的电流，来调整进入共轨的燃油量和轨道压力，形成独立的共轨压力闭环子系统。

(2)喷油过程控制。喷油器电磁阀直接对喷油脉宽进行控制，结合灵活的预喷射、主喷射和后喷射及共轨压力控制，实现对喷射速率、喷射定时和喷射压力及喷油量的控制。

(3)喷油泵的体积小，而且采用齿轮驱动的方式，共轨中的蓄压就是喷油器的喷射压力，最高压力可达 150 MPa。

(4)共轨沿发动机纵向布置，喷油泵、共轨和喷油器各自的位置相互独立，便于在发动机上安装和布置。对现有发动机生产进行改造时，安装共轨系统对汽缸体和汽缸盖的改动较小。

(5)从技术总体实现难度上看，共轨系统组成复杂对机械、液力和电子、电磁阀耦合的程度要求高，加工制造、控制匹配要求的水平高。

高压共轨系统一方面在大量应用的同时，还在向更高的水平发展。例如，进一步降低喷油泵的消耗、提高喷油泵的高压能力，采用压电晶体式的喷油器电磁阀，取消传统的线圈电磁阀作为执行器，降低 ECU 的驱动功耗等。

图 1-154 所示为共轨式柴油供给系统的结构原理图，其组成可分为以下 4 个部分：

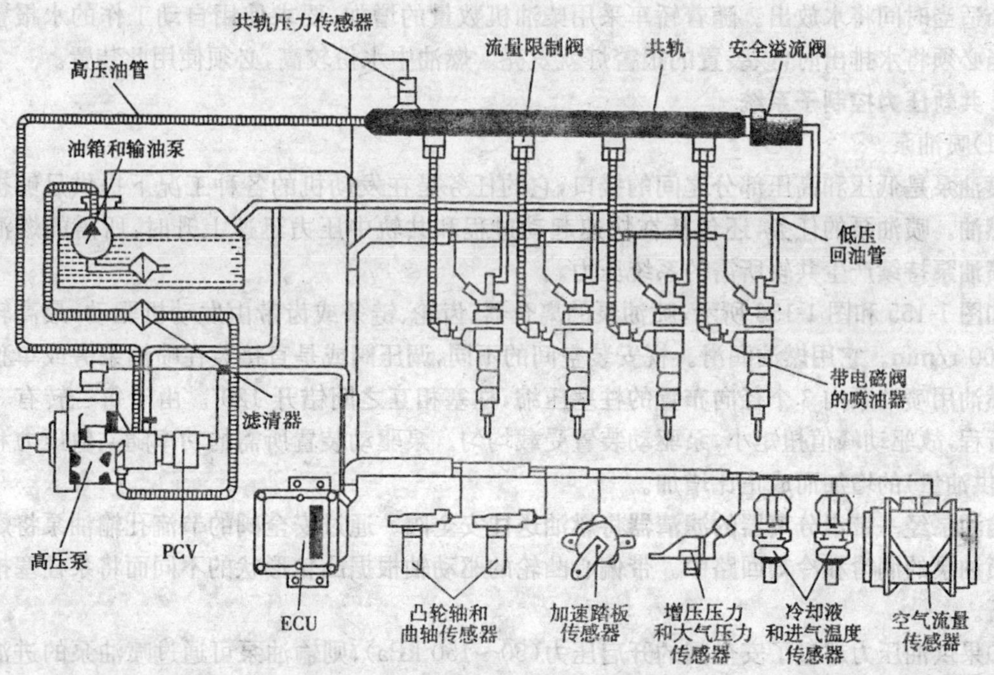

图 1-154 高压共轨系统组成结构图

(1)燃油低压子系统，包括油箱、输油泵、滤清器和低压回油管；

(2)共轨压力控制子系统，包括喷油泵、高压油管、共轨压力控制阀、共轨、共轨压力传感器，以及提供安全保障的压力限制阀和流量限制阀；

(3)燃油喷射控制子系统，包括带有电磁阀的喷油器、凸轮轴和凸轮轴传感器等；

(4)电控柴油机控制系统，包括电控单元和发动机的各种传感器。

1.燃油低压子系统

(1)输油泵

输油泵的任务是在任何一种工况下，以所需的压力，向喷油泵提供足够的燃油。除了向喷油泵输送燃油外，在监控中它还承担了必要时中断燃油输送的任务。发动机起动过程开始时，电动输油泵不断运行，此运行不受发动机转速的影响。它将燃油持续地从油箱中抽出，并经燃油滤清器送往喷油泵。多余的燃油经溢流阀流回油箱。电动输油泵有油管安装式和油箱安装式两种。油管安装式输油泵放在油箱外部车辆底盘上燃油箱与燃油滤清器之间的油管中。而油箱安装式输油泵则装在油箱内的一个专用支架上。它通常还包括吸油端的燃油滤网、油位显示器、储油罐及与外部连接的电器和液压接头。电动输油泵由泵油元件、电动机和连接盖3个功能元件组成。泵油元件工作原理取决于电动输油泵的应用领域，有许多形式。对共轨系统采用滚子叶片泵(容积式泵)，电动输油泵结构和原理同汽油机。

(2)燃油滤清器

燃油中的杂质会使泵油元件、出油阀和喷油器损坏。因此，使用一个专门适合喷油装置要求的燃油滤清器是保证工作顺利和使用寿命长的先决条件。燃油中会含有化合形态(乳浊液)或非化合形态(例如温度变化引起冷凝水)的水。如果这种水进入喷油系统则会产生腐蚀而造成损坏。因此，与其他喷油系统一样，共轨式喷油系统也需要带集水槽的燃油滤清器，必须每隔一个适当时间将水放出。随着轿车采用柴油机数量的增加，要求使用自动工作的水报警装置。当必须将水排出时，该装置的报警灯就发亮。燃油中水份较高，必须使用此装置。

2.共轨压力控制子系统

(1)喷油泵

喷油泵是低压和高压部分之间的接口，它的任务是在发动机的各种工况下提供足够被压缩的燃油。喷油泵的任务，还包括在快速起动过程和共轨中压力迅速上升时，所需的燃油储备。喷油泵持续产生共轨所需的系统压力。

如图1-155和图1-156所示，喷油泵的离合器、齿轮、链条或齿带由发动机驱动，最高转速为3 000 r/min。它用燃油润滑。视安装空间的不同，调压阀或是直接装在喷油泵旁或单独安置。燃油用喷油泵内3个径向布置的柱塞压缩，柱塞相互之间错开120°。由于每一转有3个供油行程，故驱动峰值扭矩小，泵驱动装置受载均匀。泵驱动装置所需的功率随共轨压力和泵转速(供油量)的增加而成正比增加。

输油泵经一带水分离器的滤清器将燃油送往安全阀。通过安全阀的节流孔输油泵将燃油压到喷油泵的润滑和冷却回路中。带偏心凸轮的驱动轴根据凸轮形状的不同而将泵柱塞推上或推下。

如果供油压力超过了安全阀的开启压力(50～150 kPa)，则输油泵可通过喷油泵的进油阀将燃油压到泵腔(吸油行程)。如果泵柱塞到达下止点，则进油阀关闭，泵腔内的燃油不再离去，并可压缩到超过输油泵的供油压力。建立起的压力只要达到共轨压力，就立即打开出油阀，于是被压缩的燃油进入高压回路。直到上止点前，泵柱塞一直输送燃油(供油行程)。达到上止点后，压力下降，排油阀关闭。留下的燃油降压，柱塞向下运动。如果泵腔中的压力低于供油压力，进油阀再次打开，过程重新开始。

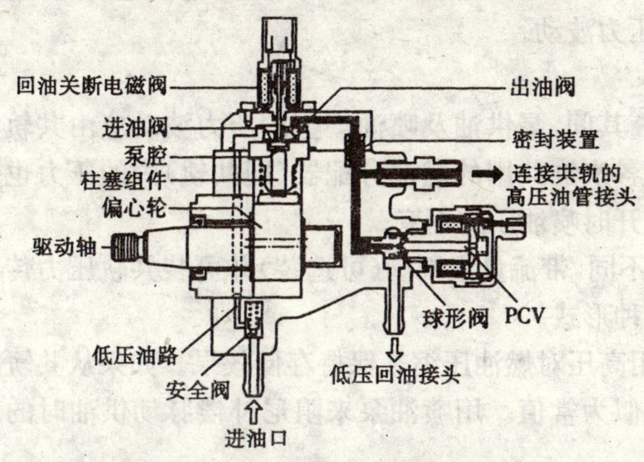

图 1-155 高压共轨系统组成结构图

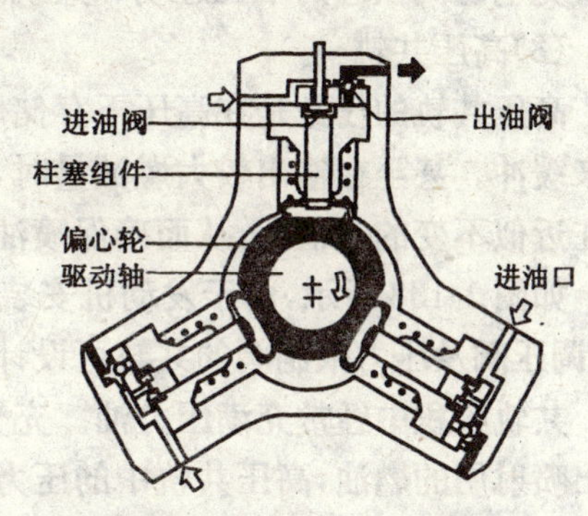

图 1-156 高压泵的纵向结构

喷油泵是大流量泵，在怠速和小负荷工况时，被压缩的燃油会过量，过量的燃油经过油压控制阀不断地流回油箱，由于被压缩了的燃油再次降压，造成了柴油机的功率损失。为此，喷油泵中有一个泵组(共有 3 个泵组)装有停油电磁阀。在怠速和小负荷工况时，通过停油电磁阀切断柱塞供油。在柱塞切断装置的电磁阀通电时，装在其上的一根停油杆将进油阀一直打开。从而使供油行程中吸入的燃油不受压缩。由于吸入的燃油又流回到低压通道，泵腔内不建压。柱塞切断供油后，该泵组不再连续供油，而是处于供油间歇阶段，这时送到高压共轨中的燃油量减少，由此减少了功率消耗，同时适应了怠速和小负荷工况的供油需要。当进入大负荷工况时，ECU 又使停油电磁阀断电，该泵组恢复泵油。

(2)调压阀

调压阀的任务是根据发动机的负荷状况调整和保持共轨中的压力。共轨压力过高时，调压阀打开，一部分燃油经一集油管返回油箱。共轨压力过低时，调压阀关闭，高压端对低压端密封。

如图 1-157 所示调压阀有一个固定凸缘，用以固定在喷油泵或共轨上。电磁阀铁芯将一钢球压入密封座，以使高压端对低压端密封。为此，一方面一根弹簧将电磁阀铁芯往下压，另一方面电磁线对电磁阀铁芯作用一个电磁力，为进行润滑和散热，整个电枢周围有燃油流过。

调压阀有两个调节回路，一个低速调节回路，用于调整共轨中可变化的平均压力值，一个高速机械-液压式调节回路，用以补偿高频压力波动。

调压阀不工作时，共轨或喷油泵出口处的高压高于调压阀高压进口处的压力。由于无电流的电磁线圈不产生电磁力，高压油压力大于弹簧力，于是调压阀打开，根据输油量的不同，保持打开程度的大小。弹簧是按压力约 10 MPa 设计的。

调压阀工作时，如果要提高高压回路中的压力，必须除了弹簧力之外再建立一个电磁力。调压阀被控制，直至电磁力和弹簧力与高压力之间达到平衡时被关闭。然后，调压阀停留在某个开启位置，保持压力不变。喷

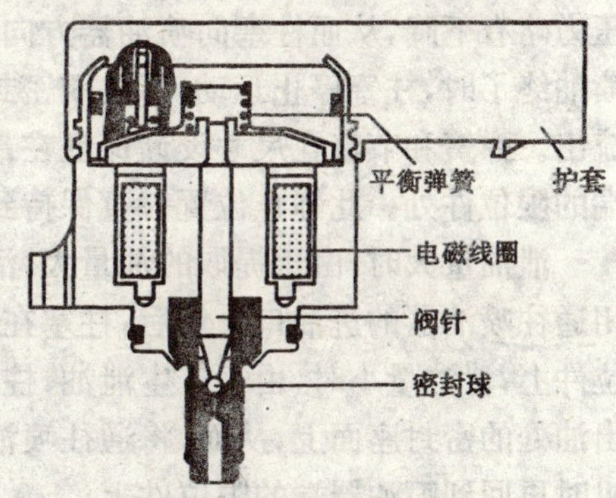

图 1-157 调压阀的结构

油泵供油量改变和燃油经喷油器从高压部分取出时，通过不同的开度予以补偿。电磁线圈的电磁力与控制电流成正比。控制电流的变化通过脉宽调制来实现。调制频率为 1 kHz，已足以避免电磁阀铁芯的干扰运动和共轨中的压力波动。

(3)高压共轨

高压共轨的任务是在高压下存储燃油。其间，泵供油及喷油产生的压力波动应由共轨容积来缓冲。甚至在输出较大燃油量时，所有各汽缸共用的燃油分配器(即共轨)内的压力也保持在近似不变的数值上，从而确保喷油器打开时喷油压力不变。

如图 1-158 所示，由于发动机安装条件不同，带流量限制阀(可选装)并可装共轨压力传感器、调压阀及压力限制阀的共轨可设计成各种形式。

共轨容积中经常充满压力油。充分利用高压对燃油压缩来保持存储效果。如果从共轨中输出喷射用的燃油，高压共轨中的压力也近似为常值。用喷油泵来阻尼补偿脉动供油时的压力波动。

(4)流量限制阀

流量限制阀的任务是防止喷油器可能出现的持续喷油现象。为实现此任务，在共轨取出的油量超过最大油量时，流量限制阀将流向相应喷油器的进油口关闭。如图 1-159 所示，流量限制阀有一个金属外壳，外壳上有外螺纹，以便拧在共轨(高压)上，另一端的外螺纹用来拧入喷油器的进油管。外壳两端有孔，以与共轨或喷油器进油管建立液压连接。流量限制阀内部有一个柱塞，一根弹簧将此柱塞向共轨方向压紧。柱塞对外壳壁部密封。纵向孔的直径在末端是缩小的。这种缩小的作用就像流量精确规定的节流孔效果一样。

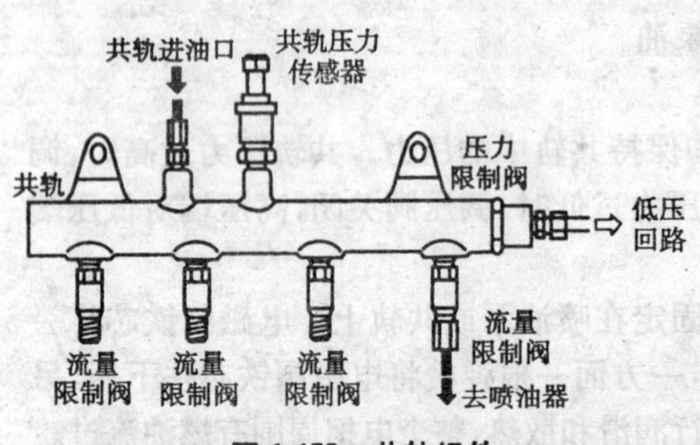

图 1-158　共轨组件

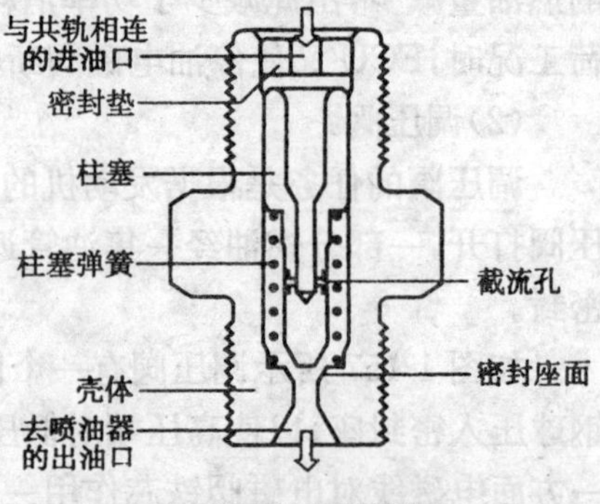

图 1-159　流量限制阀

正常工作时，柱塞处在其静止位置，即靠在共轨端的限位件上。一次喷油后，喷油器端的压力略有下降，从而柱塞向喷油器方向运动。柱塞压出的容积补偿了喷油器取出的容积。在喷油终了时，柱塞停止运动，不关闭密封座面，弹簧将柱塞压回到其静止位置。燃油经节流孔流出。弹簧和节流孔尺寸设计保证在最大喷油量(包括一个安全储备量)时活塞仍能抵达共轨端的限位件处。此静止位置一直保持到下一次喷油。

泄油量大时，由于提取的油量大，活塞从其静止位置被压到出油端的密封座面上，从而关闭通往喷油器的进油口。然后，柱塞在此位置一直保持到发动机停机时再回到喷油器端的限位件上；泄油量小时，由于产生泄油，柱塞不再能达到其静止位置。喷过几次油后，柱塞移动到出油处的密封座面上，从而，将通往喷油器的进油口关闭。柱塞在此处，一直停留到发动机停机时再回到喷油器端的限位件上，

(5)共轨压力传感器

共轨压力传感器的任务是以足够的精度、在相应较短的时间内，测定共轨中的实时压力，按相应压力向 ECU 提供一个电压信号。

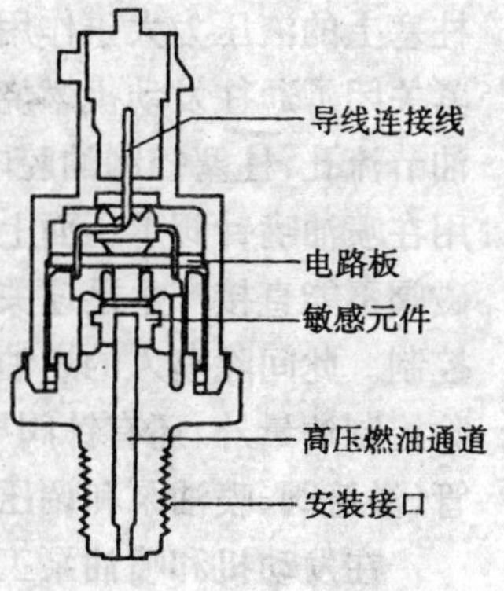

图 1-160 共轨压力传感器的结构

如图 1-160 所示，共轨压力传感器由一个传感器元件(焊接在压力接头上)、带求值电路的一块电路板和带电气插头的传感器外壳等组成。

燃油经共轨中的一个孔流向共轨压力传感器，传感器的膜片将孔末端封住。在压力作用下的燃油，经压力室孔流向膜片。在此膜片上装有传感元件(半导体)，用以将压力转换为电信号。通过一根连接导线，产生的信号传到一个向 ECU 提供加强的测量信号的求值电路上。

当共轨压力变化时，引起膜片形状变化(150 MPa 时约 1 mm)，促使膜片上涂层的电阻改变，并在用 5 V 供电的电阻电桥中产生电压变化。此电压在 0～70 mV，由求值电路放大到 0.5～4.5 V。精确测量共轨中的压力是喷油系统正常工作所必须的。为此，压力传感器在测量压力时允许偏差很小。共轨压力传感器失效时，具有应急行驶功能的调压阀，以固定的预定值进行空载控制。

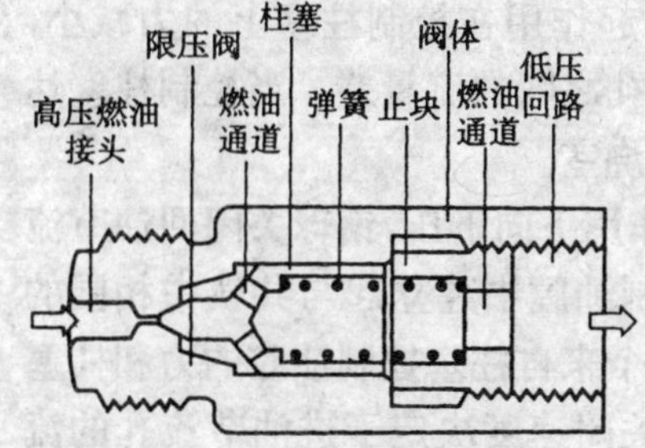

图 1-161 压力限制阀的结构

(6)压力限制阀

压力限制阀的任务相当于安全阀，它限制共轨中的压力，当压力过高时，打开放油孔卸压。共轨内允许的短时最高压力为 150 MPa。

压力限制阀是按机械原理工作的，如图 1-161 所示，它由外壳(有外螺纹，以便安装在共轨上)、通往油箱的回油管接头、可活动的柱塞和弹簧等组成。

外壳在通往共轨的连接端有一个孔，此孔被外壳内部密封座面上的锥形柱塞头部关闭。在标准工作压力(135 MPa)下，弹簧将柱塞紧压在座面上，从而共轨呈关闭状态。只有当超过系统最大压力时，活塞才受共轨中压力的作用而压到弹簧上，于是，处于高压下的燃油流出。燃油经过通道流入柱塞中央的孔，然后经集油管流回油箱。随着阀的开启，燃油从共轨中流出，结果，降低了共轨中的压力。

3.燃油喷射控制子系统

喷油器是燃油喷射控制子系统中的重要元件。喷油始点和喷油量用可电控的喷油器调整。它代替了普通喷油装置的喷油器体组件(喷油嘴和喷油器体)。与直喷式柴油机中的喷油器体相似，喷油器宜用卡夹夹装在汽缸盖内。喷油器如图 1-162 所示，它可分为 3 个功能组件：孔式喷油嘴、液压伺服系统和电磁阀。

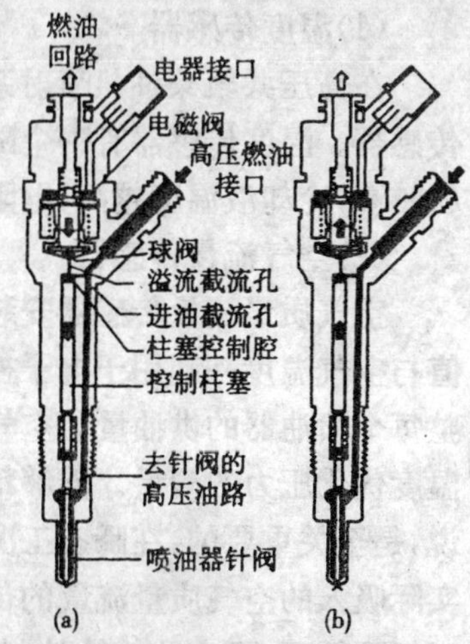

图 1-162 共轨式喷油器结构
(a)喷油器关闭状态；
(b)喷油器喷射状态

燃油从高压接头经一进油通道送往喷油器，并经进油节流孔送入柱塞控制油腔。柱塞控制油腔经可用电磁阀打开的出油节流孔与回油孔连接。出油节流孔在关闭状态时，作用在控制柱塞上的液压力大于作用在喷油嘴针阀承压面上的力，因此，喷油嘴针阀被压在其座面上，紧紧关闭了通往发动机燃烧室的高压通道，从而，没有燃油进人燃烧室。电磁阀动作时，打开回油节流孔，柱塞控制油腔内的压力下降，从而液压力作用在控制柱塞上，只要此液压力低于作用在喷油嘴针阀承压面上的力，喷油嘴针阀就会立即打开，燃油可通过喷孔进人燃烧室。用电磁阀不能直接产生迅速关闭针阀所需的力。因此，经一液力放大系统使用了针阀的这种间接控制。此间除喷入的燃油量之外，附加的控制油量经柱塞控制油腔的节流孔进入回油通道。除控制油量外，还有针阀导向和阀活塞导向部分的泄油。这种控制油量和泄油量经带有集油管(溢流阀、喷油泵和调压阀也与集油管接通)的回油通道回流到油箱。

在发动机和喷油泵工作时，喷油器的功能可分为 4 个工作状态，即喷油器关闭(以存有的高压)；喷油器打开(喷油开始)；喷油器完全打开和喷油器关闭(喷油结束)。上述工作状态是通过喷油器构件上力的分布产生的。发动机不工作和共轨中没有压力时，控制柱塞弹簧将喷油器关闭。

喷油器处于静止位置，如果电磁阀线路通电，因电流产生的电磁力使喷油器迅速打开。这时，电磁阀产生的电磁力大于电磁阀弹簧的力，电磁阀铁芯上移，回油节流孔打开，燃油从柱塞控制油腔流入其上面的空腔，并经回油通道回到油箱。由于进油节流孔防止压力完全平衡，柱塞控制油腔内的压力下降。于是，导致柱塞控制油腔内的压力小于喷油嘴压力室的压力，后者尚一直具有共轨的压力水平。柱塞控制油室中减小了的力引起作用在控制柱塞上的力减小，从而针阀打开，开始喷油。针阀打开速度决定于进、回油节流孔之间的流量差。当控制柱塞达到其上极限位置，针阀完打开，燃油以近似于共轨压力喷入燃烧室。

如果电磁阀线路断电，则电磁阀铁芯在电磁阀弹簧力的作用下向下压，钢球关闭回油节流孔。由于回油节流孔的关闭，进油节流孔的进油又使柱塞控制油膛中建立起与共轨中相同的压力。这种升高了的压力使作用在控制柱塞上的力增加。这个来自柱塞控制油腔的力和柱塞弹簧力超过了来自喷油嘴压力室的力，于是针阀关闭。针阀关闭速度决定于进油节流孔的流量。针阀又达到其下极限位置时喷油就结束。

4.电控柴油机控制系统

(1)温度传感器

在高压共轨柴油机喷射系统中的冷却液回路、进气道、机油和燃油回油油路中都使用温度传感器。温度传感器有一个随温度而变的电阻，电阻的温度系数为负值，冷却液温度越低电阻就越高，冷却液温度越高，电阻就越低。其结构原理同汽油机。

(2)空气流量传感器

空气质量流量传感器安装在进气歧管的上部，用于测量进入进气歧管的空气量。该测量值与空气温度一起用于电子控制单元，精确地计算进入汽缸的空气量，以便在每个燃烧循环调整每个喷油器的供油量。空气流量传感器还包含了一个电子温度修正电路，以便相对于进气温度优化压力的测量。能够精确地保证正确的空燃比，对于满足法规规定的废气排放限值来说，是至关重要的，在瞬态工况尤其如此。为此，必须使用能够精确地记录发动机在特定时刻实际吸入的空气质量流量的传感器。这个负荷传感器的测量精度必须完全与气流脉动、回流、废气再循环、可变凸轮轴控制和进气温度的变动无关。

(3)曲轴转速传感器

汽缸内的活塞位置对获得正确的喷油正时极为重要。发动机的所有活塞都是经过连杆与曲轴连接。因此，装在曲轴上的传感器提供所有汽缸内活塞位置的信息。其结构原理同汽油机。

(4)凸轮轴转速传感器

凸轮轴控制进、排气门，它以曲轴转速的一半转动。它的位置确定了向上止点运动的活塞是处于压缩行程随即发火或是排气行程内。在起动过程中，从曲轴位置是得不到此信息的。与此相反，在车辆运行时，由曲轴传感器产生的信息足以确定发动机状态，这就是说，凸轮轴转速传感器在车辆运行过程中失效时，ECU 仍一直知道发动机状态。

凸轮轴转速传感器利用霍尔效应来确定凸轮轴的位置(第 1 汽缸压缩行程)，其结构原理同汽油机。

(5)加速踏板位置传感器

与普通的分配泵或直列式泵不同，在柴油机电控装置中，驾驶人的加速要求不再是通过拉索或传动杆系传给喷油泵，而是用加速踏板传感器来获知，根据加速踏板的位置，经一电位计，在加速踏板传感器中形成一个电压。根据与 ECU 中设定的电压值相比，由电压算出加速踏板位置。

(6)大气压力传感器

大气压力传感器位于电子控制单元内部。其功能是测量大气压力，以便根据海拔高度修正空气流量的比率。

(7)ECU

电控系统可以分成三大部分：传感器、发动机 ECU 和执行器：发动机 ECU 是电控共轨燃油系统的核心部分。根据各个传感器的信息，发动机 ECU 计算出最佳喷油时间和最合适的喷油量，并且计算出在什么时刻、在多长的时间范围内向喷油器发出开启电磁阀或关闭电磁阀的指令等，从而精确控制发动机的工作过程。

ECU 的输入是安装在车辆和发动机上的各种传感器和开关，ECU 的输出是送往各个执行机构的电子信息。电子控制系统的框图如图 1-163 所示。

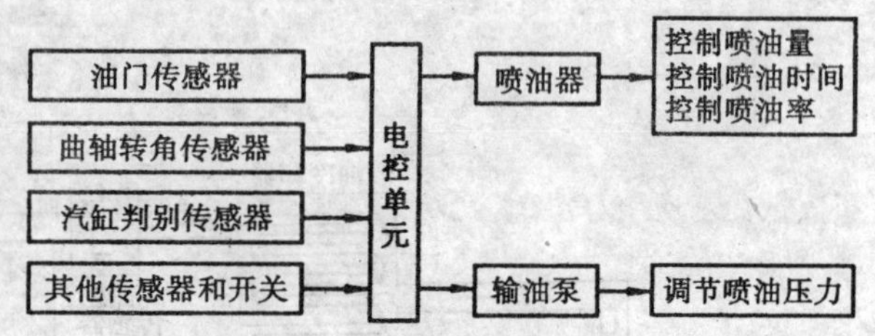

图 1-163　高压共轨的电子控制框图

ECU 完成的具体功能是：各种传感器输入信号的接收和处理，起动时的额外加浓控制，共轨恒压控制，喷油时刻、喷油量及喷油规律控制，稳定怠速控制，额外负荷自调控制，汽车巡行控制，防止发动机超速运转控制，突变工况稳定控制，增压器压比控制，废气再循环控制，与其他网络信息交换控制(AT、ABS 等)，还有熄火断油控制，防盗断油控制，故障报警和自诊断控制。

二、泵-喷嘴柴油供给系统结构

(一)泵-喷嘴柴油供给系统的特点

泵-喷嘴柴油供给系统采用了喷油泵-喷嘴、喷嘴增压和废气再循环(EGR)等世界上最前沿的技术，使汽车的动力性、燃油经济性、环保性、平顺性、冷起动性和安全可靠性等达到了一个全新的高度。特别是其泵-喷嘴技术，改善了直喷式工作的部分缺陷，使发动机的运转更加平稳。其基本特点如下。

(1)泵-喷嘴指的是喷油泵电控单元、喷油嘴组合在一起。发动机每个缸都有一个泵-喷嘴，不需要高压管或分配式喷射泵。因而，避免了在高压油管中的压力脉动，进而，可以精确控制喷射循环。泵-喷嘴(图 1-164)系统有下列功能：能够产生燃油喷射所需的压力，能按正确的时间和正确的喷油量喷油。

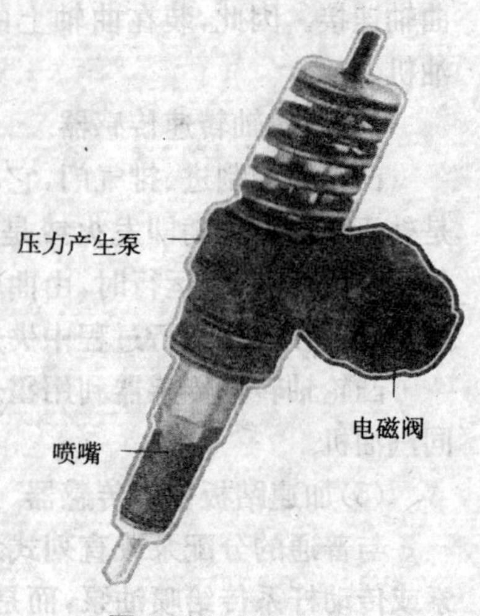

图 1-164 泵-喷嘴

(2)泵-喷嘴安装位置。泵-喷嘴直接集成在汽缸盖上。与分配式喷射系统的汽缸盖相比，泵-喷嘴式喷射系统汽缸盖有很大变化，位置比较高。

(3)固定方式。泵-喷嘴通过卡块固定在汽缸盖上。泵-喷嘴应安装好，若泵-喷嘴与汽缸盖不垂直，则紧固螺栓会松动，造成泵-喷嘴或汽缸盖损坏。

(4)凸轮轴配有 4 个辅助凸轮来驱动泵-喷嘴。通过滚柱式摇臂来驱动泵-喷嘴的泵活塞。

(5)高压腔充注燃油。在供油循环期间，泵活塞在活塞弹簧压力作用下向上移动，使高压腔的容积扩大。泵-喷嘴电磁阀没有动作，电磁阀针阀处于静止位置，供油管到高压腔内的通道打开，燃油流进高压腔。

(二)泵-喷嘴柴油供给系统的组成

如图 1-165 所示，泵-喷嘴柴油供给系统主要由油箱、燃油滤清器、油泵、分配管、泵-喷嘴、油温传感器和燃油冷却器等组成。油泵从油箱中吸出流经滤清器的燃油，并沿汽缸盖内的供油管将其泵入泵-喷嘴单元。多余的燃油经汽缸盖内的回油管、燃油温度传感器和燃油冷却器返回油箱。

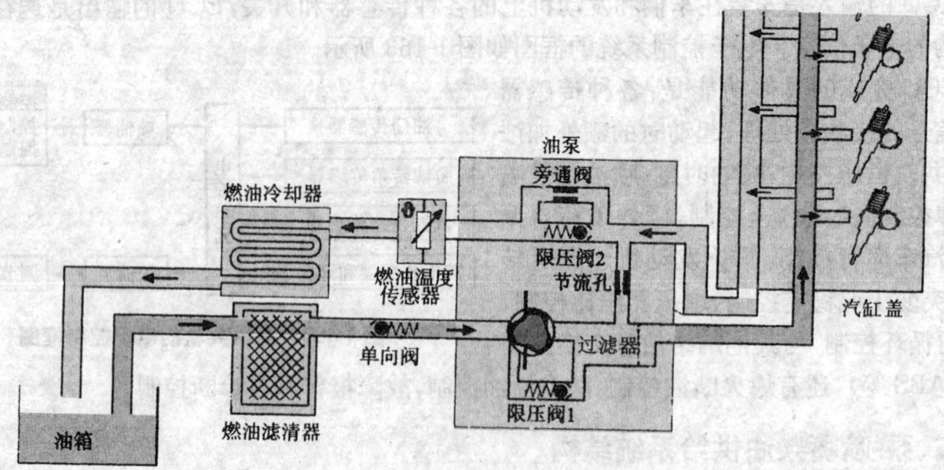

图 1-165 泵-喷嘴柴油供给系统

(三)泵-喷嘴柴油供给系统主要部件的结构与工作原理

1. 燃油泵

燃油泵位于缸盖上。其功能是将燃油从油箱输送到泵一喷嘴，由凸轮轴驱动。油泵结构如图 1-166 所示，油泵是间隙式叶片泵。间隙叶片被弹簧压力压紧到转子上。泵体内的油道使转子始终处于被燃油浸润的状态下，从而可随时输送燃油（旋转叶片泵在发动机达到一定转速时，在离心力作用下叶片，才能压紧在定子上，此时方开始供油）。

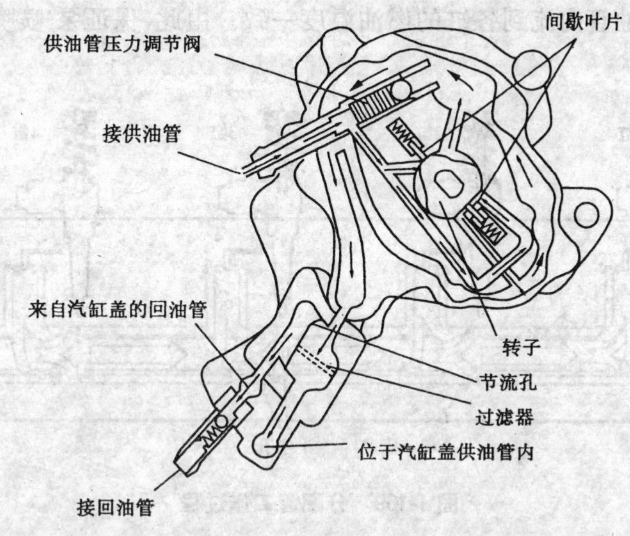

图 1-166 燃油泵结构图

燃油泵利用容积的变化吸油和泵油。吸油腔和压油腔通过叶片彼此分开。如图 1-167 所示，转子的旋转运动使腔 1 容积增加，吸油；腔 4 容积减少，泵油。同时，燃油被吸入腔 3 并从腔 2 泵出。

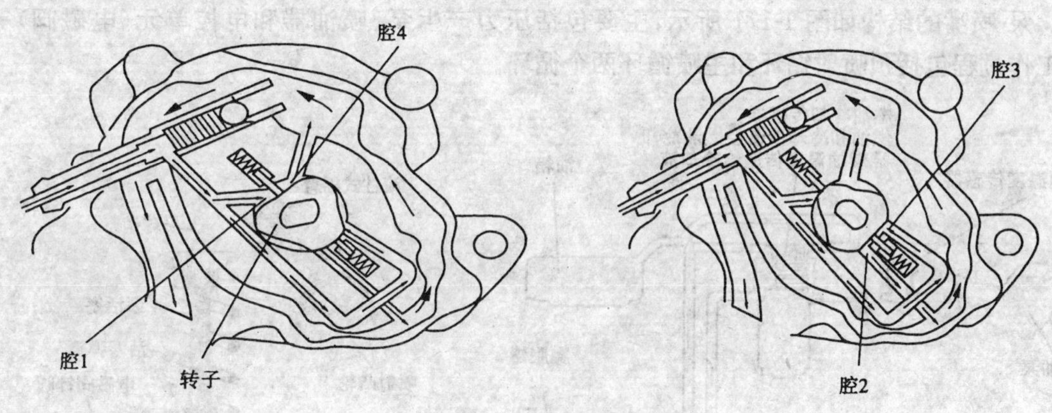

图 1-167 燃油泵工作原理

2. 分配管

对电控泵-喷嘴系统来说，合适的低压供油系统也很重要。由于进口油道是铸造在汽缸盖内，燃油本身在压缩和溢流中会产生热量，汽缸盖的热量又要传给燃油。因此，要求油泵必须提供足够大的供油量，以保证各缸泵-喷嘴的燃油温度相等。带汽缸盖的台架试验证明，两个喷油器之间温度相差 10℃时，全负荷状态下喷油量则会相差 1%。因此，此系统设有带十字孔的燃油分配管和燃油冷却系统（图 1-168）。分

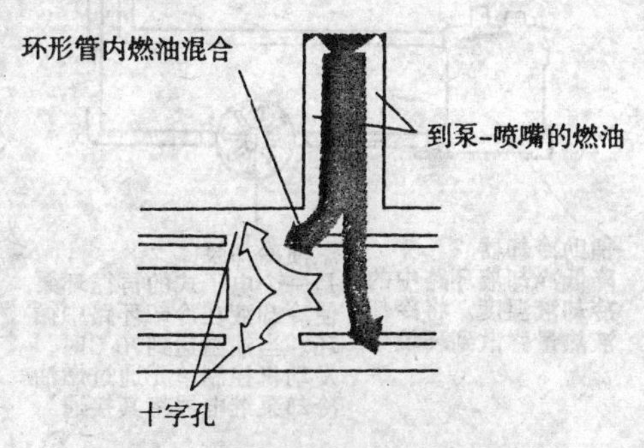

图 1-168 带十字孔的燃油分配管

配管集成在缸盖内的供油管内，其功能是等量地向各缸分配燃油。工作过程如图 1-169 所示，油泵将燃油输送到汽缸盖内的供油管内。在供油管内，燃油沿着分配管内管流向汽缸。燃油通过十字孔进入分配管和缸盖壁之间的环行管。此时，燃油与受热燃油混合，并被泵-喷嘴强制流向供油管，使供油管内流到各缸的燃油温度一致。由此，保证泵-喷嘴被提供相同的燃油量，发动机运转平稳。

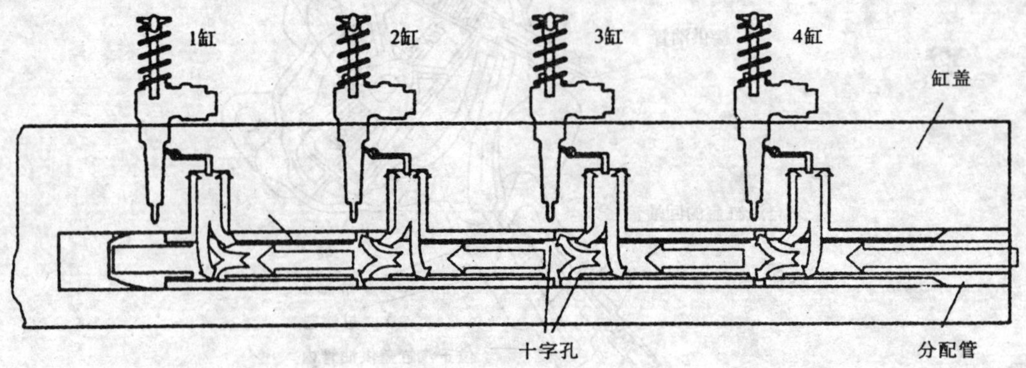

图 1-169 分配管工作过程

燃油冷却环路，与发动机冷却环路分开，在膨胀罐附近相通，如图 1-170 所示。这样设置燃油冷却环路能够得到充注，并且因温度波动而产生的体积变化也会得到补偿。从泵喷嘴回来的燃油流，经燃油冷却器，将高温传递给燃油冷却环路中的冷却液。

3. 泵-喷嘴

泵-喷嘴的结构如图 1-171 所示，主要包括压力产生泵、喷油器和电控单元（电磁阀）等。其工作过程包括预喷射循环和主喷循环两个循环。

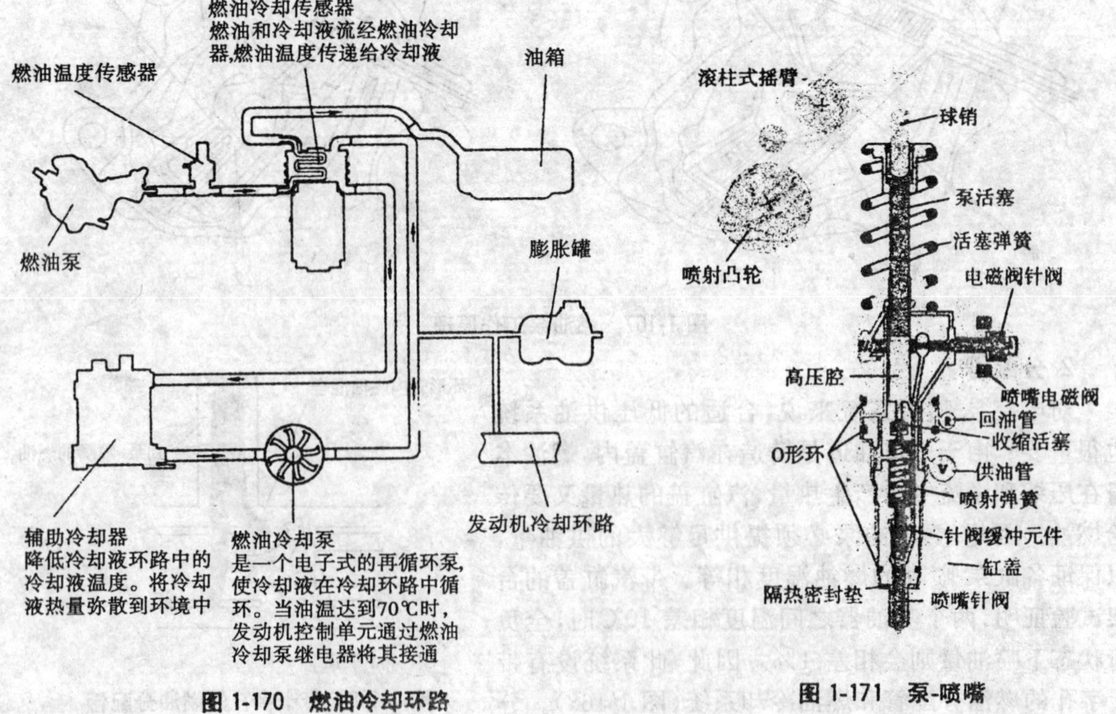

图 1-170 燃油冷却环路

图 1-171 泵-喷嘴

(1)预喷射循环。为确保燃烧过程尽可能平稳,在主喷射循环之前,少量燃油在低压下被喷入。这个过程叫预喷射循环。少量燃油的燃烧使燃烧室内的压力和温度上升。预喷射循环过程如图 1-172 所示,当喷射凸轮通过滚柱式摇臂将泵活塞压下,高压腔内的燃油便排除到供油管。发动机控制单元给喷油器电磁阀电信号,电磁阀针阀被压入到电磁阀阀座内,关闭高压腔到供油管的通道。高压腔内开始产生压力,当压力达到18 MPa时,高于喷射弹簧压力,喷嘴针阀上升,预喷射循环开始。上升的压力在打开针阀的同时,使收缩活塞克服弹簧压力下降,使高压腔内容积扩大,于是,瞬间压力下降,喷油器针阀关闭,预喷射循环结束。在预喷射循环和主喷射循环之间的喷射间隔,使燃烧室内的压力平缓上升,使得燃烧噪声低,排放的氮氧化合物也少。由于收缩活塞的下移,增加了喷油器弹簧的压紧程度。若再想打开针阀,油压必须比预喷射过程中的油压高才行。

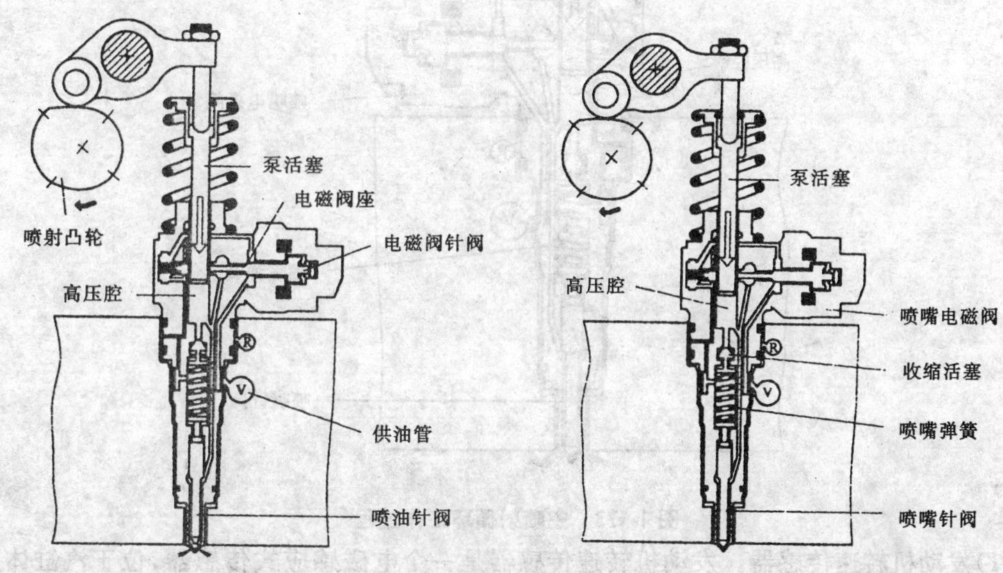

图 1-172 预喷射循环工作过程

(2)主喷射循环。在喷嘴针阀关闭后的短时间内,由于喷油器电磁阀仍然关闭,并且泵活塞继续下移,所以,高压腔内的压力立即重新上升。当压力达到30 MPa时,燃油压力高于喷油器弹簧作用力,喷嘴针阀便再次打开,主喷射循环开始。发动机最大功率时的喷射压力可达205 MPa。当发动机控制单元使喷油器电磁阀断电时,电磁阀针阀回位,此时燃油被泵活塞排除到供油管,压力下降。喷嘴针阀关闭,并且把收缩活塞压回到初始位置。主喷射循环结束(图 1-173)。

(四)泵-喷嘴柴油供给系统的电子控制系统

泵-喷嘴柴油供给系统的电子控制系统是由传感器、电控单元、执行元件 3 部分组成。

1. 传感器

传感器的作用是进行信号处理,把被测的非电量信号转换成电信号。传感器是柴油机实现电控的关键技术之一。目前,泵-喷嘴柴油机电控系统中应用很多各种不同类型、不同功能的传感器,如发动机转速传感器、进气歧管压力传感器、海拔高度传感器、冷却液温度传感器、燃油温度传感器、空气流量传感器和凸轮轴位置传感器等。这些传感器信号输入到电控单元,用于在发动机整个工作范围内控制最优燃油喷射量、喷射时间，以减少废气排放，并提高发动机功率和燃油经济性。

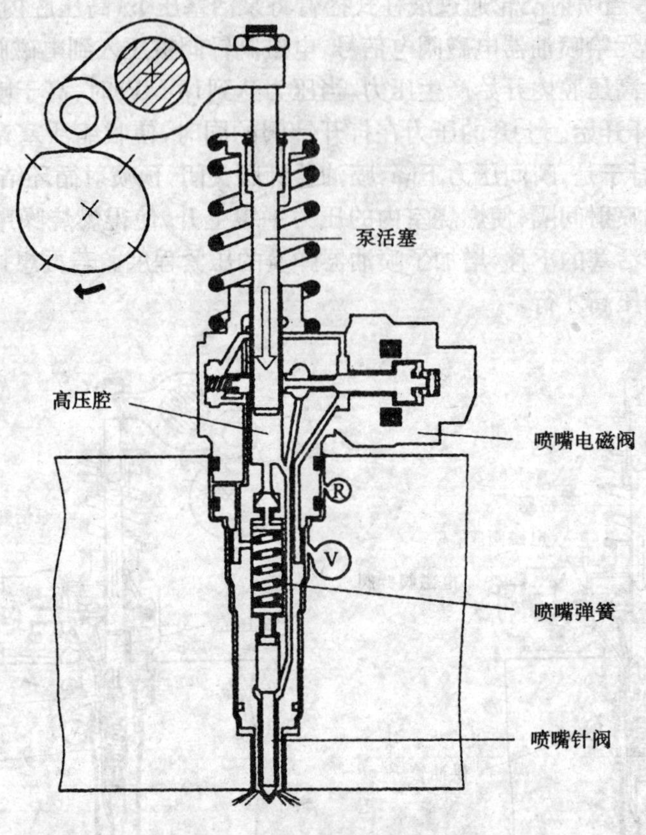

图 1-173　主喷射循环工作过程

(1)发动机转速传感器。发动机转速传感器是一个电磁感应式传感器，位于汽缸体上，用于检测位于曲轴上的传感器信号轮，以记录发动机转速和确切的曲轴位置。在发动机转速传感器信号轮圆周上，有 58 个齿和 2 个齿缺，齿缺相距 180°，作为确定曲轴位置的参考标记。利用传感器的信息，发动机电控单元计算出喷油始点和喷油量。当该信号失效时，发动机将熄火。为了让发动机快速起动，发动机电控单元计算来自凸轮轴位置传感器和发动机转速传感器的信号。发动机电控单元利用来自霍尔传感器的信号识别各缸。曲轴传感器轮上有两个齿缺，当曲轴转过半圈时，发动机电控单元就会获得一个相关信号。通过此方式，发动机电控单元在初期，就可识别相关各缸的曲轴位置，并控制相应的电磁阀来进行喷射循环。

(2)进气歧管压力传感器和进气歧管温度传感器。进气歧管压力传感器与进气温度传感器安装在进气管内，集成为一体。进气歧管压力传感器提供的信号用于检测增压压力，发动机电控单元将实际测量值与增压压力脉频图上的设定值进行比较，若实际测量值偏离设定值，则发动机电控单元通过电磁阀调整增压压力，实现增压压力控制。进气歧管温度传感器的信号作用是，考虑到不同温度下增压空气密度的不同影响，发动机需要进气温度信号来修正增压压力。当进气歧管压力传感器的信号失效时，不能调节增压压力，发动机功率下降；进气歧管温度传感器信号失效时，发动机电控单元用一个固定的替代值来计算增压压力，其结果会使发动机功率下降。

(3)海拔高度传感器。海拔高度传感器位于发动机柴油直喷系统控制单元内。海拔高度传感器向发动机控制单元传送一个瞬时环境空气压力信号,此信号取决于海拔高度。发动机柴油直喷系统控制单元根据海拔高度传感器信号,计算出一个控制增压压力和废气再循环的海拔修正值。当信号失效时,会冒黑烟。

(4)冷却液温度传感器。冷却液温度传感器是负热敏电阻式传感器,安装在汽缸盖的冷却液接头上,将当前冷却液温度信号,传递给发动机控制单元。发动机电控单元利用冷却液温度传感器信号修正喷油量。当该信号失效时,发动机电控单元利用来自燃油温度传感器信号修正喷油量。

(5)离合器踏板开关。离合器踏板开关安装在脚控制板上。发动机电控单元利用该信号识别离合器是分离还是接合。若分离,则喷油量瞬时减少,确保换挡平顺。当该若信号失效,则换挡时会出现发动机熄火现象。

(6)燃油温度传感器。燃油温度传感器和冷却液温度传感器相同,也是负温度系数热敏电阻(NTC),燃油温度传感器安装在油泵到燃油冷却器间的回油管中,用于检测油流的温度。当燃油温度升高时,其电阻值下降。燃油温度传感器信号用来监测燃油温度,发动机电控单元利用这个信号来计算喷油始点和喷油量,该信号也用来控制燃油冷却泵开关。当该信号失效时,发动机电控单元利用来自冷却液温度传感器信号计算出一个替代值。

(7)空气流量计。带反向空气流量识别的热膜式空气流量计用于测定进气量和返回的空气流量。其工作原理是:保持空气流量计中热电阻的温度恒定。流经空气流量计的空气对热电阻冷却作用不同,保持热电阻温度恒定所需的电流也不同。所以,保持热电阻温度恒定所需的电流值就是吸入的空气量的对应值。另外,由于冷空气的冷却作用较强,需要空气温度作为修正系数。带反向空气流量识别的空气流量计用来测定进气量。空气翻板的开关动作在进气管内产生反向气流,带反向空气流量识别的热膜式空气流量计可测定返回的空气流量,修正后将信号送给发动机电控单元,以便精确测量进气量。发动机电控单元利用该测量值计算喷油量和废气再循环率。当该信号失效时,发动机电控单元用一个固定值来替代。

(8)凸轮轴位置传感器。凸轮轴位置传感器安装在凸轮轴齿轮下面的同步齿型带导向轮上,用于检测安装在凸轮轴齿轮上的凸轮轴传感器轮上的7个凸齿位置,以确定各缸的工作状态。发动机起动时,发动机电控单元利用凸轮轴位置传感器产生的信号识别各缸。当该信号失效时,发动机电控单元利用发动机转速传感器产生的信号作为代替信号。

(9)加速踏板位置传感器。加速踏板位置传感器安装在加速踏板控制臂上。发动机电控单元利用识别加速踏板位置,计算喷油量。当该信号失效时,发动机电控单元不能识别加速踏板位置。发动机在高怠速下运转,以便驾驶员能将车开到附近的服务站。

(10)怠速开关和强制降挡开关。怠速开关和强制降挡开关(自动变速器车用)同加速踏板位置传感器安装在一起,怠速开关用于确认怠速状态,强制降挡开关用于确认加速踏板处于加速状态(加速踏板开度超过设定值)。

2.执行器

(1)进气歧管翻板转换阀。柴油发动机有很高的压缩比,若点火开关断开时仍像正常运转时那样吸入空气,则发动机发抖。进气歧管翻板转换阀用来接通控制翻板的真空。进气歧管翻板转换阀安装在发动机室内空气流量计附近。发动机点火断开时(发动机停机时),则发动机电控单元送一个信号给进气歧管翻板转换阀,进气歧管翻板转换阀接通真空箱真空,切断进气。结果只有少量空气被发动机压缩,发动机运转平稳直至停止运转。若进气歧管翻板转换阀失效,则进气歧管翻板保持打开状态。

(2)预热塞继电器和预热塞。预热塞系统使发动机在低温条件下容易起动。当冷却液温度低于9℃,发动机控制单元起动预热塞系统。预热过程可分为两个阶段。预热阶段:点火开关打开后,当冷却液温度低于9℃,预热塞被接通,预热指示灯亮;预热循环结束时,预热指示灯熄灭,发动机可以起动。后预热阶段:发动机起动后即后预热阶段,不论之前是否是预热阶段,这将降低燃烧噪声,提高怠速质量和降低碳氢化合物排放量。后预热阶段不会超过4 min,当发动机转速超过2 500 r/min后,预热终止。

(3)电磁阀。喷嘴电磁阀用螺母安装在泵-喷嘴单元上,这些电磁阀由发动机柴油直喷系统控制单元控制,发动机控制单元通过喷嘴电磁阀控制泵-喷嘴的喷射始点和喷射量。喷射始点:发动机电控单元激活喷嘴电磁阀,电磁线圈将电磁阀针阀压到阀座内,切断至泵喷射单元高压腔的通道,喷射循环开始。喷射量是由电磁法激活时间的长短决定。喷嘴电磁阀关闭,燃油即被喷射。当信号失效时,发动机将不能平稳运转,功率也将下降。喷嘴电磁阀有双保险功能,若电磁阀保持常开状态,则泵-喷嘴内无法建立起压力;若电磁阀保持常闭状态,则泵-喷嘴高压腔内无法充注燃油。

(4)燃油冷却继电器。燃油冷却继电器安装在控制单元壳体内,当燃油温度达70℃时,发动机控制单元将其激活(使继电器线圈搭铁而通电),接通燃油冷却泵的工作电流。

(5)增压压力控制电磁阀。泵-喷嘴柴油发动机配有一个可变涡流增压器,可按实际驾驶条件产生最佳增压压力。增压压力控制电磁阀被发动机电控单元激活。真空箱内用于叶片调节的真空根据脉冲负载参数变化,增压压力通过此方式进行调节。当信号失效时,大气压力进入真空箱,增压压力降低,发动机功率下降。

(6)EGR阀。废气再循环系统按一定比例将废气与新鲜空气混合提供给发动机,从而降低燃烧温度,减少氮氧化合物NO_X的生成量。柴油发动机直喷系统控制单元通过控制EGR阀控制再循环的废气量。EGR阀的阻值为14～20Ω。

第三节 电子控制点火系统的结构

电控点火系统可根据发动机的工况,计算出最佳点火提前角及闭合角,通过控制三极管的通、断时刻来控制初级线圈的电流,使发动机的动力性、经济性、排放等方面的性能达到最优。另外,电子控制点火系统通过爆震传感器对爆震进行反馈控制,使汽油机在大部分运行工况都处于刚好不致产生爆震的临界状态,使汽油机的动力性潜力得到了充分发挥。电控点火系统主要有下列元件组成:监测发动机运行工况的传感器;处理信号,发出指令的ECU;控制点火线圈初级电流的点火器以及点火线圈,分电器及高压线等,如图1-174所示。

电控点火系统主要有两种形式:有分电器式电控点火系统和无分电器式电控点火系统。

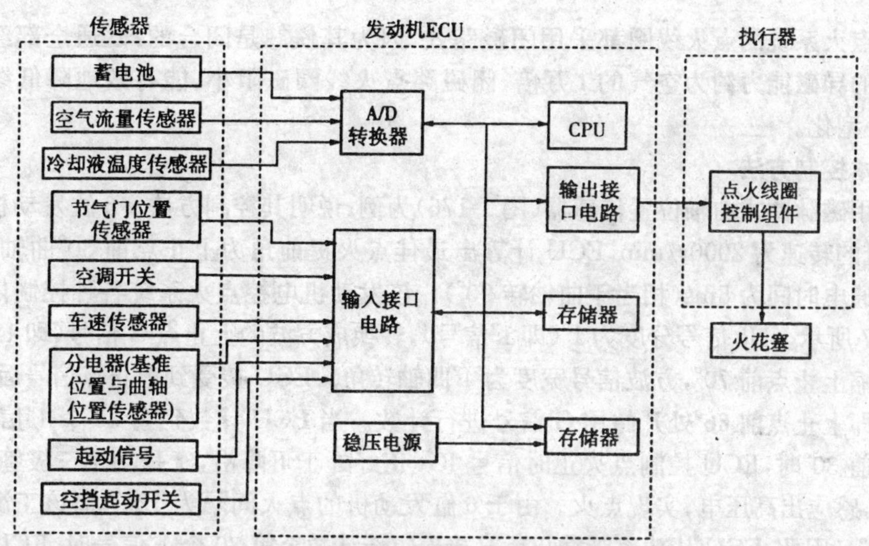

图 1-174 微机控制点火系统组成

一、有分电器式电控点火系统

1. 控制电路分析

有分电器式电控点火系统电路如图 1-175 所示。

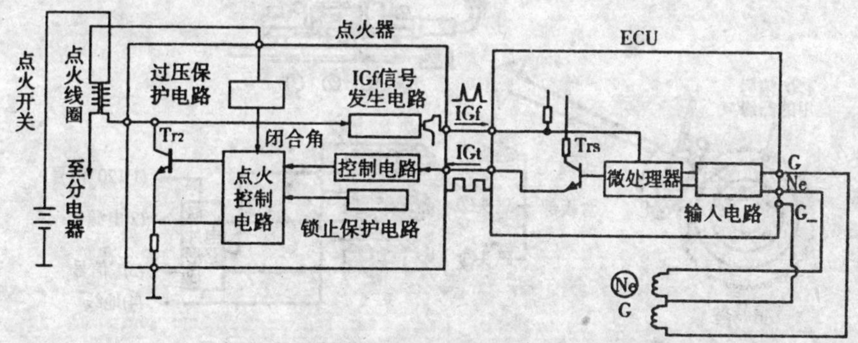

图 1-175 分电器式微机控制点火系统

ECU 通过传感器得到发动机的转速和负荷信号，根据存于其内部存储器中的最佳控制参数获得这一工况下的点火提前角和点火线圈初级电路通电时间，将其转换成点火正时信号(IGt)送至点火器。当 IGt 信号变为低电平时，点火线圈初级电流被切断，次级线圈中感应出高压，再由分电器送至相应汽缸的火花塞，便产生电火花。

点火线圈初级电流被切断时，触发 IGf 信号发生电路，输出一个点火确认信号 IGf 并反馈给 ECU。如果点火器中的功率三极管不能正常导通和截止，则 ECU 的微处理器接收不到反馈信号 IGf，即表明点火系统发生故障，ECU 立即中止燃油喷射。

2. 主要组成部件结构特点

电控点火系统与传统点火系统的分电器相比，取消了断电器等装置，因此，不再承担点火线圈初级线圈通断控制的任务，仅起到对高压电的分配作用。在大多数情况下，这种分电器都内装曲轴位置传感器，为 ECU 提供曲轴位置和上止点信号(G1、G2 和 Ne)。有的车型甚至将点火线圈和点火器全都集成在一个分电器内。

电控点火系统的点火线圈都采用闭磁路式，因为其铁芯是闭合的，磁通全部经过铁芯内部。铁芯的导磁能力约为空气的1万倍，闭磁路点火线圈磁阻小，能有效地降低线圈的磁动势，实现小型化。

3.基本控制方法

以采用磁脉冲式曲轴位置传感器(图1-176)为例，说明其控制方法。6缸发动机在某工况下，发动机的转速为2000r/min，ECU计算出最佳点火提前角为上止点前30°曲轴转角，初级线圈所需通电时间为5ms(相当于曲轴转90°)。该发动机电控点火系统各种控制信号的时序如图1-177所示。Ne信号分度为1°(即1°信号)，转换成方波的上止点G信号(即120°信号)上升沿在压缩上止点前70°，方波信号宽度为4°曲轴转角。ECU接受到上止点信号后，在方波的下降沿处即上止点前66°处开始用G信号进行计数。当ECU计数到第36个1°信号时，即压缩上止点前30°时，ECU控制点火正时信号IGt正好处于下降沿，于是功率三极管截止，切断初级电路，感应出高压电，实现点火。由于6缸发动机的点火间隔为120°，而该工况的通电闭合角为90°。因此，ECU从功率管截止后又接着重新计数至第30个1°信号时，ECU控制点火正时信号IGt处于上升沿，使功率三极管又开始导通，初级线圈开始通电，准备下一个缸的点火。

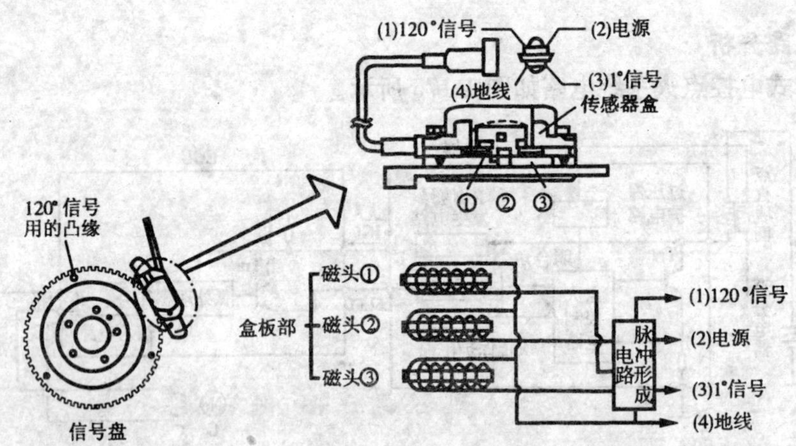

图1-176　日产公司磁脉冲式曲轴位置传感器

二、无分电器式电控点火系统

无分电器式电控点火系统完全取消了传统的分电器，点火线圈产生的高压电直接送到火花塞，因此也称为直接点火系统。由于没有分电器，节省了空间，同时不存在分火头与分电器盖旁电极间产生的火花。因此，可有效地降低点火系对无线电的干扰。目前，常用的无分电器式电控点火系统有两种方式，即双缸同时点火方式和独立点火方式。

1.无分电器双缸同时点火方式

(1)无分电器双缸同时点火方式的工作原理。双缸同时点火系统是指两个汽缸共用一个点火线圈，其次级绕组的两端分别与两个汽缸上的火花塞相连接，如图1-178所示。同时点火方式的一个点火线圈上有两个火花塞串联，当产生高压电时，它对两个火花塞同时点火。当一个汽缸处于压缩行程准备点火时，另一个汽缸处于排气行程，对于压缩行程的汽缸，由于汽缸压力较高，放电较困难，所需的击穿电压较高。而处于排气行程的汽缸，接近于大气压，放电容易，所需的击穿电压低、很容易击穿。因此，当两汽缸的火花塞同时跳火时，其阻抗几乎都在压缩汽缸的火花塞上，它承受了绝大部分电压降，与普通的只有一个火花塞跳火的点火系相比较，其击穿电压相差不大，而在排气汽缸火花塞上的电能损失也很小。

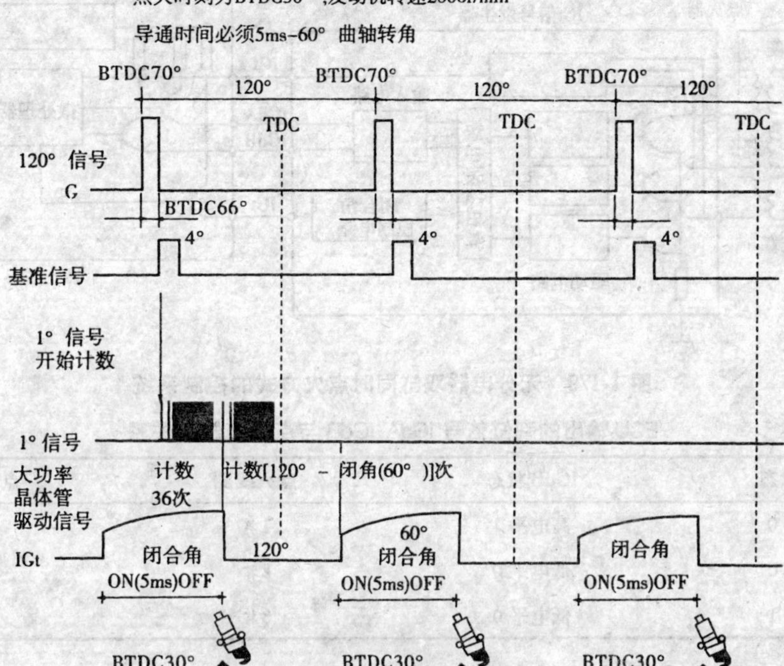

图 1-177　分电器式微机控制点火系统控制信号时序图

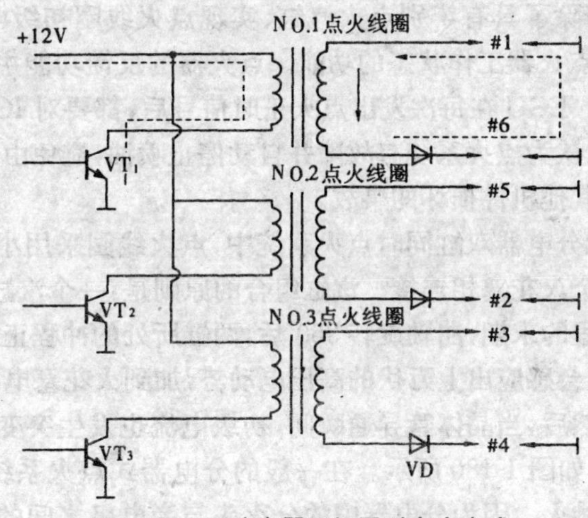

图 1-178　无分电器双缸同时点火方式

(2)无分电器双缸同时点火系统的控制。在无分电器双缸同时点火系统中，ECU 输出的信号除控制各点火线圈通电时刻和通电时间的点火正时信号 IGt 外，还需要输出能够辨别是哪一组汽缸的信号，称为判缸信号 IGd。在图 1-179 所示的无分电器双缸同时点火系统中，曲轴位置传感器采用了电磁感应式传感器，该传感器可以向 ECU 提供曲轴转角信号 Ne、活塞上止点位置信号 G_1、G_2。发动机 ECU 根据 G_1、G_2信号判断出下次进行点火的汽缸组，并发出判缸信号 IGdA 和 IGdB。ECU 输出的 IGdA、IGdB 为系统设计时所确定的，与传感器结构和点火器选缸电路相适应的约定波形。判缸信号与发动机点火缸之间的约定关系如表 1-5 所列。

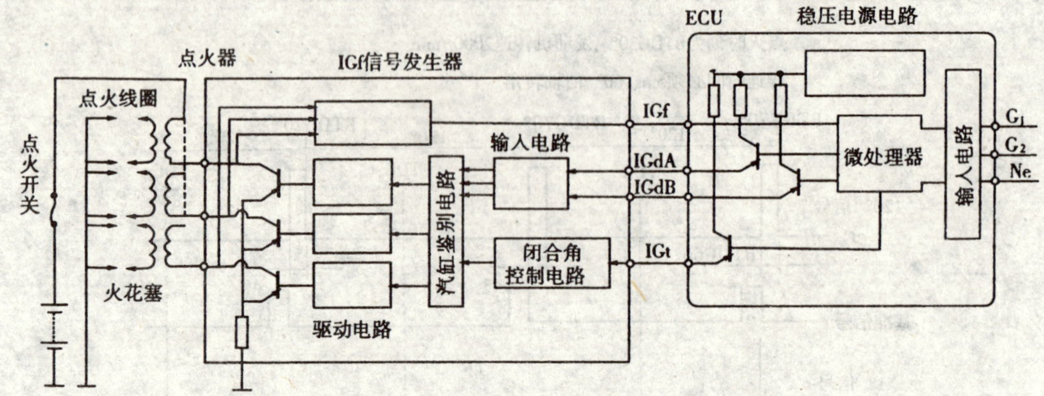

图 1-179　无分电器双缸同时点火方式的控制系统

ECU 输出的判缸信号 IGdA、IGdB 与点火汽缸的关系　　表 1-5

IGdA 状态	IGdB 状态	点火线圈	点火汽缸
低电平 0	高电平 1	1#	1、6
低电平 0	低电平 0	2#	2、5
高电平 1	低电平 0	3#	3、4

由此可见，发动机工作时，ECU 不停地输出具有点火正时功能和通电时间功能的点火正时信号 IGt。至于此信号用于哪一组点火线圈，由 ECU 判缸信号 IGdA 和 IGdB 来决定。

(3)点火器。点火器除了具有辨别点火汽缸、实现点火线圈初级电路的接通和切断功能外，还具有向 ECU 反馈点火器工作状态的功能。点火器的反馈功能主要是向 ECU 提供火花塞是否正常点火的信息。ECU 在每次发出点火正时信号后，都要对 IGf 信号进行检测。当连续 3 次没有反馈信号时，认为点火系统有故障并自动停止喷油，避免由于过多可燃混合气没被点燃而导致危险和发生其他机件损坏的事故。

(4)点火线圈。在无分电器双缸同时点火系统中，点火线圈采用小型闭磁路点火线圈，次级线圈的两端分别与两个火花塞相连接。汽缸组合的原则是：一个汽缸处于压缩行程的末期，另一个汽缸处于排气行程的末期，曲轴旋转 360°后，两缸所处的冲程正好相反。当初级电流突然切断后，在次级线圈上会感应出上万伏的高压电动势，加到火花塞电极之间，跳出高压火花，点燃汽缸内的混合气。然后，当晶体管导通瞬间，初级电流也发生突变，这样在次级线圈中便产生约 1 000 V 的电压，如图 1-180 所示。在一般的分电器式点火系统中，1 000 V 的高压电不足以击穿火花塞产生跳火。因为分电器中的分火头与旁电极之间的间隙较大，必须要有比这更高的电压才足以跳过这么大的间隙。而在无分电器点火系统中，这样的电压很有可能点燃处于进气行程中汽缸内的混合气。特别是火花塞间隙较小，火花塞误跳火的可能性就更大。这将会引起回火等现象的发生，使发动机无法正常运转。为防止产生这种现象，在点火线圈的次级绕组中串联一个高压二极管，如图 1-181 所示。当功率管导通时，产生的感应电动势反向加在高压二极管上，由于二极管的反向截止功能，1 000 V 的高压电就无法使火花塞跳火。而当功率三极管截止时，次级绕组产生的高压电与前相反，二极管导通，对此不产生影响，使火花塞顺利跳火。

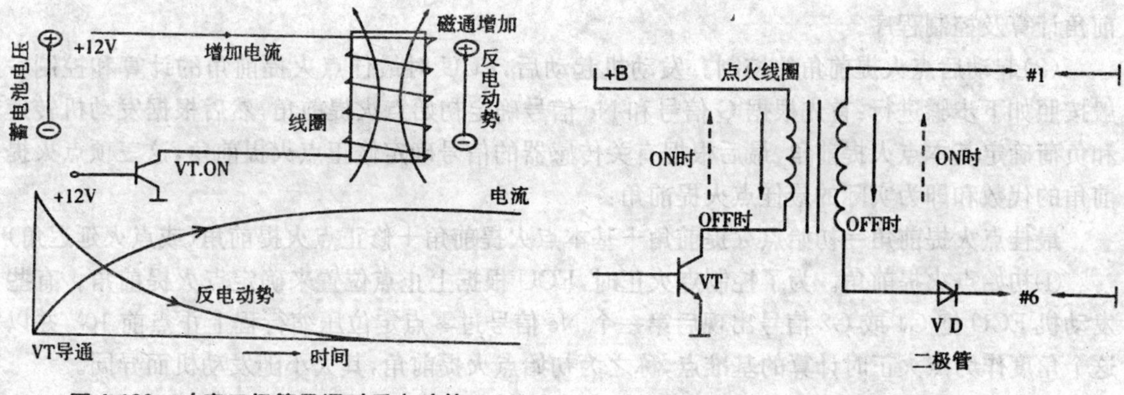

图 1-180 功率三极管导通时反电动势

图 1-181 高压二极管的作用

2. 无分电器独立点火方式

独立点火方式指每一个汽缸的火花塞上各配一个点火线圈，单独对本缸进行点火，如图 1-182所示。

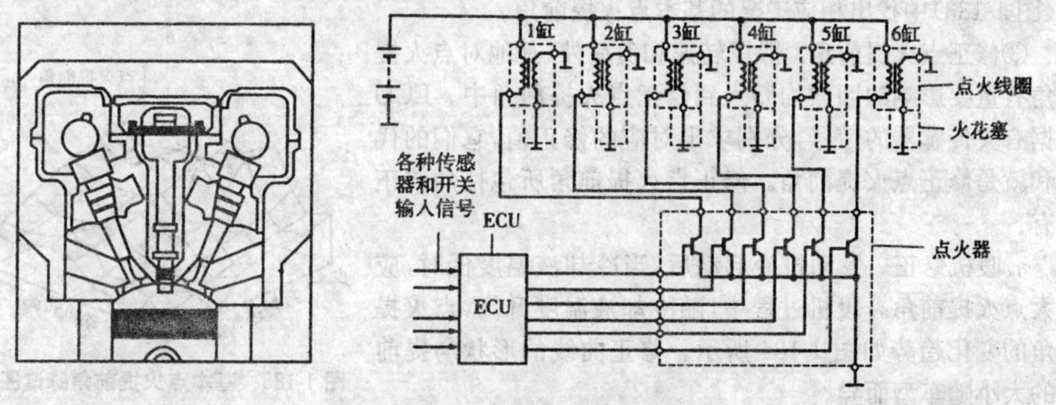

图 1-182 无分电器独立点火方式

在这种点火方式中，点火线圈与火花塞是制成一体的，直接安装在汽缸盖上，特别适合于四气门发动机使用。火花塞可安装在双凸轮轴的中间，并在每缸火花塞上直接压装一个点火线圈，以充分利用空间，这对 V 型多缸轿车发动机燃烧室合理紧凑地布置，具有特别重要的实用意义。同时，由于无机械式分电器和高压导线，因而，能量传导损失和漏电损失小，机械磨损或发生故障的机会均减少。而且，各缸的点火线圈和火花塞均由金属包着，其电磁干扰大大减少，对发动机电控系统的正常可靠工作有利。

三、电子控制点火系统的控制内容

电控点火系统的控制内容包括点火提前角的控制、通电时间控制和爆震控制 3 个方面。

1. 点火提前角的控制

在电控点火系统中，ECU 对点火提前角的控制分为发动机起动时点火提前角的控制和起动后点火提前角的控制。

(1)发动机起动时点火提前角的控制。发动机起动时，ECU 不进行最佳点火提前角调整控制，而是根据发动机曲轴转速信号 Ne 和起动开关信号输入，以固定不变的点火提前角点火。当发动机转速超过一定值时(大于 500 r/min)，则自动转入由电控单元控制的最佳点火提前角计算及控制程序。

(2)起动后点火提前角的控制。发动机起动后，ECU 对最佳点火提前角的计算和控制一般按照如下步骤进行：首先根据 G 信号和 Ne 信号确定初始点火提前角，然后根据发动机转速和负荷确定基本点火提前角，最后根据有关传感器的信号确定修正点火提前角，这三项点火提前角的代数和即为实际的最佳点火提前角：

最佳点火提前角＝初始点火提前角＋基本点火提前角＋修正点火提前角(或点火延迟角)

①初始点火提前角。为了控制点火正时，ECU 根据上止点位置来确定点火提前角。有些发动机 ECU 把 G1 或 G2 信号出现后第一个 Ne 信号过零点定位压缩行程上止点前 10°，并以这个角度作为点火正时计算的基准点，称之为初始点火提前角，其大小随发动机而异同。

②基本点火提前角。发动机正常运转时，电控单元按怠速工况和非怠速工况两种情况，确定基本点火提前角。发动机处于怠速工况时，ECU 根据节气门位置信号(怠速触点闭合)、发动机转速信号及空调开关信号，确定基本点火提前角。发动机处于非怠速工况时，ECU 根据发动机转速和负荷(曲轴每转进气量)信号，从预置存储在 ECU 存储器中基本点火提前角脉谱(图 1-183)中找出相应工况的基本点火提前角。

③修正点火提前角。除了转速和负荷外，其他对点火提前角有重要影响的因素均归入到修正点火提前角中。ECU 根据有关传感器的信号，分别求出对应的修正值，它们的代数和就是修正点火提前角。修正点火提前角所包括的修正值有：

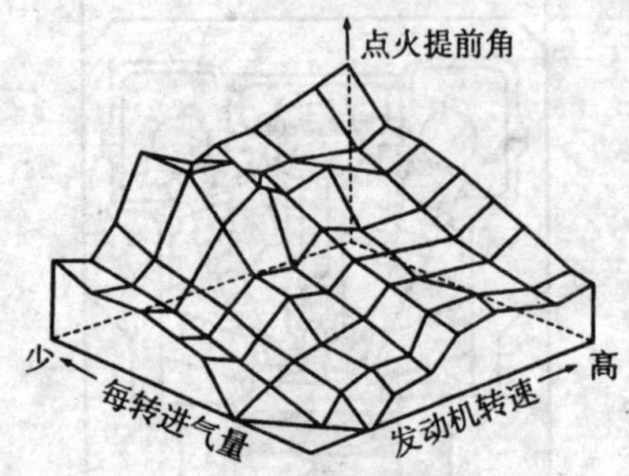

图 1-183　基本点火提前角脉谱图

a. 暖机修正。发动机冷起动后，当冷却液温度低时，应增大点火提前角。暖机过程中，随冷却液温度升高，点火提前角的变化趋势如图 1-184 所示。修正曲线的形状与提前角的大小随车型而异。

b. 过热修正。当发动机处于正常运行工况(怠速触点 IDL 断开)，冷却液温度过高时，为了避免爆燃发生，应将点火提前角推迟。过热修正曲线的变化趋势如图 1-185 所示。

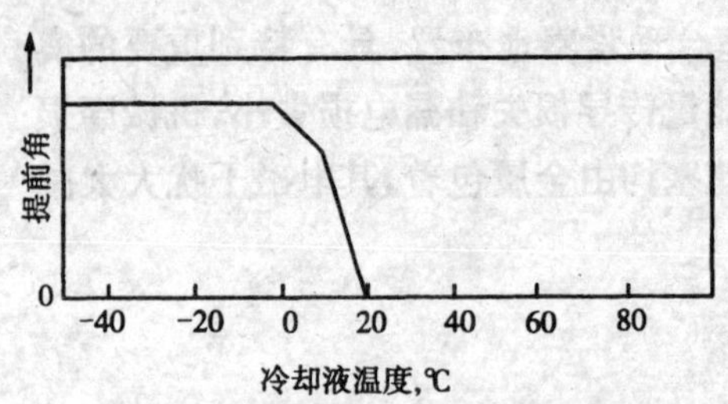

图 1-184　暖机时点火提前角控制

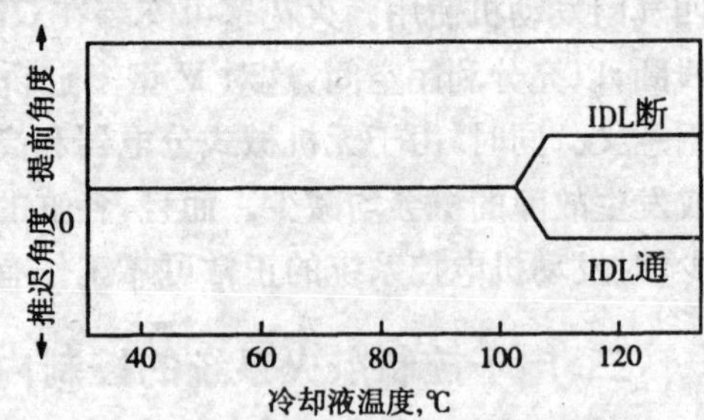

图 1-185　点火提前角的过热修正

c. 怠速稳定性修正。发动机在怠速期间，由于发动机负荷变化(如空调、动力转向等)而使转速改变，ECU 随时调整点火提前角，使发动机在规定的怠速转速下稳定运转。发动机处于怠速工况时，ECU 不断地计算发动机的平均转速，当平均转速低于规定的怠速目标转速时，ECU 根据两者的差值大小相应地增加点火提前角；当平均转速高于规定的怠速目标转速时，相应地推迟点火提前角，如图 1-186 所示。

d. 空燃比反馈修正。装有氧传感器的电控燃油喷射系统进行闭环控制时，ECU 根据氧传感器的反馈信号对空燃比进行修正。随着修正喷油量的增加和减少,发动机的转速在一定范围内波动。为了提高发动机转速的稳定性,在反馈修正油量减少时,适当地增大点火提前角,如图 1-187 所示。

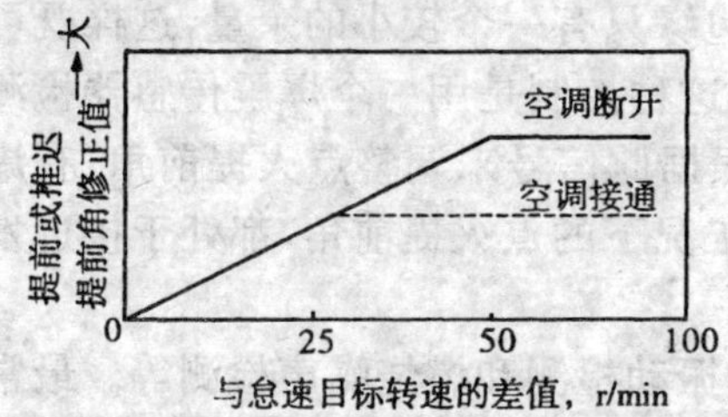

图 1-186 点火提前角的怠速稳定性修正

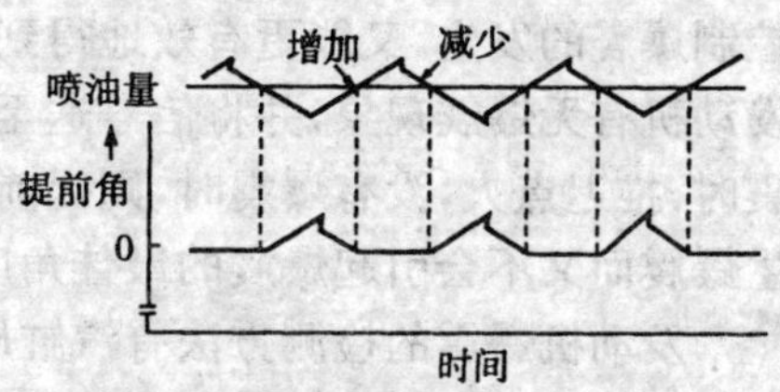

图 1-187 点火提前角的空燃比反馈修正

④最大和最小提前角控制。当 ECU 计算出的实际点火提前角(初始点火提前角+基本点火提前角+修正点火提前角或延迟角)超过一定范围时,发动机将不能正常运转。为了防止出现这种情况,在电控点火系统中,由 ECU 对实际点火提前角的数值范围进行限制。最大和最小点火提前角的一般范围为:最大点火提前角为 35°~45°;最小点火提前角为-10°~0°。

2. 通电时间的控制

通电时间控制又称为闭合角控制。对于电感储能式点火系而言,当点火线圈的初级通电后,其初级电流是按指数规律增长的。初级线圈被断开瞬间所能达到的断开电流值与初级线圈接通时间长短有关,只有通电时间达到一定值时,初级电流才可能达到饱和。而次级线圈高压的最大值与初级断开电流成正比,为了获得足够的点火能量,必须使初级电流达到饱和。但是,如果通电时间过长,点火线圈又会发热,并使电能消耗增大。因此,要控制一个最佳的通电时间,以兼顾上述两方面的要求。

影响初级线圈通过电流的主要因素有发动机转速和蓄电池电压。为了保证在不同的蓄电池供电电压和不同的转速下都具有相同的初级断开电流,ECU 根据蓄电池电压和发动机转速信号,在预置的闭合角数据表中查出相应的数值,对闭合角进行控制。

当发动机转速升高时,适当增大闭合角,以防止初级线圈通过电流值下降,造成次级高压下降,点火困难。蓄电池电压下降时,基于相同的理由,也应适当增大闭合角,如图 1-188 所示。

3. 爆震控制

爆震是汽油机运行过程中最有害的一种故障现象。如果汽油机持续爆震,火花塞电极或活塞就可能产生过热、熔损等现象,导致发动机损坏,因此必须防止爆震的发生。爆震与点火时刻存在着密切的关系。点火时刻提前,燃烧的最大压力就高,因而,容易产生爆震。如图 1-189 所示为爆震与点火时刻、发动机转矩的关系。

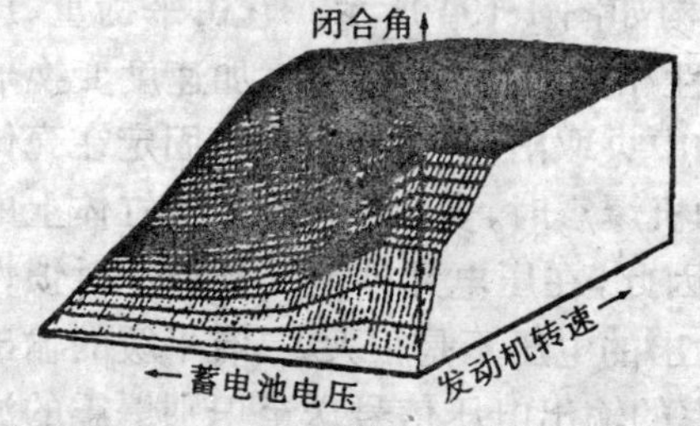

图 1-188 闭合角与发动机转速和蓄电池电压的关系

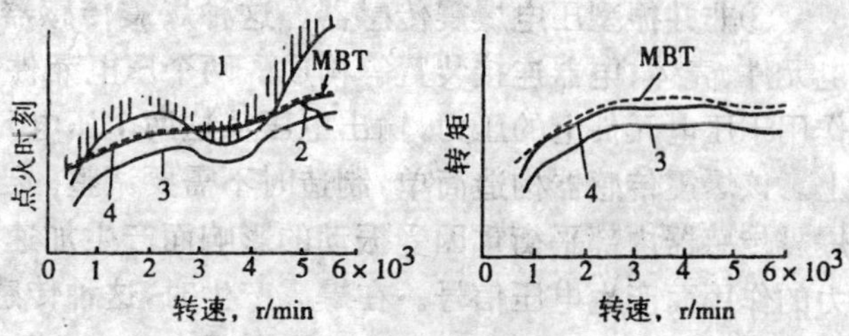

图 1-189 爆震与点火时刻的关系

1-爆震范围;2-余量幅度;3-无爆震控制时;4-有爆震控制时

发动机发出的最大转矩的点火时刻(MBT)是在开始发生爆震点火时刻(爆震界限)的附近。对无爆震控制的点火系统,为了防止爆震的产生,其点火时刻的设定远离爆震边缘,这样势必降低发动机效率,增加燃油消耗。

具有爆震控制功能的点火系统能使点火时刻到爆震边缘只有一个较小的余量,这样既可控制爆震的发生,又能更有效地得到发动机的输出功率。这种控制是用一个爆震传感器检测发动机有无爆震现象,并将信号送至发动机 ECU,ECU 根据此信号来调整点火提前角,有爆震时,推迟点火,没有爆震时,则提前点火,以保证在任何工况下的点火提前角,都处于接近发生爆震而又不会引起爆震的最佳角度。

发动机爆震的检测方法有汽缸压力检测、发动机机体振动检测和燃烧噪声检测等。最常用的是发动机机体振动检测。

(1)爆震传感器。采用发动机机体振动检测法的爆震传感器安装在发动机的汽缸体上,有磁致伸缩式和压电式两种类型,压电式又分为共振型和非共振型。

①磁致伸缩式爆震传感器。磁致伸缩式爆震传感器是应用最早的爆震传感器,其结构如图 1-190 所示。用高镍合金组成的磁芯外侧设有永久磁铁,在磁铁上绕有感应线圈。当发动机产生爆震时,机体便会产生振动。机体的振动使磁芯受振而偏移,致使感应线圈中的磁力线发生变化,线圈将产生感应电动势,此电动势即为爆震传感器的输出电压信号。输出电压的大小与发动机振动的频率有关,当传感器固有振动频率与发动机的振动频率相同时,将产生谐振,此时,传感器输出的电压最大,其输出特性如图 1-191 所示。

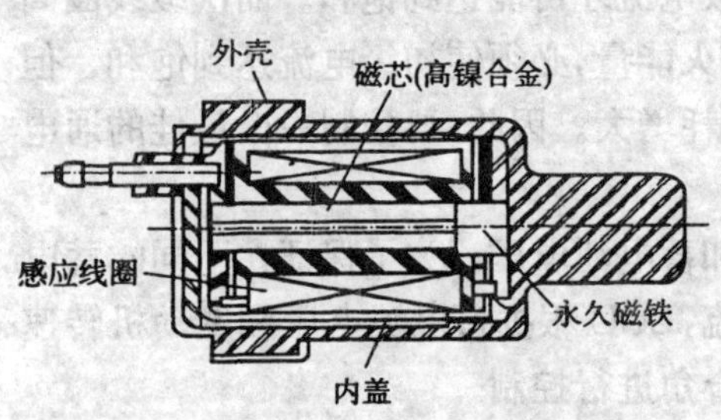

图 1-190 磁致伸缩式爆震传感器结构

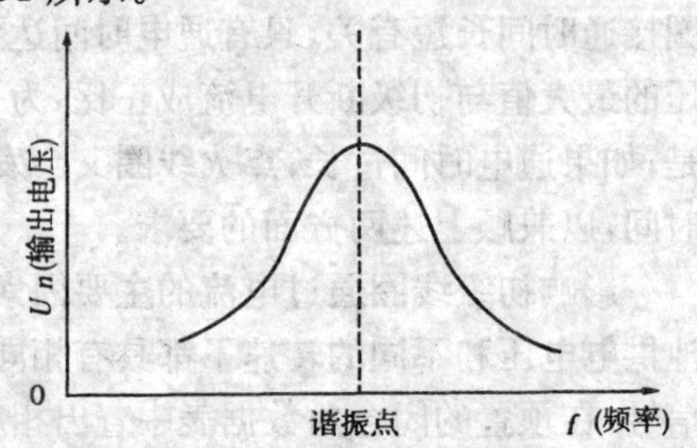

图 1-191 磁致伸缩式爆震传感器的输出特性

②共振型压电式爆震传感器。共振型压电式爆震传感器的结构如图 1-192 所示,主要由压电元件和振荡片组成。压电元件紧压在振荡片上,振荡片又固定在传感器的基座上。振荡片随发动机的振动而振荡,波及压电元件,使其变形而产生电压信号。当发动机爆震时的振动频率与振荡片的固有频率相等时,振荡片将产生共振,此时,压电元件将产生最大的电压信号,如图 1-193 所示。因该爆震传感器在爆震时输出的电压比较高,因此无需使用滤波器即可判别有无爆震产生。

③非共振型压电爆震传感器。这种爆震传感器的结构如图 1-194 所示。它由平衡重、压电元件、壳体、电器连接装置等构成。两个压电元件同极性相向对接,平衡重将加速度变换成作用于压电元件上的压力,输出电压从这两个压电元件的中央取出,平衡重由螺钉固定在壳体上。该爆震传感器构造简单,制造时不需要调整。当发动机爆震时,安装在发动机汽缸体上的爆震传感器内部平衡重因受振动的影响而产生加速度。因此,在压电元件上受到加速时惯性力的作用而产生电压信号。在爆震产生时,这种传感器输出的电压不是很大,具有平缓的输出特性,如图 1-195 所示。因此,必须将反映发动机振动频率的输出电压信号送至识别爆震的滤

波器中，判别是否有爆震产生的信号。

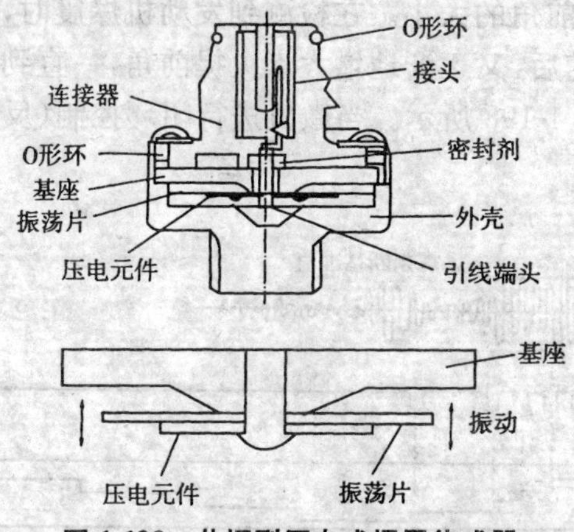

图 1-192 共振型压电式爆震传感器

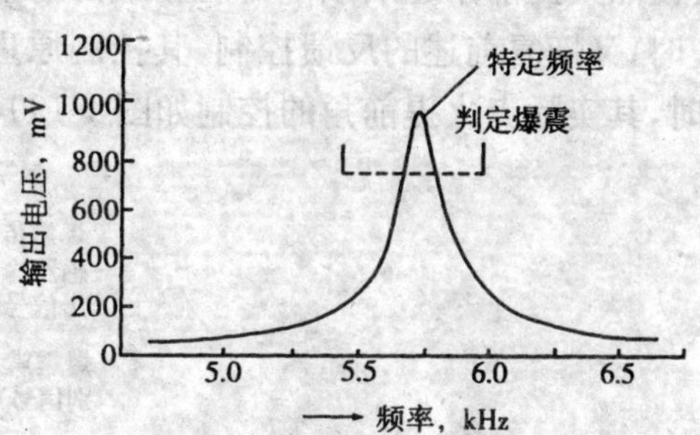

图 1-193 共振型压电式爆震传感器输出电压与频率关系

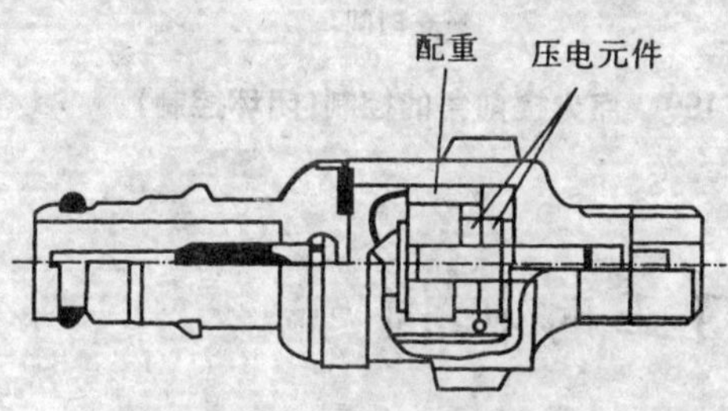

图 1-194 非共振型压电爆震传感器

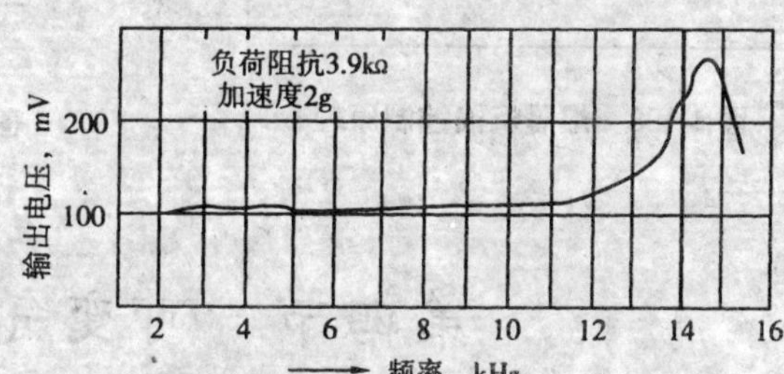

图 1-195 非共振型压电式爆震传感器输出电压与频率关系

(2)爆震控制。要控制爆震，首先必须判断爆震是否产生。图 1-196 所示，是把爆震传感器的输出信号进行滤波处理后，并判别爆震是否产生的程序。来自爆震传感器的信号，是含有各种频率的电压信号，先经滤波电路，将爆震信号与其他振动信号分离，只允许特定频率范围的爆震信号通过滤波电路，再将此信号的最大值与爆震强度基准值进行比较，如大于爆震强度的基准值，表示产生爆震(图 1-197)，则将爆震信号输入微机，由微机进行处理。爆震强度的大小以超过基准值的次数来计量，其次数越多，则爆震强度越大；次数越少，爆震强度越小，如图 1-197 所示。因为爆震仅在混合气燃烧期间发生，所以，为了避免干扰引起的误检测，只在“爆震判别范围”进行处理，由微机完成爆震的控制。

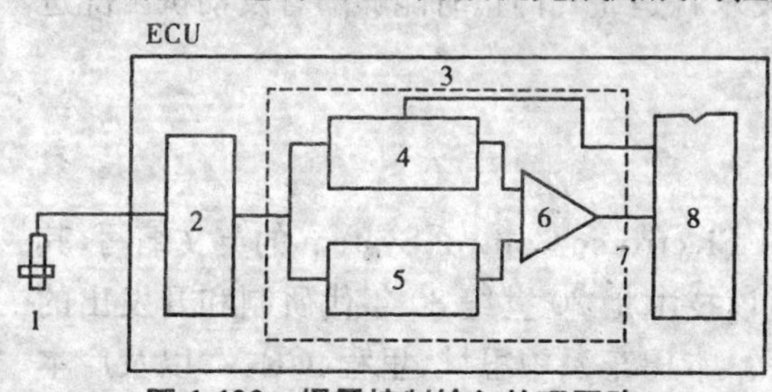

图 1-196 爆震控制输入处理回路

1-爆震传感器；2-滤波回路；3-爆震判定区间信号；4-峰值检测；5-比较基准能量级计算；6-爆震判定；7-爆震；8-微机

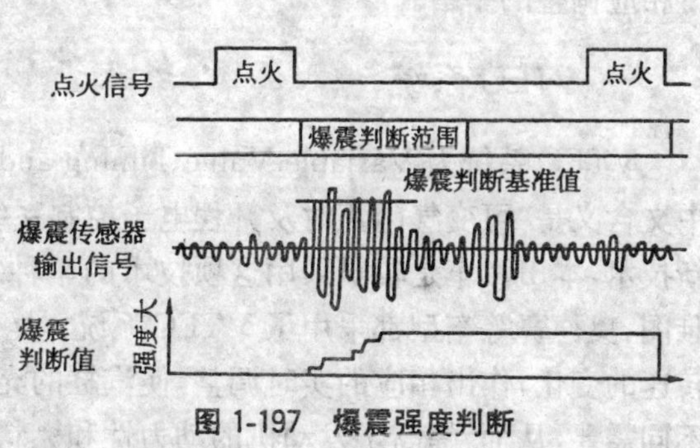

图 1-197 爆震强度判断

当发动机发生爆震时，微机通过爆震传感器输入信号和比较电路，判断出发动机是否产生爆震，并根据爆震强度输入信号，由微机控制点火提前角的大小。在检测到发动机爆震时，微机便会使点火提前角逐渐减小，直至无爆震产生。随后，又逐渐地增大点火提前角，一直到产生爆震时，又恢复前述的反馈控制，其控制原理如图1-198所示。当微机进行闭环控制（反馈控制）时，其实际点火提前角的控制如图1-199所示。

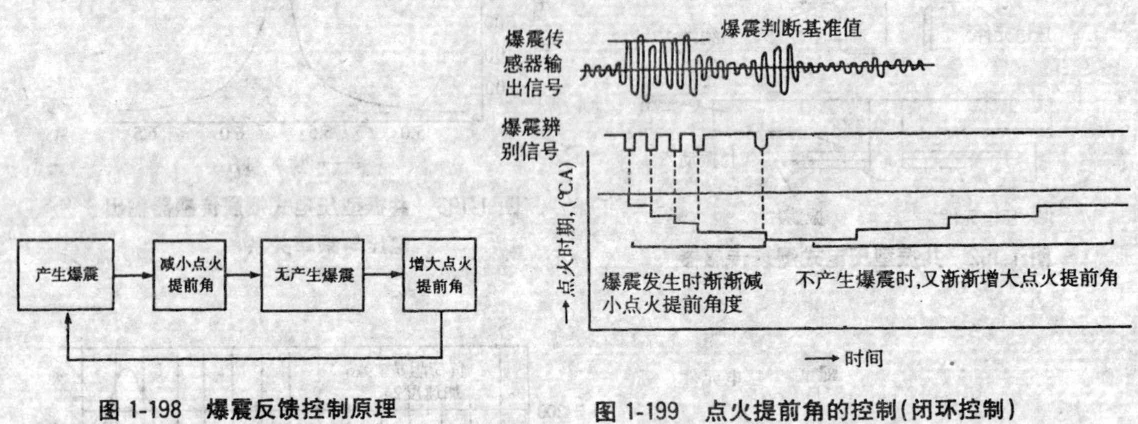

图1-198 爆震反馈控制原理

图1-199 点火提前角的控制（闭环控制）

第四节 可变气门正时机构

合理选择气门正时，保证最好的充气效率，是改善发动机性能极为重要的技术问题。分析内燃机的工作原理，不难得出这样的结论：在进、排气门开闭的4个时期中，进气门迟闭角的改变对充气效率影响最大。通过改变进气门迟闭角，可以改变充气效率随转速变化的趋向，以调整发动机的转矩，满足不同的使用要求。不过，更确切地说，加大进气门迟闭角，高转速时充气效率的增加有利于发动机最大功率的提高，但对低速和中速性能则不利；减小进气门迟闭角，能够防止气体被推回进气管，有利于提高最大转矩，但降低了最大功率。因此，理想的气门正时应当是根据发动机的工作情况及时作出调整，应具有一定程度的灵活性。显然，对于传统的凸轮挺杆式气门机构来说，由于在工作中无法作出相应的调整，也就难以达到上述要求。因而限制了发动机性能的进一步提高。可变气门正时技术就是让气门正时能够随着发动机工况进行相应调整的举措。

一、VTEC系统

VTEC系统为Variable Valve Timing and Lift Electronic Control System的英文缩写，其中文含义是“可变气门正时及升程电子控制系统”，该技术是20世纪80年代研制和开发出的新技术，本田汽车是较早采用这项技术的车种之一。本田车系中思域、里程、CR-V，以及广本雅阁、奥德赛等车型都采用了VTEC系统。VTEC系统可使气门正时和气门升程根据发动机转速的变化，作出相应的实时调整，使汽缸的充气量同时能够满足发动机低转速和高转速下的不同需要，从而，提高了发动机的动力性和燃料经济性。

二、VTEC 系统结构

1. VTEC 系统的结构

VTEC 系统的设计就好像采用了两根不同的凸轮轴，一根用于低速，一根用于高速，但是 VTEC 发动机的不同之处就在于将这样两种不同的凸轮轴设计在同一根凸轮轴上（图 1-200）。VTEC 机构的进气凸轮轴中，除了原有控制两个进气门的一对凸轮（主进气凸轮和辅助进气凸轮）和一对摇臂（主进气摇臂和辅助进气摇臂）外，在中间还增加了一个高度较大的中间进气凸轮和相对应的中间进气摇臂，3 根进气摇臂可以独立运动或连成一体运动，到底是独立运动还是连成一体运动，是由装在摇臂内部的液压驱动同步活塞进行控制的，而控制同步活塞移动的油压，则是由 ECU（本田也称为 PCM，本教材统称为 ECU）根据发动机转速传感器、进气歧管绝对压力传感器、节气门位置传感器、车速传感器和发动机冷却液温度传感器等参数，通过控制 VTEC 阀来实现的。

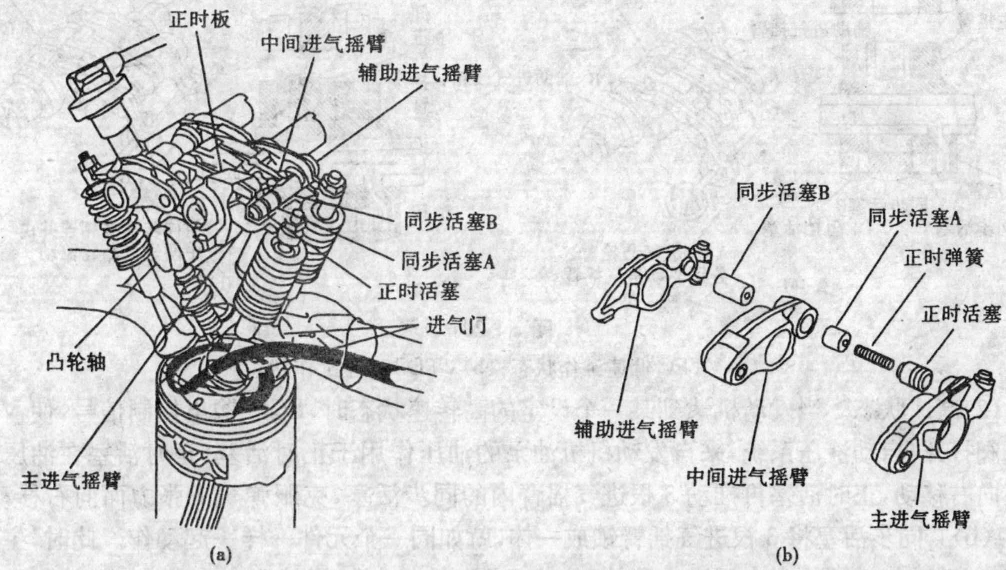

图 1-200

(a)F23A3 发动机 VTEC 系统结构；(b)VTEC 系统的零件分解

在低速状况时，主进气门按正常高度打开，而辅助进气门则稍许打开，以预防燃油阻塞于进气口。在高速时，主进气摇臂与辅助进气摇臂连接到中间进气摇臂上，以将气门打开至最大。在 3 个进气摇臂间有一个同步活塞控制 3 个摇臂的连接或分离动作。在油压进入油缸后，同步活塞贯穿 3 个进气摇臂，3 个进气摇臂连接。当油压降低时，一个停止活塞和阻挡弹簧就会将同步活塞移回，3 个进气摇臂分离。采用可变气门正时机构，发动机可同时具有省油与高功率输出两种效力。在低速时，此系统能使发动机产生高燃烧效率及低燃油消耗率，而在高速时，对其产生的高功率又可与传统的四气门发动机相媲美。这种效力是因为在低速时，主进气门与辅助进气门升程的差异，使汽缸中进气气流产生旋转的结果。

2. VTEC 控制机构的工作原理

（1）低速状态。发动机在低速运转状态时，正时活塞无油压作用，同步活塞的位置如图 1-201(a)所示。这时，主进气摇臂、辅助进气摇臂均未与中间进气摇臂相连，而独立由各自的凸轮驱动(3 根进气摇臂分离),主进气摇臂、中间进气摇臂和辅助进气摇臂是彼此分离而独立动作的。此时,主进气凸轮(凸轮 A)与辅助进气凸轮(凸轮 B)分别驱动主进气摇臂和辅助进气摇臂,以控制气门的开闭。由于凸轮 B 的升程很小,因而,进气门只稍微打开。虽然此时中间进气摇臂已被中间进气凸轮(凸轮 C)驱动,但由于中间进气摇臂与主进气摇臂、辅助进气摇臂是彼此分离的,故不影响气门的正常开闭。即在低速状态,主进气摇臂、辅助进气摇臂并未与中间进气摇臂相连,分别由 A、B 两凸轮在不同的时间与高度下驱动,中间进气摇臂在低速状态下对气门开启无任何作用,因此,主进气门按照正常的时间和高度开启,而辅助进气门则由于辅助进气凸轮的高度小而只稍稍打开,以防止燃油阻塞进气口。所以,发动机在低速运转状态时,VTEC 机构不工作,气门的开闭情况与普通顶置凸轮轴式配气机构相同。由于此时的进、排气门重叠角和升程都较小,满足了发动机低转速工况的需要。

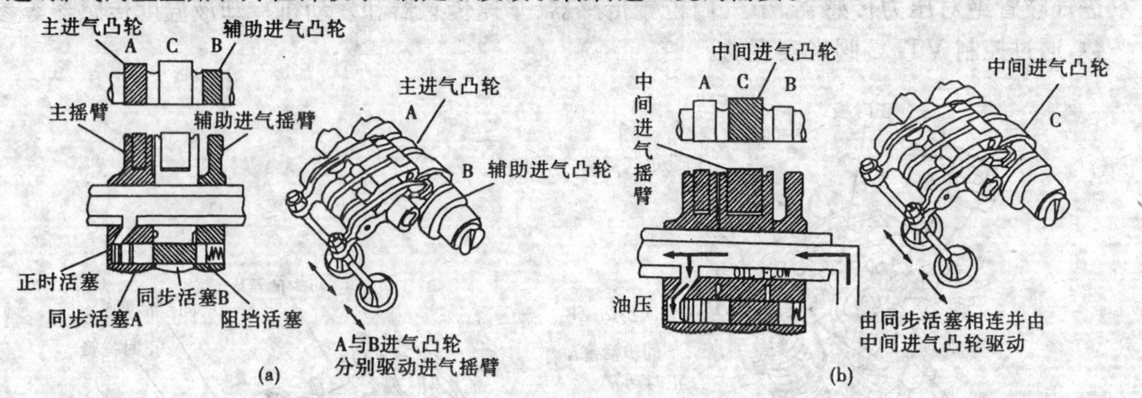

图 1-201

(a)VTEC 低速工作状态;(b)VTEC 高速工作状态

(2)高速状态。当发动机达到某一个设定的高转速状态时,ECU 输出控制信号,使 VTEC 电磁阀打开,启动液压系统,来自发动机机油泵的油压作用于正时活塞,正时活塞在油压的作用下向右移动,正时活塞再推动 3 根进气摇臂内的同步活塞,克服弹簧的张力而向右移动〔图 1-201(b)〕,同步活塞将 3 根进气摇臂锁成一体,就如同一个元件一样一起动作。此时,主进气摇臂、辅助进气摇臂均由中间进气凸轮(凸轮 C)驱动,控制气门的开启和闭合,由于凸轮 C 比其他进气凸轮都高,升程大,进气门开启时间延长,从而改变了气门正时,增大了进、排气门的重叠角和进气门的升程,适应了发动机高速工况的需要。

当发动机转速降低到某一个设定的低转速时,ECU 控制 VTEC 电磁阀关闭,进气摇臂内的油压随之降低,正时活塞、同步活塞在弹簧弹力的作用下,左移回到原位,3 根进气摇臂分开,回复到图 1-201(a)所示的状态,以满足发动机低速工况的需要。

3. VTEC 控制系统

图 1-202 所示为 VTEC 控制系统原理简图。控制系统随时监测发动机的运转工况,如发动机转速、发动机负荷、发动机冷却液温度和车速等,当发动机转速、负荷和冷却液温度等信号输入 ECU 后,经运算处理,

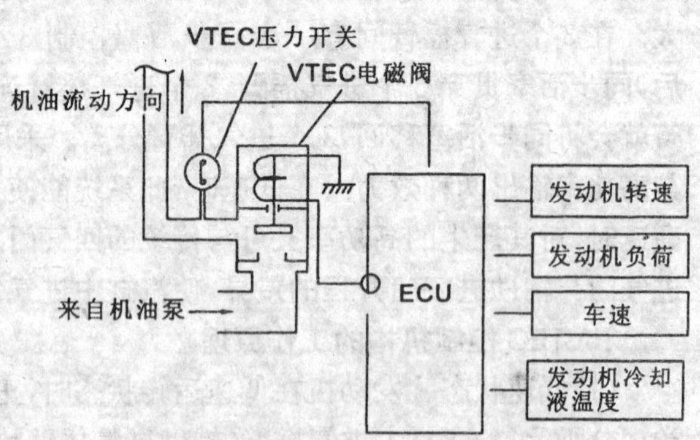

图 1-202　VTEC 控制系统原理简图

ECU 将根据运转工况决定对配气机构是否实行 VTEC 控制，何时应该改变气门升程及气门正时。若实行该项控制，ECU 则给 VTEC 电磁阀的电磁线圈提供一电流，使电磁阀在电磁力的作用下被吸起，这样，来自机油泵的油压便加向同步活塞。另外，VTEC 电磁阀开启后，控制系统还可以通过 VTEC 压力开关反馈一信号给 ECU，以便监控 VTEC 系统的工作。

4. VTEC 系统气门正时改变的条件

VTEC 系统气门正时改变的条件如下：发动机转速为 2 300～3 200 r/min（依进气歧管绝对压力而定）；车速为 10 km/h 或更高；发动机冷却液温度为 10 ℃或更高；发动机负荷变化，由进气歧管绝对压力判断。

5. VTEC 系统正时机构的工作过程

可变气门正时机构实行单气门与双气门之间的切换，主要是依据发动机的转速进行的。为顺利实行切换，在主进气摇臂上装有一正时板（图 1-203）。正时机构的工作过程如下。

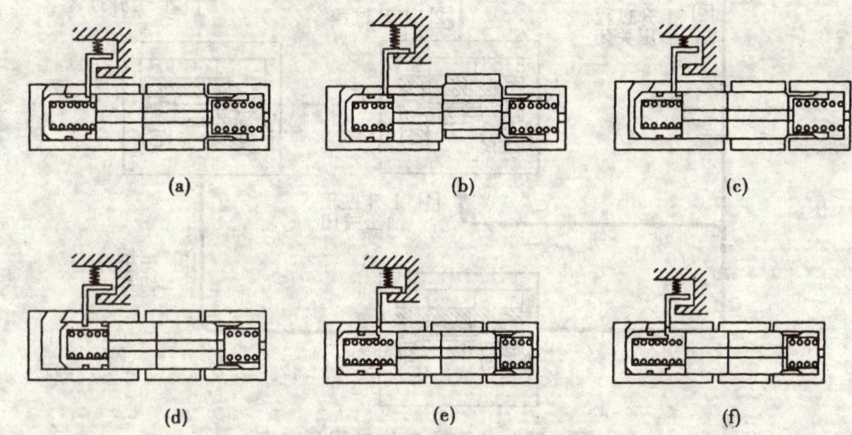

图 1-203 VTEC 系统正时机构工作过程

（1）油压已建立时

①如图 1-203(a)所示，当正时板进入正时活塞时，切换动作无法进行，此时气门无上升动作。

②如图 1-203(b)所示，当正时板退出嵌合位置后，正时活塞开始移动。但由于进气摇臂之间错位，同步活塞仍无法移动。

③如图 1-203(c)所示，正时板拉出后，气门操作状态就开始由单气门切换为双气门工作，由于此时进气摇臂对正，故同步活塞便在油压作用下开始移动。

④如图 1-203(d)所示，切换动作完成。

（2）系统泄压时

①如图 1-203(d)所示，当正时板插入正时活塞时，切换动作无法进行时。

②如图 1-203(e)所示，正时板开始上升，因为摇臂之间有负荷，同步活塞无法开始移动。

③如图 1-203(f)所示，当正时板重又进入嵌合位置时，摇臂之间的负荷解除，同步活塞被阻挡弹簧推回，气门操作状态开始由双气门切换为单气门工作。

④如图 1-203 所示，气门无上升动作。切换动作完成。

VTEC 系统正时机构的工作过程可以用图 1-204 所示的流程图加以说明。

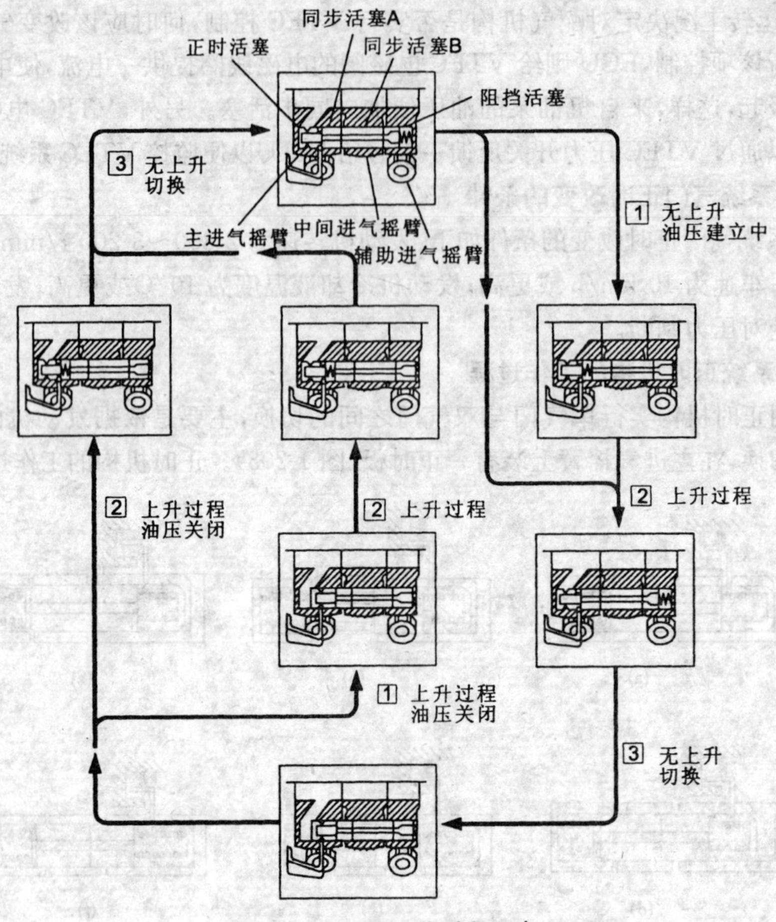

图 1-204 VTEC 工作过程示意图

第五节 混合动力系统

一、混合动力汽车的概念

混合动力汽车(Hybrid Electric Vehicle,简称 HEV)是在电动汽车(仅依靠电能驱动的车辆)上加入辅助动力单元,将电力驱动与辅助动力驱动结合起来,充分发挥两者各自的优势及两者相结合产生的新优势的电动汽车。电力驱动可采用直流电动机或三相同步(或异步)电动机;辅助动力单元可以采用燃烧某种燃料的原动机或动力发电机组。形象一点说,就是将传统发动机尽量做小,让一部分动力由蓄电池-电动机系统承担。这种混合动力装置既发挥了发动机持续工作时间长,动力性好的优点,又可以发挥电动机无污染、低噪声的好处,二者"并肩战斗",取长补短,汽车的热效率可提高 10%以上,废气排放可改善 30%以上。

混合动力汽车的关键是混合动力系统,它的性能直接关系到混合动力汽车的整车性能。经过 10 多年的发展,混合动力系统总成已从原来发动机与电动机离散结构向发动机一电动机和变速器一体化结构发展，即集成化混合动力总成系统。

二、混合动力汽车的类型

按动力传输路线的不同，可将混合动力汽车分为串联、并联和混联3种形式。

1. 串联式混合动力汽车(Series Hybrid Electric Vehicle，SHEV)

SHEV是由发动机、发电机和驱动电动机三大动力总成组成，发动机、发电机和驱动电动机采用“串联”的方式组成SHEV的驱动系统，使用发动机驱动发电机发电，而发出的电能通过电动机来驱动车辆行驶的混合动力汽车称为串联式混合动力汽车(图1-205)。这种车辆可以描述为配有发动机驱动发电机的电动汽车。在这种动力系统中，小功率发动机可在其最有效的转速范围内运转，以给车辆(行驶中)的蓄电池充电。串联式混合动力汽车的最大特点是不管在什么工况下，最终都要由电动机来驱动车辆。

SHEV用发动机－发电机组均衡地发电，电能供应驱动电动机或动力电池组，使SHEV的行驶里程得到延长。实际上SHEV的发动机－发电机组只能看作一种电能供应系统，发动机并不直接参与SHEV的驱动。

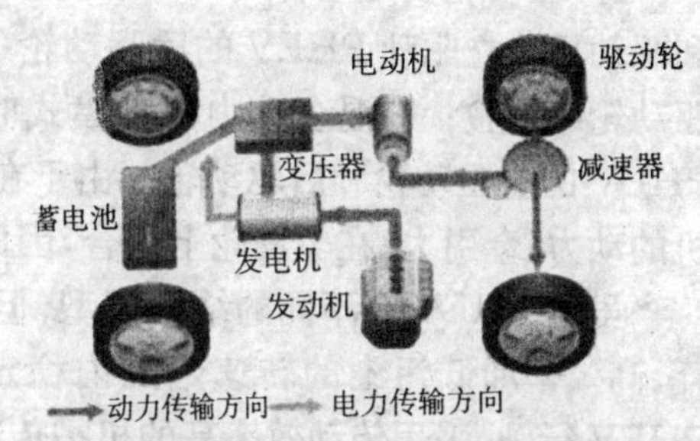

图1-205 串联式混合动力汽车图

SHEV的发动机，可采用四冲程内燃机、二冲程内燃机、转子发动机和燃气轮机。发动机的转速控制在一定范围内，不受SHEV运行工况的影响，经常保持在低能耗、高效率和低污染的状态下运转。

SHEV驱动系统的结构比较简单，动力电池组、发动机－发电机组和驱动电动机在底盘上的布置有较大的自由度，控制系统也比较简单，因为只有唯一的电动机驱动模式，其特点是动力特性更加趋近于电动汽车(EV)。SHEV必须装置一个大功率的发动机－发电机组，再用驱动电动机来驱动车辆。发动机、发电机和驱动电动机的功率都要求等于或接近于SHEV的最大驱动功率，在热能→电能→机械能之间的转换过程中，总效率低于内燃机汽车。三大动力总成的体积较大，质量也较重，还有庞大的动力电池组，使得在中小型汽车上布置有一定的困难，一般适合大型客车采用。

2. 并联式混合动力汽车(PHEV)

使用发动机和电动机直接驱动车辆的混合动力汽车称为并联式混合动力汽车(图1-206)。

PHEV是由发动机、电动/发电机或驱动电动机两大动力总成组成，发动机、电动/发电机或驱动电动机采用“并联”的方式组成PHEV的驱动系统。发动机与电动机分属两套系统，可以分别独立地向汽车传动系统提供转矩。在不同路面上既可以共同驱动，又可以单独驱动。车辆行驶时，电动机除可辅助发动机驱动车辆外，还可作为发电机为蓄电池充电。

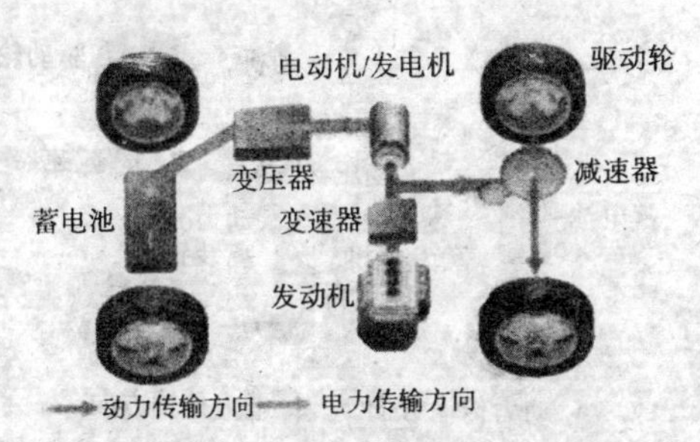

图1-206 并联式混合动力汽车

从PHEV的动力系统组成，可大致分为发动机、驱动系统(变速器和驱动桥)、驱动轮等,电动机的动力要与车辆驱动系统相组合,可以在发动机输出轴处进行组合;在变速器(包括驱动桥)处进行组合;在驱动轮处进行组合。因此,PHEV 的驱动力组合有以下不同的组合模式:

(1)发动机轴动力组合式 PHEV。发动机轴动力组合式 PHEV 只有发动机和电动/发电机两大动力设备,发动机和电动/发电机的动力在发动机输出轴上进行组合,然后通过由离合器、变速器、驱动桥和半轴组成的传统的驱动系统带动车轮行驶,称为发动机轴动力组合式 PHEV。

(2)动力组合器动力组合式 PHEV。动力组合器动力组合式 PHEV 只有发动机和驱动电动机两大动力设备,在动力组合器上进行组合,然后通过差速器和半轴带动车轮行驶。由于发动机和驱动电动机的动力是在动力组合器上进行组合的,称为动力组合器动力组合式 PHEV。

(3)驱动轮动力组合式 PHEV。驱动轮动力组合式 PHEV 的发动机通过离合器、变速器和驱动桥独立驱动 PHEV 的后驱动轮(前轮),驱动电动机通过减速器独立地驱动 PHEV 前驱动轮(后轮)。在混合动力驱动模式时,发动机与驱动电动机共同组成 4 轮驱动模式驱动 PHEV 的前驱动轮和后驱动轮。由于在发动机与驱动电动机混合驱动时,发动机和驱动电动机的动力(牵引力)在驱动轮上组合,因此成为驱动轮动力组合式 PHEV。

虽然 PHEV 有不同的结构模型,但都是以发动机为主要驱动模式。发动机控制在低油耗、高效率和低污染的转速范围内稳定地运转。发动机直接带动 PHEV 的驱动系统驱动 PHEV 行驶,采用传动效率高的机械传动系统,没有 SHEV 在热能→电能→机械能的转换过程中的能量损耗。

PHEV 的发动机和驱动电动机两大动力总成都是驱动动力装置,在 PHEV 上可以实现发动机驱动模式,驱动电动机驱动模式和发动机一驱动电动机混合驱动模式等 3 种驱动模式。发动机和发电机各自的功率,可以是 PHEV 的最大驱动功率的 0.5～1 倍,两大动力总成的功率可以叠加。因此,可以采用较小功率的发动机和驱动电动机,使得整个动力总成的尺寸较小,质量较轻,造价也较低,可以应用在中小型 PHEV 上。由于是以发动机驱动模式为主要驱动模式,其特点是动力特性更加趋近于内燃机汽车。

3. 混联式(串、并联式)混合动力电动汽车(Split Hybrid Electric Vehicle,PSHEV)

混联式混合动力电动汽车(PSHEV)是综合 SHEV 和 PHEV 结构特点组成的 PSHEV,由发动机、电动/发电机和驱动电动机三大动力总成组成(图 1-207)。由于电动/发电机必然是装在发动机的输出轴上,才能发挥发动机飞轮和起动机的作用,也才能保持发动机稳定运转并进行发电。因此,电动机的动力要与车辆驱动系统相组合,只有:①在变速器(包括驱动桥)处进行组合;②在驱动轮处进行组合。因此,PSHEV 的驱动力组合有以下不同的组合模式:

(1)动力组合器动力组合式 PSHEV。动力组合器动力组合式 PSHEV 有发动机、电动/发电机和驱动电动机三大动力总成。在发动机的输出轴上,装有一个电动/发电机,一般只用于快速起动发动机和发电。发动机和驱动电动机的动力在动力组合器上进行组合,然后通过差速器和半轴带动车轮行驶。由于

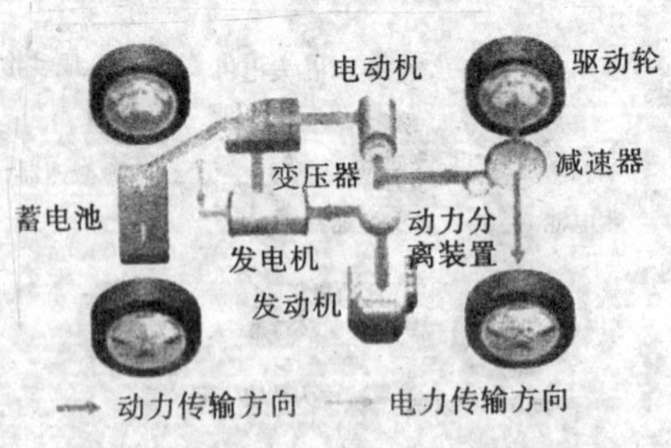

图 1-207 混联式混合动力汽车

发动机和驱动电动机的动力在动力组合器上进行组合，称为动力组合器组合式 PSHEV。

(2)驱动轮动力组合式 PSHEV。驱动轮动力组合式 PSHEV 有发动机、电动/发电机和驱动电动机三大动力总成，在发动机的输出轴上，装有一个电动/发电机，电动/发电机一般只用于快速起动发动机和发电。发动机通过离合器、变速器和驱动桥独立驱动 PSHEV 的后驱动轮(前轮)，驱动电动机通过减速器独立地驱动 PSHEV 前驱动轮(后轮)。在混合动力驱动模式时，发动机与驱动电动机共同组成 4 轮驱动模式驱动 PSHEV 的前驱动轮和后驱动轮。由于在发动机与驱动电动机混合驱动时，发动机和驱动电动机的动力(牵引力)在驱动轮上组合，因此，称为驱动轮动力组合式 PSHEV。

PSHEV 兼有 SHEV 和 PHEV 的优点，可以组合成更多种形式的混合驱动的驱动模式，发动机、电动/发电机和驱动电动机的功率可以是 PSHEV 总功率的 1/3～1 倍，车辆的整备质量可以降低，而且性能更加完善，经济性更好，在动力性能方面，接近和达到了内燃机汽车的水平，有害气体的排放更少，可满足“超低污染”的标准要求。

三、混合动力汽车动力系统的组成和基本工作原理

1. 混合动力汽车动力系统的组成

混合动力汽车的动力系统主要由控制系统、驱动系统、辅助动力系统和电池组等部分组成。串联式混合动力汽车(后轮驱动)动力系统的组成如图 1-208 所示。

控制系统的基本功能是实现对驱动电动机的控制；驱动系统的主要功能是使电能转变为机械能，并将能量传递到车轮使车辆行驶；辅助动力系统的主要功能是直接驱动车辆和为电池组充电；电池组的主要功能则是反复存储和释放电能，以满足车辆驱动和发动机起动的要求。

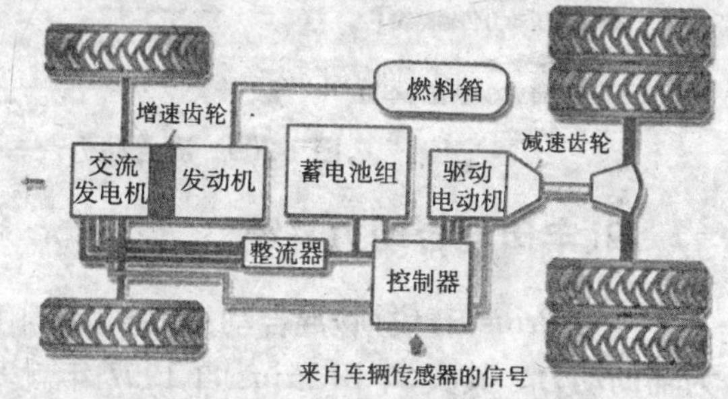

图 1-208 串联式混合动力汽车的组成

2. 混合动力汽车的基本工作原理

混合动力汽车的最大特点是蓄电池和辅助动力(内燃机)系统具有互补的工作模式。下面以图 1-209 所示的串联式混合动力汽车为例，介绍其基本工作原理。

(1)在车辆起步或低速行驶时，蓄电池处于电量饱满状态，其能量输出可以满足行车要求，此时，车辆仅依靠电力驱动，辅助动力系统(内燃机)不工作。

(2)蓄电池电量低于 60%时，辅助动力系统起动。

(3)当车辆能量需求较大时(车速大于 40 km/h 或急加速)，辅助动力系统与蓄电池同时为驱动系统提供能量。

(4)当车辆能量需求较小时，辅助动力系统为驱动系统提供能量的同时，还给蓄电池充电。

(5)当车辆制动时，混合动力系统能将车辆动能转化为电能，并储存在蓄电池中，以备下次低速行驶时使用。

由于蓄电池的存在，发动机就可以工作在一个相对稳定的工况下，其排放指标得以改善。

实际上，无论那种形式的混合动力汽车，都能在充分发挥每种动力各自功效的同时，使两种动力互为补充，取长补短。这样，车辆可以针对行驶状况作出动态的快速反应，从而，显著降低燃油消耗量和排放污染。从目前的研究来看，混合动力汽车是实现环境、经济和技术三方面

指标优化的主要途径。混合动力汽车与纯电动汽车和燃料电池电动汽车相比，在动力性能、续行里程、使用方便性等方面都有优势。因而，是最具商业价值和规模生产可能的车辆。

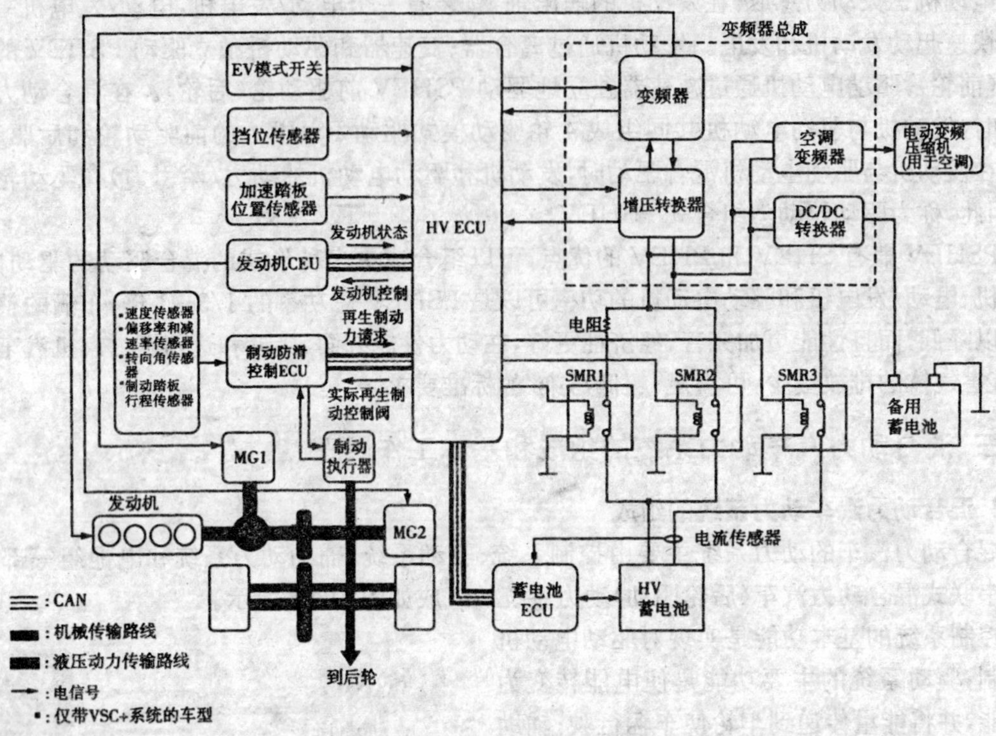

图 1-209 混合动力汽车工作原理(丰田 THS-Ⅱ系统)

四、丰田混合动力系统

丰田 Prius(普锐斯)混合动力汽车为五门、前轮驱动乘用车，使用一台电喷汽油发动机作为辅助动力。其实，丰田 Prius 自 1997 年就开始在日本销售，是世界上首款正式批量生产的混合动力车。2003 年，丰田公司把新一代混合动力系统 Hybrid Synergy Drive 引入到了第二代 Prius 上，称为 THS-Ⅱ系统，意为第二代丰田混合动力系统。

THS-Ⅱ系统是一种使用两种动力组合的混联式混合动力系统，其中包括发动机动力和 MG2(2 号电动发电机)动力，如图 1-209 所示。该系统的核心部分是小排量汽油发动机(排气量为 1 497 mL)、高输出功率混合动力 HV 蓄电池、变频器以及变速驱动桥(由行星齿轮组、发电机、电动机、减速器组成)，如图 1-210 所示。它将以往的 SHEV 和 PHEV 的动力系统整合成为混联式混合动力系统，可最大限度地将二者的优势发挥出来。这套系统的发动机动力由变速驱动桥中的行星齿轮组进行分配。一部分用于直接驱动车轮，另一部分用于发电，其

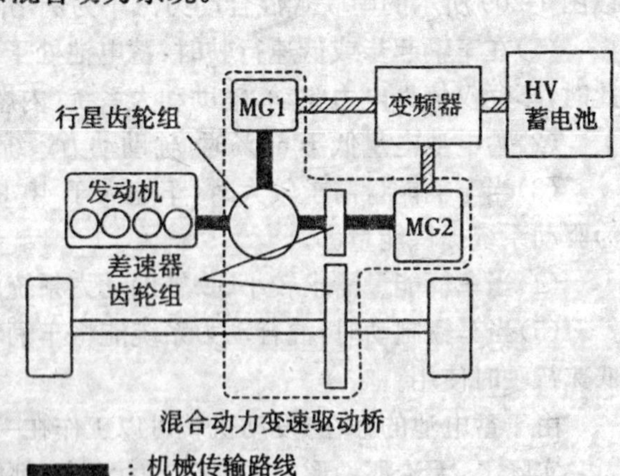

图 1-210 THS-Ⅱ混联式混合动力系统

使用比例可由 HV ECU(混合动力车电子控制单元)自由控制。THS-Ⅱ系统主要利用电动机驱动车辆,其电动机的使用比例要比 PHEV 大得多。

低速状态下,THS Ⅱ系统仅依靠蓄电池驱动的 MG2 作为动力,而在加速或全负荷状态下,车辆由发动机和 MG2 共同驱动。在正常行驶状态中,THS Ⅱ系统会把多余的发动机动力转化为电能储存起来,而在制动或者减速时,分布于 2 个前轮的能量回收系统会将多余的动能转化为电能,为蓄电池进行充电。HV ECU 会随时根据车辆运行工况切换 THS Ⅱ系统的工作状态。

1. THS-Ⅱ系统主要组件的结构

(1)1NZ-FXE VVT-i 发动机

该发动机是直列四缸水冷式多点电喷汽油发动机,排量为 1 497 mL,最大功率为 57 kW,实际百公里油耗为 3～4 L,采用 VVT-i(电子可变气门正时)系统和 ETCS-i(智能电子节气门)系统。发动机 ECU 接收到 HV ECU 发送的目标发动机转速和所需的发动机动力信号后,会对 ETCS-i 系统、燃油喷射量、点火正时和 VVT-i 系统实施最佳控制。

(2)HV 蓄电池

第二代 Prius 采用密封镍混合动力(Ni-MH)蓄电池作为 HV 蓄电池。HV 蓄电池共有 28 块 168 个单格,额定电压为 DC 201.6 V,蓄电池单格间为双点连接(相当于双连条),可有效降低蓄电池的内部电阻。这种蓄电池具有结构紧凑、重量轻、高效能、寿命长等特点。HV 蓄电池在重复充电/放电时会散发热量,为确保其工作正常和保持蓄电池的性能,车辆为 HV 蓄电池配备了专用的冷却系统,由蓄电池 ECU 根据 HV 蓄电池内部 3 个蓄电池温度传感器和进气温度传感器给出的信号,控制冷却风扇的工作,将 HV 蓄电池温度控制在合适的范围内。车辆正常工作时,由于 THS-Ⅱ系统可通过充电/放电来保持 HV 蓄电池 SOC(充电状态)为恒定数值,因此,车辆不依赖外部设备来充电。为了保证维修期间人员的安全,在检查和维修车辆前,一定要断开点火开关,然后拆下检修塞,以切断 HV 蓄电池中部的高压电路。

(3)变频器总成

变频器的功用是将 HV 蓄电池的高压直流电转换为三相交流电,来驱动 MG1 和 MG2。此外,变频器也用于将电流控制(如输出电流或电压)的信息传输到 HV ECU(混合动力汽车电控单元)。

在第二代 Prius 的 THS-Ⅱ系统中,变频器总成的电子控制系统示意图如图 1-211 所示。该总成采用了增压转换器,用于将 HV 蓄电池 DC 201.6 V 的额定电压提高到 DC 500 V。这样可实现电源供电的低流高效,也可在保持电流恒定的同时,通过增大电压来增大功率。电压提升后,变频器将直流电转换为交流电,以驱动 MG1 和 MG2。MG1 或 MG2 作为电动发电机工作时,变频器通过二者之一将交流电(201.6～500 V)转换为直流电,再通过增压转换器将其降低到 DC 201.6 V 为 HV 蓄电池充电。

车辆的辅助设备,如车灯、音响系统、空调系统(除空调压缩机)和各种 ECU,它们由 DC 12 V 的供电系统供电。由于 THS-Ⅱ系统中发电机输出的额定电压为 DC 201.6 V,因此需要转换器将这一电压降低到 DC 12 V 才能为备用蓄电池充电。变频器中的 DC/DC 转换器可将最高电压 DC 201.6 V 降到 DC 12 V,为车身电器组件供电,并为备用蓄电池充电(DC 12 V)。

变频器中的空调变频器可将 HV 蓄电池的额定电压 DC 201.6 V 转换为 AC 201.6 V,为空调系统中电动变频压缩机供电。

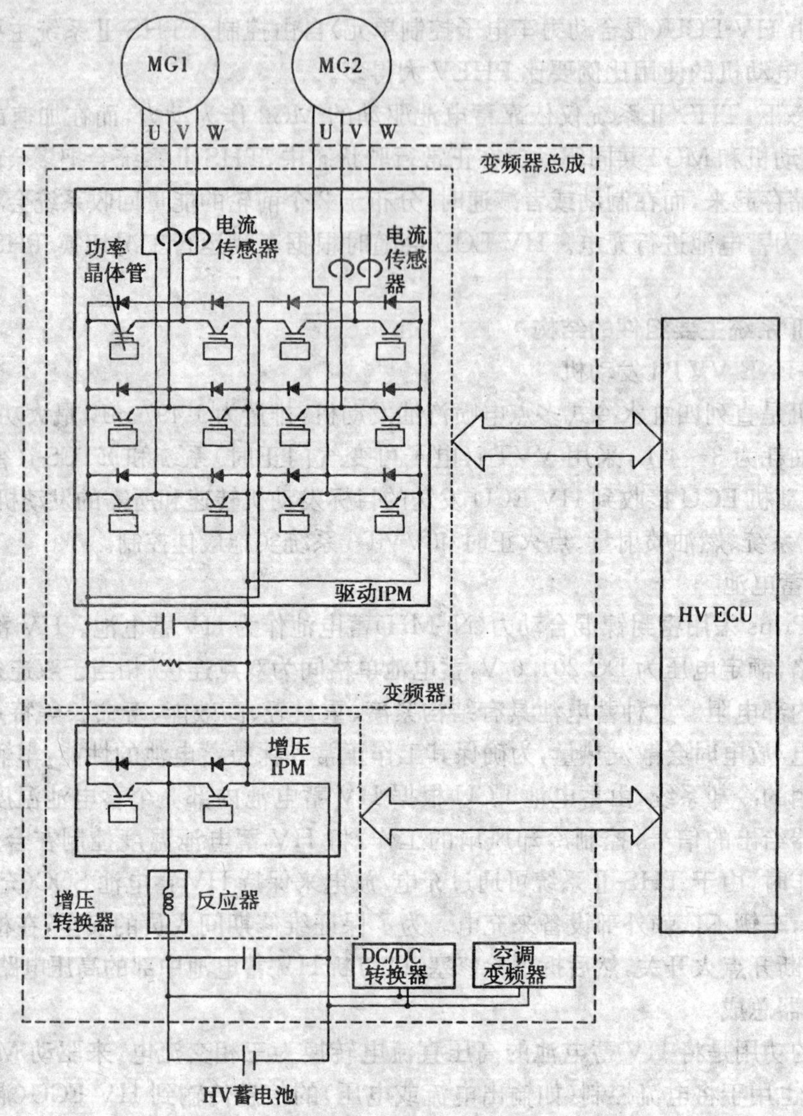

图 1-211　变频器总成系统控制

变频器和MG1、MG2一起由与发动机冷却系统分离的专用散热器来冷却。电源状态转换为IG时,冷却系统工作。

如果车辆发生碰撞,则安装在变频器内部的断路器会通过短路传感器检测到碰撞信号并切断HV蓄电池高压电路。

(4)混合动力变速驱动桥

混合动力变速驱动桥由MG1、MG2和行星齿轮组组成,如图1-212所示。THS-Ⅱ系统可根据车辆的行驶状况综合使用2种动力——发动机和MG2,其中发动机提供主要动力。发动机的动力分为两部分,一部分是由混合动力变速驱动桥中行星齿轮组分配给车轮的动力,另一部分是提供给发电机MG1的动力。THS-Ⅱ在MG1、MG2和行星齿轮组的配合下,通过无级变速器驱动前轮,使车辆平稳行驶。

通过齿轮和链传动机构与前轮有机连接。前轮和MG2之间的传动系统称为无离合器系统,目的是使车辆在行驶中处于空挡时,切断传到车轮上的动力。车辆处于空挡状态时,挡位传感器输出 N 挡信号，此时 HV ECU 控制关闭变频器（连接 MG1 和 MG2）中的所有功率晶体管。这样，MG1 和 MG2 关闭，使驱动车轮的动力为零。在这种状态下，即使 MG1 由发动机带动旋转或 MG2 由驱动轮带动旋转，也不产生电能，因为 MG1 和 MG2 不工作。因此，车辆处于 N 挡时，HV 蓄电池的 SOC（充电状态）下降。

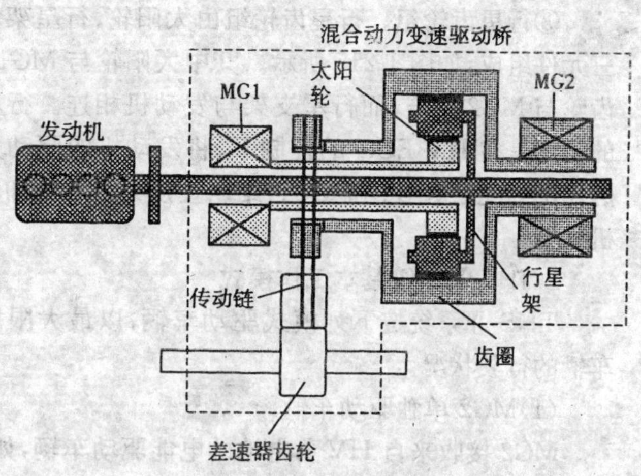

图 1-212 混合动力变速驱动桥

①MG1 和 MG2。MG1 和 MG2 为三相交流永磁同步电动发电机，如图 1-213 所示。它们作为辅助动力源为车辆提供动力，使车辆达到最佳的动态性能，其中包括平稳起步和加速。发动机、MG1 和 MG2 通过行星齿轮组等机构有机相连。MG1 可为 HV 蓄电池充电并为 MG2 供电，同时用作起动机来起动发动机。此外，通过调节发电量（改变发电机的转速），MG1 可有效控制变速驱动桥的传动比连续可变。MG2 和差速器齿轮（用于驱动轮）通过传动链和齿轮等机构相连，起动再生制动功能后，MG2 可将车辆减速时的动能转换为电能，并储存在 HV 蓄电池中。为了提高 MG1 和 MG2 的效能，系统配备了强制水冷的 MG1 和 MG2 冷却系统。冷却系统的散热器集成在发动机散热器中。这样，散热器的结构得到简化，空间也得到有效利用。

②转速/转角传感器。转速/转角传感器安装在 MG1 右侧的端盖上，可精确地检测到转子磁极的位置。传感器的定子包含 3 个线圈，输出线圈 B 和 C 相位交错 90°，如图 1-214 所示。由于永磁转子是椭圆的，定子和转子间的距离随转子的旋转而发生变化。这样，由磁通量变化产生的交流电通过线圈 A 后，由线圈 B 和 C 产生的与传感器转子位置相对应的交流电就会随之而来，线圈 B 与线圈 A 产生 120°的相位差，线圈 B 与 C 线圈产生 90°的相位差。HV ECU 检测这些信号，即可从其相位差异中解析出转子的绝对位置（转角）。此外，HV ECU 也根据转子在一定的时间内的位置变化量计算出转子的转速，使这个传感器起到转速传感器的作用。

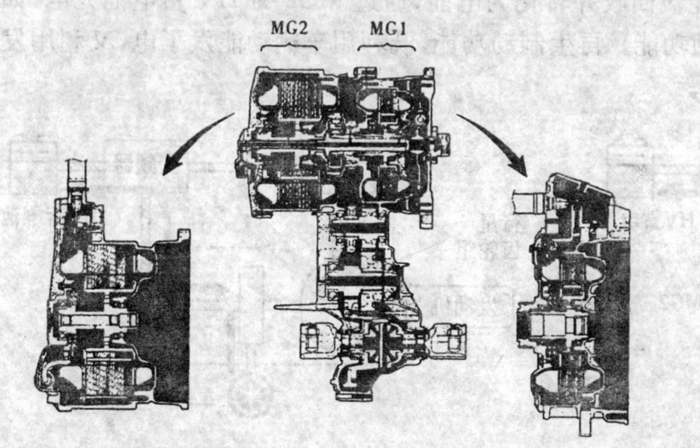

图 1-213 MG1 和 MG2

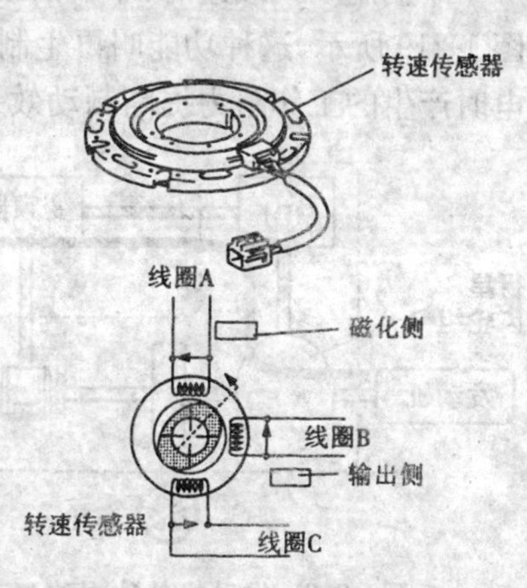

图 1-214 转速/转角传感器

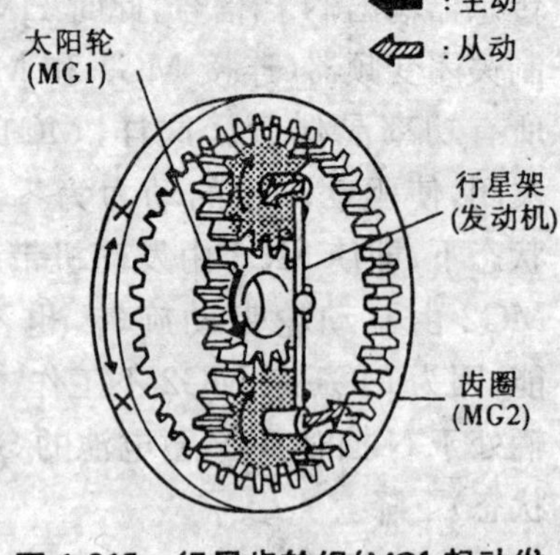

图 1-215　行星齿轮组(MG1 起动发动机时的行星齿轮状态)

③行星齿轮组。行星齿轮组由太阳轮、行星架和环齿轮三元件组成,如图 1-215 所示。其中太阳轮与 MG1 相连,环齿轮与 MG2 相连,而行星支架与发动机相连。行星齿轮组的功用是在 HV ECU 的控制下,将发动机的驱动力以适当的比例分配给 MG2 和 MG1,用以直接驱动车辆和驱动发电机发电。

2. THS-Ⅱ系统基本工作模式

THS-Ⅱ系统按下列模式驱动车辆,以最大限度地适应车辆的行驶状况。

(1)MG2 单独驱动车辆

MG2 接收来自 HV 蓄电池的电能驱动车辆,如图 1-216 所示。此时发动机不工作。

(2)发动机同时驱动车辆和发电

发动机通过行星齿轮驱动车辆的同时,由发动机通过行星齿轮带动 MG1 旋转而发电,为 MG2 提供所需的电能,如图 1-217 所示。

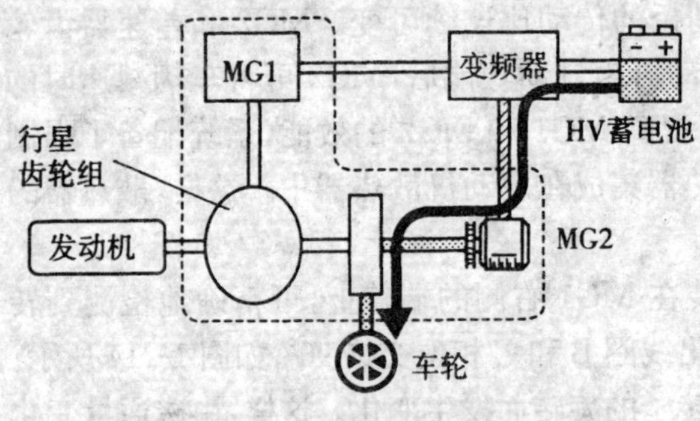

图 1-216　MG2 单独驱动车辆

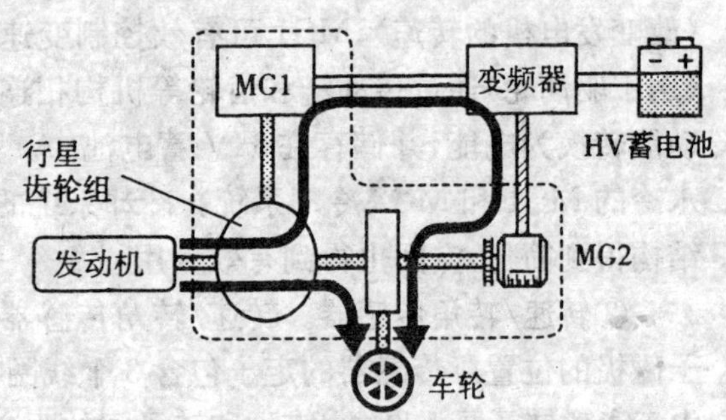

图 1-217　发动机同时驱动车辆和发电

(3)发动机单独驱动 MG1 发电

通过行星齿轮带动 MG1 旋转,为 HV 蓄电池充电,如图 1-218 所示。

(4)再生制动发电

车辆制动或减速时,车辆的动能被回收并转化为电能,通过 MG2 为 HV 蓄电池充电,如图 1-219 所示,这种功能叫再生制动功能。再生制动功能,既利用车辆动能发了电,又利用发电时产生的工作阻力提高制动效果。

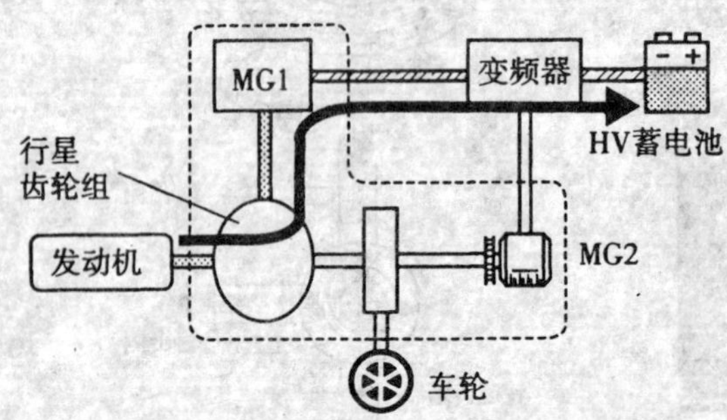

图 1-218　发动机单独驱动 MG1 发电

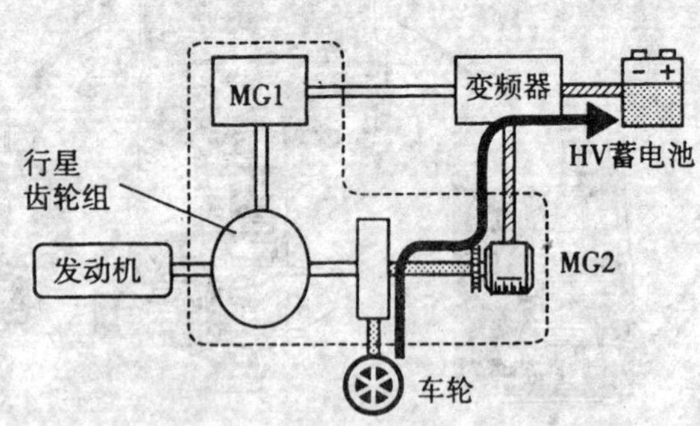

图 1-219　再生制动发电路线

车辆行驶时，HV ECU 会根据行驶工况在((1)、(2)、(3)、(1)+(2)+(3)或(4))模式间转换，最大限度地发挥发动机动力和 MG2 动力的优势。

3. THS-Ⅱ系统控制

(1)HV ECU 控制

HV ECU 是整车能量控制中心，它采用层级式管理，由其通过 CAN(控制器局域网)总线统一协调和控制各个低端控制器，即发动机 ECU、蓄电池 ECU 和制动防滑控制 ECU，最下层则为各个执行器，即发动机、变频器、MG1 和 MG2 等部件，如图 1-220 所示。

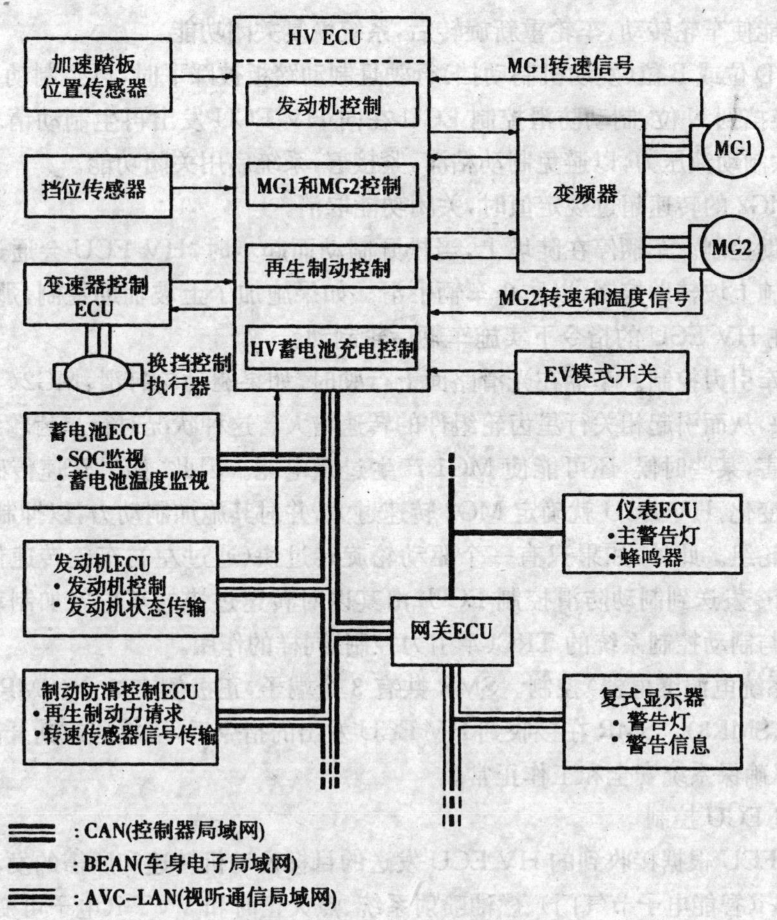

图 1-220 HV ECU 控制系统

HV ECU 根据加速踏板位置传感器(霍尔式)发出的信号，检测施加在加速踏板上力的大小，根据 MG1 和 MG2 中的转速/转角传感器发出的信号检测车速，并根据挡位传感器的信号检测挡位。HV ECU 根据这些信息即可确定车辆的行驶状态，从而，对 MG1、MG2 和发动机动力进行最优控制。此外，HV ECU 对动力输出的转矩和效率也进行最优控制，以实现低耗油和更清洁的排放等目标。

①系统监视控制。蓄电池 ECU 始终监视 HV 蓄电池的 SOC(充电状态)，并将 SOC 发送到 HV ECU。SOC 过低时，HV ECU 提高发动机的功率输出，以驱动 MG1 为 HV 蓄电池充电；发动机停止时，MG1 工作以起动发动机，然后，发动机驱动 MG1 为 HV 蓄电池充电。如果 SOC 较低或 HV 蓄电池、MG1 或 MG2 的温度高于规定值时，则 HV ECU 限制输出到驱动

轮的动力大小，直到温度恢复到额定值。内置于 MG2 中的温度传感器可直接检测 MG2 的温度，MG1 的温度则由 HV ECU 计算得到。

②关闭功能。通常，车辆处于 N 位时，MG1 和 MG2 被关闭。这是由于 MG2 通过机械机构与前轮相连，所以，必须停止 MG1 和 MG2 的供电，以切断动力输出，此即为 MG1 和 MG2 的关闭功能。

a. 行驶时，如果制动踏板被踩下并且某个车轮抱死，则带 EBD 的 ABS 起动工作，而后，系统请求 MG2 输出低转矩，为重新驱动车轮提供辅助动力。这时，即使车辆处于 N 位，系统也会取消关闭功能使车轮转动，车轮重新旋转后，系统恢复关闭功能。

b. 车辆以 D 位或 B 位(发动机制动挡)行驶且制动踏板被踩下时，再生制动开始工作。此时，若驾驶人换挡到 N 位，制动防滑控制 ECU 在向 HV ECU 发出再生制动请求转矩减少信号的同时，增大制动液压力，以避免制动粘滞，紧接着，系统启用关闭功能。

c. MG1、MG2 的转速超过规定值时，关闭功能取消。

③上坡辅助控制。车辆停在陡坡上，当松开制动而起步时，HV ECU 会通过增大电动机转矩的方法实施上坡辅助控制，以防止车辆下滑。如果施加了上坡辅助控制，那么，制动防滑控制 ECU 会在 HV ECU 的指令下实施车辆后轮制动。

④电动机牵引力控制。车辆在光滑路面上行驶时，如果驱动轮打滑，MG2(与车轮直接相连)会旋转过快，从而引起相关行星齿轮组件的转速增大。这种状况对行星齿轮组及其配套部件等会造成损害，某些时候，还可能使 MG1 产生过量电能。因此，如果转速传感器信号表明转速发生突然变化，HV ECU 就确定 MG2 转速过大，并对其施加制动力，以抑制转速变化，从而保护行星齿轮组。此外，如果只有一个驱动轮旋转过快(通过左右车轮转速传感器检测)，HV ECU 将指令发送到制动防滑控制 ECU，由其以对转速过快的车轮施加制动。这种控制方法可以起到与制动控制系统的 TRC(牵引力控制)同样的作用。

⑤SMR(系统电源继电器)控制。SMR 共有 3 个端子，正极侧有 2 个(SMR1 和 SMR2)，负极侧有 1 个(SMR3)。SMR 在接收到 HV ECU 发出的指令后，可接通或断开高压电路中的电源继电器，以确保系统安全和工作正常。

(2)发动机 ECU 控制

①发动机 ECU 根据接收到的 HV ECU 发送的目标发动机转速和所需的发动机动力信号后，可对 ETCS-i(智能电子节气门)、燃油喷射系统、点火正时和 VVT-i(电子可变气门正时)系统实施最佳控制。

②发动机 ECU 将发动机工作状态信号发送到 HV ECU。

③按照 THS-Ⅱ系统的基本控制方法，在接收到 HV ECU 发送的发动机停止信号后，发动机 ECU 将指令发动机停机。

④发动机电子控制系统出现故障时，发动机 ECU 将通过 HV ECU 指令，打开发动机故障指示灯。

(3)变频器控制

①根据 HV ECU 提供的信号，变频器将 HV 蓄电池的直流电转换为交流电向 MG1、MG2 供电，或执行相反的过程。此外，变频器可将 MG1 的交流电转换为直流电提供给 MG2。但是，电流从 MG1 提供给 MG2 时，电流在变频器内由 AC 500 V 转换为 DC 500 V。

②根据 MG1、MG2 发送的转子信息和从蓄电池 ECU 发送的 HV 蓄电池 SOC 等信息，HV ECU 将信号发送到变频器内部的功率晶体管来转换 MG1、MG2 定子线圈的 U、V 和 W 相，需要关闭 MG1、MG2 的电流时，HV ECU 发送指令信号到变频器。

(4)制动防滑控制 ECU 控制

①制动防滑控制 ECU 根据驾驶人踩下制动踏板时制动执行器和制动踏板行程传感器的制动主缸压力，计算所需的总制动力。

②制动防滑控制 ECU 根据总制动力，计算所需的再生制动力，并将结果发送到 HV ECU。

③HV ECU 起动 MG2，进行反方向转矩控制，并执行再生制动功能。

④制动防滑控制 ECU 控制制动执行器电磁阀产生轮缸压力，这个压力等于总制动力减去实际再生制动力控制的数值。

⑤在带 VSC+(车辆稳定控制)系统的车型上，该系统工作时，制动防滑控制 ECU 将向 HV ECU 发送实施电动机牵引力控制请求信号。HV ECU 将根据当前的车辆行驶状态控制发动机、MG1 和 MG2 协调工作，以抑制动力输出。

(5)蓄电池 ECU 控制

蓄电池 ECU 检测 HV 蓄电池的 SOC(充电状态)、温度、电压和是否泄漏，并将这些信息发送到 HV ECU。蓄电池 ECU 通过 HV 蓄电池内的温度传感器检测其温度，并据此控制冷却风扇的运转，可将 HV 蓄电池的温度维持在规定范围内。

(6)碰撞时控制

发生碰撞时，如果 HV ECU 接收到安全气囊传感器总成发出的安全气囊张开信号或变频器中的断路器发出的执行信号，HV ECU 将关闭 SMR(系统电源继电器)，从而切断总电源，以确保安全。

(7)电动机驱动模式控制

①为减小深夜行车、停车时的噪声和在车库中短时间减少排气污染，可以手动按下仪表板上的 EV 模式开关，此时，车辆只由 MG2 驱动。非但车辆发生以下情形除外：SOC 下降到规定水平以下；EV 模式开关断开；车速超过规定数值；加速踏板角度超过规定数值；HV 蓄电池温度偏离正常工作范围。

②按下 EV 模式开关后，组合仪表中的 EV 模式指示灯将点亮。

③选择 EV 模式时，发动机停止工作车辆继续在只有 MG2 工作的状态下行驶。但是，起动发动机的规定数值将受到修正，以增加在只有 MG2 工作状态下的车辆行驶里程。另外，选择 EV 模式，车辆在平坦路面行驶且 HV 蓄电池在标准 SOC 以下时，车辆将在连续行驶 1～2 km后关闭 EV 模式。

(8)指示灯和警告灯

HV ECU、发动机 ECU 和蓄电池 ECU 工作时，其内部的自诊断电路会随时监测其传感器、执行器和电控单元本身的运行状况。一旦发现故障，就会点亮仪表板上的警告灯(发动机故障指示灯、主警告灯或混合动力系统警告灯、HV 蓄电池警告灯)或使警告灯闪烁，以提醒驾驶人立即检修。第二代 Prius 的指示灯和警告灯及其说明如表 1-6 所列。

Prius 的指示灯和警告灯　表 1-6

项　目	概　述
READY 灯	车辆处于 P 位时，如果驾驶人踩下制动踏板并同时按下起动按钮，此灯闪烁。
主警告灯	此警告灯在警告蜂鸣器发出鸣叫时点亮，它的主要功能是提示驾驶人 THS-Ⅱ系统中已出现故障或 HV 蓄电池 SOC 低于标准数值等信息。除先前所述的状态外，此灯点亮并且蜂鸣器鸣叫以通知驾驶人出现冷却液温度异常、油压异常、EPS 系统故障或变速器控制 ECU 故障。
发动机故障指示灯	发动机控制系统出现故障时点亮。
放电警告灯	DC 12 V 充电系统(转换器总成)出现故障时点亮。同时，主警告灯将点亮。
HV 蓄电池警告灯	此警告灯点亮，以通知驾驶人 SOC 低于最小标准数值(%)。同时，主警告灯将点亮。
混合动力系统警告	灯此警告灯点亮，以通知驾驶人 THS Ⅱ系统出现故障。同时，主警告灯将点亮。

(9)安全保护

如果 HV ECU 检测到 THS-Ⅱ系统有故障，那么它将根据存储器中的数据控制系统运转。

4. THS-Ⅱ系统的工作过程

在汽车起步及中速以下行驶时，发动机效率低下，因此，Prius 的发动机关闭，仅由大功率电动机驱动车辆〔图 1-221(a)中的箭头 A〕。在常规行驶时，发动机作主动力源，由动力分离装置将动力分成两路，一路驱动发电机进行发电，产生的电力驱动电动机运转〔图 1-221(b)中的箭头 B〕，另一路则直接驱动车轮〔图 1-221(b)中的箭头 C〕，系统会自动对两条路径的动力进行最佳分配，以达到效率的最大化。

当要加速时，电池组会加进来为电动机供电，增强电动机输出功率(图 1-221c)。

当减速或制动时，则由车轮的惯性力驱动电动机。这时，电动机变成了发电机，车辆制动能量转换成了电能〔图 1-221(d)中的箭头 D〕。

电池组电量保持在一个恒定水平。当系统发现电池组电量下降，会起动发动机驱动发电机发电，向电池组充电〔图 1-221(e)中的箭头 E〕。

5. Prius 的运行模式

①起动。插入钥匙，踩住制动踏板及按下起动按钮(POWER)，直至液晶仪表上的“READY”信号灯亮起，挂上 D 挡前进。

②当发动机效率偏低，例如在低速行驶，转换器及高压电子系统将电池组输出的直流电转换为交流电，并升压至 500 V 给予电动机使用。电动机会起动，与发动机并用。

③ECU 分析汽车负荷、加速踏板压力及蓄电池状态，决定以电动机、或者电动机与发电机并用，提供最有效率的动力分配及组合。经常使用电动机会导致蓄电池电量下降，当降到一定限值时，发动机会自行起动，带动发电机向蓄电池充电。

④当高速行驶时，混合动力系统会即时起动发动机及电动机输送驱动力。

⑤当减速和制动时，在制动力作用下，混合动力系统会将电动机转为发电机，将动能转化为电能，向蓄电池充电。

⑥当车辆停止时，发动机会自动熄火，以减少不必要的燃油消耗及废气排放。由于车辆的环保空调系统会以电力驱动。因此，关闭发动机空调也一样可以运行。

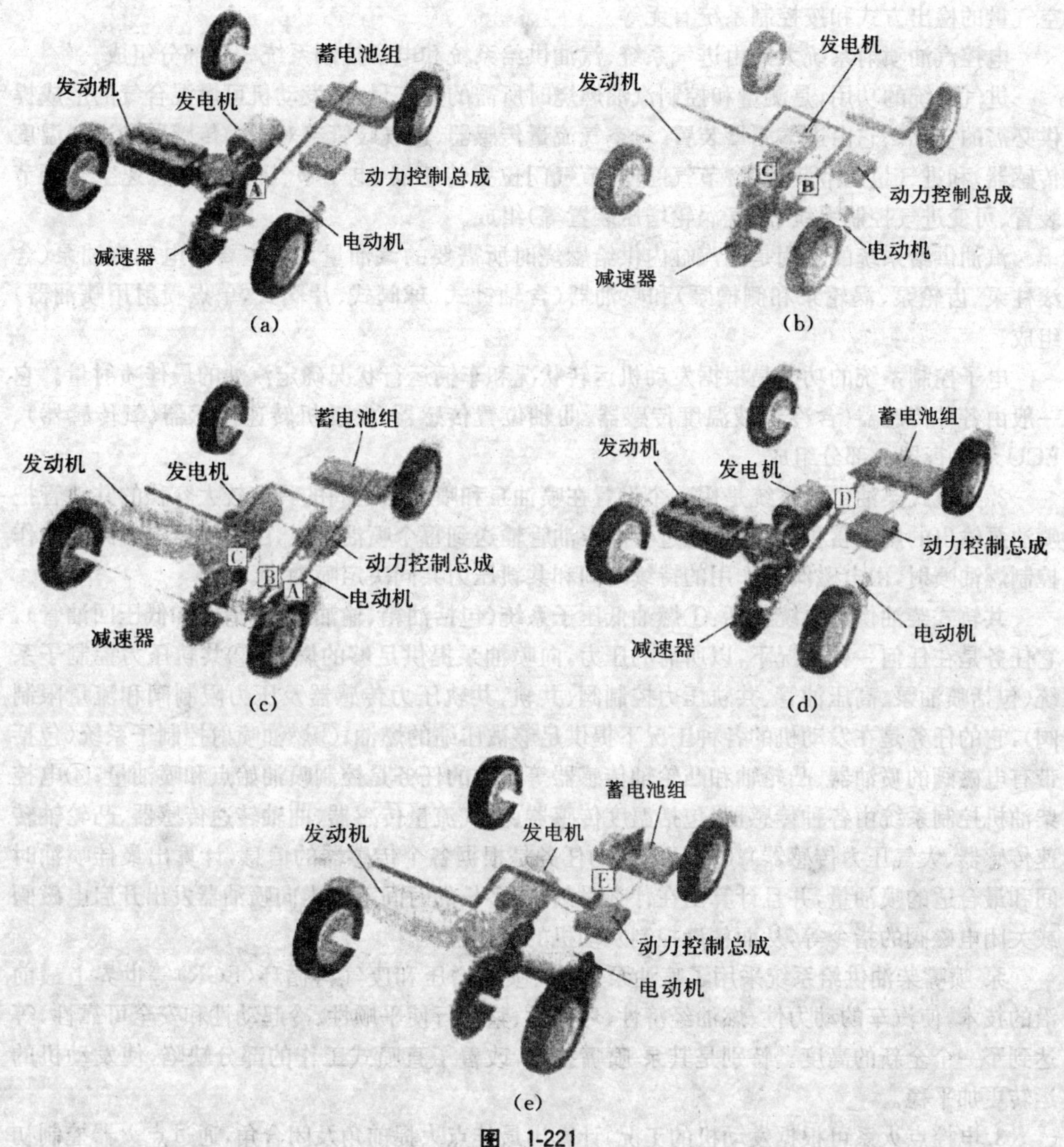

图 1-221

(a)启动及中速以下行驶状态;(b)常规行驶状态;(c)加速行驶状态;(d);减速或制动行驶状态(e)向电池组充电状态

本章小结

1. 电控汽油喷射系统,是根据检测的空气量信号及各种工况参数的信号,由发动机 ECU 计算出发动机燃烧所需要的汽油量,并向喷油器提供喷油脉冲信号,然后将加有一定压力的汽油,通过喷油器供给发动机。

电控汽油喷射系统分类依据有以下几种:

按汽油喷射的位置,按汽油喷射时刻,按喷射时序,按喷射控制方式,按汽油喷射压力,按空气量的检出方式和按控制系统有无等。

电控汽油喷射系统大致由进气系统、汽油供给系统和电子控制系统 3 个部分组成。

进气系统的功用，是测量和控制汽油燃烧时所需的空气量，为发动机可燃混合气的形成提供必需的空气。它由进气测量装置（含空气流量传感器、进气歧管绝对压力传感器和进气温度传感器）和进气量调节装置（含节气门体、节气门位置传感器、电子节气门系统、怠速空气调节装置、可变进气控制系统、废气涡轮增压装置等）组成。

汽油供给系统的功用是向汽缸内供给燃烧时所需要的汽油量。它主要由电动汽油泵（含滚柱泵、齿轮泵、涡轮泵和侧槽泵）和喷油器（含轴针式、球阀式、片阀式，单点喷射用喷油器）组成。

电子控制系统的功能是根据发动机运转状况和车辆运行状况确定汽油的最佳喷射量。它一般由各种传感器（含冷却液温度传感器、曲轴位置传感器/发动机转速传感器、氧传感器）、ECU 和执行器 3 部分组成。

2. 共轨式柴油供给系统是用一个设置在喷油泵和喷油器之间的具有较大容积的共轨管把喷油泵输出的燃油蓄积起来，再通过各高压油管输送到每个喷油器上，由喷油器电磁阀的动作控制燃油喷射，由电磁阀起作用的持续时间和共轨压力共同决定喷油量。

共轨式柴油供给系统包括：①燃油低压子系统（包括油箱、输油泵、滤清器和低压回油管），它任务是在任何一种工况下，以所需的压力，向喷油泵提供足够的燃油；②共轨压力控制子系统（包括喷油泵、高压油管、共轨压力控制阀、共轨、共轨压力传感器及压力限制阀和流量限制阀），它的任务是在发动机的各种工况下提供足够被压缩的燃油；③燃油喷射控制子系统（包括带有电磁阀的喷油器、凸轮轴和凸轮轴传感器等），它的任务是控制喷油始点和喷油量；④电控柴油机控制系统由各种传感器（包括温度传感器、空气流量传感器、曲轴转速传感器、凸轮轴转速传感器、大气压力传感器）；⑤ECU，它的任务是根据各个传感器的信息，计算出最佳喷油时间和最合适的喷油量，并且计算出在什么时刻、在多长的时间范围内向喷油器发出开启电磁阀或关闭电磁阀的指令等，从而精确控制发动机的工作过程。

泵-喷嘴柴油供给系统采用了喷油泵-喷嘴、喷嘴增压和废气再循环（EGR）等世界上最前沿的技术，使汽车的动力性、燃油经济性、环保性、整车行使平顺性、冷起动性和安全可靠性，等达到了一个全新的高度。特别是其泵-喷嘴技术，改善了直喷式工作的部分缺陷，使发动机的运转更加平稳。

3. 电控点火系可根据发动机的工况，计算出最佳点火提前角及闭合角，通过点火器控制初级线圈的电流，使发动机的动力性、燃料经济性、排放等方面的性能达到最优。另外，通过爆震传感器对爆震进行反馈控制，使汽油机在大部分运行工况下都处于刚好不致产生爆震的临界状态，保证汽油机的动力性潜力得到了充分发挥。

电控点火系统主要由监测发动机运行工况的传感器、ECU（处理信号，发出指令）、控制点火线圈初级电流的点火器及点火线圈、分电器及高压线等组成。

电控点火系统主要有两种形式：有分电器式电控点火系统和无分电器式电控点火系统。

有分电器式电控点火系统 ECU 通过传感器得到发动机的转速和负荷信号，根据存于其内部存储器中的最佳控制参数，获得这一工况下的点火提前角和点火线圈初级电路通电时间，将其转换成点火正时信号（IGt）送至点火器。当 IGt 信号变为低电平时，点火线圈初级电流被切断，次级线圈中感应出高压，再由分电器送至相应汽缸的火花塞产生电火花。

无分电器式电控点火系统完全取消了传统的分电器，点火线圈产生的高压电直接送到火花塞，因此也称为直接点火系统。目前，常用的无分电器式电控点火系统有两种方式，即双缸同时点火方式和独立点火方式。

电控点火系统的控制内容包括：点火提前角的控制、通电时间控制和爆震控制3个方面。

4. 可变气门正时技术就是让气门正时能够随着发动机工况进行相应的调整。VTEC系统使气门正时和气门升程根据发动机转速的变化作出相应的实时调整，使汽缸的充气量同时能够满足发动机低转速和高转速下的不同需要，从而，提高了发动机的动力性和燃料经济性。

5. 混合动力汽车(HEV)是在电动汽车(仅依靠电能驱动的车辆)上加入辅助动力单元，将电力驱动与辅助动力驱动结合起来，充分发挥两者各自的优势及两者相结合产生的新优势的电动汽车。

按动力传输路线的不同，可将混合动力汽车分为串联、并联和混联3种形式。

串联式混合动力汽车(SHEV)是由发动机、发电机和驱动电动机三大动力总成组成，发动机、发电机和驱动电动机采用“串联”的方式组成SHEV的驱动系统，使用发动机驱动发电机发电，而发出的电能，通过电动机来驱动车辆行驶。

并联式混合动力汽车(PHEV)是由发动机、电动/发电机或驱动电动机两大动力总成组成，发动机、电动/发电机或驱动电动机采用“并联”的方式组成PHEV的驱动系统。

混联式混合动力电动汽车(PSHEV)是综合SHEV和PHEV结构特点组成的。它又分为动力组合器动力组合式和驱动轮动力组合式两种组合模式的混联式混合动力电动汽车。

思考题

1. 何谓电控汽油喷射系统?
2. 电控汽油喷射系统是如何分类的?
3. 单点汽油喷射系统和多点汽油喷射系统有何区别?
4. 电控汽油喷射系统由哪些部分组成？各部分的功能是什么?
5. 进气测量装置主要包括包括哪些传感器？它们的作用是什么?
6. 何谓电子节气门系统？它由哪些部分组成？各部分的作用是什么?
7. 怠速控制控制执行机构有几种类型？它们都是怎样实现怠速控制的?
8. 装有增压器的发动机在使用时有哪些需要特别注意的地方?
9. 根据泵体结构的不同，电动汽油泵可分为几种类型？简述它们的工作原理。
10. 电控燃油喷射系统有哪些主要传感器?
11. ECU主要由哪几部分组成？各部分的作用是什么?
12. 共轨式柴油供给系统有哪些特点?
13. 共轨式柴油供给系统由哪些子系统组成?
14. 共轨压力控制子系统由哪些子系统组成？各部分的作用是什么?
15. 泵-喷嘴柴油供给系统由哪些部分组成？泵-喷嘴柴油供给系统的电子控制系统由哪些部分组成?
16. 简述有分电器式电控点火系统的工作原理。
17. 简述无分电器双缸同时点火方式的工作原理。

18. 电控点火系统包括哪些控制内容？

19. 简述可变气门正时(VTEC)控制机构的工作原理。

20. 何谓混合动力汽车？混合动力汽车有哪几种形式？

21. 混合动力汽车动力系统由哪几部分组成？各部分的功能是什么？

第二章 底 盘

第一节 自动变速器和自动变速驱动桥结构

一、自动变速器的组成、类型

(一)自动变速器的基本组成

如图 2-1 所示,自动变速器主要由液力变矩器、行星齿轮机构、油泵、控制系统等几个部分组成。

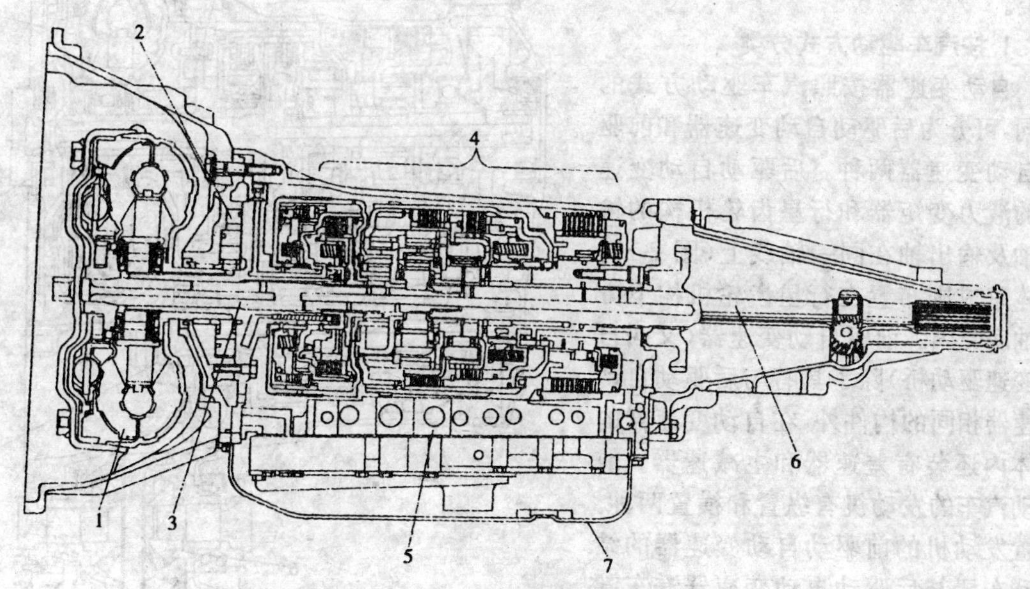

图 2-1 自动变速器的组成

1-液力变矩器;2-油泵;3-输入轴;4-行星齿轮机构;5-阀体总成;6-输出轴;7-油底壳

(1)液力变矩器。位于自动变速器的最前端,安装在发动机的飞轮上,其兼有采用手动变速器汽车中的离合器和变速器基本功能。可在一定范围内实现减速增矩。

(2)行星齿轮机构。包括行星齿轮组和换挡执行机构。换挡执行机构可以使行星齿轮组处于不同的啮合状态,以实现不同的传动比。大部分自动变速器的行星齿轮机构有 3～4 个前进挡和1个倒挡。这些挡位与液力变矩器相配合，就可获得由起步至最高车速的整个范围内的自动换挡。

(3)油泵。通常安装在液力变矩器之后，由飞轮通过液力变矩器壳直接驱动，为液力变矩器、控制系统及换挡执行机构的工作提供一定压力的自动变速器油(简称ATF油)。

(4)控制系统。新型汽车自动变速器的控制系统有液压式和电液式两种。液压式控制系统包括由许多控制阀组成的阀体总成以及液压管路。电液式控制系统除了阀体及液压管路之外，还包括ECU、传感器、执行器及控制电路等。阀体总成通常安装在行星齿轮机构下方的油底壳内。驾驶人通过自动变速器的换挡操纵手柄改变阀体内手动阀的位置，控制系统根据手动阀的位置及节气门开度、车速、控制开关的状态等因素，利用液压自动控制原理或电子自动控制原理，按照一定的规律，控制行星齿轮机构中的换挡执行机构的工作，实现自动换挡。

此外，在自动变速器的外部还设有一个ATF油散热器，用于散发ATF油在工作过程中产生的热量。

(二)自动变速器的类型

在自动变速器的发展过程中出现了多种结构形式。自动变速器的驱动方式、挡位数、变速齿轮的结构形式、液力变矩器的结构类型及换挡控制形式等都有不同之处。下面从不同角度对自动变速器进行分类。

1.按汽车驱动方式分类

自动变速器按照汽车驱动方式的不同，可分为后驱动自动变速器和前驱动自动变速器两种。后驱动自动变速器的液力变矩器和行星齿轮机构的输入轴及输出轴在同一轴线上(图2-1)，阀体总成则布置在行星齿轮机构下方的油底壳内。前驱自动变速器(又叫自动变速驱动桥)除了具有与后驱动自动变速器相同的构件外，在自动变速器的壳体内还装有差速器和主减速器。前驱动汽车的发动机有纵置和横置两种。纵置发动机的前驱动自动变速器的结构和布置与后驱动自动变速器汽车基本相同，只是在后端增加了一个差速器。横置发动机的前驱动自动变速器由于汽车横向尺寸的限制，要求有较小的轴向尺寸，因此，通常将输入轴和输出轴设计成两个轴线的方式(图2-2)，液力变矩器和行星齿轮机构输入轴布

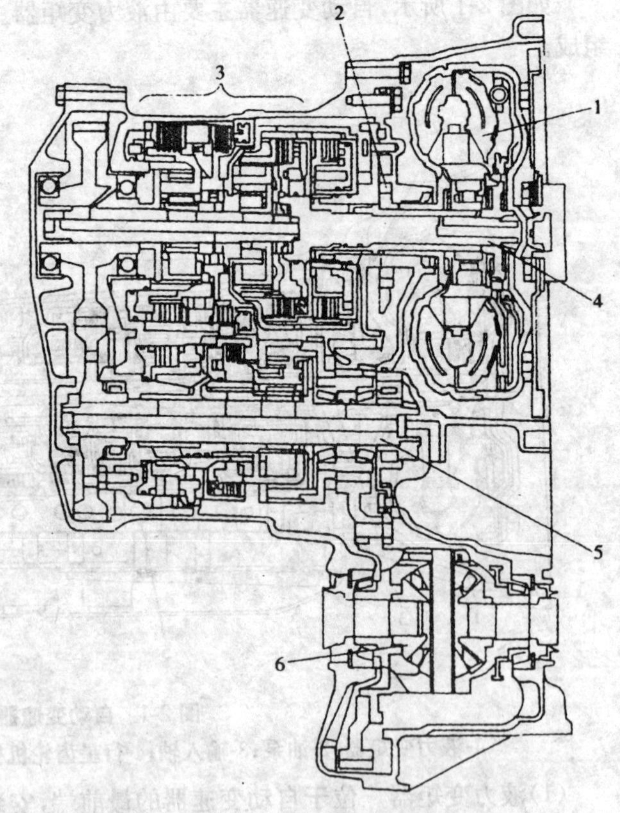

图2-2 前驱动自动变速器(自动变速驱动桥)

1-液力变矩器；2-油泵；3-行星齿轮机构；4-输入轴；5-输出轴；6-差速器

置在上方，输出轴则布置在下方。这样的布置减少了自动变速器总体的轴向尺寸，但增加了自动变速器的高度。因此，常将阀体总成布置在变速器的侧面或上方，以保证汽车有足够的最小离地间隙。

2. 按自动变速器前进挡位数分类

自动变速器按前进挡的挡数不同，可分为2个前进挡、3个前进挡、4个前进挡、5个前进挡和无级变速器等几种，奔驰公司最近又推出了7个前进挡的自动变速器。

3. 按液力变矩器的类型分类

按液力变矩器的类型，自动变速器大致可分为普通液力变矩器式、综合液力变矩器式和带锁止离合器的液力变矩器式3种。普通液力变矩器是指由泵轮、涡轮和导轮3个元件组成的液力变矩器。综合式液力变矩器是指在导轮与固定导轮的套管之间装有单向离合器的液力变矩器，它可以自动进行液力变矩器工况与液力耦合器工况的转换。新型轿车的自动变速器普遍采用带锁止离合器的液力变矩器。当汽车达到一定车速时，控制系统使锁止离合器接合，将液力变矩器的输入部分和输出部分连成一体，使发动机动力直接传入齿轮变速器，从而提高了传动效率，降低了油耗。

4. 按齿轮传动机构的类型分类

自动变速器按其齿轮传动机构的类型不同，可分为普通齿轮式、行星齿轮式和钢带传动式3种。普通齿轮式自动变速器体积大，最大传动比小，只有少数几种车型使用；行星齿轮式自动变速器结构紧凑，能获得较大的传动比，为绝大多数轿车采用。

5. 按控制方式分类

自动变速器按控制方式不同，可分为液力控制自动变速器和电子控制自动变速器两种。液力控制的自动变速器是通过机械的手段，将汽车行驶的车速及节气门开度这两个参数转变为液压控制信号；阀体中的各个控制阀根据这些液压控制信号的大小，按照设定的换挡规律，通过控制换挡执行机构的动作，实现自动换挡，如图2-3所示。电子控制自动变速器是通过各种传感器，将发动机转速、节气门开度、车速、发动机冷却液温度、ATF油温度等参数转变为电信号，并输入ECU；ECU根据这些信号，按照设定的换挡规律，向换挡电磁阀、油压电磁阀等发出控制指令，换挡电磁阀和油压电磁阀再将ECU的控制指令转变为液压控制信号，阀体中的各个控制阀根据这些液压控制信号，控制换挡执行机构的动作，从而实现自动换挡，如图2-4所示。

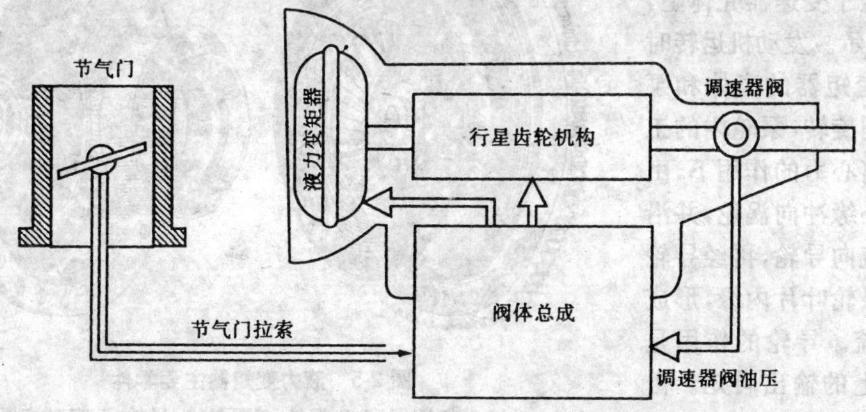

图2-3 液力控制自动变速器控制过程示意图

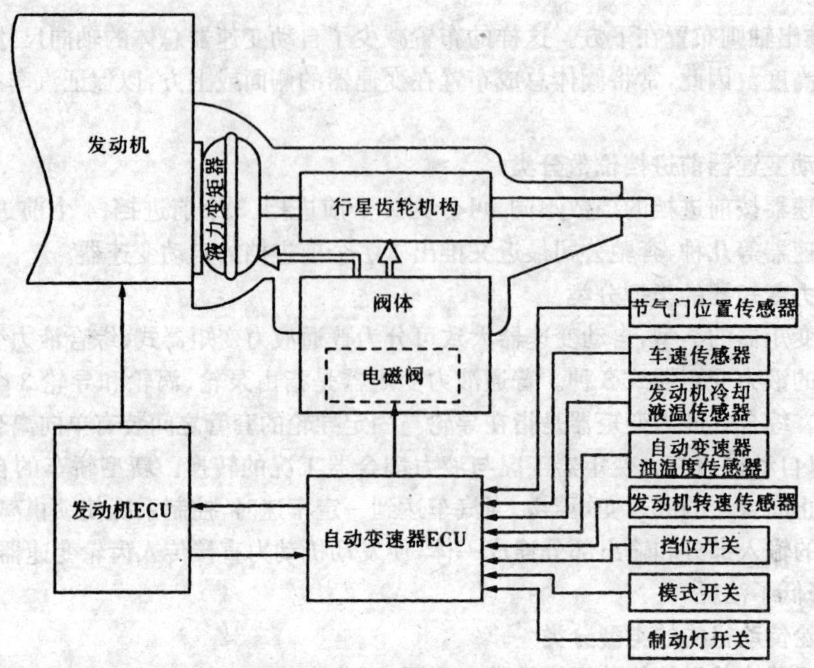

图 2-4 电子控制自动变速器控制过程示意图

二、液力变矩器的结构原理

液力变矩器是自动变速器不可缺少的重要组成部分之一。它安装在发动机的飞轮上，利用工作油液将发动机的转矩传递给自动变速器中的齿轮变速机构，并有小范围内的降低转速、增加转矩和自动变速的功能。

(一)液力变矩器的基本结构与原理

液力变矩器有 3 个工作轮，即泵轮、涡轮和导轮。泵轮与液力变矩器的外壳成一个整体，随发动机的飞轮一起旋转。涡轮通过花键孔与齿轮变速器的输入轴相连接，将扭矩传递给齿轮变速器。导轮位于泵轮和涡轮之间，并与泵轮和涡轮保持一定的轴向间隙，通过导轮固定套固定于变速器壳体上，如图 2-5 所示。发动机运转时带动液力变矩器的壳体和泵轮与之一同旋转，泵轮内的工作油液在离心力的作用下，由泵轮叶片外缘冲向涡轮，并沿涡轮叶片流向导轮，再经导轮叶片流回泵轮叶片内缘，形成循环的液流。导轮的作用是改变涡轮上的输出转矩。由于从涡轮叶片下缘流向导轮

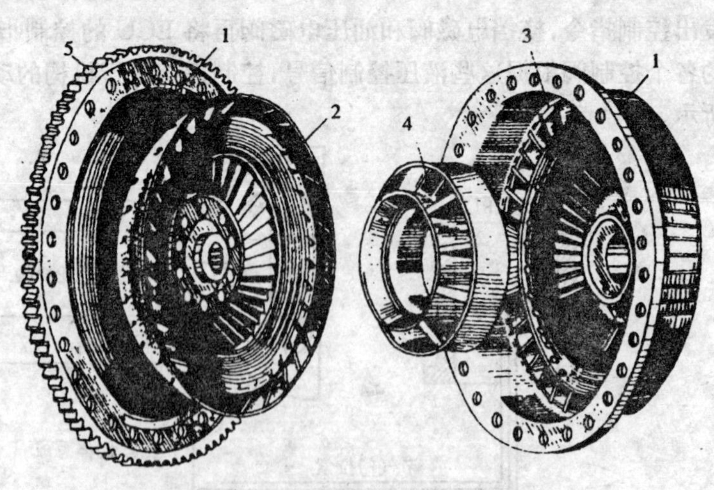

图 2-5 液力变矩器主要零件

1-液力变矩器壳；2-涡轮；3-泵轮；4-导轮；5-起动齿圈

的工作油液仍有相当大的冲击力，只要将泵轮、涡轮和导轮的叶片设计成一定的形状和角度，就可以利用上述冲击力来提高涡轮的输出转矩。

(二)综合式液力变矩器的结构与原理

目前，在装用自动变速器的汽车上使用的液力变矩器都是综合式液力变矩器(图 2-6)。在导轮与导轮固定套之间，装有单向离合器的液力变矩器称为综合式液力变矩器。这一单向离合器使导轮可以朝顺时针方向旋转(从发动机前面看)，但不能朝逆时针方向旋转。在涡轮转速较低时，单向离合器处于锁止状态，工作油液从正面冲击导轮叶片，对导轮施加一个朝逆时针方向旋转的转矩，将导轮锁止固定，按液力变矩器特性工作。当涡轮转速增大到工作液从涡轮叶片出口处冲向导轮背面，对导轮产生一个顺时针方向的转矩时，单向离合器顺时针方向处于自由状态，导轮便朝着涡轮转动的方向转动，综合式液力变矩器转为按液力耦合器特性工作，从而提高了传动效率。

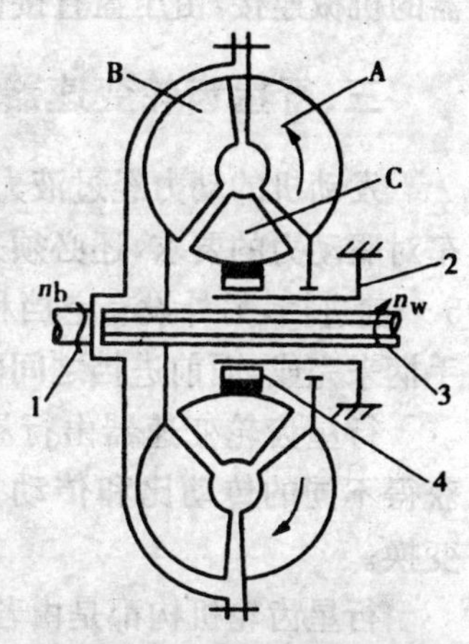

图 2-6 综合式液力变矩器

1-输入轴；2-导轮固定套；3-输出轴；4-单向离合器；A-泵轮；B-涡轮；C-导轮

(三)带锁止离合器的综合式液力变矩器的结构与原理

为提高汽车的传动效率，减少燃油消耗，现代很多轿车自动变速器采用一种带锁止离合器的综合式液力变矩器(图 2-7)。锁止离合器由主动部分、从动部分和控制部分组成。主动部分为液力变矩器壳，从动部分为一个可作轴向移动的压盘(通过花键套与输出轴连接)。压盘右侧的工作油液与液力变矩器泵轮、涡轮等中的工作油液相通，压盘左侧(压盘与液力变矩器壳之间)的工作油液，通过液力变矩器输出轴中间的控制油道，与阀体总成上的锁止控制阀相通。锁止控制阀有油道与压盘的左右油腔相接，通过改变压盘两侧的油压，可使锁止离合器处于分离或接合状态。

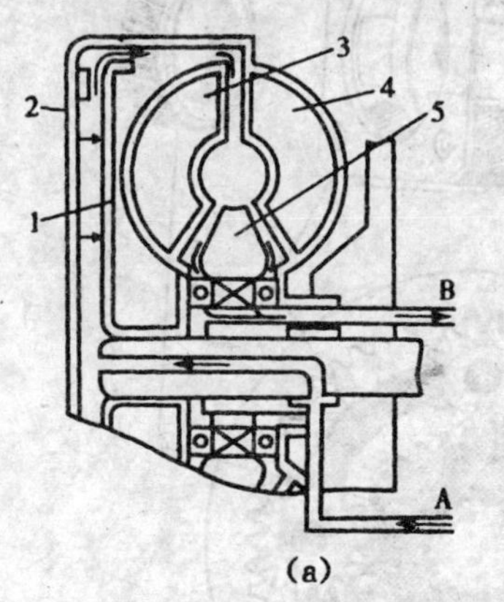

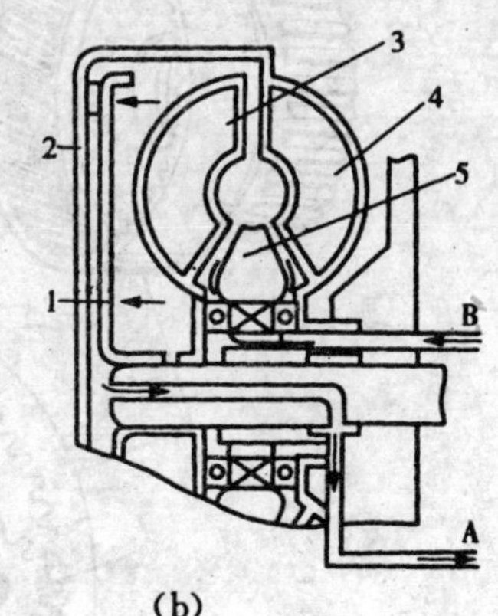

图 2-7 锁止式液力变矩器的工作状态

(a)分离状态；(b)接合状态

1-压盘；2-液力变矩器壳；3-涡轮；4-泵轮；5-导轮；A、B-锁止离合器控制油道

当车速较低时，锁止离合器压盘左侧油腔与来自锁止离合器控制装置的进油道 A 相通，锁止离合器压盘两侧保持相同的油压，此时锁止离合器处于分离状态〔图 2-7(a)〕，输入液力变矩器的动力，通过工作油液全部传至涡轮。当车速等因素满足锁止离合器的锁止条件时，控制装置便改变油路方向，使 B 油道进油，A 油道回油，锁止离合器压盘左侧的油压下降，而压盘

右侧的油压仍为液力变矩器油压，压盘在左右两侧压力差的作用下，压紧在液力变矩器壳上，此即锁止离合器处于接合状态〔图 2-7(b)〕，这时，输入液力变矩器的动力，便可通过锁止离合器的机械连接，由压盘直接传至输出轴输出，传动效率为 100%。

三、行星齿轮变速器结构原理

发动机的动力经过液力变矩器以后，通常能够放大 2～3 倍，但这种效果远远不能满足汽车对驱动力的要求，还必须采用齿轮变速器进一步减速增扭。这种齿轮变速器一般设有 2～5 个前进挡，另外设有空挡和倒挡，以满足汽车使用的要求，空挡和倒挡的选择由驾驶人通过手柄来完成，而前进挡之间的变换，则是由控制系统通过操纵换挡执行元件得以实现。

行星齿轮变速器由行星齿轮机构和换挡执行机构两部分组成。行星齿轮机构的作用是获得不同的传动比和传动方向，以构成不同的挡位。换挡执行机构的作用是实现挡位的变换。

行星齿轮机构都是由若干个称为单行星齿轮排的机构组合而成的，单行星齿轮排是组成较为复杂的行星齿轮机构的基础。根据行星齿轮排的组合方式的不同，行星齿轮机构可分为辛普森式行星齿轮机构和复合式行星齿轮机构两种类型，它们在结构上有很大差异。

(一)行星齿轮机构的结构与原理

1. 单排行星齿轮机构的结构与原理

行星齿轮机构有很多类型，其中最简单的行星齿轮机构是由一个太阳轮、一个齿圈、一个行星架和支承在行星架上的几个行星齿轮组成的，称为一个行星排(图 2-8)。图 2-9 为行星齿轮机构的示意图。行星齿轮的动作(每个部件的转速和方向)取决于给定的条件。

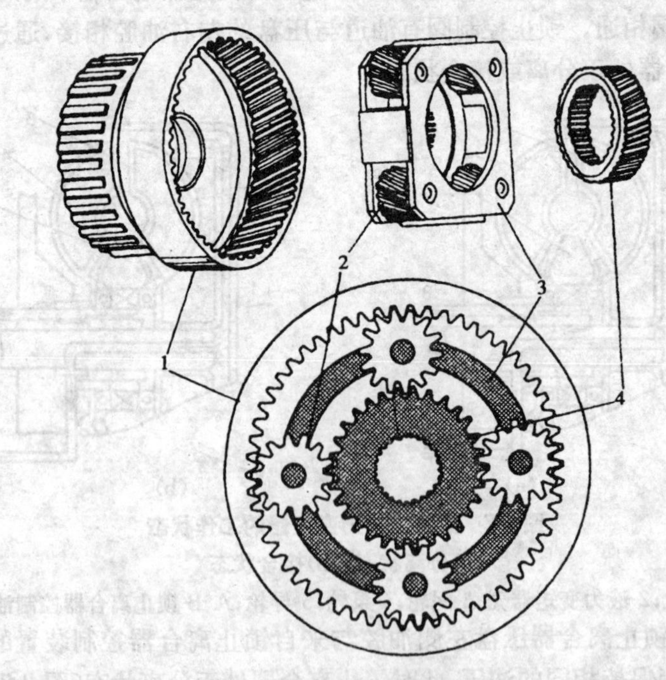

图 2-8　行星齿轮机构

1-齿圈；2-行星齿轮；3-行星架；4-太阳轮

由于单排行星齿轮机构有两个自由度，因此，它没有固定的传动比，不能直接用于变速传动。为了组成具有一定传动比的传动机构，必须将太阳轮、内齿圈和行星架这3个基本元件中的1个加以固定（即使其转速为0，也称为制动），或使其运动受到一定约束（即让该机构以某一固定的转速旋转），或将两个基本元件互相连接在一起（即两者转速相同），使行星排变为只有一个自由度的机构，获得确定的传动比。行星齿轮机构的变速原理如表2-1和图2-10所示。

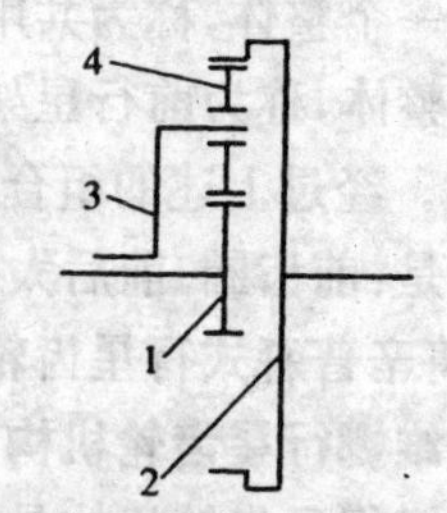

图2-9 行星齿轮机构示意图
1-太阳轮；2-齿圈；3-行星架；4-行星齿轮

单排行星齿轮机构的运动规律表

表2-1

状态	固定	主动件	从动件	旋转速度	旋转方向	图示
1	齿圈	太阳轮	行星架	减速	同向	图2-10(a)
2		行星架	太阳轮	增速		
3	太阳轮	齿圈	行星架	减速	同向	图2-10(b)
4		行星架	齿圈	增速		图2-10(c)
5	行星架	太阳轮	齿圈	减速	反向	图2-10(d)
6		齿圈	太阳轮	增速		
7	无	一个	另一个	空挡	不定	
8	无	两个	另一个	直接传动	同向	

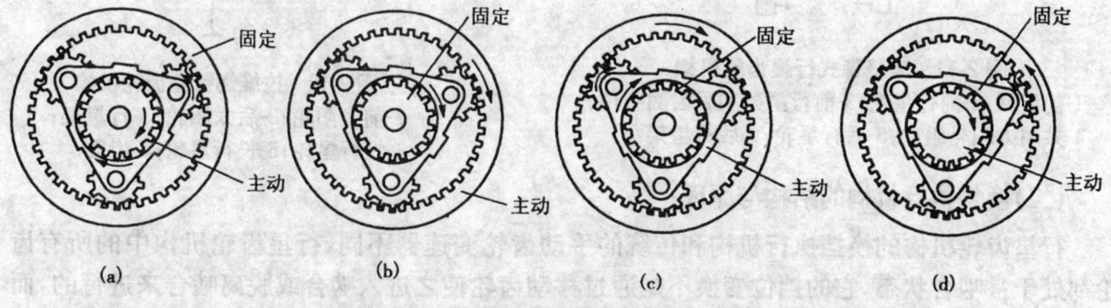

图2-10 行星齿轮机构变速原理示意图

归纳上述关于单排行星齿轮的各种动作，行星齿轮机构将根据下列基本规则进行动作。

①当行星架为主动部件时，从动部件超速同向运转（一般用于超速挡）。

②当行星架为从动部件时，行星架减速同向旋转（一般用于1挡和2挡）。

③当行星架被固定时，主动和从动部件按相反方向旋转（用于倒挡）。

④当太阳轮为主动部件时，从动部件引起转速下降。

⑤当太阳轮为从动部件时，从动部件高速运转。

⑥当两个主动部件以相同转速，按相同方向旋转时，行星齿轮机构处于直接传动状态（一般用于为3挡）。

⑦当仅有一个主动部件并且两个其他部件未被固定时，行星齿轮机构处于空挡状态。

2.辛普森式行星齿轮机构

辛普森式行星齿轮机构是一种双排行星齿轮机构，其结构特点是：前后两个行星排的太阳轮连接为一个整体，称为共用太阳轮组件；前一个行星排的行星架和后一个行星排的齿圈连接为另一个整体，称为前行星架和后齿圈组件；输出轴通常与前行星架和后齿圈组件连接，如图2-11所示。经过上述的组合后，该机构成为一种具有4个独立元件的行星齿轮机构。这4个独立元件是：前齿圈、前后太阳轮组件，后行星架，前行星架和后齿圈组件。根据前进挡的挡数不同，可将辛普森式行星齿轮机构分为辛普森式3挡和4挡行星齿轮机构两种。

3.拉维娜行星齿轮机构

拉维娜行星齿轮机构是一种复合式行星齿轮机构。如图2-12所示它由一个单行星齿轮式行星排和一个双行星齿轮式行星排组合而成：后太阳轮和长行星轮、行星架、齿圈共同组成一个单行星齿轮式行星排；前太阳轮、短行星轮、长行星轮、行星架和齿圈共同组成一个双行星齿轮式行星排。两个行星排共用一个齿圈和一个行星架。因此，它只有4个独立元件，即前太阳轮、后太阳轮、行星架、齿圈。这种行星齿轮机构具有结构简单、尺寸小，传动比变化范围大，灵活多变等特点。可以组成有3个前进挡或4个前进挡的行星齿轮机构。广泛使用于前驱动式轿车的自动变速器。

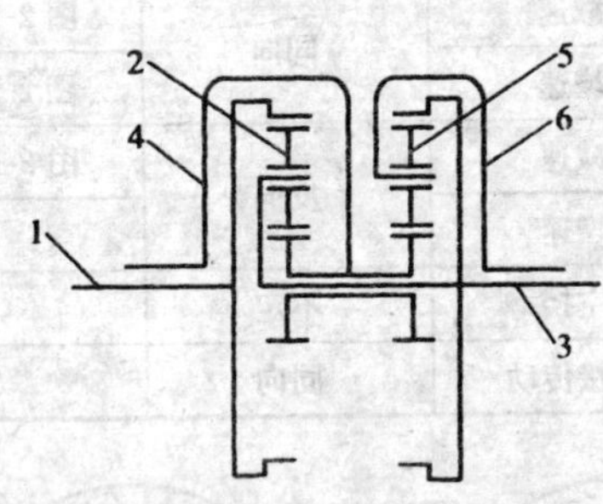

图2-11　辛普森式行星齿轮机构

1-前齿圈；2-前行星轮；3-前行星架和后齿圈组件；4-共用太阳轮组件；5-后行星轮；6-后行星架

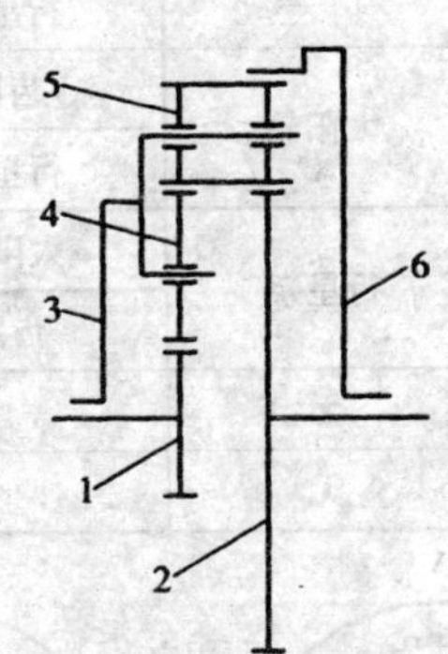

图2-12　拉维娜行星齿轮机构

1-前太阳轮；2-后太阳轮；3-行星架；4-短行星轮；5-长行星轮；6-齿圈

(二)换挡执行机构的结构与原理

行星齿轮机构的换挡执行机构和传统的手动齿轮变速器不同，行星齿轮机构中的所有齿轮都处于常啮合状态，它的挡位变换不是通过移动齿轮使之进入啮合或脱离啮合来进行的，而是通过以不同的方式对行星齿轮机构的基本元件进行约束(即固定或连接某些基本元件)来实现的。通过适当地选择被约束的基本元件和约束的方式，就可以使该机构具有不同的传动比，从而组成不同的挡位。

换挡执行机构由离合器、制动器和单向离合器3种不同的执行元件组成，它有3个基本作用，即连接、固定和锁止。

1.离合器结构与原理

离合器的作用是连接，即将行星齿轮机构的输入轴和行星排的某个基本元件连接，或将行星排的某两个基本元件连接在一起，使之成为一个整体，以实现直接传动。

离合器是一种多片湿式离合器，如图2-13所示，它通常由活塞、复位弹簧、弹簧座、一组钢片、一组摩擦片、调整垫片、离合器鼓及几个密封圈组成。

多片湿式离合器既用作驱动元件，也可用作锁止元件，其工作原理如图2-14所示。驱动离合器一般位于液力变矩器和油泵之间，离合器鼓通过花键与涡轮轴相连或与其制成一体。

主动片通过外缘键齿与离合器鼓的内花键槽配合，与涡轮同步旋转。离合器花键毂与行星齿轮机构的主动元件制成一体。从动片通过内缘键齿与花键毂相连。主动片和从动片均可轴向移动。压盘固定于键槽中，用以限制主、从动盘的位移量，其外侧安装了限位卡环。活塞装于离合器鼓内。复位弹簧一端抵于活塞端面，另一端支撑在保持座上。

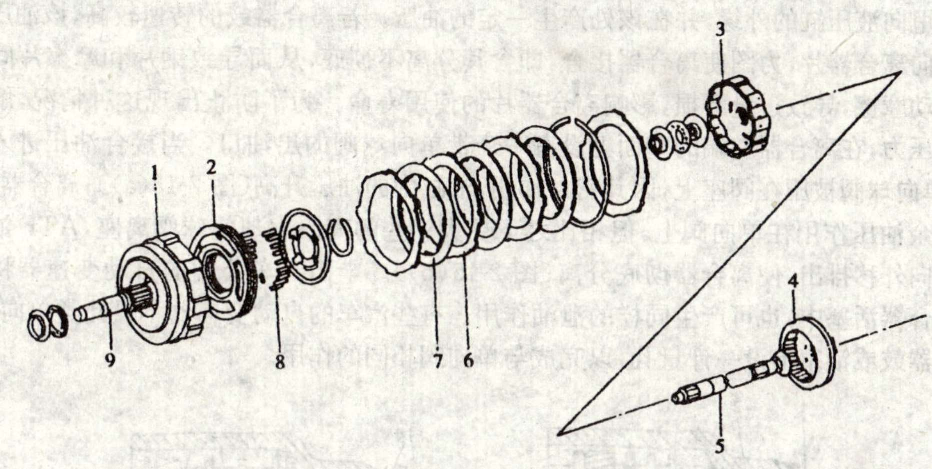

图 2-13 多片湿式离合器零件图

1-离合器鼓；2-活塞；3-离合器壳；4-内齿圈；5-中间轴；6-离合器钢片；7-离合器摩擦片；8-复位弹簧；9-输入轴

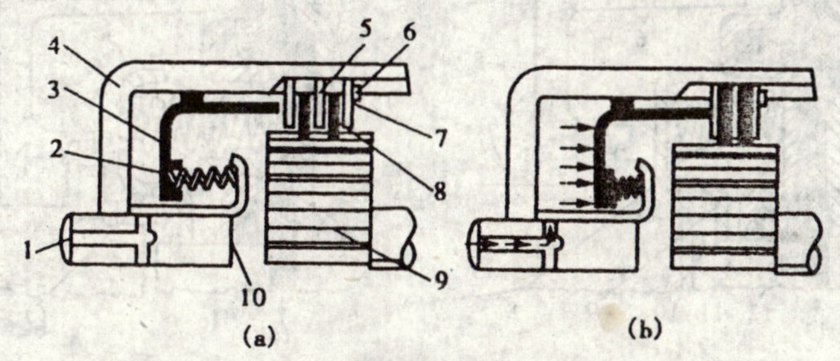

图 2-14 多片湿式离合器的工作原理

(a)分离状态；(b)接合状态

1-涡轮轴；2-复位弹簧；3-活塞；4-离合器鼓；5-主动片；6-卡环；7-压盘；8-从动片；9-花键毂；10-弹簧保持座

当离合器处于分离状态时，活塞在回位弹簧的作用下处于左极限位置，主、从动片间存在一定间隙。当压力油经油道进入活塞左腔室后，液压力克服弹簧张力使活塞右移，将所有主、从动片依次压紧，离合器接合，该元件成为输入元件。动力经涡轮轴、离合器鼓、主动片和花键毂传至行星齿轮机构。油压撤除后，活塞在回位弹簧的作用下回位，离合器分离，动力传递路线被切断。

用作锁止元件的多片湿式离合器的结构和工作原理与驱动器离合器基本相同，只是与变速器的连接方式有所区别。从动片与离合器鼓的键槽相连，离合器鼓与变速器壳体等固定元件制成一体。主动片与行星齿轮系统相应元件用键连接。当离合器接合时，该元件与变速器壳体固连，成为固定元件。

离合器处于分离状态时，离合器片之间有一定的轴向间隙，以保证钢片和摩擦片之间无轴向压力，这一间隙称为离合器的自由间隙。一般离合器自由间隙的标准值为 0.5～2.0 mm，其规定值取决于离合器片的片数、离合器在变速器中的位置，不同的生产厂家也有差别。通常离合器片数越多,或离合器交替工作越频繁,自由间隙的值就越大。自由间隙的大小可以用不同厚度的可选挡圈或垫片进行调整。

离合器处于分离状态时,活塞左端的离合器液压缸内不可避免地残留有少量 ATF 油。当离合器鼓随同变速器输入轴或行星排某一元件一起旋转时,残留的 ATF 油在离心力的作用下被甩向液压缸的外缘,并在该处产生一定的油压。若离合器鼓的转速较高,该油压将推动活塞压向离合器片,力图使离合器接合,即含其分离不彻底,从而导致钢片和摩擦片间出现不正常滑动摩擦,导致过量磨损,影响离合器片的使用寿命。为了防止出现这种情况,解除残余的油液压力,在离合器左端的壁面上设有一个带单向球阀的出油口。当接合油压进入活塞油缸时,单向球阀被压在阀座上,因其密封作用,油缸中的油压升高〔图 2-15(a)〕;离合器分离时,虽有残余油压作用在单向阀上,但相比之下更大一些的离心力却使球阀离座,ATF 油在阀座处沿径向外移排出,使离合器彻底分离〔图 2-15(b)〕。丰田汽车公司的自动变速器将单向阀装在离合器活塞中,也可产生同样的泄油作用。有些汽车的自动变速器不设此类单向阀,而是在离合器鼓或活塞上设一计量孔,以完成与单向阀相同的作用。

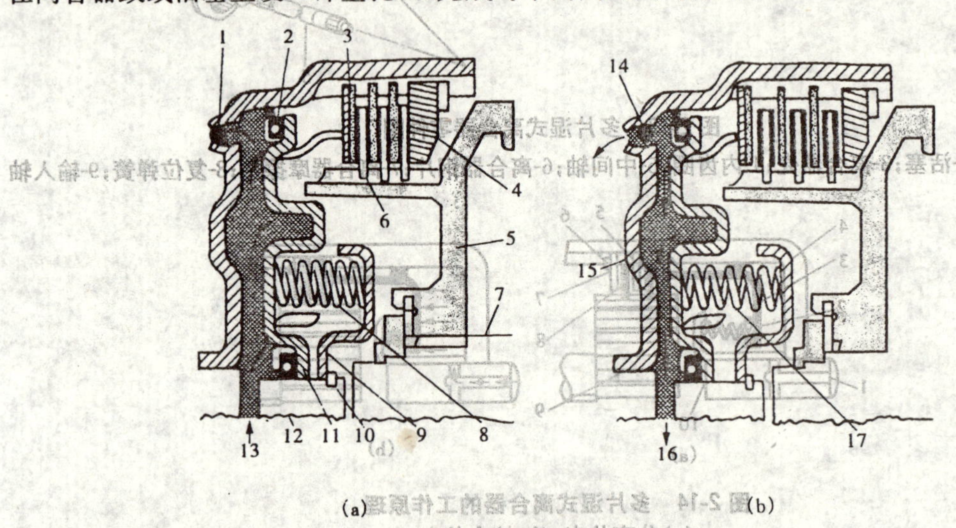

图 2-15　离合器单向阀的作用

(a)单向球阀落座;(b)单向球阀开启

1-单向球阀落座;2-密封圈;3-与离合器鼓花键相连的钢片;4-压盘;5-离合器毂;6-与离合器鼓花键相连的摩擦片;7-输出轴;8-被压缩的复位弹簧;9-复位弹簧座;10-挡圈;11-活塞;12-输入轴;13-进油;14-单向球阀开启;15-离合器鼓;16-泄油;17-张开的复位弹簧

2. 制动器结构与原理

制动器的作用是将行星排中的太阳轮、齿圈、行星架这 3 个基本元件之一加以固定。目前最常见的是多片湿式制动器和带式制动器。

(1)多片湿式制动器。多片湿式制动器由制动器鼓、制动器活塞、复位弹簧、钢片、摩擦片及制动器毂(太阳轮)等组成,典型的多片湿式制动器如图 2-16 所示。它的结构和工作原理与多片湿式离合器基本相同,只是其钢片通过外花键齿安装在变速器壳体的内花键齿圈上,摩擦片则通过内花键齿和制动器毂上的外花键槽连接。制动器毂与行星齿轮机构的元件相连。当液压缸中没有压力油时,制动器毂可以自由旋转;当压力油进入制动器的液压缸后,通过活塞将钢片和摩擦片压紧在一起,制动器毂以及与其相连的行星齿轮机构的某一元件被固定住而不能旋转。当压力油从油缸排出时,复位弹簧将活塞复位至原始位置,制动解除。

(2)带式制动器。带式制动器是执行机构中的锁止元件,由制动带及其伺服装置(控制液压缸)组成。如图 2-17 所示,汽车自动变速器中的带式制动器,采用一内敷摩擦材料的制动带包绕在制动鼓的外圆表面,制动带的一端固定在变速器壳体上,另一端则与制动液压缸中的活塞相连。

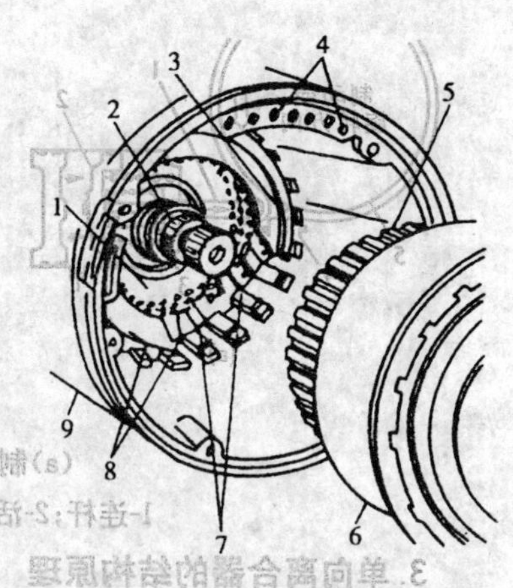

图 2-16 典型的湿式多片制动器

1-活塞;2-输入轴;3-弹性挡圈;4-油液通道;5-摩擦片内花键;6-制动器毂;7-与鼓花键相连的摩擦片;8-与壳体花键相连的钢片;9-壳体

制动时,当液压施加于活塞时,活塞在缸体内移动至左端,压缩外弹簧,连杆带动活塞移动,推动制动带的一端。因为制动带的另一端固定在变速器壳体上,制动带的直径即减小,因此,制动带夹持制动鼓,使其不能转动,如图 2-18(a)所示。因为此时制动鼓以高速旋转,制动带受到来自制动鼓的旋转反作用力,如果活塞和连杆为整体结构,这个反作用力会使活塞产生振动。为防止这种状况,活塞是通过一内弹簧安装在连杆上,当制动带受到反作用力时,连杆被推回,压缩内弹簧,以缓冲这个反作用力[图 2-18(b)]。当油压在缸体内升高时,活塞和连杆继续压缩外弹簧,在缸体内移动,使制动带收缩,均匀地夹持制动鼓。当连杆不能在缸体内移动时,缸体内的油压继续升压,在压缩内、外弹簧时,仅为活塞移动;当活塞与连杆垫片接触时,活塞直接推动连杆,制动带以更大的力夹持制动鼓[图 2-18(c)],此时,在制动带和制动鼓之间产生更高的摩擦力,以促使制动鼓,或者一组行星齿轮机构(太阳轮在此壳体内)不能转动。当压缩 ATF 油从缸体排出时,活塞和连杆被外弹簧的力推回,制动带释放制动鼓。

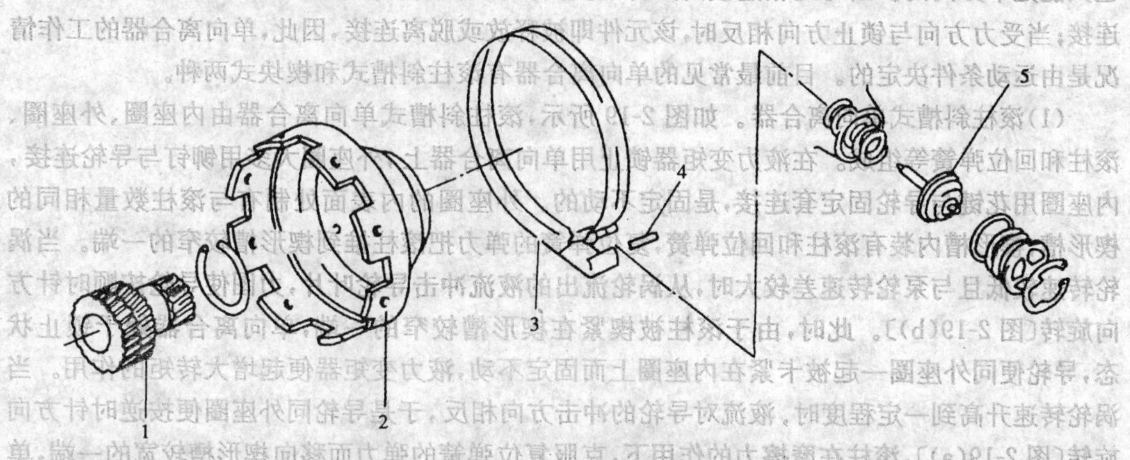

图 2-17 带式制动器

1-太阳轮;2-制动鼓;3-制动带;4-销钉;5-制动缸活塞

上述带式制动器伺服装置是直接作用式,另外一种是间接作用式伺服装置,它与上述结构的区别在于制动带开口的一端支承于推杆端部,活塞杆通过杠杆控制推杆的动作,由于采用杠杆结构,将活塞作用力放大,制动力矩进一步增加。

解除制动后,制动带与制动鼓之间应存在一定间隙,否则会造成制动带和制动鼓的过度磨损,影响行星齿轮机构的正常工作。调整该间隙的常见结构有 3 种:长度可调的支承销、长度可调的活塞杆(或推杆)和通过调整螺钉调整长度的杠杆。

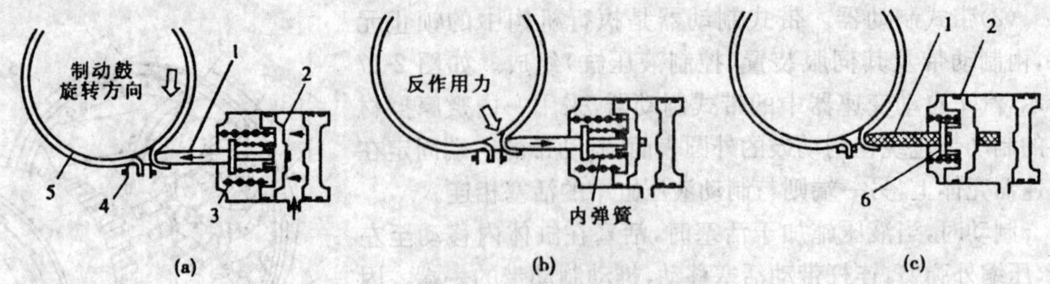

图 2-18　带式制动器的工作原理

(a)制动;(b)内弹簧的作用;(c)外弹簧的作用

1-连杆;2-活塞;3-外弹簧;4-变速器壳体;5-制动带;6-垫片

3. 单向离合器的结构原理

单向离合器广泛应用在行星齿轮机构及综合式液力变矩器中。单向离合器在行星齿轮机构中的作用和离合器、制动器相同,也是用于固定或连接几个行星排中的某些太阳轮、行星架、齿圈等基本元件,让行星齿轮机构组成不同传动比的挡位。因此,它也是行星齿轮机构的换挡元件之一。不同之处在于,它是依靠其单向锁止原理来发挥固定或连接作用的,其连接和固定也只能是单方向的。当与之相连接的元件的受力方向与锁止方向相同时,该元件即被固定或连接;当受力方向与锁止方向相反时,该元件即被释放或脱离连接,因此,单向离合器的工作情况是由运动条件决定的。目前最常见的单向离合器有滚柱斜槽式和楔块式两种。

(1)滚柱斜槽式单向离合器。如图 2-19 所示,滚柱斜槽式单向离合器由内座圈、外座圈、滚柱和回位弹簧等组成。在液力变矩器锁止用单向离合器上,外座圈大多用铆钉与导轮连接,内座圈用花键与导轮固定套连接,是固定不动的。外座圈的内表面处制有与滚柱数量相同的楔形槽,楔形槽内装有滚柱和回位弹簧,复位弹簧的弹力把滚柱推到楔形槽较窄的一端。当涡轮转速较低且与泵轮转速差较大时,从涡轮流出的液流冲击导轮叶片,力图使导轮按顺时针方向旋转〔图 2-19(b)〕。此时,由于滚柱被楔紧在楔形槽较窄的一端,单向离合器处于锁止状态,导轮便同外座圈一起被卡紧在内座圈上而固定不动,液力变矩器便起增大转矩的作用。当涡轮转速升高到一定程度时,液流对导轮的冲击方向相反,于是导轮同外座圈便按逆时针方向旋转〔图 2-19(a)〕,滚柱在摩擦力的作用下,克服复位弹簧的弹力而移向楔形槽较宽的一端,单向离合器便脱离锁止进入自由状态,此时,导轮与涡轮同向转动,液力变矩器便转成液力耦合器的工作状况。

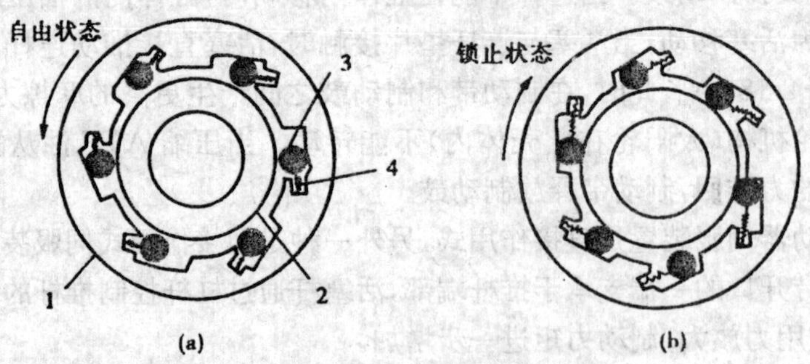

图 2-19　滚柱斜槽式单向离合器

(2)楔块式单向离合器。如图 2-20 所示,楔块式单向离合器由外座圈、内座圈、楔块等组成。楔块装在外座圈和内座圈之间。楔块具有特殊的形状〔图 2-20(c)〕,在 A 方向上的尺寸略大于内、外座圈的距离(半径差)B,而在C方向上的尺寸略小于B。当外座圈相对于内座圈按顺时针方向旋转时,楔块在摩擦力的作用下立起,被卡死在内、外座圈之间。此时,单向离合器处于锁止状态〔图2-20(b)〕。当外座圈相对于内座圈按逆时针方向旋转时,楔块在摩擦力的作用下倾斜,内、外座圈可以作相对转动,此时,单向离合器处于自由状态〔图2-20(a)〕。

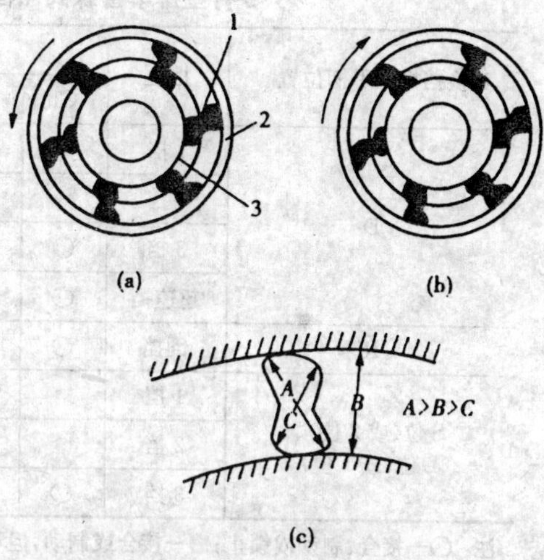

图2-20 楔块式单向离合器

(a)自由状态;(b)锁止状态;(c)楔块尺寸

1-楔块;2-外座圈;3-内座圈

(三)行星齿轮变速器变速原理

不同车型自动变速器在结构上往往有很大差异,主要表现在:前进档的档数不同,离合器、制动器及单向离合器的数目和布置方式不同,所采用的行星齿轮结构的类型不同。新型轿车自动变速器的行星齿轮机构大部分采用4个前进挡。前进挡的数目越多,行星齿轮机构中的离合器、制动器及单向离合器的数目就越多。离合器、制动器、单向离合器的布置方式主要取决于自动变速器前进档的档数及所采用的行星齿轮机构的类型。对于行星齿轮机构类型相同的自动变速器来说,其离合器、制动器及单向离合器的布置方式及工作过程,基本上是一致的。因此,了解各种不同类型行星齿轮机构的结构和工作原理,是掌握各种不同车型自动变速器结构和工作原理的关键。

1.辛普森式行星齿轮变速器变速原理

辛普森式4挡行星齿轮变速器有两种类型。一种是在辛普森式3挡行星齿轮变速器原有的双行星排的基础上,再增加一个单排行星齿轮机构,用3个行星排组成4挡行星齿轮机构,如图2-21所示,其换挡执行元件的工作规律如表2-2所列。另一种是对辛普森式双排行星齿轮变速器改进,通过改变前后行星齿轮机构各基本元件的组合方式和增加换挡执行元件,使之成为带有超速挡的4挡行星齿轮变速器。

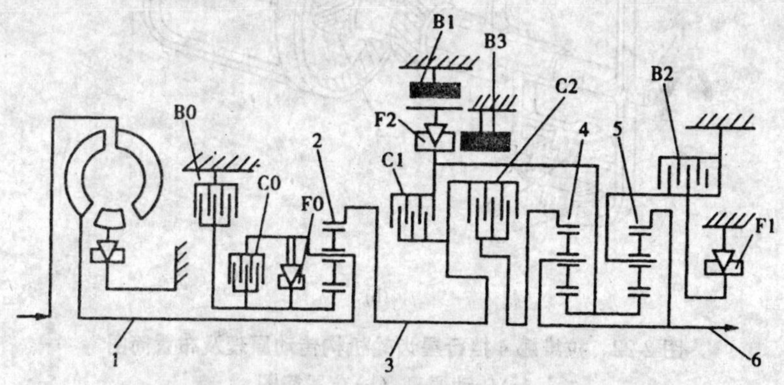

图2-21 3行星排辛普森式4挡行星齿轮变速器

1-输入轴;2-超速挡行星排;3-中间轴;4-前行星齿轮机构;5-后行星齿轮机构;6-输出轴;C0-超速挡离合器;C1-倒挡及高速挡离合器;C2-前进挡离合器;B0-超速挡制动器;B1-2挡制动器;B2-低速挡及倒挡制动器;B3-2挡滑行制动器;F0-超速挡单向离合器;F1-低速挡单向离合器;F2-2挡单向离合器

3行星排辛普森式4档行星齿轮变速器换挡执行元件工作规律　　表 2-2

换挡操纵手柄位置	挡位	换挡执行元件									
		C1	C2	B1	B2	B3	F1	F2	C0	B0	F0
D	1挡		○				○		○		○
	2挡		○	○				○	○		○
	3挡	○	○	●					○		○
	超速挡	○	○	●						○	
R	倒挡	○			○				○		○
S位(或2位)、L位(或1位)	1挡		○		○				○		○
	2挡		○	●		○			○		○
	3挡	○	○						○		○

注：○—接合、制动或锁止；●—接合或制动，但不传递动力。

2.拉维娜式行星齿轮变速器变速原理

如图2-22所示为拉维娜式4挡行星齿轮机构的结构。这种行星齿轮变速器在不同挡位下，各换挡执行元件的工作情况如表2-3所列。

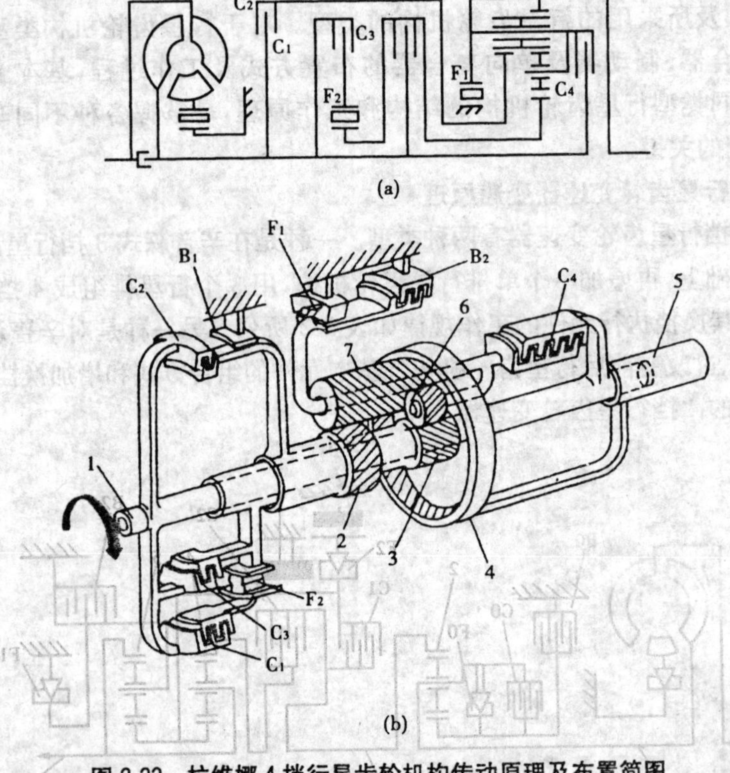

图2-22　拉维娜4挡行星齿轮机构传动原理及布置简图

(a)传动原理；(b)布置简图

1-输入轴；2-前太阳轮；3-后太阳轮；4-齿圈；5-输出轴；6-短行星轮；7-长行星轮；C1-前进挡离合器；C2-倒挡离合器；C3-前进挡强制离合器；C4-高速挡离合器；B1-2挡及4挡制动器；B2-低速挡及倒挡制动器；F1-低速挡单向离合器；F2-前进挡单向离合器

拉维娜 4 挡行星齿轮机构换挡执行元件工作规律　　表 2-3

换挡操纵手柄位置	挡位	换挡执行元件							
		C1	C2	C3	C4	B1	B2	F1	F2
D	1 挡	○						○	○
	2 挡	○				○			○
	3 挡	○			○				○
	超速挡	●			○	○			
R	倒挡		○				○		
S 位(或 2 位)、L 位(或 1 位)	1 挡			○			○		
	2 挡			○		○			
	3 挡			○	○				

注：○—接合、制动或锁止；●—接合或制动，但不传递动力。

四、液压控制系统的结构与原理

自动变速器的自动控制是指汽车前进行驶过程中，根据发动机负荷和车速的变化，按照设定的换挡规律，自动选择挡位，并通过控制换挡执行元件的工作改变行星齿轮机构的传动比，从而实现挡位的变换。换挡的自动控制使驾驶操作简化，有利于安全行驶。而且，在换挡过程中速度变化平稳，提高了汽车的舒适性和加速性。

液压控制系统由动力源、执行机构和控制机构三部分组成。动力源是被液力变矩器泵轮驱动的油泵，它除了向控制机构、执行机构供给压力油以实现换挡外，还给液力变矩器提供油液进行冷却补偿，向行星齿轮机构提供油液进行润滑。执行机构包括离合器、制动器及液压缸。控制机构包括主油路调压装置、换挡信号装置、换挡阀和缓冲安全装置、液力变矩器控制装置。

(一)油泵

自动变速器常用的油泵有内啮合齿轮泵、转子泵和叶片泵 3 种形式。

1. 内啮合齿轮泵的结构与工作原理

内啮合齿轮泵主要由外齿齿轮、内齿齿轮、月牙形隔板，泵壳、泵盖等组成，图 2-23 所示为典型的内啮合齿轮泵及其主要零件的外形。外齿齿轮为主动齿轮，内齿齿轮为从动齿轮，两者均为渐开线齿轮；月牙形隔板的作用是将主从动齿轮之间的工作腔分隔为吸油腔和压油腔，使彼此不通。如图 2-24 所示，当发动机运转时，液力变矩器壳体后端的轴套带动小齿轮和内齿轮一起朝图中顺时针方向运转，此时在吸油腔内，由于外齿轮和内齿轮不断退出啮合，容积不断增加，以致形成局部真空，将油盘中的液压油从进油口吸入，且随着齿轮旋转，齿间的液压油被带到压油腔；在压油腔，由于小齿轮和内齿轮不断进入啮合，容积不断减少，将液压油从出油口排出。油液就这样源源不断地输往液压系统。

油泵的理论泵油量等于油泵的排量与油泵转速的乘积。内啮合齿轮泵的排量取决于外齿齿轮的齿数、模数及齿宽。油泵的实际泵油量会小于理论泵油量，因为油泵的各密封间隙处有一定的泄漏。其泄漏量与间隙的大小和输出压力有关。间隙越大、压力越高，泄漏量就越大。

内啮合齿轮泵是自动变速器中应用最为广泛的一种油泵，它具有结构紧凑、尺寸小、质量轻、自吸能力强、流量波动小、噪音低等特点。各种丰田汽车的自动变速器一般都采用这种油泵。

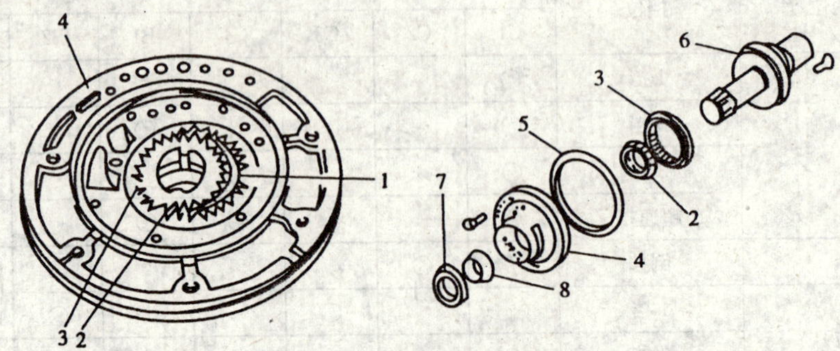

图 2-23 典型的齿轮泵的结构

1-月牙形隔板;2-主动齿轮(外齿轮);3-被动齿轮(内齿轮);4-泵体;5-密封环;6-固定支承;7-油封;8-轴承

2. 摆线转子泵

摆线转子泵由一对内啮合的转子、泵壳和泵盖等组成(图 2-25)。内转子为外齿轮,其齿廓曲线是外摆线;外转子为内齿轮,齿廓曲线是圆弧曲线。内外转子的旋转中心不同,两者之间有偏心距 e。一般内转子的齿数为 4、6、8、10 等,而外转子比内转子多一个齿。内转子的齿数越多,出油脉动就越小。通常自动变速器上所用摆线转子泵的内转子都是 10 个齿。

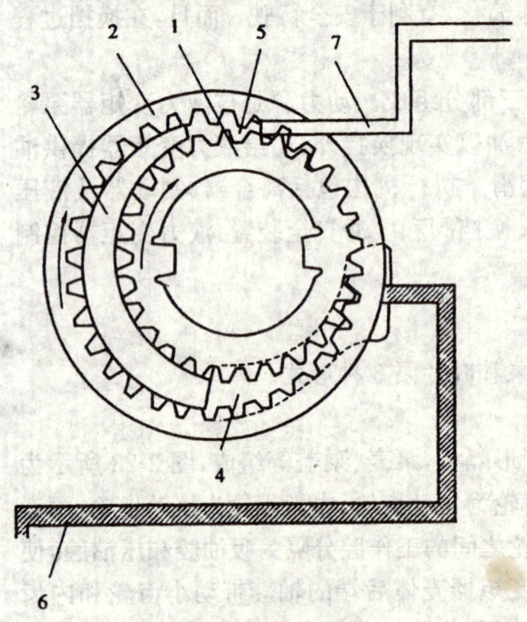

图 2-24 内啮合齿轮泵

1-小齿轮;2-内齿轮;3-月牙形隔板;4-吸油腔;5-压油腔;6—进油道;7-出油道

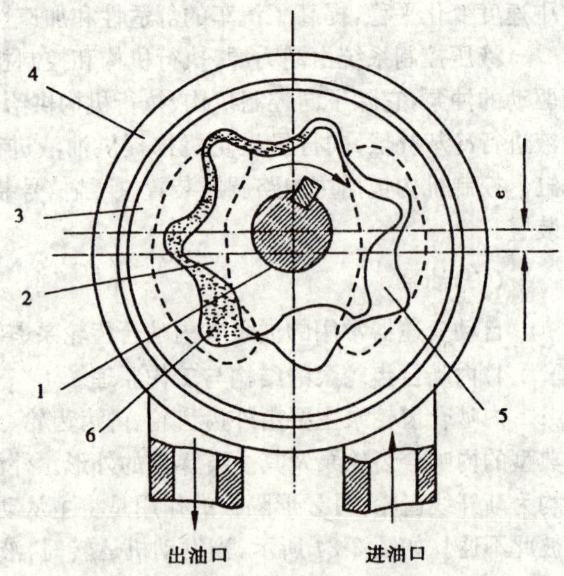

图 2-25 摆线转子泵

1-驱动轴;2-内转子;3-外转子;4-泵壳;5-进油腔;6-出油腔;e-偏心距

发动机运转时,带动油泵内外转子朝相同的方向旋转。内转子为主动齿,外转子的转速比内转子每圈慢一个齿。内转子的齿廓和外转子的齿廓是一对共轭曲线,它能保证在油泵运转时,不论内外转子转到什么位置,各齿均处于啮合状态,即内转子每个齿的齿廓曲线上总有一点和外转子的齿廓曲线相接触,从而在内转子、外转子之间形成与内转子齿数相同个数的工作腔。这些工作腔的容积随着转子的旋转而不断变化,当转子朝顺时针方向旋转时,内转子、外转子中心线左侧的各个工作腔的容积由大变小，将液压油从出油口排出。这就是转子泵的工作过程。摆线转子泵的排量取决于内转子的齿数、齿形、齿宽以内外转子的偏心距。齿数越多，齿形、齿宽及偏心距越大，排量就越大。摆线转子泵是一种特殊齿形的齿形的内啮合齿轮泵，它具有结构简单、尺寸紧凑、噪声小、运转平稳、高速性能良好等优点；其缺点是流量脉动大，加工精度要求高。

3.叶片泵

叶片泵由定子、转子、叶片、壳体及泵盖等组成，如图 2-26 所示。转子由液力变矩器壳体后端的轴套带动，绕其中心旋转；定子是固定不动的，转子与定子不同心，二者之间有一定的偏心距。

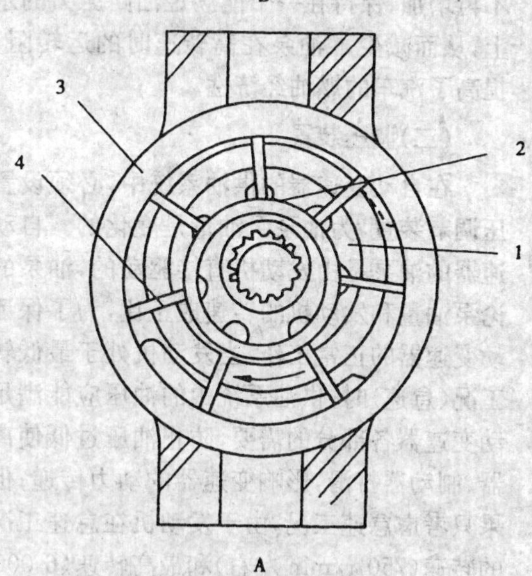

图 2-26 叶片泵
1-转子；2-定位环；3-定子；4-叶片；A-进油口；B-出油口

当转子旋转时，叶片在离心力或叶片底部的液压油压力的作用下向外张开，紧靠在定子内表面上，并随着转子的转动，在转子叶片槽内作往复运动。这样，在每两个相邻叶片之间便形成了密封的工作腔。如果转子朝顺时针方向旋转，在转子与定子中心连线的左半部的工作腔容积，会逐渐减小，将液压油从出油口压出。这就是叶片泵的工作过程。叶片泵的排量取决于转子直径、转子宽度及转子与定子的偏心距。转子直径、转子宽度及转子与定子的偏心距越大，叶片泵的排量就越大。叶片泵具有运转平稳、噪声小、泵油油量均匀、容积效率高等优点，但它结构复杂，对液压油的污染比较敏感。

4.变量泵

上述 3 种油泵的排量都是固定不变的。所以也称为定量泵。为保证自动变速器的正常工作，油泵的排量应足够大，以便在发动机怠速运转的低速工况下也能为自动变速器各部分提供足够大的流量和压力的液压油。定量泵的泵油量是随转速的增大而正比地增加的。当发动机在中高速运转时，油泵的泵油量将大大超过自动变速器的实际需要，此时油泵泵出的大部分液压油将通过油压调节阀返回油底壳。由于油泵泵油量越大，其运转阻力也越大，因此这种定量泵在高转速时，过多的泵油量，会使阻力增大，从而增加了发动机的负荷，提高了油耗，造成了一定的动力损失。为了减少油泵在高速运转时由于泵油量过多而引起的动力损失，上述用于汽车自动变速器的叶片泵大部分都设计成排量可变的型式(称为变量泵或可变排量式叶片泵)。这种叶片泵的定子不是固定在泵壳上，而是可以绕一个销轴做一定的摆动，以改变定子与转子的偏心距，如图 2-27 所示。从而改变油泵的排量。

在油泵运转时，定子的位置由定子侧面控制腔内来自油压调节阀的反馈油压来控制。当油泵转速较低时，泵油量较小，油压调节阀将反馈油路关小，使反馈压力下降，定子在回位弹簧的作用下绕销轴向顺时针方向摆动一个角度，加大了定子与转子的偏心距，油泵的排量随之增大；当油泵转速增高时，泵油量增大，出油压力随之上升，推动油压调节阀将反馈油路开大，使控制腔内的反馈油压上升，定子在反馈油压的推动下绕销轴朝逆时针方向摆动，定子与转子的偏心距减小，油泵的排量也随之减小，从而降低了油泵的泵油量，直到出油压力降至原来的数值。定量泵的泵油量和发动机的转速成正比，并随发动机转速的增加而不断增加；变量泵的泵油量在发动机转速超过某一数值后就不再增加，保持在一个能满足油路压力的水平上，从而减少了油泵在高转速时的运转阻力，提高了汽车的燃油经济性。

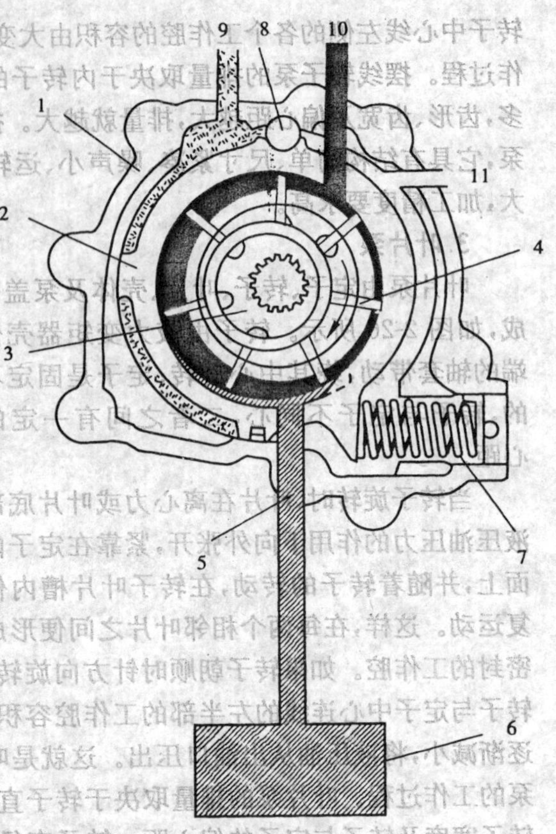

图 2-27 变量泵

1-泵壳；2-定子；3-转子；4-叶片；5-进油口；6-滤网；7-回位弹簧；8-销轴；9-反馈油道；10-出油口；11-卸压口

(二)调压装置

在自动变速器的供油系统中，必须设置油压调节装置，为油泵泵油量是变化的。自动变速器的油泵是由发动机直接驱动的，油泵的理论泵油量和发动机的转速成正比，为了保证自动变速器的正常工作，当发动机处于最低转速工况（怠速）时，供油系统中的油压应能满足自动变速器各部分的需要，防止油压过低使离合器、制动器打滑，影响变速器的动力传递；但如果只考虑怠速工况，由于发动机在怠速工况下的转速（750 r/min 左右）和最高转速（6 000 r/min 左右）之间相差太大，那么，当发动机高速运转时，油泵的泵油量将大大超过自动变速器各部分所需要的油量和油压，导致油压过高，增加发动机的负荷，并造成换挡冲击。另一方面，是因为自动变速器中各部分对油压的要求也不尽相同。因此，要求供油系统提供给各部分的油压和流量应是可以调节的。

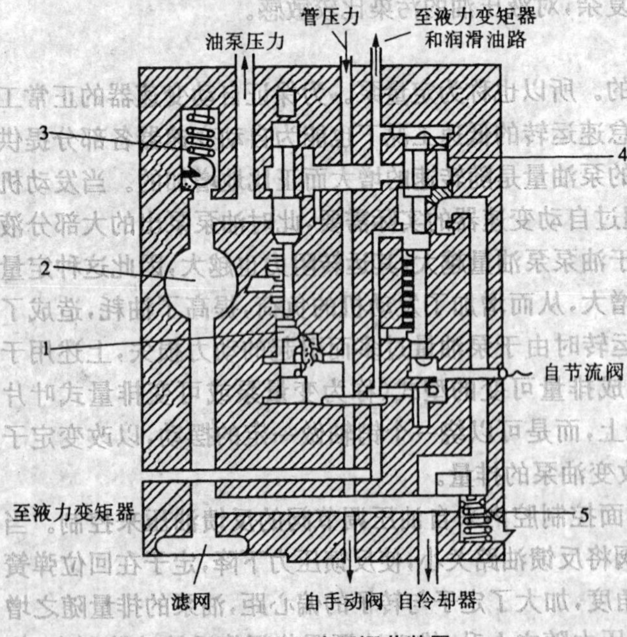

图 2-28 油压调节装置

1-一次调节阀；2-油泵；3-安全阀；4-二次调节阀；5-单向阀

自动变速器供油系统的油压调节装置是由主油路调压阀（又称一次调节阀）、副调压阀（又称二次调节阀）、单向阀和安全阀等组成。图 2-28 所示为油压调节装置的结构图。

1. 主油路调压阀

主油路调压阀又称一次调节阀，它的作用是根据汽车行驶速度和节气门开度的变化，自动调节流向各液压系统的油压，保证各系统液压的稳定，使各信号阀工作平稳。主油路调压阀一般由阀芯、阀体和弹簧等主要元件组成。

图 2-29 所示为油压调节阀的结构简图。

来自油泵的压力油液从进油口 a 进入,并作用到阀芯的右端,来自于节气门调节阀和手动阀倒档油路的两个反馈油压则经进油口 f 作用在阀芯的左端。

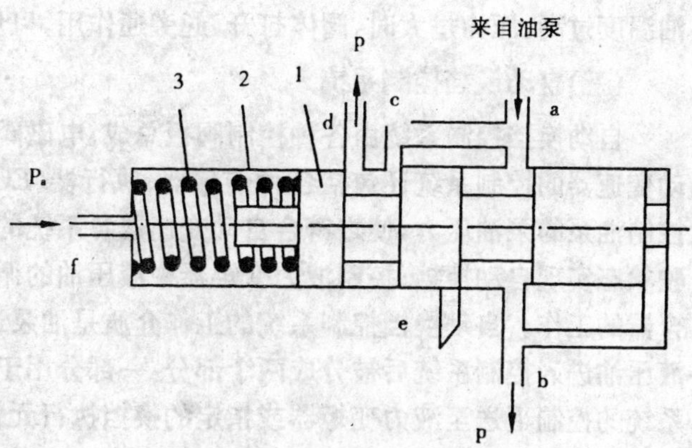

图 2-29 油压调节阀的结构简图

1-阀芯;2-阀体;3-弹簧;a-来自油泵的压力油进口;b-输往选档阀的出油口;c-和 a 连通的进油口;d-输往液力变矩器的出油口;e-泄油道;f-节气门调节压力的进口

当发动机负荷较小,输出功率较小时,节气门调节压力也较低,作用在阀芯右端的油液压力较高,油压所产生的作用力大于阀芯左端弹簧预紧力和节气门调节压力对阀芯的作用力时,弹簧将被压缩,阀芯向左移动,阀芯中部的密封台肩将使泄油口露出一部分(来自油泵的油液压力越高则泄油口露出越多),来自油泵的油液有一部分经出油口 b 输往选挡阀,有一部分经出油口 d 输出往液力变矩器,还有一部分经泄油口流回油盘,使油压下降,直至油液压力所产生的推力与调压弹簧的预紧力和节气门调节压力的合力保持平衡为止,此时调压阀以低于油泵输入压力的油压输出;当节气门开度增大,输出功率增大时,便增大了节气门调节油压,将使阀芯向右移动,阀芯中部的密封台肩将堵住泄油口,泄油口开度降低,泄油道减小或处于封闭状态,使油压上升,调节阀以高于油泵输入压力的油压输出。节气门开度越大,调压阀输出的压力越高,输往选档阀和液力变矩器去的油液压力将随所要传递的功率的增大而增大,则可使油液压力保持在相对稳定的范围(通常为 0.5～1 MPa)内。

在阀芯的右端还作用着另一个反馈油压,它来自于压力校正阀。这一反馈油压对阀芯产生一个向左的推力,使主油路调压阀所调节的主油路油压减小。

当自动变速器处于前进档的 1 挡或 2 挡时,倒挡油路油压为 0,压力校正阀关闭,调压阀右端的反馈油压也为 0。而当变速器处于 3 挡或超速挡时,若车速增大到某一数值,压力校正阀开启,来自节气门阀的压力油,经压力校正阀进入调压阀右端,增加了阀芯向左的推力,使主油路油压减小,减小了油泵的运转阻力。当自动变速器处于倒档时,来自手动阀的倒档油路压力油进入阀芯的左端,阀芯左端的油压增大,主油路调压阀所调节的主油路压力也因此升高,满足了倒档时对主油路油压的需要。此时的主油路油压称为倒档油压。

2. 副调压阀和安全阀

副调压阀又称二次调节阀,它的作用是根据汽车行驶速度和化油器节气门开度的变化,自动调节液力变矩器的油压、各部件的润滑油压和冷却装置的冷却油压。

二次调节阀也是由阀体、阀芯和弹簧等组成。当发动机转速低或化油器节气门关闭时,二次调压阀在弹簧的作用下,把通向液压油冷却装置的油道切断。当发动机转速升高和液力变矩器油压升高时,油路便开通。发动机停止转动时,二次调压阀用一个单向控制阀把液力变矩器的油路关闭,使液压油不能外流,以免影响转矩输出。

安全阀实际上也是一个调压阀,由弹簧和钢球组成,并联在油泵的进、出油口上,以限制油泵压力。当油泵压力高时,压开钢球,油经钢球和油道流回油盘。

旁通阀(单向阀)是液压油冷却装置的保护器,与冷却装置并联。当流到冷却装置的液压油温度过高、压力过大时,阀体打开,起旁通作用,以免高温、高压的液压油损坏冷却装置。

(三)自动换挡控制系统

自动换挡控制系统由各种控制阀板总成、电磁阀、控制开关、控制电路等组成,电子控制自动变速器的控制系统还包括各种传感器、执行器、ECU 等。自动换挡控制系统的主要任务是控制油泵的泵油压力,使之符合自动变速器各系统的工作需要;根据操纵手柄的位置和汽车行驶状态实现自动换挡;控制液力变矩器中液压油的循环和冷却,以及控制液力变矩器中锁止离合器的工作。自动换挡控制系统的工作介质是油泵运转时产生的液压油。油泵运转时产生的液压油进入控制系统后被分成两个部分:一部分用于控制系统本身的工作,另一部分则在控制系统的控制下送至液力变矩器或指定的换挡执行元件,用于操纵液力变矩器及换挡执行元件的工作。

1.信号装置

目前常用的控制参数是车速和发动机节气门开度。至目前为止,常用的控制系统有两种:一种是只以车速或变速器输出轴转速作为控制参数的系统称为单参数控制系统;另一种是以车速和节气门开度作为控制参数的系统称为双参数控制系统。

车速和节气门开度的变化要转变成油液压力变化的控制信号,输入到相应的控制系统,改变液压控制系统的工作状态,并通过各自的控制执行机构来进行各种控制,从而实现自动换挡。常用的控制信号有液压信号和电气信号。

(1)液压信号装置

液压信号装置是将发动机负荷(节气门开度)和车速的变化转变成液压信号的装置。常见的液压信号装置有节气门调压阀(简称节气门阀)和速度调压阀(简称速度阀或调速器)两种。

节气门调压阀用于产生节气门油压,以便控制系统根据汽车节气门开度的大小改变主油路油压和换挡车速,使自动变速器的主油路油压和换挡规律满足汽车的实际使用要求。节气门调压阀是由节气门开度来控制的,根据控制方式的不同,分机械作用式节气门调压阀、真空作用式节气门调节阀、带海拔高度补偿装置的真空作用式节气门调节阀及反变化的节气门调节阀等几种型式。在几种型式的节气门调压阀中,由于机械作用式节气门调压阀结构简单、工作可靠,所以,使用最广泛。图 2-30 是一种机械式节气门调压阀的结构简图。它由柱塞 2、阀芯 4、弹簧 3 和阀体等组成。当踩下加速踏板,使节气门开度增大时,摆臂 1 沿逆时针方向转动,推动柱塞 2 右移,压缩弹簧 3,使弹簧力增大,弹簧力则推动阀芯 4 右移,使进油口 a 的开口量增大,而泄油口的开口量减小,于是,通往控制装置的输出油压 Pa 上升。阀芯右端的油室与出油口 b 相通,Pa 压力油对阀芯 4 产生向左的液压推力。当 Pa 压力油对阀芯的作用力与弹簧 3 的作用相平衡时,阀芯就保持在某一工作位置,得到一个稳定的输出信号油压 Pa。

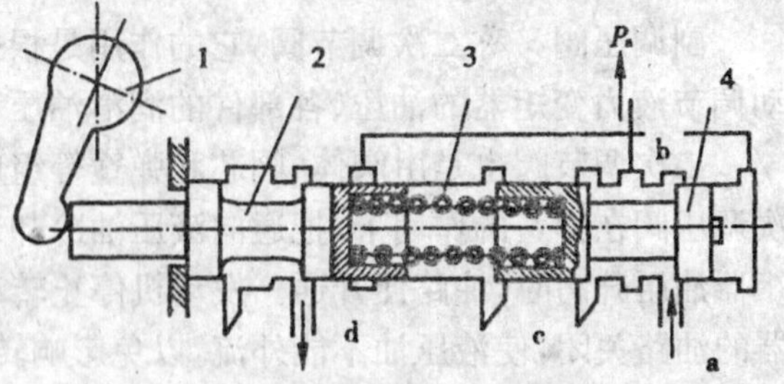

图 2-30 机械作用式节气门调压阀结构简图

1-摇臂;2-柱塞;3-弹簧;4-阀芯;a-进油口;b-出油口;c-泄油口;d-强制降挡油口

当摆臂 1 沿逆时针方向转到最大转角位置时,柱塞移至右端位置,其环槽把强制降挡油口 d 与出油口 b 接通,此时输出压力达最大值 P_{amax},并从强制挡油口输出,从而达到强制降挡的控制目的。

自动变速器液压操纵系统的速度调节阀一般装在输出轴上,使调节阀能够感应出汽车速度的变化,以得到和汽车速度相对应的输出油压，从而，控制自动变速器的换挡时机。速度调压阀有单锤式、双锤式和复锤式等型式。

(2)电气信号装置

将控制参数的变化转换成电气信号(通常是电压或频率的变化)，经调制后再输入控制器，或将电器信号输入 ECU，ECU 根据各种信号输入，作出是否需要换挡的决定，并给换挡控制系统发出换挡指令。在电液控制自动变速器上，传感节气门开度信号的是节气门位置传感器，传感车速变化信号的是速度传感器。

2. 自动换挡控制装置

自动换挡控制装置的功能是：按照换挡规律的要求，控制参数的变化，自动地选择最佳换挡点，发出换挡信号，换挡信号操纵换挡执行机构，完成挡位的自动变换。自动换挡控制系统的功用是由选档阀(手动阀)、换挡控制阀，换挡品质控制阀等主要元件来实现的。

(1)选挡阀的结构与工作原理

选挡阀又称手动阀，它是一种手工控制的多路换向阀，位于控制系统的阀板总成中，经机械传动机构和自动变速器的操纵手柄相连，由驾驶人手工操作。选挡阀根据自动变速器操纵手柄的位置，使自动变速器处于同名挡位状态。在操纵手柄处于不同位置时，如停车挡(P)、空挡(N)、倒挡(R)、前进挡(D)、前进低挡(S、L 或 2、1)等，手动阀也随之移至相应的位置，使进入手动阀的主油路与不同的控制油路接通，或直接将主油路压力油送入不同的控制油路，并让不参加工作的控制油路与泄油孔接通，使这些油路中的压力油泄空，从而使控制系统及自动变速器处于不同的工作状态。

图 2-31 所示为自动变速器手动阀的结构和工作原理。阀体通过连接杆受选档杆操纵，阀体能左右移动，移动时，能分别打开或关闭阀体中的油道。手动阀的进油口与一次调节阀(主油路压力调节阀)相通，压力为管路压力，出油口与各换挡阀、顺序动作阀和离合器调节阀相通。

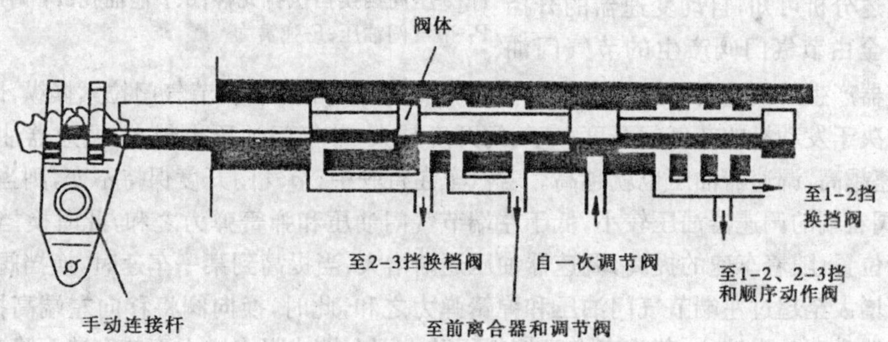

图 2-31 手动阀的结构及工作原理图

选挡杆在 P 挡时，手动阀把其他油道都关闭，把通往低压随动阀和顺序动作阀的油路打开，自动变速器只有第三制动器工作。选挡杆在 R 挡时，手动阀打开自动变速器通往后离合器和第三制动器的油道，后离合器和第三制动器动作，变速器工作在倒挡。选挡杆在 D 挡时，手动阀把前离合器和 1—2 挡换挡阀、2-3 挡换挡阀、减挡压力调节阀和节流阀等油道打开，使自动变速器能在 1—3 挡间变速工作。选挡杆在二挡时，通过手动阀油道，使 2-3 挡换挡阀不能移动，变速器不能自动升到 3 挡。选挡杆在 L 挡时，手动阀油道压力使 1—2 挡、2-3 挡换挡阀都不能移动，变速器只能在一挡工作。

(2)换挡控制阀的结构与工作原理

换挡控制阀(简称换挡阀)是一种由液压控制的 2 位换向阀，就象一个液压开关，它根据发动机负荷(节气门开度)或汽车速度的变化,自动控制挡位的升降,使自动变速器处于最适合汽车行驶状态的挡位上。

任何一个自动变速器都用一个(1—2 挡)或几个(1—2 挡、2—3 挡等)换挡控制阀(其数目根据变速器前进挡位数而定)来实现自动换挡。如图 2-32 所示为换挡控制阀的工作原理示意图。

在换挡阀的右端作用着来自速度调节阀(调速器)的调速器油压,左端作用着来自节气门阀的节气门油压和换挡阀弹簧的弹力。换挡阀的位置取决于两端控制压力的大小。当右端的调速器油压低于左端的节气门油压和弹簧弹力之和时,换挡阀保持在右端(图 2-32a);当右端的调速器油压高于左端的节气门油压和弹簧弹力之和时,换挡控制阀移至左端(图 2-32b)。换挡阀改变方向时,开启或关闭主油路或使主油路的方向发生改变,从而,让主油路压力油进入不同的换挡执行元件,使之处于工作状态,以实现不同的挡位。当换挡阀移至左端时,自动变速器升高一个挡位;反之,换挡阀由左端移至右端时,自动变速器降低一个挡位。

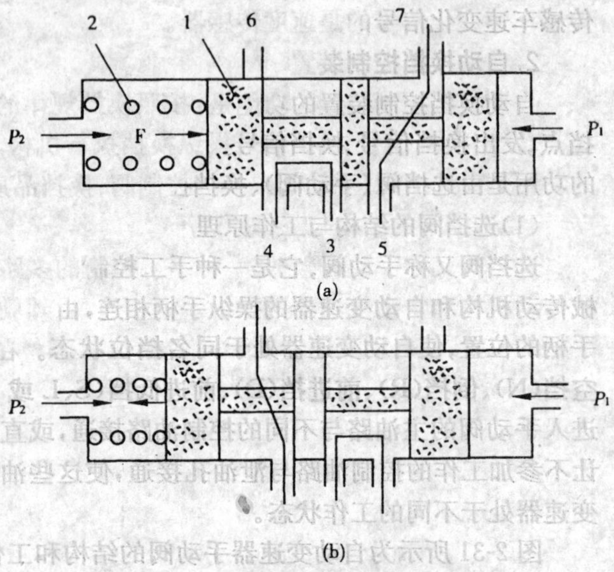

图 2-32 换挡阀的工作原理示意图

(a)右端油压机;(b)右端油压高

1-换挡阀;2-弹簧;3-主油路进油孔;4-至低挡换挡执行元件;5-至高挡换挡执行元件;6、7-泄油孔;P_1-调速器油压;P_2-节气门油压;F-弹簧力

由上述分析可知,自动变速器的升挡和降挡完全由节气门阀产生的节气门油压和调速器产生的调速器油压的大小来控制。节气门阀由发动机节气门拉索操纵,因此,节气门油压取决于发动机的节气门开度;节气门开度越大,节气门油压也越大;调速器油压取决于车速,车速越高,调速器油压也就越高。若汽车在行驶中,节气门开度保持不变,则当车速较低时,换挡阀右端的调速器油压较小,低于左端节气门油压和弹簧弹力之和,此时换挡阀保持在右端低挡位置;随着车速的提高,调速器油压逐渐增大,当提高到某一车速时,换挡阀右端的调速器油压增大至超过左端节气门油压和弹簧弹力之和,此时,换向阀将移向左端高挡位置,让自动变速器升高一个挡位;若汽车在高挡位行驶中因上坡或阻力增大而使车速下降时,调速器油压也随之降低,当车速下降到某一数值时,换挡阀右端的调速器油压将降低至小于左端节气门油压和弹簧弹力之和,此时,换挡阀移向右端低挡位置,使自动变速器降低一个挡位。由此可知,当节气门开度不变时,汽车升档和降档时刻完全取决于车速。

若在汽车行驶中保持较大的节气门开度,则换挡阀左端的节气门油压也较大,调速器油压必须在较高的车速下才能达到节气门油压和弹簧弹力之和,使自动变速器升档,因而相应的升、降档车速都较高;反之,若汽车行驶中保持较小的节气门开度,则换挡阀左端节气门油压也较小,调速器油压在较低的车速下就能达到节气门油压和弹簧弹力之和,因而相应的升、降档车速都较低。由此可知,汽车的升档和降档车速取决于节气门的开度,节气门的开度越大,汽车升档和降档的车速就越高;反之,节气门开度越小,汽车升档和降档的车速也就越低。这种换挡车速随节气门开度变化的规律十分符合汽车的实际使用要求。当汽车行驶阻力较大时，驾驶人必须将节气门保持在较大的开度才能保证汽车的加速，此时，汽车的换挡车速也应比平路行驶时稍高一些，以防止过早换挡而导致“拖档”现象。相反，当汽车平路行驶或载重较小时，节气门保持在较小的开度，换挡车速也可以低一些，以节省燃油。

另外，某些自动变速器中还装有强制降档阀。强制降档阀用于节气门全开或接近全开时，强制性地将自动变速器降低一个挡位，以获得良好的加速性能。强制性降档阀主要有两种类型，一种类似于节气门阀，由控制节气门阀的节气门拉索和节气门阀凸轮控制其工作。在节气门接近全开时，节气门拉索通过节气门阀凸轮推动强制降档阀，使之打开一个通往各个换挡阀的油路。该油路的压力油作用在换挡阀上，迫使换挡阀移至低挡位置，使自动变速器降低1个挡位，降档阀的结构如图2-33(a)所示。

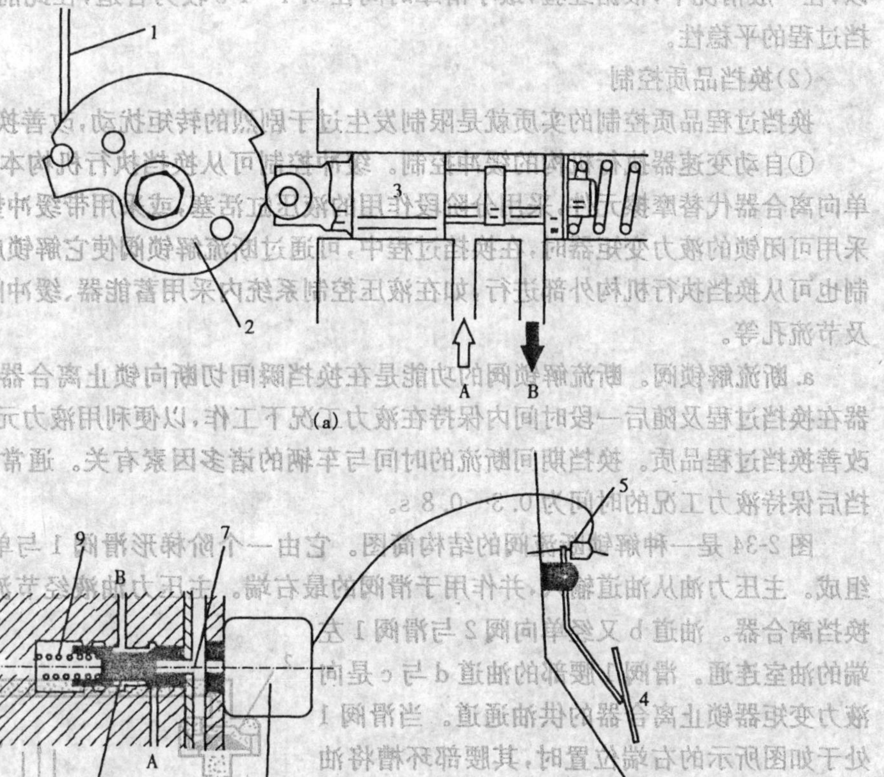

图2-33 强制降挡阀

(a)由节气门拉索控制的强制降挡阀；(b)电磁阀控制的强制降挡阀

1-节气门拉索；2-节气门阀凸轮；3-强制降挡阀；4-加速踏板；5-强制降挡开关；6-强制降挡电磁阀；7-阀杆；8-阀芯；9-弹簧；A-通主油道；B-通换挡阀

另一种强制降档阀是一种电磁阀，由安装在加速踏板上的强制降挡开关控制，如图2-33(b)。当加速踏板踩到底时，强制降挡开关闭合，使强制降挡电磁阀通电，电磁阀作用在阀杆上的推力消失，阀芯在弹簧弹力的作用下右移，打开油路，主油路压力油进入换挡阀的左端(作用着节气门油压的一端)，强迫换挡阀右移，让自动变速器降低1个挡位。

3.换挡品质控制装置

(1)换挡品质

换挡品质是指换挡过程的平顺性，即换挡过程能平稳而无颠簸或冲击地进行。换挡品质控制是自动换挡液压控制系统中的基本组成部分之一。对换挡过程的具体要求有两个：一是换挡过程应尽量迅速地完成，以减少由于换挡时间过长而使摩擦元件的磨损即避免，因换挡期间输入功率低或中断而引起的速度损失；其二是换挡过程应尽量缓慢平稳过渡，以使车速过渡圆滑，没有过高的瞬时加速度或瞬时减速度，避免颠簸和冲击，以提高乘坐舒适性，减小传动系的冲击载荷，延长机件寿命。以上两个要求是互相矛盾的。换挡过程快，就不可避免地产生较大的冲击和动载荷，换挡过程的平稳性就不好。而如果为了提高换挡过程的平稳性而延长过渡时间，则摩擦元件的滑转时间延长，累计滑摩功增加，导至摩擦元件温度升高、磨损增加。所以，在一般情况下，根据经验，最小滑摩时间在0.4～1 s较为合适，在此前提下，再设法提高换挡过程的平稳性。

(2)换挡品质控制

换挡过程品质控制的实质就是限制发生过于剧烈的转矩扰动，改善换挡品质。

①自动变速器执行机构的缓冲控制。缓冲控制可从换挡执行机构本身结构着手，如采用单向离合器代替摩擦元件，采用分阶段作用的液压缸活塞，或采用带缓冲垫的伺服液压缸。当采用可闭锁的液力变矩器时，在换挡过程中，可通过断流解锁阀使它解锁成液力工况。缓冲控制也可从换挡执行机构外部进行，如在液压控制系统内采用蓄能器、缓冲阀、限流阀、节流阀以及节流孔等。

a.断流解锁阀。断流解锁阀的功能是在换挡瞬间切断向锁止离合器的供油，使液力变矩器在换挡过程及随后一段时间内保持在液力工况下工作，以便利用液力元件的减振缓冲作用，改善换挡过程品质。换挡期间断流的时间与车辆的诸多因素有关。通常，自动变速器完成换挡后保持液力工况的时间为0.3～0.8 s。

图2-34是一种解锁断流阀的结构简图。它由一个阶梯形滑阀1与单向阀2等主要部件组成。主压力油从油道输入，并作用于滑阀的最右端。主压力油液经节流孔3和油道b输往换挡离合器。油道b又经单向阀2与滑阀1左端的油室连通。滑阀1腰部的油道d与c是向液力变矩器锁止离合器的供油通道。当滑阀1处于如图所示的右端位置时，其腰部环槽将油道d与c连通，液力变矩器实现闭锁。如果滑阀1左移到一定位置，则将d与c的通路切断，并将油道c与泄油道相通，这就切断了锁止离合器的供油，并使它泄油解锁。在变速器换挡时，油道b中的油压瞬时内发生短时间下降。此时，单向节流阀2的两侧也立即产生压力差，使单向阀打开，滑阀左端油室中的油压也随之下降。这就破坏了滑阀两端油压的平衡，滑阀右端的主油压大于左端的油压，因而滑阀向左移动。滑阀左移一方面切断锁止离合器的供

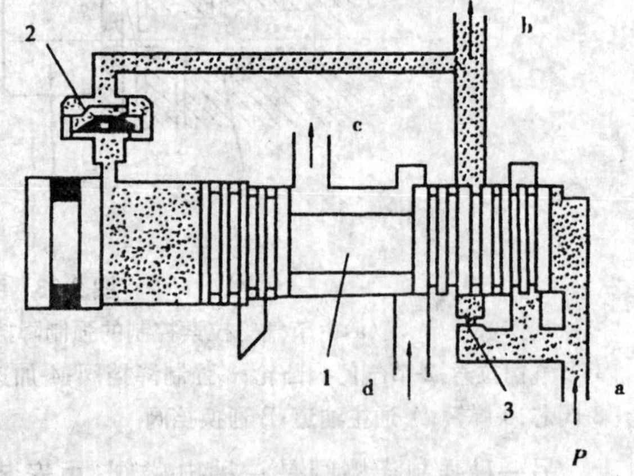

图2-34 断流解锁阀结构简图

1-滑阀；2-单向节流阀；3-节流孔；a-主压力油进油道；b-换挡离合器供油道；c-锁止离合器供油道

油使之解锁，同时还使节流孔 3 被短路，使油道 a 和 b 直接连通，保证换挡离合器迅速充油结合。随着换挡离合器充油过程的完成，油道 b 中的油压逐渐回升。在单向节流阀 2 的两侧，逐渐产生反向压差，使油道 b 中的油压大于滑阀左端油室中的油压，油液自油道 b 经单向节流阀 2 的节流孔向滑阀左端的油室充油，左端油室油压回升。由于阶梯形滑阀面积差的作用，当油压升至一定值时就推动滑阀右移。由于单向节流阀 2 的节流作用，左端油室充油较缓慢，到滑阀完全复位需要一定的时间。只有经过一定时间滑阀复位后，才能恢复向锁止离合器供油，使其重新锁止。

图 2-35 为一种串联在锁止阀前的一组柱塞阀组成的断流解锁阀。柱塞阀的输出油道 e 经锁止阀输往锁止离合器。而输入油道则是与各档离合器供油通道相连通的一组油道 a(二挡)、b(三挡)、c(四挡)、d(五挡)。每当换挡发生时，原来挡位的离合器泄油，因此也使锁止离合器立即泄油解锁。但是向锁止离合器的再次充油，必须在换挡离合器完成充油过程之后，经过一段时间才能实现。这样就能保证液力变矩器在换挡期间解锁而得到液力工况。例如在二档升三档时，油道 a 立刻泄油卸压，锁止离合器立即分离解锁。与此同时，由于三档离合器充油，油道 b 也充油升高。但是，由于柱塞 2 与 1 与所处的位置还不能使油道 b 与油道 e 马上接通，必须有足够的压力油液推动柱塞 2 与 1 移位后，油道才能畅通。由于油道内有一系列节流孔的节流作用，实现柱塞 2 与 1 的移位，使油道畅通要经过一定时间。这就使锁止离合器的重新锁止需要有一个时间间隔。其他挡位的升、降过程，断流阀的作用原理相同，只是因油路结构参数不同，断流时间有所差别。

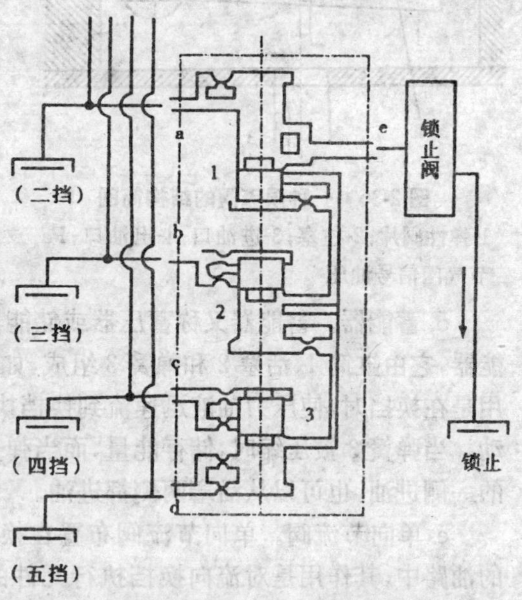

图 2-35 串联在锁止阀前的断流解锁阀
1、2、3-柱塞；a、b、c、d-各挡断流滑阀的进油道；e-断流柱塞阀的输出油道

b. 限流阀。图 2-36 是一种限流阀的结构简图。它实际上是一种可控制调节的节流阀，串联在供油通道中。液流自进油口 3 经弹性阀片 1 上的小孔及周边的缝隙流向出口 4，输往液压执行元件。如图 2-36 所示，弹性阀片 1 的开度则由柱塞 2 来控制，而柱塞 2 又受节气门信号油压控制。当节气门开度增大时，作用在柱塞 2 上的控制油压增大，弹性阀片 1 的开度也增大。反之，节气门开度小时，柱塞上的油压减小，弹性阀片的开度小，这就使得在小节气门开度时供油量减小，液压执行元件完成动作的时间延长。

c. 缓冲阀。缓冲阀也称自动变速器软接合阀，图 2-37 所示为一种缓冲阀的结构简图。这主要由滑阀芯 1、阀体 2 和弹簧3 等组成。在阀体 2 上，有 4 个油道，油道 c 是主压力油进油道，并通过内部油道以及节流孔 4 和油道 a 相通，油道 b 为主压力油的出油道，通往换挡执行机构，使换挡执行机构接合，d 为节气门调节压力输入油道。由图 2-37 可见，经节流后的主压力油作用在滑阀芯 1 的左端，节气门调节压力作用在滑阀芯的右端。在换挡时，主压力油经油道 c 进入滑阀的中间。同时也经节流孔 4 进入左端，并克服变化着的节气门调节油压的作用力和弹簧力使滑阀芯右移，使出油孔 b 开度减小，节制和缓冲了换挡执行机构油压的升高。

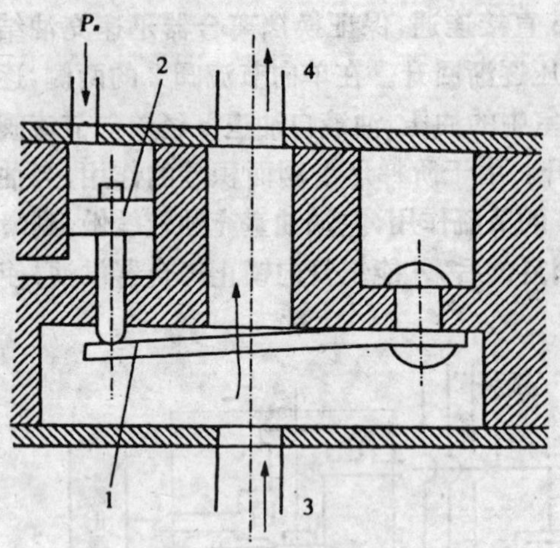

图 2-36　一种限流阀的结构简图

1-弹性阀片；2-柱塞；3-进油口；4-出油口；Pa-节气门信号油压

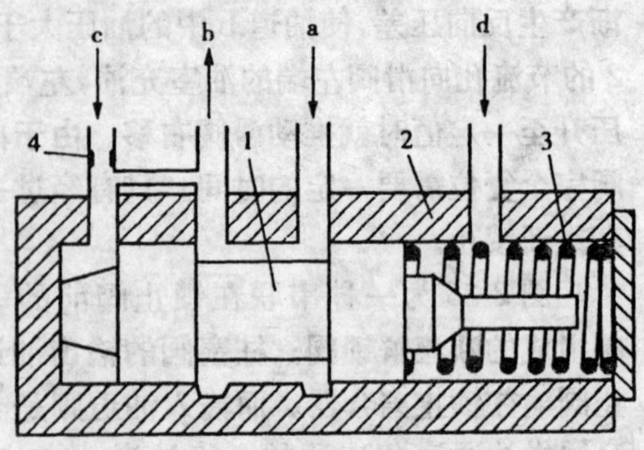

图 2-37　缓冲阀结构示意图

1-滑阀芯；2-阀体；3-弹簧；4-节流孔；a、c-主油压输入油道；b-换挡执行机构油压输出通道；d-节气门调节压力输入油道

d. 蓄能器。蓄能器又称蓄压器或储能器。自动变速器控制系统中采用的一般是弹簧式蓄能器，它由缸筒 1、活塞 2 和弹簧 3 组成，如图 2-38 所示。蓄能器用于储存少量压力油液，其作用是在换挡时，使压力油液迅速流到换挡执行机构的油缸，并吸收和平缓所输送油压的压力波动。当弹簧 3 被压缩时，储存能量，而当弹簧伸长时，释放能量。蓄能器可以只在活塞无弹簧的一侧进油，也可以从活塞两侧都进油。

e. 单向节流阀。单向节流阀布置在换挡阀至换挡执行元件之间的油路中，其作用是对流向换挡执行元件的液压油产生节流作用，在换挡执行元件接合时延缓油压增大的速率，以减小换挡冲击。在换挡执行元件分离时，单向节流阀对换挡执行元件的泄油不产生节流作用，以加快泄油过程，使换挡执行元件迅速分离。单向节流阀有两种型式：一种是弹簧节流阀式，如图 2-39(a)、(b)所示。在充油时，节流阀关闭，液压油只能从节流阀中的节流孔通过，从而产生节流效应；在回油时，液压油将节流阀推开，节流孔不起作用。另一种是是球阀节流孔式，如图 2-39(c)、(d)所示。在充油时，球阀关闭，液压油只能从球阀旁的节流孔经过，减缓了充油过程；回油时，球阀开启，加快了回油过程。

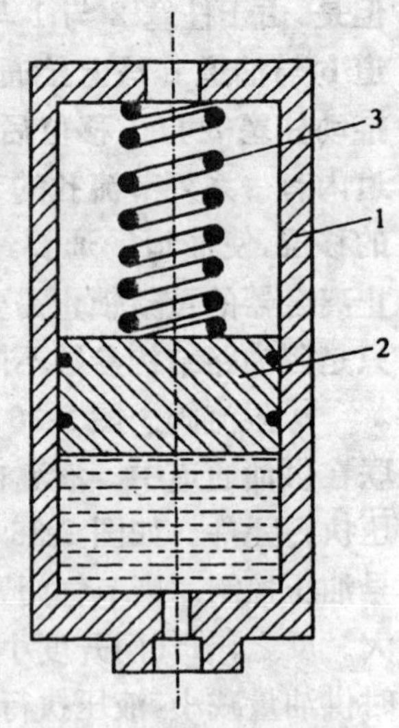

图 2-38　蓄能器的结构简图

1-缸筒；2-活塞；3-弹簧

②自动变速器执行机构的定时控制。换挡过程实际上是摩擦元件的摩擦力交替的过程，在常见的摩擦式离合器——离合器或离合器——制动器换挡中，若摩擦力矩替换过程的定时不当，将会引起输出扭矩的急剧变动。两个离合器之间或离合器与制动器之间摩擦力矩的替换，总会有或多或少的中断间隔或重叠。重叠不足或重叠过多，都会产生不应有的换挡冲击。重叠不足是指待分离的离合器过快地泄油分离，待结合的离合器未能建立足够的油压，因而出现两个离合器传递扭矩间断的现象。在这个重叠不足的时间内，输出扭矩先是下降过多，随后又急剧上升，形成较大的扭矩扰动。与此同时，发动机转速也得不到平稳地过渡，先是因负荷减小而增速，后又因负荷急剧增大而降速。重叠过多是指在待结合的离合器已经能够

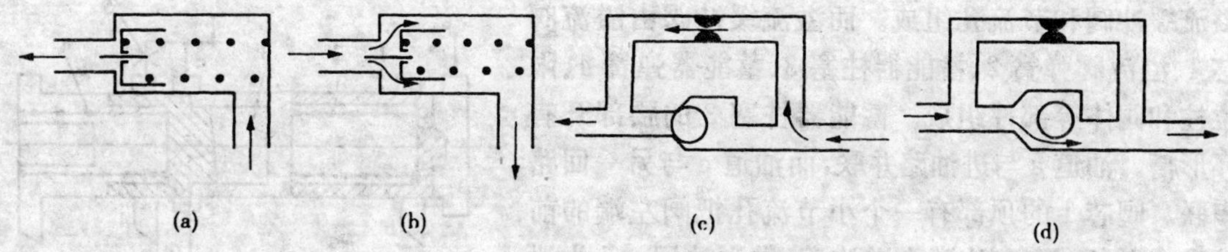

图 2-39 单向节流阀

(a)、(b)弹簧节流阀式；(c)、(d)球阀节流孔式

传递很大的扭矩时，应分离的离合器还没有很好地泄油分离，因而出现两个执行机构同时工作的情况。在一个短暂时间内，两个挡位重叠工作，使发动机和输出轴都受到制动作用，因而输出轴有很大的扭矩扰动。随后又因应分离的离合器分离，使变速器输出轴的转矩又急剧升高。重叠过多的扭矩扰动比重叠不足时更严重。同时发动机的转速先是急降，后在回升，表现出不稳的情况。重叠过多的升档过程最不平稳。所以，要对两个交替换挡的执行元件的泄油、充油过程进行控制，以得到最满意的交替衔接，这就是定时控制。定时控制的元件有定时阀、缓冲定时阀、干预换挡定时阀等。

a. 定时阀。图 2-40 所示是一种定时阀的结构简图。它由阀芯 1、弹簧 2 和节流孔 3 等组成。速度调节油压由油道 c 进入，作用在阀芯的阶梯形环面上，用于控制阀芯的位置。当速度调节油压较小时，阀芯 1 在弹簧 2 的作用下，处于左端位置，油道 a 和油道 b 相通，主压力油液经定时阀、油道 b 顺利进入液压执行元件。当速度调节油压增加至其对阀芯的作用力超过弹簧弹力时，阀芯 1 被推到右端位置，油道 a 与油道 b 间通路被阀芯切断，主压力油液只能经节流孔 3 进入油道 b，通过节流孔 3 控制进油时间。

b. 单向定时阀。图 2-41 为一种单向定时阀的结构简图。它由阀芯 1、弹簧 2、节流孔 4 和单向阀 3 等主要部件组成，它与图 2-40 所示的结构不同之处，仅是增加了一个单向阀，使之在油液流动的一个方向上起定时作用；反向时，油液经单向阀顺利通过，不起定时作用。如图 2-41 所示，当油液从油道 b 流向 a 时，单向阀关闭，油液必须从定时阀流过，其工作原理与图 2-40 所示的定时阀相同。当油液从油道 a 向油道 b 流动时，单向阀打开，油液经单向阀顺利地通过，此时，无定时作用。

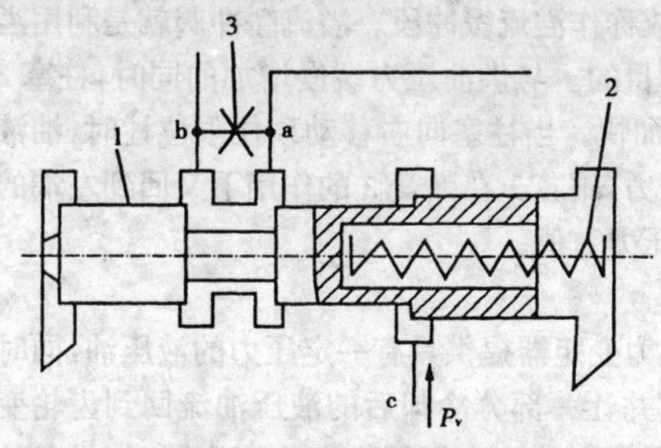

图 2-40 定时阀结构简图

1-阀芯；2-弹簧；3-节流孔；a-主压力油进油道；b-执行元件输油道；c-速度调节压力油液进油道

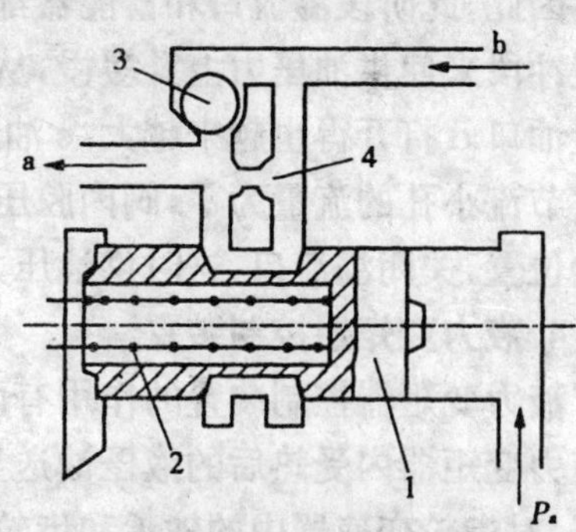

图 2-41 单向定时阀结构简图

1-阀芯；2-弹簧；3-单向阀；4-节流孔

c. 缓冲定时阀。缓冲定时阀的作用除了起溢流缓冲阀控制进油道缓慢升压外，还控制另一油路回油时间，从而达到进、回油的满意交替。图 2-42 是一种缓冲定时阀的结构简图，它由

溢流缓冲阀和节流孔组成。而溢流缓冲阀由溢流阀芯1、溢流阀弹簧2、蓄能器柱塞3、蓄能器弹簧4、限位柱和阀体等部件组成。蓄能器柱塞3的腰部开有环形槽。油道a与进油路并联,而油道c与另一回路串联。阀芯1的顶部有一个小节流孔把阀左端的前腔和内腔相通。b油道为溢油道,供溢油用。d为泄油孔。缓冲定时阀的工作过程可以分为三个阶段:当溢流缓冲阀前腔(阀芯1的左端)中的供油压力较小时,阀芯1与柱塞3处于左端位置的静止状态,油液不流动。油道c与d的通路被切断,此时只有通过节流孔5缓慢回油。此时溢流阀内腔(阀芯1的左端)的油压等于前腔的油压。前腔的油压增加,内腔的油压也随之增加。当内腔的油压增加至使阀内腔的压力油和弹簧2以及油道c中的油压对蓄能器柱塞3的作用力超过弹簧4的作用力时,柱塞3开始向右移动,溢流缓冲阀第一阶段工作状态开始,其特点是柱塞3动作而阀芯1不动,阀芯在弹簧2的作用下还是处在左端位置,随着前腔油压的增加,经过节流小孔进入阀内腔的流量逐渐增加,柱塞运动的速度也逐渐增加。随着从节流孔流过的流量增加,节流小孔前后的压力差也增加,当压力差增加到使压力油对阀芯1向右的作用力超过弹簧2的作用力时,阀芯开始向右移动,溢流缓冲阀第二阶段工作状态开始,其特点是阀芯与柱塞都在运动,柱塞的运动速度大于阀芯的运动速度。此阶段从阀芯开始运动到溢流口打开为止。溢流阀在此阶段中没有溢流。与此同时,柱塞3也移动至将油道c和d连通的位置,使回油畅通,从而完成对回油的定时控制。溢流缓冲阀的第一和第二阶段的缓冲特性与弹簧蓄能器的缓冲特性相同,因此,弹性缓冲段。当阀芯1右移至孔口b并打开溢流口开始溢流时,溢流缓冲阀进入第三阶段工作状态。当溢流口打开到使溢流量接近最大值时,阀芯基本上处于不运动状态,阀芯受力平衡,节流小孔前后的压力差取决于弹簧2对阀芯的作用力。随着柱塞向右移动,弹簧2对阀芯的作用力逐渐减小,而节流小孔前后的压力差也逐渐减小,经过节流小孔的流量也逐渐减小,多余的流量经溢流口b溢出。随着经过节流小孔的流量的逐渐减小,柱塞3向左移动的速度也逐渐减缓,使供油压力逐渐缓慢升高。因此,此阶段溢流口和蓄能器都起缓冲作用,故称作溢流缓冲段。溢流缓冲阀就是利用溢流缓冲段来使供油压力上升缓慢,从而达到缓冲的目的。与供油压力缓慢增加的同时,柱塞3将泄油口d打开得也越来越大,c油道的泄油逐渐加快。当柱塞向右移动顶住限位柱时,油液经过节流小孔的流量为零,阀内腔压力等于供油压力,阀芯1在弹簧2的作用下又回到左端的原始位置,关闭溢流口,这时供油压力才急升到主压力数值。

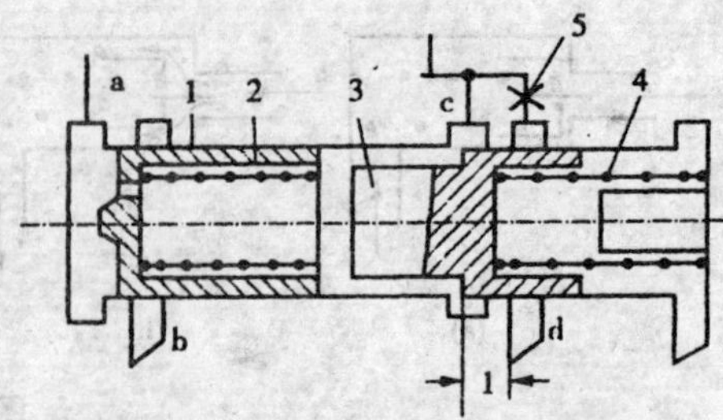

图2-42 缓冲定时阀的结构简图

1-阀芯;2-溢流阀弹簧;3-蓄能器柱塞;4-蓄能器弹簧;5-节流孔;a-进油道;b-溢流道;c-待分离执行机构的回油道;d-泄油口

4.液力变矩器控制装置

液力变矩器控制装置的作用有两个:一是为液力变矩器提供具有一定压力的液压油,同时将液力变矩器内受热后的液压油送至散热器冷却,并让一部分冷却后的液压油流回到齿轮变速器,对齿轮变速器中的轴承和齿轮进行润滑;二是控制液力变矩器中锁止离合器(如果有的话)的工作。液力变矩器控制装置由液力变矩器压力调节阀、泄压阀、回油阀、锁止信号阀、锁止继动阀和相应的油路组成。

(1)液力变矩器压力调节阀

液力变矩器压力调节阀的作用是将主油路压力油减压后送入液力变矩器,使液力变矩器内的液压油的压力保持在196～490 kPa。许多车型自动变速器将液力变矩器压力调节阀和主油路压力调节阀合并为一阀，该阀让调节后的主油路压力油再次减压后进入液力变矩器。液力变矩器内受热后的液压油经液力变矩器出油道被送至自动变速器外部的液压油散热器，冷却后的液压油被送至齿轮变速器中，用于润滑行星齿轮及各部分的轴承。

有些液力变矩器控制装置在液力变矩器进油道上设置了一个限压阀。当进入液力变矩器的液压油压过高时，限压阀开启，让部分液压油泄回到油底壳，以防止液力变矩器中的油压过高而导致油封漏油。另外，在液力变矩器的出油道上常设有一个回油阀，它只有在液力变矩器内的油压高于一定值时才打开，让受热后的液压油进入液压油散热器。该阀不但可以防止液力变矩器内的油压过低而影响动力传递，而且可以降低液压油散热器内的油压，使之低于196 kPa，以防止油压过高造成耐压能力较低的散热器及油管漏油或破裂。

(2)锁止信号阀和锁止继动阀

液力变矩器内锁止离合器的工作是由锁止信号阀和锁止继动阀一同控制的(图2-43)。锁止信号阀上方作用着调速器压力。当车速较低时，调速器压力也较低，锁止信号阀在弹簧的作用下保持在图中上方位置，将通往锁止继动阀主油路切断，从而使锁止继动阀在上方弹簧弹力及主油路油压的作用下保持在图中下方位置，让液力变矩器中锁止离合器压盘左侧的油腔与来自液力变矩器压力调节阀的进油道相通。此时，锁止离合器处于分离状态，发动机动力完全由液力来传递，如图2-43(a)所示。当汽车以超速档行驶，且车速及相应的调速器油压升高到一定数值时，锁止信号阀在调速器压力的作用下，推至下方位置，使来自超速档油路的主油路压力油进入锁止继动阀下端，锁止继动阀在下方主油路油压的作用下上升，让锁止离合器左侧的油腔与泄油口相通，使锁止离合器接合，发动机动力经锁止离合器直接传至涡轮输出，如图2-43(b)所示。

五、电液控制系统的结构与原理

电控自动变速器采用电液控制系统，该系统由电子控制系统和阀体两大部分组成。

(一)电子控制系统

如图2-44所示，电子控制系统由传感器、控制开关、ECU等部件组成。

1.传感器

用于电控自动变速器的传感器主要有节气门位置传感器、车速传感器、发动机转速传感器、输入轴转速传感器、发动机冷却液温度传感器、ATF油温度传感器等。

节气门位置传感器、发动机转速传感器、发动机冷却液温度传感器等均和发动机控制系统共用，结构原理相同，这里不再赘述。

车速传感器安装在变速器输出轴附近，信号盘安装在输出轴上。输入轴转速传感器安装在行星齿轮机构输入轴(液力变矩器涡轮输出轴)附近，或与输出轴连接的离合器鼓附近的壳体上，用于检测输入轴的转速，并将信号送入ECU，以便精确地控制换挡过程，另外，它还作为液力变矩器涡轮的转速信号，与发动机转速即液力变矩器泵轮转速信号进行比较，计算出液力变矩器的传动比，以优化锁止离合器的控制过程，减小换挡冲击，改善汽车的行驶平顺性。这两种转速传感器采用电磁感应式、光电式或霍尔式传感器，和发动机转速传感器相比，只是安装位置不同，基本结构和工作原理完全一样。在此也不再赘述。

ATF油温度传感器安装在自动变速器油底壳内的液压阀阀体上，用于连续监测ATF油的温度，以作为ECU进行换挡控制、油压控制、锁止离合器控制的依据。ATF油温度传感器同发动机冷却液温度传感器一样，采用热敏电阻形式。

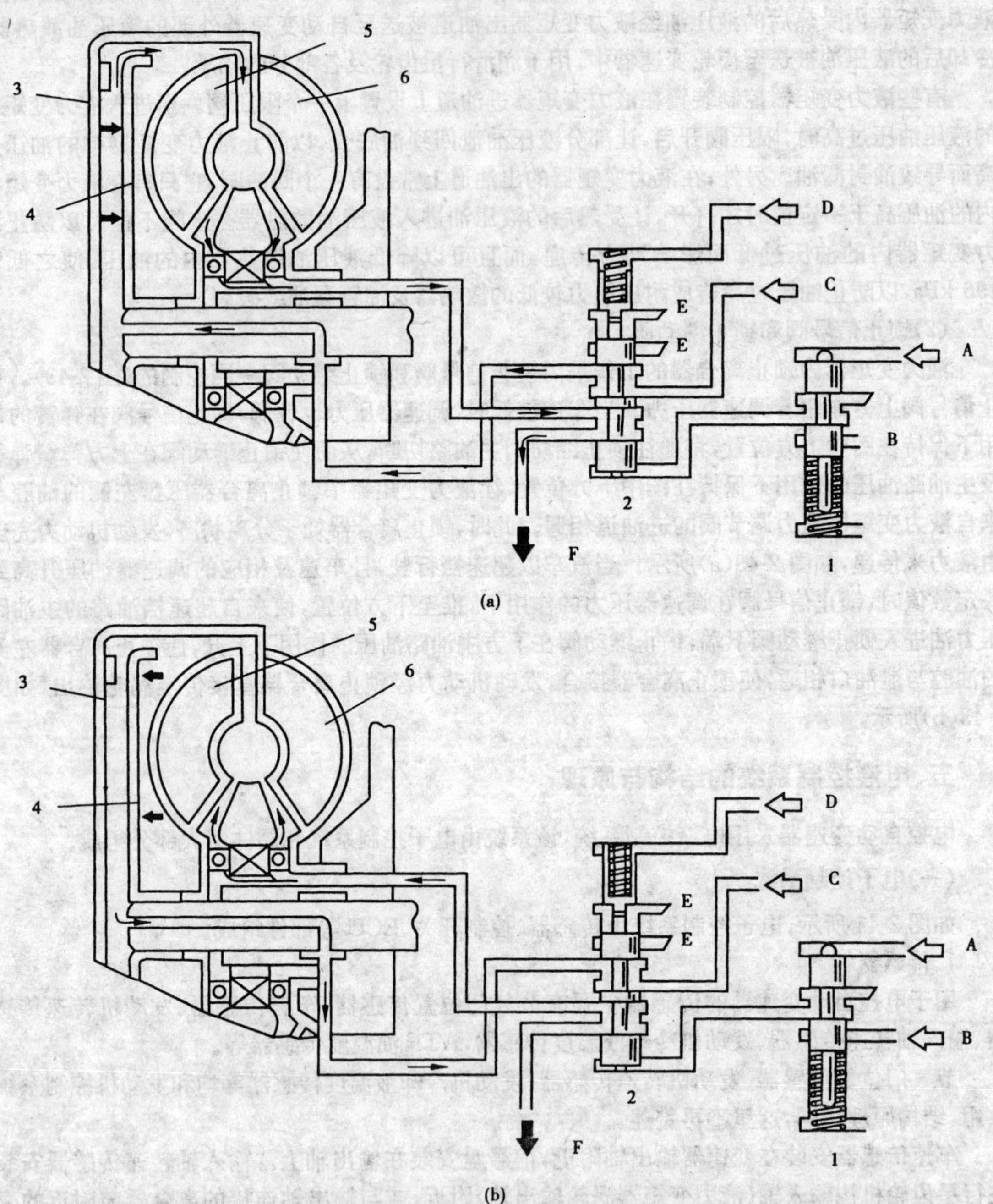

图2-43　锁止信号阀和锁止继动阀

(a)锁止离合器分离；(b)锁止离合器接合

1-锁止信号阀；2-锁止继动阀；3-液力变矩器壳；4-锁止离合器；5-涡轮；6-泵轮；A-来自调速器；B-来自超速档油路；C-来自液力变矩器阀；D-来自主油路；E-泄油口；F-至油底壳

除了上述各种传感器之外，自动变速器的控制系统还将大气压力信号、进气温度信号等，作为控制自动变速器的参考信号。

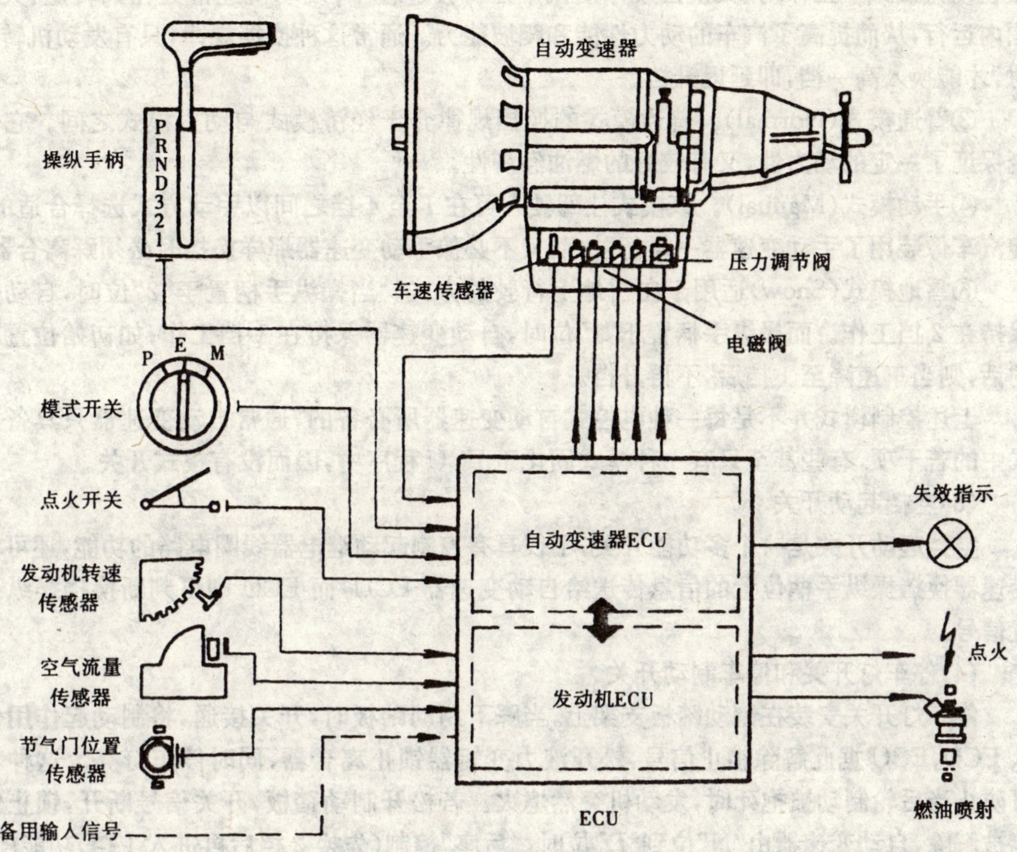

图 2-44　自动变速器的电子控制系统构成

2.控制开关

电子控制装置中常用的开关有超速挡开关、模式开关、空挡起动开关和制动灯开关等。

(1)超速挡开关

超速挡开关通常装在自动变速器操纵手柄上,用于控制自动变速器的超速档。在驾驶室仪表盘上,有超速档切断指示灯("O/D OFF"指示灯)显示超速档开关的状态。当超速档开关接通时,从蓄电池来的 12 V 电压信号经超速档切断指示灯,送入自动变速器 ECU。ECU 才允许变速器使用超速档。当超速档开关断开时,超速挡切断指示灯亮,并将 0 V 电压信号送给 ECU,ECU 切断超速挡的工作。

(2)模式开关

模式开关又称程序开关,用于选择自动变速器的控制模式,即选择自动变速器的换挡规律,以满足不同的使用要求。常见的控制模式大致有以下几种。

①经济模式(Economy)。该模式以汽车获得最佳燃油经济性为目标设计换挡规律。当自动变速器在经济模式下工作时,其换挡规律使汽车在行驶过程中,发动机经常在经济转速范围内运行,从而降低了燃油消耗。这种换挡规律,通常当发动机转速相对较低时,就会换入高一档,即提前升档。

②动力模式(Power)。该模式以汽车获得最大动力性为目标设计换挡规律。当自动变速

器在动力模式下工作时，其换挡规律使汽车在行驶过程中，发动机经常处在大转矩、大功率范围内运行，从而提高了汽车的动力性能和爬坡能力。通常这种换挡规律，只有发动机转速较高时，才能换入高一档，即延迟升档。

③普通模式(Normal)。普通模式的换挡规律介于经济模式与动力模式之间。它使汽车既保证了一定的动力性，又有较好的燃油经济性。

④手动模式(Manual)。该模式让驾驶人可在 1 至 4 挡之间以手动方式选择合适的挡位，使汽车像装用了手动变速器一样行驶，而又不必像手动变速器那样换挡时必须踩离合器踏板。

⑤雪地模式(Snow)适用于在雪地上行驶的方式。当操纵手柄置于“2”位时，自动变速器保持在 2 挡工作。而操纵手柄置于“1”位时，自动变速器保持在 1 挡工作；如初始位置在 2 挡的话，则当车速降至 1 挡后，不再升挡。

上述控制模式并不是每一种电控式自动变速器所必备的，通常自动变速器只具备这些模式中的若干项，有些甚至只有一种模式固化于 ECU 程序中，因而没有模式开关。

(3)空挡起动开关

空挡起动开关是一个多功能开关，不仅具有控制起动继电器线圈电路的功能，还可将自动变速器换挡操纵手柄位置的信息传送给自动变速器 ECU，而 ECU 则可判断换挡操纵手柄位置信号。

(4)停车灯开关和停车制动开关

停车灯开关安装在制动踏板支架上，当踩下制动踏板时，开关接通，将制动起作用信息输入 ECU，ECU 据此解除锁止信号，松开液力变矩器锁止离合器，同时停车灯亮。这种功能还可防止当后轮制动被抱死时，发动机突然熄火。若松开制动踏板，开关信号断开，锁止信号不能被解除，自动变速器由“N”位到“D”位时，“后座”控制(先换 2 档后再进入 1 档)功能停止。

3.电磁阀

电液控制自动变速器中，ECU 根据各传感器和开关提供的信号，控制各电磁阀的接通和断开。

(1)开关式电磁阀

开关式电磁阀的作用是接通和断开自动变速器油路，可用于控制换挡阀及液力变矩器的锁止离合器锁止阀。开关式电磁阀由电磁线圈、衔铁、阀芯和回位弹簧等组成(图 2-45)。当线圈不通电时，阀芯被油压推开，球阀在油压作用下关闭泄油孔，打开进油孔，使主油路压力油进入控制油道〔图 2-45(a)〕；当线圈通电时，电磁力使阀芯下移，推动球阀关闭进油孔，打开泄油孔，控制油道内的压力油由泄油孔泄空〔图 2-45(b)〕。

(2)脉冲式电磁阀

脉冲式电磁阀的结构与开关式电磁阀基本相似，也是由电磁线圈、衔铁、阀芯等组成(图 2-46)，其作用是控制油路中油压的大小。与开关式电磁阀不同之处在于，控制脉冲式电磁阀工作的电信号不是恒定不变的电压信号，而是一个频率固定的脉冲电信号。电磁阀在脉冲电信号的作用下，不断反复地开启和关闭泄油孔，ECU 通过改变脉冲的宽度，或者说是每个脉冲周期内电流接通和断开的时间比例，即所谓占空比来改变电磁阀开启和关闭的时间比例，而达到控制油路压力的目的。占空比越大，经电磁阀泄出的自动变速器油就越多，油路压力就越低；反之，占空比越小，油路压力就越高。

脉冲式电磁阀一般安装在主油路或蓄压器背压油路中，通过 ECU 控制，在自动变速器自

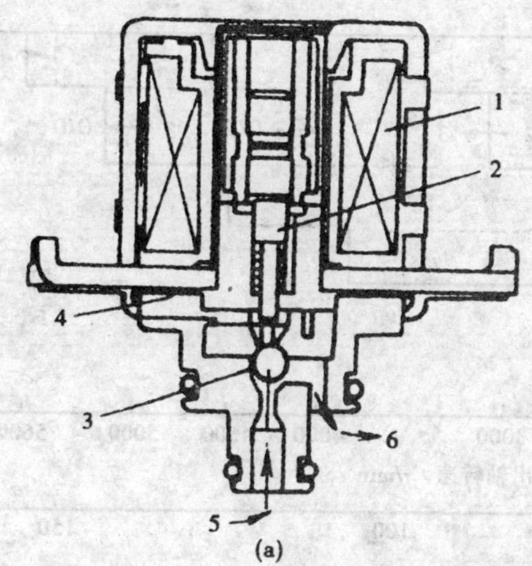

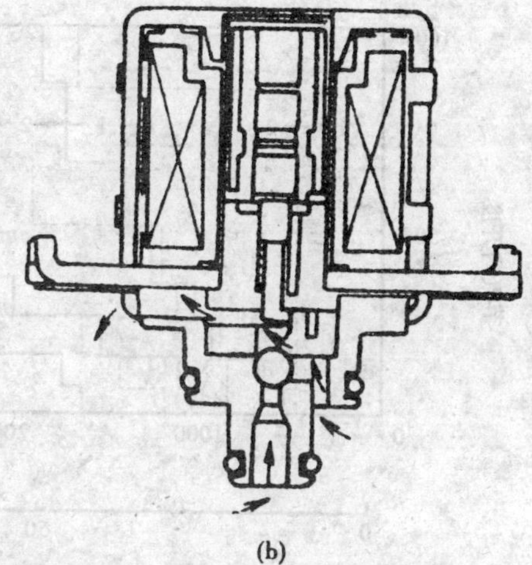

图 2-45 开关电磁阀

(a)进油孔打开;(b)进油孔关闭

1-电磁线圈;2-衔铁和阀芯;3-阀球;4-泄油孔;5-主油道;6-控制油道

动升档及降挡瞬间,或者在锁止离合器接合及分离动作开始时,使油压下降,以减少换挡和接合与分离冲击,使车辆行驶更平稳。

(二)ECU 的控制功能

1.换挡控制

换挡控制即控制自动变速器的换挡时刻,也就是在汽车达到某一车速时,让自动变速器升档或降档。ECU 控制可以让自动变速器在汽车的任何行驶条件下,都按最佳换挡时刻进行换挡,从而,使汽车的动力性和经济性等指标达到最佳。

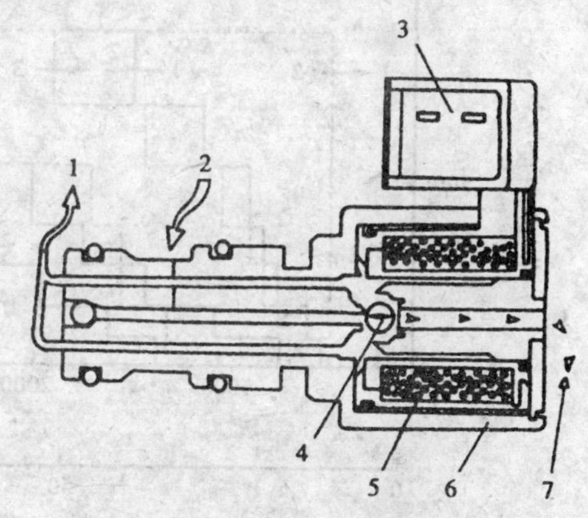

图 2-46 脉冲式电磁阀

1-自动变速器出油口;2-自动变速器进油口;3-导线连接器;4-限流钢球;5-线圈;6-骨架;7-泄压口

汽车自动变速器的换挡操纵手柄或模式开关处于不同位置时,对汽车的使用要求不同,换挡规律也不同,通常 ECU 将汽车在不同使用要求下的最佳换挡规律以自动换挡图的形式储存在存储器中。汽车在行驶时,ECU 根据模式开关和换挡操纵手柄的信号,从存储器中选出相应的自动换挡图,再将车速传感器、节气门位置传感器测得的车速、节气门开度与所选的自动换挡图进行比较。如在一定节气门开度下,行驶的汽车达到设定的换挡车速时,ECU 便向换挡电磁阀发出电信号,由电磁阀的动作决定压力油通往各换挡执行元件的流向,以实现挡位的自动变换。

汽车最佳换挡车速主要取决于汽车行驶时的节气门开度。不同节气门开度下的最佳换挡车速可以用自动换挡图来表示,如图 2-47 所示。由图可知,节气门开度越小,汽车的升档车速和降档车速越低;反之,汽车升档和降档车速越高。

图 2-47(a)、(b)、(c)分别为该自动变速器在"D"位时的换挡规律。由于模拟节气门开度的电参数是阶梯形变化的,换挡规律也呈阶梯式变化。由图可知,节气门开度相同时,动力模式的各档升档车速及降档车速都要比经济模式各档升档车速及降档车速高,升档车速越高,加速动力性能越好;反之,升档车速低,则燃油经济性就越好。

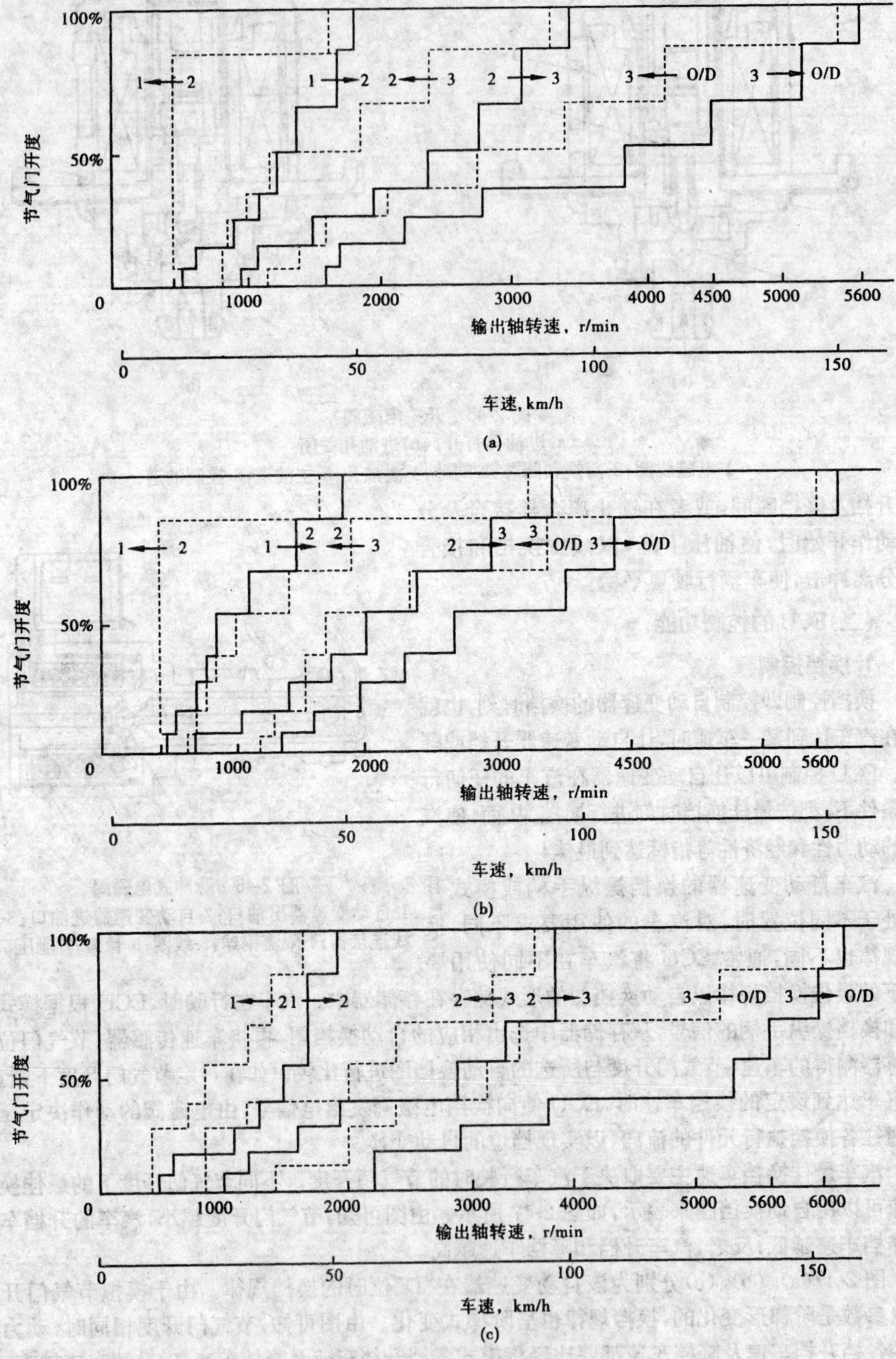

图 2-47 “D”位时的换挡规律

(a)自动换挡图；(b)经济模式；(c)动力模式

2. 电子车速控制

电子车速控制系统能自动控制车速，使汽车按选定的车速稳定行驶，无须驾驶人反复调节节气门开度。当然，在必要时，也可脱开这种自动方式，转而由驾驶人控制车速。电子车速控制系统由ECU和真空执行机构组成，后者包括真空调节器、节气门驱动伺服膜盒、车速控制开关和制动踏板上的真空解除开关等部分(图2-48)。ECU按车速传感器提供的车速信号，控制真空机构工作。根据ECU的输出信号，电磁滑阀可调节控制进入该机构的新鲜空气量，从而，能控制作用于伺服膜盒内的真空度。当车速低时，真空调节器供给的空气量减少，使伺服膜盒内的真空度增加，通过膜片的移动，使节气门开大。反之，当车速高于控制车速时，真空调节器供给的空气量就会增加，伺服膜盒内的真空度降低，使节气门开度减小。

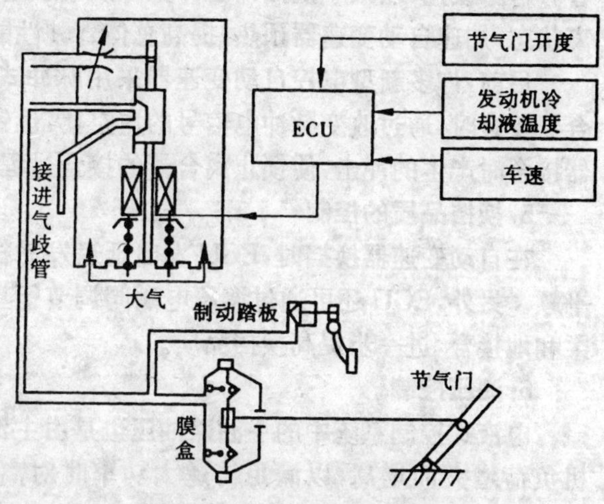

图2-48 电子车速控制系统

正常行驶时，在发动机进气管负压和真空调节器供给定量空气的共同作用下，伺服膜盒内保持一定的真空度，控制汽车按预定速度稳定行驶。当汽车以巡航方式在超速挡行驶时，若实际行驶车速低于标准车速4 km/h以上，巡航ECU将向自动变速器ECU发出信号，要求自动退出超速挡。这种控制功能还可以防止自动变速器在发动机冷却液温度低于60℃时进入超速挡工作。

3. 自动模式控制

在有模式开关的电控自动变速器上，驾驶人可以通过该开关来改变自动变速器的控制模式。目前，一些新型的电控自动变速器由于采用了新型的ECU，具有很强的运算和控制功能，并具有一定的智能控制能力，因此，这种自动变速器可以取消模式开关，由ECU进行自动模式选择控制。ECU通过各个传感器测得汽车行驶状况和驾驶人的操作方式，经过运算分析，自动选择采用经济模式、动力模式或普通模式进行换挡控制，以满足不同的行驶要求。ECU在进行自动模式选择控制时，主要参考换挡操纵手柄的位置及加速踏板被踩下的速率高低，以判断驾驶人的操作目的，自动选择控制模式。

(1)当换挡操纵手柄位于前进低挡(“S”位或“2”位、“L”位或“1”位)时，ECU只选择动力模式。

(2)在前进挡(“D”位)，当加速踏板被踩下的速率较低时，ECU选择经济模式；当加速踏板被踩下的速率超过控制程序中所设定的速率时，ECU由经济模式转变为动力模式。

(3)在前进挡(“D”位)，ECU选择动力模式时，一旦节气门开度低于12.5%，换挡规律即由动力模式转换为经济模式。

4. 锁止离合器的控制

ECU内储存有不同行驶模式下控制锁止离合器工作的程序，根据车速传感器和节气门位置传感器发出的信号，ECU可以控制锁止电磁阀的开和关，从而控制锁止离合器的接合或分离。

ECU在以下几种情况下可强制解除锁止：当汽车采取制动或节气门全闭时，为防止发动机失速，ECU切断通向锁止电磁阀的电路，强行解除锁止。在自动变速器升降档过程中，ECU暂时解除锁止，以减小换挡冲击。如果发动机冷却液的温度低于60℃，锁止离合器应处于分离状态，加速自动变速器预热，提高总体驾驶性能。

目前，许多新型电控自动变速器采用脉冲式电磁阀作为锁止电磁阀，ECU在控制锁止离合器接合时，通过改变脉冲电信号的占空比，让锁止电磁阀的开度逐渐增大，以减小锁止离合器接合时产生的冲击，使锁止离合器的接合过程变得柔和。

5.换挡品质的控制

在自动变速器换挡时，ECU发出延迟发动机点火的信号，通过控制发动机转矩保证换挡平顺。另外，ECU还可通过调压电磁阀调节行星齿轮系统执行机构的工作压力，使执行元件柔和地接合，进一步提高换挡品质。

6.油压控制

电液式控制系统中的主油路油压也是由主油路调压阀调节的，并且主油路油压应随发动机负荷增大而增高，以满足传递大功率时对离合器、制动器等执行元件液压缸工作压力的要求。

目前，不少新型电控自动变速器的电液式控制系统已完全取消了由节气门拉索或节气门真空罐控制的节气门阀，而以一个油压电磁阀来产生节气门油压。油压电磁阀是脉冲式电磁阀，ECU根据节气门位置传感器测定的节气门开度，控制发往油压电磁阀的脉冲信号的占空比，以改变油压电磁阀排油孔的开度，使主油路油压随节气门开度而变化。节气门开度越大，脉冲电信号的占空比越小，油压电磁阀的排油孔开度越小，节气门油压也就越大。节气门油压被作为控制油压反馈到主油路调压阀，使主油路调压阀随着节气门开度的变化调节主油路压力的高低，以获得不同发动机负荷下主油路压力的最佳值，并将驱动油泵所需的动力减少到最小。

7.发动机制动控制

现在，一些新型电控自动变速器的强制离合器或强制制动器（为利用发动机的制动作用而设置的执行元件）的工作，也是由ECU通过电磁阀来控制的，ECU按照设定的控制程序，在换挡操纵手柄位置、车速、节气门开度等满足一定条件时，向强制离合器电磁阀或强制制动器电磁阀发出电信号，打开强制离合器或强制制动器的控制油路，使之接合或制动，让自动变速器具有反向传递动力的能力，从而，在汽车滑行时可以实现发动机制动。

(三)阀体

电液式控制系统的控制阀也是采用由各种控制阀组成的阀体，它和液压式控制系统的阀体具有相似的结构。早期的电液式控制系统阀体中的换挡阀和液力变矩器锁止控制阀的工作是由ECU通过电磁阀来控制，其余的控制阀（如主油路调压阀、手动阀、节气门阀、强制降档阀等）的结构、工作原理与液压式控制系统基本相同。目前，新型电液式自动变速器的阀板除了换挡阀和液力变矩器锁止离合器的锁止控制阀的工作由ECU通过电磁阀控制外，还取消了由节气门拉索操纵的节气门阀，而使用由ECU控制的油压电磁阀来产生节气门油压，并让主油路调压阀的工作受控于油压电磁阀。

1.换挡阀

电液式控制系统换挡阀的工作完全由换挡电磁阀控制。其控制方式有两种：一种是加压控制，即通过开启或关闭换挡阀控制油路进油孔来控制换挡阀的工作；另一种是泄压控制，即通过接通或切断换挡阀控制油路的泄油孔来控制换挡阀的工作。加压控制方式的工作原理如图 2-49 所示。压力油经电磁阀后通至换挡阀的左端。当电磁阀关闭时，没有油压作用在换挡阀左端，换挡阀在右端弹簧力的作用下移向左端〔图 2-49(a)〕；当电磁阀开启时，压力油作用在换挡阀左端，使换挡阀克服弹簧力右移〔图 2-49(b)〕，从而改变油路，实现挡位变换。

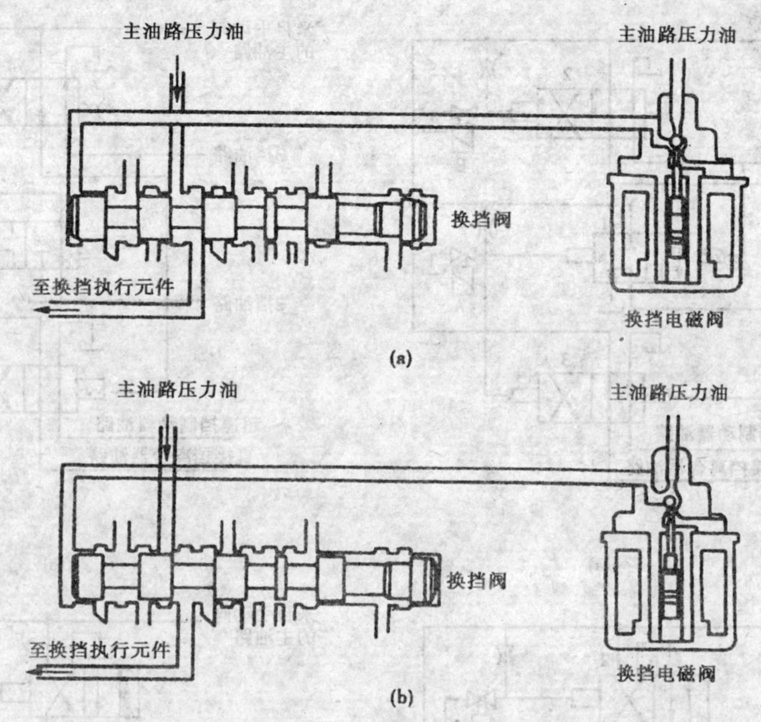

图 2-49　电液控制系统换挡阀的工作原理

(a)电磁阀关闭；(b)电磁阀开启

有 4 个前进挡的自动变速器通常有 3 个换挡阀。这 3 个换挡阀可以分别由 3 个换挡电磁阀来控制，也可以只用两个电磁阀来控制，并通过 3 个换挡阀之间油路的互锁作用实现 4 个挡位的变换。目前大部分电控自动变速器采用由两个电磁阀操纵 3 个换挡阀的控制方式。这种换挡控制的工作原理如图 2-50 所示。它采用泄压控制的方式。由图中可知，1—2 档换挡阀和 3—4 挡换挡阀由电磁阀 A 控制，2—3 挡换挡阀则由电磁阀 B 控制。电磁阀不通电时关闭泄油孔，来自手动阀的主油路压力油通过节流孔后，作用在各换挡阀右端，使阀芯克服弹簧力左移。电磁阀通电时泄油孔开启，换挡阀右端压力油被泄空，阀芯在左端弹簧力的作用下右移。

图 2-50(a)为 1 挡，此时电磁阀 A 断电，电磁阀 B 通电，1—2 挡换挡阀阀芯左移，关闭 2 挡油路；2—3 挡换挡阀阀芯右移，关闭 3 挡油路。同时使主油路油压作用在 3—4 挡换挡阀阀芯左端，让 3—4 挡换挡阀阀芯停留在右位。

图 2-50(b)为 2 挡，此时电磁阀 A 和电磁阀 B 同时通电，1—2 挡换挡阀右端油压下降，阀芯右移，打开 2 挡油路。

图 2-50(c)为 3 挡，此时电磁阀 A 通电，电磁阀 B 断电，2—3 挡换挡阀右端油压上升，阀芯

左移，打开3挡油路。同时使主油路压作用在1－2挡换挡阀左端，并让3－4挡换挡阀阀芯左端控制压力泄空。

图2-50(d)为4挡，此时，电磁阀A和电磁阀B均不通电，3－4挡换挡阀阀芯右端控制压力上升，阀芯左移，关闭直接挡离合器油路，接通超速档制动器油路。由于1－2挡换挡阀阀芯左端作用着主油路油压，虽然右端有压力油作用，但阀芯仍保持在右端不能左移。

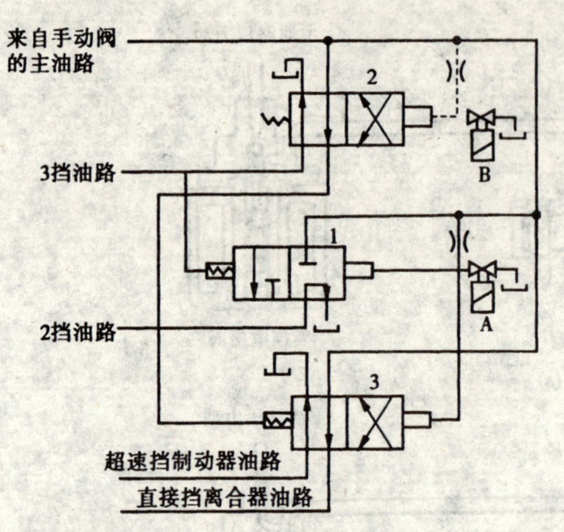

(a)

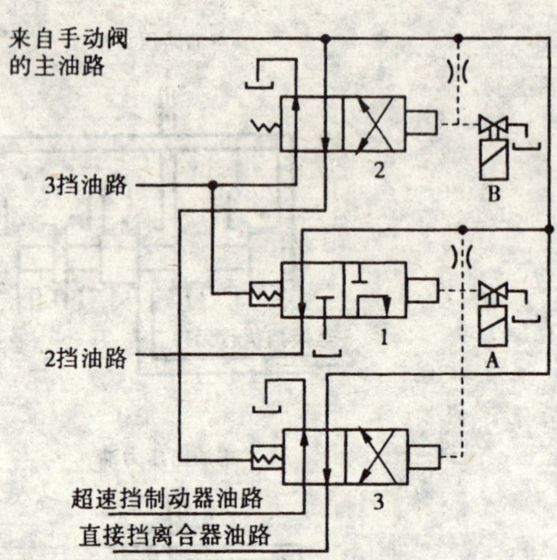

(b)

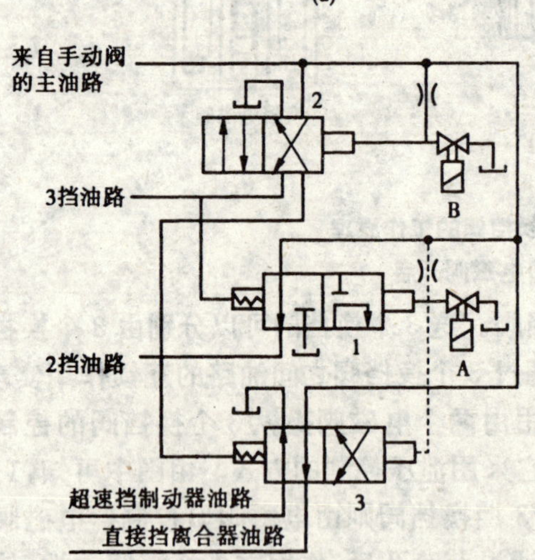

(c)

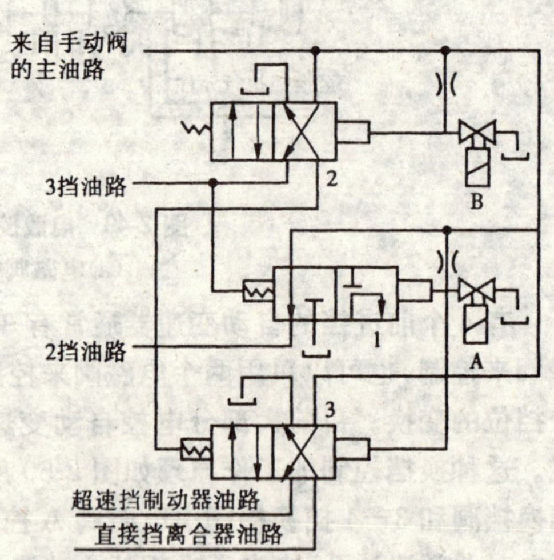

(d)

图2-50 电控自动变速器换挡液压系统原理

(a)1挡；(b)2挡；(c)3挡；(d)4挡

A、B-换挡电磁阀；1-2挡换挡阀；2-2-3挡换挡阀；3-3-4挡换挡阀

2.锁止离合器控制阀

一种是电控式自动变速器的锁止电磁阀采用开关式电磁阀，主油路压力油经节流孔作用在锁止离合器控制阀的右端(图2-51)，锁止离合器控制阀的左端作用着弹簧力。当车速、节气

门开度等因素未达到锁止条件时，锁止电磁阀不通电，电磁阀的排油孔开启，作用在锁止离合器控制阀右端的控制油压下降，使阀芯在弹簧的作用下处于右位，来自液力变矩器阀的压力油经锁止离合器控制阀，同时作用在液力变矩器内锁止离合器活塞两侧，从而使锁止离合器处于分离状态〔图 2-51(a)〕。当车速、节气门开度等因素满足锁止条件时，ECU 向锁止电磁阀发出信号，电磁阀排油孔关闭，作用在锁止离合器控制阀右端的控制油压上升，阀芯在右端控制油压的作用下左移，此时，锁止离合器活塞右侧的 ATF 油经锁止离合器控制阀泄压，活塞左侧的液力变矩器油压将活塞压紧在液力变矩器壳体上，使锁止离合器处于接合状态〔图 2-51(b)〕。

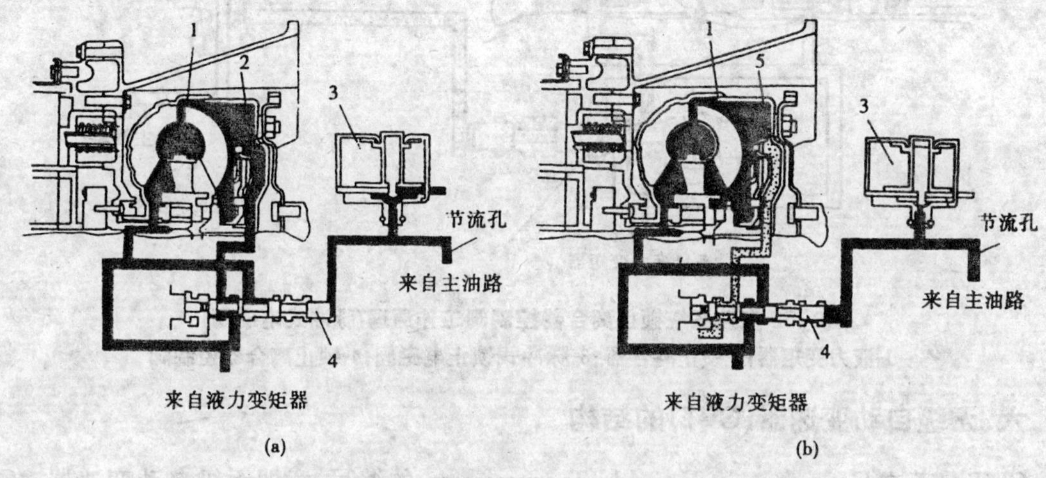

图 2-51　电控系统锁止离合器控制阀工作原理(开关式电磁阀)

(a)分离；(b)接合

1-液力变矩器；2-处于分离状态的锁止离合器；3-锁止电磁阀；4-锁止离合器控制阀；5-处于接合状态的锁止离合器

另一种是目前用于一些新型的电控自动变速器上，锁止电磁阀采用脉冲式电磁阀，使 ECU 可以利用脉冲电信号占空比大小来调节锁止电磁阀的开度，以控制作用在锁止离合器控制阀右端的油压，由此调节锁止离合器控制阀左移时排油孔的开度，从而控制锁止离合器活塞右侧油压的大小(图 2-52)。当作用在锁止电磁阀上的脉冲电信号的占空比为 0 时，电磁阀关闭，没有油压作用在锁止离合器控制阀右端，此时，锁止离合器活塞左右两侧的油压相同，锁止离合器处于分离状态；当作用在锁止电磁阀上的脉冲电信号的占空比较小时，电磁阀的开度和作用在锁止离合器控制阀右端的油压以及锁止控制阀左移打开的排油孔开度均较小，锁止离合器活塞左右两侧油压差以及由此而产生的锁止离合器接合力也较小，使锁止离合器处于半接合状态。脉冲信号的占空比越大，锁止离合器左右两侧的油压差以及锁止离合器的接合力也越大。当脉冲电信号的占空比达到一定数值时，锁止离合器即可完全接合。这样，ECU 在控制锁止离合器接合时，可以通过电磁阀来调节其接合速度，让接合力逐渐增大，使接合过程更加柔和。有些车型的自动变速器 ECU 还具有滑动锁止控制程序，也就是在汽车的行驶条件已接近但尚未达到锁止控制程序所要求的条件时，先让锁止离合器处于摩滑状态(即半接合状态)，液力变矩器处于半机械半液力传动工况。

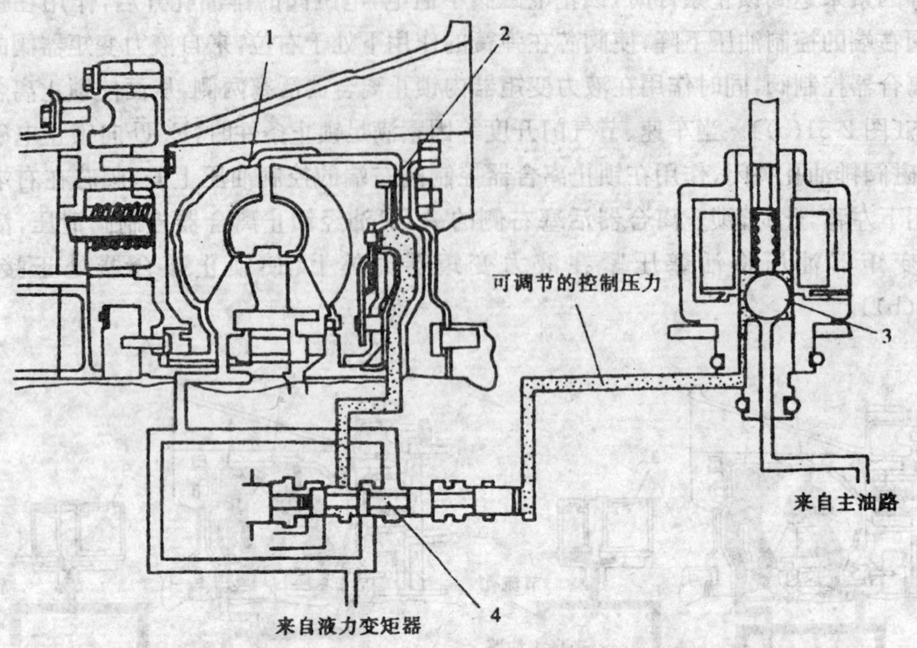

图2-52 电控系统锁止离合器控制阀工作原理(脉冲式电磁阀)
1-液力变矩器;2-锁止离合器;3-脉冲式锁止电磁阀;4-锁止离合器控制阀

六、无级自动变速器(CVT)的结构

CVT是英文Continuously Variable Transmission的缩写,意即无级自动变速器。CVT是由两组变速轮盘和一条传动带组成的。CVT采用传动带和工作直径可变的主、从动轮相配合传递动力,CVT可以自动改变传动速比,实现传动速比的全程无级连续改变,没有传统自动变速器换挡时那种"停顿"的感觉,从而得到传动系统与发动机工况的最佳匹配,提高车辆的燃油经济性和动力性,改善驾驶者的操纵方便性及乘坐舒适性。因此,它是一种比较理想的汽车动力传动装置。

(一)CVT的基本构成和变速原理

各种型号的CVT的主要差别集中在发动机动力传递到主动带轮的过程以及带轮半径和夹紧力的控制方法上。目前。CVT的控制一般都采用电子控制模式,即可以在自动状态下运行,也可以选择特定的控制程序,增加驾驶的便利性。CVT除了标准挡位外,换挡操纵手柄也可以移至另一个平行的挡位,在"+"或"-"之间变换。

1.无级变速机构

CVT无级自动变速器的关键部件为无级变速机构,其作用是使自动变速器在起始转矩和终结转矩多种速比之间连续调整,最终自动选用最佳速比,使发动机始终处于最佳速比范围之内,无需再考虑工作性能和燃油经济性。如图2-53所示,无级变速机构由两组锥形轮组成,包括一对主动锥形轮和一对被动锥形轮,同时有一根链条运行在两对锥形轮V形沟槽中间。主动锥形轮由发动机的辅助减速机构驱动,发动机的动力通过链条传递给被动锥形轮直至终端驱动。在每组锥形轮中有一个锥形轮可以轴向移动,两组锥形轮必须保持协调相同的调整(图2-54),以保证链条始终处于张紧状态。链条采用多片式钢制链条,在主动锥形轮相对被动锥形轮工作直径较小时，主动锥形轮可以传递给被动锥形轮较大的牵引转矩，部分轿车的牵引转矩可高达 300 N·m。奥迪 Multitronic 系统的无级变速机构的特点是，链条与锥形轮之间依靠链销两端与锥形轮之间产生的摩擦力传递转矩，链片只承受拉力，使钢制链条无磨损或打滑，链条的使用寿命与汽车寿命相同。

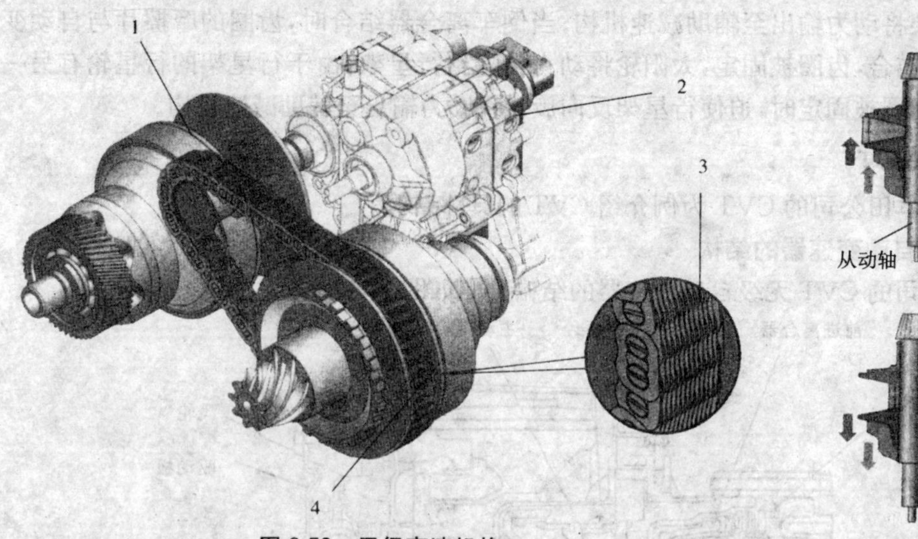

图 2-53 无级变速机构

1-主动锥形轮；2-发动机的辅助减速机构；3-钢制链条；4-被动锥形轮

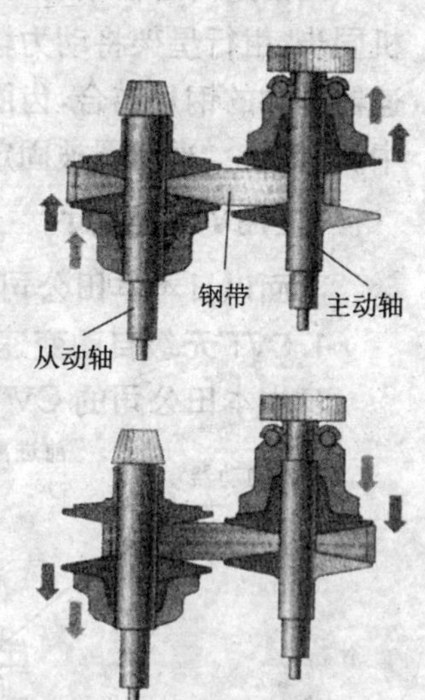

图 2-54 无级变速机构的传动原理

2.双联活塞

CVT 的速比变化依靠两组锥形轮不断改变工作直径，即每组锥形轮均有一个可轴向移动的锥形轮，其轴向移动由发动机驱动的液压泵提供。为减少发动机功率消耗，根据“双联活塞”原理，该系统采用两个 ATF 油泵独立驱动的液压控制系统，分别负责提供改变传动速比的锥形轮轴间移动力和保持锥形轮与链条之间摩擦力的推力。机构中大截面活塞负责向锥形轮和链条提供推力保持摩擦力；小截面活塞负责向锥形轮轴向移动提供推力改变速比。该系统的设计特点是：单纯改变速比时用小截面活塞和低油压，大截面活塞仅提供一定压力保持摩擦力。当锥形轮轴向移动改变速比时，液压控制系统可使用小功率油泵，减小液压控制系统损耗和发动机功率损耗，功能分流可使速比响应迅速，大截面活塞油压无需变化。另外，在奥迪 Multitronic 系统中还设置了一个牵引力传感器，该传感器一旦检测到锥形轮打滑或牵引阻力改变时，即通知 ECU 改变大截面活塞油压，进行增压或减压，例如，车轮在湿滑路面上打滑或在粗糙路面上牵引阻力加大时，ECU 便会根据牵引力传感器传来的信息改变大截面活塞油压。

3.动力连接

为消除发动机与自动变速器之间的摩擦损耗，发动机与 CVT 之间以飞轮减振装置代替一般液力自动变速器的液力变矩器，以刚性连接代替柔性连接；其动力输出采用行星齿轮系统及两组湿式可变压力油冷式离合器，压力可随发动机输出转矩大小而改变。可变压力油冷式离合器具有软连接的功能，能满足车辆起步、停车和换挡的需要。可变压力油冷式离合器的电子液压控制过程是：ECU 连续采集传感器的输入信号（包括发动机转速、自动变速器输入转速、加速踏板位置、发动机转矩、行驶阻力和 ATF 油温等），经过比较、运算决定相应的油压值，如果实际值与标定值的偏差太大，自动变速器自动执行关断。离合器的过载保护过程与其相似，当ECU检测到油压过高(离合器过载)时，便使发出控制信号使发动机的转矩降低；离合器冷却后，在很短的时间内发动机的转矩即恢复到原有转矩值。

4.变速原理

当前进离合器结合时，行星齿轮系统太阳轮的钢片与行星架的摩擦片结合成一体，与发动机同步，由行星架将动力输出至辅助减速机构；当倒车离合器结合时，齿圈的摩擦片与自动变速器壳体的钢片结合，齿圈被固定，太阳轮将动力传递给行星架；由于行星架的行星轮有另一中间行星轮，当齿圈被固定时，迫使行星架反向旋转将动力输出至辅助减速机构。

(二)CVT的结构

下面以日本本田公司的CVT为例介绍CVT的具体结构。

1.CVT无级自动变速器的结构

日本本田公司的CVT无级自动变速器的结构剖面如图2-55所示。

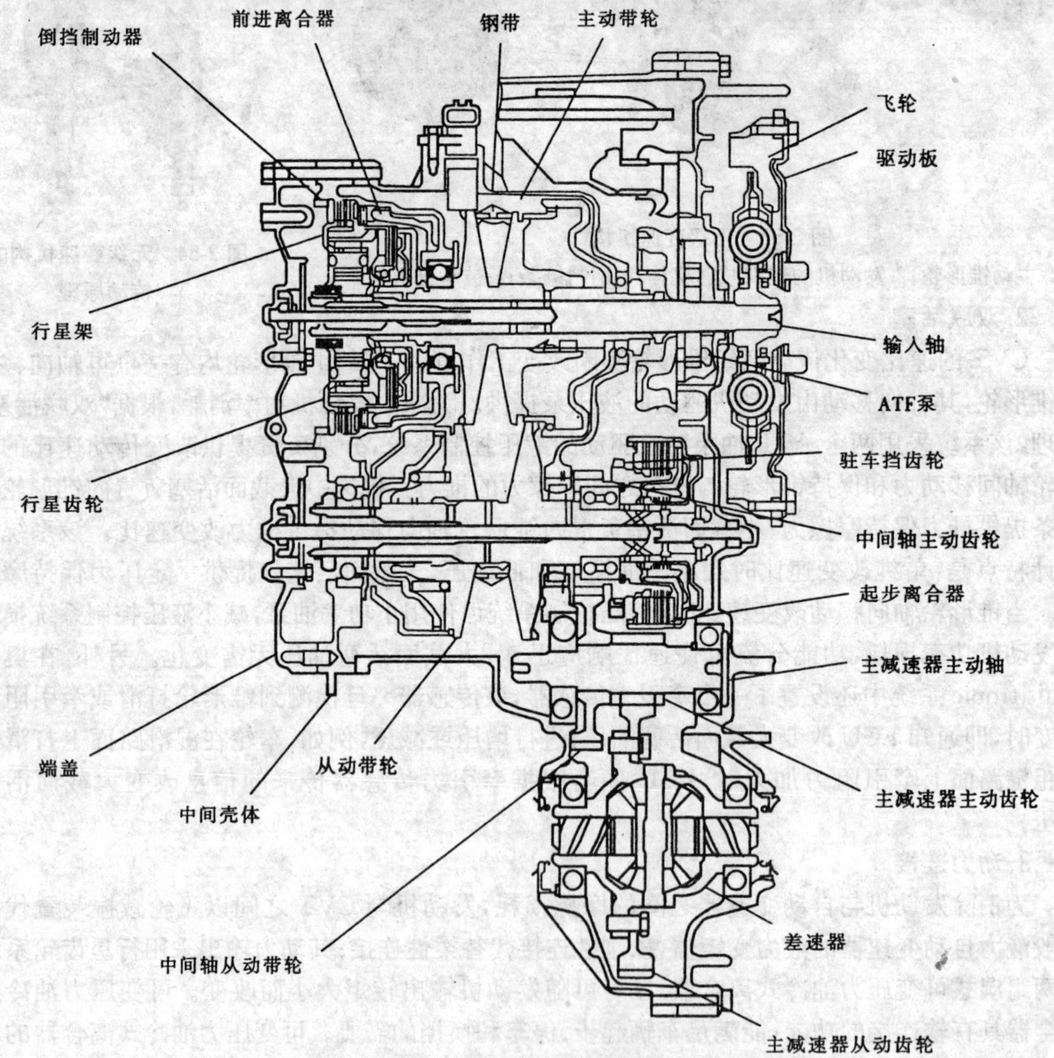

图2-55 本田CVT无级自动变速器的结构剖面

(1)自动变速器。自动变速器带有以下4条平行轴：输入轴、主动带轮轴、从动带轮轴以及主传动轴。输入轴和主动带轮轴与发动机曲轴呈直线布置。主动带轮轴和从动带轮轴由带活动和固定两种轮面的带轮构成，两个带轮通过钢带连接。输入轴由恒星齿轮、行星齿轮及行星架构成；主动带轮轴包括主动带轮以及前进离合器；从动带轮轴包括从动带轮、起步离合器以及与驻车齿轮一体的中间从动齿轮。主传动轴位于中间主动齿轮与减速从动齿轮之间。主传动轴由主减速主动齿轮和中间从动齿轮组成，中间从动齿轮用以改变旋向，因为主动带轮轴和从动带轮轴的旋向相同。当自动变速器的行星齿轮通过前进离合器和倒档制动器接合后，动力即由主动带轮轴传递至从动带轮轴，从而提供了 L、S、D 和 R 挡位。

(2)电子控制。电子控制系统由动力系统控制模块(PCM)、传感器以及电磁阀组成，如图 2-56 所示。换挡采用电子方式控制，确保所有条件下的驾驶舒适性。PCM 接收传感器、开关以及其他控制装置发送来的输入信号，经过数据处理后，输出用于发动机控制系统和无级自动变速器控制系统的信号。无级自动变速器控制系统包括换挡控制/带轮压力控制、7 档模式控制、起步离合器压力控制、倒档锁止控制以及储存在动力系统控制模块内的坡道逻辑控制。动力系统控制模块操纵电磁阀对自动变速器带轮传动比的变换进行控制。

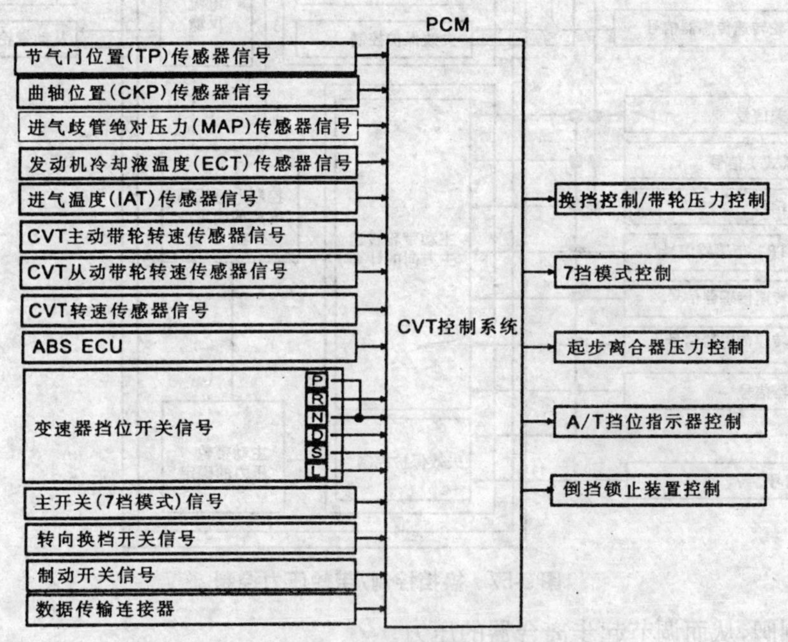

图 2-56 电子控制系统功能图

①换挡控制/带轮压力控制。如图 2-57 所示，动力系统控制模块将实际行驶条件与储存的行驶条件进行比较，以便进行换挡控制，并根据各种传感器和开关传来的信号即时确定一个主、从动带轮传动比。处于 D 和 S 挡位时，从动带轮通过连接钢带在 2.367～0.407 的传动比范围内以无级方式驱动从动带轮；在 R 挡位下，如果压下加速器，传动比被设定为 1.326，如果松开加速器，则设定为 2.367。带轮传动比较低(车速较低)时，从动带轮受到高压作用，以使其保持大直径，而主动带轮承受低压，以保持与从动带轮成比例的直径；带轮传动比较高时(车速较高)，从动带轮受到低压作用，而主动带轮被施以高压。动力系统控制模块操纵带轮压力控制阀，对施加于各带轮的最佳压力进行调节，以减少钢带打滑，延长其使用寿命。

②起步离合器压力控制。如图 2-58 所示，像液力变矩器一样，液压控制的起步离合器，在 D、S、L 和 R 位置时，使起步和慢行趋于平稳。PCM 从传感器和开关接收信号，来激励起步离

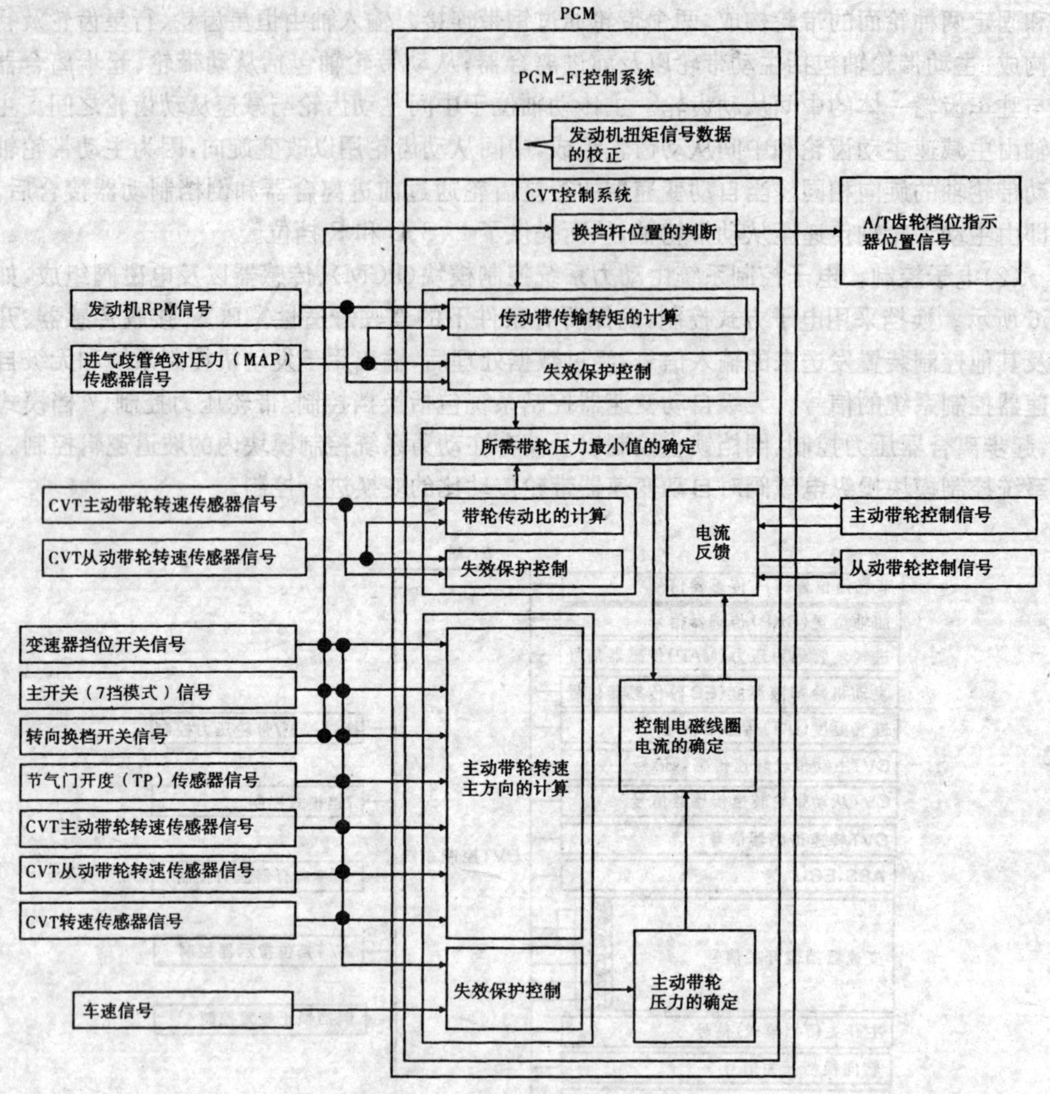

图 2-57　换挡控制/带轮压力控制

合器压力控制阀，从而调节起步离合器的压力。

(3)液压控制。液压控制系统通过ATF油泵、阀门和电磁阀进行控制。ATF油泵由输入轴驱动。油液从ATF油泵流经PH调节阀，以便对主动带轮、从动带轮和手动阀保持规定的压力。阀体类型包括主阀体、ATF油泵体、控制阀体以及手动阀体。ATF油泵为摆线式，其内转子通过花键与输入轴连接。带轮和离合器分别由各自的供油管供油，倒档制动器由内部液压回路供油。

①控制阀体。如图2-59所示。控制阀体位于自动变速器箱体外部，它包括了主动带轮压力控制阀、从动带轮压力控制阀、起步离合器压力控制阀、主动带轮控制阀以及从动带轮控制阀。

a.主动带轮压力控制阀。主动带轮压力控制阀由线性电磁阀和滑阀组成，并由动力系统控制模块(PCM)控制。主动带轮压力控制阀向主动带轮控制阀提供主动带轮控制压力(DRC)。

b.从动带轮压力控制阀。从动带轮压力控制阀由线性电磁阀和滑阀组成，并由动力系统控

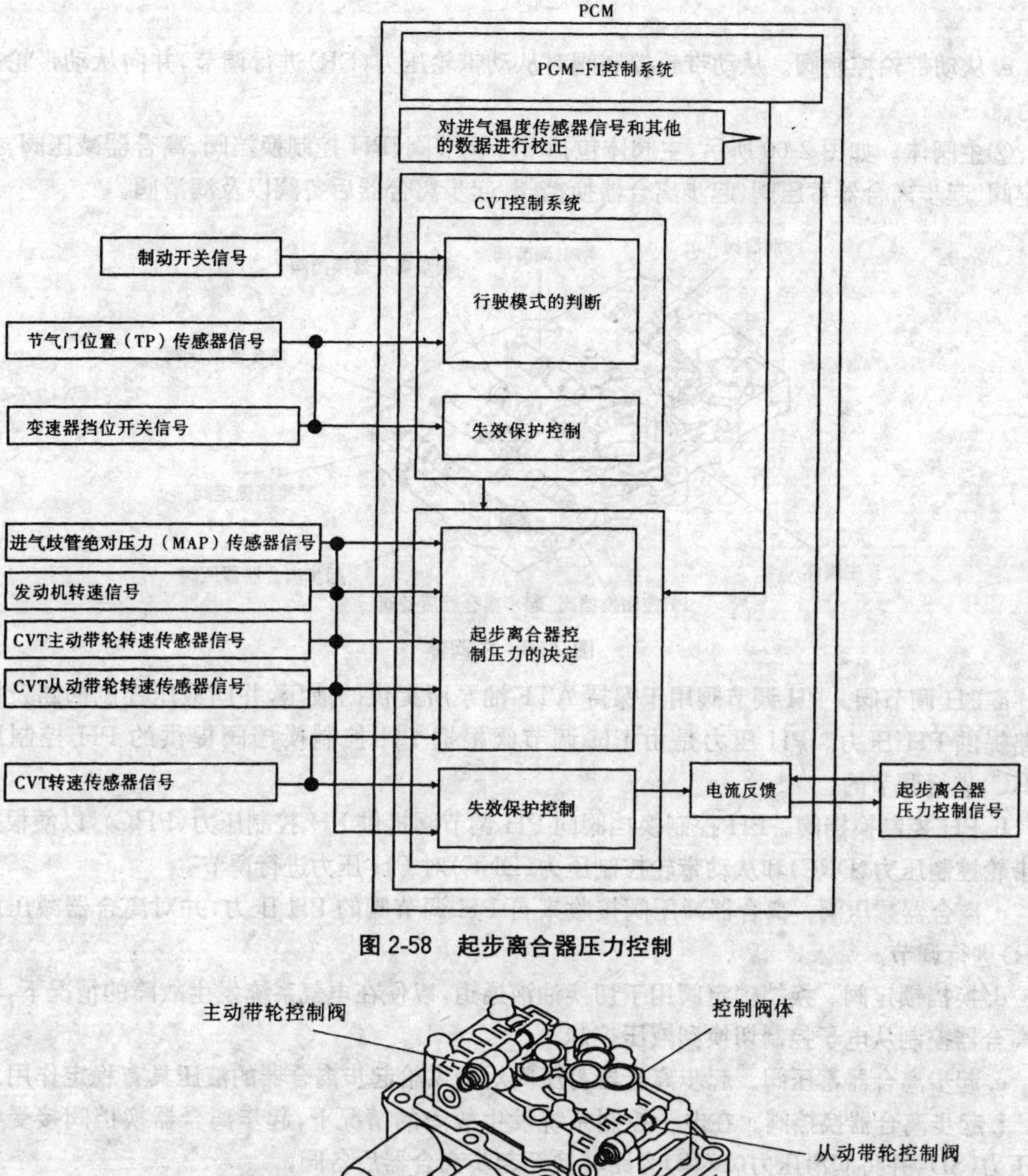

PCM
PGM-FI控制系统
对进气温度传感器信号和其他的数据进行校正
CVT控制系统
制动开关信号
行驶模式的判断
节气门位置（TP）传感器信号
变速器挡位开关信号
失效保护控制
进气歧管绝对压力（MAP）传感器信号
发动机转速信号
CVT主动带轮转速传感器信号
CVT从动带轮转速传感器信号
起步离合器控制压力的决定
CVT转速传感器信号
失效保护控制
电流反馈
起步离合器压力控制信号

图 2-58　起步离合器压力控制

主动带轮控制阀
控制阀体
从动带轮控制阀
CTV主动带轮压力控制阀
CTV从动带轮压力控制阀
CTV起步离合器压力控制阀

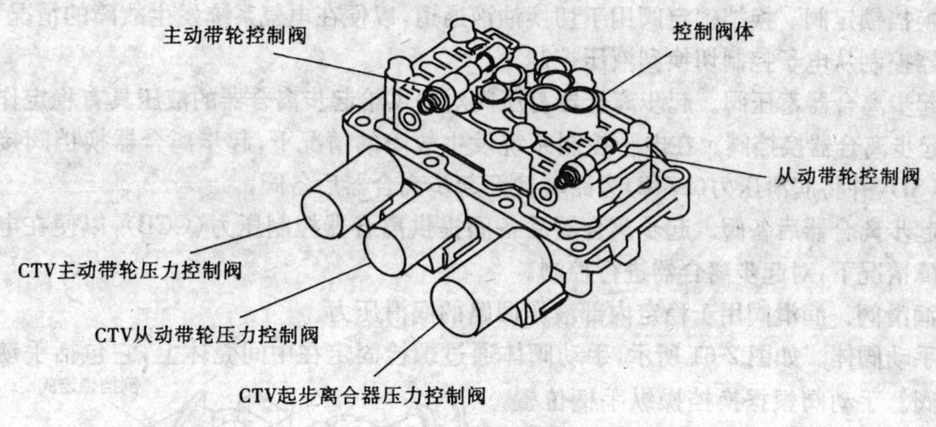

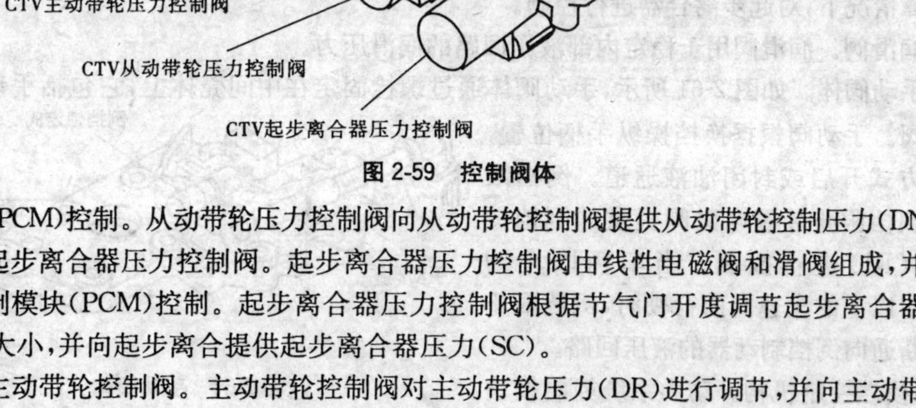

图 2-59　控制阀体

制模块(PCM)控制。从动带轮压力控制阀向从动带轮控制阀提供从动带轮控制压力(DNC)。

c. 起步离合器压力控制阀。起步离合器压力控制阀由线性电磁阀和滑阀组成，并由动力系统控制模块(PCM)控制。起步离合器压力控制阀根据节气门开度调节起步离合器的压力(SC)的大小，并向起步离合提供起步离合器压力(SC)。

d. 主动带轮控制阀。主动带轮控制阀对主动带轮压力(DR)进行调节，并向主动带轮提供压力。

e. 从动带轮控制阀。从动带轮控制阀对从动带轮压力(DR)进行调节，并向从动带轮提供压力。

②主阀体。如图 2-60 所示，主阀体包括 PH 调节阀、PH 控制换挡阀、离合器减压阀、换挡锁定阀、起步离合器蓄压阀、起步离合器换挡阀、起步离合器后备阀以及润滑阀。

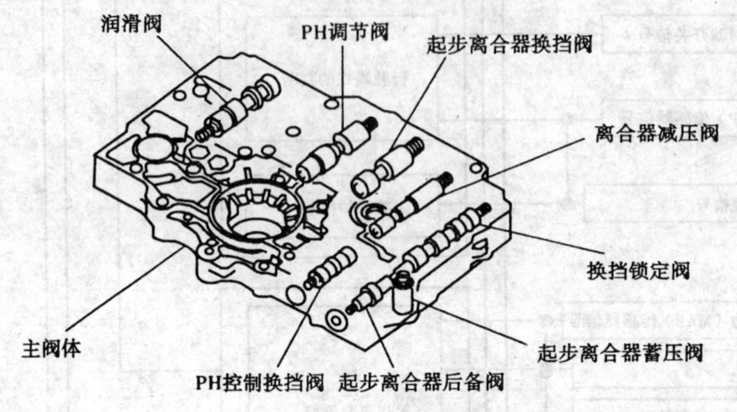

图 2-60 主阀体

a. PH 调节阀。PH 调节阀用于保持 ATF 油泵所提供的液压，并向液压控制回路及润滑回路提供 PH 压力。PH 压力是由 PH 调节阀根据 PH 控制换挡阀提供的 PH 控制压力(PHC)进行调节的。

b. PH 控制换挡阀。PH 控制换挡阀向 PH 调节阀提供 PH 控制压力(PHC)，以便根据主动带轮控制压力(DRC)和从动带轮控制压力(DNC)对 PH 压力进行调节。

c. 离合器减压阀。离合器减压阀接收来自 PH 调节阀的 PH 压力，并对离合器减压压力(CR)进行调节。

d. 换挡锁定阀。换挡锁定阀用于切换油液通道，以便在电气系统发生故障的情况下，将起步离合器控制从电子控制切换到液压控制。

e. 起步离合器蓄压阀。起步离合器蓄压阀对提供给起步离合器的液压具有稳定作用。

f. 起步离合器换挡阀。在电子控制系统发生故障的情况下，起步离合器换挡阀接受档锁定压力(SI)，并将润滑压力(LUB)旁路转换至起步离合器后备阀。

g. 起步离合器后备阀。起步离合器后备阀提供离合器控制压力(CCB)，以便在电子控制系统故障情况下，对起步离合器进行控制。

h. 润滑阀。润滑阀用于稳定内部液压回路的润滑压力。

③手动阀体。如图 2-61 所示，手动阀体通过螺栓固定在中间壳体上，它包括手动阀和倒档限止阀。手动阀根据换挡操纵手柄位置，以机械方式开启或封闭油液通道。倒档限止阀由倒档限止装置电磁阀提供的倒档锁定压力(RI)进行控制。当车辆以大约 10 km/h 以上的车速向前行驶时，倒档限止阀将切断通向倒档制动器的液压回路。

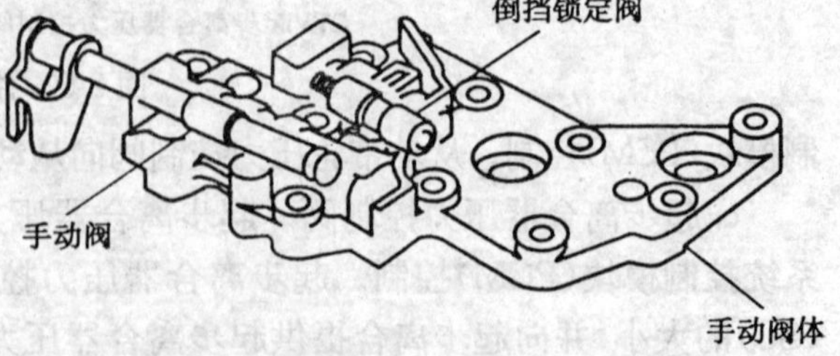

图 2-61 手动阀体

(4)换挡控制机构。动力系统控制模块

通过电磁阀，对带轮传动比变换进行控制，PCM 接收来自车辆各种传感器和开关的输入信号。PCM 操纵主动带轮压力控制阀和从动带轮压力控制阀，以改变带轮控制压力；主动带轮控制压力施加于主动带轮上，从动带轮控制压力则施加至从动带轮上，由此，可以使带轮传动比在其有效范围内进行变换。

(5)离合器/倒挡制动器/行星齿轮/带轮。

①离合器/倒挡制动器。无级自动变速器通过液压离合器和制动器来接合和分离自动变速器齿轮。当离合器鼓和倒挡制动器的活塞腔受到液压作用时，离合器活塞和倒挡制动器活塞移动，将摩擦片和钢盘压紧在一起并锁定，使其不致打滑，由此，动力通过已接合的离合器组件传递到离合器上轮毂定位的齿轮，然后通过啮合圈传递到行星齿轮。相反，当离合器组件和倒档制动器活塞腔解除液压作用时，活塞将松开摩擦片与钢盘，使其自由相对滑动，齿轮将在轴上独立旋转，不传递任何动力。

②起步离合器。与中间主动齿轮啮合/分离，它位于从动带轮轴的端部。起步离合器所需液压通过其位于从动带轮轴内的 ATF 油管提供。

③前进离合器。前进挡离合器与恒星齿轮啮合/分离，它位于主动带轮轴的端部。前进离合器所需液压通过其位于主动带轮轴内的 ATF 油管提供。

④倒挡制动器。处于 R 挡位时，倒挡制动器锁定行星架，倒挡制动器位于行星架周围的中间壳体内部。倒挡制动器盘安装在行星架上，而倒档制动片安装在中间壳体上，倒挡制动器的液压通过一个与内部液压回路相连的回路提供。

⑤行星齿轮。行星齿轮由恒星齿轮、行星齿轮和齿圈组成。恒星齿轮通过花键与输入轴相连，行星齿轮安装在行星架上，行星架位于输入轴端部的恒星齿轮上。齿圈位于行星架内，它与前进离合器鼓相连。恒星齿轮通过输入轴将发动机动力输入至行星齿轮，行星架输出发动机动力。行星齿轮机构仅用于改变带轮轴的旋向。在 D、S 和 L 挡位(前进挡范围)下，行星齿轮不自转，也不绕恒星齿轮回转。因而，行星架将会转动；在 R 档时，倒档制动器将行星架锁定，恒星齿轮驱动行星齿轮转动，行星齿轮自转但不绕恒星齿轮公转，行星齿轮驱动齿圈沿恒星齿轮相反的旋向旋转。

⑥带轮。每只带轮均有一个活动面和一个固定面。带轮有效传动比将随接收到的来自车辆各种传感器和开关的输入信号而变化。主动带轮和从动带轮通过钢带连接。要得到低带轮传动比时，从动带轮活动面上将被施加高液压并减小主动带轮的有效直径，从动带轮的活动面上将受到较低的液压压力，以避免钢带打滑；要得到高带轮传动比时，主动带轮的活动面上被施以高压并减小从动带轮的有效直径，同时从动带轮活动面上施用较低液压，以避免钢带打滑。

第二节 电控悬架

一、电控悬架的组成

电控悬架控制系统可实现对车高、悬架弹簧刚度和减振器阻尼各参数进行主动调节，它属于有源控制的主动悬架。与其他控制系统一样，悬架控制系统一般也包含传感器、ECU 和执行机构 3 部分，如图 2-62 所示。传感器用来感受汽车运动状态（路况和车速及起动、加速、转向制动等情况），并将各种状态转变为电信号输送给 ECU。ECU 对传感器输入的电信号进行综合处理，向执行机构发出控制指令。悬架控制系统的执行机构是电磁阀、步进电机和空气压缩机。它们接受来自 ECU 的控制指令，准确、快速和及时地作出动作反应，实现对弹簧刚度、减振器阻尼和车身高度的调节。

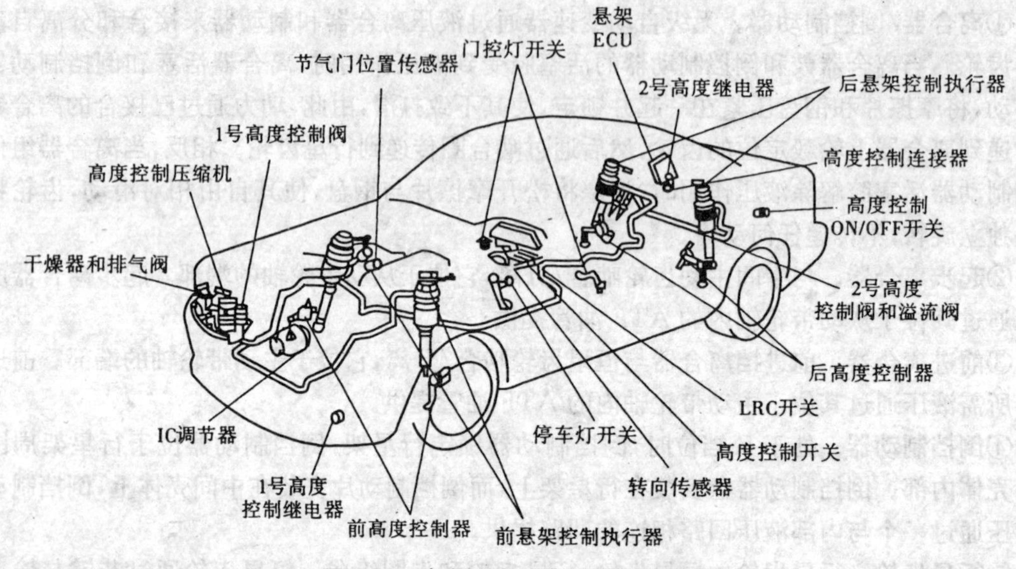

图 2-62 凌志 LS400 电控悬架组成图

二、电控悬架系统的控制方式

1. 悬架阻尼调节装置的结构和工作原理

悬架阻尼的调节是通过改变减振器的阻尼来实现的，减振器与普通减振器的区别在于能通过改变减振器阻尼孔截面的大小来改变其减振力，其结构如图 2-63 所示。与减振器阻尼调节杆连接的回转阀上有 3 个阻尼孔，悬架控制执行器驱动阻尼调节杆转动，从而使回转阀转动，开闭 3 个阻尼孔，改变油路截面积，实现高、中、低 3 种状态的调节。

当 A、B、C 三个截面的阻尼孔全部被回转阀封住时，只有减振器下面的阻尼孔（D 部）工作，减振器的阻尼最大（阻尼处于"高状态"）回转阀从高状态顺时针转动 60°，则 B 截面的阻尼孔打开，A、C 截面阻尼孔仍关闭。减振器的阻尼处于"中"状态；回转阀从高状态逆时针转动 60°，则三个截面的阻尼孔全部打开，减振器处于"低"状态。

2. 悬架刚度调节装置的结构和工作原理

悬架刚度调节装置的结构和工作原理如图 2-64 所示。主、副气室之间的气阀体有大小两个通道。悬架控制执行器带动空气阀控制杆转动，使阀芯转过一个角度，改变通道的大小，就可以改变主辅气室的气体流量，使悬架刚度发生变化。悬架的刚度可以在低、中、高三种状态下改变。

阀芯的开口转到对准图示的"低"位置时，气体通路的大气体通路被打开，主气室的气体经阀芯的中间孔、阀体的侧面孔通道与辅气室的气体相通，两气室的流量大，相当于参与工作的气体容积增大，悬架刚度处于低状态。

阀芯的开口转到对准图示的"中"位置时，气体通过两气室的通路被打开，两气室的流量小，悬架刚度处于中状态。

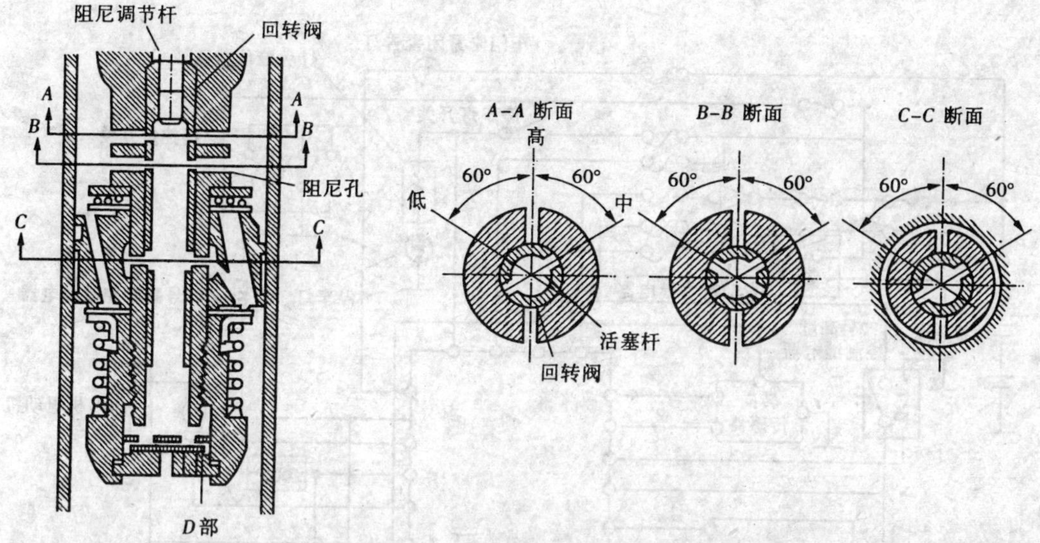

图 2-63 悬架阻尼的调节原理图

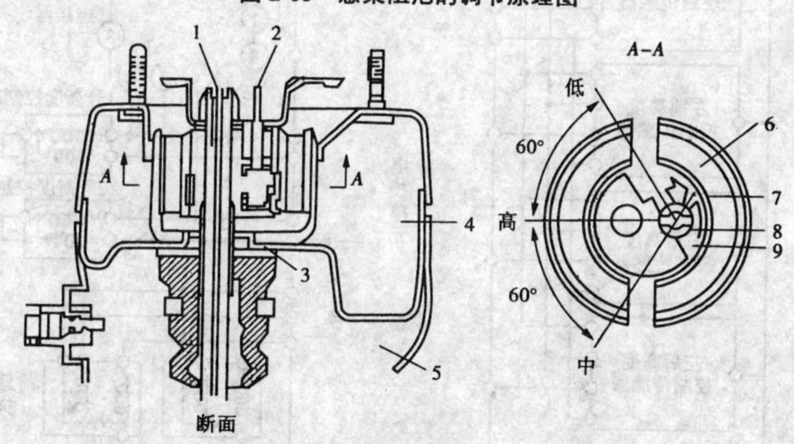

图 2-64 悬架刚度调节原理图

1-阻尼调节杆;2-空气阀控制杆;3-主、副气室通道;4-副气室;5-主气室;6-气阀体;7-气体小通道;8-阀芯;9-气体大通道

阀芯的开口转到对准图示的“高”位置时,两气室之间的气体通路全部被封死,两气室的气体不能相互流通,可压缩的气体容积减小。悬架在震动过程中,只有主气室的气体单独承担缓冲的任务,所以,悬架刚度处于高状态。

3. 车身高度控制装置的结构和工作原理

车身高度控制与空气悬架刚度调节为同一气动缸。但两者调节的方式不一样,后者通过主副气室阀门来控制,而车身高度控制通过高度控制阀控制主气室的空气容量来调节。主气室是一个可变的气室,在其底部有卷动膜片。增减主气室内的压缩空气量,即可调节车辆高度。当 ECU 控制空气电磁阀使压缩空气进入气动缸的主气室,主气室伸长,车身升高;反之,车身降低。

三、电子控制悬架工作过程

图 2-65 所示为凌志 LS400 电子控制悬架系统电路图,4 个车身高度传感器向 ECU 输入

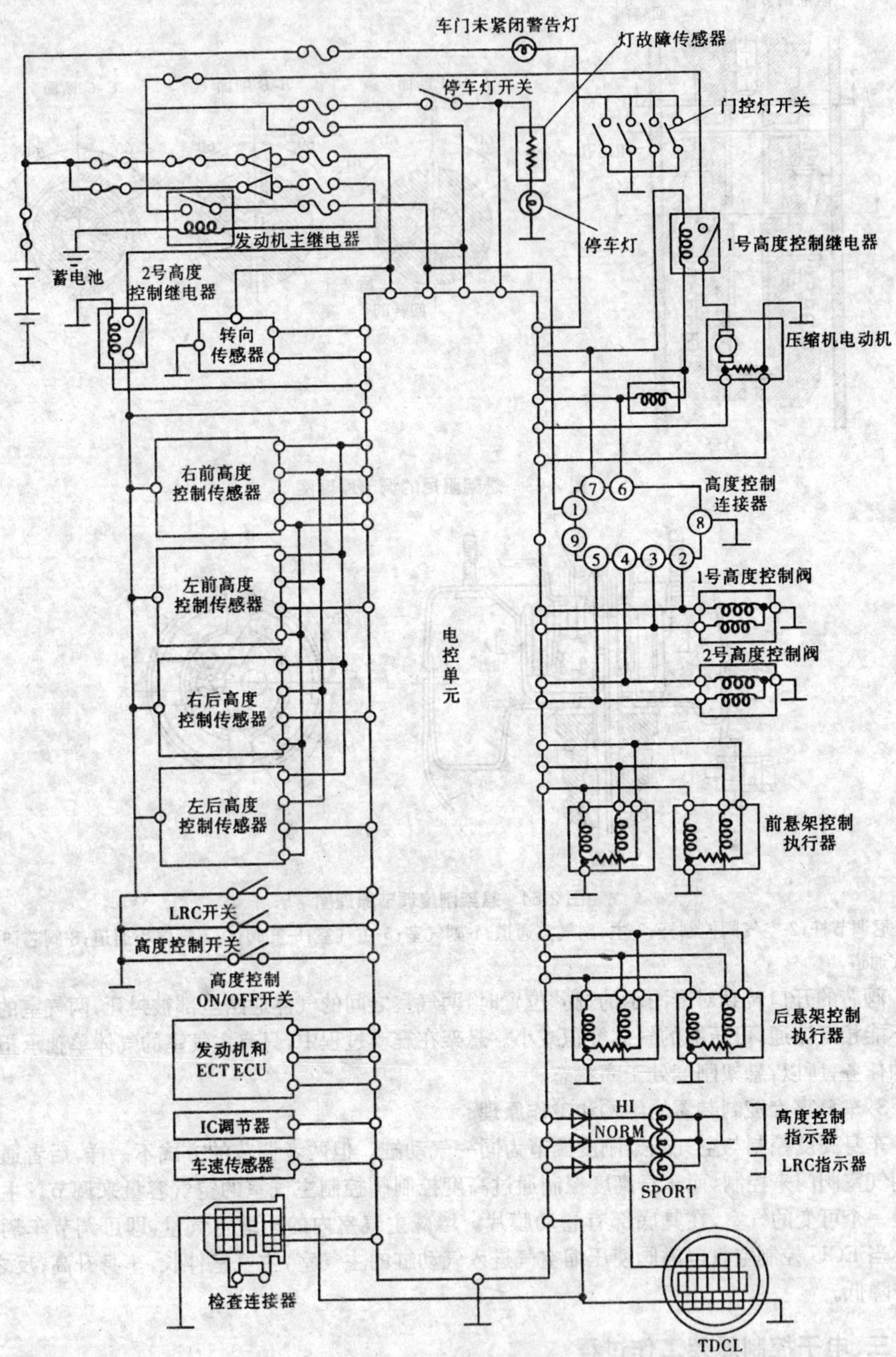

图 2-65 凌志 LS400 电子控制悬架系统电路图

转向角和转向速度信号，发动机和自动变速器 ECU 向电子控制悬架 ECU 提供节气门位置信号。电子控制悬架的 ECU 综合以上信号向压缩电动机、1 号高度控制阀和 4 个悬架控制执行器发出指令信号，对车身高度、弹簧刚度和减振器阻尼力进行综合控制，各自有“软”、“硬”、“正常”、“高”等状态。其状态由 ECU 根据汽车的运行状况和驾驶人通过控制开关选定的控制状态来确定。具体控制项目如下：

1. 车身高度控制

(1)自动高度控制。在良好路面行驶时，驾驶人操纵控制开关选择汽车的目标高度为高或正常后，不论乘客和行李质量如何变化，汽车高度保持所选择的目标高度。

(2)高车速控制。当车速高于控制车速后，汽车高度会降低一级，如高度控制开关选择高位置，汽车高度自动降至正常位置。

(3)点火开关关闭控制。汽车停驶时，点火开关断开后，由于乘客和行李的质量变化而使汽车高度高于目标高度时，能使汽车高度降低至目标高度。

2. 弹簧刚度和减振器阻尼控制

(1)防侧倾控制。在汽车急转弯时，使弹簧刚度和减振器阻尼调整到“高”状态，并使汽车的姿态变化降至最小，以有效地抑制侧倾，改善其操纵性。

(2)“点头”控制。在汽车紧急制动时，调整弹簧刚度和减振器阻尼力为“高”状态，以抑制汽车制动时“点头”。

(3)防“后仰”控制。在汽车加速时，调整弹簧刚度和减振器阻尼力为“高”状态，以抑制汽车后仰。

(4)高车速控制。汽车高速行驶时，不论驾驶人选择何种控制状态，电子调节悬架自动使弹簧刚度为“高”状态，以改善高速行驶时的稳定性和操纵性。

(5)颠簸、跳动控制。汽车在不平路面行驶时，使弹簧刚度和减振器阻尼力为“正常”或“高”状态，以抑制汽车因路面不平造成的颠簸和跳动，提高乘坐舒适性。

第三节　轮胎压力监控系统简介

据美国汽车工程师学会最近的调查，美国每年有 26 万起交通事故是由于轮胎压力过低或渗漏造成的，另外，每年 75％的轮胎故障是由于轮胎渗漏或充气不足引起的。据公安部统计，在我国高速公路上发生的交通事故有 70％以上是由于爆胎引起的。因此，防止爆胎已成为行车安全的一个重要课题。

保持标准的轮胎压力和及时发现轮胎漏气是防止爆胎的关键。而汽车轮胎压力监控系统(TPMS)是预防爆胎的理想工具。由于轮胎压力变化通常是一个渐变的过程，即使由于异物刺破轮胎而导致的轮胎漏气也有一个持续过程，因此，通过实时监测轮胎压力，并在轮胎压力出现异常时报警给驾驶人，能够为驾驶人正确处理突发情况争取宝贵的时间，从而保证行车的安全。

TPMS 在发达国家已经得到了普遍的认可和较大范围的应用，TPMS 在我国刚刚起步。GB 7258－2004《机动车运行安全技术条件》中指出：“车长大于 6 m 的长途客车和旅游客车、最大设计总质量大于 1.2 t 的载货汽车和载货牵引车应安装轮胎压力报警装置”,并对有关部分机动车应安装轮胎压力报警装置提出了要求,即自本标准发布之日起第 25 个月开始对新注册车实施。

一、轮胎压力监控系统的类型

目前,轮胎压力监测系统主要有两种类型,即直接系统和间接系统。

1.直接式轮胎压力监测系统是利用安装在每一个轮胎里的压力传感器来直接测量轮胎的气压,并对各轮胎气压进行显示及监控,当轮胎气压太低或有渗漏时,系统会自动报警。

直接式轮胎压力监控系统又分为主动式(Active)和被动式(Passive)两种。

(1)主动式轮胎压力监控系统

主动式轮胎压力监控系统是采用在硅基上利用 MEMS 工艺制作电容式或压阻式压力传感器,将压力传感器安装在每个轮辋上,通过无线射频的方式将信号传送出去,安装在驾驶室里的无线接收装置接收到该压力敏感信号,经过一定的信号处理,显示出当前的轮胎压力。主动式轮胎压力监控系统的优点是,技术比较成熟,开发出来的模块可适用于各厂牌的轮胎,但缺点同样比较突出,其感应模块需要电池供电,因此存在系统使用寿命的问题。

(2)被动式轮胎压力监控系统

被动式轮胎压力监控系统的传感器是采用声表面波(SAW)来设计的,这种传感器通过射频电场产生一个声表面波,当这个声表面波通过压电衬底材料的表面时,就会产生变化,通过检测声表面波的这种变化,就可以知道轮胎压力的情况。虽然这种系统不用电池供电,但是它需要将转发器(Transponder)整合至轮胎中。

2.间接式轮胎压力监测系统

间接式轮胎压力监测系统是通过汽车 ABS 系统的轮速传感器来比较轮胎之间的转速差别,以达到监控胎压的目的,该系统主要有如下缺点:

(1)不能显示出各条轮胎准确的瞬时气压值;

(2)同一车轴或同一侧车轮或所有轮胎气压同时下降时不能报警;

(3)不能同时兼顾车速、检测精度等因素。

由上述分析可知,直接式轮胎压力监测系统更有效。

轮胎气压实时监测与报警系统目前还没有统一的标准,各公司都在努力开发具有竞争力的产品,以期在未来的竞争中抢占市场份额。具有分辨率高、无源、体积小等特征的胎压监控系统将是未来的发展趋势。轮胎压力监控系统要检测出轮胎气压异常的状况,只有具有高分辨率才能有高的精度 。电池寿命有限,且容量受温度影响。为提高系统的可靠性,传感器最好能进行无源检测。轮胎能否正常工作不仅与气压有关,还与温度、车轮转速及载质量等有关,因此,压力传感器应能在测量轮胎气压的同时,还能测量轮胎内温度和载质量。许多研究表明,利用轮胎压力传感器收集到的信息,可对车辆悬架系统进行故障监测并校正导航系统。因此,未来的传感器应该是集各种功能于一身的无源智能型传感器。

二、直接式轮胎压力监控系统

直接式轮胎压力监测系统,其原理如图 2-66 所示。该系统由轮胎模块和车载接收模块两部分组成。

1. 轮胎模块

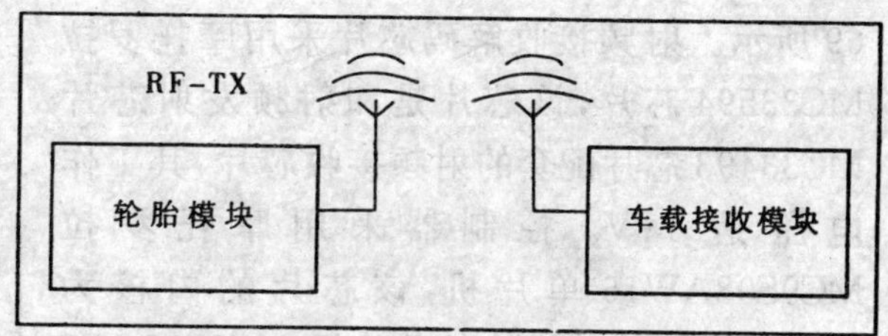

图 2-66 直接式轮胎压力监测系统原理

轮胎模块包括压力和温度传感器、A/D变换器、控制器及射频发射器等，轮胎模块原理如图 2-67 所示。

该系统的基本工作原理如下：把轮胎模块安装在轮胎内，压力和温度传感器检测轮胎内部的压力和温度信息，获得的模拟信号经过 A/D 变换器转换成数字信号，然后通过射频发射器发送出去。车载接收模块安装在驾驶室内，射频接收器接收来自轮胎模块的压力和温度信息，当轮胎压力过高或过低时，通过显示和报警装置发出报警信息。

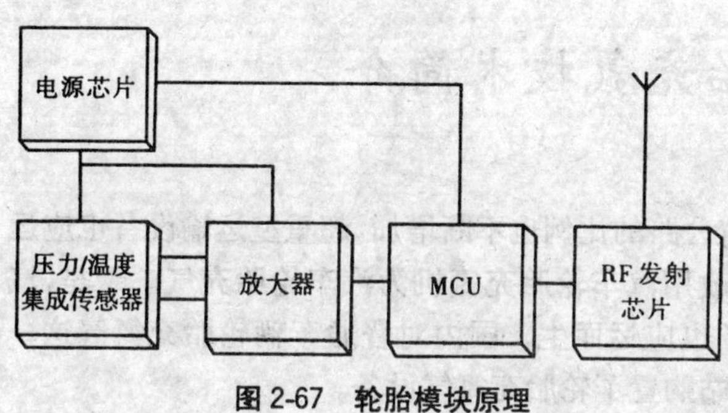

图 2-67 轮胎模块原理

(1)压力和温度传感器。压力传感器和温度传感器是轮胎压力监控系统的关键部件，采用一种新型的压力温度集成传感器作为轮胎压力监控传感器，它包含压阻式压力传感器和温度传感器两部分。该传感器集成了压力和温度两种传感器，具有体积小，成本低，测量精度高等特点。

压阻式压力传感器的主要原理就是利用半导体的压阻效应，把一个惠斯通电桥做在一个 U 形硅杯上。当硅杯受到压力后发生形变，惠斯通电桥的四个桥臂电阻就会发生变化，从而打破了电桥的电平衡，从而会有一个电信号的输出，其原理图如图 2-68 所示。

根据压阻效应，在应力作用下，硅材料的电阻率将发生变化。当不受压力作用时，电桥处于平衡状态，电压输出为零；当受到压力作用时，由于压敏电阻的压阻效应，电桥失去平衡，输出与所受压力成正比的电压。通过测量电桥电压输出值即可检测压力。

温度传感器采用单电阻结构，在 N 型硅衬底上制作一个 P 型电阻。因为 P 型电阻有一个正的温度系数，当温度发生变化时，电阻的阻值就会发生相应的变化。通过用电流源给电阻供电，就可以根据电阻上测量的电压来检测温度的变化。

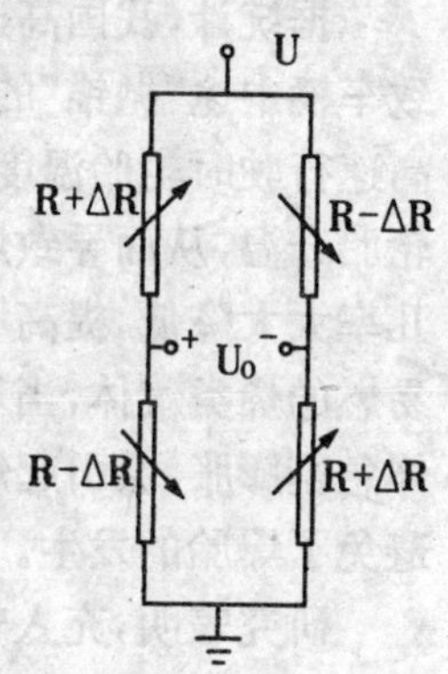

图 2-68 惠斯通电桥

测试结果表明集成传感器具有良好的性能。压力传感器的满量程输出为 150 mv，压力测量范围为 0 ～500 kPa，灵敏度为 0.3 mv/kPa。温度传感器的灵敏度 1.24 mv/℃，非线性为 1.6%。压力温度集成传感器有较高的灵敏度，完全适用于胎压监控系统的要求。

(2)放大器。采用低噪声四通道放大器，可以方便实现对压力和温度两种信号的放大。

(3)控制器。控制器采用摩托罗拉的 MC6S08QG8 芯片，该单片机的工作电压为 3 V，与传感器的工作电压一致。射频发射芯片采用摩托罗拉 MC33493 芯片，该芯片具有 3 V 供电及功耗低等特点。

2. 车载接收模块

车载接收模块包括射频接收器、控制器及显示报警装置等，车载接收模块原理如图 2-

69 所示。射频接收解码芯片采用摩托罗拉 MC33594 芯片，该芯片是和射频发射芯片 MC33493 芯片配套的射频接收芯片，其工作电压是 5 V。控制器采用摩托罗拉 MC9S08AW16 单片机，该芯片的内核为 S08，可以与轮胎模块的单片机 MC6S08QG8 采用同样的开发环境，另外，该芯片为 5 V 供电与射频接收芯片及 LCD 显示芯片电平兼容。

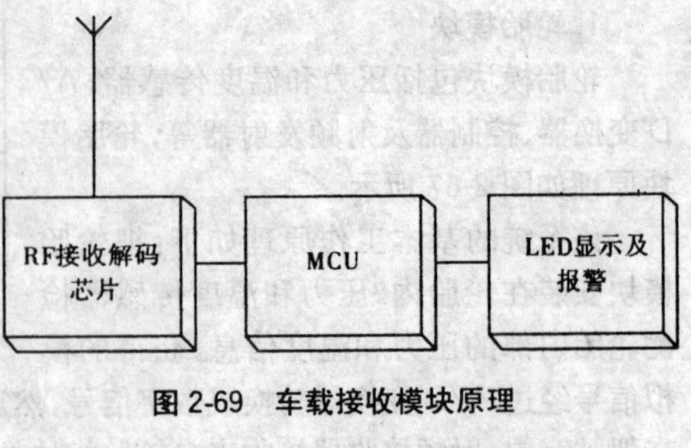

图 2-69 车载接收模块原理

第四节 轮胎充氮技术简介

随着科学技术的不断发展，世界各国高速公路的比例也不断增加，超重型运输设备也应运产生。欧、美、日等经济发达国家率先大规模改用汽车轮胎充氮机为汽车轮胎充气。于是，汽车修理点、轮胎店和加油站的轮胎充氮气业务也应运而生。国内对普通车辆轮胎充氮气这一较新的概念，也逐渐得到认可，一些汽车维修站购置了轮胎充氮气设备。

一、轮胎充氮气的优点

(1)减少爆胎几率，提高行车安全

据统计，我国高速公路上由于轮胎原因引发的交通事故占 45%以上，其中因轮胎爆破导致车辆中途“抛锚”的占 84.8%，爆胎常常会造成车毁人亡的惨剧。爆胎最主要的原因是汽车高速行驶时轮胎温度升高，导致轮胎材料机械性能下降，车速、负荷，特别是轮胎气压，是影响轮胎升温，从而导致爆胎的基本因素。与充空气的轮胎相比，充氮气的轮胎气压稳定，爆胎的几率大大降低，提高了高速行车的安全性。同时，随着轮胎温度逐渐升高，橡胶材料会释放出易燃的烯类气体，当填充空气的轮胎温度达到该气体着火点时，烯类气体会发生自燃，胎内气体急剧膨胀，会引起爆胎。而氮气为惰性气体，在惰性气体氛围内，烯类气体不会自燃，因而，避免了爆胎的发生。

研究表明，充入轮胎内的氮气渗透胎壁的速度，只有氧气的 1/3。因此，充氮气的轮胎保持气压的能力强。充入普通轮胎中的空气不可避免地含有水分，而对于目前常用的无内胎轮胎，湿气会加速轮辋电镀层氧化而生锈或腐蚀。当检查轮胎气压时，胎内气体的流动形成湍流，并把锈蚀下来的颗粒带入到气门嘴，破坏了气门嘴的密封，使胎内空气泄漏，致使轮胎气压下降。充氮气的轮胎不存在上述泄漏因素。

(2)延长了轮胎及相关部件的使用寿命

由资料表明，轮胎气压经常偏离正常值，轮胎的使用寿命要降低，当轮胎气压低于标准气压 20%时，其使用寿命将缩短 15%。充氮气的轮胎保持轮胎气压的能力优于普通充空气的轮胎，因此，可延长轮胎的使用寿命。

空气中所含的氧气、水分等物质，在温度升高时极易同车轮上的金属件发生氧化反应，导致金属件开裂、生锈等。因氮气中的水分含量较少，所以，铝合金轮辋和钢轮辋不容易生锈、腐蚀。由于充空气轮胎内腔的氧会逐渐向胎壁深处渗透，氧分子和橡胶中不饱和分子起化学反应，使橡胶逐渐老化直至报废。因氮气是惰性气体，避免了同空气中这些物质发生不良化学反应。在汽车行驶过程中，可使轮胎的温度不易上升，热膨胀较少，整体轮胎组合比较安定。据统计，轮胎充氮后的使用寿命要比轮胎用压缩空气充填的使用寿命高出26%。

此外，对普通充空气的轮胎，充入轮胎内的压缩空气含有一定量油，会污染内胎，降低了轮胎的使用寿命。

据有关文献介绍，充氮气的轮胎和普通充空气的轮胎行驶路程对比试验表明：在同一胎面磨损指标下，充氮气的轮胎比普通充空气的轮胎行驶里程长26%；以轮胎失效为评价指标，充氮气的轮胎失效前比普通充空气的轮胎行驶里程多48%。

在汽车使用中，轮胎的费用大约占运输成本的10%～15%，占汽车维修费用的30%，因此，充氮气的轮胎的经济效益是很明显的。充氮气不仅延长了轮胎的使用寿命，而且有利于环境保护，如在美国，若将轮胎使用寿命平均延长5%，每年可少生产1亿个轮胎。

(3)减小轮胎异常变形，降低油耗

众所周知，轮胎气压的泄漏，将导致轮胎变形量的增加，滚动阻力增大，油耗随之增加。充氮气的轮胎由于轮胎气压能长期保持稳定，减小了使用中轮胎的异常变形量，降低了汽车油耗。统计表明，与装用普通充空气轮胎的汽车相比，装用充氮气轮胎的汽车油耗降低2%～10%。节省了燃油，同时减少了废气排放，保护了环境。

(4)具有降噪声的特点

因声音在氮气中传播速度较慢，故可降低车辆在行驶中的噪声。

二、制氮方法

目前的制氮方法有低温精馏法（深冷法）、变压吸附法（PSA）和膜分离法。在大规模空气制氮方面低温精馏法仍占主导地位，但在中、小规模制氮的场合，一般是采用变压吸附法（PSA）和膜分离法。

对于汽车维修站、轮胎店和加油站仅对车辆轮胎进行充氮，均属于中、小规模制氮的场合。下面只对PSA法和膜分离法制氮作如下介绍。

(1)PSA法

PSA法制氮是利用一种高效能、高选择性的固体吸附剂对氧或氮优先吸附的功能，把空气中的氧和氮分离出来，目前常用碳分子筛吸附剂。碳分子筛是一种以煤为主要原料，经过研磨、氧化、成型、碳化并经过特殊成型处理工艺加工而成的，表面和内部布满孔穴的颗粒状吸附剂，呈黑色。碳分子筛变压吸附制氮原理为：氧气和氮气在分子筛吸附剂微孔内扩散速度不同，氧分子的动力直径较小，当空气经过分子筛时，直径较小的氧分子以快速向微孔扩散，并优先被分子筛吸附，而直径较大的氮分子吸附很少，这样氮富集在气相中，氧停留在碳分子筛中。整个吸附过程在加压情况下进行，当吸附压力降到常压时，被吸附的氧从碳分子筛的微孔中脱附，同时碳分子筛获得再生。常规的碳分子筛制氮装置设置有碳分子筛的两塔并联，交替进行加压吸附产氧和减压解吸再生的吸附循环，实现氮和氧分离，产品氮气的浓度为95%～99%。PSA法制氮流程框图如图2-70所示。

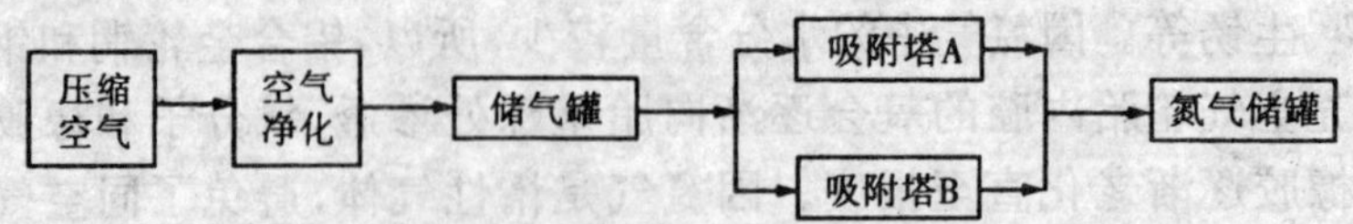

图 2-70 PSA 法制氮流程框图

(2) 膜分离法

膜分离法制氮是利用某些有机高分子和无机材料形成的膜对不同组分分子的选择性渗透进行分离,大都采用中空纤维膜。图 2-71 为膜分离法制氮机结构简图。当压缩空气从无油空气压缩机出来通过膜管时,空气中各种气体成分在纤维膜中渗透速度是不同的。"快速气体如氧气,二氮化碳可以通过膜壁渗透出去,氮气由于氮分子颗粒大而无法渗透,由纤维另一端以产氮气排出。目前,以膜分离法制氮只有少数国家可以生产,如德国、美国、日本和荷兰,且价格比较贵,但是设备的使用寿命比较长,通常在 8~10 年。具有容易操作、维护轻便且容易移动等特点。

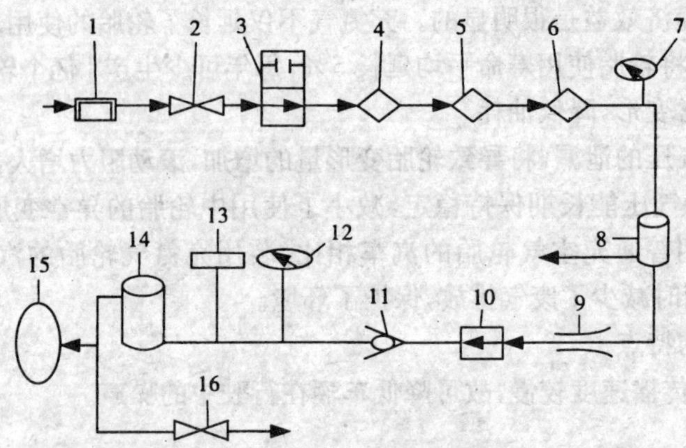

图 2-71 膜分离法制氮机结构简图

1-无油空气压缩机;2-球阀;3-电磁阀;4-过滤器 A;5-过滤器 B;6-过滤器 C;7-进气压力表;8-分离膜组;9-针阀;10-调压阀;11-单向阀;2-氮气压力表;13-压力开关;14-氮气储罐;15-氮气浓度计;16-球阀

三、两种制氮方法的比较

1. 制氮成本

氮气市场需要氮气的浓度一般有两种:氮气浓度为 95%左右的富氮空气和氮气浓度超过 98%的中纯氮气。对于轮胎充气用的氮气而言,一般只要求其浓度达到 95%。从经济角度讲,膜分离法制氮获得浓度为 98%以上的氮气还要增加一些附加设备,这样会使生产成本上升,这时常常用 PSA 法制氮。同时,膜分离法制氮的生产规模与所需膜的面积成正比,单位产品生产成本对生产规模的变化不敏感。但是 PSA 法制氮则不同,生产规模越小,生产成本越高,因此,如果将生产规模缩小,例如从 100 m^3/h(标准)减小到 10 m^3/h(标准)以至更小,膜分离法制氮的经济性会更明显。实际上,当氮气流量为 4 m^3/h(标准)时,一般轿车轮胎的充气时间只要 50 s 左右,所以膜分离法制氮完全能够满足汽车轮胎一般的充氮气要求。一般的轮胎充氮机都是用膜分离法制氮。

2. 装置的复杂程度

膜分离制氮机主要部件是膜分离组件和一些空气滤清器,结构较为简单,维修操作非常方便，并且整个装置静态运行，噪声和振动很小，可靠性很高，只要一端输人压缩空气，另一端就可源源不断地生产氮气，装置的寿命由膜组件的寿命决定，一般超过 10 年以上；PSA 法一般需要两个吸附塔，并且制氮过程压力要不断波动，碳分子筛变压吸附制氮由于吸附循环使阀门因切换频繁而缩短寿命，并且有一定的噪声。

3. 增容的难易程度

当膜分离制氮机需要扩大生产能力时，可以把中空纤维膜并联实现生产能力的增长，非常方便。PSA 装置在现有的条件下增容较为困难。

4. 体积和质量方面

以前面提到的氮气流量为 4 m^3/h(标准)为例，如果膜选择合适，即使氮气储罐与膜放在一起(采用内置的方法)，膜分离制氮机的外形尺寸(长×宽×高)可以控制在 1 220 mm×480 mm×800 mm，质量为 195 kg，占地面积小，在体积和质量方面有竞争力。

轮胎充氮气可以保障汽车的使用安全，提高轮胎的使用寿命和节省燃油。膜分离法制氮与 PSA 法制氮相比有很多优点，是现代轮胎充氮业的发展方向。

第五节　电控动力转向系统

一、电控动力转向系统

在普通转向系统中增设动力装置(也称为倍力装置)后，就是动力转向系统。采用动力装置的目的是使转向操纵轻便，提高响应特性。动力转向应用于汽车由来已久，目前的动力转向系统主要采用液压作为动力。它是利用油泵建立一定的压力，再经过控制阀来调整压力油的流量，根据汽车的行驶状态，控制转向系统。在汽车转向过程中，转向动作仍然由驾驶人完成，动力转向系统的油压只对转向起辅助作用，即利用油的压力帮助驾驶人完成转向动作，使之轻便，省力。

动力转向作为一种辅助系统，它所起的作用大小主要取决于油压的高低，因此，系统中对油的流量控制最为重要。其控制方式有机械控制式和电子控制式两种。

机械控制式转向是根据车速或发动机转速进行控制，最早使用的是在油压系统内用螺线管改变油路通道面积，以此控制动力转向系统中油的压力，车速传感器采用凸轮式机械传感器。后来，这种形式很快被电子控制式所代替，车速传感器也由单纯凸轮式改为多级连续式。

电子控制式转向是根据汽车的运行状态控制动力转向辅助系统的工作。例如，根据行驶车速、转向工作量(转向盘转角、转向盘转动速度)及车轮侧滑量等因素，控制转向过程中辅助系统的油流量。这是比较复杂的工作过程，采用电子控制最为合适。

电子控制式转向的优点，是利用传感器把汽车运行中的各种非电量信号转变为电信号，以此来控制动力转向系统中的压力油流量，再由压力油控制执行机构(如电磁阀或步进电动机)进行转向动作。全部动作的控制可由 ECU 来完成。因此，可以精确地控制动力转向系统的压力油流量，这是机械控制式所无法比拟的。

普通动力转向装置的特性是不变的，而且与车速无关。在停车及车速很低时，转向盘的操纵很费力，中速时较轻快，当车速增高时更加轻快。如果减小停车摆放时的操纵力，在高速行车时，操纵力过小，所以不稳定；反之，如果加大高速行车时的操纵力，则停车摆放及低速时所需要的操纵力就过大了。为了实现在各种行驶条件下转向盘上所需要的力都是最佳值，在动力转向系统上采用了ECU，构成了电控动力转向系统。

电控动力转向的形式较多，目前有电控前轮、后轮及前后四轮转向系统。它们分别显示出不同的优越性，如有的可获得最优化的转向作用力特性、最优化的转向回正特性，改善行驶的稳定性及节能降低成本的作用；有的提高转向能力和转向响应性；有的改善高速行驶时的稳定性。目前，电控前轮动力转向较普及，通过控制转向力，保证汽车停驶或低速行驶时转向较轻便，而高速行驶时又确保安全。轿车的动力转向发展动向是四轮转向系统，其特点是汽车在转向上只作轻微操作及缓慢转变时，或在改变行驶路线而又高速行驶时，后轮与转向盘转动方向基本一致，这样行车摆动小，稳定性好。在车轮出入车库、左右转弯行驶及大转弯或做“U”形调头时，后轮与转向盘转动方向相反，可使汽车轻易转弯，具有较小的转弯半径，电子控制大多是根据驾驶工况调整后轮转向角的大小，达到提高转向特性和转向响应性，以及改善高速行驶的稳定性等目的。

电控动力转向系统和其他电控系统一样也是由传感器、ECU和执行器组成的。传感器主要是检测操作者的转向意向，通常转向方式都是操作转向盘，只要扭力杆扭转角达到4°，不管是向左或是向右，只要在平衡位置上偏离4°，传感器就可以检测出来。现在，使用行星齿轮组作为传动元件，检测精度进一步提高。设定检测扭力杆转角为4°时开始给予助力，是因为角度设得太大，助力给的过晚，则助力发挥不了应有的作用，角度过小则过于灵敏，有损操作稳定性。ECU的基础是一个小型专用计算机。主要的执行元件是直流电动机和离合器。

电控动力转向系统最初设定在车速处于30 km/h以下时提供转向助力，后期的车型一般都改为车速在45 km/h以下时提供助力，车速达到45 kln/h以上时自动解除动力转向功能。再后来，又发展了一种全域提供动力转向功能的系统，不过转向助力与当时的车速有关。

目前，在用的电控动力转向系统无一例外地都把普通的无助力的转向系统作为后备，一旦助力转向系统出现某种故障时，人们可以依赖手动转向把车开到修理站。

二、电控动力转向系统简介

(一)丰田汽车公司马克Ⅱ型车用电控动力转向系统

丰田汽车公司马克Ⅱ型车用动力转向系统也称为连续式动力转向系统，英文名称的缩写为PPS，它的结构如图2-72所示。在PPS的齿轮箱中，除了旧式动力转向用控制加力系统的主控制阀之外，又增设了反力油压控制阀和油压反力室。其结构如图2-73所示。经反力油压控制阀调整后的油压加到油压反力室内。如图2-73中所示，扭杆与转向轴相联，当PPS根据油压反力的大小改变转向扭杆的扭曲量时，就可以控制转向时所要加的力。动力转向用ECU安装在中央控制箱内，ECU根据车速传感器的信号控制电磁阀的输入电流。电磁阀就设在反力控制阀上。

输入到电磁阀中的信号是通断的脉冲信号，改变导通(ON)时间所占的比例就可以控制电流值的大小。当车速升高时，受输出电流特性的限制，输入到电磁阀中的电流减小，所以，电磁阀的开度也小。因此，根据车速的高低就可以调整油压反力，从而，得到最佳的转向操纵力。图2-74是普通车速感应式动力转向系统与连续式动力转向系统转向特性的对比，从图中可以

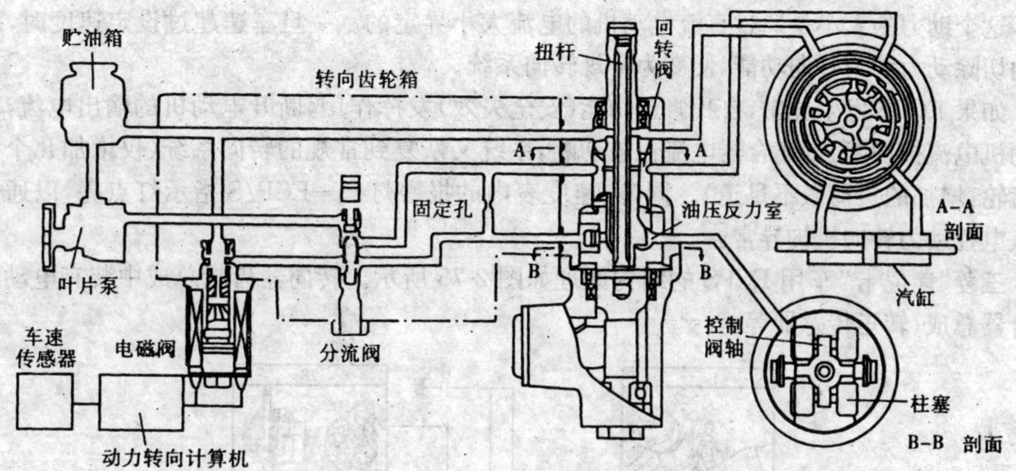

图 2-72 “马克Ⅱ”型车 PPS 的结构

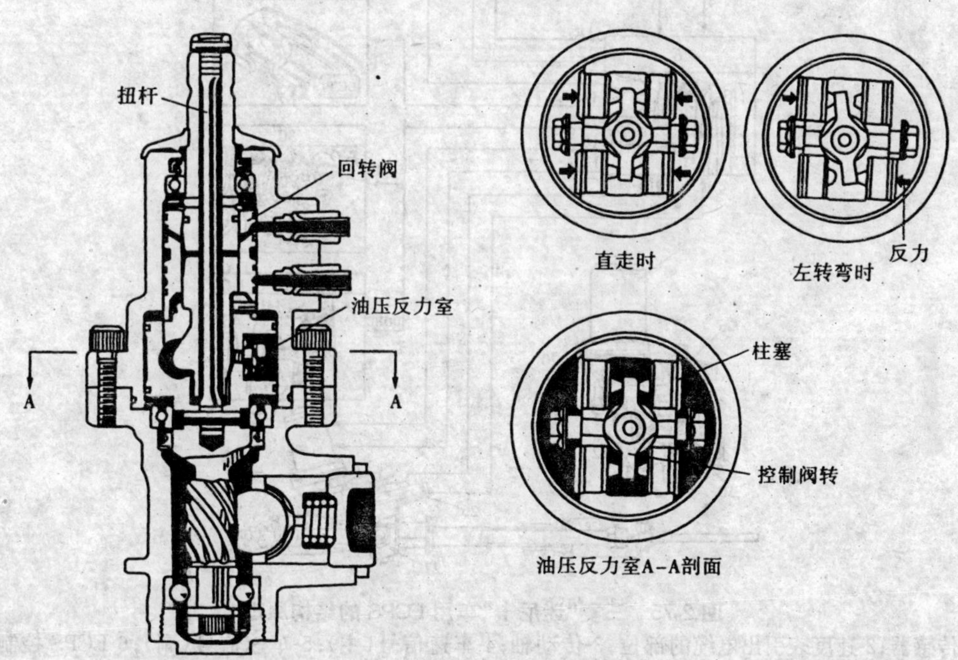

图 2-73 PPS 齿轮箱的结构

看出，连续式动力转向系统的操纵特性还是比较理想的。停车摆放及车辆低速时的转向操纵力比较小，而中、高速时又具有手感操纵力适宜的特性。

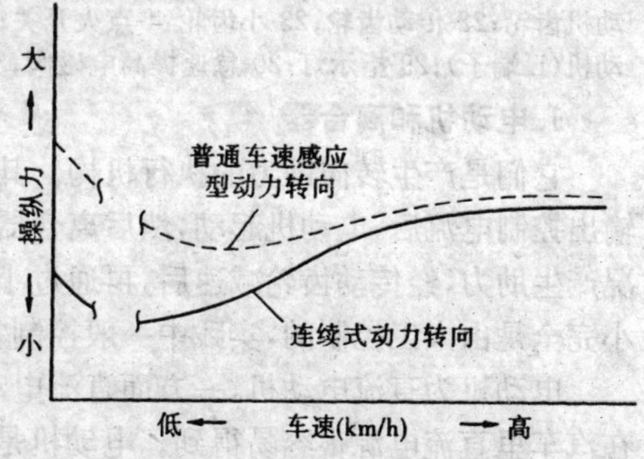

图 2-74 PPS 的操纵力特性

(二)三菱公司迷尼卡轿车电控动力转向系统

三菱公司的迷尼卡轿车的转向系统采用的是电控动力转向系统(Electronic Control Power Steering，简称 ECPS)。ECPS 中的 ECU 根据车速和转向盘上的操纵力(转向力)，驱动转向齿轮箱内的电动机，输出一个适当的转向助力，实现助力控制。这个助力的大小是通过直流电动机的电流大小界定的。一旦车速超过设定速度时,ECU自动切除动力助力转向功能,便变为常规转向系统。

如果ECPS发生异常,自我修正功能(安全失效)发挥作用,断开电动机的输出电流,一旦电动机电流被切断,则离合器电流也被切断,系统又恢复到常规的转向系统(仅增加几个空转的齿轮,增加的负荷微不足道)。同时,速度表内的报警灯——ECP/S指示灯点亮,以通知驾驶人电控动力转向机构异常。

三菱"迷尼卡"车用ECPS的结构原理如图2-75所示。转向器齿轮总成中装有电动机与离合器总成、转矩传感器等。

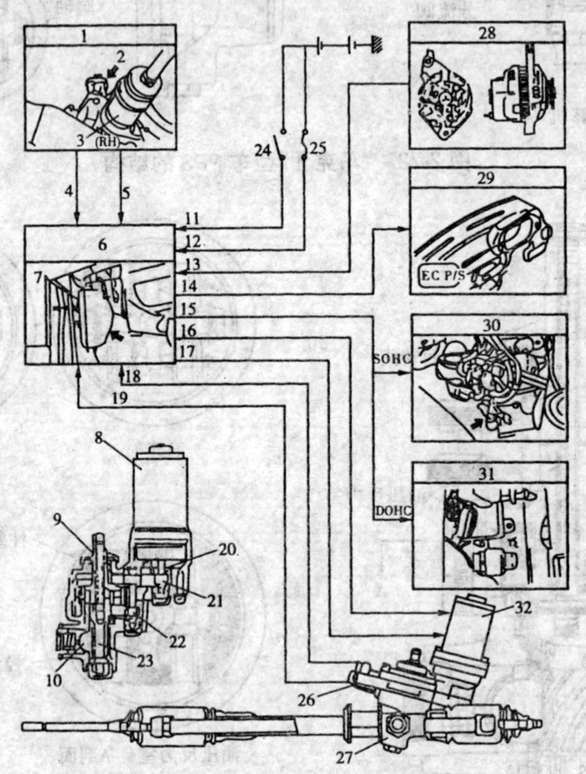

图2-75 三菱"迷尼卡"车用ECPS的结构原理

1-车速传感器;2-速度表引出电缆的部位;3-传动轴;4-车速信号(主);5-车速信号(副);6-ECPS控制装置;7-前驾驶员座脚下部位;8-电动机;9-扭杆;10-齿条;11-点火电源;12-蓄电池;13-发电信号;14-指示灯电流;15-提高怠速电流;16-电动机电流;17-离合器电流;18 一转矩信号(主);19-转矩信号(副);20-离合器;21-电动机齿轮;22-传动齿轮;23-小齿轮:4-点火开关;25-熔丝;26-转矩传感器;27-转向器齿轮总成;28-交流发电动机(L端子);29-指示灯;30-怠速提高电磁阀;31-发动机电控装置;32-电动机与离合器

1.电动机和离合器

它们是产生转向助力的执行机构。其执行过程是:当ECPS控制装置向电动机和离合器输出控制电流后,电动机起动,然后离合器接合,电动机和离合器根据车速和转向盘的转动状况产生助力,经传动齿轮减速后,再通过小齿轮实现动力转向,如图2-76所示。这个助力的大小完全是由人工控制的,实践中一般控制在操作人施加的转向力1~2倍之间。

电动机为直流电动机,一方面直流电动机便于调整输出转矩(调整输入电流),另一方面,在汽车里直流电源很容易得到。电动机是以自动变速器所用的行星齿轮机构来传递动力的,以行星齿轮机构为中介,把电动机助力传递到转向小齿轮,然后,再传到齿条(转向拉杆),如图

2-77 所示。图 2-77 所示的结构实际上是使用一个公共的太阳齿轮的上、下两组行星齿轮。上面一组行星齿轮的行星齿轮支架和太阳齿轮实为一体，行星齿轮 A 固定在输入轴上；下面一组行星齿轮的内齿圈 B 固定在齿轮箱体上(固定不动)，行星齿轮支架一方面与转向小齿轮为一体，另一方面又与电动机的减速齿轮啮合。

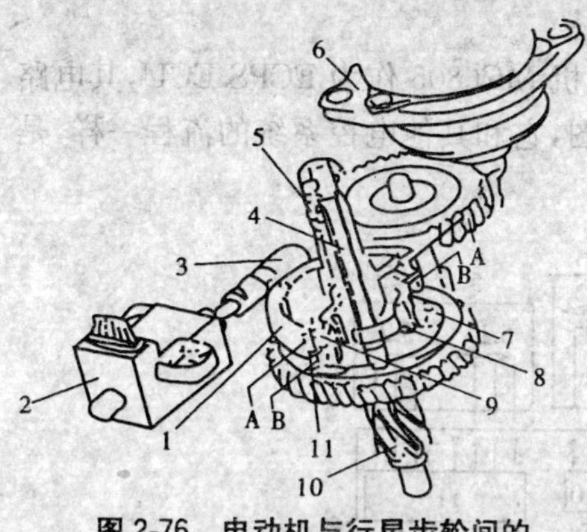

图 2-76　电动机与行星齿轮间的动力传递关系

1-齿圈 A；2-转矩传感器；3-滑阀；4-扭杆；5-输入轴；6-电动机与离合器；7-行星齿轮 B；8-太阳齿轮；9-行星齿轮 A；10-小齿轮；11-齿圈 B

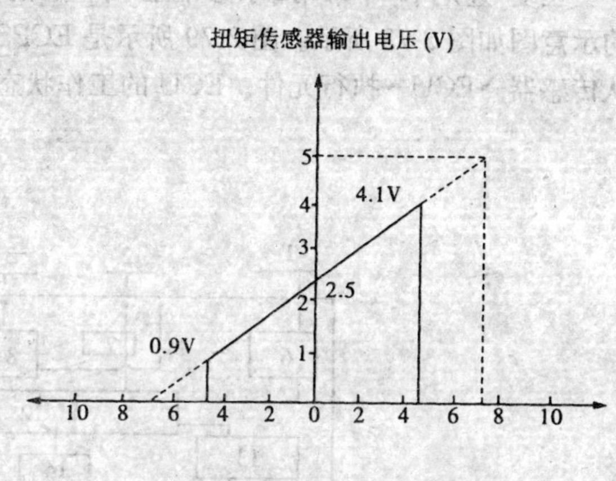

图 2-77　转矩传感器特性

转矩传感器的轴通过滑阀与输入轴侧的内齿圈 A 相连，故从扭力杆传过来的转矩经由行星齿轮 A 传动内齿圈 A，内齿圈传动卷轴，然后，转矩传感器输出主、副两个转矩信号送给 ECU。即上面这一组行星齿轮是检测转矩信号用的。

转向时，扭力杆传过来的转矩经太阳齿轮传给行星齿轮 B，因内齿圈固定，转矩经由行星齿轮 B 传给行星齿轮支架，行星齿轮支架与转向小齿轮 B 为一体，故驱动转向小齿轮转动，带动齿条横移，实行转向；另一方面由于转矩传感器向 ECU 输送信号的缘故，ECU 起动直流电动机和离合器，电动机的旋转力经过减速齿轮也传给行星齿轮 B 的支架，且转动方向相同，也驱动转向小齿轮，实施助力转向。离合器是由电磁铁和弹簧离合器构成的。

2. 转矩传感器

转矩传感器是检测扭力杆扭转角度的传感元件，它把检测到的信号输送给 ECU。根据设定值，扭力杆扭转角为 4°时就可以检测出来，其输出特性曲线如图 2-77 所示。由于使用行星齿轮组，其精度大为提高。早期的转矩传感器有了故障是要和整个转向装置总成一起更换的，现在已可以单独更换。

3. 车速传感器

车速传感器装在变速器附近，它有两套重复的系统，向 ECU 输出脉冲，单位时间内输出的脉冲数与车速成正比。由于是两个系统，可靠性很好。车速传感器必须时时提供车速资料信息，若 ECU 得不到车速信息则不能控制动力转向，根据“安全失效”设计，转向系统返回常规转向状态。

4. 交流发电机 L 端子电压

利用交流发电机的 L 端子电压可以判断出发动机是否运转。所以，这里是把交流发电机的 L 端子看成是向 ECU 输出信号的一个传感器。

由于电动机最大要输入 30 A 的电流，若发动机没有起动而使 ECPS 工作时，就会造成蓄电池的容量下降，因此 ECPS 一工作就得对蓄电池采取必要的措施。另外，如果发动机处于怠速状态，因其工作状态与充电量有关，所以此时，在 ECPS 工作时，发动机的怠速转速要向上调整，否则，发动机输出功率不足。

5.ECPS　ECU

三菱“迷尼卡”车采用摩托罗拉公司生产的 8 位单片机 MC6805 作为 ECPS ECU，其电路的示意图如图 2-78 所示。图 2-79 所示是 ECPS 的流程图，它和其他电控系统的流程一样，是从传感器→ECU→执行元件。ECU 的工作状态如下。

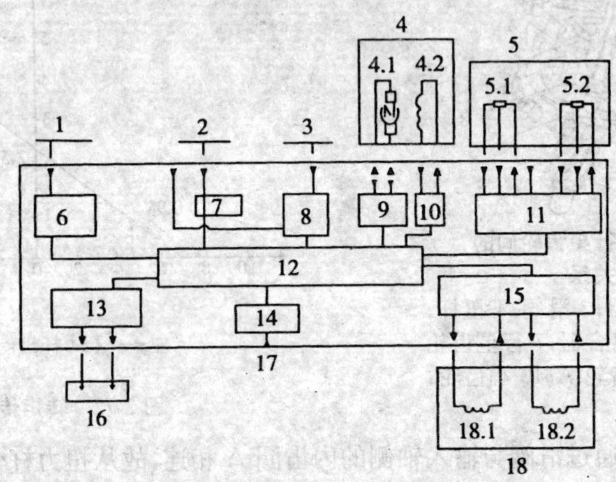

图 2-78　ECPS 电路示意图

1-点火开关(IGI)；2-交流发电机(L 端子)；3-易熔线；4-电动机与离合器；4.1-电动机；4.2-离合器；5-转矩传感器；5.1-副传感器；5.2-主传感器；6-自我修正控制；7-发电检测；8-电源电路；9-电流极性控制；10-驱动电路；11-中立、转向、操纵力的检测，主、副传感器之差；12-8 位单片机；13-传感器、执行元件故障检测；14-电动机工作检测；15-车速、加减速基准的对比，主、副传感器之差；16-自我修正检测用端子；17-二极管；18-车速传感器；8.1-主传感器；18.2-副传感器

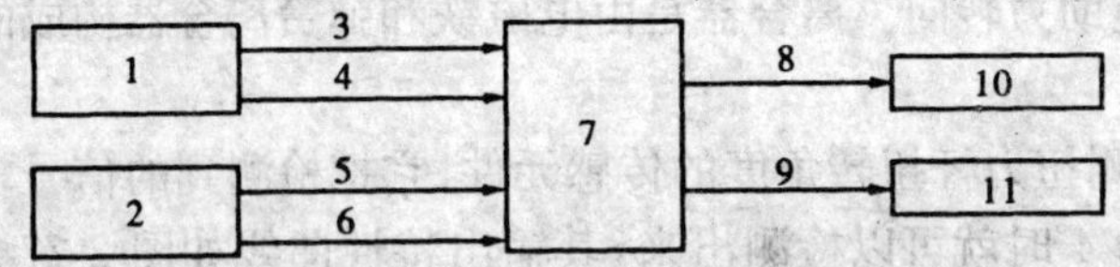

图 2-79　ECPS 流程图

1-转矩传感器；2-车速传感器；3-转矩信号(主)；4-转矩信号(副)；5-车速信号(主)；6-车速信号(副)；7-ECPS ECU；8-离合器信号(ON　OFF)；9-电动机信号(ON　OFF)；10-电磁离合器；11-电动机

(1)点火开关闭合时

电源加到 ECU 上，电控动力转向系统处于准备工作状态。

(2)发动机起动

在发动机起动的同时，交流发电机 L 端子的电压输入到 ECU 上。ECU 在检测到发动机处于起动状态时，电控动力转向系统转为工作状态。

(3)ECU 有输出信号时

ECU 首先输出电磁离合器控制信号，电动机的输出轴才可能输出动力，通过电动机输出轴和减速齿轮使小齿轮轴处于可以助力的状态，并根据转矩信号向电动机输出相对应的控制电流。如果汽车处于运行状态，按不同车速下的转向盘转矩信号，控制电动机的电流，并完成电控转向与普通转向控制之间的转换。6 种车速情况下电动机的电流状况如图 2-80 所示。每个等级都输入一定的电流，也就是给出一定数值的助力。车速一旦超过 30 km/h，ECU 就切断离合器、电动机控制电流，离合器脱开，则转换成常规的无助力转向状态。但当车速一旦降到 27 km/h 以下时，ECU 又输出离合器信号和电动机电流，又转换为动力转向状态。ECPS ECU 插座如图 2-81 所示。

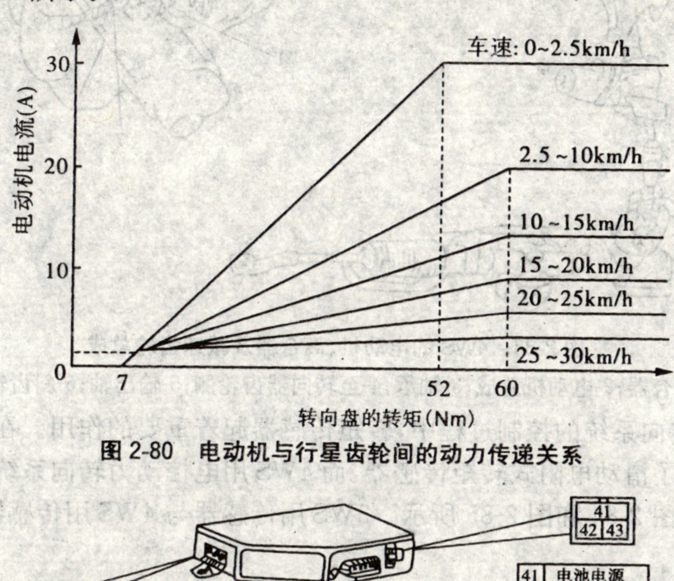

图 2-80 电动机与行星齿轮间的动力传递关系

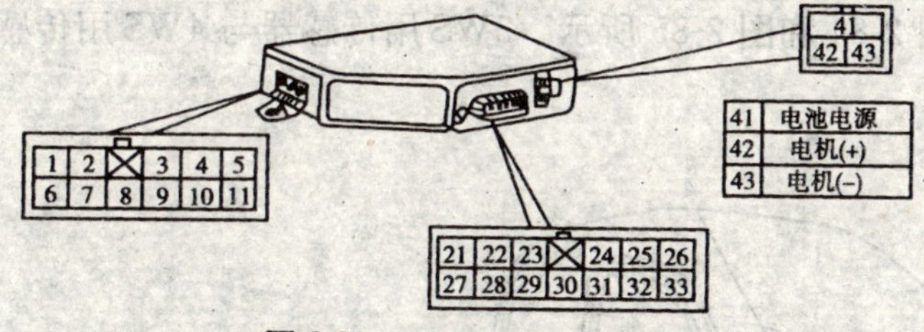

图 2-81 ECPS ECU 连接器

(三)大发公司的电控动力转向系统

大发公司在 1989 年生产的米拉(L70 系列)车上开始采用电控动力转向系统。目前，生产的米拉(L200 系列)、海捷特、阿托雷(S80 系列)车上大部分都采用了电控动力转向系统。

大发公司的电控动力转向系统目前分为两种：2WS(2 轮转向车)用和 4WS(4 轮转向车)用，从它们都是靠直流电动机产生助力作用这点来看，二者没有根本区别，但是从安装位置(如图 2-82 和图 2-83 所示)，减速齿轮的结构及有无电磁离合器等来看，则有较大的不同。在 2WS 用的电控动力转向系统上，驱动力的传递途径是：电动机小齿轮→恒星齿轮 No. 1→小齿轮 No. 1→恒星齿轮 No. 2→小齿轮 No. 2→小齿轮。通常情况下，内齿圈 No. 1、No. 2 是固定的，但当外部输入的转矩过大时，则内齿圈 No. 1 打滑，以防损坏

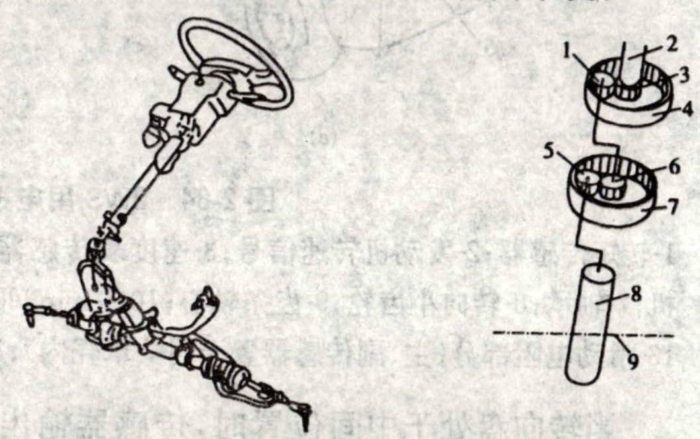

图 2-82 2WS 的电动机与减速齿轮总成

1-小齿轮 No. 1；2-电动机小齿轮；3-恒星齿轮 No. 1；4-内齿圈 No. 1；5-小齿轮 No. 2；6-恒星齿轮 No. 2；7-内齿圈 No. 2；8-小齿轮；9-齿条

行星齿轮。

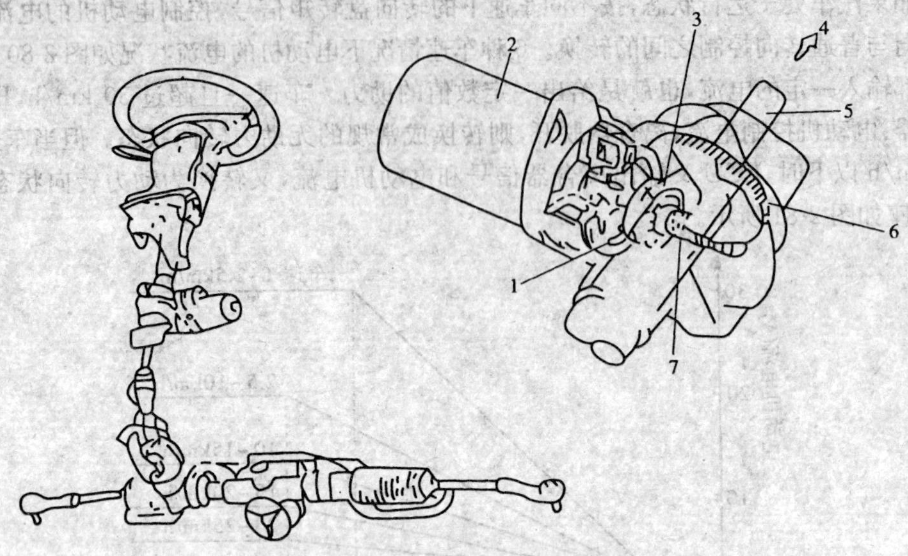

图 2-83　4WS 的电动机、离合器及减速齿轮总成

1-电磁离合器；2-电动机总成；3-轴承；4-至转向器齿轮侧；5-输出轴；6-斜齿轮；7-蜗轮

在电控动力转向系统的控制过程中，转矩传感器起着重要的作用。在 2WS 用电控动力转向系统上，采用了滑动电阻式转矩传感器，而 4WS 用电控动力转向系统上，采用了无触点式转矩传感器，如图 2-84 和图 2-85 所示。2WS 用传感器与 4WS 用传感器的输出特性是相同的。

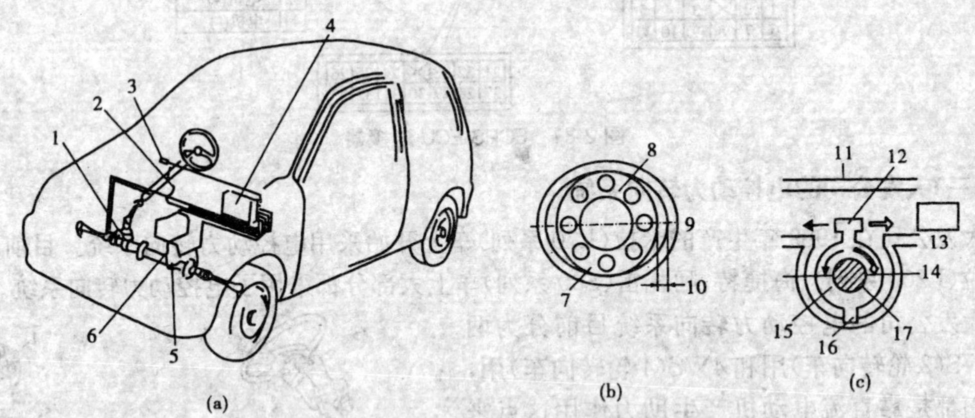

图 2-84　2WS 用电控 PS 装车状况与转矩传感

1-转矩传感器；2-发动机转速信号；3-速度表传感器(置于速度表内)；4-动力转向用 ECU；5-减速器；6-电动机；7-轴承；8-转向小齿轮；9-齿条轴心；10-1 mm 间隙；11-前方向；12-拨杆 B 部(左右最大各摆动 3 mm)；13-滑动电阻部分(主、副传感器置于同一罩壳内)；14-齿条心轴；15-拨杆；16-支点 A；17-小齿轮 C

当转向盘处于中间位置时，传感器输出电压 2.5 V；当转向盘向右转时，输出电压低于 2.5 V；当转向盘向左转时，输出电压高于 2.5 V。利用这个电压作输入信号的 ECU，根据电压值就可以判断出转向盘的转向与转动量。2WS 用电控动力转向系统与 4WS 用电控动力转向系统的零件数是一样的，但其设置位置不尽相同。

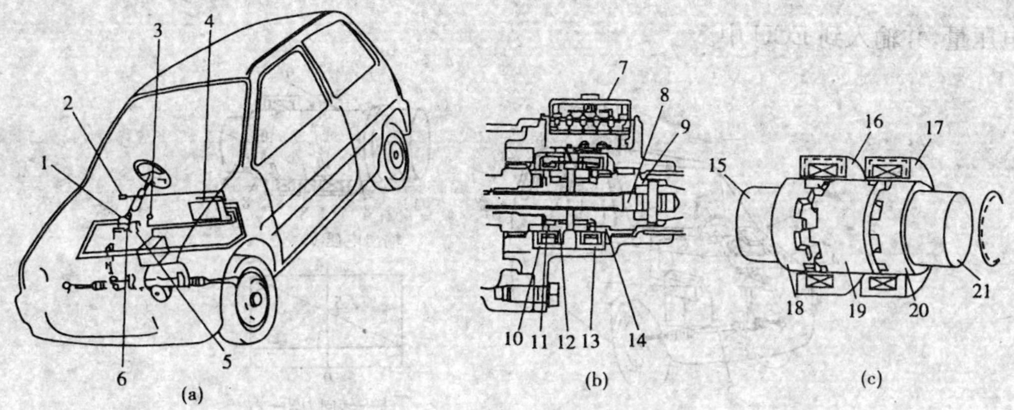

图 2-85 4W 用电控装车状况与转矩传感器

1-转矩传感器；2-车速传感器；3-发动机转速信号；4-动力转向控制电控单元；5-电动机；6-离合器；7-预放大；8-扭杆；9-输入轴；10-转矩检测线圈；11-检测线圈；12-检测线圈；13-温度补偿线圈；14-检测线圈；15-输出轴；16-转矩检测(检测线圈上端子电压的变化)线圈；17-温度补偿线圈(将检测线圈 16 与 17 的端电压差放大，变换成电压—电流的变化之后再输出)；18-输入轴；19-检测环；20-检测环；21-检测环

(四)铃木公司的电控动力转向系统

按车速控制范围划分电控动力转向系统时，铃木公司的电控动力转向系统可分为低中速控制型(0～45km/h)和全范围控制型(0～80 km/h)两种；按转向传感器的工作方式，可分为滑动可变电阻型和无触点型两种。在安装位置较宽余的吉姆尼车上，采用了油压式动力转向系统。

铃木奥托车采用了低、中速控制型电控动力转向系统，其部件的布置与转向传感器(滑动可变电阻型)的结构如图 2-86 所示。厢式车 R(E－CT215 系列)上采用的低、中速控制型电控动力转向系统的配件布置及转向传感器的结构如图 2-87 所示。控制过程方框图如图 2-88 所示。

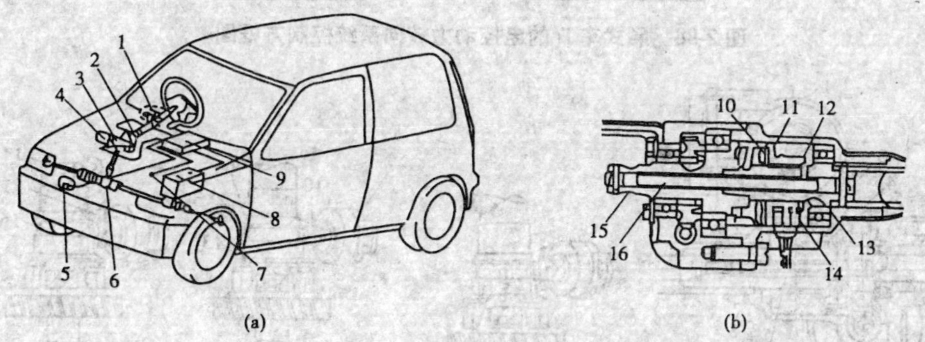

图 2-86 奥托(E—CNIIS)用电控动力转向系统的配件布置与转向传感器的结构

(a)电控动力转向系统的配件布置；(b)转向传感器的结构

1-车速传感器(速度表)；2-转向传感器；3-减速机；4-电动机与离合器；5-发电机；6-转向齿轮；7-发动机转速；8-蓄电池；9-ECU；10-滑动触点；11-阻尼线；12-滑环；13-输入轴；14-引线与电刷；15-输出轴；16-扭杆

全范围控制型电控动力转向系统的转向传感器(滑动可变电阻型)的结构如图 2-89 所示，当转向系统工作时，输入轴和输出轴的旋转方向产生偏移，扭杆的扭曲产生转矩，与此同时滑块沿轴向移动，图中所示的控制臂将滑块的轴向移动变换成电位计的旋转角度，即将转矩值变

换成电压量，并输入到 ECU 中。

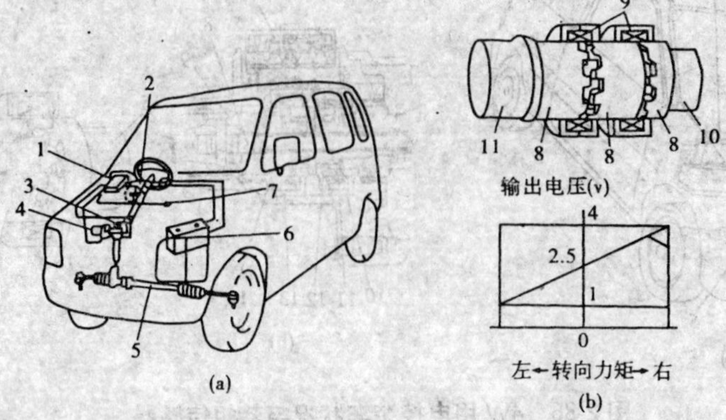

图 2-87　厢式车 R(E— CT215 系列)的电控动力转向系统的配件布置及转向传感器(无触点式)的结构

(a)配件布置；(b)转向传感器结构

1-电控单元；2-车速传感器(速度表)；3-转向传感器；4-电动机和离合器转向齿轮箱；5-转向齿轮箱；6-蓄电池；7-防干扰滤波器；8-检测环；9-检测线圈；10-输入抽；11-输出轴

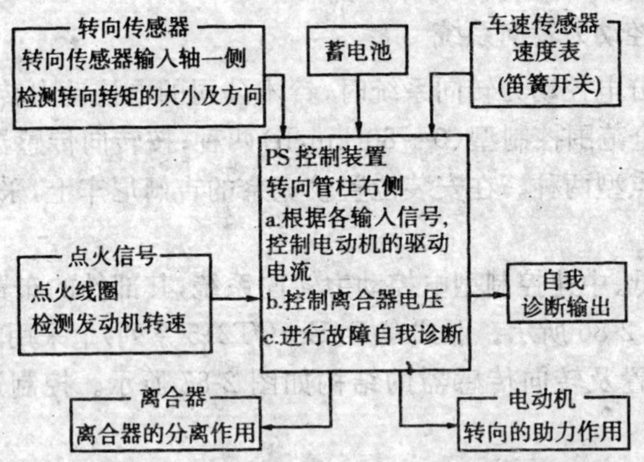

图 2-88　厢式车 R 的电控动力转向系统控制方框图

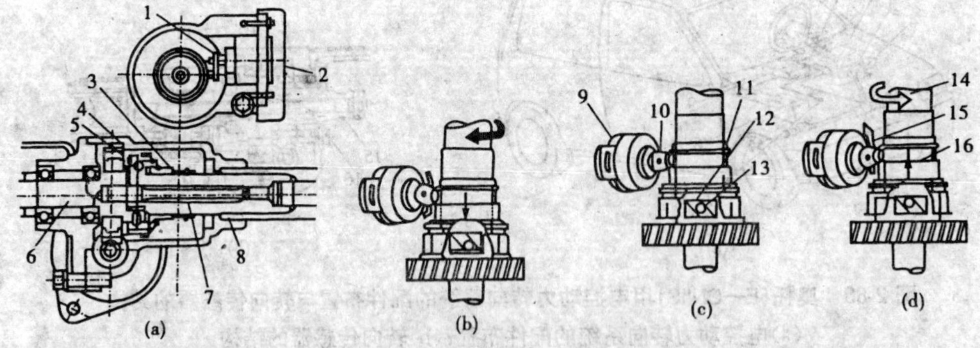

图 2-89　全范围控制型动力转向系统的转向传感器的结构与工作原理

(a)传感器结构；(b)转向盘右转时；(c)转向盘在中间位置；(d)转向盘左转时

1、10-控制臂；2-电位计；3、11-滑块；4-环座；5、13-钢球；6-输出轴；7-扭杆；8-输入轴；9-转向传感器；12-钢球槽；14-心轴旋转方向；15-控制臂旋转方向；16-滑块滑动方向

全范围控制型动力转向系统的控制方框图如图 2-90 所示，其内部结构如图 2-91 所示。

尽管转向传感器的形式不同，但其输出电压是相同的，当转向盘处于中间位置时，ECU 的输入电压为 2.5 V；当转向盘右转时 ECU 的输入电压大于 2.5 V；当转向盘左转时电压小于 2.5 V。因此，ECU 根据输入电压的高低，就可以判定转向盘的转动方向和转动程度。低、中速控制型电控动力转向系统与全范围控制型电控动力转向系统之间的区别如下。

低中速控制型电控动力转向系统完成 3 项控制，其控制内容为：

(1)速度控制

当车速高于 45(+15%，−10%) km/h 时，停止对电动机供电的同时，使电动机内的离合器分离，按常规转向控制方式工作，以确保行车安全。

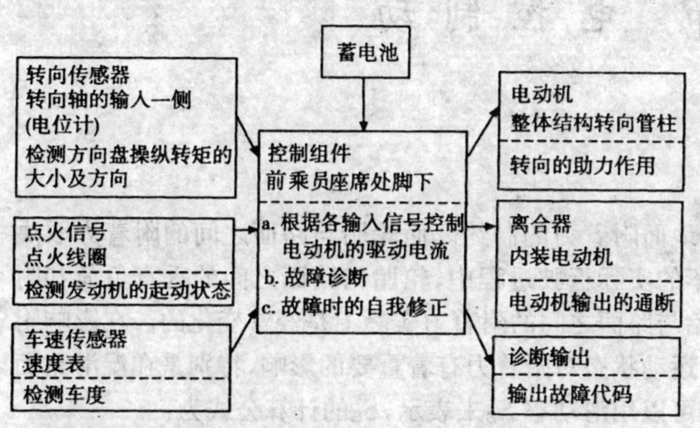

图 2-90 全范围控制型动力转向系统的控制方框图

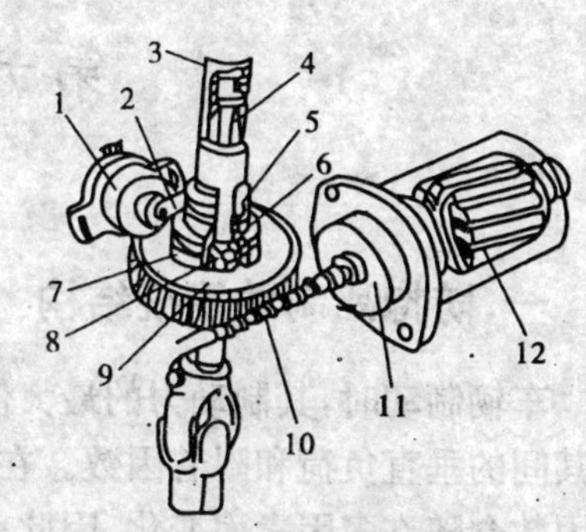

图 2-91 全范围型电控 PS 的内部结构
1-转向传感器；2-控制臂；3-传感器轴；4-扭杆；5-滑块；6-球槽；7-连接环；8-钢球；9-蜗轮；10-蜗杆；11-离合器；12-电动机

(2)电动机电流控制

转向系统根据转向力矩和车速信号确定电动机的驱动电流并向电动机输入电流，当车速为 0 时，因为这时需要助力，所以供给电动机的电流为最大值；当车速接近 45 km/h 时，电流值下降，助力减小；当车速高于 45 km/h 时，电动机的电流断开，助力作用的电流断开。这样，在车速从 0～45 km/h 的整个范围内，实现了助力作用，因此，把这种助力器称为车速感应式电控动力转向系统。

(3)临界控制

这是为了保护电控动力转向系统中的电动机及 ECU 而设的控制项目。在转向器偏转最大(即临界状态)时，向电动机供给的也是最大的助力电流 20A。在这种场合下，因为电动机不能转动，所以，这时能量全部转换成热能。另一方面，ECU 兼任功率放大器，若持续对其供电，也要发热，这种异常发热可能引起控制系统的损坏，所以，每当较大电流连续通过 30s 之后，系统就会控制电流使之逐渐减小。反之，当临界控制状态解除之后，就会逐渐增大电流，一直达到正常的工作电流值为止。

低、中速控制型电控动力转向系统还存在着一定的缺点，即当转向而又同时加速时，在车速超过 45 km/h 时，转向盘的操纵力急剧变大。解决这一问题的办法是采用全范围控制型电控动力转向系统。

全范围控制型电控动力转向系统的控制项目有以下两项。

(1)电动机的电流

根据车速控制电动机的电流，实施全范围的车速感应型控制，最大电流值为 25 A。

(2)临界控制

为了防止临界状态下电动机、ECU 发热而损坏，每当最大电流连续通过 20s 之后，电流值就逐渐降低，每次减少 1.5 A，当临界状态解除后，电流值又逐渐增加，直至恢复正常工作电流时为止。

全范围控制型电控动力转向系统的这两个控制项目与低、中速控制型动力转向系统的相同，但控制电流的大小与时间的设定不同。

第六节　电 控 制 动

一、防抱死制动系统结构

车辆制动时，其制动力的最大值受地面附着力的制约。而轮胎与路面之间的附着力取决于其间的垂直负荷和附着因数。在汽车的实际行驶过程中，轮胎与路面之间的垂直负荷和附着因数会随许多因素而变化，因此，轮胎与路面之间的附着力实际上是经常变化的。在影响附着力的诸多因素中，车轮相对于路面的运动状态对附着力有着重要的影响，特别是在湿滑路面上，其影响更为明显。车轮的运动状态可以用滑动率 S_B 来表示，S_B 的计算公式为：

$$S_B = (r\omega - v)/r\omega \times 100\%$$

式中：S_B——车轮滑动率；

r——车轮自由滚动半径，m；

ω——车轮转动角速度，rad/s；

v——车轮中心的纵向速度，m/s。

滑动率表示车轮在纵向运动中滑移成分所占的比例。当车轮在路面上自由滚动时，车轮中心的纵向速度完全是由于车轮滚动产生的。此时，$v=r\omega$；因此，滑动率 $S_B=0$；当车轮被制动到完全抱死在路面上进行纯粹地滑移时，车轮中心的纵向速度则完全是由于车轮滑移产生的，此时 $\omega=0$，因此，滑动率 $S_B=100\%$；当车轮在路面上一边滚动一边滑移时，车轮的中心纵向速度的一部分是由于车轮滚动产生的，另一部分则是由于车轮滑移产生的，此时 $r\omega>v$，因此，$100\%<S_B<0$，在车轮中心纵向速度中，车轮滑动所占的成分越多，滑移率 S_B 的数值就越大。通过试验发现，在硬实的路面上，弹性车轮与路面间的附着系数 φ 和滑动率 S_B 存在如图 2-92 所示的一般性关系。由试验得知，汽车车轮的滑动率在 15%～20%时，轮胎与路面间有最大的纵向附着系数，而横向附着系数也较大(图 2-92)。此时，车辆抵抗横向干扰力的能力较强，且车辆具有最

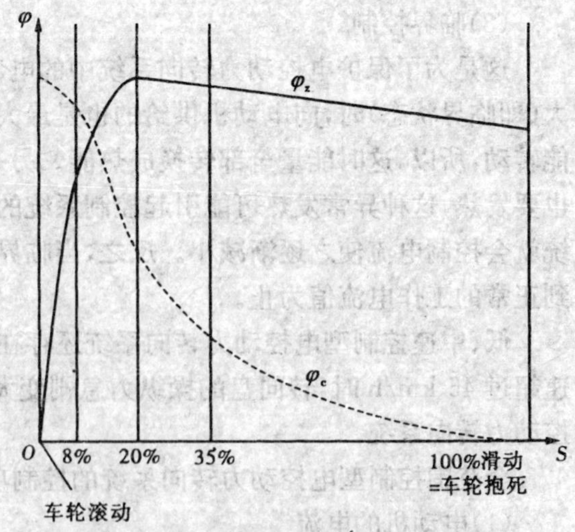

图 2-92　附着系数与滑动率的关系

短的制动距离，因此，是车辆紧急制动的理想状态。为了达到这种理想状态，充分发挥轮胎与路面间的这种潜在附着能力，目前，在轿车上广泛装备了防抱死制动系统（Antilock Braking System），简称 ABS。

ABS 的作用就是在制动过程中通过调节制动轮缸的制动压力，使作用于车轮的制动力矩受到控制，从而，将车轮的滑动率控制在较为理想的范围之内，使车辆在紧急制动时的制动距离最短且有较好的操纵稳定性。

（一）ABS 的类型

按不同的分类方法，ABS 可以分成不同的类型。实用中，常按控制通道和车轮转速传感器的数目进行分类。为便于说明，先介绍一下控制通道的概念。

ABS 中能够独立进行制动压力调节的制动管路称为控制通道。如果某车轮的制动压力可以进行单独调节，称这种控制方式为独立控制，独立控制单独占用一个控制通道；如果对两个或两个以上车轮的制动压力是一同进行调节的，则称这种控制方式为一同控制，一同控制共用一个控制通道。在对两个车轮的制动压力进行一同控制时，如果以保证附着力较大的车轮不发生制动抱死为原则进行制动压力调节，称这种控制方式为按高选原则一同控制；如果以保证附着力较小的车轮不发生制动抱死为原则进行制动压力调节，称这种控制方式为按低选原则一同控制。

ABS 按照控制通道数可分为四通道系统、三通道系统、双通道系统和单通道系统，而其布置形式却是多式多样，如图 2-93 所示。

（1）四通道 ABS。对应于双制动管路 H 型（前后）或 X 型（对角）两种布置形式，四通道 ABS 也有两种布置形式，如图 2-93（a）、（b）所示。为了对 4 个车轮的制动压力进行独立控制，在每个车轮上各安装一个转速传感器，并在通往每个制动轮缸的制动管路中各设置一个制动压力调节装置（控制通道）。由于四通道 ABS 可以最大程度地利用每个车轮的附着力进行制动，因此，汽车的制动效能最好。但在附着系数分离（两侧车轮的附着系数不相等）的路面上制动时，若同一轴上两侧车轮的制动力不相等，会使汽车产生较大的偏转力矩而跑偏。因此，ABS 系统通常不对 4 个车轮进行独立的制动压力调节。

（2）三通道 ABS。四轮 ABS 大多为三通道系统，其中两个控制通道是对两个前轮的制动压力进行单独控制，对两后轮的制动压力则按低选原则进行一同控制，其布置形式见图 2-93（c）、（d）、（e）。图 2-93（c）所示的按对角布置的双管路制动系统，虽然在通往四个制动轮缸的制动管路中各设置了一个制动压力调节装置，但两个后制动压力调节装置却是由 ABS ECU 一同控制的，实际上仍是三通道 ABS。由于三通道 ABS 对两后轮进行一同控制，对于后轮驱动的汽车，可以在变速器或主减速器中只设置一个转速传感器来检测两后轮的平均转速。汽车紧急制动时，会发生很大的轴荷转移（前轴荷增加，后轴荷减小），使得前轮的附着力比后轮的附着力大很多（前置前驱动汽车的前轮附着力约占汽车总附着力的 70%～80%）。对前轮制动压力进行独立控制，可充分利用两前轮的附着力对汽车进行制动，有利于缩短制动距离。尽管两前轮制动压力独立控制可能会导致两前轮制动力的不平衡，但这种不平衡对汽车行驶时的方向稳定性影响较小，而且还可以通过转向操纵对此不利影响加以修正。对两后轮的制动压力按低选原则一同控制，即使汽车两侧车轮的附着力相差较大时，两后轮的制动力都被限制在较小的附着力水平，由此造成的制动力损失并不显著，而汽车的方向稳定性却得到很大改善。

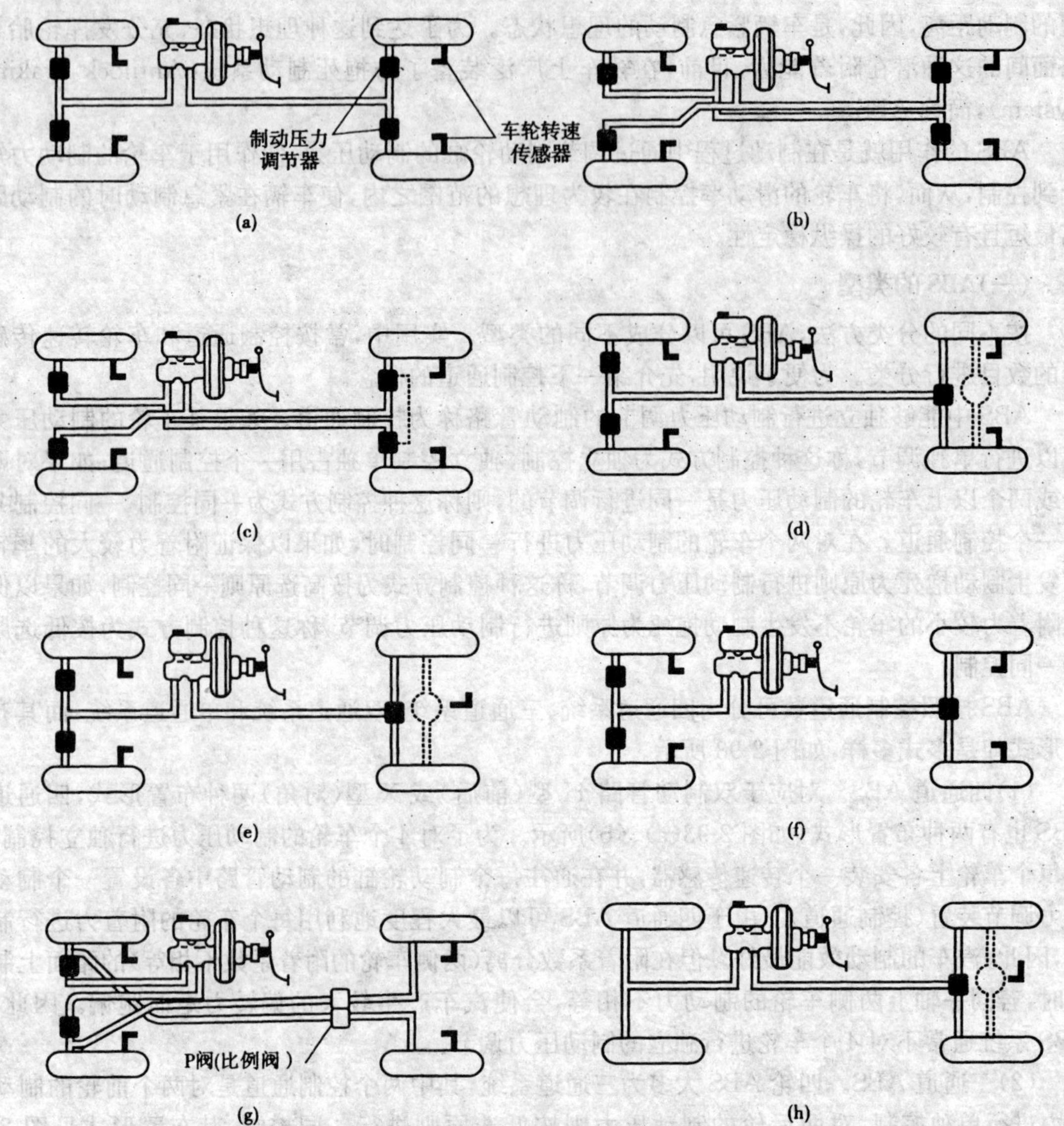

图 2-93　ABS 系统布置示意图

(3)双通道 ABS。图 2-93(f)的双通道 ABS,在按前后布置的双管路制动系统的前后制动管路中各设置一个制动压力调节装置,分别对两前轮和两后轮进行一同控制。图 2-93(g)所示的双通道 ABS 多用于制动管路对角布置的汽车上。两前轮独立控制,制动液通过比例阀(P阀)按一定比例减压后传给对角后轮。由于双通道 ABS 难以在方向稳定性、转向操纵能力和制动距离等方面得到兼顾。因此,目前汽车上很少采用。

(4)单通道 ABS。所有单通道 ABS 都是在前后布置的双管路制动系统的后制动管路中设置一个制动压力调节器,对于后轮驱动的汽车,只需在传动系中安装一个转速传感器,见图 2-93(h)。单通道 ABS 一般对两后轮按低选原则一同控制,其主要作用是提高汽车制动时的方向稳定性。在附着系数不同的路面上进行制动时,两后轮的制动力都被限制在处于低附着系数路面上的后轮的附着力水平,制动距离会有所增加。由于前制动轮缸的制动压力未被控制,前轮仍然可能发生制动抱死,所以,汽车制动时的转向操纵能力得不到保障。但由于单通道

ABS能够显著地提高汽车制动时的方向稳定性，又具有结构简单、成本低的优点，因此，在轻型货车上得到广泛应用。对于ABS，除上述分类方法外，还有一些分类方法，如按照制动压力调节器调压方式分为循环式和可变容积式；按照制动压力调节器与制动主缸的结构关系分为整体式和分离式等。

(二)ABS基本组成及工作

ABS是在普通制动系统的基础上增加了一套电控系统组成的，主要包括车轮转速传感器、制动压力调节器、ABS ECU和ABS警告装置等。在如图2-94所示的ABS中，每个车轮上各安置一个转速传感器，将各车轮的转速信号输入ABS ECU。ABS ECU根据各个车轮转速传感器输入的信号，对各个车轮的运动状态进行监测和判定，并形成相应的控制指令。制动压力调节器主要由调压电磁阀总成、液压泵总成和储液器等组成一个独立的整体，通过制动管路与制动主缸和各制动轮缸相连，制动压力调节器受ABS ECU的控制，对各制动轮缸的制动压力进行调节。

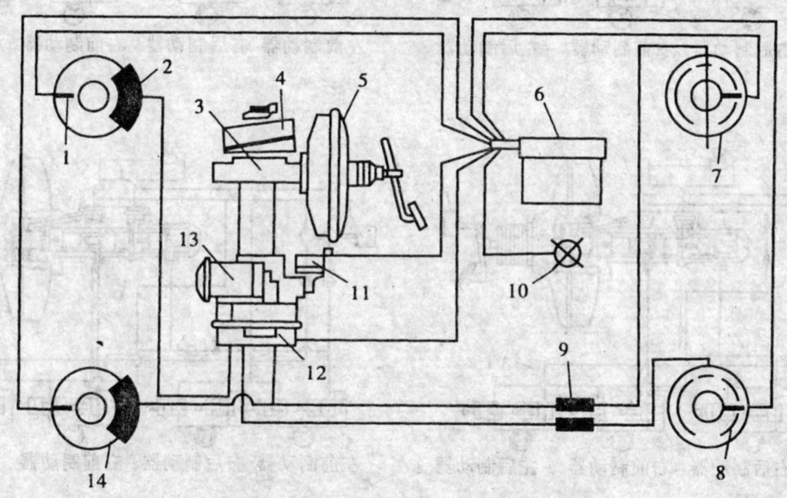

图2-94 典型ABS系统的组成

1-车轮转速传感器；2-右前制动器；3-制动主缸；4-储液室；5-真空助力器；6-ABS ECU；7-右后制动器；8-左后制动器；9-比例阀；10-ABS警告灯；11-储液器；12-调压电磁阀总成；13-电动泵总成；14-左前制动器

ABS的工作过程可以分为常规制功、制动压力保持、制动压力减小和制动压力增大等阶段，其工作过程以图2-95所示的ABS系统来说明。

在常规制动阶段，如图2-95(a)所示，ABS并不介入制动压力调节，调压电磁阀总成中的各进液电磁阀均不通电而处于开启状态，各出液电磁阀均不通电而处于关闭状态，液压泵也不通电运转，制动主缸至各制动轮缸的制动管路均处于沟通状态，而各制动轮缸至储液器的制动管路均处于封闭状态，各制动轮缸的制动压力将随制动主缸的输出压力而变化，此时的制动过程与常规制动系统的制动过程完全相同。

在制动过程中，当ABS ECU根据车轮转速传感器输入的车轮转速信号判定有车轮趋于抱死时，ABS就进入防抱死制动压力调节过程。例如，ABS ECU判定右前轮趋于抱死时，ABS ECU就使右前轮制动压力的进液电磁阀通电，使右前轮进液电磁阀转入关闭状态，制动主缸输出的制动液不再进入右前制动轮缸，此时，右前出液电磁阀仍末通电而处于关闭状态，右前制动轮缸中的制动液也不会流出，右前制动轮缸的制动压力就保持一定，而其他末趋于抱死的车轮的制动压力仍会随制动主缸输出压力的增大而增大，如图 2-95(b)所示。

如果在右前制动轮缸的制动压力保持一定时，ABS ECU 判定右前轮仍然处于抱死状态，ABS ECU 此时就使右前轮出液电磁阀也通电而转入开启状态，右前制动轮缸中的部分制动液就会经过处于开启状态的出液电磁阀流回储液器，使右前制动轮缸的制动压力迅速减小，右前轮的抱死趋势将开始消除，如图 2-95(c)所示。

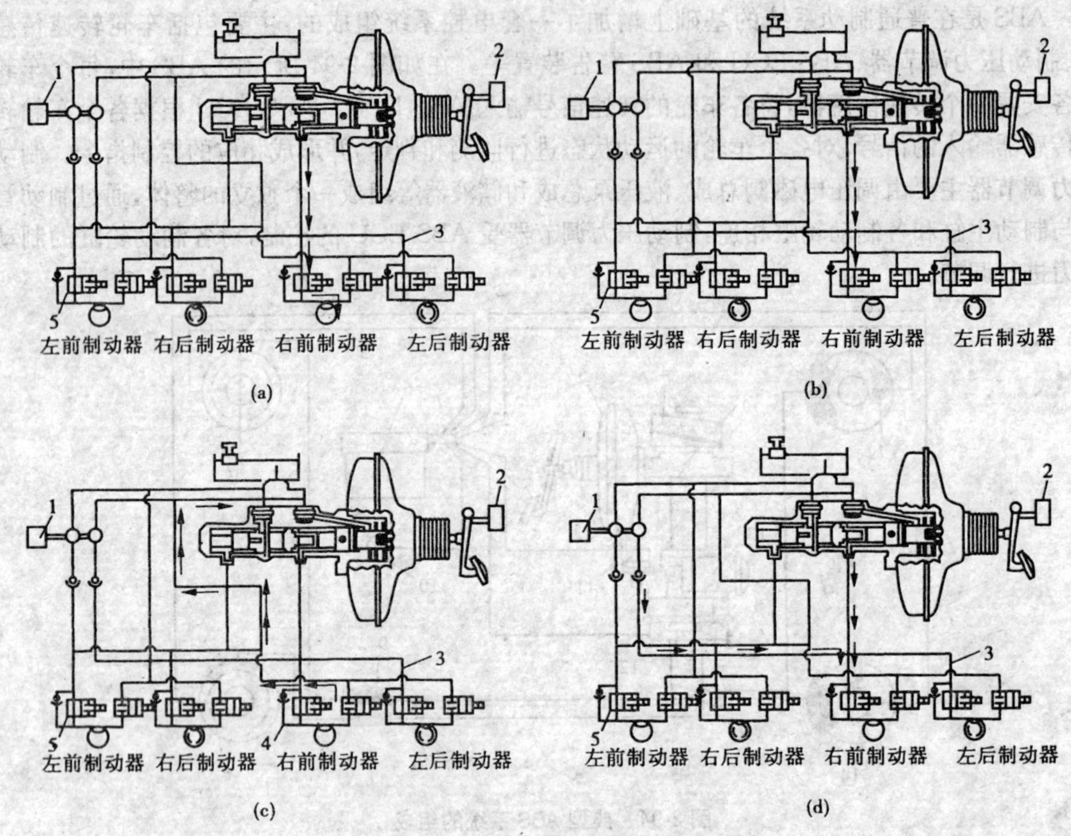

图 2-95 ABS 的工作过程

(a)常规制动；(b)压力保持；(c)压力减少；(d)压力增加

1-电动泵；2-制动开关；3-高压管路；4-低压管路；5-电磁阀

随着右前制动轮缸制动压力的减小，右前轮会在汽车惯性力的作用下逐渐加速，当 ABS ECU 根据车轮转速传感器输入的信号判定右前轮的抱死趋势已经完全消除时，ABS ECU 就使右前进液电磁阀和出液电磁阀都断电，使进液电磁阀转入开启状态，使出液电磁阀转入关闭状态。同时，也使电动泵通电运转，向制动轮缸泵送制动液，由制动主缸输出的制动液和电动泵泵送的制动液都经过处于开启状态的右前进液电磁阀进入右前制动轮缸，使右前制动轮缸的制动压力迅速增大，右前轮又开始减速转动，如图 2-94(d)所示。

ABS 通过使趋于抱死车轮的制动压力循环往复地经历保持——减小——增大过程，而将趋于抱死车轮的滑动率控制在最大纵向附着系数滑动率的附近范围内，直至汽车速度减小到很低或制动主缸的输出压力不再使车轮趋于抱死时为止，制动压力调节循环的频率可达 3～20 Hz。在该 ABS 中，对应于每一个制动轮缸各有一对进液和出液电磁阀，可由 ABS ECU 分别进行控制。因此，各制动轮缸的制动压力能够被独立地调节，从而使四个车轮都不发生制动抱死现象。尽管各种 ABS 的结构形式和工作过程并不完全相同，但都是通过对趋于抱死车轮的制动压力进行自适应调节，来防止被控制车轮发生制动抱死的，而且，各种 ABS 还有以下的共同点：

(1)最低速度限制。ABS 只是在汽车的速度超过一定值以后(如 5 km/h 或 8 km/h)，才会进行防抱死制动压力调节。当汽车速度被制动降低到一定值时，ABS 就会自动地停止防抱死制动压力调节。

(2)只对趋于抱死的车轮进行调节。在制动过程中，只有当车轮趋于饱死时，ABS 才会对趋于抱死车轮的制动压力进行防抱死调节；在被控制车轮还没有趋于抱死时，制动过程与常规制动系统的制动过程完全相同。

(3)具有自诊断、失效保护和报警功能。ABS 都具有自诊断功能，能够对系统的工作情况进行监测。一旦发现存在影响系统正常工作的故障，将自动地关闭 ABS，并将 ABS 警告灯点亮，向驾驶人发出警示信号。此时，汽车的制动系统仍然可以像常规制动系统一样进行制动。

综上所述，ABS 具有以下优点：增加了汽车制动时的稳定性；缩短了制动距离；减少了轮胎磨损；操作简单方便。

(三)ABS 主要元件结构及原理

ABS 的种类较多，其具体结构差别也较大，但主要元件都是车轮转速传感器、ABS ECU 和制动压力调节器及警示装置等。下面对这些带有共性的部件的结构与工作原理介绍如下：

1. 车轮转速传感器

车轮转速传感器的作用是检测车轮的速度，并将速度信号输入 ABS ECU。它是 ABS 的主要传感器。目前，用于 ABS 的车轮转速传感器主要有电磁式和霍尔式两种。

(1)电磁式转速传感器

电磁式转速传感器是一种通过磁通量的变化产生感应电压的装置，主要由传感头和齿圈两部分组成，如图 2-96 所示。齿圈一般安装在轮毂或轴座上，对于后轮驱动且后轮采用一同控制的汽车，齿圈也可安装在差速器或传动轴上。齿圈随车轮或传动轴一起转动。传感头通过固定在车身上的支架安装在齿圈附近，传感头与齿圈间的间隙约为 1mm。传感头必须安装牢固，以保证汽车制动过程中的振动不会干扰传感信号。

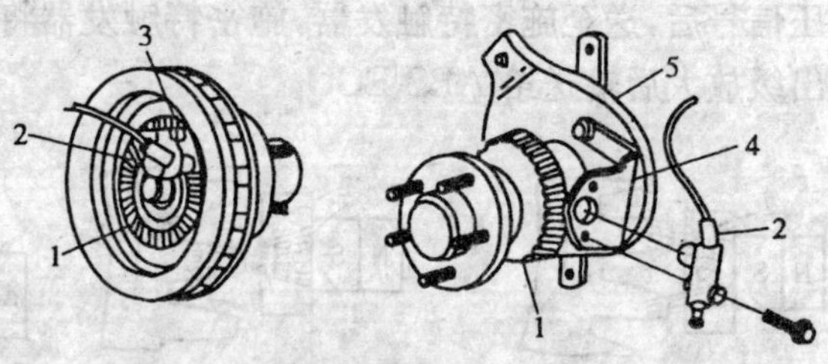

图 2-96 车轮转速传感器的安装位置

1-齿圈；2-传感头；3-制动盘；4-托架；5-轴座

传感头的结构如图 2-97 所示，它由永磁体 2、极轴 5 和感应线圈 4 等组成。极轴同永磁体相连，感应线圈套在极轴的外面。极轴头部结构有凿式和柱式两种。齿圈 6 旋转时，齿顶和齿隙交替对向极轴。当齿顶对向极轴时，磁路的间隙最小，因此，磁阻也最小，通过感应线圈的磁通量最大；当齿隙对向极轴时，磁路的磁隙最大，磁阻也最大，通过感应线圈的磁通量最小。所以，在齿圈旋转过程中，感应线圈内部的磁通量交替变化，从而产生感应电

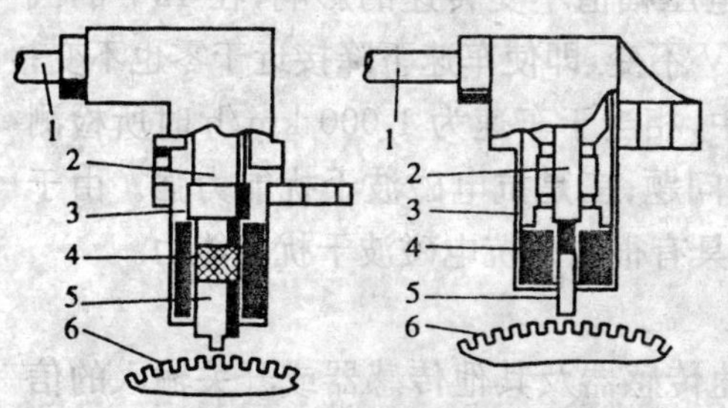

图 2-97 电磁式转速传感器剖视图

1-电缆；2-永磁体；3-外壳；4-感应线圈；5-极轴；6-齿圈

动势，此信号通过感应线圈末端的电缆1输入防滑控制系统的ABS ECU。当齿圈的转速发生变化时，感应电动势的频率也随之变化(图2-98)。ABS ECU即通过检测感应电动势的频率来检测车轮转速。

电磁式转速传感器结构简单、成本低，但存在以下缺点：一是其输出信号的幅值随转速的变化而变化，在规定转速范围内，其输出信号的幅值一般在1～15 V范围内变化，若车速过低，其输出信号低于1V，ABS ECU就无法检测；二是响应频率不高，当转速过高时，传感器的频率响应跟不上，容易产生误信号；三是抗电磁波干扰能力差，尤其是其输出信号幅值较小时。在汽车这个电磁波干扰源很多的特定条件下，抗干扰能力尤为重要。为了克服这些缺点，目前，车辆上出现了霍尔式转速传感器。

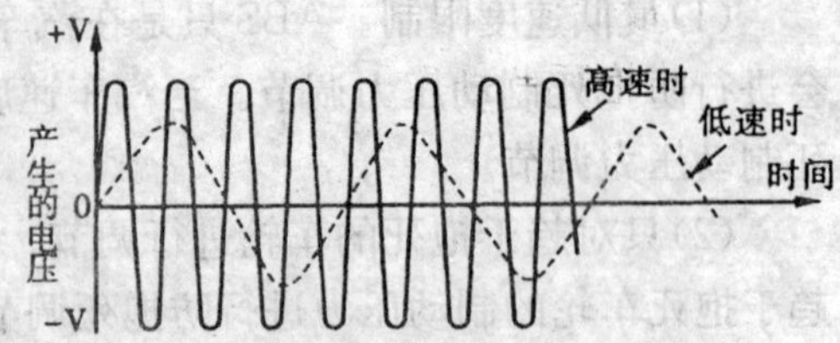

图 2-98　转速传感器产生的电压信号

(2)霍尔式转速传感器

霍尔式转速传感器也是由传感头和齿圈组成。传感头由永磁体、霍尔元件和电子电路等组成。如图2-99所示，永磁体的磁力线穿过霍尔元件通向齿圈，齿圈相当于一个集磁器。当齿圈位于图2-99(a)所示位置时，穿过霍尔元件的磁力线分散，磁场相对较弱；而当齿圈位于图2-99(b)所示的位置时，穿过霍尔元件的磁力线集中，磁场相对较强。齿圈转动时，使得穿过霍尔元件的磁力线密度发生变化，因而，引起霍尔电压的变化，霍尔元件将输出一个毫伏(mV)级的准正弦波电压，然后，再由电子电路转换成标准的脉冲电压。图2-100所示为霍尔式转速传感器电子线路框图，由霍尔元件输出的毫伏级准正弦波电压，经运算放大器放大为伏级的电压信号后，送至施密特触发器，施密特触发器将正弦波信号转换成标准的脉冲信号，再送至输出级放大后输送给ABS ECU。

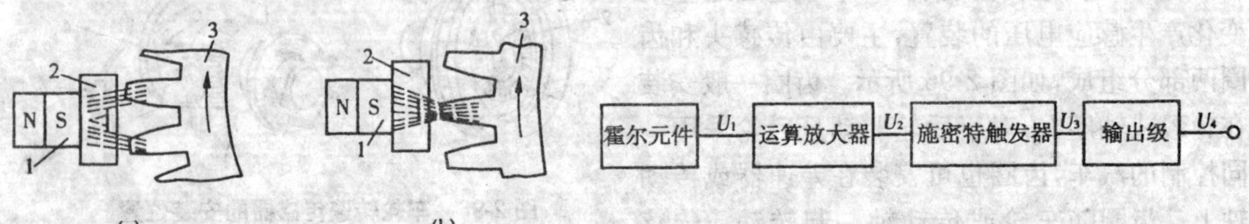

图 2-99　霍尔式转速传感器示意图

1-永磁体；2-霍尔元件；3-齿圈

图 2-100　霍尔式转速传感器电子线路框图

1-永磁体；2-霍尔元件；3-齿圈

霍尔式转速传感器具有以下优点：一是输出信号电压幅值不受转速的影响，在12V的汽车电源电压条件下，其输出信号电压保持在11.5～12 V不变，即使车速下降接近于零也不变；二是频率响应高，其频率响应高达20kHz，用于ABS中，相当于车速为1 000 km/h时所检测的信号频率，因此，不会出现高速时频率响应跟不上的问题；三是抗电磁波干扰能力强。由于其输出信号电压不随转速的变化而变化，且幅值高，故具有很强的抗电磁波干扰的能力。

2. ABS ECU

ABS ECU是ABS的控制中枢，其功用是接受转速传感器及其他传感器或开关输入的信号，对这些输入信号进行测量、比较、分析、放大和判别处理，通过精确计算，得出制动时车轮的滑移率、车轮的加速度和减速度，以判断车轮是否有抱死趋势，再由其输出级发出控制指令，控制制动压力调节器去执行压力调节任务。目前，各种ABS ECU的内部电路及控制程序并不相同，但大致都由图 2-101 所示的几个基本电路组成。

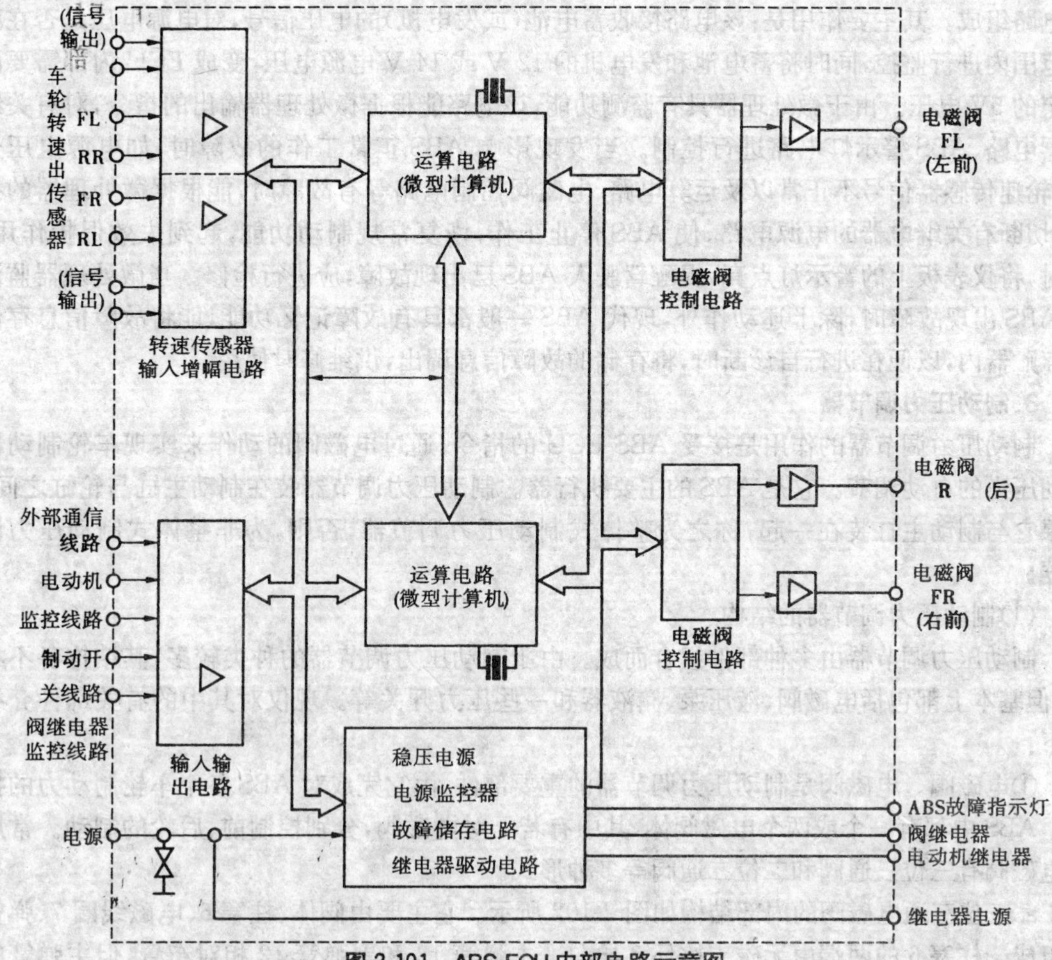

图 2-101 ABS ECU 内部电路示意图

(1)输入级电路。输入级电路的功用是将转速传感器输入的正弦交流信号转换成脉冲方波信号，经整形放大后输入运算电路。输入级电路主要由低通滤波器和用以抑制干扰并放大转速信号的输入放大器组成。输入电路还接收点火开关、制动开关、液位开关等外部信号。输入电路除传送车轮转速传感器监测信号外，还接收电磁阀继电器、泵电动机继电器等工作电路的监测信号，并将这些信号经处理后送入运算电路。

(2)运算电路。运算电路的功用主要是进行车轮线速度、初始速度、滑移率、加速度及减速度等的运算，以及调节器电磁阀控制参数的运算和监控运算。经转换放大后的转速传感器信号输入车轮线速度运算电路，由电路计算出车轮的瞬时速度。初始速度、滑移率及加减速度由运算电路根据车轮瞬时线速度加以积分，计算出初始速度，再把初始速度和车轮瞬时线速度进行比较运算，最后得到滑移率及加减速度。电磁阀控制参数运算电路根据计算出的滑移率、加减速度信号，计算出电磁阀控制参数。ABS ECU 中一般都设有两套运算电路，同时进行运算和传递数据，利用各自的运算结果相比较，相互监视，确保可靠性。

(3)输出级电路。输出级电路的主要功用是将运算电路输出的数字控制信号转换成模拟控制信号，通过控制功率放大器，驱动执行器(图 2-101 中为电磁阀)工作，以实现制动压力的增大、保持或减小的调节功能。

(4)安全保护电路。安全保护电路由电源监控、故障记忆、继电器驱动和ABS警示灯驱动等电路组成。其主要作用是:该电路接收蓄电池(或发电机)的电压信号,对电源电压是否在稳定范围内进行监控,同时将蓄电池和发电机的12 V或14 V电源电压,变成ECU内部需要的稳定的5V电压。由于微处理器具有监测功能,该电路能根据微处理器输出的指令,对有关继电器电路、ABS警示灯电路进行控制。当发现影响ABS正常工作的故障时,如电源电压过低、轮速传感器信号不正常以及运算电路、电磁阀控制电路等有故障时,能根据微处理器的指令,切断有关继电器的电源电路,使ABS停止工作,恢复常规制动功能,起到失效保护作用。同时,将仪表板上的警示灯点亮,提醒驾驶人ABS已出现故障,应进行检修。当微处理器监测到ABS出现故障时,除上述动作外,现代ABS一般都具有故障记忆功能,能将故障信息存储在存贮器内,以便在进行自诊断时,将存储的故障信息调出,供维修时使用。

3.制动压力调节器

制动压力调节器的作用是接受ABS ECU的指令,通过电磁阀的动作来实现车轮制动器制动压力的自动调节。它是ABS的主要执行器。制动压力调节器装在制动主缸与轮缸之间,如果它与制动主缸装在一起,称之为整体式制动压力调节器,否则,为非整体式制动压力调节器。

(1)制动压力调节器的结构

制动压力调节器由多种部件组合而成。由于制动压力调节器的种类较多,其结构各不相同,但基本上都包括电磁阀、液压泵、储液器和一些压力开关等。现仅对其中的有关部件介绍如下:

①电磁阀。电磁阀是制动压力调节器的重要部件,由它完成对ABS各个车轮制动力的控制。ABS中都有一个或两个电磁阀体,其中有若干对电磁阀,分别控制前、后轮的制动。常用的电磁阀有三位三通阀和二位二通阀等多种形式。

a.三位三通电磁阀的内部结构如图2-102所示。它主要由阀体、柱塞6、电磁线圈7、弹簧等组成。柱塞6的两端由无磁支撑环3导向。主弹簧13和副弹簧12相对布置,但主弹簧的弹力大于副弹簧的弹力。为了关闭进油阀5和打开卸荷阀4,滑动支架有约0.25 mm的移动行程。该电磁阀工作过程如图2-103所示。现说明如下:

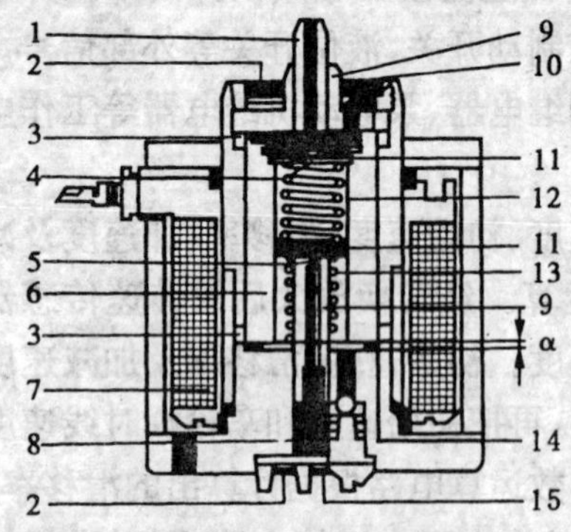

图2-102 三位三通电磁阀

1-回油口接口;2-滤芯;3-无磁支撑环;4-卸荷环;5-进油阀;6-柱塞;7-电磁线圈;8-限压阀;9-阀座;10-进油口;11-承接盘;12-副弹簧;13-主弹簧;14-凹槽;15-进油口

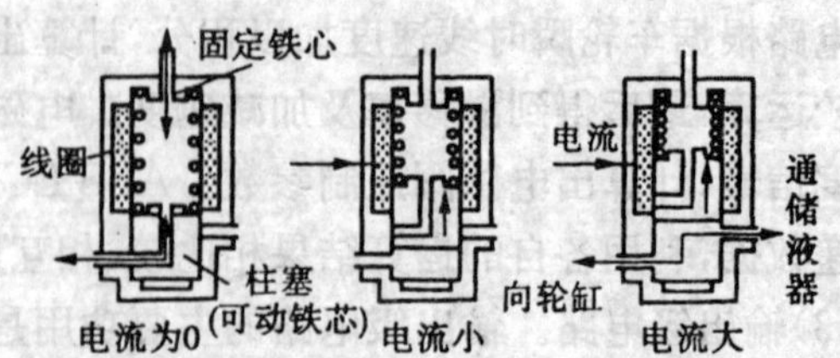

图2-103 三位三通电磁阀的工作原理

当电磁线圈中无电流通过时，由于主弹簧弹力大于副弹簧弹力，进油阀被打开，卸荷阀关闭，制动主缸与轮缸油路接通，所以，轮缸压力既能在没有 ABS 参与的常规制动条件下增加，也能在 ABS 工作的条件下增加。当向电磁线圈输入 1/2 最大电流时(保持电流)，电磁力使柱塞向上移动一定距离将进油阀关闭。由于此时电磁力不足以克服两个弹簧的弹力，柱塞便保持在中间位置，卸荷阀仍处于关闭状态。此时，三孔间相互密封，轮缸压力保持一定值。当 ABS ECU 向电磁线圈输入最大工作电流时，电磁力足以克服主、副两弹簧的弹力使柱塞继续上移，将卸荷阀打开，此时，轮缸通过卸荷阀与储液器相通，轮缸中制动液流入回油管路，压力降低。

图 2-104 是用符号表示的三位三通电磁阀示意图，图中上段表示电流为零；中段电流小；下段电流大。由于这种电磁阀有三种不同的供电状态，可以控制三条油路的通断，因此，称之为“三位三通”电磁阀。

b. 二位二通电磁阀有两种供电状态(通电或不通电)，控制两条油路的通断。若在未通电时，电磁阀控制的油路接通，这种电磁阀称为常开式二位二通电磁阀；若在未通电时，电磁阀控制的油路关闭，这种电磁阀称为常闭式二位二通电磁阀。图 2-105 所示为一种常开式二位二通电磁阀的内部结构。当电磁线圈 3 中无电流通过时，在复位弹簧 7 的作用下，铁芯 12 被推至限位杆 9 与缓冲垫圈 11 相抵触的位置。此时，与铁芯连在一起的顶杆 10 没有将球阀 6 顶靠在阀座 5 上，电磁阀的进油口 A 和出油口 B 相通，电磁阀处于开启状态。当电磁线圈中有一定的电流通过时，铁芯在电磁吸力的作用下，克服弹簧力的作用，带动顶杆一起右移，顶杆将球阀顶靠在阀座上，电磁阀进油口与出油口之间的通道被封闭，电磁阀处于关闭状态。限压阀 4 的作用在于限制电磁阀的最高压力，以免压力过高导致电磁阀损坏。

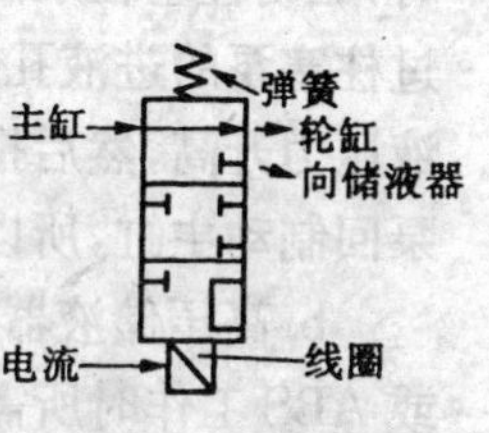

图 2-104 三位三通电磁阀示意图

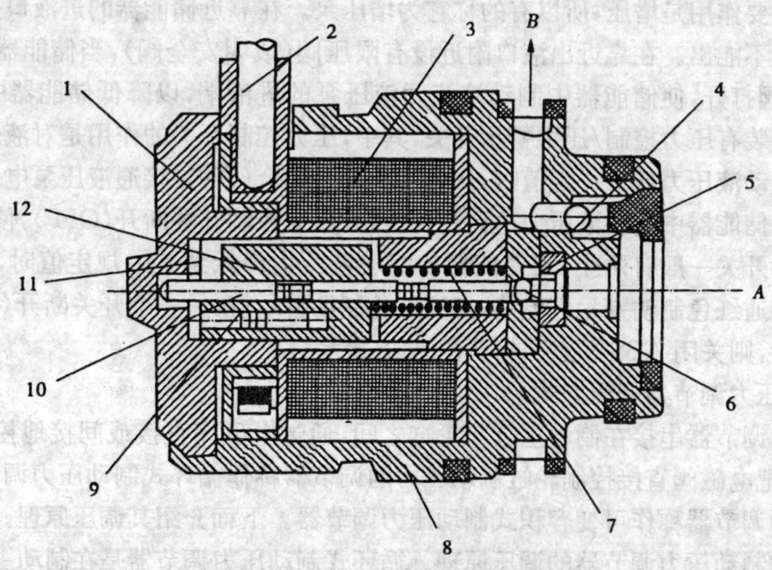

图 2-105 常开式二位二通电磁阀

1-阀盖；2-引线；3-电磁线圈；4-限压阀；5-阀座；6-球阀；7-复位弹簧；8-阀体；9-限位杆；10-顶杆；11-缓冲垫圈；12-铁芯

②储液器与液压泵。储液器有两种，根据其压力范围不同，可分为低压储液器和高压储液器，它们分别配置在不同型式的压力调节器中。

a. 低压储液器与液压泵。低压储液器主要用来接纳 ABS 减压过程中从制动轮缸流回的制动液，同时还对回流制动液的压力波动具有一定的衰减作用。储液器内有一活塞和弹簧(见图 2-106)，当制动液从制动轮缸流入储液器时，具有一定压力的制动液就会压缩弹簧并推动活塞下移，储液器容积变大，可以暂时储存制动液，然后，由液压泵将制动液泵入制动主缸。液压泵一般由直流电动机与柱塞泵组成。在 ABS 工作时，根据 ECU 输出的控制信号，直流电动机带动凸轮转动。凸轮转动时，驱动柱塞在泵内上下运动。柱塞上升时，储液器与制动轮缸内具有一定压力的制动液，通过柱塞泵的进液孔推开进液阀流入泵腔内；柱塞下行时，首先封闭进油阀，继而使泵腔内制动液压力升高，然后推开出液阀使制动液压入制动主缸。由于该液压泵的主要作用是将制动液泵回制动主缸，所以，有的叫它为回油泵。

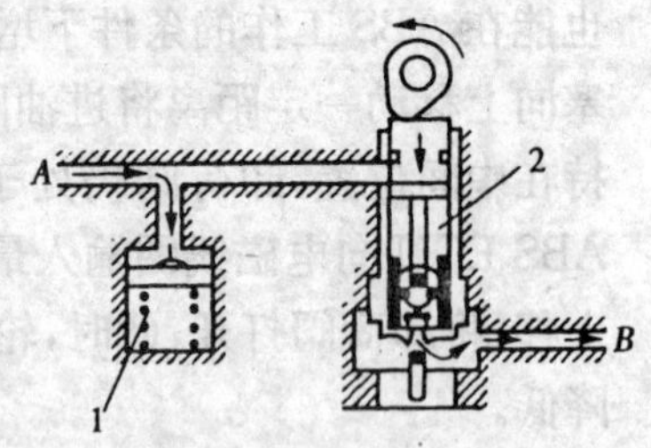

图 2-106　储液器与液压泵

b. 高压储液器与液压泵。高压储液器一般常称储能器，有的叫蓄压器，用于储存制动中或 ABS 工作时所需的高压制动液。它是制动系统的能源。高压储液器多采用黑色气囊状，其结构如图 2-107(a)所示。储能器内部由一个膜片，将储能器分成上、下两个腔室。上腔为气室，充满氮气并具有一定压力(8 MPa 左右)；下腔为油室，与液压泵油道相通，用来充填来自液压泵泵入的制动液。储能器下腔的制动液始终保持大约 14～18 MPa 的压力。若储能器中的压力低于 14 MPa 时，液压泵工作，向其下腔泵入制动液，使隔膜上移，储能器上端的氮气被压缩后产生压力；当储能器中的压力达到 18 MPa 时，液压泵不工作，停止向储能器泵油。与储能器相配合的液压泵由直流电动机和回转球阀活塞式液压泵组成，如图 2-107(b)所示。由于该液压泵的主要作用是增压，所以有的称它为增压泵。在靠近储能器的进液口处有单向阀，使制动液只能进不能出。在靠近出液口附近设有限压阀(或叫安全阀)，当储能器内压力超过规定值时，限压阀打开，使储能器中制动液流回液压泵的进液端，以降低储能器中制动液压力。在储能器下端装有压力控制/压力警示开关，其中，压力控制开关的作用是对液压泵进行控制。当储能器内制动液压力低于一定值时，压力控制开关闭合(ON)，接通液压泵电动机电路，使液压泵工作。当储能器中制动液压力达到规定值时，压力控制开关断开(OFF)，使液压泵停止工作。压力警示开关一般有两个，当储能器的制动液压力降低到其一规定值时，一个开关接通(ON)，用来接通红色制动警示灯电路，点亮红色制动警示灯；另一个开关断开(OFF)，ECU 接收到该信号后，则关闭 ABS 并点亮相黄色 ABS 警示灯。

(2)制动压力调节器调压方式

制动压力调节器串接在制动主缸与轮缸之间，通过电磁阀直接或间接地控制轮缸的制动压力。通常，把电磁阀直接控制轮缸制动压力的调节器称作循环式制动压力调节器，把间接控制制动压力的调节器称作可变容积式制动压力调节器。下面介绍其调压原理。

①循环式制动压力调节器的调压原理。循环式制动压力调节器是在制动主缸与轮缸之间串联一个或两个电磁阀，以直接控制轮缸的制动压力。这种压力调节系统的特点是制动压力油路和控制压力油路相通，如图 2-108 所示，图中的储液器的功用是在“减压”过程中将从轮缸流经电磁阀的制动液暂时储存起来，属于低压储液器。下面就该系统的工作原理介绍如下：

(a)

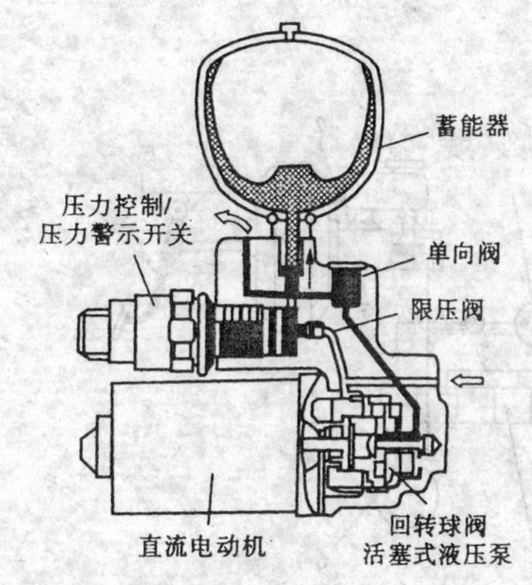

(b)

图 2-107 储能器与液压泵

(a)储能器内部结构;(b)储能器与液压泵的结构

a. 常规制动状态。在常规制动过程中,ABS 不工作,电磁线圈中无电流通过,电磁阀处于"升压"位置。此时制动主缸与轮缸相通(图 2-109)。由制动主缸来的制动液直接进入轮缸,轮缸压力随主缸压力而增减,此时回油泵也不需要工作。

b. 保压状态。当 ABS ECU 发现车轮具有抱死趋势时,ABS ECU 向电磁线圈输入一个较小的保持电流(约为最大电流的 1/2),电磁阀处于"保压"位置,如图 2-110 所示。此时,主缸、轮缸和储液器相互隔绝,轮缸中的制动压力保持一定。

c. 减压状态。如果在 ABS ECU"保压"命令发出后,车轮仍有抱死的倾向,ABS ECU 即向电磁线圈输入一个最大电流,柱塞移至上端,使电磁阀处于"减压"位置。此时,电磁阀将轮缸与储液器接通,轮缸中的制动液经电磁阀流入储液器,轮缸压力下降,如图 2-111 所示。与此同时,ABS ECU 驱动直流电动机启动,带动液压泵工作,把流回储液器的制动液加压后输送到主缸,为下一个制动周期做好准备,因此,这种液压泵称为回油泵,也叫做再循环泵,其作用是将"减压"过程中从制动轮缸流进储液器的制动液,泵回制动主缸,防止 ABS 工作时制动踏板行程发生变化,以使制动系统能够正常工作。

d. 增压状态。当压力下降后车轮转速太快时,ABS ECU 便切断通往电磁阀的电流,主缸和轮缸再次相通,主缸中的高压制动液再次进入轮缸,使制动力增加,如图 2-109 所示。

制动时,上述"增压一保压一减压"的调压过程反复循环进行,直到解除制动为止。在压力调节的过程中,油液在轮缸→储液器→主缸→轮缸之间不断循环流动,故此称之为"循环式"制动压力调节器。图 2-95 中所示的 ABS 采用的也是循环式制动压力调节器,只是采用的电磁阀是两个二位二通电磁阀。此种压力调节方式在 ABS 系统中采用的较多,如目前占主流的博世 ABS,以及坦威斯 ABS 等,都是采用这种方式。

②可变容积式制动压力调节器的调压原理。可变容积式制动压力调节器是在制动主缸与轮缸之间并联一套液压装置,以间接控制轮缸的制动压力。这种压力调节系统的特点是制动压力油路和控制压力油路相互隔绝而不相通。图 2-112 所示是可变容积式制动压力调节器的基本原理图。它主要由电磁阀、液压泵、储能器、控制活塞和储液室等组成。其基本工作原理如下:

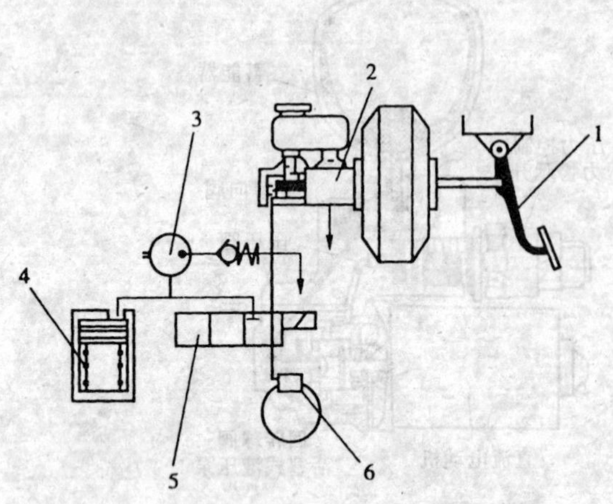

图 2-108　循环式制动液压调节器示意图

1-制动踏板机构；2-制动主缸；3-电动泵；4-储液器；5-电磁阀；6-制动轮缸

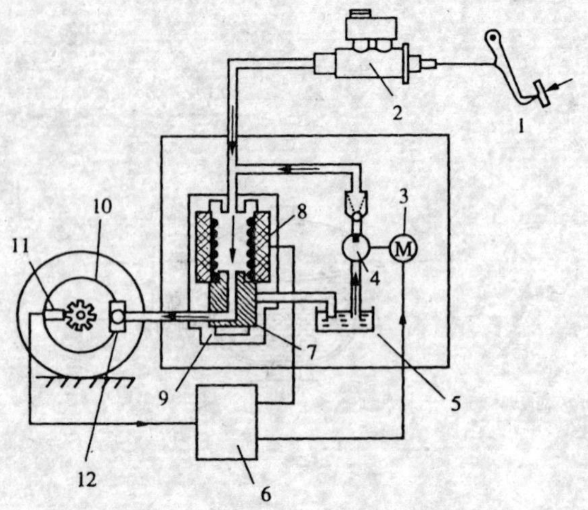

图 2-109　常规制动(增压)状态

1-制动踏板；2-制动主缸；3-直流电动机；4-液压泵；5-储液器；6-ABS ECU；7-柱塞；8-电磁线圈；9-电磁阀；10-车轮；11-车轮转速传感器；12-制动轮缸

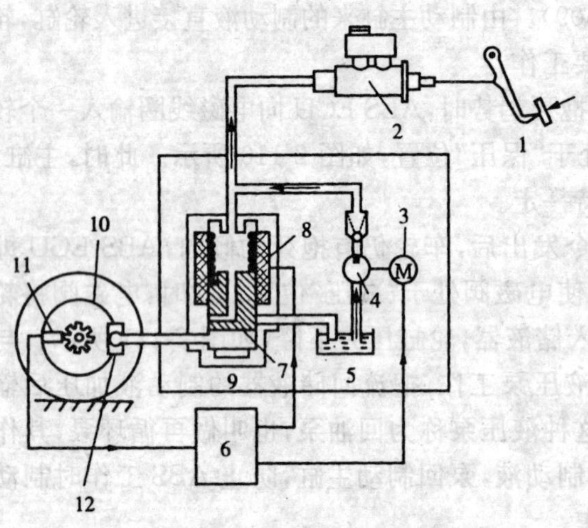

图 2-110　保压状态

1-制动踏板；2-制动主缸；3-直流电动机；4-液压泵；5-储液器；6-ABS ECU；7-柱塞；8-电磁线圈；9-电磁阀；10-车轮；11-车轮转速传感器；12-制动轮缸

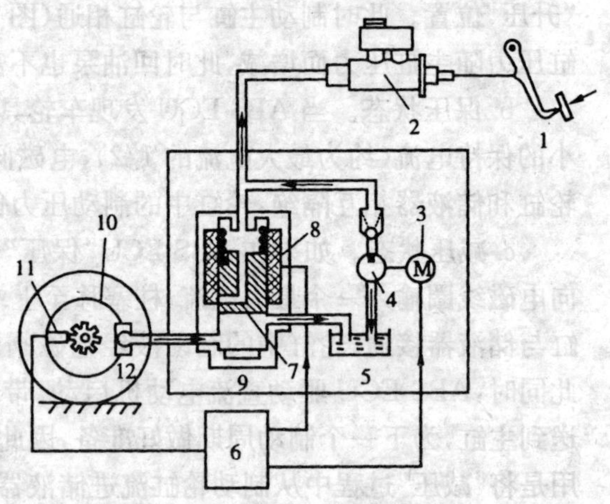

图 2-111　减压状态

1-制动踏板；2-制动主缸；3-直流电动机；4-液压泵；5-储液器；6-ABS ECU；7-柱塞；8-电磁线圈；9-电磁阀；10-车轮；11-车轮转速传感器；12-制动轮缸

a. 常规制动状态。常规制动时，电磁线圈 6 中无电流通过，电磁阀 7 将控制活塞 14 的工作腔与回油管路接通，控制活塞在强力弹簧的作用下被推至最左端，活塞顶端推杆将单向阀门打开，使制动主缸 2 与轮缸 10 的制动管路接通，制动主缸的制动液直接进入轮缸，轮缸压力随主缸压力而变化(图 2-112)。

b. 减压状态。当 ABS ECU 向电磁线圈 6 输入一大电流时，电磁阀内的柱塞 8 在电磁力作用下克服弹簧弹力移到右边，将储液器 3 与控制活塞 14 的工作腔管路接通，制动液进入控制活塞工作腔推动活塞右移，单向阀 13 关闭，主缸 2 与轮缸 10 之间的通路被切断。同时，由于控制活塞的右移使轮缸侧容积增大，制动压力减小，如图 2-113 所示。

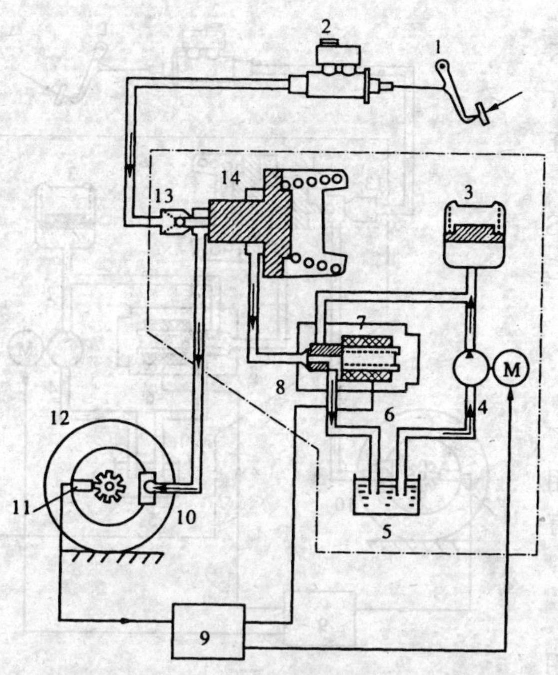

图 2-112 常规制动(增压)状态

1-制动踏板；2-制动主缸；3-储能器；4-液压泵；5-储液室；6-电磁线圈；7-电磁阀；8-柱塞；9-ABS ECU；10-制动轮缸；11-转速传感器；12-车轮；13-单向阀；14-控制活塞

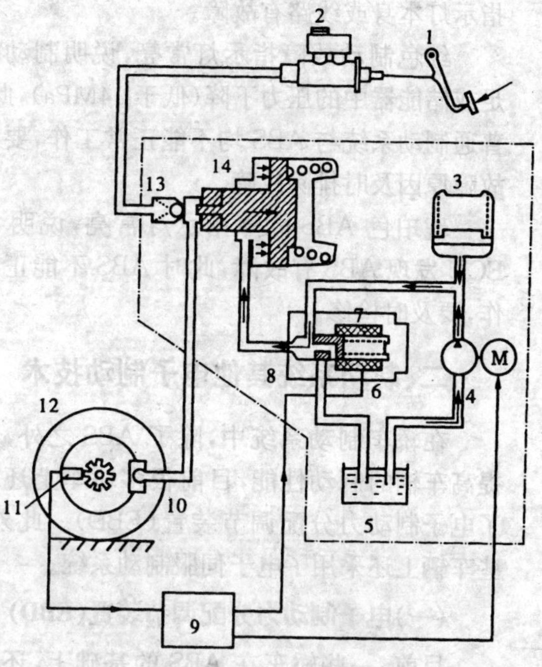

图 2-113 减压状态

1-制动踏板；2-制动主缸；3-储能器；4-液压泵；5-储液室；6-电磁线圈；7-电磁阀；8-柱塞；9-ABS ECU；10-制动轮缸；11-转速传感器；12-车轮；13-单向阀；14-控制活塞

c. 保压状态。当 ABS ECU 向电磁线圈 6 输入一小电流时，由于电磁线圈的电磁力减小，柱塞 8 在弹力作用下左移至将储液器、回油管及控制活塞工作腔管路相互关闭的位置。此时，控制活塞左侧的油压保持一定，控制活塞在油压和强力弹簧的共同作用下保持在一定的位置，而此时单向阀 13 仍处于关闭状态，轮缸侧的容积也不发生变化，制动压力保持一定，如图 2-114 所示。

d. 增压状态。需要增压时，ABS ECU 切断电磁线圈 6 中的电流，柱塞 8 回到左端的初始位置，使控制活塞工作腔与回油管路接通，控制活塞左侧控制油压解除，控制活塞被强力弹簧推动左移，轮缸侧的容积减小，制动压力增加。当左移至最左端时，单向阀 13 被打开，轮缸压力将随主缸的压力增大而增大，如图 2-112 所示。

制动时，上述调压过程反复循环进行，直到解除制动为止。在此过程中，油压的变化是通过改变轮缸油液容积来实现的，故此称之为“可变容积式”制动压力调节器。此种压力调节方式主要在德尔科 ABS、本迪克斯 ABS 等采用。

4. ABS 故障指示灯

ABS 带有两个故障指示灯，一个是红色制动故障指示灯，另一个是琥珀色(或黄色)ABS 故障指示灯。两个故障指示灯正常闪亮的情况如下：当点火开关打开时，红色制动灯与琥珀色 ABS 故障指示灯几乎同时亮，制动灯亮的时间较短，ABS 故障指示灯会亮的长一些(约 3 s)；起动发动机后，蓄压器要建立系统压力，此时两故障指示灯会再亮一次，时间可达十几秒甚至几十秒钟。红色制动灯在停车驻车制动时也应点亮。如果在上述情况下灯不亮，就说明故障指示灯本身或线路有故障。

红色制动故障指示灯常亮，说明制动液不足或储能器中的压力下降(低于 14MPa)，此时，普通制动系统与 ABS 均不能正常工作，要检查故障原因及时排除故障。

琥珀色 ABS 故障指示灯常亮，说明 ABS ECU 发现 ABS 有故障，此时 ABS 不能正常工作，要及时检修。

二、制动系统其他电子制动技术

在轿车制动系统中，除了 ABS 之外，为了提高车辆的制动性能，目前很多轿车上还采用了电子制动力分配调节装置(EBD)。此外，有些车辆上还采用了电子伺服制动系统。

(一)电子制动力分配调节装置(EBD)

目前，一些轿车在 ABS 的基础上，还装用了电子制动力分配调节装置(EBD)。EBD 是 Electric Brake force Distribution 的缩写，中文即"电子制动力分配"。汽车装备了 ABS 之后，为什么还要装备 EBD 呢？

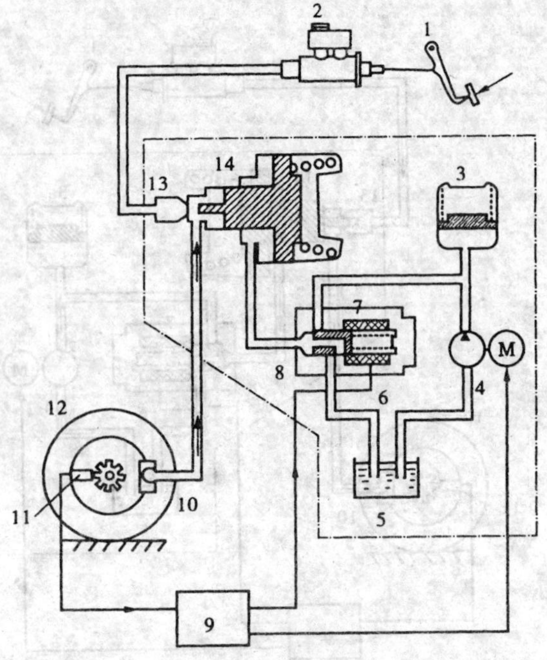

图 2-114 保压状态

1-制动踏板；2-制动主缸；3-储能器；4-液压泵；5-储液室；6-电磁线圈；7-电磁阀；8-柱塞；9-ABS ECU；10-制动轮缸；11-转速传感器；12-车轮；13-单向阀；14-控制活塞

汽车在制动的过程中，除了应达到最大制动力之外，汽车制动的稳定性也非常重要。在制动时，若车轮出现抱死，将出现制动跑偏、侧滑甚至甩尾现象。对于装配普通制动系统的汽车而言，紧急制动时出现车轮抱死滑移是不可避免的。理论与实践证明，在平直道路上，汽车制动过程中若前轮先抱死滑移，汽车能够维持直线减速停车，汽车处于稳定状态，但如果后轮比前轮提前抱死，即使提前是瞬间，汽车在横向干扰力作用下也将发生甩尾或回转，制动时车速越高这种现象越严重。所以，后轮先抱死极易导致车辆失去制动稳定性。

为防止汽车制动时后轮先抱死的事情发生，汽车上装配了 EBD 系统。EBD 可依据车辆的质量和路面条件来控制制动过程，自动以前轮为基准去比较后轮的滑移率，如发现前后轮有差异，而且差异程度必须被调整时，它就会调整汽车制动液压系统，使前后轮的液压接近理想化制动力的分布。因此，汽车制动时，在 ABS 动作启动之前，EBD 已经对前后轮制动力之比进行了调节，以防止出现后轮先抱死的趋势，从而改善了制动力的平衡并缩短了制动距离。

EBD 实际上是 ABS 的辅助功能，它是在 ABS 的基础上开发出来的，有些车上也称为"EBD+ABS"技术。EBD 包括车轮转速传感器、ECU 和制动压力调节器等部件，所有这些硬件都是和 ABS 共用，仅仅是在 ABS ECU 的控制算法上进行了改进。

车辆制动时，ECU 从车轮转速传感器获得车轮转速信号，经计算、比较、处理后，当发现前后轮滑移率差值达到界限值，而滑动率又未达到 ABS 开始工作的临界点时，此时 EBD 将开始工作，对后轮轮缸油压进行调节。EBD 的工作过程和 ABS 一样，被控制的后轮轮缸液压会经历保压一减压一增压的循环过程，直至前后轮滑动率差值减小至规定范围或制动解除为止。

(二)电子伺服制动系统简介

在汽车上,制动过程一般都是由驾驶人通过制动踏板来控制主缸工作,最终将液压力传至车轮轮缸,使制动器产生制动力矩。目前,有些汽车上采用了电子伺服制动系统。在该系统中,在制动踏板和车轮制动器之间,并没有机械或液压的连接,驾驶人的踏板力由传感器转化成一个电信号,并将此信号送至 ECU,再由 ECU 结合其他数据确定各个车轮所需的制动力,最后由相应的执行器去实施制动。

电子伺服制动系统包括电控液压制动系统(EHB),电子制动系统(EBS)和机电一体化制动系统(EMB)。目前,EMB 的研制最受瞩目。EMB 将电动机直接集成在车轮制动器上,以产生制动压力,从而完全避免了通过气压或液压机构进行传力。EMB 通过导线来传递信号和能量,从而使得系统变得非常简单,但由于电动机消耗电能很多,系统必须配备专门的蓄电池。

本 章 小 结

1. 自动变速器主要由液力变矩器、行星齿轮机构、油泵、控制系统等几个部分组成。自动变速器通常是按驱动方式、挡位数、变速齿轮的结构型式、液力变矩器的结构类型及换挡控制形式等进行分类。

液力变矩器的作用与采用手动变速器的汽车中的离合器和变速器相似。在导轮与导轮固定套之间装有单向离合器的液力变矩器称为综合式液力变矩器。现代很多轿车自动变速器采用一种带锁止离合器的综合式液力变矩器。

辛普森式行星齿轮机构是一种双排行星齿轮机构;拉维娜行星齿轮机构是一种复合式行星齿轮机构。

自动变速器的自动控制是指汽车在前进行驶过程中,根据发动机负荷和车速的变化,按照设定的换挡规律,自动选择挡位,并通过控制换挡执行元件的工作改变行星齿轮机构的传动比,从而实现挡位的变换。液压控制系统由动力源、执行机构和控制机构三部分组成。

电控自动变速器采用电液控制系统,该系统由电子控制系统和阀体两大部分组成。电子控制系统由传感器、控制开关、ECU 等部件组成。电液式控制系统的控制阀也是采用由各种控制阀组成的阀体,它和液压式控制系统的阀体具有相似的结构。

无级自动变速器(CV)是由两组变速轮盘和一条传动带组成的。CVT 采用传动带和工作直径可变的主、从动轮相配合传递动力,可以自动改变传动速比,实现传动速比的全程无级连续改变,没有传统自动变速器换挡时那种“停顿”的感觉,从而得到传动系统与发动机工况的最佳匹配,提高车辆的燃油经济性和动力性。

2. 电控悬架控制系统可实现对车高、悬架弹簧刚度和减振器阻尼各参数进行主动调节,它属于有源控制的主动悬架。与其他控制系统一样,悬架控制系统一般也包含传感器、ECU 和执行机构 3 部分。传感器用来感受汽车运动状态(路况和车速及起动、加速、转向制动等情况),并将各种状态转变为电信号输送给 ECU。ECU 对传感器输入的电信号进行综合处理,向执行机构发出控制指令。悬架控制系统的执行机构是电磁阀、步进电机和空气压缩机。它们接受来自 ECU 的控制指令,准确、快速和及时地作出动作反应,实现对弹簧刚度、减振器阻尼和车身高度的调节。

3. 轮胎压力监测系统主要有两种类型,即直接系统和间接系统。

直接式轮胎压力监测系统是利用安装在每一个轮胎里的压力传感器来直接测量轮胎的气压,并对各轮胎气压进行显示及监控,当轮胎气压太低或有渗漏时,系统会自动报警。直接式轮胎压力监测系统通常由轮胎模块和车载接收模块两部分组成。轮胎模块安装在轮胎内,通过压力和温度传感器检测轮胎内部的压力和温度信息;车载接收模块安装在驾驶室内,射频接收器接收来自轮胎模块的压力和温度信息,当轮胎压力过高或过低时,通过显示和报警装置发出报警信息。间接式轮胎压力监测系统是通过汽车 ABS 系统的轮速传感器来比较轮胎之间的转速差别,以达到监控胎压的目的。

4. 轮胎充氮气的优点:减少爆胎几率,提高行车安全;延长了轮胎及相关部件的使用寿命;减小轮胎异常变形,降低油耗和具有降噪声的特点。

目前的制氮方法有低温精馏法(深冷法)、变压吸附法(PSA)和膜分离法。PSA 法制氮是利用一种高效能、高选择性的固体吸附剂(常用碳分子筛吸附剂)对氧或氮优先吸附的功能,把空气中的氧和氮分离出来。膜分离法制氮是利用某些有机高分子和无机材料形成的膜对不同组分分子的选择性渗透进行分离,大都采用中空纤维膜。

5. 在普通转向系统中增设动力装置(也称为倍力装置)后就是动力转向系统。采用动力装置的目的是使转向操纵轻便、提高响应特性。目前的动力转向系统主要采用液压作为动力。它是利用油泵建立一定的压力,再经过控制阀来调整压力油的流量,根据汽车的行驶状态,控制转向系统。

动力转向系统按控制方式有机械控制式和电子控制式两种。

机械控制式是根据车速或发动机转速进行控制、最早使用的是在油压系统内用螺线管改变油路通道面积,以此控制动力转向系统中油的压力,车速传感器采用凸轮式机械传感器。

电子控制式是根据汽车的运行状态控制动力转向辅助系统的工作。例如根据行驶车速、转向工作量(转向盘转角、转向盘转动速度)及车轮侧滑量等因素,控制转向过程中辅助系统的油流量。

思 考 题

1. 自动变速器主要由哪几部分组成?各部分的功能是什么?
2. 自动变速器通常有哪几种分类方法?各分为哪些类型?
3. 液力变矩器有哪几种型式?
4. 辛普森式行星齿轮机构和拉维娜行星齿轮机构在结构上各有什么特点?
5. 液压控制系统由哪几部分组成?各部分的功能是什么?
6. 电控自动变速器由哪几部分组成?各部分的功能是什么?
7. 何谓无级自动变速器(CVT)?它有什么特点?
8. 电控悬架控制系统由哪几部分组成?各部分的功能是什么?
9. 车身高度控制及弹簧刚度和减振器阻尼控制各有哪些控制项目?
10. 简述轮胎压力监测系统主要类型及其监测原理。
11. 简述主动式轮胎压力监控系统的工作原理。
12. 简述主动式轮胎压力监控系统的工作原理。
13. 简述轮胎充氮气有何优越性?

14. 目前有哪几种制氮方法？简述各种制氮方法的基本原理。

15. 动力转向系统有哪两种类型？试述它的控制原理。

16. 电控动力转向系统由哪几部分组成？各部分的功能是什么？

17. ABS 按照控制通道数可分为几种类型？各种类型中其制动压力调节装置是如何布置的？

18. 简述 ABS 的基本组成及其各部分的功能。

19. 试述各种 ABS 有哪些共同点？

20. ABS 的主要元件有哪些？各元件的功能是什么？

第三章 汽车综合性能检测站计算机控制系统

第一节 检测站计算机控制系统的结构

一、汽车综合性能检测站计算机控制系统概述

1.汽车综合性能检测站计算机控制系统的工作原理

汽车综合性能检测站(以下简称检测站)计算机控制系统是将计算机技术与自动控制技术、网络通讯技术相结合,对车辆的安全性、动力性、燃料经济性、尾气排放、整车装备等参数进行测量、计算、判断,并将结果进行输出、存储、传送的智能化系统,它具有实时性、可靠性、准确性的特点,是现代汽车检测作业中不可或缺的重要工具。

对检测站的计算机控制系统而言,其终端被控对象通常可分为:力、速度、位移、流量、光、气体参数等,这些被控对象抽象起来,又可分为模拟量和开关量,控制系统通过A/D或I/O装置将模拟量或开关量转换成计算机可识别的数字量,经计算机处理后,再通过D/A或I/O装置驱动执行机构,完成汽车检测的控制过程。计算机控制系统示意图如图3-1所示。

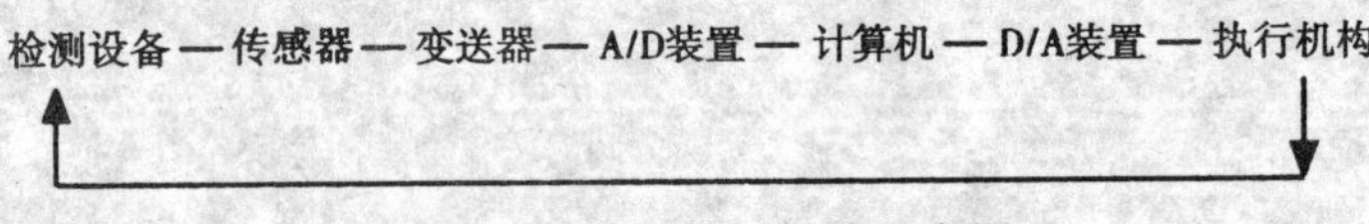

图3-1 计算机控制系统示意图

2.检测站计算机控制系统的组成

检测站计算机控制系统的组成如图3-2所示。

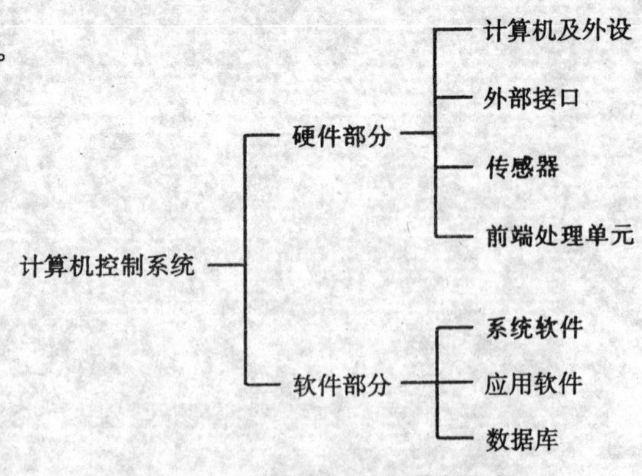

图3-2 计算机控制系统的组成

图中各部分在计算机控制系统中的功能简述如下。

①计算机及外设。由CPU、ROM、RAM、外存贮器、键盘、鼠标、扫描仪、显示器和打印机等组成,是计算机控制系统的中枢。

②外部接口。由模拟量输入输出设备、开关量输入输出设备和通信设备组成,是计算机与控制对象交互信息的桥梁。

③传感器。由压力传感器、位移传感器、电

磁传感器和流量计等组成，是将力、位移、速度、流量等检测对象转换成计算机可识别对象的工具。

④前端处理单元。由放大器、执行机构等组成，前者将传感器信号调理、放大、传送到外部接口设备，后者将外部接口设备的控制动作传递给检测设备。

⑤系统软件。由操作系统、编译软件等组成，是应用软件赖以运行的平台。

⑥应用软件。是程序员根据用户要求编制的，完成检测、控制、管理功能的程序语言，是计算机控制系统的灵魂。

⑦数据库。是存储、管理历史数据的空间。

二、检测站计算机控制系统的常用部件

检测站计算机控制系统的硬件配置框图如图 3-3 所示。

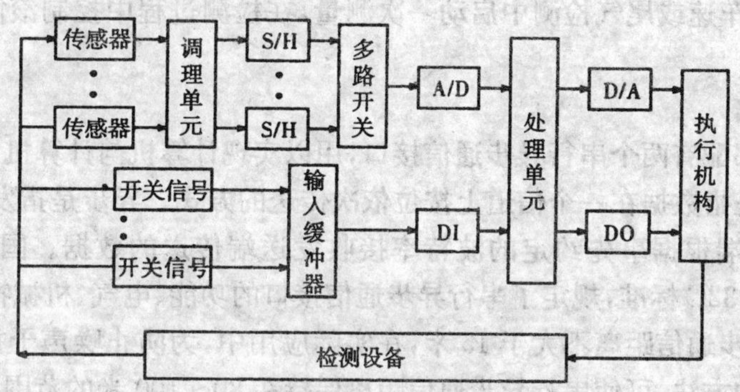

图 3-3 计算机控制系统的硬件配置框图

1. 传感器

传感器是指能感受规定的被测量并按一定的规律转换成可用输出信号的器件或装置。可见，传感器将电量或非电量等被测量，按一定的规律转换成可供后续处理装置识别的输出量。传感器通常由敏感元件、转换元件及转换电路组成。

检测站计算机控制系统中常用的传感器有：应变式压力传感器、位移传感器、电磁传感器、流量传感器、气体成分传感器和光强传感器等。

2. 调理单元

压力、位移等被测量经传感器转换后，通常为毫伏级信号，这些微弱信号在传输过程中易受干扰而失真，因此，必须经过调理、放大后，方可远距离传送。此外，放大器的另一个作用是，将这些微弱信号放大，使其可与 A/D 转换的输入电压相匹配。

3. 模拟量输入接口

在检测站计算机控制系统中，模拟量输入接口的任务是把被控对象的模拟量，如压力、流量和位移等信号，转换成计算机可以识别的数字量信号。模拟量输入接口一般由多路模拟切换开关、采样保持器(S/H)、模/数转换器(A/D)和控制电路组成。其中，采样保持器的作用是在模/数转换器的转换时间内保持输入模拟信号不变，以保证模/数转换器的正常工作。

常用的 A/D 转换原理有逐位逼近法、双积分法、并行法、$\Sigma-\Delta$ 法、计数法等。

A/D 转换器的主要有以下技术指标。

(1)分辨率：即基准电压与 2^N 的比值，其中 N 为 A/D 转换器的位数。如 12 位 A/D 转换器，其基准电压为 5V 时，其分辨率为 $5\ V/2^{12}=1.22\ mV$。

(2)转换时间:指完成一次 A/D 转换所需要的时间。逐位逼近式 A/D 转换时间为微秒,双积分式 A/D 转换时间为毫秒。

(3)绝对精度:指 A/D 转换器输出对应的模拟量值与实际的模拟量输入的接近程度,一般用最低有效位的分数来表示。

A/D 转换器的其他参数还有:模拟误差、输入电阻、共模抑制比、共模范围输入电压、供电电源、运行温度、逻辑输出电平、温度系数等。

4.开关量输入输出接口

可用两种状态来表示的信号称为开关信号,又称作开关量。开关量可分为电平式和触点式,前者的状态为高电平或低电平;后者的状态为闭合或断开。此外,按供电方式开关量又可分为有源和无源两种。

在检测站计算机控制系统中,开关量输入输出接口的应用亦十分普遍。常见的应用有:检测车辆就位状态,在车速或尾气检测中启动一次测量,在检测过程中控制滚筒、举升器的动作等等。

5.串行异步通信

一般地,PC 机都配有两个串行异步通信接口,用以实现计算机与计算机、或计算机与外设之间的通信。串行是指数据在一个信道上按位依次传送的方式。异步是指发送端和接收端之间无同步时钟,接收端根据事先约定的波特率接收发送端传送的数据。国际电子工业协会(EIA)制订的 RS-232C 标准,规定了串行异步通信接口的功能、电气、机械特性。

理论上,串行异步通信距离不大于 15 米,在实际应用中,为防止噪声干扰,通过对传送的数据包增加校验码的方法,可使串行异步通信距离保持在 80~100 米的范围内。

6.计算机网络

检测站计算机控制系统的网络结构一般分为三层,即现场控制网络、站内局域网、广域网。其中现场控制网络将传感器、放大器、执行机构、二次仪表、控制计算机连接起来,完成各类底层控制。站内局域网将检测站控制系统内的各台计算机、服务器连接起来,通过信息的传输、存储、共享,完成对检测全过程的业务管理。广域网是管理部门通过专线,将一定区域内的检测站连接起来,从而实现更大范围内的信息共享,以实现对区域内各检测站的监督、管理。

三、检测站计算机控制系统的软件构成

1.操作系统

操作系统是直接运行于计算机硬件之上,管理和控制计算机软、硬件资源的最基本的系统软件。

操作系统具有处理器管理、作业管理、存储管理、文件管理、设备管理五大管理功能。

在检测站计算机控制系统中,WINDOWS 2000 操作系统的应用较为广泛。

2.应用软件

(1)软件设计思想的变化

传统的软件设计思想是面向过程的,即软件设计的出发点是数据流和数据结构,这种设计方法受到编程语言的制约,程序设计复杂,通用性差。

随着面向对象程序语言的出现,面向对象的软件设计方法得到广泛应用。设计人员用“对象”和“消息”来反映客观世界中的“事物”及其“关系”,这种设计方法更好地模拟了事物的本来

面目，降低了软件的开发难度，并使得程序的可维护性和通用性得到了提高。

(2)检测软件的设计方法

检测站计算机控制系统的设计应遵循软件设计的基本方法：即总体设计和详细设计两个步骤。

总体设计要求确定软件的总体结构，通常包括制订程序编写规范、确定程序总体框架、明确各程序模块及相互关系、数据库结构设计等几个方面，并形成相应的设计文档。

详细设计即制订各个程序模块的内在逻辑关系，包括确定模块内的数据结构、逻辑算法等，并形成相应的设计文档。

在设计过程中，软件编程人员应与检测站技术人员密切配合，组织对设计文档的阶段性评审，并做好程序的测试工作，确保检测软件符合国家相关标准，满足检测站的管理要求。

(3)检测程序的设计要求

检测程序应符合以下要求：

①界面友好，便于操作；

②运行平稳，安全可靠；

③在检测全过程中，对车辆、设备、数据实施监控，对异常状态报警，不影响后续的检测；

④检测工位布置合理，检测效率高。

3.数据库系统

数据库系统是在文件系统的基础上发展起来的，它是存储在一起的相关数据(表)的集合，通过数据库管理系统(DBMS)对数据的存取和控制进行管理，具有完全独立于应用程序、数据冗余度低等特点。

从20世纪60年代至今，数据库系统已从第一代层次型数据库系统、第二代关系型数据库系统，发展到第三代面向对象的数据库系统。

在汽车检测站计算机控制系统中，关系型数据库系统仍然得到广泛的应用。

四、检测站计算机控制系统的控制方式

当今工业过程控制领域的三大控制系统分别是可编程控制器(PLC)，集散型控制系统(DCS)及现场总线控制系统(FCS)。检测站计算机控制系统是DCS在汽车检测领域的应用，是一种相对简单的DCS。

DCS是集计算机技术、自动控制技术和网络通信技术于一体的工业控制系统，它具有分散控制、集中管理、控制与管理分离、可靠性高和便于维护等特点，符合汽车检测站的运行特性。

五、检测站计算机控制系统的应用现状

检测站的计算机控制系统通常由系统集成厂商承建，在建造成本、技术应用、当地主管部门及检测站的管理要求等众多因素的影响下，不同的系统集成商对控制系统的设计方法各有侧重，不尽相同。一般可分为以下几种。

(1)集中式。即以一台计算机控制所有检测设备，各传感器信号经前置放大后直接长距离传输到计算机中的工控板。这种方式具有结构简单、成本低廉等特点。但也存在信号传输距离过长、易受干扰等缺点，因而，多用于汽车修理厂等小型检测线，而在专业汽车检测站中应用

不多。

(2)集散式。即以距离相近的一台或几台设备形成工位，每个工位由一台计算机控制，若干台计算机通过网线相联组成局域网。这种分散控制、集中管理的方式，在汽车检测站中得到广泛应用。需要指出的是，这里所指的计算机既可以是工控机，也可以是智能二次仪表。

第二节 检测站计算机控制系统各子系统的功能和结构

一、登录注册系统

登录注册系统流程如图 3-4 所示。它是检测站计算机控制系统检测流程的起点，它将车辆基本信息和检测项目录入计算机控制系统，为主控系统控制和报告打印提供信息。

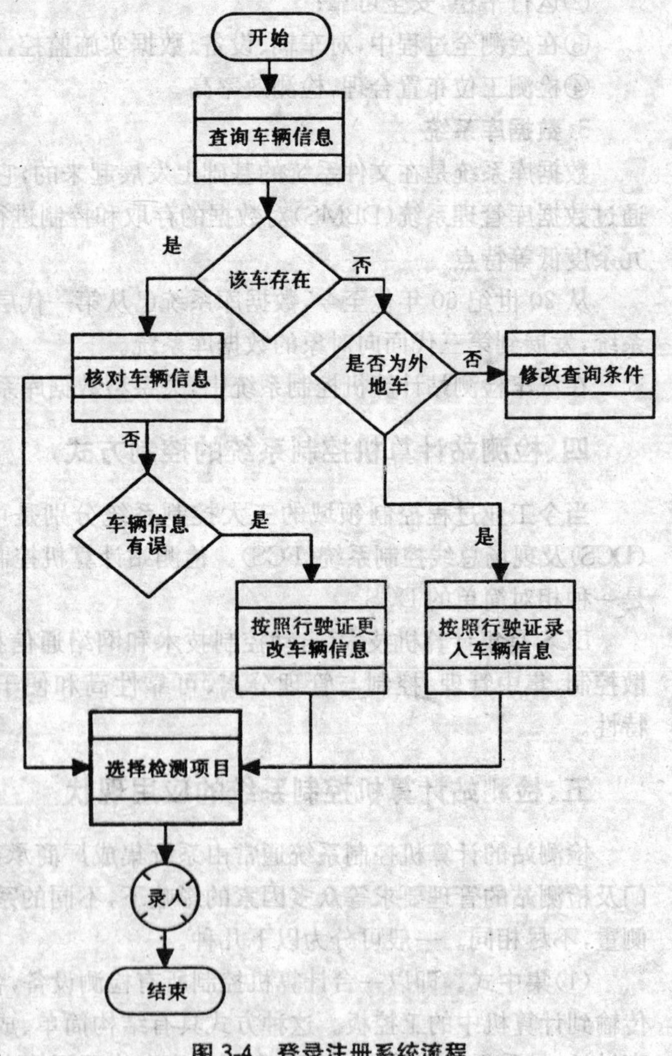

图 3-4 登录注册系统流程

登录注册系统界面一般包括查询条件区、车辆基本信息区、检测项目选择区等几部分。根据查询条件区的车型和车牌号码，可以在交管部门的车辆信息数据库中检索到车辆的灯制、驱动形式、车主单位、车辆类型、底盘号、发动机号、燃油类别、初次登记日期、总质量、载质(客)量、外廓尺寸、核定载客数等相关基本信息，并显示在车辆基本信息区相应的信息块中。选择检测项目选择区中车辆需要检测的项目，可以通知主控系统按照需检项目控制检测流程。

登录注册系统的一般操作方法为：首先，选择号牌种类，录入车牌号码按查询(或具有相同功能的)按钮，若检索到该车信息，则将信息显示在车辆基本信息区内相应的信息块中；若未检索到该车信息，则分以下两种方法处理：如果该车是外地车，则在车辆基本信息区内相应的信息块中，根据车辆行驶证录入相应信息；如果为本地车，则应核对号牌种类和车牌号码后重新查询。其次，根据车辆的检测类别(技评、二维等)，在检测项目选择区内选择需要检测的项目。按录入(或具有相同功能的)按钮，将车辆信息和检测项目录入系统。

登录注册系统在使用中应注意：查询条件应该准确无误，按车辆行驶证输入的信息应完整、准确。

二、调度系统

调度系统流程如图 3-5 所示。调度系统的功能为：按照车辆实际到达检测车间的顺序，根据检测线的当前负载情况(多线情况下)，选择待检车辆上线检测。

调度系统界面一般包括：待检车辆列表，用来显示登录注册系统已经录入的车辆的车号、车型、待检项目、检测序列号等信息；多个发送按钮(多线情况下)，每个按钮对应检测车间内的一条检测线。

在一站多线情况下，计算机控制系统对已注册的车辆可实现无序调度。

调度系统的一般操作方法为：按照车辆实际到达检测车间的顺序，根据到达车辆的车型和车牌号码，选择调度系统界面上待检车辆列表中相应的车辆条目，根据检测车间内各检测线的负载情况，选择发送按钮，将车辆信息发往相应检测线的主控程序，开始检测。

调度系统在使用中应注意：仔细核对到达车辆与待检车辆列表中的车型与车牌号码，防止误发。在多线情况下，还应根据各线的实际负载情况，合理选择检测线，防止发生一边“吃不了”一边“吃不饱”的现象。

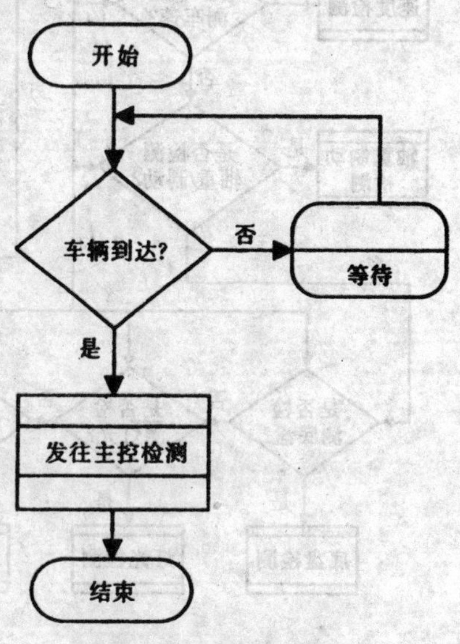

图 3-5 调度系统流程

三、主控系统

主控系统是检测站计算机控制系统的核心模块，它根据被检车辆需要检测的项目控制检测设备运转，采集检测设备返回的检测数据，对检测数据按照国家相应标准进行判定。控制检测线各工位电子屏显示检测结果和判定结果，按照检测流程给引车员相应的操作提示。将检测数据和判定结果存入本地数据库。在主控界面显示在检车辆的检测情况和待检车辆的排队情况，以及各工位的检测数据和各工位电子屏幕的提示信息。

一般主控系统界面包含如下信息区，在检车辆状态区，用来显示在检车辆当前正在检测的项目及已检过项目的判定情况；待检车辆信息区，用来显示已由调度发来但还未进行检测的车辆信息；检测数据显示区，用来显示各工位当前正在检测车辆的检测数据；检测设备状态区，用来显示当前各检测设备的运行状态。

主控系统运行后，对模拟接口的检测设备应打开相应的 A/D 通道，将模拟输入信号调零。对数字接口的检测设备应打开相应的数字端口或串行通讯端口。

主控系统框图如图 3-6 所示。主控系统通常包含以下功能模块：外观检测、底盘检测、尾气检测、速度检测、制动检测、灯光检测、声级检测、侧滑检测、悬架检测、底盘测功检测、油耗检测。现将其检测流程列示如下。

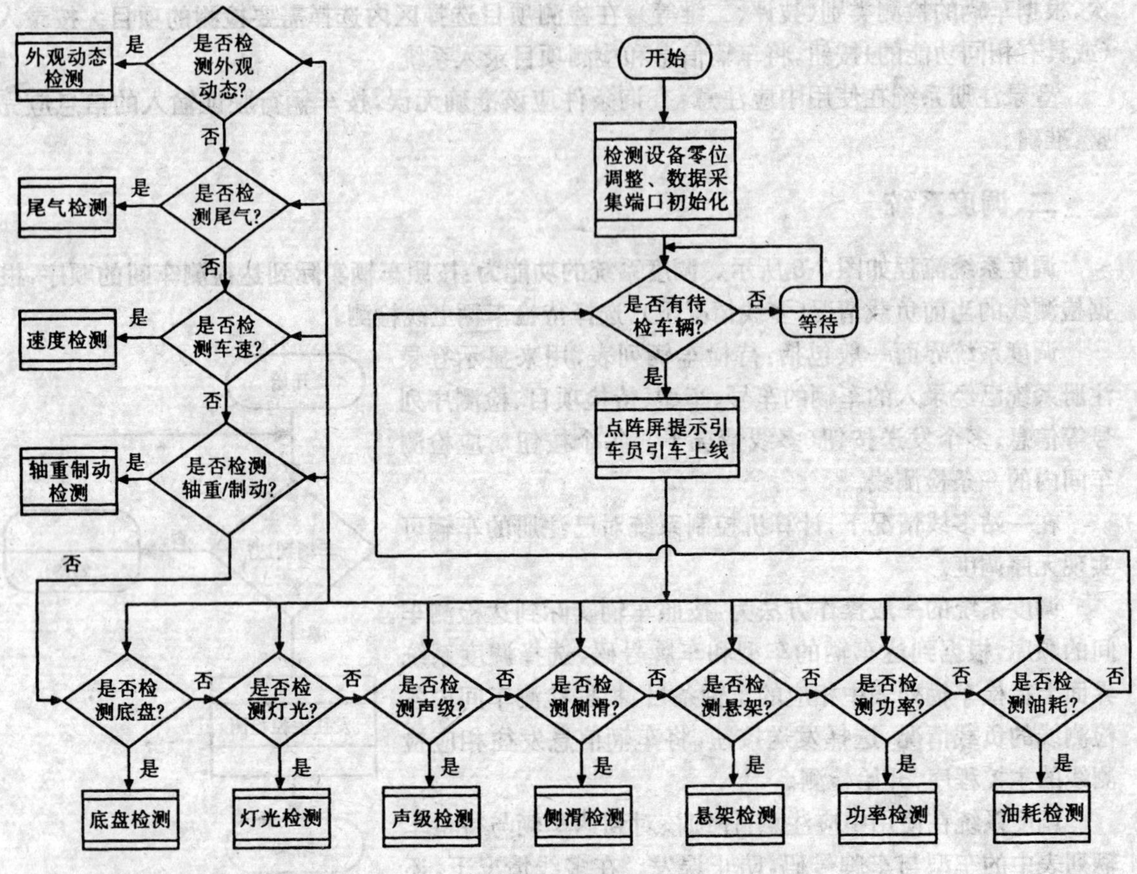

图 3-6　主控程序

1. 外观动态检测

外观动态检测流程如图 3-7 所示。外观动态检测步骤如下：

(1)计算机判断是否有该被检项目，并给出提示；

(2)检验员进行外观动态检验，将不合格项目序号录入计算机。

2. 底盘检测

底盘检测流程如图 3-8 所示。底盘检测步骤如下：

(1)计算机判断是否有该被检项目，并给出提示；

(2)检验员进行底盘检测，将不合格项目序号录入计算机。

3. 尾气检测

尾气检测流程如图 3-9 所示。尾气检测步骤如下：

(1)计算机判断车辆生产日期、车辆类型、燃油类别(汽油或柴油)，通过电子屏给出相应检测提示；

(2)检验员根据提示按有关规定进行尾气或烟度检测；

(3)检测结束后计算机判定检测结果，并通过电子屏显示。

4. 速度检测

速度检测流程如图 3-10 所示。速度检测步骤如下：

(1)计算机判断车辆是否正确到位，并通过电子屏给出相应提示；

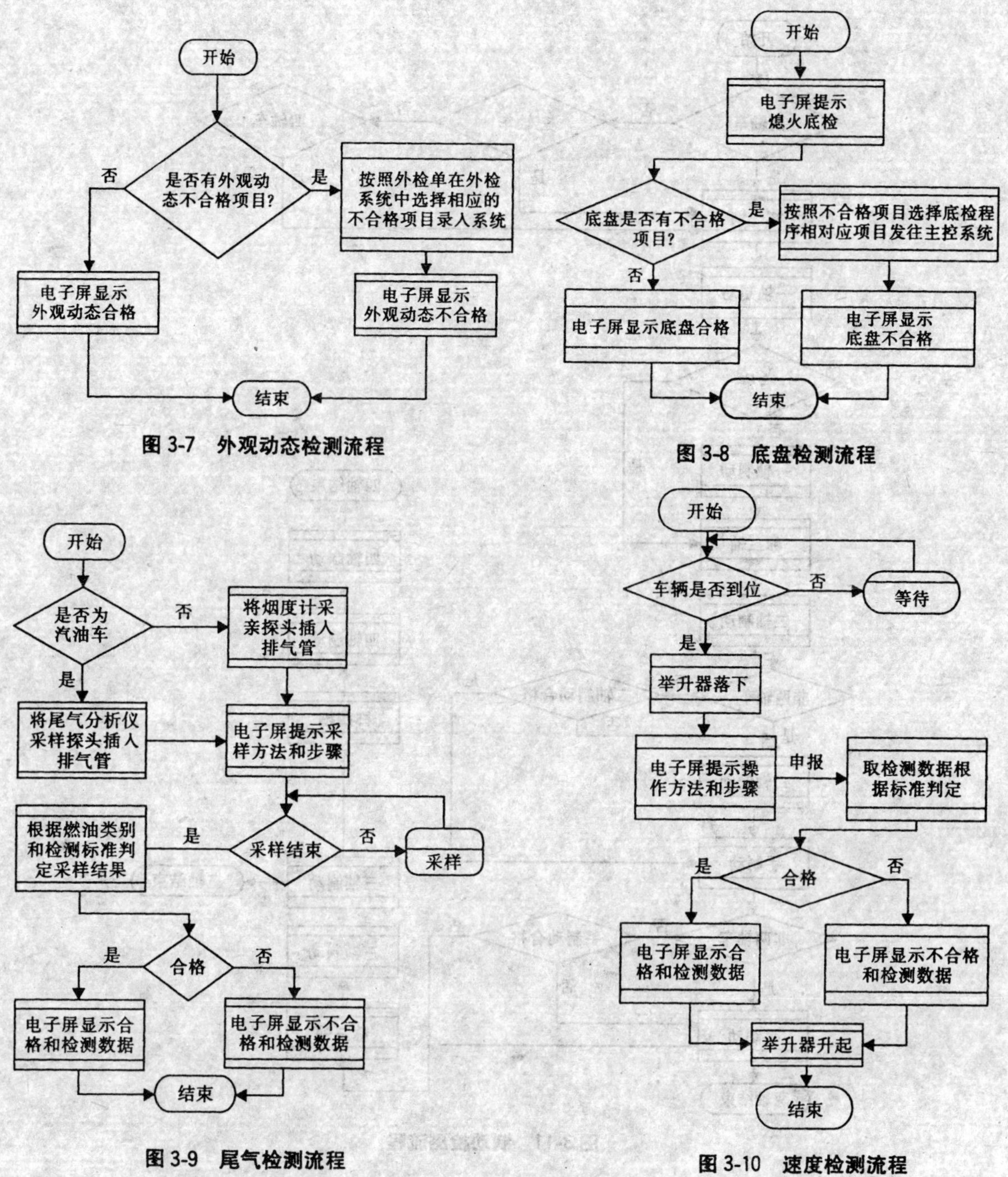

图 3-7　外观动态检测流程

图 3-8　底盘检测流程

图 3-9　尾气检测流程

图 3-10　速度检测流程

(2)车辆到位后车速表检验台举升器落下，电子屏提示检验员按要求操作；

(3)在被检车速达到 40km/h，并稳定 3～5 s 后，检验员按键通知计算机控制系统采样；

(4)检测结束后计算机判定检测结果，并通过电子屏显示；

(5)车速表检验台举升器升起，车辆驶出。

5. 制动检测

制动检测流程如图 3-11 所示。制动检测步骤如下：

(1)车辆各轴依次停放在轮(轴)重仪中间位置，按仪器说明书规定的时间停放，分别测出

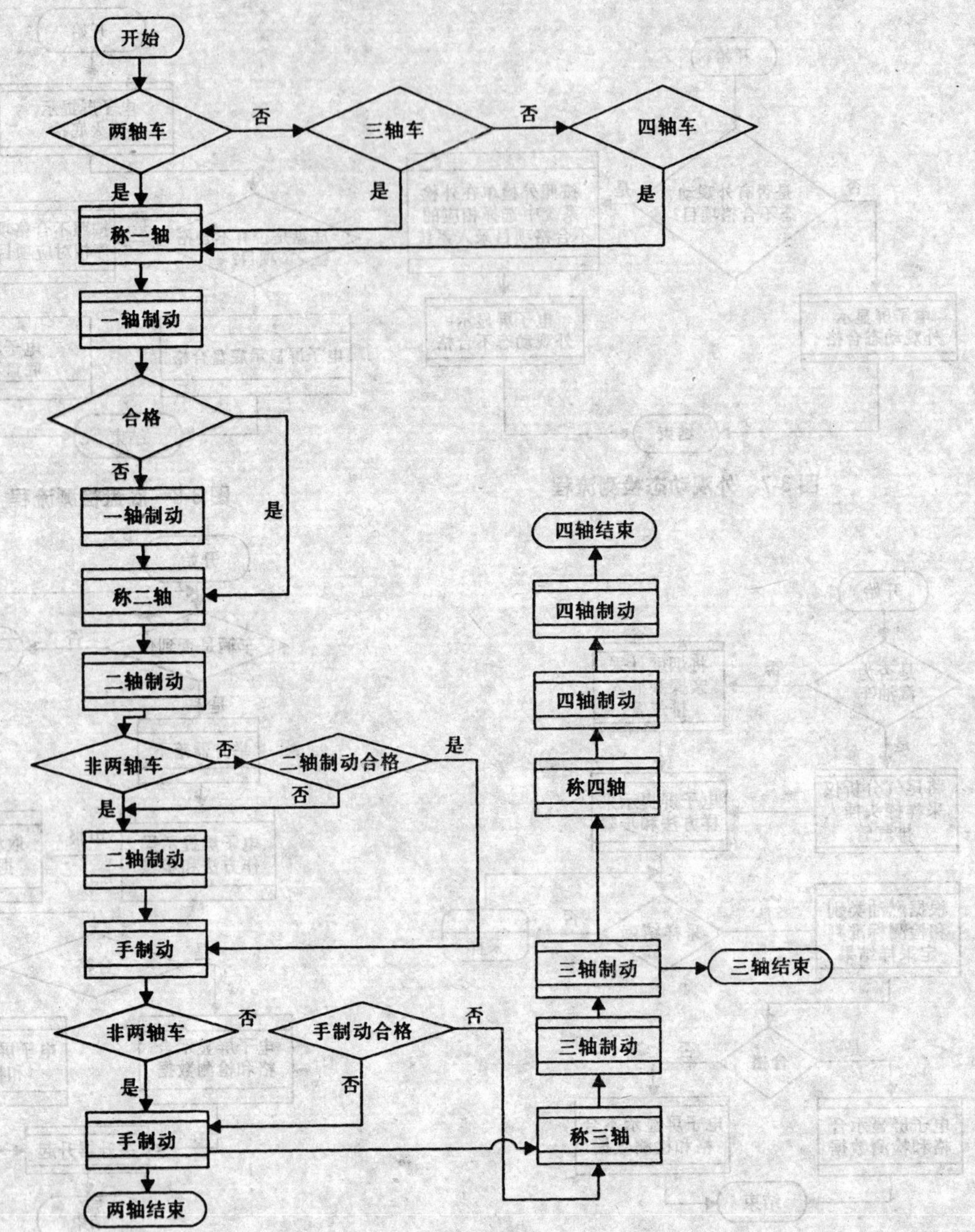

图 3-11 制动检测流程

轮(轴)静态载荷；

(2)车辆按电子屏提示居中驶入制动检验台，被测车轮停放在滚筒上，变速器置空挡；

(3)到位后制动检验台滚筒转动，在 2 s 后开始采样并保持足够的采样时间(5 s)，测取阻滞力；

(4)电子屏提示检验员踩制动踏板，并保持足够的采样时间(5～8 s)，计算机测取左、右轮制动力增长全过程的数值；

(5)按上述步骤依次测取各轴制动力。对驻车制动，电子屏提示拉紧驻车操纵装置，测得驻车制动力数值；

(6)若检测不合格,可对该轴进行等二次检测;

(7)各轴检测结束后,计算机给出各轴及整车判定结果,并通过电子屏显示。

6.灯光检测

灯光检测流程如图 3-12 所示。灯光检测步骤如下:

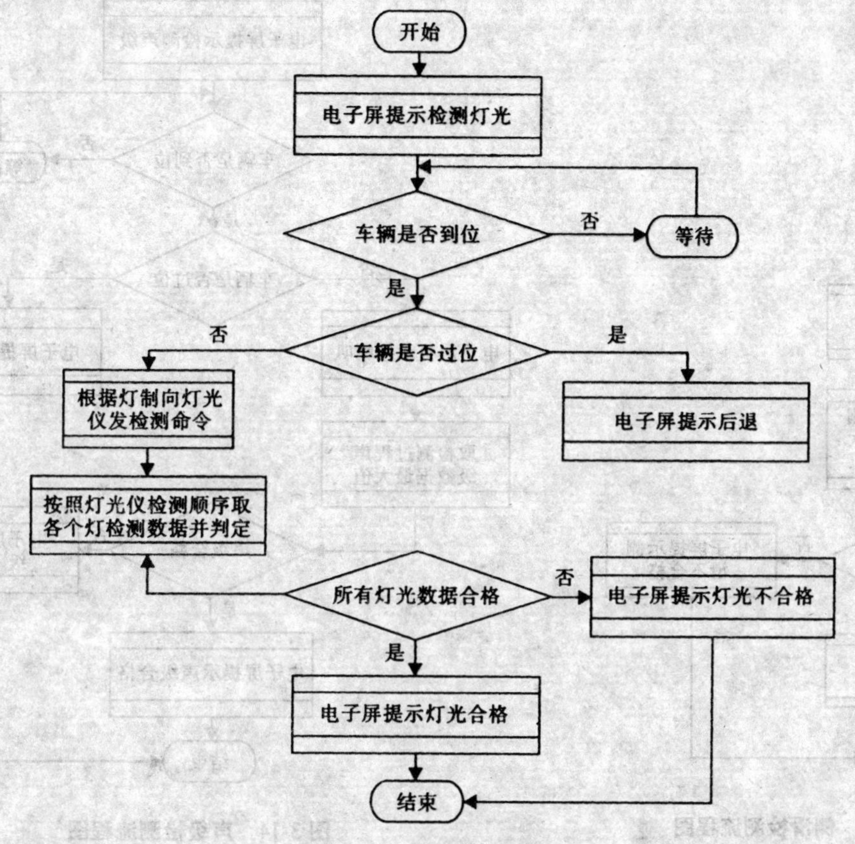

图 3-12 灯光检测流程

(1)车辆居中行驶至规定的检测距离处,计算机判断车辆是否正确到位,并通过电子屏给出相应提示;

(2)置变速器于空挡,车辆电源处于充电状态,开启前照灯远光灯;

(3)计算机控制系统给前照灯检测仪发出启动测量的指令,检测仪自动搜寻被测光源,测量其远光发光强度及照射位置偏移值;

(4)被检前照灯转换为近光光束,检测仪测量其近光光束明暗截止线转角(或中点)的照射位置偏移值;

(5)按上述步骤完成车辆所有前照灯的检测;

(6)检测结束后,计算机判定检测结果,并通过电子屏显示。

7.侧滑检测

侧滑检测流程如图 3-13 所示。侧滑检测步骤如下:

(1)车辆按电子屏提示,以 3～5km/h 车速居中垂直驶过侧滑台;

(2)计算机测取车辆前轮通过测滑台的最大侧滑量;

(3)检测结束后,计算机判定检测结果,并通过电子屏显示。

8. 声级检测

声级检测流程如图 3-14 所示。声级检测步骤如下：

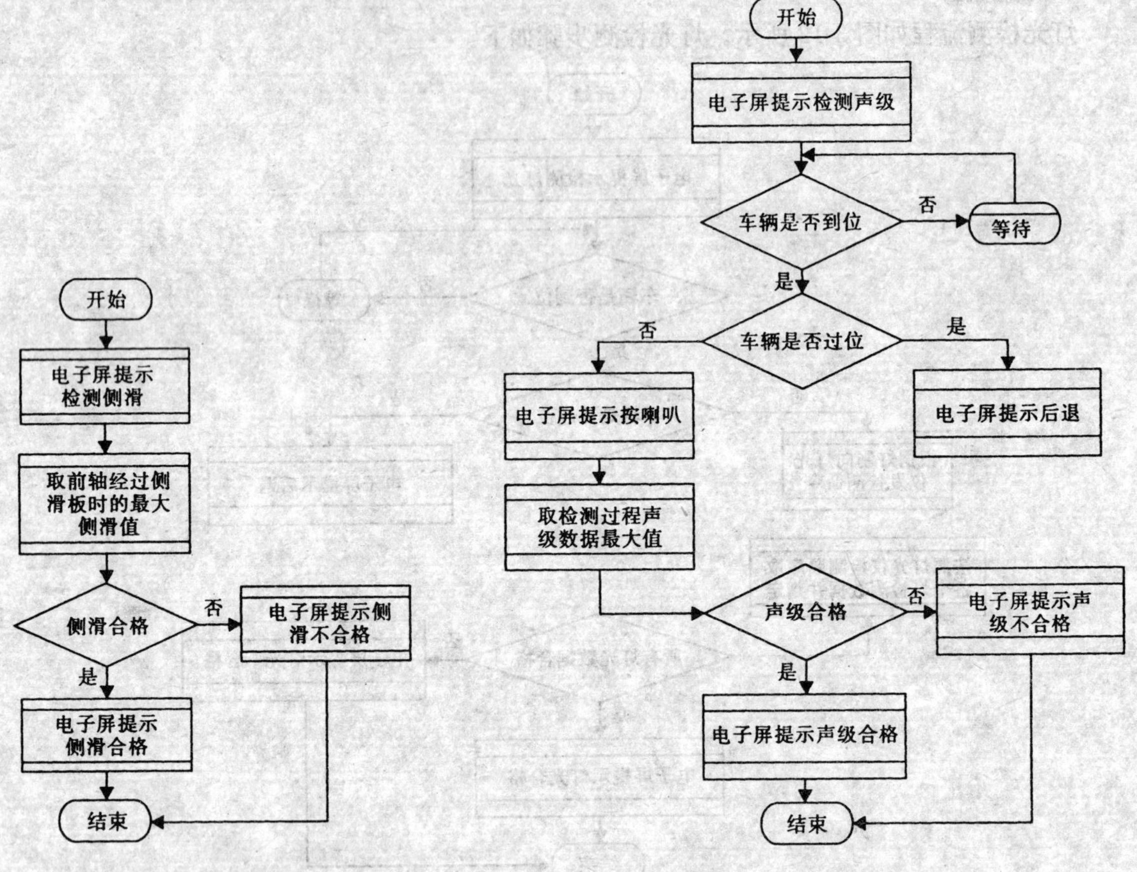

图 3-13　侧滑检测流程图　　图 3-14　声级检测流程图

(1)计算机判断车辆是否正确到位,并通过电子屏给出相应提示;

(2)车辆到位后,检验员按喇叭并保持 3 s 以上,计算机测取喇叭声级;

(3)检测结束后,计算机判定检测结果,并通过电子屏显示。

9. 悬架检测

悬架检测流程如图 3-15 所示。悬架检测步骤(悬架装置检测台)如下:

(1)车辆各轴依次驶入悬架检测台,使车轮停放在台面的中央位置;

(2)计算机判断车辆是否正确到位,并通过电子屏给出相应提示;

(3)车辆到位后,计算机控制系统启动悬架检测台,激振器迫使汽车悬架产生振动,使振动频率增加,并超过振荡的共振频率;

(4)将激振源关断,振动频率减小,并向下通过共振点;

(5)计算机记录衰减振动曲线,测量共振时动态轮荷,计算动态轮荷与静态轮荷的百分比及其同轴左右轮百分比的差值;

(6)检测结束后计算机判定检测结果,并通过电子屏显示。

10. 测功检测

测功检测流程如图 3-16 所示。测功检测步骤如下:

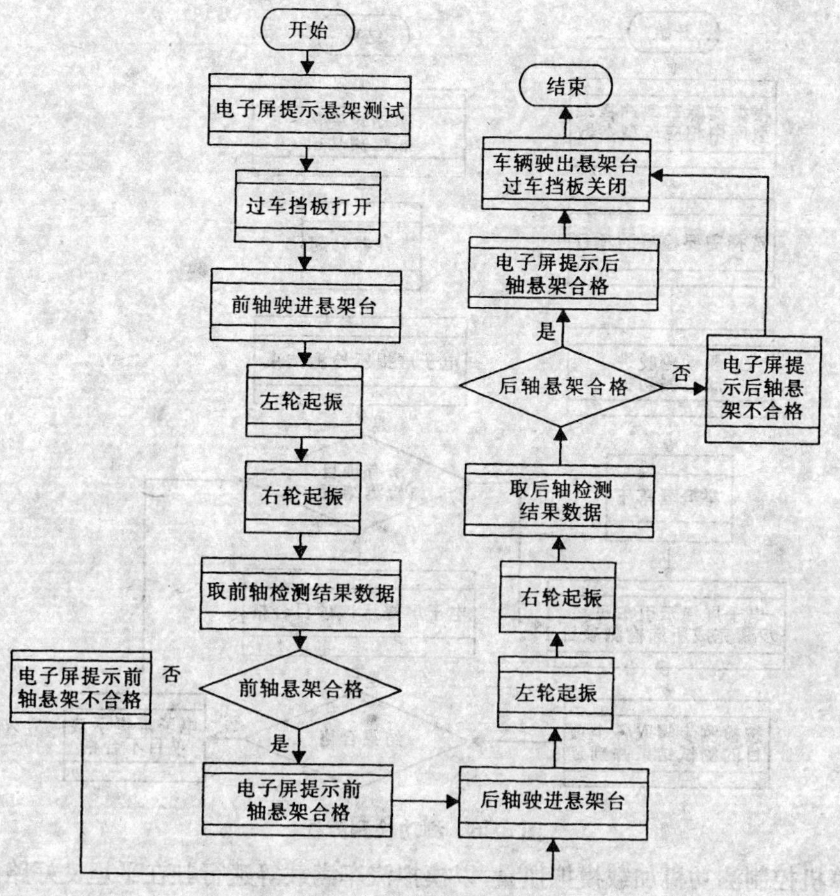

图 3-15 悬架检测流程

(1)根据不同车型,在计算机车型库中选择额定扭矩工况或额定功率工况下的检测速度;

(2)电子屏引导被测汽车,使其驱动轮置于测功机滚筒上,测功机举升器落下;

(3)启动汽车,逐步加速并换至直接挡;

(4)将油门踏板踩到底,待被测汽车在设定检测速度下稳定 15 s 后,测取额定扭矩工况或额定功率工况下的驱动轮输出功率;

(5)检测结束后计算机判定检测结果,并通过电子屏显示;

(6)测功机举升器升起,汽车驶出。

11. 油耗检测

油耗检测可使用路试检测和测功机检测两种方法,因本章不讨论检测方法,故只列出在测功机上检测油耗的计算机控制过程。

油耗检测流程如图 3-17 所示。油耗检测步骤如下:

(1)根据不同车型,在计算机车型库中选择检测速度,测功机应加载的模拟惯量以及厂标等速百公里燃料消耗量;

(2)计算机在测功机上设定测试车速、测试距离、模拟惯量;

(3)电子屏引导被测汽车,使其驱动轮置于测功机滚筒上,测功机举升器落下;

(4)电子屏提示引车员测试车速;

(5)启动汽车,逐步加速并换至直接挡(无直接挡加至最高挡)并使车辆稳定在测试车速;

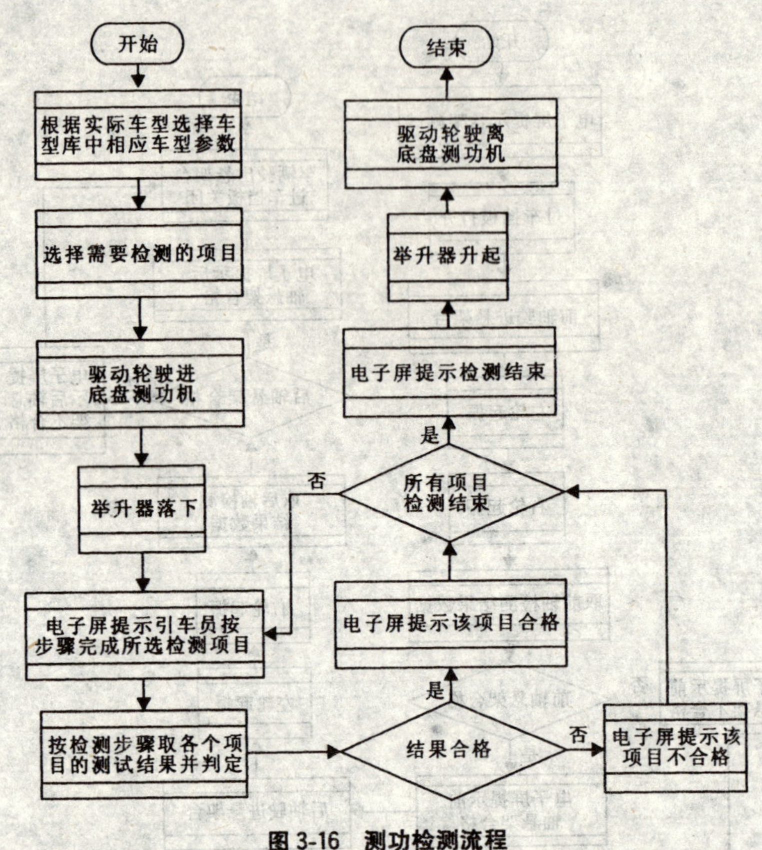

图 3-16　测功检测流程

(6)计算机控制测功机加载模拟惯量，以模拟汽车满载等速行驶在平坦良好路面时的行驶阻力功率；

(7)待车速稳定后开始测量；

(8)计算机计算下式是否成立：(测功机内部摩擦损失功率)＋(汽车驱动轮、传动系等摩擦损失)＜行驶阻力功率，若不成立，则电子屏提示该车不能使用此测功机进行油耗测试；

(9)重复测量两次，计算机计算两次测量结果的算术平均值，计算机对检测结果进行重复性检验。若检测结果不满足重复性要求，则电子屏提示增加检测次数，直至检测结果满足重复性要求。计算机将检测结果校正到标准状态下的数值，并判定是否符合标准要求；

(10)电子屏显示检测及判定结果，举升器升起，电子屏提示检测结束。引车员将受检车辆驶出测功机。

四、打印系统

打印系统能够按照规定的报告式样，根据检测结果，在检测报告的相应位置打印出车辆的基本信息和各个检测项目的检测数据，并给出判定结果和评语。

打印系统界面一般由查询条件组合框、查询结果列表框和一些按钮组成。查询条件一般为号牌种类、车牌号码和起止时间段，根据查询条件可以将符合条件的结果显示在查询结果列表框中。

打印系统的一般操作步骤为：录入查询条件，按“查询”按钮，在查询结果列表框中显示符合查询条件的记录，选择检测结果列表框中想要打印的记录，按“打印”按钮，即可打印出该记

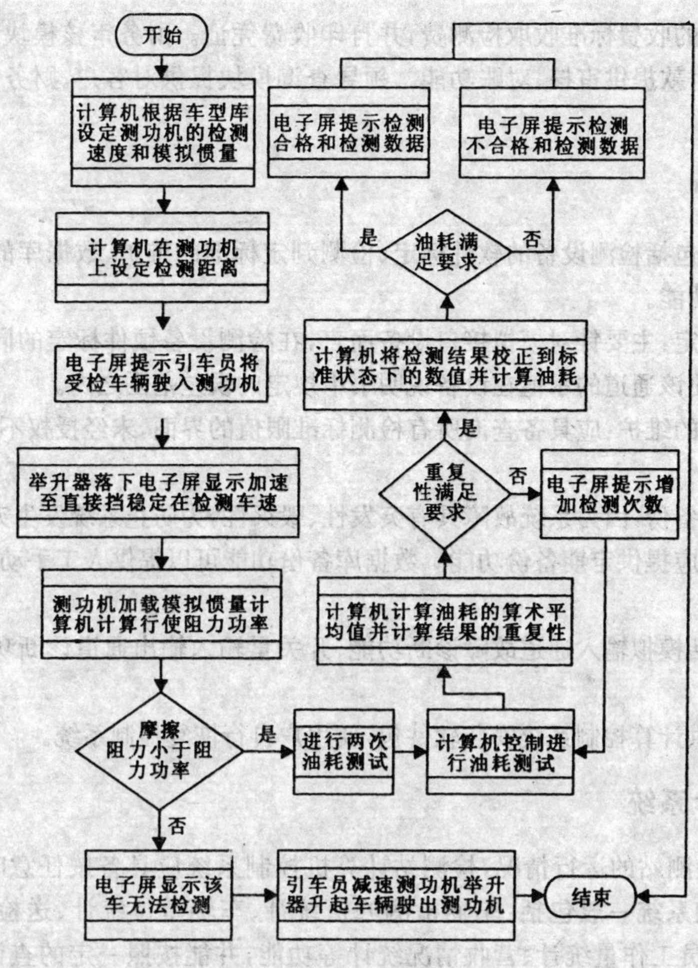

图 3-17 油耗检测流程

录对应的检测报告(也可先预览后打印)。

五、监控系统

监控系统将前端摄像机采集的视频信号,通过传输线路集中到监视器或录像机,供人们实时监控或存档查询。

根据视频采集和存储方式的不同,监控系统分为模拟和数字两种。模拟监控系统前端采用模拟或数字摄像机采集视频信号,后台使用录像机加录像磁带存储视/音频资料。数字监控系统前端采用数字或模拟摄像机采集视频信号,后台使用数字硬盘录像机存储视/音频资料。由于数字监控系统具有图像分辨率高、压缩比大、节省存储介质空间、操作简便、检索回放便捷等优点而广为应用。

六、客户管理系统

客户管理系统根据各个检测站自身业务处理的不同而略有差异,检测站客户管理系统一般分为客户接待、业务收费、财务审核、领导查询等功能模块。

客户接待模块是将送检单位、车辆及其他相关信息录入客户管理数据库中。业务收费模块根据系统中设定的收费标准收取检测费，并打印收费凭证。财务审核模块对业务处理过程中产生的应收、应付款提供审核、对账功能。领导查询模块提供对客户、财务等信息的综合查询、统计功能。

七、系统维护

系统维护一般包括检测设备的软件标定、检测判定标准的维护、数据库的定期备份、硬件维护、软件维护等功能。

设备的软件标定：主要针对模拟接口设备而言，在检测设备硬件标定的同时，调整对应模拟通道的满程值，使该通道的示值在设备说明书中规定的误差范围之内。

检测判定标准的维护：应具备查询所有检测标准限值的界面，未经授权不允许用户随意改动标准限值。

数据库的定期备份：因为系统故障具有突发性、毁灭性，为防止系统发生灾难性故障，检测站计算机控制系统应提供定期备份功能。数据库备份功能可以提供人工手动备份模式或系统自动备份模式。

硬件维护：包括模拟输入通道故障诊断功能、开关量输入输出通道诊断功能、通讯链路故障诊断功能。

软件维护：提供计算控制系统安装软件包，使用户自行恢复控制系统。

八、查询统计系统

为及时掌握检测站的运行情况，检测站计算机控制系统应具备按任意时间段进行查询统计的功能。查询系统一般包括：车辆检测峰值统计、车辆单位统计、送检单位统计、检测合格率统计、引车员工作量统计、营收情况统计等功能，并能按照一定的查询条件自动生成统计报表。

第三节　检测站计算机控制系统的发展动态

随着计算机控制技术和网络通信技术的发展，检测站计算机控制系统也在不断的发展，特别是检测站的管理部门从加强管理、服务群众的角度出发，促使检测站在运用新技术，提高检测效率，增加检测透明度，完善便民措施方面，做了大量的工作。检测站计算机控制系统的发展呈现出以下几个特点：

一、从单站联网向区域联网发展

传统的检测站计算机控制系统仅限于单个检测站联网运行，已经难以满足管理部门对检测站的管理要求。目前，某个城市或更大区域范围内检测站之间、检测站与管理部门之间的联网运行已经成为可能。通过区域联网，管理部门可以实现检测数据共享，可以通过现场实时监控及检测数据对比等方法，规范检测站的运行，可以通过异地检测签章，方便广大车主。

二、从检测系统向管理系统发展

随着我国车辆保有量的不断增长，以及检测市场的社会化，检测站在坚持检测标准，科学、公正地提供检测数据的同时，将会更加重视对客户资源的管理。一个集检测控制、客户管理、财务管理、档案管理于一体的检测行业信息化管理系统，将会日趋成熟和完善。

三、从集散控制向现场总线发展

现场总线系统是二十世纪九十年代发展起来的新型工业控制系统，它通过智能仪表把控制和管理的功能从总控室移向工作现场。目前，检测设备的生产厂家已将信号采集、判定、显示、控制等功能，集成到智能仪表中，再通过串行接口或工业以太网卡将数据传递到后台。可以预见，随着现场总线接口标准的统一，检测站计算机控制系统将在实时性、可维护性、可移植性等方面，出现崭新的变化。

本 章 小 结

1. 检测站计算机控制系统是将计算机技术与自动控制技术、网络通讯技术相结合，对车辆的安全性、动力性、燃料经济性、尾气排放、整车装备等参数进行测量、计算、判断，并将结果进行输出、存贮、传送的智能化系统。

检测站计算机控制系统由硬件和软件构成。硬件包括计算机及外设、外部接口、传感器和前端处理单元，软件包括系统软件、应用软件和数据库。

检测站计算机控制系统的常见控制方式有集中式和集散式两种，其中集散式控制方式应用较为常见。

2. 登录注册子系统将车辆基本信息和检测项目录入计算机控制系统，为主控子系统控制和报告打印提供信息。

调度子系统，根据车辆实际到达检测车间的顺序，在无序登录到计算机控制系统的车辆中，选择相应车号，发往主控子系统，开始检测。

主控子系统根据车辆需要检测的项目，控制相应检测设备、采集检测数据、判定并存贮检测结果。主控子系统通常包含外观、底盘、尾气、速度、制动、灯光、声级、侧滑、悬架、底盘测功、油耗等检测模块。

打印子系统按照规定的报告式样，打印出车辆的基本信息和各个检测项目的检测数据，并给出判定结果和评语。

监控子系统将前端摄像机采集的视频信号，通过传输线路集中到监视器或录像机，供人们实时监控或存档查询。根据视频采集和存储方式的不同，有模拟和数字两种监控方式。

客户管理子系统是对客户资源的管理，通常包括客户信息录入、业务收费、财务审核、领导查询等功能模块。

系统维护子系统一般包括设备标定、标准维护、数据库备份、硬件维护、软件维护等功能。

查询统计子系统可按任意时间段，对被检车辆、车辆单位、检测合格率、引车员工作量、检测收入等信息进行查询、统计，并生成相关统计报表。

3. 检测站计算机控制系统的发展呈现出以下几个特点：从单站联网向区域联网发展，从单一检测系统向综合管理系统发展，从集散控制方式向现场总线控制方式发展。

思 考 题

1. 简述检测站计算机控制系统的组成及其特点。
2. 如何实现多通道模数转换器的同步采样？
3. 什么是开关量？在检测站计算机控制系统中有哪些开关量？
4. 简述检测站计算机控制系统的软件组成。
5. 检测站计算机控制系统的控制方式有哪些？简述其特点。
6. 简述检测站计算机控制系统的主要功能模块。
7. 简述调度系统的设计原则。
8. 简述制动检测的计算机控制步骤。
9. 简述客户管理系统的作用。

第四章　汽车动力性检测

第一节　汽车动力性的评价指标

一、汽车动力性指标

汽车动力性，又称汽车牵引性，它是表征汽车加速、爬坡及能达到最高车速的能力。汽车动力性是汽车最基本的使用性能。汽车动力性越好，则说明牵引力亦越大；在各种使用条件下行驶的平均速度愈高；各档的爬坡能力越大；加速过程中的加速度、加速时间及加速距离俱佳；汽车的运输生产率越高。

评价汽车动力性的指标很多，除上述参数外，汽车比功率、最大动力因素、发动机输出功率、驱动轮输出功率等，都属于动力性指标。由于受到技术条件的限制，尤其是设备、场地、检测技术及相关标准的限制，在过去相当一段时间内，人们都习惯于采用路试的方法检测汽车动力性，因此，在不同的试验条件下，选择上述部分指标来检测和评价汽车动力性，既是可行的也是无奈的选择；随着汽车检测技术的发展，采用台架检测和评价汽车的动力性得到了广泛地应用。

下面就最常用的动力性指标作些简单的介绍和分析。

1.汽车比功率

汽车比功率是汽车发动机的最大功率与汽车总质量之比。比功率是汽车设计时的重要参数，依据比功率选择适当的发动机功率与车辆总质量的匹配关系。比功率的大小不但影响到车辆的速度特性和加速性能，还会影响到车辆的燃料经济性。GB 7258—2004《机动车运行安全技术条件》明确规定三轮汽车，低速货车的比功率不应小于4.0 kW/t，除无轨电车外的其他机动车的比功率，不允许小于5.0 kW/t。由于发动机的额定功率的可测性较差(尤其对每辆在用车测试难度更大)，因此GB 7258—2004标准使用了发动机净功率的概念，并用发动机最大净功率与车辆最大允许总质量的比值作为比功率。发动机在台架上，按照标准要求，只安装部分规定的附件，在曲轴轴端测到的相应转速下的发动机输出功率，并按标准大气状态修正得到的功率，称发动机最大净功率。

2.最大动力因数

汽车的最大动力因数是表示汽车最大爬坡能力和克服道路阻力能力的参数，是表示汽车通过性和牵引力好坏的参数。车辆设计时如要考虑到在非常恶劣道路使用条件时，可采用前后驱动或越野车设计，以提高最大动力因数。最大动力因数不能直接测量，只有测得驱动力后通过计算，以求得最大动力因数值。

3.最高车速

汽车最高车速是指汽车以厂定最大总质量状态下，在风速小于或等于3 m/s的条件下，在干燥、清洁、平坦的混凝土或沥青路面上，汽车能够达到的最高稳定的行驶速度。汽车定型试验时，一般都测最高车速，以确定是否达到设计要求。因汽车道路试验对场地、道路、气候条件，装载量等都有明确规定，检测效率不高，不适用于大批量检测。

4.加速性能

汽车加速性能是指汽车在行驶中迅速增加行驶速度的能力。通常用汽车加挡时间来评价汽车加速性能的好坏。加速时间的测量通常通过车辆以厂定最大总质量状态下在风速≤3 m/s的条件下，在干燥、清洁、平坦的混凝土或沥青路面上，由某一低速加速到高速所需的时间。

(1)原地起步加速时间，亦称起步换挡加速时间，系指用规定的低挡起步，以最大加速度(包括选择适当的换挡时机)逐步换到最高挡位后，加速到某一规定的车速所需的时间，如0～50 km/h，对轿车常用0～80 km/h，0～100 km/h；或用规定的低档起步，以最大加速度逐步换到最高档后，达到一定距离所需的时间，其规定的距离一般为0～400 m，0～800 m，0～1 000 m。起步加速时间越短，动力性越好；

(2)超车加速时间亦称直接档加速时间，指用最高档或次高档，由某一预定车速开始，全力加速到某一高速所需的时间，超车加速时间越短，其高速档加速性能越好。

5.最大爬坡度(%)

最大爬坡度是指汽车满载，在良好的混凝土或沥青路面的坡道上，汽车以最低前进档能够爬上的最大坡度。由于受道路坡道条件限制，汽车综合性能检测站通常不做汽车爬坡测试。

6.发动机最大输出功率

发动机最大输出功率是指发动机在全负荷状态下只带动维持运转所必须的附件时所输出的功率，又称总功最大功率。此时被测发动机一般不带空气滤清器、冷却风扇等附件。新出厂发动机的最大输出功率一般指发动机的额定功率。额定功率是制造厂根据发动机具体用途，发动机在全负荷状态和规定的额定转速下所测定的功率。在国外有些厂家所谓的额定功率是指发动机在额定转速下输出的净功率。常在额定功率后注有“净”字，以示区别。净功率是在全负荷状态下，发动机带有全套附件时所输出的功率。

汽车经过一段时间使用后，发动机的技术状况会逐步恶化，其最大输出功率也会有所下降，因此，用发动机最大输出功率的变化来评价发动机动力性下降是正确的，但用它来评价整车的动力性就不够准确了，假如某车的发动机功率正常，由于传动系装配不佳如离合器打滑，则传动效率就会降低，反映在驱动轮的牵引力就低，甚至会造成起步行驶困难。实践证明，发动机输出功率能反映发动机动力性的好坏，却无法反映汽车传动系的技术状况。

另外，发动机空负荷运转和发动机带负荷运转时，进气管的真空度，混合气的空燃比，点火正时，甚至汽缸压缩力都存在着不同，发动机全负荷稳态测得的平均功率和空载非稳态测得的瞬时功率，从数值上也存在较大不同，所以，用无外载测功仪测得的发动机瞬时功率是不能作为评价在用汽车发动机功率的评价指标的，当然，更不能作为在用车动力性的评价指标。

7.驱动轮输出功率

我们知道，发动机功率 Pe (kW)和转矩 Me(Nm)的关系式为

$$Pe = Me \times n_e / 9549 \tag{4-1}$$

式中：n_e—— 发动机转速，r/min

而汽车驱动轮的驱动力 Ft 为

$$Ft = \frac{9549 \times Pe \times i_o \times i_g \times \eta_T}{n_e \times r} \tag{4-2}$$

式中：i_o——汽车主减速器的传动比；

i_g——变速器的传动比；

η_T——传动系的机械效率；

n_e——发动机转速；

r——车轮的半径。

由式 4-2 可得

$$\frac{Ft \cdot r}{9549} \cdot \frac{n_e}{i_o \cdot i_g} = Pe \cdot \eta_T \tag{4-3}$$

因驱动轮输出的驱动力矩 Mt 为

$$Mt = Ft \cdot r \tag{4-4}$$

而驱动轮转速 n_t 为

$$n_t = \frac{n_e}{i_o \cdot i_g} \tag{4-5}$$

所以，驱动轮的输出功率 P_t 为

$$P_t = Mt \times nt / 9549 = Pe.\, \eta_T \tag{4-6}$$

从(4-6)式可以清楚地看出，驱动轮的输出功率是汽车发动机功率经过传动系消耗功率后到驱动轮的输出功率，它是汽车发动机和传动系综合工作过程后的输出参数。驱动轮输出功率的大小，完全取决于发动机发出的功率和传动系的传动效率，也取决于它们的技术状况。驱动轮输出功率的减少，说明发动机或传动系的技术状况已变差。发动机和传动系技术状况的微小变化，都会通过驱动轮输出功率的增加或减少反映出来。

二、在用车整车动力性的评价指标

GB 18565-2001《营运车辆综合性能要求和检验方法》规定：整车动力性拟采用底盘测功机检测汽车驱动轮输出功率来评价。用汽车发动机在额定扭矩或额定功率时的驱动轮输出功率作为整车动力性的评价指标。

驱动轮输出功率的构成框图如图 4- 1 所示。从构成框图中可以清晰地看出，从底盘测功机上测得的驱动轮输出功率和发动机在台架上测得的额定功率之间，存在着明确的因果关系。从曲轴后端输出的发动机功率要经过离合器、变速箱、传动轴和主减速器等部件，并消耗部分功率后直到驱动轮。同时，也清晰指出，利用底盘测功机检测整车动力性，会额外增加轮胎与滚筒之间消耗的功率及底盘测功机运转需消耗的功率。现在，带有反拖装置的底盘测功机，可以方便地测量这类功率损耗，可以更准确地检测整车的动力性。因此，用驱动轮输出功率作为整车动力性的评价指标是比较直观、科学和合理的方法。驱动轮输出功率可在底盘测功机上直接测量，其测试条件容易控制，操作简便，其通用性很强，重复性好，测试误差较小。发动机

额定转矩、额定功率及相应的转速等参数在说明书和车辆铭牌上均能查到，如果将发动机在台架试验得到的额定功率值与在同样工况条件下测得的驱动轮输出功率值进行对比，并以该比值作为在用车的动力性的评价指标，这确实是一种行之有效的方法。

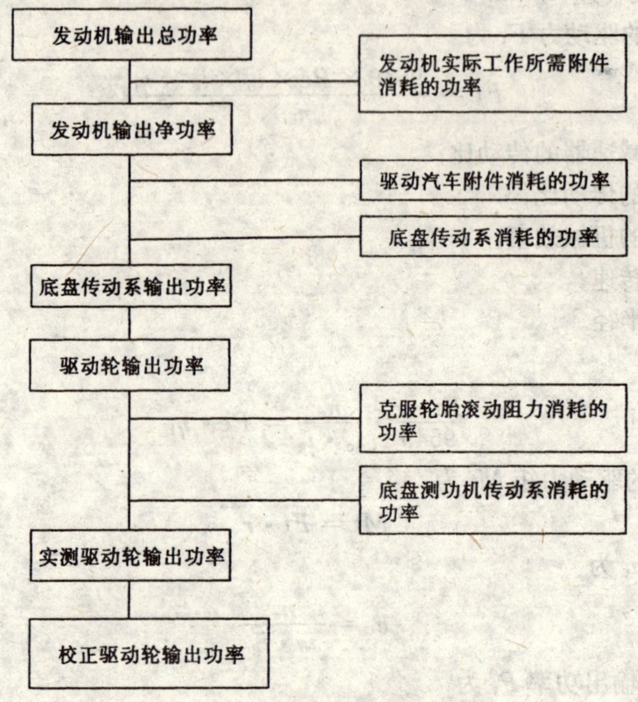

图 4-1　驱动轮输出功率构成框图

第二节　汽车动力性检测设备的结构原理

一、底盘测功机的基本结构

底盘测功机是一种不解体检验汽车整车动力性能的检测设备，它通过室内台架，以汽车模拟道路行驶工况的方法，来检测汽车的动力性，还可以测量多工况排放指标及油耗。由于底盘测功机在室内操作，能控制试验条件，使环境因素的影响降至最小，同时，可以通过计算机控制系统控制加载装置来模拟道路行驶时的各种阻力，通过控制车辆的行驶状况（加速、减速、加载、减载和稳速），能按测试要求进行复杂的循环试验，因而，得到广泛应用。近年来，随着计算机技术的高度发展，底盘测功机的控制系统、安全保障系统、引导系统及数据采集系统都有了很大的提高，使用操作更加简便，使底盘测功机得到了广泛的推广使用。

底盘测功机主要由道路模拟系统、数据采集与控制系统、安全保障系统及引导举升系统等构成。

（一）道路模拟系统

普通型汽车底盘测功机道路模拟系统结构示意图如图 4-2 所示。

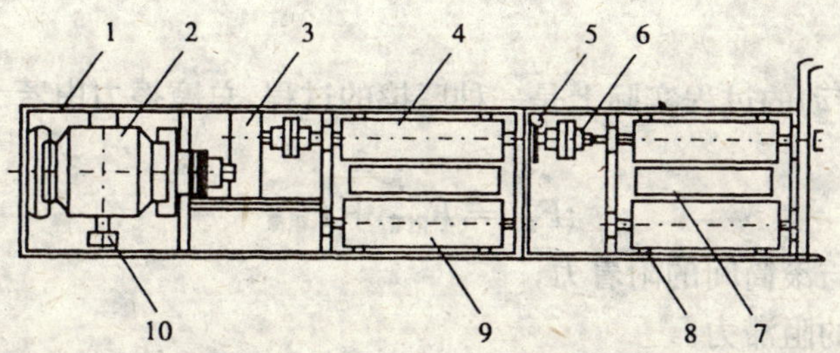

图 4-2 普通型汽车底盘测功机道路模拟系统结构示意图

1-机架;2-功率吸收装置;3-变速器;4-滚筒;5-速度传感器;6-联轴节;7-举升器;8-制动器;9-滚筒;10-力传感器

1.滚筒

汽车在道路上行驶是相对于路面作运动。而底盘测功机的滚筒相当于移动的路面,汽车驱动轮的旋转带动滚筒旋转并以此模拟在道路上行驶。

底盘测功机滚筒有单滚筒和双滚筒之分,如图 4- 3 所示。

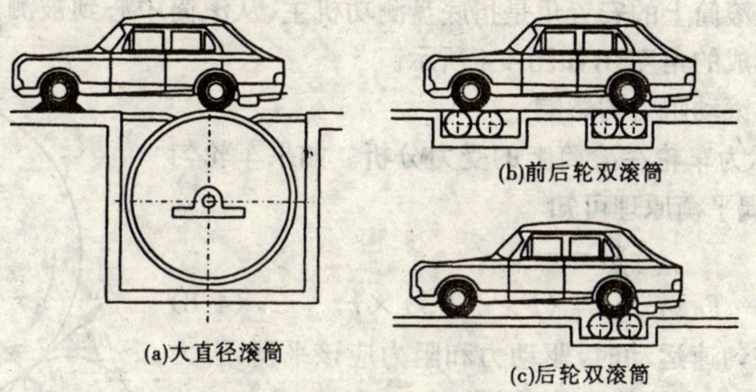

(a)大直径滚筒

(b)前后轮双滚筒

(c)后轮双滚筒

图 4-3 滚筒装置结构形式

支承两边驱动轮的滚筒为单个的底盘测功机,称单滚筒底盘测功机。单滚筒底盘测功机其滚筒直径约为 1.5～2.5 m,制造和安装费用很高,但测试精度也高,一般用于科研单位和汽车制造厂。

支承两边驱动轮的滚筒各为两个的底盘测功机,称双滚筒底盘测功机。它成本低,使用方便,但测试精度低,一般用于汽车维修行业和检测线。

(1)滚筒直径

GB /T 18276-2000《动力性台架试验方法和评价指标》规定滚筒直径应在 310～380 mm 范围内,并建议使用直径为 370 mm 的滚筒,前后滚筒中心距:承载 3 t 的底盘测功机前后滚筒中心距 L≯500 mm,而承载大于 3 t 的底盘测功机前后滚筒中心距≯600 mm。由于车轮与滚筒的接触状况与在路面上行驶不同,滚筒直径越小,比压就越大,滚动阻力就越大,对驱动轮输出功率的损耗也越大,因此,应尽可能选择滚筒直径大的底盘测功机使用,以减少检测时的滚动阻力损耗。

(2)滚筒表面状况

滚筒表面状况是指滚筒材料、加工时的精度和清洁状况。目前,底盘测功机滚筒表面状况有两种:一种是常见的光制滚筒,即表面未经处理的滚筒;另一种是表面喷涂有耐磨硬质合金材料的滚筒。前者表面光滑,附着系数低,加工时椭圆度和同轴度好,车轮在滚筒上运转平稳,滚动阻力的波动小。如果光滚筒表面有水、油迹或沥青等,车轮运转时,就会上下波动,使滚动阻力增加。

轮胎在滚筒上转动的过程实际上是一种摩擦的过程，总摩擦力由若干分力组成，可用下式表示：

$$F_{总} = F_{附着} + F_{阻滞} \tag{4-7}$$

式中：$F_{附着}$——轮胎与滚筒间的附着力；

$F_{阻滞}$——车轮的阻滞力。

光滚筒附着系数低，在测试最大驱动轮输出功率时，滑移率较大，轮胎容易发热，而喷涂滚筒接近于水泥路面的附着系数，可减少轮胎的滑拖，减少滚动阻力的损失。

附着系数随速度增加而下降的原因较为复杂，一是因滚筒圆周速度提高，橡胶胎冠与滚筒之间的嵌合会越来越差，并会产生滑移和振动；二是随着速度提高，接触面的温度升高加快，很快在滚筒表面形成一层橡胶膜，会降低轮胎与滚筒间的附着系数。

(3)安置角

汽车车轮在滚筒上的安置角是指底盘测功机主、从滚筒中心到被测汽车车轮中心的连线与重力垂线所形成的角度β，如图 4-4 所示。

①安置角对滚动阻力的影响

图 4-4 所示为车轮在滚筒上的受力分析。如果车轮匀速旋转，根据力偶平衡原理可知

$$\Sigma To = 0$$

$$T - T_{f1} - T_{f2} = (F_{x1} + F_{x2}) \times r \tag{4-8}$$

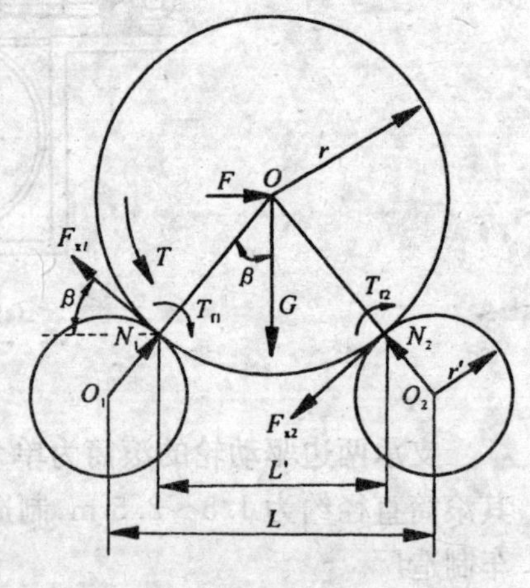

图 4-4 车轮在滚筒上的受力分析

β-车轮在滚筒上的安置角；L-滚筒轴间距；O-车轮圆心；O_1 O_2-前后滚筒圆心；L'-车轮在滚筒上接触点的距离；T-车轮驱动扭矩；T_{f1} T_{f2}-滚动阻力矩；F_{x1} F_{x2}-滚筒对车轮的切向反作用力；G-车轮载荷；F-车桥对车轮的水平推力；r-车轮半径；r'-滚筒半径；N_1 N_2-滚筒对车轮的支承力

因为车轮在匀速运动时，驱动力和阻力应该平衡，合力为零，而前后滚筒对车轮的滚动阻力矩为

$$T_{f1} = f \cdot N_1 \cdot r \tag{4-9}$$

$$T_{f2} = f \cdot N_2 \cdot r \tag{4-10}$$

可得出车轮的滚动阻力为：

$$F_f = f \cdot (N_1 + N_2) \tag{4-11}$$

式中：F_f——车轮的滚动阻力；

f——轮胎在滚筒上的滚动阻力系数。

因为

$$N_1 + N_2 = G/\cos\beta \tag{4-12}$$

将(4-12)代入(4-11)得

$$F_f = f \cdot G/\cos\beta \tag{4-13}$$

从(4-13)式可知，底盘测功机检测时轮胎的滚动阻力随着安置角的增大而增大。

而安置角 β 与滚筒直径 d、前后滚筒中心距 L 及被测车轮的直径 D 有关，当中心距 L 增大或轮胎直径 D 和滚筒直径 d 减小时，则安置角 β 会变大。其关系式为

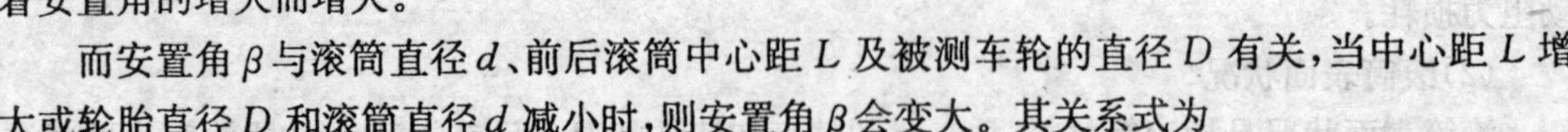

$$\beta = \sin^{-1}\frac{L}{(D+d)} \tag{4-14}$$

将反三角函数演变成安置角公式为

$$\frac{L}{(D+d)}=\sin\beta$$

由于安置角与滚筒直径、中心距及轮胎尺寸有关，所以，不同吨位级的底盘测功机只适应于不同轮胎尺寸的车辆。

②检测过程对安置角的要求

车辆带动有惯性飞轮的滚筒以最大加速度加速时，车轮不得驶出滚筒，并以此确定最小安置角。

当滚筒制动时，要保证车辆仍可驶出滚筒，以确定最大安置角。

在装有惯性飞轮及功率吸收装置加载的情况下，汽车以最大加速度加速时，要确保车辆不驶出滚筒为基本要求，确定其最小安置角，而最大驱动力应满足 Fxmax $<G/$ (2xsinβ)。

JT/ T 445-2001《测功机通用技术条件》规定车轮安置角应大于 26 ℃，由于轮胎尺寸和安置角关系很大，所以，不同的轮胎尺寸应该选用不同吨位级的底盘测功机进行检测。

2.功率吸收(加载)装置

(1)底盘测功机的功率吸收装置(又称测功器)主要有水力式、电力式和电涡流式三种，水力式测功器是利用水作为制动的介质，使水在转子叶片和定子之间流动循环形成制动阻力矩，检测时，通过对进、出水量的调节，可得到不同的制动功率。由于其可控制性差，动态响应慢，精度低，操作不便等原因，在发达国家早已被淘汰。而电力测功器成本高，价格昂贵，也很少采用。所以，国内生产的底盘测功机大多数采用电涡流测功器作为功率吸收装置。

(2)电涡流测功器的基本结构：电涡流测功器是利用电磁感应形成电涡流而产生制动力矩原理的装置(又称给车辆加载)。根据电涡流测功器的冷却方式可分为水冷式电涡流测功器和风冷式电涡流测功器两种。

①水冷式电涡流测功器结构复杂，安装不便，尤其在北方冬季气温低，必需对冷却水管路采取保温措施，严防水管冻裂损坏，同时，对冷却水的酸碱 PH 值应有严格要求，以防水管结垢、堵塞或锈蚀损坏。由于利用水散热冷却效果好，所以，测试精度较高，而且适用于持续工况下的测试。由于以上原因，尤其是在高温下的锈蚀和防垢问题尚未完全解决前，推广应用并不普遍。因此，不作详细的介绍。

②风冷式电涡流测功器的结构：目前，汽车检测线的底盘测功机大部分都采用风冷式电涡流测功器，其基本结构如图 4-5 所示。主要由转子、定子、励磁线圈、冷却风扇、力传感器和支承轴等组成。其特点是结构简单，价格便宜，安装和使用方便。由于使用冷却风扇冷却，故冷却效率较低，因为转子的导磁率是随温度升高而下降的，所以，该类底盘测功机不适宜在大负荷、高转速下连续工作，一般情况下，连续工作时间最多不要超过 5 min。再者，冷却风扇工作时要消耗功率，所以，生产厂家应提供风扇运转时的功率损耗特性，在检测时，应将风扇消耗的功率计入汽车驱动轮的输出功率中。

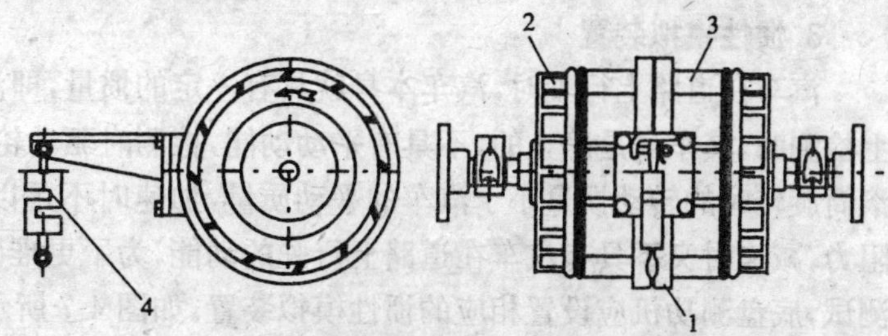

图 4-5 风冷式电涡流功率吸收装置的基本结构

1-定子；2-转子；3-励磁线圈；4-拉压传感器

(3)电涡流测功器的工作原理：功率吸收装置是吸收并测量汽车驱动轮输出功率或牵引力的装置，电涡流测功器是依据电磁感应原理由电涡流产生制动阻力来吸收驱动轮的功率的，被吸收的功率将转换成热能，由转子端部的风扇，散发至空气中，达到能量守恒。

如图 4-6 所示，当激磁绕组通以直流电后，在绕组的四周形成了磁场，磁力线从转子和定子间的间隙通过并形成了封闭的磁路，转子由于在激磁绕组磁场的磁化作用下也形成了一个磁场，在这个磁场中，磁通的大小取决于激磁绕组的匝数并与通过的激磁电流的大小成正比。电涡流测功器的转子做成有齿顶、齿槽的型式，因齿顶、齿槽与定子的空气间隙不一样，在齿顶处的磁通密度大，而在齿槽处磁通密度小。当转子随图示方向转动时，定子上 A 点的磁通量就会发生变化，在齿顶通过时，磁通量会增加，而齿槽通过时磁通量会减小，根据楞次定律“只要闭合线路中的磁通量发生变化(不论增加或减小)，在定子中就有感生电流产生”。这个感生电流也会形成新的感生电流磁场，而这个新产生的感生电流的磁场又将对转子形成磁场力，以阻止因转子转动而产生的磁通量的变化。由于电涡流测功器定子是铸成整体式的，因此，产生的感生电流是封闭的，因此又称电涡流，由于涡流产生的磁场和原来磁场相互作用，将对转子产生制动扭矩，便使定子顺着转子转动的方向摆动。从图 4-5 可知，定子外壳上直接连接着测力臂和力传感器，可测出制动扭矩的大小。制动扭矩大，说明加载量大，功率吸收多，外壳摆动大，力传感器输出也大，吸收功率 P 可根据力传感器的阻力矩 T 按下式计算：

$$P = T \cdot n/9549 \quad (\mathrm{kW}) \tag{4-15}$$

式中：T——定子外壳的阻力矩，N·m；

n——电涡流测功器转子转速，r/ min。

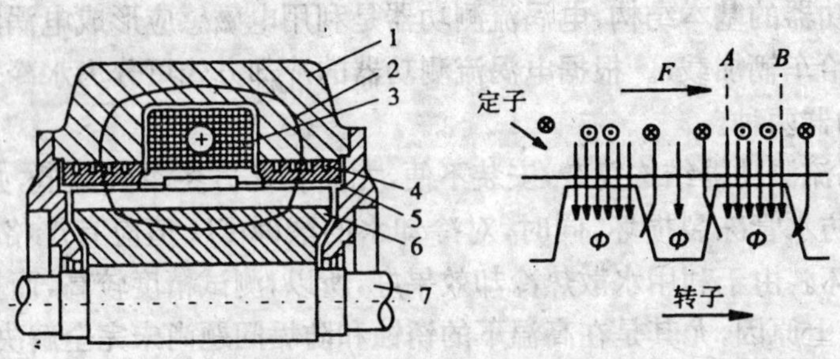

图 4-6 电感应磁力线分布图

1-磁轭；2-磁力线；3-励磁绕组；4-涡流环；5-空气降；6-感应子

加载量的大小，可通过控制激磁电流来调节，激磁电流愈大，通过转子定子的磁通量也愈大，这样，在定子上产生的电涡流也愈大，定子产生的制动扭矩也愈大，所以，可通过调节激磁电流的强度来调整作用在滚筒上的制动力矩，也就是驱动轮要克服和消耗的旋转力矩，该力矩可由测量机构测量显示。

3. 惯性模拟装置

汽车在道路上行驶时，汽车本身就具有一定的惯量，即汽车的动能。而汽车在底盘测功机上检测时，其车身是静止的，不具有平动动能，检测时驱动轮只带动滚筒旋转，由于底盘测功机滚筒旋转时的转动惯量小于汽车的平动质量，加速时不足以产生与汽车在道路上行驶的加速阻力，减速时又不具有汽车在道路上行驶的动能，为了更准确地进行汽车加速性能和滑行性能测试，底盘测功机应设置相应的惯性模拟装置，如图 4-7 所示。通常底盘测功机配制的飞轮与滚筒直接连接，但这种方法会造成的弊端是飞轮体积和质量庞大。飞轮的体积和质量大，底盘测功机占地面积大，使基建投资费用增加；还要增加飞轮的制动装置，使底盘测功机结构复杂。

所以，底盘测功机均采用带传动增速方式，有效地降低了飞轮的体积和质量，由于飞轮组采用级联方式与主滚筒连接，可快捷方便地选择模拟惯量——飞轮组进行检测。

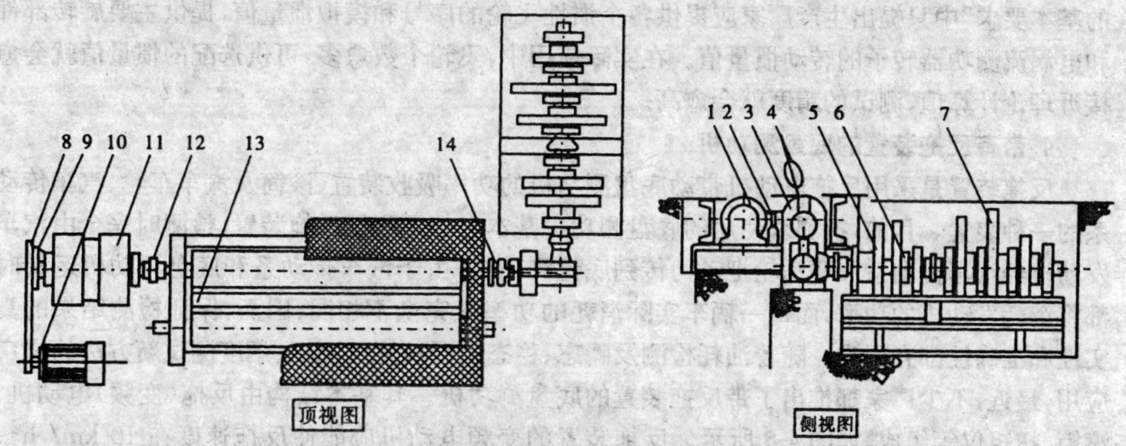

图 4-7 底盘测功机的台架基本结构示意图

1-滚筒；2-举升器；3-变速器；4-挡轮；5-小飞轮；6-电磁离合器；7-大飞轮；8-传动链；9-超越离合器；10-电动机；11-功率吸收装置；12-联轴器；13-举升板；14-牙嵌式离合器

从动力学可知，汽车在道路试验时，某一车速所具有的动能为

$$W_1 = \frac{1}{2}mv^2 + \frac{1}{2}\Sigma J_k \cdot \omega_k{}^2 \tag{4-16}$$

如将该车置于底盘测功机进行台架试验，在相同车速时，具有的动能为

$$W_2 = \frac{1}{2}J_f \cdot \omega_f^2 + \frac{1}{2}J_0\omega_0^2 + \frac{1}{2}J_{kf} \cdot \omega_k^2 \tag{4-17}$$

因台架试验的目的是模拟车辆的道路试验，因此，其动能 W_1 应和动能 W_2 相等，则有

$$\frac{1}{2}J_f \cdot \omega_f{}^2 + \frac{1}{2}J_0\omega_0{}^2 = \frac{1}{2}mv^2 + \frac{1}{2}J_{kr} \cdot \omega_k{}^2 \tag{4-18}$$

式中：m——汽车质量，kg；

r_k——车轮滚动半径，m；

J_0——滚筒的转动惯量，kg；

J_{kr}——汽车前轮的转动惯量，kg；

J_{kf}——汽车后轮的转动惯量，kg；

ΣJ_k——汽车全部车轮的转动惯量，kg；

J_f——飞轮转动惯量，kg；

v——车辆行驶速度，km/ h；

ω——旋转部分的角速度。

由于 $v=\omega R$，由此可获得台架试验时某车型汽车所需加的飞轮转动惯量为

$$J_f = \frac{m \cdot r_k^2 + J_{kf} - J_0}{i_k \cdot i_n} \tag{4-19}$$

式中：i_k——车轮与滚筒之间的传动比；

i_n——飞轮与滚筒之间的传动比；

R——滚筒半径，m。

底盘测功机是通过飞轮的转动惯量来模拟道路行驶时汽车的动能，但由于国内尚未制定

相关的台架惯量标准，因而，各生产厂家装配的惯性飞轮不但个数不同，而且质量大小也不同。

GB/T 18276-2000《汽车动力性台架试验方法和评价指标》附录 A“对双滚筒底盘测功机的基本要求”中只提出生产厂家应提供各个惯性飞轮的序号和模拟惯量值，提供主要旋转部件和电涡流测功器转子的转动惯量值。在实际使用中，飞轮个数愈多，可供选配的惯量值就会愈接近理论计算值，测试的精度就会愈高。

4. 带有反拖装置的底盘测功机

反拖装置是采用反拖电动机带动底盘测功机的功率吸收装置、滚筒及汽车车轮、汽车传动系的一种装置。目前，检测线使用的底盘测功机基本上都不配置反拖装置，检测时完全由汽车发动机经汽车传动系和驱动轮把动力传到底盘测功机，由于汽车传动系和底盘测功机运转时都将消耗发动机的功率，而每一辆车实际消耗的功率又完全不相同，因而，保证检测结果的真实性和准确性都有困难。随着油耗检测及瞬态、稳态工况法尾气测试、烟度测试新方法的推广应用，最近，不少厂家都推出了带反拖装置的底盘测功机。其基本结构由反拖（变频）电动机、滚筒、扭矩仪等组成，如图 4-8 所示。反拖装置的变频电动机应能使反拖速度在 10 km/ h～100 km/ h 的范围内调节，而且确保车速和扭矩测试的测量误差在标准允许的范围内。

有了反拖装置，可测试以下参数。

①测定在不同车速条件下，底盘测功机自身传动系所消耗的功率。

②测定汽车车轮在滚筒上运转时，在不同车速下所消耗的功率。

③测定汽车在底盘测功机上运转时，汽车传动系在不同车速下所消耗的功率。

由于反拖装置对车轮与滚筒的正向拖动与反向拖动阻力是有差异的，因此，使用时应注意拖动方向。

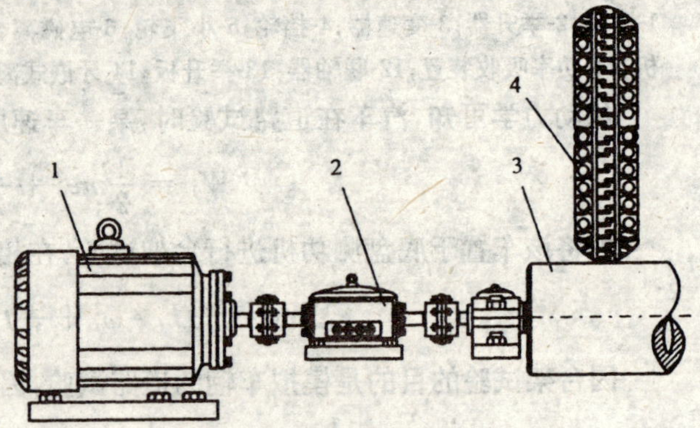

图 4-8　反拖装置

1-变频电机；2-扭矩仪；3-滚筒；4-轮胎

（二）底盘测功机的采集测量系统

测量控制系统是底盘测功机的关键技术，测量控制水平的高低，直接反映出底盘测功机测量控制的精度，底盘测功机主要测量的参数有车速和驱动力。

1. 车速信号的采集

底盘测功机检测驱动轮输出功率、加速性能、滑行性能及油耗、排放污染物都要连续准确地测试，并控制试验过程中的实际车速，车速传感器主要有以下几种。

（1）直射式光电车速信号传感器

其结构如图 4-9 所示。在转轴上装有开孔圆盘，圆盘一侧有光源，另一侧有光敏管，车轮带动滚筒旋转时，也带动员盘旋转，当光线通过小孔照射到光敏管时，光敏管的等效内阻迅速变小（相当于晶体管导通），如光线被圆盘挡住时，光敏管的等效内阻又迅速恢复到原来的阻值（相当于晶体管截止）。光敏管和外电路配合就可输出一个迅速变

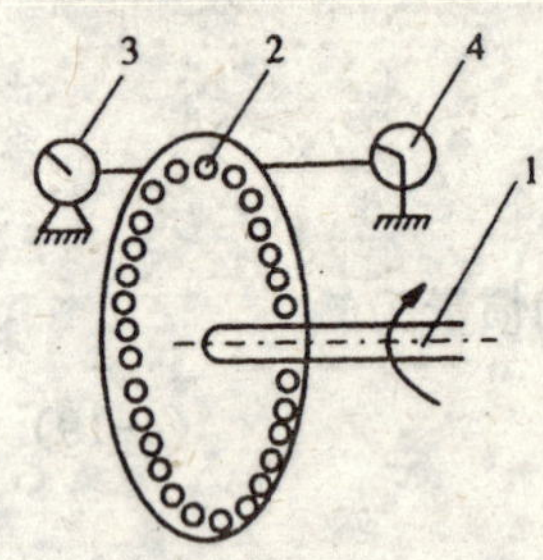

图 4-9　直射式光电传感器的示意图

1-轴；2-圆盘；3-光源；4-光敏管

化的电平值，即电脉冲，转盘转一周，光敏管就输出和小孔数相等的电脉冲数，光源可用红外光源，该电脉冲信号送入计数器后，即可得到被测轴的转速。

(2)磁电式车速信号传感器

磁电式车速信号传感器，主要由电磁感应线圈、永久磁铁、导磁软铁等组成，如图 4-10 所示。测量时，将磁电式传感器装在与底盘测功机滚筒同轴的齿轮 6 附近，传感器的芯轴 5 离齿轮齿顶的距离约 1～2 mm，滚筒转动带动齿轮旋转时，由于铁芯与齿顶齿槽的间隙在发生变化，使磁回路的磁通量发生变化，于是，线圈产生感应电动势，感应电动势和转速成正比，感应电动势的频率与齿轮转速和齿数的乘积也成正比，当齿轮齿数一定时，其转速和传感器信号的频率成正比，利用数字计数电路测出其频率变化，就可测出转速值的大小。

(3)霍尔车速信号传感器

霍尔电路结构原理，如图 4-11 所示，在一块方形半导体薄片的两端通以电流 I，在它的垂直方向加磁场 B，则在垂直于电流和磁场的方向上(即在半导体的另两端 c、d 处)便产生一个电动势，这个电动势的大小和通过的电流大小及磁场强度成正比，这就是霍尔效应。如把半导体霍尔组件和电流放大器等组合在一个集成电路内，就构成了霍尔集成电路，如图 4-12 所示。

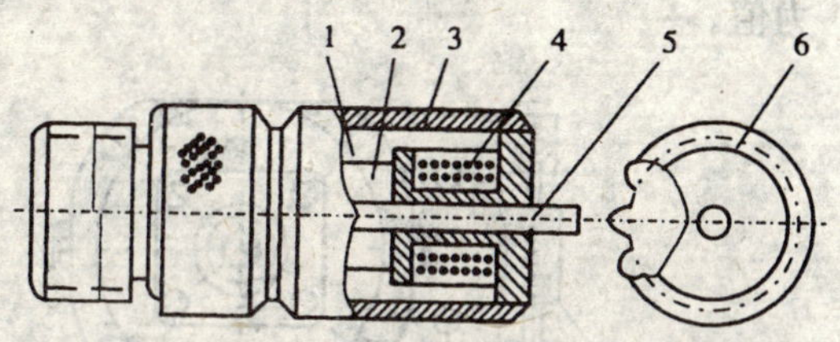

图 4-10 磁电式车速信乡传感器的结构

1-导磁体；2-磁铁；3-壳体；4-线圈；5-芯轴；6-齿轮

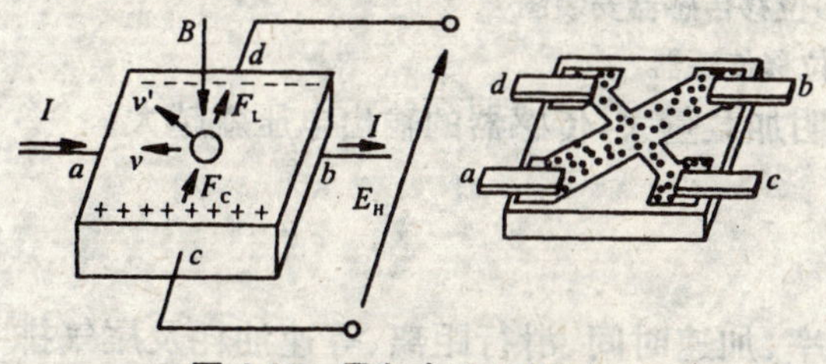

图 4-11 霍尔电路结构原理

(a)霍尔效应原理；(b)霍尔元件结构示意图

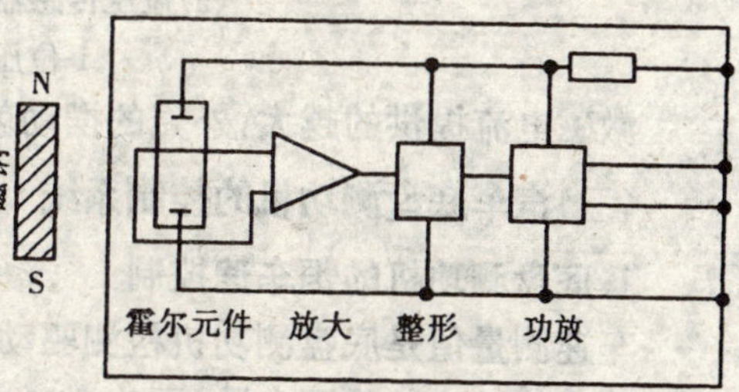

图 4-12 霍尔集成电路

霍尔电路一般是作为无触点接近开关，检测车速时在滚筒上贴一块或几块小的永久磁铁，霍尔集成电路用支架固定在离磁铁距离约 1 ～1.5 mm 处，当磁铁旋转经过霍尔组件时，会产生霍尔电动势，经放大整形向外输出高电平，如磁铁离开霍尔组件时，电路输出低电平。如果安装一个磁铁，滚筒旋转一圈输出一个脉冲信号，两个脉冲的间隔就是滚筒转动的周期，通过数字电路的换，算可测出车速。

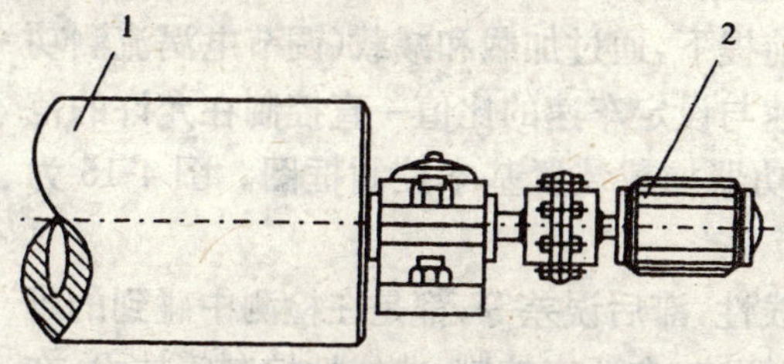

图 4-13 测速发电机工作示意图

1-滚筒；2-测速电动机

(4)测速发电机

图 4-13 为测速发电机工作示意图，当滚筒旋转带动测速电动机旋转时，测速发电机产生的电压正比于滚筒的转速，通过 A/D 转换，可得到车速信号。

2. 驱动力信号的采集

底盘测功机驱动力传感器一般有两种，一种是拉压传感器(应变片式)，另一种是位移传感器，传感器的安装如图 4-14 所示。两种传感器的一端都连接于功率吸收装置外壳的测力臂上,另一端则连接于机体的固定机架。因功率吸收装置的外壳是浮动的,可以绕电涡流测功器转子的中心轴摆动,当底盘测功机进入测功程序后,滚筒转速达到测功车速的设定值时,随着油门开度的增加,计算机将自动向电涡流测功器提供励磁电流,并在定子——空气隙——涡流磁环——转子间形成闭合磁路,底盘测功机滚筒是直接和电涡流测功器相连的,滚筒转动直接带动电涡流测功器转子转动,在转子上产生电涡流并产生制动力矩,该制动力矩一方面使滚筒转速稳定在设定车速点上(恒速控制误差可达到 0.1 km/h),另一方面使电涡流测功器外壳绕中心轴摆动,外壳的摆动直接将制动力矩传到与其相连的测力传感器,而高准确度的传感器(0.05%准确度)的信号,经过计算机处理后,显示出汽车驱动轮与滚筒切线方向的瞬时驱动力值。

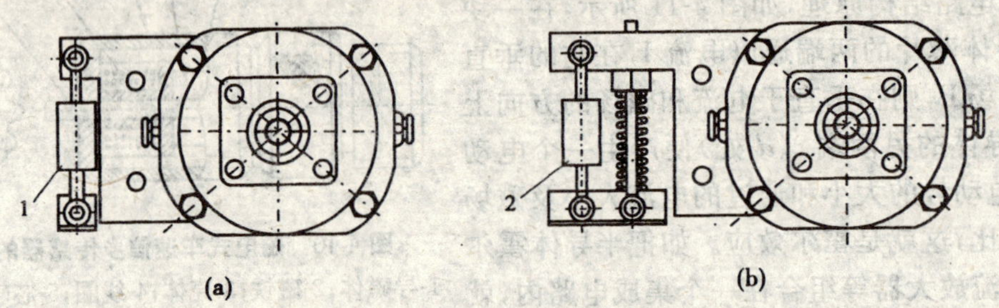

图 4-14 驱动力传感器安装图

(a)拉压传感器安装图;(b)位移传感器安装图

1-位压传感器;2-位移传感器

激磁电流提供的越大,外壳的摆动就越大,说明加载量大,传感器的输出电压就越大。

(三)汽车底盘测功机的控制系统

1.底盘测功机的恒车速控制

车速测量值是底盘测功机检测驱动轮输出功率、加速时间、滑行距离、等速油耗及尾气排放等诸多特性中的重要参数,因为激磁电流的大小或检测过程中油门的变化,都会导致滚筒转速在瞬间的降低或升高,引起检测过程中实际车速不稳定,因此,底盘测功机对滚筒转速的监测控制要求很高。底盘测功机的控制系统要求对车速的波动及时作出反馈并调节,所以,车速控制系统实际上就是调速系统,而且,反馈的响应时间要求在 0.025 s 之内,为此,底盘测功机的车速传感器准确度应高,响应时间应快。检测过程中,计算机不断从车速传感器上采集车速的脉冲信号,该信号由计算机处理后,变成了汽车的瞬时车速,该瞬时车速要与原设定的车速比较,如果瞬时车速高,则经过加载装置加载,使车速适当地降下来,如瞬时车速比原设定车速低,则又通过减载使车速提上去,在保持油门不变的前提下,通过加载和减载(调节电涡流测功器励磁电流)的方式,使汽车在检测过程中的实际车速与设定车速的比值一直控制在允许的范围内,从而实现了车速的控制。图 4-15 为电涡流测功器加载装置基本控制框图。图 4-16 为底盘测功机测控系统模块结构图。

不同车型的不同车速,不同惯量,传感器的不同线性,滞后误差等,都是在检测中碰到的难点问题,计算机控制系统充分利用软件技术采用数字调速,自适应控制,非线性控制等技术,在转速、励磁电流双闭环调速反馈过程中,有效地控制了电涡流测功器的动态励磁电流,最大限度地满足了恒速恒扭矩测试时,准确度控制的要求。

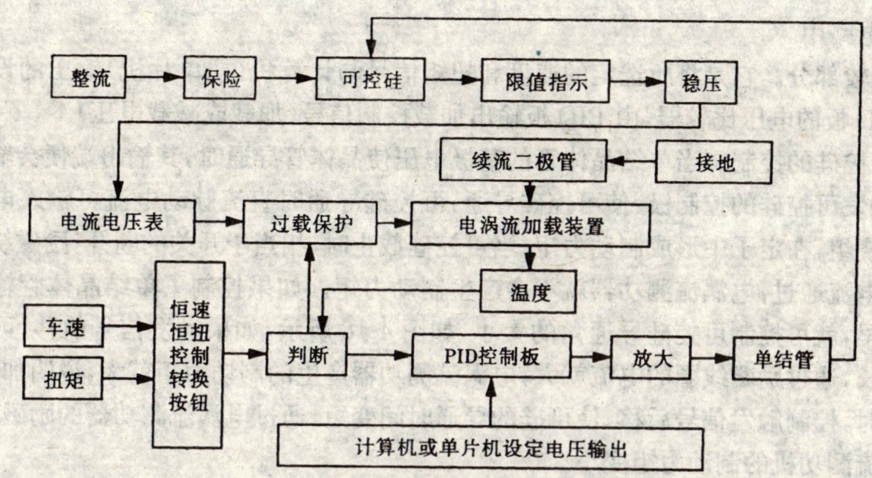

图 4-15 电涡流测功器加载装置基本控制框图

2. 底盘测功机的恒力控制

底盘测功机是模拟车辆在道路行驶状态下的不同工况，并检测其驱动轮输出功率、油耗值及尾气污染物的排放量。而车辆在道路行驶中的滚动阻力、空气阻力、加速阻力、坡道阻力对于不同车型、不同使用环境、不同车速下又各不相同。除加速阻力可通过惯性飞轮模拟外，其他阻力都要靠电涡流测功器进行加载来实现，即先由计算机计算得到检测所需的加载量，再把加载量换算成电涡流测功器励磁电流的大小，然后进行调节和控制，实现底盘测功机的恒力控制。

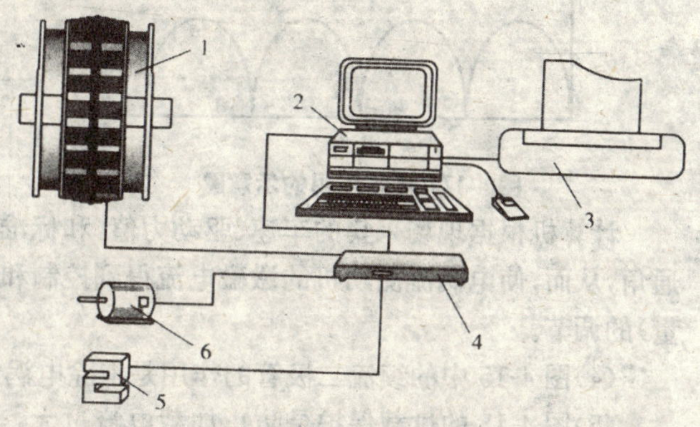

图 4-16 底盘测功机测控系统模块结构图

1-电涡流测功器；2-工控计算机；3-打印机；4-前端处理装置；5-力传感器；6-车速传感器

驱动轮输出功率可由下式计算得到：

$$P=\frac{F\times \nu}{360} \tag{4-20}$$

式中：P——汽车驱动轮输出功率，kW；.

F——驱动轮在滚筒处的切线驱动力，N；

ν——测定 F 时汽车稳定的车速，km/h。

因此，在测量过程中，在车速(ν)和力(F)两个变量中，控制并恒定其中一个，再测量另一个，就能保证输出功率测试的准确性，而控制系统也正是依据这个设想，用相应的电路实现了恒速和恒力两种控制方式，使底盘测功机具备了恒速测试和恒力测试两种测试方式。使用者可根据检测的需要，选择相应的测试方式。

3. 底盘测功机控制系统

从图 4-15 电涡流加载装置基本控制框图可知，底盘测功机控制系统电路由下列几部分组成。

(1)电源部分。底盘测功机的电源是将 220 V 的交流电压变为电涡流加载装置所需的励磁直流(脉冲)电压，如图 4-17 所示，同时通过整流和稳压还提供±5 V 和±12 V 的电源，作为低压控制电路用。

(2)比较部分。它是将所选定的速度和扭矩信号与计算机(或单片机)输出的设定信号同时输给 PID 板的电压比较器,由 PID 板输出加载控制信号(加载或减载电压)。

(3)可控硅的控制。当单结晶体管的基极电压使晶体管导通时,其输出端便会输出一个尖脉冲,以触发可控硅的控制极,使可控硅导通,可控硅导通时直流脉动电流可输入电涡流测功器的励磁绕组,在定子中形成制动力矩;当可控硅截止时,相当于开关的断开,励磁绕组中没有直流脉冲电流通过,电涡流测功器就不会产生制动力矩。如果控制了单结晶体管输出尖脉冲时间的迟早,就可控制可控硅导通角的大小,如图 4-18 所示,如果触发信号前移,可控硅导通的时间就长,通过励磁线圈的电流就大,电涡流测功器产生的制动力矩就大,说明加载量大;加载量减小时,控制触发信号后移,使可硅的导通时间变短,通过电涡流测功器的励磁电流减小,这样电涡流测功机的制动力矩变小。

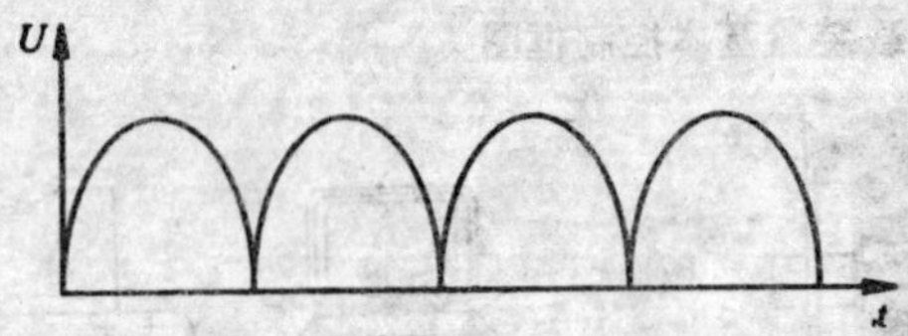

图 4-17 电桥作用的示意图

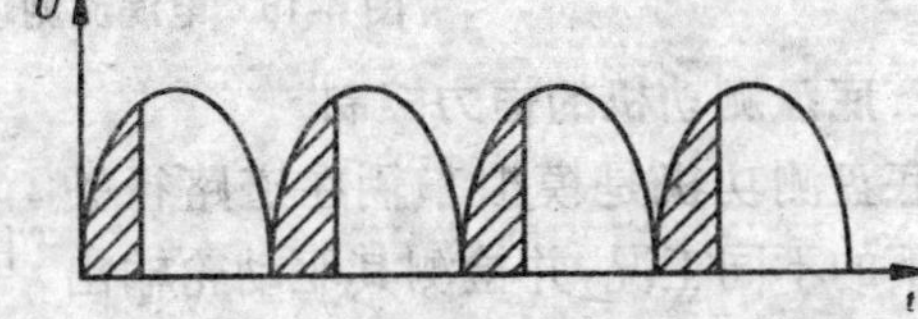

图 4-18 可控硅控制形图

计算机根据现场采集的车速、驱动力值,和标准要求的设定值的比较,去控制可控硅的导通角,从而,使电涡流测功机的激磁电流得到控制和调节,并达到模拟道路行驶各种阻力(加载量)的调节。

(4)图 4-15 中的续流二极管的作用是消除电涡流加载装置的自感电流。

(5)图 4-15 的过载保护是防止加载电流过大,当电流达到设定值时,继电器断开,电路停止工作。

底盘测功机除了要对加载量、车速控制外,还应对举升器升降的控制,对惯性飞轮挂接和分离的控制。按控制方式有手动控制和计算机自动控制两种。这里不作详细介绍,可查阅相关的使用说明书。

(四)底盘测功机的安全保障系统

底盘测功机是在大负荷、高转速下运转的检测设备,为了保护检测设备和被检车辆及操作人员的安全,底盘测功机的安全保障系统在整个测试过程中一定要完好、可靠。安全保障系统主要包括左右挡轮、系留装置、车偃、发动机与车轮的冷却风扇和举升器等。

(1)左右挡轮。左右挡轮是防止汽车车轮在旋转过程中,在侧向力作用下驶出滚筒,尤其对前轮驱动的车辆更应防止车辆驶出滚筒。

(2)系留装置。是指地面上的固定盘架与车辆之间用钢丝绳或铁链相连接,防止车辆高速行驶时,由于滚筒卡住或其他原因车辆飞驶出滚筒的装置。

(3)车偃。它是为了防止车辆在检测过程中,车体前后移动,一般车偃都偃在非驱动轮处,后驱车辆则偃在前轮前部,前驱车则偃在后轮胎的前部。车偃使用时应左右轮都偃紧。

(4)发动机、车轮冷却风扇。为了防止在检测过程中发动机过热,在发动机散热器处,用另外的风扇进行散热。同样,为了防止驱动轮轮胎因打滑发热而损坏轮胎,有时,会用冷却风扇对着轮胎吹,帮助轮胎散热。

(5)底盘测功机的举升器控制。底盘测功机都设有举升器,以利于车辆驶入、驶出,而举升器的控制又分为手动和自动控制,底盘测功机在检测过程中应严禁举升器装置出现误动作(包括误操作)而上升,因此,举升器的控制必须做到在测试车速>5 km/ h时,举升装置不得升起。

设备在维护、检查或检定、校正时,应对该安全保护功能进行检查校验。

(五)引导及举升系统

1.引导系统

底盘测功机作为一台专用检测设备必须设置引导系统,引导系统是引导引车员按照提示进行操作,常用的提示方法有两种,一种是高强度发光二极管组成的显示屏,另一种是大屏幕显示器。

(1)显示屏。一般和计算机串行通讯口相连,通常显示车牌号、操作指令等。例:提示前进、倒退、到位、提速、减速和稳速等操作指令,并最后显示检测结果。目前,大部分检测站均采用这种显示方法。

(2)大屏幕显示器。它是通过AV转换和计算机相连,AV转换的目的是将计算机的数字信号转换成视频信号供电视机用,除修理厂的底盘测功机外,在检测站采用的并不太多。

2.举升系统

举升器的类型较多,常用的类型如下。

(1)气压式举升器,如图4-19所示。它由电磁阀、气动控制阀及双向汽缸组成,在气压作用下,活塞可上下运动实现举升、降落功能,气压举升器上升终止时,滚筒制动带压紧滚筒,使滚筒制动,便于车轮进入、驶出,举升器下降时,制动带离开滚筒,滚筒运转自如。

(2)液压式举升器。它由电磁阀、分配阀和液压举升缸等组成,在液压作用下,举升缸活塞向上运动,实现举升目的。

(3)气囊举升器。气囊举升器是向气囊里注入压缩空气,迫使橡胶气囊膨胀,实现举升和下降。因它没有汽缸和活塞,因此,不存在运动件之间的密封问题,更无因空气中水汽而造成的锈蚀。气囊如意外损坏,更换方便,无需吊装工具。由于气囊举升器无易损件,工作可靠,举升次数可达10万次,使用期内免维护,目前已广泛应用于底盘测功机的举升装置。

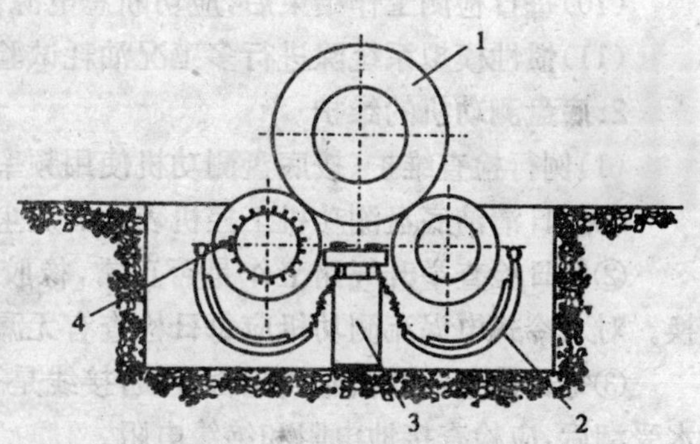

图4-19 气压式举升器

1-车轮;2-滚筒制动器;3-举升器;4-车速传感器

(4)底盘测功机对举升装置的基本要求。

①举升能力应大于或等于底盘测功机所规定的额定承载质量。

②举升器工作应平稳,左右举升装置工作应同步,气路、油路无渗漏现象。

③举升器在举升状态保持10 h后,举升器的承载托板下降不得超过10 mm。

④举升后,汽车进出滚筒时,滚筒应不发生转动。

(六)底盘测功机的安全操作规程与维护

1.底盘测功机安全操作规程

(1)测试前,应对照使用说明书仔细检查并调整底盘测功机离合器、飞轮、传感器等部件的紧固状况，检查润滑部位的润滑状况，传动链、传动带及举升装置应处于良好状态，各类导线无破损、松动缺陷，计算机控制系统、引导系统工作应正常。

(2)必要时，用兆欧表检查底盘测功机的绝缘电阻，应大于1 MΩ，底盘测功机接地电阻应小于0.1 Ω。

(3)按说明书要求，测试前底盘测功机应进行热机，使其达到工作温度，计算机控测系统应预热5～10 min。

(4)检测前驱动车辆时，应安装左右挡轮，并拉紧后轮的驻车制动，以防止前轮在滚筒上左右蛇行。用车偃抵住左右非驱动车轮，或用钢丝绳或铁链等系留装置拉紧车辆，防止车辆驶出滚筒而发生事故。

(5)检测时，设备操作人员和引车员一定要注意安全操作，引车员应系上安全带并严格按引导系统的指令操作，起步、加速应缓慢平稳，如发现发动机运转吃力时，应及时换挡，以防损坏发动机。检测车速为80～100 km/h时，底盘测功机加载运行时间应小于3 min。测试过程中，汽车严禁使用制动器。

(6)测试过程中，严禁举升器升起，严禁举升板接触到被测车轮，以防汽车从底盘测功机中冲出。

(7)测试过程中，汽车前后严禁站人或行走。

(8)测试中，如突然发生停电，引车员应立即松开加速踏板，并挂空挡，含车辆滑行减速直至停驶。

(9)检测完毕后，应让滚筒空转1 min以上，确保电涡流测功流器散热。

(10)每日检测工作结束后，应切断总电源。

(11)惯性模拟系统除进行多工况油耗试验、加速、滑行试验外，不允许随意使用。

2. 底盘测功机的维护

(1)例行检查维护(按底盘测功机使用频率可定为每日或每几日)

①每日清洁底盘测功机工控机表面的灰尘，油污，水渍，尤其要及时清除滚筒表面的污物。

②每日检查举升气路工作是否正常，橡胶软管是否老化破裂，如有漏气则及时排除或更换。对水冷式电涡流测功机应每日检查有无漏水，冬季则应及时放水，避免冻裂冷却水管。

③每日检查电缆信号线是否破损，接线是否松动，如有异常，应及时排除。雨季或导线浸水受潮后，应检查接地电阻和绝缘电阻。

④带有扭力箱升速器装置的底盘测功机，应检查润滑油面，油液不足，应及时添加。检查滚筒轴承、飞轮轴承、电涡流测功器轴承等是否发烫，有无异响。

(2)定期检查

①每月对底盘测功机所有轴承进行检查并按说明书要求加注润滑油脂，若发现轴承有异响或滚筒转动不灵活时，应及时维护，必要时，更换轴承，润滑链轮、链条。

②每月检查链轮，联轴器和轴的紧固情况，检查各传感器的固定状况，对所有部件进行紧固。

③检查并调正电磁离合器摩擦片间隙和传动带松紧度，定期检查飞轮电磁离合器摩擦片磨损状态，如发现离合器打滑或摩擦片间隙过大，应予调整，在通电状态下，其间隙为0.6 mm。

④如飞轮传动带过松，应进行调整，调整后应保证大小传动带轮的端面对齐，允许误差

1 mm。大小传动带轮轴线的的平行度为 0.5 mm。

(3)定期检定

①底盘测功机每年必须进行一次法定计量部门的计量检定，在计量检定的有效期内方可使用。

②对于检测量大的底盘测功机，应进行不定期自校，校正方法参照原厂使用说明书进行。

(七)底盘测功机的检测项目及操作方法

底盘测功机由于在室内工作，与路试相比，它不受气候、风向、道路条件、驾驶技术等因素的影响，尤其是底盘测功机采用计算机控制后能快速模拟车辆道路行驶时各种使用工况，能模拟恒速度、恒扭矩等稳态的工况检测，也能模拟加速，恒速，减速多工况的瞬态检测和循环检测。因此，底盘测功机已作为综合性能检测中最重要的检测设备得到广泛地推广使用。

1.底盘测功机的检测项目和使用方法

(1)底盘测功机的检测项目

①检测驱动轮输出功率

a.驱动轮输出功率检测。它是采用汽车发动机额定扭矩和额定功率的工况测取驱动轮的输出功率，即发动机全负荷，在发动机额定扭矩转速或额定功率转速所对应的直接挡车速下，测得驱动轮输出功率，经标准环境系数的校正后，得到校正后的驱动轮输出功率，再和发动机额定扭矩时的发动机功率或发动机额定功率的比值的百分数，对照国家标准的限值，判定其整车的动力性。该项检测是汽车技术等级评定的重要项目，也是综合性能检测站常规检测的主要内容之一，将在以后章节中进一步讲述。

b.汽车多速度点驱动轮输出功率检测(又称多点连续测功)。上述的驱动轮输出功率检测是在发动机全负荷工况下在发动机额定扭矩转速(或额定功率转速)相对应的直接档车速下的驱动轮输出功率，因此，它是单点最大驱动轮输出功率测试。而多点驱动轮输出功率测试可按 GB/T 18276- 2000《汽车动力性台架试验方法和评价指标》的规定，连续测试不同车速时，驱动轮的输出功率并打印驱动轮输出功率——车速曲线。

②检测汽车滑行距离

汽车滑行性能的好坏，直接反映了汽车的传动系、行驶系装配、调整、润滑状况的好坏，车辆滑行性能的合格与否，也反映出车辆动力性和经济性的好坏。客观上也表明车辆的使用维护是否规范。滑行性能好的车，行驶中消耗于车辆自身传动的功率较小，因滑行性能涉及到车辆的动力性和经济性。所以 GB 18565-2001《营运车辆综合性能要求和检验方法》及 JT/T 198-2004《营运车辆等级划分和评定要求》都将滑行性能列为综合性能的检测项目。

③检测汽车加速时间

④检验车速表、里程表

用底盘测功机进行车速表、里程表检测，其原理和检测方法，与车速检验台测试相似。车速里程表检验时，底盘测功机不加载，不带飞轮，等同于普通车速检验台使用。

⑤检测底盘测功机传动系阻力

在一般结构的底盘测功机上增加反拖电动机，使底盘测功机既可以由驱动轮驱动，又可以通过变频电动机带动运转，这种自带变频电动机的底盘测功机，就是有反拖装置的底盘测功机。它的电动机用变频方式可使滚筒转速从 10 km/h～100 km/h 之间任意调节，以适应不同车速下的检测需求。这种底盘测功机既可检测汽车传动系，又可检测自身传动系的技术状

况和数据(传动系阻力等)

⑥检测汽车车轮滚动阻力

⑦检测汽车底盘传动系阻力

⑧汽车等速 100 km 油耗测试

底盘测功机的加载装置正好可以模拟车辆在各种车速下各类阻力的值。因此,只要测试软件做得比较好,从理论上讲,底盘测功机只要配备精确的油耗仪和计算机软件,就可以进行油耗检测。有关油耗的具体检测方法可参阅相关章节的论述。

⑨尾气排放污染物的检测

底盘测功机配置相关的排气(烟度)分析仪,可进行车辆简易工况以及稳态、瞬态工况的尾气排放污染物的检测。

(2)底盘测功机的使用方法

①使用前的准备

a. 被检车驱动桥轴重不应超过底盘测功机的额定承载量,超重车辆严禁上底盘测功机检测。

b. 车辆装备应符合制造厂技术条件的规定,车辆所用的燃油、润滑油的牌号、规格,应符合制造厂技术条件的规定。

c. 车辆外部及底盘下方应清洁干净,发动机运转正常,无异响,传动系和行驶系构件紧固,运转正常,无异响,润滑和冷却系工作正常,无漏油、漏水现象。

d. 轮胎规格、气压应符合制造厂技术要求。轮胎表面无油污水渍,轮胎花纹槽中无异物嵌附,胎冠胎壁不得有暴露出帘布层的破裂和割伤,胎冠花纹深度不得小于 1.6 mm,同轴轮胎的规格尺寸、花纹应一致,新旧程度也应基本一致。

e. 被检车在检测前应整车热车,确保发动机油温、水温、油压及底盘传动系润滑符合检测要求,这在冬季尤其重要。

f. 检测时,被检车应关闭空调系统等非汽车运行所必须的装置,以减少发动机能量消耗。

②底盘测功机检测流程和检测方法

a. 底盘测功机和被检车辆准备。按照使用说明书及上述“底盘测功机安全操作规程与维护”的要求,对底盘测功机及车辆进行检查维护,做好测试前的各项准备工作。

b. 决定检测车速点及车速间隔。建议起始车速不小于 40 km/h,截止车速不超过 90 km/h,车速间隔为 5 km/h 或 10 km/h。

c. 将被测车辆的驱动轮置于底盘测功机滚筒上,做好安全防护措施后,起动车辆并逐步换挡加速至直接挡,并以直接挡的最低车速稳定运转,等待测试开始。

d. 按底盘测功机显示屏的指令“开始”,引车员迅速将加速踏板踩到底,待汽车车速与设定车速相符时,稳定车速运转 15 s 后,采样实测车速的驱动轮输出功率。应注意的是,实测车速和设定车速的允许误差为±0.5 km/h。车速误差偏大时,应重新检测。

e. 将实测车速的实测驱动轮输出功率值填入《汽车驱动轮输出功率试验记录表》中。

f. 重复④、⑤,分别测定其他设定车速点的驱动轮输出功率值,并记录于《汽车驱动轮输出功率试验记录表》中。

g. 将检测现场的环境状态的相关参数也记录于试验记录表中。检测结束,车辆驶出底盘测功机。

h. 将实测驱动轮输出功率校正为标准环境状态下的校正驱动轮输出功率。

i. 绘制驱动轮输出功率—车速曲线。

从 d 至 i 的流程可编入计算机程序，由计算机自动控制执行。

（八）影响底盘测功机测试精度的因素

1. 测功机机械阻力对驱动轮输出功率测定值的影响

底盘测功机的机械损失主要包括支承轴承、联轴器、升速器等。这些机件在车轮带动滚筒旋转时，由于摩擦力的存在将消耗一定的功率，采用反拖的方法能测出不同车速下底盘测功机的机械阻力所消耗的功率。在检测驱动轮输出功率时，必须要计入底盘测功机机械阻力所消耗的功率，不然，就会造成驱动轮输出功率的测定值偏小。

对于电涡流测功器和滚筒之间有增速器的底盘测功机，还存在严重的搅油损失，搅油损失不但和润滑油量多少有关，还和润滑油的温度有关。油温低时损失大，车速高时损失也大，而搅油损失难以测定。测功机机械阻力造成的功率损耗和车速有很大关系。

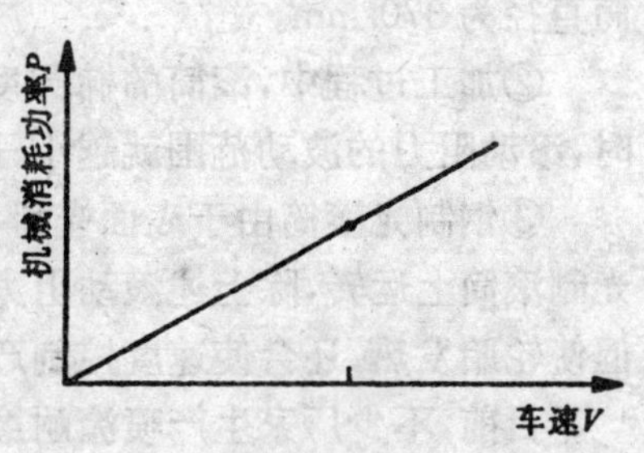

图 4-20 测功机机械阻力所消耗功能与车速的关系

图 4-20 说明机械阻力消耗的功率和测试车速之间的对应关系，这也是尽量采用额定扭矩工况测试驱动轮输出功率的一个原因。目的是尽量降低机械阻力消耗的功率，使输出功率测量值更精确。同时，使用者对底盘测功机的维护、润滑、热机工作都要加强，尽可能减少机械阻力。购置底盘测功机时，应选择电涡流测功器和滚筒直接连接的产品，以减少机械阻力的影响。

2. 电涡流测功器冷却风扇对驱动轮输出功率测定值的影响

电涡流测功器的冷却风扇与转子为一体。转子转动时，风扇也转动并将消耗一定的驱动功率，冷却风扇的作用是给励磁线圈散热。冷却风扇消耗的功率与电涡流测功器转子转速的三次方成正比，这对测定值的影响还是较大的。因此，生产厂应给出风扇消耗功率的数学模型，以便在测试中将风扇消耗的功率计入驱动轮输出功率中。进口的风冷式电涡流测功器（如 KLOFT 的 P 系列和 FRENELSA 的 F 系列电涡流测功器）改进了散热风扇的结构。它有效地提高了电涡流测功器的散热效果，并大大降低了散热风扇的损耗功能（图 4-21），因此，该类底盘测功机的功率吸收效率和热稳定性都比较理想。

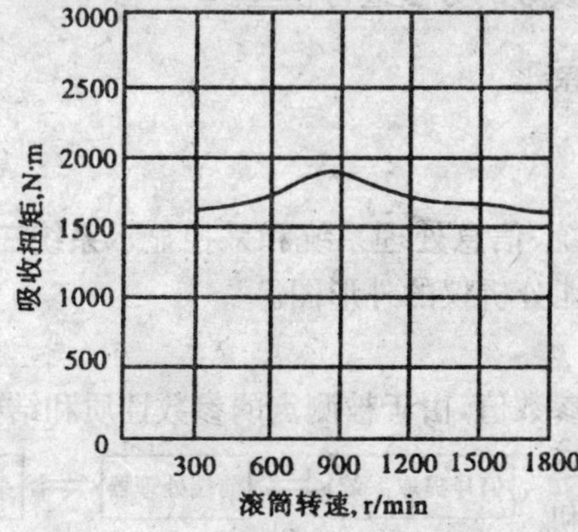

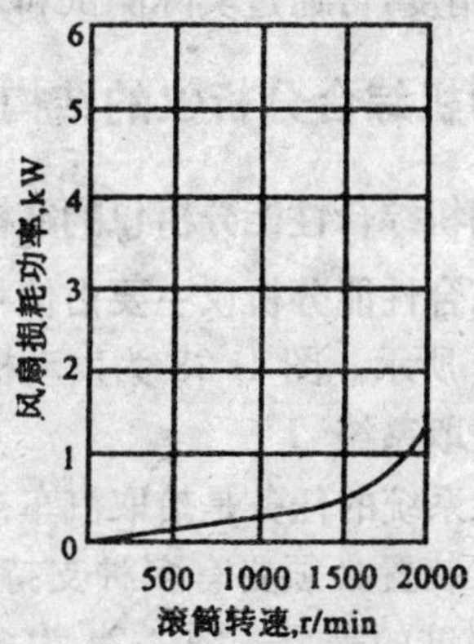

图 4-21 KLOFT P7.1 测功器吸收扭矩及其风扇损耗功率与滚筒转速关系图

3. 滚动阻力对驱动轮输出功率测定值的影响

橡胶弹性轮胎在硬质钢制光滚筒上驱动时，轮胎的变形会引起轮胎内部橡胶、帘布线等内部物质的摩擦发热，这个变形摩擦将消耗部分驱动轮功率，消耗功率的大小与滚筒尺寸、测试车速、时间、轮胎的结构、材料及气压等多因素有关。现将滚动阻力与上述因素的影响分析如下。

(1)钢制光滚筒对滚动阻力的影响

①滚筒半径(直径)越大，轮胎滚动时轮胎的变形量越小。滚筒的作用是模拟路面，根据有关的研究资料，当滚筒直径大于等于 360 mm 时，汽车在底盘测功机上的测试状态与路面上实际行驶状态的差异达到较稳定状态，因此 JT/T 445-2001《底盘测功机通用技术条件》推荐滚筒直径为 370 mm。

②加工过程中，滚筒的椭圆度、同轴度越小，轮胎在滚筒上的运转就越平稳，当车速一定时，滚动阻力的波动范围就越小，因此，滚动阻力随加工精度的提高而减少。

③钢制光滚筒由于表面光滑，其附着系数较低(约 0.5)，因此，滑移率较高。汽车轮胎在光制滚筒上运转，除上述滚动阻力外，还有拖滑，致使轮胎发热，增大了滚动阻力损失。拖滑不但使轮胎发热，还会使速度控制产生误差，使功率测量值的准确性下降。

目前，不少厂家生产喷涂耐磨硬质合金的滚筒，可将滚筒表面的附着系数提高至 0.8 左右，接近于水泥路面的附着系数，依此避免滑拖现象。

④滚筒中心距增加，车轮的安置角随之增大，导致车轮在台架上的滚动阻力增加。

(2)轮胎气压，对滚动阻力的影响

轮胎气压对滚动阻力的影响很大。轮胎气压低，轮胎变形大，滚动阻力会变大，为了减少气压对滚动阻力的影响，要求在检测前，必须检查汽车轮胎气压，并将气压充至原厂规定的标准气压。

(3)控制精度对动力性测定值的影响

驱动轮输出功率的测量值随测试车速而异，实际车速和设定车速值偏离，就会造成驱动轮输出功率测量值的偏差，并会引起动力性检测的误判。试验证明，实际车速偏离设定车速±3 km/h 时，在额定扭矩工况下，驱动轮输出功率的测量值会偏离额定值 3%以上。控制精度越高，测量值的波动小，计算出的功率值就准确。目前市场上的底盘测功机生产厂家较多，使用者在选购时一定要认清关键质量(如控制精度)高低给检测带来的利弊。关于底盘测功机恒速、恒扭控制精度，可通过实际测试和外接仪表读数的方法进行校验。

二、发动机综合分析仪的结构和检测原理

(一)发动机综合性能分析仪的结构

发动机综合性能分析仪主要由信号提取系统、信息处理系统和采控显示系统三大部分组成，如图 4-22 所示。图 4-23 为发动机综合性能分析仪的外形图。

1. 信号提取系统

信号提取系统的任务是拾取汽车被测点的参数值，由于被测点的参数性质和结构的不同，要求信号提取装置必须要有多种支持方式，以适应不同部位测试的需要。图 4-24 为多数发动机

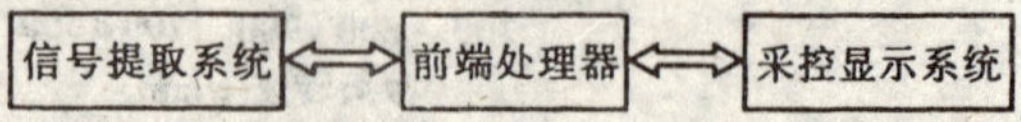

信号提取系统 ⟺ 前端处理器 ⟺ 采控显示系统

图 4-22　发动机综合性能检测装置的基本组成

综合分析仪采用的信号提取系统，这种信号提取系统是由一些不同型式的接插头和探头组成。按他们接触形式不同，可分为以下几类。

(1)直接接触类。1、4 两个锷鱼夹分别接蓄电池的正负极。2、3 两个鳄鱼夹分别接点火线圈初级侧的正负极。9 探针是万用表使用时的正负极或测试传感器时的测试接头。它可以再转接其他探针，可测电压、电流、电阻，使用起来更加便利。10 鳄鱼夹是由分流器引出，可测定发电机的充电电流。

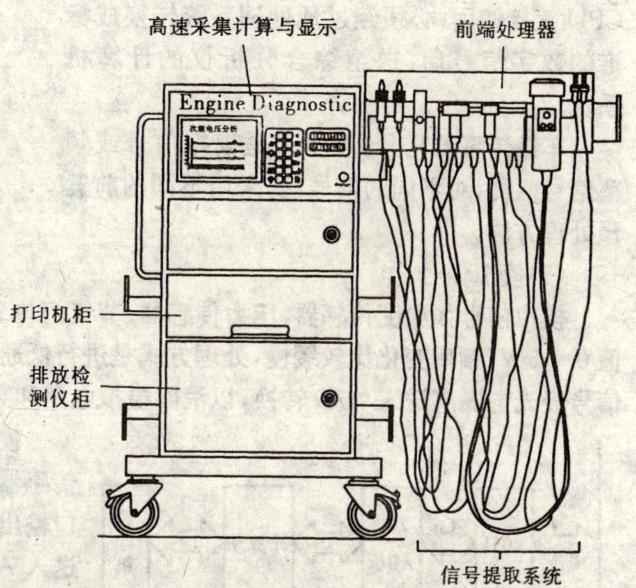

图 4-23 发动机综合性能分析仪的外形图

(2)电感式(电容式)非接触类。6、7 夹持器分别钳于一缸点火线和点火线圈的高压线上，以获取点火信号。6 不仅可测试发动机转速也是高速采集的信号触发器。而 11 是电流互感钳，夹在蓄电池线上感应出起动电流的大小，由于点火电压极高，起动电流很大，直接接触测量比较困难，所以，采用非直接接触的互感方式测量最佳。以上信号均为电量参数。

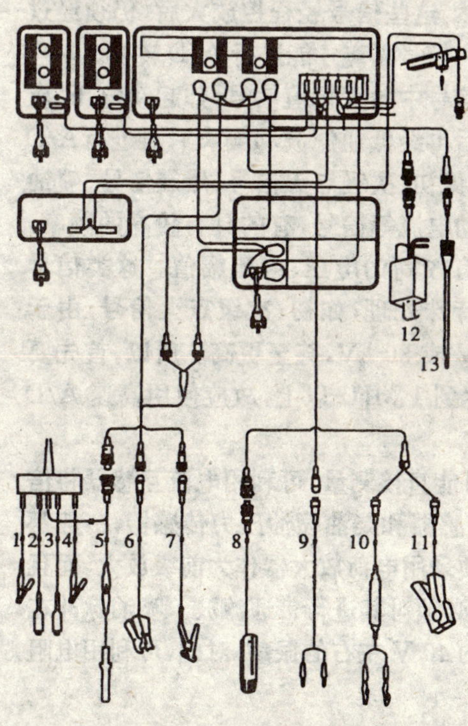

图 4-24 信号提取系统

1、4-蓄电池夹；2、3-点火线圈接线夹；5-活塞上止点传感器；6、7-电感式电容式夹持器；8-频闪灯；9-探针；10-锷鱼夹；11-电流互感钳；12-压力传感器；13-温度传感器

(3)传感器类。对于非电量参数，如温度、压力等参数，首先应将非电量通过相应的传感器转变成电量后，再进行前置处理供计算机进行分析。如 5 电磁式 TDC 传感器提供活塞上止点信号，闪频灯 8 可测点火提前角和柴油机喷油提前角。压力传感器 12 可将进气管真空度转变成电量，13 为热敏电阻，可将油温、水温等温度信号变成电压值。

(4)T 型接头。对电控燃油喷射系统(EFI)发动机，由于一些非电量参数已被车辆设置的相关传感器换成电量参数。如果要测取这些参数，但又不影响车辆电控系统的正常工作，可以通过信号的 T 型接头(图 4-25)来提取信号。

2. 信号预处理系统

信号预处理系统又称前端处理器，其工作框图如图 4-26 所示。它可将发动机的所有传感器信号，进行衰减、滤波、放大、整形，并将所有脉冲信号、数字信号直接输入至发动机综合分析仪的 CPU，也可经过 F-V 转换变成 0 V～5 V 或 0 V～10 V 的直流模拟信号，送入信号采集卡。而发动机上自备的传感器是发动机控制和判断故障的重要部件，由于各种车型的信号千差万别，所以，它并不能被发动机综合分析仪的

CPU 直接使用，必须经过预处理系统转换成标准的数字信号后，送至综合分析仪的计算机系统。

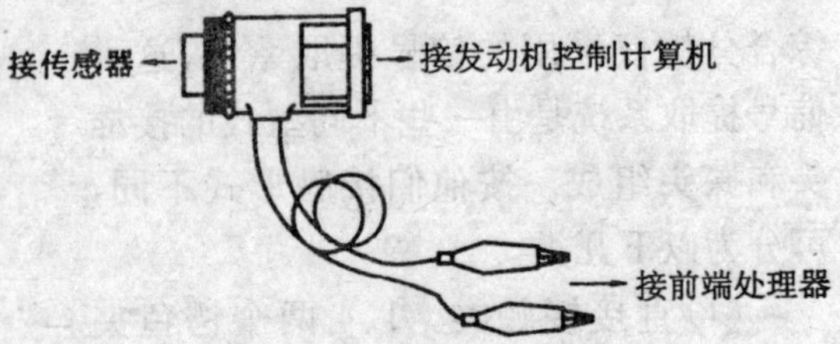

接传感器
接发动机控制计算机
接前端处理器

图 4-25 信号的T形接头

车载传感器信号，基本上是模拟信号或频率信号两种，对不同的信号，要采用不同的前置预处理方法。

(1)模拟信号

模拟信号如温度传感器、压力传感器、节气门位置传感器等传感器的输出信号，其输出辐值 0～5 V，频率变化比较缓慢，处理方式是进行低通滤波将信号隔离，经低通滤波后的纯低频信号经光电隔离送入 A/D 转换，以消除模拟电路和数字电路的共地干扰。

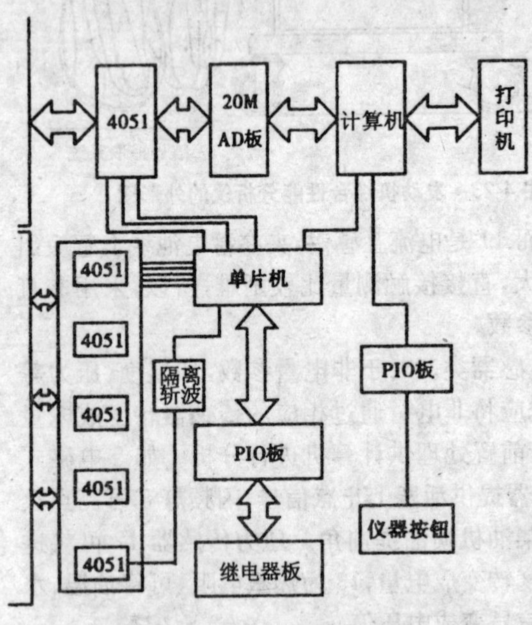

图 4-26 前端处理器框图

模拟信号中有一些幅值较小的信号，如氧传感器输出只有 0～1 V，废气分析仪的电气接口输出信号多为 0～50m V。这类信号若直接送入 A/D 转换，由于不能充分利用 A/D 转换器的精度，故必须先做放大处理。通常都用程序放大器，对不同的传感器输出信号由软件控制分配，以不同的放大倍数使输出信号辐值达到 A/D 转换器的全量程范围，以提高 A/D 的转换精度。当然，这些信号经程控放大后，仍须经过低通滤波和信号隔离才能进行 A/D 转换。

模拟信号中的大辐值信号，如起动电压，应该经衰减后再经低通滤波和隔离后再进行A/D转换，对于像初、次级点火信号、爆震信号、喷油脉冲及起动电流等信号，有的具有较高的频率，有的则具有较高的电压、电流幅值。这类信号则要经过特殊处理，如初、次级点火信号，由于存在点火线圈自感和互感作用，其电压辐值可达到 300 V 或 30 kV，甚至更高。所以，首先要经过电压衰减器衰减后，再进入后续处理，由于频率可达到 1 MHz 以上，故应使用高速 A/D 转换器，才能确保转换后的信号不失真。

起动电流信号其峰值可达到 200 A(安培)以上，不可能直接测量，可利用电流互感器将信号转换成 0～5 V 的电压信号，再进行测量。车用爆震传感器和柴油喷油压力传感器，一般都用压电晶体作为敏感元件，其输出信号为电荷量，因此，须采用电荷放大器作为前级放大，而且要从各种振动频率的信号中准确地提取有效信号，所以，必须对其进行带通滤波。喷油脉冲在喷油器的电磁线圈断电瞬间，也会由于自感作用而产生约 40 V 左右的振荡，对此，可利用电阻分压器分压后，再进行后续处理。

(2)频率信号

频率信号如发动机转速、判缸信号和车速信号等。因多数采用电磁式、霍尔效应式和光电式传感器，其输出信号本身就是数字脉冲，但由于传输过程中有衰减、交变电磁波辐射等原因，也会存在一定程度的失真，因此，对这类信号都要经过电压比较器和施密特触发器进行整形，并输出标准的数字脉冲，再经过光电隔离送入后继电路，以消除其干扰，提高系统工作的可靠性、稳定性。为了实现传感器的准确测量，而又不影响发动机的正常运转，信号提取装置的电路应有足够高的输入阻抗，而且，为了保证预处理系统主板的安全性，对各路的输出信号又都采取了限辐措施。

3.采控与显示系统

台式和柜式发动机综合分析仪大多都采用14英寸的彩色CRT显示器，而手提便携式分析仪，则用小型的液晶显示器。它们都能醒目地显示操作菜单，实时显示当前动态参数和波形。并能通过光标移动显示曲线上任一点的数值，也可显示极限参数的数值，并配以色棒显示更为醒目，用户可根据需要，任意设定显示范围和图形比例。

为了捕捉喷油爆震等高频信号，一般都选用高速采集功能的采集卡，量化精度不低于10 Bit并行二通道，有存贮功能，以供波形回取，锁定波形，以供观察分析或输出打印。

(二)发动机综合性能分析仪的检测项目、检测原理

1.发动机综合性能分析仪的检测项目

①汽、柴油机起动电流、电压、转速和汽缸压力测量与波形分析；

②汽、柴油机点火(喷油)提前角测量与波形分析；

③汽油机点火系检测(分电器重叠角、白金闭合角、点火高压测量)与波形分析；

④汽油机单缸动力性检测与波形分析；

⑤无外载测功；

⑥汽、柴油机的充电系检测(充电电压、充电电流、转速测量)与波形分析；

⑦配气相位的测量；

⑧异响分析。

2.发动机综合性能检测原理

发动机综合分析仪是通过各种不同的传感器从发动机的适当部位采集多种信号，经过放大处理后送往计算机，在适当软件支持下，通过键盘操作完成发动机各参数的测量。检测结果和波形由显示器显示，并可打印输出。供使用者分析和故障判断。原理框图如图4-27所示。

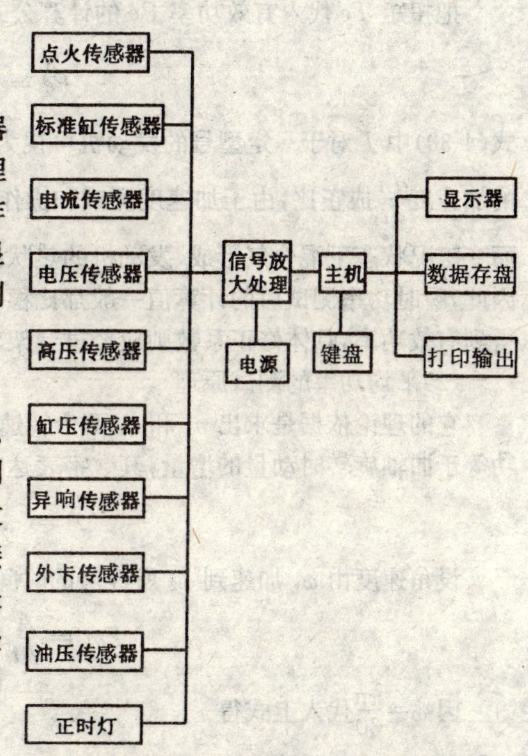

图4-27 综合性能检测原理框图

(三)发动机动力性检测

发动机动力性的指标是额定扭矩和额定功率。这类指标的确切数值只能在发动机台架试验中测得，但在车辆使用单位和修理厂为了诊断或分析发动机的动力性，要求在不解体的条件下，通过间接的方法，判断发动机的动力性能。无外载测功就是常用的一种方法，它不需要大型固定设备，仪器轻便，测试迅速简单，适用于现场测量，但这种方法测量精度低，重复性差。

1.无外载测功的原理

无外载测功又称加速测功，其测试原理基于动

力学的理论。当发动机与传动系脱开，并将发动机急加速到节流阀最大开度时，发动机克服本身的惯性力矩，迅速达到空载最大转速。对于某一结构的发动机，其运动件及附件的转动惯量可以认为是个定值，这就是发动机加速时的负载。因此，只要测出发动机在指定转速范围内急加速时的平均加速度，即可得知发动机的有效功率，或者测量某一转速时的瞬时加速度，也可确定出发动机的瞬时功率的大小。这两种方法都属于动态测功的范畴，和发动机台架试验的稳态测功有本质的不同。

(1)瞬时功率的测试原理

其操作方法是：当发动机在怠速时，突然全开节气门，使发动机克服惯性和内部阻力而加速运转，用其加速性能的好坏来反映最大功率的大小。只要测出加速过程中的某一转速时的瞬时加速度，经计算，可间接获取发动机功率的数值。

曲轴在加速过程中所遇到的惯性阻力矩为

$$Te = J\frac{dw}{dt} = J\left(\frac{\pi}{30}\right)\left(\frac{dn}{dt}\right) \tag{4-21}$$

式中：Te——发动机瞬时惯性阻力矩，N·m；

J——发动机运动机件对曲轴中心线的当量转动惯量，$N\cdot n\cdot s^2$；

n——发动机转速，r/min；

$\frac{dw}{dt}$——曲轴瞬时角加速度，l/s^2；

$\frac{dn}{dt}$——曲轴加速度，rad/s^2。

把扭矩 Te 代入有效功率 Pe 的计算公式 $Pe=\frac{Te\cdot n}{9549}$，得

$$Pe = \frac{\pi J n}{9549}\cdot\frac{dn}{dt} \tag{4-22}$$

式(4-30)中 J 对于一定型号的发动机可视为常数，某一转速 n 时的发动机有效功率与该瞬时的加速度$\frac{dn}{dt}$成正比，由于加速度测试和操作都有困难，尤其测试过程是在变工况状态下进行，而变工况状态下混合气形成、发动机的热状况等条件，又与稳态测量时完全不同并不易控制。因此，瞬时功率测试后的计算值一般都比稳态检测的功率值要小，所以，还要经过修正后才能得到有效功率，具体修正系数则应经过台架对比试验结果，经计算得出。

(2)平均功率的测试原理

它的理论依据是求出 n_1 和 n_2 两个转速之间的平均功率。并认为发动机曲轴转动所做的功等于曲轴旋转时动量的增量，其数字表达式为

$$A = \frac{1}{2}J\omega_2^2 - \frac{1}{2}J\omega_1^2 \tag{4-23}$$

设角速度由 ω_1 加速到 ω_2 所经历的时间为 t，则该时间段的平均功率为

$$Pm = \frac{A}{\Delta t} = \frac{1}{2}J\cdot\frac{\omega_2^2-\omega_1^2}{\Delta t} \tag{4-24}$$

因 $\omega=\frac{\pi n}{30}$代入上式得

$$Pm = \frac{J}{2\Delta t}\times\left(\frac{\pi}{30}\right)^2(n_2^2-n_1^2) \tag{4-25}$$

设 $K=\frac{J}{2}\left(\frac{\pi}{30}\right)^2(n_2^2-n_1^2)$，则

$$Pm=\frac{K}{\Delta t} \tag{4-26}$$

K 称为惯性系数，从公式(4-34)可知，平均有效功率 Pm 与 $n_1 \sim n_2$ 加速过程测定区间的加速时间 t 成反比，即节气门突然打开时，发动机转速由 n_1 加速至 n_2 的时间越长，表明发动机的有效功率越小；反之，加速时间越短，有效功率就越大。因此，只要测出某一转速范围内的加速时间，就可获得平均有效功率。由于其测试方法是动态测试，因此，需要进行修正。所谓动态平均功率是指与外特性曲线下面在 n_1 和 n_2 范围内的曲边梯形 cdn_2n_1 面积相等的矩形 abn_2n_1 之高所对应的功率值(图4-28)。

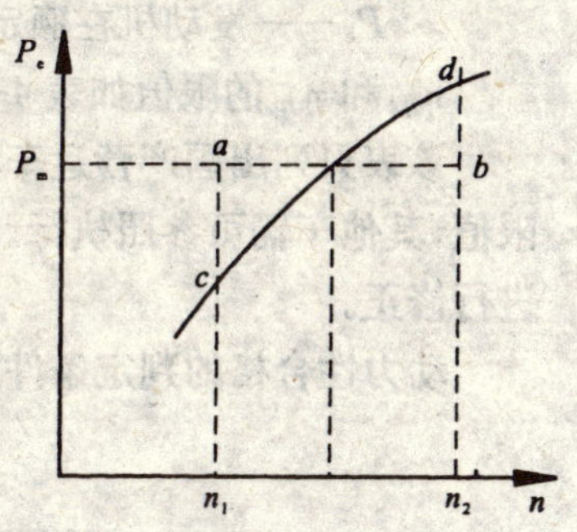

图 4-28 发动机外特性在 $n_1 \sim n_2$ 范围内平均功率

第三节 汽车动力性检测

一、整车动力性检测

1. 驱动轮输出功率的限值

GB 18565-2001《营运车辆综合性能要求和检验方法》规定，驱动轮输出功率的检测工况，采用汽车发动机额定扭矩和额定功率时的工况，即发动机全负荷与额定扭矩转速和额定功率转速相对应的直接挡(无直接挡时指传动比最接近 1 的挡)车速构成的工况。

简单的讲，驱动轮输出功率检测时，操作应满足二点：第一，应该挂直接挡或传动比接近 1 的挡位，并使车速稳定在标准要求的速度；第二，加速踏板必须踩到底(全负荷)。只有满足这两个条件，才能确保是在整车动力性检测工况下的测试，才能确保检测数据的真实性。具体加载量则由底盘测功机控制装置自动调节，并保持车辆全负荷工作。驱动轮输出功率的限值如表 4-2 所列。

按 GB 18565 标准的规定，整车动力性检测的判定限值是在用上述检测工况下，采用校正驱动轮输出功率与相应的发动机输出功率的百分比，作为驱动轮输出功率的限值。具体有下列两种，即

$$\eta_{VM}=P_{VM0}/P_M \tag{4-27}$$

$$\eta_{VP}=P_{VP0}/P_e \tag{4-28}$$

式中：η_{VM}——汽车在额定扭矩工况下的校正驱动轮输出功率与发动机额定扭矩功率比值的百分比，%；

η_{VP}——汽车在额定功率工况下的校正驱动轮输出功率与发动机额定功率比值的百分比，%；

P_{VM0}——汽车在额定扭距工况下的校正驱动轮输出功率，kW；

P_{VP0}——汽车在额定功率工况下的校正驱动轮输出功率，kW；

P_M——发动机在额定扭矩工况下的输出功率，kW；

P_e——发动机在额定功率工况下的输出功率，kW。

η_{VM}和η_{VP}的限值如表4-2所列。

该表只列出国产营运车辆的校正驱动轮输出功率与相应的发动机输出功率比值的百分数限值，其他车辆可参照执行。对厢式(罐式)货车、半挂列车及轿车的限值，应按表4-2的注解进行修正。

动力性合格的判定条件为

$$\eta_{VM} \geqslant \eta_{Ma} \tag{4-29}$$

$$\eta_{VP} \geqslant \eta_{Pa} \tag{4-30}$$

式中：η_{Ma}——汽车在额定扭矩工况下的校正驱动轮输出功率与发动机额定扭矩功率比值的百分比的允许值(%)。

η_{Pa}——汽车在额定功率工况下的校正驱动轮输出功率与发动机额定功率的比值百分比的允许值(%)。

允许值的限值是对一般营运车辆动力性的最基本也是最低的合格要求，如果动力性达不到允许值的要求，则说明该车动力性不合格，应对该车的发动机或传动系进行检查维护后，再重新检测，一定要合格后才能投入营运工作。根据JT/T 198-2004《营运车辆技术等级划分和评定要求》的规定，凡从事危险品货物运输、高速公路客运、旅游客运和800公里以上超长线公路客运的车辆，其技术等级必须为一级，上述车辆的校正驱动轮输出功率与相应的发动机输出功率的比值的百分数，必须要大于等于表4-2中额定值的限值才算合格，额定值的%要比允许值的%更高，因此，对上述车辆的动力性要求是比较高的。

从表4-2中给出的额定扭矩工况和额定功率工况两种检测工况下驱动轮输出功率的限值标准看出，由于额定功率工况规定的直接档检测速度比较高，在底盘测功机上用高速进行检测，存在一定的危险性，尤其对前驱动轿车的而言直接挡车速要达到95 km/h，在这样高的车速下测试，可能会对车辆造成损坏，所以，一般动力性检测都选用在额定扭矩工况下的驱动轮输出功率检测的方法，并用额定扭矩工况的限值对动力性进行判定。这里应该指出，底盘测功机实测的驱动轮输出功率并不是校正驱动轮输出功率，它是在检测站实际环境下测得的功率，必须将其校正到标准环境状态下的校正驱动轮输出功率后，再与发动机相应的输出功率比较后的比值与限值进行判定。评价具体车辆动力性是否符合要求，有关实测驱动轮输出功率的具体校正方法将在后面介绍。

2.整车动力性的检验方法

汽车的动力性检验方法可分为道路试验和台架试验两种方法。

道路试验是在道路上测试汽车的最高车速、加速性能和爬坡能力等性能，并以此评价汽车的动力性。由于道路试验要受到道路条件、风向、风速、驾驶技术等多种因素的影响，这些因素的可控性又比较差，而且还要在专用的试验道路上进行，测试时间较长，所以，道路试验一般用于车辆的定型试验。台架试验方法是指在室内用底盘测功机检测汽车的驱动轮输出功率等参数，并以此来评价汽车的动力性。台架试验的优点是不受气候、驾驶技术等外部条件的影响，测试条件易于控制，车辆不需装载，检测时间短，因此，目前已被汽车检测站广泛采用，

GB 18565《营运车辆综合性能要求和检验方法》也规定整车动力性要采用底盘测功机检测驱动轮输出功率来评价，下面就重点介绍底盘测功机进行汽车驱动轮输出功率的检验方法。

汽车驱动轮输出功率的限值 表 4-2

汽车类别	汽车型号		额定扭矩工况			额定功率工况		
			直接挡检测速度 V_M km/h	校正驱动轮输出功率/额定扭矩功率 η_{VM}%		直接挡检测速度 V_P km/h	校正驱动轮输出功率/额定功率 η_{VP}%	
				额定值 η_{Pr}	允许值 η_{Ma}		额定值 η_{Pr}	允许值 η_{Pa}
载货汽车	1010 系列 1020 系列	汽油车	60	75	50	90	65	40
	1030 系列	汽油车	60	75	50	90	65	40
	1040 系列	柴油车	55	75	50	90	70	45
	1050 系列	汽油车	60	75	50	90	65	40
	1060 系列	柴油车	50	75	50	80	70	45
	1070 系列	汽油车	—	—	—	—	—	—
	1080 系列	柴油车	50	75	50	80	70	45
	1090 系列	汽油车	40	75	50	80	70	45
		柴油车	55	75	50	80	70	45
	1100,1110 系列 1120,1130 系列	汽油车	—	—	—	—	—	—
		柴油车	50	70	45	80	65	40
	1140 系列 1150 系列 1160 系列	柴油车	50	75	50	80	65	40
	1170 系列 1190 系列	柴油车	55	75	50	80	65	40
半挂列车[1]	10 t 半挂列车系列	汽油车	40	75	50	80	70	45
		柴油车	50	75	50	80	70	45
	15 t、20 t 半挂列车系列	柴油车	45	70	45	70	65	40
	25 t 半挂列车系列	柴油车	45	75	50	75	65	40
客车	6600 系列	汽油车	60	70	45	85	60	35
		柴油车	45	75	50	75	65	40
	6700 系列	汽油车	50	65	40	80	60	35
		柴油车	55	70	45	75	60	35
	6800 系列	汽油车	40	65	40	85	60	35
		柴油车	45	70	45	75	60	35
	6900 系列	汽油车	40	65	40	85	60	35
		柴油车	60	70	45	85	65	35
	6110 系列	汽油车	40	65	40	85	60	35
		柴油车	55	70	45	80	60	35
	6120 系列	柴油车	60	65	40	90	60	35
轿车	夏利、富康		95/65[2]	65/60[2]	40/35[2]	—	—	—
	桑塔纳		95/65[2]	70/65[2]	45/40[2]	—	—	—

注：5010 系列～5040 系列厢式货车和罐式货车驱动轮输出功率的允许值按同系列普通货车的允许值下调 2%，其他系列厢式货车驱动轮输出功率的允许值按同系列普通货车的允许值下调 4%。

1）半挂列车是按载质量分类。

2）为汽车变速器使用三挡时的参数值。

(1)试验前的准备工作

①环境条件

环境温度:0～40 ℃;

环境湿度:小于 85 %;

大气压力:80～110 kPa。

②检测设备和仪器

底盘测功机及温度计、湿度计、气压计和饱和蒸汽压计等。

③底盘测功机结构精度及惯量

a. 底盘测功机滚筒直径应在 310～380 mm 范围内,推荐使用直径为 370 mm 的滚筒。

b. 轴载质量小于 3 t 的底盘测功机其滚筒间距 L≤500 mm;轴载质量大于 3 t 的底盘测功机其滚筒间距 L≤600 mm。

c. 底盘测功机的测试精度要求:速度测量误差±1 %;扭矩测量误差±2 %。

d. 底盘测功机控制精度要求:测试工况的速度控制误差±0.5 km/h;测试工况的速度稳定时间应大于 30 s。

e. 底盘测功机应能显示并打印各测试点的设定速度值、实际速度值、扭矩值、功率值。

f. 底盘测功机应标明其传动系统的损耗;风冷式电涡流测功器应标明可连续工作的时间及提供冷却风扇的功率损耗特性。

e. 底盘测功机应标明其加载装置的特性及适用的车型。

h. 配有机械惯量模拟系统的底盘测功机,应在各飞轮上标明其序号及模拟惯量值,并提供底盘测功机主要旋转部件和电涡流测功器转子的转动惯量。

④测试前应对照说明书检查、调整各运动部件及电气控制系统,使其处于完好状况。

⑤必要时,应对底盘测功机进行检定和校准。

⑥测试前,应利用车辆带动底盘测功机空运转 10～30 min,以使底盘测功机各运动部件的润滑和工作温度正常。

(2)测试车辆的准备

①车辆装备应符合制造厂技术条件的规定。

②车辆空载,车辆外部应清洁。

③车辆使用的燃料和润滑油牌号、规格应符合制造厂技术条件的规定,机油压力正常。

④轮胎规格和气压应符合制造厂的规定。胎冠花纹深度不得小于 1.6 mm,胎面和胎壁上不得有暴露出轮胎帘布层的破裂和割伤。轮胎花纹中不得夹有石子。

⑤检查空气滤清器状况,允许更换空气滤清器的滤芯。

⑥测试前,车辆应进行预热行驶,使其运动部件润滑油、冷却液等达到制造厂技术条件规定的温度状态;车辆应无明显的油、水、气泄漏现象。测试时,可设置外加风扇向汽车发动机、驱动轮轮胎吹拂冷却。

(3)发动机额定功率和额定扭矩功率的确定

发动机额定功率 P_e(相应转速)和额定扭矩(相应转速),可在车辆的使用说明书或有关的汽车手册中查到,因此 P_e 值是直接查阅到的数据,而发动机额定扭矩功率 P_M 值,是先查到额定扭矩和转速后,再通过计算才得到的,即发动机额定扭矩功率按下式计算:

$$P_M = M_e \cdot n_e / 9549 \tag{4-31}$$

式中：P_M——发动机的额定扭矩功率，kw；

M_e——发动机的额定扭矩，N·m；

n_e——发动机的额定扭矩转速，r/min。如转速为 n_{e1}～n_{e2}时，取平均值。

在一些计算机控制系统具有完善数据库的检测站中，其检测系统的登录机可根据录人车辆的车型类别和发动机型号，自动地从车辆数据库中查找相关数据，并自动生成 P_M 值。

(4)设定车速值的确定

测试车速的确定可以根据 GB 18565- 2001《营运车辆综合性能要求和检验方法》中的表 1 “汽车驱动轮输出功率的限值”，即本章表 4- 2 进行检测车速 v_M 或 v_P 的选定。选择的原则以其测试工况、车辆型号、燃油种类为依据。如：1090 系列的汽油车按额定扭矩工况法进行检测时，选定：v_M=40 km/h 的车速，按额定功率工况法进行检测时，应为：v_P=80 km/h；而柴油车，则分别为：v_M=55 km/h 车速和 v_P=80 km/h 车速。

(5)驱动轮输出功率检测

①根据被检车辆的车型、燃油，在底盘测功机上设定检测车速 v_M 或 v_p。

②根据显示屏显示的被检车辆的牌号，将车辆驱动轮置于底盘测功机滚筒上，非驱动轮前抵上车偃(或用系留装置拉住车辆)，举升器下降。

③引车员系好安全带，并根据显示屏指令操作，检测过程中，车辆前方不得站人。

④引车员应逐级起步换挡、提速至直接挡，并以直接挡的最低车速稳速运转。

⑤显示屏指令“设定车速值”时引车员将加速踏板踩到底，并保持不动，底盘测功机加载，直至车速稳定在设定的检测车速值±0.5 km/h 范围内。

⑥测试车速在设定车速范围内稳定 15 s 后，计算机连续自动采集实际车速值、驱动轮输出功率及扭矩值，在测试全过程中，实际检测车速和设定车速的允差为±0.5 km/h，扭矩波动幅度应小于±4 %。

⑦读取检测数据，引车员挂空挡，松开加速踏板，车轮继续带动滚筒旋转约 1 min 以上，确保电涡流测功器散热。

⑧根据现场环境状态，计算机对实测驱动轮输出功率进行校正后，并将校正后的驱动轮输出功率和发动机额定扭矩功率或发动机额定功率的比值 η_{vM}或 η_{vp}进行判定。

⑨对 η_{vM}或 η_{vp}低于允许值的车辆，允许复测一次。

⑩举升器举起，车辆驶出底盘测功机工位。

驱动轮输出功率检测完后，车轮会继续带滚筒旋转，一方面给电涡流测功器散热，同时，可利用该段时间测试 30～0 km/h 的车辆滑行距离测试。要注意的是，滑行距离测试应挂接相应的惯性飞轮，只要计算机软件合理，两个参数同时检测完全是可行的。

(6)实测驱动轮输出功率修正为校正驱动轮输出功率

理论和实践都已证明，不同使用环境的大气压力、温度和空气湿度，都会影响到发动机的进气压力，车辆在不同的环境条件下使用，功率值是不一样的，严重时，功率会相差 10%～20%。车辆在冬季使用，功率比夏季高温季节要高，平原地区使用在比西部高原地带要好，这也充分说明不同的环境条件下检测驱动轮输出功率的数值是有差异和变化的。

GB 18565- 2001《营运车辆综合性能要求和检验方法》规定，要将现场检测的实测驱动轮输出功率修正到标准环境条件下的校正驱动轮功率后，再和发动机额定扭矩功率(或发动机额定功率)比较后得到其百分数，再对车辆的整车动力性进行判定。

①标准环境状态

大气压力：p_0＝100 kPa(750mm Hg)；

环境温度：T_0＝298 K(25 ℃)；

相对湿度：Φ_0＝30％；

干空气压：$p$so＝99 kPa(742.5 mmHg)。

干空气压是基于总气压为 100 kPa，水蒸气压为 1 kPa 计算得到的。

②功率校正系数 α

功率校正系数 α 用于将实测驱动轮输出功率 P 修正为标准环境状态下的校正驱动轮输出功率

$$P_0 = \alpha \times P \tag{4-32}$$

式中：P_0——校正功率(即在标准环境状态下的功率)；

α——校正系数(汽油机 α_a 柴油机 α_d)；

P——实测功率。

③汽油机校正系数 α_a 的确定

a. 通过公式计算法确定 α_a

$$\alpha_a = (99/p_s)^{1.2} \times (T/298)^{0.6} \tag{4-33}$$

式中：T——试验现场的环境温度，k；

p_s——试验现场干空气压，kPa。

$$p_s = p - \Phi \times p_{sw} \tag{4-34}$$

式中：p——试验现场环境状态下的大气压，kPa

Φ——现场环境状态下的相对湿度，%；

p_{sw}——现场环境状态下的饱和蒸气压，kPa。

$\Phi \times p_{sw}$——可直接查表 4-3 得出。

在不同环境温度(T)和相对湿度(Φ)下的水蒸气分压($\Phi \times p_{sw}$)kPa　　表 4-3

T/℃	Φ				
	1	0.8	0.6	0.4	0.2
	Φ×p_{sw}，kPa				
−10	0.3	0.2	0.2	0.1	0.1
−5	0.4	0.3	0.2	0.2	0.1
0	0.6	0.5	0.4	0.2	0.1
5	0.9	0.7	0.5	0.4	0.2
10	1.2	1.0	0.7	0.5	0.2
15	1.7	1.4	1.0	0.7	0.5
20	2.3	1.9	1.4	0.9	0.5
25	3.2	2.5	1.9	1.3	0.6
27	3.6	2.9	2.1	1.4	0.7
30	4.2	3.4	2.5	1.7	0.9
32	4.8	3.8	2.9	1.9	1.0
34	5.3	4.3	3.2	2.1	1.1

续上表

T/℃	Φ				
	1	0.8	0.6	0.4	0.2
	Φ·p_{sw}, kPa				
36	6.0	4.8	3.6	2.6	1.2
38	6.6	5.3	4.0	2.7	1.3
40	7.4	5.9	4.4	3.0	1.5
42	8.2	6.6	4.9	3.3	1.6
44	9.1	7.3	5.5	3.6	1.8
46	10.1	8.1	6.1	4.0	2.0
48	11.2	8.9	6.7	4.5	2.2
50	12.3	9.9	7.4	4.9	2.5

关于温度、大气压、湿度和饱和蒸气压，可由现场设置的温度计、湿度计、气压计、饱和蒸气压计直接测出。

b. 查表法确定校正系数 α_a

根据现场环境温度 T 和现场干空气压 p_s 的值，按图 4-29 可直接查得 α_a 的值。

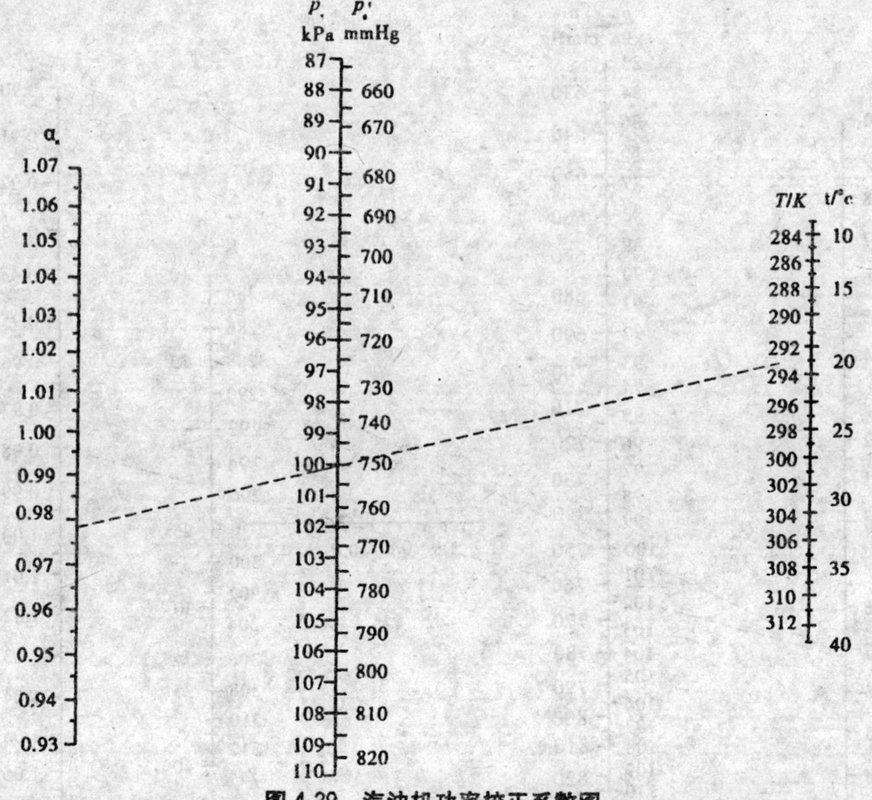

图 4-29 汽油机功率校正系数图

④柴油机校正系数 α_d 的确定

a. 计算法确定 α_d

$$\alpha_d = (f_a)^{fm} \tag{4-35}$$

式中：f_a—— 大气因子，对自然吸气和机械增压发动机，其值

$$f_a = (99/p_s) \times (T/298)^{0.7} \tag{4-36}$$

f_m—— 发动机因子，发动机型式和调整的特性参数。其值

$$f_m = 0.036q_c - 1.14 \tag{4-37}$$

式中：q_c—— 校正的比排量循环供油量。

$$q_c = q/r \tag{4-38}$$

式中：q ——比排量循环供油量，单位是毫克每循环每升总汽缸工作容积，mg/(L·循环)；

r ——增压比，压缩机出口和压缩机进口的压力比(对自然吸气式发动机 r=1)。

在 q_c 值低于 40 mg/(L·循环)时，f_m 可取恒定值 0.3(f_m=0.3)；在 q_c 值高于65 mg/(L·循环)时，f_m 可取恒定值 1.2(f_m=1.2)，如图 4-30 所示。

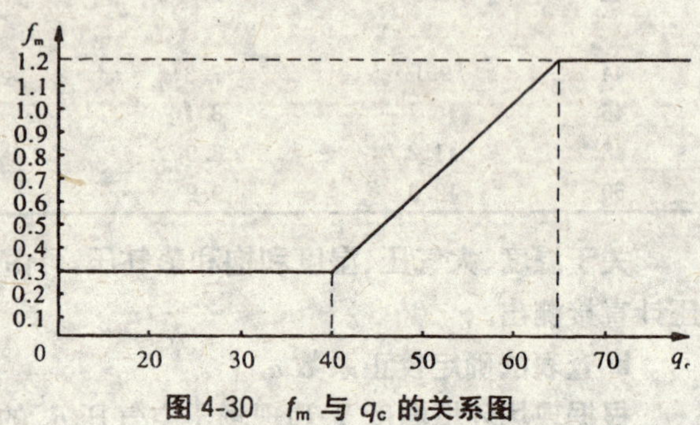

图 4-30　f_m 与 q_c 的关系图

b. 查表法

根据试验现场环境温度 T 及试验时干空气压 p_s 的值，按图 4-31 查得 α_d 的值。

表 4-3 为在不同环境温度(T)和相对湿度(Φ)下的水蒸气分压(Φ)·p_{sw}。

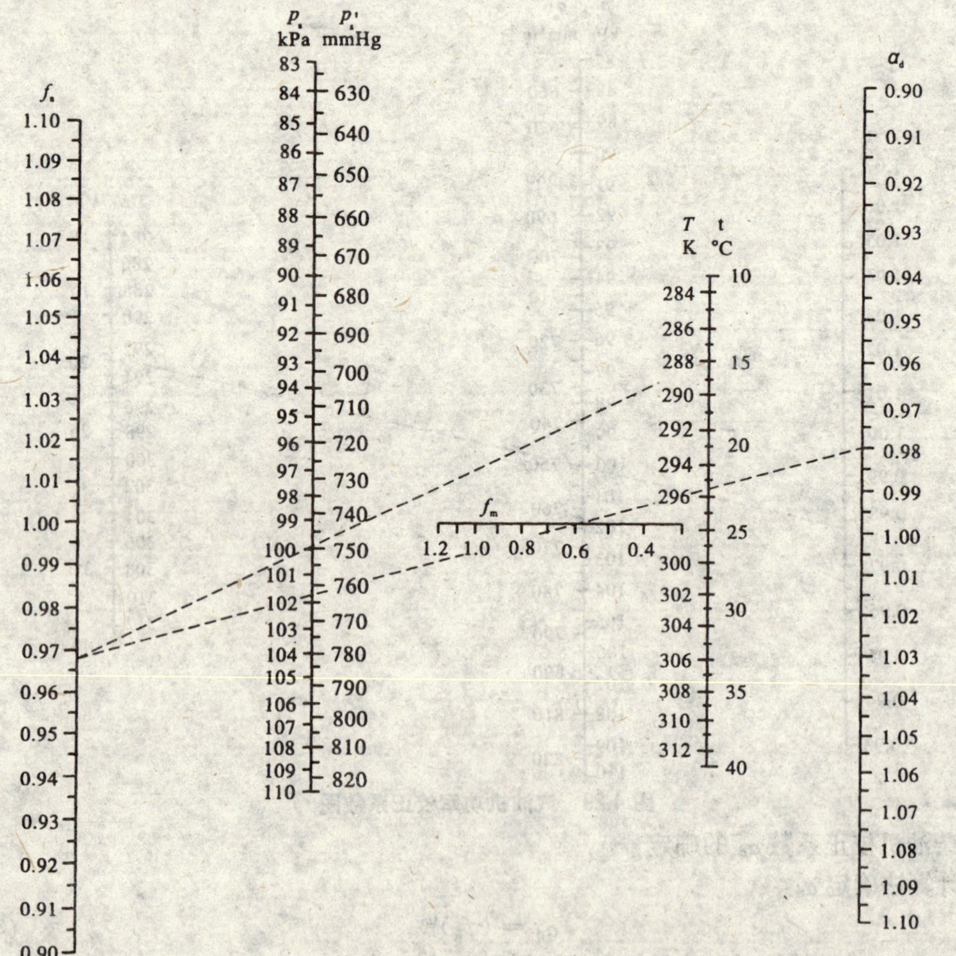

图 4-31　非增压及机械增压柴油机功率校正系数图

二、发动机综合性能检测

1. 发动机综合性能检测的基本内容和特点

发动机是汽车的动力源，是汽车构造的核心，汽车的基本技术性能都直接或间接地与发动机的相关性能有关联。因此，对发动机的综合性能的检测，对于整车的性能也是十分重要的。

发动机综合性能检测和发动机台架试验是不同的，台架试验是将发动机拆离整车。用测功器的吸收装置吸收测功器加载功率，并对发动机的功率、扭矩、油耗和排放等性能进行定量测定。而发动机综合性能检测主要在检测线或汽车修理厂就车检测发动机各个系统的工作状态。如对点火系、喷油系、电控系统、传感元件及进排气系统等部位的静态和动态参数进行检测与分析，并对故障诊断提供依据。有专家系统的发动机综合分析仪，其具有故障自动判定功能，配制排气分析仪的发动机分析仪，还能测定汽车的排放指标。

发动机综合分析仪的基本功能是：

①无外载测功即加速测功。

②检测点火系统，初级、次级点火波形的采集显示，断电器闭合角、点火提前角、重叠角的时间和波形检测。

③检测喷油过程的各个参数(压力波形、喷油雾化、脉宽、喷油提前角等)。

④进气歧管真空度波形测定和分析。

⑤各缸工作均匀性测定，各缸压缩压力判断。

⑥起动、充电参数的测定(电流、电压、转速)。

⑦电控燃油喷射系统各传感器参数的测定。

⑧万用表的功能。

⑨排气分析的功能。应该说发动机综合性能分析仪是汽车检测设备中功能较多，涉及系统较广的装置，所以，它的结构复杂，技术要求高，随着电子技术在汽车领域的广泛使用，有的发动机综合分析仪还带有防抱死制动系统等底盘系统的测试功能。

发动机综合分析与解码器或单项性能检测仪有如下区别：

①动态的测试功能。它的传感器和信号采集与记忆存储系统能快速地捕获发动机瞬变参数的时间函数曲线，这些动态参数才是对发动机性能进行有效判定的科学依据。

②通用性。发动机综合分析仪的检测方法有广泛的通用性，因它只针对汽车的基本结构及工作原理进行测试。

③主动性。它不但能采集发动机的动态参数，还能主动发出指令干预发动机的工作，以完成断缸试验等测试程序。

由于发动机综合分析仪在检测、维修市场上已被广泛应用，因此，有必要进一步了解熟悉其操作应用。

2. 无外载测功的测试方法

(1)测试前的准备

①调整发动机的配气机构、供油、点火系，使之处于技术完好状态。调正不正确，即使是新的发动机，其功率测量值亦可能降低约 20%～30%。因此，调整很重要。

②节气门控制线、加速踏板、节气门摇臂等构件的间隙、松紧度对操作的影响也很大，应调整其松紧度，消除不当的间隙，发动机应预热，使油温、水温达到检测要求的温度。

③按使用说明书的要求，对无外载测功仪进行使用前检查，尤其是传感器、电源及接地线应连接可靠，并校验转速 n_1、n_2 和 t 的零点。

(2)无负载测功检测方法

通常用怠速法，即先接好相关的线路后，发动机处于怠速工况运转，下达指令后，引车员迅速将加速踏板踩到底，无负荷测功仪的计算机检测 n_1 至 n_2 间隔中的加速时间 t，并计算平均功率。

(3)惯性系数 K 的确定

惯性系数 K 对无外载测功至关重要，仪器生产厂家提供的某些车型的 K 值多为发动机台架试验的总功率试验数据，即在不带空气滤清器、冷却风扇和排气消音器等附件时的数据。因此，这类 K 值不适宜在检测站检测之用。即使同一车型因空调、转向助力泵、风扇驱动方式的区别选用 K 值也应该慎重。对新车应经过大量试验后，以对比的数据形成有代表性的统计值来确定 K 值。

应该说明的是，无外载测功的理论依据尚待斟酌，因为这种方法所测的只是发动机的加速性能，而且又是在空载状态下的加速性能，其发动机的工况和带负载工况是完全不一样的，充其量也只是空载时的加速性能，它只能是动力性的一部分并不是全部，有时无外载测功指标好的发动机实际上其动力性、加速性能未必就优良。这种测功对同一台发动机在调正前、后或维修保养前、后的质量、评估判断，具有一定的参考作用。这对于在没有底盘测功机修理厂，而且不需要严格测试结果的情况下，还是有一定的参考意义的。

第四节　汽车动力性检测结果分析

按照 JT/T 198—2004《营运车辆技术等级划分和评定要求》的规定，车辆动力性检测的驱动轮输出功率应大于等于表 4- 2(GB/T 18276—2000《汽车动力性台架试验方法和评价指标》中表 1)中允许值的限值，可评为二级车或三级车，驱动轮输出功率的检测结果只有达到表 4- 2 中额定值要求时，才能评为一级车。

而 GB/T 18344- 2001《汽车维护检测、诊断技术规范》规定，车辆二级维护竣工检测用无负荷测功，功率应不小于发动机额定功率的 80%，才算合格。

针对检测结果，可对如何分析判断汽车动力性检测不合格的因素，并从中寻找故障原因及诊断、排除方法，提供一些思路和建议。

在分析、判断汽车动力性之前，首先应确定底盘测功机的性能是正常的，即符合动力性测试的要求。控制系统的精度、软件程序，均符合标准提出的各项要求，底盘测功机经过计量部门检定并在有效期内。只有在这种条件下，才能认为检测数据是正常的，然后，才能按检测数据进一步分析动力性不合格可能的原因。

一、检测中易产生的失误

(1)发动机额定扭矩功率选择不准确

GB 18565 标准检测的限值是按汽车型号系列选择，而发动机额定扭矩功率是由发动机型号决定的，只有查阅了发动机型号，才能确定其额定扭矩和转速。经运算得到该车的发动机扭矩功率，并将该扭矩功率作为 P_M 值代入公式 $\eta_{VM}=P_{vmo}/P_M$ 中。由于国内车型太复杂，同一种车型可能配置多种发动机，而各种发动机的扭矩功率值又不都是一样的。如果 P_M 值选择错误，必然会影响到 η_{VM} 值的百分比值的判定。

(2)动力性检测时应选用直接档(或传动比接近 1 的挡位)

检测标准规定检测应使用直接挡，如果引车员没有用直接挡，那检测的数据就不是最大扭矩条件下的驱动轮输出功率。由于 P_{vmo} 或 P_{VP0} 的减小，从而引起 η_{VM} 变小，这样就会影响到整车动力性不合格。

(3)车辆驱动轮轮胎的规格、气压，不符合检测要求

现在不少营运车辆，同轴轮胎的规格、花纹经常不一样，有时连尺寸都不一样，有的轮胎破损严重，这种状况在检测中会增加轮胎和滚筒之间的滑移功率损耗，还会造成车轮在检测中速度的波动变大，轮胎滑移和车速的波动直接影响到驱动轮输出功率的真实检测值，造成检测结果值变小而影响到动力性检测不合格。

上述检测中所发生的失误，并不是车辆动力性很差，而是检测中的有关环节失误造成数据的差异，只要选对发动机的额定扭矩功率，采用直接挡或换用好的轮胎并重测，是能解决的。

二、整车动力性下降的主要原因分析

分析整车动力性不足的原因涉及的面比较宽，但可以按下列诊断步骤进行分析。

(一)发动机功率不足的原因分析

(1)可通过路试方法测试车辆的加速性能并与同类车的加速性能性能对比，或者查阅原厂使用说明书看是否相符，也可通过底盘测功机对其加速性能进行检测。判定其发动机功率情况。如果加速时间增长，说明发动机的动力性有问题。

(2)检查汽缸压缩压力。通过发动机综合分析仪测试各缸的相对缸压和单缸转速降。就基本上能判定各缸的工作状况，如发现某缸相对汽缸压力下降，则可能是气门间隙失调，气门不密封，或活塞环漏气，汽缸垫损坏，造成汽缸压缩压力不足，从而造成发动机动力性变差。

(3)检查各缸点火系工作状况。如果汽缸压力正常，应逐缸检查各缸点火状况，判断是否有某缸工作不良，这可从发动机运转的平稳性，敲缸声来加以判断，采用逐缸断火法可迅速查找工作不良的汽缸。进一步检查是否火花塞(或喷油器)不良引起发动机动力不足。

(4)以上检查如正常，则应继续检查发动机的点火正时和喷油正时。可用发动机综合分析仪及正时灯，进行校正，点火时间过早，在加速时会有爆震声，而点火时间过迟，则发动机起动困难，发动机水温偏高。

(5)在此要重点提出空气滤清器的清洁和堵塞问题，检测中曾发现少数车辆空气滤清器非常脏。这样，会严重影响吸入的空气量，影响到充气系数或过量空气系数，不但会造成发动机动力不足，还会影响到燃料经济性和排气污染物的检测数据。

(二)底盘传动系故障造成整车动力性不良的主要原因

由于被检车辆传动系调整、维护不良造成传动系消耗功率较大，影响到整车动力性下降。具体故障如下。

(1)离合器打滑。底盘测功机加载后，车辆就模拟带负荷工作，当加速踏板踩到底后，车辆

速度提升较慢,并能闻到摩擦片烧焦的味道。由于离合器打滑造成驱动轮的输出功率下降。

(2)制动器间隙偏小。车辆在检测时为了使制动性能合格,经常盲目调整制动间隙并造成间隙偏小,这种的状态在底盘测功机上检测时将会消耗部分功率使驱动输出功率下降,制动鼓外壳发烫。严重时,也会伴有烧制动带的味道,制动间隙偏小从踏板自由行程也能反映出来。

(3)传动轴变形弯曲,中间轴承支架松旷,传动轴不平衡等。传动系故障会使车辆在检测时抖动严重并伴有异响,车辆在检测时,由于传动轴的问题,车辆的抖动不但引起轮胎和滚筒滑移,而且车速不能恒定,这就难以保证检测的准确性。

(4)后轿装配不良或有故障,如轴承调整较紧,轴承孔不同心,齿轮间隙过大、过小等,除后轮会发烫外还有异响。这种车辆检测时,其阻力将消耗较大功率,会影响到整车动力性的下降。

(5)轮胎气压不标准,轮辋变形,轮胎花纹规格不符合要求,也会造成滑移损耗增加,影响到动力性测试。

(6)传动系、行驶系润滑不良。现在部分营运车辆的维护质量很不规范,少数车辆连日常润滑都长期不做,有些连黄油嘴都没有。传动轴、悬架装置及变速器、主减速器不但要按规定加足润滑油,而且一定要按说明书规定加注规定的润滑油品,例如双曲线齿轮油不能用普通齿轮油替代,即使都是双曲线齿轮油也不允许不同型号油品混用,如果不按要求,混用、代用润滑油,不但不能起到润滑作用,反而会引起化学腐蚀,损坏机件,造成早期磨损。

本章小结

1. GB18565- 2001《营运车辆综合性能要求和检验方法》规定用底盘测功机检测发动机在额定扭矩(或额定功率)工况时的驱动轮输出功率,作为整车动力性的评价指标,不但科学合理,而且快速简便。驱动轮输出功率的值,是发动机功率和传动系传动效率的综合结果,而计算机的控制系统,对车速加载量有很好的调节控制,用底盘测功机检测,可避免道路试验中环境条件,操作控制中许多难以克服的干扰和影响,能确保检测数据的真实和可信。

2. 底盘测功机主要由道路模拟系统、数据采集控制系统、安全保障系统和引导系统等组成,通过对各系统工作原理的分析,不仅可了解各系统结构,而且可了解车速、加载量、驱动力的控制调节对检测结果的影响;使用者在操作使用底盘测功机时,应严格按底盘测功机的安全操作规程和操作方法的规定进行使用,做好底盘测功机的维护,以确保检测精度。用发动机综合分析仪进行无负载测功判定发动机功率还存在争议,但作为对发动机的故障诊断、分析,还是有一定使用价值的。

3. 依据 GB18565-2001 标准推荐的方法,结合 JT/T198-2004《营运车辆技术等级划分和评定要求》中,对驱动轮输出功率的检测工况、判定限值、检测方法及车辆准备、测定车速、确定发动机扭矩功率及驱动轮校正功率计算等,都做了比较详细的规定,要严格按标准的要求检测,以确保检测数据的真实、可信。

4. 通过检测的数据和检测实践,产生的一些失误和异常,对汽车动力性检测结果进行分析,找出检测不合格的原因,加以排除,以便提高上线检测结果合格率。

思 考 题

1. 什么是发动机最大输出功率，什么是驱动轮最大输出功率，两者间有何关系？
2. 汽车在道路上行驶时，有哪些行驶阻力？
3. 试述恒速控制方式下汽车驱动轮输出功率的测试方法？
4. 底盘测功机的滚筒直径和滚筒中心距尺寸，对车轮在台架上滚动阻力有何影响？
5. 风冷式电涡流功率吸收装置在大负荷下工作时间不易太长，温度对吸收功率有何影响？
6. 简述电涡流功率吸收装置的工作原理？
7. 为什么要定期标定底盘测功机的牵引力传感器？
8. 底盘测功机进行动力性测试前，检测人员对车辆和设备要做哪些准备工作？
9. 影响底盘测功机进行动力性测试准确性的因素有哪些？
10. 发动机综合分析仪的主要功能有哪些？
11. 无外载测功的原理是什么？
12. 发动机额定功率和发动机扭矩之间的关系如何换算？
13. 驱动轮输出功率测试后，为什么一定要修正成校正驱动轮输出功率？
14. 底盘测功机有哪些因素直接会影响到车辆动力性检测结果？
15. 汽车动力性下降的主要原因分析？

第五章　汽车燃料经济性检测

第一节　汽车燃料经济性的评价指标

一、燃料经济性的评价指标

汽车燃料经济性是汽车的重要性能之一。汽车燃料经济性，是指汽车以最少的燃料消耗完成单位运输工作量的能力。改善汽车燃料经济性历来都是汽车的研究、设计、制造和使用部门的重要课题之一。

为了评价汽车的燃料经济性，常采用每百公里油耗量(L/100 km或kg/100 km)作为评价指标，在我国和欧洲均采用这一指标来评价汽车的燃料经济性。对于货车和大型客车，由于载质量和座位不同，每百公里耗油量相差较大，因而，从车辆的使用角度，又采用单位运输工作量的燃料消耗量(L/100t・km或L/kP・km)作为评价指标。这一评价指标不仅可用以评价汽车的燃料经济性，而且还可反映运输工作的管理水平。上述两个指标的数值越大，汽车的燃料经济性越差。

汽车燃料经济性也可用汽车消耗单位量燃料所经过的行程(km/L)作为评价指标，例如，美国采用每加仑燃料能行驶的英里数，即MPG或mile/USgal。其数值越大，汽车的燃料经济性越好。

汽车在使用过程中，汽车燃料消耗量除受汽车本身的结构设计、制造工艺水平、调试状况及使用燃料规格等的影响外，还受到各种使用因素的影响。当汽车在不同的道路条件下行驶时，燃料消耗量的变化可达40%～50%；驾驶人的技术水平不同，燃料消耗量的变化可相差6%左右；冬季气温低，汽车各部件的运动阻力大，同时，发动机冷却液温度低，汽车行驶时，轮胎易滑转，因此，燃料消耗量与夏季相比，增加10%～15%。尤其当汽车冬季行驶采用防滑链时，燃料消耗量比夏季干燥天气情况下增加70%。上达情况表明，汽车在使用过程中，燃料消耗的变化很大。而且这种变化在很大程度上取决于汽车的道路条件和载荷情况，影响汽车燃料经济性的使用因素如表5-1所列。

由于汽车在使用过程中，载荷和道路条件对汽车燃料的消耗影响很大。所以，也可采用燃料消耗量Q(单位为L/100 km)与有效载荷G_e(单位:t)之间的关系曲线，评价在不同道路条件下汽车燃料经济性，称之为平均燃料运行消耗特性。

影响汽车燃料经济性的使用因素 表 5-1

行驶道路	城市、市郊、一般公路、高速公路
交通情况	道路上行人、车辆构成及车辆密集程度
驾驶习惯	平均车速、加速度及制动减速度、阻风门的使用情况
周围环境	气温、风、雨、雪等

二、汽车燃料经济性试验的类型

汽车燃料经济性试验方法，可根据试验时对各种使用因素的控制程度，分为以下几种类型。

1.不控制的道路试验

对表 5-1 中各种因素都不加以控制的路上试验，称为“不控制的道路试验”。这种试验，对被试车辆的维护、调整规范及所用燃料、润滑材料的规格都有明确的规定。由于各种使用因素的随机变化，要获得分散度很小的数据较难。为此，必须用相当数量的汽车进行长距离(10 000～16 000 km)的试验，才能获得可信度较高的统计数据。虽然这是一种非常接近实际情况的试验。但这种试验持续时间很长，试验费用巨大，一般很少被采用。

过去，我国汽车运输企业采用的“使用油耗试验”就是一种“不控制的道路试验”。即在某地区、某汽车运输部门中，把试验车辆投人实际使用，在营运车辆运行中，认真记录其行驶里程与油耗量，最后确定平均油耗量。汽车运输企业在确定燃料消耗量定额时，常采用这种试验方法，这种试验结果能较好地反映车辆的实际情况，但很难真正做到准确地测量，同时也需要很长时间。

2.控制的道路试验

在道路试验时，若维持表 5-1 中的一个或几个因素不变，则称为“控制的道路试验”。例如，在汽车试验站进行的汽车质量检查试验，规定应在一般路面、恶劣路面和山区公路上测量百公里油耗，并对一些试验路线做了比较明确的规定。这就是一种“控制的道路试验”。也有的是在汽车试验场的专用试验道路上进行类似的油耗试验。

3.道路循环试验(包括等速油耗、加速、制动油耗等)

汽车完全按规定的车速一时间规范进行的道路试验方法被称为“道路循环试验”。在实验规范中，规定了换挡时刻、制动时间、速度、加速度、制动减速度等数值。等速行驶油耗试验和怠速油耗试验是这类试验中两种最简单的循环试验方法。

等速行驶百公里油耗试验是一种在我国广泛采用的简单道路循环试验。试验一般在混凝土或沥青路面上进行，路面纵坡应不大于 0.3%，路面要求干燥，平坦，清洁，测量路段的长度为 500m，试验时的气温应为－10℃～30℃，风速不大于 3m/s。试验时，汽车在规定车速下以等速行驶通过试验路段，测量燃料消耗量，一般应往返测量两次，取其平均值。然后计算出该车速下的百公里燃料消耗量。

等速行驶燃料经济性不能全面考核汽车运行燃料经济性，它只能作为一种相对比较性的指标。我国针对载货汽车、城市公共汽车和乘用车提出了相应的燃料经济性试验规范，即多工况循环燃料消耗量试验。载货汽车采用“六工况燃料测试循环”、城市公共客车采用”四工况燃料测试循环”(CB/T12545.2－2001)。试验可在底盘测功机上进行，也可以通过道路试验进行。共累计进行四个单元试验，将此六工况循环或四工况循环的累计燃料消耗量折算成平均百公里燃料消耗量测定值。

4.在汽车底盘测功机上的循环试验

在汽车底盘测功机上进行燃料消耗量试验是近年来发展的试验方法。汽车底盘测功机能反映汽车的行驶阻力与加速时的惯性阻力，以模拟道路上的行驶工况。

汽车底盘测功机检测燃料消耗量的优点是：

(1)在室内进行试验，不用专用试车道路，不受外界气候条件的限制；

(2)由于能控制试验条件，周围环境影响的修正系数可以减到最小；

(3)若能控制室温，则可在不同气温条件下进行试验；

(4)室内便于控制行驶状况，故能采用符合实际的复杂循环；

(5)可以同时进行燃料经济性与排放污染试验；

(6)能采用多种测量油耗的方法，如重量法、体积法与碳平衡法等。

用汽车底盘测功机测量油耗的缺点是：

(1)不易准确模拟汽车在道路上的滚动阻力与空气阻力；

(2)室内的冷却风扇产生的冷却气流与道路上行驶时的实际情况不一致；

(3)不易给出准确的惯性阻力。

与其他方法相比，用汽车底盘测功机测量油耗的重复性较好，能反映实际行驶的复杂情况；能采用多种检测油耗方法，还能同时进行排放污染物的测量。所以，这种方法的应用日趋广泛。

第二节　油耗计的结构原理

汽车燃料的消耗量是用油耗计来测量的。油耗计类型很多，按测量方法可分为：容积式油耗计、质量式油耗计、流量式油耗计和流速式油耗计。大多数油耗计都能作连续的累计测量，但测量的流量范围和测量误差各不相同。

一、容积式油耗计的结构原理

容积式油耗计可用于发动机台架试验和道路试验。容积式流量计按检测装置结构的不同可分为膜片式、量管式、活塞式(单活塞式和行星活塞式)及油泡式等。应用最多的是膜片式、单活塞式、行星活塞式和油泡式。前两种多采用电磁记数器或机械计数器，行星活塞式多采用有运算功能的数字显示仪表，油泡式采用光电计量系统。

1.行星活塞式油耗计的结构原理

行星活塞式油耗计是应用最广比较精确的油耗测量仪，它由燃油流量传感器和计量显示仪表两部分组成。流量传感器包括流量检测机构和信号转换机构两部分。

流量检测机构由呈十字型的水平对置的四个活塞及油缸组成(图 5-1)。四个活塞的连杆装在壳体中心处的共颈曲轴轴颈上，在壳体及上盖里有进、出油道。当燃油在输油泵压力下经油道依次进入各油缸或依次排出时，曲轴在各缸活塞及连杆的推动下旋转。流量信号转换机构在曲轴的另一端，它把曲轴的旋转运动转换成光电脉冲信号，通过专用电缆把脉冲信号输送到计量与显示仪表中，经过计算显示读数和计量值。

行星活塞式油耗计的工作过程如图 5-1 所示。燃油经传感器上盖进油道 1 流入 E 腔(图 5-2)，进入油缸Ⅳ(图 5-1a)。在燃油压力推动下，Ⅳ缸的活塞向曲轴中心移动。同时油缸Ⅱ中的燃油，在其活塞的推动下经上壳体油道 1 和 2 从上盖出油道 F 排出壳体(图 5-2)供向发动机。与此同时，Ⅰ和Ⅲ缸的油道被它们各自的活塞封闭，既不进油，也不排油。当油缸Ⅳ的活塞移到下止点时，它的油道 1 被油缸Ⅰ的活塞关闭如图 5-1(b)所示，进油停止。此时油缸Ⅰ的油道被打开，燃油进入油缸Ⅰ，油缸Ⅲ的排油道也打开，燃油经传感器上壳体油道 1 与上盖出油道 F 排出。同理，当燃油依次进入油缸Ⅱ、油缸Ⅲ时，油缸Ⅳ及Ⅰ排油。可见，四个油缸按顺时针次序实现进油、排油。当四个缸完成进油、排油一次时，曲轴旋转一周，其排油量可用下式确定，即

$$V = 4 \cdot y = 4 \cdot \frac{\pi \cdot d}{4} \cdot 2h = 2h\pi d^2$$

式中：V——四缸排油量，cm^3；

y——一个缸排油量，cm^3；

d——活塞直径，cm；

h——2 曲轴偏心距，cm。

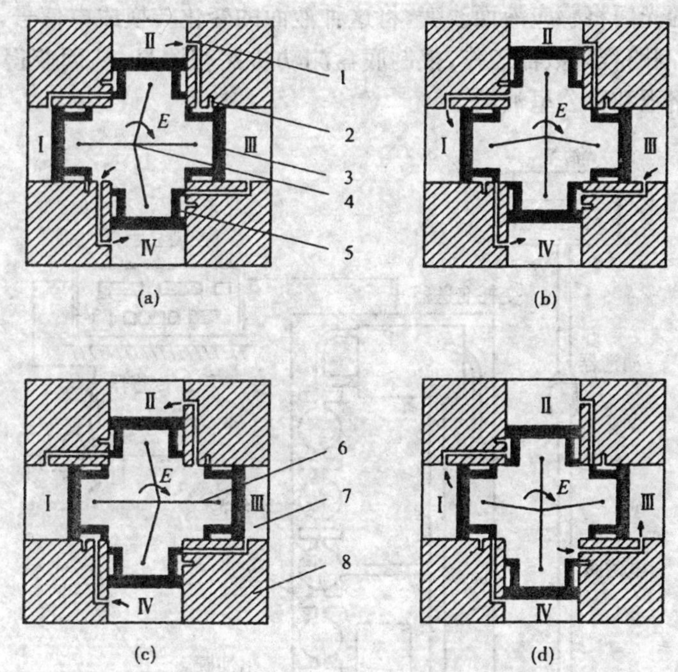

图 5-1 行星活塞式油耗计的工作过程

(a)Ⅳ缸进油；(b)Ⅰ缸进油；(c)Ⅱ缸进油；(b)Ⅲ缸进油

1-上壳体油道；2-通往上盖的出油道；3-活塞；4-曲轴；5-活塞环形槽；6-连杆；7-计量油缸；8-上壳体

流量信号转换机构的工作原理如图 5-2 所示。在曲轴 4 的下端装有主动磁铁 6，它装在密封的上壳体 14 里，浸在燃油中。下壳体 13 装在上壳体的下端，其内装有从动磁铁 7 和转轴 8。从动磁铁和转轴在主动磁铁 6 的磁场作用下，随主动磁铁向同一方向同步旋转。在转轴 8 的下端装有光栅板 9，在光栅板的上方及下方分别装有发光二极管 12 及光敏管 11。由于光栅板

随曲轴转动，这样就把曲轴的旋转运动转换成光电脉冲信号。脉冲信号经电缆插10，通过专用电缆把它输送到显示和计量仪表。经运算、处理，以数字显示或驱动电磁计数器计量。

活塞式油耗计计量精度较高，但对燃油的清洁性要求很高，否则活塞易卡死。行星活塞式最小量值可达0.1 mL或1 mL。

选用油耗计应根据用途、测量精度要求进行选择。一般四活塞式流量计应用较多。

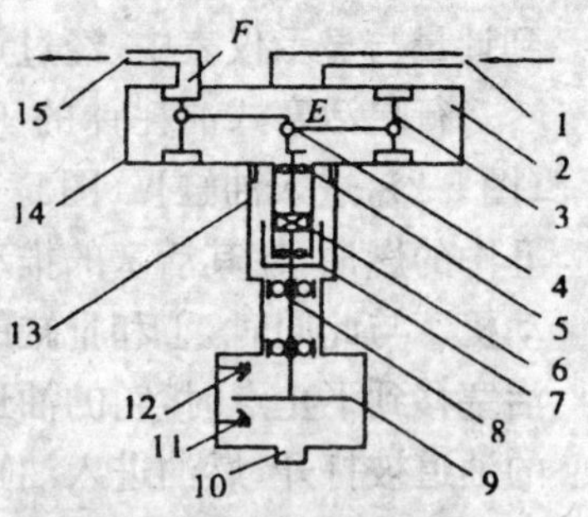

图 5-2　行星活塞式油耗计结构示意图

1-进油道；2-计量油缸；3-活塞；4-曲轴；5-曲轴轴承；6-主动磁铁；7-从动磁铁；8-转轴；9-光栅板；10-电缆插座；11-光敏管；12-发光二极管；13-下壳体；14-上壳体；15-出油道

2. FCM 容积式油耗仪的结构原理

图5-3所示为FCM容积式(油泡式)油耗仪的结构原理，该油耗仪是一恒压供油系统，由稳压筒、放气装置、测量油泡、光门和电磁阀等组成。油箱通过进油管对油耗测量机构供油，出油管对发动机供油。当电磁阀关闭时，发动机由油泡恒压供油，供油压力是通过稳压筒上部空气作用到油泡的上液面；当电磁阀打开，加油指示灯点亮，来自油箱的燃油不仅直接对发动机供油，而且根据连通管的压力平衡原理，油箱的燃油也对油泡进行充油。当发动机由油泡供油时，由于油泡内的燃油液面高度随发动机消耗燃油而发生改变，每一个油泡的上液面和下液面的光敏元件制成的光门将感应液面改变，将这种液面的变化转换成电信号，通过控制电缆传送给控制器，用以控制路程计数器工作，控制底盘测功机路程测量，从而获得消耗一定容积燃油的车辆所行驶的路程和百公里油耗。

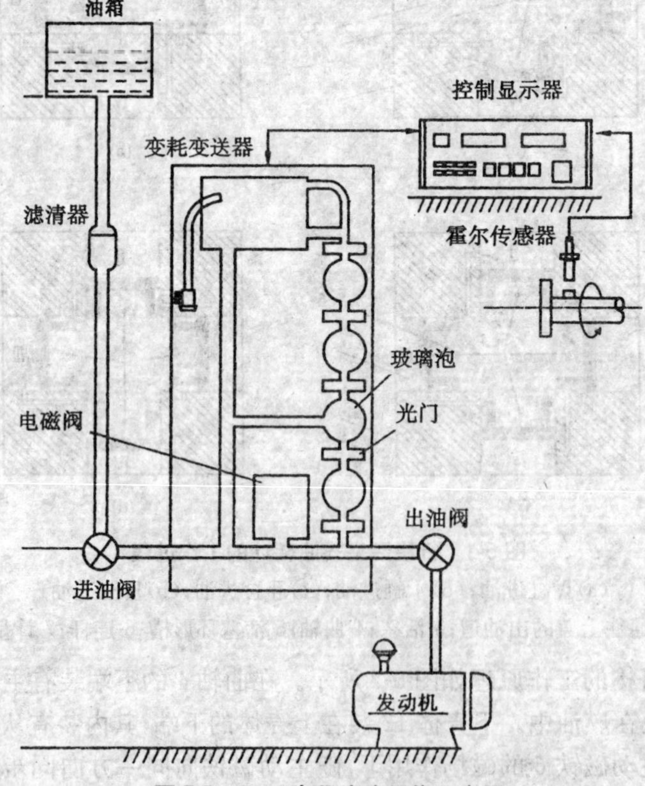

图 5-3　FCM 容积式油耗仪示意图

在检测时，先设置测量油的容积(设置几个玻璃泡)，将油耗仪的出油管接入汽车的进油管路(可从汽车的油箱出油口接入)，汽车的驱动轮停在底盘测功机上，底盘测功机设置规定的加载阻力，汽车按GB18565规定的车速行驶，当汽车在没有达到规定的车速前，油耗仪中油箱的油通过电磁阀和汽车的油管供应给发动机，当汽车稳定到规定的车速后，检测人员按一下检测的按钮，这时电磁阀停止供油，玻璃泡管路的油流入汽车油路中，当燃油未降到第一个光门时，光敏元件的发射端的信号因为油管路中有油产生折射而接受不到信号，当油降到第一个光门时，油管路中没有油，光敏元件接收端立即收到发射端的信号，这时控制器通过霍尔传感器开始采集汽车在底盘测功机上行驶的距离(底盘测功机滚筒的周长与转速的乘积)，当油降到设置的最后一个油泡的光门时(油泡下的光门)，同样光敏元件接收到信号，控制器采集距离结束，这时，汽车燃烧完油泡里的油与汽车在底盘测功机上行驶的距离之比，就能计算汽车百公里油耗量。

二、质量式油耗计的结构原理

质量式油耗计由称量装置、计数装置和控制装置组成，如图5-4所示。在测量消耗一定质量的燃油所需的时间后，即可按下式算出单位时间内发动机的燃油消耗量：

$$G = 3 \cdot 6 \times \frac{W}{t}$$

式中：W——燃油质量，g；

t——测量时间，s；

G——燃油消耗量，kg/h。

称量装置通常利用台秤改制，量程为10 kg，称量误差为±0.1%。称量装置的秤盘上装有油杯1，燃油经电磁阀3加入油杯。电磁阀的开闭由装在平衡块上的行程限位器10拨动两个微型限位开关11和12来控制。光电传感器给出油耗始点和终点信号，它由两个光电二极管8、7和装在棱形指针上的光源6组成，光电二极管5为固定式，光电二极管7装在活动滑块上，滑块通过齿轮齿条机构移动。齿轮轴与鼓轮12相连，计量的燃油量通过转动鼓轮9从刻度盘上读出。计量开始时，光源6的光束射在光电二极管5上，光电二极管发出信号，使计数器13开始计数，随着油杯中燃油的消耗，指针移动。当光束射到光电二极管7上时，光电二极管7发出信号，使计数器停止计数。上述质量式油耗计仅有一个系统误差，即测量时油杯中油面高度发生变化，伸入油杯中的油管浮力的反作用力也变化，造成称量时的系统误差。此项系统误差必须根据汽车耗油量及油杯液面高度变化进行修正。此外，在用L/100 km油耗量单位时，在换算中必须考虑燃油密度与温度之间的关系。

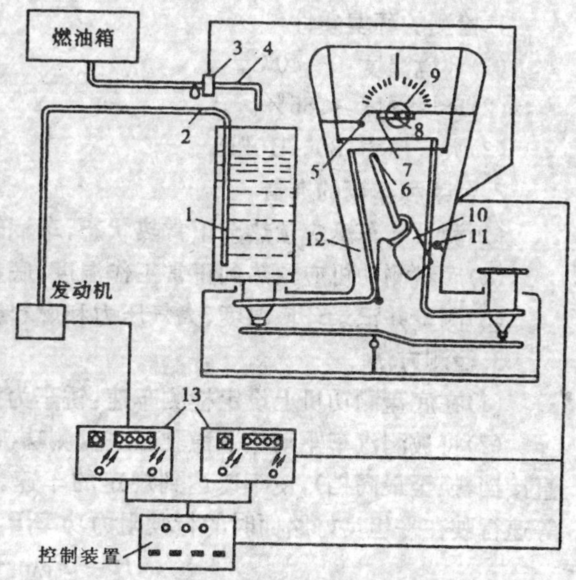

图5-4　质量式油耗计结构示意图

1-油杯；2-出油管；3-电磁阀；4-加油管；5、7-发光二极管；6-光源；8-鼓轮机构；9-鼓轮；10-限位器；11、12-限位开关；13-计数器

第三节 汽车燃料消耗量的检测方法

一、燃料消耗量限值

营运车辆燃料消耗量限值是以该车型原厂规定的等速百公里燃料消耗量为基础确定的。

GB18565－2001 规定采用等速百公里燃料消耗量作为车辆燃料经济性的评价指标，并规定采用本准规定的检验方法测得的汽车百公里燃料消耗量不得大于该车型原厂规定的相应车速等速百公里燃料消耗量的 110％作为燃料消耗量限值指标。这一指标是根据我国营运车辆检测设备的实际情况及 JT/T198《汽车技术等级评定标准》的执行情况提出的。

二、燃料消耗量的检测方法

GB18565－2001 中规定了汽车等速百公里燃料消耗量，可用台架和路试两种方法进行检测。

(一)燃料消耗量的台架检测

燃料经济性的台架检测就是通过台架试验方法来模拟道路试验，即汽车在底盘测功机上模拟道路等速行驶进行燃料消耗量检测的方法。其检测方法如下。

1. 检测的环境条件

(1)环境温度：0～40℃。

(2)环境湿度：＜85％。

(3)大气压力：80～l10kPa。

2. 台架和车辆的准备

(1)测试前车辆应预热至正常热状态，车辆轮胎规格和气压应符合该车技术条件的规定。

(2)底盘测功机应预热到正常工作温度，底盘测功机和油耗计应符合使用要求，工作正常。

(3)测量并记录环境温度、大气压力和燃料密度。

3. 检测方法

(1)在底盘测功机上设定检测车速：轿车为 60 km/h；其他车辆为 50 km/h。

(2)将被测汽车驱动轮平稳驶至底盘测功机滚筒上，启动汽车，逐步加速并换至直接档(无直接挡，换至最高挡)，使车速达到规定的车速。给底盘测功机加载 P_{PAU}，使其模拟汽车满载等速行驶在平坦良好路面时的行驶阻力功率 P：

$$P = P_{PAU} + P_{PL} + P_{F} \tag{5-1}$$

式中：P——汽车满载等速行驶在平坦良好路面时的行驶阻力功率，kw；

P_{PAU}——底盘测功机吸收单元的吸收功率，kw；

P_{PL}——底盘测功机内部摩擦损失功率，由底盘测功机生产厂家给出，kw；

P_{F}——汽车驱动轮、传动系等的摩擦损失，由测功机使用者自行测定，kw。

当 $P_{PL}+P_{F}\geqslant P$ 时，则车辆不能在该底盘测功机上进行检测；当 $P_{PL}+P_{F}<P$ 时，则需调整 P_{PAU}，使三者相加与道路行驶阻力功率 P 相等，即使 $P_{PAU}+P_{PL}+P_{F}=P$。其中，行驶阻力

功率 P 可按 GB18352.1～18352.2—2001 附件的有关规定试验测得，试验时，基准质量为车辆满载质量；也可以按汽车在平坦良好路面等速行驶所消耗的功率值计算得到。

(3)待车速稳定后开始测量，要求测量不低于 500m 距离的燃料消耗量。连续测量 2 次并记录测量路段的燃料消耗量(F)、距离(s)或时间(t)。

(4)计算等速百公里燃料消耗量和 2 次的算术平均值。

等速百公里燃料消耗量检测值按下式计算

$$Q_m = \frac{F}{S} \times 100(\mathrm{L}/100\ \mathrm{km}) \tag{5-2}$$

$$或\ Q_m = \frac{3.6 \times F}{v \times t} \times 100(\mathrm{L} \times 100\ \mathrm{km}) \tag{5-3}$$

式中：Q_m——满载百公里燃料消耗量检测值，L/100 km；

F——燃料消耗量，mL；

S——测量距离，m；

v——车速，km/h；

t——燃料消耗时间，s。

4.检测结果的重复性检验

(1)检验结果的重复性按第 95 百分位来判断。

(2)标准差：第 95 百分位分布的标准差 R 与重复性检测次数 n 有关，如表 5-2 所列。

标准差 R 可重复检验次数 n 的对应关系　　表 5-2

n，次	2	3	4	5	6
R，L/100 km	$0.053Q_{mp}$	$0.063Q_{mp}$	$0.069Q_{mp}$	$0.073Q_{mp}$	$0.085Q_{mp}$

注：Q_{mp} 为每次检测时，n 次测量所得的百公里燃料消耗量算术平均值。

(3)重复性检验。ΔQ_{max} 为每次检测时，n 次检测结果中最大值与最小值之差，单位为 L/100 km。$\Delta Q_{max} < R$ 时，则检测结果的重复性好，不必增加检测次数。$\Delta Q_{max} > R$ 时，则检测结果的重复性差，必须增加检测次数。

5.检测数据的校正

燃料消耗量的检测值均应校正到标准状态下的数值。

(1)标准状态。检测数据校准的标准状态如下：

①环境温度：20℃；

②大气压力：100kPa；

③汽油密度：0.742g/cm^3；

④柴油密度：0.830g/cm^3。

(2)校正公式。校正公式为：

$$Q_{mj} = \frac{Q_{mp}}{C_1 \times C_2 \times C_3} \tag{5-4}$$

式中：Q_{mj}——检测百公里燃料消耗量校正值，L/100 km；

Q_{mp}——检测百公里燃料消耗量算术平均值，L/100 km；

C_1——环境温度校正系数，$C_1 = 1 + 0.0025(20 - T)$；

C_2——大气压力校正系数，$C_2 = 1 + 0.0021(P - 100)$；

C_3——燃料密度的校正系数

汽油机：$C_3=1+0.8(0.742-G_s)$；

柴油机：$C_3=1+0.8(0.83-G_d)$；

T——检测时的环境温度，℃；

P——检测时的大气压力，kPa；

G_s——检测时的汽油平均密度，g/cm³；

G_d——检测时的柴油平均密度，g/cm³。

(二)燃料消耗量的路试检测

不能用底盘测功机检测汽车百公里燃料消耗量的，可采用道路试验的方法进行规定车速的等速燃料消耗量试验。其试验方法如下。

1. 试验车辆负荷

除了特殊规定外，适用于 M_1、M_2 类城市客车为装载质量的65%；其他车辆为满载，乘员质量及其装载要求按GB/T12534－1990《汽车道路试验方法通则》的规定。

2. 试验仪器

试验仪器及其精度要求如下：

(1)车速测定仪器：精度为0.5%；

(2)燃料流量计：精度为0.5%；

(3)计时器：最小读数为0.1s。

3. 试验的一般规定

(1)试验辆车必须清洁，关闭车窗和驾驶室通风口，只允许为驱动车辆所必须的设备工作。

(2)由恒温器控制的空气流必须处于正常调整状态。

(3)试验车辆必须按规定进行磨合，道路试验的其他试验条件、试验车辆准备按GB/T12534的规定。

(4)试验用燃料应符合车辆制造厂的规定。

4. 检测方法

挡位采用直接档或接近直接挡和超速挡。对装有自动变速器的车辆，采用最高挡。等速行驶，通过500 m测试路段，测量通过该路段的时间及燃料消耗量。试验车速从20 km/h(最小稳定车速高于20 km/h时，从30 km/h)开始，以车速10 km/h的整数倍均匀选取车速，直至最高车速的90%，至少测定5个试验车速。

同一车速，往返试验两次，取其平均值，根据测得(5种车速的平均值)的数据，计算汽车的百公里燃料消耗量。

5. 检测值的修正

路试百公里燃料消耗量的检测值，应按燃料消耗量台架检测中检测数据的校正方法校正到标准状态下的数值。

(三)车辆行驶阻力功率 P 的确定方法

为确定底盘测功机的加载功率 P_{PAU}，必须首先确定车辆行驶阻力功率 P，车辆行驶阻力功率 P 可通过道路试验测定，也可以通过计算方法获得。下面分别加以介绍。

1. 道路试验法

(1)试验条件。

①道路应平直且具有足够长度，坡度应在±1.5%范围内。

②试验时平均风速小于 3 m/s，瞬间最大风速小于 5 m/s。试验道路的侧向风速分量必须小于 2 m/s，风速应在高出路面 0.7 m 处测量。

③道路应干燥，清洁。

④试验时空气密度与基准状态（$P=100$ kPa，$T=293.2$ K）相差不超过±7.5%。

(2)车辆准备。

①车辆应处在正常运行状态，并且至少经过 3 000 km 走合。轮胎花纹深度应为原始花纹深度的 90%～50%。

②车轮、轮胎型号、规格和气压应符合原车规定。

③制动器、悬架和车辆的调整正常。

④各部润滑良好。

(3)试验准备。

①车辆应装载至其基准质量。车辆水平应调整至载荷的质心位于前排外侧座椅两“R”点的中间，并位于通过这两点的直线上。

②道路试验时，车窗应关闭。空调系统及前照灯等设备关闭。

③车辆应清洁。

④试验开始前，应采用适当的方式使车辆达到正常运行温度。

(4)试验设备的测量准确度。

①时间测量的准确度应小于 0.1 s。

②速度测量的准确度应小于 2%。

(5)试验步骤：

①将车辆加速到比选定试验车速(v)高出 10 km/h 的车速。

②将变速器置于“空挡”位置。

③测量车辆从 $v_2=v+\Delta v$ km/h 减速至 $v_1=v-\Delta v$ km/h 所需时间 t_1，式中 $\Delta v\leqslant$ 5 km/h。

④在相反方向进行同样试验，测量时间 t_2。

⑤取时间 t_1 和 t_2 的平均值 T_1。

⑥重复上述试验数次，使平均值 $T=\frac{1}{n}\sum_{i=1}^{n}T_i$ 的统计精度 $P\leqslant 2\%$。统计精度(P)的定义为

$$P=\frac{tS\cdot 100}{\sqrt{n}\cdot T} \tag{5-5}$$

式中：t ——表 5-3 给定的系数；

s ——标准偏差；

n ——试验次数。

$$S=\sqrt{\frac{\sum_{i=1}^{n}(T_i-T)^2}{n-1}} \tag{5-6}$$

(5－5)式中系数 t

表 5-3

n	4	5	6	7	8	9	10	11	12	13	14	15
t	3.2	2.8	2.6	2.5	2.4	2.3	2.3	2.2	2.2	2.2	2.2	2.2
$\frac{T}{\sqrt{n}}$	1.6	1.25	1.06	0.94	0.85	0.73	0.73	0.66	0.64	0.61	0.59	0.57

⑦按下式计算功率即

$$P=\frac{Mv\cdot\Delta v}{500T}$$

式中：P——功率，kW；

v——选定的试验车速，m/s；

Δv——与车速 v 的速度偏差，m/s；

M——基准质量，kg；

T——时间，s。

2.计算法

这是通过汽车在路面上行驶的功率平衡方法，计算出汽车行驶阻力功率。汽车在平坦良好路面行驶消耗的功率为汽车滚动阻力消耗的功率与汽车空气阻力消耗的功率之和，计算公式为

$$P=\frac{1}{\eta_{TP}}\left(\frac{G_a\times f\times v}{3600}+\frac{C_D\times A\times v^3}{76140}\right) \tag{5-7}$$

式中：G_a——汽车总质量，N；

f——道路滚动阻力系数；

v——检测车速，km/h；

C_D——空气阻力系数；

A——汽车迎风面积，m^2。$A=1.05B\times H$（B 为轮距，H 为车高）；

η_{TP}——汽车传动效率，%。

上述参数中 C_D、f 和 A 可参照表 5-4 选取。

C_D、f、A 推荐值

表 5-4

车辆类型	C_D	f	A
轿车	0.35～0.55	$f=0.0076+0.000056V$	$A=1.05B\times H$（B 为轮距、H 为车高）
货车	0.40～0.60		
客车	0.58～0.80		

注：半挂汽车列车由于连接处间隙造成局部风阻增加，空气阻力一般比牵引车高 15%。

采用有级机械变速传动系的轿车，其传动效率可取为 0.9～0.92。其他车辆可按表推荐的传动部件的传动效率数值来估算整车的传动效率 η_{TP}。

3.在底盘测功机上模拟试验

所用测量设备和测量准确度应与道路试验用设备相同。

试验步骤如下：

①按底盘测功机的要求，调整驱动轮的轮胎气压（冷态）。

②调整底盘测功机的当量惯量。

传动系各部件的传动效率 表 5-5

部件名称	传动效率，η_{TP}，%
4 挡～6 挡变速器	95
辅助变速器(副变速器或分动器)	95
8 挡以上变速器	90
单级减速主减速器	96
双级减速主减速器	92
传动轴的万向节	98

③将车辆放置在底盘测功机上。

④用合适的方法使车辆和底盘测功机达到运转的正常温度及热状态。

⑤将车辆加速到比选定试验车速(V)高出 10 km/h 的车速。将变速器置于空挡位测量车辆从 $v_2=v+\Delta v$ km/h 减速至 $v_1=v-\Delta v$ km/h 所需时间 t_1，式中 $\Delta v\leqslant 5$ km/h。

⑥重复上述试验数次，使平均值 $T=\frac{1}{n}\sum_{i=1}^{n}T_i$ 的统计精度 $P\leqslant 2\%$。统计精度(P)的定义与上述相同。

⑦按下式计算功率，即

$$P=\frac{Iv\cdot\Delta v}{500T} \tag{5-8}$$

式中：I——底盘测功机的当量惯量。

其他参数的意义与上述相同。

⑧调整底盘测功机，以满足当使用负荷曲线固定的底盘测功机时，在 80 km/h 时负荷设定的准确度必须达到±5%；当使用载荷曲线可调的底盘测功机时，底盘测功机对应道路负荷在 100 km/h、80 km/h 和 60 km/h 时的准确度必须达到±5%，而在 20 km/h 时为±10%，低于此速度，底盘测功机必须能吸收功率。

第四节　汽车燃料经济性检测结果分析

影响汽车燃料经济性的因素很多，就车辆本身而言，主要分为两个方面：其一是发动机、汽车结构方面的因素；其二是汽车使用方面的因素。在汽车的使用因素中，其技术状况的变化对汽车燃料经济性影响很大，现就影响汽车燃料经济性的主要因素予以介绍。

一、汽车发动机技术状况对燃料经济性的影响

汽车的燃料经济性能否正常发挥，在很大程度上取决于汽车发动机的技术状况，其中包括发动机各组合件的技术状况。下面对化油器式发动机和电控燃油喷射发动机技术状况，对汽车燃料经济性的影响分别加以叙述。

(一)化油器式发动机技术状况对汽车燃料经济性的影响

(1)发动机汽缸的压缩压力。发动机汽缸的压缩压力表明了发动机汽缸一曲柄连杆机构

的技术状况。汽缸压缩压力越大，表明汽缸一活塞、气门一气门座、汽缸垫一汽缸盖等技术状态良好。发动机作功行程产生的有效压力越大，可燃混合气的热能转换的机械功就越大。因而，提高了发动机的动力性和燃料经济性。汽缸压缩压力不足表明汽缸漏气，主要是由于汽缸与活塞环磨损，气门与气门座不密封，汽缸垫被烧坏等所致。因而，使发动机的工作过程恶化，燃料消耗量上升。

(2)配气相位。发动机的配气机构在使用过程中要产生磨损，因而导致原配气相位的变化。从理论上讲，合理的配气相位应适应发动机转速的要求，保证发动机得到较大的功率及较小的换气损失，保证发动机的燃料经济性，排气门提前开启角影响膨胀功损失及排气推出功损失。排气门提前开启角增大，膨胀功损失随之增大，推出功损失减小。反之，膨胀功损失减小，而推出功损失增大。因此，有一个最佳排气门提前开启角，可使膨胀功及推出动损失最小。而进气门迟关角对换气质量有重要影响，过大或过小均会使充气系数下降。

当气门间隙变化或调整不当，都将引起发动机配气相位的改变，因而，使发动机动力性和燃料经济性下降。根据试验，气门间隙每减小 0.1 mm，燃料消耗量增加 2%～8%。

(3)燃料供给系的技术状况。燃料供给系的技术状况对汽车的燃料经济性有着直接影响。车用汽油机对化油器的要求是按照汽车不同的工况准确及时的送入相应的可燃混合气，并使燃料雾化良好，与空气混合均匀，保证及时迅速地燃烧，最大限度地把燃料的热能转变为机械功。为此，化油器浮子室油面高度、各量孔及省油器、加速泵等的调整，都必须符合规定的技术要求。柴油机供给系输油泵压力、每循环供油量，各缸的供油均匀度及喷油器的喷油压力及雾化质量等，均应保证正常，否则，将增加燃料消耗量。

当化油器主量孔磨损增大或油针开度过大，燃料消耗量会增加 5%～7%；怠速量孔堵塞，燃料消耗量增加 2%；如省油器失灵，燃油不经主量孔而不断供出，燃料消耗量将增加 10%～15%；浮子室油面升高及进油阀不密封，也会引起燃油超耗。资料表明，是否及时清除滤清器中的沉淀杂质和进气管、气门和燃烧室中的积炭，发动机的功率和燃料消耗量可相差 5%～7%。

(4)点火系的技术状况。点火系技术状况不良不仅影响发动机起动性能和动力性，也将增加发动机的油耗。实验表明，点火提前角相差 1°，油耗约增加 1%；分电器上有无正常工作的真空点火装置，燃料消耗量相差 5%。一般情况下，火花塞间隙可适当偏大，这可以提高点火电压，增大点火能量对提高发动机燃料经济性有利。如将火花塞间隙由 0.6～0.8 mm 增至 1～1.2 mm 可以节省燃料 3%～5%。但电极间隙过大，又会增加点火系的负载，导致起动困难，高速时会发生断火现象，反而使经济性变坏。提高点火能量能达到节油的机理，主要在于火花能量强，可采用较稀的混合气。另外，提高点火能量还能保证发动机低速、低负荷混合气形成条件恶劣时正常燃烧。发动机各缸火花塞的工作情况对燃料消耗量的影响也很大，根据试验，六缸发动机有一缸火花塞不工作，则发动机燃料消耗量将增加 25%。

(5)发动机的工作温度。一般水冷发动机冷却液的正常工作温度为 80℃～90℃。低于或高于正常工作温度，都会使汽车的燃料消耗量增加。试验表明，冷却液温度从 95℃下降到 75℃时，燃料消耗量将增加 3%～5%，如下降到 40℃～60℃时，燃料消耗量将增加 15%～20%。这是因为温度低，汽油不易气化，燃烧不完全。其次，冷却液温度过低，由冷却液传出的热量增加，因而，发动的功率下降，燃料消耗量上升。发动机冷却液温度过高，则又容易产生早燃和爆燃及充气系数下降，使发动机工作恶化，也导致动力性和燃料经济性大幅度下降。如果发动机在冷却液沸腾情况下工作，则会使燃料消耗量猛增60%左右。

(二)电控燃油喷射发动机技术状况对燃料经济性的影响

化油器式发动机和电控燃油喷射发动机的燃油供给方式不同。当用化油器供油时，是利用空气流动时在化油器喉管处产生的负压，将浮子室的汽油连续吸出并与空气混合形成混合气输送给发动机；汽油喷射系统供油是利用空气流量计或进气压力传感器测量发动机进气量，电控单元(ECU)根据各种传感器提供的发动机工况信号进行计算、修正，控制喷油器的喷油持续时间，使发动机获得该工况下运行所需要的最佳空燃比。由于两种发动机的供油方法不同，影响燃料经济性的因素也不同。发动机汽缸压缩压力、配气相位及工作温度等因素，对化油器式发动机和电控燃油喷射发动机燃料经济性的影响是共同的，这里不再赘述。影响电控燃油喷射发动机燃料经济性的因素，主要是其进气系统、燃油系统和电控单元的各传感器、调节器和控制器等的技术状况，下面对这些影响因素逐一进行分析。

(1)空气流量计和进气歧管绝对压力传感器。在采用直接测量空气流量的电控燃油喷射系统中，空气流量计是用来检测发动机进气量的大小，并将进气量信息转换成电信号送至ECU，作为决定基本喷油量的信号之一，而在进气量采用进气歧管压力计量方式的电控燃油喷射系统中，是用进气歧管绝对压力传感器根据发动机的负荷状况测出进气歧管内压力的变化，并转化成电信号与转速信号一起送到ECU，作为决定基本喷油量的依据。如果在使用中，空气流量计或进气歧管绝对压力传感器损坏或性能发生变化，它们送给电控单元的信号可能是不反映发动机实际工况的错误信号，影响了单控单元对基本喷油量的确定，从而引起发动机燃料经济性的变化。例如，翼片式空气流量计的回位弹簧弹力变弱，热线式空气流量计的热线在使用中脏污了，当进气管空气质量流量增大时，被空气带走的热线热量减少，通过热线的电流并不随空气质量流量增大而增大，引起空气流量计输送给电控单元的电信号降低，使基本喷油量减少，出现发动机功率不足，为提高发动机的动力性，必须加大油门，因而，会引起燃油消耗量增加。

(2)冷却液温度传感器和进气温度传感器。冷却液温度传感器检测的冷却液温度信号输送给ECU，ECU就根据冷却液温度进行燃油喷射量的控制；在使用翼片式及卡门涡旋式空气流量计的电控汽油喷射发动机上，由于吸入空气温度的变化会引起空气密度发生变化，进气温度传感器将检测的进气温度变化信号输送给ECU，ECU据此进行喷油量的修正。冷却液温度传感器和进气温度传感器出现故障，如传感器内部线路接触不良或断线、热敏元件性能变化，就会出现传感器无信号或信号不准，从而导致发动机工作不正常，如发动机不能起动，发动机运转不平稳、停转或间歇运转，发动机功率下降等，造成油耗增加。

(3)发动机转速传感器和曲轴位置传感器。发动机转速传感器和曲轴位置传感器是发动机电控系统中最主要的传感器，其功用是检测发动机活塞上止点和曲轴转角信号并输入ECU，以便ECU控制点火时刻(点火提前角)和喷油时刻。同时，也可测量发动机转速。使用中，曲轴位置传感器常见故障有电子电路失效或线路断路，造成不能正确将活塞上止点信号传输给ECU，引起发动机无法起动或起动困难、加速不良、运转不佳、怠速不稳，容易熄火或间歇熄火等故障，从而使发动机的油耗增加。

(4)节气门位置传感器。安装在节气门体上的节气门位置传感器，用来检测节气门的开度，它把节气门打开的角度转换电压信号送给ECU，ECU据此进行节气门不同开度状态的喷油量控制。使用中，线性式节气门位置传感器常见的故障有传感器基板上电阻体的电阻不准确，造成输出的节气门位置信号就不正确，易引起发动机动力不足，为提高发动机动力而加大油门，使油耗增加；再就是电刷与碳膜电阻接触不良，造成节气门位置信号时有时无，引起发动机工作性能不良、发抖、喘振、加速性能差及加速失速，也会增加油耗。

(5)爆震传感器。爆震传感器功用是把爆震时传到汽缸体上的振动转换成电压信号，并输送给 ECU。ECU 根据爆震传感器的反馈信号来调整点火提前角，从而保持最佳点火提前角。如果使用中爆震传感器出现故障，如爆震传感器一直输出爆震信号给 ECU，ECU 控制推迟点火提前角，会造成汽缸内混合气燃烧不完全，发动机功率下降，为提高发动机动力性，必须加大油门，使油耗增加；又如压电式爆震传感器失效，则爆震信号中断，ECU 就会将各缸的点火提前角推迟 15°，汽车在行驶过程中，发动机动力不足，也需要加大油门提高发动机的动力性，使油耗增加。

(6)氧传感器。安装在排气管中的氧传感器，根据排气中的氧浓度测定空燃比，并向 ECU 发出反馈信号。ECU 根据氧传感器信号，不断修整喷油时间(喷油量)，以控制混合气空燃比收敛于理论值，实现混合气空燃比反馈控制(闭环控制)。使用中，氧传感器的主要故障是其内部线路断或脱落，陶瓷元件破损和电热电阻丝烧断等，出现上述故障，氧传感器不能输出排气管中氧浓度信息，ECU 就不能随排气中氧浓度的变化来修整喷油量，造成发动机油耗和排气污染均增加。发动机还会出现怠速不稳、缺火、喘振(抖)等。

(7)ECU。在汽油发动机 ECU 的控制功能中，与燃料消耗密切相关的主要控制功能有汽油喷射控制，其中包括喷油量控制、喷油定时控制和停油控制；还有点火控制，其中包括点火提前角控制、通电时间控制与恒流控制和防爆震控制等。通过这些控制功能的配合，使汽油发动机获得满足各种工况需要的最佳喷油量和最佳点火时刻，从而提高发动机的动力性。如果 ECU 性能下降或出现故障，就会使喷油量和点火提前角得不到最佳控制，燃料消耗量就会增加。

(8)喷油器。喷油器是电控燃油喷射系统中的一个关键的执行元件，它根据 ECU 送来的喷油脉冲信号精确地计量燃油喷射量。要求喷油器具有良好的雾化能力和适当的喷雾形状，以保证混合气的正常燃烧，保证发动机具有良好的起动性、怠速稳定性和满足低排放污染的要求。如果使用中喷油器雾化不良及喷油器针阀与阀座因磨损或积炭关闭不严而漏油时，均会造成混合气燃烧不完全，使油耗增加。

(9)节气门体。节气门体置于空气流量计与发动机之间的进气管上，与加速踏板联动，当踩加速踏板时，节气门开度随加速踏板踏下量而变化，以改变进气通路面积，从而控制发动机运转工况。在使用中，如果节气门体内部脏污、不清洁，当发动机负荷增加时，会影响节气门的开度，这时，节气门开度传感器将送出错误信号给 ECU，使喷油量不能增加，发动机功率不足，因此，必须加大油门，使油耗增加。

(10)废气再循环阀。废气再循环是把一部分废气引入进气系统中，和混合气一起再进入汽缸中燃烧，以抑制 NO_X 生成的一种手段。根据发动机结构不同，进入进气歧管的废气量一般 EGR 率控制在 6%～23%，如果 EGR 率过大，随着 EGR 率的增加，会使发动机燃烧状况恶化和油耗增加。因此，在使用中，如果废气再循环阀漏气，使 EGR 率过大，会引起发动机燃烧状况恶化，功率不足，为提高发动机动力性，必须加大油门，造成油耗增加。

(11)炭罐排放电磁阀。在电控发动机上，炭罐排放电磁阀受 ECU 控制，ECU 根据发动机的运行工况接通和断开电磁线圈来控制阀的开闭。只有电磁阀打开时，活性炭罐内的汽油蒸气才能进入进气岐管。通常是在发动机已经预热，发动机已运转了一定时间，在一定的行驶速度下和节气门开度达到一定时，ECU 控制炭罐排放电磁阀才打开。如果电磁线圈无电流或电磁线圈损坏而断开，炭罐排放电磁阀将一直打开，在所有时间炭罐都能向进气歧管排放汽油蒸气，易造成进气量少而燃油过多，使混合气过浓，燃烧不完全，使油耗增加。

(12)燃油压力调节器。喷油器将燃油喷入进气歧管，而进气歧管的压力是变化的，如果喷油压力一定，那么，进气歧管压力升高(真空压力降低)时，喷油量就会减少，进气歧管压力降低(真空压力增加)时，喷油量就会增加。喷油器喷射的燃油量，是根据 ECU 加给喷油器的通电时间长短来控制的，若以喷油通电时间长短来控制喷油量，必须使燃油的喷射压力与进气歧管的压力差保持恒定，为此，通过燃油压力调节器控制系统油压，随进气歧管压力的变化而相应变化，使系统油压与进气歧管的压力差保持恒定。如果在使用中，燃油压力调节器的性能发生变化或出现故障，可能会引起系统油压变化，从而引起喷油量的变化。如燃油压力调节器的回位弹簧老化，使其弹力变大或变小，如果回位弹簧弹力过大，回油孔打不开，系统油压得不到调整而过高，使喷油器喷油量增加，从而使油耗增加；如果回位弹簧弹力过小，回油孔易打开，使系统油压降低，喷油器喷油量减少，引起混合气过稀，发动机功率不定，需要加大油门，也会造成油耗增加。又如燃油压力调节器的真空软管漏气或堵塞，会因弹簧室的真空条件遭到破坏，使回油孔不易打开，造成系统油压偏高、喷油器喷油量增加，使油耗增加。

(13)进气泄漏。如果进气管脱落或有漏气的地方，就会引起进气泄漏。而进入进气管的空气是经过空气流量计计量的，且 ECU 是以此进气量信号作为决定基本喷油量的依据，如果经过计量的空气泄漏了，会引起混合气过浓，燃烧不完全，使油耗增加。

(14)二次空气喷射系统。通过二次空气喷射系统将一定量的空气引入排气管和催化转化器中，使废气中的一氧化碳和碳氢化合物在排气过程中进一步燃烧，进入催化转化器中的空气，以提高催化剂的转化效率，从而减少一氧化碳和碳氢化合物的排放。空气何时进入排气总管及催化转化器中，由 ECU 进行控制。如果使用中控制空气进入的阀门失效，空气将一直进入排气总管内，这样，氧传感器将检测到混合气过稀，混合气过稀的信号送给 ECU，使喷油量增加，从而增加油耗。

(15)可变配气相位机构。由内燃机的工作原理可知，在进、排气门的开闭过程中，进气门迟闭角的改变对充气效率影响最大。加大进气迟闭角，可使高速时充气效率增加，有利于发动机最大功率的提高，但对中低速时发动机的性能不利；减小进气迟闭角，能够防止气体被推回进气管，有利于提高发动机的最大转矩。具有可变配气相位机构的发动机，可根据发动机转速的变化对配气相位作出相应的实时调整，使汽缸的充气量同时满足发动机低转速和高转速下的不同需要，从而提高发动机的动力性和燃料经济性。如果可变配气相位机构损坏，配气相位不能随发动机转速变化而调整，特别是发动机高速时进气门迟闭角不能加大，充气效率不能增加，使高速时充气量不足，引起混合气过浓，燃烧不完全，使油耗增加。

(16)废气涡轮增压器。废气涡轮增压器出现故障，会引起增压压力不够，这是一种综合性的故障，其中增压器转速下降是主要原因，当轴承与转子轴磨损、涡轮或叶轮叶片变形、损坏或是转子体与壳体产生摩擦等原因，使转子体转速下降时，增压压力即随之下降；增压器进气道堵塞或进入中冷器的进气连接软管松旷、破裂，也会造成增压压力下降；发动机进气管有泄漏处也会使增压压力不足。增压压力不足，会引起充气系数下降，造成发动机动力不足，为了提高发动机的动力，必须加大油门，使油耗增加。

(17)电控点火系。如前所述,在电控点火系中,点火控制包括点火提前角控制、通电时间控制与恒流控制和防爆震控制。发动机 ECU 根据各种传感器输入的信号,如空气流量计或进气歧管绝对压力传感器、曲轴位置传感器和凸轮轴位置传感器送来的点火提前角主控信号和节气门开度传感器、冷却液温度传感器、车速传感器、爆震传感器及点火控制器等送来的点火提前角修正信号,计算出最佳点火提前角,并将点火控制信号输送给点火控制器。如果输送点火提前角主控信号和输送点火提前角修正信号的传感器中的某些传感器性能发生变化或损坏,会使反馈给发动机 ECU 的信号发生变化,ECU 输出的点火控制信号将偏离最佳值,引起发动机燃烧状况变差,燃油消耗增加。另外,点火系的一些部件损坏,如火花塞漏电、高压线漏电,引起点火能量下降,也会使发动机燃烧状况变差,燃油消耗增加。

二、汽车底盘技术状况对汽车燃料经济性的影响

汽车底盘技术状况主要包括传动系统的传动效率、轮胎滚动阻力、车轮定位、轮毂轴承的紧度及制动间隙等。

(1)传动系的技术状况。底盘传动系各配合副若配合不良,将使传动效率降低,燃料消耗量增加。例如,离合器打滑将引起离合器发热,使燃料消耗量增加。此外,变速器、万向传动装置及主减速器各传动副的配合间隙过大、过小,都会增加燃料消耗量。采用自动变速器的车辆,如果自动变速器的液力变矩器有故障,使传动效率下降,从而影响动力传递,为了提高车辆的动力性,必须加大油门,就会增加燃料消耗量。传动系轴承紧度调整不当,可使燃料超耗7%。使用不符合要求的齿轮油也会增加传动阻力。如冬季使用了夏季齿轮油,油耗将增加4%。

(2)轮胎气压。轮胎气压低于标准时,滚动阻力增加,燃料消耗量增加。资料表明,胎压较标准值低 0.05 MPa 时,平均燃料消耗量会增加 6%,还将缩短轮胎的使用寿命。

(3)车轮定位参数。汽车前轮定位参数对燃料消耗的影响也很大。当前束失调时.轮胎在滚动中产生滑移,增加了滚动阻力。此外,还会引起前轮偏摆。试验表明,汽车前束相差 1 mm,燃料消耗将增加 5%。当车速 30 km/h,滑行距离减少 25m,燃料消耗量将增加 5%左右。其实质上说明了底盘技术状况对燃料消耗量的影响。

本章小结

1.燃料经济性常采用每百公里油耗量(L/100 km 或 kg/100 km)作为评价指标,也可用汽车消耗单位量燃料所经过的行程(km/L)作为评价指标;等速行驶百公里油耗试验是一种在我国广泛采用的简单道路循环试验,在汽车底盘测功机上进行燃料消耗量试验是近年来发展的试验方法。

2.汽车燃料的消耗量是用油耗计来测量的。油耗计类型很多,按测量方法可分为:容积式油耗计、质量式油耗计、流量式油耗计和流速式油耗计。容积式流量计按检测装置结构的不同可分为膜片式、量管式和活塞式(单活塞式和行星活塞式)。应用最多的是膜片式、单活塞式和行星活塞式。

3.GB18565—2001 规定汽车百公里燃料消耗量不得大于该车型原厂规定的相应车速等速百公里燃料消耗量的 110%,作为燃料消耗量限值指标;燃料消耗量可用台架试验和道路试

验两种方法进行检测。在底盘测功机上在设定检测车速下，测量不低于 500 m 距离的燃料消耗量，通过计算求得等速百公里燃料消耗量，并将其校正到标准状态下的数值；道路试验的方法是在规定车速下，通过 500 m 测试路段，测量通过该路段的时间及燃料消耗量，计算汽车的百公里燃料消耗量，并将其校正到标准状态下的数值。

4. 在汽车的使用过程中，发动机和底盘各系统的技术状况变化，如发动机汽缸的压缩压力、配气相位、燃料供给系和点火系的技术状况变化，电控燃油喷射发动机各传感器、ECU 和各执行机构的技术状况变化；底盘传动系的技术状况，轮胎气压、前轮定位参数等，都对汽车燃料经济性有很大影响，通过分析其影响因素，找出故障原因并予以排除，提高检测合格率。

思　考　题

1. 汽车燃料经济性的评价指标有哪些？
2. 燃料经济性的试验方法有几种？
3. 油耗计有哪些种类？
4. 试述行星活塞式油耗计的工作原理。
5. 试述质量式油耗计的工作原理。
6. 试简述汽车等速百公里燃料消耗量的台试验测方法。
7. 试简述汽车等速百公里燃料消耗量的道路试验方法。
8. 简述化油器式发动机燃料经济性的影响因素。
9. 简述电控燃喷射式发动机燃料经济性的影响因素。

第六章　汽车制动性检测

第一节　制动性能的评价指标

一、制动性能的评价指标

汽车行驶时，能在短距离内迅速停车且维持行驶方向稳定性和在下长坡时能维持一定安全车速，以及在坡道上长时间保持停驻的能力，称为汽车的制动性能。汽车制动性能直接关系着汽车的行车安全。只有在保证行车安全的前提下，才能充分发挥汽车的其他使用性能，诸如提高汽车车速、汽车的机动性能等。汽车制动性能主要由制动效能、制动抗热衰退性和制动时汽车的方向稳定性三个方面来评价。

检验车辆制动性能可在制动器"冷态"和"热态"等不同的情况下进行。"冷态"一般是指制动器温度不超过100℃时进行的车辆制动试验，测量制动性能；而在车辆高速制动、短时间重复制动或下长坡连续制动时，制动器的温度很高，出现热衰退现象，测量车辆的制动性能，即制动抗热衰退性。此时视为"热态"试验。一般抗热衰退性能试验在汽车定型试验时进行。而对一般在用的车辆采用"冷态"检验车辆的制动性能。这里讨论的汽车制动性能是指冷态下的制动效能和制动时的方向稳定性。

(一)制动效能的评价指标

车辆的制动效能是指车辆在行驶中能强制地减速以致停车，或下长坡时维持一定速度的能力。评价制动效能的指标有制动距离、制动减速度、制动力和制动时间。

为了更好地理解制动效能的评价指标，需对车辆的制动过程进行分析。

图6-1是根据实测的汽车制动过程中的制动减速度随时间的变化曲线而绘制的理想的制动减速度 j_a 随制动时间变化的曲线。

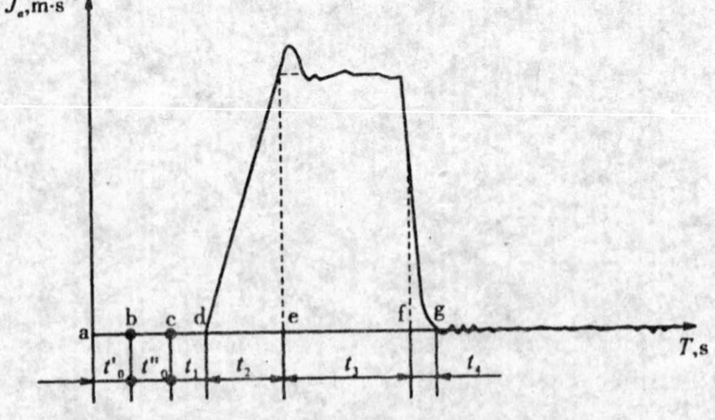

图6-1　制动减速度随时间变化的曲线

当驾驶员接收到需进行紧急制动的信号时(即图中的a点)，并没有立即采取行动，而要经过 t'_0 秒后才意识到应进行紧急制动，从 b 点移动右脚，经过 t''_0 秒后到 c 点，开始踩制动踏板。从 a 点到 c 点的时间（$t'_0+t''_0$）称为驾驶员的反应时间。

到 c 点后，驾驶员踩下制动踏板，踏板力迅速增加以致达到最大值。但由于制动踏板有一定的自由行程，而且要克服蹄片回位弹簧的拉力，所以要经过 t_1 秒后到达 d 点，这时制动器才开始产生制动作用，使汽车开始减速。这段时间 t_1 称为制动系的反应时间。

由 d 点到 e 点是制动器的制动力的增长过程，车辆从开始产生减速度到最大稳定减速度所需要的时间 t_2，一般称为制动减速度（或制动力）上升时间。

从 e 点到 f 点为持续制动时间 t_3，此间制动减速度基本不变。

到 f 点时，制动减速度开始消减，但制动解除还需要一段时间 t_4，这段时间称为制动释放时间。

综上所述，制动的全过程包括驾驶员发现信号后做出行动的反应、制动器开始起作用、持续制动和制动释放四个阶段。而驾驶员的反应时间只与驾驶员自身有关，与车辆无关。在检验车辆时，可暂不考虑。驾驶员松开制动踏板后，制动释放时间 t_4 对下次起步行车会带来影响，而对本次制动过程没有影响。所以，在研究制动性能时，着重研究从驾驶员踏着制动踏板开始到车辆停住这段时间（$t_1+t_2+t_3$）内车辆的制动过程。

不过，制动释放时间 t_4 对正常高速运行的汽车在“点刹”时带来的影响不可忽视，特别是同一轴上左、右车轮的制动释放时间不一致，会造成高速运行的汽车在“点刹”时出现“跑偏”现象，影响汽车的安全运行。

1. 制动距离

制动距离是反映车辆制动效能比较简单而又直观的指标。

制动距离是指车辆在一定的速度下制动，从脚接触制动踏板（或手触动制动手柄）时起至车辆停住时止，车辆驶过的距离。它就包括了制动系反应时间 t_1、制动减速度上升时间 t_2 和以最大稳定减速度持续制动的时间 t_3 内经过的全过程车辆行驶的距离。

车辆制动系调整的好坏，制动系反应时间的长短，制动力上升的快慢及制动力使车辆产生减速度的大小等，均包含在制动距离指标中。它是较为综合的制动性能指标，为大多数国家评价制动性能所采用。

制动距离是评价汽车制动性能最直观的指标。从行车安全的角度来看，在行车中，如果遇到某些需要减速或需要采取紧急制动措施时，汽车能在较短的距离内停下来，可以认为该车的制动性能良好。

用制动距离检验车辆的制动性能具有一定准确性。当用仪器测取车辆的制动距离时，对同一辆车在相同的车速和气压（或踏板力）下，在同一路段试验多次，其测得的结果相同或很接近，试验的重复性较好，说明了用制动距离来评价车辆的制动性能可达到一定的准确度。

制动距离是一个反映整车制动性能的指标，而不能反映出各个车轮的制动状况及制动力的分配情况。当制动距离延长时，也反映不出具体是什么故障使制动性能变差的。

2. 制动减速度

制动减速度按测试、取值和计算的方法不同，可分为制动稳定减速度、平均减速度和充分发出的平均减速度。

(1)制动稳定减速度 j_a(m/s^2)

用制动减速仪测取的制动减速度随时间的变化曲线，取其最大稳定值（如图 6-1 所示，t_3

范围对应的稳定减速度值)为制动稳定减速度,以 j_a 表示。

假设脱开发动机进行制动,并且车辆的各轮同时制动到全滑移状态,根据制动平衡方程式,则有

$$P_T = P_{ja} \tag{6-1}$$

式中:P_T——制动力,N;

P_{ja}——在制动状态下,车辆惯性力,N。

因为车轮同时制动到全滑移状态,所以,

$$P_T = \phi Ga \tag{6-2}$$

由于 $P_{ja}=mj_a$,$Ga=mg$,可得:$mj_a=\phi mg$。即

$$j_a = \phi g \tag{6-3}$$

式中:j_a——车辆的制动稳定减速度,m/s^2;

ϕ——轮胎与路面间附着系数;

Ga——车辆重力,N;

m——车辆总质量,kg;

g——重力加速度,m/s^2。

这就是说,当汽车制动到全滑移状态时,制动稳定减速度等于路面的附着系数 ϕ 和重力加速度 g 的乘积。

制动稳定减速度亦是评价车辆制动性能的指标之一。用制动减速仪来检验车辆的制动减速度时,从理论上讲,制动初速度的大小对测量值没有影响;测试时,受路面不平整度的影响较小;测量仪器本身结构简单,使用方便。但当使用滑块式或摆锤式制动减速仪测取这一参数时,尚存在以下几个问题。

①受车辆制动时倾角的影响而使测量精度降低;

②试验的重复性较差。同一辆车在相同的车速和气压(或踏板力)下,各次测得的结果有时相差较大。特别是在车辆空载情况下试验时,这个问题更加突出。

③测试时受路面附着系数的影响较大。如果路面的附着系数较小,车辆达到附着极限,制动稳定减速度就不会再升高。

④由于它测得的减速度是一个整车性能指标,所以不能反映各轮的制动力及其分配情况。

(2)平均减速度 d_0(m/s^2)

平均减速度 d_0 是指在制动效能试验中,按图 6-2 所示方法取值的平均减速度:

$$D = \frac{1}{t_3 - t_2}\int_{t_2}^{t_3} d \cdot d_t \tag{6-4}$$

(3)充分发出的平均减速度

充分发出的平均减速度,是车辆制动试验中用速度计测得了在制动过程中车辆的速度和驶过的距离的情况下,用 v_b 到 v_e 速度间隔车辆驶过的距离,根据下列公式计算的平均减速度:

$$\text{MFDD} = \frac{v_b^2 - v_e^2}{25.92(S_e - S_b)}\ (m/s^2) \tag{6-5}$$

式中:v_0——制动初速度,km/h;

v_b——车辆的速度为 $0.8\ v_0$,km/h;

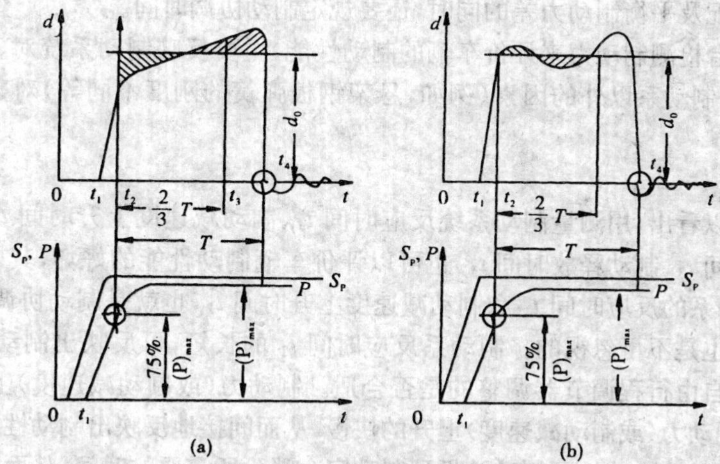

图 6-2 平均减速度取值方法

(a)渐增型制动减速度曲线;(b)马鞍型制动减速度曲线;

d 汽车制动减速度;S_r-制动踏板行程;p-管路压力;t-时间

v_e——车辆的速度为 $0.1\,v_0$,km/h;

S_b——在速度 v_0 和 v_b 之间车辆驶过的距离,m;

S_e——在速度 v_0 和 v_e 之间车辆驶过的距离,m;

当制动过程比较平稳,制动减速度比较稳定时,也可以认为充分发出的平均减速度MFDD是采样时段的平均减速度,即为

$$\text{MFDD} = \frac{v_b - v_e}{3.6t_{be}} \tag{6-6}$$

式中:t_{be}——汽车速度由 v_b 降低至 v_e 所用的时间。

上面公式中的速度和距离,应采用速度精度为±1%的仪器进行测量。充分发出的平均减速度亦可用其他方法来确定。无论用哪种方法,MFDD的精度应在±3%以内。

这个充分发出的平均减速度不受测试时车辆倾角的影响,能较准确反应车辆的制动减速特性。

3.制动力

车辆在行驶中,能强制地减速以致停车,最本质的因素是制动器所产生的摩擦阻力,这就是制动力。因此,"制动力"这个参数是从本质上评价制动性能的指标。

当车轮同时制动到全滑移状态时,制动力 P_T 与制动减速度的关系如下式所示:

$$P_T = P_{ja} = mj_a = \frac{G_a}{g}j_a$$

$$\text{所以},\ j_a = \frac{P_a \cdot g}{G_a} \tag{6-7}$$

式中各符号代表的意义同前。

从(6-7)式可以看出,制动减速度是随制动力的增加而增大的。

用制动力这一指标来评价车辆的制动性能,不仅可以规定整车制动力的大小,而且还可对前后轴制动力的合理分配及每轴两轮平衡制动力差提出要求,从而,保证车辆各轮制动效能良好,并且使各轮的附着重量得到合理的发挥。

为了较全面的检验车辆的制动性能,用制动力作为评价指标时,在规定了制动力的大小、制动力的合理分配及平衡制动力差的同时，还要规定制动协调时间。

用制动检验台检测制动力来评价车辆的制动性能，主要反映制动系统对整车制动性能的影响，而反映不出制动系以外的因素（例如，悬架钢板弹簧的刚度不同等）对整车制动性能的影响。

4.制动时间

从图 6-1 可以看出，用测量制动系统反应时间 t_1、制动减速度上升时间 t_2 和在最大减速度下持续制动时间 t_3、制动释放时间 t_4，也可以评价车辆制动性能的好坏，其中主要是持续制动时间 t_3，但制动系的反应时间 t_1 和制动减速度上升时间 t_2，也就是制动协调时间（t_1+t_2）对制动距离的影响也是不可忽视的。制动系反应时间 t_1 的长短，可反映出制动系调整的状况，特别是制动踏板自由行程调节器调整的是否合适。制动力（或制动减速度）上升时间 t_2 的长短，可以反映出制动力（或制动减速度）上升的快慢，从而间接地反映出制动性能的优劣。制动释放时间 t_4，可以反映出从松开制动踏板到制动完全消除所需要的时间，从而看出制动释放是否满足使用要求。

制动时间是一间接评价制动性能的指标，一般很少将它作为一个单独的参数来评价车辆的制动性能，但是，它作为一个辅助的评价指标，有时还是不可缺少的。

(二)制动稳定性的评价

汽车在制动过程中有时出现制动跑偏、侧滑，而使汽车失去控制而偏离原来的行驶方向，甚至发生撞入对方车辆行驶轨道、下沟或滑下山坡等的危险情况。汽车在制动过程中维持直线行驶能力或按预定弯道行驶能力，称为制动时汽车的方向稳定性。也就是这里所说的制动稳定性。

制动稳定性通常用制动时按给定轨迹行驶的能力来评价，即按汽车制动时维持直线行驶或预定弯道行驶的能力来评价。在国际上，通常是规定汽车直线行驶，在一定的速度下制动时，不偏离规定的试车通道来评价。GB 7258—2004 标准亦采用这种方法来评价制动稳定性。

在台试检验汽车的制动性能时，通常用汽车各轴左右轮制动力的平衡情况来评价汽车的制动稳定性。

车辆的制动稳定性差主要表现为“制动跑偏”和“车轮侧滑”。

制动跑偏是指车辆制动时不能按直线方向减速或停车，而无控制地向左或向右偏驶的现象。

影响制动跑偏的因素很多。产生跑偏的主要原因是汽车左右轮制动器制动力不相等或制动力增长的快慢不一致造成的。特别是转向轮左右车轮制动器的制动力不相等，更容易引起跑偏。悬架系统的结构与刚度，车轮定位角度，轮胎的机械特性，道路状况，轮荷的分配状态等，都对跑偏有影响。此外，制动时悬架导向杆系在运动学上的不协调，也会引起车辆跑偏。

汽车在制动过程中，当车轮未抱死制动时，车轮尚具有承受一定侧向力的能力。在一般横向干扰力的作用下不会发生制动侧滑现象。但当车轮抱死制动时，车轮承受侧向力的能力几乎全部丧失，这时汽车在横向干扰力的作用下极易发生侧滑。

侧滑对汽车制动稳定性的影响将取决于发生车轮抱死滑移的位置，一般制动时前轮先抱死滑移，车辆能维持直线减速停车，汽车处于稳定状态。但此时车辆将丧失转向能力，对在弯道上行驶的车辆是十分危险的。若后轮比前轮提前一定的时间先抱死，车辆在侧向干扰力的作用下将发生急剧甩尾或旋转，使车辆丧失制动稳定性。高速行驶的车辆出现这种制动不稳定现象就更加危险。

汽车制动跑偏与制动时车轮测滑是有联系的。严重的跑偏常会引起后轮的侧滑。制动时易于发生后轮侧滑的汽车也有加剧跑偏的倾向。

为了提高车辆的制动稳定性，首先在设计时，就应保证各轮制动力适当并在各轴间应合理分配，有的在汽车上装有制动力分配调节装置，例如，限压阀、比例阀、感载阀等，这些年已发展到采用计算机控制的汽车电子防抱死制动装置等。在车辆投入使用后，应经常检查、调整，以保持左右轮制动力平衡，提高制动稳定性。

当车辆抱死产生测滑时，应立即放松制动踏板，停止制动，降低车速，把转向盘朝着侧滑的一方转动。当车辆的位置调整后，要平衡地把转向盘转到原来的位置。

前面讨论的评价指标主要是评价汽车制动时制动性能的好坏。然而，一旦需要解除制动时，制动装置能否迅速而彻底地解除制动，也会影响行车安全。

在行车中，踏下制动踏板后，再抬起踏板，若不能迅速解除制动，而仍有制动作用，这种现象称之为制动拖滞。

车辆制动拖滞现象的出现，虽然不能立即引起行车事故，但如果不及时排除故障，将会导致制动系损坏，特别是制动器过热、制动蹄片烧蚀，降低车辆的制动性能。因此，控制车辆阻滞力也列入制动性能的检测项目。

二、制动装置的基本要求

机动车应设置足以使其减速、停车和驻车的制动系统，应具有行车制动、应急制动和驻车制动功能。应急制动可以是行车制动系统具有应急特性或是与行车制动分开的系统。行车制动的控制装置与驻车制动的控制装置应相互独立。

(一)行车制动

1.行车制动系的主要作用

(1)降低车辆的行驶速度，直到使车辆停止。汽车在会车、转弯、通过交叉路口或遇到危急情况时，需要提前减速行驶；为了避免碰撞行人，牲畜或其他物体，必须急踩制动，使车辆尽快停下来；在车辆行驶到达目的地或中途需要短暂停留时，则可减速、直至停车等。在这些情况下，都需要通过操纵行车制动装置，达到减速停车的目的。

(2)控制车辆在下坡时维持一定的速度。汽车下坡行驶时，如果没有制动装置控制车速，车辆在自身重力沿坡道分力的作用下，不断加速行驶，速度会愈来愈快，甚至难以控制。所以，想要使车辆下坡时维持一定的行驶速度，必须通过车辆的行车制动装置来实现。

2.行车制动装置的主要技术要求

(1)行车制动必须保证驾驶员在行车过程中能控制汽车安全、有效地减速和停车。行车制动必须是可控制的，且必须保证驾驶员在其座位上双手无须离开转向盘就能实现制动。

(2)行车制动系制动踏板的自由行程应符合汽车制造厂规定的该车有关技术条件。

(3)行车制动在产生最大制动作用时的踏板力，对于乘用车应不大于 500 N，对于其他车辆应不大于 700 N。

(4)液压行车制动在达到规定的制动效能时，踏板行程(包括空行程，下同)不得超过全行程的四分之三；制动器装有自动调节间隙装置的车辆的踏板行程，不得超过全行程的五分之四，且对于乘用车踏板行程不得超过 120 mm，其他类型车辆不得超过 150 mm。

(5)气压制动系统必须装有限压装置，确保贮气筒内气压不超过允许的最高气压。

(6)装备贮气筒或真空罐的汽车，均应采用单向阀或相应的保护装置，以保证在筒(罐)与压缩空气源(真空源)连接失效或漏损的情况下，由筒(罐)提供的压缩空气(真空度)不致全部丧失。

(7)贮气筒的容量应保证在调压阀调定的最高气压下，且在不继续充气的情况下，汽车在连续五次踩到底的全行程制动后，气压不低于起步气压(未标明起步气压者，按 400 kPa 计)。

(8)采用气压制动系统的车辆，发动机在 75%的额定功率转速下，4 nim(汽车列车为 6 nim，城市铰接公共汽车和无轨电车为 8 nim)内，气压表的指示气压应从零开始升至起步气压(未标明起步气压者，按 400 kPa 计)。

(9)车辆的行车制动必须采用双回路或多回路。

(10)采用真空助力的行车制动系，当真空助力器失效后，制动系统仍应能保持规定的应急制动性能。

(11)车辆运行过程中，不应有自行制动现象。当挂车与牵引车意外脱离后，挂车能自行制动，牵引车的制动仍然有效。

(12)汽车防抱制动装置是改善汽车制动稳定性较好的制动装置，是汽车重要的制动安全结构。对 2003 年 10 月 1 日起投入运营的最大总质量大于 12 000 kg 的旅游客车和最大总质量超过 16 000 kg 允许挂接总质量大于 10 000 kg 的挂车的货车及总质量大于 10 000 kg 的挂车，必须安装符合 GB/T 13594 规定的防抱制动装置。

(13)采用液压行车制动的汽车，其贮液器的加注口必须易于接近，从结构设计上，必须保证在不打开容器的条件下，就能很容易地检查液面。若不能满足此条件，则必须安装制动液面过低报警装置。采用气压行车制动的汽车，当制动系统的气压低于起步气压时，报警装置应能连续不断向驾驶员发出容易听到或看到的报警信号。安装具有防抱制动装置的汽车，当防抱制动装置失效时，报警装置应能连续不断向驾驶员发出容易听到或看到的报警信号。

(二)应急制动

1. 应急制动的作用

汽车应急制动功能是指在其行车制动系统有一处管路失效的情况下，在规定的距离内能将车辆停止的一种制动功能。

2. 应急制动的主要技术要求

(1)应急制动如果不是独立系统的话，则行车制动必须具有应急制动特性，驻车制动不能单独作为应急制动，事实上对小型汽车只有行车制动系，制动管路对角线布置时才能达到规定的应急制动性能要求；大、中型车辆则必须装备独立的应急制动装置。

(2)应急制动应是可以控制的，应急制动系统的布置应使驾驶员容易操作，驾驶员在座位上至少用一只手握住转向盘的情况下，就可以实现制动。它的操作机构可以与行车制动系统的操纵机构结合，也可以与驻车制动系统的操纵机构结合，但三者操纵机构不得结合在一起。

(三)驻车制动

1. 驻车制动的作用

驻车制动功能是通过驻车制动装置来实现的。主要作用是使车辆在坡道上停住。在坡道上的车辆，如果没有驻车制动装置的作用，在自身重力沿坡道的分力作用下，将自动向下滑行，为使车辆能在坡道上停住，需要通过汽车驻车制动装置的作用来实现。

2.驻车制动的主要技术要求

(1)驻车制动应能使车辆在没有驾驶员的情况下，也能使车辆停在上、下坡道上，驾驶员必须在座位上就可以实现驻车制动。对于汽车列车来说，在制动管路连接上要做到驾驶员在牵引车驾驶室里就可以实现列车的制动操作。

(2)挂车的驻车制动装置应能够由站在地面上的人实施操作。

(3)施加于驻车制动操纵装置的力：手操纵时，座位数小于或等于 9 座的载客汽车应不大于 400 N，其他车辆应不大于 600 N。脚操纵时，座位数小于或等于 9 座的载客汽车应不大于 500 N，其他车辆应不大于 700 N。

(4)驻车制动的控制装置的安装位置应适当，其操纵装置应有足够的储备行程(开关类操作装置除外)，一般应在操纵装置全行程的三分之二以内产生规定的制动效能；驻车制动机构装有自动调节装置时，允许在全行程的四分之三以内，达到规定的制动效能。棘轮式制动操纵装置，应保证在达到规定的驻车制动效能时，操纵杆往复拉动次数不允许超过 3 次。

(5)驻车制动应通过纯机械装置把工作部件锁止。采用弹簧储能制动装置做驻车制动时，应保证在失效状态下能快速解除驻车状态；如需要使用专用工具，这种工具应作为随车工具。

第二节 制动检验台结构原理

制动检验台根据其结构不同主要可分为：滚筒式和平板式两类；按其测试原理可分为：反力式和惯性式两类。目前，国内对汽车制动性能检测所用的制动检验设备多为滚筒反力式制动检验台，平板式制动检验台和惯性式制动检验台使用的不多。

一、制动检验台的结构及检测原理

(一)滚筒反力式制动检验台

1.基本结构

滚筒反力式制动检验台的结构简图如图 6-3 所示。它由结构完全相同的左右两套车轮制动力测试单元和一套指示、控制装置组成。每一套车轮制动力测试单元由框架(有的检验台将左、右测试单元的框架制成一体)、驱动装置、滚筒组、第三滚筒(举升装置)、测量装置等构成。

(1)驱动装置

驱动装置由电动机、减速器和链传动组成。电动机经过减速器减速后驱动(或再通过链传动)主动滚筒，主动滚筒通过链传动带动从动滚筒旋转。减速器

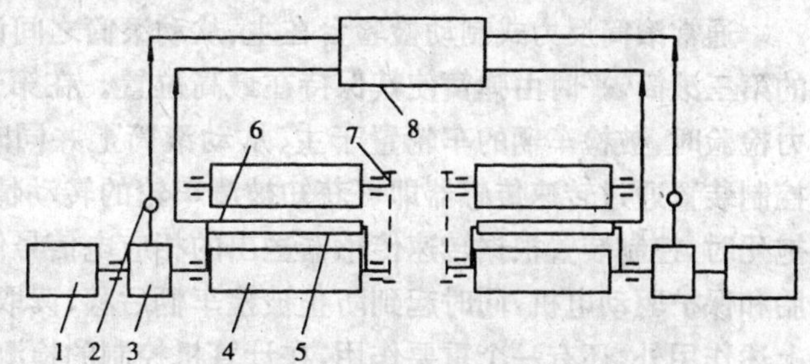

图 6-3 滚筒反力式制动检验台的结构简图

1-电动机；2-压力传感器；3-减速箱；4-滚筒；5-第三滚筒；6-电磁传感器；7-链传动；8-测量指示仪表

输出轴与主动滚筒共用一轴,减速器壳体为浮动连接(即可绕主动滚筒轴自由摆动)。由于制动检验台测试车速较低,因此,驱动电动机的功率也较小。目前,国产的10t滚筒反力式制动检验台的驱动电动机的功率一般为2×11kW。减速器的作用是减速增矩,其减速比根据电动机的转速和滚筒测试转速确定。由于测试车速一般都较低,滚筒转速也较低,因此,要求减速器减速比较大,一般采用两级齿轮减速或一级蜗轮蜗杆减速与一级齿轮减速。

(2)滚筒组

每一车轮制动力测试单元设置一对主、从动滚筒。每个滚筒的两端分别用滚动轴承与轴承座支承在框架上,且保持两滚筒轴线平行。滚筒相当于一个活动的路面,用来支承被检车辆的车轮,并承受和传递制动力。汽车轮胎与滚筒表面间的附着系数将直接影响制动检验台所能测得的制动力的大小。为了增大滚筒与轮胎间的附着系数,滚筒表面一般都进行了相应的加工和处理。采用较多的滚筒表面有以下几种。

①表面粘有金刚砂粒的粘砂金属滚筒。这种滚筒表面无论干或湿时都具有较高的附着系数,干燥表面附着系数可达到0.9以上,在有水的表面上,也可达到0.8。

②开有纵向浅槽的金属滚筒。在滚筒外圆表面沿轴向开有若干间隔均匀、有一定深度的沟槽。这种滚筒表面附着系数最高可达0.65。但在制动检验车轮抱死时容易剥伤轮胎,在表面磨损且沾有油、水时,附着系数将急剧下降。

③表面具有嵌砂喷焊层的金属滚筒。喷焊层的材料选用NiCrBSi自熔性合金粉末及金钢砂。这种滚筒表面新的时候其附着系数可达0.9以上,其耐磨性也较好。

滚筒直径与两滚筒间中心距的大小,对检验台的性能有较大的影响。滚筒直径增大有利于改善与车轮之间的附着情况,增加测试车速,使检测过程更接近实际制动状况。而且随着滚筒直径增大,两滚筒间中心距也需相应增大,才能保证合适的安置角。这样,使检验台结构尺寸相应增大,制造要求提高。

(3)制动力测量装置

制动力测量装置主要由测力杠杆和传感器组成。测力杠杆一端与传感器连接,另一端与减速器壳体连接,被测车轮制动时测力杠杆与减速器壳体将一起绕主动滚筒(或绕减速器输出轴、电动机枢轴)轴线摆动。传感器将测力杠杆传来的与制动力成比例的力(或位移)转变成电信号输送到指示、控制装置。传感器有应变测力式、自整角电动机式、电位计式、差动变压器式等多种类型。目前,国内制造的制动检验台多用应变测力式传感器。

(4)第三滚筒(举升装置)

通常滚筒反力式制动检验台在主、从动滚筒之间设置一直径较小,既可自转又可上下移动的第三滚筒,平时由弹簧使其保持在最高位置。在第三滚筒上装有转速传感器。在进行制动力检验时,被检车辆的车轮置于主、从动滚筒上并同时压下第三滚筒,并与其保持可靠接触。控制装置通过转速传感器即可获知被测车轮的转动情况。当被检车轮制动,转速下降至接近抱死时,控制装置根据转速传感器送出的相应电信号使驱动电动机停止转动,以防滚筒剥伤轮胎和保护驱动电机,同时起到防止被检车辆后移,读取被检车轮的最大制动力。第三滚筒除了上述作用外,还有一个重要作用,在计算机控制的检测线上作为被检车轮的到位控制和安全保护装置用,只有当两个车轮制动单元的第三滚筒同时被压下时,计算机控制系统才确认被检车轮已经到位,发出信号接通制动检验台驱动电机的电路,这时候制动检验台开始正常检测。

为了便于汽车出入制动检验台,一般在主、从动两滚筒之间设置有举升器。该装置通常由举升器、举升平板和控制开关等组成。举升器常用的有气压式、电动螺旋式、液压式等三种形式。气压式是用压缩空气驱动汽缸中的活塞或使气囊膨胀完成举升作用；电动螺旋式是由电动机通过减速器带动螺母转动，迫使丝杠轴向运动起举升作用；液压式是由液压举升缸完成举升动作。带有第三滚筒的制动检验台一般不用举升装置。

(5)指示与控制装置

目前，制动检验台控制装置都采用电子式。为了提高自动化与智能化程度，控制装置多已配置了计算机。指示装置有指针式和数字显示式两种。带计算机的控制装置多配置数字显示器，但也有配置指针式指示仪表的。

带计算机的指示与控制装置主要由计算机、放大器、A/D 转换器、数字显示器和打印机等组成，其控制框图如图 6-4 所示。

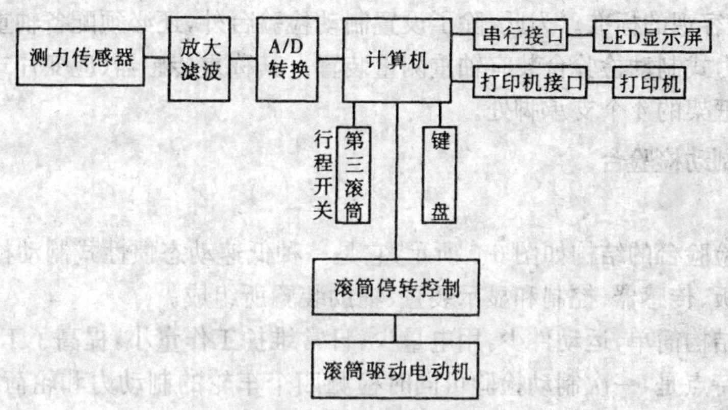

图 6-4　计算机控制框图

指针式指示仪表有两种形式：一种是一轴单针式；另一种是一轴双针式。

指示装置通常使用大型点阵显示屏，不但能显示检测参数，而且能够显示制动性能检测的计算结果以及检测结果的判定（合格与否）。

2. 检测原理

进行车轮制动力检测时，被检汽车驶上制动检验台，车辆置于主、从动滚筒之间，放下举升器（或压下第三滚筒，装在第三滚筒支架下的行程开关被接通）。通过延时电路起动电动机，经减速器、链传动和主、从动滚筒带动车轮低速旋转，待车轮转速稳定后驾驶员踩下制动踏板。车轮在车轮制动器的摩擦力矩 T_μ 作用下开始减速旋转。此时电动机驱动的滚筒对车轮轮胎周缘的切线方向作用制动力 F_{x1}、F_{x2}（见图 6-5）以克服制动器摩擦力矩，维持车轮继续旋转。与此同时，车轮轮胎对滚筒表面切线方向附加一个与制动力方向反向等值的反作用力 F'_{x1}、F'_{x2}，在 F'_{x1}、F'_{x2} 形成的反作用力矩作用下，减速器壳体与测力杠杆一起朝滚筒转动相反方向摆动，测力杠杆一端的力或位移经传感器转换成与制动力大小成比例的电信号。从测力传感器送来的电信号经放大滤波后，送往 A/D 转换器转换成相应数字量，经计算机采集、

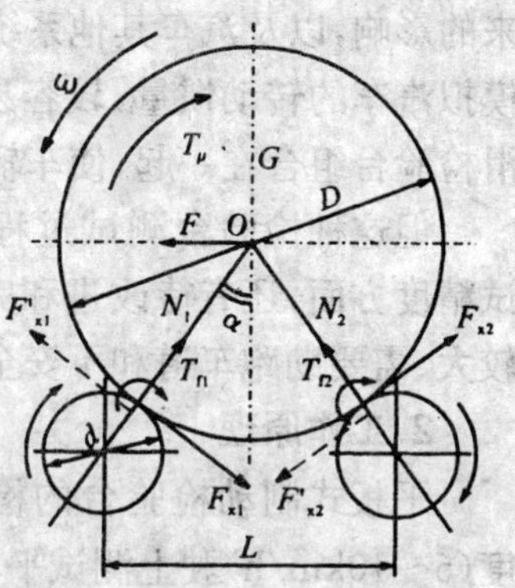

图 6-5　在检验台上检验时车轮受力图

G-车轮所受的负荷；T-车桥对车轮轴的水平推力；N_1N_2-滚筒对车轮的支反力；F_{x2}、F_{x2}-滚筒对车轮的切向摩擦力；F_{x2}'、F_{x2}'-车轮对滚筒的反作用力，$F_x \approx N_\phi$；ϕ-滚筒与车轮表面的附着系数；T_u-制动器摩擦力矩；T_{f1}、T_{f2}-车轮滚动阻力矩；α-安置角，$\alpha=\sin^{-1}\left(\frac{L}{D+d}\right)$

存贮和处理后，检测结果由数码管显示或由打印机打印出来。打印格式与内容由软件设计而定。一般可以把左、右轮最大制动力、制动力和、制动力差、阻滞力和制动力—时间曲线等，一并打印出来。在制动过程中，当左、右车轮制动力和大于某一值（如 50daN）时，计算机即开始采集数据，采集过程所经历时间是一定的（如 5 s）。经历了规定的采集时间后，计算机发出指令使电动机停转，以防止轮胎剥伤。在有第三滚筒的滚筒反力式制动检验台上，在制动过程中第三滚筒的转速信号由传感器转变成电信号后输入计算机，计算车轮与滚筒之间的滑差率。当滑差率达到一定值（如 25%）时，计算机发出指令使电动机停转。如车轮不驶离制动台，延时电路将电动机关闭 3～10 s 后又自动启动。检测过程结束，车辆即可驶出制动检验台。

由于制动力检测技术条件要求是以轴制动力占轴荷的百分比来评判的，对总质量不同的汽车来说，是比较客观的标准。为此，除了设置制动检验台外，还必须配备轴重计或轮重仪，有些复合式滚筒反力式制动检验台装有轴重测量装置。其称重传感器（应变片式）通常安装在每一车轮测试单元框架的 4 个支承脚处。

（二）平板式制动检验台

1. 基本结构

平板式制动检验台的结构如图 6-6 所示，它是一种低速动态惯性式制动检验台，由四块表面轧花的测试平板、传感器、控制和显示装置、辅助装置所组成。

这种检验台结构简单，运动件少，用电量少，日常维护工作量小，提高了工作可靠性。平板式制动检验台的特点是，一次制动检验可同时检测四个车轮的制动力和轮荷，检测效率较高。测试过程与实际路试条件比较接近，能反映车辆的实际制动性能，即能反映制动时轴荷转移带来的影响，以及汽车其他系统（如悬架结构、刚度等）对汽车制动性能的影响。该检验台不需要模拟汽车的转动惯量，较容易将制动检验台与轮重仪、侧滑检验台组合在一起，使车辆测试更加方便高效。

但这种检验台测试过程控制的稳定性、重复性和测试精度方面，还有待改进和完善。同时，还存在占地面积较大、需要助跑车道和不安全等缺点。

2. 工作原理

平板式制动检验台的检测原理是：当汽车以一定速度（5～10km/h）驶上测试平板，置变速器于空挡并进行紧急制动时，汽车在惯性作用下，车轮对测试平板作用一个大小与车轮制动力相等、方向与汽车行驶方向相反的制动力，该力通过纵向拉杆传到拉力传感器上，拉力传感器将此作用力转变为相应大小的电信号，并将该信号送入控制和显示装置；车轮作用于平板的垂直作用力由分布在平板四角的压力传感器转变为电信号，送入控制和显示装置。通过控制和显示装置的计算机、放大器、A/D 转换器进行信号转换、处理和计算，再通过显示装置把检测结果显示出来或打印出来。

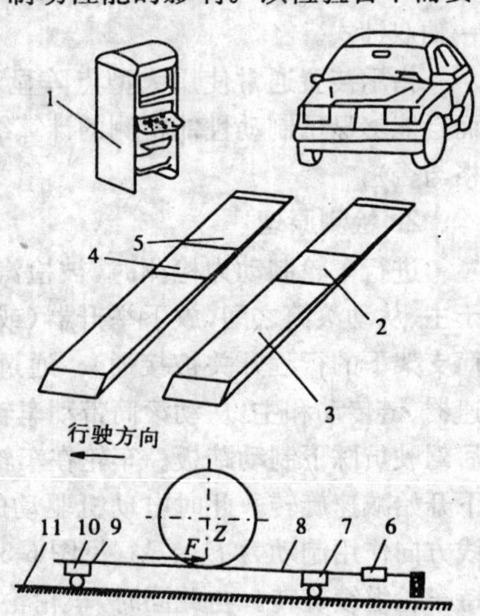

图 6-6 平板式制动试验台

1-控制柜；2-侧滑测试平板；3-制动-轮荷测试平板；4-空板；5-制动-轮荷测试平板；6-拉力传感器；7-压力传感器；8-面板；9-钢球；10-压力传感器；11-底板

二、制动检验台的检测项目

在用制动检验台对汽车制动性能进行检测时，根据国家标准对制动性能的的技术要求，及检测设备的能力，应进行下列项目的检测。

1.轴(轮)重

该参数主要用于相关的制动力平衡、制动力总和与整车重量的百分比、轴制动力与轴荷的百分比的评价。对于平板式制动检验台来说，在检测过程中应采用动态轴荷。

2.车轮阻滞力

检测车轮阻滞力，用以判定车辆在正常行驶时车轮是否"发咬"。

3.轮制动力

与轴(轮)重相配合，用于判定被检车辆的左右轮制动力平衡、轴制动与轴荷的百分比是否符合技术要求。

4.左右轮制动力平衡

该参数与制动力增长全过程同时所测得的左右轮制动力中大者相配合；或与该轴的轴荷相配合，以判定被检车辆的制动力平衡是否符合技术要求。

5.轴制动力与轴荷的百分比

被检车轴的轴制动力与该车轴的重量相比的百分比。

6.整车制动力总和与整车重量的百分比

被检车辆的整车制动力总和与该车测试状态的重量相比的百分比。

7.驻车制动力

与被检车辆测试状态的重量相比，以判定被检车辆的驻车制动力是否符合技术要求。

三、制动检验台的使用方法

各型式制动检验台的结构原理不同，设备的型号不同，因此，在使用前一定要认真阅读检验台的《使用说明书》，按照《使用说明书》的规定进行正确操作。

(一)滚筒反力式制动检验台使用方法

1.测试前的准备

(1)检验台的准备

①检查滚筒表面有无泥、水、油等污染物，如有，应该清除干净；

②使滚筒在无负荷状态下运转，检查其工作是否正常，设备的仪表是否处于零位，若不在零位，应及时调零；

③检查举升器动作是否灵活，如动作阻滞或有漏气(油)部位，应进行检修。举升器是否在升起位置。否则应使举升器升起到位；

④检查检验台二次仪表上各指示灯工作是否正常；

⑤检查各种导线有无因为损伤造成接触不良；

⑥检查计算机联网检测控制系统的通讯是否良好；

(2)被测车辆的准备

①核实汽车各轴轴荷，确保被测汽车各轴轴荷均在检验台允许载荷范围内；

②检查轮胎是否粘有泥、水、油污等污染物。要特别注意检查轮胎花纹内、后轴双轮胎间

嵌入的小石子及金属等杂物，如有，应清除干净；

③检查轮胎气压，使其符合出厂规定。

2. 测试步骤

①接通检验台总电源，按说明书要求预热至规定状态；

②汽车从其纵向中心线与滚筒轴线垂直方向驶入检验台。先前轴，再后轴，使车轮依次处于两滚筒之间的举升平板上；

③汽车停稳后，变速器置于空挡位置，行车、驻车制动处于放松状态，根据需要，把踏板力计安装在制动踏板上；

④降下举升平板，确保轮胎与举升平板完全脱离；

⑤起动电动机，使滚筒带动车轮旋转，待转速稳定后，从二次仪表上读取车轮阻滞力数值；

⑥踩下制动踏板，从指标仪表上读取最大制动力值，制动过程中最大的制动力差值，并打印检测结果，或将检测到的数据发送到主控计算机。一般检验台在 1.5～3.0 s 后，或第三滚筒发出车轮即将抱死的信号后，滚筒自动停转；

⑦升起举升平板，驶出已测车轴，按上述方法继续进行检测；

⑧所有车轴的行车制动性能及驻车制动性能检测完毕后，升起举升板，汽车驶出检验台；

⑨等待下一辆被检车辆；

⑩一天工作完毕后，切断检验台总电源。

(二)平板式制动试验台使用方法

1. 测试前的准备

①将检验台指示与控制装置上的电源开关打开，按使用说明书要求预热到规定状态；

②检查并清洁制动检验台的测试平板，平板表面不能有水、油污等污染物；

③检查检验台的仪表是否处于零位，若不在零位，应及时调零；

④核实被检汽车各轴轴荷，确保被测汽车的各轴轴荷在检验台允许载荷范围内；

⑤检查被检汽车的轮胎是否粘有泥、水、油污等污染物。特别要注意检查轮胎花纹内、或在后轴双轮胎间嵌入的小石子、及金属等杂物，如有，应清除干净；

⑥检查被检汽车车轮的气压，是否符合汽车制造厂的规定，如不符合规定，需要充、放气至规定值。

2. 测试步骤

①被检汽车对正检验台，以 5 km/h～10 km/h 车速驶上测试平板，置变速器于空挡，前方指示灯闪亮时，驾驶员急踩制动踏板，使车辆停住，并读取检测结果(车轮制动力和动态轮荷)；

②汽车重新起步，平稳驶离检验台；

③ 切断检验台电源。

四、制动检验台的维护

1. 每周维护

除了进行使用前的维护项目外，还应检查滚筒轴承、减速器、电动机、支承轴承座等处的螺栓是否松动，并予紧固。

2. 每月维护

除了进行每周维护项目外，还应检查滚筒轴承的润滑情况。如有脏污或干涸时，应按设备制造厂家规定的油品加注润滑油。清理设备机坑内的垃圾和油污。检查各连接部件是否有松旷，并予以紧固；检查举升器工作情况。对气压举升器，应排出汽缸和管道内的积水。

3.每半年维护

除了进行每月维护项目外，还应进行如下项目的维护：

(1)检查滚筒有无运转杂音，滚筒表面有无损伤。如存在缺陷，应予以修理。

(2)检查减速器内润滑油的贮油量及脏污程度。应按设备制造厂家规定的油品进行补充或更换。

(3)拆下链条罩，检查链条脏污和张紧情况。链条脏污时，要彻底清洗、润滑，若松紧度不适合，应重新调整张紧度，若链条磨损严重，应予以更换。

(4)检查第三滚筒的工作情况，转动是否正常，滚筒有否变形，并予修理。

(5)检查举升器工作情况，上、下运行是否自如，润滑情况是否良好，并予修理。

(6)按照国家标准，用通过国家计量检定的标准校验仪，对检验台进行一次自校，如自校的结果达不到国标要求，应予以调整，并请法定计量部门对检验台重新进行计量检定，以保证检验结果的准确性和权威性。

4.每年维护

除了进行每半年维护项目外，还应对电动机进行一次保养。对指示与控制装置的显示部分(数显式)进行检查，如有缺笔补划的缺陷，应予修理。

每年维护结束后，应对设备进行自校、调整。同时，必须接受法定计量部门对制动检验台进行计量检定，以便保证检验台的测试精度，只有经法定计量部门对设备检定合格后，方可再次使用。

第三节　汽车制动性能检测方法

一、台试检测汽车制动性能

我国汽车制动性能检测的标准，规定了可用台试检验制动性能，也可以用路试检验制动性能。一般情况下，可采用台试检验汽车的制动性能，但当对台试检验的结果发生争议时，或无法采用台试检验方法进行检验时，可以用路试检验进行制动性能检测，并以满载状态路试的结果为准，以确保对汽车制动性能判断的准确性。

(一)汽车制动性能检验要求

1.行车制动性能的检验要求

汽车在制动检验台上检验行车制动性能应符合下列要求。

①汽车、汽车列车在制动检验台上测出的制动力应符合表6-1的要求。

台试检验制动力要求　　表6-1

机动车类型	制动力总和与整车质量的百分比		轴制动力与轴荷[a]的百分比	
	空载	满载	前轴	后轴
乘用车、总质量不大于3 500 kg的货车	≥60	≥50	≥60[b]	≥20[b]
其他汽车、汽车列车	≥60	≥50	≥60[b]	—

a 用平板制动检验台检验乘用车时，应按动态轴荷计算。b 空载和满载状态下测试均应满足此要求。

进行制动性能检验时的制动踏板力或制动气压应符合以下要求：

(1)满载检验时

气压制动系：气压表的指示气压≤额定工作气压；

液压制动系：踏板力，乘用车≤500 N；

其他机动车≤700 N。

(2)空载检验时

气压制动系：气压表的指示气压≤600 kPa；

液压制动系：踏板力，乘用车≤400 N；

其他机动车≤450 N。

②制动力平衡要求

在制动力增长全过程中，同时测得的左右轮制动力差的最大值，与全过程中测得的该轴左右轮最大制动力中大者之比，对前轴不应大于20%，对后轴(及其他轴)在轴制动力不小于该轴轴荷的60%时，应不大于24%；当后轴(及其他轴)制动力小于该轴轴荷的60%时，在制动力增长全过程中同时测得的左右轮制动力差的最大值，不应大于该轴轴荷的8%。

③制动力协调时间

对液压制动的汽车不应大于0.35 s，对气压制动的汽车不应大于0.60 s；汽车列车和铰接客车、铰接式无轨电车的制动协调时间不应大于0.80 s。

④车轮阻滞力

汽车车轮阻滞力要求：进行制动力检验时，各车轮的阻滞力均不应大于车轮所在轴轴荷的5%。

⑤制动力完全释放时间

汽车制动力完全释放时间(从松开制动踏板到制动消除所需要的时间)不应大于0.80 s。

2.驻车制动性能检验要求

当采用制动检验台检验汽车驻车制动装置的制动力时，机动车空载，乘坐一名驾驶员，使用驻车制动装置，驻车制动力的总和不应小于该车在测试状态下整车质量的20%(对总质量为整备质量1.2倍以下的机动车，为不小于15%)。

(二)汽车制动性能台试检验方法

正确使用制动检验台是确保制动检验结果准确、公正的必要条件。因此，在对汽车制动性能检验时，除了严格遵守检测设备的操作规程进行操作外，同时，要根据被检车辆的实际情况选择合适的检验方法。

1.检验前准备

①制动检验台滚筒(或平板)表面应清洁，没异物及油污，表面附着系数应符合规定的要求。

②检验辅助器具应齐全。

③气压制动的车辆，应能保证在该车各轴制动力测试完毕时，贮气筒压力仍不低于起步气压(未标明起步气压者，按400 kPa计)。

④液压制动的车辆，根据需要将踏板力计装在制动踏板上。

2.用滚筒反力式制动检验台检验

①被检车辆正直居中行驶，各轴依次停放在轴(轮)重仪中间位置，并按仪器说明书规定的

时间停放，分别测出轴(轮)静态载荷(轴重、制动分列式)。

②被检车辆正直居中行驶，将被检测车轮停放在滚筒上，变速器置于空挡。

③起动滚筒电动机，在 2 s 后开始采样并保持足够的采样时间(5 s)，测阻滞力。

④检验员按显示屏指示，在 5～8 s 内(或按厂家规定的速率)，将制动踏板逐渐踩到底(对气压制动车辆)，或踩到制动性能检验时规定的制动踏板力，测得左、右车轮制动力增长全过程的数值，并依次测试各车轴；对驻车制动轴，拉紧驻车制动操纵装置，测得驻车制动数值。

⑤在测量制动时，如果被测试车轮在滚筒上抱死，但制动力仍未达到合格要求时，为了获得足够的附着力，允许在机动车上增加附加质量或施加相当于附加质量的作用力(在设备额定载荷以内，附加质量或作用力应在该轴左右车轮之间对称作用，不计入轴荷)。

⑥在测量制动时，为防止被检车辆在制动检验台上后移，可以采取防止车辆后移的措施(例如在非检测车轮后方加三角垫块或采取牵引等方法)。当采取上述方法之后，仍出现车轮抱死并在滚筒上打滑或整车随滚筒向后移出的现象，而制动力仍未达到合格要求时，应改用其他方法进行检验。

3. 用平板制动检验台检验

①检验员将被检车辆以 5～10 km/h 的速度(或制动检验台生产厂家推荐的速度)滑行，置变速器于空挡后(对自动变速器车辆可位于“D”挡)，正直平稳驶上平板。

②当各车轮均驶上平板时，急踩制动踏板，使车辆停止，测得轮重、制动力等各项数值。

4. 检验方法的选择及注意事项

(1)检验方法的选择

①汽车制动性能的检验宜采用滚筒反力式制动检验台或平板式制动检验台检验，尤前轴驱动的乘用车更适合采用平板式制动检验台检验制动性能。

②对于部分无法在滚筒反力式制动检验台检测的车辆，如四轮全时驱动汽车、双后轴驱动汽车、多轴半挂车等，以及对台试制动性能检验结果有质疑的汽车，应采用路试检验制动性能。

③对满载/空载两种状态时，后轴轴荷之比大于 2.0 的货车和半挂牵引车，宜加载(或满载)检验制动性能，此时所加载荷应计入轴和整车重量。加载至满载时，整车制动力百分比应按满载检验考核；若未加载至满载，则整车制动力百分比应根据轴荷按满载检验和空载检验的加权值考核。也就是说，要根据加载的程度确定整车制动力的要求。如：假设一辆货车的整备质量为 5 t，最大允许总质量为 10 t(即核定载质量为 5 t)，前轴、后轴的轴荷空载时分别为 2 t 和 3 t，满载时分别为 3 t 和 7 t，则检验所加载荷为 2 t 时，整车制动力达到 56%[50%+(5－2)/5×10%]以上即为合格；若所加载荷为 4 t，则整车制动力达到 52%[50%+(5－4)/5×10%]以上即为合格。

(2)注意事项

①除了滚筒反力式制动检验台外，滚筒式制动检验台还包括惯性式滚筒制动检验台，应允许使用符合规定的惯性式滚筒制动检验台检验机动车的制动性能。

②用滚筒式制动检验台检验行车制动时，不需要测取制动协调时间。

③为了有效地解决半挂牵引车和重型货车“重载使用、空载检验”的不匹配问题，参照香港的成功经验，推荐加载(或满载)检验上述车辆承重轴(多为后轴)的制动性能。

④制动检验时，被检车辆应尽量停正，否则极有可能由于左右两侧车轮与滚筒接触面积和状态的不同而导致制动力平衡达不到要求。

⑤滚筒反力式制动检验台检验行车制动时，应保证前轴制动力、后轴制动力和整车制动力是在同一次上线检验时达到标准规定的要求，即：复检行车制动的制动力时，应复检所有车轴的行车制动力，而并非仅检验上次检验不达标的车轴。

⑥如果是多轴驻车制动的车辆，应分别测出各轴的驻车制动力，并取其之和作为该车的驻车制动力，用作判定被检车辆的驻车制动力是否合格的依据。

二、路试检测汽车制动性能

路试检验汽车制动性能的优点是直观、简便，能真实地反映汽车实际行驶过程中汽车动态制动性能，如轴荷转移的影响；能综合反映汽车其他系统的结构性能对汽车制动性能的影响，如转向机构、悬架系统结构和型式对制动方向稳定性的影响。但也有不足之处，只能反映整车制动性能的好坏，而对于各轮的制动状况及制动力的分配，不易取得定量的数值；不易诊断故障发生的具体部位；重复性差。

通常，在路试检验汽车制动性能时，用第五轮仪和非接触式速度仪来测量被检车辆的制动距离；用便携式制动性能测试仪检测被检车辆的充分发出的平均减速度（MFDD）与制动协调时间。

（一）路试汽车制动性能要求

1.行车制动性能检验要求

①用制动距离检验行车制动性能

机动车在规定的初速度下的制动距离和制动稳定性要求应符合表 6-2 的规定。对空载检验的制动距离有质疑时，可用表 6-2 规定的满载检验制动距离要求进行。

制动距离和制动稳定性要求　　表 6-2

机动车类型	制动初速度，km/h	满载检验制动距离要求，m	空载检验制动距离要求，m	试验通道宽度，m
乘用车	50	≤20.0	≤19.0	2.5
总质量不大于 3 500 kg 的低速汽车	30	≤9.0	≤8.0	2.5
其他总质量不大于 3 500 kg 的汽车	50	≤22.0	≤21.0	2.5
其他汽车、汽车列车	30	≤10.0	≤9.0	3.0

制动距离：是指机动车在规定的初速度下急踩制动踏板时，从脚接触制动踏板（或手触动制动手柄）时起至机动车停住时止的机动车驶过的距离。

制动稳定性要求：是指制动过程中机动车的任何部位（不计入车宽的部位除外）不允许超出规定宽度的试验通道的边缘线。

②用充分发出的平均减速度检验行车制动性能

汽车、汽车列车在规定的初速度下急踩制动踏板时，充分发出的平均减速度及制动稳定性要求，应符合表 6-3 的规定，且制动协调时间对液压制动的汽车不应大于 0.35 s，对于气压制动的汽车不应大于 0.60 s，对于汽车列车和铰接客车、铰接式无轨电车的制动协调时间不应大于 0.80 s。对空载检验的充分发出的平均减速度有质疑时，可用表 6-3 规定的满载检验充分发出的平均减速度进行判断。

制动协调时间：是指在急踩制动踏板时，从脚接触制动踏板（或手触动制动手柄）时起至机动车减速度(或制动力)达到表 6-3 规定的机动车充分发出的平均减速度(或表 6-1 所规定的制动力)的 75%时的所需时间。

制动减速度和制动稳定性要求 表 6-3

机动车类型	制动初速度,km/h	满载检验充分发出的平均减速度,m/s^2	空载检验充分发出的平均减速度,m/s^2	试验通道宽度,m
乘用车	50	≥5.9	≥6.2	2.5
总质量不大于 3 500 kg 的低速汽车	30	≥5.2	≥5.6	2.5
其他总质量不大于 3 500 kg 的汽车	50	≥5.4	≥5.8	2.5
其他汽车、汽车列车	30	≥5.0	≥5.4	3.0

③制动踏板力与制动气压的要求

在进行路试制动性能检验时,需控制的制动踏板力与制动气压,应和台试检验制动力时间同步。

④判定

汽车、汽车列车在符合规定的制动踏板力或制动气压下的路试行车制动性能,符合表 6-2 或表 6-3 和制动协调时间的要求,即为合格。

2.应急制动性能检验要求

汽车在空载和满载状态下,按表 6-4 所列初速度进行应急制动性能检验,应急制动性能指标应符合表 6-4 的要求。

应急制动性能要求 表 6-4

机动车类型	制动初速度,km/h	制动距离,m	充分发出的平均减速度,m/s^2	允许操纵力不应大于,N	
				手操纵	脚操纵
乘用车	50	≤38.0	≥2.9	400	500
客车	30	≤18.0	≥2.5	600	700
其他汽车	30	≤20.0	≥2.2	600	700

3.驻车制动性能检验要求

在空载状态下,驻车制动装置应能保证汽车在坡度为 20%(对总质量为整备质量的1.2 倍以下的汽车为 15%)、轮胎与路面间的附着系数不小于 0.7 的坡道上,正、反两个方向保持固定不动,其时间不应少于 5min。对于允许挂接挂车的汽车,其驻车制动装置必须能使汽车列车在满载状态下时能停在坡度为 12%的坡道(坡道上轮胎与路面的附着系数不应小于0.7)上。

检验时,操纵力按 GB 7258—2004 的规定。

在规定的测试状态下,汽车使用驻车制动装置,能停在坡度更大且附着系数符合要求的试验坡道上时,应视为达到了驻车制动性能检验规定的要求。

(二)汽车制动性能路试检验方法

(1)路试检验机动车制动性能时,应在纵向坡度不大于 1%,轮胎与路面间的附着系数不小于 0.7 的硬实、干燥和清洁的水泥或沥青路面上进行。检验时变速器置于空挡。

(2)对于无法上制动检验台进行检验的车辆及经台架检验后对其制动性能有质疑的车辆,

用制动距离或充分发出的平均减速度和制动协调时间判定制动性能。必要时，应安装踏板力计，检查达到规定制动效能时的制动踏板力是否符合标准。

(3)在试验的路面上划出表 6-2 规定宽度的试验通道的边线，被测汽车沿着试验车道的中线行驶至高于规定的初速度后，置变速器于空挡(自动变速器的汽车，置变速器于"D"挡)，当滑行到规定的初速度时，急踩制动踏板，使汽车停止。

(4)用制动距离检验行车制动性能时，采用第五轮仪或非接触式速度仪，测量汽车的制动距离，并检查车辆有无驶出试验通道的边线。对除气压制动外的汽车，还应同时测取制动踏板力(或手操纵力)。

(5)用充分发出的平均减速度检验行车制动性能时，采用便携式制动性能测试仪检测被检车辆的充分发出的平均减速度(MFDD)与制动协调时间，并检查车辆有无驶出试验通道的边线。对除气压制动外的汽车，还应同时测取制动踏板力(或手操纵力)。

(6)用充分发出的平均减速度检验行车制动性能时，若受场地限制，则对于制动检验台检验时制动力平衡符合要求且前轴制动力大于 60%，但整车制动力不达标的车辆，可以适当降低制动检验初速度，但对乘用车及总质量不大于 3 500 kg 的货车，不得低于 30 km/h，对其他车辆不得低于 20 km/h。

(7)将车辆驶上坡度为 20%(总质量为整备质量的 1.2 倍以下的车辆为 15%)、附着系数不小于 0.7(混凝土或沥青路面)的坡道上，按正反两个方向保持固定不动，检验车辆的驻车制动是否符合要求。

(8)鉴于应急制动性能主要决定于汽车的制动系结构及行车制动系的性能，在制动性能检验时，仅需检查"汽车制动系的结构和管路是否被改动"即可，不宜进行应急制动性能检验。事故车辆安全性能检验根据需要，可进行应急制动性能检验。

第四节　汽车制动性检测结果的分析

一、台试制动性能检验结果的分析

在制动检验台上检测汽车制动性能时，若检测结果判定为不合格，如果排除检测操作规范的问题，其主要原因是由汽车的制动系统的故障造成的。汽车制动系统的常见故障形式有制动力不足、同轴左右车轮制动力平衡不符合要求、制动协调时间过长和车轮的阻滞力过大等。

(一)液压制动系统检验结果的分析

(1)各车轮制动力均偏低，主要原因为制动踏板自由行程太大，制动液中有空气或制动液变质，制动主缸有故障，增压器或助力器效能不佳或失效。在随后的维修中，应进一步检查制动主缸、增压器、助力器或制动液，必要时，更换或添加制动液。

(2)个别车轮制动力偏小，主要原因是该车轮制动器有故障，若同一制动回路两车轮制动力均偏小，则应检查该制动回路中有无空气或不密封的地方。

(3)同轴左右车轮制动力平衡不符合要求的故障原因与(2)相同，应着重检查车轮制动器间隙是否适当。

(4)各车轮制动协调时间过长,应检查制动踏板自由行程是否过大。若个别车轮制动协调时间过长,则主要可能是该车轮制动器间隙过大;若同一制动回路两车轮制动协调时间都过长,则可能是该制动回路中有空气。

(5)车轮阻滞力都超限的主要原因是制动主缸有故障或制动踏板无自由行程;若个别车轮阻滞力超限,则主要原因是该车轮制动器间隙过小,制动轮缸有故障、制动蹄回位弹簧有故障或轮毂轴承松旷。

(二)气压制动系统检验结果的分析

(1)各轮制动力均偏低,主要原因是制动踏板自由行程太大,贮气筒气压太低或制动控制阀有故障。在随后的维修中,应进一步检查空气压缩机、制动控制阀的工作情况。

(2)个别车轮制动力偏低,主要原因是该车轮制动器间隙过大或制动器有故障。若同一制动回路两车轮制动力都偏低,主要原因是制动管路漏气或某一制动气室膜片破裂,应视情更换制动管路或制动气室。

(3)同轴左右车轮制动力平衡不符合要求的故障原因同(2),应着重检查车轮制动器间隙是否适当。

(4)各车轮制动协调时间过长,应主要检查制动踏板的自由行程是否过大;若个别车轮制动协调时间过长,则说明该车轮制动器间隙过大。

(5)各车轮阻滞力均超出标准的要求,其主要原因是制动踏板无自由行程或制动控制阀有故障;若个别车轮阻滞力超出标准的要求,则主要原因是该车轮制动间隙过小,制动蹄回位弹簧有故障或轮毂轴承松旷。

(6)带挂车的车辆,出现主车、挂车制动不协调,应检查制动控制阀的调整是否正确。

二、路试制动性能检验结果的分析

1. 制动距离大于规定值

(1)对于液压制动系统,需检查系统中有无渗入空气;检查制动主缸,若制动主缸无问题,则再检查制动轮缸;检查制动钳与制动盘或制动蹄摩擦片与制动鼓的间隙是否正常。

(2)对于气压制动系统,需检查制动器间隙;检查制动控制阀、制动气室及真空增压器。

2. 制动跑偏

(1)对于液压制动系统,需检查跑偏一侧制动钳与制动盘或制动蹄片与制动鼓是否变形,检查轮毂轴承是否磨损、松旷,检查前轮定位是否正常,检查悬架固定螺栓有否松动,检查制动轮缸是否发卡或发生气阻。

(2)对于气压制动系统,需要检查左右轮制动器间隙是否一致,检查前轮定位是否正常。检查跑偏一侧制动气室膜片是否破裂和推杆是否变形;检查制动凸轮与支承套、制动蹄与支架销是否锈蚀,检查制动鼓是否变形及其表面有无沟槽。

3. 制动拖滞

(1)对于液压制动系统,需要检查制动踏板行程是否太小,制动器间隙是否过小;检查制动轮缸是否卡滞,制动液是否返回贮油罐;检查真空助力器是否卡滞;检查制动回位弹簧是否失效、脱落。

(2)对于气压制动系统,需要检查制动踏板行程是否太小,制动器间隙是否过小;检查制动控制阀的排气阀弹簧、橡胶阀是否有效,检查制动气室膜片回位弹簧弹力;检查制动凸轮轴与

轴套,制动蹄与支承销是否卡滞,

4. 制动时有异响

在路试进行制动时,听制动系有关部位是否有噪声发出,特别要留心前后车轮轮毂等容易发生异响的部位。若听到"哽、哽"的异响,则一般是制动鼓失圆或摩擦片接触不良;若听到"哗啦、哗啦"的响声,则为制动器弹簧断裂或脱落;若听到"唰、唰"的响声,则说明制动蹄、鼓的间隙过小或制动钳与制动盘发生碰擦。

如制动时有异响,则还要检查制动摩擦片的品质、安装情况及磨损量,检查轮毂轴承是否松旷或碎裂,检查制动蹄或制动钳有否松动,检查制动钳有无毛刺或锈蚀,检查制动盘或制动鼓有无磨出沟槽或破裂。

5. 制动踏板力偏大

汽车制动时,驾驶员通过施加在制动踏板的力的大小可以判断制动踏板力是否偏大。一般踩下制动踏板的力约为400 N。若明显大于该数值,踩踏板感到吃力,则可以判定为制动踏板力偏大。主要检查增压器或助力器是否失效,检查制动主缸是否发卡,检查制动轮缸或制动气室能否回位。

6. 制动鼓发热

若在汽车行驶制动时,踩下制动踏板后汽车不能立即停止,车轮拖印痕迹比正常范围长很多,用手试摸车轮轮毂外壳时有烫手的感觉,则应检查制动器间隙是否过小,检查制动主缸回油是否顺畅,检查制动蹄回位弹簧是否过软,检查摩擦片是否有裂纹,检查带真空增压装置的真空控制阀是否失灵。

7. 驻车制动操纵杆锁不住

驻车制动时,在拉紧驻车制动操纵杆后松手时,操纵杆应停止在相应位置,若操纵杆自动退回原位,则应检查棘爪回位弹簧是否脱落或失灵,检查带驻车制动操纵杆棘爪或齿肩是否磨损或损坏。

本章小结

1. 汽车制动性能主要由制动效能、制动抗热衰退性和制动时汽车的方向稳定性三个方面来评价。制动效能的评价指标:制动距离、制动减速度、充分发出的平均减速度、制动力和制动时间等。制动稳定性通常用制动时按给定轨迹行驶的能力来评价,即按汽车制动时维持直线行驶或预定弯道行驶的能力来评价。

2. 制动检验台根据其结构不同主要可分为:滚筒式和平板式两类;按其测试原理可分为:反力式和惯性式两类。目前,国内对汽车制动性能检测所用的制动检验设备多为滚筒反力式制动检验台,平板式制动检验台和惯性式制动检验台使用的不多。在用制动检验台对汽车制动性能进行检测时,根据国家标准对制动性能的的技术要求,及检测设备的能力,应进行下列项目的检测:轴(轮)重、车轮阻滞力、轮制动力、左右轮制动力平衡、轴制动与轴荷的百分比、整车制动力总和与整车重量的百分比和驻车制动力等。

3. GB 7258—2004《机动车运行安全技术条件》是我国在用汽车制动性能检测的标准,规定了可用台试检验制动性能,也可以用路试检验制动性能。一般情况下,可采用台试检验汽车的制动性能,但当对台试检验的结果发生争议时,或无法采用台试检验方法进行检验时,可以用路试检验进行制动性能检测，并以满载状态路试的结果为准，以确保对汽车制动性能判断的准确性。GB 7258—2004《机动车运行安全技术条件》和GA468—2004《机动车安全检测项目和方法》规定了汽车制动性能检测的标准和检测方法。在实施检测时，应重视检验方法的选择及注意事项。

4. 在制动检验台上检测汽车制动性能时，若检测结果判定为不合格，如果排除检测操作规范的问题，其主要原因是由汽车的制动系统的故障造成的。汽车制动系统的常见故障形式有制动力不足、同轴左右车轮制动力平衡不符合要求、制动协调时间过长和车轮的阻滞力过大等。通过分析其影响因素，找出故障原因并予以排除，提高检测合格率。

思 考 题

1. 汽车制动性能的评价指标有哪些？
2. 什么叫制动距离？受哪些因素影响？
3. 什么叫充分发出的平均减速度(MFDD)？在测试时应测定哪几个参数？
4. 什么叫制动稳定性？表征制动稳定性的测试参数有哪些？
5. 什么叫车轮阻滞力？影响车轮阻滞力的因素有哪些？
6. 滚筒反力式制动检验台由哪几部分组成？其作用是什么？
7. 滚筒反力式制动检验台制动力测试原理是什么？
8. 滚筒反力式制动检验台第三轴的作用是什么？
9. 为保证检测数据准确，检测前，检验台应作哪些准备？被检车辆应作哪些准备？
10. 滚筒反力式制动检验台、平板式制动检验台的使用方法和注意事项有哪些？
11. 行车制动装置的主要技术要求有哪些？
12. 路试制动性能检验的项目有哪些？台架制动性能检验的项目有哪些？它们的技术要求是什么？
13. 简述汽车制动性能台架检测的方法及注意事项。
14. 简述汽车制动性能路试检测的方法及注意事项。
15. 在何种情况下，应选用路试检验汽车的制动性能？
16. 台架制动性能检测不合格，可能存在哪些主要原因？
17. 路试制动性能检测不合格，可能存在哪些主要原因？

第七章 汽车的转向操纵性检测

汽车转向操纵系统技术状况的好坏，对汽车的行驶安全有着十分重要的影响，必须给予足够的重视。汽车转向操纵系统性能的检测参数一般包括：转向盘最大自由转动量、最小转弯直径和内外轮转向角、适度的不足转向特性、转向盘最大转向力、转向轮横向滑移量和车轮定位值等。

第一节 转向操纵性的评价指标

一、转向操纵性的评价指标

1.转向盘最大自由转动量

转向盘的最大自由转动量，是指汽车转向轮在保持直线行驶位置静止不动时，轻轻转动转向盘，使转向盘从一侧刚好能带动转向轮，转到另一侧刚好能带动转向轮时转向盘所转过的角度(空转的角度)。该参数反应了转向盘转动至带动车轮转动之间全部传动部件的配合状况。

转向盘的自由转动量不能过大，过大会使操纵系统反应迟缓。但也不能过小，过小会使路面的反冲作用过大，造成驾驶员驾驶操纵不柔和，容易产生疲劳。所以，转向盘的最大自由转动量应定期进行检测、调整和维护，使其保持在合适的范围之内。

2.最小转弯直径和内外轮转角

车辆大部分都是前轮转向，在转向的每一时刻所有的车轮都应围绕一个中心点做圆弧行驶，这个延长线的中心点称为瞬时转向中心。它的位置在与各车轮速度方向垂直的延长线的相交点上。车辆转向时，从瞬时转向中心到前外轮轮辙中心线的距离即为转弯半径，通常用 R 来表示。2 倍转弯半径即为转弯直径，以 D 表示。从图 7-1 可知，转弯半径和转弯直径可用下列公式计算

$$R=\frac{L}{\sin\theta_0}+\alpha$$

$$D=2R$$

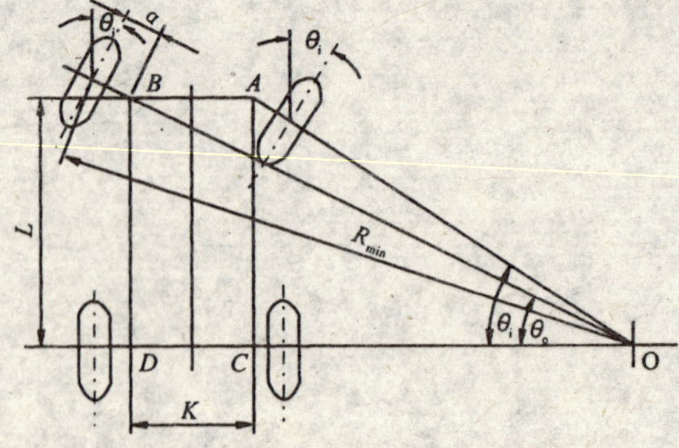

图 7-1 理想的内外轮转角关系图

车辆的转弯直径越小，车辆转向时所需场地面积就越小，车辆的机动性能就越好。在转

向时，外轮转角 θ_0 越大或轴距 L 值越小时，转弯直径 D 就越小。若转向外轮转角相同，轴距较短的汽车转弯直径也较小。对某定型汽车而言，轴距 L 是一个不变的值。因此，在外轮转角达到最大值（即 $\theta_0=\theta_{0\max}$）时，转弯直径最小，即此时 $D=D_{\min}$。此时最小转弯直径的公式可表示为

$$R_{\min}=\frac{L}{\sin\theta_{0\max}}+\alpha$$

$$D_{\min}=2R_{\min}$$

实际上，车辆在转向过程中，不是绕一个固定的圆心转动。这是由于车辆从直线行驶进入转弯行驶状态时，转向轮的转角开始由零变大，以后又从大变小，直到车辆恢复直线行驶为止。从整个转向过程来看，转向轮的转角是随时都在变动的，导致所有车轮速度方向垂线的交点也在不断的变动着。

车辆的转弯直径 D 对车辆的机动性有直接影响。车辆的机动性就是指车辆在最小面积内活动的能力。它决定了驾驶员为装卸货物而移动车辆，或者在停车场地及维修车间内调动车辆时所需要场地面积、车道宽度及驾驶员的劳动强度。机动性还影响着车辆能够通过狭窄弯曲地带或绕开不可越过的障碍物的能力。

由上述分析可知，转向轮的最大转向角直接影响到汽车转弯直径的大小，是转向系的重要参数之一。在汽车设计时，对转向轮的最大转向角都明确作出规定。一般在车辆的使用说明书或有关技术文件中，均可查到原厂规定的转向轮最大转向角。

无论是 2 轴、3 轴或是 4 轴汽车，在转向过程中，为了使所有车轮都处于纯滚动而无滑动状态，或只有极小的滑移，则要求全部车轮都围绕一个瞬时转向中心做圆周运动。在一般转向条件下，每个车轮的转向半径是不同的，它们应该符合按理论计算出来的比例关系，并据此作为转向梯形机构的设计基础。

对于 2 轴汽车转向时，若是每个车轮的轮胎都不产生侧向偏离，两转向前轮轴的延长线，要交在后轴的延长线上，如图 7-1 所示。那么，内外轮转向角之间应满足下列关系式，即

$$\mathrm{ctg}\theta_0-\mathrm{ctg}\theta_i=\frac{\mathrm{DO}-\mathrm{CO}}{\mathrm{BD}}=\frac{K}{L}$$

式中：θ_0——外轮转角；

θ_i——内轮转角；

K——两主销中心线延长线到地面交点之间的距离；

L——轴距。

汽车转向时，若满足上述条件，则车轮作纯滚动运动。现有汽车的转向梯形机构，对上述条件只能在一定的转向范围内得到满足。

3.车辆不足转向特性

车辆在实际运行中，遇到的情况是很复杂的，有时是直线行驶，有时是曲线行驶，在发生意外情况时，驾驶员还要对车辆作紧急异常操纵，力求避免事故。此外，运行中的车辆，还要经受来自地面不平、坡道、大风等各种外部因素的干扰。因此，为确保车辆操纵系统的安全运行，还要求汽车必须具备以下的操纵性能：

(1)根据道路的地形和交通情况的限制，车辆能按驾驶员通过操纵机构所给定的方向行驶；

(2)车辆在行驶过程中，具有抵抗力图改变其行驶方向的各种干扰，并保持稳定行驶的

性能。

车辆的这种性能总称为汽车的操纵稳定性。具体地说，从驾驶员方面输入，维持车辆按给定的路线行驶的能力，称为车辆的操纵性；车辆在给定的方向下行驶时，抵抗力图改变其行驶方向的外力能力，称为车辆的稳定性。从车辆行驶安全来看，稳定性就是抗翻车和抗侧滑的能力。

车辆的操纵性和稳定性是互相依存、密切相关的。操纵性的破坏常常会引起翻车和侧滑，而车辆侧滑时也可能使操纵性失灵。所以，一般统称为车辆的操纵稳定性。

由输入引起的汽车运动状况可分为不随时间而变化的稳态与随时间而变化的瞬态二种。相应的车辆响应称为稳态响应与瞬态响应。例如，给等速直线行驶的汽车以前轮角阶跃输入（急速转动前轮，然后维持前轮转角不变），一般的汽车经过短暂时间后，将进行等速圆周行驶。一定前轮转角下的等速圆周行驶状态便是一种稳态。而等速直线行驶与等速圆周行驶间的过渡过程便是瞬态，相应的响应称为前轮角阶跃输入引起的汽车瞬态响应。

一般情况下，具有适度不足转向特性的汽车才有良好的操纵稳定性。汽车不能具有过多转向特性。具有中性转向特性的汽车也不好，因为汽车本身或外界使用条件的某些变化，中性转向特性的汽车会转变为过多转向特性。人们已经习惯于驾驶具有不足转向特性的汽车，知道如何通过操纵转向机构使汽车遵循期望的路径行驶。若汽车的转向特性突然改变（如轿车的行李厢内载重过多，会使汽车变为过多转向），驾驶员的经验不能适应新的、不良的转向特性，在突然出现危险情况时，汽车可能失去控制而造成事故。

经过长期实践，现在已经认识到这种稳态响应是评价汽车操纵稳定性的重要特性之一。一般称它为汽车的“稳态转向特性”。汽车的稳态转向特性分成三种类型：不足转向、中性转向和过多转向，如图 7-2 所示。

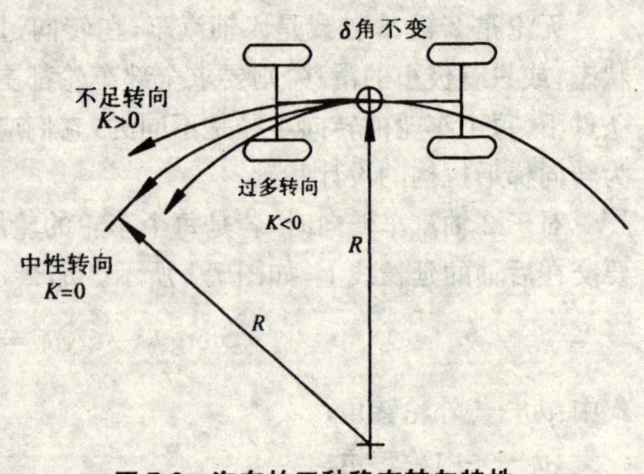

图 7-2　汽车的三种稳态转向特性

4. 转向盘最大转向力

转向盘的最大转向力，是指车辆在一定的行驶条件下，为维持转向角度不变的行驶而作用在转向盘外缘上的最大切向力。这个检测参数主要是用来检查转向系中各零部件的配合状况。车辆在使用过程中，由于转向装置在装配时调整不当或使用中有关零部件的磨损、变形等原因会引起转向沉重。转向沉重的车辆，容易使驾驶员产生疲劳或使车辆的操纵失控而导致交通事故发生。因此，为了保持车辆转向操纵的轻便性，对车辆的转向盘最大转向力进行检测是很有必要的。

5. 转向轮横向侧滑量

为保证汽车的车轮在直线行驶中无横向滑移，要求车轮的外倾角和前束角要匹配适当。当车轮外倾角与前束角匹配不当时，汽车的车轮就有可能在直线行驶过程中不作纯滚动，而产生横向滑移现象。当这种横向滑移现象过于严重时，将会降低车轮的附着能力，减弱汽车定向行驶能力，导致轮胎异常磨损，严重时，还可能引发交通事故。

6. 车轮定位参数

正确的车轮定位参数，是车辆具有良好的转向操纵性能，保持直线行驶能力及避免车身振动、减少机械磨损的保证。车轮定位参数一般包括:前轮外倾角、主销内倾角、主倾后倾角、前轮前束角、转向轮最大转向角、前展角(前张角)、车轴偏角(轴距偏差)、推力角(推进线)、后轮前束角和后轮外倾角等。定期对车轮定位参数进行检测,通过维护、调修以维持正确的车轮定位参数,可及时消除这些车辆在行驶中(特别在高速行驶中)的不安全因素,从而提高汽车在行驶过程中的操纵稳定性和驾驶安全性,同时,可以减少轮胎磨损、悬架系统磨损,降低燃油消耗。

二、转向操纵系统的其他要求

(1)动力转向(或助力转向)的车辆卸载阀的工作时刻应符合原厂规定的该车的有关技术条件。

(2)转向轮转向后应能自动回正,在平坦、硬实、干燥和清洁的道路上行驶,不得跑偏,其转向盘不得有摆振或其他异常现象。

(3)转向盘应转动灵活,操纵轻便,无阻滞现象。在车轮转向过程中,不得与其他部件有干涉现象。

(4)转向节及臂,转向横、直拉杆及球头销应无裂纹和损伤,并且球头销不得松旷。对车辆进行改装或修理时,横、直拉杆不得拼焊。

转向节及臂,转向横、直拉杆及球头销是转向机构的重要部件,一但损坏将使转向操纵失灵而导致重大恶性事故。所以,必须经常检查,除外观检查这些部件是否有裂纹或损坏、装配是否松旷外,还应用探伤仪检查各部件内部是否有砂眼、气泡或其他损伤。发现故障,要及时排除,以确保车辆运行安全。

第二节　转向操纵性的检测设备结构及原理

一、转向盘自由转动量检测仪的结构及原理

转向盘自由转动量检测仪主要由标有角度值的刻度盘和指针组成。检测时,刻度盘和指针分别被固定在转向盘轴管和转向盘边缘上。固定方式有机械式和磁吸式两种,机械式如图7-3所示。磁吸式使用磁力座固定指针或刻度盘,结构更为简单,使用更为方便。

工作原理为,置汽车于平坦、干燥和清洁的硬质路面上,汽车的两个转向轮保持直线向前行驶位置不动;将专用检测仪器安装于转向盘上;轻轻向左(或向右)转动转向盘,使转向盘转到一侧刚好能带动转向轮而转向轮又没转动(有阻力)时,调整检测仪器的指针指向刻度盘的零度位置;然后向另一侧转动转向盘到刚好能带动转向轮而转向轮还没转动(有阻力)时止。此

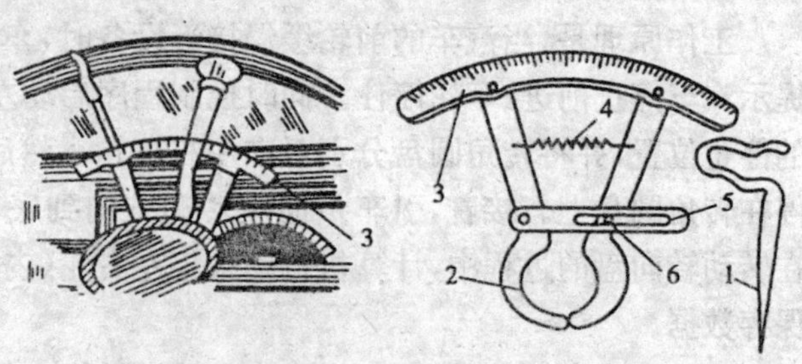

图 7-3　机械式转向盘自由转动量检测仪

1-指针;2-夹臂;3-刻度盘;4-弹簧;5-连接板;6-固定螺针

时读取指针指向刻度盘的角度值，即为该车转向盘的最大自由转动量(转向盘空转的角度)。

二、转向轮转向角检测仪的结构及原理

汽车转向轮转向角检测仪，俗称转角仪。按检测方法分有人工检测转角仪和全自动控制检测转角仪两种。人工检测用的转角仪如图 7-4 所示。

全自动控制检测的转角仪结构如图 7-5 所示，该设备由机械台架和控制系统两大部分组成。

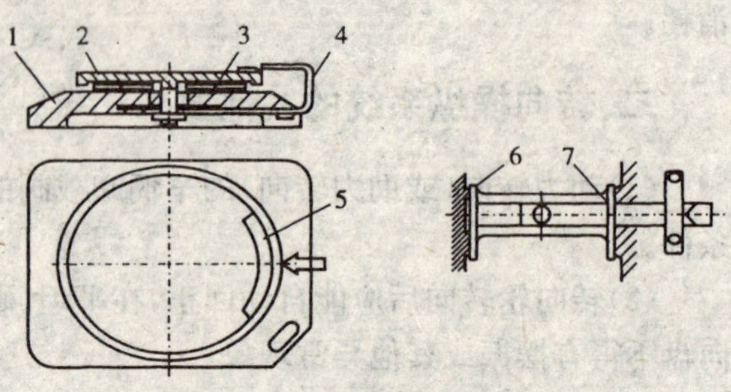

图 7-4 转角仪(转盘)结构图

1-底盘；2-上转盘；3-钢桥；4-指针；5-刻度尺；6-横向导轨；7-纵向导轨

机械台架分左、右两个基本测试单元，每个测试单元都能在台架的轨道上借助电动机的正反向转动或气动汽缸的正反向运动而独立地左右移动，以适应不同的汽车轮距和不同的停车位置。每个测试单元上都有一个可以转动的圆盘，该圆盘可以绕圆心转动，还可以实现局部的前后左右移动，以适应车轮的偏位转动。圆盘的下方连接有一个角度传感器，用来记录车轮转向的角度，从而实现对转向轮转角的检测。

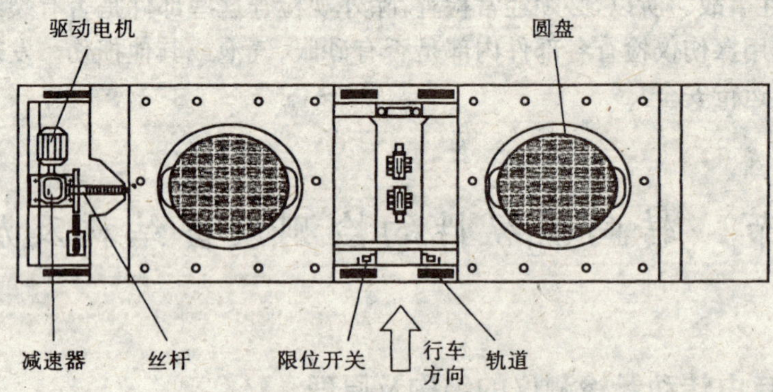

图 7-5 全自动转角仪结构图

控制系统由计算机、显示器、传感器、信号处理部分及打印机等组成。主要作用是引导车辆将转向轮停在转向圆盘上，提示向左(或右)转动转向盘，同时自动采集车轮转动的角度，并可根据需要打印检测结果。

工作原理是，当汽车的前轮缓慢接近设备时，车轮会挡住设备前的停车定位开关，引导屏提示汽车停止前进，车轮停住。同时控制程序启动左右测试单元自动移动，分别寻找左右车轮的停止位置，并将转角圆盘分别对准左右车轮。然后，在引导屏指引下，引车员将车轮前移并停在转角圆盘上。接着，引车员向左转动方向到底，再向右转动方向到底，最后回正转向盘。在转动转向盘的过程中，计算机自动采集左右轮(内外角)最大转向角数据，并显示检测结果和保存数据。

三、转向盘测力仪的结构及原理

转向盘测力仪，一般可同时测量转向盘自由转动量和作用在转向盘上的最大转向力和力

矩。仪器结构如图7-6所示。该仪器由操纵盘、主机箱、传感器、连接叉和定位杆等部分组成。操纵盘由螺钉固定在三爪底板上，底板经测力传感器与连接叉相连，每个连接叉上都有一只可伸缩长度的活动卡爪，以便与被检测转向盘相连接。主机箱为一圆形结构，固定在底板中央，其内装有接口板、微机处理器、显示窗口、打印机和电池等。测力传感器也装在其中。

检测原理：将转向盘测力仪的中心对准被测车辆的转向盘中心，调整好三只伸缩爪长度与转向盘连接牢固，然后转动仪器的操纵盘，此时施加于操纵盘上的转向力便通过底板、力矩传感器、连接叉传递到被测的转向盘上，使转向盘带动汽车的转向系统以实现汽车转向轮的转向。同时微机处理器读取测力传感器输出的最大电信号，并根据转向盘的直径换算成圆周上的切向操纵力显示在主机箱的窗口，或根据需要打印出来。如果同时配用角度指针座，还可以检测出转向盘的最大转动量。

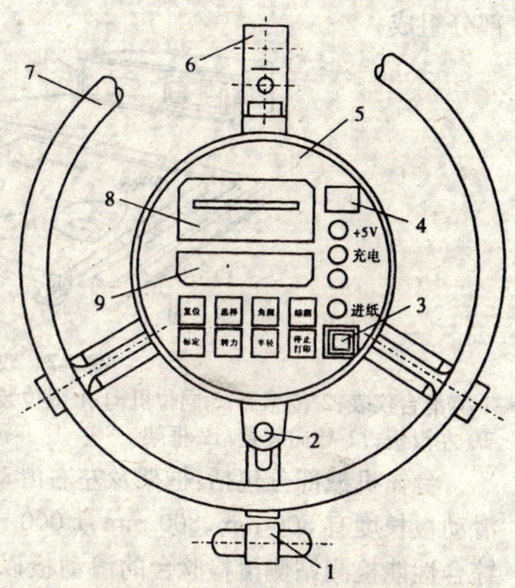

图7-6　转向参数测量仪

1-定位杆；2-固定螺栓；3-电源开关；4-电压表；5-主机箱；6-连接叉；7-操纵盘；8-打印机；9-显示器

四、车轮侧滑检测仪的结构及原理

汽车侧滑检验设备按其测量参数可以分为两类：一类是测量车轮横向滑移量的滑板式侧滑试验台；另一类是测量车轮侧向力的滚筒式侧滑试验台。这两种试验台都属于车轮动态侧滑检验台。

滑板式侧滑试验台，按其结构又可分为单板式侧滑试验台和双板式侧滑试验台两种型式。前者只有一块侧滑板，检验时汽车只有一侧车轮从试验台上通过；后者有左右两块侧滑板，检验时汽车左、右车轮同时从侧滑板上通过。

滚筒式侧滑试验台是测量汽车在行驶中车轮对地面的侧向作用力，以此来推算汽车侧滑量的大小。在检测过程中，由于滚筒始终保持水平位置，车轮在滚筒上旋转能真实反映汽车直线行驶状态，检测时车轮无论置于滚筒的哪一段上，都不影响测量精度，因而不受轴距、轮距和轮胎尺寸的限制，测试操作方便，迅速。但因设备的结构复杂，现在应用较少。

1.侧滑检验台的结构

侧滑检验台是当汽车在滑动板上驶过时，用测量滑动板左右移动量的方法来测量车轮侧滑量的大小和方向，并判断是否合格的一种检测设备。目前，国内的许多汽车检测站都采用这种检验设备来检测车轮的横向滑移量。

侧滑检验台按滑动板数量分：有双板联动式和单板式两种；按滑动板长度分：有500 mm、800 mm、1 000 mm等三种；按测量参数分：有测量滑动板位移量和车轮侧滑力两种；按设备结构分：有带放松板的检验侧滑台和没有放松板的侧滑检验台两种。

(1)双板联动式侧滑检验台的结构

双板联动式侧滑检验台的结构如图7-7所示，由台体机械部分、测量装置、显示装置等几部分组成。

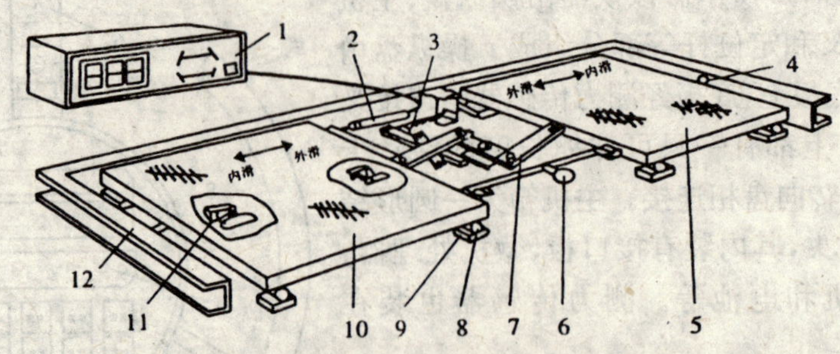

图 7-7　双板联动式侧滑检验台结构

1-侧滑台仪表；2-传感器；3-同位机构；4-限位装置；5-右滑板；6-锁定装置；7-双摆臂杠杆机构；8-滚轮；9-导轮；10-左滑板；11-导向装置；12-框架

台体机械部分包括：框架及左右滑动板、双摆臂杠杆机构、回位装置、导向和限位装置等。滑动板长度有 500 mm、800 mm、1 000 mm 等三种，滑动板越长，测试精度越高。目前，各汽车综合性能检测站侧滑检验台的滑动板以 1 000 mm 为主。滑动板通过滚轮、轨道和两板间的杠杆机构进行左右等量的相对运动。

测量装置：现在大多数侧滑检验台的测量装置都使用电位计式或差动变压器式传感器。电位计式的测量装置安装在图 7-8 所示的位置上。它将滑动板的移动量变为电位计触点的位移，从而引起输出电压量的变化，并传递给指示装置。

电位计式测量装置的电路原理如图 7-9 所示。在电位计两端加上一定的电压，当电位计的滑动触点随滑动板移动时，触点的输出电压随位移量而变化，通过指示计可读取对应于滑动板的位移量。

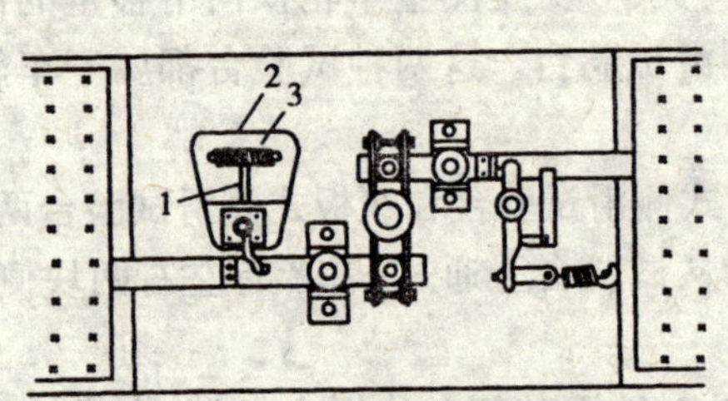

图 7-8　电位计测量装置的结构

1-滑动触点臂；2-底板；3-电位计

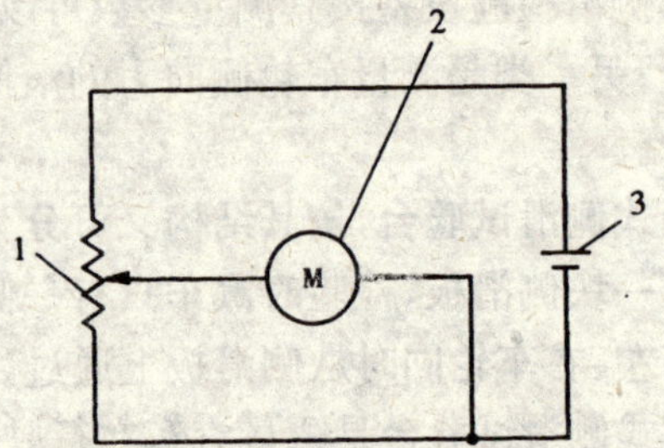

图 7-9　电位计式测量装置原理图

1-电阻；2-指示计；3-电源

差动变压器式测量装置安装在图 7-10 所示的位置上。由滑板带动位移传感器的拨杆位移，传感器输出电压量与位移量成正比，并传递给显示装置。

差动变压器式的位移传感器的结构及工作原理如图 7-11 所示。差动变压器是将被测信号的变化转换成线圈互感系数变化的传感器，它的结构如同一个变压器，由初级线圈、次级线圈、铁芯等几部分组成。

在初级线圈接入电源 U_1 后，次级线圈即感应输出电压 U_2，滑动板移动时带动铁芯移动，从而引起线圈互感系数的变化，此时的输出电压随之作相应的变化。它的特点是结构简单，灵敏度高，测量范围大及使用寿命长等。

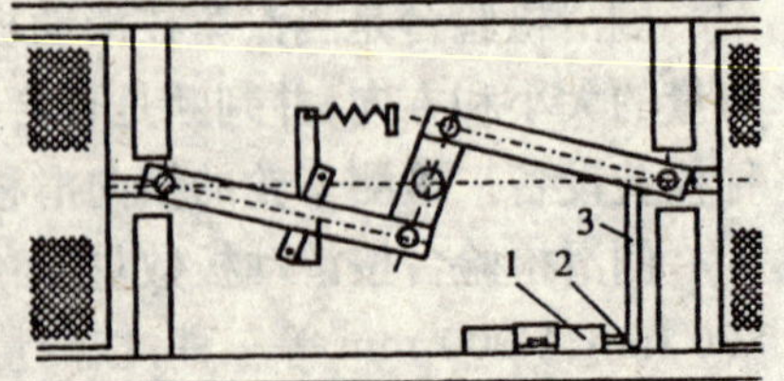

图 7-10　差动变压器式的测量装置

1-差动变压器；2-触头；3-拨杆

常用的指示装置有指针式和数字式两种。指针式仪表把从测量装置传递来的滑动板位移量，按汽车每行驶 1 km 侧滑 1 m 定为一格刻度指示。因此，滑动板长度为 1 000 mm 时，滑动板位移 1 mm时指示一格刻度（侧滑量单位为 m/km）；滑动板长度为 500 mm时，侧滑板位移 0.5 mm 时指示一格刻度。

数显式侧滑台用数字显示侧滑量值，用“＋”、“－”号表示滑动板移动的方向。依据 GA468－2004 标准规定：滑动板向外移动（即车轮有向内移动的趋势）记作“＋”；滑动板向内移动（即车轮有向外移动的趋势）记作“－”。

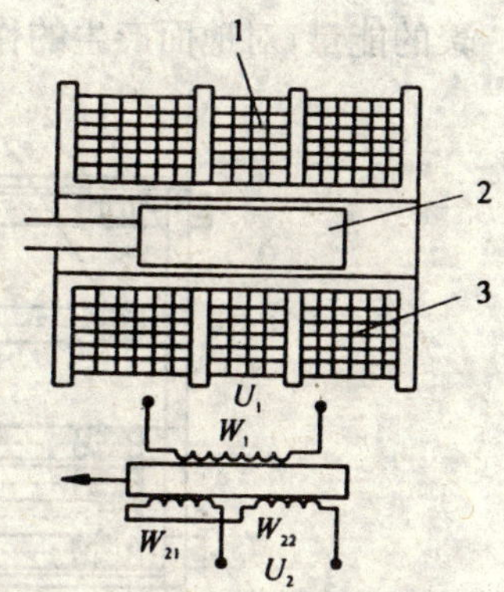

图 7-11 差动变压器式传感器结构及工作原理

1-初级线图；2-铁芯；3-一次级线圈

智能型汽车侧滑检测仪的指示装置，还能够记录车轮侧滑全过程的侧滑量数组，并能将数据锁存，以保证车轮驶离侧滑台后，操作人员还能读取侧滑量的最大值和打印车轮滑移过程曲线。当后轮通过或前轮后退通过滑动板时，自动清零复位，并做好下次侧量的准备。从这一点来看，它要优越于指针式和普通式数字式侧滑仪表。

（2）单板式侧滑检验台的结构

便携式单板式侧滑检验台，其结构如图 7-12 所示。在上下滑动板之间装有滚棒，从而可以使得上滑动板沿横向（左右方向）自由滑动，但纵向不能移动，当被测车轮从上滑动板上通过时，车轮的侧滑通过轮胎与上滑动板间的附着作用传递给上滑动板，使上滑动板左右横向滑动，通过杠杆机构带动指针偏转，从而在刻度尺上显示出侧滑量的大小和方向，为了防止滚动棒滑出上下板之外，在两板间设有滚棒保持架和导轨。当车轮通过上滑动板后，在回位弹簧的作用下，上滑动板重新回位。

固定在地面使用的单板式侧滑检验台，其结构主要特点是在上下滑板之间装有位移传感器，其工作原理和双板联动式侧滑台相同。

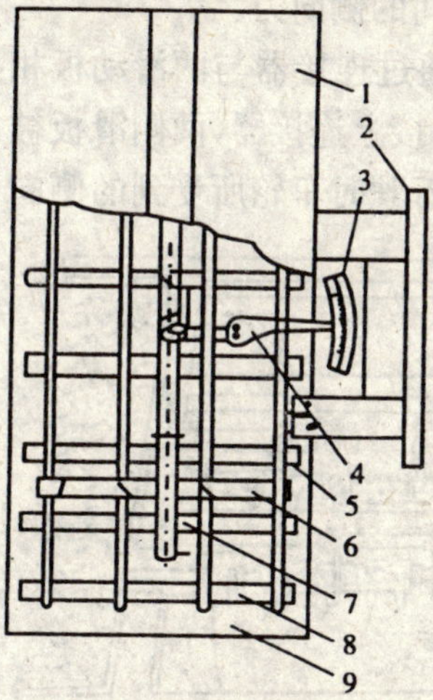

图 7-12 便携式单板式侧滑检验台

1-把手；2-刻度尺；3-上滑板；4-指针；5-滚棒；6-保持架；7-杠杆；8-导轨；9-下滑板

（3）带放松板侧滑检验台的结构

为了能更加准确地测量车轮的横向滑移量，使测量结果更接近于车轮实际侧滑的过程，依据 GB 7258—2004 标准的要求，现在使用的侧滑检验台一般都带有放松板结构，如图 7-13 所示。

该结构的主要特点，是在原侧滑检验台的基础上，在滑动板的前端加装一块长度在 400～500 mm 的放松板（自由滑动板）。放松板本身的结构也与侧滑检验台滑动板结构完全一致，只是左右的放松板没有连动机构及位移传感器。其作用是在检测车轮横向滑移量时，释放由于轮胎在地面积聚的变形而导致对检测结果的影响。

（4）侧向力与侧滑量双功能检验台结构

侧滑检验台只能测量出车轮在驶过侧滑板时单位距离侧向滑移量的大小。车辆在实际行驶中，大地是不可能移动的，车轮的约束机构也不会使车轮侧向行驶，车轮的侧滑趋势与地面作用会使轮胎产生弹性变形，随着车轮滚动，轮胎的变形量会逐渐加大，这个过程轮胎与地面之间有着相互作用的弹性力，当轮胎的弹性变形力大于地面附着力时，轮胎的变形就会释放积聚的能量，对地面产生的作用力达到最大值。

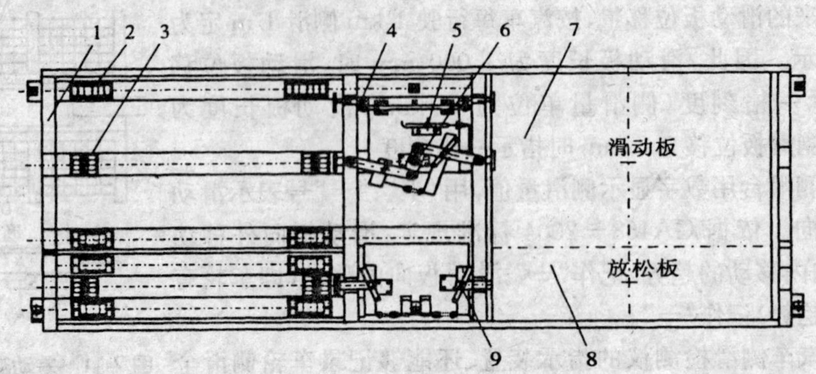

图 7-13　带放松板侧滑检验台的结构

1-框架；2-滚轮；3-导向机构；4-锁止机构；5-连杆机构；6-位移；7-侧滑板；8-放松板；9-放松板回位机构

分析和测量这个作用力，可以帮助我们更好的了解车轮侧滑的成因和侧向力对机件的危害性。为准确测量出轮胎与地面间侧向力的大小与方向，目前一般在原有侧滑检验台的基础上，在每块滑板的侧面加装一个测力传感器，以此来测量车轮与地面间的侧向力。

如图 7-14 所示。在左右滑动板安装两个测力传感器，两传感器通过连接器与两滑动板相联。松开连接器，两侧滑板可以移动，恢复其原来侧滑检验台的功能；接上连接器，两侧滑板被测力传感器刚性连接，如同地面一样稳固，此时所测得的力就是汽车行驶时车轮所受到的侧向力。侧向力更能准确反映车轮与地面之间的相互作用情况，诊断车轮定位故障。根据实验，当普通轿车的车轮侧滑量超过 8 m/km 时，车轮与地面间的侧向作用力可高达 1 000 N 以上。可想而知，这么大的侧向力是很容易破坏车轮的附着条件，甚至于使汽车失控的，这也说明了检测侧滑量的重要性。

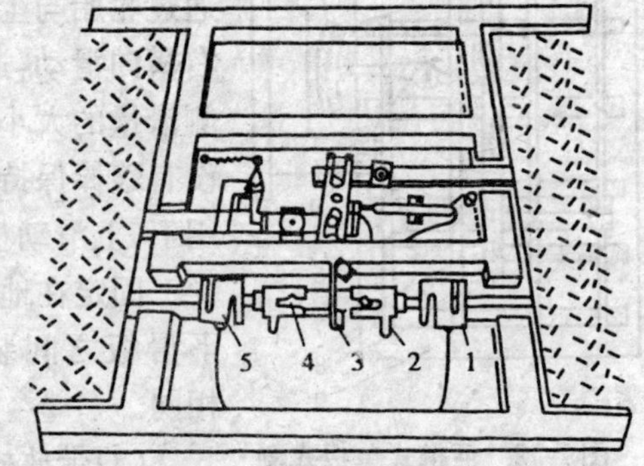

图 7-14　加装两个测力传感器的测滑检验台

1-左侧向力传感器；2-左连接器；3-框架；4-右连接器；5-右侧向力传感器；6-位移传感器

2. 侧滑检验台工作原理

(1)双板联动式侧滑检验台工作原理

①滑动板仅受到车轮外倾角作用。这里以右前轮为例，先讨论只存在车轮外倾角(前束角为零)的情况。具有正外倾角(规定车轮向外倾斜的角度为正，车轮向内倾斜的角度为负。)的车轮，其轮轴中心的延长线必定与车辆右侧地面在一定距离处有一个交点 O，如图 7-15 所示。此时的车轮相当于一个圆锥体的一部分，在车轮向前或向后自由滚动时，其运动形式均类似于滚锥。

从图上可以看出，具有正外倾角的车轮在滚动时，如果没有任何约束，车轮会绕 O 点转动。在实际运动中，由于有车桥的约束，车轮不可能向外滚动，那么，向前运动着的车轮就有向外侧滚动的趋势。当车轮通过滑动板时，存在于车轮与滑动板之间的弹性附着力就会推动滑动板向内移动，此时滑动板向内的位移量记为 Sa(即由外倾角所引起的侧滑分量)。具有正外倾角的车轮在滚动时，由于其类似于滚锥的运动情况，因而，无论是前进还是后退，所引起的侧滑分量都会使的滑动板向内移动。

②滑动板仅受到车轮前束角作用

仍以右前轮为例，假设车轮的外倾角为零，只讨论车轮正前束角（规定车轮前端向内偏移的角度为正，车轮前端向外偏移的角度为负）的情况。车轮的前束角是为了消除车轮外倾角在滚动时的类似于滚锥运动所带来的不良后果而设计的。一般情况下，正外倾角配正前束角，负外倾角配负前束角，但也有例外的。

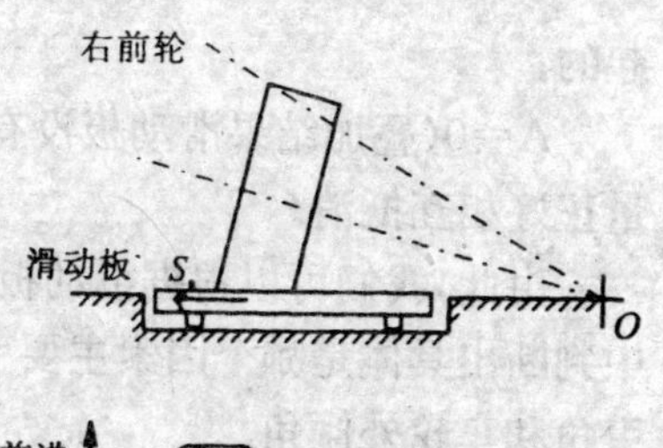

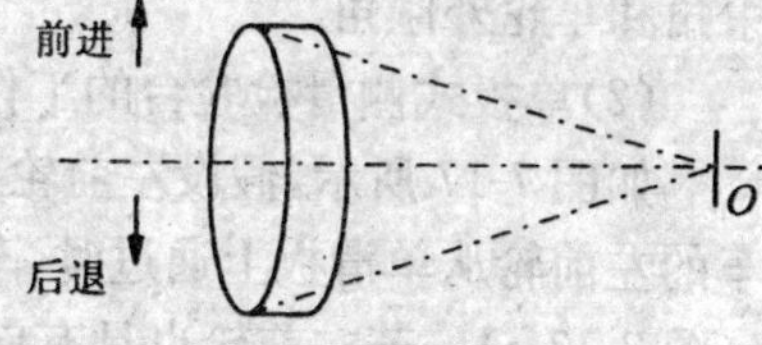

图 7-15　具有外倾角的车轮

具有正前束角的车轮在前进时，车轮有向内滚动的趋势，但因受到车桥的约束，在实际前进时车轮不可能向内侧滚动，但在通过侧滑板时，由于车轮与滑动板之间的附着作用，车轮就会推动滑动板向外侧移动，如图 7-16 所示。此时滑动板向外的位移量记为 St（即由前束角所引起的侧滑分量）。

当具有正前束角的车轮后退时，若在无任何约束的条件下，车轮势必会向外侧滚动，但因受到车桥的约束作用，使得直线后退的车轮存在着向外滚动的趋势，从而在其通过滑动板时在车轮附着力的作用下，推动滑动板向内侧移动，其运动方向如图 7-16 所示。

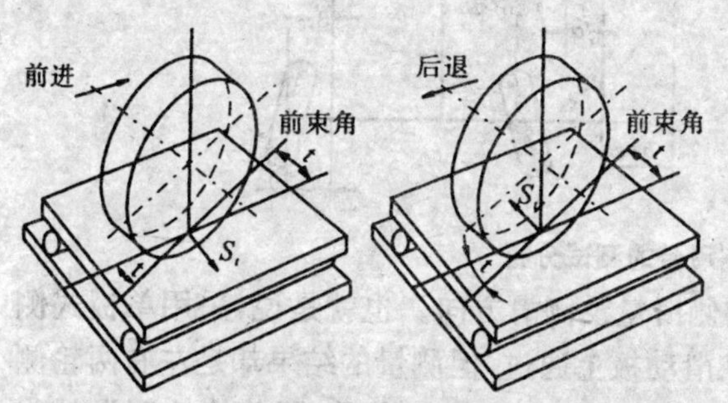

图 7-16　具有前束角的车轮在滑动板上滚动的情况

按照有关标准，在检测车轮侧滑量的大小及侧滑方向时，规定侧滑台的滑动板向外侧移动为正；滑动板向内侧移动为负。即车轮在运动时有向内侧滑移趋势时引起的侧滑分量为正；反之为负。据此，我们来分析车轮侧滑检验台在车轮外倾角和前束角的共同作用下，滑动板是如何运动的。

③滑动板受到车轮外倾角和前束角同时作用

按照上面的约定，滑动板向外侧移动为正，向内侧移动为负。就有车辆在前进时由正外倾角所引起的滑动板的侧滑分量为 $S_a<0$，由负外倾角所引起的滑动板的侧滑分量为 $S_a>0$；由正前束角所引起的滑动板的侧滑分量为 $S_t>0$；由负前束角所引起的滑动板的侧滑分量为 $S_t<0$。当车轮外倾角及前束角都不大的情况下，可以认为 S_a 和 S_t 在前进和后退的过程中，侧滑分量的绝对值不变。那么，车轮在外倾角和前束角的共同作用下通过侧滑台时，滑动板的侧滑量就是 S_a 与 S_t 间的简单叠加（或抵消）关系。假设车轮在前进时通过侧滑检验台所产生的侧滑量为 $A=S_a+S_t$，对于正外倾角配正前束角的车轮，则可以得出以下列结论：

$A>0$（叠加结果滑动板向外移动），表示侧滑量，主要是由前束角过大或外倾角过小引起的；

$A<0$（叠加结果滑动板向内移动），表示侧滑量主要是由外倾角过大或前束角过小引起的。

若是由负外倾角配负前束角的车轮，则当

$A>0$（叠加结果滑动板向外移动），表示侧滑量主要是由前束角过小或外倾角过大引起的；

$A<0$（叠加结果滑动板向内移动），表示侧滑量主要是由外倾角过小或前束角过大引

起的；

A＝0（叠加结果滑动板没有移动），表示由外倾角引起的侧滑分量与前束角引起的侧滑分量正好相互抵消。

由此，我们可以根据滑动板的运动方向，从车轮外倾、负外倾、车轮前束、负前束四个因素中判断出具体是哪个因素主要引起车轮侧滑，从而可以有效的指导维修人员检查调整车轮前束角和车轮外倾角。

(2)单板式侧滑检验台的工作原理

如图 7-17 所示，假设左前轮具有向内侧滑运动的趋势，右前轮在地面上直线行驶。当汽车的左前轮从单滑板上通过时，车轮与滑动板间的附着作用会推动滑动板向左（外）移动距离 b（图 7-17 a）。若右前轮也具有向内侧滑运动的趋势，当汽车的左前轮从单滑板上通过时，由于右前轮在地面上驶过，地面无法横向侧移，在右前轮的推动下，引起滑动板又向左移动距离 c。则滑动板实际移动地距离为两者之和，即 $b+c$。

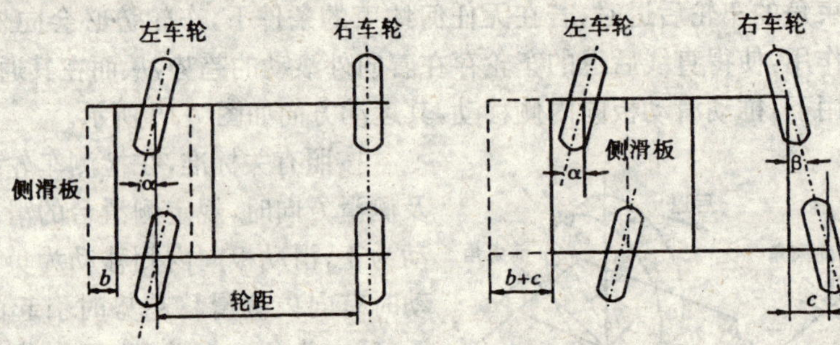

图 7-17　单板式侧滑台的测试分析

上述 $b+c$ 距离可反映出汽车左右车轮总的侧滑量及侧滑方向。也就是说，采用单板式侧滑检验台测量汽车的侧滑量时，虽然一侧车轮从滑动板上通过，但测量的结果却是左右两轮侧滑量的综合反映。根据这一测量结果，可以计算出每一边车轮的侧滑量，即单轮的侧滑量为 $(b+c)/2$。

(3)带放松板侧滑检验台的工作原理

从上面的分析我们知道，车轮的侧滑量是通过有斜向运动趋势的车轮直线行驶时与滑动板（地面）的弹性附着作用，推动滑动板移动体现出来的。当汽车在地面上正常直线行驶时，车轮始终是在边滚动边滑移，在车轮的接地点处轮胎反复进行着变形→变形积聚→释放变形（只释放变形力大于附着力的那部分）→再变形的循环过程。在我们用普通侧滑检验台检测车轮滑移量时，行驶中的车轮在接触滑动板的一刹那，首先释放由于轮胎已存在的变形，并且释放到轮胎完全恢复原样，这个一瞬间的释放造成了滑动板的第一次位移，如图 7-18 中Ⅰ段所示。接下来随着车轮滚上滑动板，在有侧滑趋势的车轮与滑动板之间的作用下，滑动板还会继续产生第二次位移，如图 7-18 中Ⅱ段所示。这样最终的检测结果是第一次位移再加上后来的第二次位移。

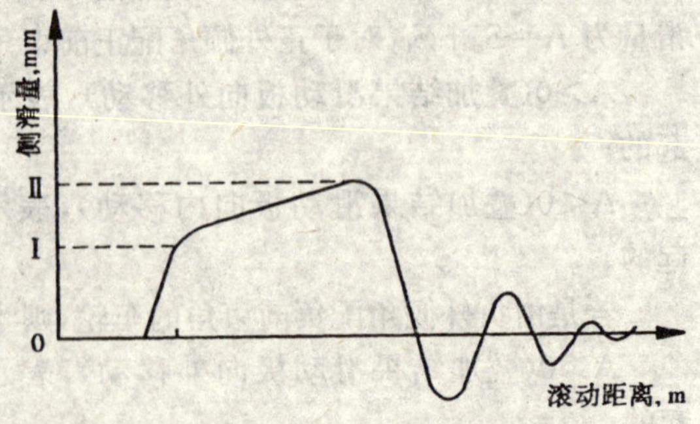

图 7-18　车轮侧滑量与滚动距离的关系曲线

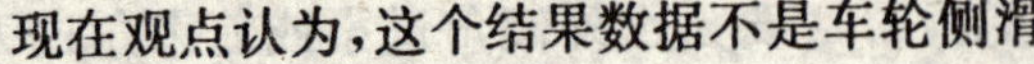

现在观点认为，这个结果数据不是车轮侧滑

的真实反映，它的第一次位移量不是单位千米长度的滑移量，而是此前车轮在地面上滚动变形积聚的突然释放，这个位移量不应作为对车轮横向滑移量的考核。第二次的位移才是真正的单位千米长度上的滑移量。

用带放松板的侧滑台检测，就能很好的解决这个问题。检测时行驶中的车轮在接近侧滑台时，首先必须经过放松板，由放松板来吸收此前车轮与地面间的侧向作用力在轮胎上产生的弹性变形，当车轮再继续前进驶上滑动板时，这时滑动板产生的位移才是在车轮侧滑力的作用下与车轮滚动长度成正比的位移量。这个检测结果才能真正反映出车轮的横向滑移量。

五、车轮定位仪的结构及原理

1. 四轮定位仪的分类

根据传感器的形式不同，四轮定位仪可分为拉线式、激光式、红外线式、3D影像式等形式。

(1)拉线式是早期四轮定位仪的一种形式，现已很少使用。

(2)激光式四轮定位仪是用激光束代替拉线。激光束平直，在行进途中不发散，对阳光的抗干扰性强，因此可保证其测量精度和分辨率。

(3)红外线式四轮定位仪的生产厂家最多，其测量精度也较高，分辨率可达0.05°。一般采用红外线灯为点光源，CCD元件为接收元件。

(4)3D影像式四轮定位仪省去了探测杆，使用一块反光板代替传统的装有高精度光学电子装置的传感器，并可省去轮辋补偿、夹具定位等麻烦。机柜发出特定的光束照在反射板上，数码相机装在机架上，采集装在车轮反光板上的图像信息，以测量出车轮的相对角度。当车辆前后移动，车轮旋转半圈左右，反光板上的光点在空间划出一个弧线，数码相机的摄像头捕捉到这一弧线中的空间各点位置，从而测算出其坐标与角度。3D影像式四轮定位仪使用方便，精度高，车辆通过方便，适于检测线上使用。

根据信号的传输方式不同，又可分为有线传输和无线传输。有线传输数据的测量部分与数据处理部分是通过电缆或光缆连接的。无线传输数据的测量部分与数据处理部分又分有红外线传输、激光传输、电磁传输和蓝牙传输等。

①红外线或激光传输，因其有方向性且容易受到强光或因操作人员走动遮拦而干扰，且传输距离具有很大局限性，信号传输不太稳定。

②蓝牙技术是一种短距离无线通讯技术，通过高频调制的电波，达到每秒1M字节的传输效率，并且具有极强的抗干扰能力，在100 m内不受任何方向限制，并能穿透障碍进行定位数据传送。

2. 四轮定位仪的构造

红外线激光式四轮定位仪由传感器总成、控制柜、举升机、传感器安装支架、转向盘锁定支架、制动踏板锁定杆和信号电缆等组成，如图7-19所示。

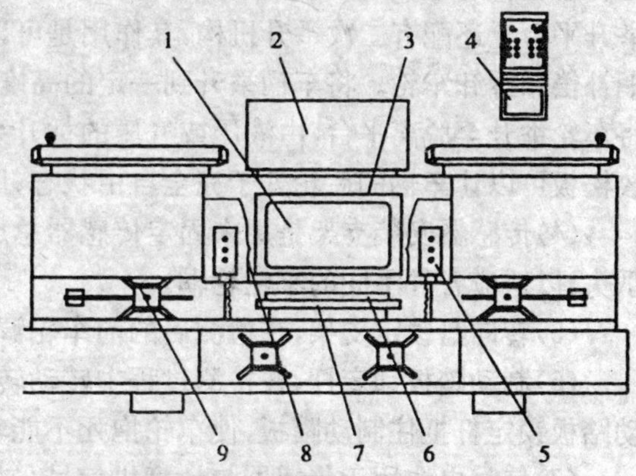

图7-19 四轮定位仪组成

1-红外线控制器；2-主机柜；3-上车镜；4-彩色显示器；5-传感器；6-微机；7-键盘；8-打印机；9-控制箱

(1)传感器是四轮定位仪的核心部分，每台仪器一般有四个传感器总成。分别为左前传感器、左后传感器、右前传感器、右后传感器，不可互换。每个传感器总成上都有两对红外线激光发射与接收装置、两个相互垂直放置的角度传感器及相关镜片等组成。

激光发射器由若干个 LED 发光二极管(或光敏三极管)等距离密集排列，构成红外线发射器，如图 7-20 所示。工作时，发射出很窄的平面光束，以便于接收器的高度发生变化时，仍能使接收器获取信号。

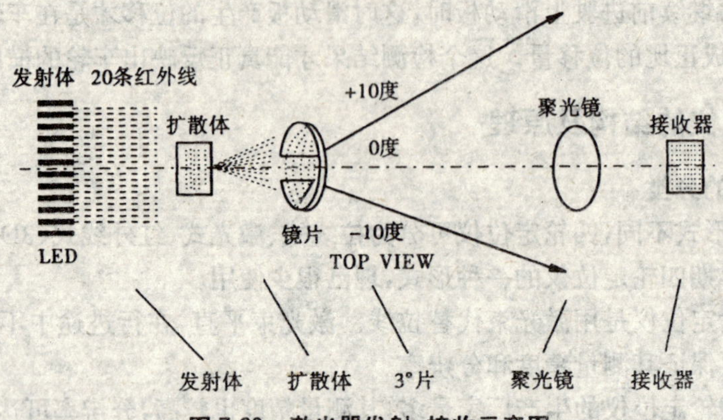

图 7-20 激光器发射、接收示意图

接收器是由等距排列的 LED 发光二级管或光敏三极管构成。

3°镜片的作用是将一束发射信号经一特殊的 3°镜片转化成间隔 10°或 20°的三束激光束。

角度传感器一般有光电式、电感式、电阻式等。基本原理是：利用重锤摆动，测出车轮在各位置上相对于车轮平面或车轮轴线的倾角，通过传感器输出相应电信号，再由计算机运算处理后显示各倾角的参数。

四轮定位检测系统，其采用的角位移传感器越精密，抗干扰能力越强，性能就越稳定，检测精度也就越高。

(2)控制柜由计算机、显示器、打印机、安放柜等组成。主要作用是用户的一个控制操作平台。由计算机控制检测程序，采集、处理检测信号，最后由打印机打出检测报告。

(3)举升机由举升平台、转角盘、放松板和液压控制柜及二次举升装置等组成。主要作用是将被检测车辆升至人体适宜的高度进行操作，视需要再升至一定的高度进行拆卸和调整。举升平台上还配有二次举升机构，其作用是可以将车辆举升至脱离平台，便于车轮转动实现轮辋补偿和拆卸车轮。将车辆举升到一定的高度由液压、气压或电动机链传动的举升系统实现；将车轮举升至脱离平台，由液压或气压的举升系统实现。转角盘为前转向轮提供转动自由度，放松板可以让车辆的后轮处于完全自由状态，以提高被检测车辆的真实状态。

(4)传感器安装支架是用来固定传感器总成，传感器安装支架配有多种与车轮轮辋相接的爪头，以适应各种不同的车轮轮辋。

(5)转向盘锁定支架，在检测后的前车轮调整中，必须锁定转向盘，以防止车轮左右摆动。

(6)制动踏板锁定杆，在检测过程中转动转向轮时，为防止转向轮绕其轴线转动，必须用制动踏板锁定杆抵住制动踏板，使车轮抱死不能转动。

(7)信号电缆用于传感器与计算机信号采集板的联接和信号传送。

3. 四轮定位仪的检测原理

汽车四轮定位的目的是使汽车的四个车轮在行驶中都能垂直于地面并向着同一个方向滚动。四轮定位检测就是通过装在被检测车辆四个轮子上的四只精密传感器总成，分别发射出激光线束，在车身四周构成一个矩形形状的红外线辐射体，如图 7-21 所示。当车轮带动传感器总成改变角度后，使激光束辐射体发生变化，变化的信号被输入计算机系统进行处理，最终各个车轮的定位参数被计算出来并显示在屏幕上，同时，该检测系统还监视着各个车轮的其他状态。

可见，在进行车辆四轮定位检测时，必须将车辆置于由红外线激光束构成的长方形封闭框内，如果是 6 对激光传感器，则构成一个后部开口的"门"形框。对拉线式或屏幕投影式四轮定位仪，在检测时，这个长方形框体分别由拉线或光线构成。

下面就红外线光敏二极和三极管式的传感器，来说明车轮前束角、推进角和前展角等的测量原理。光敏三极管为近红外线接收管，是一种光电变换器件，如图 7-22 所示。其工作状态为，在不加电压时，利用 P－N 结在受光照射时产生正向电压的原理，把它作为微型光电池。在光敏三极管后面接一些用于接收信号的元件，以便及时对光敏三极管上所获得的信号进行分析处理。

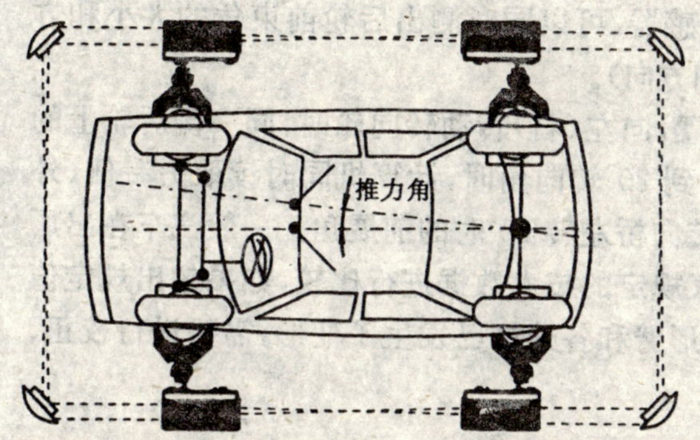

图 7-21 激光式四轮定位仪运用激光束形成的矩形

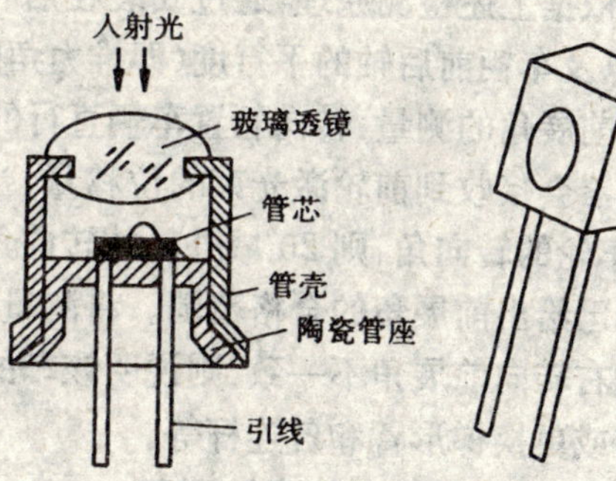

入射光
玻璃透镜
管芯
管壳
陶瓷管座
引线

图 7-22 光敏三极管的结构和外形

安装在传感器上的光敏三极管式传感器均有光线的接收和发射(或反射)功能，通过它们间的发射和接收刚好能形成类似于图 7-21 所示的矩形四边形。在传感器的受光平面上，等距离地将光敏三极管排成一排，

当不同位置上的光敏三极管接收到光线照射时，该光敏管就会产生电信号，经计算机处理后，就可以计算该车轮的前束角或推进角的大小。

(1)前束角和车轴偏角的检测原理

在检测前束角时，必须保证车体摆正且转向盘位于中间位置。

当前束角等于零时，同一轴左、右车轮上的发射器发出的红外线光束应当重合或平行。当重合时，光敏管没有偏移量输出，所以，前束角为零；当平行时，则在光敏管上有一偏移量输出，经计算，这两束光线在水平面上投影的距离等于车轴偏角，或是车辆左右的轴距差。若相交，则有前束角。

当前束角不等于零时，同一轴左边车轮接收器上接收到的右轮发射光束信号相对零点的位移(注意正负号)，即为右轮的前束角；同理，右边车轮接收器上接收到左轮发射光束信号相对零点的位移(注意正负号)，即为左轮的前束角，其测量原理的简单示意图如图 7-23 所示。车轮向内偏时，前束角值为正；车轮向外偏时，前束角为负值。

(2)推进角与前展角的测量原理

假设当推进角等于零时，则同一侧前后车轮上传感器发射的激光束应相对重合。当不重合时，前轮传感器中接收信号相对零点的位移即为该侧后轮的推进角，其测量原理示意图如图7-24所示。总的推进角等于左、右后轮推进角的算术平均值。

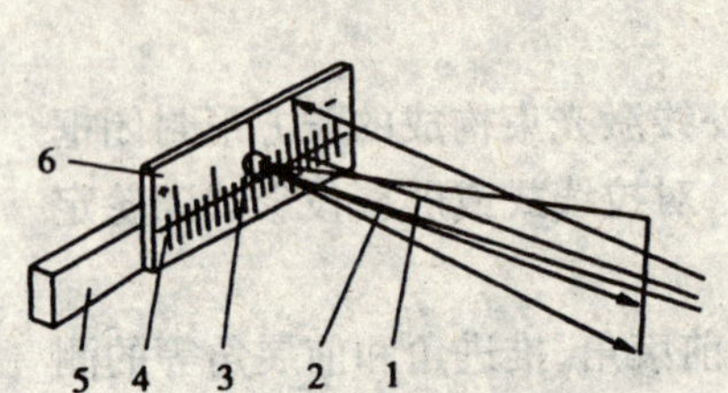

图7-23 车轮前束角的测量原理

1-刻度板；2-投射器支臂；3-光敏三极管；4-激光管；5-投射激光束；6-接收激光束

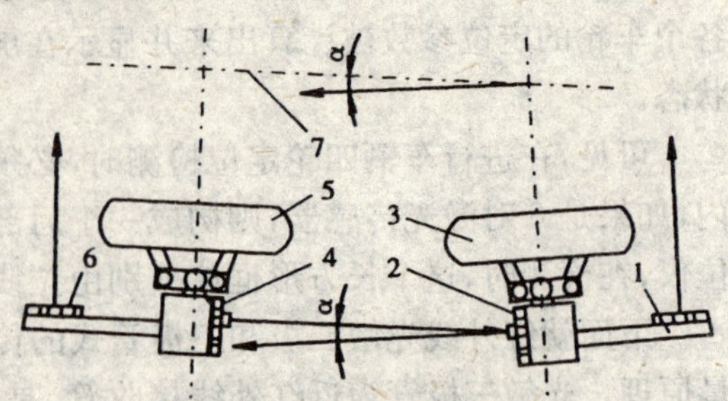

图7-24 推力角的测量原理

1～4-光线接收器；5-前轮；6-后轮；7-汽车纵向轴线；8-推力角

依据上述检测原理，通过安装在后轮上的传感器，可以同时测出后轮前束角的大小和方向，以及车辆前后轴的平行度(即推力角的大小和方向)。

前展角的测量：转向轮置车辆直行的中间位置，向左(右)转动转向轮时，同一侧后轮上的接收器会接收到前轮激光束的位移量，当内轮转到20°转向角时，计算机同时读取另一侧(外轮)车轮的转向角，则20°减外轮的转向角，即为转向桥左转20°时的前展角。一般汽车在出厂时都已给出前展角的合格范围。将测量值与厂家规定的技术数据进行比较，如果超出规定值或左右转向前展角不一致，则说明该车的转向梯形臂和各连杆已发生了变形，需要进行校正、调整或更换梯形臂和各连杆等。

(3)车轮外倾角的测量原理

车轮外倾角可以在车轮传感器上直接测读。这是因为当车轮外倾 α 角度时，其车轮的轴线也同时倾斜 α 角度，这时，装在传感器总成内平行于车轮轴线的角度传感器，在重锤的作用下偏移了 α 角度，所以，通过电信号的输出，可以直接显示出来。

(4)主销后倾角的测量原理

主销后倾角不能直接测出，只能采用建立在空间几何关系上的间接测量。利用传感器中平行于车轮轴线的角度传感器，在转向轮绕转向节主销转动时，测量其轴线与转向轮上的水平线在空间的变化角度，然后推导、计算出该轮的主销后倾角。

以左前轮为例，假设只有主销后倾角 γ。当我们把车轮向右(向左)转动 δ 角度时，车轮的轴线在过其轴线的平面向上(向下)转过了一个 $\lambda_1(\lambda_2)$ 角度，如图7-25所示。这个 λ 角度可以通过装在传感器总成内平行于车轮轴线的角度传感器上测得。再经过空间坐标上的变换，最后可以计算出主销后倾角 γ 与测量角 λ 的关系式为：

$$\gamma = \Delta\lambda / 2\sin\delta$$

式中：$\Delta\lambda$——$\lambda_2 - \lambda_1$；

δ——测量时转向轮转过的角度；

γ——主销后倾角。

当转向轮的测量转角为20°时，

$$\gamma = 1.461\Delta\lambda$$

用1.461倍的关系标定仪器，就可以通过测量 λ_2、λ_1 值，直接读取主销后倾角 γ。

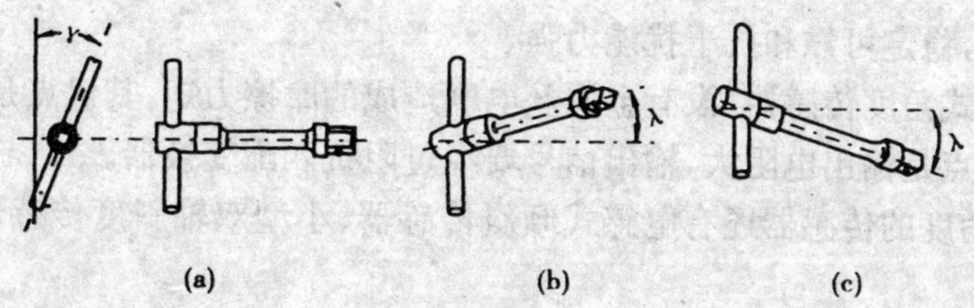

图 7-25 主销后倾角的测量原理

(a)直行时，扳手接杆水平；(b)向里转向时，扳手接杆向上偏转；(c)向外转向时，扳手接杆向下偏转

(5)主销内倾角的测量原理

同样，主销内倾角也不能直接测出。而是通过安装在车轮轴线端且水平平行于车轮平面的角度传感器，在转向轮绕转向节主销转动时，测量其平行于车轮平面的直线在空间的变化角度，然后推导、计算出该轮的主销内倾角来。

仍以左前轮为例，假设只有主销内倾角 β。当我们把车轮向右(向左)转动 δ 角度时，车轮上过轴线端的水平线向前下方(后向下)转过了一个 ω_1(ω_2)角度，如图 7-26 所示。这个 ω 角度可以通过装在传感器总成内过车轮轴线端且平行于车轮平面的角度传感器上测得。再经过空间坐标上的变换，最后可以计算出主销内倾角 β 与测量角 ω 的关系式为：

$$\beta = \Delta\omega / 2\sin\delta$$

式中：$\Delta\omega$——$\omega_2 - \omega_1$；

δ——测量时转向轮转过的角度；

β——主销内倾角。

当转向轮的测量转角为 20°时，

$$\beta = 1.461\Delta\omega$$

同理，用 1.461 倍的关系标定仪器，就可以通过测量 ω_2、ω_1 值，直接读取主销内倾角 β。

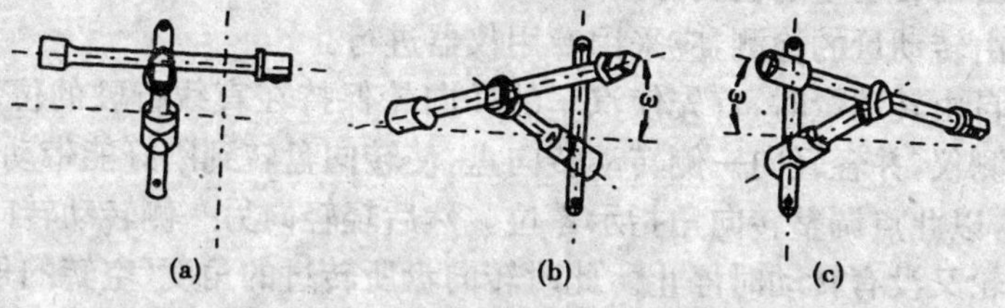

图 7-26 主销内倾角的测量原理

(a)直行时，长接杆水平；(b)向左转时，长接杆逆时针偏转；(c)向右转时，长接杆顺时针偏转

在测量主销后倾角和主销内倾角的过程中，要注意上述提及的 λ_1、ω_1 是车轮向右转动 20°时，传感器所测得的实际角度值；λ_2、ω_2 是车轮向左转动 20°时传感器所测得的实际角度值。在实际测量中，即使用普通量角仪测量到 λ、ω 的值，只要按照上述公式换算即可。但是也有的四轮定位仪规定，在检测时车轮的转角是 10°或 15°，那么，在引用上述公式时就必须有修正系数。目前，常见的四轮定位仪在出厂前就已用上述两式对仪器进行了标定，因此，即可直接测读出主销倾角的实际值。

虽然四轮定位仪的类型有所不同，但它们测量主销倾角的原理都是相同的，所不同的仅仅是各自采用的角度传感器。为了便于理解四轮定位仪的测试过程和检测方法，下面简单介绍几种常见的测量角度的传感器：

(1)光电编码器，基本上可分为两大类：圆光栅编码器和绝对式编码器。它们的特点是：结构紧凑，信号质量好，稳定可靠和抗干扰能力强。

(2)光电电位器式角度传感器，没有金属丝电刷造成的摩擦力矩，其优点是分辨率高，寿命长，扫描速度快。缺点是输出电阻大，输出信号要经过阻抗匹配变换器。

另外用于测量角度的传感器还有电感式倾斜传感器、小型双轴斜度传感器和电位器式传感器。

第三节 转向操纵性指标的检测方法

一、转向盘最大自由转动量的检测方法

1.转向盘的自由转动量的限值

(1)GB 18565－2001《营运车辆综合性能要求和检验方法》中规定，转向盘的最大自由转动量：

①最大设计车速大于或等于 100 km/h 的汽车，为 20°；

②最大设计车速小于 100 km/h 的汽车，为 30°。

(2)GB 7258—2004《机动车运行安全技术条件》中规定，机动车转向盘的最大自由转动量不允许大于：

①最高设计车速不小于 100 km/h 的机动车，为 20°；

②三轮汽车，为 45°；

③其他机动车，为 30°。

2.转向盘最大自由转动量的检测方法

转向盘最大自由转动量的检测，应采用专用仪器进行。

检测转向盘的自由转动量时，首先使汽车的转向轮保持在直线行驶的位置，接着，安装转向盘自由转动量检测仪，并轻轻向一侧转动转向盘，使转向盘转到刚好能带动转向轮而转向轮又没有转动时停住，以此点调整转向角指示零位。然后轻轻向另一侧转动转向盘，转到刚好能带动转向轮而转向轮又没有转动时停止。此时转向盘所转过的角度(空转的角度)就是我们要检测的该车转向盘最大自由转动量。该参数反应了转向盘转动至带动车轮转动之间全部传动部件的配合状况。

转向盘的自由转动量不能过大，过大会使操纵系统反应迟缓。但也不能过小，过小会使路面的反冲作用过大，造成驾驶员驾驶操纵不柔和，容易产生疲劳。所以，转向盘的最大自由转动量应定期进行检测、调整和维护，使其保持在合适的范围之内。

检测中要注意，在转向盘转到两侧临界状态时，一定要转到既使转向盘感到吃力，又不能使转向轮转动。

二、转向轮最大转向角的检测方法

1.转向轮最大转向角的限值

GB 18565—2001《营运车辆综合性能要求和检验方法》中规定：车辆的最小转弯直径，以前外轮轨迹中心线为基线测量，其值不得大于 24 m。转向轮的最大转向角应符合原厂规定的

该车的有关技术条件。内、外轮转角应符合一定的几何比例关系。

2.转向轮最大转向角的检验方法

不同型号的转角仪检测时的操作方法各不相同，因此在使用前一定要认真阅读产品的使用说明书，下面以全自动转角仪为例加以说明：

(1)检测操作程序

①设备准备：打开设备控制系统的电源，预热至规定时间。

②车辆准备：车辆沿转角仪的中心线，按照提示驶向左、右测试单元车轮的预停位置，等待控制系统自动起动电机或气动元件，移动测试单元并将转角盘对准当前的车轮位置。移动停止后，提示车辆直线前进驶上转角仪，并停在转角仪的圆盘上。

③检测过程：根据显示屏提示，向一侧转动转向盘到极限位置，等待系统采样测取左、右车轮的转向角的数值；同样，根据提示向另一侧转动转向盘到极限位置，等待系统采样测取左、右车轮的内、外转向角的数值。然后，转向盘回到中间位置，测试完毕。

④在转动车轮过程中，要缓慢打动方向，防止车轮在转动过程中与转盘发生相对移动，造成测量数据不准确。

⑤检测结束：根据显示屏提示，车辆驶离转角仪检测台，检测结束。

(2)使用注意事项：

①使用中注意清洁，不应让油污、泥沙等进入试验台内。

②严禁用腐蚀性液体擦拭台架表面。

③严禁试验台内进水，保持传感器干燥。

④轴重大于试验台额定载荷的车辆，严禁驶上试验台。

⑤车辆驶上和驶离试验台过程中，测试转盘必须处于锁定状态。

⑥严禁车辆在试验台上紧急制动。

⑦不要在试验台上进行车辆维修作业或长时间停留。

三、转向特性的检查方法

1.车辆转向操纵性要求

国家标准对车辆的转向操纵性有如下要求：

GB 18565—2001《营运车辆综合性能要求和检验方法》中规定：汽车应具有适度的不足转向特性，以使车辆具有正常的操纵稳定性。

GB 7258—2004《机动车运行安全技术条件》中规定：汽车(三轮汽车除外)应具有适度的不足转向特性。

2.转向特性的检查方法

汽车的过多转向特性、中性转向特性或不足转向特性只有在汽车的转向运动中才能体验出来。检测时，由引车员驾驶车辆做等速圆周运动，虽然这种等速圆周运动在实际行驶中不常出现，但却是检验车辆转向特性的一种十分有效的方法。

检验时，让驾驶员保持转向盘(转向轮)一个固定的转向角，令汽车保持一个不变的速度作匀速圆周运动，当迅速增高行驶车速时，若汽车的转向半径 R 增大，我们称这种汽车具有不足转向的特性；若汽车的转向半径 R 不变，这种汽车具有中性转向的特性；若汽车的转向半径 R 减小，这种汽车就具有过多转向的特性。

四、转向盘最大转向力的检测方法

1. 转向盘的最大转向力的限值

(1)GB 18565—2001《营运车辆综合性能要求和检验方法》中规定，车辆转向盘外缘的最大转向力必须符合：

①路试检测：汽车空载，在平坦、干燥和清洁的硬路面上，以 10 km/h 的速度在 5 s 之内沿螺旋线从直线行驶过渡到直径为 24 m 的圆周行驶，施加于转向盘外缘的最大切向力不得大于 150 N。

②原地检测：汽车转向轮置于转角盘上，转动转向盘使转向轮达到原厂规定的最大转角，在全过程中，用转向力测试仪测得的转动转向盘的操纵力不得大于 120 N。

(2)GB 7258－2004《机动车运行安全技术条件》中规定：机动车在平坦、硬实、干燥和清洁的水泥或沥青道路上行驶，以 10 km/h 的速度在 5 s 之内沿螺旋线从直线行驶过渡到直径为 24 m 的圆周行驶，施加于方向盘外缘的最大切向力不应大于 245 N。

2. 转向盘最大转向力的检测方法

转向盘最大转向力的检测方法有“路试检测”和“原地检测”两种。“路试检测”比较接近道路实际行驶状况，但对场地、仪器及人员操作要求较高。“原地检测”较为简单，可以使该项检验更具有可操作性。

(1)路试检测

检测场地应选择在平坦、硬实、干燥和清洁的水泥或沥青道路上，并按照图 7-27 所示，在试验场地上划出行驶路线来。

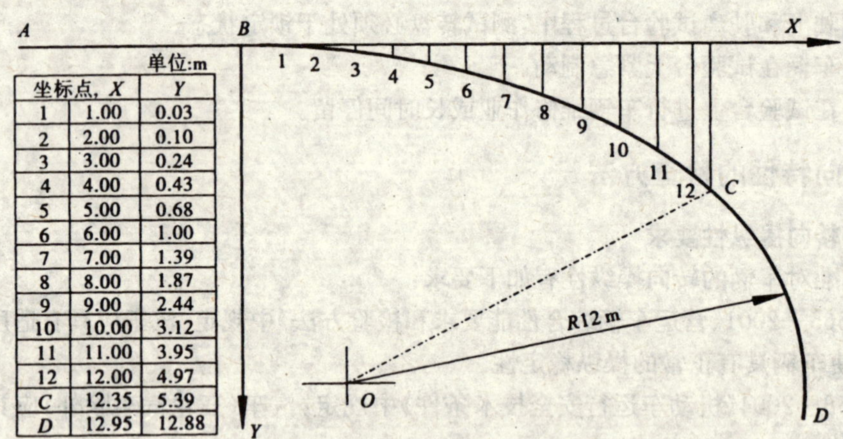

单位:m

坐标点, X		Y
1	1.00	0.03
2	2.00	0.10
3	3.00	0.24
4	4.00	0.43
5	5.00	0.68
6	6.00	1.00
7	7.00	1.39
8	8.00	1.87
9	9.00	2.44
10	10.00	3.12
11	11.00	3.95
12	12.00	4.97
C	12.35	5.39
D	12.95	12.88

图 7-27　转向盘操纵力的测试路径

检测时，先在车辆的转向盘上安装转向盘测力仪，并将显示值窗口的数值调零。

由引车员驾驶车辆，从起点以 10 km/h 的速度，在 5 s 之内从直线沿螺旋线过渡到直径为 24 m 的圆周上行驶，在这个过程中，读取施加于转向盘测力仪显示的最大切向力(或力矩)。并通过公式换算出该车转向盘外缘的最大切向力。

$$F_{车} = \frac{D_{仪}}{D_{车}} F_{仪}$$

式中：$D_{仪}$——盘测力仪直径，mm；

$D_{车}$——车辆转向盘直径，mm；

$F_{仪}$——转向盘测力仪显示值,N;

$F_{车}$——车辆转向盘外缘转向力值,N。

检测车辆正反两个方向转向时的转向力,取其较大值为检测结果。

(2)原地检测

将转向轮置于转角盘上,保持转向轮直线行驶的位置。

在车辆的转向盘上安装转向盘测力仪,将显示值窗口的数值调零。

转动转向盘,使转向轮达到原厂规定的最大转角,在此转向的全过程中,用转向测力仪测量转动转向盘的操纵力。

检测时应注意,车轮要尽量停在转角盘的中央;转角盘内的滑道、滚珠要润滑良好,转动自如。

五、转向轮横向侧滑量的检测方法

1.转向轮横向侧滑量的限值

国家标准对汽车转向轮横向侧滑量的要求是:

(1)GB 7258—2004《机动车运行安全技术条件》中规定:"汽车(三轮汽车除外)的车轮定位应符合该车有关技术条件,车轮定位值应在产品使用说明书中标明。对前轴采用非独立悬架的汽车,其转向轮的横向侧滑量,用侧滑台检验时侧滑量值应在±5 m/km之间。"

(2)GB 18565—2001《营运车辆综合性能要求和检验方法》中规定:"前轴采用非独立悬架的汽车,转向轮的横向侧滑量,用侧滑仪(包括单、双板)按规定的方法检测时,侧滑量值应不大于5 m/km。"

2.转向轮横向侧滑量的检测方法

不同型号的侧滑台,应根据使用说明书的要求,使用不同的操作方法。双板联动式侧滑检验台的检测程序如下:

(1)检测准备

①接通电源前,应先检查仪表指针的机械零位(数码显示的除外)是否正常;接通电源后,打开滑动板锁止机构,查看仪表的显示零位是否正常;

②检查侧滑台前后路面及滑动面板,应无机油、石子、泥污等杂物;

③检查各种导线有无因损伤或接触不良的部位,必要时,应进行修理或更换;

④检查车辆的轮胎气压是否符合规定值(出厂标准);

⑤检查并清除轮胎上的油污、泥土和嵌入的石子、杂物等。

(2)检测方法

①确认滑动板锁止机构已打开;

②将汽车对正侧滑检验台,并使方向盘处于正中位置;

③使汽车沿台板上的指示线以3 km/h~5 km/h的车速平稳前行,在行进过程中,不允许转动方向盘;

④转向轮通过滑动板时,测取横向侧滑量的最大值。

(3)注意事项

①超过侧滑台允许轴重的汽车,不得驶上侧滑台;

②汽车通过试验台时,不允许使用制动器,不得转动方向,不得急加(减)速或停车;

③禁止汽车在滑动板上停留及起步；

④不使用侧滑台时，一定要锁止滑动板，以防止受外界因素（人或汽车等）引起的经常晃动而损坏测量机件。

3. 设备维护

(1)每天使用完毕，要及时清洁侧滑台表面及周围环境，检查侧滑台的紧固件是否松动及设备的完整性。

(2)定期清洁、检查、紧固和润滑滑动板的联动机构及回位装置，核查滑动板的位移输出量是否在允许的误差范围之内，必要时，由专业技术人员进行调整，维修或检定。

(3)对长期不用的侧滑台，要覆盖蓬布以防灰尘，滑动板上不要停放车辆或堆放杂物，防止机件变形或损坏。

(4)汽车检测站的侧滑台，应每年不少于一次接受法定计量检定部门的检定，以确保检测数据准确。

六、车轮定位值的检测方法

1. 国家标准对汽车车轮定位的要求

(1)GB 18565—2001《营运车辆综合性能要求和检验方法》中规定："车辆的前轮定位值应符合该车有关技术条件的规定。"

(2)GB 7258—2004《机动车运行安全技术条件》中规定："汽车（三轮汽车除外）的车轮定位应符合该车有关技术条件，车轮定位值应在产品使用说明书中标明。"

2. 车轮定位值的检测方法

(1)开机预热

打开电源开关，预热到仪器规定的时间。进入仪器的检测程序，检查屏幕显示是否正常。

(2)车辆准备

①了解故障现象，必要时试车；

②分析故障原因，询问有无撞车史；

③检查车身、车架有无明显变形；

④测量车身、车架对称高度尺寸；

⑤检查轮胎有无异常磨损；

⑥做好资料记录。

(3)将车辆开上举升台

①将车辆缓慢开上举升台，转向轮停在转角盘中心，后轮停放在放松板上；

②用气压表检查轮胎气压，保持轮胎气压正常；

③测量车身左右高度，进一步核查车辆有无碰擦、撞击的痕迹；

④装上传感器总成，装好防止传感器滑落的橡胶缠绕带，插上信号电缆。

(4)选择车型、车辆规定的定位参数

进入检测程序。根据车辆的厂牌、车型和年份（VIN），在计算机的车规索引目录中，选出该车辆原厂规定的四轮定位技术参数。如果没有，可查找使用说明书或相关技术资料，然后，通过计算机输入该型车的有关四轮定位技术数据，并存盘保存。

(5)举起车身

①用二次举升机构举起车身，依次对各车轮做车轮轮辋偏差的补偿；

②取下转角盘，放松板上的锁销，落下车身。

(6)调整传感器及车身状态

①用力按压车身，然后迅速放开，使车身和车轮处于完全自由状态；

②调整传感器的水平位置，并锁紧定位螺钉；

③踩下制动踏板，使车轮制动，并锁住制动踏板的抵杆。

(7)车轮定位检测

①根据计算机屏幕提示，依次向左(右)转动转向盘至仪器规定的角度(10°或 20°)；

②转向盘回正后，计算机屏幕显示各车轮的检测参数值(一次完成)；

③根据需要，可以打印检测结果。

(8)调整车轮定位参数

若检测结果不符合规定，需要调整时，应先锁死转向盘，再进行调整。调整时，各车轮的定位参数值的变化在屏幕上能显示出来。直至调整到该车型规定的技术要求范围之内。

(9)打印检测报告

检测、调试完毕，可以根据需要打印检测报告。

(10)操作注意事项

①四轮定位仪是高精密仪器，应定专人经学习、培训后方可上机操作；

②车辆检测前，询问车辆使用情况一定要详细，当车辆定位参数偏差很大时，不能检测；

③车辆开上举升台后，为防止车辆滚动，一定要掩上后轮；

④安装传感器时，要避免碰撞，橡胶保险带要缠绕可靠；

⑤转动转向轮时，车轮制动要锁止可靠；

⑥调整车辆定位参数时，要事先锁住转向盘；

⑦四轮定位仪要根据使用频度，定期校验和检定；

⑧冬季和梅雨季节，要采取适当的措施，保持仪器的环境温度和湿度；

⑨适时补充或更新车型、车辆规定的定位参数数据库；

⑩当操作中出现异常情况时，应由专业技术人员进行维修。严禁非专业维修人员打开传感器；

⑪操作中应注意安全：车辆上下举升台要有专人指挥；检测和调整车辆时，举升台的升降高度应适合人体操作的高度。

(11)设备维护

①每日工作完毕，应及时清洁仪器台面；

②每周应进行一次仪器检查和彻底清洁(包括空气压缩机)；

③每月应对举升机转轴部位进行一次润滑；

④定期进行仪器设备的校验、检定；

⑤每年应更换一次液压油。对计算机控制部分和传感器总成，一般只需及时清洁表面，防止冲撞振动和及时备份检测资料即可。

第四节　转向操纵性检测结果的分析

汽车转向操纵性能的好坏,对汽车是否能按照驾驶人员愿望的方向行驶,起着十分重要的作用。如前所述,汽车转向操纵性的检测一般包括:转向盘最大自由转动量、转向盘最大转向力、转向轮最大转向角、车辆的转向特性、转向轮横向滑移量和车轮定位等。下面对这些项目检测不合的可能原因进行一些分析。

1.转向盘最大自由转动量

经过检测,对最大设计车速大于或等于100 km/h的汽车,其转向盘的最大自由转动量不得大于20°;对最大设计车速小于100 km/h的汽车,其转向盘的最大自由转动量不得大于30°。若检测结果大于允许的限值,则转向系统有可能产生了故障。故障的可能原因一般有:

(1)使用长久,配合部位(转向机齿轮、转向机传动杆花键套、转向节十字轴及轴承、转向系传动杆件的球头及销等)严重磨损、松旷,造成转向盘自由转动量过大;

(2)转向机紧固螺栓、转向节连接或U型螺栓、转向盘中心螺栓等松动;

(3)转向机内摇臂轴齿轮啮合间隙过大;

(4)转向机摇臂轴与摇臂的安装、磨损松旷等。

解决问题的方法:应定期、及时进行检查、润滑、维护;更换已磨损的机件;复紧已松动的螺栓;调整转向机内部齿轮的啮合间隙等。

2.转向轮最大转向角

转向轮的最大转向角,在检测中应符合原厂规定的该车的有关技术条件。内、外轮转向角应符合一定的几何比例关系。如果转向轮的最大转向角小于原厂的规定值,则需要查明故障原因,迅速给予排除,否则,将会影响车辆在转向时的机动性能,危急行车安全。

转向轮最大转向角过大或过小的原因,一般是转向轮限位螺钉调整不正确造成的。转向轮的最大转向角应在车辆二级维护时予以检查,调整。

3.转向盘最大转向力

用路试方法检测转向盘最大转向力时,施加于转向盘外缘的最大切向力不得大于150 N;在原地检测时,在全过程中用转向力测试仪测得的转动转向盘的操纵力不得大于120 N。

转向盘最大转向力大于允许限值时,一般称其为"转向沉重",通常有如下几种原因:

(1)转向系统的传动部件润滑不良,传动部件锈蚀,年久失修,造成运动时阻涩,转动费力;

(2)横、直拉杆的球头与销磨损严重或配合间隙调整不当(过紧或过松);

(3)转向机内部齿轮啮合间隙过小;

(4)转向轮的车轮定位角度值发生变化(如后倾角变大、前束角变小等);

(5)车桥、车架或车身发生严重变形,或传动杆件在运动中有干涉现象;

(6)转向轮的轮胎气压不足等。

4.转向轮横向滑移量

前轴采用非独立悬架的汽车,在用侧滑台(包括单、双板)的方法检测转向轮的横向滑移量时,测得的侧滑量值应不大于±5 m/km。

从前面的叙述可知，正常情况下转向轮的横向滑移量只与车轮外倾角和前束角(值)的匹配有关，如果检测的结果超出允许的限值，则在大多数情况下，是车轮的前束角(值)发生变化，与外倾角不能匹配所至。对前轴采用非独立悬架的汽车，车轮的外倾角大多数不可以调整，只能通过调整前束角(值)的大小，将侧滑量调整到允许的范围之内。但若车轮外倾角发生改变，则在行驶中车辆会向外倾角大的一边跑偏。

5. 车轮定位

GB 7258—2004 标准中规定："汽车的车轮定位应符合该车有关技术条件，车轮定位值应在产品使用说明书中标明。"汽车的车轮定位失准，表现为转向轮振动、转向盘抖动、行驶跑偏、转向盘自动回正能力减弱、转向沉重、轮胎异常磨损、燃油消耗增加等。

车轮定位失准的原因有很多，主要是长时间使用不维护，造成各运动部件配合面的严重磨损、松旷，导致定位失准；其次是事故碰撞、车桥、车架、转向系杆件变形；还有就是相关的零部件变形，装配或调整不正确等。

保持车轮定位正确的方法，一是要定期进行维护、检查车轮定位值并及时进行调整；二是正确驾驶车辆，不要用力急、猛扳动转向盘，要避免高速冲过凹凸路面；三是注意车轮、车桥、车身不能碰撞障碍物；四是更换车轮或轮胎后，要及时重新检测、调整车轮定位。

本 章 小 结

1. 汽车转向操纵性评价指标有：转向盘最大自由转动量、车辆最小转弯直径和转向轮最大转向角、转向盘最大转向力、转向轮横向侧滑量、车轮定位参数等。标准限值采用 GB 7258《机动车运行安全技术条件》、GB 18565《营运车辆综合性能要求和检验方法》中的有关规定。

2. 转向操纵性能的检测设备有多种，常用的有：转向参数测试仪，可以检测转向盘最大自由转动量和转向盘最大转向力；全自动转向角检测仪，可以检测转向轮最大转向角和车轮定位值(前轮)；滑板式侧滑试验台，用来检测转向轮横向侧滑量，目前较为完备的是带放松板的滑板式侧滑试验台；激光式四轮定位仪，用来检测汽车的四轮定位值。

3. 转向操纵系统各项评价参数的检验方法，采用 GB 7258《机动车运行安全技术条件》、GB 18565《营运车辆综合性能要求和检验方法》中的有关规定。

4. 汽车的转向操纵系统在使用中，由于磨损、变形或事故损坏，会造成系统部件的配合副发生改变，使转向操纵性能变差，影响汽车行驶安全。当检测参数值偏离规定值时，应及时查找、分析其影响因素，找出故障原因并予以排除，提高检测合格率。

思 考 题

1. 国家标准规定转向操纵性的各检测参数限值是多少？
2. 车轮在行驶中产生侧滑的原因是什么？
3. 简述车轮外倾角、前束角的合理匹配与滑板移动方向的关系。
4. 简述转向轮横向滑移量的检测方法。
5. 四轮定位仪可以检测哪些项目？
6. 简单说明主销后倾角和内倾角的测量原理。

7. 什么是包容角、推力角?

8. 如何检测转向盘最大自由转动量?

9. 转向盘操纵力的检测方法有几种? 如何检测?

第八章　汽车悬架特性检测

汽车悬架装置是汽车行驶系统的一个重要组成体，它不仅直接影响汽车的平顺性和舒适性，而且对汽车行驶的安全性、操纵稳定性、通过性及燃料经济性等诸多性能都有影响。因此，汽车悬架装置各部件的品质和匹配后的性能，对汽车行驶性能有着重要的影响。

悬架装置是将车身与车轴联接在一起的弹性部件，它由弹性元件、导向装置和减振器三部分组成。其主要功能是：缓和由路面不平引起的振动和冲击，以保证汽车具有良好的平顺性；迅速衰减车身和车桥的振动；传递作用在车轮和车身之间的各种力和力矩；保证汽车行驶时必要的安全性和操纵稳定性。

汽车悬架装置最容易发生故障的元件是减振器，而减振器对汽车的行驶平顺性和操纵稳定性的影响都很大。试验表明，大约有四分之一左右的汽车至少有一个减振器工作不正常。而有故障的减振器，在行驶中会使车轮轮胎有30%的路程接地力减少，甚至不与地面接触。这样会造成汽车在行驶中方向发飘，特别是曲线行驶时难以控制；制动时容易跑偏和侧滑；车身长时间的余振影响乘坐舒适性；加重车轮轴承、轴头、轴头螺母、转向拉杆、稳定杆等部件的过载现象。

随着我国高速公路的迅速发展和汽车行驶速度的大大提高，轿车，甚至大型客车和运输货车，以100km/h以上速度行驶已很常见，现代轿车的最高车速超过200km/h也不为鲜。为保证汽车的行驶安全，对汽车操纵稳定性的要求也越来越高。尽管影响汽车操纵稳定性的直接因素有很多，但连接车轮与车身的悬架装置的性能好坏，也是影响操纵稳定性的重要因素之一。定期检测悬架装置的技术特性，尤其是减振器的工作性能，对保证汽车的操纵稳定性、行驶安全性和乘坐舒适性是十分重要的。

在用汽车悬架装置的检测，主要是检测减振器的性能，因为减振器在与之相连的弹性元件组构成的悬架系统中起着重要作用，在评价减振器性能的同时，也就是对悬架装置的性能做出了综合评价。

第一节　汽车悬架特性的评价指标

汽车悬架特性可以通过谐振式悬架装置检测台或平板式检测台测得，下面分别叙述两种检测台所检测的悬架特性的评价指标。

一、谐振式悬架装置检测台的评价指标

由汽车理论可知，汽车悬架装置的弹性元件或减振器损坏后，会使悬架装置的角刚度减

少，增加了高频非悬架质量的振动位移，使车轮和道路的接触状态变坏。车轮作用在地面的接地力减少，大振幅的车轮振动甚至会使车轮跳离地面。因此，悬架装置性能损坏的汽车，不仅影响汽车行驶的平顺性，也会使汽车的操纵稳定性恶化，使汽车的行驶安全性变坏。

从上述的分析，我们引入了车轮与道路接触状态的新概念。车轮与道路的接触状态可以用车轮对地面的作用力来表征，把这个作用力称为接地力。但在实际路面上时，汽车的各个车轮与地面的作用状况是不一样的。这是因为各车轮悬架装置的性能不一样，或承受负荷不一样，或轮胎气压不一样，或路面冲击不一样等原因造成的。如果在检测台上，人为使各车轮的轮胎气压、承受的负荷和台面冲击做到一致，那么，车轮与地面的作用状态就主要决定于悬架装置的工作性能。因此，用测量汽车在检测台上车轮与台面接地力的大小和变化，来评价汽车悬架装置的品质和性能，是完全可行的。

目前，出现的谐振式悬架装置检测台都是利用检测车轮与道路接地力的原理，来快速评价汽车悬架性能的。其评价指标为"吸收率"，即

$$P=\frac{F_{动}}{F_{静}}\times 100\%$$

式中：$F_{动}$——最小动态接地力 N；

$F_{静}$——静态接地力 N；

P——吸收率 %。

吸收率是指在悬架装置检测台上，受检车辆的车轮在受外界激励振动过程中，产生共振时的车轮最小垂直载荷与静止状态下车轮垂直载荷的百分比值。

欧洲减振器制造商协会（EUSAMA）推荐的评价车轮接地性能（吸收率 %）的参考指标如表 8-1 所列，共分为 6 级。

车轮接地性能（吸收率 %）的参考指标（EUSAMA 推荐） 表 8-1

车轮接地性指数，%	车轮接地状态	车轮接地性指数，%	车轮接地状态
60～100	优	20～30	差
45～60	良	1～20	很差
30～45	一般	0	车轮与路面脱离

注：表中的车轮接地性指数是在悬架装置检测台台面振幅为 6 mm 测得的，这也是大部分悬架装置检测台使用的激振振幅。

表 8-1 中的参考指标适用于大多数汽车，但非常轻的小轿车和微型车除外。这是因为这一类汽车的其中一个轴（一般为后轴）的两个车轮的接地性指数非常低，而他们的悬架装置是正常的。

为了防止因同轴左右悬架吸收率的差异过大而引起操纵稳定性和制动稳定性恶化，进而造成交通事故，必须控制同轴左右轮吸收率之差在一定的范围之内。

二、平板式检测台的评价指标

平板式检测台的测试采样过程：利用车辆制动→引起车身振动→测量车轮动态载荷的变化→悬架吸收、衰减振动→得出悬架效率。在对其过程的数据进行分析、计算、处理时，引出悬架效率这一评价参数。悬架效率的定义为

$$\eta = 1 - \left|\frac{G_B - G_O}{G_A - G_O}\right|$$

式中：η——悬架效率；

G_O——各车轮处静态负荷值，kg；

G_A——车轮处负荷变化曲线上 A 点的绝对坐标值，kg；

G_B——车轮处负荷变化曲线上 B 点的绝对坐标值，kg；

$\left|\frac{G_B - G_O}{G_A - G_O}\right|$ 表示车身有阻尼自由振动的振幅在第一半周期内的减小程度；

$1 - \left|\frac{G_B - G_O}{G_A - G_O}\right|$ 表示车身振动被悬架阻尼衰减、吸收的程度，即反映了悬架的减振能力。

从上面公式中可以分析出，G_B 值越小，则 $|(G_B - G_O)/(G_A - G_O)|$ 值就越小，表示该轮悬架装置的吸振性能越好；同样，$1 - |(G_B - G_O)/(G_A - G_O)$ 值就越大，表示其悬架效率就越好。

平板式检测台检测汽车悬架效率时，测试过程接近于路试，可以真实地反应车辆悬架的减振性能。而且试验数据全部由计算机自动处理，操作方便，试验瞬间即可得出测试结果。因此，该检测台适合于车辆检测和维修单位使用。

同样，为了防止因同轴左右悬架效率的差异过大而引起操纵稳定性和制动稳定性恶化，需要将同轴左右轮悬架效率差，控制在一定的范围之内。

第二节　悬架特性检测台的结构原理

检查汽车悬架的品质和性能，过去主要是通过人工检视，检查弹簧是否有裂纹；检查弹簧和导向装置的连接紧固螺栓是否松动；检视减振器是否漏油、松旷或损坏。用按压车体的方法，观察车体上下运动，凭经验判断是否需要更换或修理减振器。显然，这种凭经验的检视方法，主观因素大，缺乏科学性，可靠性较差。

近几年，随着检测技术的不断发展，相继出现用谐振式悬架检测台或平板式悬架检测台来检测悬架特性的检测设备。

一、谐振式检测台结构原理

谐振式检测台根据其结构形式可分为跌落式和谐振式两类。

1.跌落式悬架装置检测台

跌落式悬架装置检测台的结构，如图 8-1 所示。在测试开始时，先通过举升装置将汽车升起一定高度，然后突然松开支撑机构，车辆下落后自由振动，这时可用测量装置测量车体振幅，或者用压力传感器测量车轮对台面的冲击压力，对压力波进行分析，以此评价汽车悬架装置的性能。目前，这种结构的悬架装置检测台应用的已比较少。

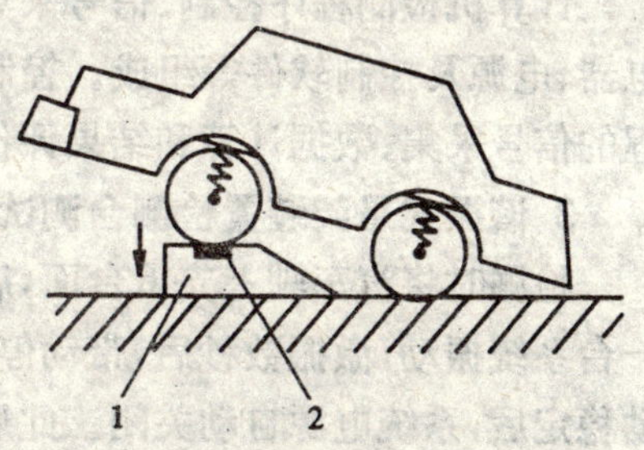

图 8-1　跌落式汽车悬挂检测台

1-升起机构；2-测量装置

2.谐振式悬架装置检测台

这种检测台目前使用的较多，它主要由计算机控制、信号处理系统和机械台架两大部分组成，其中机械部分由机架和左右两套相同的振动系统构成，如图 8-2 所示。

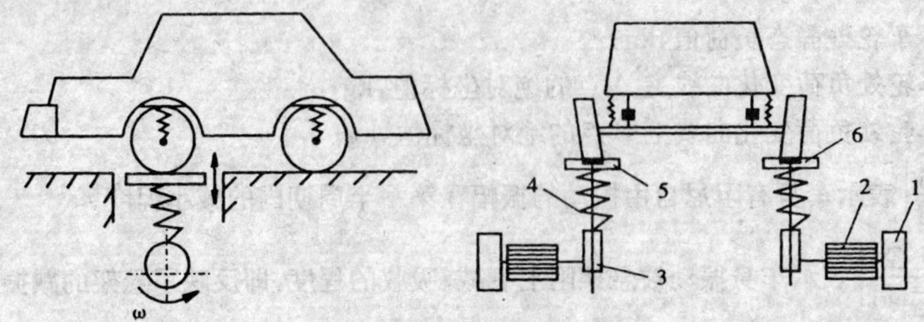

图 8-2 谐振式悬架装置检测台

检测台谐振系统的结构原理，如图 8-3 所示。图中所示为检测台单轮支承结构。每套振动系统由上摆臂、中摆臂、下摆臂、台面、弹簧、驱动电机、飞轮和传感器构成。

目前，谐振式检测台传感器常采用的有两种形式：一种是测力式传感器，测量振动衰减过程中力的变化；另一种是测位移量式传感器，测量振动衰减过程中台面上下位移量的变化。测力式和测位移式悬架装置检测台结构简图如图 8-4 所示。由于这两种谐振式悬架装置检测台的传感器工作性能都很稳定，数据重复性较好，因此，应用十分广泛。

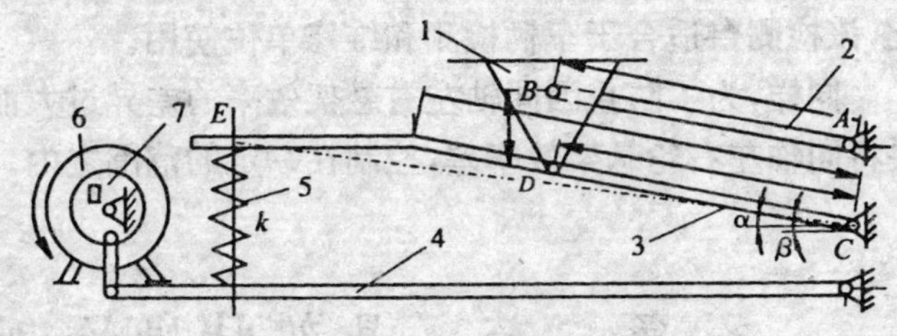

图 8-3 谐振系统的结构原理图

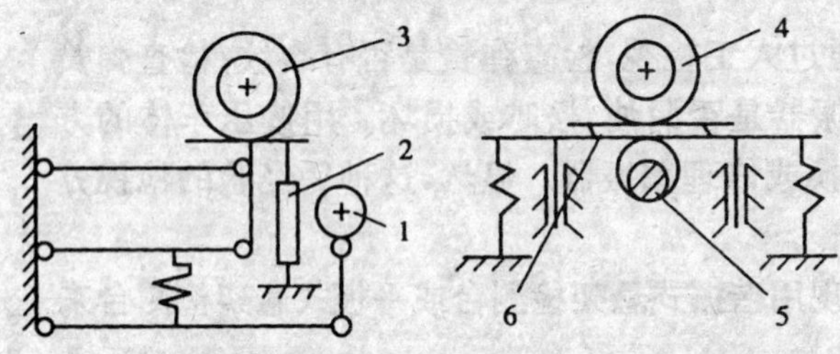

图 8-4 测力式和测位移式悬架装置检测台结构简图

1、6-车轮；2-位移传感器；3-偏心轮；4-力传感器；5-偏心轴

为保证车轮和台面共同振动时，能始终保持垂直受载的水平面的上下移动，在台体上设计有上摆臂、中摆臂和下摆臂，并通过三个摆臂轴和六个轴承安装在箱体上。上摆臂和中摆臂与支承台面连接，构成平行四边形的四连杆机构，以保证振动时，台面的上下运动。中摆臂和下摆臂端部之间装有弹簧。驱动电动机的一端装有飞轮，另一端装有凸缘，凸缘上有偏心轴，连接杆一端通过轴承和偏心轴连接，另一端和下摆臂端连接。

计算机检测程序控制、信号采集处理部分主要由计算机、传感器、A/D 多功能卡、电磁继电器、电源及控制软件等组成。控制软件不仅实现对检测台动作程序的控制，同时也对检测过程的信号采集、数据计算和结果评价进行控制。

3. 谐振式悬架装置检测台测试原理

检测时将汽车驶上支承台面，启动测试程序，首先由一侧的电动机带动偏心机构使整个车一台系统振动，激振数秒后，带动停在该侧台面上的汽车悬架装置产生振动，待激振系统的振动稳定后，系统电源自动关闭。此后，旋转着的惯性飞轮所储存的能量开始释放，带动车轮悬架系统继续振动。由于电动机旋转产生的激振频率比车轮悬架系统的固有频率高得多，因此，在飞轮振动能量逐渐衰减到零的扫频振动过程中，总可以扫描到汽车悬架装置的固有频率处，从而使台面一汽车悬架系统产生共振。通过检测台的测量传感器，将此振动过程的振动频率和振动幅度或振动压力信号传输给计算机，经计算机处理后，给出汽车悬架装置的性能评价。用同样的方式启动检测台另一侧的电动机进行激振，得出另一侧车轮的检测结果，最终评价出该车悬架装置性能的好坏，并打印出检测报告和振动曲线。

二、平板式检测台结构原理

平板式检测台是近年来研制出的一种集制动力、轮重、侧滑、悬架效率等检测功能于一体的汽车检测设备。根据设备的配置不同，可以一次完成轮（轴）重称量、车轮最大制动力、左右轮制动力平衡、制动协调时间、车轮阻滞力、前后制动力分配比、整车制动减速度、车轮横向侧滑量、悬架效率等多种项目的检测。平板式汽车检测设备的最大特点是汽车在运动过程中测试，能够比较真实地反映汽车在道路上行驶时的实际性能。平板式汽车检测设备的检测方法简便，检测时间迅速，且具有耗电少、安装方便、费用低等优点。目前，这种平板式检测台正越来越多的被汽车检验机构采用。

1. 平板式检测台结构

平板式检测台的结构示意图如图 8-5 所示。它主要由机架、制动平板、轴重传感器、制动传感器、力臂、信号处理盒和计算机、检测控制系统软件、控制柜等组成。

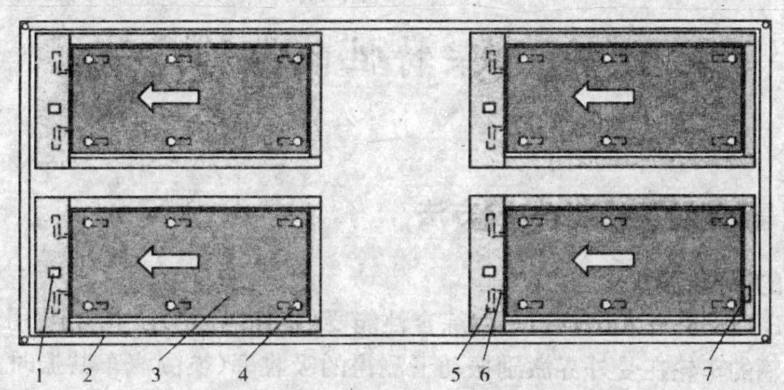

图 8-5 平板式检测台结构示意图

1-信号处理盒；2-机架；3-制动平板；4-轴重传感器；5-制动力传感器；6-力臂

用于小型车辆检测的平板式检测台一般有四块制动平板，用于重型车辆检测的检测台有的只有两块平板，每块平板在检测时承担一个车轮的质量。在每块平板的下面，有起支撑作用的轴重传感器，前端装有制动力传感器和力臂，还有一个信号采集、前置处理的处理器。

控制柜用来放置计算机、显示器和打印机等操作用件。检测控制软件是用来引导车辆检测，采集信号数据，计算评价结果，并打印出检测报告和振动衰减曲线等。

2. 平板式检测台检测原理

平板式检测台检测悬架性能时，测试过程接近于道路试验。检测时，车辆以 5 km/h～10 km/h的速度驶上平板，当四个车轮都驶在平板上时，驾驶员进行紧急制动，迅速将制动踏板踩到底，使车轮都停止在平板面上。此时，前后车轮处的负重情况将发生变化，主要是由于制动时前后车轮之间的负荷发生转移及车身通过悬架在车轮上的振动而引起的。车身在加速向下时，车轮处负重增加；车身加速向上时，车轮处负重减少。图 8-6 所示的曲线，是平板式检测台在显示悬架性能测试结果时给出的前后车轮处的负重随时间变化的曲线。

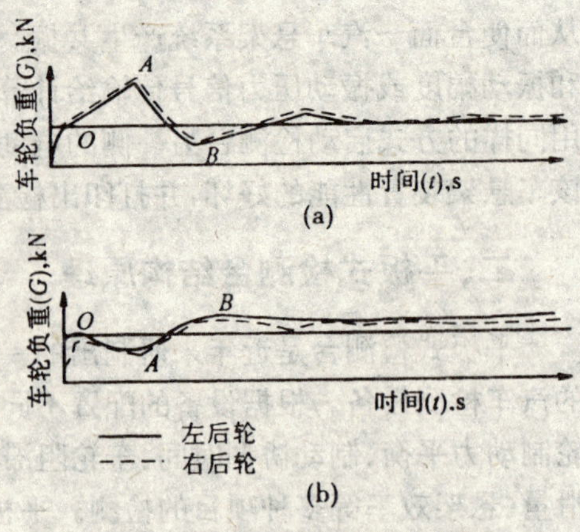

图 8-6　车轮处负重的变化曲线

从图 8-6(a)中可以看出:前轮处的动态负重先从静态负重值附近(O 点)上升到最大值(A 点),再从最大值下降到最小值(B 点)。显然,图 8-6(a)所反映的是制动时前部车身先加速向下,再加速回升向上的"制动点头"现象。图 8-6(b)反映了后部车身的振动,它与图 8-6(a)反相位,即前部车身向下运动时后部车身向上抬起(在加速度较大时后轮可能会离地);前部车身回升时,后部车身向下运动。因此,图 8-6 反映了车辆制动时引起的前后车身纵向俯仰振动的现象。由于车辆的悬架系统能够衰减、吸收车身的振动,所以,车身的振动经过一段时间后就会消失,故图 8-6 中曲线的后段部分逐渐平直并接近 O 点的高度(车轮处于静态负重值)。可见图 8-6 所示的曲线,反映了车辆制动时引起的车身振动被悬架系统逐渐衰减的过程。这说明平板式检测台是按照"车轮处动态负重的变化→车身振动→悬架衰减振动→悬架效率"这一原理测试汽车悬架性能的。

第三节　悬架特性的检验方法

一、谐振式悬架装置检测台检验方法

1.悬架装置的评价要求

国家标准 GB 18565－2001《营运车辆综合性能要求和检验方法》中规定"用悬架装置检测台检测时受检车辆的车轮在受外界激励振动下测得的吸收率(被测汽车共振时的最小动态车轮垂直载荷与静态车轮垂直载荷的百分比值)应不小于 40%,同轴左右轮吸收率之差不得大于 15%。"

这种评价方法不仅考虑了悬架装置对汽车平顺性的影响,更主要的是着重考虑了对汽车操纵稳定性和行驶安全性的影响。它考查的是汽车在最差工作条件的情况下,即地面激振使悬架达到共振时,车轮与地面的接触状态。这是一个比较直观的评价指标,既能快速检测,又能综合评价汽车悬架装置的弹簧与减振器的匹配性能及品质。当然,随着汽车检测技术的发展,这种方法还会不断地修改和完善。

2.谐振式悬架装置检测台检验方法

(1)轮胎规格、气压应符合规定值,车辆空载,不乘人(无驾驶员);

(2)将车辆每轴的车轮依次驶上检测台的台面,使轮胎位于台面的中央位置;

(3)启动检测程序,激振器工作,带动汽车悬架产生振动,使振动频率上升超过系统的共振频率;

(4)当振动频率超过共振点后,关闭激振源电源,系统振动频率自然衰减(降低),并通过系统共振点;

(5)记录衰减振动的过程数据及曲线变化，设纵坐标为车轮动态载荷变化值，横坐标为时间。计算并显示车轮动态载荷与静态载荷的百分比，计算同轴左右轮百分比的差值。

(6)打印检测报告及车轮振动衰减曲线图。

二、平板式检测台检验方法

1.悬架装置的评价要求

国家标准 GB 18565—2001《营运车辆综合性能要求和检验方法》中规定："用平板式检测台检测时，受检车辆制动时测得的悬架效率应不小于 45%，同轴左右轮悬架效率之差不得大于 20%。"

2.平板式检测台检验方法

(1)平板式检测台的平板表面应保持干燥，不能有松散物质或油污；

(2)驾驶员将车辆对正平板台，以 5 km/h～10 km/h 的速度驶上平板，置变速器于空挡，急踩制动，使车辆停止在平板上；

(3)连续测量并记录车辆制动时的车轮动态轮荷的变化；

(4)计算并显示悬架效率和同轴左右悬架效率之差值；

(5)打印检测报告及车轮振动衰减曲线图。

第四节 悬架特性的检测结果分析

GB 18565—2001 规定，根据我国的实际情况，目前，只对于最大设计车速大于或等于 100 km/h、轴载质量小于或等于 1 500 kg 的载客汽车提出悬架特性要求。悬架特性检测结果满足标准规定的限值，评定为合格；不满足标准规定的限值，评定为不合格。对不合格的车辆应进行调试、修理，直至检测合格为止。

我们知道，车辆的悬架装置是联接车身和车轮的弹性元件系统，在行驶中，传递车轮和车身之间的各种力和力矩；吸收和衰减由路面不平引起的对车身车轮系统的冲击和振动；保证汽车行驶时必要的安全性和操纵稳定性。为避免悬架装置早期损坏，延长其使用寿命，在使用中，要正确驾驶操作车辆，应注意以下几个方面：

(1)汽车起步要平稳，行驶中尽量避免紧急制动。因为起步过急，悬架系统所承受的负荷增加，容易造成零部件的损坏。汽车紧急制动时，由于惯性力和制动力的作用，使悬架系统同时受到弯曲应力和拉伸应力，这两种力的合力大大超过了垂直弯曲时的应力。紧急制动是造成悬架系统损坏的主要原因。

(2)转弯要慢。汽车转弯时产生离心力，转弯时的车速越高，所产生的离心力也越大。由于离心力的作用，增加了外侧弹簧的负荷，过急的转弯，不仅可能发生事故，而且还使外侧悬架系统的负荷增大过多，由于其应力过大，故容易损坏。

(3)保持中速行驶。汽车行驶速度过快，特别是在不平道路上高速行驶，会使悬架系统的变形幅度加大和变形次数增多，加速疲劳或折断。

(4)避免超载行驶。汽车的装载量超过规定标准时，均会使悬架系统的负荷增大，产生过大的变形应力，使悬架系统的耐疲劳性能降低，会缩短使用寿命。

在悬架系统中，起主要作用的部件是减振器。对在悬架装置检测中不合格的车辆，其可能的故障原因有：

(1)减振器内部的轴磨损，内部阀片损坏，各密封处漏油，导致减振功能失效；

(2)减振器外部的紧固螺栓磨损，松动，脱落；

(3)减振用螺旋弹簧弹性降低，疲劳或折断，造成早期损坏；

(4)悬架系统各连接部件磨损，松动。

本章小结

1. 汽车悬架装置性能的评价指标，根据检测设备的不同分为"悬架吸收率"和"悬架效率"。用悬架装置检测台检测时受检车辆的车轮在受外界激励振动下侧得的吸收率(被测汽车共振时的最小动态车轮垂直载荷与静态车轮垂直载荷的百分比值)应不小于 40%，同轴左右轮吸收率之差不得大于 15%；用平板式检测台检测时，受检车辆制动时测得的悬架效率应不小于 45%，同轴左右轮悬架效率之差不得大于 20%。

2. 目前，常用的检测设备有谐振式悬架检测台和平板式悬架检测台。谐振式悬架检测台按激振方式不同又可以分为跌落式悬架装置检测台和谐振式悬架装置检测台两种。应用较多的是谐振式悬架装置检测台。

3. 依据 GB 18565《营运车辆综合性能要求和检验方法》中的规定，用谐振式悬架装置检测台检测时，将车轮依次静止停放在台面上，启动检测程序，激振器工作，带动汽车悬架产生振动，当振动频率超过系统共振点后，关闭激振源，系统振动频率自然衰减(降低)，在通过系统共振点时测取最小动态载荷；用平板式悬架装置检测台检测时，驾驶员将车辆以 5 km/h～10 km/h的速度驶上检测平板，置变速器于空挡，急踩制动，使车辆停止在平板上，同时测取车辆在制动时车轮动态载荷的变化。

4. 影响汽车悬架装置性能的因素有很多，但主要因素是减振器的工作性能，其次是车轮与车身连接部件的性能。

思考题

1. 汽车悬架装置性能的评价指标有哪些？如何计算？

2. 简述谐振式检测台、平板式检测台的工作原理。

3. 用谐振式检测台检测悬架装置性能的标准限值是多少？

4. 用平板式检测台检测悬架装置性能的标准限值是多少？

5. 影响汽车悬架装置性能的主要部件是什么？

第九章　汽车排放污染物检验

第一节　汽车排放污染物的评价指标

一、汽车排放污染物的评价指标

(一)装配点燃式发动机的在用汽车排气污染物的评价指标

1. 一氧化碳(CO)

装配点燃式发动机的在用汽车在采用双怠速法和简易工况法对汽车排放进行检测时，排气中一氧化碳(CO)的计量单位为体积分数，而体积分数即为体积浓度。在检测时，采用体积分数“%”来表示。在采用瞬态工况法和简易瞬态工况法对汽车排放进行检测时，排气中一氧化碳(CO)的计量单位为质量单位，用“g/km”来表示。

2. 碳氢化合物(HC)

装配点燃式发动机的在用汽车，在采用双怠速法和简易工况法对汽车排放进行检测时，排气中碳氢化合物(HC)的计量单位为体积分数，而体积分数即为体积浓度，在检测时采用体积分数“10^{-6}”来表示。在采用瞬态工况法和简易瞬态工况法对汽车排放进行检测时，排气中碳氢化合物(HC)的计量单位为质量单位，用“g/km”来表示。

3. 过量空气系数(λ)

装配点燃式发动机的在用汽车，在采用双怠速法对汽车排放进行检测时，要对过量空气系数(λ)进行判定，过量空气系数(λ)是指燃烧 1kg 燃料的实际空气量与理论上所需空气量之质量比。对于使用闭环控制电子燃油喷射系统和三元催化转化器技术的汽车，进行过量空气系数(λ)的测定。发动机转速为高怠速时，λ 应在 1.00±0.03 或制造厂家规定的范围内。

4. 氮氧化合物(NO_X)

装配点燃式发动机的在用汽车，在采用简易工况法对汽车排放进行检测时，排气中氮氧化合物(NO_X)的计量单位为体积分数，而体积分数即为体积浓度，在检测时，采用体积分数“10^{-6}”来表示。在采用瞬态工况法和简易瞬态工况法对汽车排放进行检测时，排气中氮氧化合物(NO_X)的计量单位为质量单位，用“g/km”来表示。

(二)装配压燃式发动机的在用汽车的排气污染物的评价指标

(1)对于 2001 年 10 月 1 日以前生产的装配压燃式发动机的在用汽车的排气烟度，采用

GB 3847－2005 标准规定的自由加速试验，使用滤纸式烟度计进行检测，排气烟度值采用波许(Bosch)单位，用“Rb”表示。

(2)对于 2001 年 10 月 1 日以后生产的装配压燃式发动机的在用汽车的排气烟度，采用 GB 3847－2005 标准规定的自由加速试验，使用不透光烟度计进行检测，排气烟度值采用光吸收系数 K，用“m^{-1}”表示。

(3)在采用加载减速法对装配压燃式发动机的在用汽车的排气烟度进行检测时，排气烟度值采用光吸收系数 K，用“m^{-1}”表示。

二、汽车排气污染物及其危害

汽车污染主要有三个排放源：一是发动机排气管的发动机燃烧废气，其汽油车的主要污染物成分是 CO、HC 和 NO_X，而柴油车除了这三种有害物外，还排放大量的颗粒物；二是曲轴箱排放物，由发动机在压缩及燃烧过程中未燃的碳氢化合物由燃烧室漏向曲轴箱再排向大气而产生，主要是碳氢化合物；三是燃料蒸发排放物，主要由发动机供油系统的化油器或喷油嘴和燃油箱的燃料蒸发而产生。在未加控制时，曲轴箱和燃料蒸发排放的碳氢化合物各占 HC 总排放量的四分之一。

此外，汽车轮胎、制动器和离合器等处由于摩擦还产生一些有害的颗粒物。在汽车排放的两种污染物 HC 和 NO_X 中，HC 的排放量约为 NO_X 的两倍，这个比例极易产生光化学的物质，只要光照及气象条件适宜，就会产生二次污染物，形成光化学烟雾。

汽车污染物对人体的影响如表 9-1 所示。

汽车污染物对人体的影响　　表 9-1

污染物	影　响
一氧化碳 CO	CO 与血蛋白的亲和力为氧的 300 倍，形成碳氧血蛋白，削弱血蛋白向人体各组织输送氧的能力，神经中枢受损最大
碳氢化合物 HC	HC 中包含多种烃类化合物，进入人体后，会使人产生慢性中毒；有些化合物会直接刺激人的眼、鼻黏膜，使其功能减退；更重要的是 HC 化合物和 NO_X 在阳光照射下，会产生光化学反应，生成 O_3、醛类等对人及生物产生严重危害的光化学烟雾
氮氧化合物 NO_X	NO_X(NO、NO_2)中的 NO 与血液中血蛋白的亲和力比 CO 还强。通过呼吸道及肺进入血液，使其失去输氧能力，产生与 CO 相似的严重后果。NO_2 侵入肺脏深处的肺毛细血管，引起肺气肿，同时还能刺激眼、鼻黏膜，麻痹嗅觉
光化学物质 O_3	可达到呼吸系统的深层，刺激下气道的黏膜，引起化学变化，其作用相当于放射线，使染色体异常，使白血球老化
颗粒物 PM_{10}	除浓度外，粒子的直径及其化学性质起决定作用，5mm 以下的粒子可以进入呼吸道；3mm 以下的粒子可以沉积在肺细胞内，引起肺病变。粒子携带的三、四苯并比是强致癌物，可引发癌症

三、汽车排放污染物的成因

(一)汽油车排放污染物的成因

1. 一氧化碳(CO)气体的成因

CO 气体的产生是因为输送至燃烧室的氧气不足，以致燃油不能充分燃烧造成的(即混合气太浓)。废气中的 CO 浓度(体积比)一般是由空燃比决定的，而且基本上是随空燃比变化的。降低废气中 CO 浓度的最好方法是尽实际可能提高空燃比(使混合气变稀)，使燃烧充分。

2. 碳氢化合物(HC)气体的成因

不完全燃烧的汽油或未燃烧的汽油从燃烧室排出，以未净化 HC 气体形式进入大气。HC 和 CO 一样，如果汽油在燃烧室完全燃烧，HC 气体就不会产生。但实际上，即使在这种情况下，由于空燃比、汽缸压力，气门开启重叠角和猝熄等因素的影响，也常常产生 HC。

3. 氮氧化物(NO_X)气体的成因

废气中的 NO_X 有 95%是 NO，NO 是在燃烧室里生成的。氮分子 N 在正常条件下是稳定的，但在高温(1800℃)和高浓度氧气的条件下，氮和氧便能发生反应，生成 NO。所以 NO_X 是在混合气完全燃烧的条件下，而不是像 CO 和 HC 是在不完全燃烧中生成的。因为只有完全燃烧、才能达到足够高温，支持生成 NO 的反应。如果温度达不到 1800℃以上，N_2 和 O_2 将不会结合成 NO，而是分别从排气系统中排出。这就是说，对燃烧中产生 NO_X 的浓度影响最大的因素是燃烧室所能达到的最高温度和空燃比。

所以，减少废气中的 NO_X 含量的最好方法是阻止燃烧室内温度达到 1800℃，或者是缩短这个高温持续的时间。另一个可能方法则是降低氧的浓度。

4. 行车工况与废气的产生

汽油机废气排放物与进气空燃比之间的关系如图 9-1 所示。图 9-1 是在假定发动机转速和负荷不变的条件下绘制的。从图中可看出，空燃比较之理论空燃比略稀时，CO 和 HC 浓度下降；而 NO_X 浓度则上升；另一方面，混合气比理论空燃比浓时，NO_X 浓度下降，而 CO 和 HC 浓度则上升；所以，很明显，在汽油发动机中，采用某一空燃比就要产生相应的废气。很难找到一个方法，使这 3 种污染物同时减少。下面，根据图 9-1，解释不同行车条件下，汽车废气中污染物的成分和浓度状况。

(1)暖机工况(产生 CO、HC)

因为发动机(进气歧管)还没有充分加热，汽油不能充分蒸发，所以，在发动机暖机时，空气和燃油的混合气太浓(约 5∶1)，从而产生大量 CO 和 HC。

(2)怠速运行工况(产生 CO、HC)

在怠速运转时，燃烧室内的温度较低，汽油不能充分蒸发。在这种情况下，通常要额外供应燃油，使空燃比变浓(大约 11∶1)。由于不完全燃烧，CO 和 HC 的浓度增大，而由于燃烧温度较低，NO_X 的浓度则几乎为零。

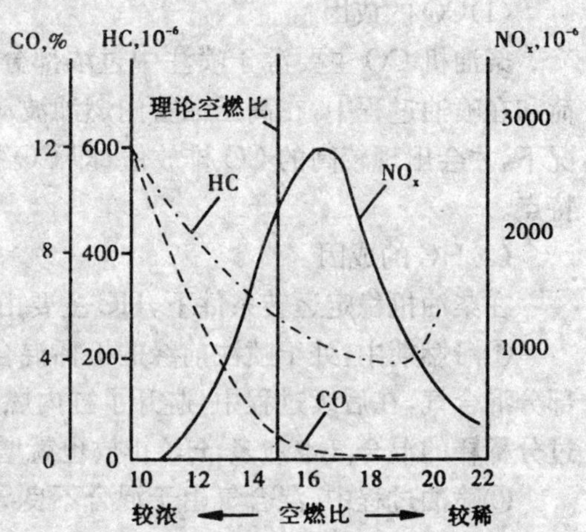

图 9-1 汽车机废气排放物与进气空燃比之间的关系

(3)匀速行驶

①中、低速度(产生 NO_X)

在中、低速度，汽油的空燃比较理论空燃比略稀。对此，各种发动机不尽相同，但在当前最常用的发动机型号中，这个比值大约是 16∶1 至 18∶1。在这个比值混合气较稀，燃烧室温度升高，易产生较多 NO_X。

②高速(产生 CO、HC 和 NO_X)

车辆高速时，发动机以高输出功率运转，空燃比较浓。CO 和 HC 浓度上升，由于燃烧室温度降低，且缺乏足够的氧气，NO_X 浓度减少。

③加速(产生 CO、HC 和 NO_X)

踩下加速踏板,节气门开度加大,增加了吸入进气歧管的空气量。燃油供应量也自然增加。空气与燃油混合气变浓(8∶1),CO 和 HC 的浓度也增大。随发动机转速的提高,燃烧速度加快,使燃烧温度升高,NO_X 浓度也从而增大。

④减速(产生 CO、HC)

汽车减速,造成发动机制动,节气门完全关闭,但发动机转速高,燃烧室和进气歧管中负压也随之增强。这一负压降低了火焰扩散的速度,使得火焰在扩散至整个燃烧室以前就熄灭了。这就产生了未燃烧的 HC 气体,并被排放至大气中。另外,强大的负压使得附着在歧管壁上的燃油极其迅速地蒸发,导致燃油混合气太浓。这就增大了 CO 和 HC 的浓度。但因为负压也降低了燃烧温度,从而也使 NO_X 浓度几乎降至零。

⑤大负荷(产生 CO、HC 和 NO_X)

若车辆爬陡坡时,发动机负荷大,则节气门完全打开,空气与燃油混合气达到最大浓度。CO 和 HC 浓度就很高,NO_X 浓度下降。

(二)柴油车排放污染物的成因

1.一氧化碳 CO 和碳氢化合物 HC 的成因

从总体看,由于柴油机负荷调节方法采用定量质调节的方法,其混合气的平均浓度要比汽油机稀得多,即便在高负荷区,平均过量空气系数也远大于 1,所以,柴油机总有足够的氧气对已形成的 CO 和 HC 进行氧化,柴油机的 CO 和 HC 排放量要比汽油机低得多。从排气污染物形成的过程来看,柴油车 CO 和 HC 的具体形成原因和汽油车有所不同。

(1)CO 的成因

柴油机 CO 主要源于喷注中过浓部分的不完全燃烧。只有较低负荷,温度过低以及高负荷和在喷油过程中,在高压油管内燃油波动造成的二次喷射和喷油器滴油等不正常喷射的情况下,才会出现较高的 CO 排放值,即 CO 排放值随过量空气系数的变化呈两头高、中间低的特点。

(2)HC 的成因

在柴油机稳定运转条件下,HC 主要由下述两个原因引起:

①滞燃期中,处于喷注前缘的极稀混合气,其浓度远低于燃烧极限而无法着火。其中的一部分混合气,在后续过程中,避开了缸内燃烧而被排出。滞燃期愈长,滞燃期中的喷油量愈多,过分稀释的混合气也愈多,HC 排放也就增多。

②喷油过程中,混合气由于混合不良导致 HC 增多。最主要的情况是燃油的喷射期过长。总体上看,柴油机低负荷时,混合气更稀,缸内温度又低,所以 HC 排放量随负荷减小而上升。

2.氮氧化物 NO_X 的成因

NO_X 生成的条件是高温,富氧和较长作用时间。这和汽油车一样。但由于柴油车在着火燃烧方面的原因,氮氧化物 NO_X 排放所占其总排放量的比例较汽油机大。

在燃烧过程中产生 NO_X 的区段有滞燃期的稀燃火焰区和缓燃期的扩散燃烧区。

降低燃烧过程中这两个时期的喷油率,减缓混合气的形成速度,推迟或拉长整个喷油时间,或者缩短滞燃期,都可以抑制 NO_X 的过量产生。但是这样做,必然拉长或推迟燃烧过程,造成燃油消耗率的上升和微粒碳烟排放量的增加。这正是柴油机性能综合选择和参数匹配中的一个很主要的矛盾。

总体来看，柴油机 NO_x 排放量将随负荷的减少，即混合气浓度的变稀、温度的下降而下降。特别是低负荷时，汽油机 NO_x 高得更多。问题在于：汽油机由于采用了电控汽油喷射和三元催化转化装置，在一定程度上限制了氧的浓度，使采用闭环控制的部分发动机工况下的 NO_x 排放，降到了可以接受的水平。而目前柴油机由于其着火燃烧和负荷调节方法上的问题，控制 NO_x 的技术还未达到汽油机的高度，以致 NO_x 排放成了柴油机亟待解决的主要排放物之一。

3.微粒和碳烟的成因

和汽油车相比，柴油车的微粒排放量要多几十倍。加上碳烟（微粒中的主要成分）的可视性，以及部分微粒成分被认为是致癌物质，以致微粒碳烟排放成为柴油机最引人注目，也是最引起非议的排放问题。

柴油车的微粒和碳烟的生成机理还未完全研究清楚。目前，一般都承认，燃烧时的一段高温范围和局部存在特别浓的混合气，是微粒碳烟产生的必要条件。

混合气愈浓，其中碳成分就愈多。柴油机喷注中，混合气浓度由芯部的极浓到前缘的极稀，即使在空气混合后也会由于浓稀不均而在较浓区域产生自由碳。由于柴油机总体混合气都偏稀，较浓区域生成的自由碳在往后的过程中，是否会被富裕的空气所氧化，涉及到燃料的裂解成碳和燃料的氧化二者之间的总体平衡问题。

目前业界的看法是：柴油机微粒和碳烟主要形成缓燃期的扩散燃烧区和后燃期以及二次喷射和喷油器滴漏。

4.行车工况与排气污染物的形成

(1) 调速器的特性曲线

图 9-2 为装有机械全程调速器和两极调速器两种不同调速器的柴油机，在不同加速踏板位置时的转矩变化曲线。可以看出，全程调速器在加速踏板位置由小加大时，转矩的急剧变化段（调速段）也由低速转到高速，表明每一个踏板位置对应一个较窄的工作转速范围。而两极调速器的每一个踏板位置只在高、低速进行调速，中速段的转矩值则随踏板位置加大而加大。

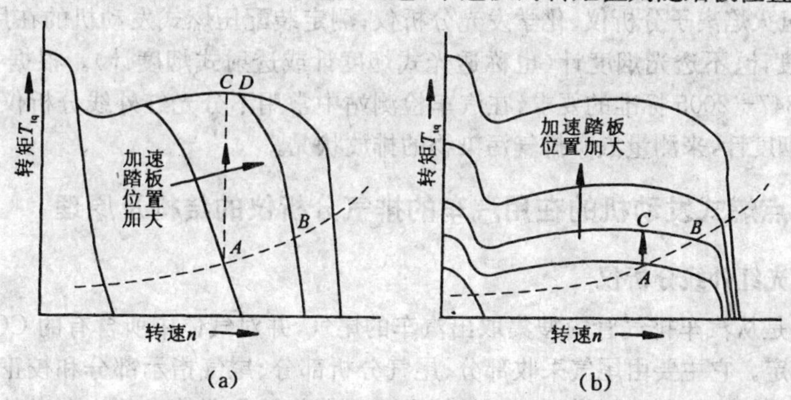

图 9-2 机械全程调速器和两极调速器在不同加速踏板位置时的特性曲线

柴油车在稳定路面上行驶时，车辆承受的各种阻力化为一条作用于发动机的阻力矩曲线，如图中虚线所示。此阻力矩曲线与某一踏板位置转矩曲线的交点就是该位置时的稳定运转转速或速度。

设若柴油机先稳定在图示较小加速踏板位置时的 A 点运行。当要加速到较高车速的 B 点时，必然加大踏板位置，增加油量，并经历一个过渡过程。这个过程并非图上直接沿阻力矩线由 A 到 B，而是沿转矩线进行转移。

全程调速器时，如图 9-2a，一踩加速踏板，A 点迅即转移到新踏板位置特性线的 C 点，再沿 D 变到 B。这一过程要经过全负荷加油的 CD 段。

两极调速器时，如图 9-2b，这个转移过程由 A→C→B。

比较这两种情况，全程调速器加速迅猛，过大的油量往往造成过高的碳烟和 HC、CO 排放量。特别是瞬间加速到新工况，缸内温度及冷却液温度、机油温度等状态均末达稳定值，有害排放量更多，有时会比同类稳定工况高 6 倍以上。两极调速器则加速平缓，有害排放量的增加会少得多。但是，若要追求加速性，猛踩加速踏板再回缩，其效果也与全程调速器相同。

由此可知，柴油机加速过程有害排放量的加大程度，与转矩变化模式和驾驶员的控制方法都有很密切的关系。而其减速过程因为是相反的减小供油量，所以，排放污染量会大大下降。废气涡轮增压柴油机加速时，由于增压器转子的惯性，转速上升有一个过程，充气量赶不上喷油量的增加，使混合气过浓而烟度及 HC 等排放大增，形成加速冒烟。

(2)冷起动过程对排放的影响

冷起动时，汽缸内压缩温度很低，燃油雾化条件很差，相当部分会附于燃烧室壁面，初期会以末燃 HC“白烟”的形式排出机外。由于起动时雾化程度低，直喷柴油机一般要加大 50%～100%的“起动油量”，因此碳烟、HC 及 CO 等排放量必然加多。只有经过一段时间的暖机以后，才会逐渐恢复正常。可见，起动控制策略(指加浓量、转速和温升的配合)对有害排放和使用油耗等，都有相当大的影响。

第二节 排气分析仪的结构原理

在目前使用的汽车排气分析仪中，测定装配点燃式发动机的在用汽车的仪器有：不分光红外线分析仪、氢火焰离子分析仪、化学发光分析仪；测定装配压燃式发动机的在用汽车的仪器有：滤纸式烟度计、不透光烟度计(也称透光式烟度计或透射式烟度计)。根据 GB 18285—2005 和 GB 3847—2005 标准的要求，在汽车检测站中常用不分光红外线分析仪、滤纸式烟度计，和不透光烟度计，来测量汽车排气污染物的排放状况。

一、装配点燃式发动机的在用汽车的排气分析仪的结构及原理

(一)不分光红外线分析仪

该分析仪是从汽车排气管内搜集取出汽车的尾气，并对气体中所含有的 CO 和 HC 的浓度进行连续测定。它主要由尾气采收部分、尾气分析部分、尾气指示部分和校正装置等构成。用于检测除使用闭环控制电子燃油喷射系统和三元催化转化器技术的汽车以外的，所有装配点燃式发动机的在用汽车排气污染物的排放浓度。

1.尾气采集部分

气体分析仪的流程图如图 9-3 所示，由探测头、过滤器、导管、水分离器和泵等构成。用探头、导管、泵，从排气管采集尾气。排气中的粉尘和碳粒用过滤器滤除，水分用水分离器分离出去。最后，将气体输送到分析部分。

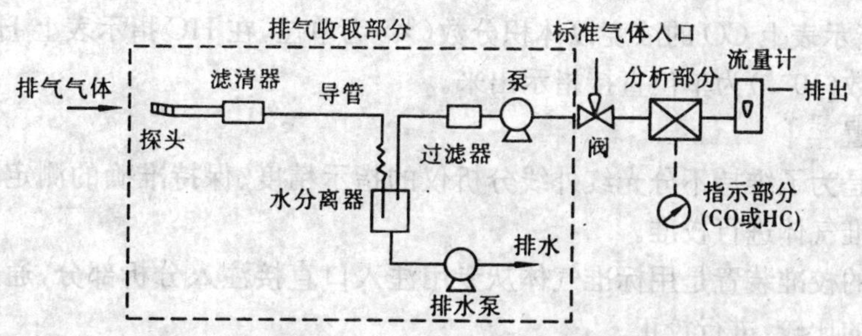

图 9-3 气体分析仪的流程图

2. 尾气污染物的分析部分

这种废气分析仪的测量原理是建立在一种气体只能吸收其独特波长的红外线特性基础上的，即是基于大多数非对称的多原子(除了单原子气体和相同原子的双原子气体如 H_2、O_2、N_2 外)气体对红外线波谱带(一般工业用为 2.5～10 μm)中一定波长具有吸收功能，而且其吸收程度与被测气体的浓度有关。如 CO 能吸收 4.5～5 μm 波长的红外光线，CO_2 能吸收 4～4.5 μm波长的红外光线，CH_4 能吸收 2.3 μm、3.4 μm、7.6 μm 波长的红外光线，NO 能吸收 5.3 μm 波长的红外光线。该分析部分是由红外线光源、测量室(测定室和比较室)、回转扇和检测器构成。从采集部分输送来的多种气体共存在尾气中，通过不分光红外线分析部分分析测定气体(CO、HC)的浓度，用电信号将其输送到浓度指示部分。工作原理如图 9-4 所示，它由两个红外线光源发出两组分开的射线，这些射线被两旋转扇片同相地遮断，从而形成射线脉冲，射线脉冲经滤清室、测量室而进入检测室。测量室由两个腔室组成，一个是比较室，另一个是测定室。比较室中充有不吸收红外线的氮气，使射线能顺利通过。测定室中连续填充被测试的尾气，尾气中 CO 含量越高，被吸收的红外线就越多。检测室由容积相等的左右两个腔室组成，其间用一金属膜片隔开，两室中充有同摩尔数的 CO。由于射到检测室左室的红外线在通过测定室时，一部分射线已被排气中的 CO 吸收，而通过比较室到达检测室右室的红外线并未减少，这样，检测室左右两室吸收的红外线能量不同，从而产生了温差，温度的差异导致了压力差的存在，使作为电容器一个表面的金属膜片弯曲。弯曲振动的频率与旋转扇片的旋转频率相符。排气中的 CO 浓度越大，振幅就越大。膜片振动使电容改变，电容的改变引起电压的改变，从而产生交变电压。交变电压经放大，整流成直流信号，变为被测成分浓度的函数，因此，可用仪表测量。而 HC 由于受到其他共存气体的影响，所以，使用固体滤光片，巧妙地利用了正己烷红外线吸收光谱。因此，样品室内共存的 CO、CO_2、H_2O 等 HC 以外的气体所产生的红外线被吸收，再经检测室窗口的选择和去除，仅让具有 HC(正己烷)能吸收的 3.5μm 附近的波长到达检测室内。HC(正己烷)被封入检测器，样品室中的 HC(正己烷)吸收量也就能被检测器检测出来。这种检测方法简称为 NDIR 法。

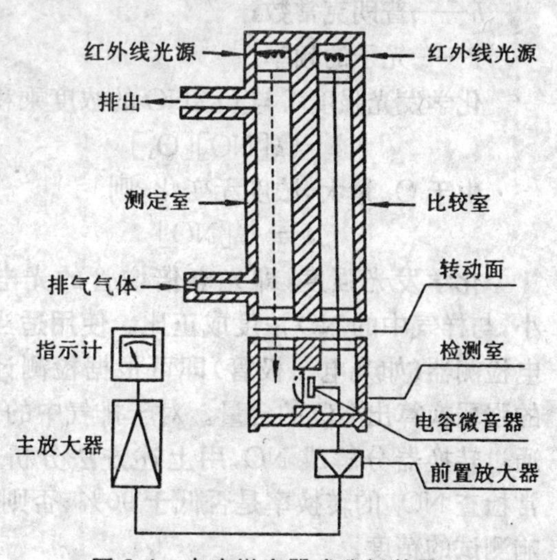

图 9-4 电容微音器式分析装置

3. 浓度指示部分

尾气的浓度指示部分根据分析部分传来的电

信号，在 CO 指示表上 CO 的浓度以体积分数(%)为单位，在 HC 指示表上 HC 的浓度以正己烷当量体积分数(10^{-6})为单位直接指示出来。

4. 校正装置

校正装置是为了维持不分光红外线分析仪的指示精度、保持准确的测定值而设置的。校正装置通过标准气体进行校准。

标准气体的校准装置是用标准气体从专用注入口直接注入分析部分，通过标准气体浓度和仪表指示值的比较，进行校正。

(二)四气体/五气体分析仪

怠速工况法测定 CO、HC 两种气体的排气检测手段已无法有效反映汽车排气污染物对大气的污染现状，更不能满足环保部门对全球环境全面严格检测的要求。因此，除测定 CO、HC 外，还必须测定汽车排气中的 NO_X 和 CO_2。同时，汽车排气中含氧量是装有电控燃油喷射发动机的汽车计算机监控空燃比、控制排放量、保护三元催化转化器正常工况的重要信号。为此，目前对汽车的尾气排放检测就增加了 O_2 的检测要求。因此，现在使用的对汽车尾气排放检测用的气体分析仪，要对 CO、HC 、NO_X、CO_2、O_2 等五种气体进行检测。

对于这五种气体成分的浓度通常采用两种不同的方法进行检测，其中 CO、HC 、CO_2 通过不分光红外线不同波长能量吸收的原理(即 NDIR 法)来测定。而 NO_X、O_2 的浓度通常采用电化学的原理来测定，排气中含氧量的浓度通过测试通道中设置氧传感器即可测定。NO_X($NO+NO_2$)浓度可采用化学发光法(CLD)的原理进行测定，虽然 NO 也可以用 NDIR 法来检测，但不如化学发光法。化学发光法具有灵敏度高(约 0.1×10^{-6})、反应速度快(一般为 2 s～4s)、线性好(在 $10^4\times10^{-6}$内)、适于低浓度连续分析等优点。

CLD 测试基本原理见图 9-5，通过适当的化学物质(如不锈钢或碳化物、钼化物)将排气中的 NO_2 全部还原成 NO，NO 和过量 O_3 的相互作用，产生某些激化态 NO_2^* 分子，这些 NO_2^* 分子衰减到基本态 NO_2 就会发射出波长为 0.59～2.5μm 的光量子 hγ，其反应式为

$$NO + O_3 \rightarrow NO_2^* + O_2$$

$$NO_2^* \rightarrow O_2 + h\gamma$$

h——普朗克常数；

γ——光子的频率。

化学发光强度 I 与 O_3、NO 的浓度乘积成正比

$$I = k[NO][O_3]$$

由于 O_3 量大，浓度无变化，则

$$I = k'[NO]$$

化学发光强度，即光电倍增管的光电流大小，与样气中的 NO 浓度成正比。使用适当的光电检测器(如光电二极管)即可根据检测计信号的强弱换算出 NO 的含量。对于排气中的 NO_2，通过转换器分解成 NO，用上述方法分析，要经常检查 NO_2 的转换率是否低于 90%，否则，将影响测试的精度。

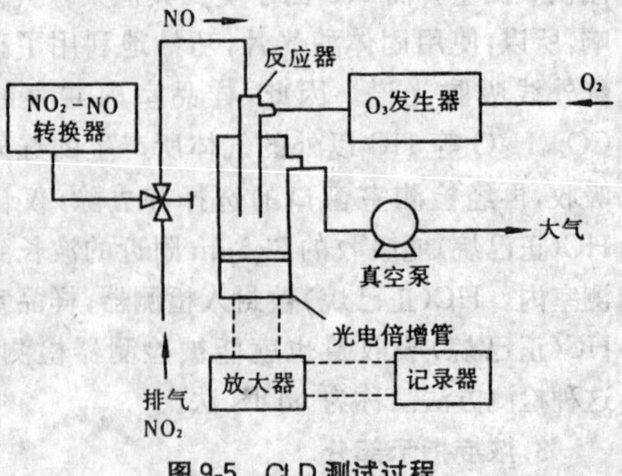

图 9-5 CLD 测试过程

因 CLD 法测定 NO_x 浓度的设备结构较复

杂，故市场上提供的有些在线快速检测用五气体分析仪没有采用，而多采用与 CO、HC 、CO_2 相同的不分光红外线检测原理，但需要说明的是，对 NO_x 来说，这种方法测定的精度较低。

二、装配压燃式发动机的在用汽车的排气分析仪的结构及原理

对装配压燃式发动机的在用汽车的排气烟度排放状况的检测设备，一般使用滤纸式烟度计、不透光烟度计。对于 2001 年 10 月 1 日前生产的在用汽车的排气烟度排放状况的检测使用滤纸式烟度计；对于 2001 年 10 月 1 日以后生产的在用汽车的排气烟度排放状况的检测使用不透光烟度计。

（一）滤纸式烟度计的结构及原理

德国波许(Bosch)烟度计是典型的滤纸式烟度计。我国也使用这种烟度计。滤纸式烟度计结构如图 9-6 所示，由采样器和检测器两部分组成。采样器为一个弹簧泵，前端带有采样探头，插入排气管中央吸取一定容积的尾气，使其通过一张面积一定的洁白滤纸，排气中的碳烟积聚在滤纸表面，使滤纸污染。用检测器测定滤纸的污染度。该污染度即定义为滤纸烟度，单位为波许(Bosch)值，用 Rb 表示。规定全白滤纸的 Rb 值为 0，全黑滤纸的 Rb 值为 10，并从 0～10 均匀分度。

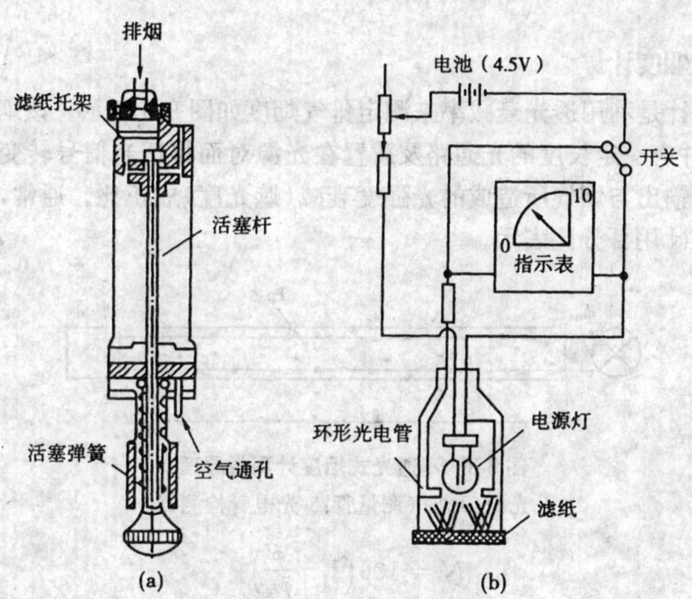

图 9-6　滤纸式烟度计的结构

(a)采样器；(b)检测器

滤纸式烟度计结构简单，调整方便，测定值可靠性高，价格低廉。滤纸试样直观性好，便于保存，适宜于稳态工况的测定。但缺点是只能测排气中黑色的碳烟，当柴油机在怠速及低负荷运转时，因排温低及其他原因排出的油雾及水蒸气形成的蓝烟和白烟却不能测出。

1. 排烟收取部分

排烟收取部分是由探头、导管、吸入泵等构成。由于采用脚踏开关，因此，排烟的收取和发动机加速动作相同步。将探头插入排气管内，在加速踏板上安装脚踏开关，踩下踏板，使发动机作急加速运转，同时使吸入泵动作，吸入定量的排烟，由于滤纸设置于排烟吸入通路中，所以，排烟中的碳粒子被吸附到滤纸上。如图 9-7 所示为排烟的吸入路径，图中所示的清扫机构采用压缩

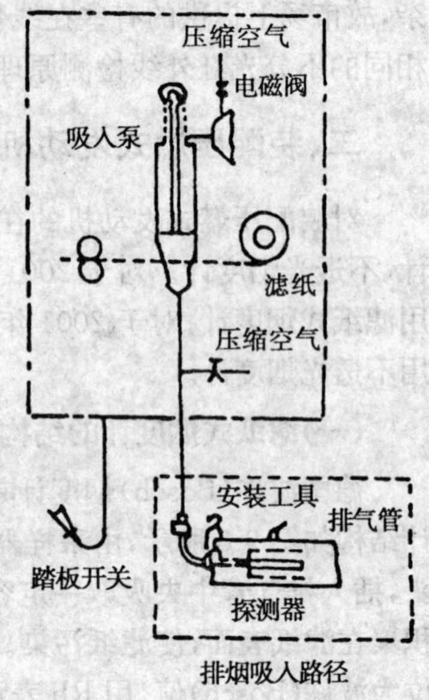

图 9-7　排烟的吸入路径

空气,目的是在收取排烟前先清除探测头和导管内所残留的烟气,以确保其检测精度。

2. 检测指示部分

检测指示部分由光电传感器、指示仪表等组成,光电传感器由光源(白炽灯泡)、光电元件(环形硒光电池)和电位器等组成。

这部分将已经收取到黑烟的滤纸对着检测部分的光电传感器,从灯泡发出的光被滤纸反射,用环状的光电元件接受其反射光,产生电流并使指示针动作,当滤纸的污染较重时,反射的光量就少,指针向满刻度"10"偏移,滤纸的污染度较低时,指针就向"0"偏移。

3. 校正装置

滤纸式烟度计还具有校正染黑度(满刻度一半,即 Rb5 左右)用的标准纸,当将校正用标准纸正对着检测部分,再用指示调整旋钮根据校正用标准纸的染黑度调节指示值,就能方便地实施指示部分的校正,从而维持测定的精密度,使测定值保持正确。

(二)不透光式烟度计

不透光式烟度计是利用透光衰减率来测定排气烟度如图 9-8 所示。该烟度计的主要元件有光源、充满排气并有一定长度的光通路及放置在光源对面将透光信号转变成电信号的光电元件。光电元件的输出与烟气所造成的光强度衰减(遮光度)成正比。通常,不透光法测得的不透光度(即烟度)N 用百分比表示。

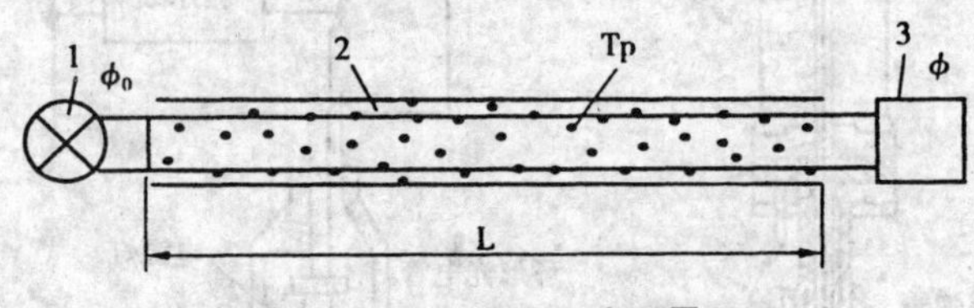

图 9-8　不透光式烟度计测量原理

1-光源;2-烟气测量管;3-光电管检测器

$$N = 100\left(1 - \frac{\phi}{\phi_0}\right) \tag{9-1}$$

式中:ϕ——有烟时的光强度;

ϕ_0——无烟时的光强度。

根据比耳—兰勃特(Beer—Lambert)定律

$$\frac{\phi}{\phi_0} = e^{-nAQL} \tag{9-2}$$

式中:n——单容积颗粒数;

A——颗粒物平均投影面积,m^2;

Q——颗粒物衰减系数;

L——光通路的有效长度,m。

根据测量光通路的光吸收系数 K 定义,有

$$K = nAQ \tag{9-3}$$

(9-3)式可变为

$$\frac{\phi}{\phi_0} = e^{-KL} \tag{9-4}$$

因而可得

$$N = 100\ (1 - e^{-KL}) \tag{9-5}$$

故

$$K = \left(-\frac{1}{L}\right)\ln\left(1 - \frac{N}{100}\right) \tag{9-6}$$

式(9-6)表示不透光度 N(线性分度)与光吸收系数 K 之间的关系。在测排烟时,碳烟颗粒的 A 和 Q 值对于发动机大部分运行工况变化不大而每个颗粒本身的密度也大致相等,因此可以近似认为 K 与碳烟的质量浓度成正比。

不透光式烟度计可分为全流式和分流式两类,如图 9-9 所示。全流式不透光烟度计测量全部排气的透光衰减率,有在线式及排气管尾端式两种。美国 PHS 烟度计就是这种全流式不透光烟度计,其基本原理如图 9-10 所示。在排气管口端不远处的排气烟束两侧分别布置有光源和光电池,光电池接受到的光线与排气烟度成正比。为了不受排气热影响,光源和光电器件置于离排气通路有一定距离的地方。

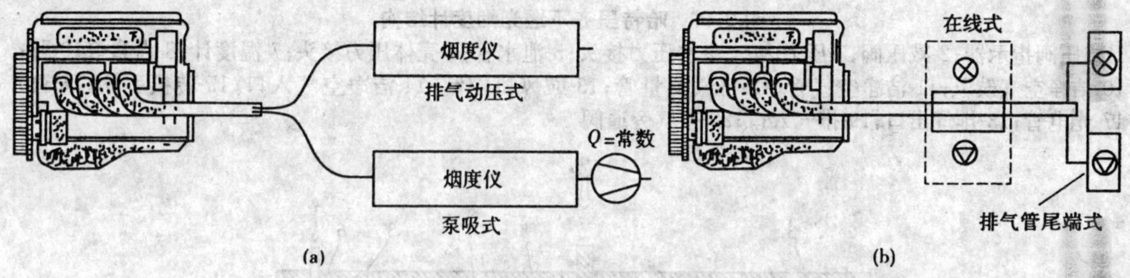

图 9-9 不透光式烟度计测量方法

(a)分流式;(b)全流式

分流式不透光烟度计是将排气中一部分烟气引入测量烟气取样管,送入烟度计进行连续分析。图 9-11 为英国哈特里奇(Hartridge)不透光烟度计的结构简图。测定前,用风机向校正管吹入干净空气,转动手柄使光源和光电池置于校正管两端,进行烟度计零点校正。在测试时,将光源和光电池转至测试管两侧,从排气管取样,光线透过烟气,光电池即可检测出光线的衰减率。指示值 0 为无烟,100 为全黑。图 9-12、图 9-13 为分流式不透光烟度计。它采用闭路采样循环(图 9-13)进行连续取样,可确保在发动机排气压力波动状态下,样气流量仍保持恒定。安装在检测器中的加热型镜片,可以保护光学元件。该烟度计有样气温度、压力控制系统,以保证检测器测量压力和温度环境的稳定,提高了测试精度。该烟度计响应时间短(为 0.1 s)、灵敏度高(检测室长度为 430 mm,优化了灵敏度)、分辨率高(光吸收系数 K=0.002 5 m^{-1}、不透光度 N=0.1%)。

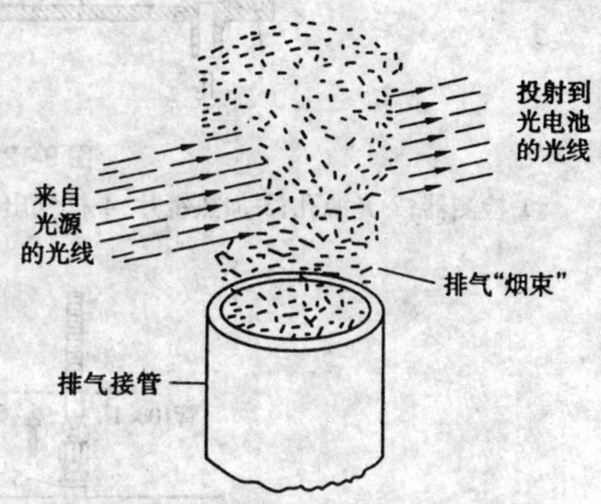

图 9-10 全流式不透光烟度计工作原理

此外,还有一种便携的分流式透光烟度计,可直接插在排气管尾部或中部接口,安装及使用都较方便,适于作现场检测用。

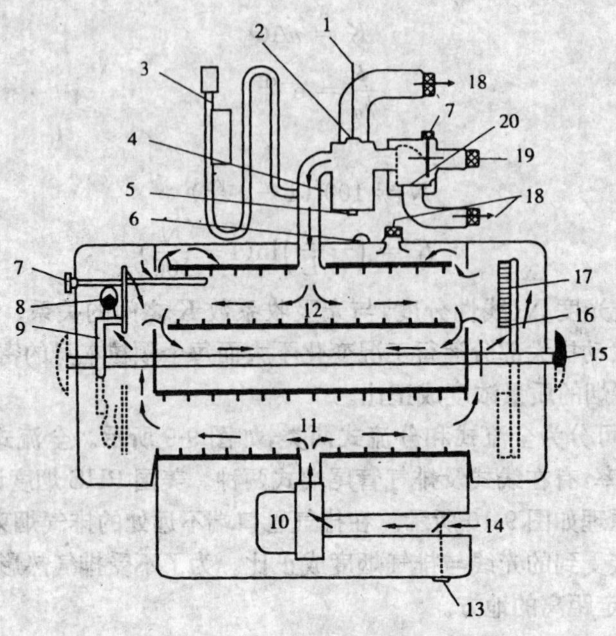

图 9-11　哈特里齐不透光烟度计结构

1-减压阀指示器；2-减压阀；3-压力表；4-去水压力接头；5-泄水管；6-壳体压力接头；7-温度计；8-卤素灯；9-臂；10-洁净空气鼓风；11-洁净空气管；12-排气测量管；13-鼓风机控制；14-洁净空气入口；15-转换手炳；16-臂；17-光电管；18-排气出口；19-排气入口；20-排气旁通阀

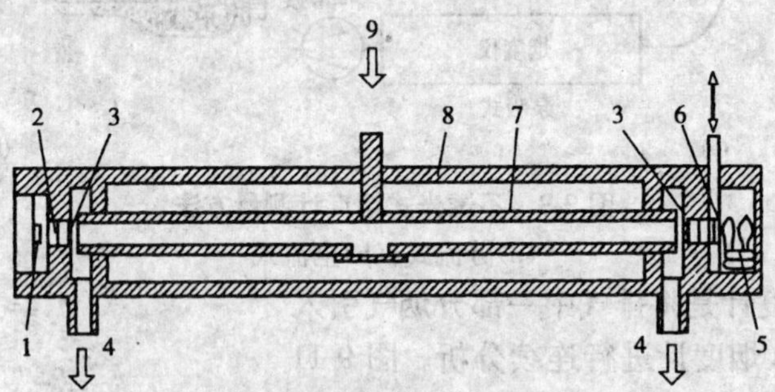

图 9-12　分流式不透光烟度计

1-检测器；2-光源孔；3-加热镜片；4-样气出口；5-光源；6-标定镜片位置；7-测量室；8-框架；9-样气流入

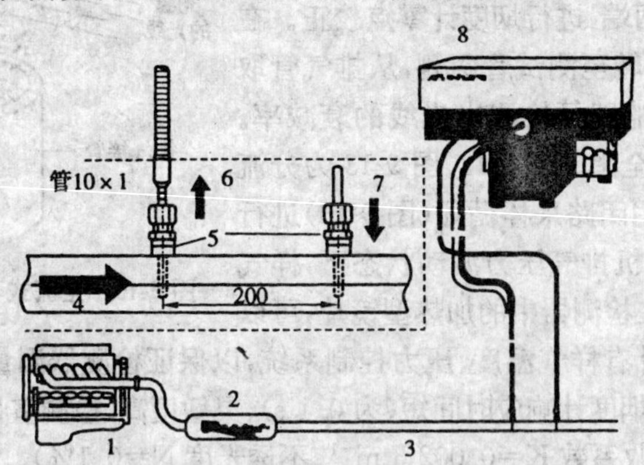

图 9-13　闭路采样循环连续测量不透光烟度

1-发动机；2-消声器；3-排气管；4-排气；5-采样探头；6-样气；7-回流；8-不透光烟度计

由于排烟是连续不断通过测试管的，所以不论稳态、非稳态和过渡现象，烟度的测定都很方便。但是由于光学系的污染，这种烟度计测定中容易产生误差，因此，必须注意清洗。另外排气烟中所含的水滴和油滴也可能作为烟度显示出来。当抽样检验的排烟超过 500℃时，必须采用其他冷却装置冷却排烟，以确保其中检测精度。

三、汽车排气分析仪的使用方法

(一)不分光红外线气体分析仪的使用方法

汽油车的排气测定方法分为简易工况法和双怠速法。GB 18285—2005 标准中规定，对点燃式发动机汽车排气污染物测量，采用双怠速法，因而，在配备了发动机转速计后，此类设备仍可使用。

1.测定前的准备工作

在进行汽车排放污染物检测时，必须做好测定前准备工作，包括测量仪器的准备和被测车辆的准备。

(1)仪器的准备

仪器使用前，先接通电源，预热 30min 以上，然后按表 9-2 规定的部位进行检查。

汽油车排气检测前的仪器检查　　表 9-2

时间	检查部位	检查要领	备注
使用前	指示计	在不输入电源的状态下，检查指针的机械零点	偏离时，调节零点校准螺钉，直至合格
	流量计	从气体入口取下导管，用手遮住进气口，检查动作状态	当发现不能正常动作时，应由专业厂家修理
	探测器和导管	检查有否压扁，割坏，堵塞，污染等情况	当发现已压扁，割坏时应更换新件，如有污染和堵塞时，用布和压缩空气清扫
	滤清器	检查脏污程度	脏时应更换
	水分离器	检查存水量	发现有存水时取下排尽清扫
	校正装置 1.标准气体校正 2.简易校正装置	接通电源进行必要的预热，吸进清净空气，检查零点调整能否进行。关闭泵开关(校正，测定转换开关，放在校正侧)注人标准气体，检查能否进行校准(调整频率根据制造厂的规定)打开简易校正开关。检查动作状态和指示针的指针位置，即刻度板的调整位置	不能调整时，应由专业厂家修理。HC 测定器的标准气体是丙烷，所以应通过下式求校正的基准值＝标准气体浓度×换算系数 当发现不能调整时，应送专业厂家修理
	接线	检查有无损伤和接触不良的地方	如发现有接触不良和断线处，应更换新线

接着，使仪器吸进清洁空气，用零点调整旋钮调整零位，再把测定器附属的标准气体从标准气注入口注入，用标准气体校正旋钮，使指示值符合校正基准值。(注意：当注入标准气体时，应关闭仪器上的泵开关)。

一氧化碳测定器是以标准气体储气瓶里的一氧化碳浓度作为校正基准值，而碳氢化合物测定器由于在标准气体里采用丙烷(C_3H_8)气体，所以，通过下式求出正已烷(C_3H_{14})换算值，作为校正基准：

校正基准值＝标准气体(丙烷)浓度×换算系数(正已烷换算值)

例：换算系数 0.530，标准气体丙烷 700×10^{-6}。

校正基准值 $=700\times10^{-6}\times0.530=371\times10^{-6}$。

对于有校正位置刻度线的仪器,可用标准调整旋钮把仪表指针调到标准刻度线位置。对于没有标准刻度线的仪器,要在标准气校正后,立即进行简易校正,使仪器指针与标准气校正后的指示值重合。检查采样探头和导管内是否有残留 HC。如果管内壁吸附残留 HC 过多,仪表指针偏离零点太多,要用压缩空气或布条等清洁采样探头和导管。

(2)车辆准备

①检查排气系统,不得有泄漏现象。

②应保证取样探头插入排气管的深度不小于 400 mm,否则,排气管应加接管,但应保证接口不漏气。

③发动机应达到规定的热状态。

④按汽车制造厂使用说明书规定的调整法,调至规定的怠速和点火正时。

(3)使用方法

按照 GB 18285—2005 标准的检测方法进行测量。按检测标准读取记录检测结果。

(4)使用注意事项

①汽油车怠速污染物的检测一定要把发动机怠速和温度控制在规定范围之内。

②取样探头、导管分为低浓度用和高浓度用两种,两种要分别使用。

③检测时,导管不要发生弯折现象。

④多辆车连续检测时,一定要把取样探头从排气管里抽出并待仪表指针回到零点后,再进行下一辆车的测量。

⑤不要在有油或有有机溶剂的地方进行检测。

⑥要注意检测地点室内通风换气,以防现场工作人员中毒。

⑦检测结束后,要立即把取样探头从排气管里抽出来。

⑧取样探头不用时要垂直吊挂,不要平放,以防管内的积水腐蚀取样探头。

⑨分析仪不要放置在湿度大、温度变化大、振动大或有倾斜的地方。

⑩分析仪要定时保养,以确保使用精度。

⑪校准用的校准气样是有毒的,要注意保管。

(二)四气体/五气体分析仪的使用方法

(1)按照使用说明书的要求,对检测设备进行预热。

(2)按照分析仪的提示,对仪器的状态进行检查,使其处于正常检测状态。

(3)根据需要,安装转速计、点火正时仪和温度计等测量设备。

(4)输入与检测相关的参数。

(5)按照 GB 18285—2005 标准的检测方法进行测量。

(6)读取检测结果。当多排气管时,取各排气管测量值的算术平均值,作为检测结果。

(7)测量完毕后,及时将采样探头从排气管中取出。

(8)使分析仪继续运行几分钟,此时仪器吸进新鲜空气自动清洗仪器,使仪器的指示值回到零位。

(三)滤纸式烟度计的使用方法

1.测定前的准备工作

其中包括仪器的准备和被测车辆的准备。

(1)仪器的准备

首先按表 9-3 进行仪器检查。

柴油车排气检测前的仪器检查 表 9-3

时间	检查部位	检查要领	备注
使用前	指示计	在不输入电源的状态下,检查指针的机械零点接通电源进行必要的预热,用标准纸对着检测部分,旋转指示调整旋钮,检查指针的指示是否符合标准纸的污染度数值	表指不准时,用零点调整螺钉调到 100%的位置。 不能调整时,清扫检测部分,更换灯泡
	探测器和导管	检查有否压扁,割坏,堵塞,污染等情况	当发现已压扁,割坏时应更换新件,如有污染和堵塞时,用布和压缩空气清扫
	空气压力调整器	检查控制压力	根据制造厂规定的压力进行调整
	吸进泵和脚踏开关	检查动作状态	动作不畅时,送制造厂修理
	送纸装置	检查有无滤纸和动作状态	如无滤纸,应补足。动作不畅须送制造厂修理

然后,接通烟度计电源,预热 5 min 以上,并检查来自空气压缩机的空气压力,使之符合规定要求。将校正用的标准纸(烟度卡)对着检测部分,用指示调零旋钮将指示计校正到符合标准纸(烟度卡)的污染度表示值。

(2)被检汽车的准备

①发动机应处于规定的热状态,即水冷发动机水温高于 60 ℃,风冷发动机油温高于 40 ℃。

②检查柴油机是否有消烟剂,如有,应予更换。

③发动机排气系统不得有泄漏现象。

④检查取样探头的插入深度,能插入的深度不小于 300 mm,否则,应加接管,且其口不得漏气。

2.使用方法

按照 GB 3847—2005 标准的检测方法进行测量。按检测标准读取、记录检测结果。

3.使用注意事项

①不要忘记,一定要把踏板开关装到加速踏板上再进行测量。

②从取样探头至抽气泵的取样软管,最好能逐渐向上倾斜,以防止发动机冷却水注入抽气泵,弄湿滤纸。

③取样软管的内径和长度不能随意变更。

④滤纸夹持机构压紧滤纸松紧得体,测取染黑度时,应注意光电传感器与滤纸的贴紧。

⑤测量结束后要把取样探头前端的罩原样盖好。

⑥指示装置间歇使用时,可关光源开关,不关电源开关,但再次启用时,光源开后应预热5 min。

⑦仪器放置应避开振动和湿度大的地方。

⑧滤纸和标准烟度卡不要放在日光曝晒或灰尘多的地方。

⑨标准烟度卡应按烟度卡的有效使用期定期更换。

⑩检测后被染黑的滤纸最好记下车辆检测号,以便保存备查。

⑪若打开门盖,切记打开盖前断电,以免触及高压发生危险。

(四)不透光烟度计的使用方法

(1)取样探头与排气管的横截面积之比应不小于0.05。在排气管中探头测得的背压应不超过735 Pa.

(2)探头应是一根管子,其开口端向前并位于排气管或其延长管(必要时)的轴线上。探头应位于烟气分布大致均匀的断面上,为此,探头应尽可能放置在排气管的最下端。

(3)设D为排气管开口处的直径,探头的端部应位于直管段,取样点上游直管长至少为6D,下游直管长至少为3D。

(4)连接不透光烟度计的各种管子也应尽可能短,管路应从取样点倾斜向上至不透光烟度计,且应避免会使碳烟积聚的急弯。

(5)按照使用说明书的要求,对检测设备进行预热。

(6)按照检测仪器的提示对检测设备的状态进行检查,使其处于正常检测状态。

(7)按照GB 3847—2005标准的检测方法进行测量。按检测标准读取、记录检测结果。

第三节 汽车排放污染物的检验方法

一、汽车排气污染物限值

(一)装配点燃式发动机汽车污染物排放限值

装配点燃式发动机的车辆是指汽油车、两用燃料车(能燃用汽油和一种气体燃料的车辆)、单一燃料车(能燃用汽油和一种气体燃料,但汽油仅限于紧急情况或发动机起动用,且汽油箱容积不超过15L的车辆)。

GB 18285—2005《点燃式发动机汽车排气污染物排放限值及测量方法(双怠速法及简易工况法)》规定了点燃式发动机汽车怠速和高怠速工况下排气污染物的限值。

怠速工况是指发动机无负荷运转状态。即离合器处于接合位置,变速器处于空挡位置(对于自动变速器的汽车应处于“停车”或“P”挡位);采用化油器供油系统的车辆,阻风门应处于全开位置;油门踏板处于完全松开位置。高怠速工况是指满足上述(除最后一项)条件,用加速踏板将发动机转速稳定控制在50%额定转速或制造厂技术文件中规定的高怠速转速时的工况。在GB 18285—2005标准中,将轻型汽车的高怠速转速规定为2 500±100 r/min,重型汽车的高怠速转速规定为1 800±100 r/min;如有特殊规定的,按照制造厂技术文件中规定的高怠速转速。

1. 在用汽车污染物排放限值

装配点燃式发动机的在用汽车,排气污染物排放限值见表9-4。

在用汽车排气污染物排放限值规定中,轻型汽车指最大总质量不超过3 500 kg的M_1类、M_2类和N_1类车辆,重型汽车是指最大总质量超过3 500 kg的车辆。第一类轻型汽车是设计乘员数不超过6人(包括司机),且最大总质量≤2 500 kg的M_1类车;第二类轻型汽车是除第一类轻型汽车以外的其他所有轻型汽车。

在用汽车排气污染物排放限值(体积分数)　　表 9-4

车　型	类　别			
	怠速		高怠速	
	CO%	$HC10^{-6}$	CO%	$HC10^{-6}$
1995 年 7 月 1 日前生产的轻型汽车	4.5	1 200	3.0	900
1995 年 7 月 1 日起生产的轻型汽车	4.5	900	3.0	900
2000 年 7 月 1 日起生产的第一类轻型汽车[1)]	0.8	150	0.3	100
2000 年 10 月 1 日起生产的第二类轻型汽车	1.0	200	0.5	150
1995 年 7 月 1 日前生产的重型汽车	5.0	2 000	3.5	1 200
1995 年 7 月 1 日起生产的重型汽车	4.5	1 200	3.0	900
2004 年 9 月 1 日起生产的重型汽车	1.5	250	0.7	200

注:对于 2001 年 5 月 31 日以前生产的 5 座以下(含 5 座)的微型面包车,执行 1995 年 7 月 1 日起生产的轻型汽车的排放限值。

2.过量空气系数(λ)的要求

过量空气系数(λ)是指燃烧 1kg 燃料的实际空气量与理论上所需空气量之质量比。对于使用闭环控制电子燃油喷射系统和三元催化转化器技术的汽车,进行过量空气系数(λ)的测定。发动机转速为高怠速时,λ 应在 1.00±0.03 或在制造厂家规定的范围内。进行 λ 测试前,应按照汽车制造厂使用说明书的规定预热发动机。

3.点燃式发动机在用汽车的排放监控

从 2005 年 7 月 1 日起,点燃式发动机在用汽车的排放监控,采用 GB 18285—2005 标准规定的双怠速法排气污染物排放限值测量方法;在机动车保有量大、污染严重的地区,也可采用 GB 18285—2005 标准附录 B、C、D 中所列的简易工况法。对于同一车型的在用汽车实施排放监控,环保定期检测时,不得采用二种或二种以上的排气污染物排放检测方式。

采用简易工况法的地区,由省级人民政府制定排气污染物排放限值,报国务院环境保护行政主管部门备案后实施。也可以参考 HJ/T 240—2005《确定点燃式发动机在用汽车简易工况法排气污染物排放限值的原则和方法》中参考排放限值执行。该标准的实施日期为 2006 年 1 月 1 日,现对其排放限值的相关事项作以介绍。

(1)稳态工况法排放限值

对于 2000 年 7 月 1 日以前生产的第一类轻型汽车和 2001 年 10 月 1 日以前生产的第二类轻型汽车,参考的稳态工况法排放限值见表 9-5。

稳态工况法排气污染物排放限值Ⅰ(参考)　　表 9-5

基准质量(RM),kg	最低限值						最高限值					
	ASM5025			ASM2540			ASM5025			ASM2540		
	HC, 10^{-6}	CO, %	NO, 10^{-6}	HC, 10^{-6}	CO, %	NO, 10^{-6}	HC, 10^{-6}	CO,%	NO, 10^{-6}	HC, 10^{-6}	CO,%	NO, 10^{-6}
RM≤1 020	230	2.2	4 200	230	2.9	3 900	120	1.3	2 600	110	1.4	2 400
1 020<RM≤1 250	190	1.8	3 400	190	2.4	3 200	100	1.1	2 100	90	1.2	2 000
1 250<RM≤1 470	170	1.6	3 000	170	2.1	2 800	90	1.0	1 900	80	1.1	1 750

续上表

基准质量(RM),kg	最低限值						最高限值					
	ASM5025			ASM2540			ASM5025			ASM2540		
	HC, 10^{-6}	CO, %	NO, 10^{-6}	HC, 10^{-6}	CO, %	NO, 10^{-6}	HC, 10^{-6}	CO, %	NO, 10^{-6}	HC, 10^{-6}	CO, %	NO, 10^{-6}
1 470<RM≤1 700	160	1.5	2 650	150	1.9	2 500	80	0.9	1 700	80	1.0	1 550
1 700<RM≤1 980	130	1.2	2 200	130	1.6	2 050	70	0.8	1 400	70	0.8	1 300
1 980<RM≤2 150	120	1.1	2 000	120	1.5	1 850	60	0.7	1 300	60	0.8	1 150
2 150<RM≤2 500	110	1.1	1 700	110	1.3	1 600	60	0.6	1 100	50	0.7	1 000

对于 2000 年 7 月 1 日起生产的第一类轻型汽车和 2001 年 10 月 1 日起生产的第二类轻型汽车,参考的稳态工况法排放限值见表 9-6。

稳态工况法排气污染物排放限值Ⅱ(参考) 表 9-6

基准质量(RM),kg	最低限值						最高限值					
	ASM5025			ASM2540			ASM5025			ASM2540		
	HC, 10^{-6}	CO, %	NO, 10^{-6}	HC, 10^{-6}	CO, %	NO, 10^{-6}	HC, 10^{-6}	CO, %	NO, 10^{-6}	HC, 10^{-6}	CO, %	NO, 10^{-6}
RM≤1 020	230	1.3	1 850	230	1.5	1 700	120	0.6	950	110	0.6	850
1 020<RM≤1 250	190	1.1	1 500	190	1.2	1 350	100	0.5	800	90	0.5	700
1 250<RM≤1 470	170	1.0	1 300	170	1.1	1 200	90	0.5	700	80	0.5	650
1 470<RM≤1 700	160	0.9	1 200	150	1.0	1 100	80	0.4	600	80	0.4	550
1 700<RM≤1 980	130	0.8	1 000	130	0.8	900	70	0.4	500	70	0.4	450
1 980<RM≤2 150	120	0.7	900	120	0.8	800	60	0.3	450	60	0.3	450
2 150<RM≤2 500	110	0.6	750	110	0.7	700	60	0.3	400	50	0.3	350

(2)瞬态工况法排放限值

对于 2000 年 7 月 1 日以前生产的第一类轻型汽车和 2001 年 10 月 1 日以前生产的第二类轻型汽车,参考的瞬态工况法排放限值见表 9-7。

瞬态工况法排气污染物排放限值Ⅰ(参考) 表 9-7

基准质量(RM),kg	CO,g/km	HC,g/km	NO_X,g/km
RM≤750	19	3.5	2.5
750<RM≤850	21	3.7	2.5
850<RM≤1 020	22	3.8	2.5
1 020<RM≤1 250	26	4.1	3.0
1 250<RM≤1 470	29	4.4	3.5
1 470<RM≤1 700	33	4.7	3.7
1 700<RM≤1 930	36	5.0	3.8
1 930<RM≤2 150	39	5.2	3.9
2 150<RM	42	5.6	4.0

对于2000年7月1日起生产的第一类轻型汽车和2001年10月1日起生产的第二类轻型汽车，参考的瞬态工况法排放限值见表9-8。

瞬态工况法排气污染物排放限值Ⅱ(参考) 表9-8

车辆类型		基准质量(RM),kg	限值,g/km	
			CO	HC+NO_X
第一类车		全部	3.5	1.5
第二类车	Ⅰ类	RM≤1250	3.5	1.5
	Ⅱ类	1250<RM≤1700	6.5	2.0
	Ⅲ类	1700<RM	8.5	2.5

(3)简易瞬态工况法排放限值

对于2000年7月1日以前生产的第一类轻型汽车和2001年10月1日以前生产的第二类轻型汽车，参考的简易瞬态工况法排放限值见表9-9。

简易瞬态工况法排气污染物排放限值Ⅰ(参考) 表9-9

基准质量(RM),kg	最低限值			最高限值		
	CO,g/km	HC,g/km	NO_X,g/km	CO,g/km	HC,g/km	NO_X,g/km
RM≤1 020	41.9	5.9	6.7	22	3.8	2.5
1 020<RM≤1 470	45.2	6.6	6.9	29	4.4	3.5
1 470<RM≤1 930	48.5	7.3	7.1	36	5.0	3.8
RM>1 930	51.8	8.0	7.2	39	5.2	3.9

对于2000年7月1日起生产的第一类轻型汽车和2001年10月1日起生产的第二类轻型汽车，参考的简易瞬态工况法排放限值见表9-10。

简易瞬态工况法排气污染物排放限值Ⅱ(参考) 表9-10

车辆类型		基准质量(RM),kg	最低限值		最高限值	
			CO,g/km	HC+NO_X,g/km	CO,g/km	HC+NO_X,g/km
第一类车		全部	12.0	4.5	6.3	2.0
第二类车	Ⅰ类	RM≤1250	12.0	4.5	6.3	2.0
	Ⅱ类	1250<RM≤1700	18.0	6.3	12.0	2.9
	Ⅲ类	1700<RM	24.0	8.1	16.0	3.6

(二)装配压燃式发动机汽车排气烟度排放限值

压燃式发动机是指采用压燃原理工作的发动机，如：柴油机。

GB 3847—2005《车用压燃式发动机和压燃式发动机汽车排气烟度排放限值及测量方法》的“第Ⅳ部分在用汽车的排气烟度排放控制要求”，对GB 3847—2005标准实施前后的在用汽车，根据生产日期的不同规定了不同的排放限值。

1.对于GB 3847—2005标准实施后生产的在用汽车

自2005年7月1日起，按标准规定经型式核准生产的在用汽车，应按《在用汽车自由加速试验 不透光烟度法》进行自由加速试验，所测得的排气光吸收系数不应大于车型核准的自由加速排气烟度排放限值，再加 0.5 m^{-1}。

2.对于 2001 年 10 月 1 日起生产的在用汽车

自 2001 年 10 月 1 日起至 2005 年 7 月 1 日生产的汽车，应按标准规定的《在用汽车自由加速试验 不透光烟度法》的要求进行自由加速试验，所测得的排气光吸收系数不应大于以下数值：

自然吸气式：2.5 m^{-1}；

涡轮增压式：3.0 m^{-1}。

3.对于 2001 年 10 月 1 日前生产的在用汽车

自 1995 年 7 月 1 日起至 2001 年 9 月 30 日期间生产的在用汽车，应按《在用汽车自由加速试验 滤纸烟度法》的要求进行自由加速试验，所测得的烟度值应不大于 4.5Rb。

自 1995 年 6 月 30 日以前生产的在用汽车，应按《在用汽车自由加速试验 滤纸烟度法》的要求进行自由加速试验，所测得的烟度值应不大于 5.0Rb。

4.压燃式发动机在用汽车的排放监控

自 2005 年 7 月 1 日起，压燃式发动机在用汽车排放监控，采用 GB 3847—2005 标准规定的排气烟度排放限值及测量方法。在机动车保有量大、污染严重的地区，可采用标准附录 J 中规定的加载减速工况法测试，其加载减速工况法排气烟度排放限值由省级人民政府批准，报国务院有关行政部门备案后实施。也可以参考 HJ/T 241—2005《确定压燃式发动机在用汽车加载减速法排气烟度排放限值的原则和方法》中的参考排放限值执行。该标准的实施日期为 2006 年 1 月 1 日，其排放限值如下：

对于新车车型或发动机机型排放达到 GB 17691—2005 第Ⅲ阶段排放标准的在用车，可参照表 9-11 中的 1.00 m^{-1} 至 1.39 m^{-1} 限值执行。

加载减速法排放限值范围 表 9-11

车型		光吸收系数，m^{-1}
轻型车	重型车	
2005 年 7 月 1 日起生产的第一类轻型车和 2006 年 7 月 1 日起生产的第二类轻型车	2004 年 9 月 1 日起生产的重型车	1.00 至 1.39
2000 年 7 月 1 日起生产的第一类轻型车和 2001 年 10 月 1 日起生产的第二类轻型车	2001 年 9 月 1 日起生产的重型车	1.39 至 1.86
2000 年 7 月 1 日以前生产的第一类轻型车和 2001 年 10 月 1 日以前生产的第二类轻型车	2001 年 9 月 1 日以前生产的重型车	1.86 至 2.13

二、装配点燃式发动机的在用汽车的排气污染物的检验方法

(一)双怠速检验方法

用双怠速检验方法对装配点燃式发动机的在用汽车的排气污染物进行检测时，应按照 GB 18285—2005《点燃式发动机汽车排气污染物排放限值及测量方法(双怠速法及简易工况法)》规定的检测程序进行。

1.测量仪器的技术要求

对 2000 年 7 月 1 日以前生产的第一类轻型车和 2001 年 10 月 1 日以前生产的第二类轻型车，以及 2004 年 9 月 1 日以前生产的重型车，检测的测量设备应符合以下技术要求：

(1)各排气组分均应采用不分光红外线吸收型(NDIR)监测仪测量。O_2 采用电化学电池

法测量。

(2)测量仪器的使用环境、量程范围、响应时间及精度，应符合 HJ/T 393 的规定。

(3)取样软管长度等于 5.0 m，取样探头长度不小于 600 mm，并应有插深定位装置。

(4)仪器的取样系统不得有泄露，由标气口静态标定和由取样系统动态标定的结果对 CO 应一致，对 HC 允差在 100×10^{-6} 以下。

(5)仪器应具备在大气压为 86 kPa～106 kPa 范围内保持上述各项性能指标要求的措施。

对于其他车辆的检测，排放测量设备应符合 GB 18285—2005《点燃式发动机汽车排气污染物排放限值及测量方法(双怠速法及简易工况法)》附录 A 的技术要求。

2.测量程序

(1)应保证被检测车辆处于制造厂规定的正常状态，发动机进气系统应装有空气滤清器，排气系统应装有排气消声器，并不得有泄漏。

(2)应在发动机上安装转速计、点火正时仪、冷却液和润滑油测温计等测量仪器。测量时，发动机冷却液和润滑油温度应不低于 80℃，或者达到汽车使用说明书规定的热车状态。

(3)发动机从怠速状态加速至 70%额定转速，运转 30 s 后降至高怠速状态。将取样探头插入排气管中，深度不少于 400 mm，并固定在排气管上，维持 15s 后，由具有平均功能的仪器读取 30 s 内的平均值，或者人工读取 30 s 内的最高值和最低值，其平均值即为高怠速污染物测量结果。对于使用闭环控制电子控制燃油喷射系统和三元催化转化器的汽车，还应同时读取过量空气系数(λ)的数值。

(4)发动机从高怠速降至怠速状态 15 s 后，由具有平均功能的仪器读取 30 s 内的平均值，或者人工读取 30 s 内的最高值和最低值，其平均值即为怠速污染物测量结果。

(5)若为多排气管时，取各排气管测量结果的算术平均值作为测量结果。

(6)若车辆排气管长度小于测量深度时，应使用排气加长管。

(7)对于单一燃料汽车，仅按燃用气体燃料进行排放检测；对于两用燃料汽车，要求对两种燃料分别进行排放检测。

(8)测量结果判定

①如果检测污染物有一项超过规定的限值，则认为排放不合格。

②对于使用闭环控制电子控制燃油喷射系统和三元催化转化器的汽车，如果检测的过量空气系数(λ)超过了标准规定的要求，则认为排放不合格。

用仪器对装配点燃式发动机的在用汽车的排气污染物进行双怠速法仪器测量程序如

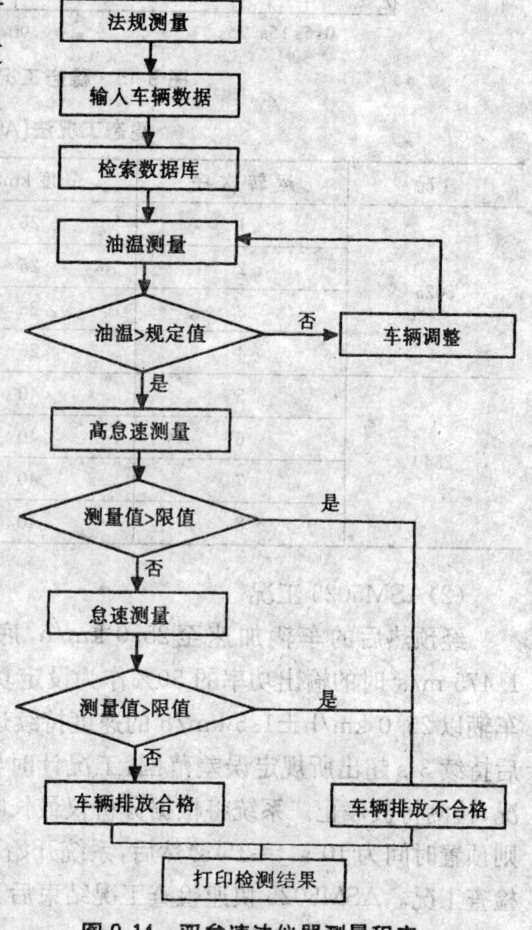

图 9-14 双怠速法仪器测量程序

图9-14 所示。

(二)稳态工况检验方法

在 GB 18285—2005《点燃式发动机汽车排气污染物排放限值及测量方法(双怠速法及简易工况法)》中,规定了对装配点燃式发动机的在用汽车的排气污染物进行简易工况法检验的三种方法:稳态工况法、瞬态工况法、简易瞬态工况法等。目前使用最多是稳态工况法。

1.稳态工况法概述

(1)在底盘测功机上的试验运转循环

在底盘测功机上的稳态工况法(ASM)试验运转循环由 ASM5025 和 ASM2540 两个工况组成,如图 9-15 所示、表 9-12 所列。

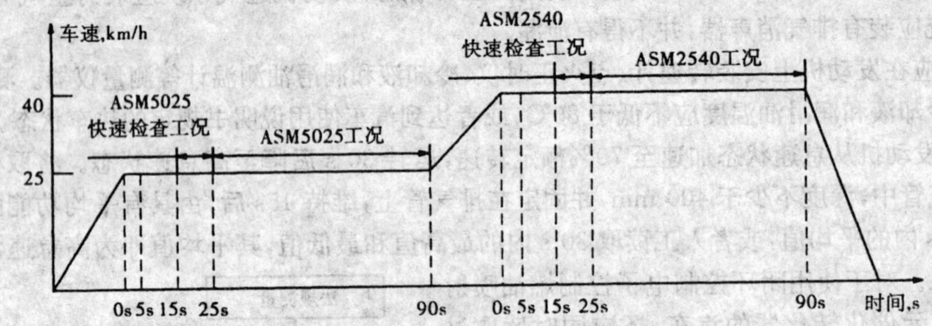

图 9-15 稳态工况法(ASM)试验运转循环

稳态工况法(ASM)试验运转循环表 表 9-12

工况	运转次序	速度 km/h	操作时间(mt)s	测试时间(t)s
5025	1	25	5	/
	2	25	15	
	3	25	25	10
	4	25	90	65
2540	5	40	5	/
	6	40	15	
	7	40	25	10
	8	40	90	65

(2)ASM5025 工况

经预热后的车辆加速至25.0 km/h,底盘测功机以车辆速度为25.0 km/h、加速度为1.475 m/s²时的输出功率的50%作为设定功率,对车辆加载,工况计时器开始计时(t=0 s)。车辆以 25.0 km/h±1.5 km/h 的速度持续运转 5s,如果底盘测功机模拟的惯量值在计时开始后持续 3 s 超出所规定误差范围,工况计时器将重新开始计时(t=0 s)。如果再次出现该情况,检测将被停止。系统将根据分析仪最长响应时间进行预置,(如果分析仪响应时间为 10s,则预置时间为 10 s,t=15 s)然后,系统开始取样,持续运行 10 s(t=25 s)即为 ASM5025 快速检查工况。ASM5025 快速检查工况结束后,继续运行至 90 s(t=90 s),即为 ASM5025 工况。

(3)ASM2540 工况

ASM5025 工况检测结束后，车辆立即加速至 40.0 km/h，测功机以车辆速度为 40.0 km/h、加速度为 1.475m/s² 时的输出功率的 25%作为设定功率，对车辆加载。工况计时器开始计时(t=0 s)。车辆以 40.0 km/h±1.5 km/h 的速度持续运转 5s，如果底盘测功机模拟的惯量值在计时开始后持续 3s 超出所规定误差范围，工况计时器将重新开始计时(t=0s)。如果再次出现该情况，检测将被停止。系统将根据分析仪最长响应时间进行预制(如果分析仪响应时间为 10s，则预置时间为 10 s，t=15 s)然后，系统开始取样，持续运行 10 s(t=25 s)即为 ASM2540 快速检测工况。ASM2540 快速检查工况结束后，继续运行至 90 s(t=90 s)，即为 ASM2540 工况。

2. 对车辆和燃料的要求

(1)试验车辆要求

①车辆的机械状况应良好，无影响安全或引起试验偏差的机械故障。

②车辆进、排气系统不得有任何泄漏。

③车辆的发动机、变速器和冷却系统等应无液体渗漏。

④轮胎表面磨损应符合有关标准的规定。驱动轮轮胎压力应符合生产厂的规定。

(2)燃料要求

应使用符合规定的市售燃料，包括：无铅汽油、压缩天然气、液化石油气等。

3. 试验设备的技术要求

试验设备应符合国家相关标准和计量检定规程的规定。

(1)底盘测功机的技术要求

①底盘测功机结构应适用于最大总质量不大于 3 500 kg 的 M 类、N 类车辆。

②根据检测录入的车辆参数，底盘测功机应能自动选择测试工况的加载功率。

③底盘测功机功率吸收装置设定的底盘测功机加载功率允许波动范围为±0.2kW；

设定底盘测功机对车辆的加载功率时应考虑到车轮与滚筒表面的摩擦损失功率和底盘测功机内部损失功率，并按下列公式进行功率设定：

$$P_i = P_t - P_c - P_f$$

$$P = P_i + P_c$$

式中：P——设定功率值，根据基准质量和试验工况确定，kW；

P_i——底盘测功机的指示功率，kW；

P_t——车辆规定工况的输出功率，kW；

P_f——底盘测功机滚筒与轮胎表面摩擦损失功率，kW；

P_c——底盘测功机内部损失功率，kW。

底盘测功机功率吸收装置应能满足最大总质量(GVM)小于 3 500 kg 的 M 类、N 类车辆进行 ASM5025 和 ASM2540 工况时的试验载荷要求。在滚筒转速大于 22.5 km/h 时，功率吸收装置吸收的功率应不少于 15 kW，稳定的试验状态应不少于 5 min，每次试验间隔 3 min，连续试验应不少于 10 次。

底盘测功机应定期标定系统的内部损失功率(包括轴承摩擦损失、系统驱动摩擦损失和风阻损失等)。

应使用电功率吸收装置。在 0～40℃环境范围内，底盘测功机在 25 km/h 和 40 km/h 的转速下，吸收功率应能以 0.1 kW 为单位进行调整。功率设定的准确度应为±0.2 kW。

④滚筒

底盘测功机应装备双滚筒。滚筒直径在 200～530 mm 之间，同一地区的检测项目应采用配备同一直径滚筒的底盘测功机。可采用左右可移动式滚筒或固定式滚筒。固定式滚筒内外跨距要求能满足轻型车工况检测的安全要求。

滚筒中心距要求

$$L=(620+D)\times \sin 31.5^{\circ}$$

式中：L——滚筒轴间距，mm；

D——滚筒直径，mm。

滚筒轴间距公差为－6.5～12.5 mm。

在任何气候条件下，滚筒尺寸、表面处理和硬度，均应保证轮胎不打滑；测试距离、速度精度恒定；轮胎磨损小、噪声低。

⑤惯量

a. 基准惯量

底盘测功机应配备机械飞轮或惯量模拟装置，使底盘测功机具有不得低于 900 kg±20 kg 的基准惯量；并在铭牌上标明基准惯量。

b. 惯量模拟

底盘测功机应能模拟基准质量小于 3 500 kg 的车辆在加速度为 0～1.475m/s² 时的瞬态惯量。惯量为 800～2 700 kg、速度为 90 km/h 的车辆加速时，底盘测功机最大模拟输出功率应大于 18 kW。应标明惯量模拟偏差，惯量模拟应做相应修正。

c. 惯量模拟系统响应

惯量模拟扭矩响应在 0.3 s 内，应达到扭矩变化终值的 90%。

d. 惯量模拟误差

惯量模拟误差应不超过被试车辆所选惯性质量的±3%。

⑥其他要求

a. 底盘测功机应有滚筒转速测量装置。测功机应能达到的最高车速 90 km/h。车速大于 10 km/h 时，测量准确度应为±0.2 km/h。

b. 底盘测功机应配备限位系统。限位系统应保证施加于驱动轮上的水平、垂直方向的力，对排放测量没有影响。

c. 底盘测功机应配备冷却车辆的装置。环境温度超过 22℃时，冷却系统应启动。应避免冷却车辆催化转化器。

d. 底盘测功机的安装应保证测试车辆在测功机上试验时处于水平位置。

e. 四轮驱动底盘测功机，应能按以上的规定对车辆正确加载，不能损坏车辆的四轮驱动系统，并适用于加装防抱死制动系统和牵引力控制系统的车辆。前后车辆滚筒速度同步误差应小于 0.3 km/h。

(2)测量仪器

①排气分析仪

a. 取样系统应有水气分离系统、颗粒过滤装置、取样泵和流量控制单元，应保证可靠耐用，无泄漏并且易于维护。与取样气体接触的制造材料不能与取样气体发生反应并且不污染取样气体或改变被分析气体的特性。取样系统必须耐腐蚀，并能耐受 ASM 工况检测过程中车辆的排气温度。

b. 取样探头插入车辆排气管深度应不小于 400 mm，所用材料应能耐受600 ℃的排气温度。

c. 排气分析仪应能测试双排气管车辆。双取样探头应保证各支管流量相同。

d. 排气通风系统

通风系统不应引起探头取样点尾气被稀释且不能引起车辆排气出口压力变化大于0.25 kPa。

e. 排气分析仪应能满足至少每秒一次的废气浓度测试能力。

f. 在下列情况下，系统取样分析应自动停止工作：排气分析仪未进行充分预热时；无关气体干扰影响超过$\pm10\times10^{-6}$ HC、±0.05%CO、±0.20%CO_2 和$\pm25\times10^{-6}$ NO 时；取样系统中 HC 残留量浓度大于 10×10^{-6}时；零点漂移或标定时的读数漂移超过分析仪调整范围时。

g. 排气分析仪应能抗电磁干扰，抗振动冲击。

h. 排气分析仪响应要求

排气分析仪对 HC、CO、CO_2 分析，从探头输入被测气体到显示终值的 90%响应时间应小于 8 s，显示终值的 95%反应时间应小于 12 s；对 NO 分析，从探头输入被测气体到显示终值的 90%响应时间应小于 12 s，NO 稳定值读数下降到 10%稳定读数值的响应时间应小于 12 s。

i. HC、CO 和 CO_2 分析应采用不分光红外吸收型（NDIR）分析仪，NO 分析应采用（CLD）测试法或其他等效方法。仪器量程和测量误差应满足表 9-13 的要求（满足相对误差和绝对误差任一项即可）。

仪器量程和测量误差要求 表 9-13

气体种类	量 程	测量误差	
		相对误差	绝对误差
HC	$0\sim2000\times10^{-6}$	±5%	$\pm10\times10^{-6}$
	$2001\times10^{-6}\sim2000\times10^{-6}$	±10%	/
CO	0～10%	±5%	±0.05%
	10.01%～14%	±10%	/
CO_2	0～16%	±5%	±0.5%
	16%～18%	±10%	/
NO	$0\sim4000\times10^{-6}$	±4%	$\pm25\times10^{-6}$
	$4000\times10^{-6}\sim5000\times10^{-6}$	±8%	/

②其他测量装置

a. 湿度计。设备须配备湿度计，相对湿度测量范围应为 5%～95%，测量准确度应为±3%。湿度计须安置在能直接采集检测场内环境湿度的地方，按检测程序要求向控制计算机传输实时数据。

b. 温度计。设备须配备温度计，温度测量范围应为 255～333 K（−18～60 ℃），测量准确度应为±1.5 K。温度计须安置在能直接采集检测场内环境温度的地方，按检测程序要求，向控制计算机传输实时数据。

c. 气压计。设备应配备气压计，气压测量范围应为 80～110 kPa，测量准确度应为±3%。

如大气压力变化不大的地区，系统应能够允许人工输入检测地季节大气压力。

d. 计时器。计时器 10 ～1 000 s 测量范围，准确度应为±0.1%。

③测量仪器显示分辨力应满足表 9-14 的要求。

4. 试验准备

(1)车辆准备

①如需要，可在发动机上安装冷却水和润滑油测温计等测试仪器。

②关闭空调、暖风等附属装备。装备牵引力控制装置的车辆，应关闭牵引力控制装置。

③车辆预热。进行试验前，车辆各总成的热状态应符合汽车技术条件的规定，并保持稳定。在试验前，车辆的等候时间超过 20 min 或在试验前熄火超过 5 min，应选以下任一种方法预热车辆：车辆在无负荷状态使发动机以 2 500 r/min 转速运转 4 min；车辆在测功机上按 ASM5025 工况运行 60 s。

测量仪器显示分辨力　　表 9-14

类　别	分　辨　率
HC	1×10^{-6}(正已烷当量)
NO	1×10^{-6}
CO	0.01%
CO_2	0.1%
速度	0.1km/h
载荷	0.1kW
相对湿度	1%
干球温度	1℃
气压计压力	0.1 kPa

④变速器的使用

安装自动变速器的车辆，使用前进挡进行试验；安装手动变速器的车辆，使用二挡进行试验，如果二挡所能达到的最高车速低于 45 km/h，可使用三挡。

⑤车辆驱动轮应位于滚筒上，必须确保车辆横向稳定。驱动轮轮胎应干燥防滑。

⑥车辆应限位良好。对前轮驱动车辆，试验前应使驻车制动起作用。

⑦在试验工况计时过程中，车辆不允许制动。如果车辆制动，工况起始计时应重新设置(t=0)。

(2)设备准备

①排气分析仪预热。应在通电后 30 min 内达到稳定。在 5 min 内，仪表原始状态的零位及 HC、CO、NO 和 CO_2 的量程读数，均应稳定在误差范围内。

②在每次开始试验前 2 min 内，分析仪器应完成自动调零、环境空气测定和 HC 残留量的检查。

③在每天开机检测前应对排气分析仪取样系统进行泄漏检查，如未进行泄漏检查或泄漏检测没有通过，系统应该锁定不能进行检测。

④底盘测功机预热。底盘测功机每天开机或停机、转速小于 25 km/h 超过 30 min，应在试验前进行自动预热。此预热应由系统自动控制完成，如没有按规定完成预热，系统应锁定不能进行检测。

⑤载荷设定。在进行每个工况试验前，底盘测功机应根据输入的车辆参数及试验工况按 GB 18285—2005《点燃式发动机汽车排气污染物排放限值及测量方法(双怠速法及简易工况法)》附件 BA 的要求自动设定对车辆的加载载荷，并符合要求。

⑥在试验循环开始前，应记录环境温度、相对湿度和大气压力。

⑦CO 与 CO_2 浓度之和小于 6%，或发动机在任何时间熄火，应终止试验，排放测量无效。

5.测试程序

车辆驱动轮位于底盘测功机滚筒上，将分析仪取样探头插入排气管中，深度为400 mm，并固定于排气管上，对独立工作的多排气管应同时取样。

(1)ASM5025工况

车辆经预热后，加速至25 km/h，底盘测功机根据测试工况要求加载，工况计时器开始计时(t=0 s)，车辆保持25 km/h±1.5 km/h等速运行5 s后，开始检测。当测功机转速和扭矩偏差超过设定值的时间大于5 s，检测应重新开始。然后，系统根据规定开始预置10 s之后设定快速检查工况，计时器为t=15 s时，分析仪器开始测量，每秒钟测量一次，并根据稀释修正系数及湿度修正系数计算10s内的排放平均值。运行10 s(t=25 s)ASM5025快速检查工况结束。车辆运行至90s(t=90s)ASM5025工况结束。底盘测功机在车速25.0 km/h±1.5 km/h的允许误差范围内，加载扭矩应随车速的变化做相应的调整，保证加载功率不随车速改变。扭矩允许误差为该工况设定扭矩的±5%。

在测量过程中，任意连续10 s内第1 s至第10 s的车速变化，相对于第1 s小于±0.5 km/h时，则测试结果有效。快速检查工况的10 s内的排放平均值经修正后如果等于或低于限值的50%时，则测试合格，检测结束；否则，应继续进行至90 s工况。如果所有检测污染物连续10 s的平均值均低于或等于限值，则该车应判定为ASM5025工况合格，继续进行ASM2540检测；如任何一种污染物连续10 s的平均值超过限值，则测试不合格，检测结束。在检测过程中，如任意连续10 s内的任何一种污染物10次排放值经修正后均高于限值的500%，则测试不合格，检测结束。

(2)ASM2540工况

车辆从25 km/h直接加速至40 km/h，测功机根据测试工况要求加载，工况计时器开始计时(t=0 s)，车辆保持40 km/h±1.5 km/h等速行驶5 s后开始检测。当测功机转速和扭矩偏差超过设定值的时间大于5s，检测应重新开始。然后，系统根据规定预置10 s之后，开始快速检查工况，计时器为t=15 s时分析仪器开始测量，每秒钟测量一次，并根据稀释修正系数及湿度修正系数计算10 s内的排放平均值。运行10 s(t=25 s)ASM2540快速检查工况结束。车辆运行至90 s(t=90 s)ASM2540工况结束。测功机在车速40.0 km/h±1.5 km/h的允许误差范围内，加载扭矩应随车速的变化做相应的调整，保证加载功率不随车速改变。扭矩允许误差为该工况设定扭矩的±5%。

在测量过程中，任意连续10 s内第1 s至第10 s的车速变化相对于第1 s小于±0.5 km/h时，则测试结果有效。快速检查工况的10 s内的排放平均值经修正后如果等于或低于限值的50%，则测试合格，检测结束；否则，应继续进行至90 s工况。如果所有检测污染物连续10 s的平均值均低于或等于限值，则该车应判定为合格。如任何一种污染物连续10 s的平均值超过限值，则测试不合格，检测结束。在检测过程中如任意连续10 s内的任何一种污染物10次排放值经修正后如高于限值的500%，则测试不合格，检测结束。

6.排气污染物测量值的计算

排放测试结果应进行稀释校正及湿度校正，计算10次有效测试的算术平均值。

测量结果计算公式为

$$C_{HC}=\frac{\sum_{i=1}^{10}C_{HC}(i)\times \mathrm{DF}(i)}{10}$$

$$C_{CO}=\frac{\sum_{i=1}^{10}C_{CO}(i)\times DF(i)}{10}$$

$$C_{NO}=\frac{\sum_{i=1}^{10}C_{NO}(i)\times DF(i)\times k_H(i)}{10}$$

式中：C_{HC}——HC 排放平均体积分数，10^{-6}；

C_{CO}——CO 排放平均体积分数，%；

C_{NO}——NO 排放平均体积分数，10^{-6}；

$C_{HC}(i)$——第 i 秒 HC 测量体积分数，10^{-6}；

$C_{CO}(i)$——第 i 秒 CO 测量体积分数，%；

$C_{NO}(i)$——第 i 秒 NO 测量体积分数，10^{-6}；

DF(i)——第 i 秒稀释系数；

$k_H(i)$——第 i 秒湿度校正系数。

(1) 稀释校正

ASM 排放试验的 CO、HC、NO 测量值应乘以稀释系数(DF)予以校正。当稀释系数计算值大于 3.0 时，取稀释系数等于 3.0。

稀释系数计算公式为

$$DF=\frac{C_{CO_2修}}{C_{CO_2测}}$$

$$C_{CO_2修}=\left[\frac{X}{a+1.88X}\right]\cdot 100$$

$$X=\frac{C_{CO_2修}}{C_{CO_2测}+C_{CO测}}$$

式中： DF——稀释系数；

$C_{CO_2修}$——CO_2 排放体积分数测量修正值，%；

$C_{CO_2测}$——CO_2 排放体积分数测量值，%；

$C_{CO测}$——CO 排放体积分数测量值，%；

a——燃料计算系数，根据燃料种类选取下列值：

汽油——4.644；

压缩天然气——6.64；

液化石油气——5.39。

(2)NO 测量值应同时乘以相对湿度校正系数 k_H 予以修正。

湿度校正系数计算公式为

$$k_H=\frac{1}{1-0.0047(H-75)}$$

$$H=\frac{43.478\times R_a\times p_d}{p_B-(p_d\times R_a/100)}$$

式中：k_H——湿度校正系数；

H——绝对湿度(水/干空气)，g/kg；

R_a——环境空气的相对湿度，%；

p_d——环境温度下饱和蒸气压，kPa，如果温度大于 30℃，应用 30℃饱和蒸气压代替；

p_B——大气压力，kPa。

7. **底盘测功机加载计算**

(1)滚筒直径为 218 mm 的底盘测功机加载计算

$$P_{5025-2} = RM/148$$

$$P_{2540-2} = RM/185$$

式中：RM——基准质量，kg；

P_{5025-2}——滚筒直径为 218 mm 的底盘测功机 ASM5025 工况设定功率值，kW；

P_{2540-2}——滚筒直径为 218 mm 的底盘测功机 ASM2540 工况设定功率值，kW。

(2)其他滚筒直径的底盘测功机加载计算

$$P_{5025} = P_{5025-2} + P_{f5025-2} - P_{f5025}$$

$$P_{2540} = P_{2540-2} + P_{f2540-2} - P_{f2540}$$

式中：P_{5025}——任意滚筒直径的底盘测功机 ASM5025 工况设定功率值，kW；

P_{2540}——任意滚筒直径的底盘测功机 ASM2540 工况设定功率值，kW；

P_{5025-2}——滚筒直径为 218 mm 的底盘测功机 ASM5025 工况设定功率值，kW；

P_{2540-2}——滚筒直径为 218 mm 的底盘测功机 ASM2540 工况设定功率值，kW；

$P_{f5025-2}$——滚筒直径为 218 mm 的底盘测功机 ASM5025 工况轮胎与滚筒表面摩擦损失功率值，kW；

$P_{f2540-2}$——滚筒直径为 218 mm 的底盘测功机 ASM2540 工况轮胎与滚筒表面摩擦损失功率值，kW；

P_{f5025}——任意滚筒直径的底盘测功机 ASM5025 工况与滚筒表面磨擦损失功率值，kW；

P_{f2540}——任意滚筒直径的底盘测功机 ASM2540 工况与滚筒表面磨擦损失功率值，kW。

(3)轮胎与底盘测功机滚筒表面摩擦损失功率计算

轮胎与任意直径滚筒的表面摩擦损失功率可表示为

$$P_f = Av + Bv^2 + Cv^3$$

式中：P_f——轮胎与任意直径滚筒的表面摩擦损失功率，kW(可通过底盘测功机对车辆反拖或车辆在测功机上空挡滑行测量取值)；

A,B,C——特定滚筒直径的底盘测功机轮胎与滚筒表面磨擦损失功率拟合系数；

v——车辆运行速度，m/s。

(三)瞬态工况检验方法

瞬态工况检验的方法应按 GB 18285—2005《点燃式发动机汽车排气污染物排放限值及测量方法(双怠速法及简易工况法)》中附录 C 的规范要求进行。

(四)简易瞬态工况检验方法

简易瞬态工况检验的方法应按 GB 18285—2005《点燃式发动机汽车排气污染物排放限值及测量方法(双怠速法及简易工况法)》中附录 D 的规范要求进行。

三、装配压燃式发动机的在用汽车的排气烟度的检验方法

对于装配压燃式发动机的在用汽车的排气烟度的检测，应按 GB 3847—2005《车用压燃式

发动机和压燃式发动机汽车排气烟度排放限值及测量方法》中附录 I、J、K 的规范进行。

(一)在用汽车自由加速试验

在用汽车自由加速试验可分为:自由加速滤纸烟度法和自由加速不透光烟度法两种。对于 2001 年 10 月 1 日以前生产的在用汽车,按自由加速滤纸烟度法进行检测;对于 2001 年 10 月 1 日起生产的在用汽车,按自由加速不透光烟度法进行检测。

自由加速工况是:在发动机怠速下,迅速但不猛烈地踏下加速踏板,使喷油泵供给最大油量。在发动机达到调速器允许的最大转速前,保持此位置。一旦达到最大转速,立即松开加速踏板,使发动机恢复至怠速状态。

1. 滤纸烟度法

在自由加速工况下,从发动机排气管抽取规定长度的气体柱所含的碳烟,使规定面积的清洁滤纸染黑的程度,称为自由加速滤纸烟度。

(1)测量仪器的技术要求

①采用滤纸式烟度计,其技术参数和要求应满足 HJ/T 4—93 的规定。

②采样系统由取样探头、抽气装置、清洗装置和取样连接管组成。取样探头应符合图 9-16 的要求;滤纸有效工作面直径为 φ32 mm;取样连接管长度为 5.0m,内径等于 $\phi 5_{-0.2}$ mm,取样系统局部内径不得小于 φ4 mm。

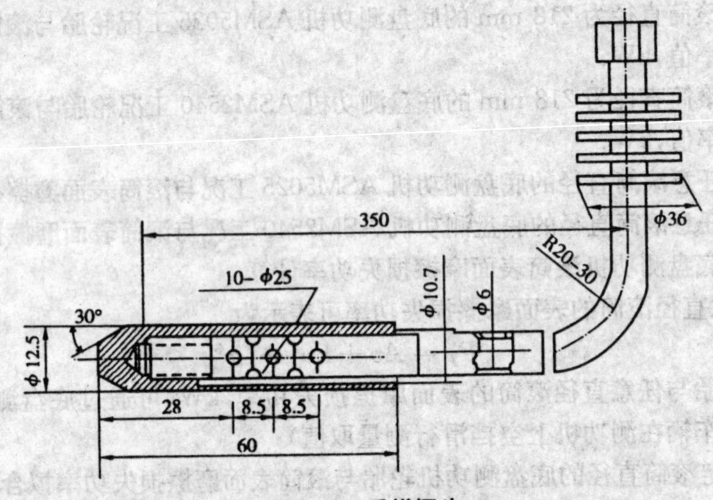

图 9-16 采样探头

③滤纸规格:反射因数(92±3)%,当量孔径 45 μm,透气度为 3 000 ml/cm² · min(滤纸前后压差为 1.96 ~3.90 kPa),厚度为 0.18 ~0.20 mm。

④烟度计必须定期标定,在有效期内,方可使用。

(2)受检车辆

①车辆进气系统应装有空气滤清器,排气系统应装有消声器并且不得有泄漏。

②柴油应符合国家标准的规定,不得另外使用燃油添加剂。

③测量时,发动机的冷却液和润滑油温度应达到汽车使用说明书所规定的热状态。

④自 1995 年 7 月 1 日起新生产柴油车装用的柴油机,应保证起动加浓装置在非起动工况不再起作用。

(3)测量循环

循环前准备：用压力为 300 ～400 kPa 的压缩空气清洗取样管路，把抽气泵置于待抽气位置，将洁白的滤纸置于待取样位置，并用夹紧机构夹紧滤纸。

循环组成：

①抽气泵抽气：由抽气泵开关控制，抽气动作应和自由加速工况同步。

②滤纸走位：每次抽气完毕后应松开滤纸夹紧机构，把烟样送至试样台。

③抽气泵回位：可以手动也可以自动，以准备下一次抽气。

④滤纸夹紧：抽气泵回位后手动或自动将滤纸夹紧。

⑤指示器读数：烟样送至试样台后由指示器读出烟度值。

⑥清洗管路：在按测量程序完成 4 个测量循环后，用压力为 300～400 kPa 的压缩空气清洗取样管路。

(4)循环时间

应于 20 s 内完成上面所规定的测量循环，对手动烟度计，指示器读数可以在完成测量程序后一并进行。

(5)测量程序

①安装取样探头：将取样探头固定于排气管内，插入深度为 300 mm，并使其中心线与排气管轴线平行。

②吹除积存物：按自由加速工况进行 3 次，以清除排气系统中的积存物。

③测量取样：将抽气泵开关置于油门踏板上，按自由加速工况及上述测量循环，循环测量 4 次，取后 3 次读数的算术平均值即为所测烟度值。

④当汽车发动机出现黑烟冒出排气管的时间和抽气泵开始抽气的时间不同步的现象时，应取最大烟度值。

2.不透光烟度法

(1)测量仪器的技术要求

不透光烟度计的显示仪表应有两种计量单位，一种为绝对光吸收系数单位，从 0 到趋于∞(m^{-1})；另一种为不透光度线性分度单位，从 0 到 100%。两种计量单位的量程，均应以光全通过时为 0，全遮挡时为满量程。

①不透光烟度计光学特性应为：当烟室充满光吸收系数接近 1.7 m^{-1} 的烟气时，反射和漫射的综合作用应不超过线性分度的一个单位。

②不透光烟度计显示仪表应保证光吸收系数为 1.7 m^{-1}时，其读数准确度为 0.025 m^{-1}。

③测量电路的响应时间应在 0.9～1.1 s，此即插入遮光屏使光电池全被遮住后，显示仪表指针偏转到满刻度的 90%时所需要的时间。

④由于烟室中的物理现象而产生的不透光烟度计响应时间，是从气体进入烟室开始到完全充满烟室为止经历的时间，应不超过 0.4 s。

⑤排气烟度的测量结果，应使用光吸收系数 k(m^{-1})。

(2)车辆准备

①车辆在不进行预处理的情况下，也可以进行试验。出于安全考虑，必须确保发动机处于正常热机状态，并且机械状态良好。

②发动机应充分预热，例如：在发动机机油标尺孔位置测得的机油温度应至少为 80 ℃；如果温度低于 80 ℃，发动机也应处于正常运转温度。因车辆结构，无法进行温度测量时，可以通

过其他方法使发动机处于正常运转温度，例如：通过控制发动机冷却风扇。

③采用至少 3 次自由加速过程或其他等效方法对排气系统进行吹拂。

(3)试验方法

①目测检测车辆的排气系统的相关部件是否泄漏。

②发动机包括所有装有废气涡轮增压的发动机，在每个自由加速循环的起点均处于怠速状态。对重型发动机，将加速踏板放开后，至少等待 10 s。

③在进行自由加速测量时，必须在 1 s 内，将加速踏板快速、连续地完全踩到底，使喷油泵在最短时间内供给最大油量。

④对每一个自由加速测量，在松开加速踏板前，发动机必须达到断油点转速。对带自动变速器的车辆，则应达到制造厂家申明的转速(如果没有该数据值，则应达到断油转速的 2/3)。关于这一点，在测量过程中必须进行检查。例如：通过监测发动机转速，或延长加速踏到底后与松开加速踏板前的间隔时间，对于重型汽车，该间隔时间应至少为 2s。

⑤计算结果取最后 3 次自由加速测量结果的算术平均值。在计算均值时，可以忽略与测量均值相差很大的测量值。

(二)在用汽车加载减速试验

对装配压燃式发动机的在用汽车的排气烟度的检验，可以使用加载减速工况法。所使用的检测设备主要包括：底盘测功机、不透光烟度计、发动机转速传感器等，由中央控制系统集中控制。

1. 检测设备的技术要求

(1)底盘测功机

①应使用电力测功器或电涡流测功器，在 30～100 km/h 的测试车速下，测功器的吸收功率应以 0.1 kW 为单位可调。动态功率吸收(底盘测功机功率吸收装置的吸收功率加内部摩擦损失功率)的准确度应达到±0.2 kW，或设定吸收功率值的±0.2%(取两者中的大者)。当环境温度在 2～43 ℃之间时，经预热后测功机的功率设定误差不应超过±0.4 kW。在环境温度不变时，测功机的准确度应在试验开始后 15 s 内达到±0.4kW，30s 内达到±0.2 kW。如果环境温度超出上述范围，测功机必须提供进行修正或执行制造商的预热程序，直到温度达到规定要求为止。

②底盘测功机应使用双滚筒结构，飞轮与前滚筒相连，前后滚筒的耦合可以采用机械或电力方式，速比 1：1，同步精度为±0.3 km/h。

③轻型车检测用底盘测功机的滚筒直径为 216 mm，重型车检测用底盘测功机的滚筒直径在 216±2 mm 与 530±2 mm 之间。滚筒中心距按下式进行计算，公差在－6.5 mm 与 12.7 mm之间。滚筒内外跨距要求能满足轻型车工况试验的安全要求。

④对滚筒中心距的要求：

$$A = (620 + D) \times \mathrm{sim}31.5$$

式中：A——滚筒中心距，mm；

D——底盘测功机滚筒直径，mm。

⑤底盘测功机应有滚筒转速测量装置，在车速测量范围内，其测量准确度应达到±0.2 km/h。

(2)发动机转速传感器

发动机转速传感器应能实时为底盘测功机的控制/显示单元提供发动机转速信号，其测量准确度要求为±1%，传感器的动态响应特性应不得劣于底盘测功机的扭矩控制动态特性。此外，还必须具有一个合适的数据通讯端口，该通讯端口应与底盘测功机控制系统兼容，以实现数据传送。

(3)不透光烟度计

①不透光烟度计应采用分流式原理。

②不透光烟度计需满足以下技术要求：采样频率至少 10 Hz；须配备与底盘测功机控制系统兼容的数据传输装置；不透光烟度计的一般技术要求应符合 GB 18285—2005 附录 G 的要求；采样系统对发动机排气系统产生的附加阻力应尽可能小；采样系统能够承受试验过程可能遇到的最高排气温度和排气压力；具有冷却装置(气冷或水冷)，以保证将所采集样气温度降到不透光烟度计能处理的温度范围内。

(4)控制系统

测功机应该配备自动控制系统进行排气烟度的检测，控制系统应能够直接控制不透光烟度计，按照规定自动完成检测过程控制，自动控制系统应满足以下要求：

①控制系统应监控下述参数以完成规定的测试规程和数据采集：

监控参数	信号来源
受检车辆的行驶速度	测功机控制单元测量的转鼓速度
测功机的吸收功率	测功机控制单元测量的轮边功率
受检车辆的发动机转速	发动机转速传感器测量的转速
受检车辆的排气 k 值	不透光烟度计

②自动控制系统应配备实时显示器，显示发动机转速和测功机的吸收功率。

③加载减速检测过程一般应在 2 min 内完成，最长不能超过 3 min。

④自动控制系统应能够随时优先支持手动控制。

⑤控制系统应配有足够的通道，用于接受不透光烟度计和发动机转速传感器的信号，以及其他过程计算和显示所要求的检测过程参数。

⑥控制系统应配备能自动进行记录并输出检测参数、检测日期、时间和车辆信息的电子文件打印设备。

⑦分级设置密码，以保护控制系统参数和检测结果数据。

2. 检测规程

(1)检测准备

①连接好发动机转速传感器，以测量发动机转速。

②选择合适的挡位，使加速踏板在最大位置时，受检车辆的最高车速最接近 70 km/h。

③由计算机判断测功机是否能够吸收受检车辆的最大功率，如果车辆最大功率超过了测功机的功率吸收范围，不能进行检测。

(2)检测程序

①正式检测开始前，检测员应按以下步骤操作，以使控制系统能够获得自动检测所需的初始数据：

a. 起动发动机，变速器置空挡，逐渐增大油门踏板直到开度达到最大，并保持在最大开度状态，记录这时发动机的最大转速，然后松开油门踏板，使发动机回到怠速状态。

b. 使用前进档驱动被检车辆，选择合适的挡位，使油门踏板处于全开位置时，测功机指示的车速最接近 70 km/h，但不能超过 100 km/h。对装有自动变速器的车辆，应注意不要在超速档下进行测量。

②计算机对按上述步骤获得的数据自动进行分析，判断是否可以继续进行检测，所有被判定不适合检测的车辆，都不允许进行加载减速烟度试验。

③在确认机动车可以进行排放检测后，将底盘测功机切换到自动检测状态。

a. 加载减速测试的过程必须完全自动化，在整个检测循环中，都是由计算机控制系统自动完成对底盘测功机加载减速过程的管理。

b. 自动控制系统采集三组检测状态下的检测数据，以判定受检车辆的排气光吸收系数 k 是否达标，3 组数据分别在 VelMnxHP 点、90％ VelMnxHP 点和 80％ VelMnxHP 点获得。

c. 上述 3 组检测数据包括轮边功率、发动机转速和排气光吸收系数 k，必须将不同工况点的检测结果都与排放限值进行比较。若修正后的最大轮边功率低于所要求的最小功率，或者测得的排气度光吸收系数 k 超过了标准规定的限值，均判定该车的排放不合格。

④检测开始后，检测员始终将加速踏板踩到底，直到检测系统通知松开加速踏板为止。在试验过程中，检测员应实时监控发动机冷却液温度和机油压力。一旦冷却液温度超出了规定的温度范围，或者机油压力偏低时，都必须立即停止检测。冷却液温度过高时，检测员应松开加速踏板，将变速器置空挡，使车辆停止运转。然后，使发动机在怠速工况下运转，直到冷却液温度重新恢复到正常范围为止。

⑤检测过程中，检测员应时刻注意受检车辆或检测系统的工作情况。

⑥检测结束后，打印检测报告并存档。

(3)检测车辆的卸载程序

①将受检车辆驶离底盘测功机以前，检测员应检查是否已经完成相关的检测工作，并完成对相关检测数据的记录和保护。

②按下列步骤将受检车辆驶离底盘测功机

a. 从受检车辆上拆下所有测试和保护装置。

b. 举起底盘测功机举升板，锁住转鼓。

c. 去掉车轮挡块，确认受检车辆及其行驶路线周围没有障碍物或人员。

d. 慢慢将受检车辆驶离底盘测功机，并停放到指定地点。

3. 确定所需最小轮边功率

(1)轮边功率

指汽车在底盘测功机上运转时驱动轮实际输出功率的测量值。

(2)根据下式确定所需最小轮边功率：

所需最小轮边功率＝发动机标定功率×(100％－功率损失百分比)

如果没有特殊要求，功率损失百分比的默认值是 50％。

4. 计算最大功率下的转鼓线速度(VelMnxHP)

根据输入的发动机标定转速，计算最大功率下的转鼓线速度(VelMnxHP)：

VelMnxHP＝当前转鼓线速度×发动机标定转速/MaxRPM

5.注意事项

(1)每条检测线至少应配备3名检测员,1名检测员操作控制计算机,1名检测员负责驾驶受检车辆,另1名检测员进行辅助检查,并随时注意受检车辆在检测过程中是否出现异常情况。

(2)除检测员外,在检测过程中,其他人员不得在检测现场逗留。

(3)对非全时四轮驱动车辆,应选择后轮驱动方式。

(4)对紧密型多轴驱动的车辆,或全时四轮驱动车辆,不能进行加载减速检测,应进行自由加速排气烟度排放检测。

(5)如果发现受检车辆的车况太差,不适宜进行加载减速法检测,必须先进行修理后才能进行检测。

(6)检测过程中由于发动机发生故障,使检测工作终止时,必须待故障排除后重新进行排放检测。

(7)在加载减速检测过程中,不论什么原因,如果操作驾驶员想通过松开油门踏板来暂时停止检测工作,检测工作都将被提前中断。在这种情况下,自动试验程序认为检测工作已经中止。

(8)不透光烟度计至少每年检定一次,每次维修后必须进行检定,经检定合格后方可重新投入使用。

第四节　汽车排放污染物检测结果的分析

一、装配点燃式发动机的在用汽车的排气污染物检测结果的分析

1.废气测试值与系统故障

发动机在不同工况下废气排放浓度值范围如表9-15所列。

不同工况下废气排放浓度值范围　　表9-15

转　速	CO,%	HC,$\times10^{-6}$	CO_2,%	O_2,%
怠速	0.5~3	0~250	13~15	1~2
1500/min,空负荷	0~2.0	0~200	—	1~2
2500/min,空负荷	0~1.5	0~150	13~15	1~2

废气测试值与系统故障的关系如表9-16。

废气测试值与系统故障的关系　　表9-16

CO	HC	CO_2	O_2	故障原因
低	很高	低	低	间歇性失火
低	很高	低	低	汽缸压力
很高	很高/高	低	低	混合气浓

续上表

CO	HC	CO_2	O_2	故障原因
很高	很高/高	低	很高/高	混合气稀
高	低	正常	正常	点火太迟
低	高	正常	正常	点火太早
变化	变化	低	正常	EGR 阀漏气
很低	很低	很低	很高	空气喷射系统
低	低	低	高	排气管漏气

2. 空燃比对废气排放的影响

空燃比即空气和燃油的比例，以(理论空燃比)14.7∶1为中心在16.1∶1～12.5∶1的范围内变化。16∶1是略稀的经济空燃比，12.5∶1是略浓的最大功率空燃比。

(1)空燃比与一氧化碳(CO)

当空燃比小于14.7∶1时(混合气变浓)，由于空气量不足引起不完全燃烧，一氧化碳(CO)的排放浓度增大。

(2)空燃比与碳氢化合物(HC)

碳氢化合物与空燃比没有直接关系。碳氢化合物生成的主要原因是：在燃烧室壁温度较低的冷却面附近，形成猝冷区，达不到燃烧温度，火焰消失；电火花微弱，根本未能点燃混合气，导致所谓缺火现象；在进、排气门重叠时漏气等。因此，当空燃比在16.2∶1以内时，混合气越浓，HC的排放量就越多。而当空燃比超过16.2∶1时，由于燃料成分过少，用通常的燃烧方法已不能正常着火，产生失火，使未燃烧的HC大量排出。

(3)空燃比与氮氧化合物(NO_X)

氮氧化合物是可燃混合气空气中的N_2和O_2在燃烧室内通过高温高压的火焰时化合而成的。因此，在混合气空燃比为15.5∶1附近燃烧效率最高时，NO_X生成量达到最大，混合气空燃比高于或低于此值，NO_X生成量会减小。

(4)空燃比与二氧化碳(CO_2)

二氧化碳是燃烧的必然产物，CO_2值的大小取决于影响燃烧效率的因素，这里当然包括空燃比的大小，空燃比越接近理论空燃比14.7∶1，燃烧越完全，CO_2的值也就越高，最大值在13.5%～14.8%之间。

(5)空燃比与氧(O_2)

氧(O_2)是一个很好的空燃比指示值，如果混合气浓时，O_2的值就低，如果混合气稀时，O_2的值就高。

3. 用 CO_2 + CO 值分析空燃比

表9-17为CO_2+CO值与空燃比的对照表。

CO_2 + CO 值与空燃比的对照表 表9-17

空燃比	16∶1	15.5∶1	15∶1	14.7∶1	14.2∶1	13.7∶1	13∶1	12.5∶1	11.7∶1
CO_2+CO,%	13.5	14.0	14.5	14.7	15	15.5	16	16.5	17

4.点火提前角对废气排放的影响

(1)点火提前角与CO

点火提前角对CO的排放没有太大影响,如过分推迟点火,会使CO没有时间完全氧化,而引起CO排放量增加,但适度推迟点火可减小CO排放。实际上,推迟点火时间,为了维持输出功率不变,需要开大节气门,这时CO排放明显增加。

(2)点火提前角与HC

点火推迟时,HC排放降低,主要是因为增高了排气温度,促进了CO和HC的氧化,也由于燃烧时降低了汽缸的面容比,燃烧室内的激冷面积变小了,使排出的HC减少。采用推迟点火来降低HC,是以牺牲燃油的经济性为代价的,所以,得不偿失。

(3)点火提前角与NO_X

在任何负荷和转速下,加大点火提前角,均使NO_X排放增加。这是因为点火时间提前时,燃烧温度升高的原故,因此,从降低NO_X排放的角度出发,可以采用减少点火提前角,降低循环最高温度,使用比理论空燃比更稀或更浓的混合气的办法。然而,降低最高温度,将伴随着发动机热效率的降低。

5.用排气检测参数中的数据分析

如果燃烧室中没有足够的空气(O_2)保证正常燃烧,在通常情况下,二氧化碳(CO_2)的读数和一氧化碳(CO)、氧(O_2)的读数相反。燃烧越完全,二氧化碳(CO_2)的读数就越高,最大值在13.5%~14.8%之间,此时一氧化碳(CO)的读数应该非常接近0%。

氧(O_2)的读数是最有用的诊断数据之一。氧(O_2)的读数和其他3个读数一起,能帮助找出诊断问题的难点。通常,装有催化转化器汽车氧(O_2)的读数应该是1.0%~2.0%,说明发动机燃烧很好,只有少量未燃烧的氧(O_2)通过汽缸。

氧(O_2)的读数小于1.0%,说明混合气太浓,不利于很好的燃烧。氧(O_2)的读数超过2.0%,说明混合气太稀。燃油滤清器堵塞、燃油压力低、喷油器阻塞、真空系统漏气、废气再循环(EGR)阀泄漏等,都可能导致过稀失火。

二、装配压燃式发动机的在用汽车的排气烟度检测结果的分析

在压燃式发动机的烟气排放中,微粒和碳烟的生成机理还未完全研究清楚。目前,一般都认为燃烧时的一段高温范围和局部存在特别浓的混合气,是产生微粒碳烟的必要条件。

装配压燃式发动机的在用汽车的排气烟度检测结果超标,主要原因是柴油机供油系调整不当所致。此外,柴油机汽缸活塞组和曲柄连杆机构的技术状况及柴油的质量等对排放烟度也有影响。柴油机供油系统调整不当和相关系统技术状况的变化,主要表现在柴油机出现冒黑烟、蓝烟及白烟故障。其黑烟对排放烟气检测结果的影响最大。柴油机工作时黑烟浓重,其故障多属于喷油量过大,雾化不良,各缸喷油量不均匀,喷油时刻过早,调速器失调和空气滤清器堵塞等因素引起,建议主要检查:

(1)检查个别缸喷油量。用分缸停止供油和结合观察排气烟色的方法予以判别。如某缸停止供油(旋松喷油器)后,烟色减轻,即为该缸喷油量过大。

(2)检查该缸喷油泵柱塞调节齿扇固定螺钉是否松脱。

(3)检查喷油器是否良好。检查喷油器时,可将喷油器从汽缸体上拆下,仍然连接高压油管,用旋具撬动该缸喷油泵柱塞弹簧座,作喷油动作,观察喷油雾化情况和有无滴油现象。若

雾化不良，则应解体检查喷油器。

(4)检查调速器。若各缸喷油量均过大，应打开调速器盖，检查调节齿杆的刻度是否向喷油泵体内移动过多(刻线应与喷油泵壳后端面平行)，同时，还需检查调速器飞块是否卡滞而引起喷油量过大。如在柴油机冒黑烟同时，还可以听到汽缸内有清脆敲击声，则说明喷油时刻过早，应正确校准喷油正时。如检查中发现空气滤清器堵塞(滤芯脏污)，应即清洗、吹净，并按规定加注新润滑油。

此外，柴油机冒黑烟还与柴油质量有关，为使着火性能良好，一般柴油机选用十六烷值为40～45的柴油为宜。若十六烷值超过65，则柴油蒸发性变差，致使燃烧不彻底，工作时也可发生冒黑烟现象。

本 章 小 结

1. 装配点燃式发动机在用汽车排气污染物的评价指标：一氧化碳(CO)、碳氢化合物(HC)、过量空气系数(λ)和氮氧化合物(NO_X)。装配压燃式发动机的在用汽车的排气污染物的评价指标：自由加速法烟度(采用波许(Bosch)单位，用“Rb”表示)、自由加速法烟度(采用光吸收系数K，用“m^{-1}”表示)、加载减速法烟度(采用光吸收系数K，用“m^{-1}”表示)。

2. 在目前使用的汽车排气分析仪中，测定装配点燃式发动机的在用汽车的仪器有：不分光红外线分析仪、氢火焰离子分析仪、化学发光分析仪。不分光红外线分析仪主要用于检测除使用闭环控制电子燃油喷射系统和三元催化转化器技术的汽车以外的，装配点燃式发动机的在用汽车排气污染物的排放浓度。四气体/五气体分析仪可对CO、HC、NO_X、CO_2、O_2等五种气体进行检测。对于这五种气体成分的浓度通常采用两种不同的方法进行检测，其中CO、HC、CO_2通过不分光红外线不同波长能量吸收的原理(即NDIR法)来测定。而NO_X、O_2的浓度通常采用电化学的原理来测定，排气中含氧量的浓度通过测试通道中设置氧传感器即可测定。

3. 测定装配压燃式发动机的在用汽车的仪器有：滤纸式烟度计、不透光烟度计(也称透光式烟度计或透射式烟度计)。滤纸式烟度计结构简单，调整方便，测定值可靠性高，价格低廉；滤纸试样直观性好，便于保存，适宜于稳态工况的测定。但缺点是只能测排气中黑色的碳烟，当柴油机在怠速及低负荷运转时，因排温低及其他原因排出的油雾及水蒸气形成的蓝烟和白烟却不能测出。不透光式烟度计是利用透光衰减率来测定排气烟度，可分为全流式和分流式两类。

4. GB 18285—2005《点燃式发动机汽车排气污染物排放限值及测量方法(双怠速法及简易工况法)》规定了点燃式发动机汽车怠速和高怠速工况下排气污染物的限值。GB 18285—2005标准中将轻型汽车的高怠速转速规定为2 500±100 r/min，重型汽车的高怠速转速规定为1 800±100 r/min。

5. 对于使用闭环控制电子燃油喷射系统和三元催化转化器技术的汽车，进行过量空气系数(λ)的测定。发动机转速为高怠速时，λ应在1.00±0.03或在制造厂家规定的范围内。

6. 从2005年7月1日起，点燃式发动机在用汽车的排放监控，采用GB 18285—2005标准规定的双怠速法排气污染物排放限值测量方法；在机动车保有量大，污染严重的地区，也可采用GB 18285—2005标准附录B、C、D中所列的简易工况法。

7. GB 3847—2005《车用压燃式发动机和压燃式发动机汽车排气烟度排放限值及测量方法》中，对 GB 3847—2005 标准实施前后的在用汽车，根据生产日期的不同规定了不同的排放限值。对于 2001 年 10 月 1 日起生产的装配压燃式发动机的在用汽车，应按《在用汽车自由加速试验 不透光烟度法》进行自由加速试验；对于 2001 年 10 月 1 日前生产的装配压燃式发动机的在用汽车，应按《在用汽车自由加速试验 滤纸烟度法》的要求进行自由加速试验。自 2005 年 7 月 1 日起，压燃式发动机在用汽车排放监控，采用 GB 3847－2005 标准规定的排气烟度排放限值及测量方法。在机动车保有量大，污染严重的地区，可采用标准附录 J 中规定的加载减速工况法。

8. 在汽车的使用过程中，发动机的技术状况变化，如系统故障、空燃比、点火提前角等技术状况发生变化，电控燃油喷射发动机各传感器和各执行机构的技术状况变化，都对汽车汽车的排气污染物检测结果有很大影响。通过分析其影响因素，找出故障原因并予以排除，以减轻汽车排气污染物对大气的污染。

思 考 题

1. 装配点燃式发动机的在用汽车的排气污染物中的主要有害物质是什么？如何生成？
2. 装配压燃式发动机的在用汽车的排气污染物中的主要有害物质是什么？如何生成？
3. 什么是过量空气系数(λ)？在何种情况下，对(λ)值进行判定？
4. 试述不分光红外线分析仪和四气体/五气体分析仪的工作原理。
5. 试述滤纸式烟度计的结构及工作原理。
6. 试述不透光烟度计的结构及工作原理。
7. 试述不透光度 N 和光吸收系数 K 之间的关系。
8. 叙述装配点燃式发动机的在用汽车的排气污染物的排放限值。
9. 叙述装配压燃式发动机的在用汽车的排气烟度的排放限值。
10. 简述不分光红外线分析仪和四气体/五气体分析仪的使用方法。
11. 简述滤纸式烟度计和不透光烟度计的使用方法。
12. 如何进行装配点燃式发动机的在用汽车的双怠速法检验？并叙述检验应注意事项。
13. 进行双怠速法检验时，对测量仪器设备有什么技术要求？
14. 简述装配点燃式发动机的在用汽车的稳态工况检验方法。
15. 装配点燃式发动机的在用汽车进行稳态工况检验时，检测仪器设备有什么技术要求？
16. 简述进行装配压燃式发动机的在用汽车的滤纸烟度法检验方法及应注意事项。
17. 进行滤纸烟度法检验对测量仪器设备有什么技术要求？
18. 简述进行装配压燃式发动机的在用汽车的不透光烟度法检验方法及应注意事项。
19. 进行不透光烟度法检验，对测量仪器设备有什么技术要求？
20. 简述装配压燃式发动机的在用汽车的加载减速试验方法。
21. 简述影响汽车排气污染物检测结果的原因。

第十章 汽车噪声控制与检验

第一节 汽车噪声的评价指标

为了保护环境和人们的身心健康，在有关环保和机动车噪声法规中，明确规定了噪声标准，其中包括噪声测量方法、评价指标和测试仪器设备等。

一、噪声的主要物理参数

1.声压与声压级

声波作用于大气，使大气压强发生变动的变动量称为声压。声压的单位用Pa来表示。声压越大，声音越响。正常人刚刚能听到的最微弱声音的声压为2×10^{-5} Pa，称为人耳的“听阈”使人耳产生疼痛感觉的声音的声压为20 Pa，称为人耳的“痛阈”。

从“听阈”(2×10^{-5} Pa)到“痛阈”(20 Pa)相差达百万倍。显然，用声压的绝对单位来表示和度量声音的强弱很不方便，于是，引入声压级概念参数。声压级是一个成倍比关系的对数量，其单位为分贝(dB)。声压级L_P可用下式表示为

$$L_P = 20\lg(p/p_0)\text{(dB)}$$

式中：p——声压，Pa；

p_0——基准声压，等于人耳听阈，$p_0=2\times10^{-5}$ Pa。

通过上式计算，听阈的声压级为0 dB，痛阈的声压级为120 dB。因此，人耳听觉范内的声压级为0 dB～120 dB。

2.声强与声强级

在单位时间内，通过垂直声波传播方向的单位面积的声能量，叫做声强。用I表示，单位为W/m^2。声强也可用声强级来表示。声强级L_i可用下式表示为

$$L_i = 10\lg(I/I_0)$$

式中：I——声强，W/m^2；

I_0——基准声强，等于听觉能感受的最低声强值，$I_0=10^{-12}\,W/m^2$。

3.声功率与声功率级

声功率系指声源在单位时间内向外辐射的总能量，单位为W。

声功率级L_W可用下式表示

$$L_W = 10\lg(W/W_0)$$

式中：W——声功率，W；

W_0——基准声功率，$W_0=10^{-12}$ W。

二、噪声的评价指标

1.响度级

人耳对声音的感觉不仅与声压有关，而且也与频率有关。人耳可闻声音频率的范围为 20 Hz～20 000 Hz。往往声压级相同，但由于频率不同，听起来并不一样响，相反，不同频率的声音，虽然声压级不同，但有时听起来却一样响。因此，用声压级测定的声音强弱与人们的生理感觉往往并不一致。因而，需采用与人耳生理感觉相适应的指标来评价声音的强弱，这个指标就是响度级。其单位用“方”来表示。选取 1 000 Hz 的纯音作为基准音，其噪声听起来与该纯音一样响，该噪声的响度级就等于这个纯音声压级的分贝数。例如，某噪声听起来与声压级 85 dB、频率 1 000 Hz 的基准声音一样响，则该噪声的响度级就是 85 方。

响度级 L_N 是表示声音响度的主观量，它把声压级和频率用一个概念统一了起来。

2.噪声级

为了能测出与人耳感觉相一致的响度级，理应使用“响度级计”来测量声音的强弱。但要设计和制造出对于不同频率的声音均具有与人耳感觉一致的仪器较为困难。目前，采用参考等响曲线，在声学测量仪中，设置几个频率计权网络（即滤波器），利用它对高、中、低频的衰减不同来模拟人耳听觉，一般设有 A、B、C 三个计权网络。

所谓噪声级就是指在选定的计权网络下所测得的声压级（响度级）。例如，80 dB(A)是在 A 档计权网络下测得的声压级为 80 dB，称为噪声级 80 dB(A)或 80 方(A)。用 A 计权网络测得的噪声值也称 A 声级。

第二节　声级计的结构与工作原理

国家标准 GB/T 14365—1993 和 GB/T 18679—2002 分别规定了《声学　机动车辆定置噪声测量方法》和《声学　汽车车内噪声测量方法》，在测量方法中，规定使用的仪器是声级计（精密声级计或普通声级计）或相当于声级计的其他测量系统，并应符合 GB 3785 中对Ⅰ型和Ⅱ型仪器的要求。

一、声级计的类型与工作原理

声级计是一种能把工业噪声、生活噪声和交通噪声等，按人耳听觉特性近似地测定其噪声级的仪器。噪声级是指用声级计测得的并经过听感修正的声压级(dB)或响度级(方)。

为了使世界各国生产的声级计的测量结果可以互相比较，国际电工委员会(IEC)制定了声级计的标准，并推荐各国采用。1979 年 5 月在斯德哥尔摩通过了 IEC651《声级计》标准，这个标准统一并取代了以前公布的 IEC123，IEC179，IEC179A 等几个标准。

按照国际电工委员会的标准(IEC651)规定，声级计分为四种类型，即 0 型、Ⅰ型、Ⅱ型、Ⅲ型。它们相应的精度分别为±0.4 dB、±0.7 dB、±1.0 dB、±1.5 dB。0 型声级计可作为标准用声级计、Ⅰ型声级计可供研究工作使用，Ⅱ型声级计可适用一般用途，Ⅲ型声级计可用于调查和普测工作。0型和Ⅰ型声级计也称为精密声级计，Ⅱ型和Ⅲ型声级计也称为普通声级计。我国有关声级计的国家标准是GB 3785—83《声级计电、声性能及测试方法》，它与IEC标准的主要要求是一致的。

各种类型声级计的工作原理基本上是相同的，所不同的往往是附加有一些特殊的性能，这些特殊性能，使它们能作各种不同的测量。

声级计的工作原理：被测量的声信号被传声器接收，传声器将声信号变成电信号，微小的电信号经前置放大器送到输入衰减器和输入放大器，放大器将微小电信号放大，衰减器对较大的输入信号加以衰减，使在指示器上获得适当的指示，也使测量量程扩大。计权网络对通过的信号进行频率滤波，使声级计的整机频率响应符合一定频率计权特性的要求，以便能测量声级。信号再经过输出衰减器和输出放大器后，送到检波器进行检波，将交流信号变成直流信号，并由指示器以“dB”指示出来。检波器还使声级计具有“快”、“慢”、“脉冲”或“保持”等时间计权(电表阻尼)特性。电源部分将交流市电或电池电压进行变换，供给声级计各部分所需要的电源电压。如果把声级计与倍频带或1/3倍频带滤波器串联，就可以组成便携式简易频谱分析仪。如果把声级计与便携式磁带记录仪组合起来，则可把现场的噪声录制在磁带上，储存或带回实验室进行分析。

二、声级计的结构

声级计一般由传声器、放大器、衰减器、计权网络、检波器、指示表头和电源等组成，所需电源一般由干电池供给，图10-1为普通型声级计工作原理方框图。

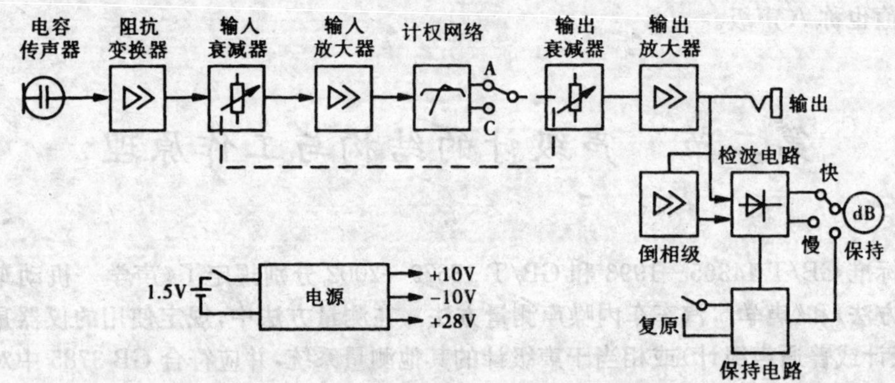

图10-1 普通型声级计工作原理方框图

(1)传声器。传声器是用来把被测声信号换成电信号的器件，也称为话筒，它是声级计的传感器。按照换能原理和结构的不同，传声器可分为3种：电动式传声器、压电传声器和电容传声器。电容传声器是声学测量中比较理想的传声器，具有动态范围大、频率响应平直、灵敏度高和在一般测量环境中稳定性好等优点，常用于精密声级计和标准声级计中，也是现在声学测量中应用最多的传声器。

电容式传声器主要由金属膜片和靠得很近的金属电极组成，实质上是一个平板电容，其结构示意图如图10-2所示。金属膜片与金属电极构成了平板电容的两个极板。当膜片受到声压作用时，膜片发生变形，使两个极板之间的距离发生了变化，电容量也发生变化，从而产生交变电压，其波形在传声器线性范围内与声压级波形成比例，实现了将声信号转变为电信号的转换。由于电容传声器输出阻抗很高，因此，需要通过前置放大器进行阻抗变换，前置放大器装在声级计内部靠近安装电容传声器的部位。

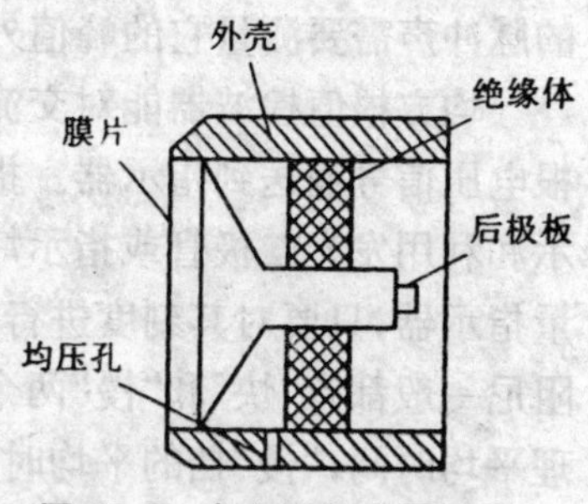

图 10-2 电容式传声器结构示意图

(2)前置放大器(阻抗变换器)。电容传声器的一个缺点是内阻比较大，它的电容量一般只有几十皮法(pF)，甚至几个皮法，如果与它连接的放大器输入电容量可以与之比拟，就会降低传声器的灵敏度；如果放大器输入电阻太低，则电容传声器在低频时灵敏度会降低，这样，就使频率范围受到了限制。因此，在声级计中，需要配置前置放大器。前置放大器又称为输入级，它本身不起放大作用，电压增益小于并接近于1，它只是起阻抗变换作用，因此，又称为阻抗变换器。

(3)放大器。电容传声器把声信号变成电信号，这个电信号一般是很微弱的，不足以使指示器产生指示，因此，需要用放大器把电信号加以放大。声级计中的放大器要求有一定的放大量、一定的动态范围、较宽的频率范围和非线性失真要小(不大于1%)等。目前流行的许多国产与进口的声级计，在放大线路中都采用两级放大器，即输入放大器和输出放大器，各组放大器前都接有衰减器。

(4)衰减器。声级计不仅要测量微弱信号，也要测量较强的信号，也就是要有较大的测量范围，例如要测量25～140 dB范围声级。声级计的检波器和指示器不可能有这么宽的量程范围，因此，要采用衰减器，衰减器是用来改变信号的衰减量，以便使表头指针指在适当的位置。为了提高信噪比，我们将衰减器分为输入衰减器和输出衰减器两部分，输出衰减器接在第一组放大器和第二组放大器之间，而且在一般测量时，使输出衰减器尽量处在最大衰减位置。这样，当测量较大信号时，由于输出衰减器的衰减作用，使输入衰减器的衰减量减小，加到第一组放大器的输入信号就提高了，信噪比也得到提高。

(5)计权网络。为了模拟人耳听觉在不同频率有不同的灵敏性，在声级计内设有一种能够模拟人耳的听觉特性，把电信号修正为与听感近似值的网络，这种网络叫作计权网络。通过计权网络测得的声压级，已不再是客观物理量的声压级(叫线性声压级)，而是经过听感修正的声压级，叫作计权声级或噪声级。

计权网络一般有A、B、C三种。A计权声级是模拟人耳对55 dB以下低强度噪声的频率特性。B计权声级是模拟55 dB到85 dB的中等强度噪声的频率特性，C计权声级是模拟高强度噪声的频率特性。三者的主要差别是对噪声低频成分的衰减程度的不同：A衰减最多，B次之，C最少。A计权声级由于其特性曲线接近于人耳的听感特性，因此，是目前国内外噪声测量中应用最广泛的一种，常用A计权声级评价城市交通噪声和工厂噪声，有的还具有B、C计权声级。

从声级计上得出的噪声级读数，必须注明测量条件。如单位为dB，且使用的是A计权网络，则应记为dB(A)。

(6)检波器和指示器。检波器用来将放大器输出的交流信号检波(整流)成直流信号，以便在指示器上获得适当的指示，这个直流电压的大小要正比于输入信号的大小。根据测量的需要，检波器有峰值检波器、平均值检波器和均方根值检波器之分。峰值检波器能给出一定时间间隔中的最大值，平均值检波器能在一定时间间隔中测量其绝对平均值。除了像枪炮声那样的脉冲声需要测量它的峰值外，在多数的噪声测量中均是采用均方根值检波器。

均方根值检波器能对交流信号进行平方、平均和开方，得出电压的均方根值，最后将均方根电压信号输送到指示器。指示器分为模拟指示器和数字指示器，模拟指示器中又有电表指示和利用发光二极管或指示灯的声级灯指示。在大多数声级计中，都是使用直流电表作为测量指示器，只要对其刻度进行一定的标定，就可从表头上直读出噪声级的 dB 值。声级计表头阻尼一般都有“快”和“慢”两个挡。“快”挡的平均时间为 0.27 s，很接近于人耳听觉器官的生理平均时间；“慢”挡的平均时间为 1.05 s。当对稳态噪声进行测量或需要记录声级变化过程时，使用“快”挡比较合适；在被测噪声的波动比较大时，使用“慢”挡比较合适。

为适应测量现场的需要，声级计一般都备有三脚支架，以便视需要将声级计固定在三脚支架上。

(7)电源。对于便携式声级计，为了便于现场测量，要求用电池供电。声级计除供给电容传声器极化电压外，另外还要供给各部分需要的不同工作电压和电流。因此，需要把电池电压变换成各种电压。一般采用直流变换器，首先由振荡器把直流电压变成交流电压，通过变压器变压，然后再由整流电路整流成所需要的各种直流电压。为了保证输出电压稳定，通过负反馈电路控制调整管或直接控制加到振荡器的电压，这样当电池在使用中电压降低、负载不同及环境变化时，输出电压保持不变，从而保证了声级计各部分正常工作。

三、声级计的使用

1.声级计使用前的校准

正确使用声级计可以减小测量误差，保证测量结果的准确性，同时减少仪器的损坏，延长仪器的使用寿命。不同型号的声级计具有各自的功能特点，同时，也具有相同的使用方法，使用前都必须进行校准。其校准方法如下。

(1)在未接通电源时，先检查表指针是否在机械零点上。若不在零点，可用零点调整螺钉调整指针零点。

(2)检查电池容量。把声级计功能开关置于电池检查位置，此时，电表指针也应指示在“电池检查”红色刻度线或规定区域内，当低于此刻度线或规定区域，就表示电池电压过低，应更换电池。

(3)打开电源开关，预热仪器 10 min。

(4)对仪器进行校准。每次测量前或使用一段时间后，必须对仪器的电路和传声器进行校准。声级计上一般都配有电路校准的“参考”位置，可校验放大器的工作是否正常。如不正常，应调节微调电位器。电路校准后，再利用已知灵敏度的标准声源对声级计上的传声器进行对比校准。常用的标准声源有声级校准器和活塞式发声器(它们的内部都有一个可发出恒定频率、恒定声级的装置，因而很容易对比出被检传声器的灵敏度)。声级校准器产生的声压级为 94 dB，频率为 1 000 Hz；活塞式发声器产生的声压级为 124 dB，频率为 250 Hz。校准时将标准声源装于传声器前，并使之发声。检查、调整声级计读数与声源标准值吻合即可。

(5)将声级计的功能开关对准“线性”、“快”挡，由于一般办公室内的环境噪声约为 40 ～ 60 dB，因此声级计上应有相应的示值。变换衰减器刻度盘，表头示值应相应变化 10 dB 左右。

(6)检查计权网络。接以上步骤，将“线性”位置依次变为“C”、“B”、“A”。由于室内环境噪声多为低频成分,故经频率计权后的噪声级示值将低于线性值,而且应依次递减。

(7)考查"快"、"慢"挡。将衰减器刻度盘调至高 dB 值处(例如 90 dB),操作人员发声,并注意观察"快"挡时的指针摆动能否跟上发音速度,"慢"挡时的指针摆动是否明显迟缓。这是"快"、"慢"两挡所要求的表头阻尼程度的基本特征。

(8)经过上述检查和校准后,声级计便可投入使用。在不知道被测声级多大时,必须把衰减器刻度盘预先放在最大衰减位置(即 120 dB),然后,在实测中再逐步旋至被测声级所需要的衰减挡位。

2. 声级的测量

把计权开关置于"A"、"B"或"C"位置,就可测得 A 声级、B 声级或 C 声级. 对于使用两个独立操作衰减器的声级计,应当注意不要使输入放大器过载. 因为在测量声级时,插入了计权网络,会对被测信号附加一定衰减,使电表读数降低。如果这时继续减小输入衰减器的量程,就可能因加到输入放大器的信号太大而出现过载,使测量结果有较大的误差。为了使输入放大器不出现过载,可先测量声压级,再测量声级。如果这时电表指示太低,不要降低输入衰减器的衰减量,而应降低输出衰减器的衰减量,直到获得适当电表偏转为止。在有的声级计中,装有输入过载指示灯,如果过载指示灯不闪光,可以降低输入衰减器的衰减量,否则,只能降低输出衰减器的衰减量。例如,测量某声音的声压级为 94 dB,输入衰减器放在 90 dB 位置。测量 A 声级,计权开关置"A"位置,电表偏转太低,这时不要改变输入衰减器位置,而使输出衰减器衰减量减小(如减小 20 dB),电表指示到 5 dB,则测得 A 声级=90 dB−20 dB+5 dB=75 dB。

3. 测量注意事项

(1)时间计权(电表阻尼)特性的选择。声级计一般具有"快"和"慢"时间计权(电表阻尼)特性,测量时要根据测量规范的要求来选择。例如,测量汽车噪声规定用"快"特性,测量城市环境噪声规定用"慢"特性。在没有规定时,对于比较稳定的噪声,"快"和"慢"特性都会得到相同的测量结果;对于不稳定噪声,当用"快"特性时,电表指针摆动较大(如大于 4 dB),就应当用"慢"特性。又如需要测量某一时间内的最大值,则应当用"快"特性。

(2)背景噪声影响的修正。在实际测量中,除了被测声源外,还会有其他噪声存在,这种噪声称为背景噪声(或本底噪声)。背景噪声会影响测量的准确性,但可通过背景噪声影响的修正曲线,对测量结果进行修正。

(3)风罩的应用。在有风的环境下测量噪声,当风吹到传声器上时,传声器的膜片上压力会发生变化,从而引起风噪声,这会影响到测量结果的准确性,此时,在传声器上加装一只风罩,就可以大大地衰减风噪声,而对声音却没有衰减,从而提高了在有风环境下测量的准确性。但是,当风速大于 5 m/s 时,一般不应进行测量。

(4)减少环境对测量结果的影响。使用声级计时,应尽量避免附近墙壁或物体反射的影响。声波遇到障碍物会出现反射,反射波如果再次作用到传声器的膜片上,将影响到测量结果的准确性,因而,在放置声级计时,应尽量避免周围有高大建筑物,同时,测试者也应尽可能远离声级计。当反射波到达声级计经过的路程是直达波到声级计处所经过路程的 3 倍以上,这个误差才可以忽略不计。

在环境温度、湿度和大气压变化时,传声器及声级计的灵敏度可能发生变化,在测试中,必须按照生产厂家规定的条件使用声级计。

在强磁场、强电场的环境中，也会给声级计的测量带来误差，应当避免在这样的环境中测量；振动传给传声器的膜片，也会影响量测结果，也应当尽量避免。

第三节 汽车噪声控制及检验

根据营运车辆的实际情况，GB 18565-2001《营运车辆综合性能要求和检验方法》中规定，主要检验和控制汽车定置噪声、客车车内噪声、驾驶员耳旁噪声和喇叭声级。

一、汽车定置噪声检验

汽车定置噪声，是指被检车辆定置(不行驶)在测量场地上，发动机处于空载运转状态，按GB/T 14365—1993 中规定的方法测得的噪声。用这种方法得到的测量数据可评价、检查机动车辆的主要噪声源——排气噪声的水平。

(一)汽车定置噪声限值

汽车定置噪声限值如表 10-1 所列。

汽车定置噪声限值(dB) 表 10-1

车辆类型	燃料种类		出厂日期	
			1998 年 1 月 1 日以前	1998 年 1 月 1 日及以后
轿车	汽油		87	85
微型客车、货车	汽油		90	88
轻型客车、货车	汽油	$n_r \leqslant 4\,300$ r/min	94	92
		$n_r > 4\,300$ r/min	97	95
越野车	柴油		100	98
中座客车、货车 大型客车	汽油		97	95
	柴油		103	101
重型货车	$N \leqslant 147$ kW		101	99
	$N > 147$ kW		105	103

注：N—汽车发动机额定功率
n_r—发动机额定转速

(二)汽车定置噪声检验方法

1. 测量环境

(1)测量场地

①测量场地应为开阔的，由混凝土、沥青等坚硬材料所构成的平坦地面。其边缘至车辆外廓至少 3 m(图 10-3)。测量场地之外的较大障碍物(例如，停放的车辆、建筑物、广告牌、树木、平行的墙等)。距离传声器不得小于 3 m。

②除测量人员和驾驶人外，测量现场不得有影响测量的其他人员。

(2)背景噪声

①测量过程中，传声器位置处的背景噪声(包括风的影响)应比被测噪声低 10 dB(A)以上。这里所指的背景噪声是指车辆以外的噪声。

②如果背景噪声比测量噪声低 6～10 dB(A)，测量结果应减去表 10-2 中的修正值，差值小于 6 dB(A)，测量无效。

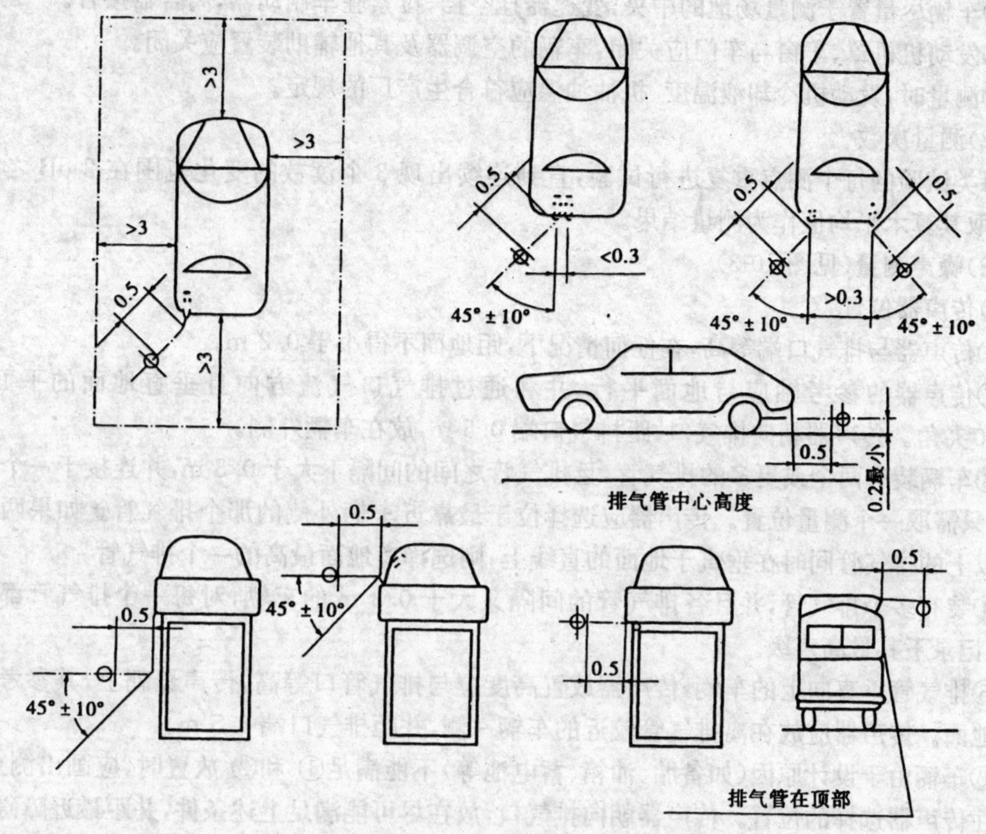

图 10-3 排气噪声测量场地和传声器位置

背景噪声修正值(dB) 表 10-2

测量噪声与背景噪声差值	6～8	9～10	>10
修正值	1.0	0.5	0

(3)风速

①风速超过 2 m/s 时，声级计应使用防风罩，同时注意阵风对测量的影响。

②测量的风速大于 5 m/s，测量无效。

(4)测量仪器

1)噪声测量仪器

①声级计或相当声级计的其他测量系统应符合 GB 3185 中对Ⅰ型或Ⅱ型仪器的要求。

②测量使用声级计的 A 计权，快挡。

③测量前后，仪器应按规定进行校准，两次校准值相差不应超过 1 dB，校准器准确度应优于或等于±0.5 dB。

2)测量发动机转速的仪器

发动机转速表准确度应优于 3%。

2.测量程序

(1)车辆位置和状态

①车辆尽量置于测量场地的中央，变速器挂空挡，拉紧驻车制动器，离合器接合。

②发动机机罩、车窗与车门应关闭，车辆的空调器及其他辅助装置应关闭。

③测量时，发动机冷却液温度、机油油温应符合生产厂的规定。

(2)测量次数

每类试验的每个测点重复进行试验，直到连续出现 3 个读数的变化范围在 2 dB 之内为止，并取其算术平均值作为测量结果。

(3)噪声测量(见图 10-3)

1)传声器位置

①传声器与排气口端等高，在任何情况下，距地面不得小于 0.2 m。

②传声器的参考轴应与地面平行，并和通过排气口气流方向且垂直地面的平面，呈 45°±10°夹角。传声器朝向排气口，距排气口端 0.5 m，放在车辆外侧。

③车辆装有两个或更多的排气管，且排气管之间的间隔不大于 0.3 m，并连接于一个消声器时，只需取一个测量位置。传声器应选择位于最靠近车辆外侧的那个排气管。如果两个或两个以上的排气管同时在垂直于地面的直线上，则选择离地面最高的一个排气管。

④装有多个排气管，并且各排气管的间隔又大于 0.3 m 的车辆，对每一个排气管都要测量，并记录下其最高声级。

⑤排气管垂直向上的车辆，传声器放置高度应与排气管口等高，传声器朝上，其参考轴应垂直地面。传声器应放在离排气管较近的车辆一侧，并距排气口端 0.5 m。

⑥车辆由于设计原因(如备胎、油箱、蓄电池等)不能满足① 和② 放置时，应画出测点图，并标注传声器选择的位置。传声器朝向排气口，放在尽可能满足上述条件，并距最近障碍物大于 0.2 m 地方。

2)发动机运转条件

汽油机车辆取 3/4 n_r±50 r/min；

柴油机车辆取 3/4 n_r±50 r/min；

式中：n_r 生产厂家规定的发动机额定转速。

3)测量时，当发动机稳定在上述转速后，测量由稳定转速尽快减速到怠速过程的噪声，记录最高声级值。

二、车内噪声测量

(一)车内噪声限值

GB 7258—2004 中规定，客车以 50 km/h 的速度匀速行驶时，客车车内噪声应不大于79 dB(A)。

(二)车内噪声测量方法

1.车内噪声测量条件

(1)声学环境、气象条件、背景噪声

①测量场地应避免汽车辐射的声音通过建筑物、墙壁或汽车外的类似大型物体的反射，成

为车内噪声。在进行测量的过程中，汽车与这类大型物体之间的距离应该大于 20 m。

②测量场地环境气温必须在－5～＋35 ℃范围内，沿着测量路线在约 1.2 m 高度的风速不得超过 5 m/s。其他的气象条件不得影响测量结果。

③对于所有 A 声级测量时，由背景噪声和仪器内部电噪声而确定的测量动态范围下限，应该至少低于所测声级 10 dB。

(2)试验的道路条件

汽车车内噪声一般受道路表面结构的粗糙度影响很大，平滑路面可以产生平稳的车内噪声。因此，试验路段应该是硬路面，必须尽可能平滑，不得有接缝、凸凹不平或类似的表面结构，否则，将会增加汽车内部的声压级。道路表面必须干燥，不得有雪、污物、石块、树叶等杂物。

(3)车辆条件

①发动机和轮胎条件：在测量过程中，发动机的所有运行条件，如燃料、润滑油、点火正时或喷油时间等，都应该符合制造厂家的规定。在测量开始前，发动机应该稳定在正常的工作温度范围内，或以中等速度行驶一段路程。所采用的轮胎应该与制造厂家规定的型号一致。轮胎气压必须符合制造厂家的规定要求。

②车辆在测试噪声时，必须是空载(除驾驶员、测量人员和测试装备外，不得有其他负荷)。只有汽车的标准装备、测试装备和必不可少的人员方可留在车内。在公共交通用车且座位在 8 个以上的车辆中，在车内的人员不得超过 3 人。

③车门窗、辅助装置、可调节的座椅的进风口及出风口，如有可能，都必须关上。辅助装置，如刮水器、暖风装置、风扇以及空调等，在测量试验过程中不得工作。

(4)车辆运行条件

从车辆匀速行驶、全油门加速行驶和车辆定置三种运行条件中选出可以代表被检车车内噪声的运行条件。

①匀速行驶。从 60 km/h 或最高车速 40%(取两者较小值)到 120 km/h 或最高车速的 80%(取两者较小值)范围内，至少以等间隔的 5 种车速进行 A 声级测量。

②全油门加速行驶。当汽车达到稳定的初始工作状态(变速器处于最高挡位，发动机应有一个最低的初始转速)，须尽可能快地使油门全开，同时启动记录装置开始记录，直到发动机转速达到(汽车制造厂)规定额定转速的 90%或达到 120 km/h 车速(取两者较小值)，记录停止。

③车辆定置。变速器置于空挡。使发动机在低速空转；然后，将油门尽可能快地完全打开，使发动机加速到最高空转，并在此位置上至少持续 5 s。

(5)测量仪器

①声级计应该符合 GB/T 3785 规定的 1 型的要求。声级计传声器的指向性会影响测量结果，因此，必须优先采用全指向传声器。

②在每次测量的开始和结束时，都要按照制造厂家的说明书对测量装置的声学性能进行检查，最好用声校准器(如活塞发声器)进行校准。声级计应在有效检定期内。

③车辆车速和发动机转速的测量仪器的准确度应为 3%或优于 3%。

2. 车内噪声测点位置

由于汽车车内噪声级明显与测量位置有关，应该选择能够代表驾驶人和乘客耳旁的车内噪声分布的足够的测点。

一个测量点必须选在驾驶人座位。对于轿车来说，也可以在后排座位上追加一个测量点。对于客车来说，应该考虑在中间和后部追加测量点，沿着汽车的纵向轴线附近。

合适的座位和站立位置都应作为测量点。测量点的确切位置应该表示在简图中。在测试过程中，除驾驶人位置外，所选的测量位置上不得有人。

传声器离车厢壁或座椅垫的距离必须大于0.15 m。传声器应以最大灵敏度的方向（具体方向按照制造厂规定）水平指向测量位置坐着或站立的乘客视线方向。如果不能定义这个方向，则应指向行驶方向。所采用的传声器在测试噪声过程中，必须按一定形式安装，以使其不会受到汽车振动的影响。（传声器）安装应该能够防止其与汽车之间产生过大（约振幅为20 mm）的相对运动。只要声级计的制造厂家未做说明，则（传声器）最大灵敏度的方向应与其中心方向一致。

(1)座位处的传声器位置如图10-4所示。传声器的垂直坐标是（无人）座椅的表面与靠背表面的交线以上(0.7±0.05)m处（图10-4）。水平坐标应在座椅的中心面（或对称面）上。在驾驶人座位上。水平横坐标向右（右置转向盘的汽车则向左）到座位中心面的距离为(0.20%±0.02)m。

(2)站立处的传声器位置。垂直坐标应在地板以上(1.6±0.1)m处。水平坐标应在所选测点站立的位置上。

(3)卧姿的传声器位置。卧姿指客车或货车的卧铺等状态。传声器须放在（无人）枕头的中部以上(0.15±0.02)m处。

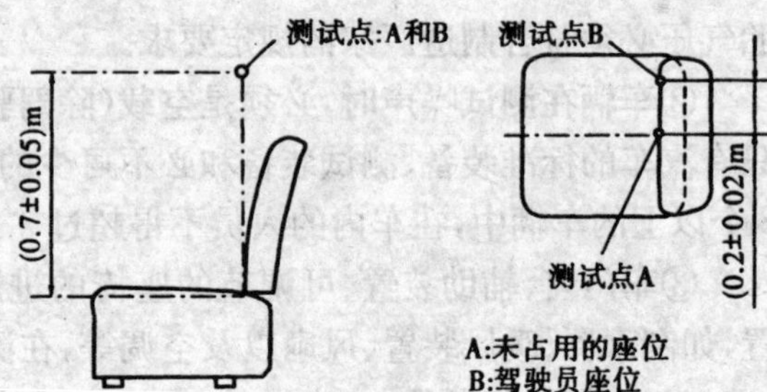

图10-4 传声器相对于座椅的位置

3.车内噪声测量

(1)对于匀速行驶试验，至少要在车内噪声测量条件中所规定的5种车速下记录A计权声级的数值。

按GB 7258-2004的规定，客车只测以50 km/h车速匀速行驶时的车内噪声。

(2)对于油门全开加速试验，应记录在所规定的加速范围内出现的A计权声级最大值，并应在报告中加以说明。

(3)对于定置噪声试验，应记录怠速时A计权声级读数和油门全开过程中最大声级读数，并应在报告中加以说明。

(三)汽车驾驶人耳旁噪声

1.汽车驾驶人耳旁噪声限值

GB7258—2004中规定，汽车（三轮汽车和低速货车除外）驾驶员耳旁噪声声级不应大于90 dB(A)。

2.汽车驾驶人耳旁噪声检验方法

(1)测点位置。测量汽车驾驶人耳旁噪声一般选在驾驶人的右耳附近，声级计按图10-4所示测点位置放置，声级计的传声器应朝向驾驶人耳朵方向。

(2)测量时车辆状态。测量汽车驾驶员耳旁噪声时，车辆应处于静止状态且变速器置于空挡，发动机应处于额定转速状态。车辆门窗应紧闭。

(3)环境噪声应低于被测噪声值至少10 dB(A)。

(4)声级计应置于“A”计权、“快”挡。

(四)喇叭声级控制

(1)汽车喇叭声级控制范围

汽车喇叭作为一种声响信号装置，在汽车上属必备部件。为了使汽车喇叭起到警示功能，喇叭声级不能过低；但是，为了减少喇叭噪声对城市环境的影响，喇叭声级又不能过高。因此，应适当控制汽车喇叭声级。在GB/T 18565-2001标准中规定，喇叭声级应在90 dB(A)～115 dB(A)的范围内。

(2)喇叭声级测量方法

测量汽车喇叭声级时，应将声级计置于距汽车前2 m、离地高1.2 m处，其传声器朝向汽车，轴线与汽车纵轴线平行。在这种情况下测得的喇叭声级应在90 dB(A)～115 dB(A)的范围内。

第四节　汽车噪声的影响因素

汽车是一个综合噪声源，由行驶的汽车所产生的这种综合的声辐射称为汽车噪声。汽车噪声包括发动机噪声(含燃烧噪声、机械噪声、进气噪声、排气噪声和风扇噪声等)、传动系噪声(含变速器噪声、传动轴噪声及驱动桥噪声等)、轮胎噪声和车身噪声等。汽车的这些噪声源主要引起车外噪声和车内噪声，车外噪声是交通噪声的重要公害源，车内噪声关系到车辆乘坐的舒适性。

在汽车使用中，为了有效地控制汽车噪声，首先必须了解汽车的各种噪声源、噪声性质与产生机理及影响噪声水平的因素，以便在汽车噪声指标检测不合格时，分析和判断汽车噪声指标不合格的原因、可能存在的故障及其排除方法。

根据营运车辆的实际情况，GB 18565—2001《营运车辆综合性能要求和检验方法》中规定主要检验和控制汽车定置噪声、客车车内噪声、驾驶员耳旁噪声和喇叭噪声。影响上述噪声结果的主要是发动机噪声，为此，下面仅对影响上述噪声检测指标不合格的因素进行一些分析。

(一)燃烧噪声的影响

燃料的不正常燃烧会使燃烧噪声增大。发动机燃烧噪声是混合气燃烧时，使汽缸内压力急剧上升产生的动负荷和冲击波引起的高频振动，经汽缸盖、汽缸套、活塞、连杆、曲轴及主轴承传播而辐射出来的噪声。

汽油机的正常燃烧噪声，在发动机总噪声中占很次要的地位。但是，对爆震和表面点火等不正常燃烧时所产生的噪声，却必须给予重视。当爆震时，汽缸内的气体压力急剧上升，能产生3～6 kHz的高频爆震噪声——“敲缸”，这主要是由于汽油品质不良和点火提前角过大等因素造成的。对于正常使用的发动机，只要汽油牌号选用合适，点火提前角适当，爆震噪声是可以避免的。对于压缩比高的汽油机，由于积炭多，产生过热，引起表面点火，从而导致汽缸内压力剧增，这样，就会产生频率为0.5～2 kHz的纯音——“粗暴”。如前所述，粗暴是由于燃烧室积炭引起表面点火所致。对这种现象，只要清除燃烧室积炭，即可消除。

(二)机械噪声的影响

发动机是多声源的复杂动力机械,其机械噪声按声源分类有活塞—曲柄连杆机构噪声、传动机构噪声(正时齿轮声、链传动声和传动带传动声)、柴油机供给系噪声(喷油泵噪声、喷油器噪声和喷油管噪声)、配气机构噪声(气门开、闭冲击声、配气机构冲击声和气门弹簧振动声)及其他机械噪声(发电机噪声、空气压缩机噪声、液压泵噪声和冷却器噪声)。

机械噪声是发动机运转过程中,各运动零部件受气体压力和运动惯性力的周期变化所引起的振动或相互冲击而产生的。其中,活塞对汽缸壁的敲击,通常是发动机的最大机械噪声源,活塞的敲击声主要取决于汽缸的最大爆发压力和活塞与缸壁之间的间隙。在使用过程中,活塞与缸壁的间隙及汽缸的润滑条件是重要的影响因素。配合副之间的间隙及其润滑条件,同样是其他运动部件产生机械噪声的影响因素。在使用中,随着发动机技术状况的变化,如因磨损使各配合副间隙增大,润滑条件变差及连接件和紧固件松动等,都会使机械噪声增大,因此,使用中加强发动机各机构的维护,保持其技术状况良好,可以避免机械噪声的增大。

(三)进、排气噪声的影响

进、排气噪声是由于发动机在进、排气过程中的气体压力波动和气体流动所引起的振动而产生的噪声,按照噪声形成的机理,都属于空气动力噪声。其中排气噪声是仅次于发动机本体噪声并与风扇噪声同等重要的噪声源,有时往往比发动机本体噪声高 10 ~15 dB(A)。进气噪声比排气噪声小,但是它所特有的低频成分可使车身发生共振,是产生车内噪声的原因之一。进、排气噪声主要包括从吸气、排气部位放射出的空气声,进、排气系统零件表面激发声及排气系统的漏气声。

降低进、排气噪声的主要措施是保持消声器的消声效果良好。如果消声器损坏,会使其消声效果变差,造成排气噪声增大。此外,在使用过程中,要注意进、排气系统的紧固作业和接头的密封状况,以减小表面辐射噪声和漏气噪声。

(四)风扇噪声的影响

在风冷发动机中,风扇噪声是重要的噪声源。特别是近年来,一些车辆由于安装隔声装置和装设车内空调系统及排气净化装置等原因,使发动机罩内温度上升,风扇负荷加大,噪声变得更加严重。

影响风扇噪声的因素,除了风扇的结构、材料和效率等因素外,使用中正确维护是降低风扇噪声的有效途径。例如,使用中一定要保持风扇、散热器、导风罩的相对位置,因为风扇与散热器之间具有适当的距离及风扇与风罩之间具有适当的间隙,对降低其噪声是有意义的。试验表明,风扇与散热器的最佳距离为 100～200 mm(载货汽车)。这样,既能充分发挥风扇的冷却能力,又可以使噪声最小。随着风扇与散热器之间距离的增加,风扇的冷却能力、流量和噪声都要增加。风扇前后的导风罩及其他零部件是产生涡流噪声的重要来源之一,因此,它对风扇噪声的影响也很大。在风冷发动机上,为了减少液力损失,风扇人口处呈流线型,风扇及导风罩组成的气流通道形成光滑表面,并设置导向装置,以改善冷却风的流动状态,从而降低冷却系统的噪声。风扇和导向装置之间具有适当的间隙,间隙过小,会使噪声明显增大。这一间隙通常为叶轮外径的 59%。因此,在使用中,应经常检查风扇和导风罩是否松动,风扇叶片是否变形,如有松动和变形,应予紧固和校正,保持风扇、散热器和导风罩的相对位置关系。

底盘噪声主要包括:由于轮胎滚动而形成的轮胎噪声,齿轮系啮合和振动而产生的变速器、驱动桥噪声，旋转和振动传递而产生的传动轴噪声，汽车行驶引起的空气脉动而产生的空气动力噪声等几个方面。从对汽车总噪声贡献大小来看，底盘噪声一般在汽车行驶速度较高时对汽车总噪声影响较大，而且以轮胎噪声为主。底盘的其他噪声，相对于发动机噪声而言，能量较小。因此，这里不再叙述。

本章小结

1. 噪声的主要物理参数有声压与声压级、声强与声强级，以及声功率与声功率级；噪声的评价指标有响度级和噪声级，响度级采用与人耳生理感觉相适应的评价声音强弱的指标，所谓噪声级就是指在选定的计权网络（A、B、C计权网络）下所测得的声压级（响度级）。

2. 按照国际电工委员会的标准（IEC651）规定，声级计分为四种类型，即0型、Ⅰ型、Ⅱ型、Ⅲ型。声级计是一种能把工业噪声、生活噪声和交通噪声等，按人耳听觉特性近似地测定其噪声级的仪器。声级计一般由传声器、放大器、衰减器、计权网络、检波器、指示表头和电源等组成。

3. 根据营运车辆的实际情况，GB 18565—2001《营运车辆综合性能要求和检验方法》中规定，主要检验和控制汽车定置噪声、客车车内噪声、驾驶员耳旁噪声和喇叭声级。汽车定置噪声，是指被检车辆定置（不行驶）在测量场地上，发动机处于空载运转状态，按GB/T 14365—1993中规定的方法测得的噪声。用这种方法得到的测量数据可评价、检查机动车辆的主要噪声源——排气噪声的水平。客车车内噪声测量，按GB 7258—2004的规定，是测量客车以50 km/h的速度匀速行驶时的车内噪声，测量点有驾驶人座位，轿车在后排座位上追加测量点，客车在中间和后部追加测量点，沿着汽车的纵向轴线附近。驾驶人耳旁噪声一般选在驾驶人的右耳附近测量。测量汽车喇叭声级时，应将声级计置于距汽车前2 m、离地高1.2 m处，其传声器朝向汽车，轴线与汽车纵轴线平行。

4. 影响噪声水平的因素有燃烧噪声、机械噪声、进排气噪声和风扇噪声等。分析这些影响汽车噪声水平的因素，可以找到故障点并予以排除，提高检测合格率。

思考题

1. 试述声级计的工作原理。
2. 声级计由哪几部分组成，简述各组成部分的功能。
3. 用声级计测量车辆噪声时，注意事项有哪些？
4. 以装有单排气管的车辆为例，简述汽车定置噪声的测量方法。
5. 车内噪声测量点的位置如何选择？
6. 阐述汽车驾驶员耳旁噪声的测量方法。
7. 阐述喇叭声级的测量方法。

第十一章 照明和信号装置及其他电气设备检验

第一节 照明和信号装置的评价指标

前照灯是汽车在夜间或在能见度较低的条件下，为驾驶员提供行车道路照明的重要设备，而且也是驾驶员发出警示，进行联络的灯光信号装置。所以，前照灯必须有足够的发光强度和正确的照射方向。由于在行车过程中，汽车受到振动，可能引起前照灯部件的安装位置发生变动，从而，改变光束的正确照射方向。同时，灯泡在使用过程中会逐步老化，反射镜也会受到污染，而使其聚光的性能变差，导致前照灯的亮度不足。这些变化，都会使驾驶员对前方道路情况辨认不清，或在与对面来车交会时造成对方驾驶员眩目等，甚至导致事故的发生。因此，前照灯的发光强度和光束的照射位置被列为机动车运行安全检测的必检项目，前照灯发光强度和照射位置必须符合国家标准的有关规定。可用屏幕法和前照灯检验仪检测。

一、前照灯的评价指标

汽车前照灯由灯泡、反光镜和配光镜构成，有远、近两种灯光。前照灯在汽车上的安装数量一般有二灯制和四灯制。汽车前照灯的评价指标如下：

1.发光强度

发光强度是光线在给定方向上发光强弱的度量，其单位为坎德拉，用符号 cd 表示。按国际标准单位 SI 的规定，若一光源在给定方向上发出频率 540×1012 Hz 的单色辐射，且在此方向上的辐射强度为每球面度 1/683 W 时，则此光源在该方向上的发光强度为 1 cd。

照度表明受光物体被光源照明的程度，其单位为勒克斯，用符号 lx 表示。1 勒克斯等于 1.02 cd 的点光源在半径为 1 m 的球面上产生的光照度。在前照灯发光强度不变的情况下，被照物体离光源越远，被照明的程度越差，照度越小。若发光强度用 I(cd)表示，照度用 E(lx)表示，前照灯距被照物体的距离为 S(m)，则三者之间的关系为

$$E=\frac{I}{S^2} \qquad (11\text{-}1)$$

图 11-1 所示为前照灯主光束照度随距离的变化曲线。可以看出，距离超过 5 m 时，实测值和理论计算值基本一致；距离为 3 m 时，约产生 15%左右的误差。可见距离越远，越能得到准确的测量值。但由于受到场地限制，在用前照灯检验仪测量时，通常采用在前照灯前方

3 m、1 m、0.5 m、0.3 m的距离进行测量，并将该测量值当作前照灯前方10 m处的照度，换算成发光强度进行指示。

2.光束照射位置的偏移值

如果把前照灯最亮的地方看作是光束的中心，则它对水平、垂直坐标轴交点的偏离，即表示它的照射方位的偏移，其偏移的尺寸就是光束照射位置的偏移值，亦称光轴的偏斜量。

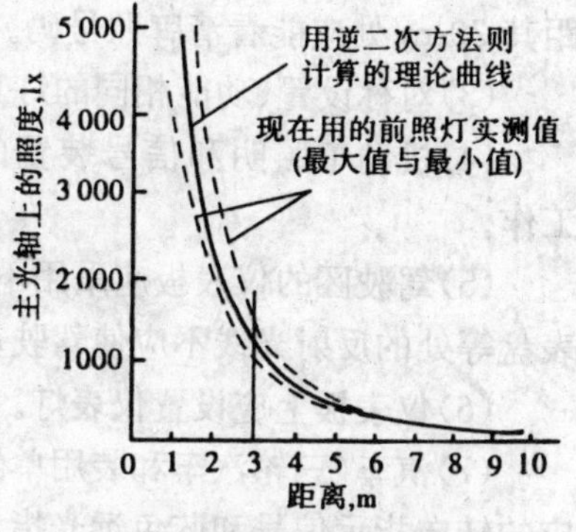

图11-1 前照灯主光束照度随距离的变化曲线

二、照明和信号装置及其他电气设备的一般要求

1.基本要求

机动车的灯具应安装牢靠，完好，有效，不允许因机动车振动而松脱、损坏、失去作用或改变光照方向；所有灯光的开关应安装牢固、开关自如，不允许因机动车振动而自行开启或关闭。开关的位置应便于驾驶员操纵。除转向信号灯、危险警告信号及消防车、救护车、工程救险车和警车安装使用的标志灯具外，其他外部灯具不允许闪烁。

2.照明和信号装置的数量、位置、光色和最小几何可见度

(1)汽车(三轮汽车和装用单缸柴油机的低速货车除外)及挂车的外部照明和信号装置的数量、位置、光色、最小几何可见度应符合GB 4785的规定。

(2)机动车必须装置后反射器。挂车及车长大于6 m的机动车应安装侧反射器和侧标志灯。反射器应与机动车牢固连接，且应能保证夜间在其正后方150 m处用汽车前照灯照射时，在照射位置就能确认其反射光。

(3)空载高大于3.00 m或宽度大于2.10 m的机动车，均应安装示廓灯。

(4)总质量不小于12 000 kg的货车和总质量大于3 500 kg的挂车，应在后部设置车身反光标识，后部的车身反光标识应能体现机动车后部宽度。车长不小于10 m的货车和总质量大于3 500 kg的挂车，都应在侧面设置车身反光标识，车身反光标识的长度不应小于车长的50%。

(5)车身反光标识的粘贴技术规范及车身反光标识材料应符合GA 406的规定。

(6)牵引杆挂车应在挂车前部的左右各装一只前白后红的标志灯，其高度应比牵引杆挂车的前栏板高出300～400 mm，距车厢外侧应小于150 mm。

(7)附加的灯具、反射器或附属装置不允许影响本标准规定安装的灯具和信号装置的性能且不应对其他的道路使用者造成不利影响。

3.照明和信号装置的一般要求

(1)机动车(手扶拖拉机运输机组除外)的前位灯、后位灯、示廓灯(若安装)、侧标志灯(若安装)、挂车标志灯(若安装)、牌照灯和仪表灯应能同时启闭，当前照灯关闭和发动机熄火时，仍应能点亮。汽车和挂车的电路连接应保证前位灯、后位灯、示廓灯(若安装)、侧标志灯(若安装)和牌照灯只能同时打开或关闭，但当前位灯、后位灯、侧标志灯作为驻车灯使用(复合或混合)时，则上述情况不适用。

(2)机动车的前、后转向信号灯、危险警告信号及制动灯，白天在距其100 m处应能观察到其工作状况，侧转向信号灯白天在距30 m处应能观察到其工作状况；前、后位置灯、示廓灯、挂车标志灯，夜间好天气时在距其300 m处应能观察到其工作状况；后牌照灯夜间好天气时在距其 20 m 处应能看清牌照号码。制动灯的发光强度应明显大于后位灯。

(3)对称设置、功能相同的灯具的光色和亮度不应有明显差异。

(4)机动车照明和信号装置的任一条线路出现故障,不允许干扰其他线路灯具的正常工作。

(5)驾驶区的仪表板应采用不反光的面板或护板,车内照明装置及其在风窗玻璃、视镜、仪表盘等处的反射光线不应使驾驶员眩目。

(6)仪表板上应设置仪表灯。仪表灯点亮时,应能照清仪表板上所有的仪表且不应眩目。

(7)汽车(三轮汽车和装用单缸柴油机的低速货车除外)仪表板上应设置与行驶方向相适应的转向指示信号和蓝色远光指示信号。

(8)汽车(三轮汽车除外)和轮式拖拉机运输机组均应具有危险警告信号装置,其操纵装置不应受灯光总开关的控制。对于牵引挂车的汽车,危险警告信号控制开关也应能打开挂车上的所有转向信号灯,即使在发动机不工作的情况下,仍应能发出危险警告信号。危险警告信号和转向信号灯的闪光频率应为 1.5 Hz ± 0.5 Hz,起动时间不应大于 1.5 s。

(9)客车应设置车厢灯和门灯。车长大于 6 m 的客车,应至少有两条车厢照明电路,仅用于进出口处的照明电路可作为其中之一。当一条电路失效时,另一条仍应能正常工作,以保证车内照明。车厢灯和门灯不应影响驾驶员的视线和其他机动车的正常行驶。

4. 前照灯

(1)在正常使用条件下,机动车前照灯光束照射位置应保持稳定。

(2)装有前照灯的机动车应有远、近光变换装置,并且当远光变为近光时,所有远光应能同时熄灭。同一辆机动车上的前照灯不允许左、右的远、近光灯交叉开亮。

(3)所有前照灯的近光都不允许眩目。

(4)汽车(三轮汽车除外)、摩托车及轻便摩托车装用的前照灯应分别符合 GB 4599、GB 5948 及 GB 19152 的规定。

三、前照灯的配光特性

用等照度曲线表示的明亮度分布特征称为配光特性,亦称光形分布特性。前照灯的配光特性有对称配光和非对称配光两种。

传统的前照灯检验仪以远光检测为主,大多利用远光图形的对称性,利用对称分布的光电池对光轴中心进行检测。和传统的前照灯检验仪的重要区别,在于当前厂家推出的前照灯检验仪都增加了近光检测的功能。由于近光的非对称性,无法使用原有的方法对近光进行检测,通常利用图像分析的办法来获取拐点的位置。国外有部分的产品根据标准的近光光强分布要求,在测试位置排布一些特定分布的光电池以获得拐点的位置,由于国内部分前照灯不能完全满足国标要求,这种利用光电池的检测方法使用的不多。

典型的前照灯远光配光特性如图 11-2 所示,它是一个上下、左右对称分布的亮斑,越靠近亮斑中心,其照度越大,并以中心点为中心,形成如图 11-3 所示的光强等照度曲线。

典型的前照灯近光灯配光特性有明显的明暗截止线,在明暗截止线的左上方有一个比较暗的暗区,在明暗截止线的右下方有一个比较亮的亮区;其光强最强的区域在明暗截止线的右下方,在以光强最大的区域中心点,照度越大,并以这中心点为中心,形成一定的等照度曲线。

图 11-4 所示为一个近光的光斑图形,图 11-5 所示为其对应的光强等照度曲线图。

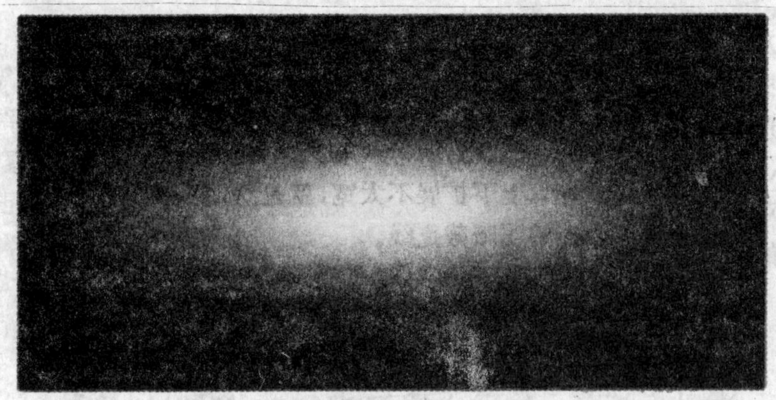

图 11-2　远光光束配光图

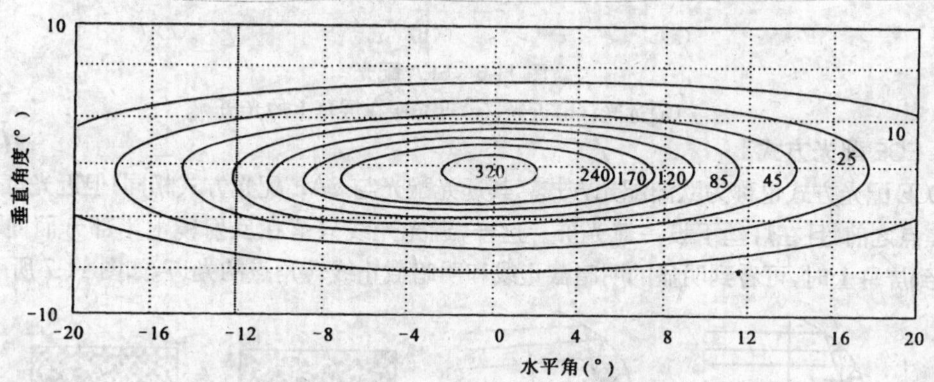

图 11-3　远光灯光强等照度曲线(×100 cd)

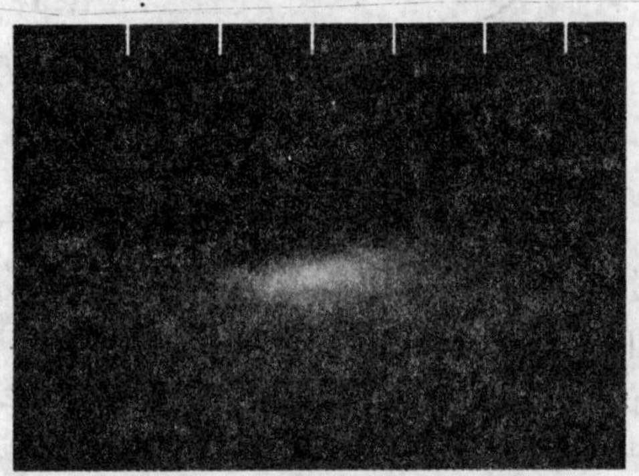

图 11-4　近光光束配光图

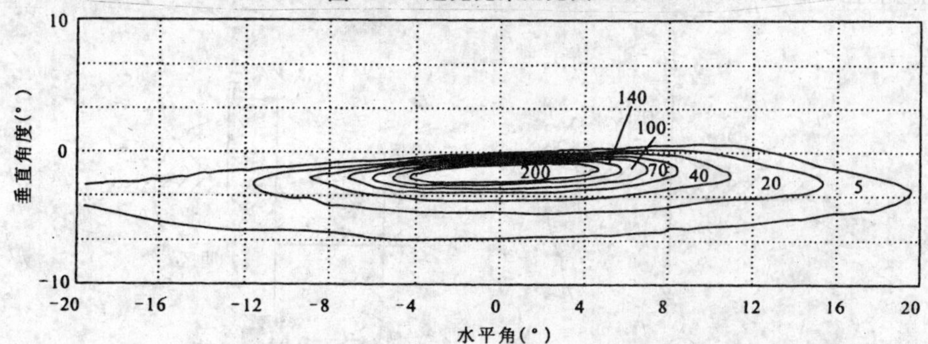

图 11-5　近光灯光强等照度曲线(×100 cd)

1. SAE 配光方式

SAE 配光方式也称为美国配光方式，如图 11-6 所示。远光灯丝位于反射镜焦点处，所发出光线经反射沿光学轴线方向射向远方；近光灯丝位于焦点之上，所发出的光线经反射后，大部分向下倾斜，从而下部较亮而上部较暗，所形成的光形分布是水平方向宽，垂直方向窄。若等照度曲线左右对称，不偏向一边，上下扩展不太宽，就是好的配光特性。SAE 配光方式的近光照射在屏幕上的光斑没有明显的明暗截止线。

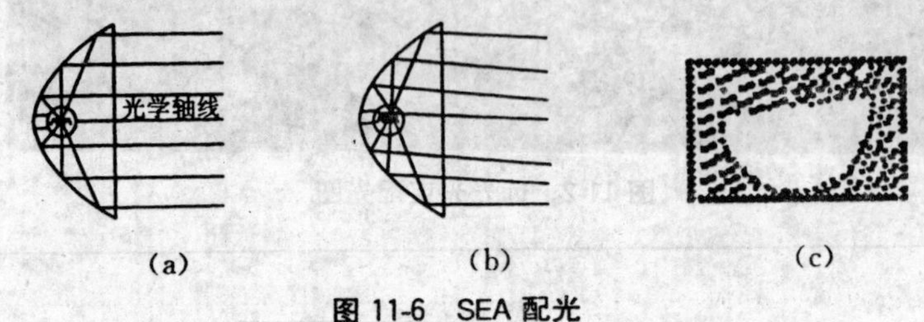

图 11-6 SEA 配光

(a)远光；(b)近光；(c)近光照在屏幕上的光斑

2. ECE 配光方式

ECE 配光方式也称为欧洲配光方式。其远光配光与 SAE 配光方式相同；但近光灯丝位于反射镜焦点之前，且在灯丝下设一遮光屏。这样，近光光线只落在反射镜上半部分而向下倾斜反射，照到屏幕上时，可看到明显的明暗截止线和明暗截止线转角点的光斑，如图 11-7 所示。

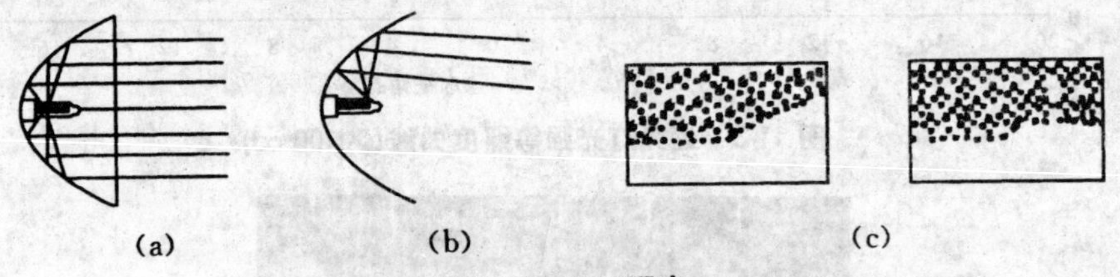

图 11-7 ECE 配光

(a)远光；(b)近光；(c)近光照在屏幕上的光斑

ECE 配光方式有两种：一种在配光屏幕上，明暗截止线的水平部分在 V——V 线（即汽车纵向中心平面在屏幕上的投影线）的左半边（如图 11-8a），右半部分为与前照灯基准中线高度水平线 h——h 成 15°斜线向上倾斜；另一种称为 Z 形配光方式。其明暗截止线的左半部分在 h——h 线下 250 mm 处，右半部分则与水平成 45°角向上倾斜，至与 h——h 线重合后成为水平线明暗截止线在屏幕上呈 z 字形（如图 11-8b）。我国前照灯的近光灯已采用 z 形配光方式其配光性能在 GB 4599-1994《汽车前照灯配光性能》中作了具体规定。近光配光方式如图 11-8 所示。

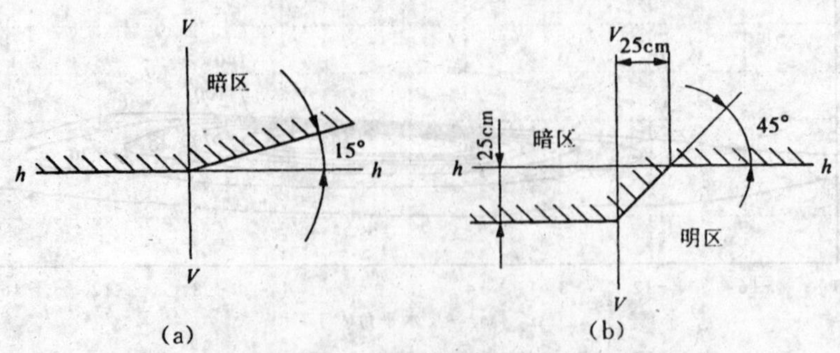

图 11-8 近光配光方式

第二节 前照灯检验仪的结构原理

一、前照灯检验仪的检测原理

目前，各前照灯检测设备生产厂家生产的前照灯检验仪大多采用了五种测量方法。

(1)采用 CCD 和光电池相前照灯结合方法。利用光电池进行远光测量，利用 CCD 进行近光测量。这种方法是在沿用早期单远光前照灯检验仪前提下而制订的。

(2)采用全 CCD 测量，用 CCD 替代光电池进行远光的定位、角度和光强测量。

(3)利用 CCD 的成像高分辨率，进行远光和近光的角度测量，利用具有大动态范围的光电池进行远光光强度的测量。

(4)采用全光电池的方法。测量近光时用光电池进行扫描，以得到平面图像进行近光分析。

(5)采用手工进行仪器的定位。用目视的方法进行偏角的观察，同时利用光电池进行光强的测量。

目前，国内先进的前照灯检验仪采用双 CCD 检测技术，用 DSP(DSP 芯片，也称数字信号处理器，是一种具有特殊结构的微处理器，可以快速地实现各种数字信号和图像的处理)对图象进行高速、精确的处理，采用硅光电池检测前照灯发光强度，确保所检测的数据准确性；采用高精度多圈电位器，保证了车灯高度(所测前照灯中心离地的高度)数据的真实性；在仪器内部装有 3 个霍尔传感器，中间的霍尔传感器使仪器在检测过程中能够区分机动车前照灯的左右灯，左右两个霍尔传感器控制左右方向上的到位停止，当霍尔传感器失去作用时，还有左右两个行程开关进行 2 次保护，从而使仪器在检测过程中更安全、可靠。

1. 测量时的瞄准方式

空间角度的测量必须要获得两个点的位置，在光束偏角的测量中也不例外。在进行仪器测量之前，首先必须找到前照灯的位置或第一个光束参考点的位置。根据这两种指导思想，衍变出两种不同的测量方法。

(1)直接对准前照灯的中心。这种测量方法是先利用摄像头找到点亮前照灯的位置，然后拍摄成像后的光斑图像，分析其中的光轴位置(远光或近光)，得到和零点相比的偏差，从而根据标定的数据得到实际的角度偏差值。瞄准前照灯方式的测量原理如图 11-9 所示。

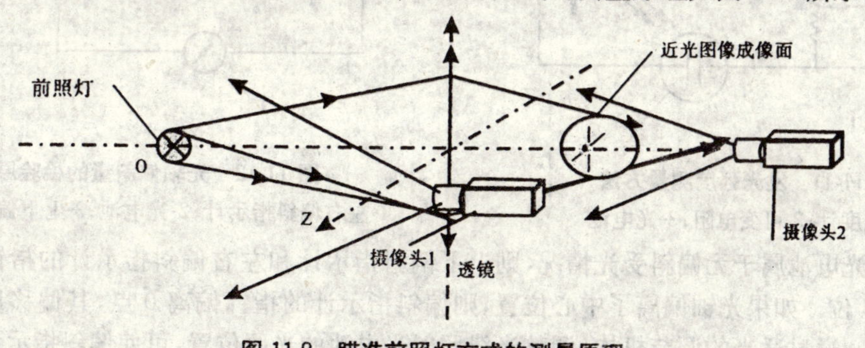

图 11-9 瞄准前照灯方式的测量原理

(2)瞄准前照灯发射的光束中心。和前一种不同,此方法通过分析在两个成像面上光束轴线的位置偏差,以获得光轴的空间位置差异,可以计算得到光轴的偏角。在实际应用中,利用光电池扫描,也是采用了类似的原理,只是图像的获得途径不同,一个是利用CCD拍摄得到图像,一个是利用光电池扫描的方式得到图像。瞄准光束方式的测量原理如图11-10所示。

2. 光电池工作原理

光电池是一种光电元件,前照灯检验仪上用的主要是硒光电池。硒光电池受光照后,光使金属膜和非结晶硒的上下部产生电动势,由于光电池的上部带负电,下部带正电,因此,在金属膜和铁底板上装上引出线后,再把它们用导线连接起来,光电流就可使电流表指针作相应的偏转。这样通过光与电转换,从指针偏转的大小就可以判断出前照灯的发光强度和光轴的方向。

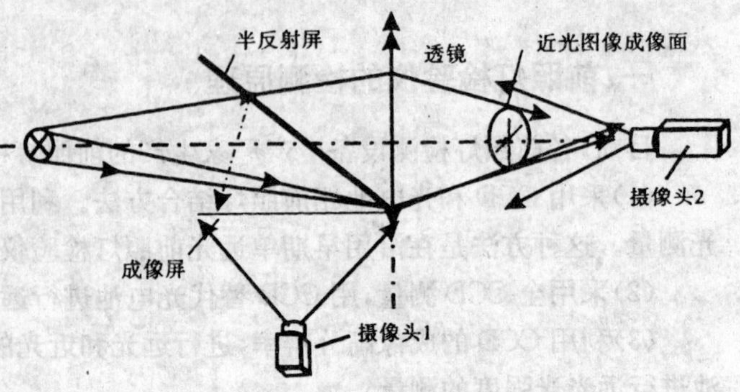

图11-10 瞄准光束方式的测量原理

3. 发光强度的检测原理

图11-11中的发光强度检测电路由光度计、光电池和可变电阻构成,当前照灯在规定距离处照射光电池时,光电池产生与受光强弱成正比的电流,使光度计的指针偏转,经标定后,其指针偏转的大小便可反映前照灯的发光强度。由于CCD本身的设计原理和生产工艺的限制,其器件的动态范围较小,因而,在发光强度测量上,光电池要优于CCD。

4. 光轴偏斜量的检验原理

图11-12中光轴检测电路中有4块光电池,在$S_{上}$和$S_{下}$之间,接有上下偏斜指示计,在$S_{左}$和$S_{右}$之间,接有左右偏斜指示计。打开前照灯,4块光电池各自产生电流,根据$S_{上}$和$S_{下}$、$S_{左}$和$S_{右}$的电流的差值,使上下偏斜指示计和左右偏斜指示计动作。

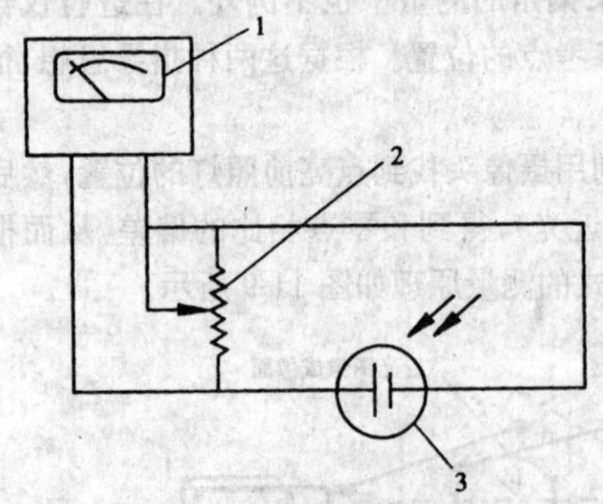

图11-11 发光强度测量方法

1-光度计;2-可变电阻;3-光电池

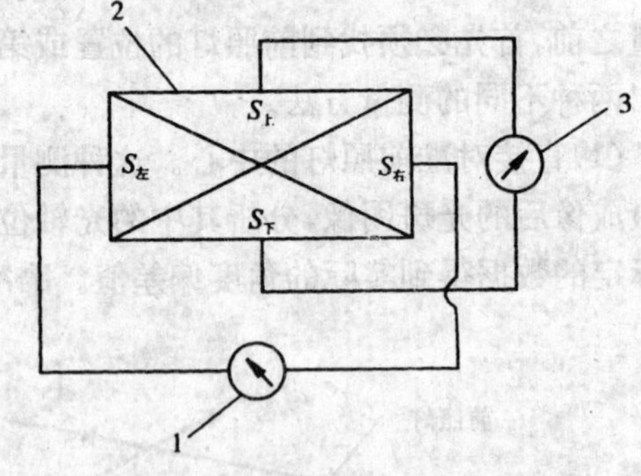

图11-12 光轴偏斜量的检验原理

1-左右偏斜指示计;2-光电池;3-上下偏斜指示计

如果光电池属于无偏斜受光情况,则上下偏斜指示计和左右偏斜指示计的指针均垂直向下,处于0位。如果光轴偏离了中心位置,则偏斜指示计的指针偏离0点,其偏移量反映了光轴偏斜量。通过适当的调节机构,调整光线照射光电池的光照位置,可使偏斜指示计的指针指向 0 位，那么，此调节量也就反映了光轴的偏斜量。

与传统的利用对称光电池进行远光角度测量的方法相比，CCD 法在测量远光灯光型不符合标准而具有多组对称点时，具有角度测量上的优势，其精度和重复性精度较高。同样的，在进行近光角度检测时，由于 CCD 图形具有分辨率高的优势，结合计算机技术，和光电池扫描的方法相比，可以进行更为准确的拐点搜寻。

二、前照灯检验仪的类型与构造

前照灯检验仪是由接受前照灯光束的受光器、使受光器与汽车前照灯对正的校准装置、前照灯发光强度指示装置、光轴偏斜方向和偏斜量指示装置以及支柱、底板、导轨、汽车摆正找准装置等组成。根据其测量距离和测量方法，前照灯检验仪可分为以下几种：

(1)聚光式前照灯检验仪。它是在 1 m 的测量距离内，用受光器的聚光透镜把前照灯的散射光束聚合起来，根据其对光电池的照射强度，来检验前照灯的发光强度和光轴偏斜量。根据检测的方法不同，聚光式前照灯检验仪可分为下列几种形式：

①移动反射镜式。前照灯的散射光束经聚光透镜聚合和反射镜反射后，照射到光电池上，若转动光轴刻度盘，反射镜的安装角度随之变化，照射光电池的光束位置也随之变化，从而，使光轴偏斜指示计的指针产生偏转。检测时，转动光轴刻度盘使光轴偏斜指示计的指针指示为零。此时，从光轴刻度盘的刻度，可读到光轴的偏斜量，同时，根据光度计的指示得出发光强度值。

②移动光电池式。移动光电池式检测法，若转动光轴上下或左右刻度盘，则光电池随之移动，光电池的受光面位置相应发生变化，从而，使光轴偏斜指示计指针产生偏转。在检测时，转动光轴刻度盘使光轴偏斜指示计的指针指示为零，此时，从光轴刻度盘上即可得到光轴的偏斜量，同时根据光度计的指示，得出发光强度值。

③移动透镜式。移动透镜式检测法，聚光透镜和光电池用特殊的连接器连成一体，移动与其联动的光轴检测杠杆，光轴偏斜指示计的指针将产生偏转。在检测时，移动光轴检测杠杆，使光轴偏斜指示计的指针为零，根据与杠杆相联动的指针指示值，即可得出光轴的偏斜量。同时，根据光度计的指示，得出发光强度值。

(2)屏幕式前照灯检验仪。在固定的屏幕上装有可以左右移动的活动屏幕，活动屏幕上装有能上下移动的内部带光电池的受光器。检验时，移动受光器和活动屏幕，使光度计的指示值最大，指示值即为发光强度值，该位置即为主光轴照射位置，从装在屏幕上的两个光轴度尺即可读得光轴偏斜量。

(3)投影式前照灯检验仪。在聚光透镜的上下和左右方向装有 4 个光电池。前照灯光束的影像通过聚光透镜、光度计的光电池和反射镜后，映射到投影屏上。在检测时，通过上下和左右移动受光器，使光轴偏斜指示计的指针指向零位，即上下与左右光电池的受光量相等，从而找到被测前照灯主光轴的方向。然后，根据投影屏上前照灯光束影像的位置，即可得出主光轴的偏斜量；同时可从光度计的指示值得出发光强度。

常用的光轴测量方法有以下两种：

①投影屏刻度式检测主光轴偏斜量的方法。在投影屏上刻有表示光轴偏斜量的刻度线，根据前照灯影像中心在投影屏上所处的位置，就可以直接测出光轴偏斜量。

②光轴刻度盘式检测主光轴偏斜量的方法。转动光轴刻度盘，使前照灯影像中心与投影

屏坐标原点重合，然后，在光轴刻度盘上，即可看出光轴的偏斜量。

(4)自动追踪光轴式前照灯检验仪。自动追踪光轴式前照灯检验仪采用受光器自动追踪光轴的方法检测发光强度和光轴偏斜量。如图 11-13 所示。在受光器聚光透镜的上下与左右装有 4 个光电池，受光器内部也装有 4 个光电池，分别构成主、副受光器，透镜后中央部位装有中央光电池。

检测时，将检验仪放在前照灯前方 3 m 的检测距离处。当前照灯光束照射到受光器上时，若前照灯光束照射方向偏斜，则主副受光器上下或左右光电池的受光量不等，它们分别产生的电流失去平衡，由其电流的差值控制受光器上下移动的电动机或控制箱左右移动的电动机运转，并通过钢丝绳牵动受光器上下移动或驱动控制箱在轨道上左右移动，直致受光器上下、左右光电池受光量相等为止。这就是所谓的自动追踪光轴，追踪时，受光器的位移由光轴偏斜指示计指示，发光强度由光度计指示。自动追踪光轴式前照灯检验仪的检测方法较简单，方便，其检测的自动化程度和检测效率高，也便于和其他检测设备联成汽车全自动检测线。

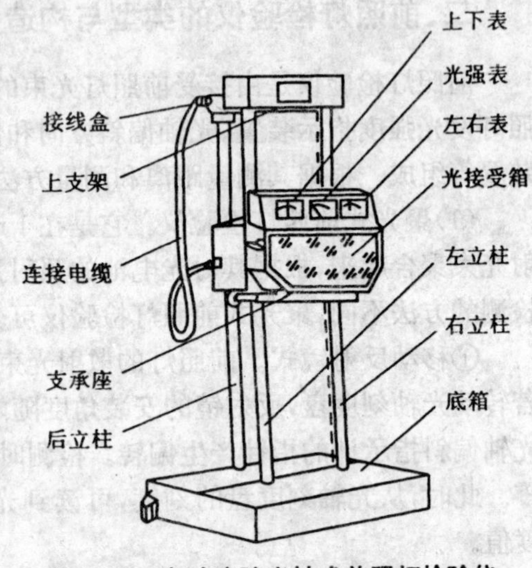

图 11-13　自动追踪光轴式前照灯检验仪

(5)前照灯电脑检验仪。前照灯电脑检验仪主要由机架、光学机构和电路板组成，如图 11-14 所示。机架由上箱、中箱、立板、立柱和下箱组成。各部分的内容如下。

①上箱主要有仪器的各种接口，包括 7 芯和 14 芯的上中箱连线接口、串行口、电源接口、保险丝座(保险丝为 5A)，仪器的电源为交流 220 V，在上箱通过一个滤波器(减少电源的干扰)将电源输送到各相关器件(变压器和开关电源)上。

②仪器的中箱在整台仪器中占有非常重要的位置，中箱内装有前、后置 CCD 和两块 DSP 板及整个光学回路，用于拍摄机动车前照灯的发光体表面图像和模拟 10 m 远处该前照灯的成像，而两块 DSP 板用于处理分析这些图象。另外，还装有一块硅光电池，用于检测该前照灯的发光强度。

③仪器的下箱为仪器行走的驱动结构，装有仪器行走所需要的直流电动机、减速器(上下和左右各一个)；用于限制仪器行走的行程开关，上下的限位开关在仪器的下箱内部，左右的限位开关在仪器下箱后部的外侧；用于测量高度的高精度多圈电位器(最大阻值为 1 KΩ)；用于行走的主、副动轮，其中一个主动轮和一个副动轮可以调节，保证整台仪器在导轨上行走时四个轮子在一个水平面上；在仪器的下箱还装有给仪器提供电源的开关电源和离合器、制动器。

④仪器的立板内安装有仪器的大部分控制线路板，包括显示板(用于显示仪器的检测结果)、放大板(用于放大信号)、主板(对整台仪器的动作进行控制)、继电器板、制动板等。

前照灯电脑检验仪远光的测量采用前置 CCD 进行定位，用硅光电池检测前照灯的发光强度，于后置 CCD 拍得前照灯成像图形后，由 DSP 进行处理计算，得出该前照灯的上下偏差、左右偏差。近光的测量采用前置 CCD 进行定位，于后置 CCD 拍得前照灯成像图形后，由 DSP 进行处理计算，得出该前照灯的明暗截止线拐点、上下偏差、左右偏差。

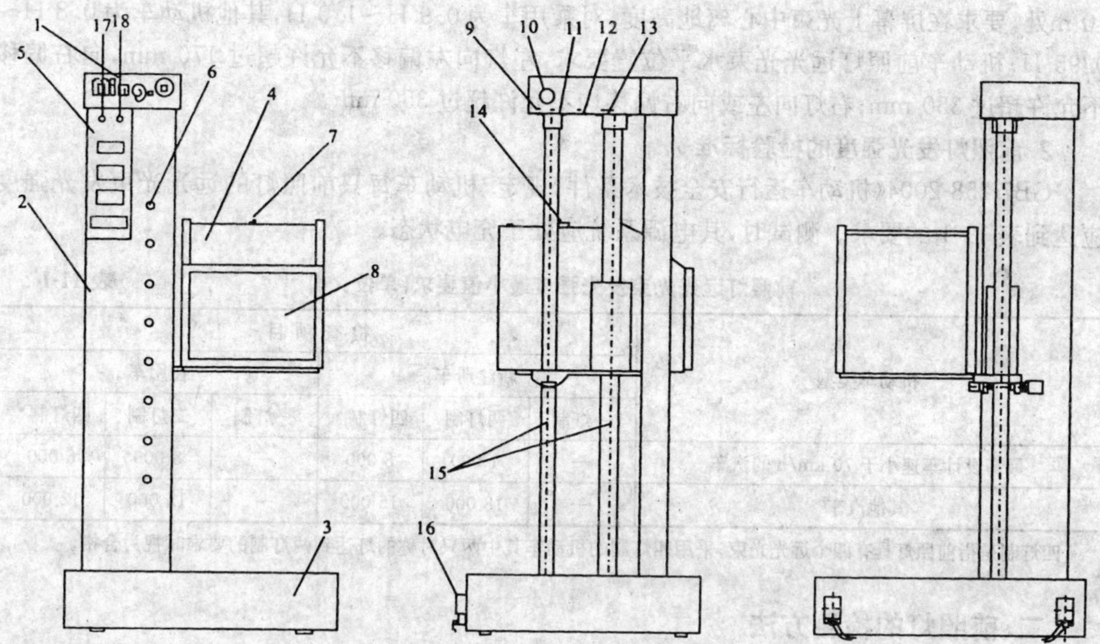

图 11-14　照灯电脑检验仪主机外形图

1-上箱；2-立板；3-下箱；4-光电箱(中箱)；5-显示面板；6-立柱光电池；7-准尖；8-菲涅尔透镜；9-熔丝盒；10-电源开关；11-电源插孔；12-串行通讯和标定器接口；13-控制器接口；14-水准泡；15-立柱；16-行程开关；17-远光测量指示灯；18-近光测量指示灯

第三节　汽车前照灯检验方法

一、检测标准

评价汽车前照灯的配光性能的法规，一是欧洲经济共同体 ECE 法规配光性能标准；另一是美国 FVMSS(联邦汽车安全标准)108 号标准，它相当于 ECE 法规 76/756，也就是 SAE 法规配光性能标准。我国采用了类似于 ECE 前照灯配光性能标准。国家标准 GB 7258—2004《机动车运行安全技术条件》中，对前照灯的发光强度及光束照射位置有如下规定。

1. 前照灯光束照射位置的检验标准

根据 GB 7258—2004《机动车运行安全技术条件》的规定，汽车前照灯的检验指标为光束照射位置的偏移值和发光强度(cd)。前照灯光束照射位置应符合以下要求：

①检验前照灯的近光光束照射位置时，在距离屏幕 10 m 处，乘用车前照灯近光光束明暗截止线转角或中点的高度应为 0.7 H～0.9 H(H 为前照灯基准中心高度)，其他机动车应为 0.6 H～0.8 H；机动车前照灯近光光束水平方向位置向左偏不允许超过 170 mm，向右偏不允许超过 350 mm。

②检验前照灯远光光束照射位置时，对于能独立调整远光光束的前照灯，在距离屏幕

10 m处，要求在屏幕上光束中心离地高度，对乘用车为0.9 H～1.0 H，其他机动车为0.8 H～0.95 H；机动车前照灯远光光束水平位置要求，左灯向左偏移不允许超过170 mm，向右偏移不允许超过350 mm；右灯向左或向右偏移均不允许超过350 mm。

2.前照灯发光强度的检验标准

GB7 258-2004《机动车运行安全技术条件》规定，机动车每只前照灯的远光光束发光强度应达到表11-1的要求。测试时，其电源系统应处于充电状态。

前照灯远光光束发光强度最小值要求(单位:cd) 表11-1

机动车类型	检查项目					
	新注册车			在用车		
	一灯制	两灯制	四灯制*	一灯制	二灯制	四灯制*
最高设计车速小于70 km/h的汽车	—	1 000	8 000	—	8 000	6 000
其他汽车	—	18 000	15 000	—	15 000	12 000

* 四灯制是指前照灯具有四个远光光束；采用四灯制的机动车其中两只对称的灯达到两灯制的要求时视为合格。

二、前照灯的检测方法

1.屏幕法(检测前照灯光束照射位置)

GB 7258—2004《机动车运行安全技术条件》附录D《前照灯光束照射位置检验方法》中规定，用屏幕法检测前照灯光束照射位置时，场地应平整，屏幕与场地应垂直，被检验的车辆应空载，轮胎气压正常，乘坐1名驾驶员。将车俩停置于屏幕前，并与屏幕垂直，使前照灯基准中心距屏幕10 m，在屏幕上确定与前照灯基准中心离地面距离H等高的水平基准线，及以车辆纵向中心平面在屏幕上的投影线为基准确定的左右前照灯基准中心位置线。分别测量左右远近光束的水平或垂直照射方位的偏移值。

用屏幕法检测前照灯配光性能，简单易行，但只能检测出光束的照射位置，不能检测发光强度。为适应不同车型的检测，需经常更换屏幕，检测效率低，同时，需要占用较大场地。因此，目前广泛采用前照灯检验仪对汽车前照灯进行检测。

2.前照灯检验仪检验

(1)检测前的准备

①检验仪的准备

a.在前照灯检验仪不受光的情况下，调整前照灯检验仪光度计和光轴偏斜指示计指针的机械零点。

b.检查聚光透镜和反射镜的镜面上有无污物。若有，用柔软的布或镜头纸擦拭干净。

c.检查水准器的技术状况。若水准器无气泡，应进行修理；若气泡不在红线框内时，可用水准器调节器或垫片进行调整。

d.检查导轨是否沾有泥土等杂物。若有，应扫除干净。

e.打开检验仪的电源开关，预热5 min，待仪器稳定后进行测量。

②被测车辆的准备

a.清除前照灯上的污垢。

b.轮胎气压应符合汽车制造厂的规定。

c. 汽车蓄电池应处于充足电状态。

(2)检验方法

不同类型的检验仪其检测方法是有差异的。在使用前，应认真阅读设备的使用说明书。

①用聚光式前照灯检验仪检测

a. 被检汽车驶近规定距离，且与检验仪导轨垂直。

b. 用车辆找准器使检验仪与汽车对正。

c. 打开前照灯，用前照灯找准器使检验仪与前照灯对正。

d. 将光度、光轴转换开关扳向光轴侧。

e. 转动光轴刻度盘，使光轴偏斜指示计指零，此时，光轴刻度盘上的指示值即为光轴偏斜量。

f. 光轴刻度盘不动，将光度、光轴转换开关拨向光度侧，此时，光度计的指示值即为前照灯的发光强度值。

②用屏幕式前照灯检验仪检测

a. 被测车辆驶近检验仪，且距检验仪 3 m，方向垂直于检验仪导轨。

b. 用车辆找准器使检验仪与汽车对正。

c. 打开前照灯，用前照灯找准器使检验仪与前照灯对正(固定屏幕调整到和前照灯同样高度，受光器与前照灯中心重合)。

d. 使左右光轴刻度尺的零点与活动屏幕上的基准指针对正。

e. 将受光器上下左右移动，使光度计指示达到最大值，此时，受光器上基准指针所指活动屏幕的上下刻度值和活动屏幕上基准指针所指固定屏幕左右刻度值，即为光轴的偏斜量。

f. 光度计上的指示值，即为前照灯发光强度值。

③用投影式前照灯检验仪检测

a. 将被测车尽可能与导轨保持垂直方向驶近检验仪，使前照灯与检验仪受光器相距规定的检测距离。

b. 用汽车摆正找准器使检验仪与被测车对正。

c. 开亮前照灯，移动检验仪，使光束照射到受光器上，并使上下和左右光轴偏斜指示计指示值为零。此时，根据投影屏上前照灯光束影像位置，即可得出光轴的偏斜量。

d. 根据光度计上的指示值，即可得出前照灯的发光强度。

④用自动追踪光轴式前照灯检验仪检测

a. 将被测车尽可能与导轨保持垂直方向驶近检验仪，使前照灯与检验仪受光器相距规定的检测距离。

b. 用汽车摆正找准器使检验仪与被测车对正。

c. 开亮前照灯，接通检验仪电源，用控制器上的上下、左右控制开关移动检验仪的位置，使前照灯光束照射到受光器上。

d. 按下控制器上的测量开关，受光器随即追踪前照灯光轴，根据光轴偏斜指示计和光度计的指示值，即可得出光轴偏斜量和发光强度。

⑤用前照灯电脑检验仪检测

a. 将机动车尽可能与导轨保持垂直方向驶近检验仪，使前照灯与检验仪光电箱(非涅尔透镜表面)的距离为规定的检测距离。

b. 打开检验仪电源开关，仪器启动完成。

c. 被测车辆开亮前照灯。

d. 用控制器上的上下、左右按键，使仪器光电箱移入光区。

e. 按对应的测量键，检验仪对被检前照灯进行自动跟踪，光电箱准确地到达被检前照灯光轴所对应位置，检测发光强度、光轴偏移量和偏移方向以及车灯高度，并通过显示面显示检测结果。

⑥前照灯检验仪的联网检测

a. 把通讯线连至仪器串口，开机。

b. 被检车辆到位并开亮前照灯。

c. 计算机通过串行通讯口把控制命令发给检验仪。

d. 仪器自动进入前照灯的光区，搜寻灯光位置，对被检前照灯进行自动跟踪。

e. 检测发光强度、光轴偏移量和偏移方向以及车灯高度，通过数字显示部件，显示检测结果。

f. 联网计算机取回被检前照灯的检测数据。

(3)注意事项

在仪器正常的前提下，对前照灯光远近光检测影响最大的，就是车间环境和受检车辆的停车位置：

a. 车间环境主要是指灯光检验仪在整个行驶轨迹上不得有阳光或外来光的强烈照射，否则，会影响灯光仪自动寻找光源中心，同时，对检测结果产生较大的影响。

b. 受检车辆的停车位置也会直接关系到它的检测结果，若位置没和轨道垂直或没按要求距离停车，都会产生找不到光光源中心或灯光偏差较大的影响。所以，要求操作人员一定要将车辆在灯光光电位置垂直于灯光仪轨道停车，并按要求及时更换远近光，才能测得较为准确的数据。

三、检测设备的使用、维护与安全操作规程

1. 使用注意事项

(1)检验仪要事先调整水平。

(2)检验仪不要受外来光线的影响。

(3)必须在汽车保持空载并乘坐 1 名驾驶员的状态下检测。

(4) 测试时，汽车的电源系统应处于充电状态。

(5)汽车有四个前照灯时，一定要把辅助前照灯遮住后再进行测量。

(6)开亮前照灯后，一定要使受光器中光电池灵敏度稳定后再进行测量。

(7)仪器不用时，要用罩子把受光器盖好，并注意不要受潮、受冲击或让阳光直射。

2. 前照灯检验仪的维护

(1)使用前

①打开主机电源开关约 20 s 后，检查系统显示是否正常。

②检查导轨上是否沾有泥土或小石子等杂物。若有杂物时，要扫除干净。不可有油污。

③检查上下、左右四个方向行程开关撞块是否安装紧固，与对应的行程开关接触是否可靠。有松动时，必须将撞块重新固定可靠。

④检查受光面正面的玻璃镜，不应有灰尘、油雾等阻碍光线透射的异物存在。若有灰尘、油雾等，应用软布擦拭。

(2)月维护

①可用棉布浸润机油抹洗前柱，加上适量的20#机油。注意保持清洁，决不能抹黄油。

②检查链条、传动链轮，加上适量的20#机油，使其保持顺畅。链条、传动链轮必须保持干净。

(3)半年维护

①检查各部紧固件是否有松动情况，若有松动，应予紧固。

②检查车轮、前后柱和光电箱有无弯曲变形或生锈情况，这些机构的动作是否顺畅。如若动作不顺畅，须进行防(除)锈、清洗和注润滑油。有弯曲变形时，要通知供货单位进行修理。

③左右移动检验仪，检查导轨的弯曲和水平度情况。在弯曲和水平度不良时，要通知供货单位进行修理。

④凡是免加油的减速器，千万不可自行打开或加油，若有异常，要通知供货单位进行维修。需加油的减速器可在半年或一年换一次油，换油时可用针筒抽换。

(4)年维护

每年必须对前照灯检验仪做一次全面的维护，修理，更换有故障的零部件。每年必须接受技术监督部门的法定计量检定，合格后方可使用。

第四节 汽车前照灯检验结果分析

前照灯检验不合格有两种情况：一是前照灯发光强度偏低；二是前照灯照射位置偏斜。

1.前照灯发光强度偏低

(1)左右前照灯发光强度均偏低。检查前照灯反光镜的光泽是否明亮，如昏暗或镀层剥落或发黑，应予更换；检查灯泡是否老化，质量是否符合要求，如老化或质量不符合要求，光度偏低者应更换；检查蓄电池端电压是否偏低，如端电压偏低，应先充足电再检测。送检汽车普遍存在蓄电池电量不足，端电压偏低的现象。如由蓄电池供电，前照灯发光强度一般很难达到标准的规定；如由发电机供电，则大部分汽车前照灯发光强度增加，多数可达到标准规定。

(2)左右前照灯发光强度不一致。检查发光强度偏低的前照灯的反射镜光泽是否灰暗，灯泡是否老化，质量是否符合要求，一般多为搭铁线路接触不良；变光开关接触不良。

(3)所有灯都不亮。蓄电池至总开关之间的火线断路；灯总开关损坏；电源总保险丝熔断；电子自动变光器损坏(对于电子控制前照灯)；远光或近光灯的导线都断路或接触不良；前照灯搭铁不良。

(4)远光或近光不亮。变光开关或自动变光器损坏；远光或近光灯的导线有一根断路；双丝灯泡的远光或近光灯丝有一根烧断；灯光继电器损坏；传感器损坏。

(5)前照灯灯光暗淡。保险丝松动；导线接头松动；前照灯开关或继电器触点接触不良；发动机输出电压低，用电设备漏电，负荷过大。

(6)灯泡经常烧坏。发电机输出电压过高。

2. 前照灯光束照射位置偏斜

前照灯安装位置不当或因强烈振动而错位，致使光束照射位置偏斜超标，应予以调整。前照灯光束照射位置偏斜的调整，可借助前照灯检验仪进行。先将左右及上下光轴刻度盘旋钮置于所需要调整的方位上，然后调整被检前照灯的安装螺钉，直至左右指示表及上下指示表指针均指向零点即可。

本章小结

1. 前照灯的发光强度和光束的照射方向作为前照灯的评价指标，并被列为机动车运行安全检测的必检项目。

2. 汽车前照灯由灯泡、反光镜和配光镜构成，有远、近两种灯光。照明和信号装置的数量、位置、光色和最小几何可见度，应符合相关国家标准的规定。

机动车的灯具应安装牢靠，完好有效；不允许因机动车振动而松脱、损坏、失去作用或改变光照方向；所有灯光的开关应安装牢固、开关自如，不允许因机动车振动而自行开启或关闭，开关的位置应便于驾驶员操纵。

3. 前照灯在使用中要保持前照灯配光镜清洁，尤其在雨雪天气行驶时，泥尘等污垢会使前照灯的照明性能降低 50%。夜间两车会车时，要关闭前照灯远光，换用近光，以保证行车安全。为保证前照灯的各项性能，在更换前照灯后或汽车每行驶 10 000 km 后，应对前照灯光束进行检查调整。定期检查灯泡和线路插座以及搭铁有无氧化和松动现象，保证插接件接触性能良好，搭铁可靠。

4. 汽车前照灯检验仪，通过采用能把吸收的光能变成电流的光电池作为传感器，按照前照灯光轴照射光电池产生电流的大小和比例，来测量发光强度和光轴偏斜量。

前照灯电脑检验仪采用双 CCD 检测技术，用 DSP 对图像进行高速、精确地处理。采用硅光电池检测发光强度，确保所检测数据的准确性，采用高精度多圈电位器，保证前照灯高度数据的真实性。

前照灯检验仪有聚光式前照灯检验仪（移动反光镜式、移动光电池式、移动透镜式）；屏幕式前照灯检验仪；投影式前照灯检验仪（投影屏刻度式、光轴刻度盘式）；自动追踪光轴式前照灯检验仪（追踪平衡式、预先设定标准式），前照灯电脑检验仪（采用 CCD、双 CCD 检测技术）。

5. 前照灯的发光强度及光束照射位置应符合国家标准 GB 7258—2004《机动车运行安全技术条件》中的有关规定。可用屏幕法和前照灯检验仪检验法检测。

6. 前照灯检验不合格：一是前照灯发光强度偏低；二是前照灯照射位置偏斜。要分析引起前照灯检验不合格的原因，找出故障并予以排除，提高前照灯检验合格率。

思考题

1. 叙述汽车前照灯检验仪的结构与工作原理。
2. 汽车前照灯的检测内容和检测标准有哪些？
3. 汽车前照灯的屏幕检测如何进行？
4. 如何使用前照灯检验仪对前照灯的发光强度和主光轴的位置进行检查？

5. 对前照灯检测结果如何正确判定和分析?
6. 汽车前照灯如何进行调整?
7. 汽车前照灯诊断的主要参数是哪些?
8. 目前，汽车前照灯检验仪使用的测量方法有哪些?
9. 远近光束照射位置的检测原理有什么不同?
10. CCD 检测技术有什么特点?

第十二章 汽车车速表检测

第一节 车速表的评价指标及检测原理

近年来，随着道路交通运输条件的改善，尤其是城市立体交通和城间高速公路的建设，提高了汽车行驶的平均速度，提高了运输效率。然而，车速太高，方向就难于准确控制，遇到紧急情况可能来不及采取措施，还会增大紧急制动距离，因而容易造成交通事故。“十次事故九次快”，说明很多交通事故是由于车速过快，遇到紧急情况来不及处理而引起的。为了保证汽车行驶的安全性，提高汽车运输生产率，充分发挥汽车的动力性，正确掌握行车速度，是非常重要的。在一些路况不好的路段，或在市区内，往往要限制车速，严禁超速行驶。

汽车车速表是汽车的常规仪表，它向驾驶人提供与汽车运行有关的信息，与里程表和其他汽车仪表一起，构成了驾驶“人的眼睛”。使驾驶人即时掌握车辆的状况，车速表是汽车主动安全性的一个重要组成部分，世界各国（地区）均对车速里程表提出了结构和性能要求。

汽车的行驶速度对交通安全和运输生产率影响很大。为保证行车安全，必须随时掌握准确的行车速度。因此，对车速表进行定期检查校验，是十分必要的。在《机动车运行安全技术条件》（GB 7258—2004）中，对车速表的检测作了严格规定。

一、车速表的评价指标

国家标准 GB 7258—2004《机动车运行安全技术条件》中规定，车速表指示误差（最高设计车速不大于 40 km/h 的机动车除外）：车速表指示车速 v_1 与实际车速 v_2 之间应符合下列关系式：

$$0 \leqslant v_1 - v_2 \leqslant \frac{v_2}{10} + 4$$

即，将被测机动车的车轮驶上车速表检验台的滚筒上，使之旋转，当该机动车车速表指示值（v_1）为 40 km/h 时，车速表检验台速度指示仪表的指示值（v_2）在 32.8～40 km/h 范围内，为合格。或车速表检验台速度指示仪表的指示值（v_2）为 40 km/h 时，读取该机动车车速表指示值（v_1），v_1 在 40～48 km/h 范围内，为合格。

二、车速表误差的形成与测量原理

1. 车速表误差形成的原因

车速里程表按信号传递形式分，有机械式与电子式两类。机械式车速里程表依靠机械形式传递信号，缺点是指针偏转不稳定，摆动范围大；由于表头的结构限制，在量程范围内的指针偏差大，线性度差；依靠齿轮速比调整，指示误差大；由于齿轮速比固定，通用性互换性差；里程表误差大。由于存在以上缺点，机械式车速里程表正在退出历史舞台。国外自70年代后，机械式车速里程表几乎消失，由电子式车速里程表取而代之，电子式车速里程表依靠电子形式传递信号，由车速（转速）传感器、导电元件、车速里程表表头等组成，显示方式可分为表盘式显示（指针式）、发光管区段显示（类似于音响设备的音量显示）和数字显示。其中，前两种方式与机械式车速表可以笼统地称为模拟显示式车速表，后一种方式可称为数字显示式车速表。电子式车速里程表消除了机械式车速里程表的缺点，指针摆动范围小，在量程范围内的指针线性度好，指示误差小，通用性及互换性好，里程表误差小，同时，由于其可以与汽车其他电子设备共同作用，所以，在现代车辆上得到了广泛应用。

汽车车速表的误差往往会随着汽车使用时间的延长而逐渐增大。造成车速表失准的原因，主要有两个方面：一方面是车速表自身的问题；另一方面与轮胎的状况有关。

(1)车速表自身的原因。常用的磁电式或电子式车速表，其主轴都是由与变速器相连的软轴驱动的。对于磁电式车速表（车速表常与里程表做在一起），当主轴旋转时，与主轴固定连接的永久磁铁也一起旋转。其磁场会在铝罩上感应涡流，产生的涡流力矩引起感应罩偏转并带动游丝和指针偏转，最后达到涡流力矩与游丝的弹性反力矩相平衡。车速越高，涡流力矩越大，指针偏转的角度也越大。对于电子式车速表来说，主轴的转动会引起传感器产生与主轴转速成正比的脉冲信号，经电子线路放大后，送到仪表引起指针偏转或给出数字指示。

当汽车长期使用后，车速表内带指针的活动转盘、带永久磁铁的转轴及轴承、齿轮、游丝等机械零件和磁性元件，随着汽车行驶里程的增加，这些零件在工作过程中不可避免地要产生磨损，永磁元件可能退磁老化，这些因素都会造成车速表指示值误差增大。

(2)轮胎方面的原因。由车速表的工作原理可知，车速表的指示值仅仅是与车轮的转速成正比，而汽车行驶的速度相当于驱动轮的线速度，显然线速度不仅与转动速度有关，还与车轮的半径有关。

理论上，若驱动轮半径为 r，其转速为 n，则可以算出汽车行驶的线速度为

$$v = 0.377\frac{rn}{i_g i_0}$$

式中：v——汽车行驶速度，km/h；

r——车轮滚动半径，mm；

n——发动机的转速，r/min；

i_g——变速器传动比；

i_0——主减速器传动比。

实际上，由于轮胎是一个充气的弹性体，汽车行驶时，轮胎在受到垂直负荷、车轮驱动力和地面阻力等作用下，会发生弹性变形；另外，由于轮胎磨损、气压不符合标准（过高或过低）等原因，也会引起车轮半径的变化。因此，即使在驱动轮转速不变（车速表的指示值也不变）的情况下，上述原因也会引起实际车速与车速表指示值不一致的现象。因此，为了行车安全，定期校验车速表是十分必要的。

2.车速表误差的测量

车速表误差的测量原理是以车速表检验台的滚筒作为连续移动的路面，把被测车轮置于滚

筒上旋转，来模拟汽车在路面上行驶时的实际状态，进行车速表误差的检测，如图 12-1 所示。

试验时，将汽车驱动轮置于滚筒上，由发动机经传动系驱动车轮旋转，车轮借助于轮胎的摩擦力带动滚筒转动。滚筒端部装有测速发电机（即速度传感器），测速发电机的转速随滚筒转速的增高而增加，而滚筒的转速与车速成正比，因此，测速发电机发出的电压也与车速成正比。滚筒的线速度、圆周长与转速之间的关系，可用下式表达：

$$v = 60Ln \times 10^{-6} \tag{12-1}$$

式中：v——滚筒的线速度(km/h)；

L——滚筒的圆周长(mm)；

n——滚筒的转速(r/min)。

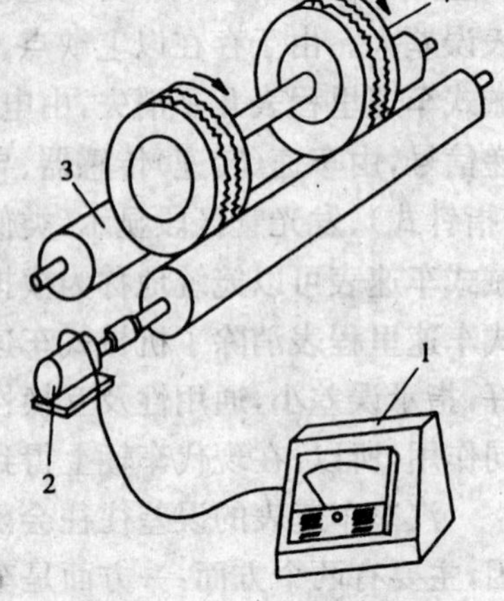

图 12-1　车速表误差测量原理

1-车速指示仪表；2-速度传感器；3-滚筒；4-驱动车轮

因车轮的线速度与滚筒的线速度相等，故上述的计算值即为汽车的实际车速值，该值在试验时由试验台上的速度指示仪表显示。车轮在滚筒上转动的同时，车速表的软轴也由变速器输出轴带动旋转，并在车速表上显示车速值，即车速表指示值。将上述检验台上速度指示仪表上显示的实际车速值与车速表上显示的车速指示值相比较，即可得出车速表的误差。

车速表的误差按下式计算：

$$\text{车速表指示误差} = \frac{\text{车速表指示值} - \text{检验台指示值}}{\text{检验台指示值}}$$

式中：汽车车速表指示值，km/h；检验台速度仪表指示值，km/h。

第二节　车速表检验台的结构原理

车速表检验台有三种类型：无驱动装置的标准型，它依靠被测车轮带动滚筒旋转；有驱动装置的驱动型，它由电动机驱动滚筒旋转；把车速表检验台与制动试验台或底盘测功机组合在一起的综合型。

一、车速表检验台

1. 标准型车速表检验台

该检验台由速度测量装置、速度指示装置和速度报警装置等组成，如图 12-2 所示。

(1)速度测量装置。速度测量装置主要由滚筒、速度传感器、举升器和框架等组成。滚筒一般为 4 个，直径为 185 mm 或更大，通过滚筒轴承安装在框架上。试验时，为防止汽车驱动轴差速器行星齿轮自转，检验台的两个前滚筒用联轴器连在一起。

速度传感器有测速发电机式、差动变压器式、磁电式和光电式等多种形式，它装在滚筒的一端，将对应于滚筒转速所发出的电压信号送到速度指示装置。

在前、后滚筒之间设有举升器，以便汽车进出检验台。举升器与滚筒制动装置联动，举升器升起时，滚筒不会转动。

(2)速度指示装置。速度指示装置是根据速度传感器传来的电信号进行工作的。根据滚筒圆周长与转速，可算出其线速度，以“km/h”为单位，在速度指示仪表上显示车速。

(3)速度报警装置。速度报警装置是为在测量时，便于判明车速表误差是否在合格范围之内而设置的。一般有下列三种形式：

①用试验台警报装置指示检测车速。当汽车实际车速达到某一规定值(如 40 km/h)时，警报装置的警报灯发亮或蜂鸣器发响，提示驾驶人已达到检测车速，注意观察驾驶室车速表指示值是否在合格范围内。

②将检验台指示仪表上某一合格范围涂成绿色(如车速表指示值为 40 km/h 时，绿色区域应为 32.8～40 km/h)。试验时，车速表指示值达到某一检测车速(40 km/h)时，同时观察检验台速度指示仪表的指示值是否在合格的绿色区域(32.8～40 km/h)内。

③同时具备上述两种装置的警报装置。

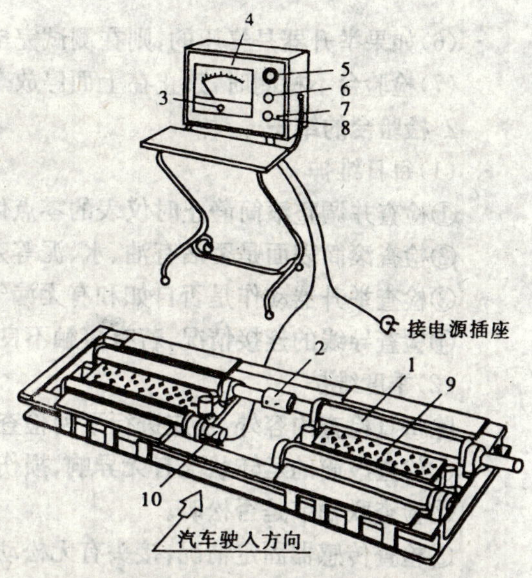

图 12-2 标准型车速表试验台

1-滚筒；2-联轴器；3-零点调整螺钉；4-速度指示仪表；5-蜂鸣器；6-报警灯；7-电源灯；8-电流开关；9-举升器；10-速度传感器(测速发电机)

2.驱动型车速表检验台

多数汽车的车速表转速信号，取自变速器或分动器的输出轴，但对于后置发动机的汽车，由于驱动车速表的软轴过长，会出现传动精度和寿命等方面的问题，所以，转速信号取自前轮。驱动型车速表检验台就是为了适应后置发动机汽车的试验而制造的，它的结构(如图 12-3 所示)基本上与标准型车速表检验台相同，不同的是在滚筒的一端装有电动机，用以驱动滚筒，再带动汽车从动轮旋转。

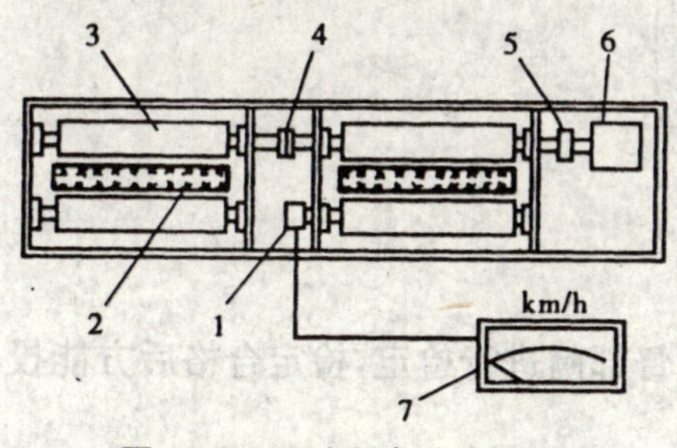

图 12-3 驱动型车速表试验台

1-测速发电机；2-举升器；3-滚筒；4-联轴器；5-离合器；6-电动机；7-速度指示仪表

这种检验台在滚筒与电动机之间装有离合器，若试验时将离合器分离，又可作为标准型检验台使用。

二、车速表检验台的使用与安全操作规程

1.使用注意事项

(1)测试前，应先检查车辆的轴荷应在检验台的允许范围之内。

(2)严禁车辆在检验台上作紧急制动。

(3)测试过程中严禁升起举升器。

(4)对于前轮驱动车辆，应操纵转向盘确保汽车在测试过程中前轮保持直线行驶状态。

(5)驱动型车速表检验台作为标准型检验台使用时，一定要将离合器分离，使滚筒与电动机脱开。

(6)如果举升器是气压的,则在测试完毕后,务必使举升器汽缸处于充气状态。

(7)检验台不检测时,禁止在上面停放车辆。

2.检验台的维护

(1)每日维护

①检查并调整滚筒静止时仪表的零点位置。

②检查滚筒表面是否沾有油、水、泥等杂物,若有,予以清除。

③检查举升器动作是否自如和有无漏气(或漏油)部位,否则予以修复。

④检查导线的连接情况,若有接触不良或断路缺陷,应予修复。

(2)季度维护

除每日检查内容外,还应进行下列检查。

①检查滚筒的运转状况有无异响、损伤,运转是否平稳。

②检查联轴节是否松旷。

③检查传感器固定情况,接头有无松动。

④检查滚筒制动器的磨损情况,当举升器升起后,被检车辆驶离检验台时,车轮不应带动滚筒旋转。

(3)年度维护

按以下技术要求的内容逐项检查,并进行相应的维护。

①外观及性能

a.车速表检验台应有清晰的铭牌和标志。

b.仪表为数字显示时,显示应正确、清晰,无影响读数的缺陷,数字显示应在5 s内稳定,显示值保留时间不少于8 s。配有打印装置时,其打印结果应清楚,不应有缺笔短划的现象。

c.显示仪表为指针式时,表盘应清晰,指针运转平稳,指针无变形,不允许有跳动和卡滞现象。

d.机械、电气部分应完整无损,工作可靠。

e.升降机构工作应协调平稳,不漏气(油)。

f.滚筒表面完好,运转自如,轴承工作时无异响。滚筒表面无损伤车轮的缺陷。

g.外露焊缝平整,涂漆色泽均匀、光滑、美观。

②零值允许误差不超过±1 km/h。

③示值允许误差,不超过±2%。

④滚筒表面的径向圆跳动量:不超过1.00 mm。

⑤滚筒表面局部磨损量不得超过其标称直径的1%。

通过年度维护后的车速表检验台,应按规定由技术监督部门进行检定,检定合格后方能投入使用。

3.几点说明

(1)检测中的40 km/h仅是一个示范值,并不意味着所有机动车在进行车速表指示误差检验时都必须按40 km/h执行。

(2)检验时,为防止被检车辆向前窜动,前驱动车宜使用驻车制动,后驱动车可在非驱动轮前部加止动块,并且,检验结束后,检验员应缓慢制动使滚筒停转,待滚筒锁止或举升器升起后,再将车辆驶出检验台,切不可猛踩制动。

第三节　汽车车速表检测

车速表的检测方法因检验台的牌号、型式而异，应根据使用说明书进行操作。这里仅介绍一般的检测方法。

1. 检测前的准备

(1)检验台的准备

①在滚筒静止状态检查指示仪表是否在零点位置上，若有偏差，可用零点调整旋钮(或零点调整电位计)调整。

②检查滚筒上是否沾有油、水、泥等杂物。若有，要清除干净。

③检查举升器动作是否自如和有无漏气部位。若有阻滞或漏气部位，应予修理。

④检查导线的接触情况。若有接触不良或断路，应予修理或更换。

经常使用的检验台，不一定每次使用前都要进行上述检查。

(2)被测车辆的准备

①轮胎规格、气压应符合汽车制造厂的规定。

②轮胎沾有水、油等或轮胎花纹沟槽内嵌有小石子时，应清除干净。

2. 检测方法

(1)接通检验台电源。

(2)升起滚筒间的举升器。

(3)将被测车输出车速信号的车轮尽可能与滚筒成垂直状态地停放在检验台上。

(4)降下滚筒间的举升器，至轮胎与举升器托板脱离为止。

(5)用挡块抵住位于检验台滚筒之外的一对车轮，防止汽车在测试时滑出检验台。

(6)使用标准型检验台时应作如下操作：

①起动汽车，待汽车的驱动轮在滚筒上稳定后，挂入最高挡，踩下加速踏板使驱动轮平稳地加速运转。

②当汽车车速表的指示值 v_1 达到规定检测车速(40 km/h)时，读出检验台速度指示仪表的指示值 v_2；或当检验台速度指示仪表的指示值达到检测车速时，读取车速表的指示值。

(7)使用驱动型检验台时应作如下操作：

①接合检验台离合器，使滚筒与电动机联在一起。

②将汽车的变速器挂入空挡，接通检验台电源，使电动机驱动滚筒旋转。

③当汽车车速表达到检测车速时，读取检验台速度指示仪表的指示值；或当检验台速度指示仪表达到检测车速时，读取汽车车速表的指示值。

(8)测试结束后，使滚筒停止转动。对于驱动型检验台，必须关断驱动电动机电源使滚筒停止转动。

(9)升起举升器，去掉挡块，汽车驶离检验台。

(10)切断检验台电源。

第四节 汽车车速表检测结果分析

一、车速表

车速表工作不正常,应按如下步骤进行检修:

(1)打开点火开关,检查仪表 A 端对地电压。其值应为 12V,否则,应检查与 A 连接的 26 号熔丝是否断路。

(2)拔下 B 端的接线,使发动机带动车体缓慢行驶,此时,用万用表测量传感器到 B 端的输出情况,应有脉动电压,否则,应检查信号传输线或更换传感器。也可以用一节干电池代替传感器向仪表的 B 端输入脉动电压,此时若仪表工作了,则说明传感器没有将信号送到 B 端。

(3)若前述两项没有发现故障,而仪表仍不工作,则应检查 C 端接地是否牢靠。若电源 A 信号 B 接地 C 都正常,而仪表仍不工作,说明该仪表内部有问题,需检修或更换。

(4)若车速表和里程表中有一个工作,另一个不工作,一般情况下可判断仪表内部的驱动电路是完好的,只需检查车速表或里程表。

二、车速表故障实例

1. 故障现象

一辆奥迪 100 四缸轿车,在行车中车速达到 80 km/h 后再加速,车速表指针一直停留在 80 km/h位置处不再上升,说明该车存在车速表显示的车速不准确的故障。

2. 故障分析

根据故障现象分析,车速表的仪表或传感器有故障,首先检测传感器脉冲信号是否正常。用双柱举升器将车升离地面,示波器的两探头接至传感器插接器的第二极和地之间,发动汽车,挂挡加速,当车速到达 80 km/h 之前,显示屏上脉冲信号显示正常,之后脉冲信号时有间断,说明传感器存在故障。

传感器由安装在变速器左上侧的舌簧开关管和安装在变速器左输出轴上的磁环组成。磁环是含有四对磁极的塑料环,与轴一同旋转产生旋转磁场,固定在舌簧开关管内部的触点接近磁场时吸合,离开磁场时释放,这样就发出了反映行驶速度的脉冲电流信号。

3. 故障排除

首先换上一个良好的舌簧开关管做试验,如故障依旧,说明故障不是因舌簧开关管内触点导电不良所致,而是磁环由于退磁,磁力减弱,舌簧开关管接近磁场时内部触点不易吸合。车速越高,触点与磁场位置重合时间越短,触点不被吸合,故脉冲信号丢失越严重。更换新磁环后,所现故障将被排除。

本 章 小 结

1. 汽车车速表是汽车的常规仪表,它向驾驶人提供与汽车运行有关的信息,与里程表和其他汽车仪表一起构成了驾驶人的“眼睛”。使驾驶人即时掌握车辆的状况，车速表是汽车主动安全性的一个重要组成部分，世界各国(地区)均对车速里程表提出了结构和性能要求。

2. 国家标准 GB 7258—2004《机动车运行安全技术条件》中规定，车速表指示误差(最高设计车速不大于 40 km/h 的机动车除外)：车速表指示车速 v_1 与实际车速 v_2 之间应符合下列关系式

$$0 \leqslant v_1 - v_2 \leqslant \frac{v_2}{10} + 4$$

即将被测机动车的车轮驶上车速表检验台的滚筒上使之旋转，当该机动车车速表指示值(v_1)为 40 km/h 时，车速表检验台速度指示仪表的指示值(v_2)在 32.8～40 km/h 范围内，为合格。或车速表检验台速度指示仪表的指示值(v_2)为 40 km/h 时，读取该机动车车速表指示值(v_1)，v_1 在 40～48 km/h 范围内，为合格。

3. 车速表检验台有三种类型：无驱动装置的标准型，它依靠被测车轮带动滚筒旋转；有驱动装置的驱动型，它由电动机驱动滚筒旋转；把车速表检验台与制动试验台或底盘测功试验台组合在一起的综合型。标准型车速表检验台由速度测量装置、速度指示装置和速度报警装置等组成。

4. 车速表的检测方法因试验台的牌号、型式而异，应根据使用说明书进行操作。

5. 汽车车速表的误差往往会随着汽车使用时间的延长而逐渐增大。造成车速表失准的原因：一方面是车速表自身的问题；另一方面与轮胎的状况有关。分析引起车速表误差的具体原因，找出故障并予以排除，提高车速表检验合格率。

思　考　题

1. 车速表误差是如何形成？简述车速表误差测量原理。
2. 叙述车速表检验台的基本结构与工作原理？
3. 国家标准规定车速表允许误差范围为多少？
4. 如何使用车速表检验台对汽车车速表进行检测？
5. 车速表检测结果如何进行分析？对检测不符合标准要求的汽车车速表怎样进行校正？

第十三章　整车装备检验

第一节　整车检验的基本要求

一、整车的基本要求

(1)整车装备应齐全、完好、有效,各连接部位应紧固完好。

(2)车体应周正、车体外缘左右对称部位高度差(在离地高 1.5 m 内测量)不得大于40 mm。

(3)车辆左右轴距差。新车在装配时,车轴在安装时有可能出现偏差;修理时也可能改变原来的安装位置;车辆在使用中也可能因某些原因而使轴的位置发生变化。为了保持车轴的安装位置正确,从而确保车辆的正常行驶,检测时应检查左右轴距的变化,要求左右轴距差不得大于轴距的 1.5/1000。

(4)车辆结构不得改造。整车和各总成不得随意变动;不得随意增加附属设备或改变连接方式。

(5)营运车辆的车顶、车门、车窗和风窗玻璃等部分粘贴的标识应齐全有效,并符合规定。

二、整车尺寸和质量参数

(一)尺寸参数

整车尺寸主要包括:车辆的外廓尺寸(车辆的长、宽、高),轴距、轮距、前悬、后悬、最小离地间隙等,在 GB 18565《营运车辆综合性能要求和检验方法》中规定了车辆的外廓尺寸和后悬的限值。在进行整车尺寸检验时,主要检查其外廓尺寸和后悬是否符合规定的要求,其目的是严防私自改装车进入营运市场。

1.外廓尺寸

车辆外廓尺寸应符合表 13-1 车辆外廓尺寸限值的规定。

车辆外廓尺寸限值(单位 m)　　表 13-1

车辆类型	长	宽	高
载货汽车(包括载货越野汽车)	≤12	≤2.5	≤4
整体式客车	≤12	≤2.5	≤4
半挂汽车列车	≤16.5	≤2.5	≤4
全挂汽车列车	≤20	≤2.5	≤4

车辆长系指垂直于车辆纵向对称平面，并分别抵靠在车辆的最外端突出部位的两垂面之间的距离。

车辆宽系指平行于车辆纵向对称平面，并分别抵靠在车辆的两侧固定突出部位(不包括后视镜、侧位灯、示廓灯、转向指示灯、可拆卸装饰线条、挠性挡泥板、折叠式踏板、防滑链及轮胎与地面接触部分的变形等)的两平面之间的距离。

车辆高系指车辆在无装载质量时，车辆支撑地面与车辆最高突出部分相抵靠的水平面之间的距离。此时车辆所有固定部件均应包括在此两平面内。同时车辆处于可运行状态。测量车高时，顶窗、换气装置等应处于关闭状态。

车辆超长、超宽、超高对车辆的行驶会带来不安全因素。车辆超高，在通过桥涵和隧道时，顶部易发生相撞，容易造成事故。部分单位和个人为了超载，对车辆的外廓尺寸随意私自改造，这是不允许的。为了杜绝私自改装车辆，所以，对车辆的外廓尺寸必须予以限制，车辆检验时，要对外廓尺寸进行检查。

2. 车辆的后悬

车辆后悬是指通过车辆最后车轮轴线的垂面与抵靠在车辆最后端(包括牵引装置、车牌架及固定在车辆后部的任何刚性部件)并垂直于车辆的纵向对称平面的垂面之间的距离。后悬的长度主要取决于货厢的长度、轴距和轴荷分配的情况。同时，又要保证车辆有适当的离去角，一般讲，后悬不宜过长，否则，车辆上下坡时容易刮地；转弯时，通道的宽度过大，容易引起交通事故。因此，国家标准规定：客车及封闭式车厢(或罐车)车辆的后悬不得超过轴距的65%，最大不超过3.5 m。其他车辆后悬不得超过轴距的55%。

(二)车辆质量参数

车辆的质量参数是车辆设计和使用的重要参数。

1. 车辆总质量

车辆总质量一般是以发动机的标定功率、厂定最大轴载质量、轮胎的承载能力、车厢面积及正式批准的技术文件进行核算后，从中取最小值核定。

最大总质量分为厂定最大总质量和允许最大总质量两种。

厂定最大总质量是制造厂根据特定的使用条件，考虑到材料强度、轮胎承载能力等因素而核定出的质量，一般在车辆使用说明书或维修手册中给出。

允许最大总质量是行政主管部门根据使用条件，而规定的总质量。GB 18565—2001《营运车辆综合性能要求和检验方法》规定：营运车辆允许最大总质量的限值为：

①半挂汽车列车、全挂汽车列车：40 000 kg；

②集装箱半挂列车：46 000 kg。

汽车列车的最大总质量是牵引车与挂车(含全挂车或半挂车)最大总质量之和。对半挂牵引车、半挂车分配在牵引座上的质量应计入最大总质量之内。

2. 车辆的轴载质量

最大轴载质量也可分为厂定最大轴载质量和允许最大轴载质量两种。

厂定最大轴载质量是制造厂考虑到材料强度、轮胎承载能力等因素而核定出的轴载质量。一般在使用说明书等技术文件中可查到。

允许最大轴载质量是由主管部门根据使用条件而规定的轴载质量。GB 18565—2001《营运车辆综合性能要求和检验方法》规定营运车辆允许最大轴载质量为下列规定值。

①单轴(每侧单轮胎)载质量:6 000 kg;

②单轴(每侧双轮胎)载质量:10 000 kg;

③双联轴(每侧单轮胎)载质量:10 000 kg;

④双联轴(每侧各一单轮胎、双轮胎)载质量:14 000 kg;

⑤双联轴(每侧双轮胎)载质量:18 000 kg;

⑥三联轴(每侧单轮胎)载质量:12 000 kg;

⑦三联轴(每侧双轮胎)载质量:22 000 kg。

在该标准中指出:凡国家已经批准生产的单轴载质量大于 10 t 小于或等于 13 t 的车辆,只要车辆的总质量符合国家核定的吨位标准,暂以国家核定的轴载质量视同轴载质量限值标准。例:重型车中的"斯太尔"、"奔驰"等国家批准引进的车型,其轴载质量仍以当时国家核定的轴载质量为准。

3. 车辆的整备质量

整备质量是车辆正常行驶时所具备的完整设备(设施)的质量之和,它包括车辆本身、全部电气设备和必需的辅助设施的质量。还包括固定的或可折装的栏板;机械或加注油液的举升装置和自卸车箱;联结装置;固定作业装置;冷却液;燃油(不少于油箱容量 90%);备胎;灭火器;随车工具及标准备件。

整备质量是车辆在整备状态下空载时的质量,整备质量可在使用说明书等技术文件中查到。为了防止车辆改装和修理后任意改动原车的结构,预防超载,保障车辆运行安全,应检查和控制车辆的整备质量。一般用轴荷仪测量车辆的前后轴荷及整车质量,要求在整备质量状态下测得的值,不超过汽车制造厂规定的整备质量的 5%。

第二节　车辆总成及技术装备的基本要求

一、车身、车架、驾驶室

①车身和驾驶室的技术状况应能保证驾驶员有正常的工作条件和客货安全。

②车身和驾驶室应坚固耐用,车身、车架、驾驶室不得有开裂、锈蚀和明显变形,螺栓和铆钉不得缺少或松动,车身与车架的连接应安装牢固。

③货箱栏板和地板应平整,客车车身与地板应密合,有防止发动机废气进入车厢内部的有效措施,地板和座椅应有足够的强度。座椅和扶手应安装牢固可靠,乘客座椅间距不得采用滑道纵向调整的结构。

④车身内外部不应有任何可能使人致伤的尖锐凸起物。

⑤驾驶室和客舱内所有内饰材料应具有阻燃性。

⑥车门车窗应启闭轻便,不得有自行开启现象,锁止可靠,玻璃升降器完好。

⑦动力启闭的乘客门在有故障时,仍应能简便地靠手动来开关。在紧急情况下,当车辆静止、且车门未锁时,每扇动力启闭门不论是否有动力供应,都能由控制器从车内或车外开启,控制器应有明显标志,易于识别且应安装在便于操作和确保安全的地方;动力门应有发光或音响

装置，以便在乘客门未完全关闭时告知驾驶员。动力门的控制系统和结构应做到乘客不会被门伤害或夹住。

⑧车辆门窗应使用安全玻璃，前风窗玻璃应采用夹层玻璃或部分区域钢化玻璃，其他车窗可采用钢化玻璃。

⑨驾驶室应保证驾驶员的前方、侧方的视野清晰，车窗玻璃不允许张贴妨碍驾驶员视野的附加物及镜面反光遮阳膜。

⑩前风窗玻璃应装备刮水器，刮水器关闭时刮片应能自动返回至初始位置。

⑪车长大于 6 m 的客车，如车身右侧仅有一个乘客上下的车门时，应设置安全门或安全窗，安全门、安全窗的尺寸，开启(使用)均应符合相关标准规定。卧铺客车应设置车顶安全出口。

⑫中级，中级以上营运客车车长大于或等于 9 m 的营运客车和卧铺客车车身顶部不得设置行李架，应另设行李舱，卧铺位采用 1＋1(或 1＋1＋1)纵向布置结构，其卧铺位、乘客通道、乘客座椅的尺寸、间距及乘客踏步高度应符合相关标准的规定。

二、行驶系

(一)车轮轮胎

①轿车和挂车轮胎胎冠花纹深度应不小于 1.6 mm，其他车辆转向轮胎冠花纹深度不小于 3.2 mm，其余轮胎胎冠花纹深度不得小于 1.6 mm。

②轮胎不得有暴露出帘布层的破损。胎面和胎壁不得有长度超过 25 mm 或深度足以暴露出轮胎帘布层的破损和割伤。

③同轴胎的规格和花纹应相同，同轴胎的外径磨损应大体一致，轮胎规格应符合原厂规定。

④转向轮不得使用翻新胎。汽车装用的轮胎应和其最大设计车速相适应，最大设计车速超过 120 km/h 的车辆车轮应做动平衡。

⑤轮胎螺母和半轴螺母应完整齐全，并按规定力矩拧紧。轮胎气压应符合规定。

⑥车轮总成的横向摆动量和径向摆动量：总质量小于或等于 4.5 t 的汽车不得大于5 mm，其他车辆不大于 8 mm。

(二)悬架、减振器和车桥

①钢板弹簧不得有裂纹和断片，弹簧形式和规格应符合产品使用说明书规定。中心螺栓和 U 型螺栓应紧固。

②减振器应齐全有效。

③前、后轿不得有变形、裂纹、移位。

④车轿和悬架之间的各种导杆、拉杆不得变形、接头和衬套不得松旷和移位。

三、传动系

①离合器踏板自由行程应符合原厂技术条件的规定，离合器踏板力应不大于 300 N。离合器应接合平稳，分离彻底，工作时无异响、抖动和不正常的打滑现象。

②变速器、分动器，换挡时轻便灵活，无乱挡跳挡现象。自锁、互锁、倒挡锁装置有效，工作

时无异响，变速杆工作时不得与其他部件干涉。

③传动轴运转时不得发生振抖和异响，中间轴承和万向节不得有松旷和裂纹现象。

④驱动轿工作应正常，无异响。

四、安全防护装置

(一)安全带

(1)座位数≤20(含驾驶员座位)或车长≤6 m 的载客汽车；最大设计车速>100 km/h 的载货汽车和牵引车的前排座位必须装置汽车安全带，长途客车和旅游客车的驾驶员座椅及前面无座椅或护栏的座椅也应安装汽车安全带，安全带应有认证标志，安全带安装位置应合理，固定点有足够的强度。

(2)卧铺客车每个铺位应安装两点式汽车安全带。

(二)后视镜、下视镜及驾驶室内防护装置

(1)车辆(挂车除外)必须在左右各设置一面后视镜；车长大于 6 m 的平头客车和平头货车车前设置下视镜。轿车和客车驾驶室应设置内后视镜。车身外后视镜应保证看清车身左右外侧、车后 50 m 以内的交通情况。前下视镜应能看清风窗玻璃前下方长 1.5 m、宽 3 m 范围内的情况。

(2)驾驶室内应有防止阳光直射使驾驶员眩目的装置，且该装置在车辆碰撞时，不会对驾驶员造成伤害。

(3)轿车及在寒冷地区的营运车辆的前风窗玻璃处应安装除雾、除霜装置。

(4)客车空调应具有制冷或采暖功能，并运转正常。不允许采用直通式采暖方式。并设有通风换气装置。

(三)燃油系的安全保护及周围的防护装置

(1)燃油箱、燃油管路应紧固牢靠，不致因振动和冲击发生损坏和漏油。油箱加油口和通气孔应保证车辆晃动时不漏油。

(2)车长大于 6 m 的客车油箱距客车前端应大于 600 mm，距客车后端不小于 300 mm，用户不得私装附加油箱，油箱通气口和加油口不得在车厢内开口。

(3)排气管不得指向车身的右侧，排气口至油箱距离不小于 500 mm，客车排气口应伸出车身外蒙皮。

(4)车身小于 6 m 的客车应设置前、后保险杠，货车应设置前保险杠。

(四)汽车和挂车侧面及后、下部防护装置及安全架、灭火器

(1)总质量>3.5 t 的载货汽车及挂车两侧必须安装侧面防护装置。除牵引车和长货挂车以外的汽车及挂车，空载状态下其车身或无车身底盘总成的后端离地间隙大于 700 mm 时，必须安装能防止其他机动车或非机动车从车辆后下方嵌入的防护装置。

(2)载货汽车的货箱前部应安装比驾驶室高 70～100 mm 的安全架(自卸车、载质量 1 000 kg以下的载货汽车除外)。

(3)驾驶员和货物同在一个车厢内的厢式车前排座椅的后部，也应安装安全架。

(4)营运车辆应装备与其相应的有效的灭火装置，灭火器应安装牢靠，便于取用。

第三节 汽车的外观检验

一、汽车外观检验的重要性

(1)汽车外观检验是汽车不解体检验的重要组成部分,它涉及整车和总成各个部分,其检视点分布在车辆上、下、左、右、前、后、内、外各部位,它几乎包括了车辆结构的全部,涉及安全的各个部位,因此,严格外观检验(外检)质量一直是汽车检测的重要工作。

(2)外检是综合性能检测的必要准备

外检工作是车辆进入台架检测的第一项工作,其主要原因有下列几点:

①汽车检测作为保障安全运行,保护环境,节约能源,促进公路运输事业发展的重要手段,是政府的强制措施。汽车进行检测前,首先应对车辆的唯一性进行确认,要核对行驶证,营运证,要核对外廓尺寸,要严查私自改装、套牌和拼装车。而车辆唯一性确认后,方可上线检测。唯一性的确认由外检人员逐一核对检视后,才能确定。

②部分车辆由于使用不当或维护不到位,可能存在严重的安全隐患。如:发动机严重漏油、漏水,制动严重失灵,转向不灵等。对这类车不加控制盲目上线,万一在检测线上失控,不但会影响正常的检测秩序,严重时还会造成事故,损坏车辆和检测设备,因此,对被检测车辆,必须经外检后方可上线。通过外检可防范隐患车辆在检测线上发生故障,确保检测秩序。

③台试检测对车辆的技术状况提出了许多具体的定量要求,如左右轮胎规格、花纹不一致,制动偏差值就可能大;轮胎气压不足对检测侧滑、车速、灯光等项目时就会不准;轮胎破损对底盘测功的准确性影响很大;为了确保检测质量,应该对影响台试检测数据准确性的汽车总成和部件要重点进行检视,为后面的台试检测做好准备工作。

④汽车是一个很复杂的机械,汽车的很多性能,如动力性、制动性、操纵稳定性、灯光、尾气等性能可以通过计算机控制的检测设备和仪器进行检测,但对于外观的破损、清洁、润滑、紧固、断片、裂纹、缺损等故障,不可能也没必要全部由仪器自动检测。通过人工的眼看、手摸、耳听及实际操作运行,便能很快、很直观地查出车辆的隐患,这不失为一种事半功倍的方法,通过外检既能查出事故隐患,又能保证后续台试检测质量。外检的人工检视和台试检验是综合性能检测工作整体的两个方面,两者是互相补充、相互完善的关系。只有抓好外检工作才能更利于检测全面、更深入、更健康地开展。

二、外检的设施、设备、工具和仪器

外检的基本设施有外检停车场、标准试车道、驻车检验坡道、检验地沟、底盘间隙观察仪、轮胎充气装置及淋雨试验装置等。

外检常用工具有专用手锤、手电筒、轮胎气压表(0～1 000 kPa)、轮胎花纹深度尺(0～15 mm)、钢卷尺(20 m 和 5 m)及铅锤等。

1. 外检停车场

外检停车场应是水泥地坪,地面应平整,纵向、横向坡度应控制在 1%之内,停车场面积应与检测量相适应，停车场附近应设有顶棚、轮胎充气装置，以便于轮胎充气和人员遮阳。

2.外检地沟

主要用于底盘下方机件的检验，地沟的结构和尺寸可因地制宜，地沟边应配置底盘间隙观察仪，地沟的外检工位机应与计算机控制系统联网，以便将外检的检测结果直接输送到主控计算机。

3.底盘间隙观察仪

底盘间隙观察仪（又称底盘间隙检查台）可对汽车前后轮施加纵向或横向作用力，以检查球头、轴承、螺母等配合机件的装配连接状况，检查松旷、断裂或其他隐患。

底盘间隙观察仪由下列几部分组成。

①工作机构。该机构由左右两个滑台组成，每个滑台包括滑板、框架、支承轴承和驱动油缸等部件，左滑台有二个油缸，只能驱动滑板作纵向往复移动，右滑板有四个油缸，能驱动滑板作纵向和横向的往复移动，左、右、前、后移动量各 50 mm。

②操作系统。它由带手电灯的操纵器（或摇控器）、电控箱和电磁换向阀等组成。通过操纵器的各个按钮开关，使电磁换向阀改变进、回油的方向，从而控制左右滑台滑板的移动方向，移动量各 50 mm。

③液压系统。它是为油缸提供驱动油压的系统，由电动机、联轴器，油泵、溢流阀、压力表，卸荷阀及油箱、油尺、滤清器、通气阀等组成，溢流阀用以保证系统的正常油压，卸荷阀是当电动机未停机而油缸工作间断时，使系统处于卸荷状态。液压系统的工作原理如图 13-1 所示。

4.试车道

试车道应为干燥，清洁平坦的混凝土沥青路面，纵向坡度应不超过 1%，路面附着系数应不小于 0.7，试车道长度应大于 100 m，宽度应大于 6 m（双向），试车道路面应划出车道宽 2.5 m（小车用）、3.0 m（大车用）的标线。

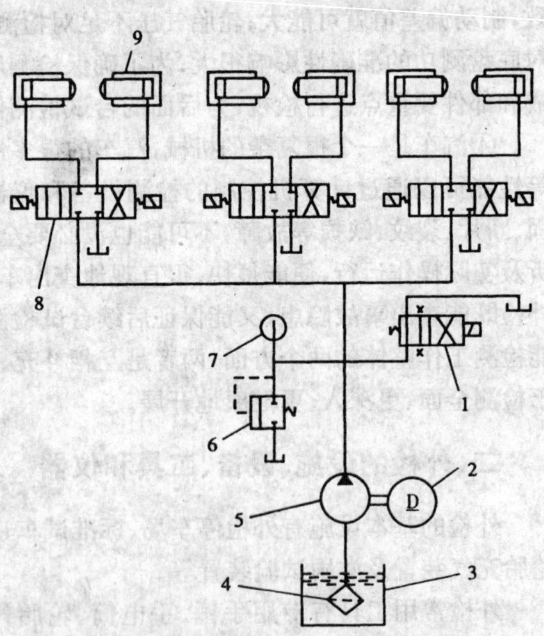

图 13-1 底盘间隙观察仪液压系统原理图

1-卸荷阀；2-电动机；3-油箱；4-滤油器；5-油泵；6-溢流阀；7-压力表；8-三位四通电磁阀；9-油缸

5.汽车淋雨装置

汽车淋雨装置是按照 GB/T 12480-1990《客车防雨密封性试验方法》的要求，对汽车进行防雨密封性试验的专用设备。

淋雨试验台主要由水泵，驱动电动机、底阀、压力调节阀、节流阀、截止阀、水压表、流量计、输水管路、喷嘴、蓄水池、支架、喷嘴架驱动、调整机构等组成，其淋雨系统如图 13-2 所示。

淋雨试验台的主要性能与结构参数如下。

(1)人工降雨强度

淋雨试验时，车身前围、前风窗玻璃上的降雨强度为 8～10 mm/min，车身及其他受淋部位的降雨强度为 4～6 mm/min，对设有行李舱的客车底部受雨部位的降雨强度为 6～8 mm/min。

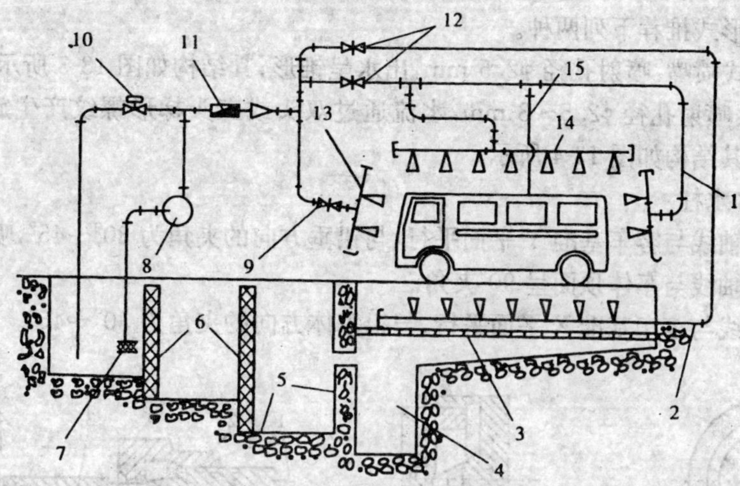

图 13-2　淋雨系统示意图

1-淋雨管路(后);2-淋雨管路(底);3-盖板;4-泥沙沉淀池;5-多级沉淀池;6-滤网;7-吸水口滤网;8-水泵;9-闸阀;10-压力调节阀;11-流量计;12-闸阀;13-淋雨管路(前);14-淋雨管路(顶);15-淋雨管路

(2)喷嘴及布置

①车顶部位淋雨面积,应大于车顶垂直投影面积。一般为

$$L = A + (0.5 \sim 1.0)$$
$$M = B + (0.4 \sim 0.8)$$

式中:A——车长,m;

B——车宽,m;

L——淋雨面长度,m;

M——淋雨面宽度,m。

②侧面淋雨面积应大于侧窗窗框下沿以上车体部位在基准 Y 平面(汽车纵向对称平面)上投影面积,其长度 L 同上述,侧面淋雨面高度 N 为

$$N = H - D + (0.4 \sim 0.6)$$

式中:H——车高,m;

D——地面至侧窗窗框下沿高度,m。

③前(后)部淋雨面积应大于风(后)窗下周边密封胶条下沿以上车体部位在基准 X 平面上(即迎风正面)投影面积,其宽度尺寸 M 同前,前(后)部淋雨面高度为

$$P(\mathrm{Q}) = H - E(\mathrm{F}) + (0.4 \sim 0.6)$$

式中:P(Q)——前(后)部淋雨面高度,m;

E(F)——地面至风(后)窗下周边密封胶条下沿高度,m。

④设行李舱的客车各淋雨面积除将上述公式中 D、E、F 等尺寸改为 R(轮胎自由半径,m)外,其他均可套用上述公式。

⑤喷嘴数量及其布置应保证车体外表面均能被人工雨均匀覆盖,并保证各部位的降雨强度符合要求,不得有死区。若需经常对外廓尺寸差别较大的多种车型进行防雨密封性试验,则应将淋雨管路的喷嘴架设置成可调节的。

⑥喷嘴与车体外表面距离为 500～1 300 mm;其中底部喷嘴与地板下表面距离为 300～700 mm。

⑦喷嘴结构形式推荐下列两种。

a. 尼龙偏心式喷嘴：喷射孔径 ϕ2.5 mm，出水呈锥形，其结构如图 13-3 所示。

b. 专用喷嘴：喷射孔径 ϕ2.5～3 mm，水流通过双头或三头梯形螺纹产生旋转后喷出，喷出的水呈锥状。其结构如图 13-4 所示。

(3)喷嘴出水水柱

①前后喷嘴轴线与客车基准 Y 平面平行，与铅垂方向的夹角为 30°～45°，喷嘴朝向车体。

②车顶喷嘴轴线与车体顶面呈 90°夹角。

③侧面喷嘴线与客车基准 X 平面平行，与铅垂体方向的夹角为 30°～45°。

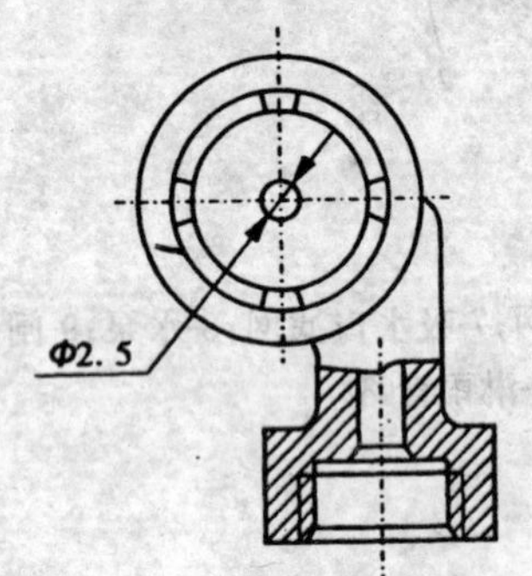

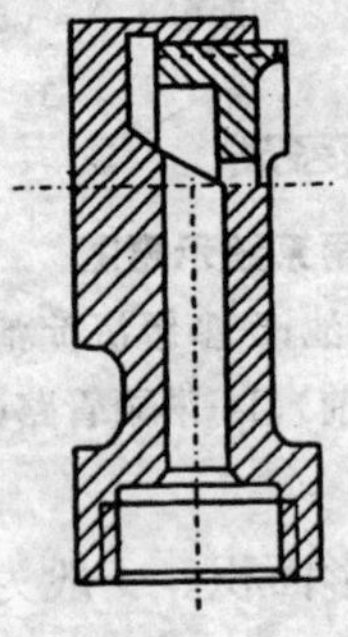

图 13-3　尼龙喷嘴结构示意图

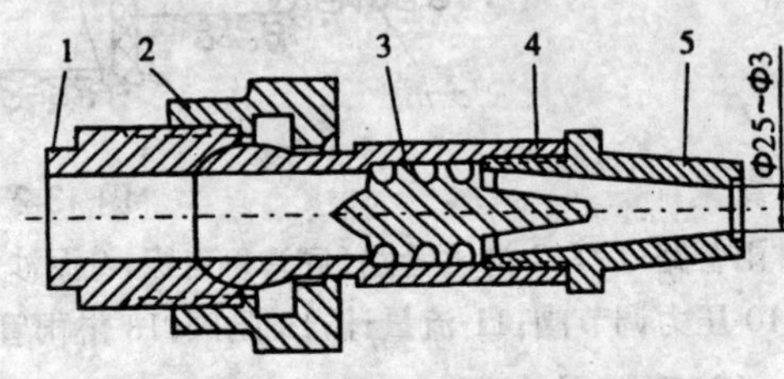

图 13-4　专用喷嘴结构示意图
1-喷水头座；2-锁紧螺母；3-多头梯形螺杆；4-喷水头中部；5-喷嘴头

④底部喷嘴位于客车基准 Y 平面两侧，其轴线与客车基准 X 平面平行，与铅垂方向的夹角为 30°～45°，喷嘴上仰朝向另一侧车体。

(4)喷嘴喷射压力

喷射压力应可调节。淋雨试验时，喷嘴喷射压力应为 69～147 kPa。

(5)测定降雨强度的器件

2 000～5 000 mL 量杯一个，容量为 10 L 遮盖式容器及其附属装置一个，其结构如图 13-5 所示。

淋雨试验时，由电动机驱动水泵，水从蓄水池内不断泵入主管路，经过压力调节和流量调节，进入淋雨管路，通过喷嘴射向车体表面，喷射出的水被汇集流入蓄水池，经过多级沉淀、过滤后，循环使用。

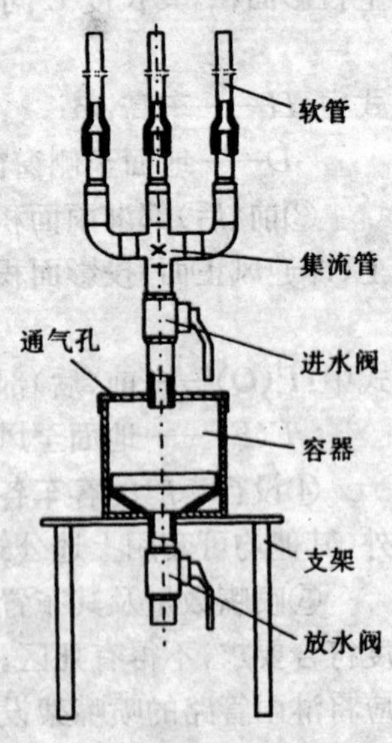

图 13-5　遮盖式容器及其附属图装置示意图

三、外检项目技术要求及检验方法

由于车辆检测类别不同，外检项目及技术要求等也有所不同。通常，车辆外观的检验分为车辆外表检查，车辆动态检查和车辆底盘下方检查三大部分。

(一)车辆外表检查

(1)基本要求是车辆应清洁，无明显漏油、漏水、漏气现象，轮胎应完好，轮胎气压正常，车体周正，车辆装备齐全，功能有效。

(2)车辆唯一性认定，核对车辆号牌，车辆类型，发动机号，VIN 代码或车架号，从行驶证照片颜色检查是否有改动，根据营运证及技术档案、标贴等检查是否套牌、改动和漏检。

(3)外表检查一般从前到后,先左后右,先上后下,先外后内顺序对车辆外表全面检查一遍。

①检查保险杠、后视镜、下视镜是否齐全完好,车窗玻璃是否完好,符合规定。

②检查灯光信号:检查前位灯、转向灯、危险报警灯、示廓灯、雾灯、雨刮器,远近光变光等均应正常;后部检查后位灯、转向灯、制动灯、雾灯、牌照灯、倒车灯是否齐全完好;检查后反射器、侧反射器是否完好,挂车的灯光信号标志同样应完好有效。

③打开发动机罩,检查发动机各系统部件应齐全完好,蓄电池电桩头导线连接牢固。电器导线应捆扎,固定和绝缘保护等应完好。各种管路接头无泄漏,风扇传动带,水泵轴,水箱等应完好。

④检查左右对称部位的高度差,一般测量保险杠、货厢外缘翼子板等对称部位,并将测量结果记录于外检记录表中。

⑤测量左右轴距差(测量时车辆应处于直行状态):

a. 对二轴,车可分别在左右两侧前后轴头中心测量其轴距,并取其差值。

b. 对于三轴车或多轴车,可依次测量相邻轴的轴距,其各段的轴距差都应符合标准限值的要求。

c. 对于半挂车的轴距,其测量点为半挂车牵引销轴线和半挂车车轮中心,又垂直于 Y 和 X 平面的两平面之间的距离。

d. 左右轴距差值比(‰)的计算公式是:差值比(‰)=(左右绝对轴距差/左右平均轴距)×1000。左右轴距差的存在,意味着汽车各轴之间不平行或车轴对车架纵轴线不垂直,这样会引起车辆直线行驶时,前后轴中心的连线与行驶轨迹的中心线不一致,并造成直线行驶跑偏和制动跑偏。

测量左右轴距差:应使用铅锤在地面找到轴头中心点,用钢卷尺测量各轴头中心之间的距离或用轴距尺测量。

⑥客车内部及货厢:座椅、扶手、卧铺位、行李架应安装牢固,座椅、卧铺位数量布置符合要求,客车地板密封良好;安全带符合要求,门窗开闭灵活,锁止可靠,车厢灯、门灯、灭火器齐全有效;货厢底板平整,栏板锁止可靠,无变形、破损,无尖锐凸出物,货厢无改动。

⑦油箱固定可靠,油箱盖完好;蓄电池、蓄电池架固定牢固,电瓶线紧固,电桩头无松动;储气筒排污阀有效,钢板弹簧型式片数符合要求,货车侧部、后部安全防护装置安装牢固,汽车列车的牵引连接装置连接可靠,并安装有防止脱开的安全锁止装置。

⑧同轴应装用同一型号、规格、花纹的轮胎,轮胎花纹深度应符合标准要求,轮胎胎冠、胎壁部分无暴露帘布层的破损。轮胎应无异常磨损的现象。转向轮不得装用翻新胎,轮胎螺母、半轴螺栓应齐全紧固。

用轮胎花纹深度尺测量花纹深度时,应测量花纹磨损最严重的胎冠中部,轮胎花纹深度应符合相关规定。

(二)车辆动态检验

(1)发动机运转检查。起动发动机,发动机怠速运转应平稳;检查电源充电状况,各仪表及指示器(灯)工作应正常,水温、油压和气压指示应正常;发动机急加速或发动机高转速下急松加速踏板时应无"回火"、"放炮"现象;点火开关关闭后,发动机应迅速熄火,对柴油车,还应检查停机装置是否灵活有效。

(2)检查转向盘最大自由转动量。转向盘最大自由转动量可用方向盘力-角仪测量。检测时，车辆保持直线行驶状态，转向盘转至一侧有阻力止，再转至另一侧有阻力止，所转过的角度即为最大自由转动量。对于最高车速大于 100 km/h 的车辆，转向盘最大自由转动量应小于等于 20°。最大设计车速小于 100 km/h 的汽车，其最大自由转动量应小于等于 30°。

(3)车辆起步行驶一段距离，检验离合器、变速器和转向系的工作状况。具体的检验内容如下：

①离合器是否分离彻底，并接合平稳，车辆起步应无抖动、沉重、打滑、异响等缺陷。

②变速器有无错乱档现象，有无异响。自锁、互锁是否有效。

③传动系有无抖动、异响，主减速器、差速器有无异响。

④将车速提高至 20～30 km/h，点制动或紧急制动时，车辆是否跑偏。气压制动车辆，当空气压缩机停止工作 3 min 后，气压降低应不大于 10 kPa，踩一次制动(制动踏板踩到底)气压下降不应超过 20 kPa。液压制动车辆，制动踏板踩到底后不允许有向下移动的现象，如有上述现象，则应排除制动系不密封问题。

⑤车辆转向后应能自动回正，且转向轻便不沉重，车辆具有保持直线行驶能力。

(4)检查低压报警器。当连踩制动踏板，使气压降至低于起步气压(或≤400 kPa)时，低压报警器应报警，对装用弹簧储能制动器的车辆，报警后起步，因自锁装置作用应无法起步。

(5)制动踏板自由行程检查。制动踏板自由行程过小，会造成制动拖滞；自由行程过大，会使制动作用迟缓，制动力减少，制动距离增大。各种车型的制动踏板自由行程应符合原厂的规定。

(6)离合器踏板自由行程检查。离合器踏板自由行程过大，则离合器分离不彻底；自由行程过小，则离合器易打滑。离合器踏板自由行程应符合原厂的规定。

(三)车辆底盘下方检查

(1)用底盘间隙观察仪检查球头、轴承、螺母等配合紧固件的连接状况。

①使汽车前轮停于地沟上方底盘间隙观察仪的滑台台面上，拉紧驻车制动，发动机熄火。

②接通底盘观察仪电源，打开操纵器上的照明灯开关，这时电动机驱动油泵向液压驱动系统输送高压油。

③按下底盘观察仪操纵器上左滑板纵向移动按钮，踩下制动踏板，使前轮制动，这时可检查转向节主销与主销支承孔是否松旷；转向器横、直拉杆球头销是否松旷；转向器支架连接是否松动；钢板弹簧 U 型螺栓是否松动；独立悬架下摆臂铰接处是否松动和传力斜拉杆胶垫是否磨损松旷等。

④松开左滑板纵向移动按钮和汽车制动踏板。按下右滑板横向移动按钮，这时主要检查左、右轮轮毂轴承和主销铰接是否松旷；左、右钢板弹簧及销是否松旷；左、右悬架等其他连接是否松动；前部车架有无裂纹和悬架各零件有无裂纹等。

⑤松开右滑板横向移动按钮，按下右滑板纵向移动按钮，并立即踩下制动踏板，使前轮制动，此时，检查内容与③相同。

⑥左、右滑板停止动作，使汽车后轮驶上滑台台面。

⑦按下右滑板横向移动按钮，此时不须踩下制动踏板，其主要检查内容与④相同。

⑧松开右滑板横向移动按钮，关闭操纵器上的照明灯开关，断开底盘观察仪电源，汽车驶离滑台。

(2)前轮停于地沟上,左右转动转向盘,检查转向过程中有无干涉和摩擦现象。

(3)用手转动传动轴、万向节,检查其装配是否正确,中间轴承和支架有无松旷,直拉杆是否拼焊并干涉其他部件。

(4)电器导线是否捆扎成束并固定卡紧,接头是否牢固并有绝缘套,穿越孔洞时有无绝缘套管,有无破损。

(5)检查钢板弹簧有无缺片、断片和加片,钢板弹簧规格是否一致,吊耳有无脱焊,吊耳及销是否松旷;纵梁、横梁有无变形、损伤裂纹,铆钉、螺栓有无缺少、松动。

(6)制动控制阀(主缸)、制动气室(轮缸)、制动管路有无漏气、漏油,制动软管有无老化或破损,制动管路是否固定牢靠,有无和其他机件相碰擦现象。

(7)排气管、消音器是否完好,固定牢固,燃油管路是否固定可靠,有无和其他机件碰擦现象,软管是否老化破损等现象。

(8)润滑检查。底盘下方检视时,应检查下方各润滑部位的润滑情况,黄油咀应齐全,转向横直拉杆球头与球碗润滑良好;传动轴、万向节、中间轴承、伸缩套的润滑及各轮毂轴承的润滑,钢板弹簧吊耳和销及悬架系统的润滑,均是重点检视部位。

四、危险货物运输车、汽车列车、集装箱运输车的检验

危险品运输车、汽车列车、集装箱运输车等车辆,除要检视一般车辆外检的项目外,还应增加一些特殊要求,外检时应重点检查。

(一)危险品运输车辆的范围

凡运输易爆、易燃、毒害、腐蚀、放射性等物品,由于在运输、装卸、储存保管过程中极易造成人身伤亡和财产损毁,因而,这类需要特别防护的货物,均属于危险货物。

危险货物主要有爆炸品、压缩气体和液化气体、易燃液体、易燃固体、自燃物品和遇湿易燃物品、氧化剂和有机过氧化物、毒害品和感染性物品、放射性物品,以及腐蚀品等。

(二)危险货物运输车辆的标志应符合规定

危险品运输车辆的标志应符合 GB 13392《道路运输危险货物车辆标志》的规定,危险货物车辆标志的品种与型式如图 13-6 和图 13-7 所示。

图 13-6 D-1 型磁吸式三角形顶灯

图 13-7 D-2 型吸式三角形顶灯

1. 三角形顶灯

磁吸式三角形顶灯为塑料罩壳、等腰三角形、底部金属板外加用定形橡胶制品的护罩,三角形顶灯中间印有“危险品”黑体字样。运输使用时必须端放于驾驶室顶部前端的中间位置,按车辆吨位分两种类型。

(1)D-1 型磁吸式三角形顶灯,适用于 2 t (含 2 t)以下车辆,如图 13-6 所示。

(2)D-2 型吸磁式三角形顶灯,适用于 2t 以上车辆,如图 13-7 所示。

2. 矩形标牌

矩形标牌为金属板材,中间印有“危险品”黑体字样,运输使用时应和磁吸式三角形顶灯同

时使用，安装于车辆尾部的右方，与车辆号牌相对应，样式和尺寸如图 13-8 所示。矩形标牌尺寸为300 mm×165 mm，厚度不小于 1 mm，边框宽度为 10 mm±1 mm。

危险品三角旗为黄底黑字三角形旗，具体尺寸和式样如图 13-9 所示。检验时黄底黑字危险品信号旗应插于车头左前方。

图 13-8　矩形标牌

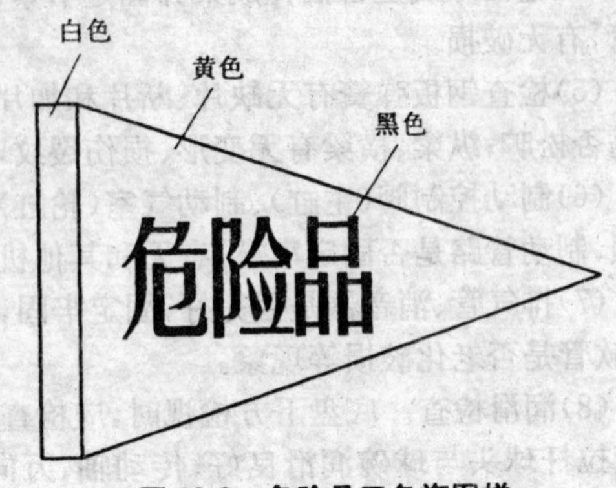

图 13-9　危险品三角旗图样

(三)危险货物运输车辆的检验要求

(1)危险货物运输车辆的车厢、底板必须平整完好，周围栏板必须牢固，铁质底板装运易燃易爆货物时，应采取衬垫防护等措施。如铺垫木板、胶合板、橡胶板等，不得使用麦草、稻草、草片等松软易燃材料。

(2)机动车的排气管必须装有有效的隔热和熄灭火星的装置，电路系统应有切断总电源和隔离电火花的装置，运送易燃易爆货物的车辆排气管应在车身的前部，车辆尾部应安装接地装置。

(3)根据所装危险货物的性质，配备相应的消防器材及捆扎、防水、防散失的工具，消防器材在车上安装牢靠，并便于取用。

(4)装运危险货物的罐(槽)应适合所装货物的性质，具有足够的强度，并根据不同货物的需要配备泄压阀、防波板、遮阳物、压力表、液位计及引导消除静电装置等相应的安全装置。罐(槽)外部的附件应有可靠的防护设施，必须保证所装的危险物不发生“跑、冒、滴、漏”。并在阀门口安装积漏器。

(5)装运液化石油气和有毒液化气体的罐(槽)车及相关设备，应符合国家有关部门对液化石油气汽车罐(槽)车安全管理的规定。

(6)对运输放射性同位素的专用运输车辆设备、搬运工作及防护用品应定期进行放射性污染度检查，如污染量超标时，不得继续使用。

(7)装运集装箱、大型气瓶，及可移动罐槽的车辆，必须设置有效的紧固装置，紧固装置应无严重锈蚀。

(8)危险品运输车检测时，应全部放空车内的气体液体及物品，标志齐全，消防器材齐全，否则，不予上线检测。

(四)汽车列车和集装箱运输车的检验要求

1. 汽车列车比功率的限值

根据我国公路发展情况及现有汽车及汽车比功率范围，参考国外汽车和汽车列车所选用比功率的范围，GB 18565 标准规定营运汽车列车的比功率限值为

汽车列车最大总质量 $m_t<18$ t：汽车列车的比功率 $P_d \geq 6.88$ kw/t；

汽车列车最大总质量 18 t$\leqslant m_t \leqslant$43 t：汽车列车的比功率 $P_d \geqslant 4.40 + 38.80/m_t$；

汽车列车最大总质量 $m_t \geqslant$43 t：汽车列车的比功率 $P_d \geqslant$5.40 kw/t。

2.汽车列车直线行驶稳定性

(1)汽车列车在平坦干燥路面上直线行驶时，挂车的后轴中心相对于牵引车前轴中心的最大摆动幅度：全挂汽车列车应不大于 200 mm，半挂汽车列车应不大于 100 mm。

(2)试验方法：对全挂汽车列车，将轨迹显示装置分别安装在牵引车前轴中央位置和全挂车后轴中央位置；对半挂汽车列车将轨迹显示装置分别安装在前轴中央位置和半挂车后轴中央位置。车辆空载，以 30 km/h 速度等速直线行驶 500 m，测量挂车后轴中心相对牵引车前轴中心的最大摆动幅度。

3.汽车列车制动滞后时间

(1)挂车最后轴的制动动作滞后于牵引车前轴制动动作的时间不得大于 0.2 s。

(2)试验方法：试验时关闭发动机，车辆空载停在场地上，将机械式微动开关分别安装在牵引车前轴和挂车最后轴的制动气室推杆处或制动油管管路上，并与电秒表组成封闭回路。在制动系统，正常工作压力下，急速踩下制动踏板后缓慢松开，记录电秒表的时间显示值，试验进行三次，取算术平均值。

4.牵引连接装置

牵引车与挂车是靠机械连接装置连接成汽车列车的，半挂车是靠牵引车的牵引座与半挂车的牵引销连接的；而牵引车和全挂车由插销或钩环与挂车的牵引架连接。汽车列车在运行中如果连接装置断裂或连接部分未加防护装置而使挂车和牵引车脱离，将会造成重大交通事故。因此，对牵引车的连接装置有如下规定：

(1)牵引车与挂车的连接装置应紧固耐用。

(2)连接装置的结构应能确保相互牢固的连接。

(3)连接装置上应装有防止车辆行驶中因振动、冲击，使连接脱开的安全保护装置。

5.集装箱运输车

集装箱运输车一般是采用半挂汽车列车来载运集装箱构成集装箱运输车，其半挂车目前可以是集装箱专用半挂车，也可用普通半挂和集装箱两用半挂车，上述两种半挂列车都应满足上述对汽车列车的要求，同时，根据集装箱运输车的特点，还应符合以下要求。

(1)集装箱和运输车通常采用敞开式平货台，要靠旋转式夹紧装置来实现集装箱和车体的连接和锁止，而且，旋转式夹紧装置的锁止必须可靠。因此，集装箱运输车必须装备旋转式的集装箱夹紧装置。

(2)集装箱运输车一般是以汽车列车的型式从事运输，因此，要求挂车除有效参与整车制动(行车制动、应急制动、驻车制动)外，还必须另有可独立操作的制动装置，在运行时，挂车如脱离牵引车，立即能自行制动，确保安全。

(3)集装箱运输车的挂车部分应采用双管路气制动布置，各管接头、各阀总成、储气罐等不得有漏气现象。

对危险货物运输车、汽车列车、集装箱运输车，从外检的角度提出了上述具体要求，其中，有些可直观地进行人工检验，有些可通过核对计量认证部门核发的《压力容器合格证》及《安全阀压力表液位计合格证》给予确认。对于直线行驶的稳定性，后轴制动滞后时间等检验，不可能每辆车都安装仪器测试，但可通过动态运行检验，观察摆动量，以经验进行判定。当前，不少检测站对于危险品运输车及整车长度在 16m 内的汽车列车，都实行上线检验，即使超长、超宽、超重车辆的路试也安装了便携式制动性能检测仪，可测定其车辆的制动距离、制动减速度和制动协调时间。一改过去大型车辆由于测试手段不足，检测深度、力度不够的问题。确保检测质量并促进检测工作健康发展。

五、汽车防雨密封性检验

汽车防雨密封性对驾驶员、乘客的舒适性、驾驶室及车厢内的装备的正常工作和内饰的清洁完好，甚至行车安全，都有十分重要的影响。GB 12481—90《客车防雨密封性限值》及 JT/T 198—2004《营运车辆技术等级划分和评定要求》对车辆各部位的渗 、漏、流等作了较具体的规定，并以扣分后对各种客车的限值，以标准的形式给予实施，其限值表 13-2。

客车防雨密封性限值　　表 13-2

客车类型		限值(分)
轻型客车		≥93
中型客车	旅游客车	≥92
	团体客车	≥90
	城市客车	≥88
	长途客车	≥80
大型客车	旅游客车	≥90
	团体客车	≥88
	城市客车	≥87
	长途客车	≥87
特大型客车	铰接式客车	≥84

汽车防雨密封性检验方法简述如下。

(一)试验条件

淋雨试验时，气温应在 5℃～35℃，气压应在 99 kPa～102 kPa 范围内。在室外淋雨试验时，应选择晴天或阴天，并且风速不超过 1.5 m/s。

(二)检测前准备

1.测定降雨强度

(1)分别将连接软管(图 13-5)下端与集流管连接，其上端与待测定淋雨管路中的喷嘴连接，根据车辆型号(需要的淋雨面积和降雨强度)选取被连接的喷嘴间隔和数量；

(2)同时开启进水阀和放水阀；

(3)将待测定淋雨管路中的节流阀开启至某一开度；

(4)启动淋雨设备，待喷嘴和容器底部出水都呈稳定状态时，关闭进水阀；

(5)待容器内的水放完后，关闭放水阀；

(6)开启进水阀，同时记录时间，2min 后，立即关闭进水阀，再关闭淋雨设备；

(7)用量杯计量容器内全部积水，然后按下式计算降雨强度：

$$F=\frac{QK}{6A}\times 10^{-3}$$

式中：F——降雨强度，mm/min；

Q——容器内积存水量，mL；

K——被测淋雨管路中全部喷嘴数量；

A——被测淋雨管路对应的淋雨面积，m^2。

(8)反复进行(2)~(7)调试，直至全部淋雨管路均达到规定的降雨强度为止。

当淋雨设备自身设置有流量计，且各降雨强度要求不同的受雨部位对应的淋雨管路上分别设置节流阀，或者全部淋雨管路仅设置一个共用节流阀，并且各淋雨管路上设置喷嘴的密度与它们降雨强度的比值相对应时，则不必采用上述方法直接测定降雨强度，可逐个调节设置在各淋雨管中的节流阀，使流经该管路的水流量达到规定降雨强度的对应值。

流量按下式计算：

$$Q_y = \frac{3F_0 \cdot A_0}{50}$$

式中：Q_y——对应流量，m^3/h；

F_0——车体待测部位规定降雨强度，mm/min；

A_0——车体待测部位对应标准面积，m^2。

2. 测定喷射压力

管路系统中已设置压力自动调节阀的淋雨设备只需定期进行压力检定，而试验前喷嘴喷射压力无须再测定。否则，在试验前应进行喷嘴喷射压力测定。方法如下：在任意一个喷嘴口处，用橡胶软管连接喷嘴与水压表，调节压力调节阀，使喷射压力达到规定值。

(三)检测步骤

(1)将试验车停放在淋雨场地内指定位置。

(2)检测员进入车厢，然后关闭全部门、窗及通气孔口盖。

(3)启动淋雨设备，待进入稳定工作状态时即为试验开始，5 min 后开始观察车厢渗漏水情况，并将结果填入表 13-3。

车厢渗漏水情况　　表 13-3

检查部位	渗漏处数及扣分值									
	渗 (每处扣 1 分)		慢滴 (每处扣 3 分)		快滴 (每处扣 6 分)		流 (每处扣 14 分)		小计	
	处数	扣分	处数	扣分	处数	扣分	处数	扣分	处数	扣分
风窗										
侧窗										
顶盖(包括顶窗)										
后窗										
驾驶员门										
乘客门										
行李舱(箱)										
前围										
后围										
侧围										
地板										
其他										
合计										

淋雨试验时，有关渗漏情况的判断如下。

渗——水从缝隙中缓慢出现，并沿着车内护面上蔓延开去。

慢滴——水从缝隙中出现，并且以少于等于每分钟60滴的速度离开车身内护面，断续地落下。

快滴——水从缝隙中出现，并且以多于每分钟60滴的速度离开车身内护面，断续地落下。

流——水从缝隙中出现，并沿着或离开车身内护面连接不断地向周围或向下流淌。

(4)达到规定淋雨时间(15 min)后，关闭淋雨设备，结束试验。

(5)试验数据整理

每辆受试客车的初始分值为100分，按每出现一处渗扣1分，每出现一处慢滴扣3分，每出现一处快滴扣6分，每出现一处流扣14分累计，减去全部所扣分值即是实得分值，如出现负数，仍按零分计。

防雨密封性的检验工作，生产厂家为了适应市场的需求，开发了用单片机控制的微机淋雨试验台。该淋雨试验台和综合性能检测站计算机控制系统联网后，将根据登录机的车辆信息，由淋雨试验台主机按被检车辆的类型，按不同降雨强度和喷淋组合，进行淋雨测试。检测员在不下车的情况下，通过无线遥控发送器将测试的过程数据和结果送至主控机，测试方便快捷。淋雨测试在各地开展并不均衡，由于一次投入成本较高，场地限制，结果由人工判定及检测费用等诸多因素的影响，严重限制了该项检测开展，但随着法规的不断完善，随着人们对公路运输车辆要求的不断提高及淋雨设备功能的进一步完善，淋雨密封性检测肯定也会被人们逐渐所接受。

第四节　整车装备检验结果分析

一、整车装备检验不合格的主要问题

1.车辆高度差超标

由于货车超载的原因造成车架、钢板弹簧变形，从而影响到车体外缘左右高度差不合格。这种故障大多发现在运输土石方的自卸车和运输大质量货物的车辆上。

2.车辆结构的改造

部分货车为了超载运输，对钢板弹簧进行改造，将较薄的钢板弹簧片改为较厚的钢板弹簧片，有的则增加钢板弹簧的片数，这样，原来的钢板弹簧滑动座的螺栓就无法穿过，这是比较普遍的改装方式。

3.车辆超期使用

部分使用年限已久的货车的车身和驾驶室掉漆和锈蚀较严重，有些栏板已破损严重。

4.车轮和轮胎

(1)轮胎螺母缺少，有的螺栓已断裂。

(2)同轴轮胎的规格尺寸、花纹不一致，后胎更为严重。

(3)轮胎破损严重。土石方运输车辆由于超载运输，而且道路条件较差，不少轮胎都异常损坏，胎体开裂、划伤更是屡见不鲜。

5.灯光、牌号、仪表问题

(1)部分货车甚至出租车，前照灯的发光强度不够，光轴照射位置不对。关键是灯内的反射镜已经陈旧，有的被雨水浸泡后出现锈蚀，不起反射和聚光作用。

(2)倒车灯、牌照灯、甚至制动灯都不亮，有些灯外壳严重破损，只用胶带缠住，严重影响正常使用。

(3)不少车辆的车速表指示值不准确，甚至没有车速表。

6.转向系问题

转向系球销的配合松旷，底盘下方润滑很差，有些车辆根本没有黄油嘴。

以上只是反映部分营运车辆外观检视中的问题，虽不是所有车辆都这样，但已具有普遍性。据统计分析，客车的合格率较高，货车较低，而货车中专业运输公司的车辆较好，个体经营户的车辆的车况较差。危险品运输车、集装箱运输车、汽车列车和超长线路运输的客货车车况，还是比较好的。

二、整车装备检验不合格的原因分析

(1)经营者对定期维护的认识不足

①经营者和车辆使用者对车辆要“定期维护”的意识和重要性认识不足，不少人重经营、轻维护，重效益、轻管理的思想较普遍。为了节省成本，取消或削弱了定期维护这个重要的环节。

②不少车辆平时缺少检查维护，只要能用，车辆就不停的使用，即使车辆有故障，也不到正规修理厂彻底维修，而是由路边店凑合解决。

③部分配件的质量比较差，使用者也很难分辨出配件的真伪，如车速表、前照灯、转向球头销副等，换上没多久就损坏的现象，也时有发生。

(2)车辆二级维护相关标准有明确的作业项目，少数修理厂的总检验员也熟知检测评定的内容。但部分总检验员在检验时缺乏认真细致的态度，有的根本没经过检验就往检测站送检。这样就造成了由检测站先检，再回厂修理，再送检的怪现象。

(3)部分修理企业，车辆维护不规范、不到位，对于整车装备和外检这种项目多，部位广的检验工作重视不够，所以，检测难以通过。

(4)检测站对外检判定的宽严尺度不一。各地的检测机构(安全性能检测站、综合性能检测站)较多，有的地区甚至有几个性质相同的检测站，对于外检判定尺度的宽松本来就难于统一，如果几个站在执行外检时宽松不一致，甚至同一站的检验员执行标准不一致，就使整车检验和外观检验的质量难以保证。

综上所述，整车装备及外观检验工作中存在的问题，主要是思想认识和管理力度不够造成的，只要强化标准执行的力度，经营者和维修企业不重视的问题应该说是好解决的，至于检测员内部宽松不一的现象，除了加强素质培训外，关键是加强自律和监督机制，通过严格管理给予解决。

本章小结

1.重点介绍了GB 1589-2004《道路车辆外廓尺寸、轴荷及质量限值》对车辆的有关规定。

车辆在生产、使用和维护过程中，任何企业和个人都不得私自改动车辆的尺寸、结构。车辆检验单位在例行检验时应对车辆的尺寸、质量参数进行核对，从源头堵死改装车进入营运市场，防止因私自改装和超载造成重大的行车事故。

2. 依据GB 18565-2001《营运车辆综合性能要求和检验方法》的规定，对车辆的车身、车架、驾驶室、轮胎、悬架、传动系和各类安全防护装置都提出了具体的要求。使外检检验有了一个比较规范统一的检验实施细则，解决了长期以来外检工作中时松时紧、尺度难以控制的难题。

3. 提出了外检工作的重要性，外检检验的部位非常多，涉及车辆的上下、左右、前后、里外，而且包含了行车安全的各个部位。这些部位既不可能用仪器测量，也没有必要完全靠仪器进行判定，只能依靠检验人员高度的责任感和丰富的实践经验来实施。严把质量关，检验员只要认真负责，即可查出安全隐患，更是一种多快好省的选择。

4. 外观检验的常用设备有地沟、底盘间隙观察仪、淋雨试验台、试车道等，介绍了其使用方法，外检的试验方法和技术要求。

5. 对车辆的唯一性进行确定，为严防套牌车、拼装车、私自改装车蒙混过关进入营运市场，唯一性的确认应仔细。外检中的动态检验和底盘下方检验涉及到车辆转向、制动、行驶、传动等主要装备的技术状况，对那些直接影响到行车安全的部位，应特别重视，不能疏忽并逐项检查。

危险品运输车和客车是安全工作中的重点控制车型，除一般的车辆的检验项目外，还应增加应检查的特殊部位。集装箱运输车辆、汽车列车是发展较快的大型车辆，由于车辆太长，不少检测线由于布局的限制，往往会通过路试的方法进行检测。严格地讲，现在车辆路试也应该通过仪器设备进行定量检验，以确保检测质量。

6. 外检检测员是确保外检检验质量的关键因素，应选派职业道德好、技术素质高、工作认真负责的人担当，确保外检检验工作不流于形式。

思 考 题

1. 理解车辆尺寸参数和质量参数的具体内容及测量方法？
2. 理解并应用车身、车架、驾驶室、行驶系、传动系、悬架、减震器、车轿及车辆安全防护装置的技术要求？
3. 简述车辆外观检验的重要性？
4. 外观检验时，必备的设施、设备及常用工具有哪些？
5. 简述底盘间隙观察仪的使用方法及维护要求。
6 如何测量、计算、判定车辆左右对称高度差及轴距差？
7. 外检时为什么一定要增加车辆的动态检验，如何进行动态检验？
8. 简述底盘下方检查的主要部位和要求？
9. 危险品运输车辆的标志具体有哪几种并进行说明。
10. 对危险货物运输车辆，在检验时，有哪些部位应重点检查？
11. 集装箱运输车辆哪些部位应重点检查？
12. 客运车辆哪些部位应重点检查？

第十四章 营运车辆技术等级评定

随着我国公路建设和汽车运输业的不断发展，对营运车辆的技术要求也越来越高。营运车辆的技术状况不仅影响汽车运输效率，而且直接关系到我国道路交通分布的合理性、运输的经济性、行驶的安全性和可靠性。

加强对营运车辆的技术管理，定期对营运车辆进行综合性能检测，并对营运车辆的技术状况进行分级评定，从而，促进和提高营运车辆的技术状况的改善，提高营运车辆在从事营运时的高效、节能、安全和减少公害是十分必要的。

为此，交通部曾于 1990 年颁布的《汽车运输业车辆技术管理规定》(第 13 号部令)中规定："各省、自治区、直辖市交通厅(局)应制定车辆技术状况鉴定制度；各级交通运输管理部门负责车辆技术状况等级鉴定的组织和监督检查；运输单位应按规定做好车辆技术状况等级的鉴定工作；车辆技术状况等级的鉴定，至少每半年进行一次。"又在 1995 年组织制订并颁布了 JT/T 198—1995《汽车技术等级评定标准》和 JT/T 199—1995《汽车技术等级评定的检测方法》两项行业标准。这两项标准的贯彻实施，有力地促进了交通运输业车辆技术等级评定的行业管理工作，促进了营运车辆技术水平的提高和汽车检测技术水平的提高。

随着汽车设计、制造技术水平的不断进步，汽车的技术使用性能也在不断提高，所以，相应地对营运车辆技术的要求、对运输行业管理的要求也在不断提高。交通部又于 2004 年组织对 1995 年颁布的 JT/T 198—1995 和 JT/T 199—1995 两个标准进行了修订。考虑到评定车辆的技术状况与所采用的检测方法直接相关，所以，在修订中，以引用 GB 18565—2001《营运车辆综合性能要求和检验方法》标准为主，将原有的 JT/T 198—1995《汽车技术等级评定标准》和 JT/T 199—1995《汽车技术等级评定的检测方法》合并在一起，重新修订并颁布了 JT/T 198—2004《营运车辆技术等级划分和评定要求》，作为目前对营运车辆技术等级评定的依据。

2005 年，交通部又陆续颁布了《道路货物运输及场站管理规定》(第 6 号部令)、《道路危险货物运输管理规定》(第 9 号部令)和《道路旅客运输及客运站管理规定》(第 10 号部令)，其中都对相应车型的营运车辆技术等级评定工作做了明确的规定。

第一节 营运车辆技术等级评定的内容

JT/T 198—2004《营运车辆技术等级划分和评定要求》，适用于在我国所有从事营业运输的车辆。营运车辆技术等级评定的内容共分有十大部分：

(1)整车装备及外观。包括整车装备与标识；车身、车架、驾驶室；车门、车窗；驾乘座椅；卧铺;行李架(仓);安全出口、安全带;车厢、地板、护轮板(挡泥板);车轮、轮胎;悬架装置;传动系、车桥;转向节及臂、横直拉杆及球销;制动装置(行车、应急、驻车);螺栓、螺母紧固;灯光数量、光色、位置;信号装置与仪表;漏气、漏油、漏水、漏电;底盘异响;发动机异响;润滑;灭火器;车内外后视镜;侧面、后下部防护装置等。

(2)动力性。包括驱动轮输出功率;滑行性能等。

(3)燃料经济性。指等速百公里油耗。

(4)制动性。包括制动力;制动力平衡;制动协调时间;车轮阻滞力;驻车制动力等。

(5)转向操纵性。包括转向轮横向侧滑量;转向盘最大自由转动量;悬架特性等。

(6)前照灯。指前照灯的发光强度和光束照射位置等。

(7)排放污染物控制。包括汽油车双怠速排气污染物控制;柴油车自由加速烟度控制;柴油车排气可见污染物控制等。

(8)喇叭声级。

(9)车辆防雨密封性。

(10)车速表示值误差。

营运车辆技术等级划分为:一级车、二级车和三级车。“三级车”是营运车辆技术等级中最低一级要求,是社会车辆进入道路运输业,从事营运的门槛。

营运车辆技术等级评定的检测方法引用 GB 18565《营运车辆综合性能要求和检验方法》的有关规定。

第二节 营运车辆技术等级的评定规则

一、评定原则

凡是投入营运的车辆都应达到 GB 18565《营运车辆综合性能要求和检验方法》规定的要求。因为 GB 18565 是强制性国家标准,该标准规定的要求是投入营运的车辆都应达到最基本的要求,凡是投入营运的车辆,不论哪一级,都必须达到这些要求。

营运车辆的级别应按 JT/T 198—2004《营运车辆技术等级划分和评定要求》标准中规定的分级项要求来确定。

二、评定等级

JT/T 198—2004《营运车辆技术等级划分和评定要求》标准中,将营运车辆技术等级划分为一级车、二级车和三级车,不同级别的车辆在分级项里,要达到的技术要求是不同的。

1.一级车要求

JT/T 198—2004《营运车辆技术等级划分和评定要求》标准中,一级车必须满足的分级项目有:整车装备与标识;车身、车架、驾驶室;车门、车窗;车轮、轮胎;驱动轮输出功率;等速百公里油耗;制动力平衡;车轮阻滞力;转向盘最大自由转动量;排放污染物控制;车速表示值误差。

当受检车辆达到上述标准中规定项目的一级车技术要求,且不分级的项目达到合格要求时，可以评为一级车。

2. 二级车要求

JT/T 198—2004《营运车辆技术等级划分和评定要求》标准中，二级车必须达到的分级项目有：车架、车身、驾驶室；车轮、车胎；制动力平衡；

当受检车辆除达到上述 3 项二级车的技术要求外，还必须在 8 个一级车项目(整车装备与标识；车门、车窗；驱动轮输出功率；等速百公里油耗；车轮阻滞力；转向盘最大自由转动量；排放污染物控制；车速表示值误差)中，至少有 3 项达到一级车的技术要求，且不分级的项目达到合格要求时，方可评为二级车。

3. 三级车要求

JT/T 198—2004《营运车辆技术等级划分和评定要求》标准中，三级车是车辆申请从事营运的最低技术要求，也是对营运车辆最起码的技术要求。受检车辆在分级的项目中应达到三级车的技术要求，且没有分级的项目都达到合格要求时，方可以评为三级车。达不到三级的车辆，不能参与道路营运。

第三节　营运车辆技术等级评定项目及技术要求

一、整车装备与外观

整车装备与外观的检查与评定，主要是以人工检视、简单测量为主，共有 23 个项目，其中有分级项目 4 个。现就具体条款的技术要求等重点事项作以说明。

1. 整车装备与标识(分级项)

(1)一级车技术要求

①整车装备齐全，完好，有效，各连接部件紧固完好，车体周正；车体外缘左右对称部位(在离地高 1.5 m 以内测量)高度差不大于 20 mm；左右轴距差不大于轴距的 1.2 ‰。

②车辆结构不得任意改造。

③车顶、车门、车身、风窗玻璃等部分的标识应统一，齐全有效，并符合有关规定。

(2)二、三级车技术要求

①整车装备齐全，完好，有效，各连接部件紧固完好，车体周正；车体外缘左右对称部位(在离地高 1.5 m 以内测量)高度差不大于 40 mm；左右轴距差不大于轴距的 1.5 ‰。

②车辆结构不得任意改造。

③车顶、车门、车身、风窗玻璃等部分的标识统一，齐全有效，并符合有关规定。

(3)检视、测量中的理解要点

①整车装备应包括车辆外观、各总成件、连接部件、门窗车厢、车体尺寸、安全防护、灯光信号、视镜、刮水器、燃润油量、保险杠和备胎等。

②连接部件是指车身与悬架/车架、车厢与车架、车架与悬架、悬架与车桥、车轮与轮毂、半轴与轮毂、传动轴部件、转向系统的拉杆、节臂、球销等和制动系统的泵阀、管路、储气筒等部件的连接紧固螺栓。

③车辆结构是指车身尺寸、车厢尺寸、各总成件和各总成件的连接方式及擅自添加的附属物。

④标识有危险货物运输车辆的标识、特种车辆标识和运政管理部门规定的运输车辆标识。危险货物运输车辆的标识，有置于驾驶室顶部外表面前端中间位置的磁吸式三角形顶灯和安装于车辆尾部右方的矩形标牌两种。标识的颜色为黄底、黑字、黑边框，标识的样式及尺寸规定如图 14-1 所示（摘自 GB 13392《道路运输危险货物车辆标志》）。

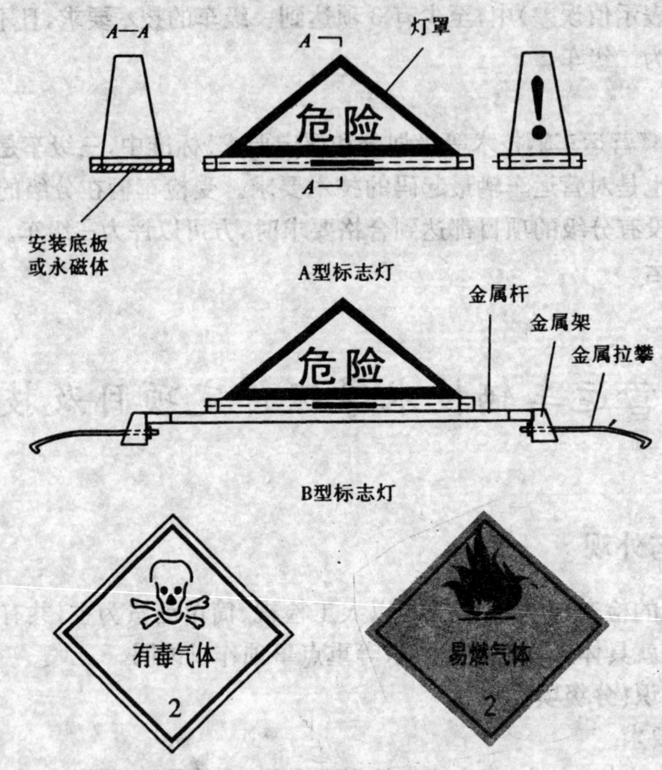

图 14-1 危险品运输车辆的标志灯、标志牌

⑤车体外缘左右对称部位的测量。将车辆停放在平整地面上，轮胎气压正常，在距离地面 1.5 m 以下测量，测量点应在汽车左右外缘的对称部位。

⑥轴距测量。对于二轴汽车，可分别在左右两侧前后轴头中心处测量其轴距，取其差值；对三轴或多轴车辆，依次测量相邻两轴的轴距，且其差值都应符合限值的规定。计算公式为：

$$\text{实际测量的比值} = \frac{\text{左侧轴距实测值} - \text{右侧轴距实测值}}{\text{规定轴距值(出厂值)}} \times 1000‰$$

2. 车架、车身、驾驶室（分级项）

(1)一、二级车技术要求

①车身和驾驶室的技术状况应能保证驾驶员有正常的工作条件和客货安全。

②车身和驾驶室应坚固耐用，车架、车身与驾驶室不得有开裂、锈蚀和明显变形，螺栓和铆钉不得缺少或松动，车身与车架的连接应安装牢固。

③车身外部和内部都不应有任何可能使人致伤的尖锐凸起物。

④驾驶室和乘客舱所有内饰材料应具有阻燃性。

⑤驾驶室必须保证驾驶员的前方视野和侧方视野。车窗玻璃不允许张贴妨碍驾驶员视野

的附加物和镜面反光遮阳膜。

⑥表面无锈迹、无脱掉漆。

(2)三级车技术要求

①车身和驾驶室的技术状况应能保证驾驶员有正常的工作条件和客货安全。

②车身和驾驶室应坚固耐用,车架、车身与驾驶室不得有开裂、锈蚀和明显变形,螺栓和铆钉不得缺少或松动,车身与车架的连接应安装牢固。

③车身外部和内部都不应有任何可能使人致伤的尖锐凸起物。

④驾驶室和乘客舱所有内饰材料应具有阻燃性。

⑤驾驶室必须保证驾驶员的前方视野和侧方视野。车窗玻璃不允许张贴妨碍驾驶员视野的附加物和镜面反光遮阳膜。

(3)理解要点

①尖锐凸起物。汽车外部和内部的凸起物的概念和设计要求应达到GB11551《汽车外部突出物》和GB11552《汽车内部突出物》的规定。

②内饰材料阻燃性。内饰材料包括坐垫、座椅靠背、座椅套、安全带、头枕、扶手、活动式折叠车顶、所有装饰性衬板、仪表板、杂物箱、室内货架板、窗帘、地板覆盖层、遮阳板、轮罩覆盖物、发动机罩覆盖物和撞车时吸收碰撞能量的填料、缓冲装置等所用的有机材料。内饰材料的燃烧特性应满足:

a. 不燃烧。

b. 可以燃烧,燃烧速度不大于100 mm/min,但燃烧速度的要求不适用于切割试样所形成的表面。

c. 如果从试验计时开始,火焰在60 s内自行熄灭,且燃烧距离不大于50 mm,也被认为满足上述要求。内饰材料的燃烧特性的试验方法按GB 8410《汽车内饰材料的燃烧特性》进行。

③镜面反光遮阳膜是指外表面具有镜面反光现象,张贴后使得车辆周围的其他交通参与者眩目,形成"光污染",又影响交通安全的遮阳膜。

3. 车门、车窗(分级项)

(1)一级车技术要求

①车门和车窗应启闭轻便,不得有自行开启现象,锁止可靠,玻璃升降器应完好。

②玻璃应完好无损。

(2)二、三级车技术要求

①车门和车窗应启闭轻便,不得有自行开启现象,锁止可靠,玻璃升降器应完好。

②玻璃不得缺损。

(3)理解要点

①采用动力启闭的乘客门,在有故障情况下,应仍能简单地靠手动来开关。在紧急情况下,当车辆静止且车门未锁时,每扇动力启闭的乘客门不论是否有动力供应,都能通过控制器从车内或车外开启。此控制器应有明显标识,易于识别,且安装在便于操作、确保安全的地方。

②玻璃升降器应完好,在升降过程中不应有卡滞或关闭不严的现象。车辆使用的玻璃应符合GB 9656《汽车安全玻璃性能要求和试验方法》规定的要求。在进行一般性检查时,可以看其是否有安全玻璃认证标志。

4. 驾乘座椅(不分级)

(1)不分级项技术要求

①座椅和地板应具有足够的强度,座椅和扶手应安装牢固可靠。乘客座椅间距不得采用沿滑道纵向调整的结构。

②车长大于 6 m 的客车,同方向座椅的座间距不得小于 650 mm。面对面座椅的座间距不得小于 1200 mm。

(2)理解要点

①客车的座椅与地板的固定必须牢固可靠,不可以纵向调节。

②客车同方向座椅间距的测量如图 14-2 所示。

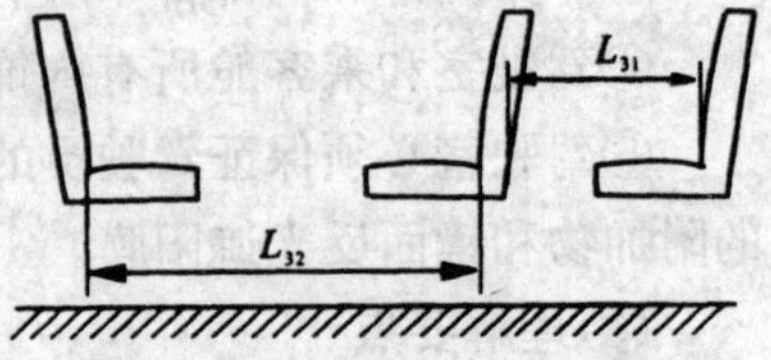

图 14-2　客车座椅间距的测量

5. 卧铺(不分级)

(1)不分级项技术要求

卧铺客车的卧铺应采用“1+1”或“1+1+1”纵向布置(与车辆前进方向相同),卧铺宽度应不小于 450 mm,卧铺纵向间距应不小于 1400 mm,相邻卧铺的间距应不小于 350 mm。

注:该项要求只对卧铺客车检查。

(2)卧铺应采用“1+1”或“1+1+1”纵向布置(与车辆前进方向相同),就是指相邻的两个铺位应分开,不准连靠在一起,铺位不准横向放置。尺寸测量的方法如图 14-3 所示。

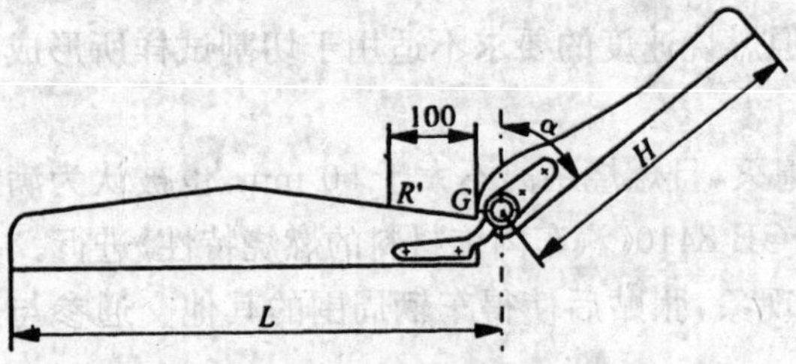

图 14-3　卧铺长和卧铺宽的测量

6. 行李架(舱)(不分级)

不分级项技术要求:中级、中级以上车长大于或等于 9 m 的营运客车和卧铺客车车身顶部不得设置行李架,应设置符合有关标准要求的行李舱。其他客车需设置车外顶行李架时,其顶架载荷按每个乘客 10 kg 行李核定,且行李架长度不得超过车长的三分之一。

7. 安全出口、安全带(不分级)

(1)不分级项技术要求

①安全出口

1)车长大于 6 m 的客车,如车身右侧仅有一个乘客上下的车门时,应设置安全门或安全窗。卧铺客车应设置车顶安全出口。其卧铺布置为上、下双层时,侧窗布置应为上下双排。使用安全门时,应保证不用其他器具即可将其向外推开。安全出口的数量和位置应符合有关规定。

2)安全门应满足下列要求:

a. 安全门的净高不得小于 1250 mm,净宽不得小于 550 mm;

b. 门铰链应在门前端,向外开启角度应不小于 100°,并能在此角度下保持开启,同时设有开启报警装置;

c. 通向安全门的通道宽度应不小于 300 mm,不足 300 mm 时,允许采用迅速翻转座椅等方法加宽通道;

d. 车内外应设置应急开关把手,车外把手距地面高度应不大于 1 800 mm;

e. 关闭时应能锁止；

f. 在安全门或安全窗处应有醒目的红色标志和操作指南，字体高度应不小于 20 mm。

3)安全窗应满足下列要求：

a. 安全窗和安全顶窗的面积应不小于 3×10^5 mm^2，且能内接一个 400 mm×600 mm 的椭圆；车辆后端面的安全窗的面积应不小于 4×10^5 mm^2，且能内接一个 500 mm×700 mm 的矩形；

b. 安全窗应易于向外推开或用手锤击碎玻璃，在其附近，应备有便于取用的击碎出口玻璃的专用工具。(注：该项要求只对载客汽车检查)

②安全带

1)座位数小于或等于 20(含驾驶员座椅，下同)或者车长小于或等于 6 m 的载客汽车，和最大设计车速大于 100 km/h 的载货汽车和牵引车，前排座位必须装置汽车安全带。长途客车和旅游客车的驾驶员座椅及前面没有座椅或护栏的座椅应安装汽车安全带。安全带应有认证标志。

2)卧铺客车的每个铺位均应安装两点式汽车安全带。

3)汽车安全带应可靠有效，安装位置应合理，固定点应有足够的强度。

(2)理解要点

1)客车的安全出口是指在紧急情况下供乘员撤离的出口。安全出口包括安全门、安全窗和安全顶窗。客车安全出口的数量要求见表 14-1：

客车安全出口的数量要求　　表 14-1

客车车长(m)	＞ 7～8	＞ 8～10	＞ 10～12
安全出口最少数量(个)	3	4	5

注：安全顶窗无论多少，只能算一个安全出口(GB 13094—1997)。

2)安全门、安全窗处应有明显的红色标志。通向安全门的通道应畅通，安全门在开启时应能报警，关闭后应能锁止。

3)汽车安全带总成是指当汽车紧急制动或碰撞时，能防止或减轻乘员所受伤害的带状结构的安全装置。安全带总成一般由织带、带扣锁、调节件、卷收器和固定件组成。安全带分以下两种类型：

第Ⅰ类安全带：是指用于限制座椅上的乘员下部躯体向前移动的安全带。

第Ⅱ类安全带：是指即能限制座椅上的乘员下部躯体向前移动，又能限制其上部躯体过度前倾的安全带。

无论是哪一种类型的汽车安全带都必须具备如下条件：

①汽车安全带应有认证标志。

②汽车安全带应可靠有效，其性能应符合 GB 14166《汽车安全带性能要求和试验方法》规定的要求。

③汽车安全带的安装位置应合理，固定点应有足够的强度。其具体要求应符合 GB 14167《汽车安全带固定点》的规定。

8. 车厢、地板、护轮板/挡泥板(不分级)

(1)不分级项技术要求

①货箱的栏板和地板应平整，客车车身与地板应密合，应有防止发动机废气进入车厢内的有效措施。

②轿车应有护轮板，挂车后轮应有挡泥板，其他车辆的所有车轮均应有挡泥板。

(2)理解要点

为了防止客车的排气管排出的废气通过车厢底板进入客车车厢内，危害司乘人员，要求客车的车身与地板应密合，不得有缝隙；发动机排气管的出气口应伸出客车车身外蒙皮。

9.车轮、轮胎(分级项)

(1)一、二级车技术要求

①轮胎的磨损：微型车辆胎冠花纹深度不得小于 3.2 mm，其他车辆转向轮的胎冠花纹深度不得小于 3.5 mm，其余轮胎胎冠花纹深度不得小于 2.5 mm。

②轮胎胎面不得有局部磨损而暴露出轮胎帘布层。轮胎的胎面和胎壁上不得有长度超过 25 mm 或深度足以露出轮胎帘布层的破裂和割伤。

③同一轴上轮胎规格和花纹应相同，轮胎规格应符合车辆出厂时的规定，同一轴上轮胎外径的磨损程度应大体一致。

④汽车转向轮不得装用翻新的轮胎。

⑤汽车装用的轮胎应与其最大设计车速相适应。

⑥轮胎负荷不应超过该轮胎的额定负荷，轮胎的充气压力应符合该轮胎承受负荷时规定的压力。

⑦最大设计车速超过 120 km/h 的车辆，其车轮应做动平衡，并应符合有关技术要求。

⑧轮胎螺母和半轴螺母应完整齐全，并应按规定力矩紧固。

⑨车轮总成的横向摆动量和径向跳动量：总质量小于或等于 4 500 kg 的汽车，不得大于 5 mm；其他车辆不得大于 8 mm。

(2)三级车技术要求

①轮胎的磨损：轿车和挂车胎冠上花纹深度不得小于 1.6 mm，其他车辆转向轮的胎冠花纹深度不得小于 3.2 mm；其余轮胎胎冠花纹深度不小于 1.6 mm。

②轮胎胎面不得有局部磨损而暴露出轮胎帘布层。轮胎的胎面和胎壁上不得有长度超过 25 mm 或深度足以露出轮胎帘布层的破裂和割伤。

③同一轴上轮胎规格和花纹应相同，轮胎规格应符合车辆出厂时的规定，同一轴上轮胎外径的磨损程度应大体一致。

④汽车转向轮不得装用翻新的轮胎。

⑤汽车装用的轮胎应与其最大设计车速相适应。

⑥轮胎负荷不应超过该轮胎的额定负荷，轮胎的充气压力应符合该轮胎承受负荷时规定的压力。

⑦最大设计车速超过 120 km/h 的车辆，其车轮应做动平衡，并应符合有关技术要求。

⑧轮胎螺母和半轴螺母应完整齐全，并应按规定力矩紧固。

⑨车轮总成的横向摆动量和径向跳动量：总质量小于或等于 4 500 kg 的汽车不得大于 5 mm；其他车辆不得大于 8 mm。

微型车辆系指车长小于 3.5 m 且排量不大于 1.0 L 的客车或载质量不大于 1.8 t 的货车。

10.悬架装置(不分级)

(1)技术要求

①钢板弹簧不得有裂纹和断片现象，其弹簧形式和规格应符合产品使用说明书的规定。

中心螺栓和U形螺栓应紧固。

②减振器应齐全有效。

③车桥与悬架之间的各种拉杆和导杆不得有变形,各接头和衬套不得松旷和位移。

(2)理解要点

①汽车的悬架是将车身/车架与车轴弹性联结在一起的装置,它由弹性元件、导向装置和减振器三部分组成。悬架装置在汽车上的联结是否紧固和弹性元件性能的好坏,对保证汽车在行驶中的制动安全性和操纵稳定性,非常重要。

②货车的钢板弹簧总成不得随意增加钢板片数,或改变弹簧钢板的规格和形状。

③汽车减振器不得有渗、漏油现象,减振性能应符合规定。

11.传动系、车桥(不分级)

(1)技术要求

①离合器踏板自由行程应符合该车原厂规定的有关技术条件。

②离合器踏板力应不大于300 N。

③离合器应接合平稳,分离彻底,工作时不得有异响、抖动和不正常打滑等现象。

④变速器和分动器,换挡时齿轮啮合灵便,互锁、自锁、倒挡锁装置有效,不得有乱挡和自行跳挡现象,换挡时变速杆不得与其他部件干涉。运行中无异响。

⑤传动轴在运转时不得发生振抖和异响,中间轴承和万向节不得有裂纹和松旷现象。

⑥前、后桥不得有变形和裂纹。

⑦驱动桥工作应正常且无异响。

(2)理解要点

①离合器踏板自由行程,是指踩下离合器踏板到离合器刚好起作用时的踏板高度与踏板在自由状态时的高度之差。

②上述③、④、⑤、⑦应在路试(车辆行驶状态)中检查。踏下离合器踏板并变换变速器挡位,检查离合器是否彻底分离、换挡过程中挡位进出是否灵活(有无卡滞),放松离合器踏板过程中,检查离合器结合时是否有异响、抖动及打滑现象。行驶中察听变速器齿轮、传动轴、驱动桥有无抖振或异响和变速器有无自动跳挡现象。

12.转向节及臂、横、直拉杆及球销(不分级)

(1)技术要求

转向节及臂、转向横、直拉杆及球销应无裂纹和损伤,并且球销不得松旷。对车辆进行改装或修理时,横直拉杆不得拼焊。

(2)理解要点

转向节臂包括转向节上节臂、下节臂和转向机摇臂,对车辆进行修理时,所有节臂、摇臂和横直拉杆都不允许拼焊。

13.制动装置(行车、应急、驻车)(不分级)

(1)技术要求

①车辆应具有行车制动、应急制动和驻车制动功能。

②行车制动系制动踏板的自由行程应符合该车原厂规定的有关技术条件。

③车辆的行车制动必须采用双管路或多管路。

④检查车辆是否具有有效的应急制动装置(或功能)。

(2)理解要点

①制动踏板的自由行程,是指踩下制动踏板到制动刚好起作用时的踏板高度与踏板在自由状态时的高度之差。

②应急制动功能。是指汽车行驶中,有一处制动管路失效的情况下,在规定的距离内将车辆停住的能力。台试检验应急制动力时,其测得的制动力应符合表 14-2 的规定。

③驻车制动功能。驻车制动应能使车辆在即使没有驾驶员的情况下,也能停放在上、下坡道上。驾驶员必须在座位上就可以实现驻车制动。施加于驻车制动操纵装置的力:手操纵时,座位数小于或等于 9 的载客汽车,应不大于 400 N,其他汽车应不大于 600 N;脚操纵时,座位数小于或等于 9 的载客汽车,应不大于 500 N,其他汽车应不大于 700 N。

汽车应急制动力的要求 表 14-2

车辆类型	应急制动力总和占整车重量百分比 %	允许操纵力 N	
		手操纵	脚操纵
座位数≤9 的载客汽车	≥ 30	≤ 400	≤ 500
其他载客汽车	≥ 26	≤ 600	≤ 700
载货汽车	≥ 23	≤ 600	≤ 700

驻车制动操纵装置必须有足够的储备行程。一般应在操纵装置全行程的三分之二以内,产生规定的制动效能,驻车制动机构装有自动调节装置时,允许在全行程的四分之三以内产生规定的制动效能。棘轮式驻车制动操纵装置应保证在达到规定驻车制动效能时,操纵杆往复拉动的次数不得超过三次。驻车制动应通过纯机械装置把工作部件锁止。不允许利用液压、气压或电力驱动来获得规定的制动效能。

14.螺栓、螺母紧固(不分级)

(1)技术要求

①轮胎螺母和半轴螺母应完整齐全,并应按规定力矩紧固。

②中心螺栓和 U 形螺栓应紧固。

(2)理解要点

①轮胎螺母和半轴螺母应完整齐全,不允许缺少和松动。

②钢板中心螺栓和 U 形螺栓应齐全紧固。钢板中心螺栓松或断,会造成钢板总成的片间错位或总成移位,U 形螺栓松动会造成钢板总成或车桥的移位。

15.灯光数量、光色、位置(不分级)

(1)技术要求

①所有前照灯的近光都不得眩目。

②汽车和挂车的外部照明和信号装置的数量、位置、光色、最小几何可见度应符合 GB 4785的有关规定。

③全挂车应在挂车前部的左右各装一只红色标志灯,其高度应比全挂车的前栏板高出 300~400 mm,距车厢外侧应小于 150 mm。

④车辆应装置后回复反射器,车长大于 10 m 的车辆应安装侧回复反射器,汽车列车应装有侧回复反射器。回复反射器应能保证夜间在其正面前方 150 m 处用汽车前照灯照射时,在照射位置就能确认其反射光。

⑤装有前照灯的车辆应有远近光变换装置，并且当远光变近光时，所有的远光应同时熄灭。同一辆车上的前照灯不允许左、右的远、近光灯交叉开亮。

⑥车辆的前位灯、后位灯、示廓灯、挂车标志灯、牌照灯、倒车灯和仪表灯应能同时启闭，当前照灯关闭和发动机熄火时，仍能点亮。

⑦空载高为 3 m 以上的车辆，均应安装示廓灯。

⑧车辆应安装一只或两只后雾灯，只有当远光灯、近光灯或前雾灯打开时，后雾灯才能打开。后雾灯可以独立于任何其他灯而关闭。后雾灯可以连续工作，直至位置灯关闭时为止，之后，一直处于关闭状态，直至再次打开。车辆(挂车除外)可以选装前雾灯。

⑨车辆应装有危险报警闪光灯，其操纵装置应不受电源总开关的控制。危险报警闪光灯和转向信号灯的闪光频率为 1.5 Hz±0.5 Hz；起动时间应不大于 1.5 s。

⑩汽车和挂车均应安装侧转向灯，若汽车前转向灯在前面可见时，视为满足要求。铰接式车辆每一刚性单元必须装有至少一对侧转向灯。

(2)理解要点

按照 GB 4785—1998《汽车及挂车的外部照明和信号装置的安装规定》标准的规定，应主要检查前照灯(包括近光灯和远光灯)、雾灯、前位灯、后位灯、示廓灯、制动灯、转向信号灯(前转向信号灯、侧转向信号灯、后转向信号灯)、后牌照灯、倒车灯、挂车标志灯、后回复反射器等的数量、位置和光色等。有关汽车照明和信号装置的光色规定如表 14-3 所列。

汽车照明和信号装置的光色规定表 表 14-3

灯具名称	光色
远光灯	白色
近光灯	白色
转向信号灯	琥珀色
制动灯	红色
牌照灯	白色
前位灯	白色
后位灯	红色
非三角形后回复反射器	红色
三角形后回复反射器	红色
非三角形前回复反射器(即白色或无色回反射器)	与入射光相同
非三角形侧回复反射器	琥珀色。若与后位灯、后示廓灯、后雾灯、制动灯或最后面的红色侧标志灯组合、或共有透光面则可以为红色
危险警告信号	琥珀色
前雾灯	白色或黄色
后雾灯	红色
倒车灯	白色
驻车灯	前面白色，后面红色。若与侧转向灯、侧标志灯混合则为琥珀色
示廓灯	前面白色，后面红色。
侧标志灯	琥珀色。若与后位灯、后示廓灯、后雾灯、制动灯组合，或复合，或混合，或与后回复反射器组合或共有透光面，则最后面的侧标志灯可以为红色

①汽车的灯具应安装牢靠、完好、有效。不得因车辆振动而松脱、损坏、失去作用或改变光照方向。灯具开关应安装牢固，开关自如，不得因车辆振动而自行开关。

②所有前照灯的近光都不得眩目。这就是要求装用的汽车前照灯必须采用具有防眩目功能的灯泡，其配光性能应符合 GB 4599—1994《汽车前照灯配光性能》标准的要求。目前，常见的防眩目前照灯有单灯双光束和双灯单光束两种，如图 14-4 所示。

16. 信号装置与仪表(不分级)

(1)技术要求

①车辆仪表板上应设置与行驶方向相适应的转向信号和兰色远光指示信号灯。

②仪表板上应设置仪表灯。仪表灯点亮时，应能照清仪表板上所有仪表并不得眩目。

③各种客车应设置车厢灯和门灯。车长大于 6 m 的客车，应至少有两条车厢照明电路，仅用于进出口处的照明电路可作为其中之一。当一条电路失效时，另一条应能正常工作，以保证车内照明，但不得影响驾驶员的视线和其他机动车的正常行驶。

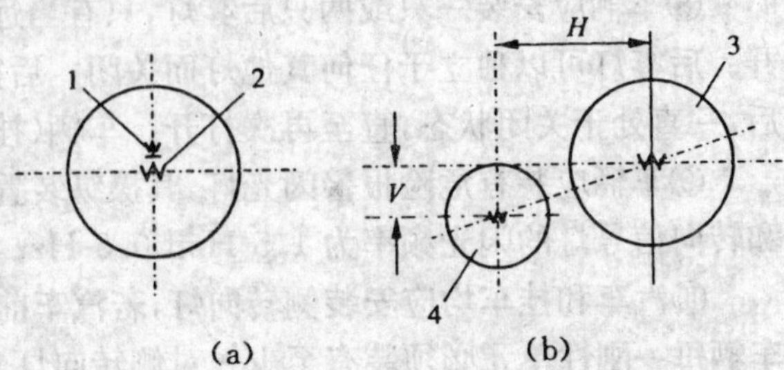

图 14-4 单灯双光束及双灯单光束前照灯示意图

(a)单灯双光轴；(b)双灯单光轴

1-近光灯丝；2-远光灯丝；3-远光灯泡；4-近光灯泡；H-两灯丝在横坐标上的距离；V-两灯丝在纵坐标上的距离

④车辆照明和信号装置的任一条线路出现故障时，不得干扰其他线路的正常工作。

⑤车辆前、后转向信号灯、危险报警闪光灯及制动灯，白天距 100 m 可见，侧转向信号灯白天距 30 m 可见；前位灯、后位灯、示廓灯、挂车标志灯夜间好天气距 300 m 可见；后牌照灯夜间好天气距 20 m 能看清牌照号码。制动灯的亮度应明显大于后位灯。

⑥车长大于 6 m 的客车应设置电源总开关，分线路保险完善的客车除外。

⑦车速里程表、水温表、机油压力表、电流表、燃油表、气压表等各种仪表和信号装置应齐全有效。

(2)理解要点

采用复合式结构(双丝灯泡)的照明和信号装置有：前/后转向信号灯、后制动灯和危险报警闪光灯等。在这些灯中，转向信号灯、后制动灯和危险报警闪光灯灯丝的亮度应明显大于同一个灯泡内的车位灯或示廓灯。

17. 漏气、漏油、漏水、漏电检查(不分级)

(1)技术要求

①汽车上各连接件无漏油、渗水和漏气现象。

②所有电气导线应捆扎成束、布置整齐、固定卡紧、接头牢固，并有绝缘套，在导线穿越孔洞时需设绝缘套管。所有电气不得有漏电现象。

(2)理解要点

无论车辆在停止或行驶中，发动机的罩盖、缸盖、边盖、油泵、油底壳、变速器、减速器、燃油供给系统、润滑系统和转向助力装置的管路等都不得有渗、漏油现象；发动机的水箱、水泵、散热器、暖风装置和冷却系统的管路都不得有渗、漏水现象。检查时，要求车辆连续运行 10 km，停车 5 min 后，观察其是否有渗、漏现象。

采用液压制动系统的汽车。在踏下制动器踏板，踏板力达 700 N 时维持 1 min 后，观察制动器踏板不应有缓慢下移的现象。

采用气压制动系统的汽车。当气压升至 600 kPa 且不使用制动的情况下，停止空气压缩机 3 min，其气压的降低值应不大于 10 kPa；当将制动踏板踩到底，待气压稳定后观察 3 min，单车气压降值应不大于 20 kPa；汽车列车气压降值应不大于 30 kPa。

18. 底盘异响(不分级)

(1)技术要求

车辆运行中底盘应无异响。

(2)理解要点

车辆在运行中，传动系统的各总成部件(如离合器、变速器、减速器、传动轴、半轴等)和与悬架相连接的总成部件(车架、车身、车桥、驾驶室等)应无任何异响。

19. 发动机异响(不分级)

(1)技术要求

发动机运转时应无异响，运转和加速时，不得有回火和放炮现象。

(2)理解要点

发动机在正常运转中，不应有点火敲击声、气门敲击声、活塞敲击声、活塞销响、连杆轴承响、曲轴轴承响、正时齿轮响等机械性异响；也不应有因点火时间、燃油供给不对而造成的燃烧室爆震、化油器回火、排气管放炮等现象。

20. 润滑(不分级)

(1)技术要求

①各部润滑良好，发动机机油压力应符合该车有关技术条件的规定。

②变速器、后桥等总成和部件的润滑油的规格和用量应符合规定。

(2)理解要点

①一般发动机在怠速运转时的机油压力应不小于 0.1 MPa，或机油压力报警灯熄灭。

②变速器、驱动桥总成件的润滑油量应不缺；各需要加注润滑脂的部位应保持润滑良好。

21. 灭火器(不分级)

(1)技术要求

营运车辆应装备与其相适应的有效灭火装置，灭火装置应安装牢靠并便于取用。

(2)理解要点

营运车辆装备的灭火器，应与其所运输的对象相适应。灭火器应安装牢靠并便于取用，且灭火器的质量保证期应在有效期内。

22. 车内外后视镜、前下视镜(不分级)

技术要求：

①车辆(挂车除外)必须在左右各设置一面后视镜；车长大于 6 m 的平头客车和平头载货汽车车前应设置一面下视镜。轿车和客车驾驶室内应设置一面内后视镜。

②车辆的外后视镜的安装位置和角度应保证看清车身左右外侧、车后 50 m 以外的交通情况。前下视镜应能看清风窗玻璃前下方长 1.5 m、宽 3 m 范围内的情况。

③车内外后视镜和前下视镜应易于调节，并能有效保持其位置。

④安装在外侧距地面 1 800 mm 以下的后视镜，当行人等接触该镜时，应具有能缓和冲击的功能。

23.侧面、后下部防护装置(不分级)

(1)技术要求

①总质量大于 3 500 kg 的汽车和挂车两侧必须装备侧面防护装置,但本身结构已能防止行人和骑车人等卷入的汽车和挂车除外;

②除牵引车和长货挂车以外的汽车和挂车,在空载状态下,其车身或车身底盘总成的后端离地间隙大于 700 mm 时,必须装备能有效防止其他机动车和非机动车等从车辆后下方嵌入的防护装置。

(2)理解要点

侧面防护装置的要求:侧面防护装置是指防止行人、骑摩托车或自行车人等从车辆侧面卷入轮下的装置。对于总质量大于 3 500 kg 的载货汽车和挂车,两侧必须装备侧面防护装置,但车身结构已能防止行人和骑车人等卷入的汽车和挂车除外。车辆侧面防护装置应符合下列要求:

①在空载状态下,车辆的侧面防护装置下边缘任一点离地高度应不大于 550 mm,其上边缘离地高度不小于 800 mm,上边缘与车厢底板下侧面的间距不大于 400 mm。

②侧面防护装置的前缘结构应符合下述规定:

a. 对于平头车,侧面防护装置的前缘与前面最近点的车轮轮胎最后部分的水平间距不大于 400 mm;

b. 对于长头车,侧面防护装置的前缘至驾驶室后壁的间隙不大于 200 mm;

c. 在半挂车上,装备的侧面防护装置的外平面部分的前端应位于支腿的前方,且在转弯时不能与牵引车发生干涉。

③侧面防护装置外平面的装配位置应在前轮接地中心点与后轮外侧车轮接地中心点连接线的外侧,每一侧均不能超过该车的最大宽度。

④侧面防护装置的外平面与端面不得有锐角。

⑤固定安装在汽车上的各种设施,例如蓄电池架、储气筒、油箱、备用轮胎以及随车工具箱等符合上述(1)~(4)所规定的条件下,可以作为侧面防护装置的一部分。

⑥侧面防护装置应有足够的刚度,固定牢靠。而且除了⑤中所述的各种零部件之外,应采用金属或其他适当的材料制造。当侧面防护装置处于安装位置时,用直径 220±10 mm 的圆形平压头施以 1kN 的静压力垂直作用于其外表面各部分上,该装置因受力而产生的变形应满足下列要求:

a. 防护装置最后面 250 mm 一段内的变形不得超过 30 mm;

b. 防护装置其余部分的变形不得超过 150 mm。

上述规定亦可以通过计算来检验。

⑦后下部防护装置要求:后下部防护装置是指能有效地防止轿车、摩托车等车辆从车后下方嵌入的装置。除牵引车和长货挂车以外的汽车及挂车,空载状态下其车身或无车身底盘总成的后端离地间隙大于 700 mm 时,必须装备有效防止其他机动车和非机动车等从车辆后下方嵌入的防护装置。车辆的后下方防护装置应符合下列要求:

a. 在空载状态下,车辆后下部防护装置的下边缘离地高度应不大于 700 mm。

b. 在空载状态下,车辆后下部防护装置的后平面与车辆最后端(高度在 1 500 mm 以下的部分)的水平距离不得大于 600 mm。

c. 后下部防护装置的宽度应为车辆总宽度的60%以上，但不可大于最后轴两侧车轮最外点的距离(不包括轮胎的变形量)。

d. 后下部防护装置应对称、牢固地安装在车架的纵梁或其他替代件上，且其后平面应与车辆纵向对称平面垂直。

e. 后下部防护装置的横梁端部不得弯向车辆后方，尖锐部分不得朝后。当横梁的横向端部成圆角状时，端头圆角半径不小于2.5 mm，横梁的截面高度不小于100 mm。

f. 后下部防护装置应具有足够的抗弯强度，其抗弯强度相当于横断面抗弯截面模量不小于20 cm^2 的钢梁。

二、汽车动力性

1. 驱动轮输出功率(分级项)

(1)一级车技术要求

相应工况下测得的校正驱动轮输出功率与额定扭矩功率或额定功率百分比的值，应不小于GB/T 18276—2000《汽车驱动轮输出功率限值表》中规定相应工况的额定值。即

$$\eta_{vm} \geqslant \eta_{Mr}$$

$$\text{或}\ \eta_{vp} \geqslant \eta_{Pr}$$

(2)二、三级车技术要求

相应工况中测得的校正驱动轮输出功率与额定扭矩功率或额定功率百分比的值，应不小于GB/T 18276—2000《汽车驱动轮输出功率限值表》中规定相应工况的允许值。即

$$\eta_{Mr} > \eta_{vm} \geqslant \eta_{Ma}$$

$$\text{或}\ \eta_{Pr} > \eta_{vp} \geqslant \eta_{Pa}$$

轿车的动力性按额定扭矩工况进行检测和评价；其他车辆按上述两种工况任选一种进行检测和评价。

汽车驱动轮输出功率的额定值和允许值与各种车型的关系见第四章《汽车动力性检测》中表4-2所列。

(3)理解要点

①驱动轮输出功率限值的确定

在汽车动力性检测项目中，取消了原标准中"发动机输出功率"和"汽车直接档加速时间"两项内容，统一按GB/T 18276—2000和GB 18565—2001中"用底盘测功机检测汽车驱动轮输出功率"来进行评价。

选用在发动机特性上的额定扭矩和额定功率时驱动轮输出功率，作为动力性的评价指标，选用发动机全负荷与发动机额定扭矩和额定功率转速相应的直接档车速所构成的工况作为检测工况。

在用汽车车型很多，其发动机特性上的额定扭矩和额定功率及相应转速多种多样，不可能也不必要按每一个具体车型制定一个限值。因此，不用驱动轮输出功率的绝对值作为限值，而采用相对值，即检测值与对应的发动机额定扭矩和额定功率的百分比作为限值，从而提高了标准的通用性和可操作性。

②驱动轮输出功率的检测方法

按GB/T 18276—2000中的规定进行检测。

2. 滑行性能(不分级)

(1)技术要求

①用底盘测功机检测时,各车型在初速度为 30 km/h 下测得的滑行距离,应符合表 14-4 的规定。

②用路试的方法检测时,各车型在初速度为 30 km/h 下测得的滑行距离应符合表 14-4 的规定。

③用拉力计测滑行阻力,测得的滑行阻力应不大于整备质量的 1.5%。

滑行距离要求　　表 14-4

汽车整备质量,kg	双轴驱动车辆滑行距离,m	单轴驱动车辆滑行距离,m
$m<1000$	≥ 104	≥ 130
$1000\leqslant m\leqslant 4000$	≥ 120	≥ 160
$4000\leqslant m\leqslant 5000$	≥ 144	≥ 180
$5000\leqslant m\leqslant 8000$	≥ 184	≥ 230
$8000\leqslant m\leqslant 11000$	≥ 200	≥ 250
$m>11000$	≥ 214	≥ 270

(2)理解要点

①用底盘测功机检测滑行距离时,应根据测试车辆的基准质量,正确选择底盘测功机上相应飞轮的当量惯量,当底盘测功机所配备飞轮系统的惯量级数不能准确满足测试车辆的当量惯量时,可选配与测试汽车整备质量最接近的转动惯量级,但应对检测结果作必要的修正。(修正方法:分车型用标准方法测出一组数据→再用同样车辆在本单位检测台上测出另一组数据→计算两组数据相互之间的关系系数→试验、整理出各种车型的系数表→审核批准后可应用于实际检测)。

正式开始测试时,汽车的轮胎气压应符合规定值,传动系润滑油温度不得低于 50 ℃。

将试验车辆驱动轮置于底盘测功机滚筒上,启动汽车,按引导系统提示加速至高于规定车速(30 km/h)后,置变速器于空挡,利用车—台系统储藏的动能,使其运转直至车轮停止转动。

记录汽车从 30 km/h 开始至车轮停止的滑行距离。测得的滑行距离应符合表 14-5 的规定。

②用路试的方法检测滑行距离时,应选择在平坦(纵向坡度不应超过 1%)、干燥和清洁的硬路面上进行。风速不大于 3 m/s。

车辆空载,轮胎气压应符合规定值。

当被试车辆行驶速度高于 30 km/h 后,置变速器于空挡,开始滑行,当速度为 30 km/h 时,用速度计或第五轮仪记录滑行距离。记录过程中,不得转动方向盘和进行制动。

试验至少往返各测量一次,往返路段应尽量重合。计算往返路段滑行距离的平均值,该平均值应符合表 14-5 的规定。

③用拉力计测滑行阻力时,应在平坦、干燥和清洁的硬路面上进行。

车辆空载,轮胎气压应符合规定值。解除制动,置变速器于空挡。用拉力传感器拉(或用压力传感器推)被试车辆,当被试车辆从静止开始移动时,记下测力传感器的最大拉(推)力值。

测得的滑行阻力 Ps,应符合:

$$Ps \leqslant 1.5\% mg$$

其中：Ps——滑行阻力，N；

m——汽车的整备质量，kg；

g——重力加速度，9.8 m/s²。

总之，上述三种检测方法中取其中任何一种进行评价即可。

三、燃料经济性(分级项)

1. 一级车技术要求：不大于该车型制造厂规定的相应车速等速百公里油耗的103%。

2. 二、三级车技术要求：按规定的检验方法测得的汽车百公里燃料消耗量不得大于该车型原厂规定的相应车速等速百公里油耗量的110%。

3. 理解要点

(1)等速百公里燃料消耗量单位的确定

评价汽车燃料经济性的指标，主要是指汽车在一定行驶里程内消耗了多少燃料或一定燃料消耗量能使汽车行驶多少里程。在我国及欧洲，燃料经济性指标的单位一般为 L/100 km，即汽车行驶 100 km 所消耗的燃料的升数，其数值愈大，汽车的燃料经济性愈差。而美国为 MPG 或 mile/USgal，指的是每一加仑燃料能行驶的里数。这个数值愈大，汽车的燃料经济性愈好。本标准采用汽车等速百公里燃料消耗量，作为汽车燃料经济性的评价指标，其单位为 L/100 km。

(2)等速百公里燃料消耗量检测时汽车等速行驶速度：

轿车：60 km/h；

其他车辆：50 km/h。

应事先查出该车型制造厂规定的相应车速下的等速百公里燃料消耗量。然后，用测得的结果进行比较。例如，某车型的车辆原厂规定 50 km/h 等速百公里燃料消耗量(轿车应为 60 km/h等速百公里燃料消耗量)为 10 L，那么，该车型相应车速下的等速百公里燃料消耗量，一级车应不大于 10.3 L；二级车和三级车应不大于 11 L。即，无论是在汽车底盘测功机上或用道路试验方法检测该车速的等速百公里燃料消耗量，都应达到相应的要求。

(3)等速百公里燃料消耗量检测方法

等速百公里燃料消耗量检测有两种方法，一种是用底盘测功机进行检测；另一种是用道路试验方法检测。具体方法按 GB 18565—2001《营运车辆综合性能要求和检验方法》中 12.2 条规定执行。

四、制动性

(一)台式检测制动性能的项目

台式检测制动性能的项目参数指车轮制动力、制动力平衡、制动协调时间、车轮阻滞力、驻车制动力，具体技术要求如下：

1. 制动力(不分级)

技术要求：汽车、汽车列车在制动检验台上测出的制动力应符合表 14-5 的要求。对空载检验制动力有质疑时，可用表 14-5 规定的满载检验制动力要求进行检验。

检验时，制动踏板力或制动气压应符合表 14-6 的规定。

台式检验制动力要求 表 14-5

机动车类型	制动力总和与整车质量的百分比		轴制动力与轴荷[a]的百分比	
	空载	满载	前轴	后轴
乘用车、总质量不大于 3500kg 的货车	≥ 60	≥ 50	≥ 60^{b}	≥ 20^{b}
其他汽车、汽车列车				

a. 用平板制动检验台检验乘用车时，应按动态轴荷计算。
b. 空载和满载状态下测试均应满足此要求。

制动检验时制动踏板力或制动气压要求 表 14-6

制动系类型		空载	满载
气压制动系：气压表指示气压，kPa		≤ 600	≤额定工作气压
液压制动系：踏板力 N	乘用车	≤ 400	≤ 500
	其他车辆	≤ 450	≤ 700

2. 制动力平衡(分级项)

(1)一、二级车技术要求：在制动力增长全过程中同时测得的左右轮制动力差的最大值，与全过程中测得的该轴左右轮最大制动力中大者之比，对前轴不得大于 16%；对后轴(及其他轴)在轴制动力不小于该轴轴荷的 60%时不得大于 20%；当后轴(及其他轴)制动力小于该轴轴荷的 60%时，在制动力增长全过程中同时测得的左右轮制动力差的最大值不应大于该轴轴荷的 5%。

(2)三级车技术要求：在制动力增长全过程中同时测得的左右轮制动力差的最大值，与全过程中测得的该轴左右轮最大制动力中大者之比，对前轴不得大于 20%；对后轴(及其他轴)在轴制动力不小于该轴轴荷的 60%时不得大于 24%；当后轴(及其他轴)制动力小于该轴轴荷的 60%时，在制动力增长全过程中同时测得的左右轮制动力差的最大值不应大于该轴轴荷的 8%。

3. 制动协调时间(不分级)

技术要求：汽车的制动协调时间，对液压制动的汽车不应大于 0.35 s；对气压制动的汽车不应大于 0.60 s；汽车列车和铰接客车、铰接式无轨电车的制动协调时间不应大于 0.80 s。

4. 车轮阻滞力(分级项)

(1)一级车技术要求：进行制动力检验时，各车轮的阻滞力均不应大于车轮所在轴轴荷的 2.5%。

(2)二、三级车技术要求：进行制动力检验时，各车轮的阻滞力均不应大于车轮所在轴轴荷的 5%。

5. 驻车制动力(不分级)

技术要求：当采用制动检验台检验汽车驻车制动装置的制动力时，机动车空载，乘坐一名驾驶员，使用驻车制动装置，驻车制动力的总和应不小于该车在测试状态下整车质量的 20 %(对总质量为整备质量 1.2 倍以下的机动车，为不小于 15 %)。

(二)理解要点

(1)条文中提及的“轴制动力”是指该轴左、右轮的最大制动力之和。在进行台试检验时，车辆一般应在空载状态下，只乘坐一名驾驶员进行测试。必要时，可用表中规定的满载状态要求进行检验。

汽车的制动过程，是人为地使汽车受到一个与其行驶方向相反的的外力，汽车在这一外力的作用下迅速的降低车速以致停车，这个外力称为汽车的“制动力”，产生这个制动力的最本质的因素是制动器所产生的摩擦阻力。汽车的制动过程就是利用这一摩擦阻力使转动的车轮停止转动，并使车轮在与地面接触的部位受到与汽车行驶方向相反的地面切向反作用力而减速、停车。故这时的地面反作用力又被称为“地面制动力”。

在车轮制动器结构一定、附着系数不变的情况下，地面制动力首先取决于制动器制动力，但同时又受到地面附着力的限制。所以，汽车制动时必须具备有足够的制动器制动力（制动器摩擦力矩），同时路面又能提供足够的附着力，才能获得足够的地面制动力。当地面制动力小于制动器制动力且大于附着力时，车轮在地面上就会抱死打滑；当地面制动力大于制动器制动力时，车轮仍维持滚动、滑移（车轮抱不死）。

制动力参数是从本质上评价汽车制动性能的指标。通过台式制动力的检测不仅可以测得各车轮制动力的大小，还可以了解汽车前、后轴制动力的合理分配，以及各轴两侧车轮制动力的平衡状况。但反应不出制动系以外的因素（如悬架刚度、前后车轮的协调等）对整车制动性能的影响。

(2)标准中规定，台试检测车辆的制动性时，可以用滚筒式制动试验台或平板式制动试验台。

当采用滚筒式制动试验台检测时，要记录在测试制动的过程中车轮是否抱死。为获得足够的附着力，允许在车辆上增加足够的附加质量或施加相当于附加质量的作用力（附加质量或作用力不计入轴荷）；也可以采取防止车辆移动的措施（例如加三角垫块或采取牵引等方法）。当采用上述方法之后，仍出现车轮抱死并在滚筒上打滑或整车随滚筒向后移出的现象，而制动力仍未达到合格要求时，应改用标准中规定的其他方法进行检验。

当采用平板式制动试验台检测时，车辆的检测速度以 5 km/h～10 km/h（或制动试验台制造厂家推荐的速度）的行驶速度，开上试验台平板，置变速器于空挡（自动变速器的车辆可置变速器于 D 档），急踩制动，使车辆停止，测取制动力增长全过程中的左右轮制动力差、制动协调时间和左右各轮制动力的最大值。另通过驻车制动装置，测取驻车轴制动力的值。由于车辆在平板台的测试过程是在动态下进行的，故能比较接近车辆行驶时的制动性能。

对制动性检测的过程信号采集和检验方法见 GB 7258—2004 中的规定。

五、转向操纵性

（一）转向轮横向侧滑量（不分级）

1. 技术要求

①前轴采用非独立悬架的汽车，转向轮的横向侧滑量，用侧滑仪（包括单、双板）检测时，侧滑量值应不大于 5 m/km。

②前轴采用独立悬架的汽车，可以前轮定位参数值应符合原厂规定的该车有关技术条件为合格。

2. 理解要点

汽车在行驶中，车轮的横向滑移不仅仅是转向轮有，其他车轮也会产生。

车轮的横向侧滑量，是检验汽车车轮的外倾角与前束装配、调整的是否正确的一个检测参数。当车轮外倾角与前束匹配不当时，车轮就可能在直线运动时不作纯滚动，而伴有横向滑移现象。这种滑移的存在，会破坏车轮与地面的附着条件，丧失定位行驶的稳定性，同时，还会引发行车事故并导致轮胎异常磨损。

为便于对检测结果的分析和记录，一般规定用侧滑试验台检测车轮的横向侧滑量时，滑板向外移动，定义为“正滑移量”或记着“正值”；滑板向内移动，定义为“负滑移量”或记着“负值”。

正前束或负外倾角偏大的车轮，会造成滑板向外移动；负前束或正外倾角偏大的车轮，会造成滑板向内移动。只有当前束与外倾角匹配合理时，才能使车轮在前进时产生的横向侧滑量最小。可见前束与外倾角是一对相互匹配的车轮定位参数，一般情况下，正前束配正外倾角；负前束配负外倾角。但也有例外的，如负外倾角配正前束等。

对前轴采用独立悬架的汽车，可以前轮定位参数值符合原厂规定的该车有关技术条件为合格。前轮定位参数有：前轮前束角、前轮外倾角、转向轮主销后倾角和转向轮主销内倾角。不同厂牌和车型的前轮定位参数值是不同的，即使是同一厂牌或同一车型，但因出厂的年份不同，其前轮定位参数值也有可能是不同的。

(二)转向盘最大自由转动量(分级项)

1. 分级项技术要求

(1)一级车：最大设计车速大于或等于 100 km/h 的汽车转向盘最大自由转动量应不大于 15°；最大设计车速小于 100 km/h 的汽车应不大于 20°。

(2)二、三级车：最大设计车速大于或等于 100 km/h 的汽车，应不大于 20°；最大设计车速小于 100 km/h 的汽车，应不大于 30°。

2. 理解要点

转向盘的最大自由转动量，是指车辆在静止不动、转向轮居中的状态下，转向盘从触动转向轮转动瞬间的一侧，回转向恰好触动转向轮转动瞬间的另一侧时转向盘转过的角度。

对机械传动的转向装置，转向盘的自由转动量过大，会使操纵系统反应迟缓，转向变慢；转向盘的自由转动量过小，会使转向冲击增大，操纵不柔和。过大或过小，都会使驾驶员在操纵车辆时处于高度紧张状态，影响行车安全。所以，转向盘的最大自由转动量应适当。

(三)悬架特性(不分级)

1. 技术要求

对于最大设计车速≥100 km/h、轴载质量≤1500 kg 的载客汽车，应按 GB 18565—2001 中规定的方法进行悬架特性检测。

用悬架检测台按 GB 18565—2001 中规定的方法检测时，受检车辆的车轮在受外界激励振动下测得的吸收率(被测汽车共振时的最小动态车轮垂直载荷与静态车轮垂直载荷的百分比值)应不小于 40%，同轴左右轮吸收率之差不得大于 15%。

用平板检测台按 GB 18565—2001 中规定的方法检测时，受检车辆制动时测得的悬架效率应不小于 45%，同轴左右轮悬架效率之差不得大于 20%。

2. 理解要点

所谓“吸收率”，是指在悬架装置检测台受检车辆的车轮在受外界激励振动下，在产生共振时的最小动态车轮垂直载荷与静态垂直载荷的百分比值。即

悬架吸收率 =（最小动态车轮垂直载荷 / 静态车轮垂直载荷）× 100%

这种评价方法不仅考虑了悬架装置对汽车平顺性的影响，更主要的侧重考虑了对汽车操纵稳定性和行驶安全性的影响。它检测的是汽车在工作条件最差的情况下，即路面振动使悬架产生共振时，车轮与地面的接触状态。这是一个比较直观的评价指标。既能快速检测，又能综合评价汽车悬架装置的弹性与减振器的匹配性能及品质。

所谓“悬架效率”，是指在用平板试验台进行检测时，受检汽车以 5～10 km/h 的速度驶上平板台，驾驶员踩下制动踏板，使车轮迅速停止在平板上，利用制动引起的车身纵向俯仰振动时，车轮接地处动态负重的衰减变化，来进行评价的。悬架效率的定义为：

$$\eta = 1 - |(G_B - G_O)/(G_A - G_O)|$$

式中：η——悬架效率；

G_O——各车轮处静态负荷值；

G_A——俯仰振动第一个周期前俯的负荷绝对值；

G_B——俯仰振动第一个周期后仰的负荷绝对值；

$|(G_B - G_O)/(G_A - G_O)|$ 表示车身有阻尼自由振动的振幅在第一个周期内的减小程度；

$1 - |(G_B - G_O)/(G_A - G_O)|$ 表示车身振动被悬架阻尼衰减、吸收的程度，即反映了悬架的减振能力。

六、前照灯

（一）发光强度（不分级）

1.技术要求（GB 7258—2004）

汽车每只前照灯远光光束发光强度应达到以下要求：

两灯制：15 000 cd；四灯制：12 000 cd。测试时，电源系统应处于充电状态。

四灯制是指前照灯具有四个远光光束；采用四灯制的机动车其中两只对称的灯达到两灯制的要求时视为合格。

2.理解要点

前照灯发光强度是表示光源发光强度的物理量，计量单位是坎德拉（cd）。1 坎德拉（cd）的定义为：一个光源发出频率为 540T Hz 的单色辐射，若在一定方向上的辐射强度为 1/683W/Sr（即每球面度 1/683W），则此光源在该方向上的发光强度为 1 cd。一般用前照灯检验仪可以直接测取前照灯的发光强度。

目前，大多数的前照灯检验仪在检测时，采用的是测取距发光源一定距离下的照度；或者用照度计测取距发光源一定距离下的照度。

照度是表示受光表面被照明的程度的物理量，计量单位是勒克司（Lx）。

对于点光源，发光强度和照度的关系式为：

$$E = I/L^2$$

式中：E——照度，Lx；

I——发光强度，cd；

L——离开光源的距离。

所以，在知道了对车辆前照灯发光强度的要求后，就可以推算出在距前照灯一定远处的照度值。例如，对于两灯制前照灯发光强度的限值为≥15 000 cd，在 10 m 处的最小照度值应为：

$$E = 15\,000/10^2 = 150(\mathrm{Lx})$$

这样，我们就可以利用前照灯检验仪直接测量它的发光强度，也可以通过前照灯检验仪或照度计测取距前照灯一定距离的照度值，然后换算出该灯的发光强度。

测试时，汽车的电源充电系统应处于充电状态。

(二)光束照射位置(不分级)

1.技术要求(GB 7258—2004)

在检验前照灯近光光束照射位置时，前照灯照射在距离为 10 m 的屏幕上，乘用车前照灯近光光束明暗截止线转角或中点的高度应为 0.7 H ～0.9 H（H 为前照灯基准中心高度，下同），其他机动车（拖拉机、运输机组除外）应为 0.6 H ～0.8 H。机动车（装用一只前照灯的机动车除外）前照灯近光光束水平方向位置向左偏不允许超过 170 mm，向右偏不允许超过 350 mm。

在检验前照灯远光光束及远光单光束灯照射位置时，前照灯照射在距离为 10m 的屏幕上，要求在屏幕光束中心离地高度：乘用车为 0.9 H ～1.0 H，对其他机动车为 0.8 H ～0.95 H；机动车（装用一只前照灯的机动车除外）前照灯远光光束水平位置要求，左灯向左偏不允许超过 170 mm，向右偏不允许超过 350 mm，右灯向左或向右偏均不允许超过350 mm。

2.理解要点

所有前照灯的近光都不得眩目，这是交通安全行车的规定。车辆在夜间会车时，必须使用近光灯。如果近光灯眩目，那么两车交会时就会使对方驾驶员无法看清前方路面的交通情况，容易造成交通事故。

光束明暗截止线转角或中点，是前照灯近光束照射位置的测量点。具有近光防眩目功能的前照灯，在接通前照灯近光开关时，近光束是照向汽车前进方向的前下方的。所以，在距离 10 m 的屏幕上会形成一个明显的光束照射位置上的明暗截止线，如图 14-5 所示。

前照灯光束照射位置的检验方法见 GB 7258--2004 标准的附录。

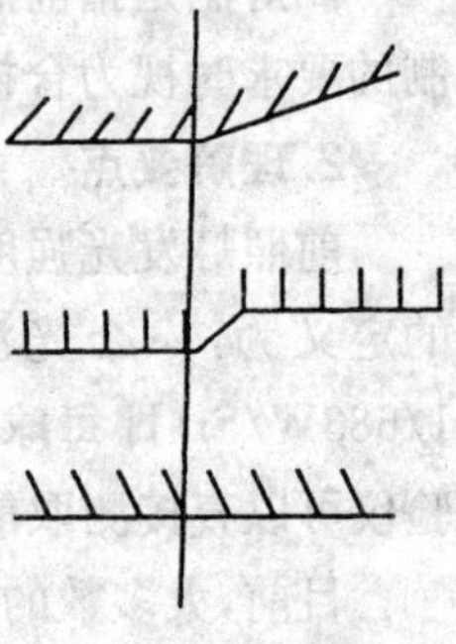

图 14-5 近光束的明暗截止线

七、排气污染物控制

(一)汽油车双怠速污染物排放(分级项)

1.技术要求

依据 GB 18285—2005《点燃式发动机汽车排气污染物排放限值及测量方法(双怠速法及简易工况法)》和 JT/T 198—2004《汽车技术等级评定的检测方法》，在用汽油车双怠速污染物排放的限值见表 14-7。

2.理解要点

汽油车双怠速污染物排放的检测方法，按 GB 18285—2005《点燃式发动机汽车排气污染物排放限值及测量方法(双怠速法及简易工况法)》的规定执行。

在用汽油车双怠速法排气污染物排放限值　　表 14-7

车辆分类 \ 技术等级		一级				二、三级				备注
		怠速		高怠速		怠速		高怠速		
		CO %	HC×10^{-6}	CO %	HC×10^{-6}	CO %	HC×10^{-6}	CO %	HC×10^{-6}	
轻型汽油车	1995 年 7 月 1 日前生产的	3.5	700			4.5	1200	3.0	900	
	1995 年 7 月 1 日起生产的					4.5	900	3.0	900	
	2000 年 7 月 1 日起第一类	0.7	135	0.25	90	0.8	150	0.3	100	
	2001 年 10 月 1 日起第二类	0.85	180	0.45	130	1.0	200	0.5	150	
	2005 年 7 月 1 日起第一类					0.5	100	0.3	100	
	2005 年 7 月 1 日起第二类					0.8	150	0.5	150	
重型汽油车	1995 年 7 月 1 日前生产的	4.0	1000			5.0	2000	3.5	1200	
	1995 年 7 月 1 日起生产的					4.5	1200	3.0	900	
	2004 年 9 月 1 日起生产的					1.5	250	0.7	200	
	2005 年 7 月 1 日起生产的					1.0	200	0.7	200	

注：1. 第一类车辆：座位数≯6 人；总质量≯2500kg 的 M_1 类；
2. 第二类车辆：总质量≯3500kg 的所有汽车（第一类车辆除外）。
3. 空缺的限值为 JT/T198-2004 目前尚没有的规定值。

（二）柴油车自由加速试验（分级项）

1. 技术要求

依据 GB 3847—2005《车用压燃式发动机和压燃式发动机汽车排气烟度排放限值及测量方法》和 JT/T 198—2004《汽车技术等级评定的检测方法》，在用柴油车自由加速试验的排气污染物检测有两种方法。一种是滤纸烟度法，另一种是不透光烟度法。其标准限值见表 14-8。

在用柴油车自由加速试验排气污染物限值　　表 14-8

车辆分类 \ 技术等级	一级	二、三级	备注
1995 年 6 月 30 日前生产的	≤ 3.6Rb	≤ 5.0Rb	滤纸烟度法
1995 年 7 月 1 日起生产的	≤ 3.6Rb	≤ 4.5Rb	
2001 年 10 月 1 日起生产的	≤ 2.2 m^{-1}	≤ 2.5m^{-1}（自然吸气）	不透光烟度法
2001 年 10 月 1 日起生产的	≤ 2.2m^{-1}	≤ 3.0 m^{-1}（涡轮增压）	
2005 年 7 月 1 日起生产的		≤车型核准限值 +0.5 m^{-1}	

注：空缺的限值为 JT/T 198—2004 目前尚没有的规定值。

所谓车型核准限值，是指该车型核准时批准的自由加速试验排气污染物（不透光烟度）的限值。

2. 理解要点

柴油车自由加速试验排气污染物的检测方法，按 GB3847—2005《车用压燃式发动机和压燃式发动机汽车排气烟度排放限值及测量方法》标准中规定执行。

八、喇叭声级(不分级)

1.技术要求

汽车喇叭声级在距车前2 m、离地高1.2 m处用声级计测量时,其值应为90～115 dB(A)。

2.理解要点

汽车噪声的检测,一般都是检测其A计权声级,因为A计权声级最接近人耳对噪声的响应。

计权声级是利用声级计内模拟人耳听觉特性的网络电路,在一定的时间计权和频率计权下所测得的某一声压的分贝数。时间计权有“快”、“慢”和“脉冲”三种;频率计权有A、B、C、D四种。A计权声级是模拟人耳对55 dB以下强度噪声的频率特性,B计权声级是模拟55 dB-85 dB的中等强度噪声的频率特性,C计权声级是模拟85 dB以上高强度噪声的频率特性。三者的主要差别是对噪声低频成分的衰减程度,A衰减最多,B次之,C最少。至于D计权则主要用于航空噪声的测量和评价。

检测汽车喇叭声级时,应将声级计置于距车前2 m、离地高1.2 m处,声级计上的传声器(话筒)朝向汽车,传声器轴线与汽车纵轴线平行。按下喇叭开关,使其连续发声时间不得少于1 s。在这种情况下测得的声级值,应符合限值的规定。

九、车辆防雨密封性(不分级)

依据QC/T 476—1999《客车防雨密封性限值》的标准,按照GB/T 12480标准规定检验方法,客车防雨密封性的限值见表14-9。客车防雨密封性是指客车处于静止状态,在规定的人工淋雨试验条件下,关闭全部门窗和孔口盖时,防止雨水进入车厢的能力。其基本检验方法为:

(1)淋雨试验设备的规格、尺寸应能满足所检车辆的大小。喷头的数量、喷射角度和喷水压力(降雨强度)等应符合GB/T 12480中规定的技术要求。

(2)检测时,将受检车辆驶入淋雨设备中的规定位置,检测人员进入车内,关闭车上所有的门、窗和通气孔口盖。

客车防雨密封性限值 表14-9

客车类型		限值(分)
轻型客车		≥93
中型客车	旅游客车	≥92
	团体客车	≥90
	城市客车	≥88
	长途客车	≥80
大型客车	旅游客车	≥90
	团体客车	≥88
	城市客车	≥87
	长途客车	≥87
特大型客车	铰接式客车	≥84

本标准只对载客汽车提出评定要求。

(3)放下淋浴设备车辆进口处的喷淋门架,启动淋雨设备,让喷头喷出雨水。

(4)待喷淋设备进入稳定工作状态5 min后,开始观察车内渗漏水情况,并填写检测记录表。

(5)连续观察 10 min 后,关闭设备,结束试验。

(6)打开淋浴设备车辆进口(或出口)处的喷淋门架,将车辆驶出喷淋设备。

(7)试验数据整理。每辆受检车辆的初始分值为 100 分,检测中每出现一处渗扣 1 分;每出现一处慢滴扣 3 分;每出现一处快滴扣 6 分;每出现一处流扣 14 分。用 100 分减去所有的扣分后即为实得分值,若出现负数以零分计算。

渗、慢滴、快滴、流的定义为:

渗——水从缝隙中缓慢出现,并随着在内护面上蔓延开去。

慢滴——水从缝隙中出现,并且以≤每分钟 60 滴的速度离开车身内护面,断续的落下。

快滴——水从缝隙中出现,并且以>每分钟 60 滴的速度离开车身内护面,断续的落下。

流——水从缝隙中出现,并沿着或离开车身内护面连续不断地的落下。

当实得分值不小于规定的限值时,为检验合格。

十、车速表示值误差(分级项)

(1)一级车技术要求:车速表允许误差范围为 0~+15%,即当实际车速为 40 km/h 时,车速表的指示值应为 40~46 km/h。

(2)二、三级车技术要求:车速表允许误差范围为 $0 \leqslant v_1 - v_2 \leqslant (v_2/10) + 4$,其中 v_1 为车速表指示车速 km/h;v_2 为实际车速 km/h。即当实际车速为 40 km/h 时,车速表的指示值应为 40~48 km/h。

(3)理解要点

汽车在行驶中,驾驶员是通过车速表的指示值和道路交通及行人等综合情况来掌握车辆的行驶速度。这就要求车速表应具有一定的示值精度,能尽量准确反映车辆的实际速度,以保证驾驶员对汽车行驶速度的控制,保证行车安全。

经换算,当车速表指示值为 40 km/h,实际车速与车速表的换算限值如表 14-10:

车速表指示值为 40 km/h 时的换算结果 表 14-10

分　级	当车速表示值=40 km/h 时;实际车速应为	当实际车速=40 km/h 时;车速表示值应为
一级	34.8~ 40 km/h	40~ 46 km/h
二、三级	32.8~ 40 km/h	40~ 48 km/h

检测时,被检车辆的轮胎气压应正常。当车辆停稳在试验台的滚筒上时,让驱动轮带动滚筒旋转,当驾驶室内的速度表指示值等于 40 km/h 时,记录下此时试验台滚筒的实际车速值,其结果应满足表 14-10 规定的限值。

本 章 小 结

对营运车辆进行技术等级评定的依据,是交通部在 2004 年修改、颁布的 JT/T 198—2004《营运车辆技术等级划分和评定要求》的标准,适用于在我国所有从事汽车公路营业运输的车辆。

1. 营运车辆技术等级划分为:一级车、二级车和三级车。营运车辆技术等级评定的内容共有 10 个类别计 43 项。其中有 14 项为分级项。

2. 营运车辆技术等级评定的原则：

一级车，所有分级项都必须达到一级车的技术要求，不分级的项目均应为合格。

二级车，分为一、二级的项目必须达到二级车的技术要求，同时必须有 3 项达到一级车的技术要求，不分级的项目均应为合格。

三级车，所有分级项都必须达到三级车的技术要求，不分级的项目应为合格。

营运车辆技术等级评定的检测方法引用 GB 18565—2001《营运车辆综合性能要求和检验方法》的有关规定。

3. 分为一级～二、三级的项目有：整车装备与标识；车门、车窗；驱动轮输出功率；等速百公里油耗；车轮阻滞力；转向盘最大自由转动量；汽油车双怠速污染物排放；柴油车自由加速试验烟度；柴油车自由加速试验光吸收系数；车速表示值误差等。

分为一、二级～三级的项目有：车架、车身、驾驶室；车轮、轮胎；制动力平衡。

思 考 题

1. 营运车辆技术等级可分为哪几级？
2. 在 JT/T 198—2004 标准中，哪些项目是分级项？
3. 如何评定营运车辆的技术等级？
4. 台试检测制动性能，可以检测哪些参数？哪些参数是分级项？如何分级？
5. 整车装备与外观检视项目中，有几项分级项？是如何规定的。
6. 前、后轴制动力平衡参数项的限值是如何分级的？
7. 汽车动力性如何检测？如何分级评价？

第十五章　旧汽车评估

旧汽车评估是指具有专业资质的鉴定评估人员，按照特定的目的，法定或公允的标准和程序，运用科学的方法，对旧汽车进行手续检查、技术鉴定和价格估算的过程。

旧汽车作为一类资产，有别于其他类型的资产有其自身的特点，其主要特点一是单位价值较大，使用时间较长；二是工程技术性强；三是使用强度、使用条件、维护水平差异大；四是使用管理严格，各项税费附加值高。这些汽车固有的特点决定了旧汽车评估的特点。旧汽车评估对象必须具有合法手续为前提，旧汽车评估必须以单台车技术鉴定为基础，旧汽车评估要考虑其手续构成的价值。

第一节　旧汽车评估的手续检查

旧汽车的手续是指汽车上路行驶，按照国家法规和地方法规应该办理的各项有效证件和应该交纳的各项税费凭证。旧汽车属于特殊商品，它的价值包括车辆实体本身的有形价值和各项手续构成的价值，只有齐全，才能发挥汽车的实际效用，才能办理正常的过户、转籍。没有合法手续的汽车不是旧汽车鉴定估价师的评估对象。旧汽车的手续如下。

一、汽车来历凭证

汽车来历凭证分新车来历凭证和旧汽车来历凭证。

新汽车来历凭证是指经国家工商行政管理机关验证盖章的汽车销售发票。罚没汽车的销售发票是国家指定的汽车销售单位的销售发票。

旧汽车来历凭证是指经国家工商行政管理机关验证盖章的旧汽车交易发票。除此之外，还有因经济赔偿，财产分割等所有权转移，由人民法院出具的具有发生法律效力的判决书、裁决书、调解书。

二、机动车行驶证

《机动车行驶证》是由公安车辆管理机关依法对汽车进行注册登记核发的证件，它是机动车取得合法行驶权的凭证。中华人民共和国道路交通管理条例第十七条规定，机动车行驶证是汽车上路行驶必需的证件，《中华人民共和国机动车登记管理办法》规定机动车行驶证是旧汽车过户、转籍必不可少的证件。《机动车行驶证》样式如图 15-1 所示。

《中华人民共和国机动车行驶证证件》(GA37—92)规定，为了防止伪造行驶证塑封套上有用紫光灯可识别的不规则的与行驶证卡片上图形相同的暗记，并且行驶证上按要求黏贴车辆彩色照片，因此，机动车行驶证识伪办法：一是查看识伪标记；二是查看汽车彩照与实物是否相符；三是查看行驶证纸质、印刷质量、字体、字号与车辆管理机关核发的行驶证进行比对，对有怀疑的行驶证可去发证的公安车辆管理机关核实。最常见的伪造是行驶证副页上的检验合格章，车辆没有按规定时间到车辆管理机关去办理检验手续，却私刻公章私自加盖检验合格章。现在，许多地方采用计算机打印检验合格至××年×月并加盖检验合格章的办法来增加防伪能力。车辆管理机关规定超过两年未检验的汽车按报废处理。汽车评估人员要对副页上的检验合格章，即行驶证的有效期特别重视。

中华人民共和国机动车行驶证

号牌号码------------------------------ 车辆类型------------------------------

所 有 人 --

住　　址 --

品牌型号------------------------------ 使用性质------------------------------

发动机号码--

发证机关章　车辆识别代号--

注册登记日期 ---------------发证日期---------------

中华人民共和国机动车行驶证副页

号牌号码------------------------------ 车辆类型------------------------------

总 质 量 ------------------------------ 整备质量------------------------------

核定载质量------------------------------ 准牵引总质量------------------------------

核定载客------------------------------ 驾驶室共乘------------------------------

货 厢 内　后轴钢板

部 尺 寸 ------------------------------ 弹簧片数 ------------------------------

外廓尺寸--

检验记录 --

图 15-1 《机动车行驶证》式样

三、机动车登记证书

根据 2001 年 10 月 1 日起实施的《中华人民共和国机动车登记办法》，在我国境内道路上行驶的机动车，应当按规定经机动车登记机构办理登记，核发机动车号牌、《机动车行驶证》和《机动车登记证书》。《机动车登记证书》式样如图 15-2 所示。

机动车所有人申请办理机动车各项登记业务时，均应出具《机动车登记证书》；当登记信息发生变动时，机动车所有人应当及时到车辆管理所办理相关手续；当机动车所有权转移时，原机动车所有人应当将《机动车登记证书》随车交给现机动车所有人。现在，《机动车登记证书》

还可以作为有效资产证明，到银行办理抵押贷款。

注册登记摘要信息栏

Ⅰ	1.机动车所有人/身份证明名称/号码					
	2.登记机关		3.登记日期		4.机动车登记编号	
过户、转入登记摘要信息栏						
Ⅱ	机动车所有人/身份证明名称/号码					
	登记机关		登记日期		机动车登记编号	
Ⅲ	机动车所有人/身份证明名称/号码					
	登记机关		登记日期		机动车登记编号	
Ⅳ	机动车所有人/身份证明名称/号码					
	登记机关		登记日期		机动车登记编号	
Ⅴ	机动车所有人/身份证明名称/号码					
	登记机关		登记日期		机动车登记编号	
Ⅵ	机动车所有人/身份证明名称/号码					
	登记机关		登记日期		机动车登记编号	
Ⅶ	机动车所有人/身份证明名称/号码					
	登记机关		登记日期		机动车登记编号	

注册登记机动车信息栏

5.车辆类型		6.车辆品牌	
7.车辆型号		8.车身颜色	
9.车辆识别代号/车架号		10.国产/进口	
11.发动机号		12.发动机型号	
13.燃料种类		14.排量/功率	Ml/ kw
15.制造厂名称		16.转向形式	
17.轮距	前 后 mm	18.轮胎数	
19.轮胎规格		20.钢板弹簧片数	后轴 片
21.轴距	mm	22.轴数	
23.外廓尺寸	长 宽 高 mm	33.发证机关章	
24.货厢内部尺寸	长 宽 高 mm		
25.总质量	kg	26.核定载质量 kg	
27.核定载客	人	28.准牵引总质量 kg	
29.驾驶室载客	人	30.使用性质	
31.车辆获得方式		32.车辆出厂日期	34.发证日期

图 15-2 《机动车登记证书》式样

《机动车登记证书》同时也是机动车的“户口本”，所有机动车的详细信息及机动车所有人的资料都记载在上面，证书上所记载的原始信息发生变化时，机动车所有人应携证到车管所作变更登记。这样，“户口本”上就有机动车从“生”到“死”的一套完整记录。

公安车辆管理部门是《机动车登记证书》的核发单位。凡 2001 年 10 月 1 日之后新购机动车，都随车办好了证书，凡 2001 年 10 月 1 日之前购车未办领《机动车登记证书》的机动车所有者，必须补办。

《机动车登记证书》是汽车评估人员必须认真查验的手续，《机动车登记证书》与《机动车行驶证》相比它的内容更详细，一些评估参数必须从《机动车登记证书》获取，如使用性质的确定等。

四、汽车号牌

汽车号牌是由公安车辆管理机关依法对汽车进行注册登记核发的号牌，它和机动车行驶证一同核发，其号码与行驶证应该一致。它是汽车取得合法行驶权的标志。中华人民共和国道路交通管理条例第十七条规定，号牌不得转借、涂改、伪造。

现在使用的汽车号牌有两种，一种为"1992"式，它按中华人民共和国公共安全行业标准《中华人民共和国机动车号牌》GA36—92 标准制作，规格如表 15-1 所列。

汽车号牌分类、尺寸、颜色、适用范围表　　表 15-1

序号	分类	外廓尺寸	颜色	每副数量	适用范围
1	大型汽车	前：440×140 后：440×220	黄底黑字黑框线	2	总质量 4.5t(含)，乘坐人数 20 人(含)和车长 6 m(含)以上的汽车、无轨电车及有轨电车
2	小型汽车	440×140	蓝底白字白框线	2	除大型汽车以外的各型汽车
3	使、领馆汽车	440×140	黑底白字红"使"、"领"字白框线	2	驻华使、领馆的汽车
4	境外汽车	440×140	黑底白字白框线	2	入出境的境外汽车
			黑底红字红框线	2	入出境限限制行驶区域的境外汽车
5	外籍汽车	440×140	黑底白字白框线	2	除使、领馆外，其他驻华机构、商社外资企业及外籍人员的汽车
6	挂车	同大型汽车后号牌		1	全挂车和不与牵引车固定使用的半挂车
7	教练汽车	440×140	黄底黑字黑框线	2	教练用的汽车及其他机动车不含摩托车和轻便摩托车
8	临时人境汽车	300×165	白底红字黑"临时入境"字红框线(字有金色廓线)	2	临时入境参加旅游、比赛等活动的汽车
9	临时行驶车	220×140	白底(有蓝色暗纹)黑字黑框线	1	无牌证需要临时行驶的机动车

非法者常以非法加工等手段伪造汽车号牌。1993 年 5 月 13 日公安部令第 13 号《机动车号牌生产管理办法》规定，机动车号牌实行准产管理制度，凡生产号牌的企业，必须申请号牌准产证，经省级公安交通主管部门综合评审，对符合条件的企业发给《机动车号牌准产证》，其号牌质量必须达到 GA 36—92 标准。号牌上加有防伪合格标记。因此，汽车号牌的识伪方法：一是看号牌的防伪标记；二是看油漆是否含反光材料。对有怀疑的号牌可去发号牌的公安车辆管理机关核实。

以上号牌，除临时行驶车的号牌为纸质，其余均为铝质反光。号牌上的字的尺寸大小也都有明确的规定，可查阅 GA 36—92 标准附件。

号牌在安装方面设有固封装置，并规定该装置将由发牌机关统一负责装、换，任何单位和个人都无权拆卸。号牌是车辆检验的一项内容。对于号牌的固封有被破坏痕迹的汽车，汽车评估人员要引起必要的重视，查明原因，确认号牌真伪。

五、车辆购置税

车辆购置税是由车辆购置附加费演变而来的，国务院于 1985 年 4 月 2 日发文，决定对所有购置车辆的单位和个人，包括国家机关和单位，一律征收车辆购置附加费，其目的是切实解决发展公路运输事业与国家财力紧张的突出矛盾，将车辆购置附加费作为我国公路建设的一项长期稳定的资金来源。车辆购置附加费由交通部门负责征收工作。2000 年 10 月 22 日，中华人民共和国国务院令(第 294 号)《中华人民共和国车辆购置税暂行条例》规定自 2001 年 1 月 1 日起，车辆购置附加费改成车辆购置税，由国家税务局征收，资金的使用由交通部门按照国家有关规定统一安排使用，车辆购置税的征收标准，是按车辆计税价的 10%计征。在取消消费税后，它是购买汽车后最大的一项费用。

按照国家规定，车辆购置税的征收和免征范围如下。

1.车辆购置税的征收范围

汽车、摩托车、电车、挂车、农用运输车。具体征收范围依照本条例所附《车辆购置税征收范围表》执行。

2.车辆购置税的免税、减税范围

(1)外国驻华使馆、领事馆和国际组织驻华机构及其外交人员自用的车辆，免税；

(2)中国人民解放军和中国人民武装警察部队列人军队武器装备订货计划的车辆，免税；

(3)设有固定装置的非运输车辆，免税；

(4)有国务院规定予以免税或减税的其他情形的，按照规定免税或减税。

六、公路养路费

公路养路费是交通管理部门规定，车辆所有者在使用车辆、占用道路，应缴纳的费用。它是国家按照"以路养路，专款专用"的原则，规定由交通部门向有车单位或个人征收的用于养路和改善公路的专项事业费。拥有车辆的单位和个人，必须按照国家规定，向公路管理部门按时缴纳养路费，缴纳养路费的车辆发给养路费缴讫证，免征的车辆也要有免缴证，此证是汽车通行公路的必备证件之一，《公路养路费征收管理规定》[(91)交工字 714 号]养路费的征收和减免范围如下：

1.养路费的征收范围

(1)凡领有牌证(包括临时牌证、试车牌证)的各种客货汽车、特种车、专用车、牵引车、简易汽车(含家用运输车)、挂车、拖带的平板车；

(2)军队、公安、武警系统参加地方营业运输、承包民用工程及包租给地方单位和个人的汽车；

(3)军队、公安、武警系统内企业的汽车；

(4)外资企业、中外合资企业、中外合作企业的车辆；

(5)驻华国际机构和外国办事处的车辆；

(6)外国个人在华使用的车辆；

(7)临时人境的各种外籍车辆。

2.养路费的免征范围

(1)按国家正式定编标准配备的县级以上(含县级)党政机关、人民团体和学校使用，并由国家预算内经费直接开支的五人座(含五人座)以下的小客车；

(2)外国使(领)馆自用的车辆；

(3)只在由城建部门修建和养护管理的市区道路固定线路上行驶的公共汽车、电车(不包括任何出租车)；

(4)经省级公路主管部门核定设有固定装置的城市环卫部门的清洁车、洒水车，医疗卫生部门专用救护车、防疫车、采血车，环保部门的环境监测车，公安、司法部门的警车、囚车(设有囚箱)、消防车，防汛部门的防汛指挥车，铁路、交通邮电部门的战备专用微波通信车；

(5)由国家预算内国防费开支的军事装备性车辆；

(6)公路和城市道路养护管理部门的养路专用车辆；

(7)经县级公路主管部门核定完全从事田间作业的拖拉机和畜力车；

(8)矿山、油田、林场内完全不行驶公路的采矿自卸车，油田设有固定装置的专用生产车，林场的积材车。

本条第1款所列车辆如改变使用性质、超出使用范围、变更使用单位、参加营业运输，均应缴纳全额养路费。

3.减征养路费范围

对下列车辆暂定减征养路费，但在改变减征条件、超出减征范围时，应缴纳全额养路费。

(1)人民团体和学校使用的货车和五座以上(不含五人座)的客车减半征收；

(2)由专用单位自建、自养的专用公路(不包括生产作业道路)，其单线里程在20 km以上的农场、林场、油田等单位，可根据其车辆跨行公路情况，适当减征20%～60%；

(3)上述第1条第(3)项规定的公共电、汽车跨行公路在10 km以内的按费额的三分之一计征，跨行公路10 km以上，20 km以下按二分之一计征，跨行公路20 km以上的按全额计征。

《公路养路费征收管理规定》第二十一条：对拖、欠、漏、逃养路费的，除责令补缴规定费额外，每逾一日，处以应缴费额的1%的滞纳金；连续拖、欠、漏、逃养路费三个月以上的，并处以应缴养路费额度30%～50%的罚款；连续拖、欠、漏、逃养路费六个月以上的，并处以应缴养路费额度50%～100%的罚款。这条规定是汽车评估人员必须加以高度重视的一项法规，一辆汽车拖欠的养路费加上罚款有可能会超过一辆汽车的本身价值。

七、车船使用税

国务院1986年9月15日发布了《中华人民共和国车船使用税暂行条例》国发〔1986〕90号，从1986年10月1日实施。根据规定，凡在我国境内拥有并使用车船的单位和个人，为车船使用税的纳税义务人(不包括外商投资企业、外国企业和外国人)。车船拥有人与使用人不一致时，仍由拥有人负责缴纳税款。

汽车车船使用税的征收由各地地方税务局征收，客车按座位数分类计征，货车按净吨位计征。各地的征收标准、滞纳金不尽相同，大约在每年每辆车从数十元至数百元不等。

八、汽车强制保险

我国从2006年7月1日起施行机动车交通事故责任强制保险(简称交强险)，根据《机动车交通事故责任强制保险条例》第二条，在中华人民共和国境内道路上行驶的机动车的所有人或者管理人，应当依照《中华人民共和国道路交通安全法》的规定投保机动车交通事故责任强制保险。现行的机动车保险凭证如图15-3所示。

图15-3 机动车强制保险凭证

不同的地区还有一些地方性法规，如营运汽车的客货运附加费等。这里不再赘述。

第二节　汽车技术状况鉴定

汽车在使用过程中，随着行驶里程的增加，一些零部件将往往会产生松动、磨损、腐蚀、疲劳、变形、老化等不同程度的损伤和损坏，使汽车动力性下降，燃料经济性变差，工作可靠性降低。并且，会相继出现不尽人如意的种种症状。有些症状如车身不正，油漆剥落、锈蚀、漏水、漏油、漏气等外观症状，还有加速不良、油耗上升等动态症状。

汽车技术状况的鉴定方法包括以下三个方面。

(1)静态检验

汽车在静止状态下，根据检查人员的技能和经验，辅以简单的量具，对汽车技术状况进行检查鉴定。

(2)动态检验

汽车在工作状态下(发动机在运转、汽车在运动或静止)，根据检测人员的技能和经验，辅以简单的量器具，对汽车的技术状况进行检查鉴定。

(3)仪器检验

使用仪器、设备对汽车的技术性能和故障进行检测和诊断，既定性又定量地对汽车进行技术鉴定。

前二项在汽车评估中是必不可少的，第三项在实际工作中往往视评估目的和实际情况而定。

一、汽车技术状况的静态检查

汽车技术状况的静态检查包括对汽车的识伪检查和外观检查。

(一)识伪检查

汽车的识伪检查有两个含义，对于进口汽车判别是不是“水货”，对于国产小客车车身是不是纯正的原厂货。

1.水货汽车的鉴别

所谓“水货”汽车，是那些通过走私或非合法渠道进口的汽车。这些汽车有的是整车走私，有的是散件走私和境内组装，有的甚至是旧车拼装。

进口正品汽车，即习惯上称大贸进口的汽车，是指通过正常的贸易渠道进口的汽车，此类车的前风窗玻璃上有黄色的商检标志，符合中国产品质量法，进口正品汽车都附有中文使用手册和维修手册，有的还有零部件目录，而“水货”汽车则没有。

对于“水货”汽车还可以从以下几个方面进行鉴别。

(1)查勘汽车型号，汽车型号是否在我国进口汽车产品目录上。多年从事评估工作的业内人士都能从汽车外观就能看出是否是我国进口汽车产品目录上的车型。

(2)看外观是否有重新做过油漆的痕迹，尤其是顶部下风窗玻璃框处要特别注意，因为有一种最常见的走私车就是所谓的“割顶”车，走私者在境外通过将轿车的车顶从车顶下风窗玻璃框处将汽车切成两部分,分别作为汽车配件走私或进口,然后在境内再将两部分焊接起来,通过这种方法来达到走私整车的目的。注意曲线部分的线条是否流畅,大面是否平整,在现有的技术条件下,“割顶”车要想做的天衣无缝还不可能。一般,用肉眼仔细观察,伴以从车顶部向下用手触摸,还是能够发现走私者留下的痕迹的。

(3)打开发动机罩,观察发动机舱内线路、管路布置是否有条理,是否有重新装配和改装的痕迹。

(4)我国现有“水货”车日本车较多,右驾改左驾的较多,自动变速器的多,自动变速器的车右驾改左驾是很容易识别的,为了适应中国的交通管理,走私者将右驾改为左驾,为了降低改装成本,走私者不可能更换变速器,自动变速器的车右驾改左驾通过操纵杆就可以识别,自动变速器操纵杆的保险按钮仍在右侧,通过这一点可识别不少“水货”车。

2.小客车车身防伪检查

现代小客车车身基本上是承载式车身,车架号在车身上,车身是小客车最重要的基础件,同时又是小客车上制造成本最高的部件,根据《中华人民共和国机动车登记规定》第九条,申请改变机动车车身颜色、更换车身或车架的,应当填写《机动车变更登记申请表》,提交法定证明、凭证。

属于更换车身或车架的,还应当核对车辆识别代号(车架号码)的拓印膜,收存车身或车架的来历凭证。

更换发动机的,机动车所有人应当于变更后十日内向车辆管理所申请变更登记,填写《机动车变更登记申请表》,提交法定证明、凭证,并交验机动车。

车辆管理所应当自受理之日起一日内确认机动车,收回原行驶证,重新核发行驶证,收存发动机的来历凭证。

(1)国产车

为了防止不法分子造假,许多制造厂商对汽车车身实行专营,只对特约维修站供应,一般的汽车修理厂是购不到汽车车身的,并且,正厂的汽车车身比仿制的汽车车身价格要贵得多,一些修理厂的“高手”采用将原车上的车架号割下,再焊在假车身上的方法,试图混过汽车检验关。汽车评估人员只要通过仔细的观察和触摸,就能发现造假者留下的痕迹,识别假汽车车身。

(2)进口车

进口汽车的车身如果要进口,它的手续同进口一辆汽车的手续一样,对于老旧车型,一些进口汽配供应商时常采用将报废车的车身拆下后翻新,从中谋取暴利,然后卖给汽车修理厂,汽车修理厂同样采用上述办法制假,汽车评估人员必须高度重视和警惕,识别假汽车车身。

(二)外观检查

在进行汽车外观检查之前,先进行外部清洁。下面以小客车为例,说明外观检查的步骤。

(1)将发动机罩打开,检查被评估汽车的厂牌型号、底盘号、发动机号与行车证是否一致。

(2)检查车身的技术状况,客车的车身在汽车整车中的权重较大,要特别注意检查。一般步骤如下。

①检查车身是否有严重的碰撞损伤,常见的严重碰撞后,小客车会更换前纵梁,打开发动机罩,观察纵梁与车身前围焊接处有无二次焊接的痕迹。再站在车前部观察车身是否周正。检查车门、发动机罩、行李箱盖开关是否灵活自如,缝隙是否合理、一致。

②检查车身金属锈蚀程度、油漆的脱落情况，通过检查镶条、窗户边缘、轮胎是否有无重新做漆的痕迹。因为汽车车身多为铁质，用一块磁铁沿车身周围移动，如遇到磁力突然减少的地方，就说明局部补了较多的原子灰。

(3)检查发动机

①观察发动机的外部状况，是否清洁，发动机外部有少量油迹和灰尘是正常的，如果油迹和灰尘过多，说明发动机漏油，如果一尘不染，说明发动机刚刚经过清洁处理。

②观察机油品质和油平面高度，拔出机油标尺，如果机油混浊，说明车主对汽车的维护不好；如果机油很稀薄，说明发动机有可能窜气；如果机油中有水泡，说明发动机内部漏水；如果机油平面过低，向车主询问上次更换机油的时间和间隔里程，如果时间和间隔里程正常，说明发动机烧机油；如果机油平面过高说明发动机严重窜气或漏水。

③检查发动机冷却液，现代汽车发动机常年使用防冻液作为发动机冷却液，如果冷却液几乎变成水，首先要向车主了解其原因，并分析汽车可能有的毛病，如事故、发动机温度高、发动机漏水等；如果冷却液内有油污，一般可认为汽缸垫处漏气；如果冷却液混浊，要向车主询问原因，并特别注意发动机温度。

④检查蓄电池，现代蓄电池一般均为免维护蓄电池，仍以铅酸蓄电池为主，其寿命一般为两年多一点，蓄电池两极桩应没有大量白色粉末(硫酸盐)附贴在上面，蓄电池液面高度应一致并在规定的上下限之间，如果所有液面过低，一般为发动机充电电流过大。液面经常处于过低状态，将大大降低蓄电池的寿命；如果有个别单格液面过低，一般为个别格漏液。从蓄电池托盘上能够观察到漏液的痕迹。

⑤检查发动机主要附件是否完好，注意观察发电机，起动机，分电器、化油器、空调压缩机、转向助力泵等外观是否正常，是否有漏油、漏水、漏气、漏电现象，是否有松动现象等。

(4)检查车厢内部

①检查内饰的新旧程度，橡胶件和塑料件的老化程度。

②检查车厢底板是否有严重的潮湿和锈蚀现象，如果有，说明汽车密封有问题，有漏水现象。

③检查各电器设备是否完好，各开关、仪表工作是否正常。

④检查各操纵控制机构是否完好，转向盘自由行程是否在正常的范围。离合器踏板、制动踏板的自由行程和工作行程是否正常。加速踏板是否灵活自如，行程是否合适。变速操纵杆行程和自由度是否正常。驻车制动器的行程是否正常。

(5)检查行李厢

主要检查行李厢的密封性，汽车尾部出过重大事故的汽车，往往存在行李厢漏水、严重漏灰现象。

(6)检查汽车底部

将汽车置于举升机上或地沟上。

①检查车底部是否有漏水、漏油、漏气情况。

②检查车底部车身、车架是否有非制造上的焊接痕迹，是否严重变形。

③检查车底部各运动副的磨损程度和间隙是否在正常的范围内是否有裂纹、塑性变形等疲劳损伤现象。

④检查车底部各紧固件是否有松动现象。

(三)常用量具检查

将汽车停置于水平地面上,根据国家标准 GB 7258—2004 规定,进行如下检查。

(1)汽车车体应周正,车体外缘左右对称部位高度差不得大于 40 mm。首先目测检查,如发现有严重的横向或纵向和歪斜等现象,再用高度尺(或钢卷尺)检测是否超过规定值。如果接近或超过规定值,同时检查车架和车身是否变形,悬架是否断裂或塑性变形,轮胎搭配及气压是否正常。

汽车歪斜会引起安全性下降,操纵稳定性下降,行驶跑偏,以及轮胎磨损加剧等。

(2)轮胎

①轮胎的磨损:轿车、摩托车、轻便摩托车轮胎胎冠上花纹深度不得小于 1.6 mm;其他机动车转向轮的胎冠花纹深度不得小于 3.2 mm;其余轮胎胎冠花纹深度不得小于 1.6 mm。

②轮胎胎面不得因局部磨损而暴露出轮胎帘布层。

③轮胎的胎面和胎壁上不得有长度超过 25 mm 或深度足以暴露出轮胎帘布层的破裂和割伤。

④同一轴上的轮胎型号和花纹应相同,轮胎型号应符合机动车出厂时的规定。

⑤机动车转向轮不得装用翻新的轮胎。

⑥机动车所装用的轮胎应与其最大设计车速相适应。

⑦轮胎负荷不应超过该轮胎的额定负荷,用轮胎气压表检查轮胎气压,轮胎的充气压力应符合该轮胎承受负荷时规定的压力。

(3)车轮总成的横向摆动量和径向跳动量

将汽车举起,使用百分表,依次检查各车轮的横向摆动量和径向跳动量。总质量小于或等于 4.5t 的汽车不得大于 5 mm,其他车辆不得大于 8 mm。

二、汽车技术状况的动态检查

汽车的动态检查是指汽车在工作状态下的检查。通过汽车在各种工况,如发动机起动、怠速,汽车起步、加速、匀速行驶、滑行、制动减速、紧急制动,从低速档到高速档,检查汽车的操纵性能,加速性能,滑行性能、安全性能、噪声和排放情况,借以鉴定汽车的技术状况。

(一)无负荷时的工况检查

(1)检查起动性

检查发动机起动是否容易,起动机是否良好。

(2)无负荷时的工况检查

①发动机起动后使其怠速运转,打开发动机罩,听发动机有无异响、噪声大小,观察发动机工作是否平稳。

②检查急加速性,待发动机运转正常后,用手拨动节气门,从怠速急加速,观察发动机的急加速性能,然后迅速松开节气门,注意发动机怠速是否熄火或运转是否平稳。

③检查发动机是否窜气。打开加机油口盖,观察发动机窜气量,发动机工况良好的汽车用肉眼观察应无明显的油气。

④检查排气颜色。正常的汽油发动机排出气体是无色的,在严寒的冬季可见白色的水汽;柴油发动机带负荷运转时,发动机排出气体一般是灰色的,负荷加重时,排气颜色会深一些。

无论汽油发动机还是柴油发动机，如果排气颜色发蓝色，说明机油窜入燃烧室。若机油油面不高，最常见的是汽缸与活塞密封出现问题，即活塞、活塞环因磨损与汽缸的间隙过大。无论汽油发动机还是柴油发动机，如果排气管冒黑烟，说明混合气过浓，汽油发动机点火时刻过迟等原因也会造成冒黑烟现象。

(二)路试检查

汽车路试一般以 20 km/h 左右行驶速度，通过一定里程的路试检查汽车的工况。

(1)检查离合器

正常的离合器应该是接合平稳，分离彻底，工作时没有异响、抖动和不正常打滑现象。

踏板自由行程应符合汽车技术条件的有关规定。自由行程过小，一般说明离合器摩擦片磨损严重。踏板力应与该型号汽车的踏板力相适应，各种汽车的踏板力应不大于 300 N。

(2)检查制动性能

①行车制动。汽车起步后，先点踏制动踏板，检查是否有制动；将车加速至 20 km/h 作一次紧急制动，检查制动是否可靠，有无跑偏、甩尾现象；再将车加速至 50 km/h，先用点制动的方法检查汽车是否立即减速，是否跑偏，再用紧急制动的方法检查制动距离和跑偏量。应符合 GB 7258－2004 标准的规定。

②驻车制动。驻车制动力、施加于驻车制动操纵装置上的力、操纵装置的储备行程均应符合 GB 7258－2004 标准的规定。

(3)检查转向操纵性能

选择宽敞的路面，左右转动转向盘，检查转向盘是否灵活、轻便，是否有正常的回正能力，是否行驶跑偏，高速行驶时方向是否抖动。

(4)检查变速器

从起步档加速到高速档，再由高速档减至低速档，检查变速器换挡是否轻便灵活；是否有异响，互锁和自锁装置是否有效，是否有乱档现象，加减车速是否有跳档现象；换挡时变速杆是否与其他部件干涉等。

自动变速器的汽车在平坦的路面起步一般不要加油门，如果需要加油门才能起步，说明自动变速器维护不好，或已到保修里程；检查自动变速器是否有换挡迟滞现象，自动变速的汽车换挡时应该无明显的感觉，如果感觉汽车在加减速时有明显的发“冲”现象，说明自动变速器维护不好，或已到大修里程。

(5)检查传动系统间隙

将汽车加速至 40～60 km/h 迅速抬起加速踏板，检查有无明显的金属撞击声，如果有，说明传动间隙大。

(6)检查汽车动力性

通过道路试验分析汽车动力性能，其结果接近于实际情况，汽车动力性在道路试验中的检测项目一般有高档加速时间、起步加速时间、最高车速、陡坡爬坡车速、长坡爬坡车速，有时为了评价汽车的拖挂能力，还进行汽车牵引力检测。另外，有时为了分析汽车动力的平衡问题，采用高速滑行试验测定滚动阻力系数和空气阻力系数，道路试验受到道路条件、风向、风速、驾驶技术等因素的影响，而且这些因素可控性差，同时还需要按规定条件选用和建造专门的道路等。

轿车的动力性能的最常见的指标是从静止状态加速至 100 km/h 的所需时间 t(s)和最高

车速，其中前者是最具意义的动力性能指标和国际流行的小客车动力性能指标。

汽车起步后，作加速行驶，猛踩加速踏板，检查汽车的加速性能，各种汽车设计时的加速性能不尽相同，就轿车而言，一般发动机排量越大，加速性能就越好，有经验的汽车评估人员，能够了解各种常见车型的加速性能，通过路试能够检查出被检汽车的加速性能与正常的该型号汽车加速性能的差距。

检查汽车的爬坡性能，检查汽车在相应的坡道上，使用相应的挡位时的动力性能，是否与经验值相近，感觉是否正常。

检查汽车是否能够达到原设计车速，如果达不到，估计一下差距大小。

(7)检查转动系与行驶系的动平衡

汽车在任何车速下都不应抖动，如果汽车在某一车速范围内抖动，说明汽车的传动系或行驶系动平衡存在问题，应检查轮胎、传动轴，悬架及各部配合间隙等。

(8)检查传动效率

在平坦的路面上，作汽车滑行试验。将汽车加速至 50 km/h 左右，空挡滑行。根据经验，通过滑行距离可以判断汽车的传动效率。

(三)路试后的检查

1.检查各部件温度

检查冷却液、制动鼓、轮毂等温度是否正常。

2.检查“四漏”现象

①在发动机运转及停车时散热器、水泵、缸体、缸盖、暖风装置及所有连接部位均有无明显渗漏水现象。

②机动车连续行驶距离不小于 10 km，停车 5min 后观察，不得有明显渗漏油现象。

③检查汽车的气、油液、电泄漏现象。

三、汽车技术状况的仪器检查

汽车技术状况的仪器检查在汽车评估中主要用于对被评估汽车用动态性能检查把握不准和不熟悉，并且对评估准确性要求较高，常用于较高档的冷僻车型和司法评估。

汽车技术状况的仪器检查种类繁多，这时是指汽车综合性能检测，而汽车综合性能检测主要包括：汽车的动力性、燃料经济性、安全性、可靠性和排气污染物等的检测、评价。现在，我国汽车综合性能检测，主要是通过在全国的汽车综合性能检测站(中心)进行的，汽车综合性能检测站对汽车上述性能检测的指标和方法参阅前面章节。

第三节　旧汽车评估方法的选择与成新率确定

一、旧汽车评估方法的选择

旧汽车评估有四种基本方法：即现行市价法、重置成本法、收益现值法和清算价格法。这些方法各有各的特点，同时这些方法又是相互关联的。评估方法的多样性，为鉴定估价人员提供了适当选择评估的途径，选择合适的评估方法，有利于简捷、准确地确定被评估对象的价值。各种方法选择使用的条件如下。

(1)现行市价法是汽车评估优先考虑采用的评估方法，符合市场经济规律，评估结果易于被各方面理解和接受。但需要有一个成熟的、健康的、完全市场经济环境的市场，并且要有大量的同质标的。

(2)重置成本法是汽车评估经常采用的评估方法，具有信息资料，信息便捷、操作简单易行，评估理论贴近旧汽车的实际，在现行市价法条件不具备的情况下，是一种容易被接受的评估方法。但经济性贬值不易准确计算。

(3)收益现值法只在少数营业性运输车辆评估上使用。

(4)清算价格法只在少数破产、抵押、急于变现等车辆评估上使用。

二、成新率确定

旧汽车成新率的确定通常有使用年限法和综合分析法。

(一)使用年限法

使用年限法采用的计算公式如下。

(1)等速折旧法：$C_n = \left(1-\dfrac{Y}{G}\right)\times 100\%$ (15-1)

(2)加速折旧法：

①年份数求和法：$C_f = \left[1-\dfrac{2}{G(G+1)}\sum_{n=1}^{Y}(G+1-n)\right]\times 100\%$ (15-2)

②双倍余额递减法：$C_n = \left[1-\dfrac{2}{G}\sum_{n=1}^{Y}\left(1-\dfrac{2}{G}\right)^{n-1}\right]\times 100\%$ (15-3)

(3)汽车使用年限

我国从1997年出台了《汽车报废标准》，1998年7月7日国经贸经[1998]407号文《关于调整轻型载货汽车报废标准的通知》，2000年国家经济贸易委员会、国家发展计划委员会、公安部、国家环境保护总局联合发文，国经贸资源[2000]1202号《关于调整汽车报废标准若干规定的通知》。上述报废标准是我国现行汽车使用年限规定的法规(见附录)。汽车有三种使用年限规定，即8年(常见的有出租车)、10年和15年[9座(含9座)以下非营运载客汽车(包括轿车、含越野型)]。

(4)已使用年限

使用年限是代表汽车运行量和工作量的一种计量，这种计量是以汽车正常使用为前提的，包括正常的使用时间和使用强度。对于汽车这种商品来说，它的经济使用寿命指标有规定使用年限，同时也以行驶里程数作为运行量的计量单位。从理论上讲，综合考虑已使用年限和行驶里程数要符合实际一些，即汽车的已使用年限应采用折算年限，即：

$$折算年限 = \frac{总的累计行驶里程}{年平均行驶里程} \tag{15-4}$$

这种使用年限表示方法既反映了汽车的使用情况(即管理水平、使用水平、维护水平)、使用强度，又包括了运行条件和某些停驶时间较长的汽车的自然损耗。但在实际操作中，很难找到总的累计行驶里程和年平均行驶里程这一组数据，所以，已使用年限只能取汽车从新车在公安交通管理机关注册登记之日起至评估基准日的年数，在估算成新率时，一定要有使用年限的概念。在汽车评估实务中，实际计算中，通常在使用等速折旧时，将已使用年限和规定使用年限换算成月数，在使用加速折旧时，已使用年限和规定使用年限按年数计算，不足一年部分按12分之几折算。如3年9个月，前3年按年计算，后9个月按第4年折旧的$\frac{9}{12}$计算。汽车评估实务中通常不计算不足1个月的天数折旧。

最近几年，我国各类汽车年平均行驶里程如表15-2所列。

平均行驶里程　　表15-2

汽车类别	年平均行驶里程，万km
微型、轻型货车	3～5
中型、重型货车	6～10
私家轿车	1～3
行政、商务用车	3～6
出租车	10～15
租赁车	5～8
旅游车	6～10
中、低档长途客运车	8～12
高档长途客运车	15～25

汽车按年限折旧只能采取加速折旧的方法，而不能采取等速折旧的方法。旧汽车的市场上旧汽车的市场价格也呈加速折旧的态势。25万元以上的汽车采用年份数求和法较好，25万元以下的汽车采用双倍余额递减法较好。

例题：某家庭用普通型桑塔纳轿车，初次登记年月是1999年6月，评估基准时是2004年6月，请分别用等速折旧法、加速折旧法中的年份数求和法与双倍余额递减法计算成新率。

解：A、等速折旧法：$C_d=\left(1-\frac{Y}{G}\right)\times100\%=\left(1-\frac{5}{15}\right)\times100\%=66.7\%$

B、年份数求和法：$C_f=\left[1-\frac{2}{G(G+1)}\sum_{n=1}^{Y}(G+1-n)\right]\times100\%=$

$$\left[1-\frac{2}{15(15+1)}\sum_{n=1}^{Y}(15+1-n)\right]\times100\%=$$

$$\left\{1-\frac{2}{15(15+1)}\left[(15+1-1)+(15+1-2)+\right.\right.$$

$$\left.\left.(15+1-3)+(15+1-4)+(15+1-5)\right]\right\}\times100\%=$$

$$45.8\%$$

C、双倍余额递减法：$C_s=\left[1-\frac{2}{G}\sum_{n=1}^{Y}\left(1-\frac{2}{G}\right)^{n-1}\right]\times100\%=$

$$\left[1-\frac{2}{15}\sum_{n=1}^{5}\left(1-\frac{2}{15}\right)^{n-1}\right]\times100\%=$$

$$\left\{1-\frac{2}{15}\left[\left(1-\frac{2}{15}\right)^{1-1}+\left(1-\frac{2}{15}\right)^{2-1}+\left(1-\frac{2}{15}\right)^{3-1}+\right.\right.$$

$$\left.\left.\left(1-\frac{2}{15}\right)^{4-1}+\left(1-\frac{2}{15}\right)^{5-1}\right]\right\}\times100\%=48.9\%$$

(二)综合分析法

综合分析法是以使用年限法为基础，再综合考虑到影响旧汽车价值的多种因素，以系数高速确定成新率的一种方法，其计算公式为：

$$C=C_n\times J_t \tag{15-5}$$

式中：C——成新率；

C_n——使用年限成新率；

J_t——鉴定调整系数。

鉴定调整系数推荐采用表 15-3 所列。

鉴定调整系数表 表 15-3

影响因素	状况		调整系数		权重(%)
技术状况 J_z	一级车		1.1		30
	二级车		0.8		
重大事故 S_g	无		1.0		25
	有		0.5		
需要修理情况 X_l	不需要		1.0		20
	需要修理费占	重置成本 0.5%以下	0.9		
		重置成本 0.5%～2%	0.7		
		重置成本 2%～5%	0.5		
		重置成本 5%以上	0.2		
品牌 P_p	大贸进口车	地域系数	1.0	1	20
	走私罚没车	地域系数	0.7	1	
	合资名牌车	地域系数	1.1	1.1～1.6	
	合资非名牌车	地域系数	0.8	1	
	国产名牌	地域系数	1.0	1～1.5	
	国产非名牌	地域系数	0.7	1	
使用强度 Y_q	平均年行驶里程 4 万 km 以下		1.0		10
	平均年行驶里程 4～8 万 km		0.8		
	平均年行驶里程 8 万 km 以上		0.5		

旧汽车成新率的影响因素和鉴定调整系数说明如下。

(1)汽车技术状况调整系数 J_z

汽车技术状况是汽车品质的最根本因素，用汽车技术等级来评定汽车的技术状况是最为科学和合理的，汽车技术等级评定标准按 JT/T198—2004 执行。在用汽车技术等级分为三级，然后取调整系数来修正汽车的成新率，技术状况调整系数取值范围为 1.1～0.8。

(2)重大事故调整系数 S_g

重大事故通常是指汽车因碰撞、倾覆造成汽车主要结构件的严重损伤，尤其以承载式汽车的车身件为代表，汽车发生过重大事故后，往往存在严重的质量缺陷，并且不易修复，在汽车交易实务中，往往对汽车的交易价格形成重大影响，同时，也是旧汽车鉴定评估人员必须非常重视的因素。将重大事故系数设定为 1 和 0.5 是统计数据的总结。

(3)需要修理情况调整系数 X_l

旧汽车需要进行项目修理或换件的，或需进行大修的，对旧汽车的交易价格构成重要影响，用需要修理费占重置成本的比例，来衡量需要修理的程度是较为合理和较为实际的，修理费的评定法采用评估基准地的修理市价。重置成本按本章第六节中的方法计算。需要修理情况系数范围为 1～0.2。

(4)品牌调整系数 P_p

汽车品牌对旧汽车的市场价格也有着重要影响，国家大贸进口的汽车往往质量稳定可靠，售后服务及配件供应有保障，购车者对这类车容易接受。走私罚没汽车往往质量不稳定，售后服务及配件供应没有保障，购旧汽车者风险较大，购车者对这类汽车不容易接受。合资名牌汽车往往质量稳定可靠，售后服务及配件供应有保障，且通常配件价格较大贸进口的汽车合理，旧汽车市场这类汽车较为热销。合资非名牌车往往售后服务及配件供应没有保障，通常配件价格较贵，购旧汽车者有一定的风险，这类旧汽车往往不好销。国产名牌汽车由于质量较稳定，售后服务及配件供应有保障，并且维修价格低廉，购车者对这类车容易接受。国产非名牌汽车由于质量较差，售后服务及配件供应没有保障，虽然时常价格低廉，但大多数旧汽车的购买者不愿问津。

在我国汽车市场上，一些品牌有着明显的地域性。如上海大众系列车在华东、西北市场比较走俏，旧汽车市场价格也高于其他品牌的同类型车，而一汽大众捷达车在华北、东北、华南市场比较走俏，旧汽车市场价格也高于其他品牌的同类型车。出于这方面因素的考虑，又设定了品牌地域系数。

(5)使用强度调整系数 Y_q

随着我国公路条件的大幅度改善，汽车的使用强度主要来自于行驶里程，我们把汽车的使用强度按行驶里程划分为三档，同时也就兼顾了汽车的使用性质。汽车行驶里程可通过里程表读取，对于里程表的数值要结合汽车的使用性质加以认证，对于里程表读数有质疑的，汽车鉴定评估人员可根据车况，结合经验加以认定。使用强度调整系数范围为 1～0.5。

$$J_t = J_z \times 30\% + S_g \times 25\% + X_l \times 20\% + P_p \times 15\% + Y_q \times 10\% \qquad (15\text{-}6)$$

例题：某捷达车初次登记年月为 1999 年 6 月，评估基准日为 2004 年 6 月，基准地为南京，行驶里程为 25 万公里，需要进行项目修理费用为 1 200 元，重置成本为 12 万元，经汽车技术等级评定为二级车。分别求无、有重大事故的鉴定调整系数。

解：技术状况调整系数＝1.0；

无重大事故调整系数＝1.0；有重大事故调整系数＝0.5；

修理费用 1 200 元，重置成本 12 万元，需要修理情况调整系数＝0.7；

合资名牌车调整系数＝1.1；

使用强度调整系数＝0.8；

无重大事故时：

鉴定调整系数＝1×30%＋1×25%＋0.7×20%＋1.1×15%＋0.8×10%＝0.935

有重大事故时：

鉴定调整系数＝1×30%＋0.5×25%＋0.7×20%＋1.1×15%＋0.8×10%＝0.685

第四节　现行市价法评估旧汽车

一、查勘鉴定被评估汽车

查勘待评估汽车，并对其结构、性能、新旧程度等做必要的技术鉴定，以获得该汽车的基本技术参数，为市场数据资料的搜集及参照物的选择提供依据。

二、选择参照物

根据评估的特定目的、待评估汽车的有关技术参数，按可比性原则选取参照物。参照物的选择一般应在两个以上。从优选择考虑，首先应考虑选择市场上已成交的交易案例中的汽车作为参照物。

三、被评估汽车和参照物之间的差异进行比较、量化和调整

被评估汽车和参照物之间的差异主要有以下几个方面。

(1)结构性能的差异及量化

汽车型号间及结构上的差别都会集中反映到汽车间的功能和性能差异上，功能和性能的差异可通过功能、性能对汽车的价格影响进行估算。

量化调整值＝结构性能差异值×成新率

例如，同类型的汽油车，电喷发动机相对于化油器发动机要贵 3 千元～5 千元(主要功能对价格的影响可参照新汽车评估)；对营运性汽车而言，主要表现为生产能力、生产效率和运营成本等方面的差异。可利用收益现值法对其进行量化调整。

(2)销售时间的差异及量化

在选择参照物时，应尽可能选择评估基准日的成交案例，以免去销售时间差异的量化。若参照物的交易时间在评估基准日之前，可采用价格指数法，将销售时间差异量化并调整。

(3)新旧程度的差异及量化

被评估汽车与参照物在新旧程度上不一定会完全一致，参照物未必是全新汽车。这就要求评估人员对被评估汽车与参照物的新旧程度做出基本判断，取得被评估汽车和参照物成新率后，以参照物的价格乘以被评估汽车与参照物成新率之差，即可得到两个汽车新旧程度的差异量：

新旧程度差异量＝参照物价格×(被评估汽车成新率－参照物成新率)　　(15-7)

(4)销售数量的差异及量化

销售量的大小、采用何种付款方式均会对汽车成交单价产生影响。对这两个因素在被评估汽车与参照物之间的差别，应先了解清楚，然后根据具体情况作出必要的调整。一般来说，卖主充分考虑货币的时间价值，他会以较低的单价吸引购买者(常为经纪人)多买旧汽车，尽管价格比零售价低，但他可提前收到货款。当被评估汽车是成批量时，以单个汽车作为汽车参照物是不恰当的。而当被评估汽车是单件时，以成批汽车作为参照物也是不合适的。销售数量的不同会造成成交价格的差异。必须对此差异进行分析，适当调整被评估汽车的价值。

(5)付款方式的差异及量化

在旧汽车交易中，绝大多数为现款交易。在我国一些经济较活跃的地区已出现了旧汽车的银行按揭销售。银行按揭的旧汽车与一次性付款的旧汽车的价格差异由两部分组成，一是银行的贷款利息，贷款利息按贷款年限确定，二是汽车按揭保险费，各保险公司的汽车按揭保险费率不完全相同，会有一些差异。

找出主要差异后，对其作用程度要加以确定且予以量化，并作出相应的调整。

四、现行市价法评估实例

例题:某捷达车现行市价法评估实例

整车维修企业通用设备　　表 15-4

序号	技术经济参数	参照物Ⅰ	参照物Ⅱ	被评估汽车
1	车辆型号	捷达 FV7160CL	捷达 FV7160CIX	捷达 FV7160GIX
2	销售条件	公开市场	公开市场	公开市场
3	交易时间	2003 年 12 月	2004 年 6 月	2004 年 6 月
4	使用年限	15 年	15 年	15 年
5	初次登记年月	1998 年 6 月	1998 年 6 月	1998 年 12 月
6	已使用时间	5 年 6 个月	6 年	5 年 6 个月
7	成新率	53%	48%	50%
8	交易数量	1	1	1
9	付款方式	现款	现款	现款
10	地点	北京	北京	北京
11	物价指数	1	1.03	1.03
12	价格	5.0 万元	5.5 万元	求评估值

(1)以表 15-4 中参照物Ⅰ为参照物作各项差异量化和调整

①结构性能差异量化与调整

参照物Ⅰ车身为老式车身,被评估物为新式改脸车身,评估基准时点该项结构价格差异为 0.8 万元;参照物Ⅰ发动机为化油器式两气门发动机,被评估物发动机为电喷式五气门发动机。评估基准时点该项结构价格差异为 0.6 万元。该项调整数为:(0.8+0.6)×50%=0.7 万元。

②销售时间差异量化与调整

参照物Ⅰ成交时物价指数为 1,被评估物评估时物价指数为 1.03,该项调整系数为:

$$\frac{1.03}{1} = 1.03$$

③新旧程度差异量化与调整

该项调整数为:5.0×(50%−53%)=−0.15 万元。

销售数量和付款方式无差异。

评估值=(5.0+0.7−0.15)×1.03=5.72 万元。

(2)以参照物Ⅱ为参照物作各项差异量化和调整

①结构性能差异量化与调整

参照物Ⅱ发动机为电喷两气门发动机,被评估物为电喷五气门发动机。评估基准时点该项结构价格差异为 0.3 万元。该项调整数为:0.3×50%=0.15 万元。

②新旧程度差异量化与调整

该项调整数为:5.5×(50%−48%)=0.11 万元。

销售时间、数量和付款方式无差异。

评估值＝5.5＋0.15＋0.11＝5.76 万元。

综合参照物Ⅰ和参照物Ⅱ，被评估物评估值$=\frac{5.72+5.76}{2}=5.74$ 万元。

第五节　重置成本法评估旧汽车

一、重置成本的确定

原国家国内贸易局组织编写的《旧机动车鉴定估价》一书中，将重置成本的确定分为交易类和咨询服务类两类鉴定估价业务。前者以现行市场纯车价作为重置成本，后者以现行市场车价加大额税费为重置成本。

重置成本是有严格定义的，重置成本是评估基准时点重新购置具有同等效用的新汽车的完全价值。它不会因为评估的目的而改变。重置成本应以现行市场纯车价加车辆购置税最合理。因为如养路费、保险费会因汽车的使用而逐步被消费掉，将其准确计人重置成本意义不大。

二、重置成本估算注意的几个问题

(1)政府对汽车税收的征收有些是在生产和销售环节，有些是在使用环节。前者的税收已包含在汽车的市价里，而后者则没有。确定重置成本只考虑使用环节的税费。

(2)纯汽车价格以外的税费因时、因地是动态变化的，汽车鉴定评估人员要根据当时当地的情况按重置成本构成的概念，正确计算重置成本。

(3)对于少数的进口汽车，一时难以查找到车价时，可采用功能、性能对比法寻找相似车型，参照相似车型的价格来确定重置成本，也可采用物价指数法确定重置成本。

三、重置成本法的计算公式

重置成本法的计算公式如下：

$$\text{评估值} = \text{重置成本} - \text{实体性贬值} - \text{功能性贬值} - \text{经济贬值} \tag{15-8}$$

$$\text{评估值} = \text{重置成本} \times \text{成新率} \tag{15-9}$$

从一般意义上讲，式(15-8)优于式(15-9)，这是因为式(15-8)中不仅扣除了有形损耗，而且扣除了功能性损耗和经济性损耗，从理论上讲更科学。但其实际的可操作性较差，使用困难。式(15-9)中成新率的确定是综合各项贬值的结果。具有收集信息便捷，操作较简单易行，评估理论贴近汽车使用行业实际，容易被委托人接受等优点。被广泛采用。

将重置成本、使用年限(加速折旧法)成新率、鉴定调整系数代人式(15-9)可得重置成法计算公式：

$$\text{评估值} = \left(C_j + \frac{C_j}{1.17} \times 10\%\right)\left[1 - \frac{2}{G(G+1)}\sum_{n=1}^{Y}(G+1-n)\right] \times J_t \tag{15-10}$$

$$\text{评估值} = \left(C_j + \frac{C_j}{1.17} \times 10\%\right)\left[1 - \frac{2}{G}\sum_{n=1}^{Y}\left(1-\frac{2}{G}\right)^{n-1}\right] \times J_t \tag{15-11}$$

式中：C_j——纯车价。

四、重置成本法评估实例

例题1：某先生于1998年7月共花13万元购得捷达FV7160CL一辆，用于家庭自用，并于当月登记注册，2004年1月在广州交易，请汽车评估师对其进行鉴定估价。经评估师了解，现该型号的车已不生产，替代产品为捷达FV7160Ci，车价10万元，捷达FV7160Ci与捷达FV7160CL的主要区别一是：将化油器式发动机改为了电喷发动机；二是将空调系统改为了环保空调系统。两项差别约使车价上升0.4万元。该车技术等级评定为二级车，未发现有重大事故痕迹，该车外表有多处轻微事故痕迹，需修理与做漆，约需0.1万元。行驶里程6万km。请用(15-11)(重置成本、双倍余额折旧、鉴定调整系数法)计算评估值。

根据题意：

(1)重置成本$=10-0.4+\frac{10-0.4}{1.17}\times10\%=10.42$万元。

(2)使用年限为15年，采用年限法双倍余额折旧率：

第一年折旧率$=\frac{2}{15}\left(1-\frac{2}{15}\right)^{1-1}=0.1333$；

第二年折旧率$=\frac{2}{15}\left(1-\frac{2}{15}\right)^{2-1}=0.1156$；

第三年折旧率$=\frac{2}{15}\left(1-\frac{2}{15}\right)^{3-1}=0.1002$；

第四年折旧率$=\frac{2}{15}\left(1-\frac{2}{15}\right)^{4-1}=0.0868$；

第五年折旧率$=\frac{2}{15}\left(1-\frac{2}{15}\right)^{5-1}=0.0752$；

第六年折旧率$\approx\frac{6}{12}\times\frac{2}{15}\left(1-\frac{2}{15}\right)^{6-1}=0.0326$。

(3)采用年限法双倍余额折旧后的年限成新率

$=(1-0.1333-0.1156-0.1002-0.0868-0.0752-0.0326)\times100\%=45.63\%$

(4)鉴定调整系数：

因为是二级车，技术状况调整系数取1.0；

未见重大事故，重大事故调整系数取1.0；

修理费用0.1万元，重置成本10.42万元，需要修理情况调整系数＝0.7；

捷达车为合资名牌车，考虑地域因素，品牌调整系数取1.5；

年平均行驶里程为1.1万km，使用强度调整系数取1.0；

鉴定调整系数$=1\times30\%+1\times25\%+0.7\times20\%+1.5\times15\%+1\times10\%=1.03$。

(5)评估值$=10.42\times45.63\%\times1.03\approx4.9$万元。

例题2：某先生于2000年7月共花14.4万元购得捷达FV7160Ci一辆，挂靠某出租公司做出租车，并于当月登记注册，2004年7月在南京交易，请汽车评估师对其进行鉴定估价。经评估师了解，现该型号的车纯车价9.6万元，该车技术等级评定为三级车，发现前纵梁已换过，有重大事故痕迹，该车外表有多处事故痕迹，需进行二级维护与车身做漆，约需0.5万元。行驶里程48万km。请用式(15-10)(重置成本、双倍余额折旧、鉴定调整系数法)计算评估值。

根据题意:

(1)重置成本$=9.6+\frac{9.6}{1.17}\times10\%=10.42$万元。

(2)使用年限为8年,采用年限法双倍余额折旧率:

第一年折旧率$=\frac{2}{8}\left(1-\frac{2}{8}\right)^{1-1}=0.25$;

第二年折旧率$=\frac{2}{8}\left(1-\frac{2}{8}\right)^{2-1}=0.1875$;

第三年折旧率$=\frac{2}{8}\left(1-\frac{2}{8}\right)^{3-1}=0.1406$;

第四年折旧率$=\frac{2}{8}\left(1-\frac{2}{8}\right)^{4-1}=0.1055$。

(3)采用年限法双倍余额折旧后的年限成新率

$=(1-0.25-0.1875-0.1406-0.1055)\times100\%$

$=31.64\%$。

(4)鉴定调整系数:

因为是三级车,技术状况调整系数取0.8;

有见重大事故,重大事故调整系数取0;

修理费用0.5万元,重置成本10.42万元,需要修理情况调整系数取0.5;

捷达车为合资名牌车,品牌调整系数取1.1;

年平均行驶里程为12万km,使用强度调整系数取0.5;

鉴定调整系数$=1\times30\%+0\times25\%+0.5\times20\%+1.1\times15\%+0.5\times10\%=0.615$。

(5)评估值$=10.42\times31.64\%\times0.615\approx2.0$万元。

例题3:某公司2000年6年购得一汽大众奥迪A6型(排量2.4升)轿车一辆作为公务车使用,2004年6月在北京交易,2004年6月北京市场上该型号车纯车价是40万元,该车技术等级评定为二级车,无重大事故痕迹,该车外表有少数划痕无需进行修理。行驶里程15万km。请用(15-10)(重置成本、年份数求和、鉴定调整系数法)计算评估值。

根据题意:

(1)重置成本$=40+\frac{40}{1.17}\times10\%=43.4$万元。

(2)使用年限为15年,采用年份数求和法成新率:

$$C_f=\left[1-\frac{2}{G(G+1)}\sum_{n=1}^{Y}(G+1-n)\right]\times100\%=$$

$$\left[1-\frac{2}{15(15+1)}\sum_{n=1}^{4}(15+1-n)\right]\times100\%=55\%.$$

(3)鉴定调整系数:

因为是二级车,技术状况调整系数取1.0;

无重大事故,重大事故调整系数取1.0;

无需修理,需要修理情况调整系数取1.0;

一汽大众奥迪车为合资名牌车,品牌调整系数取1.1;

年平均行驶里程为3.75万km,使用强度调整系数取1.0;

鉴定调整系数＝1×30％＋1×25％＋1×20％＋1.1×15％＋1×10％＝1.015。

(4)评估值＝43.4×55％×1.015≈24.2万元。

第六节　收益现值法评估旧汽车

当汽车作为生产资料而非消费资料时，即营业性汽车评估时，时常会考虑汽车的使用收益问题。采用收益现值法对旧汽车进行评估所确定的价值，是指为获得该汽车以取得预期收益的权利所支付的货币额。

一、收益法评估步骤

(1)搜集有关营运汽车收入和费用的资料；

(2)充分调查了解被评估汽车的技术状况，估算潜在毛收入；

(3)估算有效毛收入；

(4)估算运营费用；

(5)估算净收益；

(6)确定折现率；

(7)选用适宜的计算公式求出评估值。

二、收益现值法中各评估参数的确定

(1)剩余经济寿命期的确定

剩余经济寿命期是指从评估基准日到车辆到达报废的年限。如果剩余经济寿命期估计过长，就会高估车辆价格；反之则会低估价格。因此，必须根据汽车的实际状况对剩余寿命作出正确的评定。对于各类汽车来说，该参数按《汽车报废标准》确定是较科学和合理的。由于汽车达到报废年限后，使用成本会大幅提高，已无明显的收益可言，一般不考虑达到报废年限后的继续使用年限。

(2)预期收益额的确定

运用收益法，收益额的确定是关键。收益额是指由被评估对象在使用过程中产生的超出其自身价值的溢余额。对于收益额的确定应把握两点：

①收益额是指汽车使用带来的未来收益期望值，是通过预测分析获得的。无论对于所有者还是购买者，判断某汽车是否有价值，首先应判断该汽车是否会带来收益。对其收益的判断，不仅仅是看现在的收益能力，更重要的是预测未来的收益能力。

②收益额的构成，以运输企业为例，目前有几种观点：第一，企业所得税后利润；第二，企业所得税后利润与提取折旧之和减去投资额；第三，利润总额。

关于选择哪一种作为收益额，针对汽车评估特点与评估目的，推荐选择第一种观点，目的是准确反映预期收益额。为了评估准确，一般应列出汽车在剩余寿命期内的现金流量表。

(3)确定预期支出

根据本行业的情况，仔细分析被评估汽车的可能支出项目及支出额，列出预计支出清单。

(4)折现率的确定

确定折现率，首先应该明确折现的内涵。折现作为一个时间优先的概念，认为将来的收益或利益低于现在的同样收益或利益，并且，随着收益时间向将来推迟的程度而有系统地降低价值。同时，折现作为一个运算过程，是把一个特定比率应用于--个预期的将来收益，从而得出当前的价值。从折现率本身来说，它是一种特定条件下的收益率，说明汽车取得该项收益的收益率水平。收益率越高，汽车评估值越低。因为在收益一定的情况下，收益率越高，意味着单位资产增值率高，所有者拥有资产价值就低。折现率的确定是运用收益现值法评估汽车时比较棘手的问题。折现率必须谨慎确定，折现率折微小差异，会带来评估值很大的差异。确定折现率，不仅应有定性分析，还应寻求定量方法。折现率与利率不同，利率是资金的报酬，折现率是使用管理的报酬。利率只表示资金本身的获得能力，而与使用条件、用途没有直接联系，折现率则与汽车所有者的使用效果有关。一般来说，折现率应包含无风险利率、风险报酬率和通货膨胀率。无风险利率是指资产在一般条件下的获利水平；无风险报酬率则是指冒风险取得报酬与汽车投资中承担风险所付代价的比率。风险收益能够计算，而为承担风险所付出的代价却不好确定，因此，风险收益率不容易计算出来，只要求选择的收益率中包含这一因素即可。

每个行业，每个企业都有具体的资金收益率。因此，在利用收益法对汽车评估选择折现率时，应该进行本行业、本企业历年收益率指标的对比分析。但是，最后选择的折现率应该高于国家债券或银行利率。

三、收益现值法评估应用实例

例题：某人拟购一辆桑塔纳普通型出租车，作为个体出租车经营使用，该车各项数据和情况如下：

(1)评估基准日：2004 年 12 月 15 日

(2)初次登记年月：2000 年 12 月

(3)技术状况正常：

(4)每年营运天数：350 天

(5)每天毛收入：500 元

(6)日营业、所得税：50 元

(7)每天燃、润油费：120 元

(8)每年日常维修费：6 000 元

(9)保险及各项规费每年：12 000 元

(10)营运证使用费：18 000 元

(11)两名驾驶员劳务、保险费：60 000 元

用收益现值法求评估值是多少？

首先求预计年收入：350×500＝175 000 元

预计年支出：税费 350×50＝17 500 元

油费 350×120＝42 000 元

维修费 6 000 元

保险及规费 12 000 元

营运证使用费 18 000 元

驾驶员劳务、保险费 60 000 元

年收入为：17.5—1.75—4.2—0.6—1.2—1.8—6=1.95 万元

其次，根据目前银行储蓄和贷款利率、债券、行业收益等情况，确定资金预期收益率为10%，风险报酬率为 5%，折现率为 15%。

该车剩余使用年限 4 年，假定每年的年收入相同，则由收益现值法公式：

$$P_V = \sum_{i=1}^{n} \frac{R_i}{(1+r)^i}$$

$$\text{评估值} = \frac{1.95}{(1+0.15)^1} + \frac{1.95}{(1+0.15)^2} + \frac{1.95}{(1+0.15)^3} + \frac{1.95}{(1+0.15)^4} = 5.57\ \text{万元}$$

第七节 清算价格法评估旧汽车

清算价格评估旧汽车的方法主要有如下三种：

(1)现行市价折扣法

现行市价折扣法是指对清算汽车首先在旧机动车交易市场寻找一个相适应的参照物，然后根据快速变现的原则估定一个折扣率，并据此确定其清算价格。

例如，一辆旧桑塔纳普通型轿车，经调查类似的旧车在旧机动车交易市场上成交价在 5 万元左右，根据销售情况调查，折价 20%可以当即出售。则该车的清算价格为 5×(1—20%)=4 万元。

(2)模拟拍卖法(也称意向询价法)

模拟拍卖法是根据向被评估汽车的潜在购买者询价的办法取得市场信息，最后经评估人员分析确定其清算价格的一种方法。用这种方法确定的清算价格受供需关系影响很大，要充分考虑其影响的程度。适用于常见车型，不常见车型要慎用。

例如有一辆旧桑塔纳普通型轿车，拟评估其清算价格，评估人员经过对五个有购买意向的经纪人询价，其价格分别为 4.5、4.6、4.7、4.8、4.6 万元，其价格差异不大，评估人员确定清算价格为 4.6 万元。

又如有一辆旧 94 款福特林肯轿车，拟评估其清算价格，评估人员经过对三个有购买意向的经纪人询价，其价格分别为 15、11、17 万元，其价格差异较大，评估人员不能以此来确定清算价格。

(3)竞价法

竞价法通常由法院或其他执法机构，按照法定程序或由卖方根据评估结果提出一个拍卖的底价，在公开市场上由买方竞价，谁出的价格高就卖给谁。现在，我国许多地方对国有资产中的汽车转让采取这种方法。

清算价格法的应用在我国还处在一个不成熟的阶段，还缺少有力的实践依据，对买卖各方如何取得一个公平地位，清算价格的理论与实践都有待进一步完善。

本章小结

1. 旧汽车评估的手续检查包括：①汽车来历凭证；②机动车行驶证；③机动车登记证书；④汽车号牌；⑤车辆购置税；⑥公路养路费；⑦车船使用税；⑧汽车强制保险。

2. 汽车技术状况的鉴定方法包括以下三个方面：①静态检验；②动态检验；③仪器检验。其中静态检验又分为：识伪检查、外观检查、常用量具检查三个方面；其中动态检验又分为：无负荷时的工况检查、路试检查、路试后的检查三个方面；其中仪器检验在旧车评估中较少使用。

3. 旧汽车评估方法的选择使用的条件如下：①现行市价法是汽车评估优先考虑采用的评估方法，但需要有一个成熟的、健康的、完全市场经济环境的市场，并且要有大量的同质标的。②重置成本法是汽车评估经常采用的评估方法，具有信息资料，信息便捷、操作简单易行，但经济性贬值不易准确计算。③收益现值法只在少数营业性运输车辆评估上使用。④清算价格法只在少数破产、抵押、急于变现等车辆评估上使用。旧汽车成新率的确定通常有使用年限法和综合分析法。综合分析法评估旧汽车是旧汽车评估的重点。

4. 现行市价法评估旧汽车方法和步骤如下：①查勘鉴定被评估汽车；②选择参照物；③被评估汽车和参照物之间的差异进行比较、量化和调整。

5. 重置成本法评估旧汽车方法和步骤如下：①确定重置成本；②选择计算公式；③计算成新率；④计算评估值。

6. 收益法评估步骤：①搜集有关营运汽车收入和费用的资料；②充分调查了解被评估汽车的技术状况，估算潜在毛收入；③估算有效毛收入；④估算运营费用；⑤估算净收益；⑥确定折现率；⑦选用适宜的计算公式求出评估值。

7. 清算价格评估旧汽车的方法主要有如下三种：①现行市价折扣法；②模拟拍卖法；③竞价法。

思考题

1. 通常旧汽车评估中所需检查的手续有哪些？
2. 汽车技术状况鉴定方法包括哪几个方面？
3. 根据什么来选择旧汽车评估方法？
4. 什么叫成新率？成新率如何确定？
5. 现行市价法评估旧汽车的前提是什么？现行市价法评估旧汽车的步骤如何？
6. 重置成本法评估旧汽车的步骤如何？
7. 收益法评估旧汽车的前提是什么？收益法评估旧汽车的步骤如何？

第十六章 汽车碰撞损失评估

汽车因磨损、碰撞、火灾、自然灾害等原因常会造成汽车零部件受损，其中，碰撞事故所占比重最大。汽车碰撞后，在修理前，通常都要对损失有一个较准确的估计，即汽车损失评估。专业的汽车评估人员在对评估具体的损失前，首先要确定被评估汽车的型号。

第一节 汽车型号的确定

汽车型号的确定一般是通过查勘汽车商标铭牌来确定的，汽车商标铭牌因事故或其他原因损毁、遗失，可通过车架号、行驶证及技术资料来确定汽车型号。

一、国产汽车厂牌型号的确定

(1)通过汽车产品标牌识别汽车型号；

(2)通过车辆识别代号(VIN)识别汽车型号。

对于汽车标牌、车辆识别代号因事故或其他原因损毁、遗失的，可通过车架号和汽车尾部的汽车的特征参数、等级参数(一般限于乘用车)，通过厂商提供的技术资料或相关技术资料可查得汽车型号和主要技术参数。

二、进口汽车厂牌型号的确定

进口汽车大多数也有标牌，标牌上常有底盘型号、VIN 码、车架号(出厂序号)、发动机型号、发动机号码、变速器型号、车身颜色、内饰颜色、汽车质量、轮胎型号、轮胎气压等主要技术参数。汽车出口国正规出口的汽车，汽车上的标牌大多用英文书写，下面列举几种常见的具有代表性的汽车英文标牌以及中文含义。

(1)福特(FORD)标牌，图 16-1 所示。

(2)丰田(TOYOTA)标牌，图 16-2 所示。

(3)奔驰(MERCEDES BENZ)标牌，图 16-3 所示。

对于无标牌或一时找不到标牌的进口汽车，可利用 VIN 码，通过《世界汽车识别代号(VIN)技术规范手册》查得。

MFD BY FORD MOTOR CO. IN U. S.
ADATE: 12. 94　　GVWR: 5347LB－2425KG
FRONT GAWR: 2714LB　　REAR GAWR: 2683LB
1231KG　　1216KG
THIS VEHICLL CONTORMS TO ALL APPLICABLE FEDERAL MOTOR VEHICLE SAFETY AND BUMPER STANDARDS IN EFFECT ON THE DATE OF MANRFACTURE SHOWN ABOVE

VEH. IDENT. NO: 1FARP43MZJX100001
TYPE: PASSENOEP
2A
EXLER10R PAINT COLORS

BODY	VR	MCDG	INT. TAOE	R	S	AX	TR
5R	TP	SEP	GG TRIMA	2	B	8	TBB BB

(a)

美国福特汽车公司制造
日期：12. 94　　车辆总质量：5347LB－2425KG
前轴质量：2714LB　　后轴质量：2683LB
1231KG　　1216KG
该车出厂时，符合出厂日期前联邦政府所有的安全和防撞标准

车辆识别码：1FARP43MZJX100001
车辆类型 ：小客车
2A(漆号代码)
EXLER10R PAINT COLORS

车身	顶篷	饰条	车身材料主座椅	收音机	天窗	驱动桥传动比	TR
5R	TP	SEP	GG TRIMA	2	B	8	变速器代码等

(b)

图 16-1　福特汽车铭牌

(a)原英文标牌；(b)标牌中文译文

(a)				(b)			
TOYOTA MOTOR CORPRATION JAPAN				丰田汽车公司		日本	
MODEL	MS122L－SEMGE			型号	MS122L－SEMGE		
ENGINE	5M	2797 cc		发动机	5M	2797 cc	
FRANE NO.	MS133－038595			车架号码	MS133－038595		
COLOR	TRIM	保安基准适合		颜色	饰条	保安基准适合	
202	JW31			202	JW31		
TRANS/AXLE	W55	F312		变速器型号	W55	F312	
PLANT/G. V. W	A21			生产厂	A21		
トヨタ自动车株式会社				丰田汽车公司			

图 16-2　丰田汽车铭牌

(a)原英文标牌；(b)标牌中文译文

MFD BY MERCEDES BENZ AG STUITGART　　07/94
GVWR 4365 GAWR FRONT/REAR 2135/2230 LBS
GVWR 1980 GAWR FRONT/REAR 970/1010 KG
THIS VEHICLL CONTORMS TO ALL APPLICABLE US. FEDERAL MOTOR VEHICLE SAFETY, BUMFFR, AND THEFT PREVENTION STANDARDS IN EFFECT ON THE DATE OF MANUFACTURE SHOWN ABOVE
WDBHA28EXSF013216　PASSENGER CAR

(a)

奔驰公司制造	出厂日期	07/94
车辆总重 4365	前后轴重量度	2135/2230 LBS
车辆总重 1980	前后轴重量度	970/1010 KG

该车出厂时，符合出厂日期前联邦政府所有的安全、防撞和防盗标准

车辆识别码：WDBHA28EXSF013216 轿车

(b)

图 16-3 奔驰汽车铭牌

(a)原英文标牌；(b)标牌中文译文

第二节 碰撞损伤的诊断与测量

要准确地评估好一辆事故汽车，就要对其碰撞受损情况作出准确的诊断。就是说，要确切地评估出汽车受损的严重程度、范围及受损部件。确定完这些之后，才能制定维修工艺，确定维修方案。一辆没有经过准确诊断的汽车，会在修理过程中发现新的损伤情况，这样，必然会造成修理工艺及方案的改变，从而造成修理成本的改变，由于需要控制修理成本，往往会造成修理质量的不尽如人意，甚至留下质量隐患，对碰撞作出准确的诊断，是衡量一名汽车评估人员水平的重要标志。

通常，一般的汽车评估人员对碰撞部位直接造成的零部件损伤都能做出诊断，但是，这些损伤对于与其相关联零部件的影响以及发生在碰撞部位附近的损伤，常常可能会被疏忽。因此，对于现代汽车，较大的碰撞损伤只用目测来鉴定损伤是不够的，还必须借助相应的工具及仪器设备来鉴定汽车的损伤。

一、碰撞损伤鉴定评估之前应注意的安全事项

在进行碰撞损伤鉴定评估之前，应当注意以下安全事项：

(1)在查勘碰撞受损的汽车之前，先要查看汽车上是否有破碎玻璃棱边，以及是否有锋利的刀状和锯齿状金属边角，为安全起见，最好对危险的部位做上安全警示，或立刻进行处理。

(2)如果有汽油泄漏的气味，切勿使用明火和开关电器设备。对于事故较大时，为保证汽车的安全，可考虑切断蓄电池电源。

(3)如果有机油或齿轮油泄漏，注意脚下路面，小心滑倒。

(4)在检验电器设备状态时，注意不要造成新的设备和零部件损伤。如车窗玻璃升降器，在车门变形的情况下，检验电动车窗玻璃升降功能时，切忌盲目升降车窗玻璃。

(5)应在光线良好的场所进行碰撞诊断，如果损伤涉及底盘件或需在车身下部进行细致检查时，务必使用汽车升降机，以提高评估人员的安全性。

二、基本的汽车碰撞损伤鉴定步骤

(1)了解车身结构的类型；

(2)以目测确定碰撞部位；

(3)以目测确定碰撞的方向及碰撞力大小,并检查可能有的损伤;

(4)确定损伤是否限制在车身范围内,是否还包含功能部件或零配件(如车轮、悬架、发动机及附件等);

(5)沿着碰撞路线系统地检查部件的损伤,直到没有任何损伤痕迹的位置。例如,门立柱的损伤可以通过检查门的配合状况来确定;

(6)测量汽车的主要零部件,通过比较维修手册车身尺寸图表上的标定尺寸和实际汽车上的尺寸,来检查汽车车身的是否产生变形量;

(7)用适当的工具或仪器检查悬架和整个车身的损伤情况。

一般而言,汽车损伤鉴定按图 16-4 所示的步骤进行。

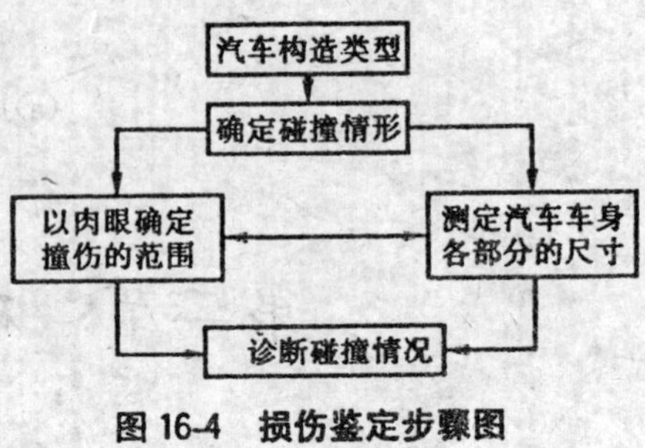

图 16-4 损伤鉴定步骤图

三、碰撞对不同车身结构汽车的影响

现代汽车车身既要经受行驶中的振动,还要在碰撞时能给乘员提供安全。现代汽车车身设计成在碰撞时能够最大限度地吸收碰撞时的能量,使得对乘员的影响减少。因此,现代乘用车在碰撞时,前部和后部车身形成一个吸引能量的结构,在某种程度上碰撞容易损坏,使得车身中部形成一个相对安全区,当汽车以 48 km/h 的速度碰撞坚固障碍物时,发动机室的长度会被压缩 30～40%,但乘员室的长度仅被压缩 1～2%。

汽车车身结构有两种基本类型:承载式车身和非承载式车身。非承载式车身遭受碰撞后,可能是车架损伤,也可能是车身损伤,或车架、车身都损伤。车架、车身都损伤,可通过更换车架来实现车轮定位及主要总成定位,然而,承载式车身受碰撞后,通常都会造成车身结构件的损伤,通常非承载式车身的车身修理只需满足形状要求,而承载式车身的车身修理既要满足形状要求,更要满足车轮定位及主要总成定位。所以,碰撞对不同车身结构汽车的影响不同,从而,造成修理工艺和方法的不同,最终造成修理费用的差距。这是汽车评估人员必须掌握的基本知识。

(1)对非承载式车身结构汽车的影响

非承载式车身由车架及围在其周围的可分解的部件组成,如图 16-5 所示,图中车架上圈出的部位为车架刚度较小的部位,主要用来缓冲和吸收来自前端或后端的碰撞能量,车身通过橡胶件固定在车架上,橡胶件同样也能减缓从车架传至车身上的振动效应。但这里需要注意的是,遇有强烈振动时,橡胶垫上的螺栓可能会折曲,并导致车架与车身之间出现缝隙。而且,由于振动的大小和方向,车架可能遭受到损伤而车身则没有。

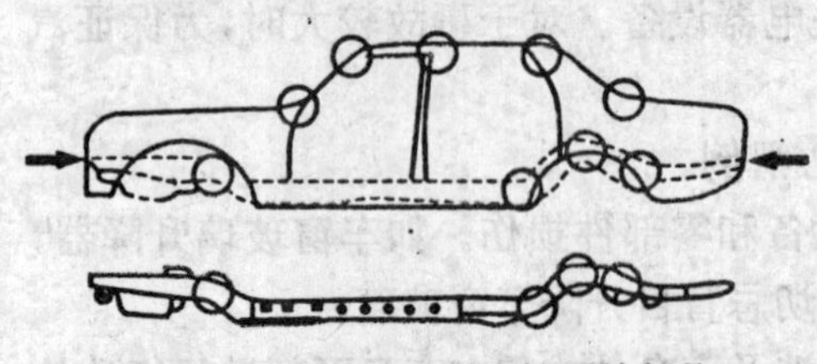

图 16-5 车架上刚度较弱的部位

1)车架变形的种类

车架的变形大致分为以下五种:

①左右弯曲

如图 16-6 所示,从一侧来的碰撞冲击力经常会引起车架的左右弯曲或一侧弯曲。左右弯曲通常发生在汽车前部或后部，一般可通过观察钢梁的内侧及对应钢梁的外侧是否有皱曲来确定，如图 16-7 所示。

此外，通过发动机罩、行李箱盖及车门的缝隙、错位等情况，都能够辨别出左右弯曲变形。

②上下弯曲

如图 16-8 所示，汽车碰撞后产生弯曲变形后，车身外壳表面会比正常位置高或低，结构上也有前、后倾现象。上下弯曲一般由来自前方或后方的直接碰撞引起（图 16-9），可能发生在汽车的一侧，也可能是两侧。

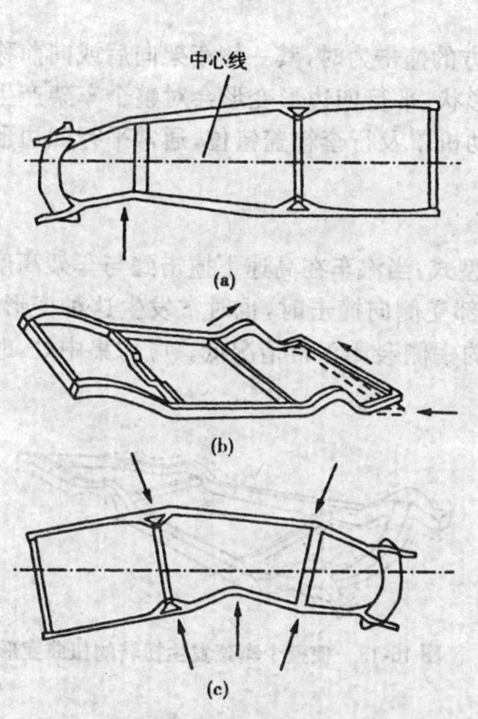

图 16-6 车架各种不同的左右弯曲变形
(a)由前端碰撞引起的车架前部左右弯曲；
(b)由后端碰撞引起的车架后部左右弯曲；
(c)车架中部受到的左右弯曲

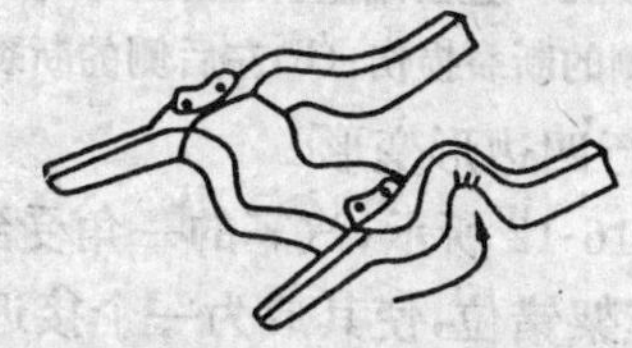

图 16-7 确定车架损伤的常见部位

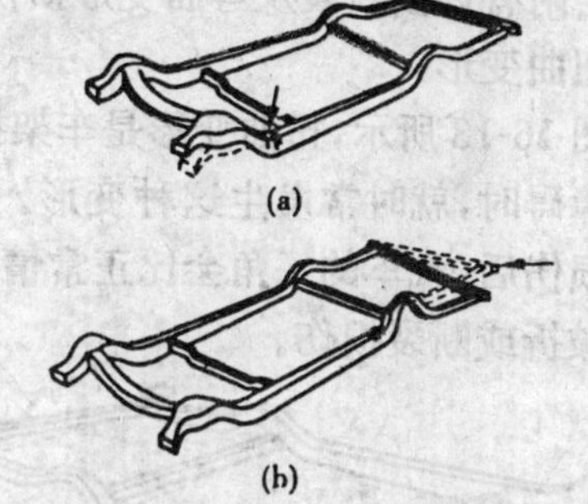

图 16-8 车架的上下弯曲损伤
(a)左前端上下弯曲；(b)后尾部上下弯曲

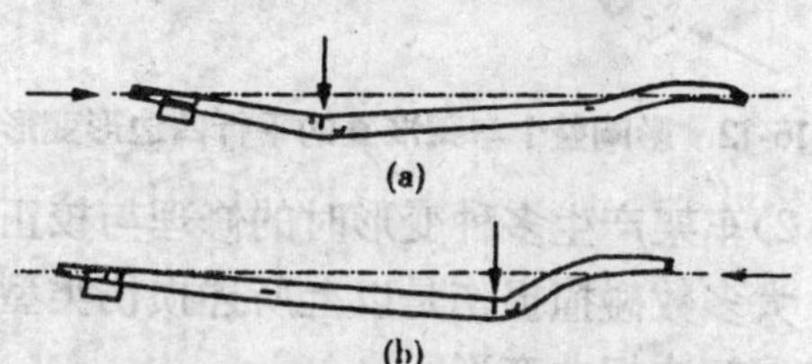

图 16-9 直接碰撞引起的上下弯曲
(a)前端碰撞引起的侧钢梁上下弯曲；
(b)后端碰撞引起的侧钢梁上下弯曲

判别上下弯曲变形可以查看翼子板与门之间的上下缝隙，是否在顶部变窄，而下部变宽；也可以查看车门在撞击后是否下垂。上下弯曲变形是碰撞中最常见的一种损伤，交通事故中常见到这种受损汽车。严重的上下弯曲变形能够造成悬架钢板的弯曲变形损伤。

③皱折与断裂损伤

如图 16-10 所示，汽车碰撞后车架或车上某些零部件的尺寸会与厂家提供的技术资料不相符，断裂损伤通常表现在发动机罩盖前移和侧移、行李箱盖的后移和侧移。有时看上去车门与周围吻合很好，但车架已产生了皱折或断裂损伤，这是非承载式结构不同于承载式车身结构的特点之一。皱折或断裂通常发生在应力集中的部位（图 16-11），而且车架通常还会在对应的翼子板处造成向上变形。

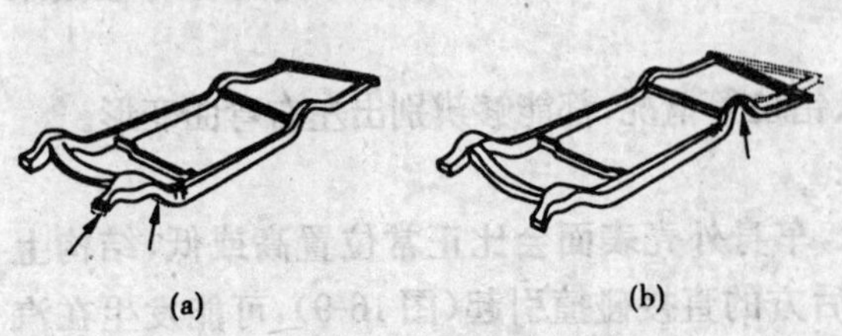

图 16-10 直接碰撞引起的上下弯曲
(a)左前侧的断裂损伤；(b)左后侧的断裂损伤

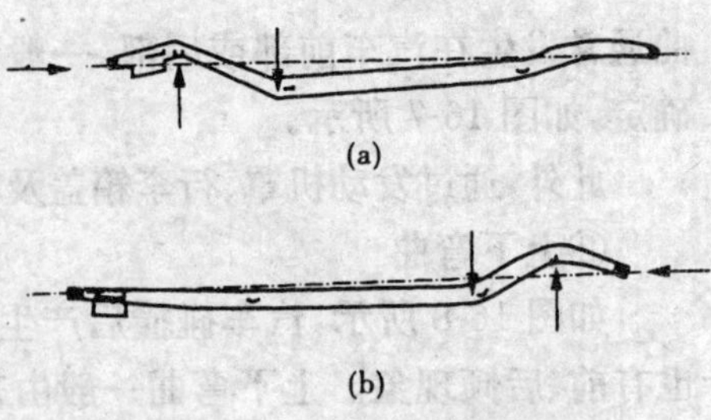

图 16-11 车架的断裂损伤
(a)由前端碰撞引起的车架断裂损伤；
(b)由前端碰撞引起的车架断裂损伤

④平行四边形变形

如图 16-12 所示，汽车的一角受到来自前方或后方的撞击力时，其一侧车架向后或向前移动，引起车架错位，使其成为一个接近平行四边形的形状，平行四边形变形会对整个车架产生影响，而不是一侧的钢梁。从视觉上，我们会看到发动机罩及行李箱盖错位，通常平行四边形变形还会附有许多断裂及弯曲变形损伤的组合损伤。

⑤扭曲变形

如图 16-13 所示，扭曲变形是车架损伤的另一种型式，当汽车在高速下撞击到与车架高度相近的障碍时，就时常发生这种变形。另外，汽车尾部受侧向撞击时，也时常发生这种变形。受到此损伤后，汽车的一角会比正常情况高，而相反的一侧会比正常情况低。应力集中处，时常伴有皱折或断裂损伤。

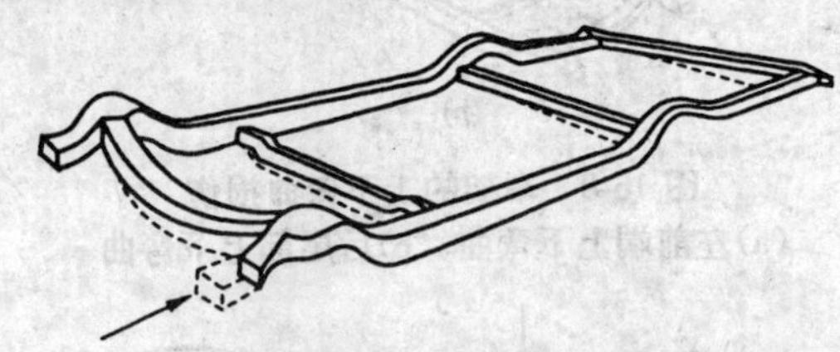

图 16-12 影响整个车架准直的平行四边形变形

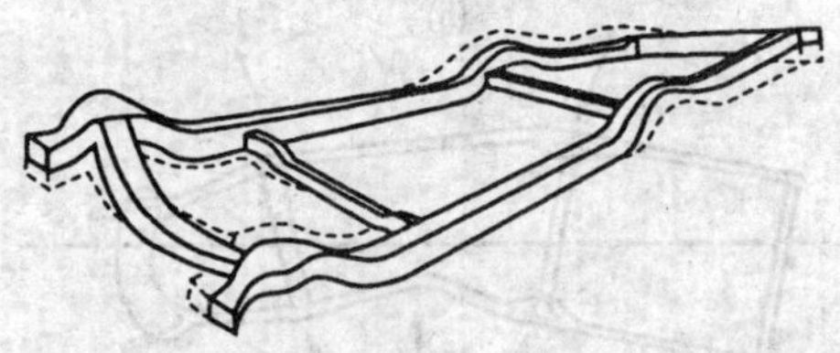

图 16-13 使整个车架发生扭转的扭曲变形

2)车架产生多种变形时的修理与校正步骤

大多数碰撞损伤是以上所述损伤类型的混合，其修理与校正步骤如下：

①解决扭曲变形；

②解决平行四边形变形；

③解决皱折与断裂损伤；

④解决上下弯曲变形；

⑤解决左右弯曲变形。

(2)碰撞对承载式车身结构汽车的变形分析

1)碰撞对承载式车身结构汽车的影响

由碰撞引起的整体式汽车的损伤可以运用图 16-14 所示的圆锥形法进行分析。

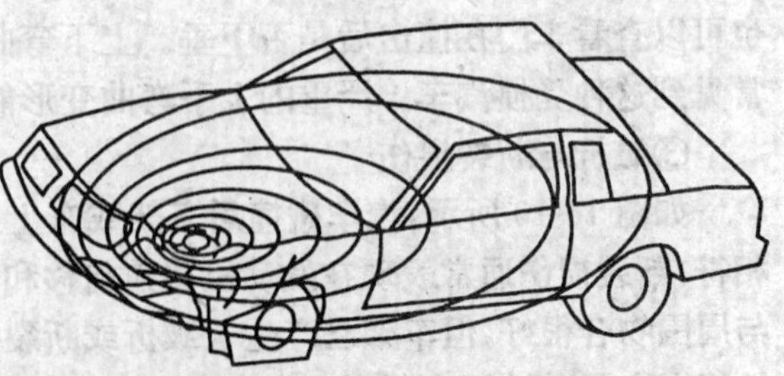

图 16-14 运用圆锥体形法确定碰撞对承载式结构车身的影响

承载式车身结构汽车通常被设计成能够很好地吸收碰撞时产生的能量。这样受到撞击时，汽车车身由于吸收撞击能量而产生变形，撞击能量通过车身扩散，车身结构从撞击点依次吸收撞击能量，使得撞击能量主要被车身吸收。将目测撞击点作为圆锥体的顶点，圆锥体的中心线表示碰撞力的方向，其高度和范围表示碰撞力穿过车身壳体扩散的区域。圆锥体顶点附近通常为主要的受损区域。

由于整个车身壳体由许多片薄钢板联结而成，碰撞引起的振动大部分被车身壳体吸收，如图 16-15 所示。

但振动波的影响被称为“二次损伤”，通常，此损伤会影响整体式车身内部零部件和造成相反的一侧的车身变形损伤，如图 16-16 所示。

为了控制二次损伤变形并为乘员提供一个更为安全的空间，承载式车身结构汽车在前部和后部设计了如图 16-17 所示的碰撞应力吸收区域。

在受到碰撞时，它能按照设计要求形成折曲，这样，传到车身结构的振动波在传送时就被大大减小。换句话说，来自前方的碰撞应力被前部车身吸收了(图 16-18)。

来自后方的碰撞应力被后部车身吸收了(图 16-19)。

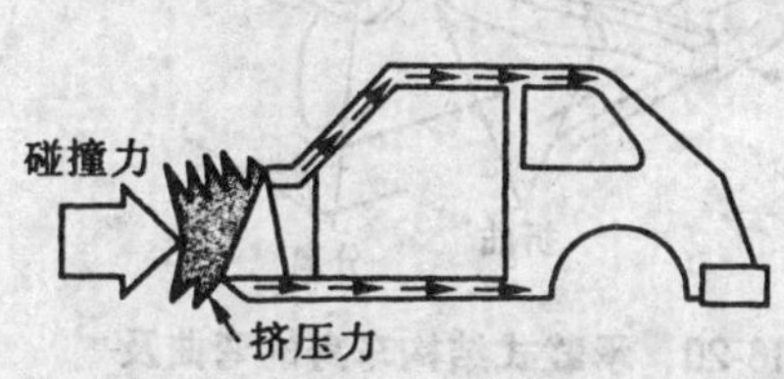

图 16-15　碰撞能量沿着车身扩散

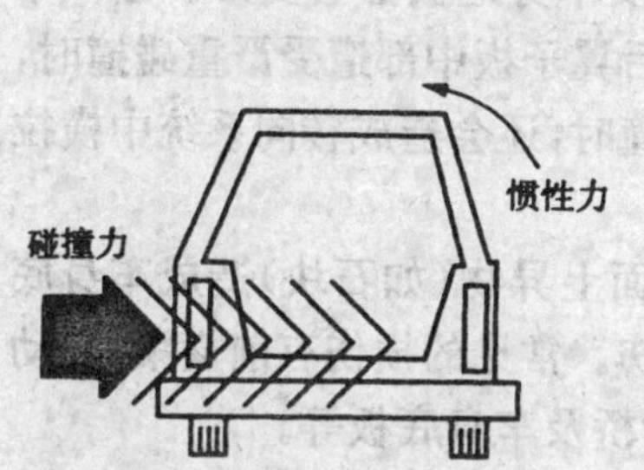

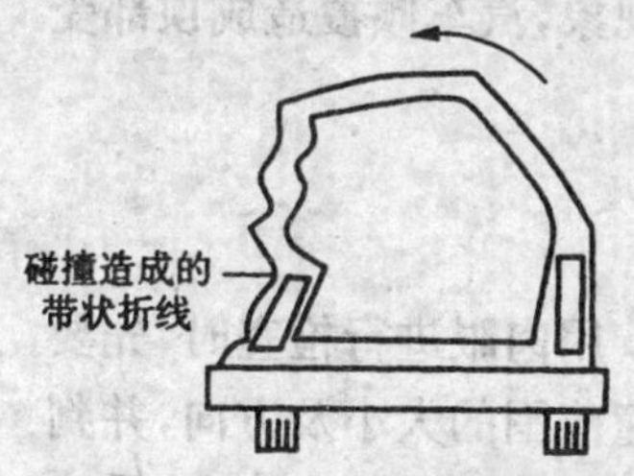

图 16-16　由于惯性作用，汽车车顶向碰撞的一侧移动

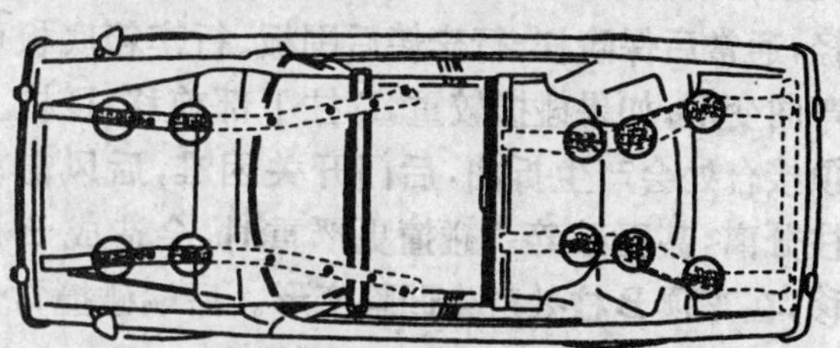

图 16-17　承载式结构车身的横向刚度较弱的部位(应力吸收区域)

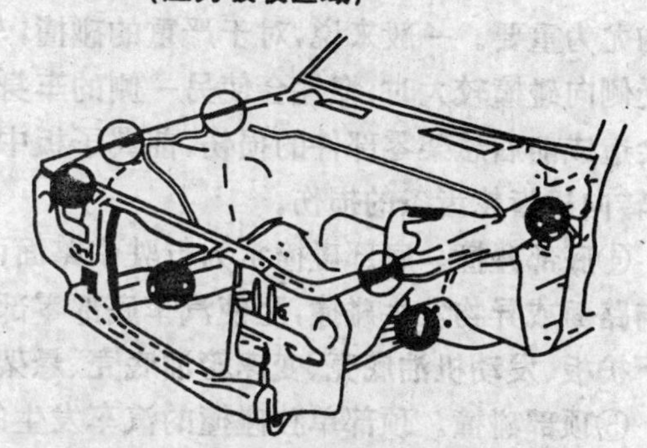

图 16-18　承载式结构车身的前部刚度较弱的部位(应力吸收区域)

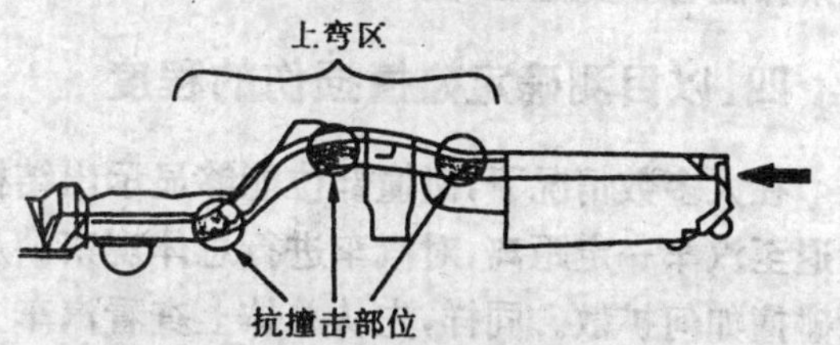

图 16-19　承载式结构车身的后部刚度较弱的部位(应力吸收区域)

而来自前侧方的碰撞应力被前翼子板及前部纵梁吸收，中部的碰撞应力被边梁、立柱和车门吸收，自后侧方的碰撞应力被后翼子板及后部纵梁吸收。

2)承载式结构车身碰撞损伤按部位分类

①前端碰撞。汽车前端正面碰撞损伤时,汽车在碰撞事故中多为主动物。碰撞的冲击力主要取决于被评估汽车的质量、速度,及碰撞范围及碰撞源。碰撞较轻时,保险杠会被向后推,前纵梁及内轮壳、前翼子板、前横梁及散热器框架会变形;如果碰撞程度加大,那么,前翼子板就会弯曲变形并移位触到车门,发动机罩铰链会向上弯曲变形并移位触到前围盖板,前纵梁变形加剧造成副梁的变形;如果碰撞程度更剧烈,前立柱将会产生变形,车门开关困难,甚至造成车门变形;如果前面的碰撞从侧向而来,图16-20所示。由于前横梁的作用,前纵梁就会产生如图所示的变形。前端碰撞常伴随着前部灯具及护栅破碎,冷凝器、散热器及发动机附件损伤,车轮移位等。

②后端碰撞。汽车后端正面碰撞时,是汽车在碰撞事故中为被动物,损伤往往较严重。汽车遭受后端损伤撞击时,碰撞的冲击力主要取决于撞击物的质量、速度,及被评估汽车的被碰撞部位、角度及范围。如果碰撞较轻,通常后保险杠、行李箱后围板、行李箱底板可能压缩弯曲变形;如果碰撞较重,D柱下部前移,D柱上端与车顶接合处会产生折曲,后门开关困难,后风窗玻璃与D柱分离,甚至破碎。碰撞更严重时,会造成B柱下端前移,在车顶B柱处产生凹陷变形。后端碰撞常伴随着后部灯具等的破损。

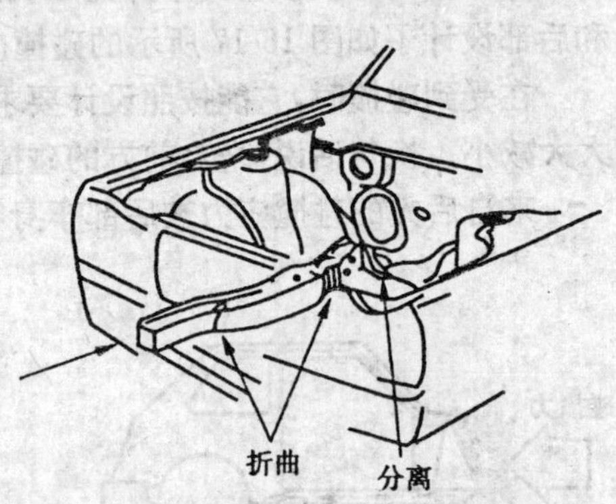

图16-20 承载式结构车身的弯曲及断裂效应

③侧面碰撞。在确定汽车侧面碰撞时,分析汽车的结构尤为重要。一般来说,对于严重的碰撞,车门A、B、C柱以及车身地板都会变形。当汽车遭受侧向碰撞较大时,惯性会使另一侧的车身产生变形。当前后翼子板中部遭受严重碰撞时,还会造成前后悬架零部件的损伤,前翼子板中后部遭受严重碰撞时,还会造成转向系统中横拉杆、转向机齿轮齿条的损伤。

④底部碰撞。底部碰撞常为行驶中路面由于凹凸不平、路面上异物(如石块)造成车身底部与路面或异物发生碰撞,至使汽车底部零部件与车身底板损伤。常见的损伤有前横梁、发动机下护板、发动机油底壳、变速箱油底壳、悬架下托臂、副梁及后桥及车身底板等。

⑤顶部碰撞。顶部单独碰撞的汽车发生的概率较小,单独的顶部受损多为空中坠落物所致,以顶部面板及骨架变形为主。汽车倾覆是造成顶部受损的常见现象,汽车倾覆造成顶部受损常伴随着车身立柱、翼子板和车门变形和车窗破碎。

四、以目测确定碰撞损伤的程度

在大多数情况下,碰撞部位能够显示出结构变形或断裂的迹象。用肉眼进行检查时,先要后退至汽车一定距离,对汽车进行总体观察。从碰撞的位置估计受撞范围的大小及方向,并判断碰撞如何扩散。同样,先从总体上查看汽车上是否有扭转、弯曲变形,再查看整个汽车,设法确定出损伤的位置及所有的损伤是否都是由同一起事故引起的。

碰撞力沿着车身扩散,并使汽车的许多部位发生变形,碰撞力具有穿过车身坚固部位最终抵达并损坏薄弱部件,最终扩散并深入至车身部件内的特性。因此,为了查找出汽车损伤,必须沿着碰撞力扩散的路径查找车身薄弱部位(碰撞力在此形成应力集中)。沿着碰撞力的扩散方向一处一处地进行检查，确认是否损伤和损伤程度。具体可从以下几个方面来加以识别：

(1)钣金件的截面突然变形。碰撞所造成的钣金件的截面变形与钣金件本身的设计的结构变形不一样，钣金件本身的设计结构变形处表面油漆完好无损，而碰撞所造成的钣金件的截面变形处油漆起皮、开裂。车身设计时，要使碰撞产生的能量能够按照一条既定的路径传递、指定的地方吸收。图16-21所示。

(2)零部件支架断裂、脱落及遗失。发动机支架、变速箱支架、发动机各附件支架是碰撞应力吸受处，发动机支架、变速箱支架、发动机各附件支架在汽车设计时就有保护重要零部件免受损伤的功能。在碰撞事故中，常有各种支架断裂、脱落及遗失现象出现。

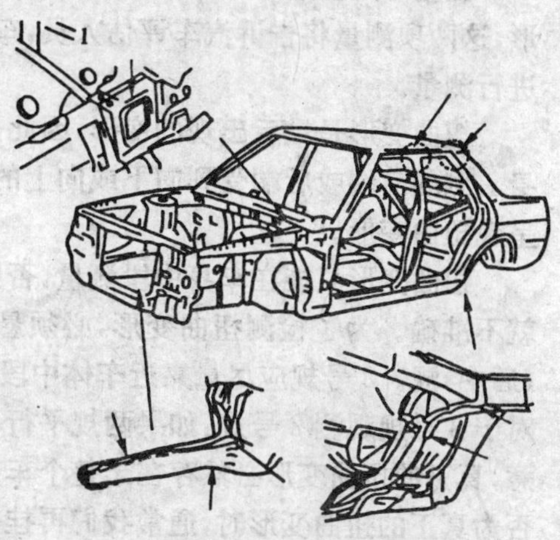

图 16-21　损伤容易出现的部位

(3)检查车身每一部位的间隙和配合。车门是以绞链装在车身立柱上的，通常，立柱变形就会造成车门与车门、车门与立柱的间隙不均匀，如图16-22所示。另外，还可通过简单地开关车门，查看车门锁机与锁扣的配合，从锁机与锁扣的配合可以判断车门是否下沉，从而，判断立柱是否变形；查看铰链的灵活程度，可以判断立柱及车门铰链处是否变形。在汽车前端碰撞事故中，检查后车门与后翼子板、门槛、车顶侧板的间隙，并做左右对比，是判断碰撞应力扩散范围的主要手段。

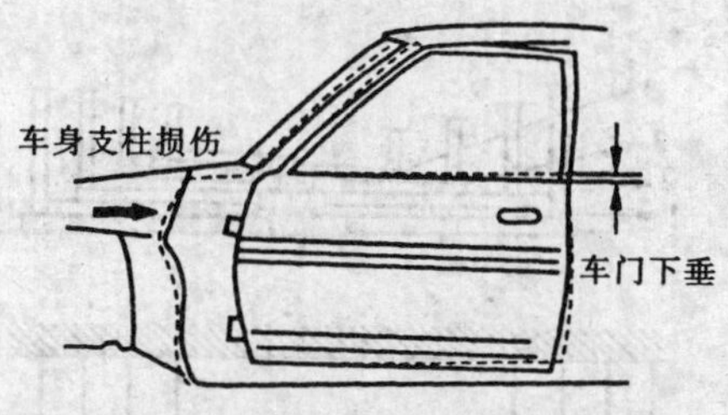

图 16-22　通过车门下垂检查支柱是否损伤

(4)检查汽车本身的惯性损伤。当汽车受到碰撞时，一些质量较大部件(如装配在橡胶支座上的发动机附离合器总成)在惯性力的作用下会造成固定件(橡胶垫、支架等)及周围部件及钢板移位、断裂，应进行检查。对于承载式车身结构的汽车，还需检查车身与发动机及底盘结合部是否变形。

(5)检查来自乘员及行李的损伤。乘客和行李在碰撞中由于惯性力作用，还能引起车身的二次损伤，损伤的程度因乘员的位置及碰撞的力度而异，其中，较常见的损伤有转向盘、仪表工作台、转向主柱护板及座椅等。行李箱中的行李造成行李箱中设施(如CD机、音频功率放大器等)损伤，是常见现象。

五、车身变形的测量

碰撞损伤汽车车身尺寸的测量是做好碰撞损失评估的一项重要工作，就承载式车身结构的汽车来说，准确的车身尺寸测量对于损伤鉴定更为重要。转向系和悬架大都装配在车身上。齿轮齿条式转向器通常装配在车身或副梁上，形成与转向臂固定的联系，车身的变形直接影响到转向系中横拉杆的定位尺寸。绝大多数汽车的主销后倾角和车轮外倾角是不可调整的，是通过与车身的固定装配来实现的，车身悬架座的变形直接影响到汽车的主销后倾角和车轮外倾角。发动机、变速器及差速器等，也被直接装配在车身或车身构件支承的支架上。车身的变形还会使转向器和悬架变形，或使零部件错位，而导致自身操作失灵，并使传动系的产生振动和噪声，造成拉杆接头、轮胎、齿轮齿条的过度磨损和疲劳损伤。为保证汽车正确的转向及操纵性能，关键定位尺寸的公差必须不超过3 mm。

碰撞损伤的汽车最常见测量部位如下：

(1)车身的扭曲变形测量。要修复碰撞产生的变形，撞伤部位的整形应按撞击的相反方向进行，修复顺序也应与变形的形成顺序相反。因此，检测也应按相反的顺序进行。

测量车身变形时，应记住车身的基础是它的中段，所以，应首先测量车身中段的扭曲和变形，这两项测量将告诉汽车评估人员，车身的基础是否周正，然后，才能以此为基准对其他部位进行测量。

扭曲变形是最后出现的变形，因此，应首先进行检测。扭曲是车身的一种总体变形。当车身一侧的前端或后端受到向下或向上的撞击时，另一侧变形就以相反的方向变形。这时，就会呈现扭曲变形。

扭曲变形只能在车身中段测量，否则，在前段或后段的其他变形导致扭曲变形的测量数据就不准确。为了检测扭曲变形，必须悬挂两个基准自定心规，它们也称作2号(前中)和3号(后中)规。2号规应尽量靠近车体中段前端，而3号规则尽量靠近车体中段的后端。然后，相对于3号规观测2号规：如果两规平行，则说明没有扭曲变形，否则，说明可能有扭曲变形。注意，真正的扭曲变形必然存在于整个车身结构中。当中段内的两个基准规不平行时，要检测是否为真正的扭曲变形时，通常我们再挂一个量规。应走到未出现损伤变形的车身段上，把1号(前)或4号(后)自定心规挂上。这个自定心规应相对于靠其最近的基准规来进行测量，即1号规相对于2号规，而4号规相对于3号规观测。如果前(或后)量规相对于最靠近它的基准规观测的结果是平行的，则表示不存在真正的扭曲变形，而只是在中段失去了平行。当存在真正的扭曲变形时，各量规将呈现出如图16-23所示的情形。

(2)前部车身的尺寸测量。如图16-24所示为典型的承载式结构车身前部的控制点和定位尺寸。

通过测量图中所标位置的尺寸和出厂车身尺寸，来判断碰撞产生的变形量。最常用的方法是上部测量两悬架座至另一侧散热器框架上控制点的距离是否一致；下部测量前横梁两定位控制点至另一侧副梁后控制点的距离是否一致。通常检查的尺寸越长，测量就越准确。如果利用每个基准点进行两个或更多个位置尺寸的测量，就能保证所得到的结果更为准确，同时，还有助于判断车身损伤的范围和方向。

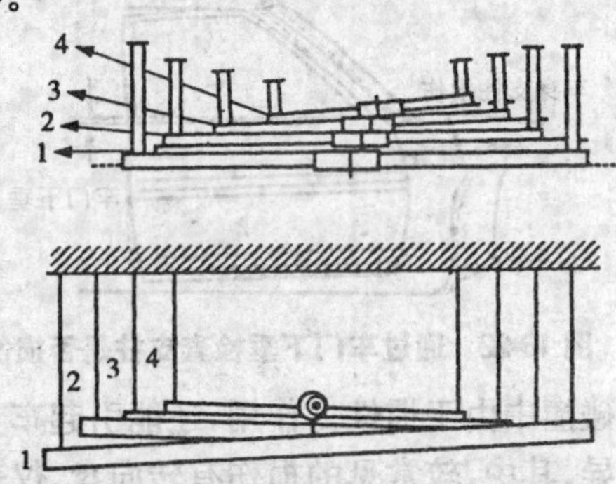

图16-23 车身扭曲时各个自定心规呈现出的状态

(3)车身侧围的测量。图16-25所示为典型的车身侧围的控制点和定位尺寸。

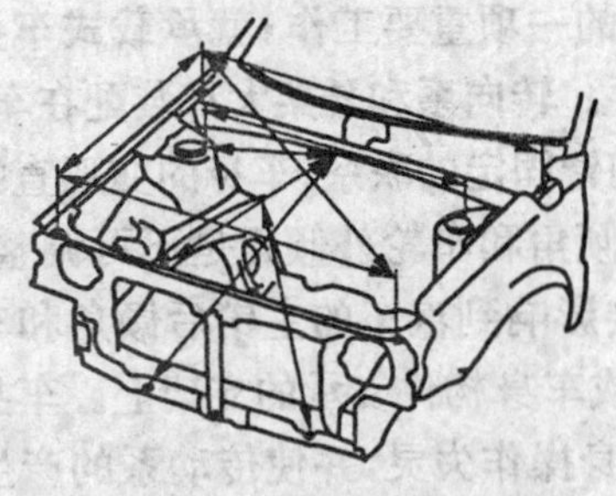
图16-24 前部车身上的测量点

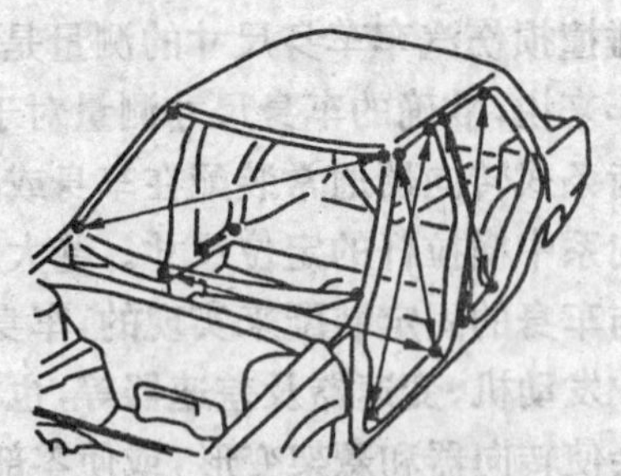
图16-25 车身侧板上的测量点

通常，汽车左右都是对称的，利用车身的左右对称性，通过测量可以进行车身挠曲变形的检测（图 16-26 所示）。

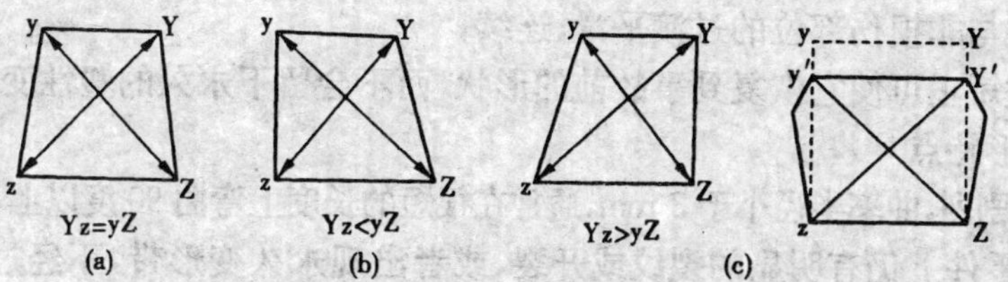

图 16-26　利用对角线法测量车身挠曲变形
(a)车身没有挠曲；(b) 车身挠曲变形；(c)车身两侧均发生变形

这种测量方法不适用于车身的扭曲变形和左右两侧车身对称受损的情况。

在图 16-27 中通过左侧、右侧长度 yz、YZ 的测量和比较，可对损伤情况作出很好的判断，这一方法适用于左侧和右侧对称的部位，它还应与对角线测量法联合使用。

(4)车身后段的测量

后部车身的变形大致上可通过行李箱盖开关的灵活程度，以及与行李箱的结合的密封性来判断。后风窗玻璃是否完好；后风窗玻璃与风窗玻璃框的配合间隙左右、上下是否合适也是汽车评估判断车身后部是否变形的常用手段。后部车身的常见测量点如图 16-28 所示。

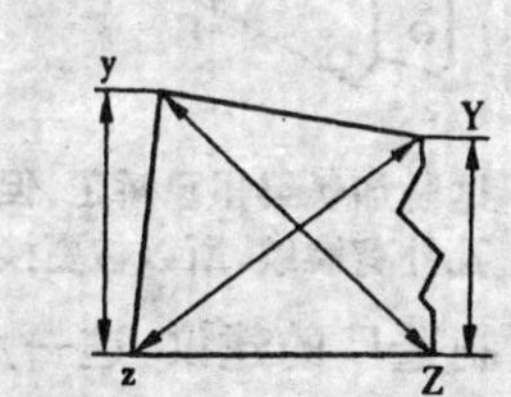

图 16-27　左右侧高度尺寸的比较

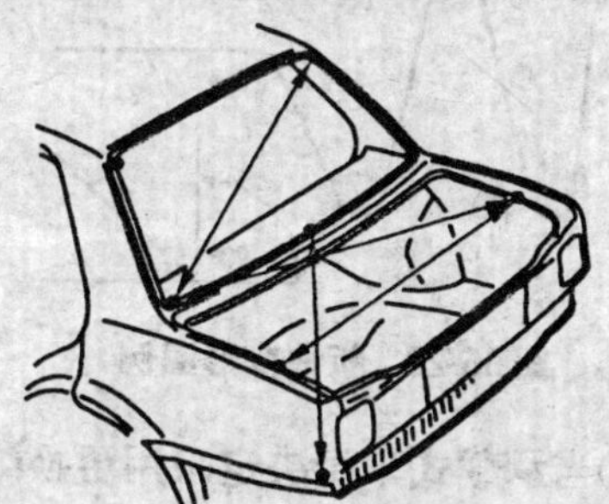

图 16-28　后部车身测量点

第三节　常损零件修与换的掌握

在损失评估中，受损零件的修与换是困挠汽车评估人员的一个难题，同时，也是汽车评估人员必须要掌握的一项技术，是衡量汽车评估人员水平的一个重要标志。在保证汽车修理质量的前提下，用最小的成本，完成受损部位修复是评估人员评估受损汽车的原则。碰撞中，常损零件有承载式车身结构钣金件、车身覆盖钣金件、塑料件、机械件及电器件等。

一、承载式车身结构钣金件修与换的掌握

碰撞受损的承载式车身结构件是更换还是修复？这是汽车评估人员几乎每天都必须面对的问题。实际上，作出这种决定的过程就是一个寻找判断理由的过程。为了帮助汽车评估人员作出正确的判断，美国汽车撞伤修理业协会经过大量的研究，终于得出关于损伤结构件的修复与更换的一个简单的判断原则，即“弯曲变形就修，折曲变形就换”。

为了更加准确地了解折曲和弯曲这两个概念，必须记住下面的内容。

(1)弯曲变形特点。零件发生弯曲变形，其特点是：

①损伤部位与非损伤部位的过渡平滑、连续；

②通过拉拔矫正可使它恢复到事故前的形状，而不会留下永久的塑性变形。

(2)折曲变形特点

①弯曲变形剧烈，曲率半径小于3 mm，通常在很短的长度上弯曲90度以上，如图16-29所示。

②矫正后，零件上仍有明显的裂纹或开裂，或者出现永久变形带，不经过调温加热处理不能恢复到事故前的形状。

(3)虽然美国汽车撞伤修理业协会的“弯曲与折曲”原则是判断承载式车身结构件是更换还是修复的依据，但撞伤评估人员必须懂得：

①为什么在折曲和随后的矫正过程中钢板内部发生了什么变化；

②为什么那些仅有一些小的折曲变形或有裂纹的大结构件也必须裁截或更换(如图16-30所示)。

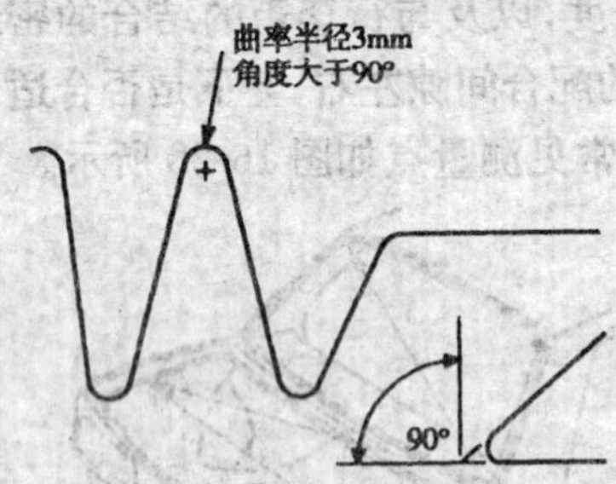

图16-29 折曲变形图例

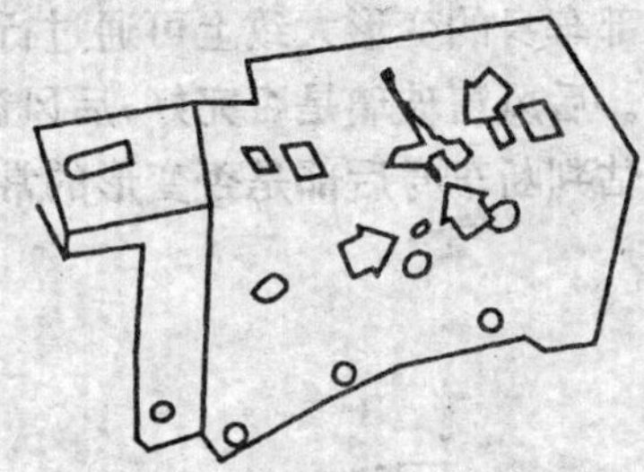
图16-30 这段加长梁虽已矫正，但在棱和两个孔处有裂纹，所以被更换下来

③当承载式车身决定采用更换结构板件时，应完全遵照制造厂的建议，这一点非常重要。当需要切割或分割板件时，厂方的工艺要求必须遵守，一些制造厂不允许反复分割结构板件。另一些制造厂规定只有在遵循厂定工艺时，才同意分割。所有制造厂家都强调，不要割断可能降低乘客安全性的区域、降低汽车性能的区域或者影响关键尺寸的地方。然而，在我国几乎未见汽车修理业完全按制造厂工艺要求更换车身结构件，所以在我国应采用“弯曲变形就修，折曲变形就可以换，而不是必须更换”，从而，避免可能产生更大的车身损伤。

④高强度钢在任何条件下，都不能用加热来矫正。

二、非结构钣金件修与换的掌握

非结构钣金件又称覆盖钣金件，承载式车身的覆盖钣金件通常包括可拆卸的前翼子板、车门、发动机盖、行李箱盖，和不可拆卸的后翼子板、车顶等。

(1)可拆卸件修与换的掌握

1)前翼子板修与换的掌握

①损伤程度没有达到必须将其从车上拆下来才能修复，如整体形状还在，只是中部的局部凹陷，一般不考虑更换；

②损伤程度达到必须将其从车拆下来才能修复，并且前翼子板的材料价格低廉、供应流畅，材料价格达到或接近整形修复工费，应考虑更换；

③如果每米长度超过 3 个折曲、破裂变形，或已无基准形状，应考虑更换(一般来说，当每米折曲、破裂变形超过 3 个时，整形和热处理后很难恢复其尺寸)；

④如果每米长度不足 3 个折曲、破裂变形，且基准形状还在，应考虑整形修复；

⑤如果修复工费明显小于更换费用，应考虑以修理为主；

2)车门修与换的掌握

①如果车门门框产生塑性变形，一般来说，是无法修复的，应考虑以更换为主。

②许多汽车的车门面板是可以作为单独零件供应的(如奥迪 100 型)，面板的损坏可以单独更换，不必更换门壳总成。

其他件，同前翼子板。

3)发动机盖和行李箱盖修与换的掌握

绝大多数汽车的汽车发动机盖和行李箱盖，是用两个冲压成形的冷轧钢板经翻边胶粘制成的。

①判断碰撞损伤变形的发动机盖或行李箱盖，是否要将两层分开进行修理，如果不需将两层分开，则不应考虑更换；

②需要将两层分开整形修理，应首先考虑工费加辅料与其价值的关系，如果工费加辅料接近或超过其价值，则不应考虑修理。反之，应考虑形修复。

其他件，同车门。

(2)不可拆卸件修与换的掌握

碰撞损伤的汽车，最常见的不可拆卸件就是三厢车的后翼子板(美国教科书称作 1/4 车身面板)，由于更换需从车身上将其切割下来，而国内绝大多数汽车修理厂在切割和焊接上，满足不了制造厂提出的工艺要求，从而，造成车身结构新的修理损伤。所以，笔者认为，在国内现有的修理行业设备和工艺水平下，后翼子板只要有修理的可能性都应采取修理的方法修复，而不应像前翼子板一样存在值不值得修理的问题。

三、塑料件修与换的掌握

塑料是以树脂为主要成分，在一定温度和压力下塑造成一定形状，并在常温下能保持既定形状的高分子有机材料。

随着汽车工业的发展，汽车车身各种零部件越来越多地使用各种塑料制成，特别是车身前端，包括保险杠、格栅、翼子板、防碎石板、仪表工作台、仪表板等。图 16-31 所示为现代汽车的外部常用塑料件部位图。

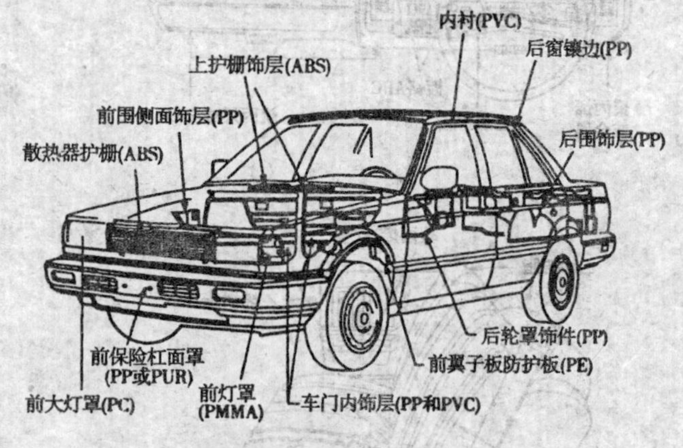

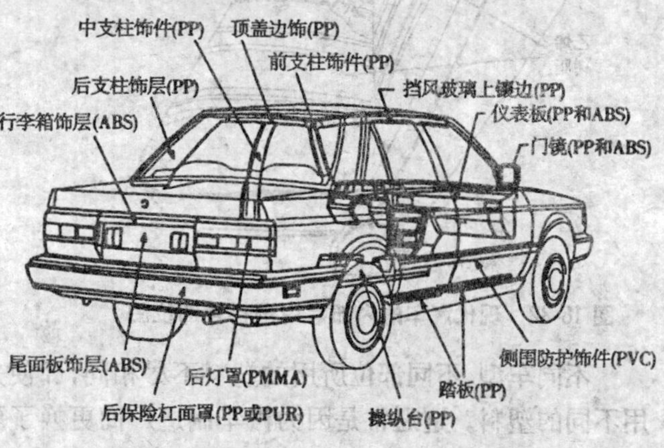

图 16-31 现代汽车的外部常用塑料件部位图

图 16-32 所示为现代汽车的内部常用塑料件部位图。

由于塑料比钢板轻得多,已成为各汽车制造商减轻自重、节省燃油的重要手段。由于塑料具有高的强度和质量比,因此,质量减少并不意味着强度降低。用塑料做车身已不再是想象,所以,掌握塑料件的更换与修理变得越来越重要。

塑料在汽车的推广和运用,就产生了修理碰伤的新方案。许多损坏的汽车可以经济地修理而用不着更换,特别是不必从车上拆下零件。划痕、擦伤、撕裂和刺穿都可修理,此外,由于某些零件更换不一定有现货供应,而修理往往可以立刻进行,从而缩短了修理工期。

(1)塑料的种类

目前,汽车上应用的塑料可按塑料的物理化学性能分为:

①热塑性塑料。这种塑料可以重复地加热软化,其化学成分并不发生变化。受热后它就变软或熔化,而冷却后即变硬,这种塑料可以用塑料焊机焊接。

②热固性塑料。这种塑料在加热和使用催化剂或紫外光的情况下发生化学变化。硬化后得出永久形状,即使重复加热或使用催化剂也不会变形。不能用塑料焊机焊接。

如图 16-33 所示,更充分地说明了热与这两种塑料的关系。一般说来,热固性塑料的修理方法是化学粘结剂粘合,而热塑性塑料的修理方法是焊接。

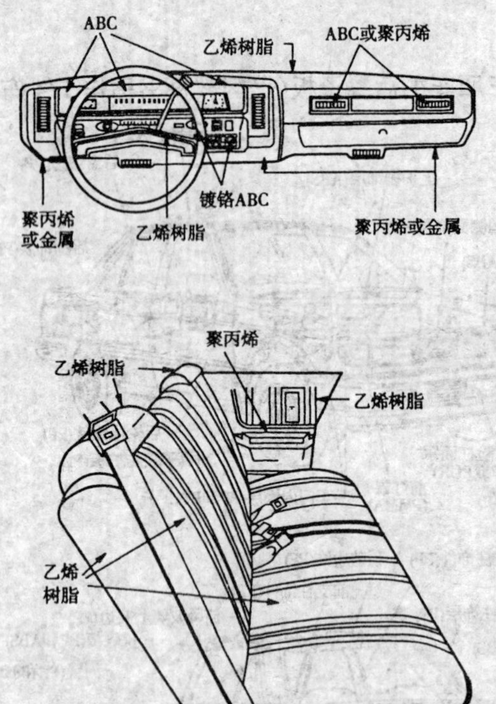

图 16-32 现代汽车的内部常用塑料件部位图

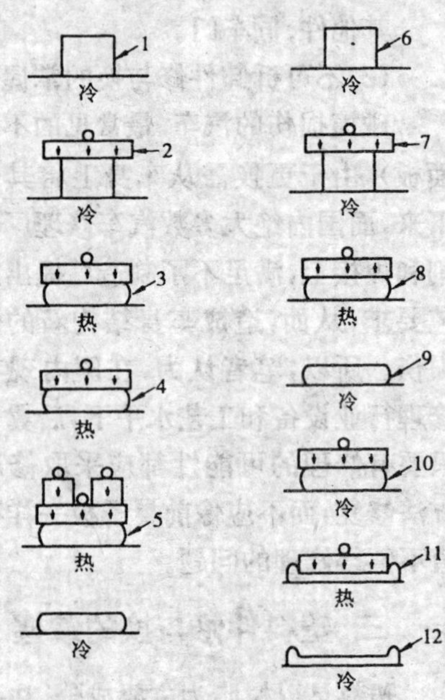

图 16-33 热固性塑料和热塑性塑料的热效应

1-热固性塑料;2-施加压力;3-塑性变形;4-继续加热不变形;5-再加压力仍不变形;6-热塑性塑料;7-施加压力;8-塑性变形;9-塑料硬化;10-塑料不变形;11-塑料再变形;12-塑料硬化

不同车型、不同部位所用的塑料不尽相同,即使是同一年款、同一部件的汽车也有可能使用不同的塑料。这通常是因为汽车制造厂商更换了配件供应商,或者是改变了设计或生产工艺所致。

表16-1列出了常见的汽车塑料及其应用。还列出了它们的国际标准代号、正式化学名称、应用部位及理化属性。

汽车常用塑料国际标准代号、正式化学名称、应用部位及理化属性表　　表16-1

国标代号	化学名称	应用部位	理化属性
ABS	丙烯腈--丁二烯-苯乙烯共聚物	车体板、仪表板、护栅、灯罩	热塑性
ABS/MAT	玻璃纤维强化硬质丙烯腈--丁二烯-苯乙烯共聚物	车身板	热固性
EP	环氧树脂	玻璃钢车身板	热固性
EPDM	乙烯-丙烯-二烯共聚物	保险杠防撞条、车身板	热固性
PA	聚酰胺	外部装饰板	热固性
PC	聚碳酸脂	大灯罩、仪表罩	热塑性
PMMA	聚甲基丙烯酸甲脂	灯罩(有色透光部分)	热塑性
PPO	聚苯撑氧	镀铬件、护栅、灯框、仪表框、装饰件	热固性
PE	聚乙烯	内防护板、内装饰板、窗帘框架、阻流板	热塑性
PP	聚丙烯	保险杠、前围板、内饰件、防砾石板、风扇护罩、仪表台	热塑性
PS	聚苯乙烯	韧性添加剂	热塑性
PUR	聚氨基甲酸乙脂	保险杠、车体板、垫板	热固性
PVC	聚氯乙烯	内衬板、软质垫板	热塑性
RIM	反应注模聚氨基甲酸乙脂	保险杠	热固性
RRIM	强化反应注模聚氨基甲酸乙脂	车身外板	热固性
SAN	苯乙烯-苯烯腈	内装饰板	热固性
TPR	热塑橡胶	窗帘框架	热固性
TPUR	热塑性聚氨基甲酸乙脂	保险杠、防砾石板、垫板、软质仪表板	热塑性
UP	聚脂	玻璃钢车身板	热固性

(2)塑料的鉴别。对于不明塑料有以下几种鉴别方法：

①查看压在塑料件上的国际标准代号，即ISO代码。现在正规的汽车零配件生产厂商都使用这种代码，只是要查看塑料零件的ISO代码，通常要将零件从车上拆下后从零件的内表面才能看到所标的ISO代码。

②查阅车身维修手册，手册中一般都标出了每个塑料件所用的材料。由于汽车生产厂商经常会更改塑料零件的供应商及工艺，使用车身维修手册应查阅相应的版本。

过去使用的"燃烧法"现在已不主张使用，原因有三：一是燃烧产生有毒气体，对人体有害；二是停车场、修理厂使用明火都是不安全的；三是目前许多塑料都是复合材料，复合材料有多种成分，燃烧法根本无法鉴别。

还有一种鉴别未弄清塑料的可行性方法，即假定它是一种具有可焊性的热塑性材料，在该零件的隐蔽部位或损伤处进行试焊，如图16-34所示。可试用几根焊条，直到其中的一种能够焊合为止，如果有一种焊条能与之焊合，那么，未弄清的塑料为热塑性塑料，材质为能焊合那种焊条理化性能相同或相近的材料。反之，为热固性材料。大多数

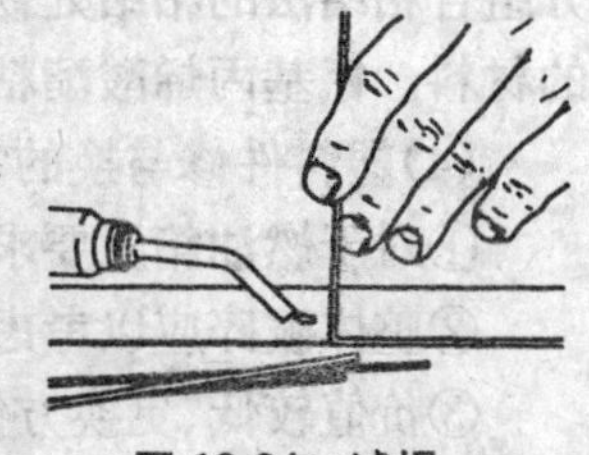
图16-34　试焊

塑料焊接设备供应商能够提供 6 种左右的塑料焊条，不同焊条颜色不一样，材质也不一样。

(3)塑料的修理方法。根据塑料的理化属性，塑料分为热塑性塑料和热固性塑料，相应的修理方法分为塑料焊接法和化学粘结法。

①塑料焊接法。塑料焊接与金属焊接相似。这两种焊接都要使用热源和焊条；焊接方法包括碰焊、填焊和搭焊。接头的类型也大致相同，而且强度的评定方法也相似。然而，由于两种材料在物理特性上的差异，这两种材料焊接时又有明显的差异。熟练焊接金属的技工，不一定会焊接塑料。焊接金属时，焊条与基体材料融为一体。金属有确定的熔点，而塑料在软化温度和烧焦或燃烧的温度之间有很大的熔化温度范围。此外，与金属不同的是，塑料传热性能差，加热不易均匀。因此，在塑料表面以下的塑料部分还未完全软化时，塑料焊条和塑料表面就会烧焦或燃烧。在焊接温度下分解的时间比在焊接中使塑料软化所需的时间短，所以，塑料焊机的工作温度范围要比金属焊机小得多。由于塑料焊条不会完全熔化，所以，在焊接前后看来没有变样。从事焊接金属的技工往往会认为这样的塑料焊接是不完全的，理由很简单，因为只有焊条的外表面熔化，其内芯仍然是硬的。焊工可向焊条施加压力，使它进入焊区并形成永久结合。切去热源后，焊条回复原状。所以，即使在焊条和基体材料之间获得牢固、永久的结合，焊条的形状还是和焊接前非常相像，所不同的只是在焊缝两侧有熔流带。焊接塑料时，材料在热量和压力的适当结合下熔融在一起。采用常用的手工焊接方法时，这种结合是靠用一只手向焊条施加压力，而同时用焊炬的热气把焊条和基体材料加热并保持适当的“扇展动作”来实现(图 16-35 所示)。获得良好的焊接质量，在于保持压力、温度的稳定和平衡。压力过大会使焊缝扩大，而温度过高会使塑料烧焦、熔化和变形。

②塑料粘结法。粘结法优于焊接，主要在于并非所有塑料都能焊接，只有热塑性塑料可以焊接。热塑性塑料和热固性塑料都可以采用粘结法修理。

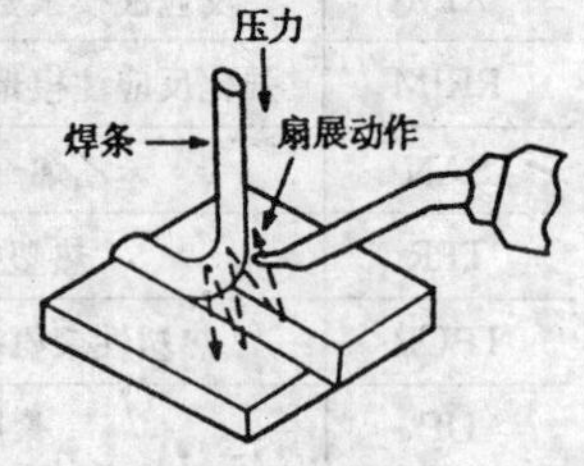

图 16-35 适当的加热与加压才能获得良好塑料焊接质量

粘结修理法主要有双组分组合粘结法(俗称双管胶或 AB 胶)和氰基丙烯酸酯(CAs)(俗称瞬间胶)粘结法两种。

a. 双组分组合粘结法。双组分组合粘结法是以聚酯、环氧树脂或氨基甲酸乙酯作为基体树脂，与固化剂组合使用。

b. 氰基丙烯酸酯粘结法。氰基丙烯酸酯粘结法在近几年来有了很大的变化，使用很多新的配方。氰基丙烯酸酯俗称超级胶。对于大多数塑料修理来说，并不推荐使用氰基丙烯酸酯，由于它经不起日晒雨淋，不能保证修理件耐用。在强度和弹性相同的情况下，使用氰基丙烯酸酯来修复比其他方法速度快。选用于各种塑料，对于材质没有其他塑料修理那么重要。应当说明，氰基丙烯酸酯在各种塑料上使用并不是一样好，还没有可靠的规律。如果决定使用氰基丙烯酸酯，应选择质量可靠的品牌，严格按使用说明去做。一般说来，双组分组合粘结法与氰基丙烯酸酯粘结法的主要区别在于，双组分组合粘结法的粘结处韧性较好，而氰基丙烯酸酯粘结法粘结处韧性较差，不适合有韧性要求的材料。氰基丙烯酸酯粘结法的优点是速度快，使用方便。

(4)塑料件修与换的掌握。塑料件修与换的掌握应从以下几个方面来考虑：

①对于燃油箱及要求严格的安全结构件，必须考虑更换。

②整体破碎应以考虑更换为主；

③价值较低、更换方便的零件应以考虑更换为主；

④应力集中部位，如富康车尾门铰链、撑杆锁机处，应考虑更换为主；

⑤基础零件，并且尺寸较大，受损以划痕、撕裂、擦伤或穿孔，这些零件拆装麻烦、更换成本高或无现货供应，应以考虑修理为主；

⑥表面无漆面的、不能使用氰基丙烯酸酯粘结法修理的，且表面美光要求较高的塑料零件。一般来说，由于修理处会留下明显的痕迹，应考虑更换。

四、机械类零件修与换的掌握

(1)悬架系统、转向系统零件修与换的掌握。在阐述悬架系统中零件修与换的掌握之前，我们必须说明悬架系统与车轮定位的关系。非承载式车身，正确的车轮定位的前提是正确的车架形状和尺寸。承载式车身，正确的车轮定位的前提是正确的车身定位尺寸(如图 16-36 所示)。这一点容易被人们忽视。车身定位尺寸的允许偏差一般在 1～3 mm，可见要求之高。我们知道，汽车悬架系统中的任何零件是不允许用校正的方法进行修理的，当车轮定位仪器(前轮定位或四轮定位仪器)检测出车轮定位不合格时，用肉眼和一般量具又无法判断出具体的损伤和变形的零部件，不要轻易做出更换悬架系统中某个零部件的决定。车轮外倾、主销内倾、主销后倾，它们都与车身定位尺寸密切相关。车轮外倾、主销内倾、主销后倾超出规定值，首先应分析是否是碰撞造成的，由于碰撞事故不可能造成轮胎的不均匀磨损，可通过检查轮胎的磨损是否均匀，初步判断事故前的车轮定位情况。例如，桑塔纳车的车轮外倾角，下摆臂橡胶套的磨损、锁板固定螺栓的松动，都会造成车轮外倾角的增大。再检查车身定位尺寸，在消除了诸如摆臂橡胶套的磨损等原因、校正好车身，使得相关定位尺寸正确后，再做车轮定位检测。如果此时车轮定位检测仍不合格，再根据其结构、维修手册判断具体的损伤部件，逐一更换、检测，直至损伤部件确认为止。上述过程通常是一个非常复杂而烦琐的过程，又是一个技术含量较高的工作，由于悬架系统中的零件都是安全部件，而零件的价格又较高，鉴定评估工作切不可轻率马虎。转向机构中的零件也有类似问题。

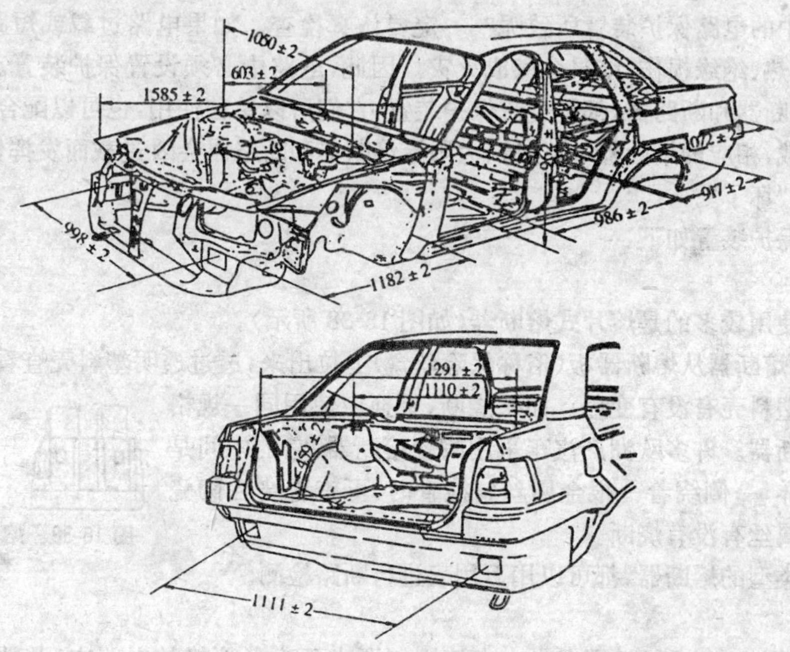

图 16-36　桑塔纳 2000 型车身主要定位尺寸

(2)铸造基础件修与换的掌握。汽车的发动机缸体、变速器、主减速和差速器的壳体往往用球墨铸铁或铝合金铸造而成。在遭受冲击载荷时,常常会造成固定支脚的断裂。我们知道,球墨铸铁或铝合金都是可以焊接的。一般情况,对发动机缸体、变速器、主减速和差速器的壳体的断裂是可以进行焊接修理的。如图 16-37 所示为桑塔纳普通型轿车在遭受正面或左侧正面碰撞时,汽缸盖发电机固定处常见的碰撞断裂,这种断裂通过焊接,其强度、刚度和使用性能,都可以得到满足。桑塔纳普通型轿车的汽缸体的空调压缩机固定处,同样会遭受类似的碰撞损伤,也可以用类似方法修复。但是不论是球墨铸铁或铝合金铸件,焊接都会造成其变形,这种变形通常肉眼看不出来,但由于焊接部位的附近对形状尺寸要求较高(如发动机汽缸壁、变速器、主减速和差速器的轴承座)。也就是说,如发动机汽缸壁、变速器、主减速和差速器的轴承座等部位附近,如果产生断裂,用焊接的方法修复常常是不行的。如果这些部位产生断裂,一般来说应考虑更换。

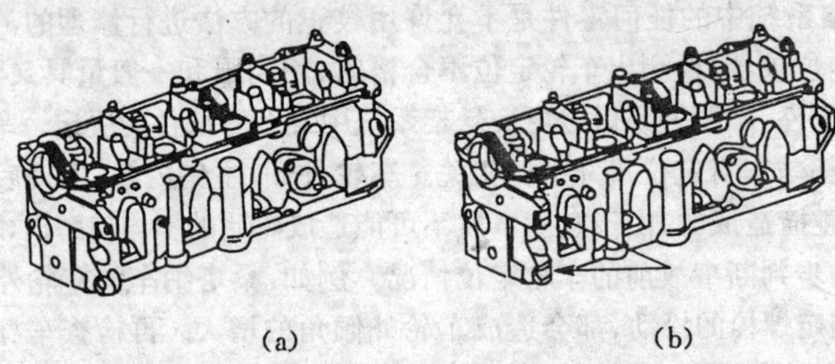

图 16-37 桑塔纳普通型轿车汽缸盖常见的碰撞断裂
(a)完好的汽缸盖;(b)常见的碰撞断裂(箭头所指处)

五、电器件修与换的掌握

有些电器件在遭受碰撞后,它的外观没有损伤,可"症状"是"坏了",然而它是否真的"坏了",还是系统中的电路保护装置所致呢?一定要认真检查。如果电路过载或短路,就会出现大电流,导线发热、绝缘损伤,结果会酿成火灾。因此,电路中必须设置保护装置。熔断器、熔丝链、大限流熔断器和断路器,都是过流保护装置,它们可以单独使用,也可以配合使用。碰撞会造成系统过载,相应的熔断器、熔丝链、大限流熔断器和断路器会因过载而发挥作用,出现断路,"症状"就是"坏了"。

各种电路保护装置如下:

1. 熔断器

现代汽车使用较多的是熔片式熔断器(如图 16-38 所示)。

检查时,将熔断器从熔断器板(俗称保险丝盒)上拉出来,透过透明塑料壳查看里边的熔丝有没有烧断和塑料壳有没有变色。如果烧断,更换应使用同一规格(电流量)的熔断器。许多欧洲产汽车采用陶瓷熔断器,它的中间是一个陶瓷绝缘体,一侧绕着一根金属丝。检查时,可查看绕在陶瓷绝缘体外的金属丝有没有烧断。

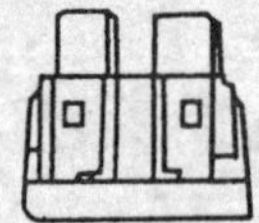

图 16-38 熔片式熔断器

无论哪种类型的熔断器,都可以用万用表进行断路检测。

2. 熔丝链

熔丝链(如图 16-39 所示)用在最大电流限制要求不十分严格的电路中,通常装在点火开关电路和其他拔出点火钥匙后仍在工作的电路的蓄电池正极一侧,位置一般在发动机舱内的蓄电池附近；也用在不便于将导线从蓄电池引至熔断器板再引回负载的场合。

熔丝链是装在一个导体里的一小段细金属丝，通常靠近电源。由于熔丝链比主导线细，所以能在电路中其他部分损坏之前熔断并形成断路。熔断器表面有一层特殊的绝缘层，过热时会冒泡，表明保险丝已经熔化。如果绝缘表面看起来没问题，轻轻往两边拉电线，这时若能拉长，则说明熔丝链已经熔化。如果拿不准它是否熔化，可以用测试灯或万用表进行断路检测。

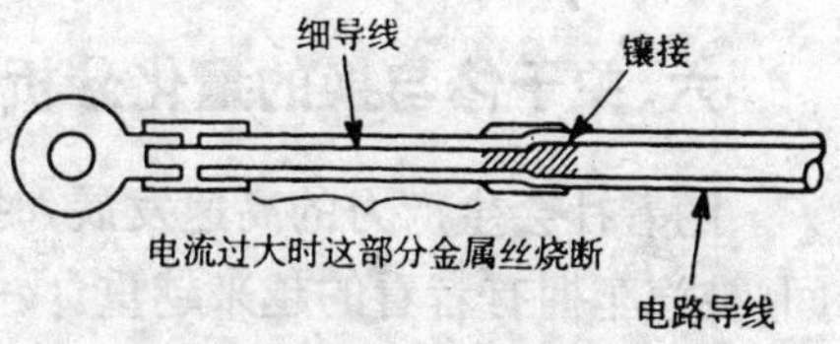

图 16-39　常见的熔断链

3.大限流熔丝

有些新的电器系统用大限流熔丝取代了常规的熔丝链。大限流熔丝的外观和用法有些像双熔片式熔断器，但外形比较大，电流的额定值也更高（一般要高 4～5 倍）。大限流熔丝装在单独的熔丝盒内，位于发动机罩下。

大限流熔丝比一般熔丝链便于检查和更换。检查时，透过彩色塑料壳可以看到熔丝，如果熔丝断了，将熔丝从熔丝盒里抽出来即可更换。

大限流熔丝的另一个优点是可以将汽车的电器系统分成几个较小的电路，方便诊断和检查。例如，有些汽车上用一个熔丝链控制大半个整机电路，如果这个熔丝链断了，许多电器装置都不能工作，换成若干个大限流熔丝，则因一个熔丝烧断而停机的电器装置的数目显著减少，这样可准确地找到故障源。

4.断路器

有的电路用断路器保护。它可以集中装在熔丝盒上，也可以分散串在电路中。跟熔断器一样，它也是以电流值来定等级的。

断路器分循环式（如图 16-40 所示）和非循环式（如图 16-41 所示）两种。

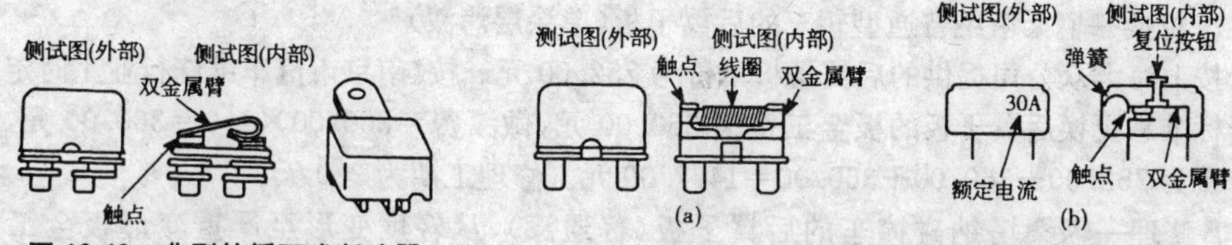

图 16-40　典型的循环式断路器

图 16-41　非循环式 x 断路器的复电位
（a）切断供电电源；（b）按下复位按钮

①循环式断路器

循环式断路器常用一个由两面金属膨胀率相差较大的金属薄片制成（俗称双金属熔丝），当流过双金属臂的电流过大时，金属臂就发热，由于两种金属的膨胀率相差较大，金属臂产生弯曲变形面打开触点，切断电流。电流停止后，金属冷却，恢复到原形状触点闭合，恢复供电。如果电流仍过大，电路又切断，如此反复。

②非循环式断路器

非循环式断路器有两种。一种是停止给电路供电即可复位的，这种断路器的双金属臂上绕有线圈（图 16-41A），过流时触点打开，有小电流流过线圈。小电流不能驱动负载，但可以加热双金属臂，使金属臂保持断路状态，直到停止供电。另一种要按下复位按扭才能复位，其金属臂由一弹簧顶住，保持触点接通（图 16-41B）。电流过大时，双金属臂发热，弯曲到一定程度，克服弹簧阻力而打开触点，直到按下复位按扭才能重新的闭合（如 EQ1091 大灯线路采用）。

六、关于修与换的量化分析

随着社会生产力的高速发展，时间的价值概念变的越来越突出。汽车修复过程所需的时间，被汽车拥有者看的越来越重。一辆受损汽车的修复不但要考虑修理的质量、费用，还要考虑修理所需的时间，如何将修理费用与时间进行综合考虑？以下举例说明。

例一：

A 更换一辆桑塔纳普通型轿车的发动机盖（单涂层烤漆）

按上海大众公司提供的发动机盖单价为 840.00 元。按《南京市汽车维修行业工时定额与收费标准》，更换发动机盖的板金工费为 40.00 元，做漆费＝360.00×1.5＝540.00 元，合计维修费为 840.00＋40.00＋540.00＝1420.00 元。修理工期为 0.5 天。

B 修理一辆桑塔纳碰撞车的发动机盖（普通漆），从轻度变形至严重变形板金工费＝40.00～360.00 元，做漆费＝360.00～540.00 元，维修费用＝400.00～900.00 元。修理工期为 0.5～2.0 天。

设单一部件修理所需费用与更换该部件所需费用之比为变形价格系数 J，则上例中从轻度变形至严重变形的变形价格系数：

$$J = (400.00 \sim 900.00)/1420.00 = 0.28 \sim 0.63$$

设单一部件修理工期与更换工期之比为变形时间系数 S，则上例中从轻度变形至严重变形的时间系数：

$$S = (0.5 \sim 2.0)/0.5 = (1 \sim 4)$$

设变形价格系数与变形时间系数之积为变形系数 B，则上例中：

$$B = J \times S = (0.28 \sim 0.63) \times (1 \sim 4) = 0.28 \sim 2.52$$

例二：

A 更换一辆桑塔纳普通型轿车的后翼子板（单涂层烤漆）

按上海大众公司提供的后翼子板单价为 752.00 元。按《南京市汽车维修行业工时定额与收费标准》，更换后翼子板的板金工费为 360.00 元，做漆费＝360.00×1.0＝360.00 元，合计维修费为 752.00＋360.00＋360.00＝1472.00 元。修理工期为 2.0 天。

B 修理一辆桑塔纳碰撞车的后翼子板（普通漆），从轻度变形至严重变形板金工费＝50.00～450.00 元，做漆费＝360.00～480.00 元，维修费用＝410.00～930.00 元。修理工期为 0.5～2.0 天。

上例中从轻度变形至严重变形的变形价格系数：

$$J = (410.00 \sim 930.00)/1472.00 = 0.28 \sim 0.63$$

上例中从轻度变形至严重变形的时间系数：

$$S = (0.5 \sim 2.0)/2.0 = (0.25 \sim 1.0)$$

设变形价格系数与变形时间系数之积为变形系数 B，则上例中：

$$B = J \times S = (0.28 \sim 0.63) \times (0.25 \sim 1.0) = 0.07 \sim 0.63$$

从大量的实践测算可以得出，通过变形系数 B 的测算，可以综合分析单一部件是否该修或该换。由于我国各地的经济水平差距很大，就目前的我国国情，将变形系数定在一个范围较合适，如 1.0～2.0，我国经济发达地区取下限，经济落后地区取上限。例如在南京，将变形系数 B 定在 1.3，B 大于等 1.3 则换，小于 1.3 则修。

第四节　损失项目的确定

一、损失项目确定的过程和次序

以桑塔纳普通型轿车的碰撞损失为例，说明损失项目确定的过程和次序。我们首先将桑塔纳普通型轿车的损失项目分为下列 33 多项：

1. 前保险杠及附件

前保险杠及附件由前保险杠、前保险杠饰条、前保险杠内衬、前保险杠骨架、前保险杠支架、前保险杠灯等组成。如图 16-42 所示。

现代轿车的保险杠绝大多数用塑料制成，对于用热塑性塑料制成的，价格又非常昂贵的保险杠，并且为表面做漆的，破损处不多，可用塑料焊机焊接。

保险杠饰条破损后基本以换为主。

保险杠使用内衬多为中高档轿车，常为泡沫制成，一般可重复使用。

现代轿车的保险杠骨架多数用金属制成，使用较多的是用冷轧板冲压成形，少数高档轿车采用铝合金制成。对于铁质保险杠骨架，轻度碰撞常采用板金修理的方法修复，价值较低的中度以上的碰撞，常采用更换的方法修复。铝合金的保险杠骨架修复难度较大，中度以上的碰撞多以更换修复为主。

保险杠支架多为铁质，一般价格较低，轻度碰撞常采用钣金修复，中度以上的碰撞多为更换修复。

保险杠灯多为转向信号灯和雾灯，表面破损后多采用更换修复，对于价格较高的雾灯，且损坏为少数支撑部位的，常用焊接和粘结修理的方法修复。

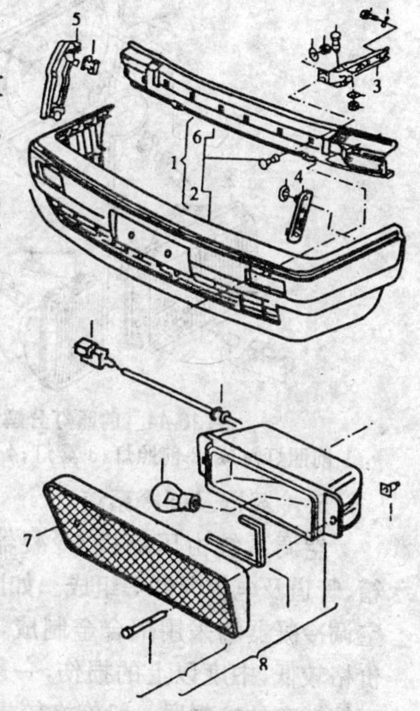

图 16-42　前保险杠分解图

1-前保险杠总成；2-前保险杠；3-前保险杠支架；4-前保险杠公卡子；5-前保险杠母卡子；6-前保险杠骨架；7-信号灯罩；8-信号灯总成

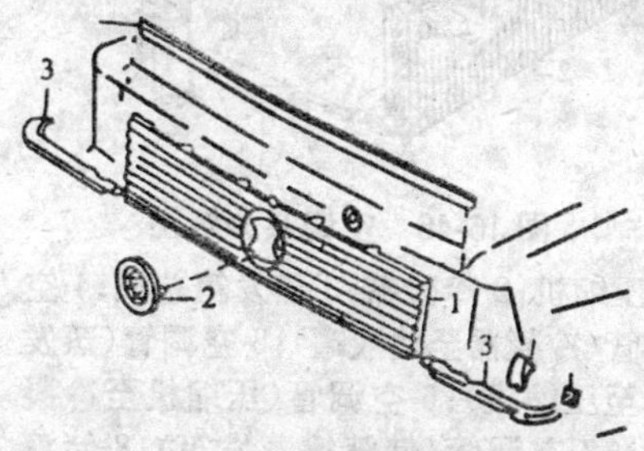

图 16-43　前护栅分解图

1-前护栅；2-前铭牌；3-大灯下饰条

2. 前护栅及附件

前护栅及附件由前护栅饰条、前护栅铭牌等组成。如图 16-43 所示。前护栅及附件的破损多数以更换修复为主。

3. 前照灯及角灯

前照灯及角灯由前大灯、前角灯等组成。如图 16-44 所示。现代汽车灯具表面多为聚碳酸酯（PC）或玻璃制成，支撑有反光部位常用丙烯腈一丁二烯一苯乙烯共聚物（ABS）制成。最常见的损坏为调节螺丝损坏，只需更换调节螺丝，重新校光即可。ABS 塑料属热塑性塑料，可用塑料焊条焊接。用玻璃灯片，如果破损，且有玻璃灯片供应，可考虑更换玻璃灯片，对于价格较昂贵的前照灯，并且只是支撑部位局部破损，可采取塑料焊焊接的方法修复。

4.散热器框架

散热器框架又称前裙，如图 16-45 所示。现代轿车的散热器框架在承载式车身中属于结构件，多为高强度钢板，如何鉴定结构件的整形与更换，美国汽车撞伤修理业协会经过大量的研究，得出了关于撞伤结构件的整修与更换的一个简单的判断原则，即“弯曲变形就整修，折曲变形就换”。由于散热器框架结构形状复杂，轻度的变形通常可以钣金修复，而中度以上的变形，往往不易钣金修复，高强度低合金钢更是不易钣金修复。

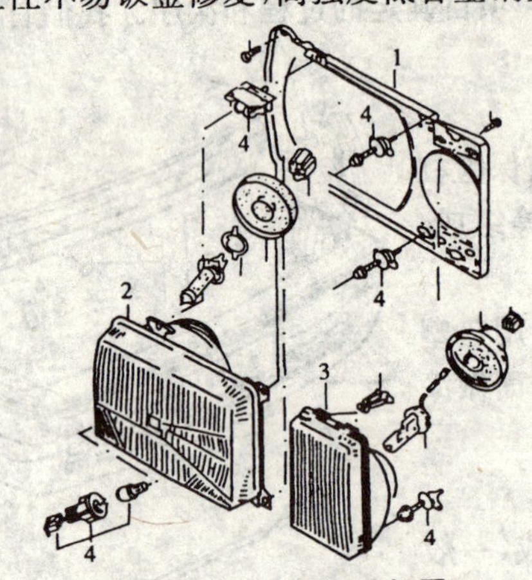

图 16-44 前照灯分解图

1-前照灯总成；2-前照灯；3-雾灯；4-灯光调节螺丝

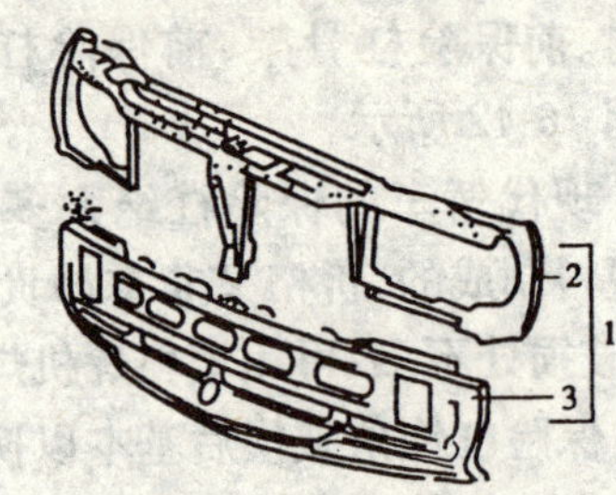

图 16-45 散热器框架分解图

1-散热器框架总成；2-散热器框架上部；3-散热器框架下部

5.冷凝器及制冷系统

空调系统由压缩机、冷凝器、干燥瓶、膨胀阀、蒸发箱、管道及电控元件等组成。如图 16-46 所示。现化汽车空调冷凝器均采用铝合金制成，中低挡车的冷凝器一般价格较低，中度以上的损伤，一般采用更换的方法处理，高档轿车的冷凝器一般价格较贵，中度以下的损伤，常可采用亚弧焊进行修复。值得注意的是，冷凝器因碰撞变形后虽然未漏冷媒，但拆下后重新安装时不一定就不漏冷媒。储液罐（干燥器）因碰撞变形一般以更换为主。如果系统在碰撞中以开口状态暴露于潮湿的空气中时间较长（具体时间由空气湿度决定），则应更换干燥器，否则，会造成空调系统工作时“冰堵”。压缩机因碰撞常见的损伤有壳体破裂，传动带轮、离合器变形等，壳体破裂一般采用更换的方法修复，传动带轮变形、离合器变形一般采用更换传动带轮、离合器的方法修复。汽车的空调管有多根，损伤的空调管一定要注明是哪一根，常用×××～×××加以说明。汽车空调管有铝管和胶管两种，铝管因碰撞常见的损伤有变形、折弯、断裂等，变形一般采取校正的方法修复，价格较低的空调管折弯、断裂，一般采

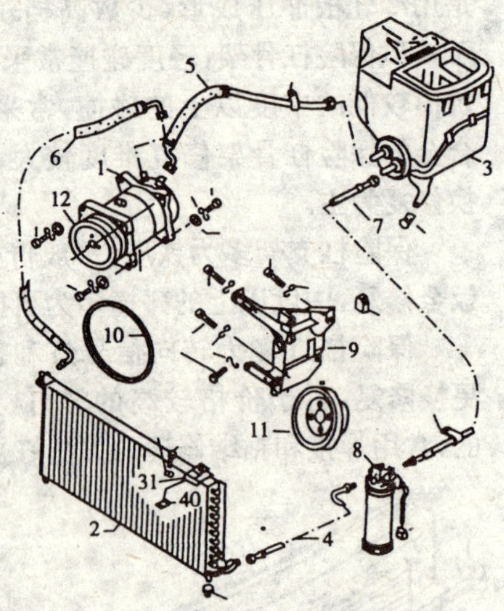

图 16-46 空调系分解图

1-压缩机；2-冷凝器；3-蒸发箱总成；4-空调管（冷凝器至储液罐）；5-空调管（蒸发箱至压缩机）；6-空调管（压缩机至冷凝器）；7-空调管（储液罐蒸发箱）；8-储液罐；9-压缩机支架；10-压缩机皮带；11-压缩机皮带轮；12-压缩机离合器

取更换的方法修复，价格较高的空调管折弯、断裂，一般采取截去折弯、断裂处，再接一节用亚弧焊接的方法修复。胶管的破损一般采用更换的方法修复。汽车空调蒸发箱通常包括蒸发箱壳体，蒸发器和膨胀阀等组成，最常见的损伤多为蒸发箱壳体的破损，蒸发箱壳体大多用热塑性塑料制成，局部的破损可用塑料焊焊接修复，严重的破损一般需更换，决定更换时，一定要考虑有无壳体单独更换。蒸发器换与修原则基本同冷凝器。膨胀阀碰撞损坏的可能性极小，此不赘述。

空调系统中的压缩机是由发动机通过一个电动离合器驱动的。在离合器接通和断开的过程中，由于磁场的产生和消失，产生了一个脉冲电压。这个脉冲电压会损坏车上精密的电脑模块。为了防止出现这种情况，在空调电路中接入一个分流二极管，这个二极管阻止电流沿有害的方向流过。当空调系统发生故障时，分流二极管有可能被击穿。如果不将被击穿的二极管换掉，可能会造成空调离合器不触发，甚至损坏电脑模块。

6.散热器及附件

散热器及附件包括散热器、进水管、出水管、副散热器等。如图 16-47 所示。现代汽车散热器基本上是铝合金的，铜质散热器由于造价较高，基本已不再使用。判断散热器的修与换的原则，基本与冷凝器相似。所不同的是，散热器常有两个塑料水室，水室破损后，一般需更换，而水室在遭受撞击后最易破损。水管的破损一般以更换方式修复。水泵传动带轮是水泵中最易损坏的零件，通常变形后以更换为主，较严重的会造成水泵前段(俗称水泵头子)中水泵轴承处损坏，一般更换水泵前段即可，而不必更换水泵总成。轻度风扇护罩变形一般以整形校正为主，严重的变形常常采取更换的方法修复。主动风扇与从动风扇常为风扇叶破碎，由于生产将风扇叶做成了不可拆卸式，也无风扇叶购买，所以，风扇叶破碎后都要更换总成。风扇传动带在碰撞后一般不会损坏，由于其正常使用的磨损也会造成损坏，拆下后如果需更换，应确定是否是碰撞原因。

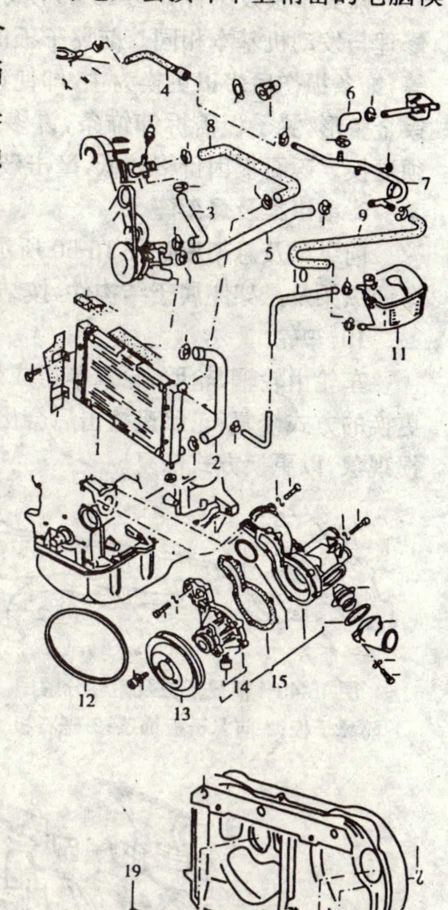

图 16-47 冷却系分解图

1-水箱；2、3、4、5、6、8、9、10-软水管；7-硬水管；11-储水壶；12-水泵皮带；13-水泵皮带轮；14-水泵前段；15-水泵总成；16-风扇护罩；17-主动风扇总成；18-风扇皮带；19-从动风扇

7.发动机罩及附件

发动机罩、铰链及附件等如图 16-48 所示。轿车发动机罩绝大多数采用冷轧钢板冲压而成，少数高档轿车采用铝板冲压而成。冷轧钢板在遭受撞击后常见的损伤有变形、破损，铁质发动机罩是否需更换主要依据变形的冷作硬化程度，基本几何形状程度，冷作硬化程度较少、几何形状程度较好的发动机罩常采用钣金修理法修复，反之则更换。铝质发动机罩通常产生较大的塑性变形就需更换。

发动机罩锁遭受碰撞变形、破损多以更换为主。发动机盖铰链遭受碰撞后多以变形为主，由于铰链的刚度要求较高，变形后多以更换为主。发动机罩撑杆常有铁质撑杆和液压撑杆两种，铁质撑杆基本上都可以通过校正修复，液压撑杆撞击变形后多以更换修复为主。发动机罩拉线在轻度碰撞后一般不会损坏，碰撞严重，会造成折断，折断后应以更换。

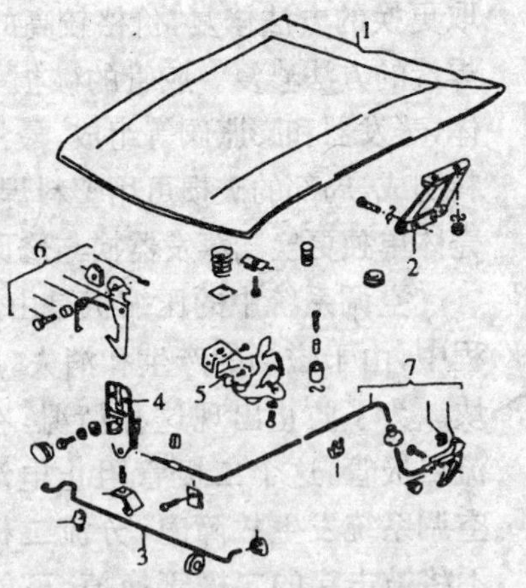

8.前翼子板及附件

前翼子板及附件如图 16-49 所示。翼子板遭受撞击后其修理与发动机基本相同。前翼子板的附件常有饰条、砾石板等，饰条损伤后多以更换为主，即使饰条未遭受撞击，而常因钣金整形，翼子板需拆卸饰条，许多汽车的饰条拆下后就必须更换。砾石板因价格较低，撞击破损后一般做更换处理。

图 16-48 发动机盖及附件分解图

1-发动机盖；2-铰链；3-撑杆；4-锁下半部；5-锁上半部；6-安全钩；7-拉线

9.前纵梁及悬架座

前纵梁及悬架座如图 16-50 所示。对于承载式车身的汽车前纵梁及悬架座属于结构件，按结构件方法处理。

10.车轮

车轮由轮辋、轮胎、轮罩等组成。如图 16-51 所示。轮辋遭撞击后以变形损伤为主，多以更换的方式修复；轮胎遭撞击后会出现爆胎现象，以更换方式修复；轮罩遭撞击后常会产生破损现象，以更换方式修复。

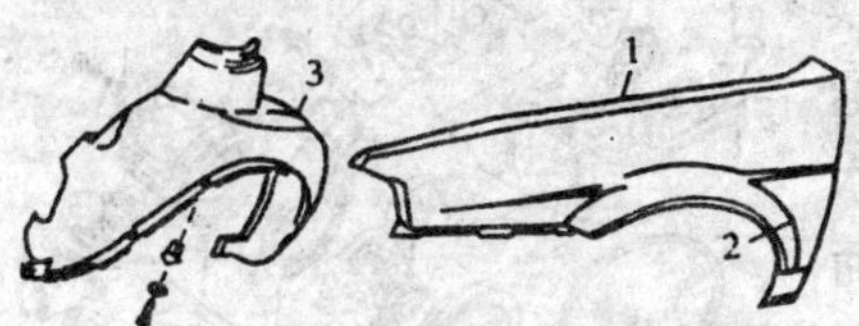

图 16-49 前翼子板及附件分解图

1-前翼子板；2-前翼子板饰条；3-砾石板

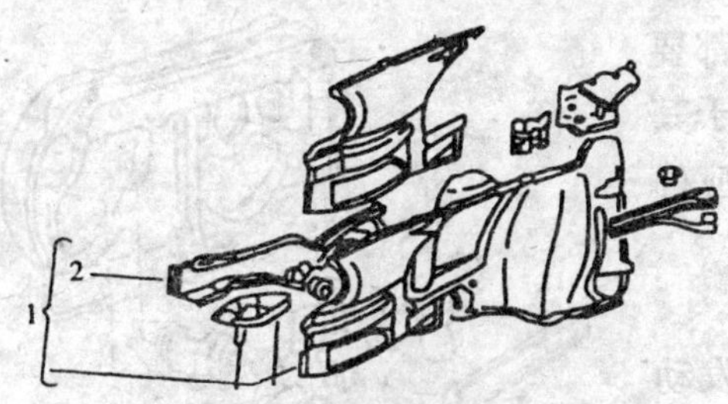

图 16-50 前纵梁及附件分解图

1-前纵梁总成；2-前纵梁

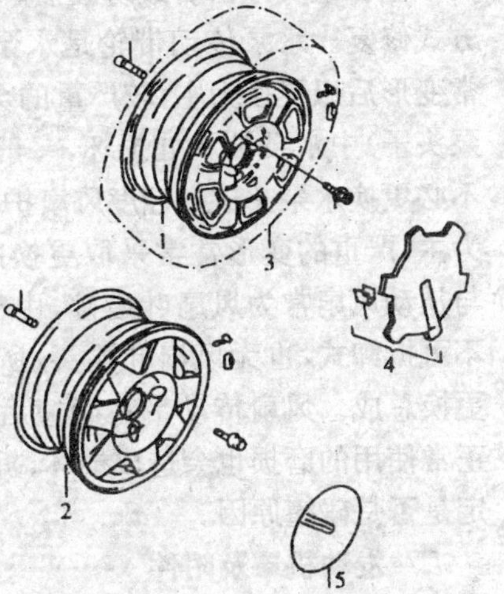

图 16-51 车轮分解图

1-铁质钢圈；2-铝合金钢圈；3-轮胎；4、5-轮罩

11.前悬架系统及相关部件

前悬架系统及相关部件主要包括悬架臂、转向节、减振器、稳定杆、发动机托架、刹车盘等。如图 16-52 所示。前悬架系统及相关部件中制动盘、悬架臂、转向节、稳定杆、发动机托架，均为安全部件，如发现有撞出变形，均应更换。减振器主要鉴定是否在碰撞前已损坏。减振器是易损件，正常使用到一定程度后会漏油，如果减振器外表已有油泥，说明在碰撞前已损坏。如果外表无油迹，碰撞造成弯曲变形，应更换。

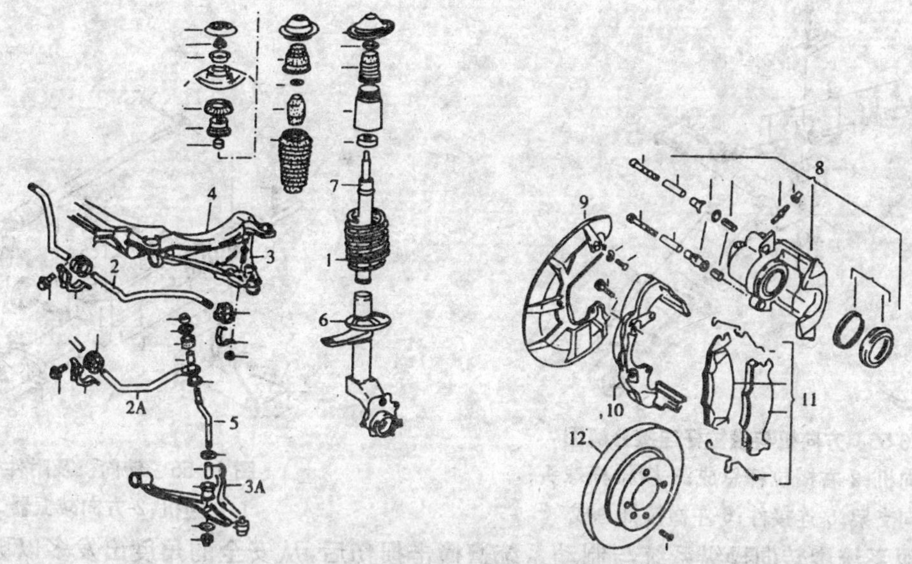

图 16-52 前悬架及相关系统分解图

1-前悬架弹簧；2-稳定杆(2A. 2000 型稳定杆)；3-下摆臂(3A. 2000 型下摆臂)；4-副梁；5-2000 型稳定杆拉杆；6-减振器柱管；7-减振器；8-制动钳总成；9-防尘板；10-制动分泵骨架；11-摩擦片；12-制动盘

12. 传动轴及附件

传动轴及附件如图 16-53 所示。中低档轿车多为前轮驱动，碰撞常会造成外侧等角速万向节(俗称外球笼)破损，常以更换方式修复，有时还会造成半轴弯曲变形，也以更换方式修复为主。

13. 转向操纵系统(转向盘、转向传动杆、转向机、横拉杆、转向助力泵等)

转向盘及转向柱如图 16-54 所示；转向机与横拉杆连接如图 16-55 所示；转向机如图 16-56 所示；动力转向转向机如图 16-57 所示。

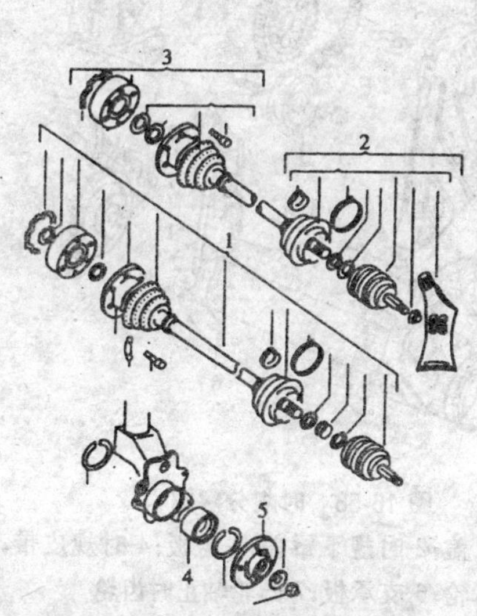

图 16-53 传动轴及附件分解图

1-半轴总成；2-外等角速万向节；3-内等角速万向节；4-前轮轴承；5-轮毂

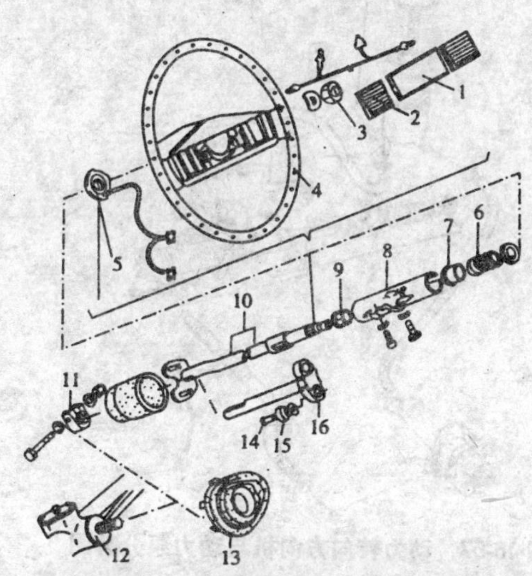

图 16-54 方向盘及转向柱分解图

1-转向盘盖板；2-喇叭按钮；3-转向盘与转向立柱紧固螺母；4-转向盘；5-接触环；6-压缩弹簧；7-连接圈；8-转向立柱套管；9-轴承；10-转向立柱上段；11-夹箍；12-转向机；13-防尘胶圈；14-转向减振尼龙销；15-减振橡胶圈；16-转向立柱下段

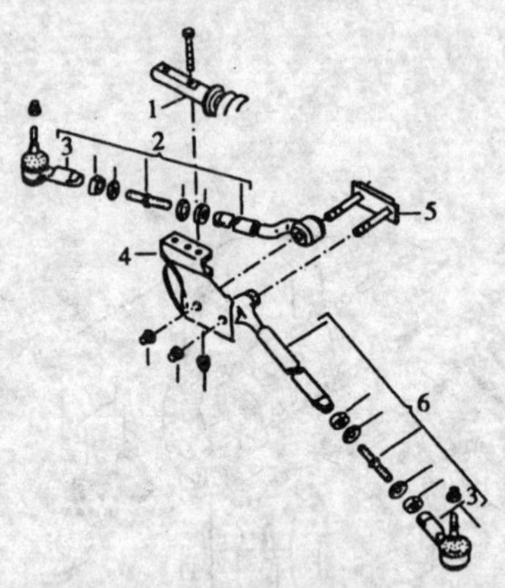

图 16-55 方向机与横拉杆连接分解图

1-方向机；2-右横拉杆总成；3-横拉杆球头；4-转向支架；5-连接件；6-左横拉杆总成

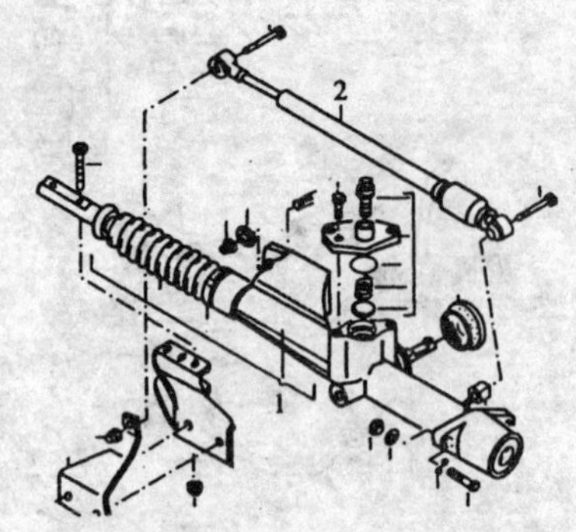

图 16-56 转向机及附件

1-方向机；2-方向减振器

操纵系统中转向操纵系统与制动系统遭撞击损伤后，从安全的角度出发多以更换修复。安装有安全气囊系统的汽车，驾驶人气囊都安装在转向盘上，当气囊因碰撞引爆后，不仅要更换气囊，通常还要更换气囊传感器与控制模块等。变速操纵系统遭撞击变形后，轻度的常以整修修复为主，中度以上的以更换修复为主。

14. 发动机附件(时规及附件、油底壳及垫、发动机支架及胶垫、进气系统、排气系统等)

时规及附件如图 16-58 所示。发动机附件中时规及附件因撞击破损和变形以更换修复为主。

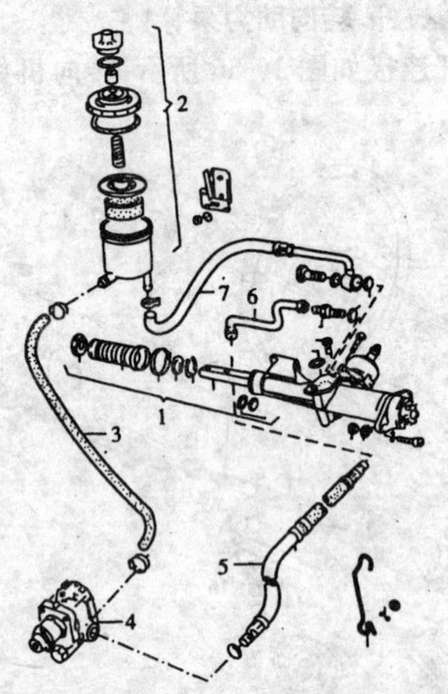

图 16-57 动力转向方向机与动力泵分解图

1-动力转向方向机；2-储油罐；3-进油管；4-动力泵；5-高压软管；6-高压硬管；7-回油管

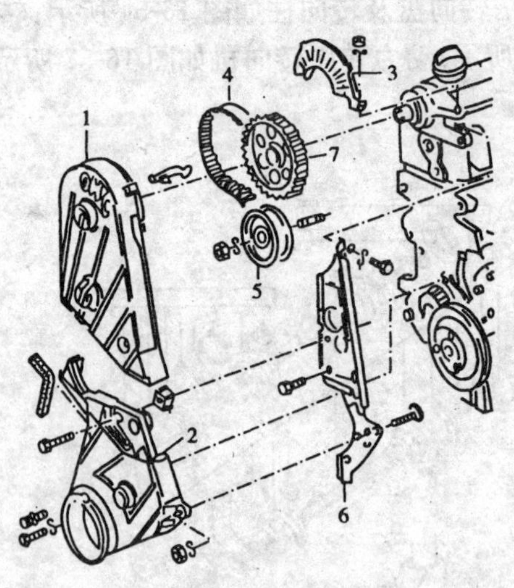

图 16-58 时规分解图

1-时规上罩盖；2-时规下罩盖；3-盖板；4-时规皮带；5-时规涨紧轮；6-支承板；7-凸轮轴正时齿轮

油底壳及垫如图 16-59 所示。油底壳轻度的变形一般不需修理，放油螺塞处碰伤及中度以上的变形，以更换为主。

发动机支架及胶垫如图 16-60 所示。发动机支架及胶垫因撞击变形、破损，以更换修复为主。

进气系统如图 16-61 所示。进气系统因撞击破损和变形，以更换修复为主。

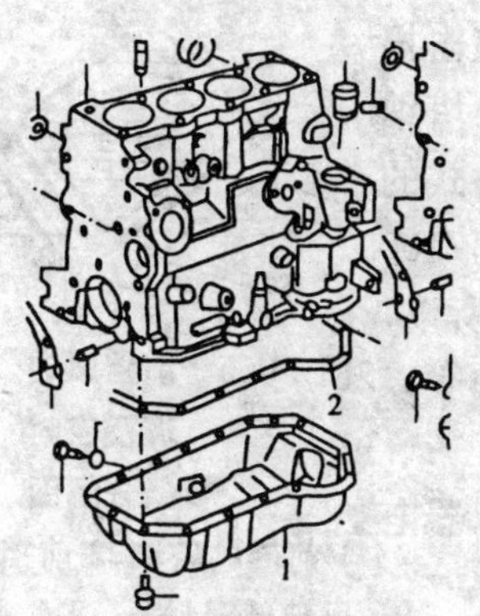

图 16-59 油底壳及垫分解图

1-油底壳；2-油底壳垫

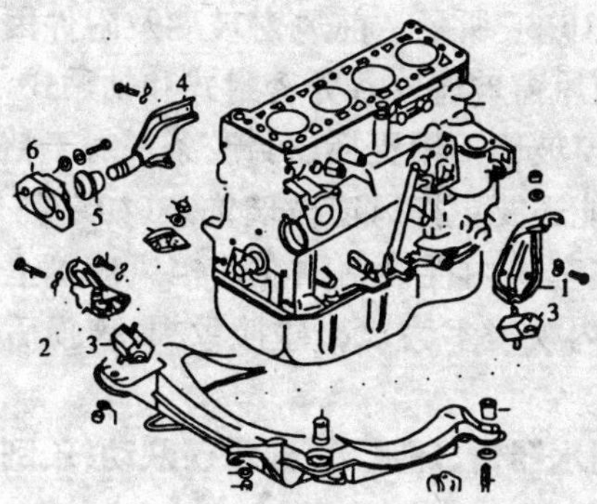

图 16-60 发动机支架及胶垫分解图

1-发动机左支架；2-发动机右支架；3-金属橡胶垫；4-扭矩梁；5-扭矩梁橡胶圈；6-扭矩梁限位支架

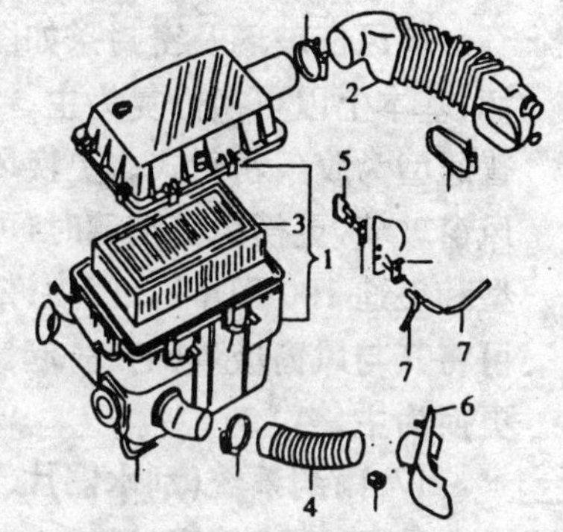

图 16-61 进气系统分解图

1-空气滤清器总成；2-进气软管；3-空气滤芯；4-热空气软管；5-温度调节开关；6-热空气收集板；7-水管

排气系统如图 16-62 所示。排气系统中最常见的撞击损伤为发动机移位造成的排气管变形，由于排气管长期在高温下工作，氧化现象较严重，通常无法整修。消声器吊耳因变形超过弹性极限破损，也是常见的损坏现象，以更换修复。

15. 发电机及蓄电池

发电机如图 16-63 所示。发电机最常见的撞击损伤为传动带轮、散热叶轮变形，壳体破损，转子轴弯曲变形等。传动带轮变形以更换方法修复。散热叶轮变形以校正修复为主。壳体破损、转子轴弯曲变形，以更换发电机总成修复为主。

蓄电池如图 16-64 所示。汽车用蓄电池的损坏多以壳体四个侧面破裂为主。汽车蓄电池多为铅酸蓄电池，由 6 格(汽油车)或 12 格(柴油车)组成。碰撞会造成 1 格或多格破裂，电解液外流。一时查看不到破裂处，可通过打开加液盖，观察电解液量来判断。如果只是 1 隔或几格严重缺液，多为蓄电池破裂，如果每格都缺液，多为充电电流过大所致，而不是破裂。

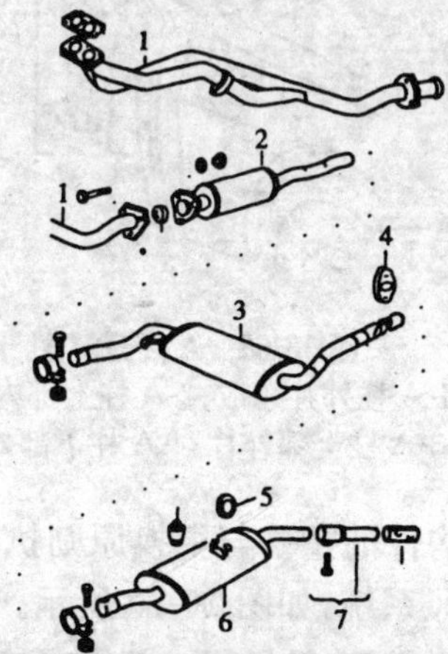

图 16-62 排气系统分解图

1-排气歧管；2-三元净化器；3-中消声器；4-消声器吊耳；5-消声器吊耳；6-后消声器；7-排气尾管

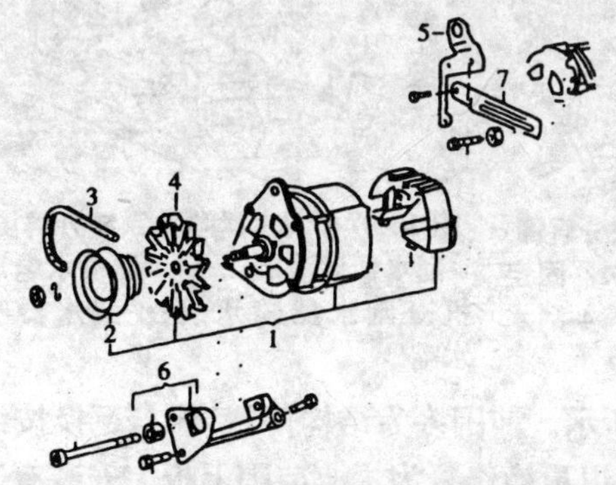

图 16-63 发电机分解图

1-发电机总成；2-皮带轮；3-皮带；4-散热叶轮；5-上支架；6-下支架；7-调节支架

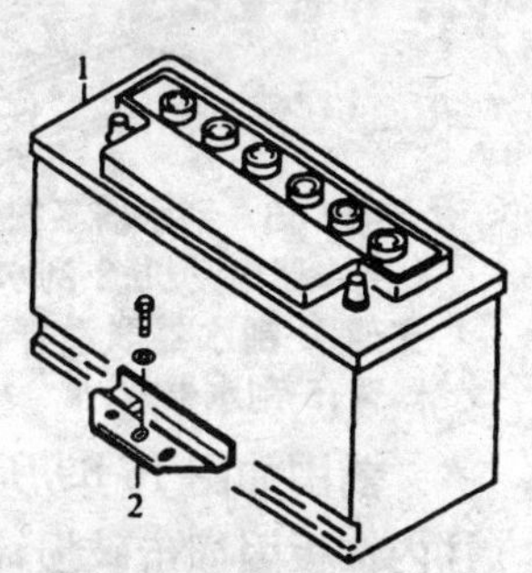

图 16-64 蓄电池及安装图

1-蓄电池 2-固定支架

16. 前风窗玻璃及附件(前风窗玻璃、前风窗玻璃密封条及饰条、内视镜等)

前风窗玻璃及密封条如图 16-65 所示。前风窗玻璃及附件因撞击损坏,基本上以更换修复为主。前风窗玻璃胶条分密封式和粘贴式,桑塔纳普通型为胶条密封式。更换风窗玻璃不用更换密封胶条。对于粘贴式的风窗玻璃,更换风窗玻璃时,可能还要更换风窗玻璃饰条(如夏利 TJ7100 型和奥迪 100 型车)。因为许多车将内视镜粘贴在前挡风玻璃上,所以,可将其与风窗玻璃归在一起。内视镜多为二次碰撞致损,破损后一般以更换为主。

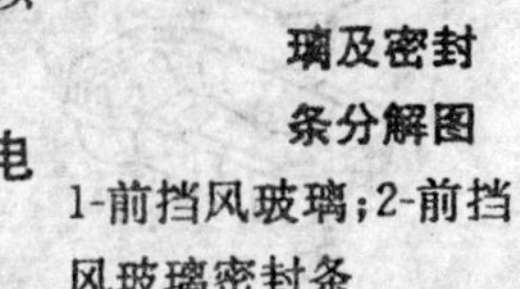

图 16-65 前挡风玻璃及密封条分解图

1-前挡风玻璃;2-前挡风玻璃密封条

17. 雨刮系统(刮水器片、刮水器臂、储液罐、刮水器联动杆、刮水器电动机、喷水管等)

刮水器系统如图 16-66 所示。刮水器系统中刮水器片、刮水器臂、刮水器电动机等、因撞击损坏,主要以更换修复为主。刮水器固定支架、联动杆中度以下的变形损伤,以整修修复为主;严重变形,一般需更换。

刮水器喷水系统如图 16-67 所示。一般刮水器储液罐只在较严重的碰撞中才会损坏,损坏后,以更换为主。刮水器喷水电动机、喷水管和喷水嘴因撞坏的情况较少出现,若撞坏,以更换为主。

18. A 柱及饰件、前围、暖风系统、集雨栅等

承载式车身的汽车 A 柱如图 16-68 所示。A 柱因碰撞产生的损伤,多以整形修复为主,由于 A 柱为结构钢,当产生折弯变形,以更换外片为主要修复方式。A 柱有上下内饰板,破损后一般以更换为主。

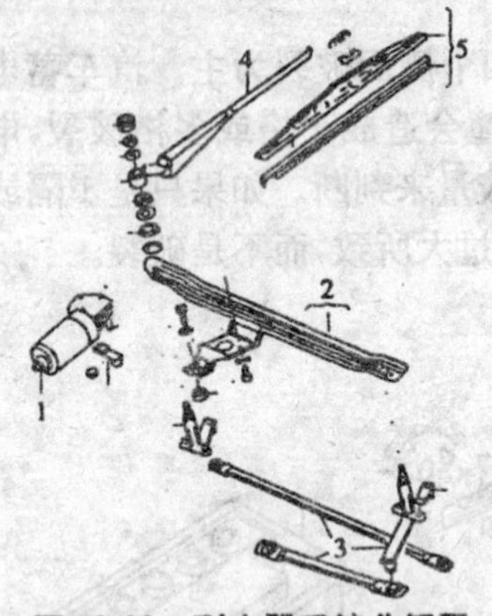

图 16-66 刮水器系统分解图

1-刮水器电动机;2-刮水器固定支架;3-刮水器联动杆;4-刮水器臂;5-刮水器片

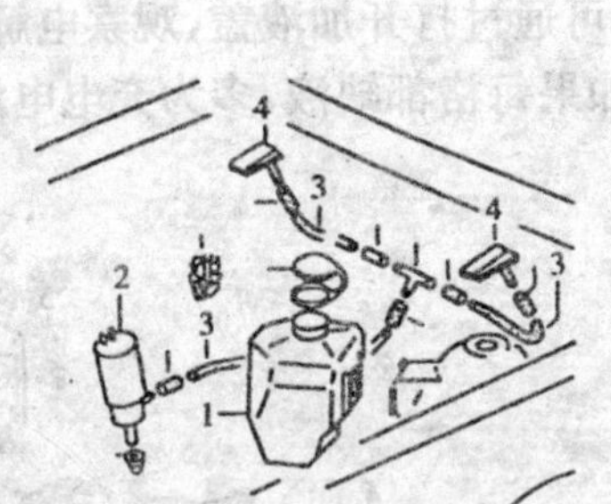

图 16-67 刮水器喷水系统分解图

1-刮水器储液罐;2-刮水器喷水电动机;3-刮水器喷水管;4-刮水器喷水嘴

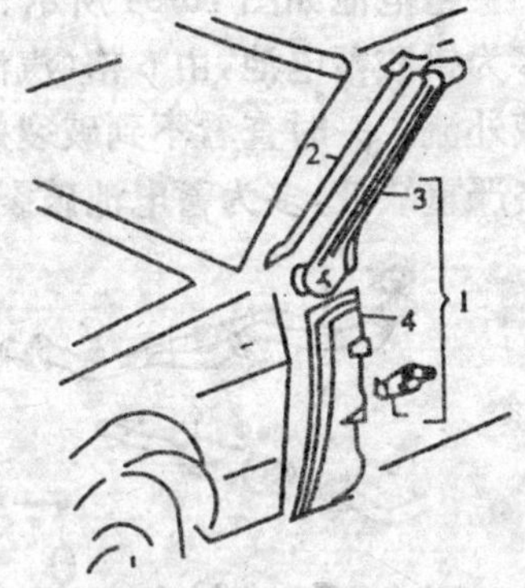

图 16-68 A 柱分解图

1-A 柱外片总成;2-A 柱上部内片;3-A 柱上部外片;4-A 柱下部外片

前围如图 16-69 所示。前围多为结构件,整修与更换按结构件的整修与更换原则执行,A 柱内饰板因撞击破损,以更换修复为主。前围上板上安装有暖风系统,如图 16-70 所示。较严重的碰撞常会造成暖风机壳体、进气罩的破碎,以更换为主,暖风水箱、鼓风机一般在碰撞中不会损坏。集雨栅为塑料件,通常价格较低,因撞击常造成破损,以更换修复为主。

19. 仪表台及中央操纵饰件

仪表台组件如图 16-71 所示。仪表台因正面的严重撞击,或侧面撞击常造成整体变形、皱

折和固定爪破损。整体变形在弹性限度内，待骨架校正好后重新装回即可。皱折影响美观，对美观要求较高的新车或高级车应该更换，因仪表台价格一般较贵。老旧车更换意义不大。少数固定爪破损常以焊修修复为主，多数固定爪破损，以更换修复为主。左右出风口常在侧面撞击时破碎，右出风口也常因二次碰撞被前排右座乘员右手支承时压坏。左右饰框在常在侧面碰撞时破损，严重的正面碰撞也会造成支爪断裂。均以更换为主。杂物箱常因二次碰撞被前排右座乘员膝盖撞破裂，一般以更换为主。

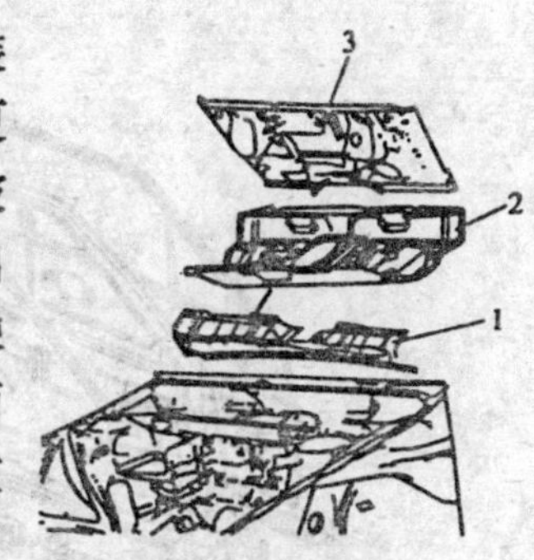

图 16-69　前围分解图
1-方向机支加梁；2-前围上板；3-前围

桑塔纳普通型中央操纵饰件为通道罩，如图 16-72 所示。严重的碰撞会造成车身底板变形，车身底板变形后会造成过道罩破裂，以更换为主。

20. 车门及饰件（前车门、后视镜、后车门及饰件等）

以前车门为例，前车门外部结构如图 16-73 所示。前车门部分结构如图 16-74、图 16-75、图 16-76 所示。门玻璃升降机如图 16-77 所示。

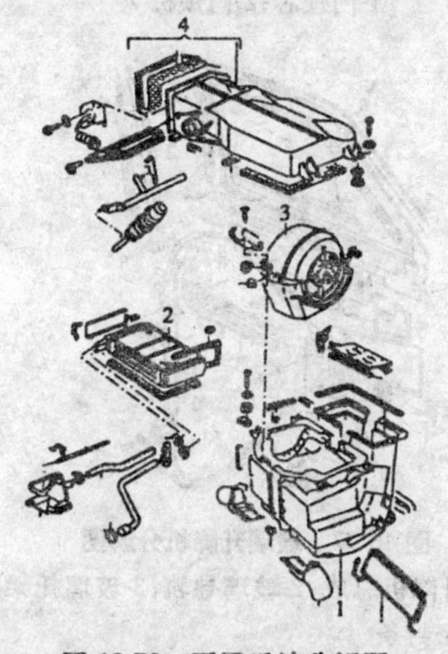

图 16-70　暖风系统分解图
1-暖风机壳体总成；2-暖风水箱；3-鼓风机；4-进气罩

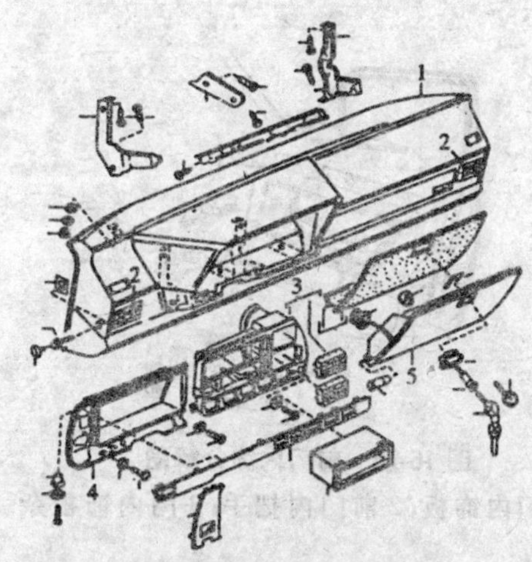

图 16-71　仪表台分解图
1-仪表台；2-左右风口百叶窗；3-带出风口的右饰框；4-左饰框；5-杂物箱

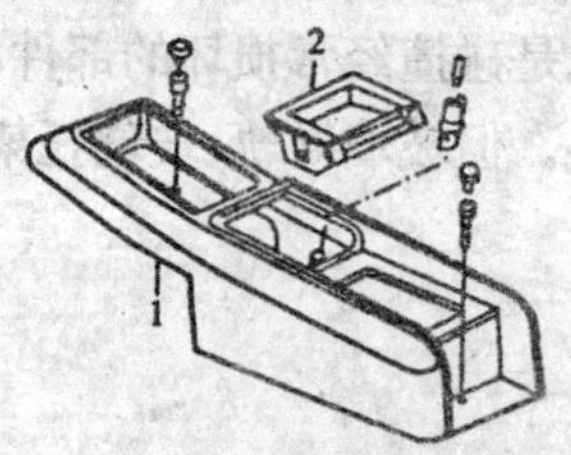

图 16-72　通道罩分解图
1-通道罩；2-烟灰缸

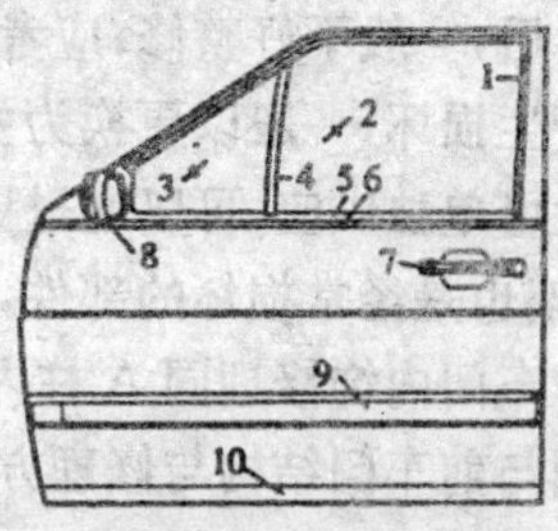

图 16-73　前门外部结构
1-玻璃槽；2-前门玻璃；3-前门三角玻璃；4-玻璃中隔条；5-玻璃外档雨条；6-外档雨条下托条；7-外把手；8-倒车镜；9-防擦饰条；10-下防碰饰条

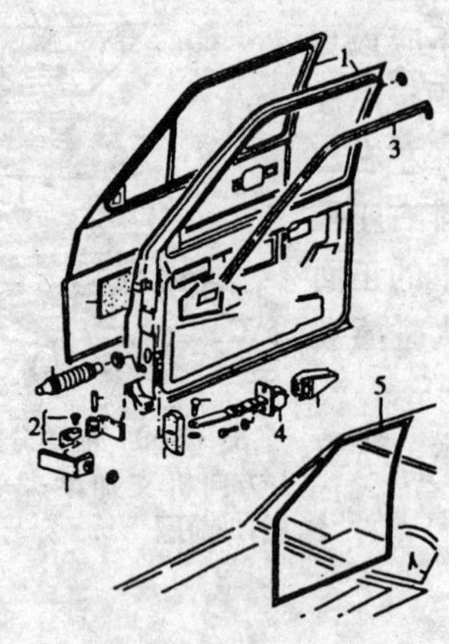

图 16-74 前门部分结构

1-前门壳总成;2-前门铰链;3-车门外密封条;4-车门限位器;5-车门内密封条

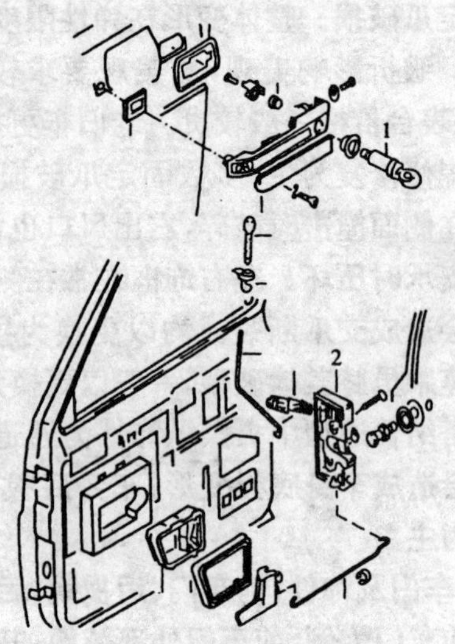

图 16-75 前门锁机构分解图

1-门锁芯;2-门锁机

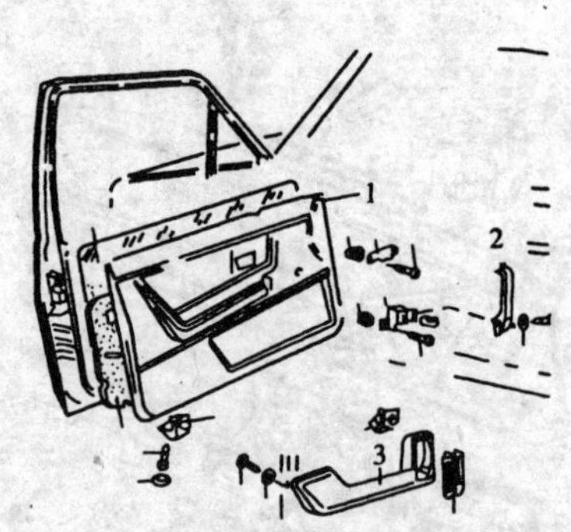

图 16-76 前门内饰分解图

1-前门内饰板;2-前门内把手;3-门内饰板杂物箱

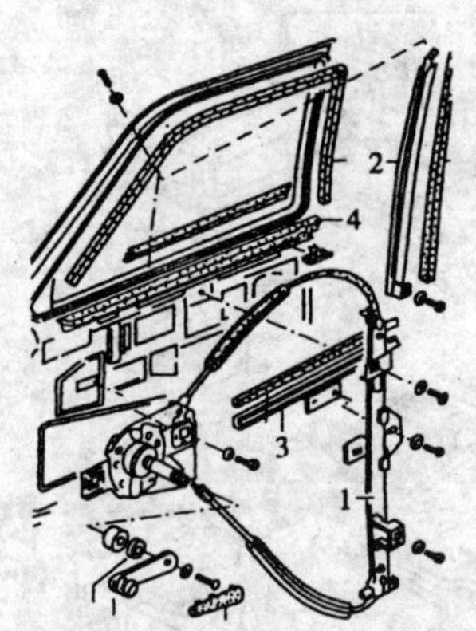

图 16-77 玻璃升降机分解图

1-玻璃升降机总成;2-玻璃导轨;3-玻璃托架;4-玻璃内密封条

车门防擦饰条碰撞变形,应更换。由于车门变形,需将车门防擦饰条拆下整形,多数防擦饰条为自干胶式,拆下后重新粘贴上不牢固,用其他胶粘贴影响美观,应考虑更换。车门框产生塑性变形后,一般不好整修,应考虑更换。车门下部的修理同发动机罩。门锁及锁芯在严重撞击后会产生损坏,一般以更换为主。后视镜镜体破损以更换为主,对于镜片破损,有些高档轿车的镜片可单独供应,可以通过更换镜片修复。玻璃升降机是碰撞经常损坏的部件,玻璃导轨、玻璃托架也是经常损坏的部件,碰撞变形后,一般都要更换。但玻璃导轨、玻璃托架常在评估中遗漏。车门内饰修理同 A 柱内饰。

后车门与前车门结构与修理方法基本相同。

21. 前座椅及附件、安全带

前座椅及附件如图 16-78 所示。座椅及附件因撞击造成的损伤,常为骨架、导轨变形和棘轮、齿轮根切现象。骨架、导轨变形常可以校正;棘轮、齿轮根切,通常必须更换棘轮、齿轮机构,许多车型因购买不到棘轮、齿轮机构,常会更换座椅总成。桑塔纳轿车提供座椅骨架,绝大多数调节部分的损坏都可以通过更换座椅骨架来修复，而不用更换座椅总成。

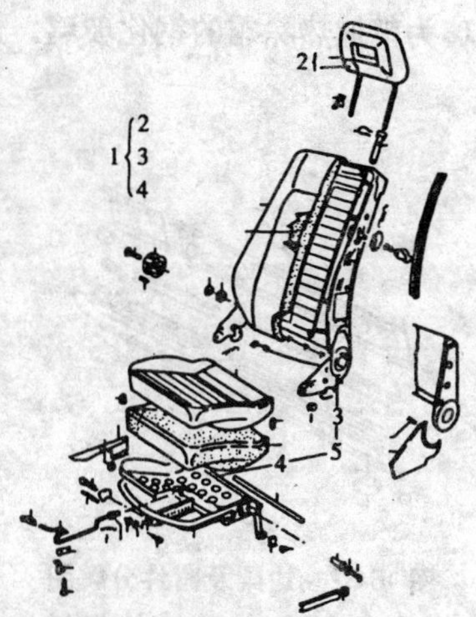

图 16-78 前座椅分解图
1-前座椅总成；2-头枕；3-靠背骨架；4-前座底板；5-座椅骨架

安全带的一般结构如图 16-79 所示。现今我国没有强制使用被动安全带，决大多数中低档车为主动安全带，大多数安全带在中度以下碰撞后还能使用，但必须严格检验，前部严重碰撞的安全带，收紧器处会变形，从安全角度考虑，应该更换。中高档轿车上安装有安全带自动收紧装置，收紧器上拉力传感器感应到严重的正面撞击后，电控自动收紧装置会点火，引爆收紧装置，从而达到快速收紧安全带的作用。安全带自动收紧装置工作后，必须更换。

22.侧车身、B 柱及饰件、门槛及饰件等

有的汽车车身侧面设计成一个整块，如富康车，桑塔纳普通型车没有这样设计。B 柱结构如图 16-80 所示。B 柱的整修与更换同 A 柱。

车身侧面内饰如图 16-81 所示。车身侧面内饰的破损以更换为主。

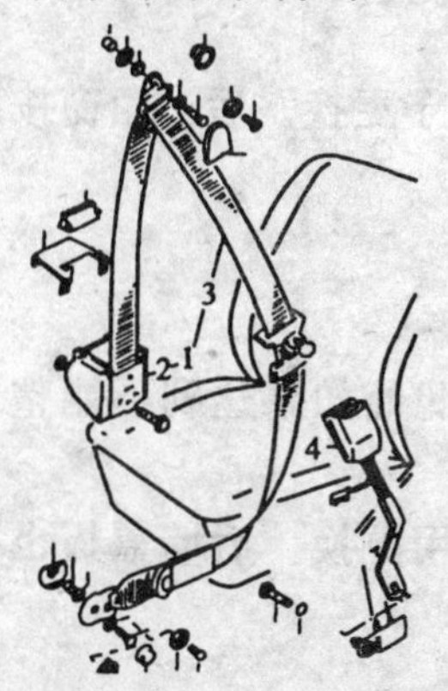

图 16-79 安全带分解图
1-安全带总成；2-安全带收紧器；3-安全带；4-按键锁

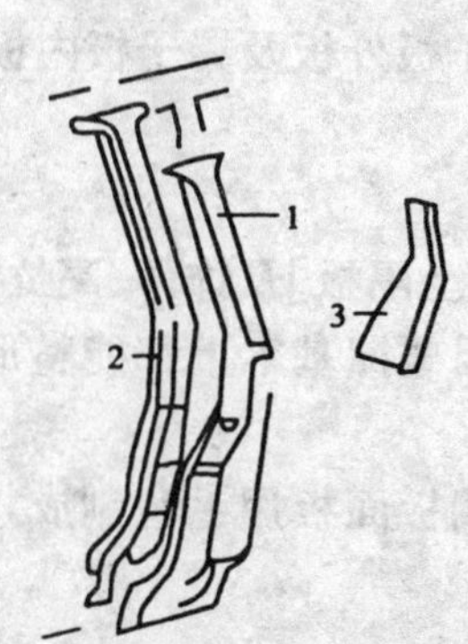

图 16-80 B 柱分解图
1-B 柱外片；2-B 柱内片；3-B 柱铰链处加强板

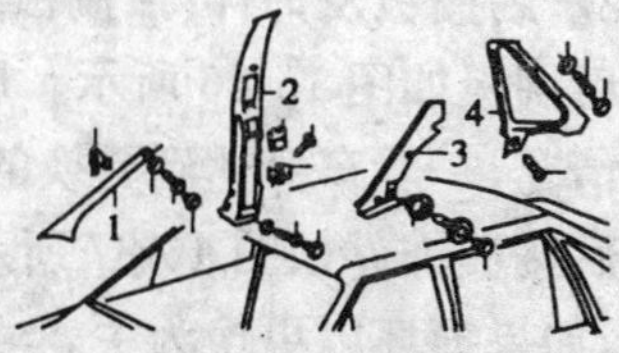

图 16-81 侧面内饰分解图
1-A 柱上内饰板；B 柱内饰板；3-C 柱下内饰板；4-后三角窗内饰板

边梁及附件如图 16-82 所示。一般的碰撞，边梁的变形以整形修复为主，边梁保护膜是评估中经常遗漏的项目，只要边梁需要整形，边梁保护膜就要更换。门槛饰条破损后，一般以更换为主。

23.车身地板

车身地板结构如图 16-83 所示。车身地板因撞击常造成变形，常以整修方式修复，对于整修无法修复的车身地板，在现有的国内修理能力下，应该考虑更换车身总成。

24.车顶及内外饰件[落水槽及饰条、车顶(指外金属件)、顶棚(指内饰)、天窗等]

车顶结构如图 16-84 所示。严重的碰撞和倾覆，会造成车顶损伤。车顶的修复同发动机罩，只要能修复，原则上不予更换。内饰处理，同车门内饰。落水槽饰条为铝合金外表做漆，损伤后，一般应予更换。

25.后风窗玻璃及附件(后风窗玻璃、后风窗玻璃饰条等)

同前风窗玻璃及附件的结构同前风窗玻璃。区别在于，前风窗玻璃为夹胶玻璃，后风窗玻璃为带加热除霜的钢化玻璃。修理方法同前风窗玻璃。

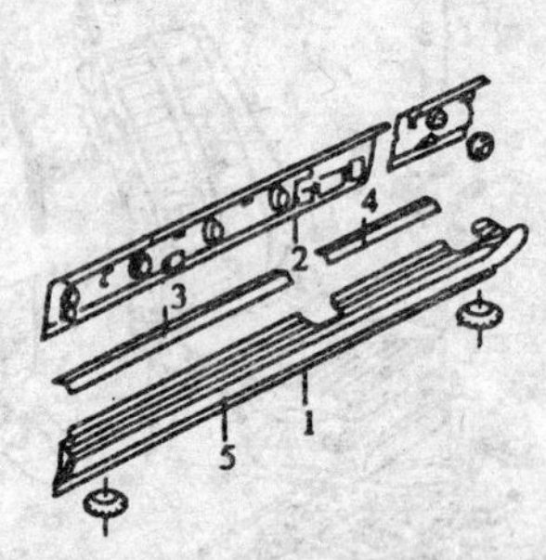
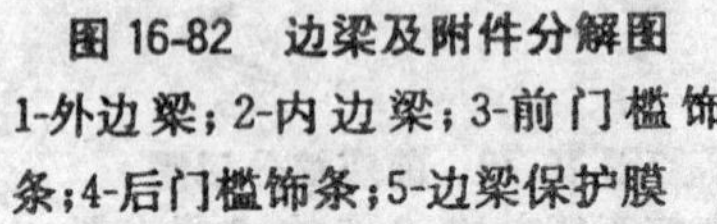

图 16-82　边梁及附件分解图

1-外边梁；2-内边梁；3-前门槛饰条；4-后门槛饰条；5-边梁保护膜

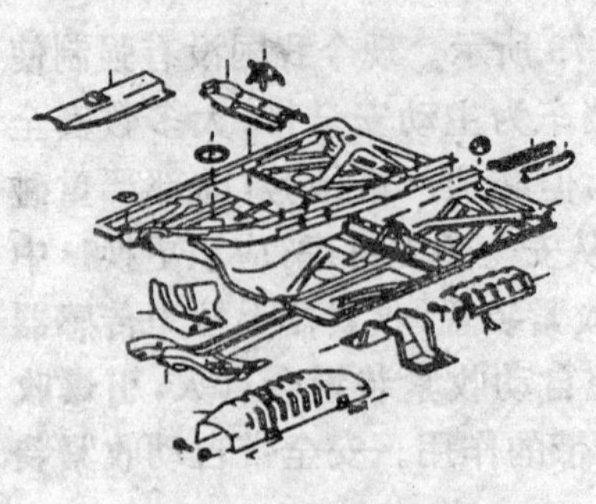

图 16-83　车身底板分解图

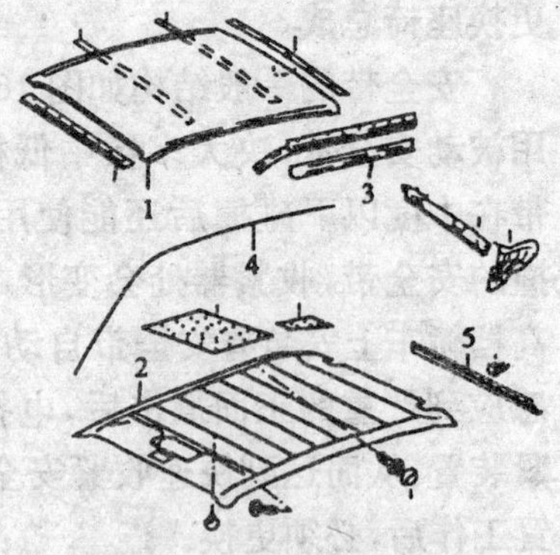

图 16-84　车顶分解图

1-车顶；2-顶篷；3-车顶边梁；4-落水槽饰条；5-车顶后内饰条

26.后翼子板及饰件(后三角窗、后悬挂座等)

后翼子板及饰件结构如图 16-85 所示。后翼子板与前翼子板不同,后翼子板为结构件,按结构件方法处理。

行李箱落水槽板、三角窗内板、翼子板外板及翼子板内板一般不予更换。后三角窗按风窗玻璃方法处理。

后悬挂座按结构件方法处理。

27.后搁板及饰件(后搁板[二三箱上隔板]及饰件、高位制动灯等)

后搁板如图 16-86 所示。后搁板因碰撞基本上都能整形修复,此处如果达到不能整形修复的情况,一般车身达到更换的程度。

后搁板饰件如图 16-87 所示。后搁板面板用毛毡制成,一般不用更换。后墙盖板也很少破损,如果损坏以更换为主。

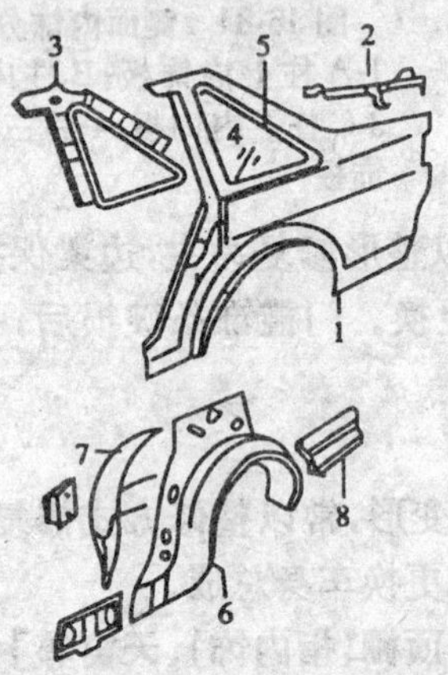

图 16-85　后翼子板结构图

1-后翼子板；2-行李箱落水槽板；3-三角窗内板；4-三角玻璃；5-三角玻璃密封条；6-档泥板外板；7-档泥板内板

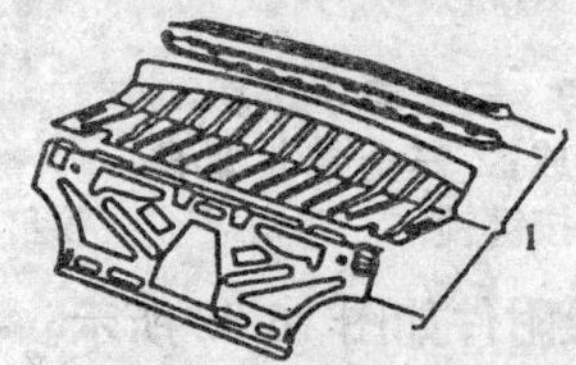

图16-86　后搁板分解图

1-后搁板总成

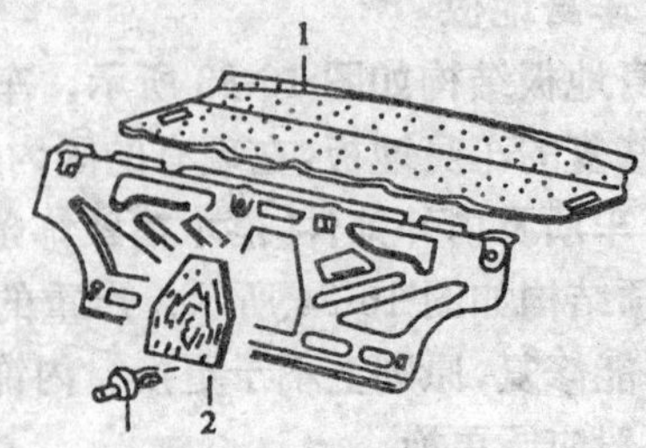

图 16-87　后搁板饰件

1-后搁板面板；2-后墙盖板

现代汽车都安装高位制动灯，高位制动灯按前照灯方法处理。

28.后桥及后悬架

后桥结构如图16-88所示。后桥按副梁方法处理。

后悬架结构如图16-89所示。后悬架按前悬架方法处理。

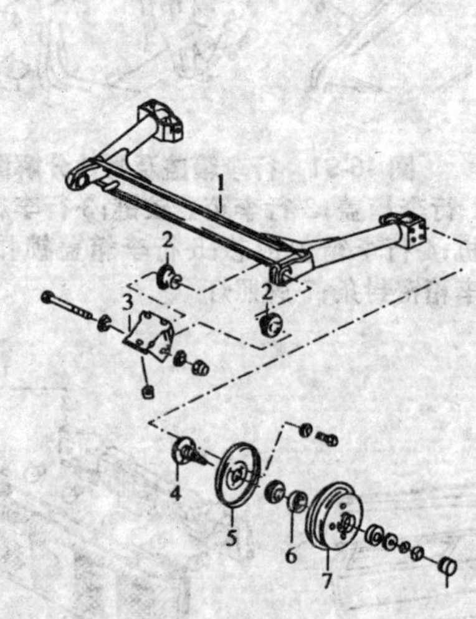

图16-88 后桥分解图

1-后桥壳；2-金属橡胶支承；3-后桥支架；4-后桥短轴；5-制动底板；6-后轮轴承；7-后制动毂

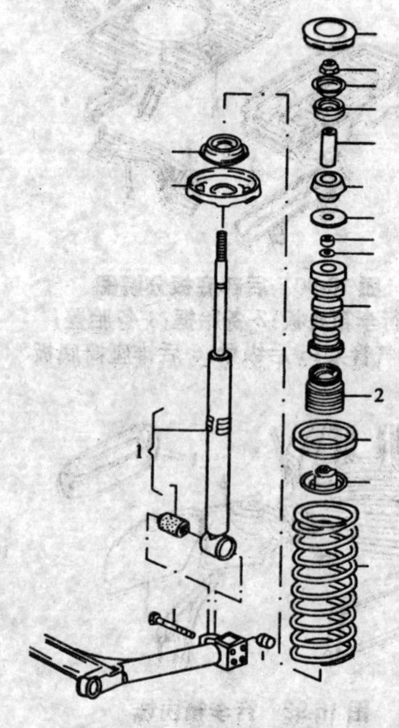

图16-89 后悬挂分解图

1-后减振器总成；2-后减振防尘套

29.后部地板、后纵梁及附件

后部地板、后纵梁及附件如图16-90所示。后纵梁按前纵梁方法处理，其他同车身底板处理方法相似。备胎盖在严重的追尾碰撞中会破损，以更换为主。

30.行李箱盖及附件

行李箱盖及附件如图16-91所示。按发动机罩附件方法处理。

行李箱内饰如图16-92所示。行李箱工具盒在碰撞中时常破损，评估时注意不要遗漏。后轮罩内饰、左侧内饰板、右侧内饰板碰撞一般不会损坏。

31.后围及铭牌

后围结构如图16-93所示。按发动机罩方法处理。铭牌损伤后以更换修复为主。

32.尾灯

尾灯结构如图16-94所示。按前照灯方法处理。

33.后保险杠及附件

后保险杠及附件如图16-95所示。

按前保险杠方法处理。

根据车辆受损情况，可以从前到后，也可以从后到前，逐项确定(对于一些进口乘用车的受损情况可以借助《MITGHELL碰撞估价指南》逐项确定)。

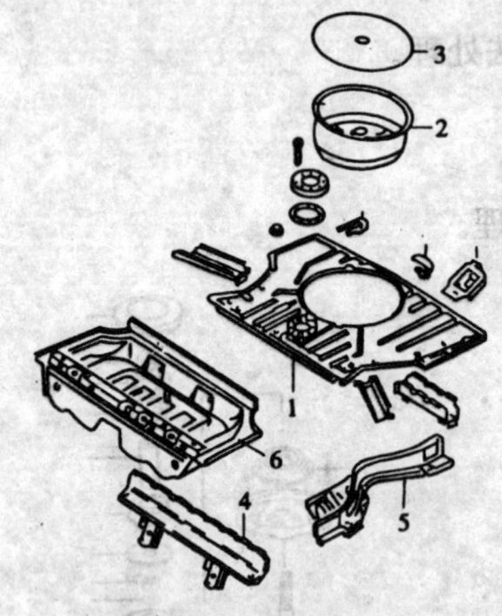

图 16-90 后部底板分解图

1-行李箱底板;2-备胎框;3-备胎盖;4-排气管架;5-后纵梁;6-后排座椅底板

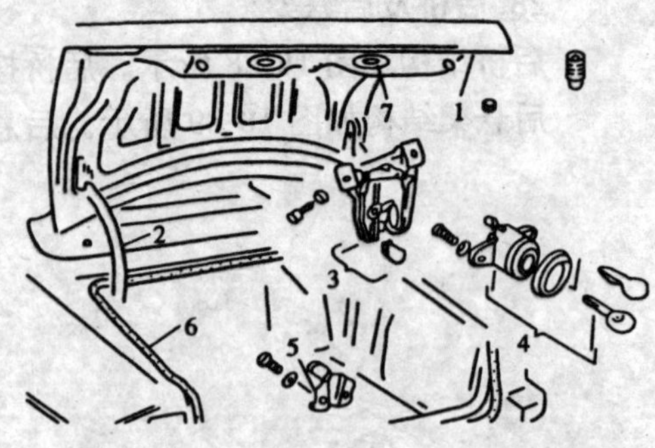

图 16-91 行李箱盖及附件分解图

1-行李箱盖;2-行李箱盖铰链;3-行李箱盖锁机;4-行李箱盖锁芯;5-行李箱盖锁扣;6-行李箱密封条;7-牌照灯

图 16-92 行李箱内饰

1-工具盒;2-后轮罩内饰;3-左侧内饰板;4-右侧内饰板

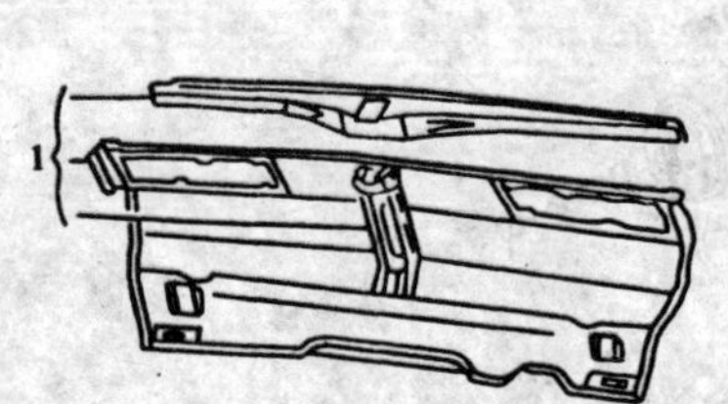

图 16-93 后围分解图

1-后围总成

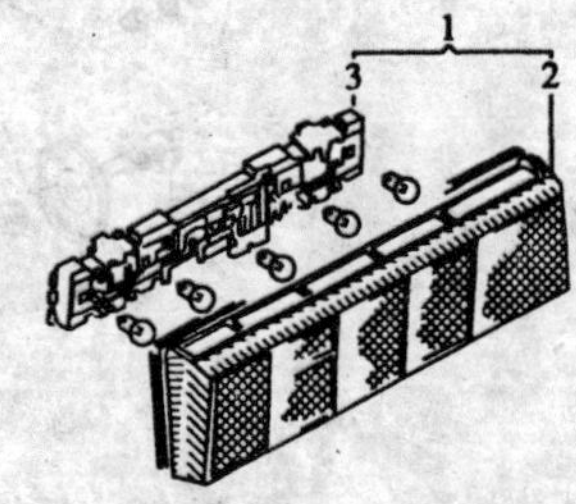

图 16-94 尾灯分解图

1-尾灯总成;2-尾灯罩;3-尾灯底板

二、更换项目的确定

一般地,需要更换的零部件归纳为以下四种:

(1)无法修复的零部件

如灯具的严重损毁,玻璃的破碎等。

(2)工艺上不可修复使用的零部件

工艺上不可修复使用的零部件主要有胶贴的各种饰条,如胶贴的风窗玻璃饰条、胶贴的门饰条、翼子板饰条等。这往往在保险汽车损失评估中产生争议。专业汽车评估人员时常要向保险人说明这一点。

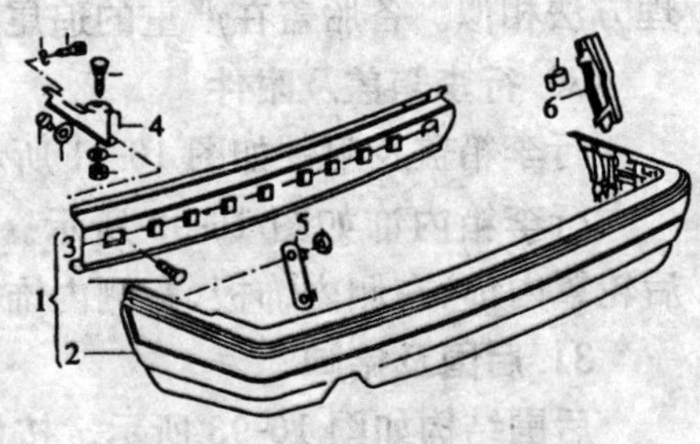

图 16-95 后保险杠分解图

1-后保险杠总成;2-后保险杠;3-后保险杠骨架;4-后保险杠支架;5-后保险杠公卡子;6-后保险杠母卡子

(3)安全上不允许修理的零部件

安全上不可修复使用的零部件是指那些对汽车安全起重要作用的零部件。如行驶系中的车桥、悬架,转向系中的所有零部件,如转向横拉杆的弯曲变形等。制动系中的所有零部件。这些零部件在受到明显的机械性损伤后,从安全的角度出发,基本上都不允许再使用。

(4)无修复价值的零件

无修复价值的零部件是指从经济上讲无修复价值，即哪些修复价值接近或超过零部件原价值的零部件。

三、拆装项目的确定

有些零部件或总成并没有损伤，但是更换、修复、检验其他部件需要拆下该零部件或总成后重新装回。

拆装项目的确定要求汽车评估人员对被评估汽车的结构非常清楚，对汽车修理工艺了如指掌。在对被评估汽车拆装项目的确定有疑问时，可查阅相关的维修手册和零部件目录。

四、修理项目的确定

在现行的汽车损失评估(各地的价格认证中心)及绝大多数机动车保险条款中，受损汽车在零部件的修理方式上仍以修复为主。所以在工艺上、安全上允许的且具有修复价值的零部件尽量修复。

五、待查项目的确定

在车险查勘定损工作中，经常会遇到一些零件，用肉眼和经验一时无法判断其是否受损、是否达到需要更换的程度，甚至在车辆未修复前，就单独某零件用仪器都无法检测(除制造厂外)。例如转向节、悬挂臂、副梁等，这些零件在我们的定损工作中时常被列为“待查项目”，这些“待查项目”在车辆修理完工后大都成了更换项目。“待查项目”到底有多少确实需要更换？又确实更换了多少？这里到底有多少道德风险？这个问题始终困扰保险公司的理赔定损人员。

根据机动车理赔定损工作的经验和措施，为能够减少“待查项目”中的大量道德风险，可采用以下步骤：

(1)认真检验车辆上可能受损的零部件，尽量减少“待查项目”。例如，汽车发电机在受碰撞后经常会造成散热叶轮、传动带轮变形，散热叶轮、传动带轮变形后在旋转时，很容易产生发电机轴弯的错觉；轴到底弯没弯、径向跳动量是多少，只要做一个小小的试验即可，用一根细金属丝，一端固定在发电机机身上，另一端弯曲后指向发电机前端轴心，旋转发电机，注意观察金属丝一端与轴心的间隙变化，即发电机轴的径向跳动量，轴的弯曲程度一目了然。用这种方法，可以解决空调压缩机、转向助力泵、水泵等类似问题。

(2)在确定需要待查的零件上做上记号，拍照备查，并告之被保险人和承修厂家。

(3)汽车初步修理后，保险公司的理赔定损人员，必须参与对“待查项目”进行检验、调试、确认全过程。例如，转向节待查，汽车初步的车身修理后，安装上悬架等零部件后做四轮定位检验，四轮定位检验不合格，并且超过调整极限，修理厂提出要求更换转向节，于是保险公司的理赔定损人员也就同意更换转向节。至于更换转向节后四轮定位检验是否合格，是否是汽车车身校正不到位等其他原因，保险公司的理赔定损人员往往不再深究。

(4)“待查项目”确实损坏需要更换，保险公司的理赔人员必须将做有记号的“待查项目”零件从汽车修理厂带回。

用上述方法解决“待查项目”问题，汽车修理厂也无法获得额外利益，遵循了财产保险的补偿原则，最大限度地杜绝“待查项目”中的道德风险。

第五节　工时费确定

汽车修理工时包括更换、拆装项目工时、修理项目工时和辅助作业工时。工时费的确定是根据损失项目的确定而确定的，可以从评估基准地的《汽车维修工时定额与收费标准》中查到相应的工时数量或工时费标准。

一、更换、拆装项目的工时费确定

汽车修理中更换项目与拆装项目的工时绝大多数是相似，有时更是相同的。所以通常将更换与拆装作为为同类式时处理。

汽车碰撞损失的更换、拆装项目工时的确定可以从评估基准地的《汽车维修工时定额与收费标准》中查找，然而在我国决大多数地区没有相应的工时定额与收费标准。通常我们可以首先查阅生产厂有无相应的工时定额，如果有再根据当地的工时单价计算相应的工时费，在我国汽车生产厂几乎没有一家在卖车时向汽车购买者明示告之碰撞损失后的修理费用。发生事故后往往汽车所有者与生产厂的售后服务站和保险公司因价格差异较大而产生矛盾。部分进口乘用车可以从《MITCHELL碰撞估价指南》中查到各项目的换件和拆装工时。

为了便于汽车评估工作者从事故碰撞损失评估工作，根据多年碰撞损失评估的经验，参照《MITCHELL碰撞估价指南》编制了汽车碰撞损失换件拆装分项工时表(见本章后附表1)供参考。

二、修理件工时费确定

零件的修理工时范围的确定与更换更换工时确定要复杂得多，其原因主要有以下几点：

(1)一般说来，零件的价格决定着零件修理工时的上限，同样一个名称的零件，不同的汽车价格差距甚远。从而造成同样一个名称的零件修理工时差距非常之大，例如，同是发动机罩，零件价格从300元至10 000元不等，从而造成其修理工时从2～100 h不等。

(2)由于地域的差异。同样一个零件在甲地的市场价格是100元，而在乙地的市场价格是200元。同样的损失程度，在乙地被认为应该修理，而甲地则认为已不值得修理，所以，同样这个零件，在甲地的修理工时范围可能是1～2 h，而在乙地的修理工时范围可能是1～4 h。

(3)由于修理工艺的差异。如碰撞致车门轻微的凹陷，如果修理厂无拉拔设备，校正车门就必须拆下车门内饰板，这样车门的校正工时差距就会很大。又如桑塔纳普通型的发动机缸盖，因碰撞经常造成发电机支架断裂，按正常的修理工艺，是可以采取亚弧焊工艺焊接的，但是，实际评估时，会发现当地根本就没有亚弧焊制备，送到有亚弧焊设备的地方加工，往往因时间、运费等原因又不现实。

由于上述原因造成汽车零件的修理工时定额的制定相当困难，美国MITCHELL国际公司在《MITCHELL碰撞估价指南》中，对修理工时的描述也未做出明确的规定。汽车评估人员应根据自己的理论知识和实践经验，结合评估基准时点的实际情况，与当地的《汽车维修工时定额与收费标准》比较，可较准确地确定修理工时。同时，呼吁汽车制造商编制本企业所生产汽车的碰撞估价指南。

三、辅助工时确定

在汽车修理作业中，除包括更换件工时、拆装件工时、修理工时外，还应包括辅助作业工时，通常包括：

(1)把汽车安放到修理设备上并进行故障诊断；

(2)用推拉、切割等方式拆卸撞坏的零部件；

(3)相关零部件的矫正与调整；

(4)去除内漆层、沥青、油脂及类似物质；

(5)修理生锈或腐蚀的零部件；

(6)松动锈死或卡死的零部件；

(7)检查悬架系统和转向系统的定位；

(8)拆去打碎的玻璃；

(9)更换防腐蚀材料；

(10)修理作业中，当温度超过 60℃时，拆装主要电脑模块；

(11)拆卸及装回车轮和轮毂罩。

上述各项虽然每项工时不多，但对于较大的碰撞事故，各作业项累计，通常是不能忽视的一项重要工作。

最后必须注意：将各类工时累加时，各损失项目在修理过中有重叠作业时，必须考虑将劳动时间减少。

第六节　涂饰费用确定

汽车修理做漆收费标准全国各地不尽相同，有以每平方米多少元计算，也有以每幅多少元计算，但是基本上都是按面积乘以漆种单价作为计价基础的。

一、面积的计算方法

根据全国大多数地区的计价方法，业界得出了这样一个计算方式：以每平方米为计价单位，不足一平方米按一平方米计价，第 2 平方米按 0.9 平方米计算，第 3 平方米按 0.8 平方米计算，第 4 平方米按 0.7 平方米计算，第 5 平方米按 0.6 平方米计算，第 6 平方米以后，每平方米按 0.5 平方米计算。

二、漆种单价的确定

1.确定漆种

现代汽车的面漆基有喷漆或瓷漆，其他漆如硝基漆、丙烯酸、醇酸、聚酯型聚氨基甲酸酯(聚氨基甲酸乙脂)、丙烯酸聚氨酯也可以用作汽车油漆，但它们也都是喷漆或瓷漆。喷漆与瓷漆的不同点，在于其干燥和固化的方式。喷漆通过溶剂的挥发而干燥，瓷漆和聚氨酯类漆的干燥，则通过溶剂的挥发与油漆中分子的交联作用来实现，简单地说，喷漆的固化过程为物理变化，而瓷漆的固化过程是物理和化学变化的混合过程。

现场用醮有硝基漆稀释剂（香蕉水）的白布摩擦漆膜，观察漆膜的溶解程度，如果漆膜溶解，并在白布上留下印迹，则是喷漆，反之为瓷漆。如果是瓷漆，再用砂纸在损伤部位的漆面上轻轻打磨几下，鉴别是否漆了透明漆层，如果砂纸磨出白灰，就是透明漆层，如果砂纸磨出颜色，就是单级有色漆层，最后借光线的变化，用肉眼观察颜色有无变化，如果有变化，为变色漆（美国教科书称三涂层漆）。通过上述方法，我们可以将汽车面漆分为四类：

（1）硝基喷漆；

（2）单涂层烤漆（常为色漆）；

（3）双涂层烤漆（常为银粉漆或珠光漆）

（4）变色烤漆。

2. 确定漆种的单价

市场上所能购买的面漆大多为进口和中外合资品牌，世界主要汽车面漆的生产厂家，如美国的杜邦和 PPG、英国的 ICI、荷兰的新劲等，每升单价都不一样，估价时常采用市场公众都能够接受的价格。

我们知道，每平方米的做漆费用中有材料费和工时费。在经济相对发达的地区，材料费较低而工时费较高，经济相对落后的地区，材料费较高而工时费较低，结合起来，每平方米做漆费用差别不大，根据上述情况，制定了一个汽车做漆收费参考价表，如表 16-2 所列，供参考。

汽车做漆收费参考表

表 16-2

项目	单位 \ 单价（元）\ 车型	轿车					客车		货车	
		微型	普通型	中级	中高级	高级	普通	豪华	车箱	驾驶室
硝基喷漆	M²						100		50	
单涂层烤漆	M²	200	250	300	400	500	200	300		250
双涂层烤漆	M²	300	350	400	500	600		400		
变色烤漆	M²			600	700	800				

3. 汽车塑料件做漆

由于塑料与金属薄板的物理性能不同，塑料的做漆与金属薄板表面做漆有一些差异，由于漆对塑料有很好的附着性，多数硬塑料不需要使用塑料底漆，而柔性塑料由于易膨胀、收缩和弯曲，应在漆层的底层喷涂塑料底漆，并在面层漆中加入柔软剂。否则，会产生开裂和起皮现象。所以，柔性塑料做漆的成本会略有增加。可考虑增加 5%～10%的费用。

第七节　材料价格、修复价值和残值

一、确立更换零配件的材料价格

汽配市场一个零配件有多种价格，如何采价也是困扰机动车辆评估业的一大难题，根据评估学原理和保险学原理，评估的基准时点应以出险时间为评估基准时，以出险地为评估基准地，以重置成本法为评估基本方法，这样，我们就可以得到一种价格。专业机动车保险评估公司都有自己的采价和报价系统。如美国 Mitchell 国际公司、德国 DEKRA 公司，我国杭州的机动车辆保险理赔参考资料调研中心、北京的精友公司等。材料的采价和报价是一个系统工程，它是由一组、一群专业人员，或者是一个专业公司来完成，如各种专业的汽配报价公司。

注意：由于我国不允许经销旧汽车配件，在材料价格上，不得使用旧汽车配件价格。

二、关于汽车的修复价值

从理论上讲，任何一辆损坏的汽车都可以通过修理恢复到事故以前甚至和新车一样的状况。但是，这样往往是不经济的或无意义的。

1.汽车现值(或称实际价值)

汽车均有一定的寿命，在事故前的状况下，按前一章《旧汽车评估》方法可评估出事故前被评估车的价值，此时的汽车价值为被评估汽车现值或称实际价值。

虽然事故前的状况已不存在，但是，有经验的评估人员还是可以比较准确地评估出被评估汽车的现值。汽车现值或实际价值还可以通过相关资料及信息查询后，对被评估汽车进行修正。

汽车现值(实际价值)不能等同于汽车的年限折旧后的价值，这是保险从业人员时常犯的错误。汽车现值(实际价值)有可能高于或低于汽车的年限折旧后的价值。

2.推定全损

虽然被评估汽车还有一定的价值，当其修复价值已达到或者超过其现值(实际价值)，则被评估汽车为推定全损。

3.修复价值

当被评估汽车达到全损或推定全损，则被评估汽车已无修复价值。

当碰撞造成被评估汽车损失较大时，都必须对被评估汽车的修复价值进行评定，这是一名专业汽车评估人员必须做的工作。反之，评估报告很容易引起保险索赔纠纷，因为它违反了财产保险的损失补偿原则。这也是汽车损失评估与旧汽车评估不可分割的重要原因之一。

三、确定车辆损失残值

在保险车辆损失评估时，经常要确定更换件的残值，绝大多数保险条款都规定残值协商作价归被保险人，当保险公司与被保险人或修理厂协商残值价格时，保险公司为了提高效率和减少赔付，常常会做一些让步。在实际操作中，残值大多数折归了修理厂，评估实务中的残值的实际价值，通常高于评估单上的残值价值。

当损失较大的事故，更换件也较多，委托人为保险公司时，通常会要求确定残值，残值的确定通常有以下几步：

(1)列出更换项目清单；

(2)将更换的旧件分类；

(3)估定各类旧件的质量；

(4)根据旧材料价格行情确定残值。

第八节 评估实例

把材料费、工时费、表面涂饰费用、材料管理费、税收相加，得到修理总费用。

下面以一辆桑塔纳2000型车典型碰撞为例(图16-96～图101所示)，说明查勘、检验步骤及损失评估单的制作过程。

图16-96 桑塔纳2000前部偏左侧碰撞受损全景图

图16-97 桑塔纳2000前部偏左侧碰撞受损局部图

图16-98 桑塔纳2000前部偏左侧碰撞受损局部图

图16-99 桑塔纳2000前部偏左侧碰撞受损局部图

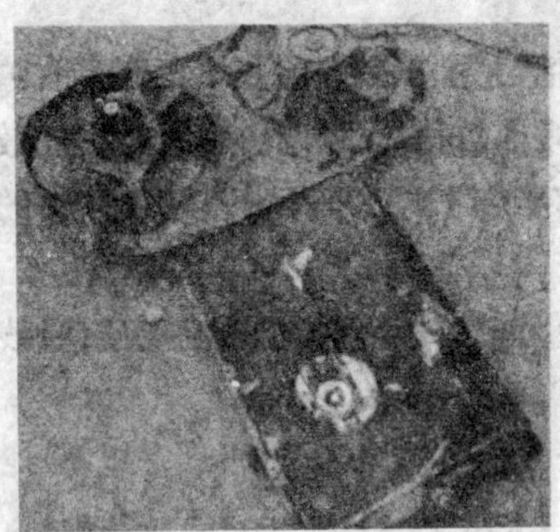

图16-100 桑塔纳2000前部偏左侧碰撞受损拆检图

图16-101 桑塔纳2000前部偏左侧碰撞受损局部图

评估实际运行步骤如下：

1.填写《汽车受损查勘记录表》

认真填写《汽车受损查勘记录表》是做好评估工作的必要条件，所以，必须认真对待，漏项是评估水平较差的表现，切不可马虎。

汽车受损现场查勘记录

委托人:XXX　　　　委托书编号:2004122603

号牌号码:苏 A XXXXX		车架号码(VIN):WVW77733ZTW＊000XXX＊	
厂牌型号:上海大众 SVW7180GLI		车辆类型:轿车	检验合格至:2005 年 5 月
初次登记年月:1996 年 8 月		使用性质:家庭自用	漆色及种类:红、双涂层烤漆
行驶证车主:XXX	行驶里程:20.5 万公里	燃料种类:汽油	车身结构:承载式
方向形式:左	变速器类型:五档手动	驱动形式:前驱	损失程度无损失部分损失全部损失
查勘时间	(1) 2004 年 12 月 26 日	(2)	(3)
查勘地点	(1) XXX 修理厂	(2)	(3)
受损时间:2004 年 12 月 25 日	保险期限:2004－04－30～2005－03－31		出险地点:XXXXXXXX

损　失　清　单

序号	损失项目	数量	损失情况	修复方式	备注说明
0101	前保险杠	1	破损	更换	
0102	前保险杠骨架	1	严重变形	更换	
0103	前保险杠左支架	1	严重变形	更换	
0104	前保险杠右支架	1	轻微变形	校正	
0105	左右雾灯	各 1	破碎	更换	
0201	前护栅	1	破碎	更换	
0202	前徽标	1	破碎	更换	
0301	左右大灯	各 1	破碎	更换	
0302	左右角灯	各 1	破碎	更换	
0303	左大灯下饰条	1	破碎	更换	
0401	散热器框架	1	中度变形	更换	
0402	前横梁	1	轻度变形	校正	
0403	扭力梁	1	断裂	更换	
0501	冷凝器	1	变形	修理	未漏
0502	回收加注 R134 冷媒		回收后加注	修理	
0601	水箱	1	严重变形	更换	
0602	冷却液		加注	加注	
0603	风扇护罩	1	中度变形	更换	
0604	主风扇及电机	1	破损	更换	
0605	水泵皮带	1	破损	更换	
0701	发动机盖	1	中度变形	校正	
0702	发动机盖锁	1	轻度变形	修理	

续上表

0801	左前翼子板	1	轻度变形	校正	
0901	左前纵梁	1	轻度变形	校正	
1001	事故处	$2m^2$		做漆	

当事人签字:YYY　　　　查勘员签字:XXX

2.制作《汽车损失评估单》

通常,评估基准时点为事故时点,2004 年 12 月 26 日,南京。损失评估的方法为重置成本法。材料价格来自市场,均为正厂件;材料管理费标准取自《江苏省汽车修理工时定额与收费标准》;工时取自本章附表 1,工时单价取自市场平均水平;涂饰费用取自表 16-2;税收的标准取自《江苏省汽车修理工时定额与收费标准》;残值定价来自废旧材料市场行情以及与承修厂协调的结果。汽车损失评估单如下。

汽车损失评估单

编号:2004122601

车主:×××		牌照号码:苏 A×××××			事故日期:20041226	
厂牌型号:上海大众 SVW7180GLI			车辆类型:轿车		结构特征:承载式车身	
颜色、漆种:红、双涂层烤漆			VIN(车架号):WVW77733ZTW＊000000＊			
序号	损失项目 零件编号(视情况)	数量	修理方式	材料费	工时费	备注
0101	前保险杠	1	更换	340	1.5×80	
0102	前保险杠骨架	1	更换	90		
0103	前保险杠左支架	1	更换	10		
0104	前保险杠右支架	1	校正			
0105	左右雾灯	各 1	更换	2×160		
0201	前护栅	1	更换	60	0.2×80	
0202	前徽标	1	更换	13		
0301	左右大灯	各 1	更换	2×350	0.7×80	
0302	左右角灯	各 1	更换	2×60		
0303	左大灯下饰条	1	更换	5		
0401	散热器框架	1	更换	320	3×80	
0402	前横梁	1	校正		1×80	
0403	扭力梁	1	更换	25		
0501	冷凝器	1	修理		3×80	事故后未漏
0502	回收加注 R134 冷媒		修理			
0601	水箱	1	更换	500	3×80	
0602	冷却液		加注	60		已漏
0603	风扇护罩	1	更换	70		
0604	主风扇及电机	1	更换	250		
0605	水泵皮带	1	更换	15	0.2×80	

续上表

0701	发动机盖	1	校正		3×80	
0702	发动机盖锁	1	修理		0.2×80	
0801	左前翼子板	1	校正		1×80	
0901	左前纵梁	1	校正		2×80	
1001	事故处	$2m^2$	做漆		2×400	
1101	辅助作业			80	1×80	
材料费合计:2978		材料管理费合计(12　%):357			工时费合计:1584	
涂饰费:800(含税)		外加工费:0		税金:836		
修理费总计 (RMB):陆仟陆佰玖拾壹元正(6555.00)				残值:伍拾伍元(约)		

车主:YYY　　保险公司:　　承修厂:　　评估师:XXX

通常《汽车损失评估单》一式三份,两份交委托人,一份留存,结论有效期限为 30 天,限定时间的原因:一是零件的价格可能会变,二是汽车的损伤也会在变化。原则上以事故时点为评估基准时点,如不以事故时点为评估基准时点时,评估单必须加以说明。

现将《汽车维修换件拆装分项工时》(共 12 页)附于书后,以供读者参考。

本 章 小 结

1. 汽车型号的确定一般是通过查勘汽车商标铭牌来确定的,汽车商标铭牌因事故或其他原因损毁、遗失,可通过车架号、行驶证以及技术资料来确定汽车型号。对于进口汽车,应能够识别常见英文铭牌。

2. 掌握基本的汽车碰撞损伤鉴定步骤:1)了解车身结构的类型,必须了解碰撞对不同车身结构汽车的影响;2)以目测确定碰撞部位;3)以目测确定碰撞的方向及碰撞力大小,并检查可能有的损伤;4)确定损伤是否限制在车身范围内,是否还包含功能部件或零配件;5)沿着碰撞路径系统地检查部件的损伤,直到没有任何损伤痕迹的位置;6)测量汽车的主要零部件,通过比较维修手册车身尺寸图表上的标定尺寸和实际汽车上的尺寸,来检查汽车车身的是否产生变形量;7)用适当的工具或仪器检查悬架和整个车身的损伤情况。

3. 常损零件修与换的掌握是本章的重点和难点,碰撞中的常损零件包括:1)车身结构件;2)非结构板金件;3)车身塑料件;4)悬架系统、转向系统零部件;5)铸造基础件;6)电器件。

4. 损失项目确定的过程和次序必须按一定的规律进行。名词使用必须规范。

5. 汽车修理工时包括更换、拆装项目工时、修理项目工时和辅助作业工时。工时费的确定是根据损失项目的确定而确定的,可以从评估基准地的《汽车维修工时定额与收费标准》中查到相应的工时数量或工时费标准。也可以从相关的维修资料中查寻。目前,国家尚无统一的标准,本书工时确定方法仅供参考。

6. 汽车修理做漆收费标准全国各地不尽相同,但是基本上都是按面积乘以漆种单价作为计价基础。所以,确定做漆面积和漆种是评估的重要工作,必须掌握。

7. 要明确材料价格、修复价值和残值的概念,评估人员应了解材料价格的确认途径,掌握修复价值的意义和残值的计算方法。

8. 通过实例掌握碰撞损伤的具体评估步骤和方法。

思 考 题

1. 各类汽车的型号如何确定?

2. 汽车碰撞损伤鉴定步骤如何?

3. 汽车碰撞损伤鉴定测量的基准面、基准点有哪些?

4. 碰撞损伤常损零件的修与换如何确定?

5. 损失项目确定的次序如何?

6. 碰撞造成冷凝器以开口状态暴露于空气中,是否会造成空调系统其他部件的损伤,为什么?

7. 如果碰撞造成减振器弯曲变形,在确定更换之前,还需做什么工作?

8. 某桑塔纳车高速与他车前部相撞,前部严重受损,评估人员在进行车辆检查时发现,打开点火开关后转向盘可以空转,请说明原因。

9. 工时费的确定方法有哪些?

10. 涂饰费用如何确定?

11. 修复价值的意义是什么?如何确定修复价值?

现代汽车都安装高位制动灯，高位制动灯按前照灯方法处理。

28.后桥及后悬架

后桥结构如图16-88所示。后桥按副梁方法处理。

后悬架结构如图16-89所示。后悬架按前悬架方法处理。

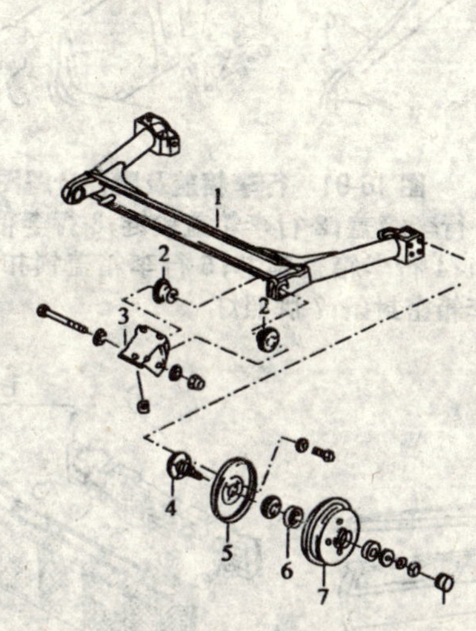

图16-88 后桥分解图

1-后桥壳；2-金属橡胶支承；3-后桥支架；4-后桥短轴；5-制动底板；6-后轮轴承；7-后制动毂

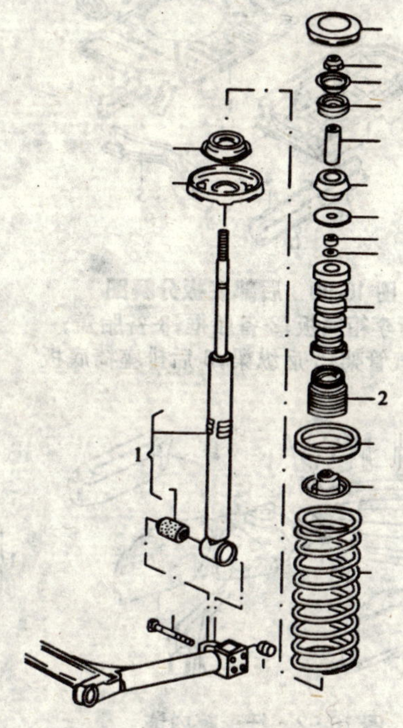

图16-89 后悬挂分解图

1-后减振器总成；2-后减振防尘套

29.后部地板、后纵梁及附件

后部地板、后纵梁及附件如图16-90所示。后纵梁按前纵梁方法处理，其他同车身底板处理方法相似。备胎盖在严重的追尾碰撞中会破损，以更换为主。

30.行李箱盖及附件

行李箱盖及附件如图16-91所示。按发动机罩附件方法处理。

行李箱内饰如图16-92所示。行李箱工具盒在碰撞中时常破损，评估时注意不要遗漏。后轮罩内饰、左侧内饰板、右侧内饰板碰撞一般不会损坏。

31.后围及铭牌

后围结构如图16-93所示。按发动机罩方法处理。铭牌损伤后以更换修复为主。

32.尾灯

尾灯结构如图16-94所示。按前照灯方法处理。

33.后保险杠及附件

后保险杠及附件如图16-95所示。

按前保险杠方法处理。

根据车辆受损情况，可以从前到后，也可以从后到前，逐项确定（对于一些进口乘用车的受损情况可以借助《MITGHELL碰撞估价指南》逐项确定）。

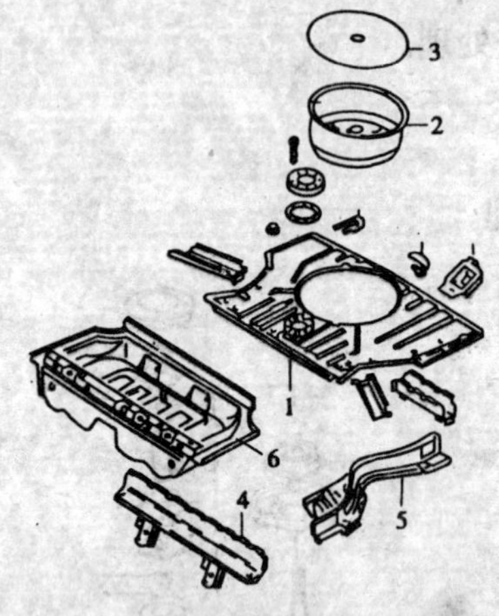

图 16-90　后部底板分解图

1-行李箱底板；2-备胎框；3-备胎盖；4-排气管架；5-后纵梁；6-后排座椅底板

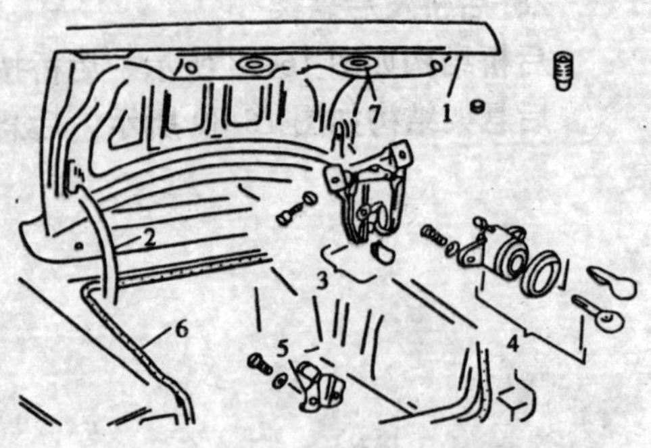

图 16-91　行李箱盖及附件分解图

1-行李箱盖；2-行李箱盖铰链；3-行李箱盖锁机；4-行李箱盖锁芯；5-行李箱盖锁扣；6-行李箱密封条；7-牌照灯

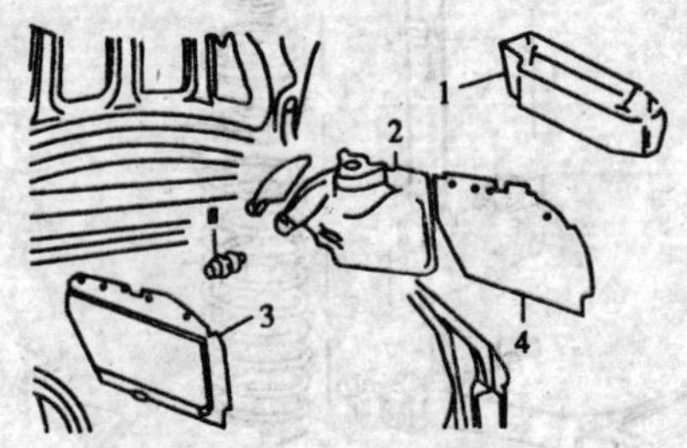

图 16-92　行李箱内饰

1-工具盒；2-后轮罩内饰；3-左侧内饰板；4-右侧内饰板

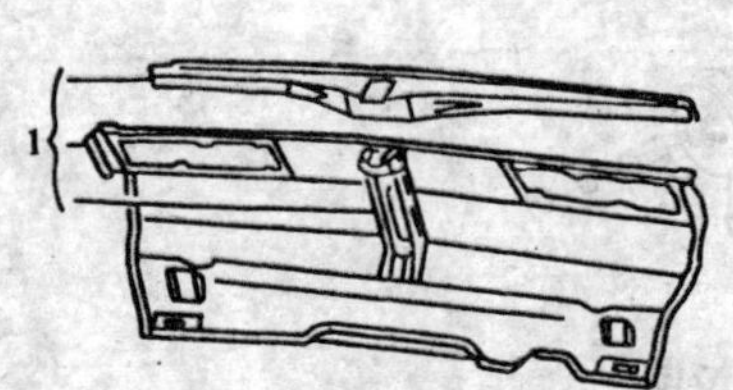

图 16-93　后围分解图

1-后围总成

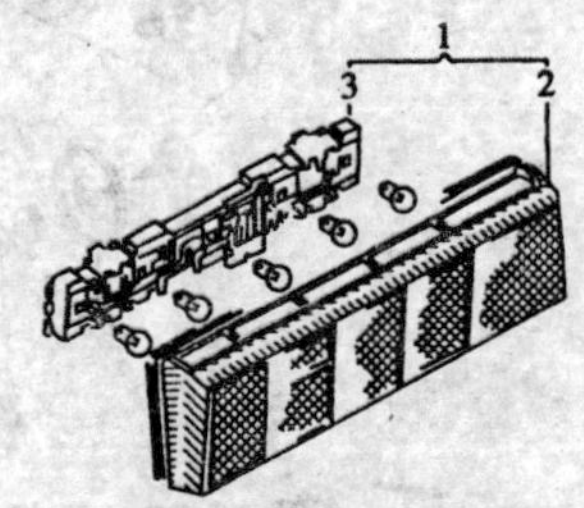

图 16-94　尾灯分解图

1-尾灯总成；2-尾灯罩；3-尾灯底板

二、更换项目的确定

一般地，需要更换的零部件归纳为以下四种：

(1)无法修复的零部件

如灯具的严重损毁，玻璃的破碎等。

(2)工艺上不可修复使用的零部件

工艺上不可修复使用的零部件主要有胶贴的各种饰条，如胶贴的风窗玻璃饰条、胶贴的门饰条、翼子板饰条等。这往往在保险汽车损失评估中产生争议。专业汽车评估人员时常要向保险人说明这一点。

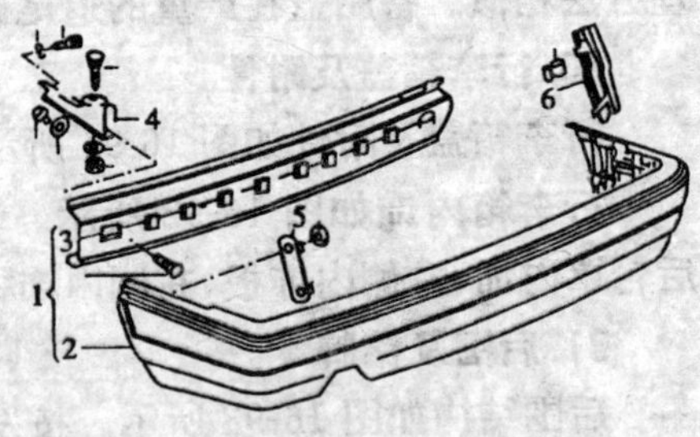

图 16-95　后保险杠分解图

1-后保险杠总成；2-后保险杠；3-后保险杠骨架；4-后保险杠支架；5-后保险杠公卡子；6-后保险杠母卡子

(3)安全上不允许修理的零部件

安全上不可修复使用的零部件是指那些对汽车安全起重要作用的零部件。如行驶系中的车桥、悬架，转向系中的所有零部件，如转向横拉杆的弯曲变形等。制动系中的所有零部件。这些零部件在受到明显的机械性损伤后，从安全的角度出发，基本上都不允许再使用。

(4)无修复价值的零件

无修复价值的零部件是指从经济上讲无修复价值，即哪些修复价值接近或超过零部件原价值的零部件。

三、拆装项目的确定

有些零部件或总成并没有损伤，但是更换、修复、检验其他部件需要拆下该零部件或总成后重新装回。

拆装项目的确定要求汽车评估人员对被评估汽车的结构非常清楚，对汽车修理工艺了如指掌。在对被评估汽车拆装项目的确定有疑问时，可查阅相关的维修手册和零部件目录。

四、修理项目的确定

在现行的汽车损失评估(各地的价格认证中心)及绝大多数机动车保险条款中，受损汽车在零部件的修理方式上仍以修复为主。所以在工艺上、安全上允许的且具有修复价值的零部件尽量修复。

五、待查项目的确定

在车险查勘定损工作中，经常会遇到一些零件，用肉眼和经验一时无法判断其是否受损、是否达到需要更换的程度，甚至在车辆未修复前，就单独某零件用仪器都无法检测(除制造厂外)。例如转向节、悬挂臂、副梁等，这些零件在我们的定损工作中时常被列为“待查项目”，这些“待查项目”在车辆修理完工后大都成了更换项目。“待查项目”到底有多少确实需要更换？又确实更换了多少？这里到底有多少道德风险？这个问题始终困扰保险公司的理赔定损人员。

根据机动车理赔定损工作的经验和措施，为能够减少“待查项目”中的大量道德风险，可采用以下步骤：

(1)认真检验车辆上可能受损的零部件，尽量减少“待查项目”。例如，汽车发电机在受碰撞后经常会造成散热叶轮、传动带轮变形，散热叶轮、传动带轮变形后在旋转时，很容易产生发电机轴弯的错觉；轴到底弯没弯、径向跳动量是多少，只要做一个小小的试验即可，用一根细金属丝，一端固定在发电机机身上，另一端弯曲后指向发电机前端轴心，旋转发电机，注意观察金属丝一端与轴心的间隙变化，即发电机轴的径向跳动量，轴的弯曲程度一目了然。用这种方法，可以解决空调压缩机、转向助力泵、水泵等类似问题。

(2)在确定需要待查的零件上做上记号，拍照备查，并告之被保险人和承修厂家。

(3)汽车初步修理后，保险公司的理赔定损人员，必须参与对“待查项目”进行检验、调试、确认全过程。例如，转向节待查，汽车初步的车身修理后，安装上悬架等零部件后做四轮定位检验，四轮定位检验不合格，并且超过调整极限，修理厂提出要求更换转向节，于是保险公司的理赔定损人员也就同意更换转向节。至于更换转向节后四轮定位检验是否合格，是否是汽车车身校正不到位等其他原因，保险公司的理赔定损人员往往不再深究。

(4)“待查项目”确实损坏需要更换，保险公司的理赔人员必须将做有记号的“待查项目”零件从汽车修理厂带回。

用上述方法解决“待查项目”问题，汽车修理厂也无法获得额外利益，遵循了财产保险的补偿原则，最大限度地杜绝“待查项目”中的道德风险。

第五节　工时费确定

汽车修理工时包括更换、拆装项目工时、修理项目工时和辅助作业工时。工时费的确定是根据损失项目的确定而确定的，可以从评估基准地的《汽车维修工时定额与收费标准》中查到相应的工时数量或工时费标准。

一、更换、拆装项目的工时费确定

汽车修理中更换项目与拆装项目的工时绝大多数是相似，有时更是相同的。所以通常将更换与拆装作为为同类式时处理。

汽车碰撞损失的更换、拆装项目工时的确定可以从评估基准地的《汽车维修工时定额与收费标准》中查找，然而在我国决大多数地区没有相应的工时定额与收费标准。通常我们可以首先查阅生产厂有无相应的工时定额，如果有再根据当地的工时单价计算相应的工时费，在我国汽车生产厂几乎没有一家在卖车时向汽车购买者明示告之碰撞损失后的修理费用。发生事故后往往汽车所有者与生产厂的售后服务站和保险公司因价格差异较大而产生矛盾。部分进口乘用车可以从《MITCHELL 碰撞估价指南》中查到各项目的换件和拆装工时。

为了便于汽车评估工作者从事故碰撞损失评估工作，根据多年碰撞损失评估的经验，参照《MITCHELL 碰撞估价指南》编制了汽车碰撞损失换件拆装分项工时表(见本章后附表 1)供参考。

二、修理件工时费确定

零件的修理工时范围的确定与更换更换工时确定要复杂得多，其原因主要有以下几点：

(1)一般说来，零件的价格决定着零件修理工时的上限，同样一个名称的零件，不同的汽车价格差距甚远。从而造成同样一个名称的零件修理工时差距非常之大，例如，同是发动机罩，零件价格从 300 元至 10 000 元不等，从而造成其修理工时从 2～100 h 不等。

(2)由于地域的差异。同样一个零件在甲地的市场价格是 100 元，而在乙地的市场价格是 200 元。同样的损失程度，在乙地被认为应该修理，而甲地则认为已不值得修理，所以，同样这个零件，在甲地的修理工时范围可能是 1～2 h，而在乙地的修理工时范围可能是 1～4 h。

(3)由于修理工艺的差异。如碰撞致车门轻微的凹陷，如果修理厂无拉拔设备，校正车门就必须拆下车门内饰板，这样车门的校正工时差距就会很大。又如桑塔纳普通型的发动机缸盖，因碰撞经常造成发电机支架断裂，按正常的修理工艺，是可以采取亚弧焊工艺焊接的，但是，实际评估时，会发现当地根本就没有亚弧焊制备，送到有亚弧焊设备的地方加工，往往因时间、运费等原因又不现实。

由于上述原因造成汽车零件的修理工时定额的制定相当困难，美国 MITCHELL 国际公司在《MITCHELL 碰撞估价指南》中，对修理工时的描述也未做出明确的规定。汽车评估人员应根据自己的理论知识和实践经验，结合评估基准时点的实际情况，与当地的《汽车维修工时定额与收费标准》比较，可较准确地确定修理工时。同时，呼吁汽车制造商编制本企业所生产汽车的碰撞估价指南。

三、辅助工时确定

在汽车修理作业中，除包括更换件工时、拆装件工时、修理工时外，还应包括辅助作业工时，通常包括：

(1)把汽车安放到修理设备上并进行故障诊断；

(2)用推拉、切割等方式拆卸撞坏的零部件；

(3)相关零部件的矫正与调整；

(4)去除内漆层、沥青、油脂及类似物质；

(5)修理生锈或腐蚀的零部件；

(6)松动锈死或卡死的零部件；

(7)检查悬架系统和转向系统的定位；

(8)拆去打碎的玻璃；

(9)更换防腐蚀材料；

(10)修理作业中，当温度超过60℃时，拆装主要电脑模块；

(11)拆卸及装回车轮和轮毂罩。

上述各项虽然每项工时不多，但对于较大的碰撞事故，各作业项累计，通常是不能忽视的一项重要工作。

最后必须注意：将各类工时累加时，各损失项目在修理过中有重叠作业时，必须考虑将劳动时间减少。

第六节 涂饰费用确定

汽车修理做漆收费标准全国各地不尽相同，有以每平方米多少元计算，也有以每幅多少元计算，但是基本上都是按面积乘以漆种单价作为计价基础的。

一、面积的计算方法

根据全国大多数地区的计价方法，业界得出了这样一个计算方式：以每平方米为计价单位，不足一平方米按一平方米计价，第2平方米按0.9平方米计算，第3平方米按0.8平方米计算，第4平方米按0.7平方米计算，第5平方米按0.6平方米计算，第6平方米以后，每平方米按0.5平方米计算。

二、漆种单价的确定

1.确定漆种

现代汽车的面漆基有喷漆或瓷漆，其他漆如硝基漆、丙烯酸、醇酸、聚酯型聚氨基甲酸酯(聚氨基甲酸乙脂)、丙烯酸聚氨酯也可以用作汽车油漆，但它们也都是喷漆或瓷漆。喷漆与瓷漆的不同点，在于其干燥和固化的方式。喷漆通过溶剂的挥发而干燥，瓷漆和聚氨酯类漆的干燥，则通过溶剂的挥发与油漆中分子的交联作用来实现，简单地说，喷漆的固化过程为物理变化，而瓷漆的固化过程是物理和化学变化的混合过程。

现场用醮有硝基漆稀释剂（香蕉水）的白布摩擦漆膜，观察漆膜的溶解程度，如果漆膜溶解，并在白布上留下印迹，则是喷漆，反之为瓷漆。如果是瓷漆，再用砂纸在损伤部位的漆面上轻轻打磨几下，鉴别是否漆了透明漆层，如果砂纸磨出白灰，就是透明漆层，如果砂纸磨出颜色，就是单级有色漆层，最后借光线的变化，用肉眼观察颜色有无变化，如果有变化，为变色漆（美国教科书称三涂层漆）。通过上述方法，我们可以将汽车面漆分为四类：

（1）硝基喷漆；

（2）单涂层烤漆（常为色漆）；

（3）双涂层烤漆（常为银粉漆或珠光漆）

（4）变色烤漆。

2.确定漆种的单价

市场上所能购买的面漆大多为进口和中外合资品牌，世界主要汽车面漆的生产厂家，如美国的杜邦和PPG、英国的ICI、荷兰的新劲等，每升单价都不一样，估价时常采用市场公众都能够接受的价格。

我们知道，每平方米的做漆费用中有材料费和工时费。在经济相对发达的地区，材料费较低而工时费较高，经济相对落后的地区，材料费较高而工时费较低，结合起来，每平方米做漆费用差别不大，根据上述情况，制定了一个汽车做漆收费参考价表，如表16-2所列，供参考。

汽车做漆收费参考表 表16-2

项目＼车型 单价（元） 单位		轿车					客车		货车	
		微型	普通型	中级	中高级	高级	普通	豪华	车箱	驾驶室
硝基喷漆	M^2						100		50	
单涂层烤漆	M^2	200	250	300	400	500	200	300		250
双涂层烤漆	M^2	300	350	400	500	600		400		
变色烤漆	M^2			600	700	800				

3.汽车塑料件做漆

由于塑料与金属薄板的物理性能不同，塑料的做漆与金属薄板表面做漆有一些差异，由于漆对塑料有很好的附着性，多数硬塑料不需要使用塑料底漆，而柔性塑料由于易膨胀、收缩和弯曲，应在漆层的底层喷涂塑料底漆，并在面层漆中加入柔软剂。否则，会产生开裂和起皮现象。所以，柔性塑料做漆的成本会略有增加。可考虑增加5%～10%的费用。

第七节 材料价格、修复价值和残值

一、确立更换零配件的材料价格

汽配市场一个零配件有多种价格，如何采价也是困扰机动车辆评估业的一大难题，根据评估学原理和保险学原理，评估的基准时点应以出险时间为评估基准时，以出险地为评估基准地，以重置成本法为评估基本方法，这样，我们就可以得到一种价格。专业机动车保险评估公司都有自己的采价和报价系统。如美国Mitchell国际公司、德国DEKRA公司，我国杭州的机动车辆保险理赔参考资料调研中心、北京的精友公司等。材料的采价和报价是一个系统工程，它是由一组、一群专业人员，或者是一个专业公司来完成，如各种专业的汽配报价公司。

注意：由于我国不允许经销旧汽车配件，在材料价格上，不得使用旧汽车配件价格。

二、关于汽车的修复价值

从理论上讲，任何一辆损坏的汽车都可以通过修理恢复到事故以前甚至和新车一样的状况。但是，这样往往是不经济的或无意义的。

1. 汽车现值(或称实际价值)

汽车均有一定的寿命，在事故前的状况下，按前一章《旧汽车评估》方法可评估出事故前被评估车的价值，此时的汽车价值为被评估汽车现值或称实际价值。

虽然事故前的状况已不存在，但是，有经验的评估人员还是可以比较准确地评估出被评估汽车的现值。汽车现值或实际价值还可以通过相关资料及信息查询后，对被评估汽车进行修正。

汽车现值(实际价值)不能等同于汽车的年限折旧后的价值，这是保险从业人员时常犯的错误。汽车现值(实际价值)有可能高于或低于汽车的年限折旧后的价值。

2. 推定全损

虽然被评估汽车还有一定的价值，当其修复价值已达到或者超过其现值(实际价值)，则被评估汽车为推定全损。

3. 修复价值

当被评估汽车达到全损或推定全损，则被评估汽车已无修复价值。

当碰撞造成被评估汽车损失较大时，都必须对被评估汽车的修复价值进行评定，这是一名专业汽车评估人员必须做的工作。反之，评估报告很容易引起保险索赔纠纷，因为它违反了财产保险的损失补偿原则。这也是汽车损失评估与旧汽车评估不可分割的重要原因之一。

三、确定车辆损失残值

在保险车辆损失评估时，经常要确定更换件的残值，绝大多数保险条款都规定残值协商作价归被保险人，当保险公司与被保险人或修理厂协商残值价格时，保险公司为了提高效率和减少赔付，常常会做一些让步。在实际操作中，残值大多数折归了修理厂，评估实务中的残值的实际价值，通常高于评估单上的残值价值。

当损失较大的事故，更换件也较多，委托人为保险公司时，通常会要求确定残值，残值的确定通常有以下几步：

(1)列出更换项目清单；

(2)将更换的旧件分类；

(3)估定各类旧件的质量；

(4)根据旧材料价格行情确定残值。

第八节 评估实例

把材料费、工时费、表面涂饰费用、材料管理费、税收相加，得到修理总费用。

下面以一辆桑塔纳2000型车典型碰撞为例(图16-96～图101所示)，说明查勘、检验步骤及损失评估单的制作过程。

图16-96 桑塔纳2000前部偏左侧碰撞受损全景图

图16-97 桑塔纳2000前部偏左侧碰撞受损局部图

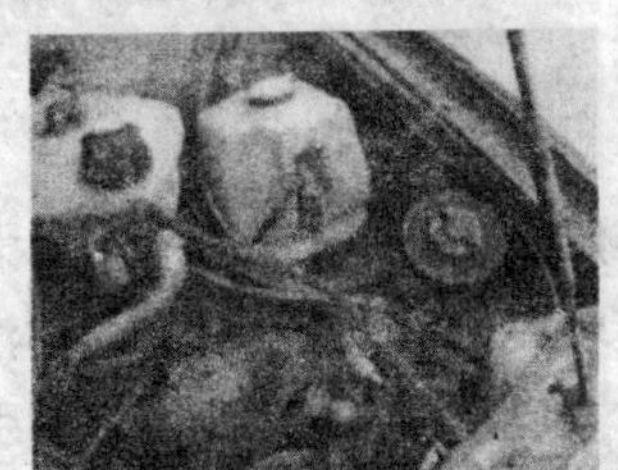

图16-98 桑塔纳2000前部偏左侧碰撞受损局部图

图16-99 桑塔纳2000前部偏左侧碰撞受损局部图

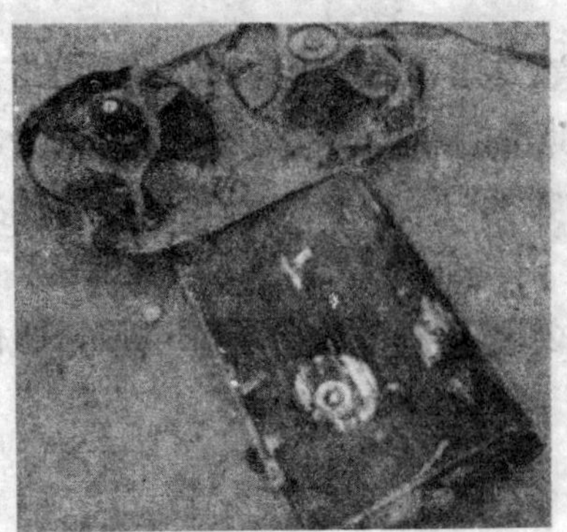

图16-100 桑塔纳2000前部偏左侧碰撞受损拆检图

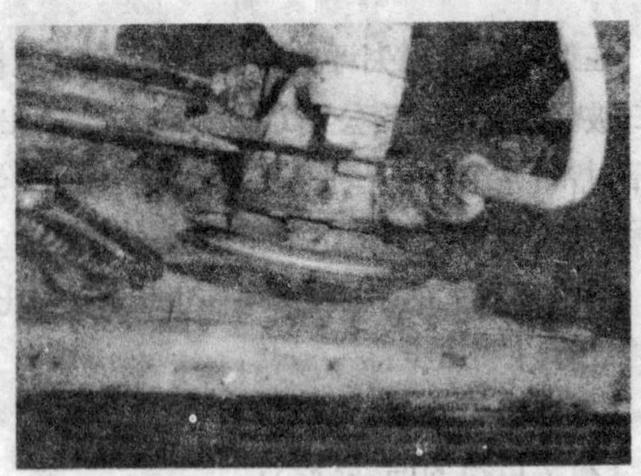

图16-101 桑塔纳2000前部偏左侧碰撞受损局部图

评估实际运行步骤如下：

1. **填写《汽车受损查勘记录表》**

认真填写《汽车受损查勘记录表》是做好评估工作的必要条件，所以，必须认真对待，漏项是评估水平较差的表现，切不可马虎。

汽车受损现场查勘记录

委托人：XXX　　　　委托书编号：2004122603

号牌号码：苏 A XXXXX	车架号码(VIN)：WVW77733ZTW＊000XXX＊		
厂牌型号：上海大众 SVW7180GLI	车辆类型：轿车	检验合格至：2005 年 5 月	
初次登记年月：1996 年 8 月	使用性质：家庭自用	漆色及种类：红、双涂层烤漆	
行驶证车主：XXX	行驶里程：20.5 万公里	燃料种类：汽油	车身结构：承载式
方向形式：左	变速器类型：五档手动	驱动形式：前驱	损失程度无损失部分损失全部损失
查勘时间	(1) 2004 年 12 月 26 日	(2)	(3)
查勘地点	(1) XXX 修理厂	(2)	(3)
受损时间：2004 年 12 月 25 日	保险期限：2004－04－30～2005－03－31	出险地点：XXXXXXXX	

损　失　清　单

序号	损失项目	数量	损失情况	修复方式	备注说明
0101	前保险杠	1	破损	更换	
0102	前保险杠骨架	1	严重变形	更换	
0103	前保险杠左支架	1	严重变形	更换	
0104	前保险杠右支架	1	轻微变形	校正	
0105	左右雾灯	各 1	破碎	更换	
0201	前护栅	1	破碎	更换	
0202	前徽标	1	破碎	更换	
0301	左右大灯	各 1	破碎	更换	
0302	左右角灯	各 1	破碎	更换	
0303	左大灯下饰条	1	破碎	更换	
0401	散热器框架	1	中度变形	更换	
0402	前横梁	1	轻度变形	校正	
0403	扭力梁	1	断裂	更换	
0501	冷凝器	1	变形	修理	未漏
0502	回收加注 R134 冷媒		回收后加注	修理	
0601	水箱	1	严重变形	更换	
0602	冷却液		加注	加注	
0603	风扇护罩	1	中度变形	更换	
0604	主风扇及电机	1	破损	更换	
0605	水泵皮带	1	破损	更换	
0701	发动机盖	1	中度变形	校正	
0702	发动机盖锁	1	轻度变形	修理	

续上表

0801	左前翼子板	1	轻度变形	校正	
0901	左前纵梁	1	轻度变形	校正	
1001	事故处	$2m^2$		做漆	

当事人签字:YYY　　　　查勘员签字:XXX

2.制作《汽车损失评估单》

通常,评估基准时点为事故时点,2004年12月26日,南京。损失评估的方法为重置成本法。材料价格来自市场,均为正厂件;材料管理费标准取自《江苏省汽车修理工时定额与收费标准》;工时取自本章附表1,工时单价取自市场平均水平;涂饰费用取自表16-2;税收的标准取自《江苏省汽车修理工时定额与收费标准》;残值定价来自废旧材料市场行情以及与承修厂协调的结果。汽车损失评估单如下。

汽车损失评估单

编号:2004122601

车主:×××		牌照号码:苏A×××××			事故日期:20041226	
厂牌型号:上海大众SVW7180GLI			车辆类型:轿车		结构特征:承载式车身	
颜色、漆种:红、双涂层烤漆			VIN(车架号):WVW77733ZTW＊000000＊			
序号	损失项目 零件编号(视情况)	数量	修理方式	材料费	工时费	备注
0101	前保险杠	1	更换	340	1.5×80	
0102	前保险杠骨架	1	更换	90		
0103	前保险杠左支架	1	更换	10		
0104	前保险杠右支架	1	校正			
0105	左右雾灯	各1	更换	2×160		
0201	前护栅	1	更换	60	0.2×80	
0202	前徽标	1	更换	13		
0301	左右大灯	各1	更换	2×350	0.7×80	
0302	左右角灯	各1	更换	2×60		
0303	左大灯下饰条	1	更换	5		
0401	散热器框架	1	更换	320	3×80	
0402	前横梁	1	校正		1×80	
0403	扭力梁	1	更换	25		
0501	冷凝器	1	修理		3×80	事故后未漏
0502	回收加注R134冷媒		修理			
0601	水箱	1	更换	500	3×80	
0602	冷却液		加注	60		已漏
0603	风扇护罩	1	更换	70		
0604	主风扇及电机	1	更换	250		
0605	水泵皮带	1	更换	15	0.2×80	

续上表

0701	发动机盖	1	校正		3×80	
0702	发动机盖锁	1	修理		0.2×80	
0801	左前翼子板	1	校正		1×80	
0901	左前纵梁	1	校正		2×80	
1001	事故处	$2m^2$	做漆		2×400	
1101	辅助作业			80	1×80	
材料费合计:2978		材料管理费合计(12　%):357			工时费合计:1584	
涂饰费:800(含税)		外加工费:0		税金:836		
修理费总计(RMB):陆仟陆佰玖拾壹元正(6555.00)				残值:伍拾伍元(约)		

车主:YYY　　保险公司:　　承修厂:　　评估师:XXX

通常《汽车损失评估单》一式三份,两份交委托人,一份留存,结论有效期限为30天,限定时间的原因:一是零件的价格可能会变,二是汽车的损伤也会在变化。原则上以事故时点为评估基准时点,如不以事故时点为评估基准时点时,评估单必须加以说明。

现将《汽车维修换件拆装分项工时》(共12页)附于书后,以供读者参考。

本章小结

1. 汽车型号的确定一般是通过查勘汽车商标铭牌来确定的,汽车商标铭牌因事故或其他原因损毁、遗失,可通过车架号、行驶证以及技术资料来确定汽车型号。对于进口汽车,应能够识别常见英文铭牌。

2. 掌握基本的汽车碰撞损伤鉴定步骤:1)了解车身结构的类型,必须了解碰撞对不同车身结构汽车的影响;2)以目测确定碰撞部位;3)以目测确定碰撞的方向及碰撞力大小,并检查可能有的损伤;4)确定损伤是否限制在车身范围内,是否还包含功能部件或零配件;5)沿着碰撞路径系统地检查部件的损伤,直到没有任何损伤痕迹的位置;6)测量汽车的主要零部件,通过比较维修手册车身尺寸图表上的标定尺寸和实际汽车上的尺寸,来检查汽车车身的是否产生变形量;7)用适当的工具或仪器检查悬架和整个车身的损伤情况。

3. 常损零件修与换的掌握是本章的重点和难点,碰撞中的常损零件包括:1)车身结构件;2)非结构板金件;3)车身塑料件;4)悬架系统、转向系统零部件;5)铸造基础件;6)电器件。

4. 损失项目确定的过程和次序必须按一定的规律进行。名词使用必须规范。

5. 汽车修理工时包括更换、拆装项目工时、修理项目工时和辅助作业工时。工时费的确定是根据损失项目的确定而确定的,可以从评估基准地的《汽车维修工时定额与收费标准》中查到相应的工时数量或工时费标准。也可以从相关的维修资料中查寻。目前,国家尚无统一的标准,本书工时确定方法仅供参考。

6. 汽车修理做漆收费标准全国各地不尽相同,但是基本上都是按面积乘以漆种单价作为计价基础。所以,确定做漆面积和漆种是评估的重要工作,必须掌握。

7. 要明确材料价格、修复价值和残值的概念,评估人员应了解材料价格的确认途径,掌握修复价值的意义和残值的计算方法。

8. 通过实例掌握碰撞损伤的具体评估步骤和方法。

思 考 题

1. 各类汽车的型号如何确定?

2. 汽车碰撞损伤鉴定步骤如何?

3. 汽车碰撞损伤鉴定测量的基准面、基准点有哪些?

4. 碰撞损伤常损零件的修与换如何确定?

5. 损失项目确定的次序如何?

6. 碰撞造成冷凝器以开口状态暴露于空气中，是否会造成空调系统其他部件的损伤，为什么?

7. 如果碰撞造成减振器弯曲变形，在确定更换之前，还需做什么工作?

8. 某桑塔纳车高速与他车前部相撞，前部严重受损，评估人员在进行车辆检查时发现，打开点火开关后转向盘可以空转，请说明原因。

9. 工时费的确定方法有哪些?

10. 涂饰费用如何确定?

11. 修复价值的意义是什么？如何确定修复价值?

附表(供参考)

汽车维修换件拆装分项工时

(12-1)

序号	项目	单位	轿车					客车					货车				备注
			微型	普通型	中级	中高级	高级	微型	轻型	中型	大型	特大型	微型	轻型	中型	重型	
1.01	前保险杠	件	1.0~3.0					0.5~3.0					0.4~1.5				
1.02	前保险杠骨架	件	不单独计工费，可另加0.0~0.3														
1.03	前保险支架	只	不单独计工费，可另加0.0~0.2														
1.04	前保险杠包角	只	0.1~0.3					0.1~0.3					0.1~0.2				如更换保险杠不另计
1.05	前保险杠格栅	只	0.1~0.3														如更换保险杠不另计
1.06	前保险杠饰条	只	0.1~0.3					0.1~0.3									如更换保险杠不另计
1.07	前保险杠导流板	只	0.1~0.4														如更换保险杠不另计
1.08	前保险杠衬垫	只															如更换保险杠不另计
1.09	前保险杠信号灯	只	0.1~0.3					0.1~0.3					0.1~0. 2				如更换保险杠不另计
1.10	前雾灯	只	0.1~0.3					0.1~0.3					0.1~0.2				如更换保险杠不另计
	所有项目更换以更换前保险杠的1.2倍为限																
2.01	前护栅	只	0.1~0.4					0.1~0.4					0.1~0. 2				
2.02	铭牌	只	0.1~0.2					0.1~0.2					0.1~0.2				
	同时更换以更换前护栅工时为限																
3.01	前大灯总成	只	0.3~1.8					0.3~1.5					0.3~0.8				
3.02	大灯饰条	根	0.1~0.2					0.1~0.2					0.1~0.2				

制表人:　　　　校核人:　　　　审定人:

汽车维修换件拆装分项工时

(12-2)

3.03	大灯调节器	根	0.3~1.2	0.3~1.2	0.3~1.2	
3.04	大灯支座	只	按大灯费用另加 0.1~0.3			
3.05	角灯	只	0.1~0.3	0.1~0.3	0.1~0.2	
所有项目更换以更换前大灯总成的 1.5 倍为限						
4.01	散热器框架	只	2.5~10.0			包括附件拆装
4.02	发动机盖锁机	只	0.2~0.4		0.2~0.3	
4.03	发动机盖拉线	只	0.6~1.0		0.6~0.8	
4.04	发动机盖撑杆	只	0.1~0.2		0.1~0.2	
所有项目更换以更换散热器框架为限						
5.01	冷凝器	只	0.7~3.2	0.8~4.0	0.5~2.0	包括附件拆装，不含充冷媒
5.02	干燥	只	0.3~0.7	0.3~0.6	0.3~0.5	不含加冷媒
5.03	空调泵（压缩机）	只	1.0~2.0	1.0~2.0	1.0~1.6	包括附件拆装，不含充冷媒
5.04	空调离合器	只	在上项基础上增加 0.3			
5.05	空调管	根	0.3~0.7			不含加冷媒
5.06	蒸发器总成	件	0.5~1.1			不含仪表台拆装
5.07	蒸发器壳	件	0.3~1.2			不含蒸发器总成拆装
5.08	暖风机总成	件	0.5~1.0			不含仪表台拆装
5.09	暖风机壳	件	0.3~1.2			不含暖风机拆装

制表人:　　　　校核人:　　　　审定人:

汽车维修换件拆装分项工时

(12-3)

编号	项目	单位				备注
5.10	鼓风机	件	0.3~1.3			不含仪表台拆装
6.01	水箱	只	1.0~2.0	1.0~2.0	1.0~1.6	包括附件拆装，不含充冷媒
6.02	散热器上水管	根	0.3~1.2			
6.03	散热器下水管	根	0.5~1.2			
6.04	储水壶	只	0.2~0.6			
6.05	风扇护罩	只	0.3~1.0	0.3~1.5	0.3~1.0	包含在更换水箱里不另计
6.06	风扇	只	0.5~1.0	0.5~2.0	0.5~2.0	
7.01	发动机盖	只	0.8~2.0		0.5~1.0	
7.02	发动机盖铰链	只	0.2~0.3		0.2~0.4	
7.03	发动机盖隔热垫	只	0.2~0.4			
7.04	发动机盖液压撑杆	只	0.2~0.3			
7.05	发动机盖风标	只	0.1~0.2			
所有项目更换以更换发动机盖的 1.2 倍为限						
8.01	前翼板	块	1.2~4.5		1.0~1.5	
8.02	前翼板内衬	块	0.3~0.6			
8.03	前翼板饰条	条	0.1~0.3			
8.04	前翼板信号灯	只	0.1~0.2		0.1~0.2	
8.05	前翼板沿口饰条	根	0.1~0.2			

制表人:　　　　校核人:　　　　审定人:

汽车维修换件拆装分项工时

(12-4)

8.06	前翼板示宽灯	只	0.1~0.2																			
8.07	天线	根																				同更换前翼子板
8.08	电动天线	根																				同更换前翼子板
所有项目更换以更换前翼子板的 1.2 倍为限																						
9.01	前纵梁	根	5.0~10.0																			含除发动机、仪表台以外的附件拆装
9.02	内轮壳	只	5.0~10.0																			含除发动机、仪表台以外的附件拆装
周时更换以单项的 1.5 倍为限																						
10.01	方向盘气囊	只	0.3~0.4																			
10.02	方向盘游丝	只	0.7~1.8																			包含更换方向盘气囊工时
10.03	副驾驶员气囊	只	0.5~0.7																			不含仪表台拆装
10.04	碰撞传感器	只	0.2~0.7																			
10.05	气囊控制模块	只	0.4~1.4																			
11.01	轮胎	只	0.3	0.3	0.3	0.3	0.3	0.3	0.3	0.3~0.5								0.3~0.5				不含轮胎动平衡
11.01	钢圈	只	0.3	0.3	0.3	0.3	0.3	0.3	0.3	0.3~0.5								0.3~05				不含轮胎动平衡
11.03	轮罩	只	0.1	0.1	0.1	0.1	0.1	0.1	0.1	0.1	0.1	0.1	0.1	0.1	0.1	0.1	0.1					
同时更换以更换轮胎或钢圈单项工时为限																						

制表人:　　　　校核人:　　　　审定人:

汽车维修换件拆装分项工时

(12-5)

12.01	稳定杆	根	0.5~4.0	0.5~2.0			0.5~2.0	包括附件拆装
12.02	上下托臂	只	0.7~3.0	0.5~3.0			0.5~3.0	包括附件拆装
12.03	上下托臂球头	只	0.2~1.1	0.2~1.0			0.2~1.0	包括附件拆装
12.04	前减振器	只	0.5~1.7	0.4~1.0	0.4	0.4~1.0		包括附件拆装
12.05	副车架（元宝梁）	台	1.0~2.0					不含发动机拆装
12.06	前钢板总成	付		1.0~2.0			1.0~2.0	包括附件拆装
12.07	前桥	根		1.0~6.0			1.0~4.0	包括附件拆装
多项更换不得重复计算工时								
13.01	半轴外球笼	只	0.3~2.0	0.3~2.5				
13.02	半轴内球笼	只	1.0~2.5	1.0~2.5				
13.03	半轴（前驱）	根	1.5~2.5	1.5~2.5				
13.04	半轴总成（前驱）	根	0.8~1.8	0.8~1.8				
多项更换不得重复计算工时								
14.01	制动总泵	只	0.8~2.0	0.8~2.4			0.8~1.6	
14.02	制动油壶	只	0.2~0.6	0.2~0.4			0.2~0.4	
14.03	ABS 控制阀	只	0.8~2.1	1.0~2.0				
14.04	ABS 控制模块	只	0.4~1.0	0.4~1.0				
14.05	制动真空助力泵	只	1.0~2.0	1.0~2.0			1.0~2.0	
多项更换不得重复计算工时								

制表人:　　　　校核人:　　　　审定人:

汽车维修换件拆装分项工时

(12-6)

15.01	前制动盘	只	0.3~0.6	0.3~0.6		
15.02	前制动分泵	只	0.3~0.5	0.3~1.2	0.3~1.2	
15.03	前制动盘凸缘	只	0.5~2.1	0.5~1.0		
15.04	前轮轴承	只	0.5~2.1	1.2~4.8	1.0~4.0	
15.05	转向节	只	1.5~2.6	1.2~4.8	1.0~4.0	
多项更换不得重复计算工时						
16.01	方向机	只	1.2~4.8	1.0~6.0	1.0~4.0	含摇臂及直拉杆
16.02	方向机助力泵	只	0.8~2.8	0.6~2.4	0.6~2.4	
16.03	助力泵油管	根	0.3~1.5	0.3~1.0	0.3~1.0	
16.04	方向机油壶	只	0.2~0.6	0.2~0.4	0.2~0.4	
16.05	方向盘	只	0.3~0.6	0.3~0.6	0.3~0.6	
16.06	方向盘上下护罩	组	0.2~0.7	0.2~0.7	0.2~0.7	
16.07	组合开关	只	0.4~1.5	0.4~1.5	0.4~1.5	
多项更换不得重复计算工时						
17.01	发动机总成	台	4.0~15.0	4.0~16.0		
17.02	发动机支架	台	0.2~1.0	0.2~2.0		
17.03	正时皮带涨紧轮	只	0.2~2.0	0.2~0.4	0.2~0.4	
17.04	时规罩	套	0.1~2.7			
17.05	凸轮轴正时齿轮	只	2.0~8.0			

制表人:　　　　校核人:　　　　审定人:

汽车维修换件拆装分项工时

(12-7)

17.06	正时皮带（链条）	根	1.0~2.0			
17.07	水泵	只	1.2~4.0			
17.08	水泵皮带盘	只	0.5~2.0			
17.09	油底壳（发动机）	只	1.0~3.5	0.8~3.2	0.6~2.4	不含拆发动机
17.10	机油泵	只	1.4~7.0			
17.11	空滤器	只	0.2~0.6		0.2~0.4	
17.12	化油器	只	0.6~1.2			
17.13	进气管	节	0.1~0.8			
17.14	增压器	只	1.0~4.0			
17.15	排气歧管	节	0.8~7.0			
17.16	消声器	节	0.3~1.1			
多项更换不得重复计算工时						
18.01	发电机	只		0.4~1.6		
18.02	发电机皮支架	只		0.2~1.0		
18.03	发电机皮带盘	只		0.2~0.5		不含发电机拆装
18.04	发电机皮带	根		0.2~1.2		
18.05	蓄电池	只		0.2~0.4		
18.06	蓄电池托架	只		0.2~0.4		不含蓄电池拆装
18.07	蓄电池线	根		0.4~1.6		
18.08	起动机	只	0.8~1.5	0.8~1.5	0.6~1.2	
18.09	点火线圈	只	0.2~10.5	0.2~0.4	0.2~0.3	

制表人：　　　　校核人：　　　　审定人：

汽车维修换件拆装分项工时

(12-8)

18.10	分电器	只	0.8~1.5	0.8~1.2	0.6~1.2	
19.01	前挡玻璃	块		0.8~4.0	0.6~6.0	
19.02	前挡玻璃胶条	根		0.8~4.0	0.6~6.1	
19.03	前挡玻璃饰条	根		0.2~0.3	0.2~0.4	
19.04	内视镜	只		0.1~0.4	0.1~0..2	
19.05	刮水器电动机	只	0.4~1.3			
19.06	刮水器联动杆	根	0.3~1.3			
19.07	刮水器臂	根	0.1~0.2			
19.08	刮水器片	片	0.1			
19.09	刮水器储水罐	只	0.2~2.6			
19.10	刮水器喷嘴	只	0.2~0.5	0.2~0.4	0.2~0.4	
多项更换不得重复计算工时						
20.01	前风窗玻璃下集雨槽	件	0.1~0.7			
20.02	前围水平围板	件	3.0~7.0			不含发动机及仪表台拆线
20.03	前围板	件	8.0~14.0			不含发动机及仪表台拆线
21.01	仪表台	只	2.5~6.5	2.0~8.0	2.0~4.5	
21.02	组合仪表	只	0.3~1.6			

制表人:　　　　校核人:　　　　审定人:

汽车维修换件拆装分项工时

(12-9)

21.03	仪表台杂物箱	只	0.2~0.6		0.2~0.4	
21.04	仪表台饰件	件	0.2~0.6			
21.05	过道饰件	件	0.2~0.5			
22.01	A 柱	根	6.0~12.0	4.0~10.0		
22.02	A 柱内饰板	块		0.2~0.6		
22.03	B 柱	根	4.0~10.5	6.0~12.0		
22.04	B 柱内饰板	块	0.2~0.6			
22.05	边梁	根	4.0~8.5			
22.06	边梁饰件	件	0.2~0.5			
22.07	车身地板	件	10.5~15.0			
23.01	前座椅总成	只	0.3~0.6			
23.02	前座椅导轨	付	0.3~1.0			
23.03	调角器	只	0.6~1.2			
23.04	安全带	根	0.5~1.5	0.4~1.0	0.4~0.8	
24.01	前（后）门壳	扇	3.0~5.0		3.0~4.0	自动门加 50%
24.02	前（后）门皮	块	4.5~7.5		4.5~5.5	
24.03	前（后）门防擦饰	条	0.2~0.3		0.2~0.3	
24.04	前（后）门外饰板	块	0.3~0.6			

制表人:　　　　校核人:　　　　审定人:

汽车维修换件拆装分项工时

(12-10)

24.05	前（后）门下饰条	根	0.2~0.3			
24.06	前（后）门玻璃外	根	0.2~0.2		0.2	
24.07	前（后）门内饰板	块	0.4~0.7		0.3~0.6	
24.08	前（后）门玻璃	块	0.8~1.2		0.6~1.0	
24.09	前（后）门内把手	只	0.1~0.3		0.1~0.3	
24.10	前（后）门外把手	只	0.2~0.4		0.2~0.4	
24.11	前（后）门锁机	只	0.3~0.5		0.3~0.4	
24.12	前（后）门铰链	付	0.2		0.2	不包括门拆装
24.13	前（后）门升降器	付	0.2~0.6		0.2~0.4	不包括内饰板拆装
24.14	前（后）门升降器	根	0.2~0.3		0.2~0.3	不包括内饰板拆装
24.15	前（后）门玻璃泥	条	0.2~0.3		0.2	不包括内饰板及玻璃拆装
24.16	前（后）门玻璃内	根	0.2~0.3		0.2	
24.17	前（后）门密封条	根	0.2~0.5		0.2~0.3	
24.18	前（后）门三角玻	块	0.5~2.0		0.3~1.2	
24.19	倒车镜	只	0.3~0.7	0.3~1.0	0.3~0.6	
多项更换不得重复计算工时						
25.01	换车顶	个	15.0~24.0		10.0~20.0(驾驶室)	
25.02	车顶饰条	根	0.2~0.5			
25.03	内顶篷	个	1.0~3.5		0.5~2.0	
25.04	内扶手	只	0.1~0.2		0.1~2.0	
多项更换不得重复计算工时						

制表人:　　　　校核人:　　　　审定人:

汽车维修换件拆装分项工时

(12-11)

26.01	后风窗玻璃	块	0.8~4.0	0.2~1.0	0.2~0.8	
26.02	后风窗玻璃密封条	根	0.8~4.0	0.2~1.0	0.2~0.8	
26.03	后风窗玻璃饰条	根	0.2~0.3			
26.04	刮水器电动机	只	0.3~1.2			
26.05	刮水器联动杆	根	0.3~1.2			
26.06	刮水器臂	根	0.1~0.2			
26.07	刮水器片	片	0.1			
26.08	刮水器储水罐	只	0.2~0.4			
26.09	刮水器喷嘴	只	0.2~0.5	0.2~0.4		
26.10	高位制动灯	只	0.1~0.3	0.1~0.3		
多项更换不得重复计算工时						
27.01	后翼子板	件	6.0~18.5			
27.02	后翼子板内板（悬挂座）	件	4.0~8.0			不包括后翼子板更换工时
27.03	后翼板饰板	块	0.1~0.2			
27.04	后翼板轮眉	条	0.3			
27.05	后搁板	块	2.5~4.5			不包括后翼子板及后翼子板内板更换工时
27.06	后搁板饰板	块	0.3~1.1			
多项更换不得重复计算工时						
28.01	行李箱盖	只	0.8~2.0			客车指侧行李箱盖

制表人:　　　　校核人:　　　　审定人:

汽车维修换件拆装分项工时

(12-12)

28.02	行李箱盖撑杆	根	0.2~0.3	
28.03	后牌照板	块	0.2~0.4	
28.04	后行李箱铰链	付	0.2~0.3	
28.05	后行李箱锁机	付	0.2~0.4	
29.01	后桥与车身脱离	台		轿车无付梁 54 元 有付梁 96 元
30.01	后备胎箱（架）	只		需拆燃油箱另加 60 元
31.01	后围板	台		
31.02	燃油箱	台		
32.1	后尾灯	只		
32.2	后牌照灯	只		
32.3	后雾灯	只		组合式合并于尾灯， 单置式同于牌照灯
33.01	后保险杠皮	根		按前保险杠执行
33.02	后保险杠骨架	根		按前保险杠执行
33.03	后保险杠衬垫	根		按前保险杠执行
33.04	后保险杠饰条	根		按前保险杠执行
33.05	后保险杠下围	根		按前保险杠执行

制表人:　　　　校核人:　　　　审定人:

参考文献

[1] 李东江.《发动机与底盘维修技术》. 北京:人民交通出版社,2008.
[2] 申忠如,郭福田,丁晖.《现代测试技术与系统设计》. 西安:西安交通大学出版社,2006.
[3] GB18276—2000《汽车动力性台架试验方法和评价指标》.
[4] GB18565—2001《营运车辆综合性能要求和检验方法》.
[5] GB468—2004《机动车安全检验项目和方法》.
[6] GB478—2002《汽车检测站计算机控制系统技术规范》.
[7] 周天佑. GB18565—2001《营运车辆综合性能要求和检验方法》宣贯教材. 长春:吉林科学技术出版,2002.
[8] 崔靖,周忠川等.《汽车综合性能检测》. 上海:上海科学技术文献出版社,1999.
[9] 公安部道路交通管理标准化技术委员会. GB7258—2004《机动车运行安全技术条件》理解与实施. 北京:中国标准出版,2004.
[10] 成都成保发展股份有限公司. DCG-10E 型底盘测功机的随机技术文件及企业标准.
[11] 崔靖,周忠川.《汽车综合性能检测》. 上海:上海科学技术文献出版社,1999.
[12] 张建军.《汽车检测技术》. 北京:高等教育出版社,2003.
[13] 杜兰卓,谷志杰.《汽车安全检测》. 北京:人民交通出版社,2002.
[14] 殷国祥.《汽车综合性能检测(补充教材)》. 南京:江苏省交通厅运输管理局. 1999.
[15] 李丽、毕建军.《汽车检测维修设备结构原理与使用》. 北京:国防工业出版社,2005.
[16] 邢文华.《汽车检测与诊断技术》. 北京:国防工业出版社,2004.
[17] 苗泽青.《汽车检测人员岗位培训教材》. 北京:人民交通出版社,2005.
[18] 陈焕江.《 汽车检测与诊断》(上)(下). 北京:机械工业出版社,2001.
[19] 刘仲国.《现代汽车检测与诊断》. 北京:机械工业出版社,2001.
[20] 张建俊.《汽车检测设备应用技术》. 北京:机械工业出版社,2002.
[21] 杨德华,刘家声.《 汽车检测与诊断》. 南京:江苏科学技术出版社,1994.
[22] GA 468—2004《中华人民共和国公共安全行业标准》
[23] GB7258—2004《机动车运行安全技术条件》
[24] 杨万福.《旧机动车鉴定估价》. 北京:人民交通出版社,2001.
[25] 美国汽车撞伤修理业协会编,崔建云,张苏明,李兴昌译.《汽车撞伤修复技术》. 北京:高等教育出版社,1997.
[26](美)罗伯特 斯卡福著,李富勤、方群等译.《汽车车身修复》. 北京:机械工业出版社,1998.
[27](美)Michael Crandell 著,许洪国等译.《事故汽车修理评估》. 北京:高等教育出版社,2004.
[28] 黄玮,姚广涛,叶连九. 桑塔纳轿车配件目录. 沈阳:辽宁科学技术出版社,1999.
[29] 郭禧光,李炳泉. 桑塔纳 2000 型轿车使用与维修手册. 北京:机械工业出版社,1999.
[30] GB/T18344—2001《汽车维护、检测、诊断技术规范》宣贯教材. 长春:吉林科学技术

出版社,2002.

[31] 蔡凤田.《汽车排放污染物控制实用技术》.北京:人民交通出版社,1999.

[32] GB3847—2005《车用压燃式发动机和压燃式发动机汽车排气烟度排放限值及测量方法》.

[33]GB18285—2005《点燃式发动机排气污染物排放限值及测量方法(双怠速法及简易工况法)》.